U0278459

Advanced Optical Communication Systems and Networks

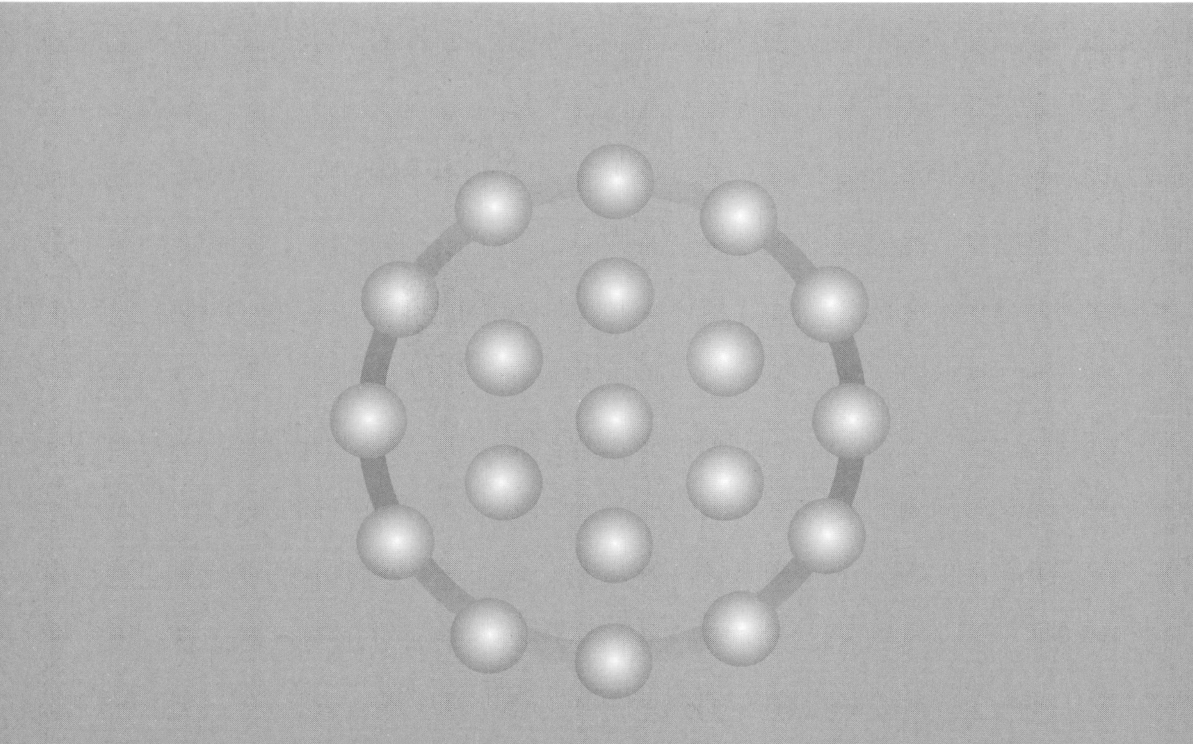

“十二五”国家重点图书出版规划项目
湖北省学术著作出版专项资金资助项目

世界光电经典译丛

丛书主编　叶朝辉

先进光通信系统及网络

Milorad Cvijetic　Ivan B. Djordjevic 著

杨奇 译

華中科技大學出版社
http://www.hustp.com
中国 · 武汉

湖北省版权局著作权合同登记　图字：17-2019-195 号

图书在版编目(CIP)数据

先进光通信系统及网络/(美)米洛拉克・西维,(美)伊万・B.乔尔杰维克著;杨奇译.
—武汉:华中科技大学出版社,2021.12
(世界光电经典译丛)
ISBN 978-7-5680-7893-1

Ⅰ.①先…　Ⅱ.①米…　②伊…　③杨…　Ⅲ.①光通信系统-研究　Ⅳ.①TN929.1

中国版本图书馆 CIP 数据核字(2022)第 009239 号

先进光通信系统及网络
XianJin Guangtongxin Xitong ji Wangluo

Milorad Cvijetic
Ivan B. Djordjevic　著
杨　奇　译

策划编辑:徐晓琦
责任编辑:余　涛
封面设计:原色设计
责任校对:刘　竣
责任监印:周治超
出版发行:华中科技大学出版社(中国・武汉)　电话:(027)81321913
武汉市东湖新技术开发区华工科技园　邮编:430223
录　排:武汉正风天下文化发展有限公司
印　刷:湖北新华印务有限公司
开　本:710mm×1000mm　1/16
印　张:46.75
字　数:785 千字
版　次:2021 年 12 月第 1 版第 1 次印刷
定　价:348.00 元

献给 Rada

——M. C.

献给 Milena

——I. Dj.

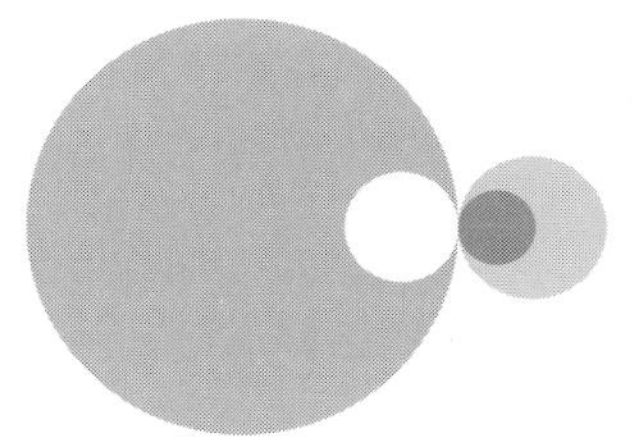

译者序

以相干光通信为主要传输手段的光纤通信在2005年至2015年这十年期间，其发展前景受到前所未有的关注，技术也得到广泛研究，相关产业也得到迅猛发展。以光纤为主要信息载体的通信技术，为人类生活构建了一条信息高速公路，人类生活也随之发生了巨大的革新。学习先进光传输系统和网络技术，可以有效地掌握从光学器件到光纤信道物理效应，再到数字通信和现代数字信号处理、光纤网络等一系列知识，可以有效地理解和应对未来光通信技术的发展。

我是在2019年年末接手本书的翻译工作。在此之前，我师从澳大利亚墨尔本大学 William Shieh 教授，专门研究相干光通信技术。后在美国比尔实验室实习，在武汉邮电科学研究院光纤通信与网络国家重点实验室任职，现工作于华中科技大学，从事现代光传输技术研究。在光通信产业和学术领域从业15年，深感"先进光通信系统和网络"方面系统级丛书较少，而学生、研发工程师对相关方向知识又有极大需求，因此我一直在积累和寻求相关材料汇集成书。本人与本书作者 Ivan B. Djordjevic 一起合作过多篇论文工作，借此书翻译机会，希望将该方向知识予以沉淀下来。2020年遇上百年不遇的疫情，也正逢社会对新知渴求旺盛的大好时代，一段时间封闭正好沉下心来将该书翻译，奉献给广大读者。其中不足之处，敬请赐教。最后感谢家人的支持。

杨奇

2021年年末

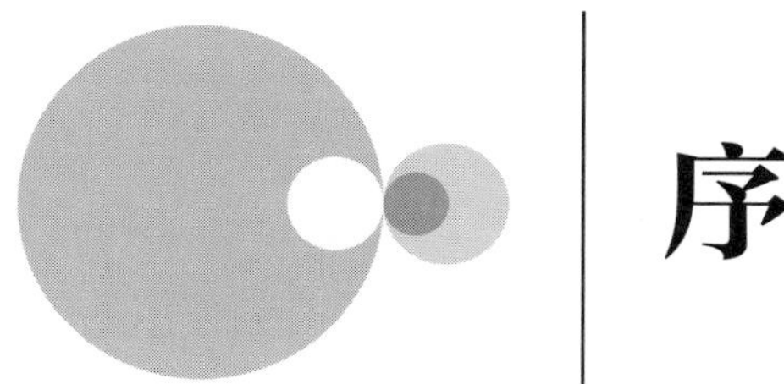

序

本书的目的是介绍在光通信和网络领域的先进和新兴的一系列话题。本书主要基于第五代光传输系统和网络，其特点是通过时间、频率和空间域处理，利用了所有光信号参数（振幅、相位、频率和偏振）。光信号传输和网络两个主题都被同等深度进行了介绍，并逐渐引入更复杂的话题。

读者可在第 1～第 4 章中学习光学元件相关知识，以及信号产生、传送和检测的基本原理。在第 5～第 7 章中，我们将讨论 MIMO、OFDM、编码调制、LDPC 编码的 Turbo 均衡、极化时间编码、基于空域的调制和编码、多维调制、最优信号星座设计以及线性和非线性损伤的数字补偿等一些高级话题。这些章节还包括描述一系列检测后的数字信号处理的技术，如线性和自适应均衡、最大似然序列检测、数字背向传播和维纳滤波。第 8 章介绍了高级光网络的基本原理，包括常用拓扑中主要光网络模型的定义和网络参数设计。在第 9 章中，光信道容量计算是基于将光纤建模为一个有记忆的信道来开展的。在第 10 章中，提供了有用的工具来帮助理解与光传输系统和网络相关的主题。

希望本书能为读者提供直接的指导，获得基本原理和实践知识，以应用于研究和实际应用。本书的每一章都有大量的参考书目，以及一些练习，目的是帮助读者建立研究和工程任务所必需的知识和技能。

本书的目标读者是电气工程、光学科学和物理专业的大四本科生和研究生，研究工程师和科学家，开发和规划工程师，以及主要行业会议（如 OFC、

ECOC、CLEO、OECC)的与会者。本书的主题不限于任何特定的地理区域或任何特定的传输和网络场景。我们非常感谢业界和学术界的众多同事过去与我们进行了有益的讨论,并提出了有益的建议和意见。我们也谨向我们的家人表示深切的感谢,感谢他们无私的支持和理解。

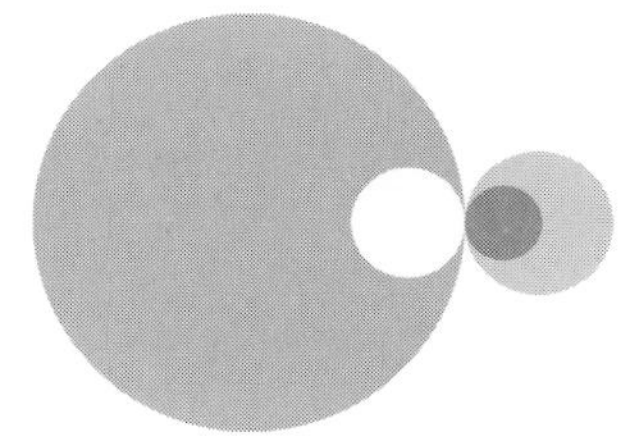

目录

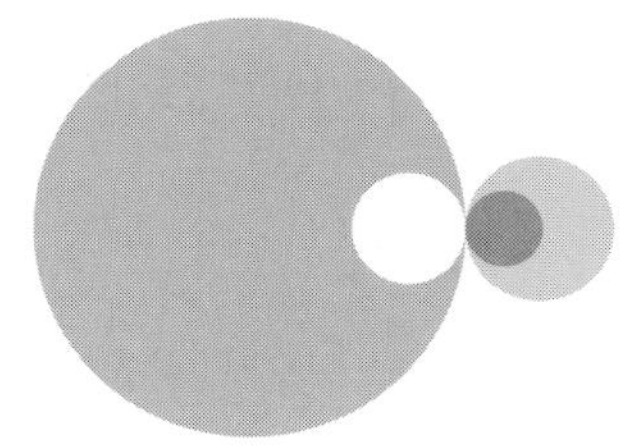

第 1 章
光通信简介

本章介绍了光网络在信息社会中的作用，以及若干分组光网络的关键技术。本章还从历史视角介绍了第五代光传输系统的重要性，以及未来发展的方向，最后介绍了高级光学系统及网络的分类和一些基本概念。

我们首先看一下如何定义第五代光传输系统和网络。我们将在后文中列出几个不同实例。早期的一些方案，如多级调制格式或相干检测方案，在几十年前就已经存在，但是在当时由于无法以有效和实用的方式予以实现，因此没有真正付之于实际应用中。随后的一些技术发展方案，如 OFDM、MIMO 和 LDPC 编码等技术，在无线通信中得到了有效的应用。我们可以从中找到一些思路来实现高级的光传输和网络化。在推动调制解调、编解码等技术在光通信运用的过程中，高速数字信号处理是其中最重要的组成部分和推动因素。为了更进一步地设计高容量光传输系统，我们可以从光信号的空间分布、少模多芯光纤空间复用、更高级编码调制等多个维度，来实现多维和弹性光网络架构。

第五代光网络是整个网络方案的一部分，在该方案中，以太网和 IP/MPLS 技术作为客户端层，在通过网络云向各种终端用户传输数据包的过程中与光层相互作用。从这个方面考虑，100 Gb 以太网是第五代光传输系统和网络的典型标识之一。

与其他学者的定义可能有区别，我们从历史演进、相关联技术发展的视角来定义和划分光传输系统和网络。本书所讨论的材料旨在提供第五代光传输系统与网络的基础知识和未来发展的技术话题。

1.1 光网络的作用

从21世纪的第二个十年开始，整个社会的信息交互都发生着极大的变革。我们现在身处一个随时随地都在发生海量数据交换的时代，无数的实体之间发生着各种不同类型的信息交换。

1.1.1 连接和容量的需求

网络中的任何信息交换都以数据流为基本单元。网络信息传输质量是由信号的速率和带宽来决定的。来自家庭住宅用户、商业用户、学术研究机构不断增长的对带宽和连接性的需求，推动了更大规模数据传输和信息交换的基础设施的发展。带宽要求主要来自IP流量驱动，包括视频服务(如IPTV)、视频会议和流媒体应用。此外，远程医疗、社交网络、交易密集型Web 2.0+应用都需要大量部署各种网络元素，如IP路由器、以太网交换机、密集波分复用(DWDM)终端和交换机。信息网络正日益成为连接不同参与者的信息云，如图1.1所示。

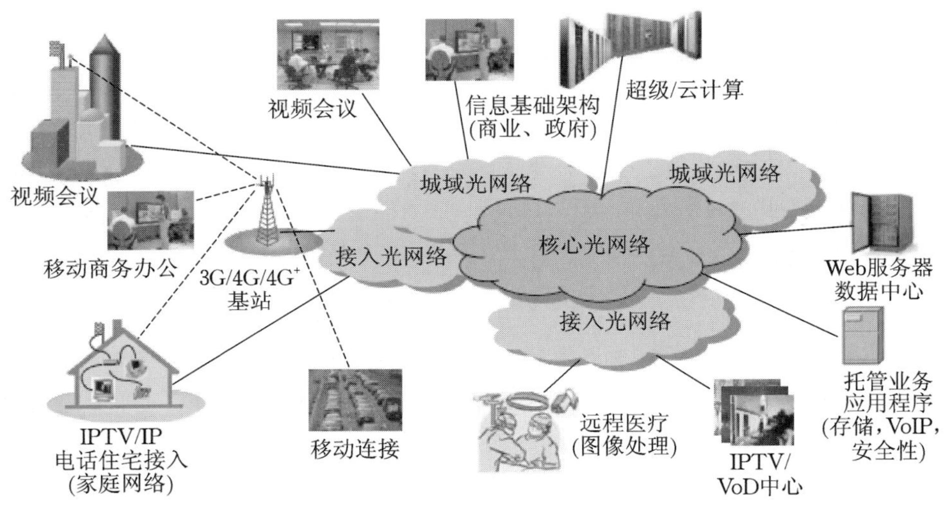

图1.1 高速网络

自从互联网成为信息时代的代名词以来，人们做出了许多努力，使“互联网”全面承担信息载体的作用。以太网成为上述各种应用加载的IP流量的传输和网络引擎。我们可以预测21世纪第二个十年的带宽需求将从住宅接入用户的100 Mb/s升级到1 Gb/s,大多数企业用户从10 Gb/s升级到40 Gb/s,一些特定机构如政府机构或主要研究实验室从100 Gb/s升级到1 Tb/s。

带宽增长需求是过去10年互联网流量快速增长的原因,并且增长趋势是以指数形式增长的。现在每年的IP流量以艾字节(exabyte)为单位来衡量。2015年,仅美国的IP流量总量约为1000艾字节,等于1泽字节(zettabyte),然后计数将开始朝尧字节(yottabyte, 1 YB=1024 ZB)迈进。构建支持IP流量的网络体系结构应适应光带宽管道上的分组传输[1-7]。主要的应对问题是如何为所有用户提供足够的带宽,同时处理不同的粒度、服务质量和能源限制。

如今,人们普遍认为以太网技术仍将是高速信息带宽共享的最佳选择。在过去的20年中,成功引入了不同速度的以太网网络(10 M/100 M/1 G/10 G)。通过在2010年引入40 GbE以太网(速度为40 Gb/s)和100 GbE以太网,这一层次结构得到了扩展。2015年左右,以太网速度达到了1 Tb/s。1 Tb/s之后的下一目标是4 Tb/s,然后是10 Tb/s。

1.1.2 光网络和光通路

就网络和传输系统所有权而言,图1.1中由云表示的网络和传输系统可以属于私营企业,也可以归电信运营商所有。所有权可以与网络设备和与指定网络拓扑相关联的基础设施相关,也可以与驻留在物理网络拓扑内的称为虚拟专用网络的逻辑实体相关。我们可以从图1.1结构中看出,所有部分都与它们所覆盖的区域的大小有关。该结构的核心部分是通过高容量光纤链路来连接大城市或主要通信枢纽的长途核心网络。同时,通过海底光传输链路实现了各大洲主要枢纽之间的连接。核心网(core network)是通用名称,但是如果属于企业则通常称为广域网(WAN),或者如果由电信运营商操作则称为交换运营商(IXC)公共网络。核心网络中的节点称为中心局,但也使用术语POP或集线器(hub)。核心网络中节点之间的距离范围为几百千米到几千千米。例如,北美主要电信运营商或主要有线电视公司的核心网络节点之间的距离远远大于欧洲或亚洲主要运营商的网络节点之间的距离。

广域网是供私人使用的,由大公司拥有和运营。这种网络的典型案例是基于ASP/ISP(应用/互联网服务提供商)的网络。网络节点与数据中心重合,数据中心之间建立起相互连接。大多数其他公司仍然使用电信运营商提供的服务，在运营商的网络基础设施中实现其专用网络。在另一个网络中模拟一个网络，为公司提供服务的逻辑连接称为虚拟专用网络(VPN)。

整个光网络结构的第二部分称为边缘网络，部署在较小的地理区域内，如大都市区域或较小的地理区域。在边缘网络中，通过光纤连接的节点之间的距离从几十千米到几百千米不等。如果由企业拥有，则边缘网络通常被认为是城域网(metropolitan area network，MAN)，或者如果由电信运营商操作，则边缘网络被认为是本地交换运营商网(local exchange carrier，LEC)。

最后，接入网络是整个网络的一个外围部分，常常被称之为最后一千米的接入(the last-mile access)。接入与带宽分配给各个终端用户有关，这些终端用户可能是企业、政府机构、医疗机构、科学实验室或住宅用户。接入网络的两个示例是企业局域网(local area network，LAN)，以及将运营商的中心局位置与各个用户连接的分发网络。接入网络中两个节点之间的距离通常在几百米到几千米的范围。

从图 1.1 中可以看到，应用程序提供商和大型处理中心可以访问上述任何部分。我们可以预测，未来网络将成为一个统一的信息云，其中包含各种参与者，每个参与者都有指定的访问权限。因此，逻辑网络结构不断变换，以适应各种服务提供商的商业模型，以及各种终端用户的服务要求。以一些业务举例说明，比如整个网络(基础设施、设备、网络管理)的所有权问题，亦或者是为客户提供基于 IP 的服务所需的一部分问题。其他模型则是基于从第三方租赁网络基础设施，或在运营商执行带宽代理服务。网络的所有权包括网络规划，而租赁和代理与服务交付和计费安排更相关，通常与服务层协议(service layer agreement，SLA)相关。

图 1.2 显示了最终用户与指定数量的带宽和指定服务进行通信的可能方式，该方案提供了一种高级云计算方案。云计算概念涉及将计算和存储容量作为服务传递给多个终端用户。各个终端用户可以通过 Web 浏览器或移动应用程序访问基于云的应用程序。在云计算方案中，有以下几个概念：①基础设施服务；②平台服务；③软件(应用程序)服务。云计算概念的设计是为了让企业以更易于管理的方式更快地获取和运行特定的应用程序，同时可以调整信息技术(IT)资源以满足动态业务需求。

网络智能在未来网络中的重要性可以通过软件定义网络(software-defined networking，SDN)进一步概述，SDN 是一种控制与硬件分离并传输到特定软

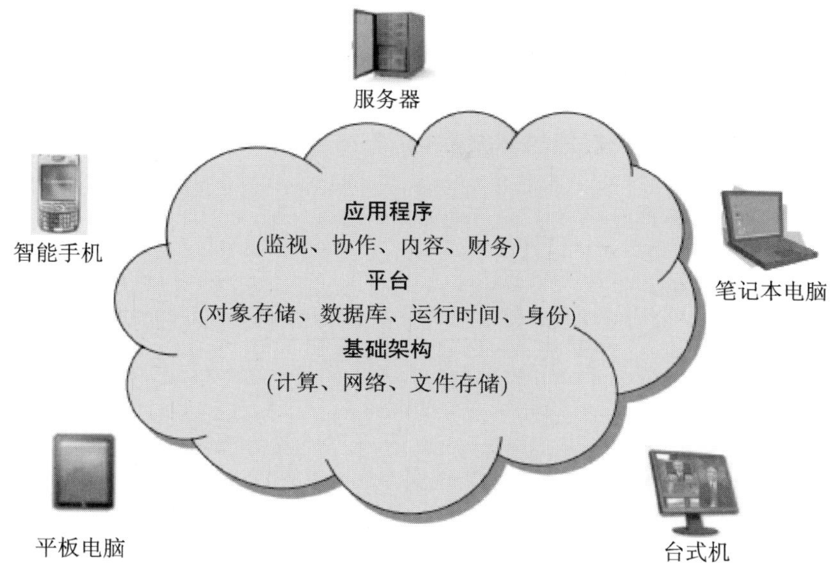

图 1.2　云计算网络概念

件应用程序的概念。SDN 对数据包通过网络的方式产生重要影响，因为其轨迹和属性不会由交换节点中的嵌入式软件（固件）来确定。相反，可以使用单独的软件来集中控制流量。网络管理员可以通过在特定流量（带宽流量）上设置和删除优先级来确定切换规则。这一概念与云计算体系结构结合在一起，因为流量负载可以以一种更灵活、更高效的方式进行管理。

在图 1.1 所示不同部分的光网络结构中，支持流量需求的最佳物理网络拓扑通常是不同的。它可以是网格（主要部署在核心网络中）、环网（主要部署在地铁区域中）、星型拓扑（部署在接入网络中），以实现高效的复用和带宽利用。同时，长度可达数万千米的海底光链路具有点对点（end-to-end）传输的特性。从光传输的角度来看，光网络配置能够通过光信号流进行端到端连接，这可以称为光路（lightpath）。每个光路都与光网络的物理层相关，并考虑光信号特性、沿光路部署的光学元件（光纤、激光器、放大器）的特性、网络拓扑结构的影响以及所请求的服务类型。每个服务都有源节点和目标节点，可以是点对点或广播性质。任何连接都与服务质量（QoS）要求相关联，然后与每个单独的光路相关。

光路是指光信号直接在源和目的地之间传播的通道，而不经历任何光电光（O—E—O）转换。图 1.3 所示的为上述拓扑中光路的几个例子。通常，不同光路的长度和信息容量是不同的。例如，海底传输系统中的光波路径可以长达数千千米，同时承载数 T 比特的信息容量。城市区域内的典型光路多在几十千米以内，同时承载 G 比特的信息容量。同样重要的是，光路通常与单个光学通道（单个光学载波波长）相关联，这意味着可以在源和目的地之间并行建立多个光路。

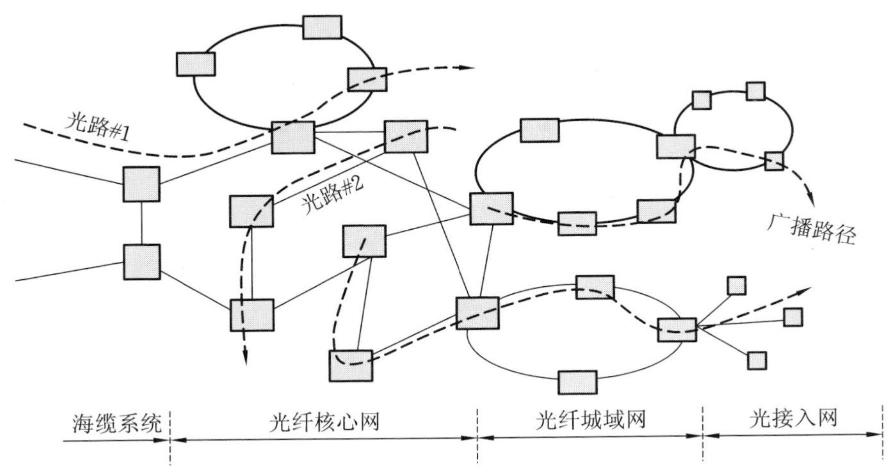

图 1.3　光网络中的光路

从传输角度来看，光路长度是最重要的参数之一，因为大多数损伤具有与长度成比例的累积效应。光路作为两个不同位置之间的光连接，通过在两个位置之间分配一个专用光通道来实现。光路通过单模光纤或多模光纤承载。如果光路是在网络部署期间设置的，并且没有任何更改，则它可以具有较为恒定的特点。如果它是按要求可设置和删除的，那么它就需要具有临时的特点。可以沿光路放置若干个关键光学元件，如光放大器、光开关和光滤波器。

来自不同光路的几个光信号也可以在某个点组合成复合信号，并继续在整个网络中一起传输。在这种情况下，可能需要均衡来自不同光路的光信号参数，以便为所有信道提供同等的传输质量。这种均衡可以包括信号电平调整、自适应色散补偿和光学滤波。从信号传输的角度来看，光波路径可以被视为管道或多路低速信息流的包装器。

在下一节中，我们将简要介绍光学系统和网络发展的历史。

1.2 历史观点

利用光进行通信的想法由来已久。有证据表明，古代人(如中国人、美洲原住民)就有使用视觉信号在一定距离上发送信息。火焰和烟雾信号或镜面反射光常用于此目的。1794 年，法国部署了第一个能够(以电报形式)传递数字信息的光学机械系统，并于 19 世纪上半叶在不同国家使用。从一定距离可见的条形图的位置和角度用于编码和传输消息。这些类似电报的系统很快被电子电报取代，电子电报在更长的距离上提供了更快的操作速度。1866 年用电报实现了跨大西洋传输。从那时起，电子通信就成了在更长距离内有效通信的唯一手段(非常有趣的是，作为电子通信第一步的电报传输竟然完全是数字化的)。

在 20 世纪中叶，人们提出了通过同轴电缆和自由空间传输，在此之前，双绞线被广泛使用。这两种传输方法都提供了更宽的传输容量，意味着可以传输更多的模拟语音信号(每个具有大约 4 kHz 的带宽)。所使用的传输带宽最初约为 10 MHz，到 20 世纪中叶逐渐增加到 100 MHz。当数字通信在 20 世纪下半叶占主导地位时，传输容量是以能够在一定距离内传输的最大总比特率来衡量的。到 20 世纪 70 年代中期，在 1 km 的距离内，该比特率达到了几百兆比特每秒，同时应用了更先进的信号调制和检测方案，并研究了最大信道容量[13-16]。

1.2.1 光通信早期及第一代光传输系统和光网络

1960 年激光器(受激辐射发光)发明后不久，人们又重新提出了利用光信号进行通信的想法。在当时利用激光作为光源在短距离和良好大气条件(没有雾、雨、雪、中度大气湍流)下具有良好的发展前景。然而，光通信真正开始于 1966 年，当时有人建议光纤可用于光信号的引导传播[17]。开始阶段的最大障碍是玻璃光纤中光信号的极高衰减(当时超过 1000 dB/km)。幸运的是，不久之后，康宁改进了光纤制造的方法，使用二氧化硅作为主要材料，并确保不同杂质(不同于 SiO_2 的离子)的浓度低于某一阈值，将光载波波长约为 1 μm 时的衰减从 1000 dB/km 降至 20 dB/km 以下。

通过改进光纤制造方法，光信号的衰减迅速降低到图 1.4 所示曲线中的典型值。如我们所见，这条曲线有山丘和山谷，可以识别出几个不同的波长区域。最显著的区域约为 1300 nm 和 1550 nm，其中衰减分别具有相对和绝对最小值。800 nm 和 900 nm 之间的区域具有一些历史意义，因为早期光源在该区域的波长下工作。

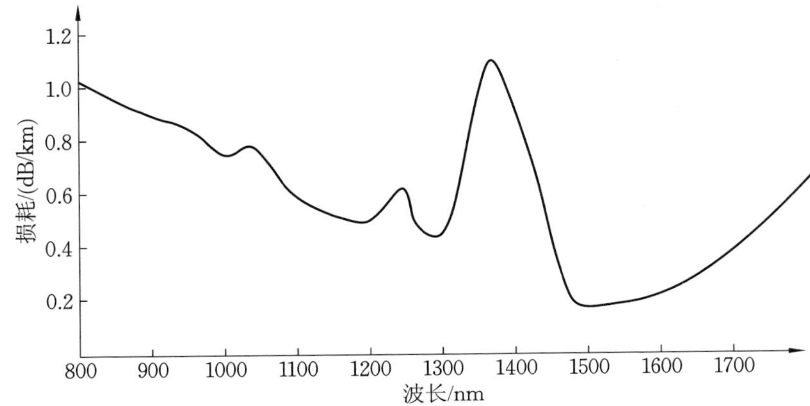

图 1.4　硅基光纤的典型衰减曲线

以连续波(CW)方式工作的半导体砷化镓激光器成为在光纤上大规模部署光传输系统所必需的另一组件。从 1970 年到 2000 年之间的第一个十年，对通信尤其是光通信来说是一段重大的历史发展时期，大传输容量和长距离传输得到极速发展。

在前文中简要提及的光通信的历史中，我们介绍了随着数字通信成为主流，通信和信息理论解释并引入了更复杂的调制格式和信号检测方案，在传统介质如双绞线、同轴电缆和微波信道上增加总传输容量。然而，光通信并没有遵循这种趋势，因为依靠输出光功率的基本开关调制方式仍然占主导地位。

数字网络也随数字传输的进步而进步。网络协议促进了与各个网络节点相关联的处理器之间的通信。随着处理器变得更快，可以更有效地将数字信息包从原点发送到目的地。读者可以查看参考文献[18-33]以了解有关网络方法和协议演变的更多信息。

光传输系统和网络的演进路径如图 1.5 所示。第一代光传输系统是基于 800～900 nm 的波长光学窗口来实现的。在多模光纤上进行传输，用法布里-珀罗型多模半导体激光器作为光源。同时，硅基光电二极管已被用作光电探测器。在某些情况下，在很短的距离内，甚至使用发光二极管(LED)作为光信号源。总传输距离达数十千米,并受到光纤衰减或空间模式色散的限制。光学光源由属于异步脉冲编码调制(PCM)层的数字信号进行调制,光源采用直接强度调制(IM),并采用直接检测(DD)方案。这些光学系统被认为是 IM/DD 系统。由于在当时传输的光通道(光路径)不超过一个,因此光网络的架构和概念并没有开启。所有的网络功能都是利用一个电时分复用器作为网络工具来完成的。

1977 1987 1997 2007

	第一代	第二代	第三代	第四代	第五代
信道速率距离	100~500 Mb/s 长达10 km	650 Mb/s~2.5 Gb/s 长达50 km	2.5~10 Gb/s 长达1000 km	10~40 Gb/s 长达10000 km	100 Gb/s~1 Tb/s 长达10000 km
通道数目	单个 800~900 nm 波长范围	单个 1310 nm 波长范围	1~128 1530~1560 nm 波长范围	40~160 1520~1610 nm 波长范围	96+ 1520~1610 nm 波长范围
系统启动器	多模光纤 法布里-珀罗 激光器	单模光纤 DFB激光器	光学EFDA放大器 WDM MuX 色彩补偿	光学EFDA放大器 拉曼放大器 FEC可调激光器	多级调制相干检测 高级FEC高度集成的 DSP OFDM MIMO
光网络	点对点系统	点对点系统	WDM MUX 静态 OADM	DWDM MUX ROADM/OXC 分层控制平面	CDC ROADM ROADM/OXC OFDMA MIMO
子信道网络	异步 PCM系统	异步 PCM系统 ATM以太网	SONET/SDH IP ATM 以太网 ESCON/FICON	SONET/SDH/OTN IP MPLS 以太网	OTN IP/MPLS 以太网

图 1.5 光传输系统和网络的演进路径

1.2.2 第二代及第三代光传输系统和光网络

在第二代光网络中,多模光纤向单模光纤转变,因为现有技术能够更有效地实现光纤耦合和光纤互连与拼接。通过使用单模光纤,有效地消除了模式色散,并且信息传输的波长可以转移到 1310 nm 附近的窗口中传输。在这个波段光纤中的衰减(通常低于 0.5 dB/km)远低于 800～900 nm 的衰减。然而,在 1310 nm 波长内进行信息传输的主要优点在于,与硅基光纤折射特性密切相关的材料色散最小。

基于 InGaAsP 半导体结构的单模半导体激光器称为分布式反馈(DFB)激光器,其工作区域在 1310 nm 附近。IM/DD 传输速率可以高达 2 Gb/s,但信息传输方式仍属于与 PCM 语音相关的异步层次,在不需要再生器等设备的情况下传输距离可以长达 50 km。为了达到 50 km 以上的传输距离,一些光电

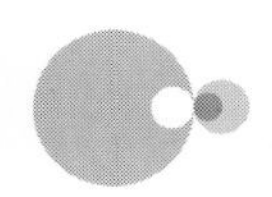

再生器需要沿着传输线进行铺设。这些再生器对信号进行光电检测和数字整形。此外，还引入了以太网协议和异步传输模式（ATM）等来处理数据传输，但与光通道没有真正地进行光再生或者光交换。

第三代光网络的特征在于载波波长是基于 1550 nm 的波长区域来展开的。其主要原因是在特定波长附近的光纤衰减最小。系统设计人员关注的不仅是光纤衰减，而是标准单模光纤（SSMF）中的色散。单模光纤中光纤芯的更复杂的多层设计有助于降低波导色散分量的色散（其主要与光纤芯的多层横截面上的光功率分布有关）。一类新的单模光纤，称为色散位移光纤（DSF），在一些主流的运营商和网络上得到引入和部署，目的是使传输距离最大化。在最初的单个光学通道铺设过程中，沿传输线每间隔 80 km 将会布置一个光学再生器。光信号通过一种新的同步层次结构格式进行调制，旨在传输多个多路复用语音通道（每个通道的比特率为 64 Kb/s）。这种同步层次结构在北美被称为 SONET（同步光纤网络），在世界其他地区被称为 SDH（同步数字层次结构）。从跨洋传播的角度来看，SONET 和 SDH 之间的差别不大。对于数据传输，ESCON 和 FICON 等专有协议仍被广泛使用。利用 ESCON/FICON 信号直接调制光载波，实现短距离数据传输。

通过将网络协议（如 ATM 或 IP）合并到 SONET/SDH 有效载荷中，SONET/SDH 还能够接收有效数据信号。有一段时间，一些相对高级的传输技术可以同时处理数字传输和网络连接。在那一时期，研究界开始研究使用相位/频率数字调制格式与相干（coherent）光学检测相结合的光传输系统。目的是通过提高接收器灵敏度来增加传输距离，同时在电平上实现色散补偿。传输容量最终增加了几倍，SONET 比特率达到了 10 Gb/s（称为 OC-192）。直至目前，从光传输的角度来看，IM/DD 方案仍然广泛使用。

在当时基于语音的流量仅显示一定量的增长，然而由于数据相关流量的增加，SONET 比特率的增加很明显不能满足不断增长的带宽需求。已有成熟的技术和几种新技术的引入使得总传输容量和传输链路长度实现了前所未有的增长。首先，可以使用波分复用（WDM）复用多个单独的光信道。其次，利用受激发射原理可以放大光信号，无需任何的光电转换。最后，通过周期性地部署特殊的光纤（称为色散补偿光纤（DCF））来补偿色散，这种光纤可以完全补偿色散的影响。光放大器和 DCF 都在传输线上进行了配置和周期性的部署，从而使传输距离达到 1000 km。该距离逐渐增加，可以在没有任何 O—

E—O 再生的情况下进行跨洋传输。其中，能处理多波长 WDM 光信号的光放大器和 DCF 都是具有划时代意义的技术。

波分复用的引入标志着光网络的真正开始，因为波分复用频谱中的每一个波长最终都可能沿着其独特的路径或光路进行信号传输。此外，每个 WDM 波长都可以通过不同类型的数字信号进行调制，如 SONET、ATM 或 ESCON/FICON。这通常是在城域网内传输的情况。新的一类 WDM 系统称为 Metro WDM。称为分插信号多路复用或信号交叉连接的功能也适用于光信号，并引入了第一代光分插复用器（OADM）和光交叉连接（OXC）。这些功能最初是以相对简化的静态方式完成的。

光路构建一直是一种用于数据源和目的地之间所需的传输工具。历史上，光路已经充当多路低速传输信道（通常称为虚拟电路）的信息包装器。在采用波分复用技术之前，电域中的时分复用技术被应用于对其信息的聚合。在固定多路复用的情况下，聚合带宽被分配到各个虚拟电路中，以使每个电路接收到保证数量的带宽，通常称为带宽管道。如果在任何特定的带宽管道中有一个未使用的带宽部分，那么它将被浪费，因为任何一对带宽管道之间的内容动态交换是不可能的。因此，有时某些带宽管道在某些时刻是空的，而其他带宽管道则可能非常满，这些都是很有可能发生的。

统计多路复用（statistical multiplexing）可以很大限度地减少带宽浪费。它是通过将每个带宽管道中的数据内容分解成数据包来完成的，这些数据包可以被独立处理。通过这样做，包交换被启用。如果任何特定带宽管道中存在过载，则可以将某些数据包重定向到其他未加载的数据包。另外，统计多路复用允许以更精细的粒度在各个虚拟电路之间分配聚合带宽。虚拟电路的固定多路复用由北美的 SONET 标准和全球的 SDH 标准定义[26]，这两个标准定义了同步帧结构、带宽划分、复用模式和监控功能，用于传输不同类型的数字信号。

虽然最初只有时分复用（TDM）的数字语音信号被打包成 SONET/SDH 帧，但它逐渐成为不同类型数据通道的帧和传输手段。这些数据通道通常按照指定的标准[18-25]进行排列。表 1.1 给出了过去 20 年中主要使用的数字带宽信道的回顾。该表中有两个单独的列，分别与 TDM/同步带宽信道和数据/异步带宽信道有关。带宽信道根据比特率排列。表 1.2 显示了内部内容统一规范的高速信道。

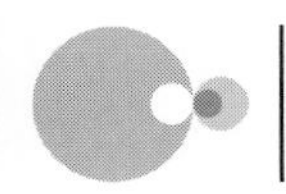

表 1.1　带宽通道

TDM/同步带宽信道	比特率	数据/异步带宽信道	比特率
DS-1	1.544 Mb/s	10-BaseT 以太网	10 Mb/s
E-1	2.048 Mb/s	100-BaseT 以太网	100 Mb/s
OC-1	51.84 Mb/s	FDDI	100 Mb/s
OC-3＝STM-1	155.52 Mb/s	ESCON	200 Mb/s
OC-12＝STM-4	602.08 Mb/s	光纤通道-Ⅰ 光纤通道-Ⅱ 光纤通道-Ⅲ 光纤通道-Ⅳ	200 Mb/s 400 Mb/s 800 Mb/s 4 Gb/s
OC-48＝STM-16	2.488 Gb/s	Gb 以太网	1 Gb/s
OC-192＝STM-64	9.953 Gb/s	10 Gb 以太网	10 Gb/s
OC-768＝STM-256	39.813 Gb/s	40 Gb 以太网	40 Gb/s

表 1.2　统一数据通道(引入和设想)

100 Gb 以太网	107～123 Gb/s
400 Gb 以太网	400 Gb/s
1 Tb 以太网	1000 Gb/s
4 Tb/10 Tb 以太网	4000/10000 Gb/s

TDM 层次结构的基本单元的传输速率为 64 Kb/s，对应于一个数字化语音通道。下一个级别是通过多路复用 24 个频道(北美的 DS-1 格式)或 30 个频道(北美以外的 E-1 格式)获得的。异步 TDM 层次结构中的较高层次是通过复用多个较低层次的信号来构建的。通常采用四个低电平流，组合成一个高电平聚合信号。这样，就获得了第三级，对应于北美的 DS-3(44.736 Mb/s)、欧洲的 E-3(34.368 Mb/s)或日本的 DS-3J(32.064 Mb/s)。互操作性问题缺乏统一的方法，成为全球高速连接的障碍。引入 SONET/SDH 标准是迈向全球网络的第一步。尽管 SONET 中的 OC-1(光载波-1)和 SDH 中的 STM-1(同步传输模块-1)在比特率上有所不同，但它们属于同一同步层次。

目前广泛部署的光传输系统的比特率分别为 2.488 Gb/s 和 9.953 Gb/s，这些比特率通常被写为 2.5 Gb/s 和 10 Gb/s。高速传输系统的运行速度为 40 Gb/s，相当于 OC-768/STM-256，也已部署。另一个 ITU 标准，即光传输网络(OTN)[3]，基于固定复用，专门为光传输网络和高比特率设计。它以一种灵活的方式定义了光信道(OCH)，从而提供更高效的数据容纳和更好的OAM(操作、管理和维护)能力。OTN 技术是第五代光传输系统和网络的关键传输工具之一，本章稍后将对其进行单独描述。

表 1.1 右侧所示的数据通道不遵循任何严格的层次结构。其中一些设备，如企业串行连接(enterprise serial connection, ESCON)或光纤通道(fiber channel)，设计用于将计算机与其他计算机和外围设备(如大内存和数据存储)互连。它们已广泛用于存储区域网络(SAN)、备份操作、金融交易等。表 1.1 和表 1.2 所示的比特率仅与数据有效载荷或有用数据有关。但是，在发送数据之前应用某些行编码时，这些比特率会增加。例如，ESCON 数据通道使用(8B、10B)线路代码，它将线路比特率提高到 250 Mb/s，而 FDDI 利用(4B、5B)线路代码将线路比特率提高到 125 Mb/s。值得注意的是，在应用(8B/10B)线路代码之后，光纤通道标准定义了三个数据有效负载比特率，最终分别为 256.6 Mb/s、531.2 Mb/s 和 1062.6 Mb/s。

如果单独部署，ESCON 和光纤通道都使用低速和低成本的光学组件。然而，为了提高传输效率，这些信道也可以多路复用。可以通过使用 WDM 技术来完成多路复用，其中光学信道由表 1.1 所示的数据比特率加载。也可以根据灵活的比特率标准规范将它们放入 SONET/SDH 帧中来完成[23,24]。FDDI 和以太网数据通道最初是为局域网环境中的数据带宽共享而设计的。FDDI 基于令牌环访问方法，而以太网标准则是基于 CSMA/CD 媒体访问的方案。由以太网标准定义的共享带宽信道的大小从最初的 10 Mb/s 发展到如今的 100 Gb/s，人们普遍预计，在不久的将来，以太网标准将达到 400 Gb/s 和 1 Tb/s 的比特率。随着带宽通道大小和带宽共享能力的增强，人们开始努力将以太网定义为一种传输标准，这种标准不仅适用于LAN和MAN环境，也适用于广域网应用。同样值得一提的是，在应用了行编码之后，千兆以太网比特率达到了 1.25 Gb/s。因此，从传输的角度来看，线路比特率是一个需要考虑的参数。由于以太网技术是第五代光传输系统和网络的高速组网的基础，所以本章后面将对此进行更详细的讨论。

1.2.3 第四代及第五代光传输系统和网络

第四代光传输系统和网络在第三代光网络的基础上在不同的层面都取得了较大的进展。首先,EDFA 放大器通过在掺铒光纤中添加一些额外的掺杂离子(如铝或铊)来增强性能。它们可以覆盖几乎整个波长范围。此外,引入基于常规光纤中受激发射的拉曼放大器,可以提供额外的增益[34-35]。拉曼放大在本质上是采用分布方式进行放大的,它对信号传输过程中的总信噪比有着综合有益的影响。在 EDFA 增益覆盖的波长范围内,可以在更多的 WDM 信道里进行传输。相邻 WDM 信道的波长间隔在 ITU-T(国际电信联盟)下进行了从 50 GHz 到 200 GHz 的标准化定义。由于波分复用(WDM)信道在波长范围内密集分布在 1550 nm 左右,因此采用了"密集波分复用"(DWDM)来定义这种情况。其次,引入了最初仅用于海底光链路的前向纠错(FEC)编码技术,大大提高了系统的传输性能,并成为整个光传输系统设计中不可或缺的部分。FEC 有效地放宽了实现所需传输质量所需的信噪比(SNR)要求,因为它能够检测和纠正信号传播过程中出现的一些错误。此外,还引入了可调谐光学元件(如激光器、滤波器、色散补偿器),为 DWDM 信道提供了急需的灵活性和动态调整。

上面提到的技术已经可以以 40 Gb/s 的比特率进行信号传输,并且已经开始了由 OC-768 SONET 加载系统的初始部署。第一代基于 40 Gb/s 的光传输系统采用了传统的信号调制和检测的 IM/DD。一些其他调制格式,如差分相移键控(DPSK)结合直接检测方案也引入进来。实验和理论研究表明,从强度调制到更复杂的格式只是时间问题。然而,设计师们也开始思考如何有效地重新引入相干检测技术。

第四代光传输系统和网络在网络领域取得了相当大的进步。可重构光分插复用器(ROADM)被广泛使用。可重新配置的设计支持光路径的动态分配,用于资源调配或恢复目的,可以实现不同逻辑网络层之间的互操作,使控制平面变得更加有效。

对于亚波长信号网络,随着数据源流量超过语音源流量,ATM 技术逐渐过时。一种称为多协议标签交换(MPLS)的新方法成为在 IP 数据流上执行面向连接操作的有效工具。MPLS 功能在本质上与 ATM 执行的功能非常相似,但在速度和路由处理方面效率更高。大规模使用 MPLS 可以实现专用数据包传输以及电路交换的服务质量(QoS)。与此同时,以太网一直保持其作为统计复用和数据分发的最有效网络收费的功能。SONET 技术仍然被用作不同协议(IP/MPLS、FICON 和以太网)的有效包装器,可以将信号传输到任意距离,同时提供最可靠的操作和维护(OAM)功能。新采用的光传输网络(OTN)标准作为 SONET/SDH 的后继标准,成为光信道直接传输最具吸引力的传输标准之一,全面地提升了信息从基于电路的电子向基于分组的光信号转变。

光学通道与特定的光学波长相关联。它对数据内容不可知,并且不属于任何数字层次结构。然而,光通道可以被视为整个光带宽的一个组成部分,该带宽可以沿着光路传输[36,37]。几个光通道可以组合在一起形成称之为"光子带"(subband)的整体。光子带所承载的带宽量取决于子带内波长的数量和每个波长所承载信号的比特率。从路由和配置的角度来看,这种组合形成的光子带可以被视为单一的光路,与处理单个波长信道的方式相同。光子带更高一层的带宽定义是整个完整可以承载信息的波段,如 C、L 和 S 波段。每个单独的波长带可以被视为光通道和波长子带的聚集。在某些情况下,如果在一定的通道上所有波长分量遵循从源到目的地的相同路径,则可以将这个组合形成的光学带视为单个整体的光路。

第五代光传输系统和网络始于 21 世纪第二个十年,其特点是已经引进了更多、更加有效的技术[36-60]。

对于低比特率应用场合,IM/DD 方案仍然适用且具有成本效益,但现在逐渐被复杂的多级调制格式和相干检测方案所取代。除了振幅之外,光信号的相位和偏振态已经被有效地用于增强信号频谱效率,从而进一步来增加总传输容量。被广泛考虑的调制格式包括:M-QAM(M 进制正交振幅调制)和 N-PSK(N 进制相移键控)。在星座图中容易识别的调制阶数也一直在迅速增加,在 2012 年通过使用这些调制格式实现了总容量超过 100 Tb/s,并成功在单模光纤进行传输[40,41]。

与采用单偏振的情况相比,偏振复用可以使总传输比特率快速地增加一倍。多电平调制格式和偏振复用的结合使频谱效率目前已经达到14 b/s/Hz 以上[41]。我们可以通过利用子载波的频率来提升信息传输效率。例如,通过应用正交频分复用(OFDM),可以沿频谱生成多个频率子载波[43,46]。虽然它们彼此重叠,但相邻载波之间没有串扰,因为它们是按照奈奎斯特准则正交定位的。每一个光学子载波都可以使用上述的多级调制格式独立地进行调制。

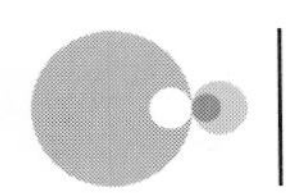

因此，结合偏振复用和 OFDM 技术，多级调制格式是利用光谱非常有效的手段。

光信号的相干检测成为第五代光传输系统的主流检测方案。采用光学混合耦合器设计了一种平衡光接收机，分别检测同相和正交信号分量，每一个都是作为输入信号和本振输入的组合，分别被检测出来，由于存在两个输入偏振态，该方案被应用了两次。利用密集数字信号处理（DSP）技术可以对平衡光接收机中检测到的电信号进行频率和相位恢复。此外，DSP 还包括用于色散和偏振模色散抑制的数字滤波。相干接收机中的 FEC 解码过程是一个非常消耗资源的 DSP 处理技术。要重点指出，DSP 是通过分别应用于光发射器和光接收器的电信号的数模转换（DAC）和模数转换（ADC）来实现的。在调制和检测过程中，ADC 和 DAC 组件的总带宽和速度对于实现最有效的 DSP 至关重要。

有效的 FEC 方法成为提高光信道容量的重要手段之一。先进的 FEC 方法中的软判决，是第五代光传输系统的重要组成部分。基于软判决的 FEC 有 Turbo 编码、低密度奇偶校验（LDPC）等多种类型，编码增益可以达到 10 dB 以上，远优于第四代光传输系统中广泛使用的传统里德 - 所罗门（Reed-Solomon）码。

多输入多输出（MIMO）技术是无线通信领域的一项重要技术，它不仅可以提高总传输容量，而且可以提高光信号的传输性能。MIMO 的实现是因为即使在同一光纤中也可能存在许多独立的物理路径。这种路径与偏振状态或空间模式有关。我们可以预期，OFDM 和 MIMO 在第五代光学系统和网络及以后的技术发展中将发挥至关重要的作用。

从光网络的角度来看，第五代光学系统的特点是采用 CDC（无色 colorless、无方向 directionless 和无竞争 contentionless）ROADM，最终提供任意指定方向的光路的完全光学切换，没有任何的信号竞争。波长选择开关（WSS）似乎将继续在光网络的 ROADM 和 OXC（光交叉连接）的未来设计中发挥关键作用。此外，网络在波长间隔方面变得更加动态，可以由 ROADM 和 OXC 处理，这实际上意味着 ITU-T 波长网格可能不再是唯一的决定因素。

作为第五代光学系统的一部分，基于电子级的子波长网络是通过利用 IP/MPLS、以太网和 OTN 技术来分配完全封装的光带宽来实现的。它们中的每一个都有一个特定的功能：IP/MPLS 为面向连接的带宽传输提供虚拟电路；以太网提供最有效的带宽整理和共享；OTN 在任意距离上提供包流量的可靠传输，同时保持强大的 AM 功能。在下一节中，我们将简要介绍高速以太网（100 Gb 以太网）和 OTN 网络标准的基本特性，因为它们是第五代光网络的重要组成部分。

重要的是，基于 SONET 和分组（以太网）的技术最终以 100 Gb/s 及以上的比特率方式进行融合。假设在 100 Gb 以太网之后，未来的标准将定义以下内容：400 Gb 以太网、1000 Gb 以太网（1 Tb 以太网）、4 Tb 以太网、10 Tb 以太网，如表 1.2 所示。这些比特率将在 OTN 标准中以相应的 OTU 格式提供。由于 FEC 引入了额外的开销（7% ～ 20%），因此会导致比特率有一定量的增加。

1.3　以太网作为基于分组的网络基础

以太网是很老的网络技术之一，但它一直在不断发展，我们也可以说它是最新的网络技术之一。以太网是最常用的网络技术，不仅在局域网（LAN），而且还在广域网（WAN）上提供网络解决方案。以太网在网络技术竞争中的显著之处在于其经过长期验证的性能、灵活性和互操作性，并伴随着极其优良的成本优势。

1.3.1　以太网作为第二层网络技术

以太网技术[2] 源于 Robert Metcalfe 制定的规范，由施乐（Xerox）、英特尔（Intel）和 Digital 公司于 1980 年共同开发。在过去的 30 年中，以太网标准不断发展，以满足与速度、灵活性和服务质量相关的网络要求。制定以太网规范的主要标准机构是 IEEE（电气与电子工程师协会），特别是其下的 802.3 的组。以太网最初定义的比特率为 10 Mb/s，并在 20 世纪 80 年代初发展到 100 Mb/s。比特率为 100 Mb/s 的以太网称为快速以太网（FE）。接下来的演进步骤包括 1 Gb/s（千兆以太网或 GbE）和 10 Gb/s（10 GbE）的比特率。在 2010 年，新的以太网技术定义为 40 Gb/s（40 GbE）和 100 Gb/s（100 GbE）的比特率。但是，一些活动已经在 IEEE 和 ITU-T 标准论坛上开始，其目标是定义下一代以太网的规格，可能是 400 Gb/s（400 GbE），之后不久就达到 1000 Gb/s（1 TbE），甚至更高。

以太网通常是第二层网络技术的代表词汇，基于国际标准组织（ISO）在 20 世纪 70 年代中期推荐的 OSI（开放系统互联）参考模型。当时，通信设备的复杂性，从硬件和软件的角度，以及非结构化程序的实现，为测试、修改和互操作性创造了一个困难的局面。ISO 通过引入分层网络结构来简化问题，每个层执行定义良好的功能。通信系统的各层执行网络相关功能（第 1 ～ 4 层）或面向应用 / 服务的功能（第 5 ～ 7 层）。OSI 结构将在第 8 章中描述。

以太网技术属于第二层，也被称为 OSI 参考模型的 MAC（介质访问层）。以太网通过 CSMA/CD（载波侦听多路访问 / 冲突检测，carrier sense multiple access/collision detection）定义对网络拓扑的访问，这是一种基于拥塞的解决方案。事实上，以太网是唯一广泛应用的多用户 CSMA/CD 方案。如果某个节点（用户）希望使用网络资源传输数据帧，则只能在连接所有节点的介质在该特定时刻未被其他用户使用时才能完成。根据原始定义，传输的以太网帧具有图 1.6 所示的结构。MAC 协议的工作原理如下：步骤 1，如果介质空闲，则启动传输，否则执行步骤 2；步骤 2，如果介质忙，则监视它直到检测到“空闲”状态，然后返回步骤 1；步骤 3，如果在传输过程中检测到冲突，则发送通知所有节点的帧冲突的干扰信号，并停止传输；步骤 4，在传输干扰信号后的某个时间重新尝试传输。

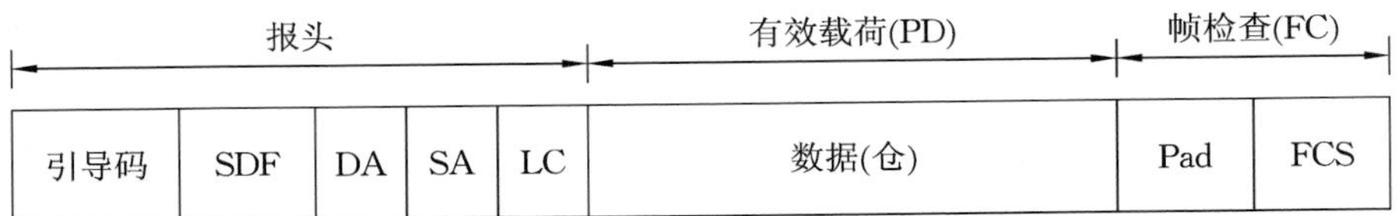

SDF：起始帧定界符
DA：目标地址
SA：源地址
LC：长度计数
FCS：帧检查序列

图 1.6　符合 IEEE 802.3 的以太网 MAC 帧格式

最小 MAC 帧大小是根据介质的最大传播延迟来确定的。在我们的例子中，介质是光纤，它按照 OSI 模型呈现物理层。IEEE 802.3 标准将以太网技术定义为由 MAC 部分（属于第二层）和物理层部分组成的两部分结构。

包含较高比特率的任何后续标准版本的 MAC 部分帧结构与低速以太网标准相关的结构没有区别。因此，100 GbE 帧结构类似于 1 GbE 和 10 GbE 的结构，只是调整到 100 Gb/s 的比特率。

1.3.2　作为高速网络工具的 100 GbE 以太网

从现在开始，我们将专注于 100 GbE 特性，因为它们目前处于最新的标准版本中,并在今后数年内成为一个网络基础协议。图 1.7 显示了 100 Gb/s 以太网结构,并举例说明了各个部分(子层)。100 GbE 中的 MAC 子层按照图 1.6 中的方案将从较高层接收的数据包转换为以太网帧,并将接收到的以太网帧转换回分组。

图 1.7 中 MAC 子层的发送端将来自上层(通常为 IP/MPLS 层)的数据组装到以太网帧中,同时将头段添加到包的前端,并在包的后端添加帧检查序列(FCS)。FCS 通常是通过使用指定的多项式对有效载荷内容进行乘法生成的。MAC 子层的接收端进行 FCS 验证,并丢弃包含错误的以太网帧。

图 1.7 中的协调子层(RS)通过将抽象接口更改为逻辑 100 Gb/s 媒体独立接口(CGMII),用作 MAC 子层和物理层(PHY)之间的调整。在该子层中,MAC 串行数据流被转换为由 64 位宽的数据信号和 8 位宽的控制信号组成的并行数据。此外,RS 执行链路故障的检测和与上下各层相关的通知。

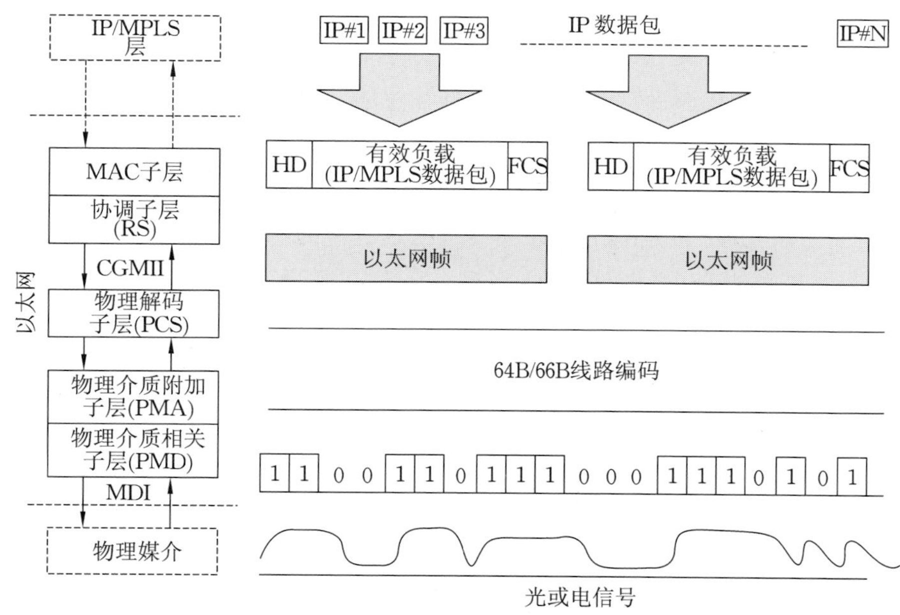

图 1.7 100 GB/s 以太网体系结构

物理层由三个子层组成:PCS、PMA 和 PMD。PCS 执行编码和解码功能,而 PMA 功能与位级多路复用和多路分解有关,并伴有时钟和数据恢复。最后,PMD 子层充当物理层与物理介质的连接,物理介质是根据当前的 IEEE 规范从几十米到四十多千米的光纤,或者是数十米以内的铜电缆。IEEE 标准

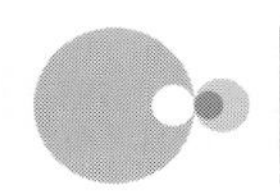

802.3ba 规定了使用光纤的几种情况。首先，多模光纤可通过 100 GBASE-SR10 接口在至少 100 m 的距离内使用，该接口可产生 10 个并行光流，每个光流的比特率为 10 Gb/s。单模光纤用于 100 GBASE-LR4 和 100 GBASE-ER4 接口，距离分别至少为 10 km 和 40 km。在这种情况下，PMD 产生 4 个光信号流，每个光信号的速度为 25 Gb/s。

100 GbE 的铜接口称为 100 GBASE-CR10，产生 10 个流，没有电光转换。对于这个接口，FEC 可以有一个可选的子层来提高铜电缆的整体传输质量。本书采用的 FEC 编码增益应大于 2 dB，并应对突发误差进行处理。

如前所述，物理层结构（PCS、PMA、PMD 子层）采用多道并行传输。PCS 采用 64B/66B 线路编码，PMA 和 PMD 子层的比特率为 103.125 Gb/s。PCS 块的出口拆分为 10 或 4 个物理通道配置，并同时处理时延偏斜问题（时延偏斜是由各个通道之间数据到达时间的差异造成的）。

如上所述，IEEE 定义了 100 Gb/s 以太网接口，传输距离从几米到四十多千米。这些接口本质上是针对局域网设计的，以支持在相对较小的地理区域上传输。这些接口专为许多应用而定制，如视频、延迟敏感的股票市场金融服务和分布式网络计算，其中大多数直接与数据中心服务端口相关。但是，局域网客户端信号的某些部分需要在较长距离上传输。较长的距离可能跨越多个域，需要多域互通。域通常是属于特定电信运营商的网络，这意味着域互通必须具有处理 OAMP（操作和维护）功能。前面提到的 OTN（光传输网络）技术就可用作以太网服务的传输引擎。

1.3.3 作为高速传输工具的 OTN 技术

通过根据数据有效负载进行速度调整，同时引入一整套 OAMP 功能，OTN 标准被设想为统一不同服务的基础设施。最初的 OTN 标准于 2001 年被 ITU-T 709 建议书批准，但从那时起又增加了许多内容，包括那些旨在容纳 100 Gb 以太网的内容。客户端信号（在本例中为 100 Gb/s 以太网）按照图 1.8 所示的通用方案封装到 OTN 容器中。客户端信号与开销字节组合，形成光信道数据单元（ODU）。多个 ODU 被分层复用以形成光信道传输单元（OTU）。另外，在 OTU 转换为光学形式之前添加 FEC 字节，并最终与同一光纤内的其他波长组合。总 OTU 帧大小为 4 行 × 4080 列，分别填充开销、有效负载和 FEC 字节，如图 1.9 所示。有效负载字节携带信息信号，开销字节提供了非常丰富的 OAM 功能。OAM 通常称为“载波级 OAM”，它在监控信号质量和实现不同域之间的互操作性方面符合严格的要求。

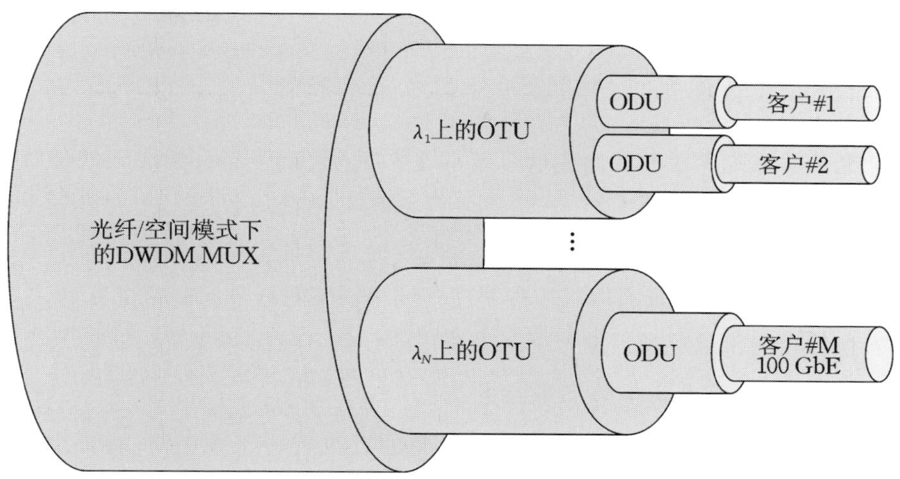

图 1.8　将 100 Gb/s 以太网信息和其他客户机信号组合成 OTN

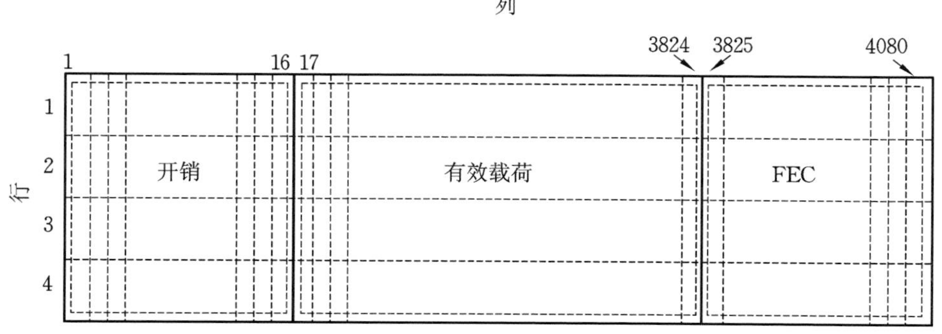

图 1.9　OTN 框架结构

ITU-T 定义了不同大小的 OTU 帧，以便更好地捕获属于不同客户端的内容。相应地，我们有以下单元和相应的比特率：OTU 1，2.67 Gb/s；OTU 2，10.71 Gb/s；OTU 3，43.02 Gb/s；OTU 4，111.81 Gb/s。对于 100 Gb/s 以太网来说，很明显 OTU4 是通过添加 FEC 字节来包装 100 Gb/s 以太网的信息。由于 OTU 帧的大小是有限的，因此只能采用标准的硬判决 FEC 码，如引入 7% 附加字节的 Reed-Solomon(255，239) 码。

对于更先进的 FEC 方案，如 LDPC[42]，它使用软判决算法，可以在任何地方引入 7% ～ 35% 开销，因此必须采用新的帧大小。ITU-T 同意引入 OTU4V，以承载 20% 左右的软判决 FEC 开销。在未来我们将看到其他一些关于 OTU 的提案，这些提案不仅包括 100 GbE，还包括 400 GbE 和 1 TbE 以及最有效的编解码方案。

1.4 光传输系统和网络的分类及基本概念

光传输系统和任何其他传输系统的基本区别在于，与有线或无线传输中使用的任何其他载波频率相比，光波段频谱具有更宽的数值。光波段频率约为 200 THz，比无线移动信号的载波频率或通过同轴电缆传播的信号的载波频率至少高 10^5 倍。较高的载波频率使该频率周围的信号调制带宽更宽，这意味着光信道的信息容量远远大于当今使用的任何其他已知介质的信息容量。

1.4.1 光纤作为传输和网络的基础

光纤是光信号传输的基础介质。与其他有线物理介质相比，它提供了更宽的可用带宽、更低的信号衰减和更小的信号失真。总可用光带宽如图 1.10 所示，图中显示了目前使用的单模光纤的典型衰减曲线。如果光纤带宽与光纤衰减低于 0.5 dB/km 的波长区域对应，则总光学带宽约为 400 nm，或约为 50 THz。可以通过将可用光学带宽与频谱效率相乘来计算所得到的信息容量，频谱效率以每 1 Hz 带宽的 b/s 表示。通过使用先进的调制技术，总的信息容量可以超过 500 Tb/s，从而将频谱效率提高到远远超过 1 b/s/Hz。

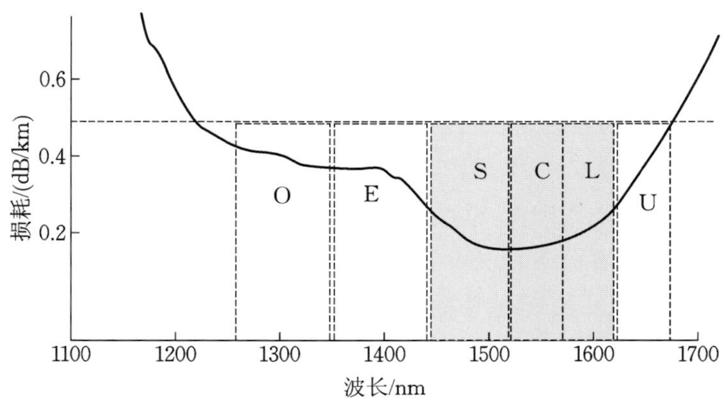

图 1.10 光纤带宽

可用的光学带宽通常分成几个波段。最小衰减区域周围的频带（通常称为 C 和 L 频带）被认为是最适合高信道数 DWDM 传输的频带，并且已经广泛用于传输目的。C（常规）波段的波长为 1530～1565 nm，而 L（长）波段的波长为 1565 ～ 1625 nm。S(短) 波段覆盖了介于 1450 nm 和1530 nm 之间的较短波长,其光纤衰减略高于C和L波段的。1300 nm左右的波长区域不利于光信号传输,因为信号衰减比 S、C 和 L 波段的波长衰减更大。另一方面,1300 nm 左右的带宽对于某些特定用途非常有用,如有线电视信号的传输。此外,该波段还可以很容易地采用过程波分复用技术。最近,虽然没有标准化,但已经识别出波长 1310 nm 左右的两个波段:1260 ～ 1360 nm 的 O(原始) 波段和 1360 ～ 1460 nm 的 E(扩展) 波段。此外,还考虑了波长大于 1625 nm 的另一个波段。它被称为 U(超长) 波段,其范围为 1625 ～ 1675 nm。

1.4.2 光传输系统

最简单的光传输系统是一个点对点连接,利用一个光波长作为光路径,通过光纤传播。对这种拓扑结构的升级是对 WDM 技术的部署,在这种技术中,将多个光学波长组合在一起,以在同一物理路径上传输(同样是作为一个光路径,容量增加)。事实证明,WDM 是增加已安装光纤设备带宽的一种经济有效的方法。虽然该技术最初仅用于增加总比特率,但它逐渐成为光网络的基础技术。

图 1.11 所示的为内部带有网络元件的光传输系统的通用方案。假设信号传输是双向的。通过波分复用(WDM) 技术将与特定信息带宽相关的多个光信道组合在一起,并发送到光纤线路。然后,聚合信号经过一定距离传输,并通过光检测过程将其解复用并转换回电域。光信号传输路径上有多个光放大器、光交叉连接和光分插复用器。从光源到目的地的光信号可以由各种光学元件处理,如光学滤波器、光衰减器和光隔离器。

一般而言,图 1.11 所示的方案中的每个波长都可以视为不同的光路,因为它可以通过可重新配置的光分插复用或光交叉连接独立路由。光信号的路由过程由网络管理系统或专用控制平面软件自动完成。路由过程和添加/删除过程与以下网络功能之一相关联:服务启动、服务拆卸、网络保护和恢复、服务清理和按需分配带宽。

1.4.3 光网络参数

与系统相关的参数如图 1.11 所示。光信号传输质量通常由光路末端或两个独立的中间点之间的误码率(*BER*) 决定。需要对光路连接进行适当的设计,以提供稳定可靠的运行。

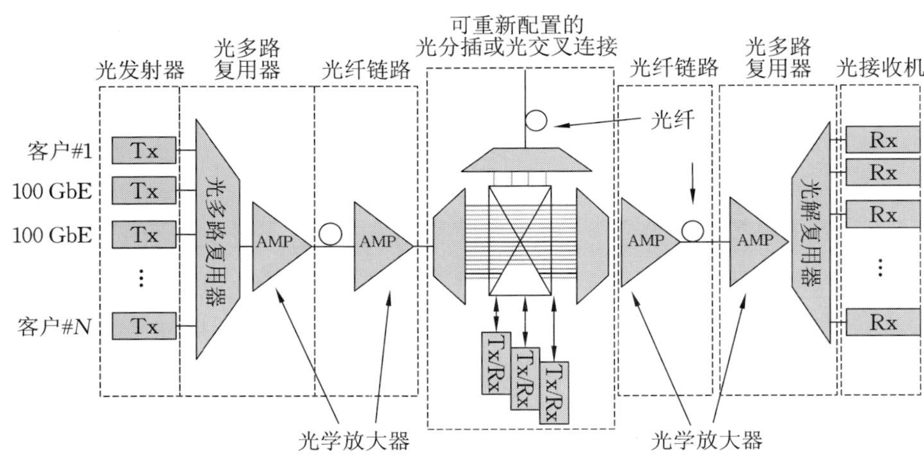

图 1.11　光传输和网络

光信号参数如图 1.12 所示，我们可以看到，它们中的大多数都与光功率或光波长相关。它们也可以是时不变的或时变的。与光功率相关的系统参数是每通道的光功率、光纤衰减、消光比和光学元件损耗。光学波长相关参数是光学波长本身（通过波长稳定性）和光学通道带宽。第三组参数（时变参数）包括光信道比特率、一阶偏振模色散（*PMD*）和信号定时抖动。

下一组参数是与光功率相关但又随时间变化的参数，包括光调制格式、量子噪声、偏振相关损耗（*PDL*）和误码率。还有另一组包含依赖于光功率和光波长的参数，包括光放大器增益、光学噪声、光学通道之间的串扰，以及一些非线性效应，如四波混频（*FWM*）和受激拉曼散射（*SRS*）。取决于波长但也是时变的参数是：色散、激光频率啁啾和二阶 *PMD*。最后，有一些参数既依赖于光功率又依赖于光波长，而且是时变的，它们是：受激布里渊散射（*SBS*）、自相位调制（*SPM*）和交叉相位调制（*XPM*）。值得一提的是，除了上面列出的参数外，热效应还会产生电噪声，这可以视为背景参数，在任何传输场景中都会出现。此参数与光功率或信号波长没有任何特定连接。

光传输系统的设计涉及考虑可以在从发送源（激光器）到目的地（光电探测管），然后到决策点的途中改变光信号的所有效应。不同的损伤，如噪声、串扰和干扰，会降低和破坏信号的完整性，直至到达恢复的决策点。传输质量由接收到的信噪比（*SNR*）衡量，信噪比定义为信号电平与阈值处噪声电平的比值。传输系统误码率（*BER*）参数也用于信号质量评估，因为它定义了数字空

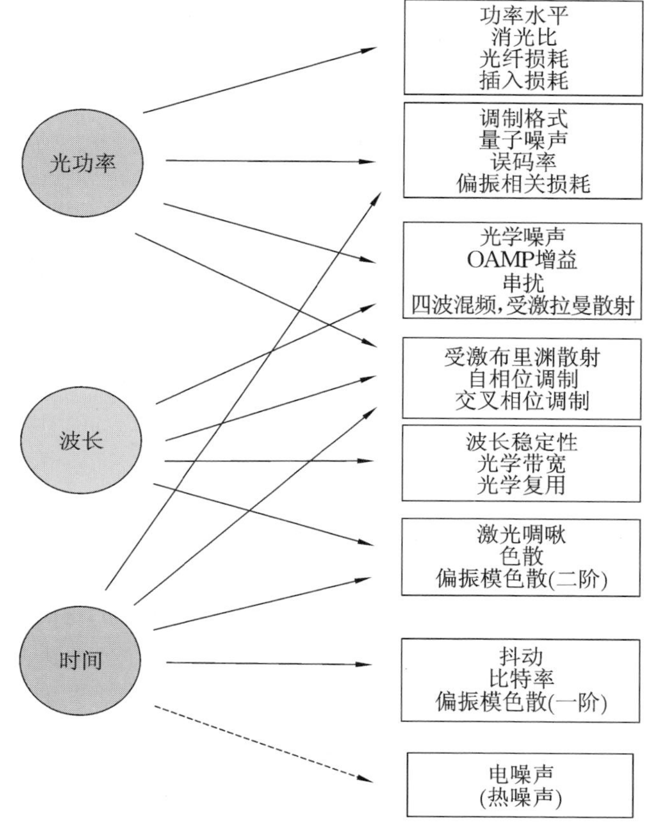

图 1.12　光信号参数

信号（或逻辑“0”）被误认为数字标记信号（逻辑“1”）的概率，反之亦然。评估 *BER* 需要确定阈值处的接收信号电平、噪声功率的计算以及各种损伤的影响的量化，所有这些都与所应用的调制格式和检测方案有关。

然而，光传输系统和网络的任何设计者都可以使用一套先进技术来对沿光波路径传输的信号进行放大、路由和光学处理。此外，先进的调制和检测方案可以用来改善信号质量，提高传输容量，增强网络的灵活性和动态性。将 *M-QAM* 等多级调制方案与相干检测方案相结合，提高了光信道容量和传输质量。诸如 *OFDM*、偏振复用和光学空间 *MIMO* 的高级复用方案可用于增加容量，但也可用作与第二层和第三层一起工作的光网络子层。

1.4.4　光信道容量和基本信号参考

设计光传输系统的主要目的是最大限度地提高光信道容量和光网络流

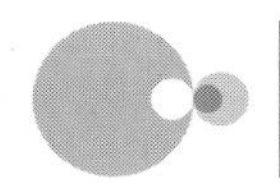

量。通过应用先进的调制/检测方案来提高频谱效率，提高容量。高级的多路复用方案，以及高级的 FEC，也可达到同样的目的。

由著名的香农定理[14] 定义了最终信道容量，即信道容量等式。

$$C = W \cdot \log_2(1 + S/N) = W \cdot \log_2(1 + \mathrm{SNR}) \tag{1.1}$$

其中，C 是指定带宽 W 内信息的最大速率，而信号和噪声电平分别由 S 和 N 定义。我们还采用信噪比（$\mathrm{SNR} = S/N$）作为信号噪声比的常规指标。通常，信号和噪声水平在电学和光学域中以不同方式定义。电信号由电流或电压幅度表示，而噪声作为统计过程由其幅度的均方根（RMS）表示。因此，我们可以假定 $S \sim I(t)$，或 $S \sim U(t)$，其中 $I(t)$ 和 $U(t)$ 代表了信号的电流和电压的大小。同时，我们得到 $N \sim \langle [n_e^2(t)] \rangle^{1/2}$，其中 $n_e(t)$ 代表与噪声相关的随机电参数。

比值 S/N 通常也称为信噪比，用分贝（dB）表示为

$$\mathrm{SNR}_e = 20\lg(S/N) \tag{1.2}$$

我们在其中放置下标 e 以反映 SNR 与电域相关。同时，光域中的信号以其光功率来表示。光功率也与不同类型的光噪声（如光放大器中的放大自发噪声或半导体激光器中的强度噪声）有关。因此，我们有 $S \sim P(t)$，其中 $P(t)$ 代表光信号功率，$N \sim \langle [n_p^2(t)] \rangle^{1/2}$，其中 $n_p(t)$ 描述光噪声功率的随机变化。

光域中的信噪比可以表示为

$$\mathrm{SNR}_o = 10\lg(S/N) \tag{1.3}$$

其中，下标 o 代表光学。我们仍然用分贝表示信噪比的单位，但这次对数比是乘以系数 10 而不是 20。

分贝作为一个相对单位，也被用来测量两个光功率 P_1 和 P_2 的比值，所以我们得到

$$\text{Power ratio} = 10\lg(P_1/P_2) \tag{1.4}$$

如果这一比率为 3 dB，则意味着功率获得增益并使其值增加一倍，而 −3 dB 则意味着功率在所述两个点之间损失了原来值的一半。另一个例子是 −20 dB，这意味着光信号在到达第二个控制点时丢失了其原始值的 99%。如果 $P_2 = 1$ mW，则出现特殊情况，因为功率比反映了光信号的绝对值。我们现在用 dBm 代替 dB 符号，其中 m 代表毫瓦。作为参考，0 dBm 代表 1 mW 的光功率。

虽然光信号和电信号的信噪比参数被用来评估信号的健康状况和传输质量，但通常是用误码率来评估数字信号的传输质量。第 4、5、6 和 7 章将详细分析不同传输场景中的信噪比和误码率参数。

谈到信道容量，根据式(1.1)，性能和最终信道容量都受到接收端噪声水平的限制。式(1.1) 给出噪声通信信道中的最大可能比特率，这是存在具有高斯分布的噪声的情况。虽然高斯噪声存在于光通信信道中，但式(1.1) 不能精确地确定所有情况下的信道容量。这是因为当光功率超过某一水平[51]时，非线性效应在光纤中的影响占主导地位。在这种情况下，增加信号电平以提高信噪比不会使式(1.1) 中的参数 C 增加，因为传输质量将低于可接受值。

如果假设光传输系统的一般情况(见图 1.10)，并且假设有 M 个光信道(光通路) 分别加载比特率 $B_1, B_2, B_3, \cdots, B_M$，那么总传输容量 B 等于单个比特率之和，即

$$B = \sum_{i=1}^{M} B_i \tag{1.5}$$

通常，我们使用总传输容量和距离 L 的乘积来表征光链路的传输能力，以代替参数 B。参数 B_L 定义为

$$B_L = B \cdot L \tag{1.6}$$

很明显，光传输系统的总传输容量和光网络的吞吐量将取决于特定波长范围内光通道的密度。ITU-T 早期为相邻的 DWDM 信道定义了一个波长网格，该网格指定相邻信道在 C 和 L 波段中相距 100 GHz。该规范之后更新为 50 GHz 间距，也将引入 25 GHz 间距。但现实是，当我们采用最先进的光网络架构时，不会选择刚性但更灵活的波长定位，因此 ITU-T 引入了可变信道间隔，通过 12.5 GHz 粒度进行更改[47]。前面提到的另一个参数，通常称为光谱效率(SE)，用于描述光传输系统和网络中的传输能力。多通道光学系统中的光谱效率定义为

$$\mathrm{SE} = \frac{B}{\Delta\nu} \tag{1.7}$$

其中，$\Delta\nu$ 是由多通道信号占用的光学频带。参数 SE 以 b/s/Hz 表示，为各种调制、检测和编码方案的比较提供了很好的衡量标准。

与前几代的频谱效率相比，第五代光传输系统和网络采用了最先进的调

制、编码和检测方案，其频谱效率提高了十倍以上。例如，2011 年文献[40] 通过采用偏振分集 128QAM-OFDM 调制方案，然后进行相干检测，实现了光谱效率为 11 b/s/Hz 的 C 和 L 波段 100 Tb/s 的传输能力。我们可以预期这种趋势将在未来几年继续，因为频谱效率的提升还有更大的空间。

1.5　未来展望

在过去几十年中，光传输系统和网络取得了稳步进展，这种趋势将继续下去。我们假设未来的趋势将通过进一步增加光信道容量（光信道和光链路级别）以及进一步增强光网络的灵活性、吞吐量和动态性来确定。我们预计在接下来的二十年中，以下趋势将占主导地位。

多载波传输将逐步引入光接入，并部署新一代无源光网络，如 WDM-PON 或 OFDM-PON。这些网络为个人和企业用户提供以太网服务，并在下一代无线系统中连接多个天线站点。我们可以预见，1 Gb/s 以太网将成为住宅用户的标准带宽管道，而 10 Gb/s 以太网将成为中型企业用户服务的主流带宽。与此同时，100 Gb/s 以太网将成为全国网络上数据包传输的单位。对带宽的高需求将加快引入更高的以太网速率，我们可以预计，在这十年内将引入 400 Gb/s 以太网和 1 Tb/s 以太网，而到 2025 年，4 Tb/s 以太网和 10 Tb/s 以太网将成为主流。

总的来说，未来将讨论的主题包括：① 利用所有可用的自由度设计大容量光信道；② 设计多维和弹性光网络方案；③ 使用新技术和材料光学元件（包括光纤）；④ 随着最大数据吞吐量的增加和相对功耗的降低而进行的大规模光电集成；⑤ 数据中心网络内数据包分配的有效方案。

本书的目的是提供基础知识和指导，以帮助解决上述主题。

1.6　本书的组织

以下章节的结构旨在提供一个全面的材料，用于理解相关主题背后的物理现象，以及理解和实施已经讨论过的基本和最先进的原理、算法和方案。

该材料以教科书形式组织，主要涉及光通信和网络的高级主题。它的组织旨在为读者提供直接的指导，以获取基础知识，以及理论和实践知识，更好地了解第五代光通信系统和网络。本书的每一章都有大量的参考资料。在每一章的末尾还有一个问题列表。此外，本书提供了模拟和建模的指导，目的是帮助读者建立他们的研究和工程任务所需的知识和技能。

通过对光纤中信号传播的详细分析，以及对光通道损伤和噪声源的分析，将主题的顺序安排为从光学部件的描述开始。接着描述了信号调制、检测和编码的先进方法。光网络原理和先进的网络结构在单独的章节中进行了描述，尽管光网络主题在大部分章节中都会出现。下面是本书各章的简要总结。

本章概述了光网络在我们信息社会中的作用，并解释了以太网技术作为基于分组网络的基础。此外，还提供了第五代光学系统和网络的历史观点和意义，更详细地说明了用于通信和网络的不同功能块的作用。最后，介绍了光学系统和网络的分类及基本概念。

第 2 章描述了通常沿光路部署的光学组件的特性，以及对光传输、光网络或高级信号处理产生的影响。本章的主题涉及光纤、光源、光调制器、光电探测器、光放大器、光学滤波器、光开关和光复用器。介绍了光纤和电缆的结构以及其他组件（如光隔离器、耦合器或环形器）的作用。将特别关注从传输和网络角度来看重要的功能。此外，将概述关键元件的系统特性，如先进的光学调制器和光滤波器 / 光开关。

第 3 章详细描述了不同类型光纤的传输特性。利用非线性传播方程分析了单模光纤中线性效应和非线性效应对脉冲形状的影响。我们将使用高斯脉冲形状来计算色散和自相位调制的影响。此外，还将描述支持多个空间模式并且用作空间 MIMO（多输入多输出）技术的基础的特殊光纤（少模和少芯光纤）的传输特性。最后，分析了色散补偿等特殊用途光纤的传输特性。

第 4 章是关于光通道损伤及其对光路信号传输的影响的评估。特别要注意色散、偏振模色散、自相位和交叉相位调制、四波混频和拉曼散射。将详细解释这些现象，并且将获得用于评估其影响的表示式。将详细分析与光学系统和网络设计相关的所有噪声分量。除了对与光电探测相关的噪声分量的详细分析之外，还将检查由光放大器引起的差拍噪声分量，以及激光幅度和相位噪声分量的影响。

在第 5 章中，我们介绍了一些高级的调制方式，包括：多级调制，如 N 进制相移键控（N-PSK）和 M 进制正交幅度调制（M-QAM）；多维星座，例如，适用于单模光纤链路通信的四维信号星座，适用于通过少模光纤通信的多维轨道角动量(OAM)调制,以及采用所有可用自由度的混合多维信号星座;正交频分复用(OFDM)。此外,还将介绍偏振分复用和空分复用的概念。本章还提出了信号空间理论和最优信号星座设计的概念。

第6章介绍了高级检测的概念,包括相干检测、相干光OFDM、信道均衡、MIMO检测和各种损伤的补偿。将描述以下检测后补偿技术:前馈均衡器、判决反馈均衡器、维特比均衡器、Turbo均衡法和数字背向传输法。文中还介绍了OFDM对色散和偏振模色散的补偿。最后,详细描述了各种MIMO检测技术。

第7章概述了用于光通信的先进的FEC技术。主题包括图形编码、编码调制、速率自适应编码调制和Turbo均衡。本章的主要目标包括对光通信中用于组合多级调制和信道编码的描述方法、用于执行均衡和联合软解码的算法的解释,最后介绍了有效地用于联合解调、译码和均衡过程的方法。解释了图表上的代码,包括Turbo代码、Turbo产品代码和LDPC代码。我们还将讨论二进制LDPC码解码器的FPGA实现。

在第8章中,我们将描述不同的网络拓扑和光路路由的特性,包括初始路由和信令约束。详细描述了关键光学路由元件(ROADM和OXC)以及高级波长选择开关(WSS)的作用。概述了光网络的多层特性,并描述光网络客户端层(IP/MPLS、以太网、OTN)在互通过程中的作用。讨论了基于分组交换和基于电路交换的多路径光网络设计,并且将概述其在关键网络段(接入网络、城域网、核心网络和数据中心网络)中的实现。最后,解释了涉及MIMO和OFDM技术的先进光子网络的空间光谱概念。

第9章是光通信系统的建模与仿真,以及光信道容量的评估。我们将描述适用于研究各种线性信道损伤的模型,用于研究OFDM和MIMO技术的模型,以及适用于研究信道内和信道间非线性的传播模型。我们还通过将光纤视为具有存储器的信道来评估光纤信息容量。此外,我们还描述了如何确定作为信道容量下限的均匀信息容量。

在第10章中,我们将提供有关半导体物理学和信号信息理论的解释和基本描述。还提供了特殊数学函数的定义及其相互关系,以帮助读者更容易地理解前几章所述的内容。建议读者在开始研究前几章所涵盖的主题之前,先学习本章中的内容。

思考题

1.1　数字信号统计与时分复用(TDM)相比有什么优势？解释基于电路和基于分组的网络的主要优点和缺点。

1.2　IP/MPLS、以太网和 OTN 网络技术之间的区别是什么？哪一个与光路关系最密切，为什么？

1.3　将光纤视为信号传输介质的转折点是什么？解释原因。

1.4　解释为什么与任何类型的铜缆和微波链路相比，在光纤频率下传输能够实现更高的信息容量。

1.5　计算损耗为 0.2 dB/km、10 dB/km 和 1000 dB/km 时光纤功率损失 99% 的光纤链路长度。

1.6　激光光源输出功率为 0.05 W，一半注入光纤链路，实现 200 km 传输。为了达到这个目的，需要一个直列光放大器。假设传输在 1550 nm 左右的 C 波段完成，并计算实现 200 km 总传输距离所需的直列光放大器的增益。假设放大和检测过程之前所需的最小光功率为 −21 dBm。

1.7　在前面的问题中，假设接收光功率等于−21 dBm。如果传输比特率为 100 Mb/s、1 Gb/s 和 100 Gb/s，在接收端的一个时隙内有多少光子？

1.8　从图 1.9 计算 O、E、S、C、L 和 U 波长区域的实际带宽(以赫兹为单位)。如果传输系统的频谱效率为 0.1 b/s/Hz，则它们各自的总传输容量是多少？将光纤的可用传输容量与高质量同轴电缆的容量进行比较。

1.9　解释在给定频谱范围内增强总传输容量的方法。为了增加整体容量，应考虑哪些折中方法？

1.10　以 M-QAM 为例，在哪些信噪比下能保证频谱效率高于 4 b/s/Hz？要使频谱效率翻倍，信噪比应增加多少？

1.11　第五代光传输系统和网络的主要推动力是什么？光通信和网络的最终目标是什么？实现该目标需要哪些关键要素？

1.12　第一、第二和第三代的光传输系统分别在 900 nm、1310 nm 和 1550 nm 下工作。分别计算在载波频率下信号的光子能量(单位：eV)。

参考文献①

[1] Cvijetic, M., Advanced technologies for next-generation fiber networks, *Proc. of Optical Fiber Communication Conference*, San Diego, CA, 2010, paper OWY1.

[2] IEEE 802.3ba 40 Gb/s and 100 Gb/s Ethernet Standard, June 2010, www.ieee802.org/3/ba.

[3] ITU-T Rec.G.709, Interfaces for the Optical Transport Network-OTN, 2009.

[4] Cvijetic, M., and Magill, P., (coeditors): 100 Gigabit Ethernet, Seed Delivering on the Promise, *IEEE Communication Magazine*, Vol.45, 2007, Supplements 3 and 4.

[5] Baldine, I., et al, A unified architecture for cross-layer design in future optical Internet, *Proc. European Conference on Optical communications (ECOC)*, Vienna, 2009, paper 2.5.1.

[6] McGuire, A., et al., (editors) *IEEE Communications Magazine: Series on Carrier Scale Ethernet*, Vol.46, Sept 2008.

[7] *Internet Engineering Task Force (IETF), MPLS (Multiple Protocol Label Switching) Protocol* www.ietf.org/rfc/rfc3031.txt, www.ietf.org/rfc/rfc3032.txt, www.ietf.org/rfc/rfc5462.txt, www.ietf.org/rfc/rfc5921.txt.

[8] Gower, J., *Optical Communication Systems, 2nd edition*, Upper Saddle River, NJ: Prentice Hall, 1993.

[9] Agrawal, G.P., *Fiber Optic Communication Systems, 4th edition*, New York: Wiley, 2010.

[10] Ramaswami, R., Sivarajan, K.N., and Sasaki, G., *Optical Networks, a Practical Perspective, 3rd edition*, San Francisco, CA: Morgan Kaufmann Publishers, 2010.

[11] Kazovski, L., Benedetto S., and Willner A., *Optical Fiber Communication Systems*, Norwood, MA: Artech House, 1996.

① 全书参考文献格式直接引自英文版原书。

[12] Mukherjee, B., *Optical WDM Networks*, New York: Springer, 2006.

[13] Cvijetic, M., *Coherent and Nonlinear Lightwave Communications*, Norwood, MA: Artech House, 1996.

[14] Shannon, C.E., A Mathematical Theory of Communications, *Bell Syst. Techn. J.*, Vol.27, Jul. and Oct. 1948, pp.379-423 and 623-656.

[15] Schwartz, M., *Information Transmission, Modulation and Noise, 4th edition*, New York: McGraw-Hill, 1990.

[16] Proakis, J.G., *Digital Communications, 5th edition*, New York: McGraw Hill, 2007.

[17] Kao, K.C., and Hockman, G.A., Dielectric fiber surface waveguides for optical frequencies, *Proc. IEE*, 133(1966), pp.191-198.

[18] Bellcore, G.R., *SONET Transport Systems: Common Generic Criteria*, GR-253-CORE, Bellcore 1995.

[19] ITU-T Rec. G.681: Functional characteristics of interoffice and long-haul line systems using optical amplifiers, including optical multiplexing, ITU-T (10/96), 1996.

[20] ITU-T, Rec. G.798 Characteristics of Optical Transport Network Hierarchy Functional Blocks, ITU-T(02/01), 2009.

[21] ITU-T, Rec G.694.2, Spectral grids for WDM applications: CWDM wavelength grid, ITU-T(06/02), 2002.

[22] ITU-T, Rec G.704, Synchronous frame structures used at 1544, 6312, 2048, 8448 and 44,736 kbit/s hierarchical levels, ITU-T(10/98), 1998.

[23] ITU-T, Rec G.7041/Y.1303, Generic framing procedure (GFP), ITU-T(12/01), 2001.

[24] ITU-T, Rec G.7042/Y.1305, Link capacity adjustment scheme (LCAS) for virtual concatenated signals, ITU-T(11/01), 2001.

[25] ITU-T, Rec G.8110/Y.1370.1, Architecture of transport MPLS layer network, ITU-T(11/06), 2006.

[26] Kartalopoulos, S.V., *Understanding SONET/SDH and ATM*, Piscataway, NJ: IEEE Press, 1999.

[27] Loshin, P., and Kastenholz F., *Essential Ethernet Standards: RFCs and*

Protocols Made Practical, New York: John Wiley & Sons, 1999.

[28] Huitema, C., *Routing in the Internet, 2nd edition*, Upper Saddle River, NJ: Prentice Hall, 1999.

[29] Calta, S.A., et al., Enterprise system connection (ESCON) architecture-system overview, *IBM Journal of Research and Development*, 36(1992), pp.535-551.

[30] Sachs, M.W., and Varma, A., Fiber Channel and related standards, *IEEE Commun.Magazine*, 34(1996), pp.40-49.

[31] Ross, F.E., FDDI-a tutorial, *IEEE Commun.Magazine*, 24(1986), pp.10-17.

[32] Yuan, P., et al., The IEEE 802.17 media access protocol for high-speed metropoliten area resilient ring packets, *IEEE Network*, 18(2004), pp 8-15.

[33] Farrel, A., and Bryskin, I., *GMPLS: Architecture and Applications*, San Francisco, CA: Morgan Kaufmann Publishers, 2006.

[34] Cvijetic, M., *Optical Transmission Systems Engineering*, Norwood, MA: Artech House, 2003.

[35] *Lightwave Optical Engineering Sourcebook*, Worldwide Directory, Lightwave 2003 Edition, Nashua, NH: PennWell, 2003.

[36] Kovacevic, M., and Acampora, A.S., On the benefits of wavelength translation in all optical clear-channel networks, *IEEE JSAC/JLT Special Issue on Optical Networks*, Vol.14, 1996, pp.868-880.

[37] Lee, M., et al., Design of hierarchical crossconnect WDM networks employing two-stage multiplexing scheme at waveband and wavelength, *IEEE J.Sel.Areas in Comm.*, Vol.20, pp.116-171.

[38] Fukuchi, K., et al, 10.92 Tb/s (273 × 40 Gb/s) triple band ultra-dense WDM optical-repeated transmission experiment, *Optical Fiber Conference-OFC*, Anaheim, CA, 2001, PD 26.

[39] Zhou, X., et al., 32 Tb/s (32 × 114 Gb/s) PDM-RZ-8QAM Transmission over 580 km of SMF-28 Ultra-Low-Loss Fiber, *Optical Fiber Conference-OFC*, San Diego, CA, 2009, PDPB4.

[40] Quin, D., et al., 101.7-Tb/s (370 × 294 Gb/s) PDM-128QAM-OFDM

Transmission over 3 × 55 km SSMF using Pilot-based Phase Noise Mitigation, *Optical Fiber Conference-OFC*, Los Angeles, CA, 2011, PDPB5.

[41] Sakaguchi, J., et al., 109 Tb/s (9 × 79 × 172 Gb/s SDM/WDM/PDM) QPSK transmission through 16.8 Homogenous Multicore Fiber, *Optical Fiber Conference-OFC*, Los Angeles, CA, 2011, PDPB6.

[42] Djordjevic, I.B., et al., Next generation FEC for High-capacity Communication in Optical Transport network, *IEEE J.Lightwave Techn.*, Vol.27, Aug. 2009, pp.3518-3530.

[43] Yu, J., et al., Ultra-High capacity DWDM Transmission System for 100G and Beyond, *IEEE Commun.Magazine*, Vol.48, 2010, pp.56-64.

[44] Chandrasekhar, S., et al., Transmission of a 1.2 Tb/s 24-carrier No-Guard-interval Coherent OFDM Super Channel over 7200 km of Ultra-large-Area-Fiber, *Optical Fiber Conference-OFC*, San Diego, CA, 2009, PD 2.6.

[45] Lam, C.F., (editor), *Passive Optical Networks: Principles and Practice*, San Diego CA: Academic Press, 2007.

[46] Cvijetic, N., et al., 100 Gb/s optical access based on optical orthogonal frequency-division multiplexing, *IEEE Commun.Magazine*, Vol.48, No 7, 2010, pp.70-77.

[47] Gringeri, S., et al., Flexible Architectures for Optical Transport Nodes and Networks, *IEEE Commun.Magazine*, Vol.48, No 7, 2010, pp.40-50.

[48] Qiao, C., et al., Extending Generalized Multiprotocol Label Switching (GMPLS) for Polymorphous Agile and Transparent Optical Network, *IEEE Commun. Magazine*, Vol.44, No 12, 2006, pp.104-114.

[49] Tomkos, I., et al., Performance engineering of metropolitan area optical networks through impairment constraint routing, *IEEE Commun. Magazine*, Vol.42, No 7, 2004, pp.40-47.

[50] Alferness, R., et al., (editors), *IEEE/OSA Journ.of Lightwave Techn.*, Special Issue, Vol.26, May 2008.

[51] Essiambre, R.J., et al., Capacity Limits of Optical Fiber Networks,

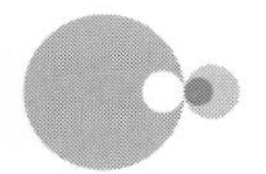

IEEE J. of Lightwave Techn., Vol. LT-28, 2010, pp.662-701.

[52] Sheih, W., and Djordjevic, I.B., *OFDM for Optical Communications*, Burlington, MA: Elsevier, 2010.

[53] Djordjevic, I.B., et al., Optical LDPC decoders for beyond 100 Gbit/s optical transmission, *Opt. Letters*, Vol.34, May 2009, pp.1420-1422.

[54] Xia, T.J., et al., Field experiment with mixed line-rate transmission (112 Gb/s, 450 Gb/s, and 1.15 Tb/s) over 3,560 km of installed fiber using filterless coherent receiver and EDFAs only, Optical Fiber Conference, Los Angeles, CA, 2011, PDPA3.

[55] Ryf, R., et al., Space-division multiplexing over 10 km of three-mode fiber using coherent 6 × 6 MIMO processing, Optical Fiber Conference, Los Angeles, CA, 2011, PDPA3.

[56] Sitch, J., High-speed digital signal processing for optical communications, Proc. of European Conference on Optical Communications, Brussels, 2008, paper Th.1.A.1.

[57] Morioka, T., et al., Enhancing Optical Communications with Brand New Fibers, *IEEE Commun.Mag.*, Vol.50, no.2, pp.40-50.

[58] Zhu, B., et al., Seven-Core Multicore Fiber Transmission for Passive Optical Network. Optics Express, Vol.18, May 2010, pp.117-122.

[59] Gerstel, O., et al., Elastic Optical Networking: a New Down for the Optical Layer?, *IEEE Commun.Mag.*, Vol.50, pp.512-520.

[60] Myslivets, E., and Radic, S., Advanced fiber optic parametric synthesis and characterization, *Optical Fiber Conference-OFC*, Los Angeles, CA, Mar.2011, paper OWL5.

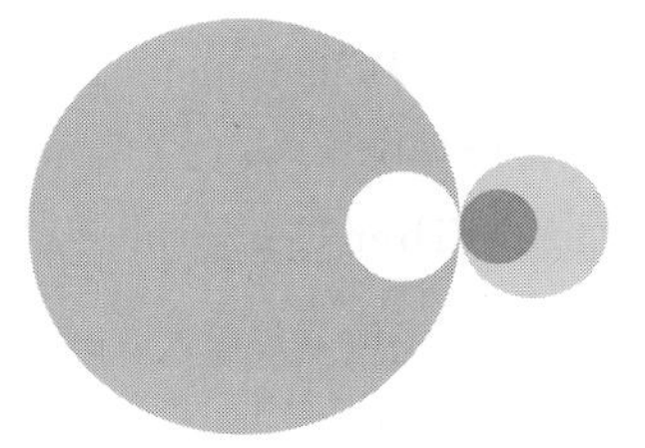

第 2 章 光学元件和模块

在点对点传输系统或光网络场景中，我们可以沿光路部署许多不同的光学元件。它们中的一些光学元件（如光源、光纤和光电探测器）都可被部署在任何光路中；而其他光学元件（如光放大器、光滤波器和光开关）都基于整个系统设计和网络功能而被采用。在本章中，我们将介绍光通信系统和网络中使用的光学组件的基本原理，并从系统和网络角度确定重要的关键参数。有关通过光纤传播信号的详细分析将在第 3 章中介绍。在撰写本章时参考了涉及光学器件的数学、物理和传输方面的已有文献[1-22]。

2.1 关键的光学元件

可以沿光路部署的光学元件如图 2.1 所示。第一行显示的是对光信号生成、调制、多路复用、放大和检测而言至关重要的元件，第二行显示的是对与光信号处理相关的特定功能起重要作用的元件。光信号将遵循图 2.1 中从左到右排的路径，经历各个组件的影响。图 2.1 中的某些元件可能并不常见。然而，有助于光信号的产生、传播和探测的组件是任何光路的一部分，我们将简要描述它们的作用。

半导体光源（激光器和发光二极管）将电信号转换为光辐射，从而产生光信号。这些半导体器件是直接极化的，其中偏置电流流过半导体 PN 结，引发

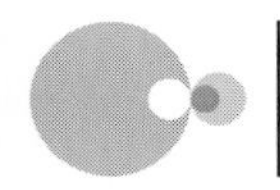

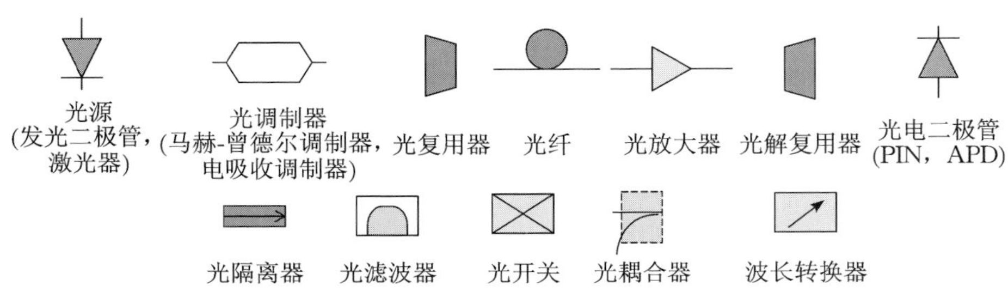

图 2.1　用于光通信系统和网络的光学元件

电子和空穴的复合。重组过程产生呈现输出光信号的光子流。如果流过 PN 结的电流高于某个阈值,则可以在特殊的半导体结构中实现受激辐射的发射。在已知的半导体激光器的这些结构中,重组发生方式以及在形成输出光信号的辐射光子的相位、频率和方向上具有强相关性。

半导体激光器既可以通过电信号直接调制,也可以仅通过直流电压进行偏置,并与外部光调制器结合使用。每个激光器产生指定的光学波长或光学载波,但是载波周围的光谱线宽也与所产生的光学信号相关联。这些激光器称为单模激光器(SML),其特征在于光谱中独特的单纵模。如果在光谱包络下可以识别出一组分离的纵模,那么我们讨论的就是多模激光器(MML)。

另一个元件是外部光调制器,它接收来自半导体激光器的信号并将信息内容映射其中。外部调制器可应用于高速传输系统,因为它有助于抑制激光频率啁啾和光纤中的色散的影响。此外,它还能够实现具有幅度和相移键控的复杂调制方案。光调制器接收来自激光器的连续波(CW)光信号,并通过施加的调制电压改变其参数(幅度和相位)。目前常用的有两种类型的外部光调制器,即马赫 - 曾德尔(MZ)和电吸收(EA)调制器。

光纤是任何系统或网络配置的核心部分。它们将光信号从信号源传输到目的地。低信号损耗和极宽的传输带宽的组合允许在需要再生之前对高速光信号进行长距离传输。有两种光纤:第一种是多模光纤(MMF),通过多种空间或横向模式传输光。通过电场和磁场分量的特定组合限定每个模式占据光纤芯的不同横截面积,并沿光纤采用略微不同的路径。模式路径长度的差异导致接收点的到达时间的差异。这种现象称为多模色散,并导致信号失真和光纤传输带宽的限制。还有一种特殊的多模光纤,称为少模光纤(FMF),作为在信号传输方面通过应用光学 MIMO(多输入多输出)技术来增加总传输容量和增强总网络能力的良好候选者,最近变得十分有吸引力。这种技术将在

第 4 章中详细讨论。

第二种光纤通过更小的芯直径和适当的横截面折射率分布将模数限制为一个,从而有效地消除了多模色散。单模光纤(SMF) 会引入另一种称为色散的信号损伤。色散是由同一脉冲内不同光谱分量之间的速度差异引起的。有几种方法可以使特定波长的色散最小化,包括单模光纤的特殊设计,或者采用不同的色散补偿方法。偏振模色散可能会在单模光纤中造成严重损害,特别是在非常高的光信号比特率下。

如果通过光纤传播的光功率足够高,则应考虑非线性效应的影响。有几种非线性效应(如自相位调制、交叉相位调制、四波混频、布里渊散射、拉曼散射) 可能导致信号衰减、信号色散或信号串扰。这三种结果中的每一种都是不希望出现的,但在某些情况下可以利用非线性效应(如用于拉曼放大或色散抑制)。

光放大器用于通过受激发射过程放大弱输入光信号。光放大器可以被认为是任何更长的光纤传输线的一部分,因为它们可沿着光路周期性地插入。此外,放大器可以位于光源之后,在光电探测器之前增加输出信号电平,以增加接收机灵敏度;或者在其他特定位置,以补偿在该点之前发生的信号损失。

光放大器应提供足够的增益以放大指定数量的光通道。目前有几种类型的光放大器正在投入使用,如半导体光放大器(SOA)、掺铒光纤放大器(EDFA) 和拉曼放大器。从系统角度来看,放大器的重要参数是总增益、放大带宽上的增益平坦度、输出光功率、总信号带宽和噪声功率。光放大器中产生的噪声是由与信号无关的自发辐射过程产生的。所有光放大器都会降低输出信号的信噪比(SNR),因为放大的自发辐射(ASE) 会在放大过程中使信号自身增加。SNR 的下降程度取决于噪声系数。

光电二极管是任何传输线路的关键元件,因为它们通过正好与激光器中发生的相反过程将输入的光信号转换为电信号。通常使用两种类型的光电二极管:PIN 光电二极管和雪崩光电二极管(APD)。PIN 光电二极管中光电转换过程的特征在于量子效率,即每个光子产生电子-空穴对的概率。对于雪崩光电二极管,每个初级电子-空穴对在强电场中被加速,可以通过碰撞电离的作用产生几个二次电子-空穴对。这个过程本质上是随机的,像雪崩一样。在光检测过程中,产生几种噪声(如热、量子、散粒) 并与信号混合,还需要额外的

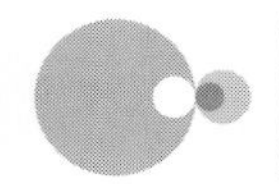

措施来抑制它们的影响。

光学滤波器、光开关、光学多路复用器和波长转换器是任何光网络场景中必不可少的元件,本章还将详细介绍它们的特性。还有些光学元件用于通过防止有害影响来增强信号质量,或者用于执行与光学信号处理相关的特定功能。光学耦合器、光学隔离器、光学环形器和可变光学衰减器等光学元件将在后述内容中介绍。尽管从系统和网络的角度考虑,上面列出的每个光学元件都有一组特定的参数,但是一些参数,如插入损耗和对光信号偏振态的灵敏度,对于这些元件都是通用的。

2.2 光纤

光纤作为光传输系统的基础,将光信号从光源传输到目的地。低信号损耗和极宽的传输带宽的组合允许系统在需要再生之前对高速光信号进行长距离传输。在一般表示中,光纤具有两个不同波导区域的圆柱形结构,包括光纤芯层和光纤包层,被保护性的缓冲包层包围,如图 2.2 所示。通过保持光纤芯层和包层之间的折射率 n_{co} 和 n_{cl} 的差异,能够实现光纤的波导特性。然而,光纤的波导结构可以比图 2.2 所示的更复杂,因为光纤芯层和包层本身可以包含沿半径 r 的若干个离散波导层。在某些情况下,纤芯中的折射率 $n_{co}(r)$ 是逐渐变化的,在纤芯中心($r=0$)处取得最大值,并且逐渐下降,在 $r=a$(a 是纤芯半径)时折射率的取值下降到了 n_{cl}。

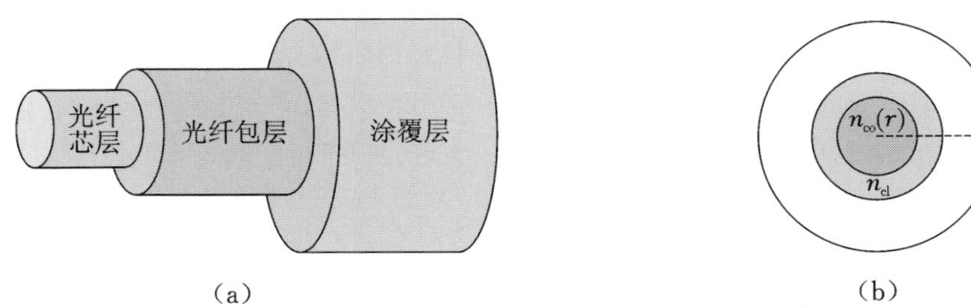

图 2.2 光纤结构

(a) 物理结构;(b) 折射率分布

低损耗光纤由几种不同的材料制成。基础原料是超纯二氧化硅,其与不同的添加剂或掺杂剂混合,以调节光纤芯层中的折射率来影响光纤的传播特性。在布线过程之前,通过缓冲包层来保护光纤波导结构。

2.2.1 光纤制造和包线

如图 2.3 所示，光纤由圆柱形预制棒制成。预制棒具有与光纤相同的结构，光纤芯层和光纤包层相互区分[23,24]。预制棒的底部在温度通常高于 2000 K 的特殊形状的炉中加热，当预制棒开始熔化时，可以开始进行光纤拉制。拉制过程中通过自动伺服过程连续监测和控制光纤的直径。控制是通过调节滚筒的卷绕速率来完成的，这样它只允许小的直径变化（通常小到 0.1%）。

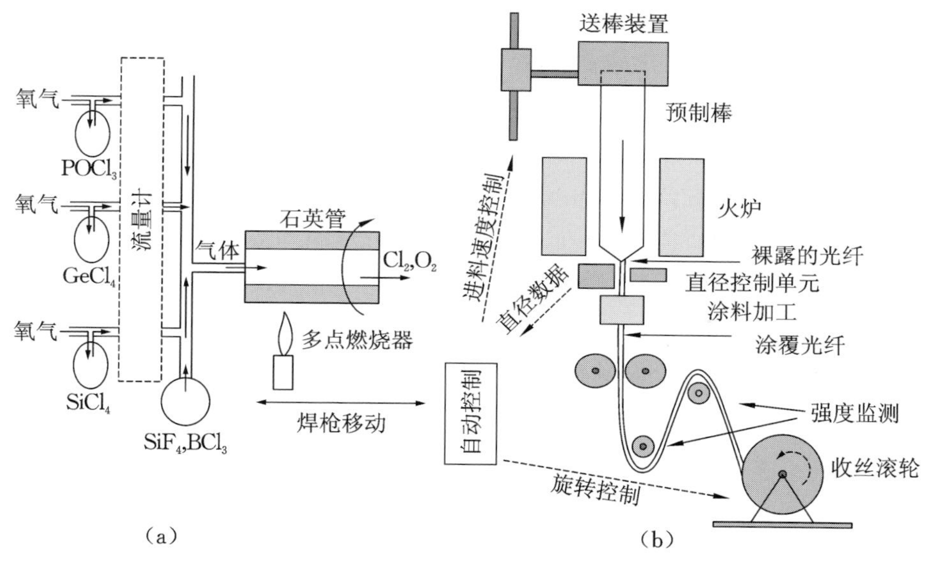

图 2.3 光纤制造

(a) 预制棒制备；(b) 光纤拉制

在拉制过程中还插入保护涂层，以提供光纤波导结构的机械保护和隔离。最后，被保护的光纤被吸引到接收旋转线轴。制造的光纤的总直径可以从几百微米到接近 1 mm 变化，这取决于保护涂层的厚度。将预制棒（通常长为 1 m，直径为 2 cm）拉丝成长度约为 5 km 的光纤通常需要几个小时。

光纤预制棒的形状应为圆柱形，以防止出现偏振模色散（见第 3 章）。目前已有几种光纤制备方法，如气相轴向沉积（VAD）、外部气相沉积（OVD）、改进的化学气相沉积（MCVD）、溶胶 - 凝胶方法和等离子体工艺[24,26]，其中 VAD、OVD 和 MCVD 方法广泛用于大规模生产光纤。预制棒制备的主要目的是提供改变折射率分布的掺杂剂的均匀径向分布。所有掺杂剂，如锗（Ge）、

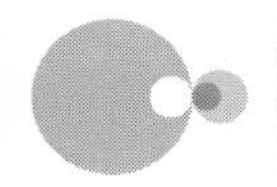

硼(B)、磷(P)和氟化物(F),都与用作基础材料的硅一起以气相加入。添加的化学品是氯和氧化物的混合物,最终与氧气合并。

化学相互作用发生在高温炉下并导致许多层的产生。这些层的化学相互作用和沉积以有组织和受控的方式进行。通过改变经历化学相互作用的掺杂剂的含量来控制特定层的折射率。通过管的旋转和焊枪的移动,可获得均匀且径向的沉积特征。

如图 2.3(a) 所示,改进的化学气相沉积(MCVD)工艺的特征在于在旋转石英管的内表面上进行沉积,使用滑动焊枪来维持非常高的温度。沉积的材料最终将形成具有规定的折射率分布的光学预制棒的芯层。在沉积所有层之后,多点燃烧器器的温度升高,这导致管在沉积结构周围坍塌,也称为光纤预制棒。用于沉积的管用作预制棒包层。通过使用 VAD 工艺在光纤预制棒制备期间采取一些略有差异的方法进行制造。VAD 工艺的特征在于化学品的正面沉积和执行杆的垂直生长。

在任何实际应用之前,制造出的光纤应该结合在某种特定类型的电缆结构中。包线对于保护光纤在运输和安装过程中免受损坏而言是必需的。此外,包线结构在光纤寿命期间为光纤提供了更稳定的环境。光缆设计对于不同的应用通常是不同的,可以从包含仅围绕光纤的塑料护套的简单的轻型结构,到包含一些非常坚固的机械结构。

对于不同的室外应用,通常需要更坚固的光纤结构。这种光缆可以直接埋在地下或两栋建筑物之间的管道,埋在水下,或安装在室外电线杆上。虽然每个应用都需要特定的光缆设计,但也有一些要求,即它们应采用与其他常规光缆相同的设备类型和安装技术进行安装。重型光缆最重要的机械性能之一是最大允许轴向载荷。与传统电缆中的铜线相反,光纤的强度不足以成为承载元件。此外,光纤承受不了任何严重的拉伸,否则会造成无法弥补的损害。光纤断裂前的承受值通常约为 0.5%。但是,在光缆制造和安装过程中可能发生的拉伸应限制在最高约 0.1%,以防止任何损坏。

如图 2.4(b) 所示,为了增强光缆的强度,可以使用钢丝或玻璃纤维线。在某些应用中,为了减少光缆的整体重量,并避免使用钢丝时可能产生的电磁感应效应,最好使用嵌在聚氨酯中的玻璃纤维棒。非金属保护结构还可包括高抗拉强度 Kevlar 护套和聚乙烯护套。当光缆发生弯曲或拉伸时,任何重型光缆的结构都应为光纤提供移动空间。如图 2.4(c) 所示,有时会使用在两个聚酯带之间的光纤带将大量光纤包装在一个光缆中。尽管每条光纤带的光纤数量可以变化,但通常在光纤带之间放置 12 根光纤。堆叠在一起的光纤带的数量也可以变化,但最好的机械稳定性是通过将光纤排成矩形阵列来实现的。

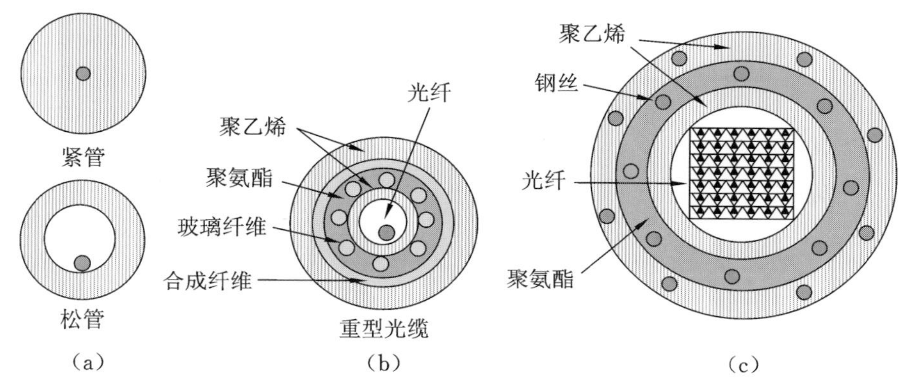

图 2.4 光缆

(a) 轻型光缆;(b) 重型光缆;(c) 多光纤光缆

光缆应具有外护套,以保护内部免受冲击载荷的影响。这是由于光纤承受外力的能力较低。外护套还应提供横向力保护,并且应耐腐蚀。外护套通常由聚乙烯制成,但有时也可使用金属套管。此外,还应防止水渗入光缆结构,这意味着在整个光缆的任何空余空间内应该放置特殊填料。

光纤和光缆都是以标称长度(通常长达 10 km) 来制造的,这意味着更长的光纤链路是由几个标称长度的光纤结合起来构成的[27]。另外,需要将光纤、光发射机、接收机和放大器连接以建立光路。光学熔接接头通常用于连接标称长度的光纤,而光学连接器则用于将光纤与发射机、接收机和光学放大器连接。光纤端头必须正确地准备、清洁和对齐,以便将插入损耗最小化。

2.2.2 特殊光纤

图 2.2 中的硅基光纤结构是最常用的一种,而有些光纤类型可称为特殊光纤,因为它们使用非常规波导结构或使用除硅以外的某些材料构建芯层/包层结构。因此,我们将关注具有更复杂波导结构的光子晶体光纤,以及在制造过程中使用塑料材料的塑料光纤。

2.2.2.1 光子晶体光纤

光子晶体光纤(PCF) 不是由一整块固定材料制成,而是由周期性结构产

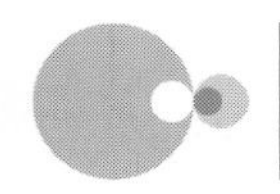

生，其中包含一些孔[28]。这些光纤是在1996年引入的，目的是验证在光纤色散、非线性等方面的一些新效应。因此，它们可用于各种功能，如通过非线性效应的光信号放大和波长转换以及常规光纤中的色散补偿。

如图2.5所示，PCF的最佳例子是多孔光纤，其中玻璃材料被制造成包含特定的孔模式。可以看出，其横截面区域具有对称图案，该图案包含许多大小相同或不同的孔。如果用前面描述的标准工艺将许多玻璃管包装在一起，在拉伸光纤之前形成预制棒，则可以制造这些光纤。但很明显，这个过程需要非常精确的工艺。

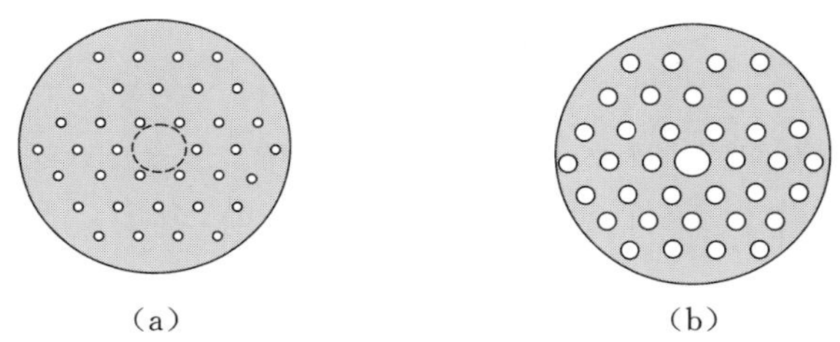

(a)　　(b)

图 2.5　多孔光纤的设计

(a) 折射率引导结构；(b) 光子带隙结构

光子晶体光纤的制造可以基于折射率导引或光子带隙物理原理，尽管这两个原理可以结合成一个版本。折射率导引结构具有周期性的二维横截面图案(x-y 坐标)，其中心部分没有任何孔。这种结构类似于图2.2(b)所示的结构，不同之处在于包层区域有许多气孔。

纤芯区域是整体结构的一部分，在图2.5(a)中放置一个虚线圆圈，表示与传统设计的对比。尽管对波导特性的精确分析相当复杂，但我们可以用一个简单的图片来介绍其原则，即包层中的折射率可以计算为玻璃中的折射率和空气中的折射率(即单位值)之间的平均值。因此，通过增加孔的数量，包层中的折射率将减小，从而允许光信号通过整个结构的导引。必须指出的是，孔中可以填充空气以外的材料。它可以是不同的气体或液晶等对导引性能具有明显影响的材料。

设计者可以自由地设计各种结构，这些结构将影响折射率导引光子晶体光纤的导引结构。这一类型中众所周知的光纤是Corning ClearCurve光纤，其中的孔在包层中以环形式存在。由于这些孔的直径为几百纳米，因此波导设计有时称为纳米结构。纳米结构的主要优点是它们可以比普通光纤更紧密地弯曲，并且可以更有效地用于室内应用。

如果光纤纤芯是由位于正中心的微型玻璃管定义的，如图 2.5(b) 所示，那么这个管的内部可以用来充当支撑光的纤芯。由于内部空气的折射率比周围玻璃区域的低，因此其波导原理与传统的波导过程基于全反射的机理不一样。孔的周期性结构产生了一个光子带隙，该光子带隙识别出将抑制传播的波长的光谱波段或波长范围。这与布拉格光栅中的原理相同，本章后面将对此进行描述。关键在于间隙中呈现折射率分布的周期性变化，这使得试图沿径向传播的某些波长发生相消干涉。应当设计该周期性变化，使其具有仅针对光纤导引的波段的带隙(因为它无法逸出光纤结构)。因此，该波段被限制在纤芯或中心管中，并且周围的面积非常小。光子带隙这一术语与半导体结构中的电子带隙类似[3]。

2.2.2.2　塑料光纤

在这些光纤中，使用塑料材料代替石英玻璃作为波导结构的基底。在短距离内(主要用于内部或办公室连接)，塑料光纤用作不同铜电缆的替代品，因为它们比铜电缆具有更宽的传输带宽。与玻璃光纤相比，它们对机械降解的敏感性也较低，维护则更简单。塑料光纤的总直径(芯加上包层)大约是图 2.2 所示传统光纤结构总直径的 10 倍。光纤总直径在 1 mm 内，但纤芯直径通常占该值的 95% 以上。通常使用的塑料材料是聚甲基丙烯酸甲酯(PMMA)，其具有阶跃折射率分布，其中芯层中的折射率 $n_{co}=1.49$，并且包层中的折射率 $n_{cl}=1.42$。对于塑料光纤，由式(1.6) 定义的光纤带宽和距离的乘积 $B \cdot L$ 约为10 MHz · km。使用来自可见光谱(大约 650 nm) 的廉价光源，可以在基于聚甲基丙烯酸甲酯的塑料光纤上传输，因为它降到了衰减曲线的衰减最小值。

还有另一种塑料光纤，称为全氟化渐变折射率光纤(POF)，可以支持 850 nm 波长的传输，因此价格合适的激光光源，如 VCSEL，可用于家用高速或办公室网络。为了支持更高的比特率，可将光纤纤芯减小。但由于较小的直径意味着更加难以维护，并且对机械故障的抵抗力较小，因此特定设计的塑料光纤需要在传输带宽与其应用之间进行折中。

2.2.3　光纤类型

正如我们已经提到的，光纤是一种以光学频率工作的圆柱形波导结构，它将电磁能量限制在波导结构内并沿其轴线导引。传输特性由波导结构和用于光纤制造的材料的特性决定。通常，光沿轴的传播可以通过一组导引的电磁波来描述，这些电磁波通常称为导引模式。仅允许一定数量的离散模式沿光纤轴向传播。如果在光纤传播中仅存在基模模式，则该光纤被认为是单模光纤。如果光纤的波导结构允许存在多种模式，则该光纤被认为是多模光纤。光纤中模的特性将在第3章中通过波导理论进行详细讨论，但在本节中我们将使用几何光学方法来解释与模式相关的整体图像。读者可以参考文献[1-21]获取更多详细信息。

图2.6所示的是常见光纤折射率分布的几何结构。在第一种情况下，如图2.6(a)所示，折射率在整个纤芯区域是均匀的且值为 n_{co}，但在包层区经历了突变并降低到一个数值 n_{cl}。这种类型光纤称为阶跃折射率多模光纤(SI-MMF)，它具有阶跃折射率分布以及支持多种模式的能力。SI-MMF硅基光纤的纤芯直径为50 μm，而光纤包层的直径为125 μm(我们应该记住，包层被直径通常超过200 μm的保护性塑料外壳包围)。第二种多模光纤称为渐变折射率多模光纤(GI-MMF)，折射率是随着纤芯半径 r 变化而变化的函数。这样做的目的是增强多模光纤的传输特性，这将在后面讨论。

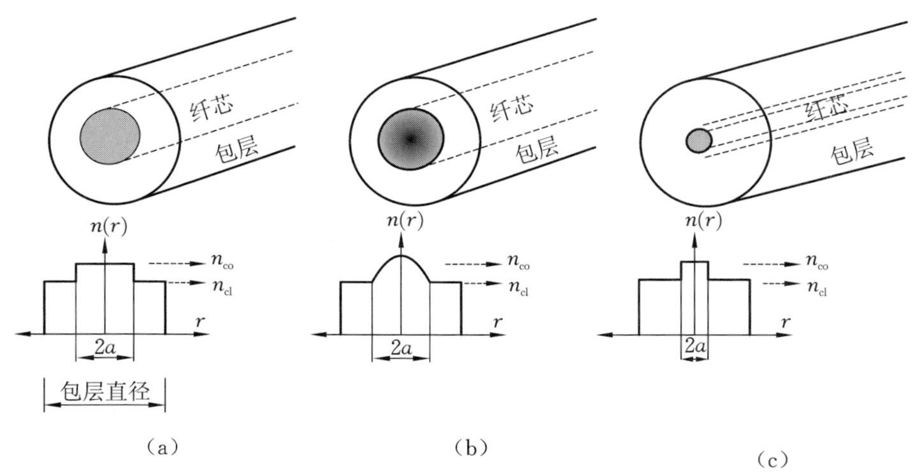

图2.6　光纤折射率分布的几何结构

(a)具有阶跃折射率分布的多模光纤；(b)具有渐变折射率分布的多模光纤；(c)具有阶跃折射率分布的单模光纤

图2.6(c)所示的第三种光纤结构称为单模光纤(SMF)。这些光纤的纤芯直径要小得多，它可以在5～15 μm变化[18,19]。尽管对于各种类型的SMF来

说，折射率分布变得更加复杂，但通常被认为具有阶跃分布。较小的纤芯直径与较小的 n_{co} 和 n_{cl} 之间的差异是支持基模传输的主要原因。从光信号传输的角度来看，在一般情况下，单模光纤可以支持比多模光纤高得多的传输容量。需要指出的是，基于 MIMO（多输入多输出）原理的新型空间复用技术可以大大提高多模光纤的整体传输容量[29]。

2.2.3.1 阶跃折射率光纤

阶跃折射率光纤中纤芯和包层折射率之间的相对差异约为 1%，因此我们得到 $\Delta=(n_{co}-n_{cl})/n_{co}\approx 0.01$。图 2.7(a) 所示的是通过使用入射光线的几何表示来介绍阶跃折射率光纤的波导原理。被限制在光纤的子午平面（包含 z 轴的平面）的传播光线组称为子午光线。

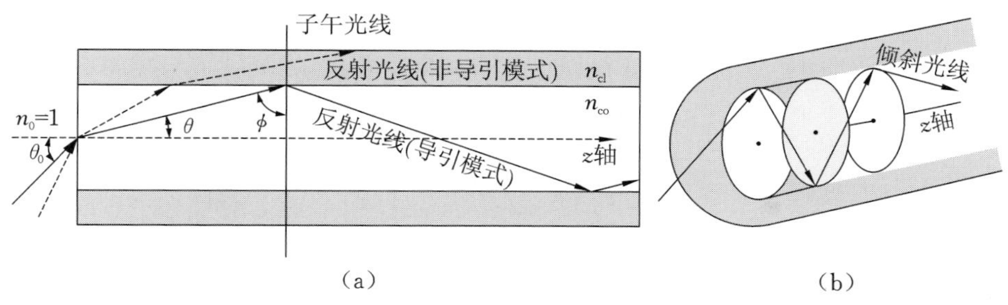

(a) (b)

图 2.7 几何表示

(a) 子午光线；(b) 倾斜光线

另一种传播光线为倾斜光线，其传播轨迹不限于单个平面，而是沿着光纤轴周围的空间锯齿形路径，如图 2.7(b) 所示。倾斜光线对光纤的任何弯曲都非常敏感，并且比子午光线更容易逸出芯层区域。

尽管第 3 章将应用波导理论对子午光线和倾斜光线相关模式进行精确分析，但在这里使用几何光学[1] 对子午光线进行估算只是为了估算模态传播的影响。

如果我们将几何光学原理应用于图 2.7 中的阶跃折射率多模光纤结构，则通过空气 - 玻璃界面进入光纤的光线可以写成以下关系：

$$n_0\sin\theta_0=n_{co}\sin\theta \tag{2.1}$$

其中，θ_0 和 θ 分别是入射光线在空气和纤芯中相对于 z 轴的角度，而 $n_0=1$ 和 n_{co} 是相应的折射率。关系式(2.1) 只适用于空气 - 玻璃干涉的 Snell 定律[1]。当光线照射到芯层干涉时，它可能会再次被折射，并继续通过光纤包层（见

图 2.7 中的虚线）传播，或从芯层边界反射。可以用 Snell 来计算和描述芯-包层边界处的折射。从折射到反射的转换来自图 2.7 中的角度 $\varphi=\varphi_c$，其满足关系

$$\sin\varphi_c=\frac{n_{cl}}{n_{co}} \tag{2.2}$$

其中，φ_c 称为临界角。如果满足条件 $\varphi\geqslant\varphi_c$，则发生芯层干涉的全反射。通过使用基本三角关系，我们可以将方程(2.1) 和方程(2.2) 转换为下面的方程：

$$\mathrm{NA}=n_0\sin\theta_0=n_{co}\cos\varphi_c=\sqrt{n_{co}^2-n_{cl}^2}\approx\theta_{NA}\approx n_{co}\sqrt{2\Delta} \tag{2.3}$$

$n_0\sin\theta_0$ 称为光纤的数值孔径，或简称为 NA，并且定义了将被导引通过光纤纤芯的光线的最大接收角。由于定义数值孔径的角度 θ_0 相对较小，我们可以假设 $\sin\theta_0\approx\theta_{NA}\approx n_{co}\sqrt{2\Delta}$，其中 θ_{NA} 定义为最大接收角。

使光纤具有大的接收角非常有益，这可以通过增加相对折射率差 Δ 来完成。通过增加接收角，更多的光线将被导引入光纤。然而，这些光线在沿 z 轴行进时将沿着不同长度的路径传播。最终的结果是光纤末端的到达时间也将不同，并且都分散在某个平均值附近。在 $\theta_0=0$ 时进入的光线将沿着 z 轴传播并且具有最短路径，而在 $\theta_0\approx\theta_{NA}$ 时进入的光线将经历最长路径。刚刚描述的现象称为多模光纤中的模式色散，它是由不同的光线（或模式）通过光纤纤芯传播的表现引起的。

最快和最慢光线到达的时间差，或者最慢光线与最快光线之间的延时，可计算为

$$\Delta\tau_{SI}=\frac{n_{co}}{c}\left(\frac{L}{\sin\varphi_c}-L\right)=\frac{L\Delta}{c}\frac{n_{co}^2}{n_{cl}} \tag{2.4}$$

我们可以粗略地假设延时 $\Delta\tau_{SI}$ 应该低于调制光学载波的数字信号的比特周期 T 的持续时间的一半。读者应该记得，对于通过光纤传输的数字信号，$T=1/B$，其中 B 是由式(1.5) 定义的信号比特率。因此，通过在式(2.4) 中进行替换得到 $\Delta\tau_{SI}<1/(2B)$，我们可以找到在式(1.6) 中引入的参数 $B_L=B\cdot L$，可作为对总传输能力的度量，并且它满足

$$B_L<\frac{c}{2\Delta}\frac{n_{cl}}{n_{co}^2} \tag{2.5}$$

阶跃折射率多模光纤的参数 B_L 相对较小，刚好允许在 1 km 左右的距离

内传输 $B=100\ \text{Mb/s}$（快速以太网速度）的信号。

2.2.3.2 渐变折射率光纤

在纤芯中具有渐变折射率分布的多模光纤中，折射率随着沿光纤中心的径向坐标 r 连续减小，直至达到芯-包层边界处的 n_{cl} 值，如图 2.6(b) 所示。最常见的是，函数 $n(r)$ 的表示形式为

$$n(r)=\begin{cases} n_{\text{co}}\left[1-\Delta\left(\dfrac{r}{a}\right)^{\delta}\right], r<a \\ n_{\text{co}}(1-\Delta)=n_{\text{cl}}, r\geqslant a \end{cases} \tag{2.6}$$

其中，a 是纤芯半径，δ 是取正值的指数。

子午光线在渐变折射率光纤中的传播如图 2.8 所示。由于折射率逐渐降低，光线的轨迹不再是一条锯齿线，而是具有类似子午面轨迹的正弦函数形式或倾斜光线的螺旋曲线的形状。重要的是要注意，轨迹在到达芯 - 包层边界之前逐渐弯曲并反转方向。光线倾斜射入光纤中，光纤内半径为 r_1，外半径为 r_2。由于渐变折射率光纤中的光线遵循复杂的空间轨迹，我们可以使用图 2.8 所示的矢量 $\boldsymbol{r}$ 进行位置表征。这里，$\boldsymbol{r}$ 是作为轨迹切线方向的局部单位光线矢量。

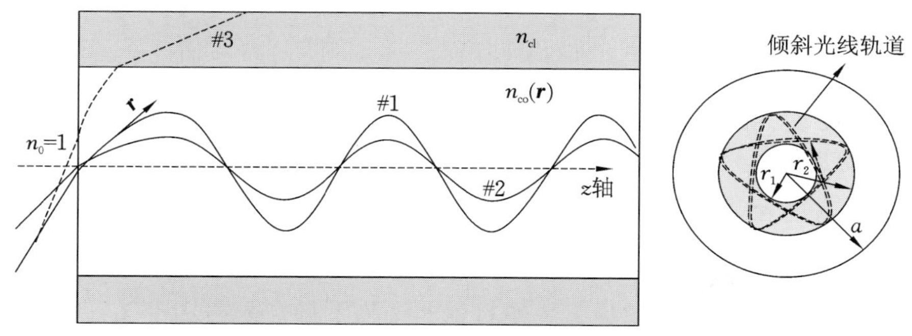

图 2.8 渐变折射率光纤中的光线轨迹

在渐变折射率多模光纤中，存在光线的周期性会聚和路径的均衡。这是因为沿着较长几何轨迹传播的光线（见图 2.8 中的光线 #1）具有较低的折射率，因此，比具有经历较高的折射率的短路径的光线（见图 2.8 的光线 #2）传播得更快。最短传播路径是沿着 z 轴方向的。然而，该轴的光线也是最慢的，因为它所经历的折射率是最高的。在文献[30]中发现，使各个光线（模式）的到达时间差最小化的折射率分布具有近似反抛物线形状，参数 $\delta=2$。

渐变折射率光纤中轨迹的方向由折射率梯度的方向决定[1]。可以通过求解以下微分方程来确定轨迹：

$$\frac{\mathrm{d}^2 r}{\mathrm{d}r^2}=\frac{1}{n(r)}\frac{\mathrm{d}n(r)}{\mathrm{d}r} \tag{2.7}$$

其中，r 和 z 分别是径向和轴向坐标。

通过求解式(2.7)可以找到最长和最短轨迹之间的长度差异。很明显，式(2.7)的解决方案将取决于折射率分布或参数 δ 的值。当 $\delta=2(1-\Delta)\approx 2$ 时，到达时间之间的最小差异出现近似抛物线的轮廓形状。类似于式(2.4)，对阶跃折射率多模光纤有效，我们可以将到达的时间差表示式应用于渐变折射率的情况，即

$$\Delta\tau_{\mathrm{GI}}=\frac{Ln_{\mathrm{co}}\Delta^2}{n_{\mathrm{cl}}} \tag{2.8}$$

再假设 $\Delta\tau_{\mathrm{GI}}<1/(2B)$，其中，$B$ 是信号比特率，则这种情况下的参数 $B_L=B\cdot L$ 变为

$$B_L=\frac{4c}{n_{\mathrm{co}}\Delta^2} \tag{2.9}$$

通过比较式(2.5)和式(2.9)，我们可以得出结论，对于典型值 $n_{\mathrm{co}}\approx 1.45$ 和 $\Delta\approx 0.01$，渐变折射率多模光纤的总传输容量大约是阶跃折射率多模光纤的1000倍。正因为如此，正如第1章介绍的那样，渐变折射率多模光纤被广泛应用于第一代光传输系统。重要的是对于第2.2.2.2节中讨论的塑料光纤而言，渐变折射率分布也是很常见的。

2.2.4 多芯和少模光纤

尽管光纤的总传输容量很大，但人们已经认识到，还存在一些基本的和实际的限制因素来最终决定最大传输容量。这些限制与香农公式(1.1)和光纤非线性有关，而实际限制与光放大器的带宽和在特定波长范围内工作的光学元件的可用性有关。

通过对光纤传播的信号应用空间域复用，可以最终增加总传输容量。空域复用是通过在单根光纤中建立独立的多路光路来实现的，它有两种形式：空分复用和模分复用[29,31-33]。

空分多路复用方法可通过使用多芯光纤(MCF)来实现，其中多个圆柱形波导位于光纤横截面。它的图像在性质上与图2.5(b)中的多孔光纤类

似，只是假设气孔现在填充了折射率高于周围区域的玻璃，因此可充当光纤纤芯。

空分复用的第二种方法是利用多模光纤中的空间模式来实现各种光路。实际上，由于所使用的模式的数量相当有限，它们被识别为少模光纤(FMF)。多芯和少模光纤中的主要问题是防止会降低传输质量的光路之间的过度耦合。另外，应该实现空间分量的适当调制(复用)、放大和检测(解复用)。通过应用多输入多输出(MIMO)技术实现这些光纤中多个不同光路上的信号传输。该技术众所周知，并且已经广泛用于无线通信中[12]。

利用多芯光纤进行信号传输有两种选择。第一个是在独立光路之间提供尽可能低的串扰。该 MCF 结构中的纤芯数通常高达 10，而纤芯之间的间隔为 30 ~ 40 μm。聚光透镜可以在光纤输出端提供良好的光束分离[31]。在来自不同芯的信号中，可能会有低至 − 60 dB 的串扰。因此，可以将多芯光纤上的低串扰传输视为在聚合单模光纤上传输的情况。从网络角度来看，这类技术也很有吸引力，这将在第 8 章中讨论。

在多芯光纤上传输的另一种情况是将纤芯用作空间元件，以便在整个横截面区域上激发空间模式。可以在光纤的入口处激发不同类型的模式空间。然而，在这种情况下，可以实现与图 2.8(b) 中的倾斜光线相关的拉盖尔 - 高斯(LG) 模式。具有螺旋波前的 LG 模式在模式的正中心处显示相位奇点，导致光束强度为零，这与沿着子午平面行进的光线的模式完全相反。由于波前矢量的旋转特性，LG 模式可以携带轨道角动量(OAM)。LG 模式的叠加可以布满多芯光纤的整体横截面。在文献[31] 中显示，当多个模式重叠并与多芯光纤中的多个芯耦合时，轨道角动量保持不变。输入信号的光束应通过透镜调节，使其直径近似等于整个多芯结构的直径，该结构的直径通常为 80 μm 至 120 μm。多芯光纤与成像光纤的工作方式类似，但这里每个纤芯本质上都是单模，并且可以传输高速信号。

少数模式的多模光纤的设计仅支持几种基本模式。它是通过调整光纤参数值(纤芯和折射率差 Δ) 来完成的。还可以使用具有特殊设计的折射率分布的少模光纤，这将最小化基本模式之间的群延迟。在文献[34] 中提出了实际上可消除两种基本模式之间的群延迟的折射率分布。在包含几种基本模式的情况下，每个模式具有两个偏振态，可以产生 4 ~ 8 个独立的光路。我们可以预期的是，适当的多路复用技术最终会将各个模式之间的串扰抑制到小于 −25 dB。

第 3 章将更详细讨论多芯和少模光纤中的信号的传输。

2.3 光源

通过光纤传播的光信号在半导体光源中产生。由于电子与 PN 结处的空穴复合，当它们处于直接偏压下，光产生过程发生在某些半导体中[35-42]。建议读者参考第 10.2 节，了解有关半导体结构的更多物理信息。重组过程可以是自发的也可以是受激的。在自发辐射中，光子是由具有随机特性的电子-空穴复合过程产生的，并且所产生的光子之间没有相位关系。从能量角度来看，复合过程可以理解为电子从属于导带的上能级到位于价带内的下能级的转变。该过程伴随着光子的辐射。

在受激发射中，重组过程由另一个光子引发。新生成的光子在方向和相位上与原始光子匹配。重组过程的性质决定了光源的类型。半导体光源有两种主要类型：半导体激光器和发光二极管，下面将对它们分别进行描述。

2.3.1 半导体激光器

半导体激光器的工作原理可以按照第 10 章中解释的一般方案来理解。为此，我们将重新绘制图 10.3，并将其与半导体激光器的基本结构一起显示在图 2.9 中。半导体激光器由 N 型和 P 型基本材料组成，形成 PN 结，如图 2.9(a) 所示。因此，激光器是具有夹层状 PN 结和中端触点的单片集成半导体器件。光由结区中的受激发射产生，但是在结区外部传输并从半导体结构中传输出来。夹层状结构也是一种波导，因为 $n_1 > n_2$ 和 $n_1 > n_3$ 的关系对属于结和周围层的折射率是有效的。在这种情况下，辐射会横向通过半导体结构的边缘。

受激发射的前提条件是在复合夹层结构中实现两个能级之间的逆迁移。这意味着较高的能级 E_2 比较低能级 E_1 有更多粒子活跃，这与半导体的常规情况完全相反。导带和价带中的能级或能隙值之间的差值 $\Delta E = E_2 - E_1$ 将决定光辐射的波长和频率。它通过以下众所周知的方程表示：

$$h\nu = \Delta E = E_2 - E_1 \tag{2.10}$$

其中，h 是普朗克常数，ν 是光辐射的频率。输出频率由每个半导体结构特定

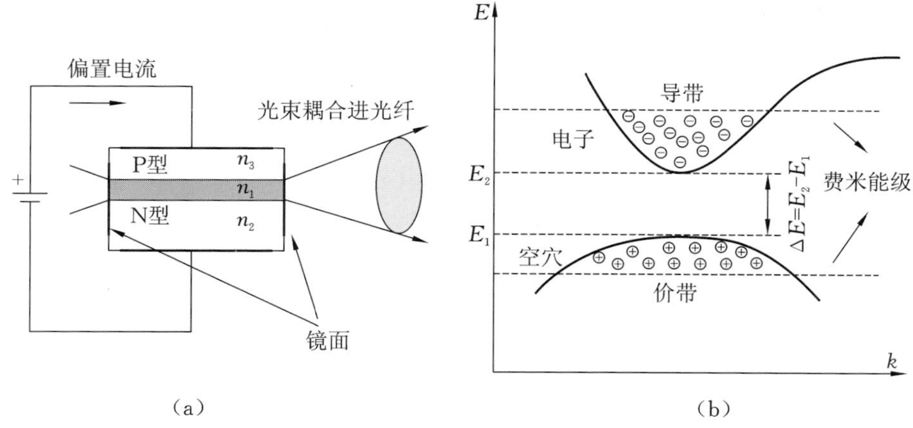

图 2.9　激光器原理示意图

(a) 半导体激光器的基本结构;(b) 半导体中的能量图和粒子数反转

的半导体能隙值确定。两种能级也应分别落在与导带和价带相关的费米能级之间。

第二代光通信系统的半导体激光器使用了 Ⅲ 类和 Ⅴ 类半导体的四元化合物。广泛使用的化合物是$In_{1-x}Ga_xAs_yP_{1-y}$,通过在 InP 基板上应用外延生长获得多层。分量 x 和 y 不是自由选择的,应满足 $x/y=0.45$,以确保晶格常数的匹配。式(2.10) 中的能隙值 ΔE 的单位用电子伏特(eV) 表示,可以从文献[42] 中找到

$$\Delta E(y)=1.35-0.72y+0.12y^2 \tag{2.11}$$

其中,$0\leqslant y\leqslant 1$。能隙值以及辐射光子的最长的波长值与参数 $y=1$ 有关,它们分别为:$\Delta E=1$ eV,$\lambda=1650$ nm。 辐射光子的波长的单位用微米表示,可以通过以下简单关系,由能隙值(用 eV 表示) 来计算:

$$\lambda\approx 1.24/\Delta E \tag{2.12}$$

激光结构中还有覆盖半导体面的反射涂层。这些涂层充当镜子以捕获谐振腔内产生的光,因此光将在镜子之间形成多个路径。当其中一个小平面的反射系数低于 100% 时,一部分光将会射出,而其余部分将继续前后振荡。众所周知,该装置为法布里-珀罗(FP) 型激光器。

流过激光 PN 结的偏置电流刺激电子和空穴的复合,从而产生光子。如果电流高于某个阈值,则会发生受激辐射,因为发生了反向填充,并且以有组织的方式发生复合,在形成输出光信号的辐射光子的相位、频率和方向上具有很

强的相关性。如图 2.10(a) 所示，受激辐射过程真正开始的偏置电流阈值，或者腔内光线的放大增加的偏置电流阈值，可以很容易地通过显示输出光功率与偏压电流的功能曲线上急剧的斜率的增加来识别。该曲线又称为“*P*-*I*”或“*L*-*I*”曲线（*L* 代表光），它展示了离开表面的发射光功率 *P* 与电流 *I* 的函数关系。FP 激光器的光学辐射光谱包含位于光谱包络下的几个不同的波长峰，如图 2.10(b) 所示。这些峰值称为纵向或光谱模式，并且这对于任何基于法布里-珀罗谐振器的结构都十分典型。几种纵向模式的存在是这些激光器被公认为多模激光器（MML）的原因。

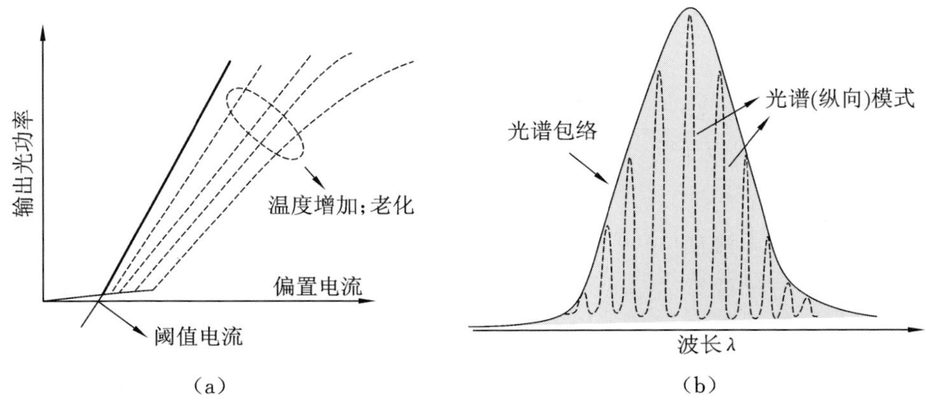

图 2.10　法布里-珀罗半导体激光器

(a) *P*-*I* 曲线；(b) 法布里-珀罗半导体激光器的输出光谱

来自半导体激光器的光辐射可以通过描述光子和电子数随时间变化的速率方程来表征。速率方程可表示为[14,16]

$$\frac{\mathrm{d}P}{\mathrm{d}t}=GP+Gn_{\mathrm{sp}}-\frac{P}{\tau_{\mathrm{p}}} \tag{2.13}$$

$$\frac{\mathrm{d}N}{\mathrm{d}t}=-GP-\frac{N}{\tau_{\mathrm{e}}}+\frac{I}{q} \tag{2.14}$$

其中，P 是由该过程中涉及的光子数量测量的辐射光功率，N 是该过程中涉及的载流子（电子）的数量，G 是与受激发射相关的净增益，I 是偏置电流，τ_{p} 和 τ_{e} 分别是光子和电子的寿命，q 是电子电荷。因子 n_{sp} 是分别通过电子群 N_2 和 N_1 在较高和较低能级表示的自发辐射因子，表示为

$$n_{\mathrm{sp}}=N_2/(N_2-N_1) \tag{2.15}$$

电子寿命 τ_{e} 表示电子在重新组合之前可以在亚稳态能级上消耗的时间，

而光子寿命 τ_p 与光子在激光谐振腔中可以消耗的时间有关。式(2.14)表明，生成的光子数与增益成正比，与光子寿命成反比。增益和光子寿命取决于谐振腔的材料结构，并且可以表示为

$$G = \Gamma \nu_g g_m \tag{2.16}$$

$$\tau_p = \frac{1}{\nu_g \alpha_{cavity}} = \frac{1}{\nu_g(\alpha_{int} + \alpha_{mirror})} \tag{2.17}$$

其中，ν_g 是光的群速度，Γ 是腔限制因子，g_m 是光谱模式频率下的材料增益，α_{cavity} 是谐振腔损耗，它由材料内部损耗 α_{int} 和由镜子泄漏产生的损耗 α_{mirror} 组成。文献[42]指出，受激发射的净速率也可以表示为电子数量的线性函数，即

$$G = G_N(N - N_0) \tag{2.18}$$

其中，$G_N = \Gamma \nu_g \sigma_g / V$，$N_0 = N_T V$。参数 σ_g 和 V 分别代表增益横截面和有效腔体积，而 N_T 是载流子密度的透明度值。InGaAsP 复合激光器的这些参数的典型值分别为 $N_T = (1.0 \sim 1.5) \times 10^{18}\ \mathrm{cm}^{-3}$ 和 $\sigma_g = (2 \sim 3) \times 10^{-16}\ \mathrm{cm}^2$。

直流偏压电流使电子数增加，而复合过程则会使电子数减少。减少速率由式(2.14)右侧的第一项表示。如果寿命较短，减少速率则会更快。式(2.13)和式(2.14)可以针对连续波(CW)方案求解，以便评估 P-I 曲线。

还可以建立一个速率方程来表示输出辐射的相位 φ[42]，即

$$\frac{d\varphi}{dt} = \frac{\alpha_{chirp}}{2}\left(G - \frac{1}{\tau_p}\right) \tag{2.19}$$

其中，α_{chirp} 是幅度-相位耦合参数，可以确定折射率变化和增益变化之间的比率。它被定义为

$$\alpha_{chirp} = \frac{dn/dN}{dG/dN} \tag{2.20}$$

其中，n、N 和 G 分别是激光腔中的折射率、载流子数和激光增益。参数 α_{chirp} 还与输出光信号的频率啁啾相关联。这就是该参数通常被简称为激光啁啾因子的原因。对于不同类型的半导体激光器，它的取值范围通常为 2 ～ 8 [43]。式(2.20)引入的啁啾因子表明，载流子 N 的任何变化都会引起激光谐振腔内折射率的变化。折射率的变化意味着一定量的相位调制总是伴随着光信号的强度调制。

方程(2.13)、方程(2.14)和方程(2.19)可以通过包含代表噪声影响的术语来概括，因此可以写为

$$\frac{\mathrm{d}P}{\mathrm{d}t}=GP+Gn_{\mathrm{sp}}-\frac{P}{\tau_{\mathrm{p}}}+F_{p}(t) \tag{2.21}$$

$$\frac{\mathrm{d}N}{\mathrm{d}t}=-GP-\frac{N}{\tau_{\mathrm{e}}}+\frac{I}{q}+F_{N}(t) \tag{2.22}$$

$$\frac{\mathrm{d}\varphi}{\mathrm{d}t}=\frac{\alpha_{\mathrm{chirp}}}{2}\left(G-\frac{1}{\tau_{\mathrm{p}}}\right)+F_{\varphi}(t) \tag{2.23}$$

其中，$F_p(t)$、$F_N(t)$ 和 $F_\varphi(t)$ 分别是与强度波动、载流子数量和输出光辐射相位有关的朗格文力[43]。通常认为朗格文力是高斯随机过程。第 4 章将研究使用朗格文力的半导体激光器的噪声特性。

图 2.10(a) 中的 P-I 曲线对于理解半导体激光器的辐射特性非常重要。很难找到两个具有相同 P-I 曲线的激光芯片，即使它们属于同一组并且具有完全相同的结构。该曲线与温度有关，因为斜率和阈值电流都随温度的变化而变化。阈值电流的值随温度的升高而逐渐增加，曲线的斜率也逐渐减小。

阈值电流 I_{th} 对温度 Θ 的依赖性可以表示为

$$I_{\mathrm{th}}(\Theta)=I_0\exp(\Theta/\Theta_0) \tag{2.24}$$

其中，I_0 是电流常数，而温度常数 Θ_0 是由材料决定的，并且对于 InGaAsP 基半导体激光器，它会在 50 ～ 70 K 的范围内变化。芯片老化、斜率降低和阈值电流升高都可以观察到类似的效果。温度和老化的影响需要通过建立温度控制和输出功率监测回路来补偿。

首先通过假设存在连续波操作并且可以忽略自发辐射（$n_{\mathrm{sp}}=0$），然后根据方程(2.13) 和方程(2.14) 来计算阈值电流。通过从这些方程中消除所有时间导数，并假设达到当前值的阈值，其中 $G\tau_{\mathrm{p}}=1$，可以得出[14]

$$I_{\mathrm{th}}=\frac{q}{\tau_{\mathrm{e}}}\left(N_0+\frac{1}{G_N\tau_{\mathrm{p}}}\right) \tag{2.25}$$

当电流高于阈值时，光子数 P 可以表示为

$$P=\frac{\tau_{\mathrm{e}}}{q}(I-I_{\mathrm{th}}) \tag{2.26}$$

激光器发射的总光功率 P_{las} 可以通过将光子数乘以光子能量和它们通过两个反射镜逃离谐振腔的速率来计算，即

$$P_{\mathrm{las}}=P\cdot h\nu\cdot(\nu_g\alpha_{\mathrm{mirror}})/2 \tag{2.27}$$

系数 1/2 的出现是因为有两个镜子且只有一个镜子被计算出来。现在，通

过使用式(2.17)、式(2.25)和式(2.26),可以建立描述图 2.10(a)中的 P-I 曲线的等式,即

$$P_{\text{las}}=\frac{h\nu}{2q}\frac{\eta_{\text{int}}\alpha_{\text{mirror}}}{\alpha_{\text{cavity}}} \tag{2.28}$$

请注意,因子 η_{int} 用来表示内部量子效率,或光子总数与注入电子总数的比率。如果电流高于阈值,则可以假设该比率非常接近 1。因此,当电流大于阈值时,P-I 曲线的斜率为

$$\frac{\mathrm{d}P_{\text{las}}}{\mathrm{d}I}=\eta_{\text{slope}}=\frac{h\nu}{2q}\frac{\eta_{\text{int}}\alpha_{\text{mirror}}}{\alpha_{\text{cavity}}} \tag{2.29}$$

其中,η_{slope} 是斜率效率(或 P-I 曲线斜率),它决定了输出功率随着注入电流增加而增加的斜率。另外,还有一个量子效率参数,即这次可以引入的外部量子效率 η_{ext},即

$$\eta_{\text{ext}}=\frac{2P_{\text{las}}/(h\nu)}{I/q}=\eta_{\text{slope}}\frac{2q}{h\nu}\left(1-\frac{I_{\text{th}}}{I}\right) \tag{2.30}$$

在一般情况下,正如我们从式(2.30)中看到的,由于内部空腔损耗,外部量子效率小于内部量子效率。

2.3.1.1 半导体激光器中的光谱(纵向模式)

我们提到的激光腔是法布里-珀罗谐振器,有两个切割面作为反射镜。面反射率 r_{fac} 可以计算为

$$r_{\text{fac}}=\left(\frac{n_1-n_0}{n_1+n_0}\right)^2=\left(\frac{n_1-1}{n_1+1}\right)^2 \tag{2.31}$$

其中,n_1 和 $n_0=1$ 分别是谐振腔和外部空气中的折射率。对于 Ⅲ-V 半导体化合物,$n_1\approx 3.5$,产生的反射率 $r_{\text{fac}}\approx 0.31$。在通过法布里-珀罗谐振器的往返过程中,通过受激辐射和放大过程来补偿由于内部材料吸收以及通过平面流出而引起的辐射损失。产生的电磁波的相长干涉将产生激光模式。

激光模式的特征在于其传播常数 β[1]。当达到受激发射时,通过谐振腔的模式的往返行程由以下平衡方程来表征:

$$E_0\cdot(r_1r_2)^{\frac{1}{2}}\exp(gL_{\text{cav}}-\alpha_{\text{int}}L_{\text{cav}})\exp(2\mathrm{j}\beta L_{\text{cav}})=E_0 \tag{2.32}$$

其中,E_0 是模场强度,L_{cav} 是谐振器长度,r_1 和 r_2 是两个面的反射率,g 和 α_{int} 是光谱模式频率下的功率增益和材料损耗。式(2.32)的虚部中的因子 2 则是因为波的往返造成的。式(2.32)可转换为振幅和相位的两个等式,从而得出

$$g = \alpha_{\text{cavity}} = \alpha_{\text{int}} + \alpha_{\text{mirror}} = \alpha_{\text{int}} - \frac{\{\ln[r_1 r_2]\}}{2L_{\text{cav}}}, 2\beta L_{\text{cav}} = 2m\pi \tag{2.33}$$

式(2.33)的相位部分 $2\beta L_{\text{cav}} = 2m\pi$ 指出了在由整数 m 确定的频率组 ν_m 处达到谐振条件和相长干涉。这些频率定义了法布里-珀罗激光器中的光谱模式。这些模式也称为纵向模式，因为它们的频率与谐振器的长度直接相关。光谱模式之间的间距 $\Delta\nu_{\text{FP}}$ 是恒定的并且等于任何其他法布里-珀罗谐振器的自由光谱范围，请参考式(2.48)。对于250 μm的腔长度，它的典型值约为150 GHz。我们应该注意到，式(2.32)和式(2.33)与式(2.16)中的材料增益 g_{m} 不同。由于光学模式存在于有源层之外，而增益仅存在于有源层内部，因此

$$g = g_{\text{m}}\Gamma \tag{2.34}$$

其中，Γ(通常 $\Gamma < 0.4$)是由式(2.16)定义的腔限制因子。

多种纵向模式可以在频谱上同时发射，如图2.10(b)所示。关键在于包络由式(2.33)的增益谱 $g = g(\nu)$ 确定。该光谱约为10 THz，因此它可以覆盖近100种纵向模式。主导模式在频率上与增益峰值对齐。大部分信号功率由主模式及其左右相邻的两个模式承载。从传输的角度来看，法布里-珀罗激光器的多模性质是不利的，因为模式通过光纤具有不同的传播速度并且限制了总传输容量，这将在第3章中详细分析。

需要使用半导体激光器结构中的一些附加元件来有效地从法布里-珀罗光谱中仅选择一种模式，并抑制其余部分。这有助于提高激光调制速度，从而使它们更适合于高速应用。通常通过在法布里-珀罗结构中插入光学滤波元件来完成改进。该滤波元件通常是光栅型元件，被放置在谐振腔内或腔体外部，如图2.11所示。

如果选择性光栅被放置在腔内，则该激光器称为分布反馈(DFB)激光器，并具有图2.11(a)所示的结构。具有外部布拉格光栅的激光器或放置光栅而不是分面镜的激光器称为分布式布拉格反射器(DBR)激光器，如图2.11(b)所示。DFB激光器中的分布式反馈是由于布拉格衍射现象[1]产生的，该现象耦合了向前和向后传播的电磁波。仅当满足布拉格条件时才会发生耦合，这意味着波长 λ_{DFB} 需要满足条件

$$\lambda_{\text{DFB}} = 2\Lambda n_{\text{mo}}/m \tag{2.35}$$

其中，Λ 是光栅周期，m 是布拉格光栅的阶数，n_{mo} 是模式指数($n_{\text{mo}} = \beta\lambda/(2\pi)$)，

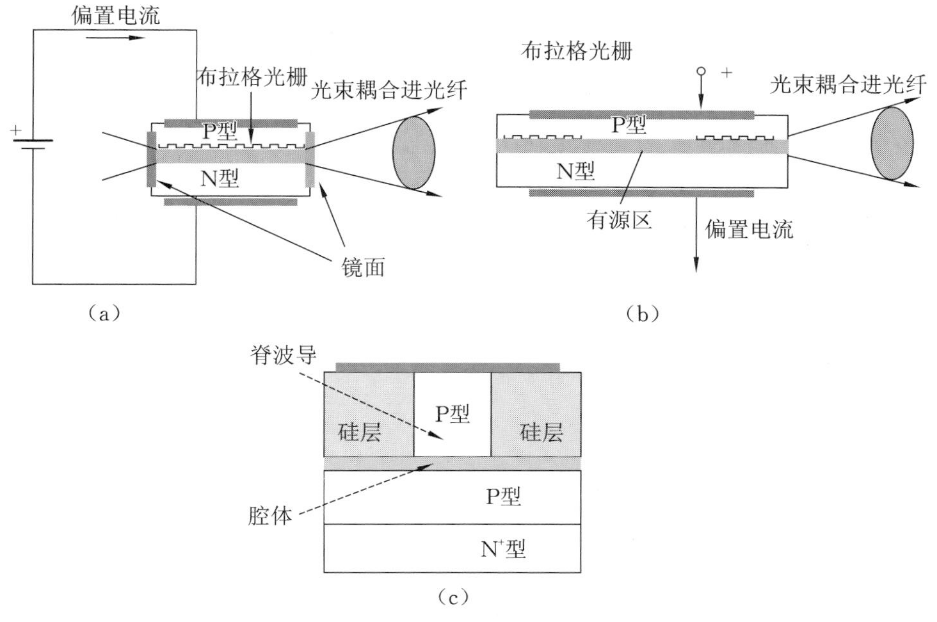

图 2.11　三种激光器结构图

(a)DFB 激光器的结构;(b)DBR 激光器的结构;(c) 脊波导激光器的侧视图

它与模式传播常数 β 有关。在 $m=1$ 的情况下,正向波和反向波之间的耦合最强,这使得正向反馈和受激辐射都发生在波长 λ_{DFB} 附近。例如,支持波长为 $\lambda\approx1550$ nm 的光栅周期等于 235 nm。对于激光结构中的布拉格光栅,光栅周期与折射率的周期性变化有关,而折射率的周期性变化通常被刻印在半导体材料中。

相移 DFB 激光器使光栅在腔体中间偏移 $\lambda_{DFB}/4$,以产生耦合模式的 $\pi/2$ 相移。这是非常有益的,因为它将带来更大的模式增益。还有一类 DFB 激光器称为增益耦合器[37],其中模式增益和模式指数沿谐振器长度周期性变化。对于 DBR 激光器,光栅可用作反射镜,在波长 λ_{DFB} 处提供最大反射率。

DFB 和 DBR 激光器的制造工艺比法布里-珀罗激光器的更复杂,因为光栅被蚀刻到了有源层周围的一层上(图 2.11 中为 P 型)。使用全息方法来形成间距约为 0.2 μm 的光栅。图 2.11 所示的夹层状结构的波导特性不仅通过在横向方向上限制,还可以通过在侧向方向上限制的方式得到增强。它可以通过脊波导结构(或埋藏异质结构[42]) 完成,如图 2.11(c) 所示。通过这样做,主导模式的横截面对称性从其原始的高椭圆形状最大程度地提高到了圆形率。

另一种类型的半导体激光器称为垂直腔面发射激光器(VCSEL)[44]，它是一种单片多层半导体器件，如图 2.12(a) 所示。这种类型通常基于 InGaAsP 材料，充当布拉格反射器，从而实现正反馈和受激辐射。这些层非常薄，层厚度约为波长的四分之一。与上述其他半导体激光器相反，VCSEL 器件发射规则的圆形光束。就将光发射到光纤方面而言，该特征会更加方便。同样需重点指出的是，VCSEL 具有极低的阈值电流，甚至可能低于 1 mA。VCSEL 激光器已经有效地用于较短距离的不同应用中。

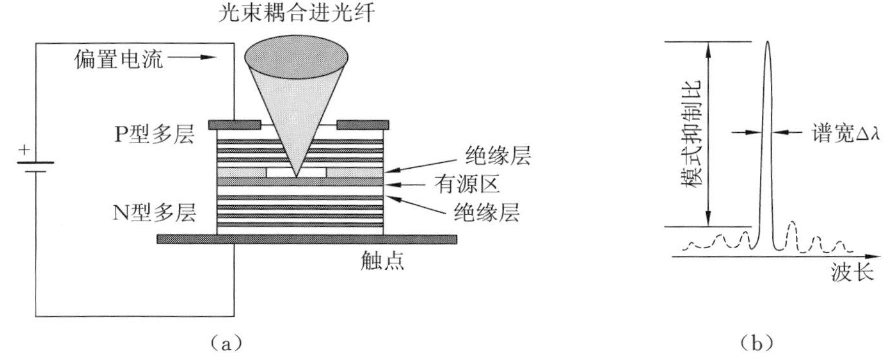

图 2.12　VCSEL 结构示意图

(a) VCSEL 结构；(b) 单模激光光谱

上述所有三种激光器类型(DFB、DBR 和 VCSEL) 都称为单模激光器(SML)，其特征在于光谱中的独特单纵向模式，如图 2.12(b) 所示。关键是光栅滤光器抑制了除主导模式之外的所有纵向模式。尽管侧面模式仍然存在，但它们的功率远低于主导模式的功率。这些功率之间的比率称为模式抑制比(MSR)。MSR 应为 30 dB 或更高，以获得高质量的单模激光器。单模激光的光谱曲线可以用洛伦兹线表示[43]，计算公式如下：

$$g(\nu)=\frac{\Delta\nu}{2\pi[(\nu-\nu_0)^2+(\Delta\nu/2)^2]} \tag{2.36}$$

其中，ν_0 是中心光频率，$\Delta\nu$ 代表光谱线宽。函数 $g(\nu)$ 被归一化，使得曲线下的总面积等于 1。光谱线宽定义为洛伦兹谱线的半峰全宽(FWHM)，可以表示为

$$\Delta\nu=\frac{n_{sp}G(1+\alpha_{chirp}^2)}{4\pi P_0} \tag{2.37}$$

其中，n_{sp} 是自发辐射因子，G 是受激发射的净速率，α_{chirp} 是啁啾因子，分别由

式(2.13) 和式(2.20) 引入。参数 P_0 表示输出光功率的固定值(由光子数决定)。重要的是要注意线宽 $\Delta\nu$ 随着光功率的增加而减小。另外,可以通过降低啁啾因子的值和自发辐射的速率来减小线宽。

参数 α_{chirp} 的降低可以通过使用所谓的 MQW(多量子阱) 激光器设计[45-52]来实现,而自发辐射的速率的降低可以通过增加谐振腔长度来实现。尽管采用一些特殊设计,DFB单模激光器的线宽可降至几百 kHz,但大多数DFB激光器的线宽范围为 5 ~ 10 MHz,输出功率约为 10 mW。

半导体激光器的频率响应主要由弛豫频率来限制,因为当调制频率超过弛豫频率值时,调制响应开始迅速减小。3 dB 调制带宽定义为调制输出相对于输出相应的连续波情况下减少为原来的一半(或 3 dB) 的频率[46],如下所示:

$$V_{\mathrm{M}}=\frac{V_{\mathrm{R}}\sqrt{3}}{2\pi}\approx\left(\frac{3G_N P_{\mathrm{b}}}{2\pi^2\tau_{\mathrm{p}}}\right)^{\frac{1}{2}}=\left[\frac{3G_N(I_{\mathrm{b}}-I_{\mathrm{th}})}{4\pi^2 q}\right]^{\frac{1}{2}} \tag{2.38}$$

其中,V_{R} 是弛豫频率,G_N 是式(2.18) 的受激发射的增益系数,P_{b} 是偏置电流的输出功率,τ_{p} 是激发能级上的光子寿命,I_{b} 和 I_{th} 分别为偏置电流和阈值电流。值得注意的是,频率响应对输出功率的平方根存在依赖性。

当直接调制激光时,半导体激光器的调制带宽非常重要,这意味着总电流是 I_{b} 和 $I_{\mathrm{m}}(t)$ 之和,其中 $I_{\mathrm{m}}(t)$ 是时变调制分量。虽然 DFB 激光器的调制带宽可能超过 30 GHz,但由于激光啁啾,其应用仅限于高达 40 Gb/s 比特率和更短距离的情形下。另外,直接调制不适用于复杂的调制格式。这些格式由一个外部光学调制器有效地产生,该调制器由激光器输出的光进行馈送。该激光器受直流电压的偏压影响,以产生连续波辐射。

2.3.1.2 可调谐激光器

从应用的角度来看,非常希望具有频率管理功能的激光器。以这种方式,仅通过改变输出光信号的频率(波长),相同的物理设备可以用于 DWDM 系统内的不同光信道。从操作和维护的角度来看,这个功能非常受欢迎。此外,如果输出波长的变化非常快,则一些其他应用(如光分组交换) 也是可行的。

改变半导体激光器输出波长的最简单方法是改变其注入电流。如果注入电流改变,则载流子密度的变化会引起光学增益和折射率的变化。因此,光学增益的变化导致输出光学信号的强度调制,而折射率的变化导致光学相位变化和瞬时频率从稳态值 ν_0 开始变化。波长随电流变化速度通常约为 0.02 nm/mA。

可以通过改变能引起折射率变化和光学相位变化的激光器工作温度来调节输出波长。输出波长随温度变化的速率约为 0.08 nm/K，但不建议温度变化值大于 20 ℃，因为这会导致输出信号电平下降，并对可靠性和寿命预期产生负面影响。

在一般情况下，可以通过改变谐振腔的光学长度和与面反射相关的滤波条件来改变输出的波长。输出频率的相对变化$\frac{\Delta\nu}{\nu}$与光学长度的变化成正比，可以用比例表示为

$$\frac{\Delta\nu}{\nu} \approx \frac{K_1 \Delta L_{\text{cav}}}{L_{\text{cav}}} + \frac{K_2 \Delta n_{\text{mo}}}{n_{\text{mo}}} \tag{2.39}$$

其中，K_1 和K_2 是表征该经验方法的任意常数，并且 L_{cav} 和 n_{mo} 分别是在式(2.32)和式(2.35) 中引入的腔长度和模式折射率。

现在有几种实用方法用于设计波长可调半导体激光器。第一种方法与在镜像之间部署外部可调滤波器有关。外部镜子用于延伸谐振腔并找到放置可调谐滤波器的空间。然后，改变滤光器光谱，通过折射率调谐或温度调谐，改变激光器的输出波长。如图 2.13(a) 所示，如果衍射光栅放置在外部谐振器的末端，也可以进行波长调谐。布拉格反射条件通过光栅的机械旋转而发生改变，这改变了有效光栅周期，并能选择激光波长。机械调谐可以实现宽调谐范围，但是这些激光器可能因为体积庞大而限制了它们的应用。

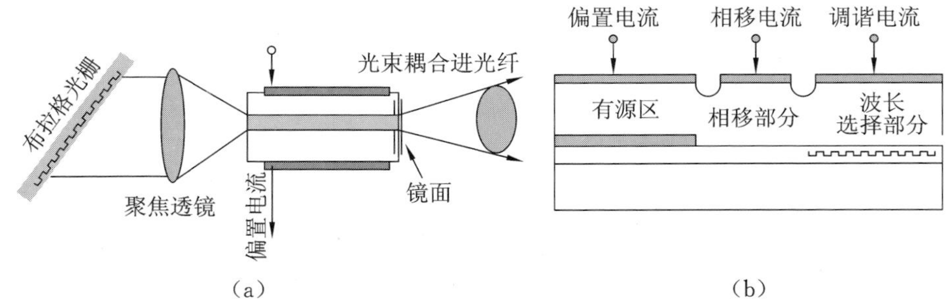

图 2.13　可调谐激光器

(a) 外腔激光器；(b) 三段可调谐激光器

基于可调布拉格光栅的相同原理可用于不同的单片 DBR 结构。在这种情况下，由于布拉格反射条件可通过指定的电流注入而改变，所以不需要机械运动来改变布拉格反射镜的位置。为了使这个原理可行，DBR 激光器被制成多功能器件，如图 2.13(b) 所示，可以有 2 ～ 4 段甚至更多段结构[53-59]。在两段

式器件中，有两对电极承载注入电流，一对用于常规有源区，另一对用于通过折射率变化控制布拉格反射条件。两段式结构可防止输出光功率下降，但不能提供更宽的连续可调范围。

如图 2.13(b) 所示，三段式结构的有源区和布拉格光栅段之间插入了第三段。该部分是相移部分，用于改变进入布拉格光栅部分的光的相位。通过独立电流偏置实现的相移有助于扩展连续可调范围，该范围已达到10 nm。任何涉及四段或更多段的结构都可视为两个或多个法布里-珀罗滤波器的级联，每个滤波器具有不同的自由光谱范围(FSR)，请参见第 2.4 节。在级联多段结构中，光信号在布拉格反射镜发生多次反射，这在单个单片芯片上有效地提供了超过 40 nm 的连续可调范围[58]。

图 2.13(b) 中的布拉格光栅可以用环形谐振器代替[59]。环的数量可以是两个或更多，并且它们在多段激光器中有效地起到截面的作用。环是波导结构，它是单片集成的并且不会使结构庞大。可以在环形谐振器周围构建一个热光加热器，以对折射率进行温度调节，并有效改变输出波长。通过在环路中使用具有集成光滤波器的光纤环路，也可以产生广泛可调的光源。光纤环路用作放大光的有源介质，而滤波器有助于在输出端选择指定的波长。

当前 DWDM 系统中使用的波长可选激光器主要基于上述的多节 / 多环方案。单个激光器覆盖的波长范围从几纳米到 200 nm，而输出功率可高达 20 mW[37]。波长可选激光器与外部调制器结合使用，通常与它们集成，并配有波长锁定器，有助于在调谐完成后保留输出波长的值。可调谐激光器的典型光谱如图 2.14 所示。

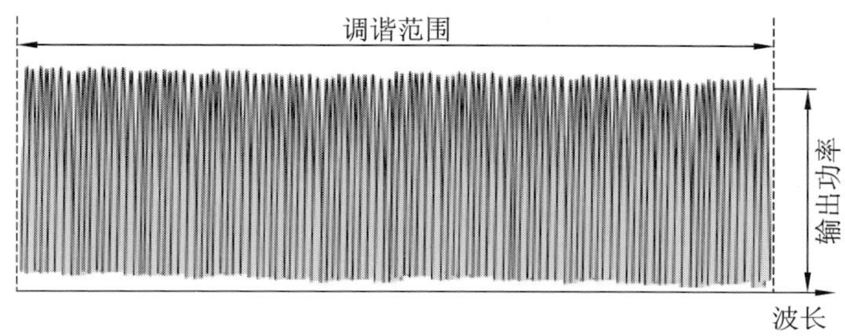

图 2.14　可调谐激光器的典型光谱

2.3.2　发光二极管

发光二极管(LED) 是单片集成的半导体结构，其 P 和 N 层形成直接极化

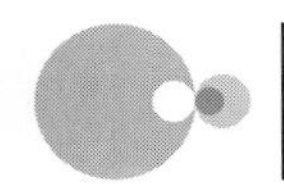

的 PN 结，如图 2.15 所示。光由结区中的自发辐射产生，但在结区外传播并从半导体结构中传播出去。

如图 2.15(a) 所示，这种最简单的结构称为表面辐射 LED。如果存在至少一个半导体层，如图 2.15(b) 所示，有源区可以构造为波导，因为 $n_1 > n_2$ 和 $n_1 > n_3$，这对于属于结层和周围层的折射率有效。在这种情况下，辐射横向通过半导体结构的边缘。对于超过 100 mA 的偏置电流，LED的输出功率相对较低，通常为 0.1 mW。

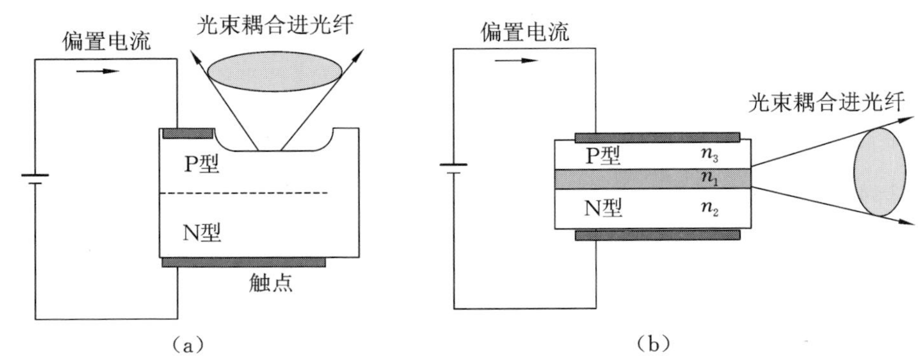

图 2.15　发光二极管

(a) 表面辐射；(b) 边缘辐射

一开始就用于工作在 800 ～ 900 nm 波长区域中的 LED 的半导体材料是三元合金$Ga_{1-x}Al_xAs$(如果 $x = 0.08$，则辐射峰值在 810 nm 处)。如果四元合金$In_{1-x}Ga_xAs_yP_{1-y}$ 通过改变摩尔分数x 和 y 而在 1000 nm 和1600 nm 之间的区域中操作，则可用于 LED 制造。选择这两种化合物是因为可以匹配晶格参数，从而产生更高的量子效率。

假设在先前应用于激光情况的式(2.13) 和式(2.14) 中只存在自发辐射，则可以估计 LED 的量子效率。我们可以假设在稳定状态下，注入的载流子与通过辐射或非辐射复合过程损失的载流子之间存在平衡。产生的光子的速率等于 $\eta_{int}(I/q)$，其中，η_{int} 是式(2.28) 中引入的内部量子效率，而 I/q 是载流子注入速率，如式(2.14) 所示。如果还引入外部量子效率 η_{ext} 来表示光子逸出半导体结构并进入空气的比例，则 LED 辐射的总功率可表示为

$$P_{LED} = \eta_{int}\eta_{ext}[I \cdot (h\nu/q)] \tag{2.40}$$

外部量子效率 η_{ext} 与半导体-空气界面的反射条件有关[14]，可表示为

$$\eta_{ext}=\frac{1}{n\,(n+1)^2} \tag{2.41}$$

其中，n 是半导体材料中的折射率。当 $n\approx 3.5$ 时，η_{ext} 为 1.4%，这意味着只有少量的光能得到输出。即使是较小的值也具有较宽的辐射角，因此只有百分之几的辐射功率可以耦合到光纤。因此，即使 PN 结中电子与空穴复合产生的总内部功率可超过 10 mW，但也只有约 100 μW 可以继续通过光纤传播，这是在传输过程开始时的 20 dB 的损耗。

LED 的斜率效率可表示为

$$\eta_{slope}=\frac{dP_{LED}}{dI}=\eta_{int}\eta_{ext}\frac{h\nu}{q} \tag{2.42}$$

它通常约为 0.01 mW/mA，比由式(2.29) 表示的激光二极管中的量子斜率效率的$\frac{1}{10}$还小。由式(2.42) 表示的斜率不是恒定的，而是取决于温度和电流值，这意味着曲线 $P_{LED}(I)$ 不是线性的，而是随着电流和温度的降低而下降。

输出 LED 光谱取决于自发辐射的速率，并可以以归一化形式表示为[39]

$$g(\nu)=\sqrt{h\nu-E_g}\exp\left[-\frac{h\nu-E_g}{k_B\Theta}\right] \tag{2.43}$$

其中，k_B 是玻尔兹曼常数，Θ 是绝对温度，E_g 是导带和价带之间的能带隙。LED 光谱曲线具有在 ν_0 处取得最大值的高斯形状，且光谱的半高全宽为 $\Delta\nu_{LED}$，由下式给出：

$$\nu_0=\frac{E_g+k_B\Theta/2}{h},\Delta\nu\approx\frac{2k_B\Theta}{h},\Delta\lambda=\frac{\lambda^2}{c}\frac{2k_B\Theta}{h} \tag{2.44}$$

其中，关系 $\lambda=c/\nu$ 用于式(2.44) 中的第三个公式。可以容易地计算出，发光二极管的半高全宽(FWHM) 在波长 850 nm 左右时为 30 nm，在波长 1300 nm 以上时为 60 nm 以上。

如果使用 $P_{LED}(I)$ 功能曲线通过某些电信号对 LED 进行强度调制，则可以通过使用式(2.14) 并忽略与受激辐射相关的最后一项来找到频率响应。LED 的频率带宽受到有源区域中的大扩散电容的限制。以下关系式将输出光功率 P_{LED} 与调制电流的频率 f 联系起来：

$$P_{LED}(f)=P_0\left[1+(2\pi f\tau_e)^2\right]^{-1/2} \tag{2.45}$$

其中，P_0 是直流电流的输出光功率，τ_e 是有效载波(电子) 寿命，范围为 2 ~ 10 ns。由于上述限制，LED 只能应用于较低速度(最高达 200 Mb/s 比特率)

和较低距离(最远达数十千米)的情况。

总之,本节中讨论的光源参数的典型值总结在表 2.1 中。表中的数据是从产品相关文献中提取的典型值,如文献[54],或不同制造商的数据。值得一提的是,如果法布里-珀罗激光器(FP 激光器)和 DFB 激光器的设计用作光放大器方案中的功率泵,则它们的输出功率可以高得多。在这种情况下,FP 激光器的功率可高达 400 ~ 500 mW,DFB 激光器的功率可高达 300 mW。

表 2.1　半导体源参数的典型值

参数	LED	FP 激光器	DFB 激光器	垂直腔面发射激光器(VSCEL)
输出功率	⩽ 150 μW	⩽ 10 mW	⩽ 20 mW	⩽ 7 mW
光谱宽度(半高全宽)	30 ~ 60 nm	1 ~ 3 nm	0.000001 ~ 0.0004 nm (0.12 ~ 50 MHz)	0.1 ~ 1 nm
调制带宽	⩽ 200 MHz	⩽ 3 GHz	⩽ 35 GHz	⩽ 20 GHz

2.4　光学滤波器和多路复用器

在多通道 WDM 传输系统和光网络环境中,光学滤波器和多路复用器的作用非常重要[60]。光学滤波器的操作基于光谱干涉或光信号的吸收,而光学多路复用器的操作主要基于干涉测量原理[1]。从这个角度来看,光学多路复用器可以被认为是一类特殊的光学滤波器。

光谱干涉引发两个或多个电磁波的矢量相叠加,这些电磁波来自相同的源并沿着具有略微不同长度的路径传播。长度的差异将产生相位的差异,这将在波重新结合之后对总和结果产生影响。干扰效应表明,同一光信号至少在通过两个不同路径后会被组合在一起。通常有两种主要的干涉仪方案用于设计光学滤波器,分别是法布里-珀罗(FP)和马赫-泽德尔(MZ)干涉仪。本书已经多次提到这些名称与不同的光学元件(激光二极管、光学调制器)相关联,这意味着一系列物理现象产生的基础是由不同光学元件引入带来的。

2.4.1　法布里-珀罗滤波器

法布里-珀罗滤波器通常称为"标准具",是基本的干涉仪结构。它由两个平行镜构成的谐振腔组成,如图 2.16 所示。为了说明,假设光从入射光纤进入并与出射光纤进行比较。

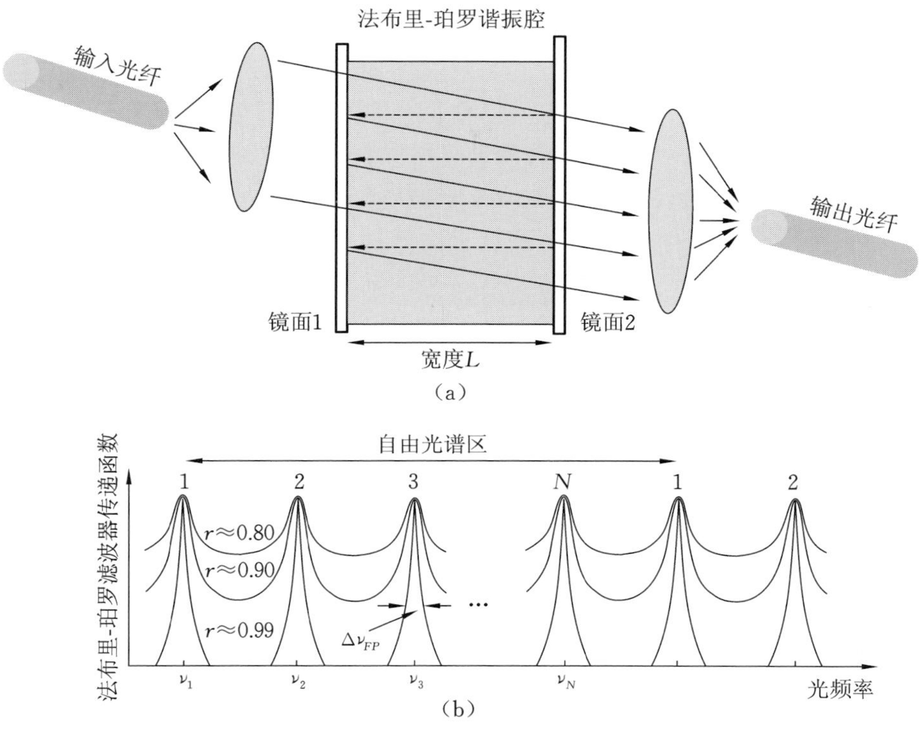

图 2.16　法布里-珀罗滤波器示意图

(a) 法布里-珀罗滤波器干涉测量结构;(b) 其传递函数

光通过镜面 1 的外侧进入腔体,镜面 1 对输入信号是透明的。在经过腔长度 L 一次之后,部分光信号通过镜面 2 离开腔体,而一部分从镜面 2 反射并返回镜面 1。镜面 1 再反射该部分,依此类推。因此,进入腔体的光信号在镜面之间来回反射,将产生前向和后向传播的波,它们相互促进或相互抵消,这取决于谐振器的特性。

当谐振器被调谐到其谐振位置时,调节腔长度为

$$L = i\lambda/(2n) \tag{2.46}$$

其中,n 是腔内的折射率,而 i 是一个称为滤波器阶数的整数。在光信号衰减并最终沿锯齿形路径消失之前,多次反射对滤波器响应有明显的作用。信号衰减是由镜面 2 的出口或腔内的内部吸收造成的损失引起的。如果谐振器长度与式(2.46)给出的值 L 失谐,则完全相长干涉将不再发生。因此,通过镜面 2 输出的光将会被抑制。

到达镜面 1 并通过镜面 2 出射的光学信号的功率将通过传递函数相互关联[61]，即

$$P_{\text{out}}(\nu)=P_{\text{in}}(\nu)\frac{(1-\alpha-r)^2}{(1-r)^2-4r\sin^2(2\pi\tau\nu)} \tag{2.47}$$

其中，ν 是光学频率，τ 是穿过谐振腔的单程传播时间，r 是镜面的功率反射率，α 是光功率吸收系数($r=1-t$，其中 t 是镜子的透射系数[1])。

式(2.47) 的右侧定义了一个称为 Airy 函数的周期函数[9]。函数传输峰值周期性重复的频率称为自由光谱范围(FSR)，定义为

$$\text{FSR}=\frac{1}{2\tau}=\frac{c}{2nL} \tag{2.48}$$

图 2.16 显示了 FP 滤波器的 Airy 传递函数的形状，其中包括几个镜面功率反射率值。

法布里-珀罗干涉测量结构的特征还包括滤波器精细度 F，定义为

$$F=\frac{\text{FSR}}{\Delta\nu_{\text{FP}}}\approx\frac{\pi\sqrt{r}}{1-r} \tag{2.49}$$

其中，$\Delta\nu_{\text{FP}}$ 与传输峰的宽度有关，如图 2.16 所示。该宽度决定了滤波器带宽，由传递函数值减小到传输峰值一半的点定义。通过假设可以忽略光功率吸收系数 α 来获得式(2.49) 中的滤波器的精细度和镜面反射率之间的关系。如果 FP 滤波器用于光学多通道系统中的通道选择，则滤波器的自由光谱范围应大于多通道信号的组合带宽，即 $\text{FSR}\geqslant N\Delta\nu_{\text{S}}=N\cdot B/\text{SE}$。其中，$\Delta\nu_{\text{S}}$ 是信道间隔，B 是比特率，SE 是由式(1.7) 定义的光谱效率。在这种多通道环境中可以有效分辨的光学通道的数量由滤波器精细度确定。

产生高精细 FP 光学滤波器的最简单方法是将几个阶段级联起来。有两种方法可以实现 FP 谐振器的级联。第一种是采用几个谐振器作为简单链，其中来自前一个谐振器的输出信号成为下一级的输入信号。在第二种方法中，来自输出镜(见图 2.16 中的镜面 2) 的光信号被反射回来再次进入腔。在这种方案中，光通过同一空腔两次。如果输出信号(这次来自反射镜 1) 再次被引导回腔中，则可以额外增加通过腔体的信号总数。

级联 FP 结构的有效 FSR 与通过谐振器的光的数量成比例地增加，而滤波器带宽与级联的腔的数量成比例地减小。在实际应用中，使用 FP 滤波器的级联结构由几个介电层组成。这种设计不需要经典的镜子，因为相邻层之间的

折射率差异可用于来回反射光信号。

2.4.2 马赫-曾德尔滤波器

马赫-曾德尔(MZ)滤波器操作基于马赫-曾德尔干涉仪,该干涉仪由两个定向光耦合器组成,这两个定向光耦合器通过具有不同长度的光波导连接,如图 2.17(a)所示。波导可以是在硅基片上二氧化硅等结构上产生的光纤或平面光波导。通常,双向导臂之间相差 Δl,从而导致信号延迟 $\Delta\tau$。

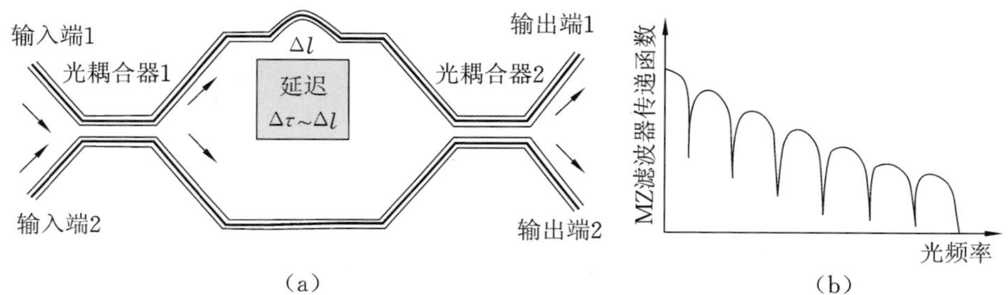

图 2.17 马赫-曾德尔干涉仪

(a) 干涉仪方案;(b) 传递函数形状

图 2.17(a)中光耦合器 1 的两个臂之间的光功率相等,但一个臂中的信号相对于另一个臂的相移为 $\pi/2$(可以假设下臂中的信号相位偏移 $\pi/2$),则输出端 1 和 2 处的光信号功率与进入图 2.17(a)中的输入端 1 处的光信号之间存在以下关系[39]:

$$P_{\text{out},1}(\nu)=P_{\text{in},1}(\nu)\sin^2(\Delta\tau\pi\nu) \tag{2.50}$$

$$P_{\text{out},2}(\nu)=P_{\text{in},1}(\nu)\cos^2(\Delta\tau\pi\nu) \tag{2.51}$$

其中,ν 是光信号的频率。因此,与输入和输出端口的功率相关的传递函数是升正弦函数,它们彼此不同步。式(2.51)所示的光学滤波器传递函数具有包含主瓣和周期弧形的形状,如图 2.17(b)所示。这就是马赫-曾德尔滤波器属于周期性光学滤波器类的原因。

可以级联几个马赫-曾德尔基本单元以构成多级马赫-曾德尔干涉仪。信号通过链传播的两个部分之间的总路径差被计算为与各个阶段相关的差之和。如果链中有 M 个干涉仪,则输出端 2 处的信号可以用输入端 1 处的信号表示为

$$P_{\text{out},2}(\nu)=P_{\text{in},1}(\nu)\prod_{i=1}^{M}\cos^2(\Delta\tau_i\pi\nu) \tag{2.52}$$

根据式(2.52),通过调整光路参数,可以设计基于 MZ 干涉仪链的光学滤波器。这样的滤波器将能够隔离 $N=2^M-1$ 个光通道中的一个。如果链中第 i 个干涉仪的延迟为式(2.53)的计算结果,则这些光通道通过频率间隔 $\Delta\nu$ 相互分离。

$$\Delta\tau_i=\frac{1}{2^i\Delta\nu} \tag{2.53}$$

例如,由 6 个阶段组成的链路能够区分 64 个通道中的 1 个,而由 7 个阶段组成的链路将在 128 个通道中提供选择。

2.4.3 光学光栅滤波器

几个世纪以来,光栅一直被用于将复合光分离成组成其不同波长的光。以这种方式,仅允许选定波长到达特定位置,从而达到滤波效果。光栅滤波器在 WDM 系统中广泛应用于分离或组合各个波长的光,因此常用作光学多路复用器或多路分解器。所有光栅可分为两组:透射光栅和反射光栅。光栅滤波器的工作原理如图 2.18 所示。

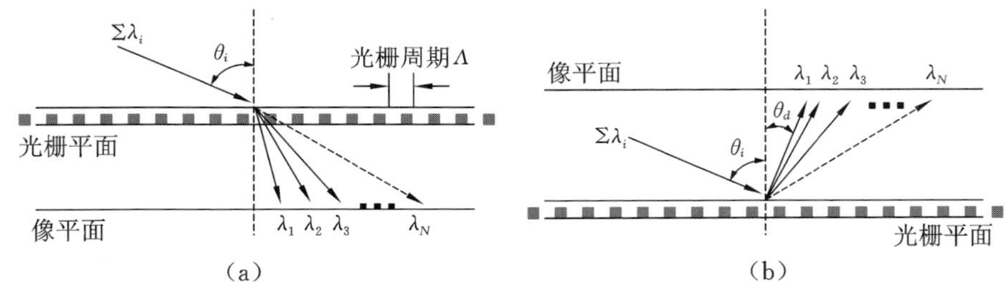

图 2.18 光栅滤波器的工作原理

(a) 透射光栅;(b) 反射光栅

输入复合信号要么发生折射,要么从光栅平面反射。光栅平面由光学材料制成,其方式是刻印其几何结构的周期性变化。这些变化遵循指定的模式,其中多个窄缝由间距分开,被称为光栅周期。光栅引起输入信号的衍射,这是光学领域中众所周知的现象[1]。衍射光在不同方向上传播,并最终在平行于光栅平面放置的平面上产生干涉图像。任何特定波长的相长干涉取决于平面上的位置,该位置是该特定波长的衍射角的函数。任何其他波长都会在该特定位置受到干扰,这意味着输入复合信号存在空间滤波,如图 2.18 所示。如果满足以下条件,则在角度 θ_d 下衍射的光线中的成像平面处发生波长 λ_i 处的相长干涉:

$$\Lambda(\sin\theta_i - \sin\theta_d) = m\lambda_i \tag{2.54}$$

其中，m 是一个称为光栅阶数的整数。单个波长的能量分布在满足条件的所有离散角度上。然而，仅在一个角度收集输出，而剩余的能量丢失。最大的能量将集中在 $\theta_i = \theta_d$ 和 $m = 0$ 的点，但此时波长不能分离，所有能量都被浪费掉了。为了将干涉最大值移动到由式(2.54) 定义的某个其他点，反射狭缝相对于光栅平面倾斜一定角度。现在，反射的能量将在与该角度相关的光栅阶数 m 处具有最大值。

目前用于光学网络的大多数光栅是反射光栅，主要原因是它们更容易制造。除了如图 2.18 所示的平面设计之外，这些光栅是使用凹面几何形状制造的，因为凹面设计可以更方便地放置与光栅一起工作的其他元件，如镜子、透镜、光纤输入等。

布拉格光栅是一类特殊的光栅，其中传播介质的周期性扰动起到了光栅的作用。当我们讨论 DFB 激光器结构时，已经介绍了布拉格光栅的例子。布拉格光栅可以刻印在半导体结构、平面波导或光纤芯中，从而用作选择特定波长的滤光器。布拉格光栅中的光栅条件由式(2.35) 给出，可改写为

$$\Lambda(2n_{\mathrm{mo}}) = m\lambda_{\mathrm{Bragg}} \tag{2.55}$$

其中，Λ 是光栅周期，m 是布拉格光栅的阶数，而 n_{mo} 是与通过介质传播的模式的传播常数 β 相关的模式指数($n_{\mathrm{mo}} = \beta\lambda/(2\pi)$)。当 $m = 1$ 时，前向和后向波之间的耦合能够在波长 λ_{Bragg} 上实现最强的相长干涉。很明显，如果将 $\theta_i = \pi/2$ 和 $\theta_d = -\pi/2$ 代入式(2.54) 中，同时假设介质不是空气，而是模式指数高于 1 的特定介质，则可得到式(2.55)。

光纤布拉格光栅(FBG) 是刻印在光纤中的特殊光学滤波器[63]。由于这种设计，它们变得相对便宜并且易于包装以及与其他光纤耦合。这些光栅通常用传统的掺锗石英光纤写入，比其他光纤类型更感光。在紫外线辐射的作用下，通过改变纤芯中的折射率来形成光栅。如果光纤芯暴露在两个干扰紫外线信号下，则可以写入永久光栅，因为所产生的波的光强度沿着光纤长度周期性地变化。折射率在其他位置保持不变，光栅是由合成波具有最大值的位置处的折射率的增加形成的。折射率的增加为 0.005% ~ 0.01%。

有两种类型的光纤布拉格光栅：短周期光栅和长周期光栅。在短周期光栅中，布拉格周期与传播光信号的波长相当。如果光栅线之间的距离等于波长值，则发生由特定波长的布拉格反射引起的光信号滤波。我们可用随着长

度逐渐减小/增大的参数Λ来印刻的布拉格结构。在这种情况下，不仅是单个波长，而且是一个波段将从印刻结构反射，从而发生带通光学滤波。

短周期光纤布拉格光栅具有低插入损耗(通常低于 0.1 dB)，并且在通带和其余光谱之间具有相对尖锐的过渡。另外，这些光纤布拉格光栅(FBG)滤波器的通带顶端平坦，并且对入射光信号的偏振状态具有较低的灵敏度。FBG 滤波器通常用于色散补偿方案，以及光分插复用器中的光信号滤波。

另一组光纤光栅的光栅周期比信号波长长得多。光信号能量不像短周期光纤布拉格光栅那样来回反射，而是与消失的光纤包层模式耦合。这些长周期光纤布拉格光栅被广泛用于不同类型的多通道光放大器中来平坦光谱增益分布，或者作为带阻滤波器，因为它们的光谱轮廓可以精确地成形。

2.4.4 可调谐光学滤波器

可调谐光学滤波器是非常有用的光学元件，因为它们可以动态选择指定范围的光学波长[62,64]。可调谐光学滤波器应具有宽调谐范围、高滤波器精细度和平顶的传递函数峰，并且它们可以尽可能快地调谐。但是，某些一般要求可能与某些应用无关。

马赫-曾德尔(MZ)和法布里-珀罗(FP)光学滤波器结构都是潜在的可调谐结构。可调谐 MZ 光学滤波器结构是通过主动控制光信号延迟$\Delta\tau$来实现的，这是通过改变波导臂中的折射率来完成的(见图 2.16)。最简单方法是通过使用围绕臂的薄膜加热器施加的温度变化引起的热光效应来控制折射率。折射率也可以通过施加到波导的外部电场来改变，这被称为电光效应[1]。因此，可以通过改变折射率来动态地改变与透射通带峰值相关联的谐振波长。

FP 滤波器的通带调谐可以通过改变腔长度或改变腔内的折射率来实现。这两种方法都会导致传播延迟τ的变化以及谐振波长偏离其初始位置的变化。改变腔长度的最简单方法是利用其中一个镜子的机械运动。例如，它可以通过改变两根光纤之间的气隙的全光纤设计来实现。这两根光纤在一个封闭的压电室中面对面并排排列[64]。腔长，即作为镜子的两个抛光光纤端面之间的空气间隙，通过压电收缩以电子方式来变化。全光纤 FP 滤光片的精细度高于 100，并且可以通过将两个滤光片串联起来进一步增加。这种滤波器的调谐范围高达 20 nm，而调谐速度相对较慢，可以超过 1 s。

使用折射率变化而不是镜子的机械运动的可调 FP 滤波器则是基于特殊材料，如液晶或半导体。通过在两个反射镜之间放置一些这样的材料来形成谐振腔，而电子调谐则通过改变谐振腔中材料的折射率来实现。这些滤波器的精细度可超过 300，而调谐范围可超过 50 nm，调谐时间约为 1 ms。由多个介电层组成的 FP 滤波器的级联结构也可以通过热或电子方式进行调谐，调谐范围可达 40 nm[61,62,64]。

声光可调谐滤波器(AOTF)是非常有前途的与光波长选择相关的不同应用的候选[65,66]。AOTF 的操作也基于布拉格反射。通过传感器产生声频来刻印折射率光栅，传感器由外部 RF 信号驱动，如图 2.19 所示。声频形成驻波，其决定了折射率变化的特性。折射率的最大值与声波的峰值一致，而最小值与驻波的节点一致。

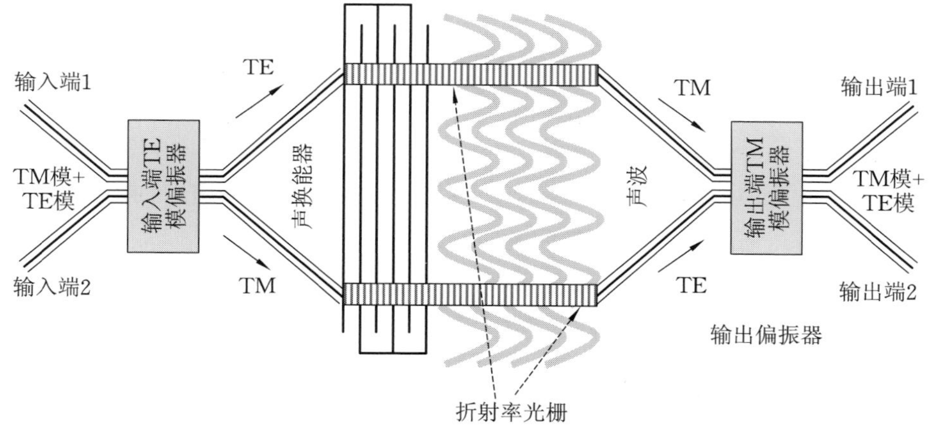

图 2.19　声光可调谐滤波器方案

声换能器是应用于一种基于高度双折射材料的波导结构。输入信号有两种偏振模式，通常称为 TM 和 TE 模式，它们在通过材料传播过程中经历不同的折射率。如果折射率满足布拉格条件 $n_{\mathrm{TM}}=n_{\mathrm{TE}}\pm\lambda_0/\Lambda$，则会发生 TM 和 TE 模式之间的耦合或能量交换。其中，λ_0 是光信号的波长，Λ 是由声波产生的布拉格光栅的周期，而 n_{TM} 和 n_{TE} 分别是与 TM 和 TE 模式相关的折射率。在铌酸锂用于 MZ 结构的情况(这是最常见的情况)下，n_{TM} 和 n_{TE} 之间的差异约为0.07，导致产生的布拉格光栅周期 $\Lambda=21.43\sim22.86\ \mu\mathrm{m}$，并且 $1500\ \mathrm{nm}<\lambda<1600\ \mathrm{nm}$。

由于 AOTF 是一种特殊类型的 MZ 滤波器，因此可以通过使用式(2.50)和式(2.51)以及插入特定于 AOTF 的参数来找到输出端 1 和 2 处的功率[90]。通过这样，我们得到

$$P_{\mathrm{out},1}(\lambda)=P_{\mathrm{in},1}(\lambda)\frac{\sin^2(\pi/2)\sqrt{1+4(\lambda-\lambda_0)^2/\delta^2}}{1+4(\lambda-\lambda_0)^2/\delta^2},\delta=\frac{\lambda_0^2}{l(n_{\mathrm{TM}}-n_{\mathrm{TE}})} \tag{2.56}$$

其中，l 是应用声光效应的干涉仪臂的长度。

AOTF中的能量交换是单向的，因为波长 λ 的光信号能量从TE模式转移到了TM模式。因此，该方案还需要滤波器前端的TE模偏振器和滤波器末端的TM模偏振器。相互作用的长度决定了滤波器的带宽，如果长度较长，则带宽会变窄。然而，随着交互长度的增加，调谐速度会降低，这意味着可以针对特定应用来定制不同的设计。声光可调谐滤波器的调谐范围超过 100 nm，而调谐速度可高于 100 kHz。从式(2.56)中可以得到AOTF的 3 dB 带宽 $\Delta\lambda_{3\mathrm{dB}}\approx0.8\,\delta$。

2.4.5 光复用器和解复用器

光复用器和解复用器用于将几个不同的波长信道组合成复合信号或将多信道WDM信号分解成其信道成分。在一般情况下，同一个设备可以同时用于两种用途，信号的方向将决定它执行什么功能。目前常用的光学多路复用器有几种类型，它们分别基于衍射或干涉效应[67,68]。

我们可以说基于衍射的解复用器本质上是布拉格滤波器，它通常采用一些角度色散元件作为衍射光栅。入射光信号从光栅反射并在空间上分散成许多波长分量，然后由一些透镜聚焦并引入各个光纤。衍射光栅应正确设计，以产生波长特定的反射角，如第2.4.1节所述。

基于衍射光栅的光学多路复用器的工作原理与光学多路解复用器的原理相同。实际上，光学多路复用器可以起到多路解复用器的作用，反之亦然。所需要的只是切换输入端和输出端的角色。基于衍射的多路解复用器中的聚焦透镜通常是渐变折射率杆(GRIN-杆)，因为从设计角度来看它更加合适。此外，GRIN-杆有可能与衍射光栅集成在一起。简化设计的另一种可能性是使用凹面衍射光栅，因此不需要聚焦透镜。凹面衍射光栅可以在平面波导结构上制成，并最终与用作输入端或输出端的平面波导集成。然而，如何将多路复用器与光纤耦合以用于更大数量的光波长仍存在实际问题。

基于干涉效应的光学多路复用器使用光学耦合器和光学滤波器将两个或更多个波长信道组合成复合信号。基于干涉效应的两种常用类型的光学多路复用器是电介质薄膜滤波器多路复用器和阵列波导光栅(AWG)[61]。阵列波导光栅(AWG)广泛用于波长复用和波长路由。AWG多路复用器是马赫-曾德尔调制器的通用版本，它由两个通过光波导互联的光耦合器组成，如图 2.20(b) 所示。形成马赫-曾德尔干涉仪的多个臂的光波导具有明显不同的长度,以便在相应的光信号之间引入相移。在光学解复用器中,有一个输入端口和多个输出端口。控制多路分解的干涉过程与马赫-曾德尔干涉仪的标准版本中的信号分离相关的过程相同,该过程迫使每个输出波长仅占用一个输出端口。通过切换图 2.20(b) 所示的光信号的方向来获得光复用器功能。在这种能力下,有多个输入和一个输出,可容纳复用的光信号。

如图 2.20(a) 所示,三分支结构马赫-曾德尔干涉仪可以作为刚刚描述的 AWG 设计的替代方案。然而,与 AWG 设计相比,图 2.20(a) 所示的结构在波长通带中具有更高的插入损耗和非平坦响应。此外,将 AWG 作为一种集成波导结构放置在波导基片上更容易实现。用于 AWG 制造的波导衬底材料通常是硅,而纯二氧化硅或掺有一些掺杂剂的二氧化硅可用作波导结构。

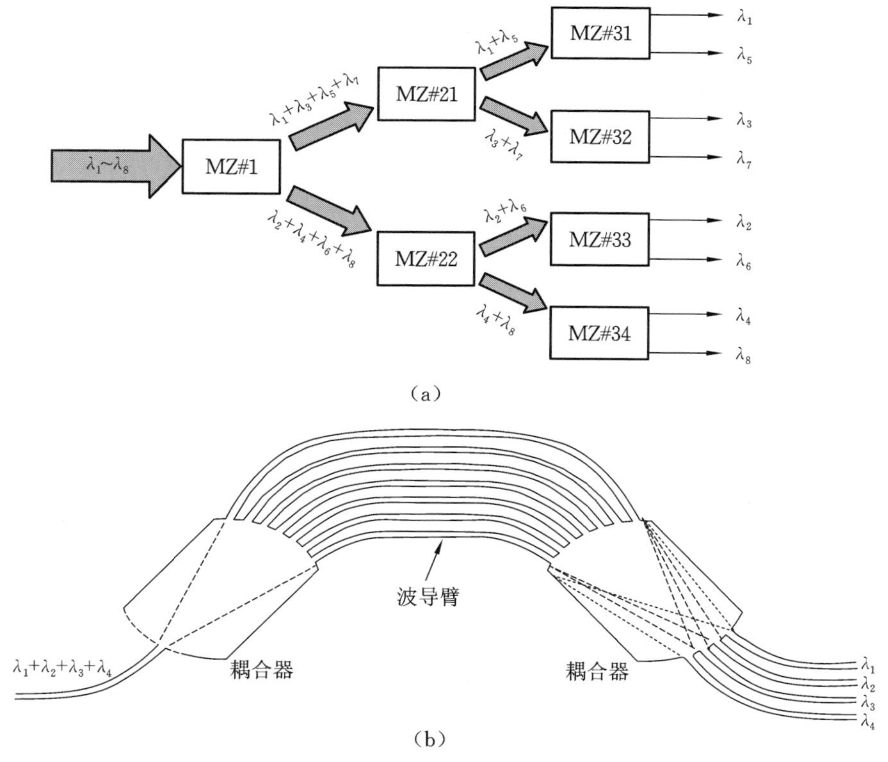

图 2.20　光学多路复用器

(a) 马赫-曾德尔滤波器链;(b) 阵列波导光栅(AWG)

具有多个输入端口和输出端口的 AWG 结构也可以用作具有预定路由路径的波长路由器。通过适当调整 AWG 干涉结构中的马赫-曾德尔参数,可以建立路由模式,这将在第 8 章中讨论。

第二种类型的光学多路复用器有一个级联的法布里-珀罗滤波器,其中每个滤波器都由多层电介质薄膜构成,如图 2.21 所示。每个滤波器包含多个谐振腔,以平坦化通带并提供通带边缘的更陡峭的斜率。对于图 2.21 所示的滤波器级联,每个滤波器选择与复合信号不同的波长。例如,第一个滤波器仅通过一个波长,并将其余波长引导至级联中的第二个滤波器,再选择一个波长,然后将其余波长引导至第三个滤波器,依此类推,如图 2.21(a) 所示。

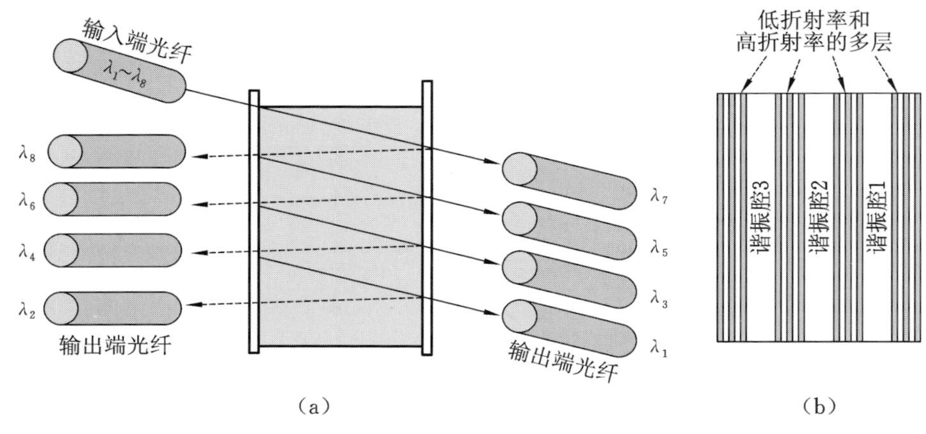

图 2.21　光复用器

(a) 薄膜法布里 - 珀罗滤波器;(b) 薄膜滤波器设计

上述光学多路复用器可以在相邻光学信道之间提供相对小的串扰,并且在通带上提供相当平坦的顶部。另外,它们在温度变化方面相对稳定并且对输入光信号的偏振状态不敏感。表 2.2 所示的是表征常用光学多路复用器的典型参数值。

表 2.2　光复用器参数的典型值

参数	AWG	FP 薄膜
插入损耗 /dB	3.5 ～ 6	0.3 ～ 0.8
串扰损耗 /dB	25 ～ 45	15 ～ 25
信道间隙 /GHz	12.5 ～ 200	50 ～ 200

2.5　光学调制器

在一般情况下，光源产生的光信号通过将信息数据信号进行光学调制的方式来产生。调制可以与信号生成并行，也可以在信号生成之后进行。因此，存在两种不同的调制方案：当调制信号采用电流方式加载至激光器时进行直接调制，以及在半导体激光器中产生光载波后对其进行外部调制。内部调制包括仍在光波产生过程中对光信号的影响，因此，它与光源激发同时进行。外部调制意味着在离开被称为外部光调制器的激光腔之后，所生成的参考波会有一些变化。外部调制基于不同的物理现象，如电光效应、声光效应和磁光效应。到目前为止，电光效应目前得到了广泛应用，其基本原理将在本节后面解释。

2.5.1　直接光调制

直接调制过程涉及在 DC 偏置电流上添加的调制电流。通常以将对应于“0”和“1”位的调制电流的逻辑电平设置高于激光器阈值电流的方式来选择激光器中的 DC 偏置电流的电平。在某些情况下，对应于“0”比特的级别可能低于阈值，但是这种方案更适合于低速操作(对于发光二极管的调制，调制器设计更灵活，主要目标是在特定条件下实现“1”比特的最高输出功率)。

直接调制的特征在于消光比 R_{ex}，即

$$R_{ex}=1/r_{ex}=\frac{P_1}{P_0} \tag{2.57}$$

其中，P_0 是与“0”相关的功率，P_1 是与“1”相关的功率，如图 2.22(a) 所示。在理想情况下，消光比将无限大。但实际上，大多数源和调制器产生的零比特的光功率输出为非零，并且消光比为有限值。“0”比特携带的光功率将增加将其误认为“1”比特的概率。可以通过增加消光比来增加信噪比，但是会以调制速度和激光频率啁啾的额外损失为代价，如下所述。在不同的计算中，参数 $r_{ex}=\frac{1}{R_{ex}}=P_0/P_1$，也由式(2.57)引入，比 R_{ex} 更常用，如与第 4 章中完成的接收器灵敏度相关的参数。

我们在 2.3.1 节中已经提到，P-I 曲线代表输出光信号随着通过激光二极管的直流电流变化，不太稳定，并且会随着老化和温度的变化而变化。老化和温度变化这两种效应都会导致 P-I 曲线退化和输出功率降低，以及消光比的

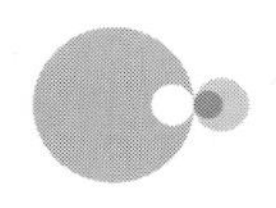

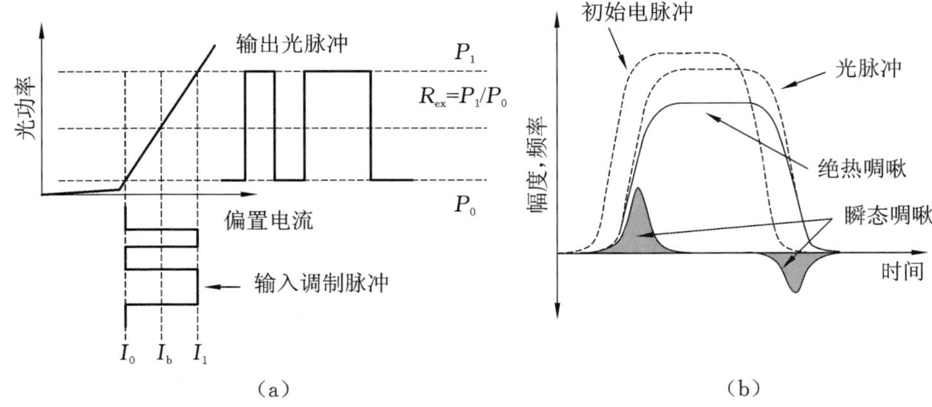

图 2.22　激光二极管的直接调制

(a) 消光比;(b) 频率啁啾

变化。这种劣化将降低接收端的信噪比。因此,需要对输出功率进行永久监控,并且同时还要伴随着对温度和偏置电流的反馈控制。

如果使用快速DFB激光器,则直接调制可以有效地用于不同调制比特率,高达10 Gb/s。当误码率超过规定的水平时,传输距离由信号劣化变高的点确定。信号劣化主要是由色散引起的,色散的影响与激光频率啁啾和光纤色散特性成正比,即有限光谱线宽可以附加到多模法布里-珀罗激光器的每个单独纵向模式,请参考式(2.36)和式(2.37)。这同样适用于单模激光器(DFB、DBR)的剩余模式。各个纵模的线宽在10 MHz和100 MHz之间,比气体激光器中单个纵模的线宽大5～40倍。

半导体激光器中的线宽结构最初由亨利在文献[43]中通过引入线宽增强因子来解释,该因子与因子$(1+\alpha_{chirp}^2)$成比例。参数α_{chirp}是一个幅度相位耦合参数。在式(2.19)和式(2.20)中,它确定了折射率变化与增益变化之间的比率。啁啾因子也可以由具有更小值的外部光调制器来定义,这将在下一节中讨论。线宽的有限值是由自发辐射过程引起的载流子密度波动而产生的,载流子密度的波动会产生折射率的波动和光信号相位的波动。因此,载流子密度的随机波动将被转移到频率的随机波动,这将导致频率噪声和频谱线宽增强。这发生在光信号振幅调制期间,因为振幅调制期间载流子密度的变化将导致稳态值ν_0附近的瞬时频率波动。这种调制过程中的瞬时频移可以用文献[52]中导出的公式计算,即

$$\delta\nu(t)=\frac{\alpha_{\text{chirp}}}{4\pi}\left[\frac{\mathrm{d}}{\mathrm{d}t}\ln P(t)+\chi P(t)\right] \tag{2.58}$$

其中，$P(t)$ 表示输出光功率的时间变化，χ 是与材料和设计参数有关的常数。参数 χ 可以在 1 ～ 10 THz/W 的范围内变化。

式(2.58) 右侧中括号中的第一项称为瞬态(或瞬时) 啁啾，而第二项称为绝热(或稳态) 频率啁啾。如图 2.22(b) 所示，在绝热啁啾和瞬态啁啾之间存在一个偏移量，这有时用于直接调制方案中，以实现部分相互抵消。

通常，调制电信号的瞬态形状在频率啁啾的总值中起重要作用，如式(2.58) 所示。请注意图 2.22(b) 中，脉冲的前沿发生频率上移(称为蓝移)，后沿则向较低频率方向移动(称为红移)。术语“蓝色”和“红色”与波长而不是频率有关，因为较高频率区域对应于较低波长区域(光谱的蓝色部分)，而较低频率区域对应于较高波长区域(红色部分)。

综上所述，我们可以说频率啁啾与光纤中的色散相互作用，导致脉冲形状产生偏差。光纤传播期间脉冲变化的特性将在第 3 章中讨论。

2.5.2 光信号的外部调制

用作外部调制器的关键器件是马赫-曾德尔调制器(MZM) 和电吸收调制器，我们将在本节中分析它们的特性。在分析其特性之前，我们将解释电光效应的基本原理，因为它在设计先进的外部调制器中有更广泛的应用。

2.5.2.1 电光效应作为外部调制的基础

光通信系统中使用的大多数外部调制方法基于以下事实：晶体中的折射率取决于晶体的几何参数和外部电场的参数。如果将各向异性介质暴露于外部电场，则介质中电能的密度表示为[1]

$$\Psi=\boldsymbol{E}\boldsymbol{D}/2 \tag{2.59}$$

其中，$\boldsymbol{E}$ 是电场矢量，$\boldsymbol{D}$ 是电感应矢量。

矢量 $\boldsymbol{D}$ 和 $\boldsymbol{E}$ 的分量通过以下关系连接：

$$D_k=\sum_m \varepsilon_{km}E_m \tag{2.60}$$

其中，ε_{km} 是介电常数张量的分量，下标 k 和 m 表示任何一对参考笛卡儿坐标 x，y 和 z。因此，晶体中的电能密度可表示为

$$\Psi=\frac{1}{2}\sum_k\sum_m \varepsilon_{km}E_kE_m \tag{2.61}$$

一般来说，介电常数的张量只有6个独立的分量，这是因为$\varepsilon_{km}=\varepsilon_{mk}$（参见文献[1]）。此外，通过引入三个称为主介电轴的新轴，并通过相应的坐标变换来简化式(2.61)，上式变为

$$2\Psi=\varepsilon_x E_x^2+\varepsilon_y E_y^2+\varepsilon_z E_z^2 \tag{2.62}$$

在新的坐标系中，介电常数的张量呈对角线形式，这导致存在以下关系：$D_x=\varepsilon_x E_x$；$D_y=\varepsilon_y E_y$；$D_z=\varepsilon_z E_z$。根据这些关系以及折射率和介电常数之间的关系（$n_x=\sqrt{\varepsilon_x}$，$n_y=\sqrt{\varepsilon_y}$，$n_z=\sqrt{\varepsilon_z}$），式(2.62)变为

$$\frac{D_x^2}{2\Psi n_x^2}+\frac{D_y^2}{2\Psi n_y^2}+\frac{D_z^2}{2\Psi n_z^2}=\frac{X^2}{n_x^2}+\frac{Y^2}{n_y^2}+\frac{Z^2}{n_z^2}=1 \tag{2.63}$$

方程(2.63)是椭球的标准形式，主轴覆盖坐标X,Y和Z，定义为：$X=D_x/(2\Psi)^{1/2}$，$Y=D_y/(2\Psi)^{1/2}$，$Z=D_z/(2\Psi)^{1/2}$。它被称为主椭球，而具有相应坐标的平面称为主平面。椭球的形状取决于其沿轴线的相应折射率限定的半轴。如果所有折射率相等（$n_x=n_y=n_z=n$），则晶体为各向同性。如果具有$n_x=n_y=n_1$且$n_z=n_2$的情况，则晶体称为单轴电介质。如果所有折射率都不同，则晶体称为双轴电介质。

在单轴介质中传播的光信号中有两种类型的光线：普通光线和非常光线。普通光线所经历的折射率是$n_x=n_y=n_o$，而非常光线的折射率是$n_z=n_e$用“o”和“e”符号指出了光线的特性。普通光线的偏振方向垂直于切割晶轴的平面（因为有一个双轴晶体），而非常光线的偏振方向平行于该平面。这两条光线沿指定方向具有不同的相速度，从而产生双折射效应[1]。

双折射效应是电光调制器和磁光调制器工作的基础，因为主椭球的折射率取决于外部电场或磁场。主椭球会在外场的影响下变形，并相对于主轴或相对于光线传播方向改变其位置。而在机械力引起的声波的影响下也会出现类似的效果，在这种情况下是声光或弹光效应。

接下来，我们评估线性或二次形式的电光效应。式(2.63)也可以改写为

$$a_{10}X^2+a_{20}Y^2+a_{30}Z^2=1 \tag{2.64}$$

其中，$a_{j0}(j=1,2,3)$是与相应轴相关的折射率平方的倒数值。下标“0”表示系数与没有任何外场的情况有关。如果存在外部电场，则椭圆体将变形并且新形成的椭球的主轴将偏离初始椭圆体的轴线。主椭球的方程则可以写为

$$a_1X^2+a_2Y^2+a_3Z^2+2a_4YZ+2a_5XZ+2a_6XY=1 \tag{2.65}$$

在线性电光效应（也称为Pockel效应[1]）中，差值a_j-a_{j0}可表示为线性函数，即

$$a_j-a_{j0}=r_{j1}E_z+r_{j2}E_y+r_{j3}E_x, j=1,2,3,\cdots,6 \tag{2.66}$$

假设$j>3$的系数a_{j0}等于零。系数a_{jn}($j=1,2,3,\cdots,6$；$n=1,2,3$)形成一个3×6维的电光系数矩阵，其中一些系数可以为零。

通过研究晶体在光通信系统和网络中的潜在应用，表明最合适的是$\bar{4}2m$、$\bar{4}3m$和3m的晶体群[1]。到目前为止，来自$\bar{4}3m$族（GaAs基半导体）和3m族（铌酸锂和类似晶体）的晶体已经得到广泛应用。对于来自$\bar{4}3m$族的晶体，只有几个r_{jn}系数不等于零。另外，系数a_{10}和a_{20}相等，这将得到等式

$$a_{10}(X^2+Y^2)+a_{30}Z^2+2r_{41}(E_XYZ+E_YXZ)+2r_{63}E_ZXY=1 \tag{2.67}$$

如果电场沿着Z轴（对应于晶体的光轴）起作用，则仅保留电场的Z分量，式(2.67)变为

$$a_{10}(X^2+Y^2)+a_{30}Z^2+2r_{63}E_ZXY=1 \tag{2.68}$$

在Y轴不变的情况下，利用绕Z轴旋转$\pi/4$获得新坐标，可以得到椭球的标准形状，从而得出

$$(a_{10}-r_{63}E)X'^2+(a_{10}+r_{63}E)Y'^2+a_{30}Z^2=1 \tag{2.69}$$

如果没有外部电场，则具有平面$Z=0$的主椭球的横截面是圆形。但在存在电场的情况下，横截面区域是具有半轴的椭圆形，表示为

$$n_{X'}=(\sqrt{a_{10}-r_{63}E})^{-1}\approx n_0+\frac{1}{2}n_0^3r_{63}E \tag{2.70}$$

$$n_{Y'}=(\sqrt{a_{10}-r_{63}E})^{-1}\approx n_0-\frac{1}{2}n_0^3r_{63}E \tag{2.71}$$

由于双折射效应，入射光波被分成两个分量。其中一个沿X'轴极化，相速度为$c/n_{X'}$；而另一个沿Y'轴极化，相速度为$c/n_{Y'}$。因此，可以获得沿这两个轴中的任何一个偏振的光的相位调制。输出光波与输入光波的相位延迟可以表示为

$$\Delta\phi_{X'}=(n_{X'}-n_0)2\pi l/\lambda=\pi n_0^3r_{63}El/\lambda=\pi ln_0^3r_{63}Vd/\lambda \tag{2.72}$$

其中，$V=E/d$是在厚度为d的晶体上施加的电压，λ是光信号的波长，l是沿晶体光轴的光路长度。沿Y'轴偏振的信号的相位延迟可以以类似的方式确定，并且它具有相同的值，但是与沿着轴X'的延迟具有相反的符号。沿X'轴和Y'轴偏振的两个波之间的相移可表示为

$$\Delta\phi = 2\pi l(n_{X'} - n_{Y'})/\lambda = 2\pi l \cdot n_0^3 r_{63} Vd/\lambda \tag{2.73}$$

如果没有外部电场，则由式(2.73)表示的相位差变为零。同时，来自晶体输出处的光的偏振与晶体输入处的光的偏振相同。相位差随着施加电压的增加而逐渐增加。晶体输出处的电场的合成矢量将绘制成椭圆，当 $\Delta\phi = \pi/2$ 时将会变形为圆形，而当 $\Delta\phi = 0$ 时椭圆将变为线。这样，输入光波的偏振将与电压成比例地改变，这意味着实现了偏振调制。如果输出信号要通过分析仪，则可以将偏振调制转换为幅度调制。

需要指出的是，式(2.72)和式(2.73)与 $\bar{4}3$m 族(基于GaAs半导体)的晶体有关。同样的表示式也适用于3m组的晶体(铌酸锂晶体)。唯一的区别是，表示式中的不是系数 r_{63}，而是 r_{33}。因此，式(2.73)采用以下形式：

$$\Delta\phi = 2\pi l(n_{X'} - n_{Y'})/\lambda = 2\pi l \cdot n_0^3 r_{33} Vd/\lambda \tag{2.74}$$

铌酸锂晶体的典型参数值为：$l \approx 1$ cm，$d \approx 10$ μm，$n_0 \approx 2.27$，$r_{33} \approx 31 \times 10^{-12}$ m/V。

二次电光效应或克尔效应[1]的特征在于晶体折射率与外加电场强度的平方律关系。在外电场的作用下，晶体从各向同性转变为单轴晶体，折射率为

$$n_x = n_y = n_0 - \frac{1}{2} n_0^3 h_{12} E^2 \tag{2.75}$$

$$n_z = n_0 - \frac{1}{2} n_0^3 h_{11} E^2 \tag{2.76}$$

如果光沿 x(或 y)轴方向偏振并沿 z 轴传播，则入射波和出射波之间的相移可表示为

$$\Delta\phi_x = 2\pi l(n_x - n_0)/\lambda = \pi l \cdot n_0^3 h_{12} E^2/\lambda \tag{2.77}$$

当光在相对于 z 轴 $\pi/4$ 的角度下偏振并沿 y 轴方向移动时，就会有两个波沿晶体传播。这两个波在 x 轴和 y 轴上有相同的振幅和不同的偏振。所获得的这两个波之间的相移为

$$\Delta\phi_x = 2\pi l(n_x - n_z)/\lambda = \pi l \cdot n_0^3 E^2 (h_{11} - h_{12})/\lambda \tag{2.78}$$

晶体输出处电场的合成矢量将绘制成一个椭圆，当 $\Delta\phi = \pi/2$ 时，该椭圆将变形为一个圆，而当 $\Delta\phi = 0$ 时，椭圆将成为直线。

2.5.2.2 马赫-曾德尔(MZ)和电吸收(EA)调制器

如上所述，外部调制在光产生之后发生。在这种情况下，激光二极管产生连续波(CW)信号，作为外部调制器的输入。幅度调制或强度调制是通过在调

制器内的两个逻辑电平之间切换来完成的，所有这些都在数字调制电压的影响下完成。使用上述电光效应，可以通过外部调制器结构进行相位调制。此外，幅度调制和相位调制可以作为更复杂的高级调制方案的一部分一起应用，这将在第5章中详细讨论。外部调制过程比直接调制过程更复杂，但可以提供显著的优势，因为它可以提高调制比特率和传输距离[69-72]。

外部光调制器的主要配置如图 2.23 所示。图 2.23(a)中的普通相位调制器是最简单的基于电光效应的结构。如果使用线性电光效应，则输入信号和输出信号之间的相移由式(2.73)给出；如果采用克尔效应引起相移，则由式(2.77)给出。相移由晶体的性质及其尺寸(长度和宽度)决定。此外，在马赫-曾德尔(MZ)干涉结构中的晶体产生的电光效应，如图 2.23(b)所示。几个 MZ 调制器可以组合成更复杂的结构，如图 2.23(c)所示，其中使用了 3 个 MZ 调制器。一些最适合平面相位调制器和 MZ 调制器光电效应应用的材料是铌酸锂($LiNbO_3$)、磷酸铟($InPO_4$)、砷化镓(GaAs)和一些聚合物材料。这些材料的折射率变化相对较快，并与所施加电场的变化相一致，从而实现高速运行。

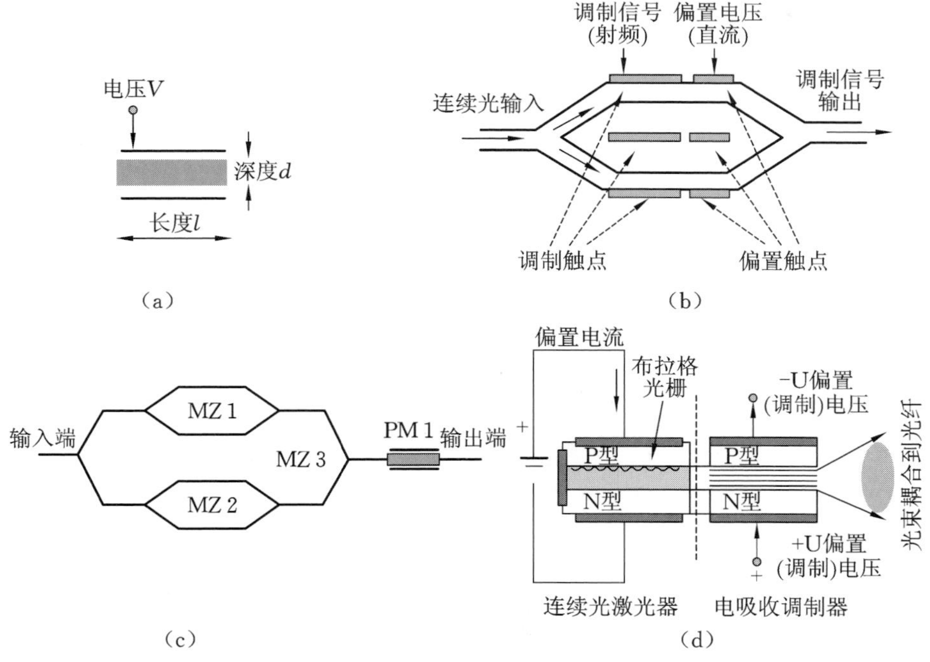

图 2.23　外部光调制器

(a) 相位调制器；(b) 马赫-曾德尔调制器；(c) 电吸收调制器；(d) 高级调制器

马赫-曾德尔调制器是沉积在基板上的平面波导结构。有两对电极应用于波导，第一对用于 DC 偏置电压，第二对用于表示调制数据信号的高速 AC 电压。用于 AC 和 DC 电压的电极沿着干涉仪臂沉积。在数字和电极的物理位置方面，如何施加这些电压有各种组合方式。物理布局非常重要，因为施加电场的方式对马赫-曾德尔调制器的调制特性有显著影响[69]。

来自激光器的连续光波在调制器的两个臂之间被均等地分开。这些部分最终在调制器输出端再次组合。MZ 调制器的调制原理如下：任何施加到调制器臂的电压都会增加材料的折射率，并减慢光速，从而有效地延迟光信号的相位。

两个输入部分的相位将决定调制器输出端的最终复合的性质。如果在任何给定时刻的折射率相等，则两个光流将同相到达并且它们的振幅彼此相加。这种情况对应于“1”位，因为在输出端产生了高脉冲电平。另一方面，如果两个干涉仪臂之间存在折射率差异，则输出信号电平将降低。如果相位之间的差异等于 π 弧度（或 180°），则会出现极端情况，因为两个信号流将通过相互抵消而产生相消干涉。很容易理解，这种情况对应于“0”位。因此，我们可以说通过将调制电压施加到马赫-曾德尔干涉仪臂，连续波光被有效地截断，并且通过数字数据流进行调制。两个光流之间的相移与施加到两个波导臂的电压差成正比。通常以相位移动 180° 并且以输出电平从截止状态切换到导通状态所需的电压值 V_π 来测量电压差。MZ 调制器的调制曲线如图 2.24 所示，可用以下关系式表示：

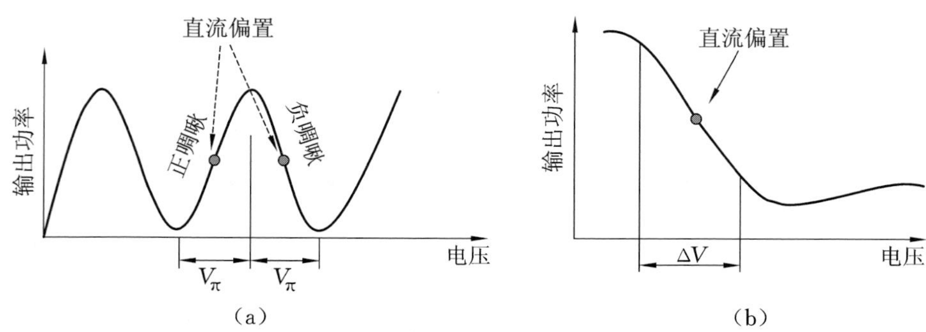

图 2.24　调制曲线

(a) 马赫-曾德尔调制器；(b) 电吸收调制器

$$P_{\text{out}} = P_{\text{in}} \cos^2\left(\frac{\pi V}{2V_{\pi}}\right) \tag{2.79}$$

其中，P_{in} 和 P_{out} 是来自调制器的输入信号和输出信号，V 是施加的总电压（偏置电压加上调制数据信号）。

我们可以通过选择适当的 DC 偏置电压值来选择调制曲线的正斜率或负斜率，并且有效地确定调制信号的特性和感应频率啁啾的值。如已经提到的，干涉仪臂之间的 180° 相移会完全抵消通过 MZ 干涉仪臂的信号。这将使得由式(2.57) 定义的消光比具有无限值。但实际情况有很大不同，因为相互抵消并不完美，并且消光比通常在 20 dB 左右的范围内取一定的值。

电吸收(EA) 调制器是一种基于半导体的平面波导，由多个 P 型和 N 型层组成，如图 2.23(d) 所示。多层形成多量子阱(MWQ)[71,72]。多 PN 型层设计能更有效地支持量子斯塔克效应[1]。这些器件的分层结构与激光器结构有一些相似之处，这意味着激光器和 EA 调制器的分层结构设计可以在同一基板上完成，如图 2.23(d) 所示。然而，如果在同一衬底上进行集成，则激光器和调制器必须彼此电隔离。虽然 EA 调制器是可以通过光纤尾纤连接到激光器的单个封装器件，但集成是一种更好的实用解决方案，并且在高速通信系统中具有更广泛的应用。

从操作角度来看，EA 调制器与半导体激光器的工作原理正好相反。当激光器正向偏置时，EA 调制器反向偏置，工作原理与光电二极管的类似。如果没有偏置电压施加到调制器波导结构，则 EA 调制器对输入的连续波光信号实际上是透明的。这种透明度并不理想，因为有些光子最终会产生电子-空穴对并导致信号衰减。与这种情况相关的信号透明度是可能的，因为入射光子的能量低于调制器的分层半导体结构中的能带隙。当施加一些偏压时，情况会改变。施加的电压可以分离电子-空穴对并产生光电流，能有效地增加波导衰减和信号损失。因此，EA 调制器的输出信号在没有施加电压时最高，并且随着偏置电压的增加而减小。值得注意的是，EA 调制器输出端的调制光信号与通过电极施加的调制数字流的相位相反。这是因为电压“0”电平在输出光信号中产生“1”电平，反之亦然。EA 调制器的典型调制曲线如图 2.24(b) 所示。

EA 调制器的调制速度与 MZ 调制器的速度相当，但消光比较小，通常为 10 ～ 15 dB。能将半导体激光器与 EA 调制器集成在同一基板上是一个巨大的竞争优势，因为它减少了插入损耗，像常规激光器封装一样简化了封装，并降低了器件的总成本。除了与激光器集成之外，EA 调制器还可以与其他半导体芯片集成，如半导体光放大器和多芯片波长可选激光器。需要注意的是，EA 调制器比 MZ 调制器对入射光信号的偏振变化更具弹性。然而，来自 EA 调制器的输出光功率通常低于 MZ 调制器输出端的功率。

总之，我们从系统角度概述了重要的光调制器参数：决定输出功率的调制器的插入损耗；以啁啾因子 α_{chirp} 为特征的频率啁啾；以分别对应于“1”和“0”比特的光功率的比率为特征的消光比或对比度；一般由频率响应，特别是由截止调制频率表征的调制速度。与 MZ 调制器和 EA 调制器相关的光学参数的典型值如表 2.3 所示。

表 2.3　光学参数的典型值

参数	电吸收调制器	马赫-曾德尔调制器
插入损耗	7 ～ 15 dB	4 ～ 7 dB
消光比	10 ～ 13 dB	10 ～ 50 dB
调制带宽	≤ 75 GHz	≤ 85 GHz
啁啾因子	−0.2 ～ 0.8	−1.5 ～ 1.5

2.6　光放大器

光放大器是利用受激发射过程来恢复沿光路的不同点处的信号强度。恢复信号强度也可以通过光—电—光(O—E—O) 转换过程的重传来完成，这意味着恢复信号强度是在电域进行的。O—E—O 过程通常是在特定的波长和比特率下进行的，如果应用于多通道光传输系统，这是不经济的。从应用的角度来看，光放大器更灵活，因为它们具有大的信号带宽和相对高且可调节的增益系数。

沿光路放置的光放大器有几个主要应用：① 光发射机端的增强放大器，通过补偿光学元件(耦合器、多路复用器、调制器) 的损耗，增强输出光信号的功率电平，使其达到传输所需的水平；② 沿光波路径放置的链路内置光放大器，用于补偿信号传播过程中产生的损耗；③ 光学前置放大器用于光学接收器或光学网络元件中，以在光电转换之前或信号分割开关之前增加光学信号电平。

光放大器可以通过使用受激光辐射的物理原理来构造，这与激光器中使用的原理相同。然而，虽然激光器需要一些带镜子的谐振腔以支持激光发射机制，但光放大器应设计成抑制这种效应。它可以通过有效地消除镜面反射率同时提供强大的泵浦来填充较高的能级，或者通过保持一些反射率与较弱的泵浦相结合来完成。有两类主要的光放大器是基于上述原理设计的：半导体光放大器（SOA）和光纤掺杂放大器，所有这些都在文献[73-83]中详细讨论了。

2.6.1 半导体光放大器

半导体光放大器是一种与半导体激光器结构相似的器件。然而，该装置被设计成在阈值以下操作，因为直接注入电流或小平面反射率被有意保持在较低水平。即使偏置电流低于其阈值，法布里-珀罗激光器谐振器的小平面仍会发生多次反射，但反馈不足以引起激光发射，通过输入面来引入输入光信号，这种装置称为法布里-珀罗（FP）半导体光放大器（SOA）。另一种类型的半导体光放大器称为行波（TW）光放大器，其中光信号不经历多次反射，而是仅通过一次腔[77]。在这种情况下，刻面反射率非常低（低于 10^{-4}），但偏置电流相对较高。由于半导体光放大器可以被认为是一类特殊的激光器，因此可以对其性能进行相同的分析。

半导体光放大器适用于需要更大信号带宽或/和适度增益的某些应用。它们是小体积器件，可以轻松地与其他半导体结构（调制器、光电二极管和耦合器）集成。然而，它们具有偏振灵敏度高、噪声系数较高和信号串扰大等特点，这与光学多通道系统和网络非常相关。

2.6.2 光纤掺杂放大器

第二类光放大器基于光纤中的放大，其用作有源介质。这些光纤可以是常规光纤或专为放大目的而设计的光纤。通过向硅基添加诸如铒或镨的掺杂剂来生产特殊光纤，以提高受激发射的效率。通过另一个光信号的强泵浦完成粒子数反转，而受激发射则由需要放大的输入光信号触发。辐射光子的相位和频率与输入信号中光子的相位和频率相同。由于新产生的光子停留在光纤波导结构内并开始沿与输入信号相同的方向传播，从而发生输入信号的放大。基于特殊光纤的最知名放大器是掺铒光纤放大器(EDFA),而拉曼放大器则是利用常规光纤进行信号放大的放大器。

2.6.2.1　掺铒光纤放大器

EDFA 最重要的部分是掺有铒离子(Er^{3+})的光纤[74,75]。一些额外的掺杂剂,如氟化物或铝,也用于优化光纤放大器相对于特定波长波段的增益分布。

掺铒光纤放大器的一般应用方案与在线放大有关,如图 2.25 所示。该图所示的设计是众所周知的两级方案,其中每一级的设计都不同。第一级经过优化,可提供高增益和低噪声,而第二级则可提高输出光功率。中间级通常用于光信号调节,包括不同光信道的动态增益均衡、色散补偿及光信号分插和交叉连接功能。例如,色散补偿单模光纤(DCF)模块和可重构光学分插复用器(ROADM)可以放置在中间阶段。在任何一种情况下,都存在应该补偿的插入信号损失。通过波长选择耦合器引入光泵浦。通常,在980 nm 处辐射的 CW 半导体激光器用作第一级泵浦,而第二级泵浦激光器在 1480 nm 处辐射。通过噪声系数表示的两级放大器设计的总噪声是通过两级的贡献来计算的,请参阅第 4 章。

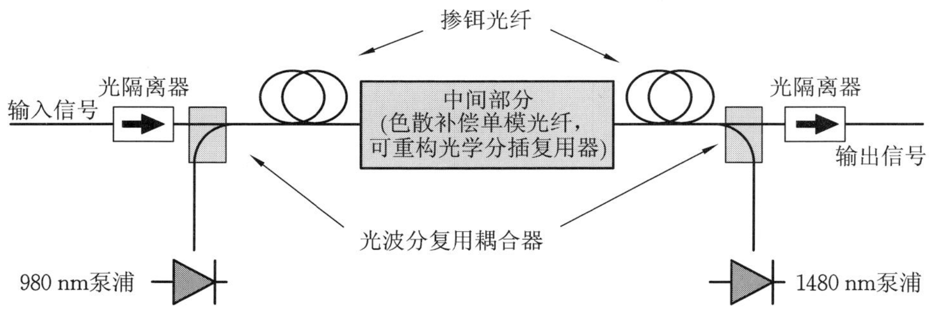

图 2.25　掺铒光纤放大器方案

掺铒光纤放大器是通过将铒离子掺入二氧化硅光纤芯的玻璃基质中制成的。这个过程产生了一个经典的三能级激光系统,如图 2.26 所示。有几个能级最终可用于电子跃迁,但图 2.26(a) 中提出的三个能级最适合支持放大过程。

通过光泵浦产生高能级电子的粒子数反转。这种泵浦增强了电子能量,因此它们能从低能级($^4I_{15/2}$)提升到一些较高能级。例如,可以使用 800 nm 处辐射的光学泵来填充上能级($^4I_{9/2}$),并且可以通过使用 980 nm 处的光学泵来

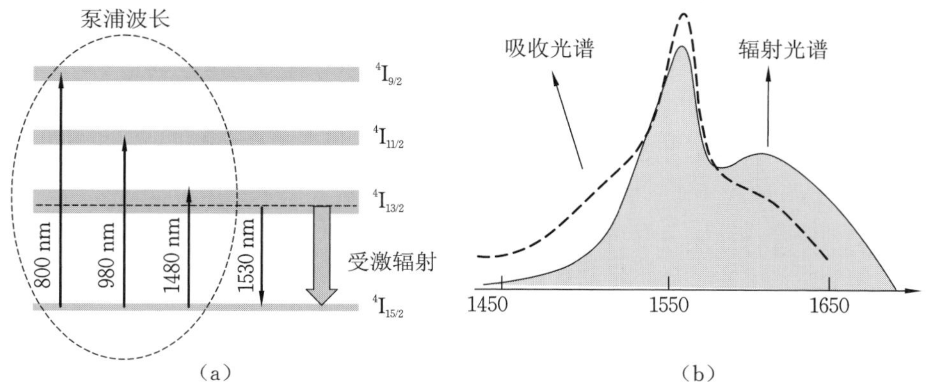

图 2.26 掺铒光纤放大器

(a) 能级;(b) 吸收和辐射光谱

填充下能级($^4I_{11/2}$),同时光学泵浦辐射在 1480 nm 处可用于将电子从基态能级提升到下一个更高的能级($^4I_{13/2}$)。

通过非辐射衰变过程,高于($^4I_{13/2}$)能级的电子将很快下滑至($^4I_{13/2}$)能级。这是因为两个较高能级都不稳定。非辐射衰变发生在从电子填充上能量状态的时刻开始计算的 1 μs 时间段内。$^4I_{13/2}$ 能级称为亚稳态,这意味着填充该能级的电子具有相对长的寿命,这是它们占据该能级所花费的时间段。$^4I_{13/2}$ 能级的电子寿命约为 11 ms。这种相对长的电子寿命有助于在$^4I_{13/2}$ 能级建立一个能用于光信号放大的能量储存库。从技术上讲,最好使用术语“能量区”而不是“能级”,因为与孤立的铒离子相关的离散能级已经通过称为斯塔克效应的过程分裂成能量区[5]。

光信号放大是指当电子从亚稳态水平下降到基态能级时受激辐射的过程。辐射的光子遵循入射光信号的频率、相位和方向,这能有效地导致输入光信号的放大。亚稳态区内的单个能级与属于基态区能级之间的差异有助于产生发射光谱覆盖 1530 ～ 1560 nm 波长的光子。

如果将一些其他特殊的共掺杂剂添加到石英玻璃中,则辐射光谱可以移位或有效地变宽。如果存在共掺杂离子,则辐射光谱会变宽,这是因为共掺杂原子能产生增强斯塔克效应的电场。人们尝试了各种各样的方法来优化掺铒光纤放大器在光谱展宽、增益平坦化或增益波长偏移方面的特性。通过将铝和氟化物离子与铒离子混合[81],可以获得最高的品质因数。当光辐射随机发生而没有任何确定的模式时,光的受激辐射伴随着自发辐射。自发辐射是光放大器中噪声的来源，第4章将详细研究这种影响。自发辐射沿传输线累积。此外，随后的在线放大器增加了自发辐射的电平，并且作为放大的自发辐射(ASE)噪声到达接收端。

光功率的泵浦由高功率半导体激光器提供，因为它们可以在800～1480 nm的波长范围内辐射，这是将电子从基态激发到亚稳态所需的。980 nm半导体泵浦激光器广泛应用于第一级放大器，而辐射波长为1480 nm的泵浦激光器则用于图2.26中的第二级。当使用980 nm泵浦激光器时，通过几个步骤可实现受激辐射的过程。在第一步中，电子从基能级($^4I_{15/2}$)激发到能级($^4I_{11/2}$)。第二步发生在大约1 μs后，电子从能级($^4I_{11/2}$)下滑到亚稳态($^4I_{13/2}$)能级。

在辐射能量并回落到基态之前，电子在亚稳态水平上可以保持长达11 ms。工作在980 nm的泵具有较低的噪声系数，因为信号和泵的波长相隔几百纳米。此外，这些泵相当可靠并且只需要更简单和更便宜的WDM耦合器。1480 nm半导体泵浦激光器也被广泛使用，因为它们容易获得并且具有比980 nm泵浦激光器更好的可靠性。此外，它们在光纤衰减低于980 nm衰减的波长处辐射，这使得它们更适合可能需要远程泵浦的应用。在这种情况下，由于电子直接被亚稳态能级激发，因此只需一步即可实现粒子数反转。然而，与1480 nm泵浦相关的噪声系数高于与980 nm泵浦相关的噪声系数，这是因为信号和泵浦波长彼此相对接近。一些额外的光纤放大器方案使用了与铒离子不同的掺杂剂的特种光纤，如镨、钕或铥离子。这种设计适合于在波长不同于1550 nm的光信号放大。例如，镨和钕掺杂光纤放大器可用于约1300 nm的波长区域，而掺铥光纤放大器可用于约1450 nm的波长区域。

EDFA的总增益取决于玻璃中铒离子的浓度、掺杂光纤有效区域的总长度和横截面积，以及泵浦功率。通过使用与半导体激光器相同的分析方法，以及图2.26中的4个能级，可以精确分析EDFA中的受激辐射，然后用数学方法求解微分方程。简化方法假设只能使用两级分析，我们将遵循文献[74,75]中描述的这种方法。两个状态($^4I_{15/2}$和$^4I_{13/2}$)的粒子密度N_1和N_2应满足以下等式：

$$\frac{\partial N_2}{\partial t}=(\sigma_p^a N_1-\sigma_p^e N_2)\boldsymbol{\Psi}_p+(\sigma_s^a N_1-\sigma_s^e N_2)\boldsymbol{\Psi}_s-N_2/\tau_1 \tag{2.80}$$

$$\frac{\partial N_1}{\partial t}=(\sigma_p^e N_2-\sigma_p^a N_1)\boldsymbol{\Psi}_p+(\sigma_s^e N_2-\sigma_s^a N_1)\boldsymbol{\Psi}_s+N_2/\tau_2 \tag{2.81}$$

其中,上标"a"和"e"分别代表发射和吸收,下标"s"和"p"分别代表信号和泵浦源。参数 σ 和 Ψ 分别是横截面积和光子通量,而 τ_1 是激发态电子的自发寿命(约 10 ms)。光子通量定义为光子数量与光纤模式的横截面积之比,横截面积对于信号为 $\sigma_{\mathrm{mo,s}}$,对于泵浦源为 $\sigma_{\mathrm{mo,p}}$,如下式:

$$\psi_{\mathrm{s}}=\frac{P_{\mathrm{s}}}{h\nu_{\mathrm{s}}\sigma_{\mathrm{mo,s}}} \tag{2.82}$$

$$\psi_{\mathrm{p}}=\frac{P_{\mathrm{p}}}{h\nu_{\mathrm{p}}\sigma_{\mathrm{mo,p}}} \tag{2.83}$$

其中,h 是普朗克常数,ν_{s} 和 ν_{p} 分别代表信号和泵浦源的光学频率。

泵浦和信号的功率随掺杂光纤长度变化,涉及三个过程:受激辐射、吸收和自发辐射。假设可以忽略自发辐射,则信号和泵的功率写成以下等式:

$$\frac{\partial P_{\mathrm{s}}}{\partial z}=\Gamma_{\mathrm{s}}(\sigma_{\mathrm{s}}^{\mathrm{e}}N_2-\sigma_{\mathrm{s}}^{\mathrm{a}}N_1)P_{\mathrm{s}}-\alpha P_{\mathrm{s}} \tag{2.84}$$

$$\pm\frac{\partial P_{\mathrm{p}}}{\partial z}=\Gamma_{\mathrm{p}}(\sigma_{\mathrm{p}}^{\mathrm{e}}N_2-\sigma_{\mathrm{p}}^{\mathrm{a}}N_1)P_{\mathrm{p}}-\alpha' P_{\mathrm{p}} \tag{2.85}$$

其中,α 和 α' 分别是信号和泵浦波长的光纤损耗;Γ_{p} 和 Γ_{s} 是模式限制因子。式(2.85)前面的符号考虑了泵浦方向;对于前向泵浦是正的,对于后向泵浦是负的。

式(2.80)、式(2.81)、式(2.84)和式(2.85)可以通过假设忽略光纤损耗来解析地求解,这仅适用于光纤长度在数十米时的情况。通过代换回式(2.80),可以将稳态解写为

$$N_2(z)=-\frac{\tau_1}{\sigma_{\mathrm{mo,d}}h\nu_{\mathrm{s}}}\frac{\partial P_{\mathrm{s}}}{\partial z}-\frac{\delta\tau_1}{\sigma_{\mathrm{mo,d}}h\nu_{\mathrm{p}}}\frac{\partial P_{\mathrm{p}}}{\partial z} \tag{2.86}$$

其中,$\sigma_{\mathrm{mo,d}}=\Gamma_{\mathrm{p}}\sigma_{\mathrm{mo,p}}=\Gamma_{\mathrm{s}}\sigma_{\mathrm{mo,s}}$ 是纤芯掺杂部分的横截面积,现在可以利用该解计算出式(2.85)和式(2.86)的解。

式(2.86)描述了信号值足够大以迫使放大器进入饱和状态的一般情况。然而,对于较小的信号值,可以忽略式(2.80)和式(2.81)中的参数 Ψ_{s},并且具有长度 L_{a} 的 EDFA 的总增益可以表示为[14]

$$G=\exp[\Gamma_{\mathrm{s}}\int_0^{L_{\mathrm{a}}}(\sigma_{\mathrm{s}}^{\mathrm{e}}N_2-\sigma_{\mathrm{s}}^{\mathrm{a}}N_1-\alpha)]\mathrm{d}z \tag{2.87}$$

掺杂光纤的最佳长度取决于泵浦功率水平,在为不同应用设计 EDFA 时应考虑到这一点。

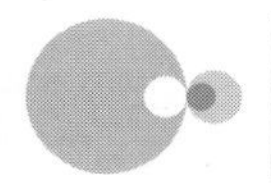

2.6.2.2　光放大器增益

光学增益与激光散射有关，并且将在通过泵浦过程实现反向填充之后发生。表征受激辐射过程的放大系数如下所示[81]：

$$g(\nu)=\frac{g_0}{1+P_{in}/P_{sat}+[2\pi T_2(\nu-\nu_0)]^2} \tag{2.88}$$

其中，ν 是入射光信号的频率，ν_0 是与两能级图相关的原子跃迁频率，g_0 是放大峰值，P_{sat} 是饱和功率，T_2 是偶极子弛豫时间，取亚皮秒值。饱和功率 P_{sat} 是一个介质特定参数，与载流子总体弛豫时间或在上能级上花费的时间相关，其在式(2.80) 中由 τ_1 表示。如前所述，对于常用的光放大器，弛豫时间在 0.1 ～10 ms 的范围内。

光信号增益与放大器介质的放大系数和总长度 L_a 成比例。增益因子 G 决定被放大的光信号的电平，可以用通用形式表示为

$$G(\nu)=\exp[g(\nu)L_a]=\exp\left\{\frac{g_0L_a}{1+P_{in}/P_{sat}+[2\pi T_2(\nu-\nu_0)]^2}\right\} \tag{2.89}$$

增益因子(简称为增益)，具有与增益峰值 g_0 和频率 ν_0 相关的最大值 $G_0=\exp(g_0L_a)$。因此，增益取决于入射光功率的大小，并随着入射光功率变得与饱和功率 P_{sat} 逐渐相当而减小。这种放大能力的降低称为增益饱和。放大过程有效地覆盖了一些光频带宽 $\Delta\nu_a$，定义为增益函数 $G(\nu)$ 的半高全宽(FWHM)，即

$$\Delta\nu_a=\frac{1}{\pi T_2}\sqrt{\left[\frac{\ln 2}{\ln(G_0/2)}\right]} \tag{2.90}$$

来自光放大器的输出光功率由放大器增益确定，并且可以表示为

$$P_{out}=GP_{in} \tag{2.91}$$

其中，P_{in} 和 P_{out} 分别是输入功率和输出功率。如果式(2.91) 中的所有参数都以分贝表示，则输出功率的增强也可以表示为 $P_{out}=P_{in}+G$。

式(2.89) 和式(2.91) 可用于表示增益 G，即

$$G=G_0\left(-\frac{G-1}{G}\frac{P_{out}}{P_{sat}}\right) \tag{2.92}$$

因此，如果放大器输出功率接近由总体弛豫时间确定的 P_{sat}，则增益从其最大值 G_0 逐渐减小。式(2.92) 给出的函数依赖性绘制在图 2.27 中，图中绘制了几个最大增益值 G_0 的值，也称为小信号增益。

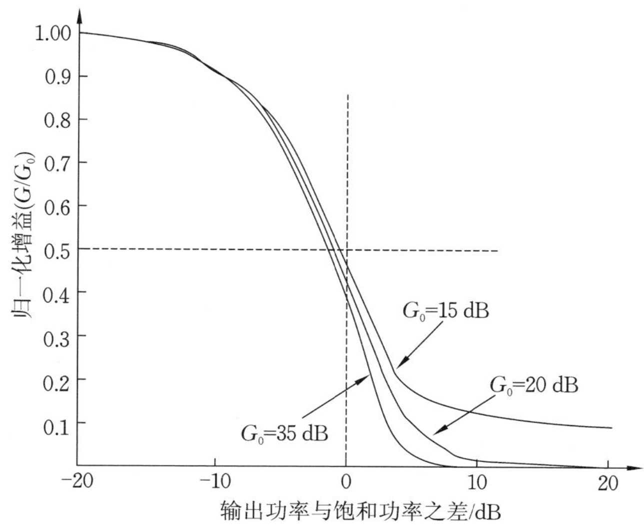

图 2.27　作为输出光功率函数的增益参数

另一个实际感兴趣的参数为输出饱和功率 $P_{o,sat}$，被定义为输出功率，其中增益 G 下降到其最大值的一半。通过用 $G_0/2$ 代替 G，并求解式(2.92)，可以得到

$$P_{o,sat}=\frac{G_0\ln 2}{G_0-2}P_{sat}\approx P_{sat}\ln 2 \tag{2.93}$$

与饱和光功率有关的增益参数的饱和值满足以下隐含的数学方程：

$$G_{sat}=1+\frac{P_{sat}}{P_{ln}}\ln\frac{G_0}{G_{sat}} \tag{2.94}$$

正如我们将在第 4 章中看到的那样，在设计具有大量级联放大器的长距离传输系统时，增益和光功率的饱和值非常重要。然而，在应该补偿光学损耗的情况下，小增益起着重要作用。

2.6.2.3　拉曼和布里渊放大器

第二种类型的光纤放大器基于在常规光纤中发生的受激拉曼或受激布里渊散射效应。布里渊放大器仅可用于低比特率的情况，如文献[84]中提出的应用，而基于受激拉曼散射(SRS)效应的拉曼放大器可以有更广泛的实际应用[85,86]。光纤中存在两种类型的光散射。第一种类型称为线性或弹性散射，其特征在于散射光信号，其频率与入射光的相同。瑞利散射是弹性散射的典型例子。第二种类型称为非线性或非弹性散射，其特征在于散射信号的频率

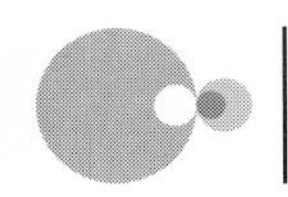

降低。拉曼和布里渊散射都属于第二类光散射[4]。在本节中，我们将在更详细地描述拉曼放大器的特性之前，先描述这些过程。

当传播的光信号与光纤中的玻璃分子相互作用时，会发生拉曼散射。这导致能量从入射光信号的一些光子传递到振动的硅分子，并且产生比入射光子的能量更低的新光子。入射光信号通常称为泵浦信号。新生成的光子形成斯托克斯信号，如图 2.28 上半部分所示。由于斯托克斯光子的能量低于入射光子的能量，因此斯托克斯信号的频率也将低于入射光信号的频率。频率差称为拉曼频移 ω_R，表示为 $\omega_R=\omega_P-\omega_S$，其中，$\omega_P$ 是入射光信号的光学频率，ω_S 是散射斯托克斯信号的光学频率。散射光子不同相并且不遵循相同的散射模式，这意味着从入射光到斯托克斯光子的能量转移不是均匀的过程。因此，将存在一些频带 $\delta\omega_R$，其包括所有散射斯托克斯光子的频率。此外，散射斯托克斯光子可以向着任何方向，这意味着拉曼散射是各向同性的过程。该方向可以相对于光纤中泵浦信号的方向向前或向后。

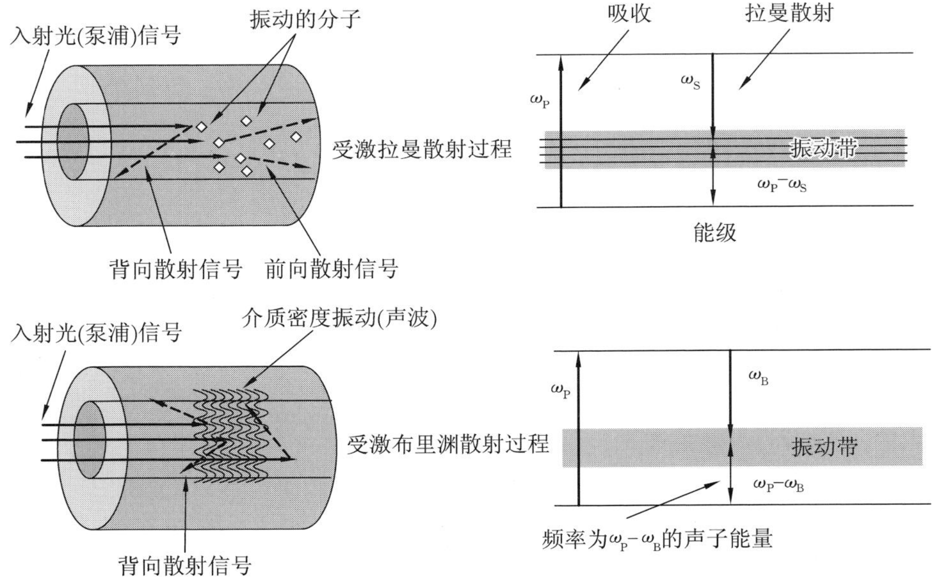

图 2.28　受激拉曼和布里渊散射过程及相关能量图

如果泵浦功率低于某个阈值，则拉曼散射过程将具有自发特征，其特征在于相对少量的泵浦光子将被散射并转换为斯托克斯光子。然而，如果泵浦功率超过阈值，则拉曼散射就成为一个受激过程，即我们正在讨论的受激拉曼散射(SRS)。这可以解释为正反馈过程,其中泵浦信号与斯托克斯信号相互作用并产生拍频 $\omega_{\text{beat}}=\omega_{\text{R}}=\omega_{\text{P}}-\omega_{\text{S}}$。然后拍频充当分子振荡的刺激物,并且该过程被增强(放大)。假设斯托克斯信号在与泵浦传播方向相同的方向上传播(正向),可以建立以下等式[87,88]:

$$\frac{\mathrm{d}P_{\text{p}}}{\mathrm{d}z}=-\left(\frac{g_{\text{R}}}{A_{\text{eff}}}\right)\left(\frac{\omega_{\text{P}}}{\omega_{\text{S}}}\right)P_{\text{P}}P_{\text{S}}-\alpha_{\text{P}}P_{\text{P}} \tag{2.95}$$

$$\frac{\mathrm{d}P_{\text{s}}}{\mathrm{d}z}=\frac{g_{\text{R}}}{A_{\text{eff}}}P_{\text{P}}P_{\text{S}}-\alpha_{\text{S}}P_{\text{S}} \tag{2.96}$$

其中,z 是轴向坐标,g_{R} 是拉曼放大系数(增益),α_{P} 和 α_{S} 分别是泵浦和信号的光纤衰减系数,A_{eff} 是光纤的有效横截面积,参考式(3.100)。同样重要的是,在这种情况下,散射的斯托克斯波有助于增强输入信号。

散射的斯托克斯光子的频率不相等,它们将占据特定的频带。对应于频带内任何指定频率的光子数将决定与该频率相关的拉曼增益值。因此,拉曼增益不是恒定的,而是光学频率的函数。拉曼增益的光谱与硅分子的能带宽度和与能带内每种能态的时间衰减有关。虽然很难找到拉曼增益谱的解析表示,但它可以粗略地用洛伦兹光谱分布近似给出,即

$$g_{\text{R}}(\omega_{\text{R}})=\frac{g_{\text{R}}(\Omega_{\text{R}})}{1+(\omega_{\text{R}}-\Omega_{\text{R}})^2T_{\text{R}}^2} \tag{2.97}$$

其中,T_{R} 是与激发振动状态相关的衰减时间,Ω_{R}是对应于拉曼增益峰值的拉曼频移。硅基材料的衰减时间约为 0.1 ps,这使得增益带宽宽于 10 THz。对于 1300 nm 以上的波长,拉曼增益峰值 $g_{\text{R}}(\Omega_{\text{R}})=g_{\text{R}_{\max}}$ 在 10^{-12} m/W 和 10^{-13} m/W 之间。

图 2.29(a) 所示的是石英光纤的洛伦兹曲线的拉曼增益近似值和实际增益曲线的典型形状。实际增益曲线分布在约 40 THz(约 320 nm) 的频率范围内,峰值约为 13.2 THz。还有一些较小的峰值不能用洛伦兹曲线近似。它们的频率分别为 15 THz、18 THz、24 THz、32 THz 和 37 THz[88,89]。增益曲线也可以用函数近似表示为

$$g_{\text{R}}(\omega_{\text{R}})=\frac{g_{\text{R}}(\Omega_{\text{R}})\omega_{\text{R}}}{\Omega_{\text{R}}} \tag{2.98}$$

这种近似也如图 2.29(a) 所示。在拉曼散射具有受激特性的情况下,估计泵浦功率的阈值是很重要的。阈值功率通常定义为泵浦功率的一半最终转换为斯托克斯信号的入射功率。可以通过求解式(2.95) 和式(2.96) 来估计拉曼

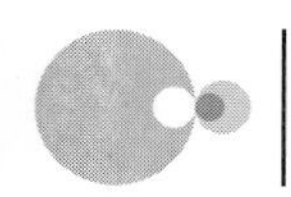

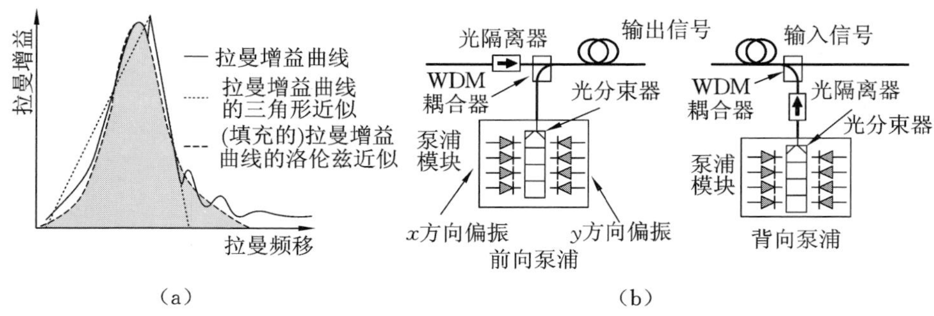

(a)　　　　　　　　(b)

图 2.29

(a) 拉曼增益曲线；(b) 拉曼放大器结构

阈值。为此，来自式(2.95)和式(2.96)的值 g_R 应该由峰值 $g_R(\Omega_R)$ 近似。因此，沿距离 L 的斯托克斯功率的放大可表示为[87]

$$P_S(L)=P_{S0}\exp\left(\frac{g_{\text{Rmax}}P_{S0}L}{2A_{\text{eff}}}\right) \tag{2.99}$$

如上所述，与拉曼阈值 P_{Rth} 相对应的值 P_{S0} 是

$$P_{\text{Rth}}=P_{S0}\approx\frac{16A_{\text{eff}}}{g_{\text{Rmax}}L_{\text{eff}}} \tag{2.100}$$

其中，L_{eff} 是有效长度，参考式(3.98)。对于光纤参数的典型值，估计的拉曼阈值为 500 mW(对于 $A_{\text{eff}}=50\ \mu\text{m}^2$，$L_{\text{eff}}=20$ km，并且 $g_R(\Omega_R)=g_{\text{Rmax}}=7\times10^{-13}$ m/W)。

SRS 可以有效地用于光信号放大，因为它可以通过将来自泵浦的能量传递到信号来提高光信号电平。拉曼放大器可以通过提供额外的光功率裕度来提高光传输系统的性能。SRS 效应在密集 WDM 传输系统中可能是非常有害的，这是因为拉曼增益谱非常宽，并且从较低波长信道到较高波长信道会发生能量传递。在这种情况下，光纤充当拉曼放大器，因为较长波长通过使用由较低波长承载的功率来放大，其用作多个拉曼泵浦。

通过求解式(2.95)和式(2.96)得到长度为 L 的放大器输出端的信号功率，可表示为

$$P_S(L)=P_{S0}\exp(-\alpha_S L)\exp\left(\frac{g_R P_{P0}L_{\text{eff,P}}}{A_{\text{eff}}}\right)\approx P_{S0}\exp(-\alpha_s L)\exp\left(\frac{g_R P_{P0}}{\alpha_P A_{\text{eff}}}\right) \tag{2.101}$$

其中，$P_{S0}=P_S(0)$ 是发射信号功率，P_{P0} 是输入泵浦功率，而 $L_{\text{eff,P}}$ 是泵浦信号

的有效长度。$L_{\mathrm{eff,P}}$ 的近似值 $1/\alpha_{\mathrm{P}}$ 用于式(2.101),在 $L \gg 1/\alpha_{\mathrm{P}}$ 时非常有效。拉曼放大器的增益可以从式(2.101) 获得

$$G_{\mathrm{R}}=\frac{P_{\mathrm{S}}(L)}{P_{\mathrm{S0}}\exp(-\alpha_{\mathrm{S}}L)}=\exp\left(\frac{g_{\mathrm{R}}P_{\mathrm{P0}}L_{\mathrm{eff,P}}}{A_{\mathrm{eff}}}\right)\approx\exp\left(\frac{g_{\mathrm{R}}P_{\mathrm{P0}}}{\alpha_{\mathrm{P}}A_{\mathrm{eff}}}\right)=\exp(g_0L) \tag{2.102}$$

其中,放大系数 g_0 可表示为

$$g_0=g_{\mathrm{R}}\left(\frac{P_{\mathrm{P0}}}{A_{\mathrm{eff}}}\right)\left(\frac{L_{\mathrm{eff,P}}}{L}\right)\approx\frac{1}{L}\frac{g_{\mathrm{R}}(\omega)P_{\mathrm{P0}}}{\alpha_{\mathrm{P}}A_{\mathrm{eff}}} \tag{2.103}$$

式(2.101) 中有几个重要的结论。首先,拉曼放大系数保持与拉曼增益谱相同的频率依赖性。其次,拉曼放大器的有效横截面积与光纤类型密切相关。对于具有较小横截面积的光纤,其强度更高,反之亦然。具有最大放大系数的是色散补偿光纤(DCF),它比其他光纤高 6 ～ 8 倍。这就是 DCF 光纤可以有效地用于构造集中式拉曼放大器的原因。

拉曼增益随着泵浦功率呈指数增加,而在泵浦功率超过大约 1 W 的水平后进入饱和状态。这可以通过数值求解式(2.95) 和式(2.96) 来验证。在文献[14] 中获得的饱和增益值的近似表达式是

$$G_{\mathrm{R,sat}}=\frac{1+\rho_0}{\rho_0+G_{\mathrm{R}}^{-(1+\rho_0)}} \tag{2.104}$$

其中,

$$\rho_0=\frac{\omega_{\mathrm{P}}}{\omega_{\mathrm{S}}}\frac{P_{\mathrm{S0}}}{P_{\mathrm{P0}}} \tag{2.105}$$

如果放大信号的功率与输入泵功率 P_{P0} 相当,则放大器增益降低约 3 dB。由于 P_{P0} 相对较高,放大器基本上将以增益 $G_{\mathrm{R,sat}} \sim G_{\mathrm{R}}$ 的线性方式工作。

拉曼放大器的成本效益设计是由可靠的大功率泵激光器的可用性实现的。拉曼放大器的通用方案如图 2.29(b) 所示。泵浦功率通常以与信号传播相反的方向发射到光纤中。两个正交极化的泵浦信号被组合以提供与偏振无关的泵浦方案,结果是前向传播的光信号因为通过分布式 SRS 获得额外的能量而被增强。拉曼放大器实现的光学增益有助于使信号进一步高于噪声水平。通过组合几个工作在不同波长的泵浦(图 2.29(b) 中的四个泵浦对,以有效地支持两个信号极化),可以在很宽的光波长范围内获得相当平坦的增益分布。

拉曼放大器的主要优点是,不需要采用特殊的光纤。此外,拉曼放大器更

适合于处理光纤中出现的不同非线性的影响，因为它降低了发射信号的功率。拉曼放大器既可以单独使用，也可以与掺铒光纤放大器(EDFA)和掺铥光纤放大器(TDFA)结合使用。

布里渊放大器基于布里渊散射，这是一种物理过程，当光信号与声学声子而不是与玻璃分子相互作用时发生。在此过程中，入射光信号从由声学振动形成的光栅向后反射，频率降低，如图 2.28 下半部分所示。

如果入射光信号的功率相对较小，则声学振动源自热学效应。在这种情况下，后向散射的布里渊信号能量也很小。如果入射光信号的功率上升，它会通过电致伸缩效应增加材料密度[89]。密度的变化增强了声振动并迫使布里渊散射采取一种受激布里渊散射(SBS)的形式。SBS 过程也可以解释为正反馈机制，其中入射光(或泵浦)信号与斯托克斯信号相互作用并产生$\omega_{beat}=\omega_R=\omega_P-\omega_S$ 的拍频。这种散射过程本质上与第 2.4.4 节中提到的相同，后者是指声光学滤波器。然而，在这种情况下没有施加外部电场，因为拍频 ω_{beat} 的电场是从内部产生的，而不是通过施加外部微波换能器产生的。

入射光信号、斯托克斯信号和声波之间的参数相互作用需要能量和动量守恒。通过频率降挡有效地保存能量，而动量守恒则发生在斯托克斯信号的后向方向。频率降挡由布里渊频移Ω_B 表示，其公式如下：

$$\Omega_B=2n\omega_P V_A/c \tag{2.106}$$

其中，n 为光纤材料的折射率，V_A 为声波速度，c 为真空中的光速，ω_P 为光泵浦频率。式(2.106)也可改写为

$$f_B=\frac{\Omega_B}{2\pi}=\frac{2nV_A}{\lambda_P} \tag{2.107}$$

其中，使用了关系式 $\omega_P=2\pi c/\lambda_P$。通过在式(2.107)中插入典型的参数值($V_A=5.96$ km/s，$\lambda_P=1550$ nm，$n=1.45$)，频移变为 $f_B=11.5$ GHz。这种频移取决于光纤材料，对于不同的光纤材料可以在 10.5 ～ 12 GHz 变化[19]。

SBS 过程由以下一组耦合方程控制[87]：

$$\frac{dP_P}{dz}=-\frac{g_B}{A_{eff}}P_P P_S-\alpha_P P_P \tag{2.108}$$

$$\frac{dP_S}{dz}=-\frac{g_B}{A_{eff}}P_P P_S+\alpha_S P_S \tag{2.109}$$

其中，P_P/A_{eff} 和 P_S/A_{eff} 分别定义泵浦信号和斯托克斯信号的强度(横截面积上的功率)，z 是轴向坐标，g_B 是布里渊放大系数，α_B 和 α_S 分别是泵浦信号和

斯托克斯信号的光纤衰减系数。

散射斯托克斯光子的频率不相等，但会分布在一个频带内。对应于频带内任何指定频率的光子数决定了布里渊增益相对于该频率的值。布里渊增益的频谱与声学声子的寿命有关，声学声子的寿命可以用时间常数 T_{B} 来表征。增益谱可以用洛伦兹光谱分布近似表示为

$$g_{\mathrm{B}}(\omega_{\mathrm{B}})=\frac{g_{\mathrm{B}}(\Omega_{\mathrm{B}})}{1+(\omega_{\mathrm{B}}-\Omega_{\mathrm{B}})^{2}T_{\mathrm{B}}^{2}} \tag{2.110}$$

其中，Ω_{B} 是由式(2.107) 计算的布里渊频移。众所周知，不仅是 Ω_{B}，而且式(2.110) 给出的函数宽度都将取决于光纤材料的特性。此外，布里渊增益取决于光纤波导特性。在纯石英光纤中，在 $\lambda_{\mathrm{P}}=1.520\ \mu\mathrm{m}$ 时，SBS 增益带宽约为 17 MHz，而掺杂石英光纤中的增益带宽几乎为 100 MHz。SBS 增益带宽的典型值约为 50 MHz。

SBS 增益的最大值 $g_{\mathrm{B}}(\Omega_{\mathrm{B}})=g_{\mathrm{Bmax}}$ 也取决于光纤材料。对于硅基光纤，其值在 10^{-11} m/W 和 10^{-10} m/W 之间，并且波长大于 1 μm。布里渊散射具有受激特性的泵浦功率的阈值可以按照与 SRS 情况相同的方式进行估算。阈值功率定义为泵浦功率的一半最终转换为反向斯托克斯信号的入射功率。与 SBS 阈值 P_{Bth} 相对应的入射功率为[87]

$$P_{\mathrm{Bth}}\approx\frac{21A_{\mathrm{eff}}}{g_{\mathrm{Bmax}}L_{\mathrm{eff}}} \tag{2.111}$$

其中，L_{eff} 是有效长度。对于典型的光纤参数值，布里渊阈值约为7 mW(对于 $A_{\mathrm{eff}}=50\ \mathrm{m}^2$，$L_{\mathrm{eff}}=20$ km，并且 $g_{\mathrm{Bmax}}=5\times10^{-11}$ m/W)。尽管 SBS 效应可潜在地用于光信号放大，但其窄增益带宽将限制其应用领域。SBS 效应在光传输系统中可能是非常有害的，这是因为信号能量向斯托克斯信号的传递具有与信号衰减相同的效果。另外，背向反射光会增加光学噪声，甚至可以进入发射激光器的谐振腔。幸运的是，有一些方法可以通过偏置电流抖动扩展激光线宽来最小化 SBS 效应[17]，参考式(3.152)。

总之，掺铒光纤放大器(EDFA) 可以有效地覆盖 C 和 L 波段，但不能用于其他波长区域，如约 1300 nm 或低于 1500 nm(S 波段) 的第二波长窗口。掺镨和掺钕光纤放大器在 1300 nm 波长内具有良好的应用前景，但目前还没有得到更广泛的应用。掺铥光纤放大器(TDFA) 可以有效地应用在 S 波段。在波长低于 1500 nm 的情况下，基于特殊光纤的光放大器的广泛应用面临的一个

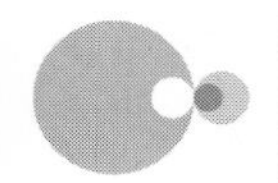

主要障碍是成本相对较高，并且缺乏良好的泵浦激光器。

用于高容量、长距离传输系统的先进光放大器应为80多个光信道提供足够的增益，这意味着聚合光功率应超过20 dB。此外，噪声系数应尽可能低，而增益曲线应在整个放大器带宽内均衡。常见光放大器的典型参数如表2.4所示。

表2.4　光放大器参数的典型值

参数	半导体光放大器	掺铒光纤放大器	拉曼放大器
工作波长 /nm	1280 ～ 1350 1530 ～ 1610	1528 ～ 1610	1200 ～ 1700
峰值增益 /dB	10 ～ 25	17 ～ 45	10 ～ 25
最大输出功率 /dBm	⩽ 15	⩽ 37	⩽ 40
噪声指数 /dB	约 8	5 ～ 7	—（请看4.3.9节）

2.7　光电二极管

光电二极管的主要作用是吸收入射光信号的光子，并通过与半导体激光器中发生的恰好相反的过程将它们转换回电平。能量大于半导体PN结构的带隙的所有入射光子可以在光电二极管结构中产生电子-空穴对。电子-空穴对被跨越PN结的强电场隔开，该强电场由偏置电压产生并且非常快速地朝向电极漂移。有关PN结属性的更详细说明，读者可以参考第10.4节。因此，产生的光电流被光接收器中的电路放大和处理。

有两组光电二极管：PIN光电二极管和雪崩光电二极管（APD）[91-97]。PIN光电二极管内的检测机理是增加光子产生电子-空穴对的可能性。对于APD，每个一次产生的电子都被强电场加速，这比通过碰撞电离作用产生几个二次电子-空穴对要快。这个过程本质上是随机的，像雪崩一样。制造光电二极管主要有三种半导体材料：① 硅（Si），用于总带宽高达200 nm，中心约为800 nm的光电二极管；② 锗（Ge），用于总带宽高达400 nm，中心约为1400 nm的光电二极管；③ 砷化铟镓（InGaAs），用于总带宽高达600 nm，以1500 nm的波长峰为中心的光电二极管。

PIN光电二极管是一种分层结构，具有放置在P型和N型半导体层之间的轻掺杂 I 区(I 代表“本征”),如图 2.30(a) 所示。因此,P 型位于 I 型上,它位于 N 型的顶部(名称 PIN 表示此定位的性质)。PIN 光电二极管反向偏置,具有非常高的内部阻抗,这意味着它充当电流源并产生与输入光信号成比例的光电流。只有当光子具有不小于所用半导体材料的能带隙的能量时,光子才能释放能量并激发电子从价带到导带。从入射光子到电子-空穴对的能量转移,主要发生在 I 区域,是通过光电探测过程进行的。

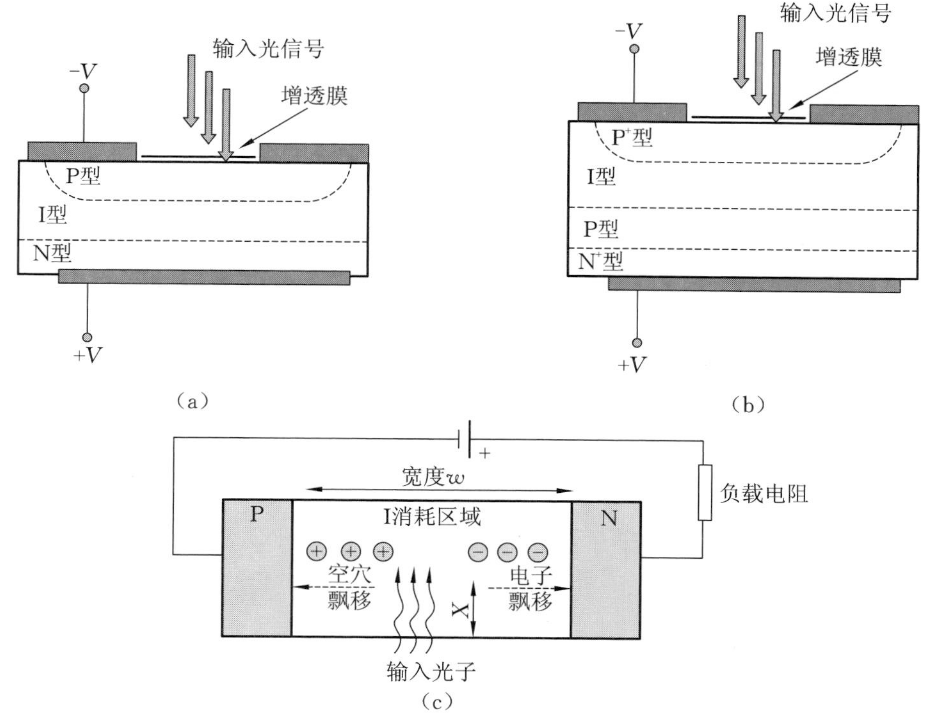

图 2.30　半导体光电二极管的结构

(a) PIN 光电二极管;(b) 雪崩光电二极管(APD);(c) 穿过耗尽区的电子空穴漂移

由于复合过程的存在,一些电子-空穴对最终会消失在半导体结构中。对于电子和空穴,我们可以假设这些载流子沿着光电二极管的腔结构通过一定距离,分别用 L_e 和 L_h 表示。载流子寿命是测量电子和空穴从在光探测过程中产生到重新组合的时间,分别用 τ_e 和 τ_h 表示。以下表示式表明载体寿命与扩散长度有关[17]:

$$L_e = (D_e \tau_e)^{1/2}, \quad L_h = (D_h \tau_h)^{1/2} \tag{2.112}$$

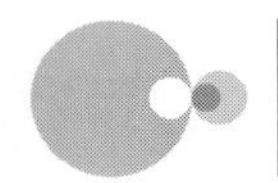

其中，D_e 和 D_h 是电子和空穴的扩散常数。根据指数定律，入射光信号沿深度距离 x 被吸收，表示为

$$\mathrm{P}(\mathrm{x})=\mathrm{P}_{\mathrm{in}}\{1-\exp[-\alpha_{\mathrm{in}}(\lambda)x]\} \tag{2.113}$$

其中，$\alpha_{in}(\lambda)$是指定波长 λ 处的材料相关吸收系数，P_{in}是进入光电二极管表面的入射光功率。对于常用半导体而言，$\alpha_{in}(\lambda)$依赖性非常强，这是特定半导体材料只能在有限波长范围内使用的主要原因，如图 2.31 所示。对于每种特定材料，都有一些从上、下两侧发出的截止波长。上截止波长由能带隙的宽度决定，而下截止波长是由于系数 $\alpha_{in}(\lambda)$依赖性导致的吸收过程的结果。下截止情况对应于光子在穿透光电二极管表面之后几乎立即被吸收同时产生具有非常短的复合时间的电子-空穴对的情况。这些载流子不能提供光电流，这是因为它们不能被外部偏压分离和收集。

沿耗尽区宽度 w 产生的总光电流可表示为

$$I_{\mathrm{P}}=\frac{qP_{\mathrm{in}}\{1-\exp[-\alpha_{\mathrm{in}}(\lambda)w]\}}{h\nu} \tag{2.114}$$

其中，q 是等于 1.6×10^{-19} C 的电子电荷，h 是等于 6.63×10^{-34} Js 的普朗克常数，ν 是以赫兹(Hz)表示的光学频率，w 是耗尽区宽度。

从系统角度来看，有几个光电二极管参数很重要：量子效率、光电二极管响应度、光电二极管截止频率和检测过程中产生的总噪声。量子效率 η 定义为在该过程中检测到的电子数与入射光子数之间的比率。此参数始终低于100%，可表示为

$$\eta=\frac{I_{\mathrm{P}}/q}{P_{\mathrm{in}}/(h\nu)} \tag{2.115}$$

式(2.115) 可以重写为

$$I_{\mathrm{P}}=RP_{\mathrm{in}} \tag{2.116}$$

式(2.116) 中引入的响应度 R 是 PIN 光电二极管中产生的输出电流与进入 PIN 光电二极管的入射光功率之比。响应度和量子效率之间存在以下关系：

$$R=\frac{\eta q}{h\nu}\approx\frac{\eta\lambda}{1.24} \tag{2.117}$$

其中，$\lambda=c/\nu$ 是输入信号的光波长。

一方面，可以通过增加入射光照射区域的尺寸来提高光电二极管的响应度；另一方面，尺寸的增加将减缓响应过程并限制光电二极管带宽。此外，响应度与波长有关，如式(2.117) 所示。通过后续的信号处理来校正波长带上的

这种响应不等，以便为所有光信道提供相同的信噪比。如图 2.31 所示，对于硅基 PIN 光电二极管，常用 PIN 光电二极管的响应度为 0.4 ～ 0.6 A/W；对于锗基 PIN 光电二极管，响应度为 0.5 ～ 0.7 A/W；而对于基于 InGaAs 的 PIN 光电二极管，响应度为 0.6 ～ 0.85 A/W。

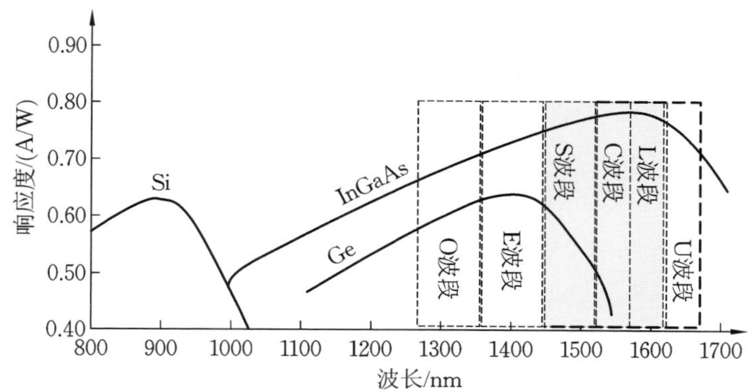

图 2.31　常用光电二极管的响应度表示波长的函数

PIN 光电二极管的频率响应和频率带宽由截止频率 f_c 表征，其表征了 PIN 光电二极管的响应速度。频率 f_c 与薄膜的宽度和反向偏置的 P-I-N 结构的电容成反比。可以减小 I 层宽度以减小总电容，但是在这种情况下，光电二极管的响应度将降低。高速光学接收机中使用的 PIN 光电二极管的响应度低于低速光学接收机中使用的光电二极管的响应度。光电二极管的截止频率可定义为[14]

$$f_c = [2\pi(\tau_{tr} + \tau_{RC})]^{-1} \tag{2.118}$$

其中，τ_{tr} 是载波的总传输时间，τ_{RC} 是 RC 电路的常数，由光电二极管电容和外部负载的电阻组成，如图 2.32 所示。为了提高光电二极管的速度，应减小式(2.118) 的时间常数。例如，工作在 10 Gb/s 以上的系统需要 τ_{tr} 和 τ_{RC} 小于 10 ps，而工作在 40 Gb/s 以上的系统需要 τ_{tr} 和 τ_{RC} 小于 3 ps。

检测过程中产生的总噪声是与光检测过程相关的另一个重要参数。包含暗电流、量子噪声和热噪声分量的总噪声将在第 4 章中讨论。

雪崩光电二极管(APD) 的结构与图 2.30(b) 所示的类似。该结构经过优化以支持电子-空穴对的放大，然后通过碰撞电离过程获得的内部增益到达光电二极管电极。强电场通过加速电子来增加电子的动能，因此它们能够产生新的电子-空穴对。新产生的电子被电场进一步加速，以通过碰撞电离产生额外的电子-空穴对。如果多个产生的电子-空穴对快速增长并且与入射光信号电平没有实际相关性，则可能发生雪崩击穿，通过将偏置电压调节到低于产生击穿条件的临界值来防止雪崩击穿。击穿偏压值可见制造商产品数据表。APD的结构与PIN光电二极管的结构略有不同，添加了一层附加层以增强碰撞电离过程。这是发生雪崩倍增的有源层。施加到APD的反向偏压可以从几十到几百伏变化，与PIN光电二极管偏压相反，PIN光电二极管偏压通常仅达10 V。除了较高的偏置电压之外，适当地掺杂N型和P型层以增加结处的载流子密度。

以下参数用于表征APD：① 响应度R，它是APD中产生的输出电流与来自APD的输入光功率之间的比率，其与PIN光电二极管的响应性大致相同；②APD光电二极管的频率响应和以截止频率f_c为特征的频率带宽，取决于反向偏置结构的电容；③ 瞬时雪崩信号增益$M(t)$，它是随某些平均值$\langle M \rangle$波动的随机参数；④ 在检测输入光信号期间产生的总噪声。

如果减小两个内部层(I层和P层)的宽度以减小电容，则可以增加APD的速度，但是这也将降低光电二极管的响应度。APD的截止频率通常低于与PIN光电二极管相关的频率，这限制了APD在比特率达10～15 Gb/s的应用。至于噪声，除了PIN光电二极管中发现的噪声分量之外，还有一个与APD中的检测过程相关的噪声分量。它是与雪崩放大和增益$M(t)$在其平均值附近的波动相关的散粒噪声。APD噪声参数将在第4章中详细讨论。与PIN和APD中产生的信号相关的典型参数如表2.5所示。噪声参数将在第4章介绍。

表 2.5　光放大器参数的典型值

参数	PIN	APD
响应度 /(A/W)	0.7～0.95	0.7～0.9
截止频率 /GHz	≤75	≤15
内部增益	1	≤100

光接收器中使用的光电二极管后面是前端和前置放大器，它将光电流转换成最终放大的电压信号，如图2.32所示。光电二极管和带放大器的前端可以集成在同一基板上，这通常在实践中完成[95,96]。

有两种类型的前端与光接收机中的光电二极管一起工作，它们是高阻抗

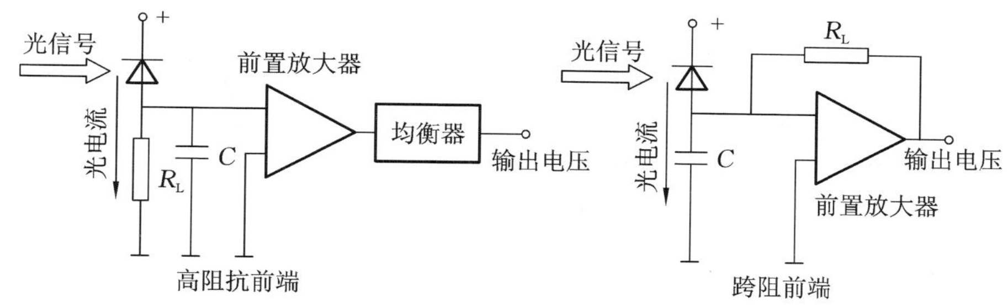

图 2.32　光接收机前端方案

前端和跨阻抗前端，如图 2.32 所示。图 2.32 所示的方案表明，里面总有一个负载电阻 R_L 和总等效电容 C。

负载电阻的选择对光学接收机的整体设计有影响，并且在设计过程中也考虑了一些权衡因素。即为了使热噪声分量最小化，负载电阻的值应该尽可能高。但是 R_L 值也决定了式(2.118) 中 RC 常数的值 τ_{RC}，这意味着它应该尽可能低，因为 R_L 的值越大意味着光电二极管的速度将被限制在更低的比特率。因此，设计者应该做出的权衡取决于速度和噪声水平，或信噪比之间的平衡。

互阻抗前端放大器设计从光电二极管的角度将等效输入负载电阻降低了 $(1+A)$ 倍，其中，A 是电前置放大器插入的增益，而总截止频率 f_c 则增加相同的倍数。与应用高阻抗设计的情况相比，总热噪声也会更高，从而削弱了这种积极的效果。然而，总热噪声的增加远小于运行速度的总增长，这意味着品质因数有利于跨阻抗设计，这就是跨阻抗前端广泛应用于高速光通信系统的原因。另一个适用于跨阻抗前端的功能是其高动态范围，这意味着它可以适应更大的输入光功率变化。这是因为输入光功率的较大变化转化为前端输出电压的相应较小的变化。建议读者查阅与光学接收器相关的文献[91,93]，以找到有关前端设计的更多细节。

2.8　光学元件加工

本节介绍用于调整光信号参数的光学元件的设计和工作原理。这就是我们可以将这些元件称为处理光学元件的原因。这些元件如图 2.1 的下半部分所示。光学元件加工的更多细节可以在文献[61,62,98-108]中找到。光传输系统和网络中使用的所有处理光学元件可以分为两组：有源元件和无源元

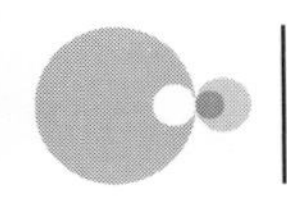

件。有源元件需要一些电压作为电源或用于调节工作状态，而无源元件可以在没有任何外部电源的情况下工作。最重要的有源元件是激光器、光调制器、光电二极管、光放大器、波长转换器和光开关。主要的无源光学元件是光学耦合器、光学多路复用器和光隔离器。在某些情况下，光学元件可以是有源或无源的，如光学滤波器。

任何光学元件都具有一组从系统工程角度来看很重要的参数，它们是插入损耗、返回耦合损耗、偏振相关损耗、信道信号串扰、插入色散和插入的偏振模色散。有几种技术可用于元件制造，如光纤熔接、渐变折射率(GRIN)棒和光学谐振器的组合、平面光波导的应用、光纤布拉格光栅的应用。下一节将介绍最主要的光学元件加工的工作原理。

2.8.1 半导体光放大器

光耦合器是一种常用的元件，用于沿光波路径在不同点处组合或分离光信号。光耦合器主要有三种制造方案，即基于熔接光纤、平面光波导以及GRIN 棒和滤波器的组合[61]。前两种方案如图 2.33 所示。图 2.33(a) 中的熔锥形光耦合器是在两条光纤首先从包层上剥离，然后将两个光纤芯层连接在一起时产生的。然后加热和拉伸光纤，这导致波导结构可以在分支之间交换能量。结果，来自输入端 1 的光功率在输出端 1 和输出端 2 之间分离。来自输入端 2 的光功率也是如此。这种基本结构是众所周知的 2×2 光耦合器。如果只有一个输入端口有效，则耦合器有效地变为 1 × 2 类型。具有平面光波导的耦合器结构与刚刚描述的耦合器结构类似，只是使用平面光波导代替光纤。

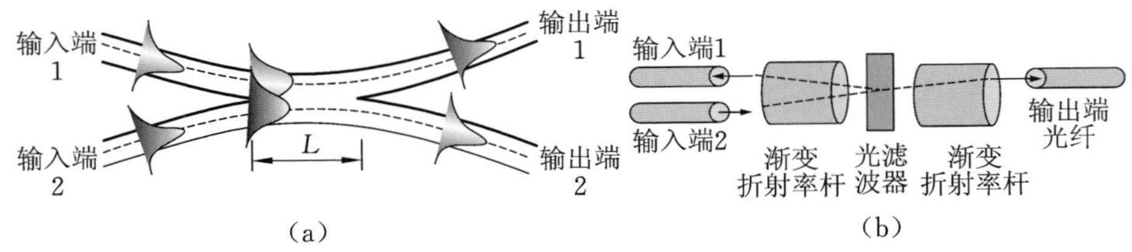

图 2.33　光耦合器

(a) 熔锥形光耦合器；(b)GRIN 棒 + 光学滤波器

表征定向耦合器的光功率耦合能力的参数是耦合系数 k，是以下参数的函数：光信号波长、耦合长度 L（见图 2.33(a)）、光纤或所使用的平面波导的横截面参数、波导区域和周围层之间的折射率差异、与光纤或平面波导相关的两个轴的接近度。

当两个波导靠近放置时，新组合的波导结构的配置方式可以使得信号从一个波导耦合到另一个波导。输出信号或端口 1 和端口 2 输出的电场可以表示为输入电场的函数[3]，即

$$\begin{bmatrix} E_{\text{out1}}(\nu) \\ E_{\text{out2}}(\nu) \end{bmatrix} = \mathrm{e}^{-\mathrm{j}\beta L} \begin{bmatrix} \cos(kL) & \mathrm{j}\cdot\sin(kL) \\ \mathrm{j}\cdot\sin(kL) & \cos(kL) \end{bmatrix} \begin{bmatrix} E_{\text{in1}}(\nu) \\ E_{\text{in2}}(\nu) \end{bmatrix} \tag{2.119}$$

其中，L 是耦合长度，ν 是每个波导中模式的传播常数，并且 k 是耦合系数。耦合系数是波导宽度、波导结构的折射率和两个波导的接近度的函数。如果只有一个输入(即输入 1)，则定向耦合器的输出可表示为

$$\begin{bmatrix} E_{\text{out1}}(\nu) \\ E_{\text{out2}}(\nu) \end{bmatrix} = \mathrm{e}^{-\mathrm{j}\beta L} E_{\text{in1}}(\nu) \begin{bmatrix} \cos(kL) \\ \mathrm{j}\cdot\sin(kL) \end{bmatrix} \tag{2.120}$$

在 3 dB 耦合器中，分流比 $\xi = 0.5$，并且耦合长度满足等式

$$\xi L = (2i + 1)\pi/4 \tag{2.121}$$

其中，i 是正整数或零。

从式(2.119) 和式(2.120) 中注意到，光耦合器按照定义的比率分配输入功率，但也在各个输出之间引入了 $\pi/2$ 的相对相移。这种相对相移在更复杂元件的设计中起着重要作用，如马赫 - 曾德尔调制器或相干检测接收器中使用的混频器。同样重要的是，在不插入任何损耗的情况下组合两个或多个信号是不可能的，这不是因为材料中的衰减，而是因为与组合各个电场的物理表现相关联[3]。

通过改变定向耦合器参数，可以改变指向输出 1 和 2 的光功率的比率，以及出现在这些输出端的信号的波长含量。通常以使耦合系数的峰值与指定波长一致的方式调整参数。应保护耦合区域免受可能导致耦合系数变化的任何外部影响，这可通过适当的封装来完成。此外，如有必要，可以应用温度控制。GRIN 棒和光学滤波器的组合可以有效地用于以图 2.33(b) 所示的方式制造光耦合器。一对 GRIN 棒透镜用于准直和将输入端的光传输到输出端口，而光学滤波器则选择应指向指定端的波长。在该设计中可以识别出三种不同的光信号流，它们与输入信号、通过滤波器的部分以及输入信号的反射部分有关。因此，滤波器性能的特性决定了发射和反射光信号的数量和含量。通过插入具有特定特性的光学滤波器可以实现各种光耦合器设计。

光通信系统使用两种类型的光耦合器：光学抽头和光学定向耦合器。光学抽头是用于信号监测的 1×2 光学耦合器，而光学定向耦合器具有 2×2 结

构，用于功率共享。两个输出值之间的典型耦合器分束比为1%/99%、5%/95%、10%/90%和50%/50%。请注意，这些数字是百分比值。熔接光纤耦合器和GRIN棒装置通常用作光学抽头和光学定向耦合器。更复杂的光耦合器结构称为$N \times M$光耦合器，其中，N和M是可以大于1或2的数字。这种耦合器用于多个用户之间的功率分配，或用于光学系统中的波长特定的功能。波长特定的耦合器也称为WDM光耦合器，是一组特殊的定向1×2耦合器，设计用于各种应用，如泵浦功率引入、波段分离、路径波长复用、监控通道的分离和介绍。

上述两种类型的光学耦合器（基于熔接光纤技术和GRIN棒结构）可用于波长特定的应用。熔接光纤耦合器更适用于波长应该分开且彼此不相近的应用。典型的例子是将大约1300 nm的信号与大约1550 nm的信号分开，或者在大约980 nm和1480 nm的信号之间分离。需要注意的是，熔接光纤耦合器中的PDL最高可达0.2 dB，并随工作波长的变化而变化。基于GRIN棒的耦合器在波段上提供平坦的波长响应，而PDL相对较小（通常小于0.1 dB）。

光隔离器是一种用于防止反向反射光信号影响的光学部件。反向反射的三个主要原因是光学连接器、光纤跨距中的瑞利后向散射和受激布里渊散射。光学连接器反向反射是由连接器内的接收光纤的端面引起的，而瑞利和布里渊散射过程是以分布式的形式发生的。半导体激光源对任何反向反射都特别敏感，因为它们会导致额外的噪声和系统性能的严重下降，参考第4章。此外，光放大器需要光隔离器以防止激光效应，并通过隔离放大器级来提高放大器性能。

常用光隔离器的工作原理是利用在存在磁场的情况下在一些材料中发生的入射光信号的偏振状态的非互易效应，这种效应也称为法拉第旋转[1]。首先，对于通过法拉第材料的任何前向传播信号的偏振都会发生变化。如果存在再次穿过法拉第材料的后向传播的光，则材料将再次转变偏振态，而不是消除前向引起的偏振偏移。法拉第材料放置在偏振器和分析仪之间；任何前向或后向传播的信号都应该通过它们以便继续其路径，如图2.34(a)所示。在通过法拉第材料之后，前向传播信号的偏振态将旋转45°，反向传播信号也会发生同样的情况。因此，后向传播信号的总旋转量将是90°。在这种情况下，偏振器将无法识别后向反射信号的偏振状态，并且将停止进一步的传播。

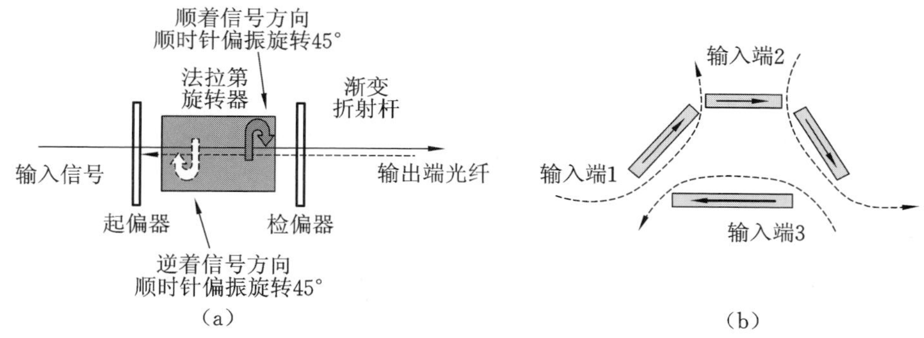

图 2.34　光学器件原理示意图

(a) 光隔离器;(b) 光环形器的原理

光隔离器的关键系统参数的要求是:① 返回隔离损耗应尽可能高; ② 偏振模色散应尽可能低,因为光路可以包含多达 20 ～ 40 个隔离器; ③ 插入损耗应尽可能低。光隔离器参数的典型值和最佳值如表 2.6 所示。

表 2.6　光隔离器参数的典型值和最佳值

参数	典型值	最佳值
插入损耗 /dB	0.6	0.5
隔离损耗 /dB	35	45
偏振相关损耗 /dB	0.15	0.05
偏振膜色散 /ps	0.07	0.05

可变光衰减器(VOA) 在多通道光学系统和网络中起着重要作用,光信号可能经过不同的光传输路径,然后再组合在一起进行处理。应在某些参考点均衡不同通道的光功率,以确保单个光通道的系统性能相等。光功率的均衡与光信号功率的精确调节有关。非常希望功率调节过程能远程控制。可变光衰减器非常适合这一用途,并且它们可以作为单独的光学元件制造或者与诸如光耦合器或光学滤波器等其他设备集成在一起。

常用 VOA 的工作原理是改变入射偏振光的偏振状态或材料中的信号损耗。可变光衰减器不是完全无源的光学装置,因为需要一些控制电压来改变所用材料的状态。可变光衰减器的特点是动态衰减范围,以及调整过程中衰减的增量。典型的 VOA 动态范围介于 0 ～ 40 dB,但它可以在 0.1 ～ 20 dB 的范围内进行增量调整[54]。

光学环形器的操作在性质上类似于旋转门的操作，因为信号应该在下一个端口处离开，而传播是单向的。本质上，光学环形器是由几个光隔离器串联而成的一个闭合圆，如图 2.34(b) 所示。信号只能通过一个法拉第旋转器，因为在下一个隔离器的入口被有效地隔离了。光学环形器经常用于光学子系统中，如光学分插复用器和色散补偿器。

重要的是，将多个功能混合集成到单个设备中可以极大地增强各个光学元件的性能。这种集成到单个封装的方式可减少插入损耗，降低 PDL 和 PMD，并提高封装的可靠性。通常用于光耦合器和光隔离器的 GRIN 棒技术非常适用于不同类型的混合光学器件。多功能光学元件的一些例子是：①WDM 耦合器加隔离器；② 光学滤波器加隔离器；③WDM 耦合器加隔离器加抽头耦合器；④WDM 耦合器加隔离器加带宽滤波器[40]。

2.8.2 光开关

光开关是用于将光信号的方向从一个光路改变到另一个光路的光学元件。它们可以扩展应用场景，从不需要快速切换时间的光路供应和保护切换到需要高切换速度的光分组交换和光信号调制。光交换矩阵可以具有基本的 1×2 或 2×2 形式，或者就输入和输出端口的数量而言可以更复杂。在本节中，我们将考虑光开关是关系型的，用于建立指定输入和输出之间的关系。该关系取决于施加到开关的控制信号，而它与应切换信号的内容无关。因此，这种开关可以归类为电路开关，因为它们在光路上执行功能(即光学电路级)。这与基于逻辑或分组的交换机的功能正好相反，而控制信号与数据流的逻辑内容相关。基于分组的交换机将在第 8 章中讨论。当前使用的所有光路开关都具有电子控制开关功能，而光信号从交换机的指定输入透明地路由到指定输出，与光信号的数据速率和格式无关。

通常，光电路交换由 $N\times N$ 开关矩阵描述，该矩阵将输入端口处的输入信号与来自输出端口的输出信号连接。可以建立以下通用等式来表示输入 / 输出连接：

$$\begin{bmatrix} P_{\text{out1}} \\ P_{\text{out2}} \\ \vdots \\ P_{\text{out}N} \end{bmatrix} = \begin{bmatrix} S_{11} & S_{12} & \cdots & S_{1N} \\ S_{21} & S_{22} & \cdots & S_{2N} \\ \vdots & \vdots & & \vdots \\ S_{N1} & S_{N2} & \cdots & S_{NN} \end{bmatrix} \begin{bmatrix} P_{\text{in1}} \\ P_{\text{in2}} \\ \vdots \\ P_{\text{in}N} \end{bmatrix} \tag{2.122}$$

其中，$P_{\text{in}1}$，$P_{\text{in}2}$，…，$P_{\text{in}N}$ 和 $P_{\text{out}1}$，$P_{\text{out}2}$，…，$P_{\text{out}N}$ 分别是输入和输出端口的光信号，而 $S_{ii}(i=1,2,\cdots,N)$ 是连接系数。在理想情况下，这些系数应取值 1 或 0，其中在 N^2 个系数中，只有 N 个不为 0。然而，在大多数实际情况中存在一些插入损耗和信号串扰，并且系数变为描述幅度和相位变化的复数。此外，可能会发生多个输入信号连接到同一输出端口，在这种情况下存在信号竞争。

任何大型交换矩阵都可以设计为一个独特的实体，可以通过使用门控原理进行广播和选择，或者作为级联 2×2 基本形式的组合进行排列。这两种方法如图 2.35 所示。

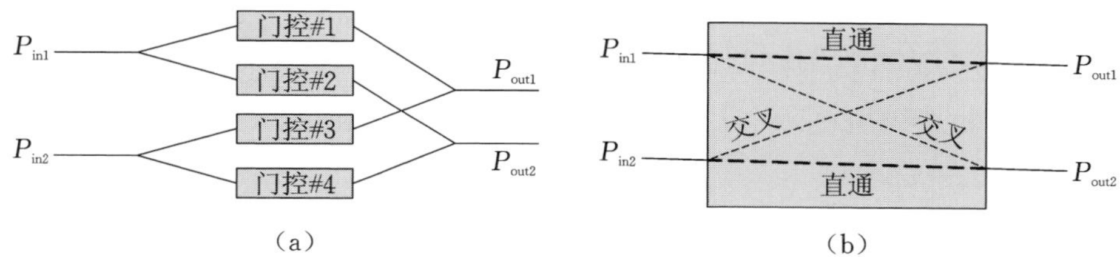

图 2.35　基本的交叉连接结构

(a) 门控；(b) 交叉直通

在 $N\times N$ 门开关中，每个输入信号通过 $1\times N$ 分路器(见图 2.35(a) 中的 $N=2$) 在 N 个方向上广播。然后，信号通过 $N\times N$ 个门元件阵列，之后它们在 N 个组合器中重新组合并发送到 N 个输出。可以使用从开启状态切换到关闭状态的光学放大器来实现栅极元件，反之亦然。在导通状态下，放大器还补偿耦合损耗以及在分路器和合路器处产生的损耗。此外，还可以通过使用空间位移来完成门控。

在 $N\times N$ 门开关中，有许多级联的 2×2 交叉连接元件。这些元件中的每一个都称为交叉开关，因为它通过采用以下两种状态中的任何一种将光信号从两个输入端口路由到两个输出端口：交叉(cross) 状态和直通(bar) 状态，如图 2.35(b) 所示。在交叉状态下，信号改变方向并从不同的输出端口输出，而在直通状态下，信号继续其逻辑流程连接具有相同编号的端口。在 $N\times N$ 结构中，在信号到达输出端口之前，交叉直通功能多次重复。

使用图 2.35(a)、(b) 中的多个基本开关元件制作 $N\times N$ 开关。交换机的复杂性取决于所需的基本构建块的数量。通过每个元件的插入损耗、信号交叉的数量以及在传播通过整个结构期间可能发生的各个路径之间的相互作用来评估整体性能。如果两个信号的路径相互交叉或相互干扰，则可能发生功率损耗和串扰。此外，更大的交换机结构的特征在于它们的竞争解决能力，并且它们可以属于非阻塞或阻塞类别。

非阻塞功能与任何未使用的输入端口可以连接到任何未使用的输出端口的能力相关，从而在输入和输出之间执行每种可能的互连模式。但是，如果无法实现任何互连模式，则将交换机归类为阻塞类别。大多数应用程序需要非阻塞功能，这会增加整体交换机的复杂性。通过应用广义非阻塞原理可以放宽非阻塞要求，这意味着任何未使用的输入都可以连接到任何未使用的输出，但不需要重新路由任何现有连接。严格意义上的非阻塞开关允许任何未使用的输入连接到任何未使用的输出，而无需任何额外的约束[102]。

有几种公认的方法来设计大的 $N \times N$ 交叉连接，这些方法在文献[90,102]中有更详细的描述：① 交叉开关为广义非阻塞架构，要求 N^2 个 2×2 开关元件，插入损耗范围为$[\alpha,(N-1)\alpha]$，其中 α 是每个构建单元的专有衰减系数；②Clos 架构需要 $4\sqrt{2}N^{3/2}$ 个 2×2 开关元件，插入损耗范围为$[3\alpha,(5\sqrt{2N}-5)\alpha]$；③Spanke 架构需要 $2N$ 个 $1 \times N$ 开关元件，并且对于任何可能的开关组合，均衡插入损耗为$(2\alpha)N$；④Benes 架构需要 $N\log_2 N - N/2$ 个 2×2 个开关元件，插入损耗为$(2\log_2 N-1)\alpha$；⑤Benes-Spanke 结构需要 $N(N-1)/2$ 个 2×2 开关元件，插入损耗范围为 $N\alpha/2 \sim N\alpha$。只有 Clos 和 Spanke 架构被认为是严格无阻塞的，而 Benes 和 Benes-Spanke 架构需要对连接进行一些重新路由才能实现非阻塞状态。

对于所有光开关而言，能最重要的是消光比（定义为对应于有源状态（建立信号流）与无源状态（空闲状态）的光功率之间的比率）应尽可能高。其次，在不同输入和输出端口对之间传播的光波路径之间需要良好的隔离。最后，光开关应具有小的插入损耗，并且对入射光信号的偏振状态不敏感。

目前有几种主要技术用于制造光开关，因此可以识别几种类型的光开关：电光开关、热光开关、机械开关和基于半导体放大器的开关。电光开关基于光耦合器，其中耦合比由施加到电极的电压改变。电压采用两个离散值来控制开关的接通和断开状态。电光开关可以相对快速地工作并且在不到1 ns 的时间内切换光路，这使得它们成为高速光学网络应用的良好候选者。尽管基本的 2×2 电光开关可以集成在单个基板上的更复杂结构中，但是集成结构往往具有相对高的插入损耗。此外，这些开关还会引入极化差分损耗（PDL）。电光开关也可以基于马赫-曾德尔干涉仪的应用，即施加外部电压以改变干涉仪臂中的折射率。通过改变臂中的折射率来改变两个臂中的信号之间的相位差，这导致输出端口处的相长或相消干涉。

热光开关也可基于马赫-曾德尔干涉仪的应用，其中施加温度以改变干涉仪臂中的折射率。切换过程通常需要几毫秒来选择发生相长干涉的输出端口。热光开关结构相对简单且价格便宜，这使得它们适用于网络恢复和保护切换应用。

机械开关通过一些机械动作来执行光路径的重定向，如将镜子移入和移出光波路径。此外，机械开关可以通过使用柔性定向耦合器来实现，该耦合器在弯曲或拉伸时改变耦合比。MEMS（微机电系统）设计是机械开关的一个众所周知的示例，可移动的反射镜被用来改变光路的方向。

还有一组基于半导体光放大器（SOA）的光开关，其中通过改变偏置电压来执行开关过程。如果偏置电压足够低，则器件吸收输入光信号，这对应于开关的关断状态。然而，由于实现了粒子数反转，因此可通过增加偏置电压来放大输入光信号，并且这种情况对应于开关的接通状态。从吸收到放大状态的变化可以非常快速地完成，通常只需要不到 1 ns 的时间。尽管基于 SOA 的光开关具有放大能力并且可以集成在更大的开关矩阵中，但在实际应用中，噪声积累和光路隔离是一个值得关注的问题。在下一节中，我们将描述两种技术，这些技术在各种光开关的设计中得到了更广泛的应用：基于液晶的开关技术（参见文献[98,99]）和 MEMS 技术（参见文献[100,101]）。

液晶开关是基于液晶单元的使用。这些开关通过使用偏振效应来执行开关功能或通过产生多像素干涉图像（条纹）来操作。在第一种情况下，如果向液晶单元施加电压，则会使通过单元的光的偏振旋转。如果电池与无源偏振分束器和组合器组合，则可以执行与偏振相关的切换。因此，液晶开关的操作原理与隔离器的操作原理相似，这已在前面介绍过。可以通过采用液晶单元阵列来实现所需的所有元件（无源偏振分束器、组合器和开关单元）。液晶单元中的偏振旋转量与施加的电压成正比。因此，除了极化的数字控制之外，可以使用相同的方法来实现可变光衰减器（VOA）。VOA 是在多通道环境中控制和均衡信号电平非常重要的元件。因此，VOA 可以是液晶单元阵列的组成部分，其执行切换功能并控制来自开关的输出功率。液晶单元的切换时间为几毫秒。

基于产生多像素干涉图像（条纹）的液晶开关技术通常用于波长选择开关

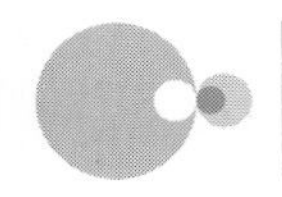

(WSS)器件中。固态WSS器件是通过在硅上集成液晶单元而制成的,这被称为LCOS(硅上液晶)技术[99]。液晶单元经过修改,可用作相位空间光调制器,如图2.36(a)所示。波长分布在百万像素LCOS矩阵的宽度上,可灵活切换到任意波长内容的多个方向,如图2.36(b)所示。此外,作为一个基于相位的开关矩阵,它允许每通道的光功率调整。

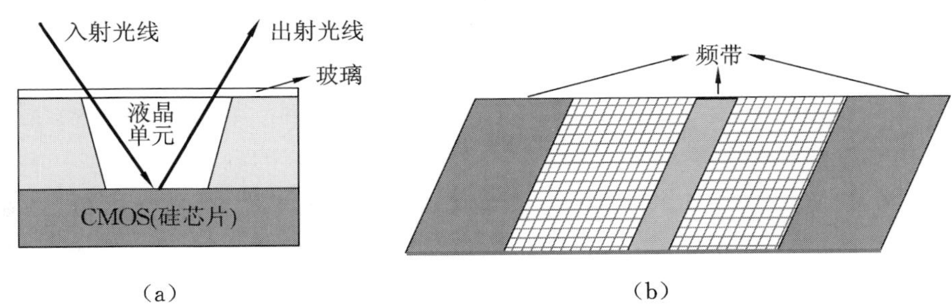

图2.36　LCOS切换技术

(a)单小区操作;(b)带有频带的LSOC小区矩阵

微机电机械开关(MEMS)是一种微型机械装置,也是在硅基片上制造的,其工作原理是光反射。MEMS包含许多用硅制造的非常小的可移动镜子。镜子的尺寸可以从几分之一毫米到几毫米不等。通常通过应用半导体晶片生长的标准制造工艺来制造镜子并将其包装成阵列。

通过使用已知的电磁、静电或压电方法将镜子从一个位置偏转到另一个位置来执行切换过程。这种运动本质上可以用数字化进行描述,这意味着镜子可以只占用两个位置或状态。这种开关称为二维(或2D)开关,其工作原理如图2.37(a)所示。在原始状态下,反射镜是平的,光束没有偏转,而是沿着原始方向。在采取切换动作之后,镜子处于另一个状态或垂直位置,从而偏转输入信号。偏转原理对应于在实现包含 N 个输入和 N 个输出的较大结构中众所周知的交叉直通结构。在MEMS制造中,输入和输出端口的数量通常为16～64。

MEMS可以通过镜子的三维运动来实现,这种开关称为3D开关,如图2.37(b)所示。反射镜可以围绕两个轴旋转,从而获取空间中的任何模拟位置并在任何给定方向上偏转信号。镜子的空间运动通过两框架设计实现。内部框架与外部框架相连,从而允许在两个不同的轴上自由旋转并且获得连续的角度偏转范围。采用精密伺服控制机构对3D MEMS反射镜的控制非常复杂。

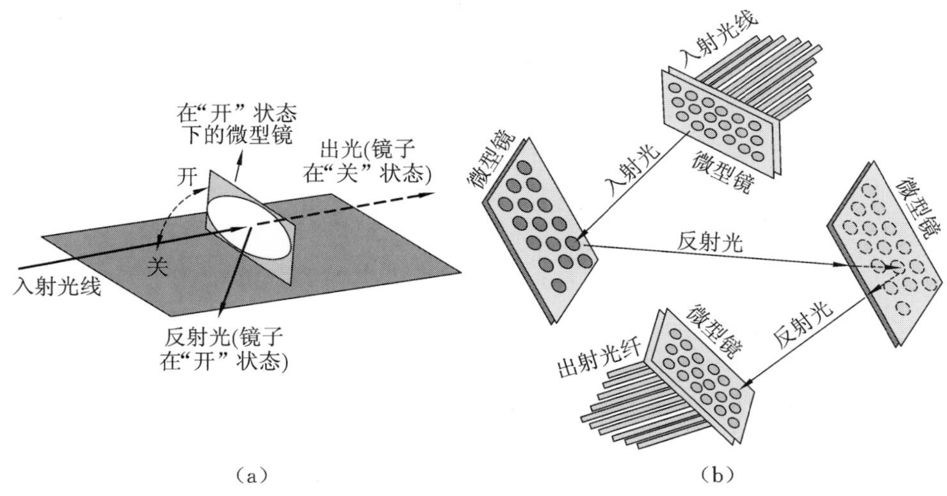

(a) (b)

图 2.37 MEMS 技术

(a) 2D 开关;(b) 3D 开关

如果使用两个模拟光束转向镜阵列,如图 2.37(b) 所示,则 3D MEMS 适用于设计大型 $N \times N$ 开关,因此遵循 Spanke 架构[90]。每个阵列都有 N 个镜像,每个镜像只与一个输入/输出端口相关联。通过在信号传输过程中进行两次反射,将信号从任何输入端口切换到任何输出端口。如果能精确安排,则此过程不应在端口之间插入任何额外的串扰。

通常,基于 MEMS 的开关具有低插入损耗和各个光路之间的低串扰。另外,它们对光信号的偏振状态的灵敏度也相对较低。基于 MEMS 的开关的长期可靠性仍然存在一些问题,因为涉及机械运动,所以需要在任何特定时刻进行精确对准。MEMS 可以在几毫秒内切换波长路径。

2.8.3 波长转换器

随着我们进入先进光网络的新时代,波长转换器已成为一个重要的组成部分。由于以下原因,波长转换器可用于将一个波长转换为另一个波长:① 为了适应需要,将输入波长转换为输出波长,既可提高整体传输能力,也可使光网络更加灵活;② 将一个管理网络域内的波长转换为另一个管理域内的不同波长,以便于网络管理和波长分配,如第 8 章所述;③ 转换单个网络域内的波长,以提高光信道的利用率,并防止光路竞争。

波长转换可以与光信号的完全再生的需要相关联。当信号质量受损并且没有其他方法可以清除信号并改善误码率时，需要完全再生或3R(再放大、整形和重新定时)。完全再生可以通过电或一些光学手段完成。应用于波长转换的一些方法也可用于光信号再生。

波长转换和信号再生的最简单方法是应用O—E—O(光—电—光)转换。在这种方案中，输入光信号由光电二极管转换成电信号，然后通过使用波长不同于输入光信号相关的波长的另一光源重新转换回来。同时，一些与3R功能相关的电子信号处理通常在两次转换之间进行。在某些情况下，只能执行上述功能中的一个或两个(1R或2R方案)。O—E—O波长转换和信号再生是更传统的方法，从操作的角度来看，它很好地起到了作用。然而，该方法的成本和复杂性都相对较高，这就需要采用一些先进的光波长转换方法。

光波长转换器应提供高速操作和光信号透明性(就调制格式和比特率而言)，提供信号整形能力并且将几个串联起来以执行多跳连接，这在光网络中是经常需要的。而且，要求它们提供较小的频率啁啾、偏振不敏感性和转换光信号的高消光比。

有几种方法可用于波长转换，这些方法要么基于光学门控的应用，要么基于通过非线性效应产生的新频率[103-108]。基于光学门控的转换器包括半导体光学放大器，以刺激交叉增益调制或交叉相位调制，作为改变输入波长值的平均值。基于交叉增益调制(XGM)的波长转换器的工作原理如图2.38所示。

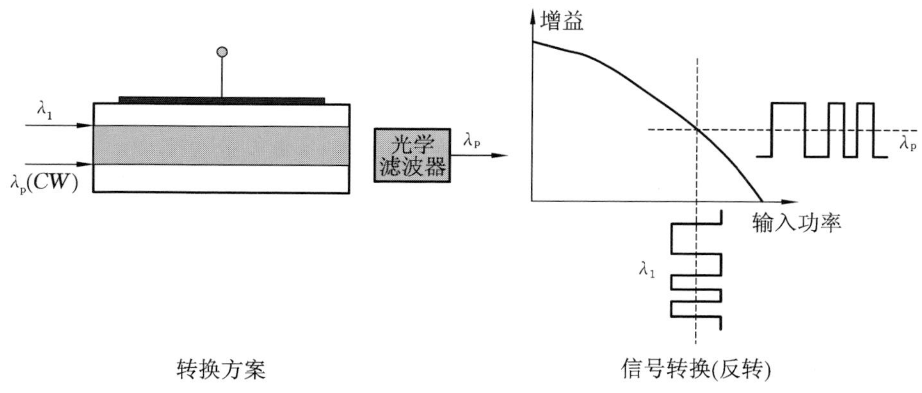

图2.38　基于SOA的波长转换器

图2.38中的半导体光放大器起到光控栅极的作用，其特性随输入光信号强度的变化而变化。输入信号的任何增加都将导致有源区中载流子的耗尽，这实际上意味着放大器增益下降。这种变化发生得非常快，并且会逐位跟随

输入信号发生动态变化。如果存在具有较低光功率的探测信号,则在“1”位期间将经历低增益并且在“0”位期间将经历高增益。由于探测波长 λ_p 不同于输入信号波长,因此信息内容将从输入信号有效地传输到探测器。也可以使用可调探头,它将产生可调输出信号。应该注意到,输出信号相对于输入信号是异相或反相的,这是因为半导体放大器结构的增益随着输入光信号能量相关联而降低。

交叉增益调制波长转换器可以工作在两种模式:反向传播模式和同向传播模式。在反向传播模式中,输入信号和探测信号来自半导体放大器结构的不同侧,而转换后的信号仅从输入端输出。该操作方案不需要任何光学滤波器。另外,可以产生与输入波长相同的输出信号,这意味着可以通过单级实现信号再生。但是,反向传播模式不适合高速操作。另一方面,如图 2.38 所示的同向传播方案需要在输出端使用光学滤波器来消除输入信号的剩余部分。具有与输入信号相同波长的输出信号是不可能的,这意味着需要另一级来执行光学再生。然而,基于共同传播设计的波长转换器可以在更高的调制速度下运行[108]。

每次波长转换都伴随着光功率损失,这取决于波长转换器的设计以及输入光信号和探头的电平。看起来 −6 ~ −4 dBm 的输入信号对于基于 SOA 的波长转换来说是最方便的,因为它引入了最小的功率损失。如果探测电平约为 −10 dBm,则功率损失范围为 0.5 ~ 1.5 dB。功率损失还取决于转换过程的性质,使得波长的向下转换引入比向上转换有更低的功率损失。总之,基于交叉增益调制效应的波长转换器具有高速工作、偏振不敏感、实现简单等优点。然而,它们会受到输出信号的频率啁啾、有限的消光比(低于 10 dB)以及可以有效转换的输入信号的有限电平的影响。

基于光学门控的波长转换器使用 SOA 来刺激交叉相位调制,作为改变输入波长值的方法。这些放大器放置在马赫-曾德尔干涉仪的臂中,如图 2.39 所示。由输入信号变化引起的载流子密度的任何变化都将改变半导体放大器的有源区中的折射率,而折射率的变化将改变探测信号的相位。由该过程引起的相位调制可以通过马赫-曾德尔干涉仪在 2.4 节中解释的相长干涉或相消干涉过程来转换为幅度调制。转换光信号的功率可表示为[107]

$$P_{\text{out}} = P_{\text{probe}} \frac{G_1 + G_2 + 2\sqrt{G_1 G_2}\cos\Delta\Phi}{8} \tag{2.123}$$

其中，G_1 和 G_2 分别是第1组和第2组放大器的增益系数，而 $\Delta\phi$ 是第1臂和第2臂输出信号之间的相位差。相位差与输入信号 P_{in} 电平成正比。如果根本没有相移，则实现最大输出电平，而当相移达到 $-\pi$ 弧度时，则获得最小电平。

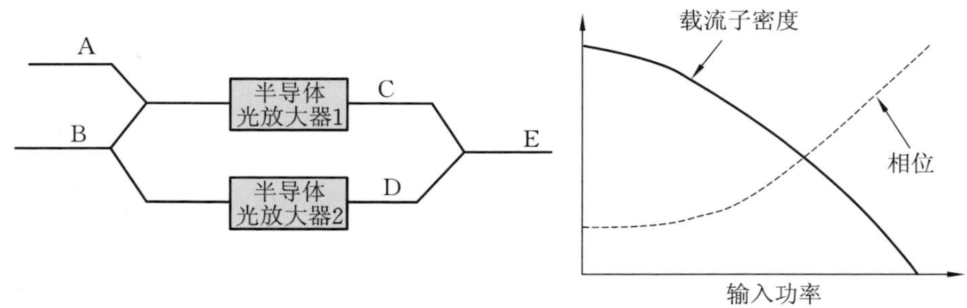

图 2.39　MZ SOA 波长转换器

另一方面，XPM 设计的主要优点是，与基于交叉增益调制的转换器相比，它只需要更少的信号功率就能实现相同的效果。这意味着较低的信号功率可与较高的探测电平结合使用，以产生更好的消光比。目前已有多种基于 XPM 效应的波长转换器优化设计方案。其中一些是半导体光放大器和马赫-曾德尔谐振器的全有效版本。此外，基于交叉相位调制的波长转换器也可以用作2R(再放大、整形)。2R 功能基本上与图 2.39 所示的功能相同，只是需要两个阶段才能转换为与输入光波长相同的光波。总之，我们可以说基于 XPM 的波长转换器具有以下优点：运行速度快(高于 40 Gb/s)、高消光比(比输入信号的消光比高几分贝)、在中等输入光功率(范围为 $-11 \sim 0$ dBm) 下操作、高信噪比、可以级联、偏振不敏感。然而，它们的实现相对复杂，因为它们需要精确控制干涉仪臂。由波长转换而产生的总功率损失低于 1 dB。

基于 XPM 的 3R(再放大、整形、重新定时) 光再生器的操作如图 2.40 所示。该方案中的门控信号通过单独的输入控制端口引入，而门控脉冲中包含的能量决定了过程的开始和结束[107]。在图 2.40 中，两个半导体光放大器(SOA) 被不同地偏置以实现 π 弧度的初始相位差。控制脉冲施加到输入端 B 和 C，而输入信号被输入到输入端 A。如果在栅极 B 和 C 处没有控制信号，则会发生相消干涉，因为在输出端 D 和 E 之间存在 π 弧度的相位差。因此，结果不依赖于输入 A 处的信号电平。在栅极 B 和 C 处施加的两个控制脉冲之间的时间差 Δt 将确定选通窗口。接通控制脉冲将在两个干涉仪臂的输出端 D 和 E 之间设置 2π 弧度的相位差。而在关断控制信号施加到栅极 C 之后，该差异将

回到 π 弧度。在控制脉冲的每次动作之后，输出端 D 和 E 之间的相位差将在 $\pi \sim 2\pi$ 来回波动。栅极将在与 2π 弧度的相位差一致的时间段内打开，而每当相位差取 π 弧度时它将关闭。由于图 2.40 中的方案产生的输出波长与输入波长不同，因此在指定波长下实现完整的 3R 功能需要两个阶段。

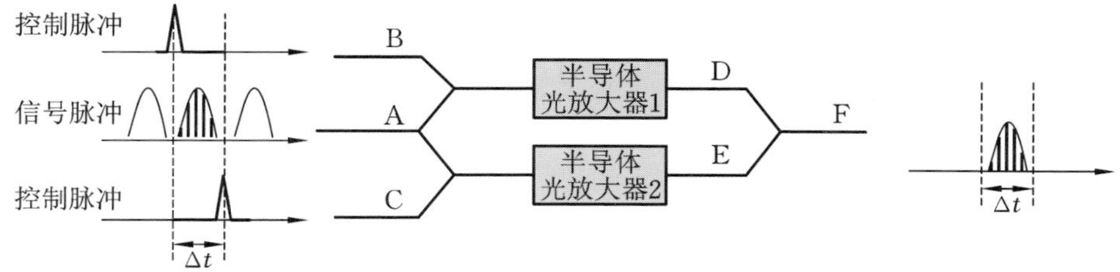

图 2.40　基于 SOA 和 MZ 干涉仪的光学 3R 方案

另一组主要的波长转换器基于四波混频(FWM) 工艺，其在某些半导体结构或光纤中被有意地激发。四波混频过程在第 3.5.2 节中另有说明，涉及三个光波长 λ_1、λ_2 和 λ_3，来产生第四个光波长(λ_4)。从传输的观点来看，FWM 过程是非常有害的，在这种情况下有意引发以启动波长转换。这种情况很容易在高非线性介质中产生，如色散位移光纤(DSF)。此外，如果将半导体光放大器用作有源非线性介质，则可以引发 FWM 过程，如图 2.41 所示[108]。

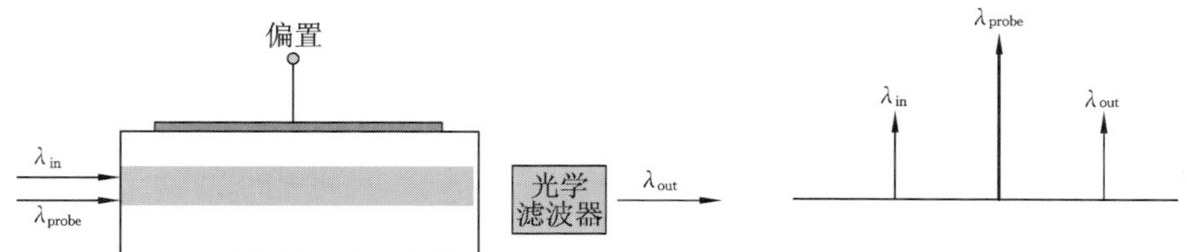

图 2.41　基于 FWM 过程的波长转换

FWM 过程以强探测信号为中心，产生与探测信号相互作用的输入波长的镜像复制品。图 2.41 中的三个波长通过以下关系连接：

$$1/\lambda_{out} = 1/\lambda_{probe} + (1/\lambda_{probe} - 1/\lambda_{in}) \tag{2.124}$$

其中，λ_{in}、λ_{out} 和 λ_p 分别是与输入、输出和探测信号相关的波长。基于 FWM 工艺的波长转换器是完全透明的，能够以极高的速度运行，这是主要的竞争优势。这些器件也是偏振不敏感的。然而，它们需要高功率水平以实现高效率，而完整的功能还需要可调泵和输出信号的光学滤波。

2.9 总结

在本章中,我们描述了光路中常见的光学元件的特性,从而探讨与光传输和网络相关的各种功能。详细讨论了光源、光学调制器、光电探测器、光放大器、光学滤波器、光开关和光学多路复用器等光学元件。还解释了其他元件的作用,如光隔离器、耦合器或环形器。本章还对光纤进行了基本描述,第3章将对光纤传输特性进行详细分析。

思考题

2.1 阶跃折射率光纤的纤芯折射率为1.45。包层的最大折射率 n_{cl} 是多少,使光以 $\pi/4$ 角度进入光纤-空气界面,以便通过光纤传播?

2.2 阶跃折射率多模光纤中的模式色散为15 ns/km。光纤的纤芯射率 $n_{co}=1.50$。实现20 km以上传输的最大比特率是多少?入射光线的最大接收角是多少?

2.3 求解具有抛物线折射率分布的渐变折射率多模光纤的数值孔径的表示式。数值孔径仅为光纤轴值的一半的半径是多少?

2.4 将带宽为10 MHz、最大幅度为128 V的模拟电信号转换成数字信号。信号被转换成二进制数字串,每个数字7位。在芯层和包层之间的相对折射率差等于1%的硅基阶跃折射率光纤上,它能传输多远?

2.5 用于制造工作在 $\lambda=1600$ nm的半导体激光器的四元InGaAsP合金的成分有哪些?

2.6 工作在1550 nm的InGaAsP激光器具有300 μm的腔长,其内部损耗为25 cm^{-1}。找到激光器达到阈值所需的有源区增益。假设模态指数为3.3,约束系数为0.4。

2.7 在问题2.6中,如果激光腔的一端涂有介质反射器,使反射率现在为90%,求解激光达到阈值所需的有源区增益。

2.8 求稳态激光的 $P(I)$ 的表达式。使用激光速率方程并假设自发辐射非常低。

2.9 InGaAsP激光器具有长200 μm、深1 μm和宽3 μm的腔,内部损耗为30 cm^{-1}。它以单一模式运行,模态指数为3.3,组指数为3.4。如果载流子寿命为2 ns,计算光子寿命和电流阈值。假设InGaAsP化合物参数为典型值。当激光器在阈值以上运行两次，从一个面发射多少能量？

2.10　对于问题 2.9 中的激光器，其在阈值以上运行两次，计算斜率量子效率和外部量子效率。假设内部量子效率为 95%。

2.11　半导体激光器通过使用 $I(t)=I_b+c\Delta_p(t)$ 的电流进行调制，其中 $\Delta_p(t)$ 表示 100 ps 持续时间的矩形脉冲。假设 $\frac{I_b}{I_{th}}=0.9$，$\frac{I_m}{I_{th}}=2.5$。求解式(2.13) 和式(2.14)，假设 $\tau_p=3$ ps，$\tau_e=2$ ns，$R_{sp}=2/\tau_p$。假设式(2.18) 中的总增益为 G，其中 $G_N=10^4\ \mathrm{s}^{-1}$，$N_0=10^8$，应修正并乘以系数 $(1-\varepsilon_{NL}P)$，其中 $\varepsilon_{NL}=10^{-7}$ 表示调制条件[42]。绘制光脉冲形状和频率啁啾(假设 $\alpha_{chirp}=2$)。解释结果。

2.12　假设参数 α_{chirp} 等于 5 且 $\frac{I}{I_{th}}=2$，从问题 2.9 中求出 DFB 激光器的谱线宽度和调制带宽。还假设 $\tau_p=3$ ps，$\tau_e=2$ ns，$R_{sp}=Gn_{sp}=2/\tau_p$。激光调制带宽是多少？

2.13　在 1310 nm 处辐射的 LED 由 InGaAsP 材料制成，折射率 $n=3.3$。如果 LED 的偏置电流为 100 mA，求 LED 的输出功率。假设内部量子效率为 95%。与静态值相比，输出功率降低 3 dB 的 LED 的最大调制频率是多少？假设载流子(电子) 寿命为 2 ns。

2.14　法布里-珀罗滤波器的长度和镜面反射率应为多少，用于选择 $N=40$ 的DWDM 通道，其间隔为 $\Delta\lambda=0.4$ nm？假设比特率为 40 Gb/s，折射率为 1.5，工作波长为 1550 nm。

2.15　光学滤波器基于马赫-曾德尔干涉仪链。需要多少级才能隔离 128 个光通道中的一个，这些通道间隔紧密并占据 30 nm 宽的C 波段。链中第四个干涉仪的延迟是多少？

2.16　在 1550 nm 的工作波长下，声光学滤波器臂的有效长度是多少时，半宽全宽(FWHM) 通带宽度为 0.4 nm？声波产生的布拉格光栅的周期是多少？假设 $n_{TM}-n_{TE}=0.07$。

2.17　DWDM 系统具有 40 个波长，信道间隔为 50 GHz。其中一个通道需要由带宽为 20 GHz 的 3 dB 通带滤波器选择。如果使用 FP、MZ 级联和 AOTF，请解释从相邻通道提供低串扰的最佳选择。您会选择哪些最佳滤波器的参数？

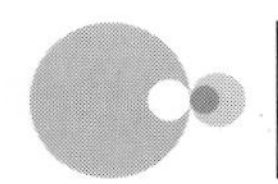

2.18　激光二极管的阈值电流 I_{th} 为 20 mA。电流的输出功率在 0 ～ I_{th} 呈线性增加，在阈值处达到 −10 dBm。电流高于阈值时的功率-电流曲线斜率为 0.08 W/A。激光由包含一串零和一个矩形脉冲的电流调制。找出调制电流的大小和偏置电流的值，以达到 16 dB 的消光比（与“1”和“0”脉冲相关的功率比）。解释你的结果和选择，并用图表加以说明。

2.19　在问题 2.18 中，激光以脉冲高斯形状 $P(t)=P_0\exp\left[-\frac{t^2}{T_0^2}\right]$ 调制，其中，$P_0=4$ mW，$T_0=20$ ps。假设绝热参数 $\chi\approx 10$ THz/W，并且激光啁啾参数 $\alpha_{chirp}=3$。通过与脉冲形状图平行的指定脉冲形状来绘制调制过程中瞬时频移的函数。对获得的结果进行评论。

2.20　基于铌酸锂的马赫-曾德尔调制器在波长 $\lambda=1550$ nm 下工作。电极的长度 $l=1$ cm，波导的厚度 $d=10$ mm。计算引起弧度相移所需的电压。如果调制器以 1.5 V 的电压偏置，则输出功率与输入功率之比为多少？

2.21　掺铒光纤放大器的饱和功率为 16 mW，每毫瓦泵浦功率增益 3 dB。泵功率设置为 8 mW。在不进入饱和状态的情况下可以放大的最大输入功率是多少？

2.22　光放大器的增益曲线的 FWHM 为 500 GHz。调整放大器增益以提供 15 dB 和 25 dB 增益时，其带宽是多少？假设没有增益饱和。

2.23　当输入端有微瓦信号时，EDFA 产生 0.5 mW 的输出功率。当 1 mW 信号入射在同一放大器上时，输出功率是多少？假设饱和功率为 12.5 mW。您可以使用 MATLAB 或其他软件找到解决方案。

2.24　在向后泵浦方向上使用 600 mW 的泵浦功率，求出 10 km 长的拉曼放大器的输出功率信号。假设在参数 $A_{eff}=60\ \mu m^2$ 和 $g_R=6\times10^{-14}$ dB/km 的情况下，信号和泵的损耗分别为 0.2 dB/km 和 0.3 dB/km。

2.25　EDFA 的设计应能放大波长为 1580 ～ 1610 nm（L 波段）的光波，每个波长间隔 50 GHz。计算在这个范围和间隔内可以放大的波长数。计算能量转换所需的范围，以支持整个 L 波段。

2.26　两级 EDFA 用于调节光链路上的损耗。放置在其中一级（表示为放大器 a）中的光放大器的增益分布的半高宽为 700 GHz，而放置在另一级（表示为放大器 b）中的光放大器的半高宽为 1 THz。一个放大器应该提供增益以补偿前面 100 km 长的光纤跨度（传输是在 C 波段）中的损耗，而另一个补偿在

ROADM 盒中的损耗，占光纤跨度的大约三分之二的损耗。绘制两级放大器的原理图，其中ROADM盒介于两者之间，并表示相互之间的泵源参数(功率、波长)，以实现这些增益。如果每一个通道的带宽为 0.1 nm 并且彼此间隔 0.2 nm，那么应该放大多少通道？

2.27　对于工作在1550 nm处且损耗为0.2 dB/km的50 km光纤链路，激发布里渊散射的阈值功率是多少？如果工作波长更改为 850 nm(光纤损耗为 1 dB/km)，则阈值功率会变化多少？在所讨论的波长范围内，光纤的有效面积为 $A_{eff}=50\ \mu m^2$，布里渊增益为 $g_B=5\times10^{-11}$ dB/km。

2.28　解释在光电二极管中只有价带电子才能吸收入射的光子，而导带电子不能吸收光信号能量的原因。

2.29　InGaAs PIN 光电二极管在1550 nm波长下的响应度为0.8 A/W。在波长 1400 nm 处的响应度为0.7 A/W。工作于1550 nm，检测到1 mA的光电流。计算材料在 1550 nm 和 1400 nm 波长处的吸收系数。吸收深度等于 10 mm。

2.30　解释不同前端设计之间的区别。如果比特率是 25 Gb/s，您会选择哪种设计？哪种光电二极管最适合与前端配合使用，为什么？

2.31　考虑可以使用以下任何一种设计来构建 32 × 32 光开关：①crossbar 广义非阻塞架构；②Clos 架构；③Spanke 架构；④Benes 架构；⑤Benes-Spanke 体系结构。假设每个 2 × 2 开关构件的串扰抑制为 50 dB，插入损耗为0.05 dB，而 1 × 32 构件的串扰抑制为 − 60 dB，插入损耗为 0.05 dB。每个架构的总体最大串扰抑制和最大插入损耗是多少？如果我们希望在 crossbar 广义架构中实现 40 dB 的总体串扰抑制，那么每个开关的串扰抑制应该是什么？

2.32　解释为什么波长转换在多信道光网络中是有用的。计算 FWM 波长转换器中探测信号的波长，该转换器将1600 nm处的输入信号转换为1400 nm的输出信号。

参考文献

[1] Born, M., and E. Wolf, *Principles of Optics, 7th edition*, New York: Cambridge University Press, 1999.

[2] Bass, M., et al., *Handbook of Optics, 3rd edition*, New York: McGraw Hill, 2009.

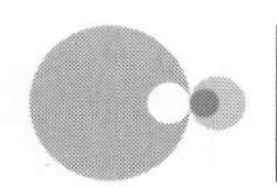

[3] Yariv, A., *Quantum Electronics, 3rd edition*, New York: John Wiley & Sons, 1989.

[4] Saleh, B. E., and A., M. Teich, *Fundamentals of Photonics*, New York: Wiley, 1991.

[5] Chuang, S. L., *Physics of Optoelectronic Devices, 2nd edition*, New York: Wiley, 2009.

[6] Marcuse, D., *Principles of Quantum Electronics*, New York: Academic Press, 1980.

[7] Merzbacher, E., *Quantum Mechanics, 3rd edition*, New York: Wiley, 1998.

[8] Korn, G., and Korn, T., *Mathematical Handbook for Scientists and Engineers*, London: McGraw Hill, 1983.

[9] Abramovitz, M., and Stegun, I., *Handbook of Mathematical Functions*, New York: Dover, 1970.

[10] Polyanin, A. D., and Manzhirov, A. V., *The Handbook of Mathematics for Engineers and Scientists*, London: Chapman and Hall, 2006.

[11] Papoulis A., *Probability, Random Variables and Stochastic Processes*, New York: McGraw Hill, 1984.

[12] Proakis, J. G., *Digital Communications, 5th edition*, New York: McGraw-Hill, 2007.

[13] Couch, L.W., *Digital and Analog Communication Systems*, New York: Prentice Hall, 2007.

[14] Agrawal, G. P., *Fiber Optic Communication Systems, 4th edition*, New York: Wiley, 2010.

[15] Cvijetic, M., *Coherent and Nonlinear Lightwave Communications*, Norwood, MA: Artech House, 1996.

[16] Gower J., *Optical Communication Systems, 2nd edition*, Upper Saddle River, NJ: Prentice Hall, 1993.

[17] Keiser, G. E., *Optical Fiber Communications, 3rd edition*, New York: McGraw-Hill, 2000.

[18] Okoshi, T., *Optical Fibers*, San Diego, CA: Academic Press, 1982.

[19] Buck,J.,*Fundamentals of Optical Fibers*,New York:Wiley,1995.

[20] Marcuse,D.,*Light Transmission Optics*,New York:Van Nostrand Reinhold,1982.

[21] Snyder,A.W.,and Love,J. D.,*Optical Waveguide Theory*,London: Chapman and Hall,1983.

[22] Li,M.J.,and Nolan,D.A.,Optical fiber transmission design evolution, *IEEE/OSA Journ.Ligthwave Techn.*,Vol 26(9),2008,pp.1079-1092.

[23] Jeager,R.E.et al.,Fiber drawing and control in *Optical Fiber Telecommunications*,Miller S. E. and Chynoweth A.G.(editors),New York:Academic Press,1979.

[24] MacChesney,J.B.,Materials and processes for preform fabrication-modified chemical vapor deposition and plasma chemical vapor deposition,*Proc. IEEE*,68(1980),pp.1181-1184.

[25] Izawa T.,and Inagaki,N.,Materials and processes for fiber preform fabrication-vapor phase axial deposition,*Proc. IEEE*,68(1980),pp.1184-1187.

[26] Murata,H.,*Handbook of Optical Fibers and Cables*,New York: Marcel Dekker,1996.

[27] Miller,C.M.et al.,*Optical Fiber Splices and Connectors*,New York: Marcel Dekker,1986.

[28] Russel,P.J.,Photonic Crystal Fibers,*IEEE/OSA Journ.Ligthwave Techn.*,Vol.24(12),2006,pp.4729-4749.

[29] Morioka,T,et al.,Enhancing optical communications with brand new fibers,*IEEE Commun.Mag.*,Vol. 50,no. 2,Feb. 2012,pp.40-50.

[30] Gloge,D.,and Marcatili,E.,Multimode theory in graded-index fibers, *Bell Sys.Tech.J.*,52,Nov 1973,1563-1578.

[31] Awayi,A.,et al,World First Mode/Spatial Division Multiplexing in Multicore Fiber Using Laguerre Gaussian Mode,*Proc.2011 European Conf. Opt. Commun.(ECOC)*,Geneva,Switzerland,paper We.10.P1.

[32] Abedin,K.,et al.,Amplification and Noise Properties of of an Erbium Doped Multicore Fiber Amplifier,*Opt. Express*,Vol.19,no.17,May 2011, pp.16715-16721.

[33] Zhu,B.,et al.,Seven-Core Multicore Fiber Transmission for Passive Optical Network,*Opt.Express*,*Vol*.18,no 11,May 2010,pp.117-122.

[34] Cvijetic,M.,Dual mode optical fibers with zero intermodal dispersion, *Optical and Quant.Electron.*,Vol.16.,1984,pp.307-317.

[35] Chuang,S.L.,*Physics of Optoelectronic Devices*,*2nd edition*,Hoboken,NJ: Wiley,2008.

[36] Chow,W. W.,and Kroch,S.W.,*Semiconductor Laser Fundamentals*, New York:Springer,1999.

[37] Ye,C.,*Tunable Semiconductor Laser Diodes*,Singapore,Singapore: World Scientific,2007.

[38] Morthier,G.,and Vankwikelberge,P.,*Handbook on Distributed Feedback Laser Diodes*,Norwood,MA:Artech House,1995.

[39] Kressel,H.,(editor),*Semiconductor Devices for Optical Communications*, New York:Springer-Verlag,1980.

[40] Digonnet,M. J.,(editor),*Optical Devices for Fiber Communications*, Bellingham,WA:SPIE Press,1998.

[41] Siegman,A. E.,*Lasers*,Mill Valley,CA:University Science Books,1986.

[42] Agrawal,G. P.,and Duta,N. K.,*Semiconductor Lasers*,*2nd edition*, New York:Van Nostrand Reinhold,1993.

[43] Henry,C.H.,Theory of the linewidth of the semiconductor lasers, *IEEE J.Quantum Electron*,QE-18(1982),pp.259-264.

[44] Chang-Hasnain,C.,Monolithic multiple wavelength surface emitting laser arrays,*IEEE Journal Lightwave Techn.*,LT-9(1991),pp.1665-1673.

[45] Lee,T.P.,Recent advances in long-wavelength lasers for optical fiber communications,*IRE Proc.*,19(1991),pp.253-276.

[46] Arakawa Y.,and Yariv,A.,Quantum-well lasers-Gain,Spectra,Dynamics, *IEEE Journal Quant. Electron*,QE-22(1986),pp.1887-1899.

[47] Morton,P.A.et al.,25 GHz bandwidth 1.55μm GaInAsP p-doped strained multiquantum-well lasers,*Electron Letters*,28(1992),pp.2156-2157.

[48] Osinski,M.,and Buus J.,Linewidth broadening factor in semiconductor lasers,*IEEE Journal Quant.Electron*,QE-23(1987),pp.57-61.

[49] Suematsu, Y., et al., Advanced semiconductor lasers, *Proceedings of IEEE*, 80(1992), pp.383-397.

[50] Margalit, N.M. et al., Vertical cavity lasers for telecom applications, *IEEE Communication Magazine*, 35(1997), pp.164-170.

[51] Verdeyen, J.T., *Laser Electronics*, *2nd edition*, Upper Saddle River, NJ: Prentice Hall, 1990.

[52] Ohstu, M., *Frequency Control of Semiconductor Lasers*, New York: Wiley, 1996.

[53] Kobayashi, K., and Mito, I., Singular frequency and tunable laser diodes, *IEEE/OSA Journal of Lightwave Techn.*, LT-6(1988), pp.1623-1633.

[54] *Lightwave Optical Engineering Sourcebook*, *2003 Worldwide Directory*, Lightwave 2003 Edition, Nashua: NH, PennWell, 2003.

[55] Hong, J., et al., Matrix-grating strongly gain coupled (MG-SGC) DFB lasers with 34 nm continuous wavelength tuning range, *IEEE Photon. Technol. Lett.*, 11(1999), pp.515-517.

[56] Kudo, K., et al., 1.55 mm wavelength selectable microarray DFB-LD's with integrated MMI combiner, SOA, and EA modulator, *Proc. of European Conf. on Optical Comm.*, *ECOC* 2000, Munich, paper TuL 5.1.

[57] Libatique, N.J.C., and Jain, K.J., A broadly tunable wavelength selectable WDM source using a fiber Sagnac loop filter, *IEEE Photon. Technol. Lett.*, 13(2001), pp.1283-1285.

[58] Coldren, L.A., Semiconductor Laser Advances: The Middle Years, *IEEE Photonics Society News*, Vol.25, 2011, pp.4-9.

[59] Liu, B., et al., Wide tunable double ring resonator coupled lasers, *IEEE Photonic Technology Letters*, Vol.14, 2002, pp.600-603.

[60] *Special Issue on Multiwavelength Technology and Networks*, *IEEE/OSA J. of Lightwave Techn.*, LT-14(1996).

[61] Kashima, N., *Passive Optical Components for Optical Fiber Transmission*, Norwood, MA: Artech House, 1995.

[62] Agrawal, G.P., *Lightwave Technology: Components and Devices*, New

York: Wiley-Interscience, 2004.

[63] Bennion, I., et al., UV-written in fibre Bragg gratings, *Optical Quantum Electronics*, 28(1996), pp.93-135.

[64] Kobrinski, H., and Cheung, K.W., Wavelength tunable optical filters: Applications and Technologies, *IEEE Commun.Magazine*, 27(1989), pp.53-63.

[65] G.H.Song, Toward the ideal codirectional Bragg filter with an acousto-optic filter design, *IEEE/OSA J.of Lightwave Techn.*, LT-13(1995), pp.470-481.

[66] Cheung, K.W., Acoustooptic tunable filters in narrowband WDM networks; system issues and network applications, *IEEE J.of Selected Areas in Commun.*, 8(1990), pp.1015-1025.

[67] Takada K., et al., Low-loss 10-GHz spaced tandem milti-demultiplexer with more that 1000 channels using 1 × 5 interference multi/demultiplexer as a primary filter, *IEEE Photon.Technol.Lett.*, 14(2002), pp.59-61.

[68] Takahashi, H.et al., Transmission characteristics of arrayed nxn wavelength multiplexer, *IEEE/OSA J. of Lightwave Techn.*, LT-13(1995), pp.447-455.

[69] Wooten, E.L., et al., A review of lithium niobate modulators for fiber-optic communication systems, *IEEE J. of Select.Topics in Quant.Electron.*, Vol.6, 2000, pp.69-82.

[70] Kim, H., and Gnauck, A.H., Chirp characteristics of dual-drive Mach-Zehnder modulator with a finite DC extinction ratio, *IEEE Photon.Technol.Lett.*, 14(2002), pp.298-300.

[71] Li, G.L., et al., High saturation high speed traveling-wave InGaAsP-InP electroabsorption modulator, *IEEE Photon.Technol.Lett.*, 13(2001), pp.1076-1078.

[72] Mason, B., et al., 40 Gb/s tandem electroabsorption modulator, *IEEE Photon.Techn.Lett.*, 14(2002), pp.27-29.

[73] Ito, T., et al., Extremely low power consumption semiconductor optical amplifier gate for WDM applications, *Electron.Letters*, 33(1997), pp.1791-1792.

[74] Desurvire, E., et al., *Erbium Doped Fiber Amplifiers: Device and*

System Developments, New York: John Wiley and Sons, 2002.

[75] Becker, P.C., et al., *Erbium Doped Fiber Amplifiers: Fundamentals and Technology*, Boston, MA: Academic Press, 1999.

[76] Mikkelsen, B., et al., High performance semiconductor optical amplifiers as in-line and preamplifiers, *Europ.Conf.on Optical Communications, ECOC'94*, Volume 2, pp.710-713.

[77] Mukai, T., et al., 5.2 dB noise figure in a 1.5 μm InGaAsP traveling wave laser amplifier, Electron Letters, 23(1987), pp.216-217.

[78] Mayers, R.J., et al., Low noise erbium doped fiber amplifier operating at 1.54 μm, *Electron Letters*, 23(1987), pp.1026-1028.

[79] O'Mahony, M.J., Semiconductor Laser optical amplifiers for use in future fiber systems, *IEEE/OSA J.of Lightwave Techn.*, LT-6(1988), pp.531-544.

[80] Stunkjaer, K.E., Semiconductor optical amplifier based on all gates for high-speed optical processing, *IEEE J. of Selected Topics in Quant. Electron.*, Vol.6, 2000, pp.1428-1325.

[81] Desurvire, E., *Erbium Doped Fiber Amplifiers*, New York: John Wiley, 1994.

[82] Miniscalco, W.J., Erbium doped glasses for fiber amplifiers at 1500 nm, *IEEE/OSA J.of Lightwave Techn.*, LT-9(1991), pp.234-250.

[83] Clesca, B., et al., Gain flatness comparison between Erbium doped fluoride and silica fiber amplifiers with wavelength mixed signals, *IEEE Photonics Techn.Letters*, 6(1994), pp.509-512.

[84] Atkins, C.G.et al., Application of Brillouin amplification in coherent optical transmission, *Electron Letters*, 22(1986), pp.556-558.

[85] Mochizuki, K.et al, Amplified Spontaneous Raman Scattering, *IEEE/OSA J. of Lightwave Techn.*, LT-4(1986), pp.1328-1333.

[86] Essiambre, R.J., et al., Design of Bidirectionally Pumped Fiber Amplifiers Generating Double Rayleigh Scattering, *IEEE Photon. Techn.Lett.*, 14(2002), pp.914-916.

[87] Smith, R.G., Optical power handling capacity of low loss optical fibers

as determined by stimulated Raman and Brillouin scattering, *Applied Optics*, 11(1972), pp.2489-2494.

[88] Stolen, R.G., and Ippen, E.P., Raman gain in glass optical waveguides, *Applied Phys.Letters*, 22(1973), pp.276-278.

[89] Agrawal, G.P., *Nonlinear Fiber Optics, 3rd edition*, San Diego, CA: Academic Press, 2001.

[90] Ramaswami, R., and Sivarajan, K.N., *Optical Networks*, San Francisco, CA: Morgan Kaufmann Publishers, 1998.

[91] Alexander, S.B., *Optical Communication Receiver Design*, Bellingham, WA: SPIE Press Vol. TT22, 1997.

[92] Nalva, H.S., (Editor), *Photodetectors and Fiber Optics*, San Diego, CA: Academic Press, 2001.

[93] Personic, S.D., Optical Detectors and Receivers, *IEEE/OSA J.of Lightwave Techn.*, Vol.26, 2008, pp.1005-1020.

[94] Yuan, P., et al., Avalanche photodiodes with an impact ionisation engineered multiplication region, *IEEE Photon.Technol.Lett.*, 12(2000), pp.1370-1372.

[95] Kuebart, W., et al., Monolithically integrated 10 Gb/s InP-based receiver OEIC, design and realization, *Proc of European Conf. on Optical Comm., ECOC* 1993, TuP6.4, pp.305-308.

[96] Bitter M., et al., Monolitic InGaAs-InP p-i-n/HBT 40 Gb/s Optical Receiver Module, IEEE *Photon.Technol.Lett.*, 12(2000), pp.74-76.

[97] Keyes, R.J., *Optical and Infrared Detectors*, New York: Springer, 1997.

[98] Wu, K.J., and Liu, J.Y., Liquid crystal space and wavelength routing switches, *In Proc.of IEEE LEOS Annual Meeting*, 1996, pp.28-29.

[99] Baxter, G., et al., Highly Programmable Wavelength Selective Switch Based on Liquid Crystal on Silicon Switching Elements, In Proc.of *OFC 2006*, Anaheim, CA, paper OTuF2.

[100] Lin, L.Y., and Goldstein, E.L., Opportunities and Challenges for MEMS in lightwave communications, *IEEE J.Selected Topics in Quant.Electron.*, Vol. 8, 2002, pp. 163-172.

[101] Ryf, R., et al., 1296-port MEMS transparent Optical Crossconnect

with 2.07 Petabits/s switch capacity, *Optical Fiber Conference, OFC 2001*, San Diego CA, PD28.

[102] Mukharjee, B., *Optical Communication Networks*, New York: Springer, 2006.

[103] Yoo, S.J.B., Wavelength conversion technologies for WDM network applications, *IEEE/OSA J/Lightwave Techn.*, LT-14(1996), pp.955-966.

[104] Deming, L., et al., Wavelength conversion based on cross-gain modulation of ASE spectrum of SOA, *IEEE Photon.Techn.Lett.*, 12(2000), pp.1222-1224.

[105] Spiekman, L.H., All Optical Mach-Zehnder wavelength converter with monolithically integrated DFB probe source, *IEEE Photon.Techn. Lett.*, 9(1997), pp.1349-1351.

[106] Digonnet, M.J. (editor), *Optical Devices for Fiber Communications*, Bellingham, WA: SPIE Press, 1998.

[107] Ueno, Y., et al., Penalty free error free all-optical data pulse regeneration at 84 Gb/s by using symmetric Mach-Zehnder type semiconductor regenerator, *IEEE Photon.Techn.Lett.*, 13(2001), pp.469-471.

[108] Girardin, F., et al., Low-noise and very high efficiency four-wave mixing in 1.5 mm long semiconductor optical amplifiers, *IEEE Photon.Techn.Lett.*, 9(1997), pp.746-748.

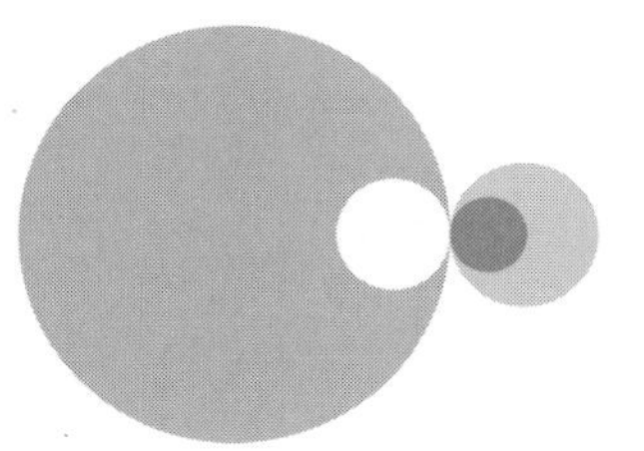

第 3 章 光纤中的信号传输

本章将讨论光纤的传输特性。波导理论被用来寻找模式结构并且分析光纤中的信号传输。在这一章中，我们分析了多模光纤中的信号衰减和横向模式特性，以及单模光纤中的信号传输。除此之外，我们还将讨论横模之间信号传输和耦合的最主要内容。本章中使用的材料和方法在文献[1-41]中有详细的记录和描述。

3.1 光纤损耗

低信号衰减是光纤拥有长距离传输能力的最重要特征。光纤与其他传输介质（如不同的铜基电缆或自由空间）相比，信号的衰减或损伤相对较小。基于二氧化硅光纤的典型衰减曲线如图 3.1 所示。

光功率 P 在光纤中的损耗可以根据简单的微分方程给出：

$$\frac{\mathrm{d}P}{\mathrm{d}z} = -\alpha P \tag{3.1}$$

其中，α 为衰减系数，通常称为光纤损耗。式(3.1)反映了光纤中距离为 z 的两点的功率呈指数衰减。因此，长度为 L 的光纤的输入和输出两点功率可以写为

$$P_2 = P_1 \cdot \exp(-\alpha L) \tag{3.2}$$

其中，P_1 和 P_2 分别代表光纤的输入功率和输出功率。如果 L 单位为 km，则衰减系数 α 单位就为 km^{-1}。然而，我们从图 3.1 中发现，光纤损耗单位通常为 dB/km，即

$$\alpha = -\frac{10}{L}\lg\left(\frac{P_1}{P_2}\right) \tag{3.3}$$

由于光纤输出端的光功率低于输入端的光功率，因此在对数函数之前加上负号来表现衰减系数 α。我们从式(3.2) 和式(3.3) 可以得到如下的数值关系：$\alpha(\text{dB/km}) \approx 4.434\alpha$。因此，如果将 P_1、P_2 以及 α 都用分贝表示，则有

$$P_2 = P_1 - \alpha L \tag{3.4}$$

如果光信号在到达第二点之前沿光路被 1 ∶ N 耦合器分开，在这种情况下，可以将该公式推广为

$$P_2 = P_1 - \alpha L - 10\lg N \tag{3.5}$$

根据式(3.5) 的功率分配对于部署在接入网区域中的无源光网络(PON) 是常见的。例如，耦合器分路得到四个相等的信号将插入额外的 10lg4 = 6 dB 的损耗。

图 3.1 中的曲线形状是由吸收、散射和辐射的共同作用来确定的光信号的能量衰减。吸收是导致总能量衰减的主要因素。以下物理机制会提高总的吸收效应：固有吸收、外在吸收、不同材料的缺陷、光纤中的光散射以及由光纤轴弯曲引起的偏差。

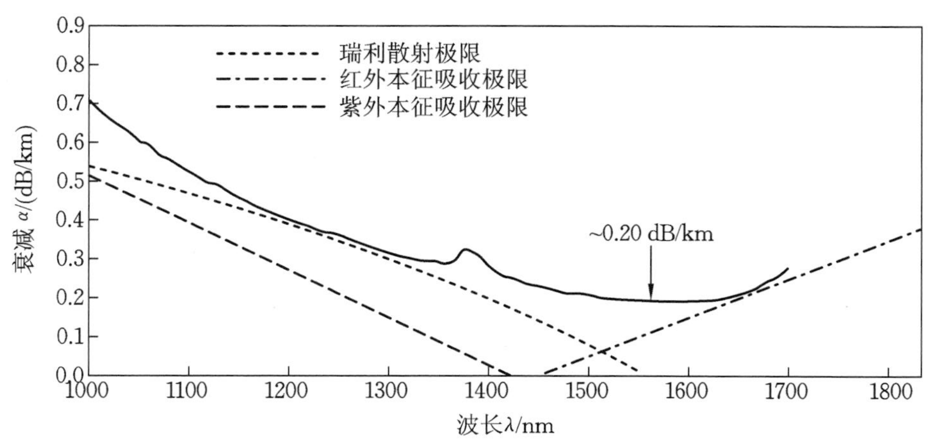

图 3.1　典型二氧化硅光纤中的损耗和波长的相关性

固有吸收是由基本光纤材料的原子(石英玻璃) 引起的。该吸收是通过设

定任何特定材料的吸收下限来定义光信号衰减的主要因素。固有吸收受吸收材料的纯度影响，与材料的密度和不均匀性无关。只要入射光子的能量高于非晶玻璃材料的电子带隙，入射光子与电子吸收带就会发生相互作用。当光子通过能量转移将电子激发到更高能级时，会发生吸收。

随着波长的增加，光子的能量逐渐减小，这意味着较少数量的光子能够将电子激发到更高能级。因此，通常与紫外波长区域相关的吸收将随着波长的增加而逐渐减小，并且对于 1450 nm 以上的波长区域变得可以忽略不计，如图 3.1 所示。

然而，对于较长的光学波长，固有吸收与基本光纤材料原子之间的化学键的振动频率相关。而在波长大于 1450 nm 处（属于红外区域）产生的吸收，是从光信号的电磁场到基础光纤材料中的键数的能量转移的结果。由于从光子到化学键的能量转移是一个强烈过程，吸收损耗将随着波长的进一步增加而增加。

外部吸收是由基础材料中存在的杂质离子引起的。这些离子是一些金属正离子（铁、铬、钴、铜）和氢氧根负离子。金属离子在原始材料中的存在量通常约为 0.1 ppb（十亿分之一）。离子吸收是由于光子能量转移到与离子外壳相关的电子上。氢氧根离子的存在是使用氢氧火焰将氯化物转化为注入的掺杂剂的直接结果（见图 2.3）。每十亿个离子中存在的几个氢氧根离子会产生约 20 dB/km 的衰减峰值。在波长约为 950 nm 和 1400 nm 的老一代光纤中可以观察到这样的峰值，因为在那时非常难保持氢氧根离子的水平低于几十亿分之一。我们刚刚提到的两个衰减峰将三个波谷分开，在波谷衰减要低得多。这三个波长区域是众所周知的传输窗口。光纤损耗的绝对最小值出现在波长为 1550 nm 附近，对于典型的硅基光纤，其值约为 0.2 dB/km，而更新的光纤损耗最小值为 0.165 ~ 0.18 dB/km。另外，将氢氧根离子的含量降低至 1 ppb 以下的重大进展实际上消除了吸收峰[21]。由于基础光纤材料中原子构型的缺陷，会导致出现诸如高密度簇、分子缺失，甚至玻璃中氧缺失等缺陷。这些缺陷略微增加了总衰减效应。

散射损耗是光纤中信号衰减的第二个主要因素，散射损耗是由光纤制造过程中引起的光纤材料密度的微观变化导致的。随机连接的玻璃分子的光纤结构是从平均值变化的分子密度区域得来的。材料密度的任何变化都将在光学信号波长上发生。这些变化将导致发生一种称为瑞利散射的现象[17,18]。瑞利

散射损耗与信号波长的四次方成反比，即

$$\alpha_R = \frac{A}{\lambda^4} \tag{3.6}$$

其中，参数 A 是一个常数，范围为 0.7 ～ 0.8 $\mu m^4 \cdot (dB/km)$。式(3.6) 描述的快速衰减是瑞利散射损耗(其为波长低于 1000 nm 的主要损耗机制) 在波长约为 1550 nm 处变得几乎可以忽略的原因。

光纤的弯曲和微弯曲是导致总信号衰减的第三种机制。它与光纤波导区域外的信号能量的辐射有关，并且在光纤弯曲时发生。光纤弯曲通常是布线过程或其后续使用的结果。光纤弯曲的特征是以几十毫米为单位的曲率半径。不建议光纤在弯曲半径小于几厘米的情况下使用，因为此时的衰减增加几乎可以是 0.01 ～ 3 dB 的任何值。当弯曲半径约为 1 cm 时，会出现 3 dB 的衰减。

如果是以微米为单位的弯曲曲率半径，则称为微弯曲，这通常是由于在光纤上挤压可压缩护套而产生的。另外，如果对夹套光纤施加外力，则可能会出现许多微弯。可以通过测量布线过程前后光纤的总衰减来评估微弯损耗。或者使用统计评估来表征。可以合理地假设，对于高质量光缆，插入的微弯损耗低于 0.1 dB/km。

除了信号衰减之外，还有光纤接头和光纤连接器在光传输线中的额外插入损耗。光纤接头可以是永久性的或熔合的，也可以是可拆卸的。由熔融型光学接头插入的典型损耗平均值介于 0.05 ～ 0.1 dB，而可移除机械接头的插入损耗接近或略高于 0.1 dB。光学连接器设计成可拆卸的，允许重复的连接和断开。高质量单模光纤连接器的插入损耗不应高于 0.25 dB。

光学连接器应该非常仔细地设计，因为来自连接器接收部分表面的入射光信号的反射可能发生并引起额外的噪声(参考第 4 章)。这样的设计包括光纤端面的角度设计，或者在光纤表面上施加折射率匹配液使得当光信号从一根光纤穿过另一根光纤时折射率变化最小。光学接头和连接器的数量取决于光学传输线的长度。工程师可以选择接头和连接器的放置位置，但一般规则是尽可能使用光纤接头。在光传输系统设计期间应考虑光纤节点(接头和连接器) 的数量。如果总连接损耗分布在整个传输线上并且添加到光纤衰减之中，则设计将大大简化。在这种情况下，传输线的衰减以每千米的损耗值来表征。

3.2 光纤波导理论

第2章介绍了光纤类型,并利用几何光学方法估算了阶跃折射率和渐变折射率多模光纤的传输容量。我们还提到光线的聚集可以与光纤中的空间模式相关联。在本节中,我们将通过使用文献[1,13,16-28]中提出的波导理论来解释多模光纤的空间模式特性。

3.2.1 电磁场与波动方程

电磁场由其电场和磁场矢量描述,通常分别用 $\boldsymbol{E}(\boldsymbol{r},t)$ 和 $\boldsymbol{H}(\boldsymbol{r},t)$ 表示,其中,$\boldsymbol{r}$ 表示空间位置矢量,而 t 是时间坐标。通常用 $\boldsymbol{D}(\boldsymbol{r},t)$ 和 $\boldsymbol{B}(\boldsymbol{r},t)$ 表示的电场和磁场的通量密度如下所示[1]:

$$\boldsymbol{D}=\varepsilon_0\boldsymbol{E}+\boldsymbol{P} \tag{3.7}$$

$$\boldsymbol{B}=\mu_0\boldsymbol{H}+\boldsymbol{M} \tag{3.8}$$

其中,ε_0 和 μ_0 分别是真空中的磁导率和介电常数,矢量 $\boldsymbol{P}$ 和 $\boldsymbol{M}$ 分别代表感应电极化和磁极化。矢量 $\boldsymbol{M}$ 和 $\boldsymbol{P}$ 是由材料决定的。空间和时间中电场和磁场的演变定义了电磁波。

可以通过使用电磁波理论来评估光纤中的光传播。由于光纤不具有任何磁性,矢量 $\boldsymbol{M}$ 变为零,而矢量 $\boldsymbol{P}$ 和 $\boldsymbol{E}$ 相互联系[13,19],有

$$\boldsymbol{P}(\boldsymbol{r},t)=\varepsilon_0\int_{-\infty}^{\infty}\chi(\boldsymbol{r},t-t')\boldsymbol{E}(\boldsymbol{r},t')\mathrm{d}t' \tag{3.9}$$

其中,参数 χ 称为线性敏感性。在一般情况下,χ 是二阶张量,但对于各向同性介质为标量。由于光纤可以被认为是各向同性介质,因此来自式(3.9)的电极化矢量 $\boldsymbol{P}(\boldsymbol{r},t)$ 将具有与电场矢量 $\boldsymbol{E}(\boldsymbol{r},t)$ 相同的方向。因此,它们只有一个分量并成为标量函数,可分别表示为 $P(\boldsymbol{r},t)$ 和 $E(\boldsymbol{r},t)$。式(3.9)就变成

$$P_{\mathrm{IS}}(\boldsymbol{r},t)=\varepsilon_0\int_{-\infty}^{\infty}\chi^{(1)}(t-t')E(\boldsymbol{r},t')\mathrm{d}t' \tag{3.10}$$

其中,$\chi^{(1)}(t)$ 现在是标量函数,而不是二阶张量。值得注意,标量极化函数用 $P_{\mathrm{IS}}(\boldsymbol{r},t)$ 表示,它指的是线性各向同性的情况。式(3.10)对于较小的电场值有效,而如果电场变得相对较高,则应使用以下公式[1]:

$$P(\boldsymbol{r},t)=P_{\mathrm{IS}}(\boldsymbol{r},t)+\varepsilon_0\chi^{(3)}E^3(\boldsymbol{r},t) \tag{3.11}$$

其中,参数 $\chi^{(3)}$ 称为三阶非线性磁化率。一般来说,也存在具有 i 阶($i=2,4,5,\cdots$)的非线性磁化率,但它们在光纤材料中要么为零,要么可以忽略不计。

电磁波的特征在于空间和时间上的电场和磁场的变化，并且受麦克斯韦矢量方程[1] 的控制，即

$$\nabla\times\boldsymbol{E}=-\partial\boldsymbol{B}/\partial t \tag{3.12}$$

$$\nabla\times\boldsymbol{H}=\partial\boldsymbol{D}/\partial t \tag{3.13}$$

$$\nabla\cdot\boldsymbol{D}=0 \tag{3.14}$$

$$\nabla\cdot\boldsymbol{B}=0 \tag{3.15}$$

其中，

$$\nabla=\partial/\partial x+\partial/\partial y+\partial/\partial z \tag{3.16}$$

表示应用在笛卡儿坐标 x、y 和 z 的拉普拉斯算子。式(3.7)、式(3.8) 和式(3.12) ～ 式(3.15) 最终使波动方程定义为

$$\nabla\times\nabla\times\boldsymbol{E}=-\mu_0\varepsilon_0\frac{\partial^2\boldsymbol{E}}{\partial t^2}-\mu_0\frac{\partial^2\boldsymbol{P}}{\partial t^2} \tag{3.17}$$

通过使用傅里叶变换，联系起时域变量和频域变量，可以将式(3.17) 从时域转移到频域。由傅里叶变换的性质可以得到以下公式：

$$E(\boldsymbol{r},t)=\frac{1}{2\pi}\int_{-\infty}^{\infty}\widetilde{\boldsymbol{E}}(\boldsymbol{r},\omega)\exp(-\mathrm{j}\omega t)\mathrm{d}\omega,\widetilde{\boldsymbol{E}}(\boldsymbol{r},\omega)=\int_{-\infty}^{\infty}\boldsymbol{E}(\boldsymbol{r},t)\exp(\mathrm{j}\omega t)\mathrm{d}t \tag{3.18}$$

$$P(\boldsymbol{r},t)=\frac{1}{2\pi}\int_{-\infty}^{\infty}\widetilde{\boldsymbol{P}}(\boldsymbol{r},\omega)\exp(-\mathrm{j}\omega t)\mathrm{d}\omega \tag{3.19}$$

注意，特定变量上方的上标(～) 表示频域。通过对式(3.17) 进行傅里叶变换，可以得到

$$\nabla\times\nabla\times\widetilde{\boldsymbol{E}}=\mu_0\varepsilon_0\omega^2\widetilde{\boldsymbol{E}}+\mu_0\omega^2\widetilde{\boldsymbol{P}}=\mu_0\varepsilon_0\omega^2\widetilde{\boldsymbol{E}}+\mu_0\varepsilon_0\omega^2\widetilde{\chi}\widetilde{\boldsymbol{E}} \tag{3.20}$$

在上述关系中使用式(3.9) 来表示电偏振矢量对电场矢量的傅里叶变换。式(3.20) 可以改写为

$$\nabla\times\nabla\times\widetilde{\boldsymbol{E}}=\frac{\varepsilon(\boldsymbol{r},\omega)\omega^2\widetilde{\boldsymbol{E}}}{c^2} \tag{3.21}$$

其中，$\varepsilon(\boldsymbol{r},\omega)$ 表示传输介质的介电常数。需要注意的是，真空中的光速定义为 $c=(\varepsilon_0\mu_0)^{-1/2}$，参见文献[1]。来自式(3.21) 的介电常数 $\varepsilon(\boldsymbol{r},\omega)$ 通过函数关系与线性磁化率相关联可以得到

$$\varepsilon(\boldsymbol{r},\omega)=1+\widetilde{\chi}(\boldsymbol{r},\omega) \tag{3.22}$$

函数 $\varepsilon(\boldsymbol{r},\omega)$ 可以通过其实部来表示介质的折射率 n，以及其虚部来表示衰减系数 $\alpha(\boldsymbol{r},\omega)$，即

$$\varepsilon(\boldsymbol{r},\omega)=[n(\boldsymbol{r},\omega)+\mathrm{j}\alpha(\boldsymbol{r},\omega)c/2\omega]^2 \tag{3.23}$$

其中,介电常数的实部(Re)和虚部(Im)部分可以从式(3.22)和式(3.23)中找到,有

$$n(\boldsymbol{r},\omega)=[1+\mathrm{Re}\,\widetilde{\chi}]^{1/2} \tag{3.24}$$

$$\alpha(\boldsymbol{r},\omega)=\left[\frac{\omega}{cn(\boldsymbol{r},\omega)}\right]\mathrm{Im}\widetilde{\chi} \tag{3.25}$$

因此,折射率和衰减系数不是恒定的,而取决于空间位置和频率。

如果应用于光纤,通过假设光纤中的衰减相对较小并且忽略系数 α,则可以简化波动方程(3.21)。另外,折射率可以被认为是与空间位置无关的参数。这种近似只是部分正确,但是有一定的道理,因为折射率变化发生在比信号波长长得多的长度上。在简化过程之后,式(3.21)可以采用如下形式:

$$\nabla\times\nabla\times\widetilde{\boldsymbol{E}}=\nabla(\nabla\cdot\widetilde{\boldsymbol{E}})-\nabla^2\widetilde{\boldsymbol{E}}=\frac{n^2(\omega)\omega^2\widetilde{\boldsymbol{E}}}{c^2} \tag{3.26}$$

请注意,上半部分表示的矢量标识用于上述等式,其中,$\nabla(\nabla\cdot\boldsymbol{E})=\mathbf{0}$,式(3.26)可以重写为

$$\nabla^2\widetilde{\boldsymbol{E}}+n^2(\omega)k_0^2\widetilde{\boldsymbol{E}}=\mathbf{0} \tag{3.27}$$

这里参数 k_0 是真空中的波数,定义为

$$k_0=\omega/c=2\pi/\lambda \tag{3.28}$$

其中,λ 是波长。波数可以通过传输矢量 $\boldsymbol{k}(\boldsymbol{r},\omega)$ 与任何特定介质相关联来定义,即

$$\boldsymbol{k}(\boldsymbol{r},\omega)=\boldsymbol{k}_0 n(\boldsymbol{r},\omega),\quad k_z=\beta \tag{3.29}$$

传输矢量的 z 轴分量 k_z 称为传输常数。当考虑通过光纤的光波传输时,通常用 β 来表示传输常数,它是最重要的参数之一。

3.2.2 阶跃折射率光纤中的光学模式

光纤术语中的光学“模式”与沿光纤横截面积的空间分布有关。该分布不是轴坐标 z 的函数,而是波动方程(3.27)的二维解,用于芯层-包层界面处的特定边界条件。给定边界条件的波动方程的解可以通过圆柱坐标系$[r,\phi,z]$方便地表示,坐标 z 沿光纤轴线,而 r 和 ϕ 分别定义为沿光纤截面的径向和方位角位置。沿 z 轴传播的电磁波的电场和磁场的函数相关性可分别表示为 $\boldsymbol{E}(r,\phi,z)$ 和 $\boldsymbol{H}(r,\phi,z)$。如果将 $\boldsymbol{E}$ 和 $\boldsymbol{H}$ 表示式代入式(3.26)中,则导数计算和替换的冗长过程[13,19,20]将导致频域中的以下等式出现:

$$\frac{\partial^2 E_z}{\partial r^2}+\frac{1}{r}\frac{\partial E_z}{\partial r}+\frac{1}{r^2}\frac{\partial^2 E_z}{\partial \phi^2}+\frac{\partial^2 E_z}{\partial z^2}+n^2k_0^2E_z=0 \tag{3.30}$$

$$\frac{\partial^2 H_z}{\partial r^2}+\frac{1}{r}\frac{\partial H_z}{\partial r}+\frac{1}{r^2}\frac{\partial^2 H_z}{\partial \phi^2}+\frac{\partial^2 H_z}{\partial z^2}+n^2k_0^2H_z=0 \tag{3.31}$$

上述等式仅与电场和磁场的 z 分量一起出现。其他分量(E_r、E_ϕ、H_r 和 H_ϕ)将通过使用 E_z 和 H_z 的值并代回式(2.26)来确定。请同时参考圆柱坐标中的基本矢量恒等式——式(10.22)和式(10.24)。找到波动方程(2.30)解的第一步是使用变量分离方法并以乘积来表示 $E_z(r,\phi,z)$,即

$$E_z(r,\phi,z)=E_{zr}(r)E_{z\phi}(\phi)E_{zz}(z) \tag{3.32}$$

将式(3.32)代入式(3.30),可以得到以下微分方程:

$$\frac{\mathrm{d}^2 E_{zz}}{\mathrm{d}z^2}+\beta^2E_{zz}=0 \tag{3.33}$$

$$\frac{\mathrm{d}^2 E_{z\phi}}{\mathrm{d}\phi^2}+m^2E_{z\phi}=0 \tag{3.34}$$

$$\frac{\partial^2 E_{zr}}{\partial r^2}+\frac{1}{r}\frac{\partial E_{zr}}{\partial r}+\left(n^2k_0^2-\beta^2-\frac{m^2}{r^2}\right)E_{zr}=0 \tag{3.35}$$

式(3.33)具有期望解 $E_{zz}(z)=\exp(\mathrm{j}\beta z)$,其中 β 是传输常数。类似地,式(3.34)也给出了函数解:

$$E_{z\phi}(\phi)=\exp(\mathrm{j}m\phi) \tag{3.36}$$

其中,参数 m 只能沿方位角方向取整数值。

对于式(3.35),其数学上的解是贝塞尔函数形式的解[9]。如果现在假设所讨论的光纤:纤芯半径为 a,阶跃折射率分布,以及芯层和包层区域的折射率分别为 n_{co} 和 n_{cl},则式(3.35)的解可以表示为

$$E_{zr}(r<a)=AJ_m(pr) \tag{3.37}$$

$$E_{zr}(r>a)=CK_m(qr) \tag{3.38}$$

其中,J_m 和 K_m 是贝塞尔函数(请参阅第 10.2 章);A 和 C 是常数,而 p 和 q 表示为

$$p^2=(n_{\mathrm{co}}k_0)^2-\beta^2,\quad q^2=\beta^2-(n_{\mathrm{cl}}k_0)^2 \tag{3.39}$$

在经过计算和替换之后,芯层和包层区域中 E_z 和 H_z 分量的式(3.30)和式(3.31)的解,可以表示为

$$E_z(r<a)=AJ_m(pr)\exp(\mathrm{j}m\phi)\exp(\mathrm{j}\beta z) \tag{3.40}$$

$$H_z(r<a)=BJ_m(pr)\exp(\mathrm{j}m\phi)\exp(\mathrm{j}\beta z) \tag{3.41}$$

$$E_z(r>a)=CK_m(qr)\exp(\mathrm{j}m\phi)\exp(\mathrm{j}\beta z) \tag{3.42}$$

$$H_z(r>a)=DK_m(qr)\exp(\mathrm{j}m\phi)\exp(\mathrm{j}\beta z) \tag{3.43}$$

芯层区域的径向和方位角分量可表示为

$$E_r(r<a)=\frac{\mathrm{j}}{p^2}\left[\beta\frac{\partial E_z}{\partial r}+\mu_0\frac{\omega}{r}\frac{\partial H_z}{\partial\phi}\right] \tag{3.44}$$

$$H_r(r<a)=\frac{\mathrm{j}}{p^2}\left[\beta\frac{\partial H_z}{\partial r}-\varepsilon_0 n^2\frac{\omega}{r}\frac{\partial E_z}{\partial\phi}\right] \tag{3.45}$$

$$E_\phi(r<a)=\frac{\mathrm{j}}{p^2}\left[\frac{\beta}{r}\frac{\partial E_z}{\partial\phi}+\mu_0\omega\frac{\partial H_z}{\partial r}\right] \tag{3.46}$$

$$H_\phi(r<a)=\frac{\mathrm{j}}{p^2}\left[\frac{\beta}{r}\frac{\partial H_z}{\partial\phi}+\varepsilon_0 n^2\omega\frac{\partial E_z}{\partial r}\right] \tag{3.47}$$

包层区域中的径向和方位角分量的解可以用类似的方式表示，在式(3.44)～式(3.47)中将 p^2 替换为 $-q^2$ 即可。作为说明，在有些文献中，为了方便，因子 $\exp(\mathrm{j}\beta z)$ 表示为 $\exp(-\mathrm{j}\beta z)$。

根据贝塞尔函数的定义[9]，我们可以看到当 $qr\to\infty$ 时，$K_m(qr)\to\exp(-qr)$。由于 $K_m(qr)$ 必须为零，因此 $r\to\infty$ 后 q 必须为正($q>0$)。关系式 $q=[\beta^2-(n_{\mathrm{cl}}k_0)^2]^{1/2}>0$ 表示导波模式的截止条件。截止条件定义了模式不再局限于芯层区域的点。对传输常数施加的第二个条件可以从函数 $J_m(pr)$ 的性质推导出来。即在芯层区域内，参数 p 必须为正，以确保来自式(3.35)的函数 E_{zr} 保持实数值，这导致条件 $\beta^2-(n_{\mathrm{cl}}k_0)^2>0$。因此，传输常数应在该范围内，即

$$(n_{\mathrm{cl}}k_0)^2<\beta^2<(n_{\mathrm{co}}k_0)^2 \tag{3.48}$$

任何导模的传输常数的解可以通过在芯层-包层界面处应用边界条件来确定，这就可以通过式(3.40)～式(3.43)来确定常数 A、B、C 和 D。边界条件要求跨越芯层-边界界面的 $\boldsymbol{E}$ 和 $\boldsymbol{H}$ 向量的切向分量 E_z、E_ϕ、H_z 和 H_ϕ 的连续性(对于 $r=a$)。作为示例，式(3.40)和式(3.43)的 E_z 分量的连续性会产生新的条件为

$$AJ_m(pa)\exp(\mathrm{j}m\phi)\exp(\mathrm{j}\beta z)-CK_m(qa)\exp(\mathrm{j}m\phi)\exp(\mathrm{j}\beta z)=0 \tag{3.49}$$

或者

$$AJ_m(pa)-CK_m(qa)=0 \tag{3.50}$$

文献[16,19,20]中描述的紧凑的数学过程产生一组具有未知系数 A、B、C 和 D 的四个微分方程。只有当相应的行列式等于零时，这些方程才存在解，这样就有以下传输常数 β 的特征方程：

$$\left[\frac{J'_m(pa)}{pJ_m(pa)}+\frac{K'_m(qa)}{qK_m(qa)}\right]\cdot\left[\frac{J'_m(pa)}{pJ_m(pa)}+\frac{n_{cl}^2}{n_{co}^2}\frac{K'_m(qa)}{qK_m(qa)}\right]$$
$$=\frac{m^2}{a^2}\left[\frac{1}{p^2}+\frac{1}{q^2}\right]\left[\frac{1}{p^2}+\frac{n_{cl}^2}{n_{co}^2}\frac{1}{q^2}\right] \tag{3.51}$$

其中,上标符号“′”表示贝塞尔函数的一阶导数。

通过对式(3.51)求解 β,可以发现,对于任何给定参数 m 和从式(3.48)定义的范围来看,只能存在离散值 $\beta_{mi}(i=1,2,3,\cdots)$。每个离散值定义了阶跃折射率多模光纤中的特定模式。特征值方程(3.51)是一个复杂的超越方程,通常用数值方法求解。其针对任何特定模式的解提供了该模式的完整表征。在任何特定导向模式的横截面区域上的场分布在其沿 z 轴传播期间不会改变。为了说明光纤模式的电磁场径向分布,图 3.2 显示了三个低阶($m=0,1,2$)的贝塞尔函数图。

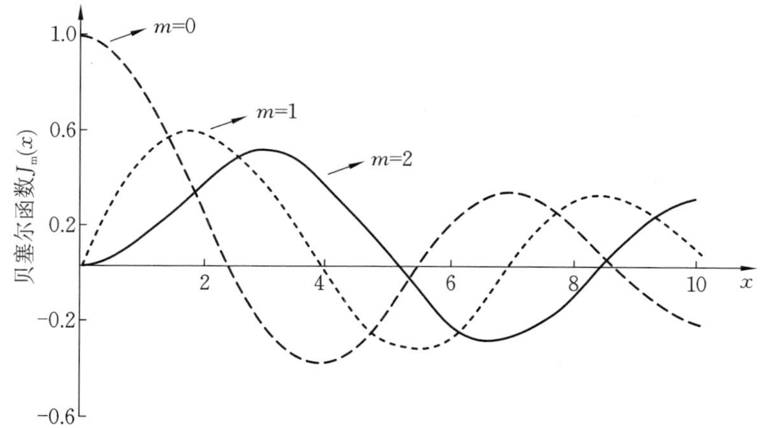

图 3.2　前三阶贝塞尔函数

通常,特征值方程会产生 E_z 和 H_z 的非零值,从而对应的模式场是混合结构。因此,任何特定模式的电磁场表示为 HE_{mi} 或 HM_{mi},这取决于磁场或电场分量是否为主导分量(H 代表混合)。唯一的例外是 $m=0$ 时,在这种情况下,模式电磁场分布具有横向特征。因此,横向模式由 HE_{0i} 或 HM_{0i} 符号识别。然而,由于横向特性,这些模式通常被称为横向电场 $\mathrm{TE}_{0i}(E_z=0)$ 或横向磁场 $\mathrm{TM}_{0i}(H_z=0)$ 模式。

为了得到光纤模式的截止条件(即模式不再被限制在光纤纤芯之中的条件),引入一个重要的参数,称为归一化频率 V,并定义为

$$V=\sqrt{a^2(p^2+q^2)}=ak_0\sqrt{(n_{co}^2-n_{cl}^2)} \tag{3.52}$$

通过引入替换 $k_0=2\pi/\lambda$ 和$\sqrt{n_{co}^2-n_{cl}^2}\approx n_{co}\sqrt{2\Delta}$,式(3.52)变为

$$V=\frac{2\pi a}{\lambda}\sqrt{n_{co}^2-n_{cl}^2}\approx\frac{2\pi a}{\lambda}n_{co}\sqrt{2\Delta} \tag{3.53}$$

参数V也称为V数或者V参数。另外,经常使用另一个归一化参数,即归一化传输常数。归一化的传输常数,也称为b参数,定义为

$$b=\frac{aq^2}{V^2}=\frac{(\beta/k_0)^2-n_{cl}^2}{n_{co}^2-n_{cl}^2}\approx\frac{\frac{\beta\lambda}{2\pi}-n_{cl}}{n_{co}-n_{cl}}=\frac{n_{mo}-n_{cl}}{n_{co}-n_{cl}} \tag{3.54}$$

其中,n_{mo}是模折射率[13]。

函数相关性$b(V)$通常只绘制前10种模式,参见文献[17,19,20]。然而,文献[27]提出了一种简化却精确的近似,该近似基于纤芯折射率与包层折射率之间的差异Δ非常小(Δ远小于1)。具有相似$b(V)$曲线的导模组由线性偏振(LP_{li})模式近似表示,其在文献中广泛用于分析光纤特性。我们在图3.3中说明了三种LP_{li}模式(HE_{mi}、TE_{mi}、HE_{mi}和TM_{mi}模式组)的$b(V)$函数相关性及其LP_{li}近似。该图是在文献[23,24]中获得的数值结果的插值,仅用于说明目的。我们还应该注意到LP表示中的模式指数l是相等的:对于TE和TM模式,$l=1$;对于EH模式,$l=m+1$;对于HE模式,$l=m-1$。

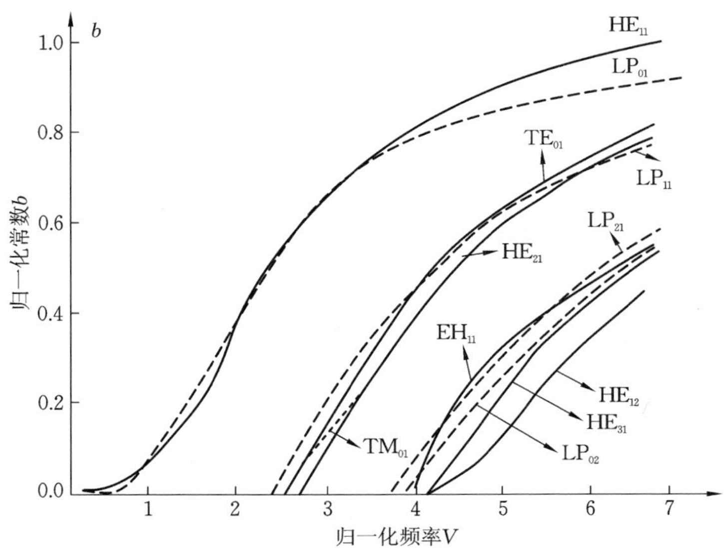

图 3.3　几种低阶模式的 $b(V)$ 曲线

该图是基于文献[25,26,29]中的插值结果获得的。

阶跃折射率多模光纤可以支持的模式总数 N_{SI} 的粗略估计为 $N_{SI}=\Omega N_u$，其中，Ω 是与式(2.3)中的数值孔径密切相关的固体受光角，而 $N_u=2A_{co}/\lambda^2$ 定义为每单位立体角的模数。因子 2 来自平面电磁波的两个极化可以到达的纤芯横截面区域 A_{co}。由于我们有 $A_{co}=\pi a^2$ 和 $\Omega=\pi\theta_{NA}^2$，其中，θ_{NA} 是与图 2.7 和式(2.3)相关的最大接收角，现在模式的总数也可以表示为

$$N_{SI}\approx\frac{2(\pi a)^2}{\lambda^2}(n_{co}^2-n_{cl}^2)=\frac{V^2}{2} \tag{3.55}$$

图 3.4 所示的是标准模式和 LP 模式下电磁场(以及功率)的横截面分布。我们可以清楚地看到，模式指数中的第一个数字计算跨越 2π 方位角的电(或磁)场的周期数，其中第二个指数计算穿过径向坐标上的场的数量的最大值。

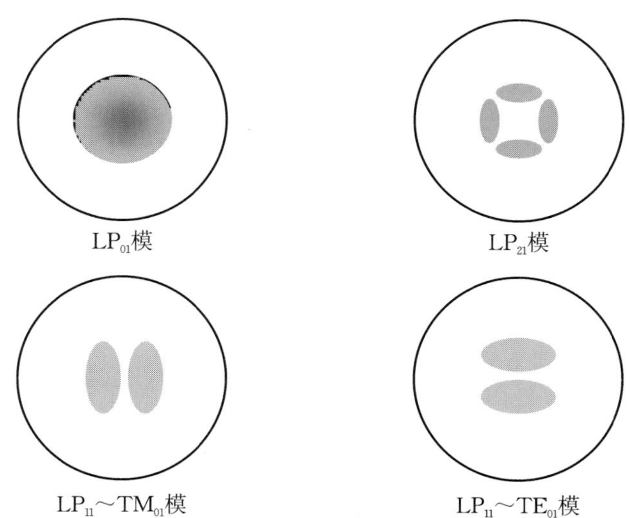

图 3.4　多模光纤中几种基模的场分布

图中较暗的区域意味着高能量的光能，而较亮的区域意味着较低的能量。如我们所见，存在 LP_{01} 模式的基模，其占据光纤的中心部分，它在光纤纤芯的轴上具有最大能量。LP_{01} 模式的功率的径向分布可以通过高斯曲线近似，我们将在稍后的式(3.59)中看到。

3.2.3　单模的定义

从图 3.3 可以看出，对于 $V\leqslant 2.405$，只存在基模 HE_{11}(或 LP_{01})。2.405 是贝塞尔函数 J_0 等于 0 的点，如图 3.2 所示。参数满足条件 $V=\frac{2\pi a}{\lambda}\sqrt{(n_{co}^2-n_{cl}^2)}\leqslant$

2.405 的光纤是单模光纤。与该限制相关的波长称为截止波长。单模光纤中基模 HE_{11} 的 $b(V)$ 用表示式近似[13,18] 为

$$b(V) \approx (1.1428 - 0.9960/V)^2 \tag{3.56}$$

而如果 $1.5 < V < 2.5$，则 $b(V)$ 的精确度在 0.2% 以内。参数 V 的这种条件可用于估计在特定波长范围内工作的光纤的纤芯半径和折射率差。例如，对于在波长 $\lambda = 1300$ nm 附近工作的阶跃折射率单模光纤，其纤芯半径 $a \approx 4$ μm，折射率差 $\Delta \approx 0.003$。迄今为止设计的大多数传统单模光纤的纤芯半径都在 4 ～5 μm。

假设场变化恰好沿着与坐标 x 和 y 相关的正交子午平面上发生，则 LP 模式就如文献[27,28] 所述一样。由于它是线性极化的，因此其中一个部分(E_x 或 E_y) 始终设置为零。假设 $E_y = 0$，则可建立以下表达式：

$$E_x(r \leqslant a) = E_{LP} \frac{J_0(pr)\exp(j\beta z)}{J_0(pa)} \tag{3.57}$$

$$E_x(r > a) = E_{LP} \frac{K_0(qr)\exp(j\beta z)}{K_0(qa)} \tag{3.58}$$

其中，E_{LP} 是常数。由于 $E_y = 0$，磁场的剩余分量是 $H_y = n_{cl}(\varepsilon_0/\mu_0)^{1/2}E_x$。式(3.57) 和式(3.58) 中贝塞尔函数的比值对于实际计算不方便，通常用更实用的高斯形式来近似。因此，$E_x(r)$ 分量表示为

$$E_x(r) = E(0)\exp[-r^2/w_0^2]\exp(j\beta z) \tag{3.59}$$

其中，w_0 是模场半径，通常称为光斑大小。常将光斑尺寸与纤芯半径 a 进行比较，并且比值 w_0/a 可以表示为参数 V 的函数。当 $1.2 < V < 2.4$ 时，精度在 1% 以内的近似分析非常适用于基模属性[19]，即

$$w_0/a \approx 0.65 + 1.619V^{-3/2} + 2.879V^{-6} \tag{3.60}$$

模式光斑尺寸有助于定义有效面积 A_{eff} 的大小：

$$A_{eff} = \pi w_0^2 \tag{3.61}$$

参数 A_{eff} 广泛用于不同光纤特性的计算，因为它有助于测量基模在纤芯边界内的限制程度。纤芯中包含的光功率已在文献[13] 中给出，即

$$\Psi(a,r) = \frac{P_{co}}{P_{cl}} = \frac{\int_0^a |E_x|^2 r\,dr}{\int_0^\infty |E_x|^2 r\,dr} = 1 - \exp(-2a^2/w_0^2) \tag{3.62}$$

注意，光功率与 $|E_x|^2$ 成比例，这是光通信中的一种常用关系。式(3.61)

和式(3.62)可用于评估不同类型的单模光纤的模式限制程度。

3.2.4 渐变折射率光纤中的模式

为了描述渐变折射率光纤中的波传输,我们应用了类似于阶跃折射率分布的方式。这意味着再次假设我们正在处理的模式是弱波导模式,沿轨迹的任何两点之间的折射率差异非常小。此外,我们假设波位置矢量 $\boldsymbol{r}$ 和 z 轴之间的角度也很小。因此,电场和磁场都具有横向特性并且它们彼此垂直,这是模式线性极化的特征。图 3.5 所示的为渐变折射率光纤的位置矢量 $\boldsymbol{r}$、波矢量 $\boldsymbol{k}$ 及其分量图。

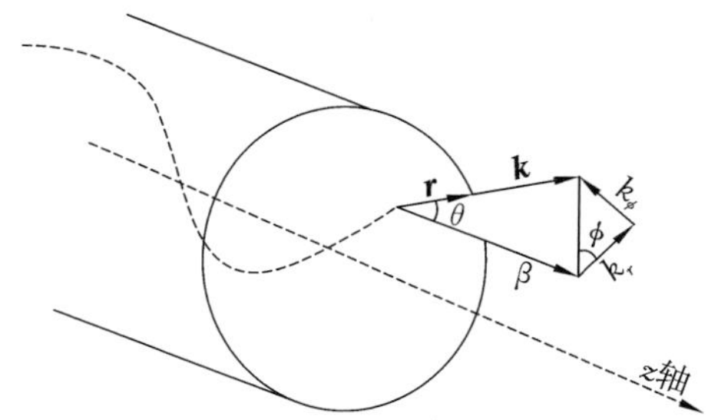

图 3.5 渐变折射率光纤中的倾斜光线位置矢量 $\boldsymbol{r}$、波矢量 $\boldsymbol{k}$(及其分量)

从文献[1]中可知,波动方程(3.27)可以求解抛物线折射率分布,其中 $\delta=2$ 来自式(2.6),只有当 $r>a$ 时,该抛物线折射率分布才有效。线性极化模式电场的解可以写成

$$E_x=E_0\left(\sqrt{2}\,\frac{r}{w_0}\right)^l L_p^l\left(2\,\frac{r^2}{w_0^2}\right)\exp\left(-\frac{r^2}{w_0^2}-\mathrm{j}\beta z\right)\exp(\mathrm{j}l\phi) \tag{3.63}$$

该函数 L_{p}^l 表示 Laguerre 多项式[9],定义为

$$L_p^{(l)}(u)=\sum_{\nu=0}^{p}\binom{p+l}{p-\nu}\frac{(-u)^\nu}{\nu!} \tag{3.64}$$

几个低阶 Laguerre 多项式具有以下形式:

$$L_0^{(l)}=1,L_1^{(l)}=l+1-u,L_2^{(l)}=\frac{1}{2}(l+1)(l+2)-(l+2)u+u^2/2 \tag{3.65}$$

式(3.63)中的参数 w_0 表示模式的光斑尺寸,其值是光纤纤芯区域中场的限制范围。如我们所见,电场衰减用拉盖尔多项式和高斯函数$\exp(-r^2/{w_0}^2)$的乘积表示,并且相应的模式称为拉盖尔-高斯模式(LG)。在 LG_{lp} 模式的横

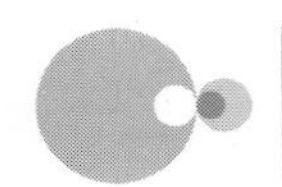

截面区域上的光功率的分布等于 $LP_{l(p+1)}$ 模式的分布（即与图3.4中的LP模式相关联的 i 的指数是 $i=p+1$）。因此，对于基模，我们认为 LG_{00} 相当于模式 LP_{01}。

只有满足上述条件的阶跃折射率分布和抛物线分布的情况下，多模光纤中模态特性的精确波导分析才是可能的。在其他情况下，当光纤纤芯中的折射率发生变化时，需要一些近似值。最广泛使用的具有渐变折射率分布的光纤模态特性的分析基于WKB近似，其通常在量子力学中使用[7]。WKB方法用于获得在指定范围内缓慢变化的参数的微分方程解的渐近逼近。

在渐变折射率光纤的情况下，折射率参数 $n_{co}(r)$ 在 1 μm 左右的距离（这是经历这种折射率变化后的光信号的波长）上仅略微衰减。在这种情况下，式(3.35)变为

$$\frac{\partial^2 E_{zr}}{\partial r^2}+\frac{1}{r}\frac{\partial E_{zr}}{\partial r}+[n^2(r)k_0^2-\beta^2-m^2/r^2]E_{zr}=0 \tag{3.66}$$

其中折射率分布由式(2.6)给出。假设中间部分 E_{zr} 表示为

$$E_{zr}=A\cdot\exp(\mathrm{j}k_0Q(r)) \tag{3.67}$$

其中，系数 A 与坐标 r 无关。通过将式(3.67)代入式(3.66)，变为

$$\mathrm{j}k_0Q''-(k_0Q')^2+\mathrm{j}k_0Q'/r+[n^2(r)k_0^2-\beta^2-m^2/r^2]=0 \tag{3.68}$$

其中，上标表示关于坐标 r 的一阶导数和二阶导数。通过利用函数 $n(r)$ 在与波长 λ 相当的距离上缓慢变化的条件，快速收敛函数 $Q(r)$ 根据每个波长中的能量或者 $k_0^{-1}=\lambda/2\pi$ 中的能量扩展，有

$$Q(r)=Q_0+Q_1/k_0+\cdots \tag{3.69}$$

其中，Q_0、Q_1 等是关于 r 的函数。将扩展的式(3.69)代入式(3.68)中并解出 k_0 的能量，它就变成

$$[-(k_0Q_0')^2+(n^2(r)k_0^2-\beta^2-m^2/r^2)]+(\mathrm{j}k_0Q_0''-2k_0Q_0'Q_1'+\mathrm{j}k_0Q_0'/r)+\mathrm{Add}=0 \tag{3.70}$$

式(3.70)中Add用于表示阶数 $(k_0)^0$、$(k_0)^{-1}$、$(k_0)^{-2}$ 等的所有项。下一步就是将具有相等功率 k_0 的项设置为零。通过对式(3.70)中的前两项进行这一步操作，我们得到

$$k_0Q_0=\int_{r_1}^{r_2}\left(n^2(r)k_0^2-\beta^2-\frac{m^2}{r^2}\right)^{1/2}\mathrm{d}r \tag{3.71}$$

模式在光纤纤芯内传输时,Q_0 仅存在实值,这意味着 $n^2(r)k_0^2-\beta^2-\frac{m^2}{r^2}>0$。对于任何定义模式等级的 m,当 $n^2(r)k_0^2-\beta^2-\frac{m^2}{r^2}=0$ 时,$r_1(m)$ 和 $r_2(m)$ 都是 m 的函数。与指数 m 相关联的模式只对于值 $r_1<r<r_2$ 存在,因为对于 r 的任何其他值,函数 Q_0 变为虚数,意味着场的衰减。$r_1(m)$ 和 $r_2(m)$ 的值可以通过与渐变折射率多模光纤传输的螺旋倾斜光线的转折点相关联(见图 2.8),并且作为等式 $n^2(r)k_0^2-\beta^2-\frac{m^2}{r^2}=0$ 的解。

只有在对自身驻波形成干涉的情况下,在图 2.8 的角度 θ 下传输的光线才会形成模式。这要求相位函数 Q_0 必须在点 $r_1(m)$ 和 $r_2(m)$ 之间具有整数半周期的条件:

$$l\pi=\int_{r1}^{r2}\left(n^2(r)k_0^2-\beta^2-\frac{m^2}{r^2}\right)^{1/2}\mathrm{d}r \tag{3.72}$$

因此,利用径向模式数 $l(l=0,1,2,\cdots)$ 可以计算点 $r_1(m)$ 和 $r_2(m)$ 之间的半周期数。在光纤内部波导模式 $l(\beta)$ 的总数可以通过将式(3.72)给定的值乘以参数 m,从 0 开始一直到 $m_{\max}$ 来求和,其中,$m_{\max}$ 是作为给定的传输常数 β 的最高阶模式。其中,$m_{\max}$ 值可作为非线性方程 $n^2(r)k_0^2-\beta^2-\frac{m_{\max}^2}{r^2}=0$ 的解。又因为 $m_{\max}$ 是一个相对较大的数,所以求和可以用积分代替,所以有

$$l(\beta)=\frac{4}{\pi}\int_0^{m\max}\int_{r_1(m)}^{r_2(m)}\left(n^2(r)k_0^2-\beta^2-\frac{m^2}{r^2}\right)^{1/2}\mathrm{d}r\,\mathrm{d}m \tag{3.73}$$

因子 4 的出现是由于每个组合(l,m)表示由具有不同极化的四种模式组成的简并组。通过替换积分的顺序,并假设 $r_1=0$,式(3.73) 变为

$$l(\beta)=\int_0^{r2}(n^2(r)k_0^2-\beta^2)^{1/2}r\,\mathrm{d}r \tag{3.74}$$

可以将式(3.74) 应用于由式(2.6) 定义的分布,来估计近似抛物线折射率分布的模式的总数。从 $\beta=k_0n(r)$ 的条件求出积分的上界 r_2,其值为

$$r_2=\delta\left[\frac{1}{2\Delta}\left(1-\frac{\beta^2}{k_0^2n_{\mathrm{co}}^2}\right)\right]^{1/\delta} \tag{3.75}$$

最后,从式(2.6) 和式(3.75),有

$$l(\beta)=\frac{a^2k_0^2n_{\mathrm{co}}^2\Delta\cdot\delta}{\gamma+2}\left(\frac{k_0^2n_{\mathrm{co}}^2-\beta^2}{2\Delta k_0^2n_{\mathrm{co}}^2}\right)^{\frac{2+\delta}{\delta}} \tag{3.76}$$

通过在上述关系中的替换$\beta = k_0 n_{cl}$,找到渐变折射率多模光纤中约束模式的最大数 N_{GI},可以表示为

$$N_{GI} = \frac{a^2 k_0^2 n_{co}^2 \Delta \cdot \delta}{\delta + 2} \tag{3.77}$$

通过比较式(3.55) 和式(3.77) 给出的结果,对于阶跃折射率和渐变折射率光纤,可以得出结论:渐变折射率结构支持的模式数量大约是阶跃折射率结构数量的一半。

3.3 单模光纤中的信号色散

通过光纤传输的光脉冲由于光纤损耗而衰减,并从其原始形状变形。一般来说,这种失真意味着它们的当前形状已经经过了扩展,尽管满足某些条件,在传输期间脉冲压缩也是可能的。多模光纤中脉冲失真的主要因素是模式色散。阶跃和渐变折射率光纤的模式色散引起的脉冲展宽量是用几何光学方法估算的,并分别由式(2.4) 和式(2.8) 给出。对于单模光纤,存在几个主要因素,如色散(CD)、偏振模色散(PMD) 和自相位调制(SPM),都会导致脉冲失真。如果通过单模光纤传输多个通道,则交叉相位调制(XPM) 效应也会导致脉冲失真。值得一提的是,这些因素也存在于多模光纤中,但与模式色散的影响相比,它们的影响要小得多。

3.3.1 模式色散

到目前为止,多模光纤通常用于千米或数十千米较短距离上的点对点信号传输。在这种情况下,如果所有光纤参数都是已知的,则可以使用式(2.4) 和式(2.8) 来评估传输容量。另外,可以通过与 1 km 光纤长度相关的带宽 B_{fib} 来评估多模光纤的传输容量,该参数以 GHz·km 或 MHz·km 表示。光纤带宽是光纤制造商最常指定的参数,并在产品数据表中给出。通常在 1310 nm 左右的波长下测量,以确保色散对测量结果没有任何影响。带宽 B_{fib} 从阶跃折射率多模光纤的数十 MHz·km 变化到渐变折射率光纤的 2 GHz·km 以上。带宽参数 B_{fib} 可用于计算特定距离 L 上的带宽[16],即

$$B_{fib,L} = \frac{B_{fib}}{L^{\mu}} \tag{3.78}$$

其中,系数 μ 的取值范围为 0.5 ~ 1。对于大多数多模光纤,$\mu \approx 0.7$。

3.3.2 色散

色散也称为模内色散，因为没有多模色散效应，其通常与单模光纤相关。然而，它增加了多模光纤中的模间色散，尽管它对多模光纤中脉冲扩展的作用要小得多。在单模光纤中发生的色散是由于光信号的群速度是与波长相关的函数。因此，如果单色波通过光纤传输，则不会存在色散。由于光源不是理想的单色光源，携带信息的每个脉冲包含许多以不同速率传输的光谱分量。色散大小与光源的光谱宽度成比例。

色散导致脉冲展宽，因为脉冲展宽超出了其分配的时间，从而引起符号间干扰(ISI)，如图 3.6 所示。由于色散引起的脉冲展宽限制了单模光纤中的总传输容量。如第 4.3 节所述，在时隙之外传输的信号量将降低光接收机的灵敏度。值得一提的是，色散随光纤长度增加而累积。

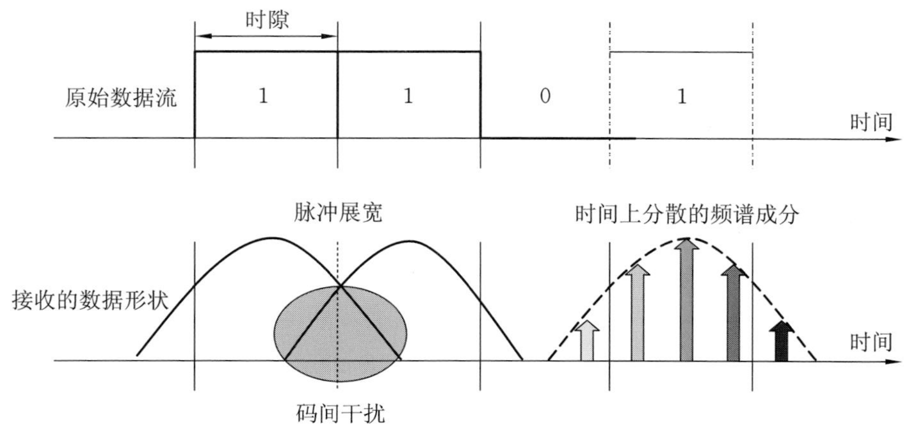

图 3.6 脉冲展宽和符号间干扰

图 3.6 中的数字脉冲为光源的光谱内容提供了时域包络。每个光谱分量在轴向坐标 z 上独立地通过光纤传输的时间不同，从而引起脉冲展宽。以光学角频率 $\omega=2\pi\nu$ 为特征的特定光谱分量将在经过一定延迟 τ_g 后到达光纤的输出端，如文献[1] 所示：

$$\tau_g=\frac{L}{\nu_g}=L\frac{d\beta}{d\omega}=\frac{L}{c}\frac{d\beta}{dk}=-\frac{L\lambda^2}{2\pi c}\frac{d\beta}{d\lambda} \tag{3.79}$$

其中，L 是光纤长度，$\lambda=2\pi c/\omega=c/\nu$ 是波长，ν 是线性频率，c 是真空中的光速，β 是传输常数。通过使用式(3.54)，传输常数可以表示为

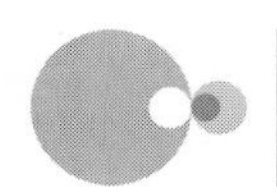

$$\beta = \frac{2\pi n_{\mathrm{mo}}}{\lambda} \tag{3.80}$$

其中，n_{mo} 是模式折射率。参数 ν_{g} 定义为

$$\nu_{\mathrm{g}} = \left(\frac{\mathrm{d}\beta}{\mathrm{d}\omega}\right)^{-1} = \frac{2\pi c}{\lambda^2}\left(\frac{\mathrm{d}\beta}{\mathrm{d}\lambda}\right)^{-1} \tag{3.81}$$

群速度定义为光脉冲能量通过介质的速度。由于时间延迟的不同，光脉冲在到达光纤的输出端前传输一定距离后会形成脉冲展宽。以下关系表征由色散引起的脉冲展宽量：

$$\Delta\tau_{\mathrm{g}} = \frac{\mathrm{d}\tau_{\mathrm{g}}}{\mathrm{d}\omega}\Delta\omega = \frac{\mathrm{d}\tau_{\mathrm{g}}}{\mathrm{d}\lambda}\Delta\lambda \tag{3.82}$$

其中，$\Delta\omega$ 和 $\Delta\lambda$ 分别代表光源的频率和波长范围。通过将式(3.81)代入式(3.82)，变为

$$\Delta\tau_{\mathrm{g}} = L\frac{\mathrm{d}^2\beta}{\mathrm{d}\omega^2}\Delta\omega = -\frac{L}{2\pi c}\left(2\lambda\frac{\mathrm{d}\beta}{\mathrm{d}\lambda} + \lambda^2\frac{\mathrm{d}^2\beta}{\mathrm{d}\lambda^2}\right)\Delta\lambda = D \cdot L\Delta\lambda \tag{3.83}$$

$$D = -\frac{1}{2\pi c}\left(2\lambda\frac{\mathrm{d}\beta}{\mathrm{d}\lambda} + \lambda^2\frac{\mathrm{d}^2\beta}{\mathrm{d}\lambda^2}\right) \tag{3.84}$$

因子 D 称为色散系数或色散，用 ps/(nm・km) 表示。

在式(3.83)中有两个因子导致脉冲展宽：材料色散和波导色散。材料色散 D_{m} 由纤芯中折射率的波长相关性而产生。因此，函数 $n_{\mathrm{co}}(\lambda)$ 引起与波长相关的群时延。硅基材料中折射率的波长相关性可以很好地用 Sellmeier 方程[26] 近似，如下所示：

$$n(\lambda) = \left(1 + \sum_{i}^{M}\frac{B_i\lambda^2}{\lambda^2 - \lambda_i^2}\right)^{1/2} \tag{3.85}$$

通过使用基于测量结果的插值过程，可以由经验得到特定材料的参数 B_i 和 λ_i。这些系数很大程度上取决于硅基中注入的掺杂浓度。在纯石英玻璃中，对于 $M=3$，这些系数为：$B_1=0.69617$，$B_2=0.40794$，$B_3=89748$，$\lambda_1=0.0684$ μm，$\lambda_2=0.1162$ μm，$\lambda_3=9.8962$ μm。

波导色散 D_{w} 的出现，是因为传输常数 β 是光纤参数(纤芯半径和光纤芯层与光纤包层中折射率之差)的函数，也是波长 λ 的函数。事实是材料和波长色散是相互关联的，因为折射率的色散特性对波导色散有影响，这使得单独评估它们更加困难。在许多实际情况中经常使用简化的方法，其中材料和波导色散分量被分开计算，而总色散被计算为这些分量的总和[29]。通过使用这种

方法，式(3.83) 变为

$$\Delta\tau_g \approx \frac{d(t_m + t_w)}{d\lambda}\Delta\lambda = (D_m + D_w)L\Delta\lambda \approx \left(\frac{\lambda}{c}\frac{d^2 n_{co}}{d\lambda^2} + \frac{n_{cl}\Delta n}{c\lambda}V\frac{d^2(Vb)}{dV^2}\right)L\Delta\lambda \tag{3.86}$$

其中，n_{cl} 是指光纤包层中的折射率，Δn 是光纤轴和光纤包层中的折射率之差，V 和 b 是由方程引入的 V 参数和归一化传输常数，分别通过式(3.53) 和式(3.54) 得到。

式(3.86) 的色散分量如图 3.7 所示，给出了几个光纤纤芯直径值的波长函数。通过使用由式(3.56) 和式(3.85) 给出的近似来绘制色散曲线，并且绘制了光纤参数的典型值($V=2.1$，$\Delta=0.25\%$)。请注意，材料色散在 1300 nm 左右的波长范围内接近为零(纯二氧化硅为 1270 nm，掺杂二氧化硅为 1310 nm)。由于材料色散不是波长的线性函数，因此存在与色散曲线相关的斜率。该斜率通常称为色散斜率。

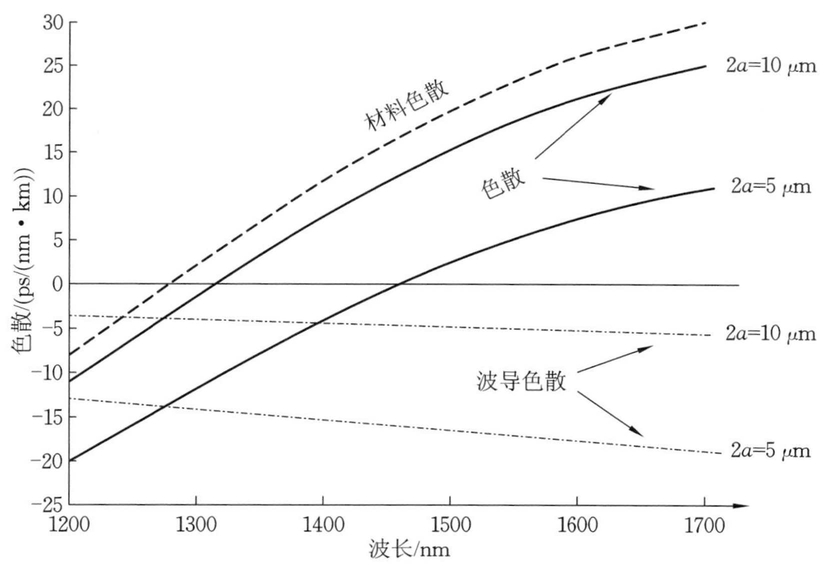

图 3.7 单模光纤中的色散

波导色散在 1000 nm 以上的波长区域内保持负值，而其绝对值随波长增加而增加。如果考虑 800 nm 和 900 nm 之间的波长区域，则波导色散远小于材料色散。然而，它们在 1300 nm 附近的波长区域变得相当。如果采用特殊的光纤设计，波导色散可以增强到比材料色散大得多，该方法用于制造色散补偿光纤(DCF),参见第 3.4.1 节。通过材料和波导色散的相互抵消可以减少总色散。色散减小到零值的特定波长可以变化,但是它总是大于材料色散曲线穿过 x 轴的波长值。通过适当选择掺杂剂(即通过改变材料色散)或通过光纤芯径和折射率分布来控制波导效应,可以完全消除特定波长的色散分量。

前一种方法用于生产几种类型的单模光纤,其设计与标准单模光纤不同。国际电信联盟(ITU-T)在文献[30-32]中标准化了不同光纤类型的特性。除标准单模光纤(SSMF)外,还有另外两种主要光纤类型,它们是:① 由 ITU-T 建议书 G.653 定义的色散位移光纤(DSF),色散最小值从 1310 nm 波长区域偏移到 1550 nm 波长区域;② 由 ITU-T 建议书 G.655 定义的非零色散位移光纤(NZDSF),色散最小值从 1310 nm 波长区域移动到 C 或 L 波段内的任何地方。这组光纤中有几种商用类型的光纤针对 DWDM 传输进行了优化,如 TrueWave 光纤或 LEAF 光纤。三种单模光纤的色散特性如图 3.8 所示。

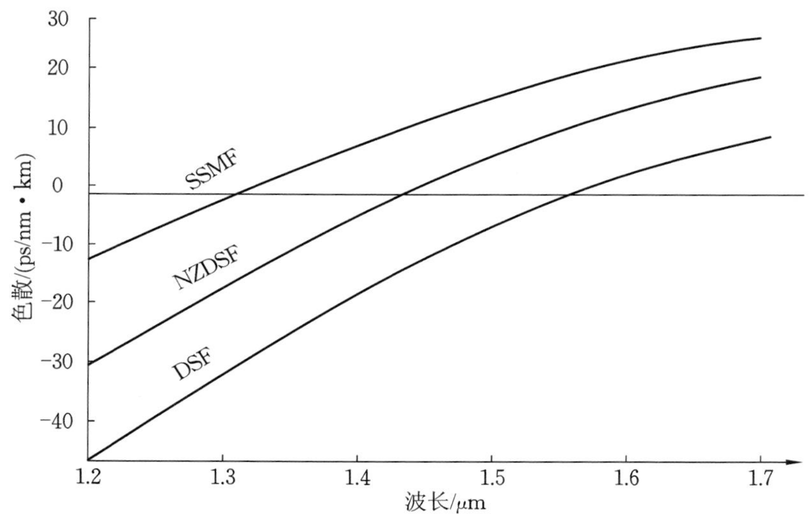

图 3.8　几种单模光纤的色散

3.3.3　偏振模色散

偏振模色散(PMD)出现在实际的光纤之中,纤芯形状沿着光纤长度发生变化。在理想的单模光纤中没有这样的影响,其具有均匀直径的完美圆柱形芯,由完全各向同性的材料组成。与理想结构的任何偏差都将导致双折射效应和两种不同偏振模式的产生,并且它将使单模光纤实际上变为双峰分布。

双折射效应在实际光纤中产生的两种模式与光信号的两个正交偏振有关。如图 3.9(a) 所示，这些极化由于椭圆芯而导致不同的纤芯尺寸，或者由于不对称的内部应力导致不同的材料密度。这些差异被转换成与两种偏振态相关的折射率差异。

折射率（或双折射）的差异导致两种正交偏振模式的速度差异，这意味着两种模式的传输常数也不同。通过参数 $B=|n_x-n_y|$ 测量双折射度，其中，n_x 和 n_y 分别是沿正交轴 x 和 y 偏振的信号部分经历的折射率。总信号是两个偏振模式的矢量和。如果没有经历双折射轴 x 和 y 的任何固有旋转，并且没有施加任何外部扰动，则光纤将沿其长度保持残余双折射。这被称为确定性双折射，其特征在于明确定义的偏振态，这些状态也称为本征态，它们不依赖于光纤长度或光波长[34,35]。而两种偏振模式之间的折射率和传输常数的差异将导致它们在传输过程中发生相移。通过慢轴和快轴之间的差分群延迟（DGD）观察到相移，该差分群延迟随着光纤长度线性增加。因此，光脉冲的总宽度将被展开，如图 3.9(b) 所示。

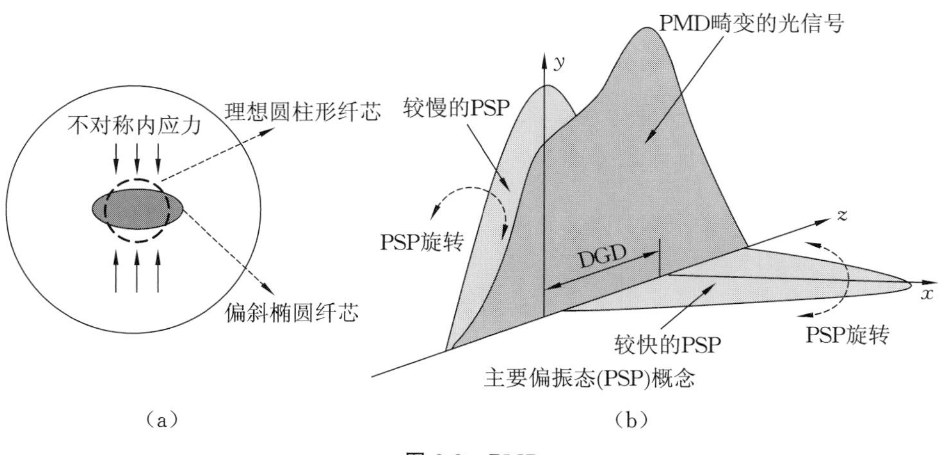

图 3.9　PMD

(a) 理想和偏离的光纤纤芯；(b) 脉冲变形和 PSP 概念

两种偏振模式不会沿着光纤独立传播，而是通过模式耦合过程交换能量。偏振模耦合是由于弯曲、扭曲、横向应力和温度变化等外部扰动引起的。在这种情况下，双折射程度沿着光纤随机变化，并且不再保持偏振本征态。换句话说，偏振状态是随机旋转的并且它们之间的能量随机分布。由于能量交换的随机特性，两个偏振模式之间的相位差和差分群延迟都不会随距离成线性比例。结果表明，它们与光纤长度的平方根成正比[34]。PMD作为随机脉冲展宽，是由刚才描述的随机过程引起的。除了偏振态的随机旋转和主要状态之间的能量的随机分布之外，不同的波长分量的表现也不同，这会增加偏振模色散的总体复杂性。

由于整个过程的随机性和复杂性，PMD效应的精确分析处理相当复杂。然而，可以进行一些额外的假设以更方便地评估PMD效应。实际光纤通常不表现出相对于光频率和光纤长度稳定的、定义明确的正交偏振本征态。相反，在任何特定的光学频率 ω，存在两个正交偏振的输入状态，它们以最小的频率相关性产生输出偏振状态。这些状态称为“主偏振态”(PSP)[1]。重要的是要注意所有其他输出偏振态都将经历频率相关性。

两个主偏振态之间的差分群延迟(DGD)是脉冲展宽的主要因素，如图3.9所示。差分群延迟(也称为一阶PMD)不包括任何频率相关性。PMD效应的频率相关性包括在二阶PMD中。实际上，二阶PMD可以测量一阶PMD系数的波长相关性。另外，它测量与每个单独波长相关的主偏振态的旋转。二阶PMD通常称为色偏振模色散，因为它考虑了DGD和PSP的频率相关性。

一阶PMD的特征在于系数 D_{P1}，单位为 ps/(km)$^{1/2}$，它是随时间和操作条件变化的统计参数。主偏振态之间的总延迟随机累积并与光纤长度 L 的平方根成正比，因此总延迟表示如下[34]：

$$\Delta\tau_{P1} = D_{P1}\sqrt{L} \tag{3.87}$$

由于一阶PMD引起的脉冲展宽取决于差分群延迟和两个主偏振态之间的功率分配，可以建立输入和输出脉冲的均方根(RMS)宽度之间的关系[34,35]，即

$$\sigma_{\text{out}}^2 = \sigma_{\text{in}}^2 + 2\Delta\tau_{P1}^2\zeta(1-\zeta) \tag{3.88}$$

其中，σ_{out} 和 σ_{in} 分别是输出和输入脉冲的均方根，而 ζ 代表两个主偏振态之间信号的功率分配，并且可以在0～1变化。以标准方式定义，均方根(RMS)沿 z 轴具有形状为 $A(t,z)$ 的特定脉冲。

通常使用复数和琼斯矩阵来分析光偏振，琼斯矩阵应用在主偏振态上进行的输入和输出，因此有[34]

$$\begin{bmatrix} E_{x,\text{out}} \\ E_{y,\text{out}} \end{bmatrix} = \boldsymbol{J}\begin{bmatrix} E_{x,\text{in}} \\ E_{y,\text{in}} \end{bmatrix} = \begin{bmatrix} \sqrt{\zeta}\,\mathrm{e}^{\mathrm{j}\Delta\tau/2} & -\sqrt{1-\zeta} \\ \sqrt{1-\zeta} & \sqrt{\zeta}\,\mathrm{e}^{-\mathrm{j}\Delta\tau/2} \end{bmatrix}\begin{bmatrix} E_{x,\text{in}} \\ E_{y,\text{in}} \end{bmatrix} \tag{3.89}$$

其中，$\boldsymbol{J}$ 表示琼斯矩阵，$E_{x,\text{in}} \approx (P_{x,\text{in}})^{1/2}$ 和 $E_{y,\text{in}} \approx (P_{y,\text{in}})^{1/2}$ 中表示信号分量

的输入电场分别对应于 x 偏振态和 y 偏振态。而 $E_{x,\text{out}} \approx (P_{x,\text{out}})^{1/2}$ 和 $E_{y,\text{out}} \approx (P_{y,\text{out}})^{1/2}$ 则表示输出电场（$\Delta\tau$ 是在输入和输出之间通过路径上获得的延迟）。输入和输出值可以与任何片段和任何长度相关，这对于使用计算机程序和随机变量生成器进行统计分析非常方便。我们还应该注意，琼斯矩阵还可用于模拟沿光路的一些器件（如调制器、开关等）中出现的偏振相关损失（PDL）的影响。

普遍认为，一阶 PMD 系数的统计性质可以用麦克斯韦概率密度分布 $p(D_{P1})$ 来表征[35]，如下所示：

$$p(D_{P1}) = \sqrt{\frac{2}{\pi}}\,\frac{\langle D_{P1}\rangle^2}{\alpha^3}\exp\left(-\frac{\langle D_{P1}\rangle^2}{2\alpha^2}\right) \tag{3.90}$$

该等式的平均值 $\langle D_{P1}\rangle$ 为 $(8/\pi)^{1/2}\alpha$。其中，系数 α 可以通过实验确定，典型值约 30 ps。式(3.90) 表示的概率函数如图 3.10 所示。该函数曲线具有高度不对称的特性，并且对于大于 $3\langle D_{P1}\rangle$ 的参数迅速减小。

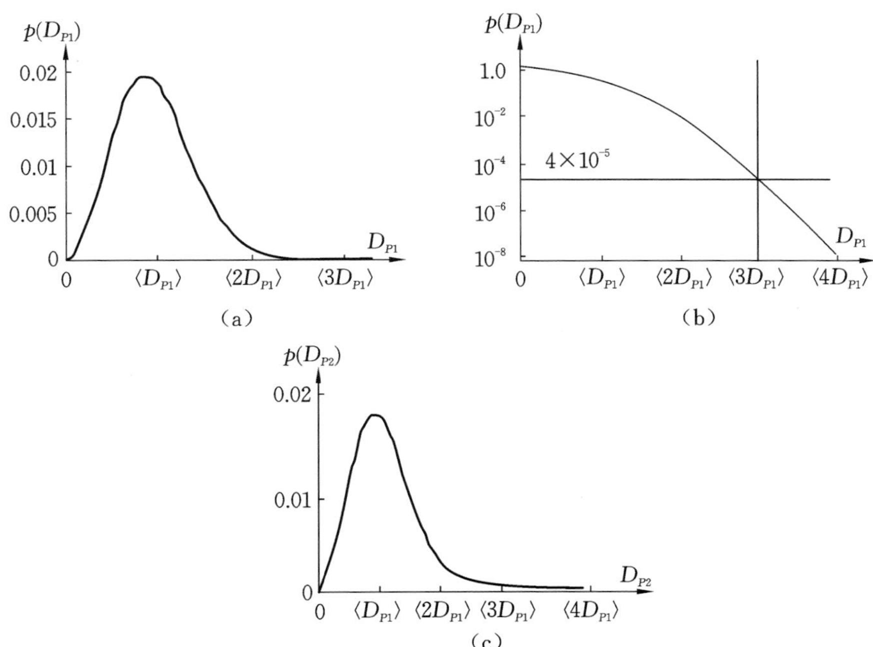

图 3.10　PMD 原理示意图

(a) 一阶 PMD 概率密度函数；(b) 整体一阶 PMD 概率函数；(c) 二阶 PMD 概率密度函数

大于指定值的系数 D_{P1} 的总概率 $P(D_{P1})$ 可以通过式(3.90) 的积分来找

到,即

$$P(D_{P1})=\int_{0}^{D_{P1}}p(D_{P1})\mathrm{d}(D_{P1}) \tag{3.91}$$

函数 $P(D_{P1})$ 如图 3.10(b) 所示。实际系数比平均值 $\langle D_{P1}\rangle$ 大 3 倍的概率是 4×10^{-5}。该统计评估意味着一阶 PMD 系数保持大于其平均值 3 倍的时间大约为每年 21 分钟。例如,如果 DGD 每天显著变化一次,则每 70 年一阶 PMD 系数将超过平均值的 3 倍一次,但如果每分钟变化一次,则每 17 天一阶 PMD 系数就会超过平均值的 3 倍一次。

由式(3.91) 表示的分布特征是使用 $3\langle D_{P1}\rangle$ 而不是系数 D_{P1} 的临时值来表征一阶 PMD 的原因。因此,式(3.87) 采用更实际的形式

$$\Delta\tau_{P1}=3\langle D_{P1}\rangle\sqrt{L} \tag{3.92}$$

通常在制造过程完成后测量 $\langle D_{P1}\rangle$ 值,并在光纤产品数据表中表示。测量值可以在 0.01 $\mathrm{ps/(km)^{1/2}}$ 至几 $\mathrm{ps/(km)^{1/2}}$ 变化。由于制造过程中的缺陷,在 20 世纪 80 年代末和 90 年代初期安装的旧光纤具有相对较大的 $\langle D_{P1}\rangle$ 系数;而对于较新的光纤,$\langle D_{P1}\rangle$ 要小得多,它通常低于 0.1 $\mathrm{ps/(km)^{1/2}}$,而制造商声明的典型值约为 0.05 $\mathrm{ps/(km)^{1/2}}$。安装完成后,由于布线过程和环境条件会影响到原始数据,该确定值可能会增加。

二阶 PMD 的特征在于系数 D_{P2},并且由于差分群延迟(DGD) 和主偏振态(PSP) 随光频率的变化而变化。它可以表示为[35,36]

$$D_{P2}=\sqrt{\left(\frac{1}{2}\frac{\partial D_{P1}}{\partial\omega}\right)^{2}+\left(\frac{D_{P1}}{2}\frac{\partial\bar{S}}{\partial\omega}\right)^{2}} \tag{3.93}$$

其中,ω 是光学频率,矢量 $\boldsymbol{S}$ 沿邦加球来确定主偏振态的位置[1],参见第 10.13 节,该向量也称为斯托克斯向量。式(3.93) 右侧的第一项描述了差分群延迟的频率相关性,第二项描述了主偏振态(PSP) 的变化及其对光频率 ω 的相关性。实际光纤中二阶 PMD 系数的统计特性可以通过概率密度分布 $p(D_{P2})$ 来表征[38],如下所示:

$$p(D_{P2})=\frac{2\Psi^{2}D_{P2}}{\pi}\frac{\tanh(\Psi D_{P2})}{\cosh(\Psi D_{P2})} \tag{3.94}$$

其中,Ψ 是一个可以通过实验确定的参数,$\Psi\approx(240\ \mathrm{ps}^{2})^{-1}$。二阶 PMD 系数的平均值 $\langle D_{P2}\rangle$ 可以与一阶 PMD 系数的平均值 $\langle D_{P1}\rangle$ 相关。研究发现可以建立以下近似关系[38]:

$$\langle D_{P2}\rangle \approx \frac{\langle D_{P1}\rangle^2}{\sqrt{12}} \tag{3.95}$$

式(3.95)仅与数值相关(请回想一下,一阶 PMD 用 $\mathrm{ps/km^{1/2}}$ 表示,而二阶 PMD 用 ps/(km·nm)表示)。式(3.94)给出的概率密度函数如图 3.10(c)所示。它具有比与一阶 PMD 系数相关的函数更大的尾部,更不对称。

二阶 PMD 系数取 3 倍于平均值$\langle D_{P2}\rangle$的概率仍然是可数的。对于大于平均值$\langle D_{P2}\rangle$5 倍的参数,它可以忽略不计。因此,我们可以假设二阶 PMD 系数的实际值不超过平均值$\langle D_{P2}\rangle$的 5 倍。由于二阶 PMD 随光纤长度 L 线性变化,二阶 PMD 效应引起的总脉冲扩展可表示为

$$\Delta\tau_{P2} = 5\langle D_{P2}\rangle L \tag{3.96}$$

二阶 PMD 或式(3.93)右侧的第一项都与沿光纤长度的总色散有关联。它可以引起脉冲展宽或脉冲压缩,作为色散的一个组成部分。然而,由式(3.93)右侧的第二项所表示的二阶 PMD 的部分与主偏振态的旋转有关,并且不能总是被视为纯色散。这部分通常决定二阶 PMD 的总特征。

考虑到整体 PMD 效应,我们可以得出结论,一阶 PMD 是偏振模色散的主要部分,导致信号展宽和失真。这就是为什么在 PMD 效应的大多数分析中考虑该项而有时忽略二阶项的原因。如果比特率不超过 10 Gb/s,这种方法在大多数情况下非常有用。二阶 PMD 效应在高速光传输系统中是不可忽略的,并且应该在整体工程中考虑。同样重要的是,沿光波路径使用的一些其他组件可能会影响 PMD 效应的总值。可以合理地假设,如果光波路径超过几百千米,则沿光路的不同组件中可累积超过 0.5 ps 的 PMD。

到目前为止,人们已经考虑了不同的补偿方案,以补偿强度调制和直接检测(IM/DD)的传输系统中具有的 PMD 效应[39]。由于 PMD 的复杂性及其统计特性,通过这些系统中的补偿来消除 PMD 的最初想法被放弃了。相反,注意力集中在最小化 PMD 引起的失真效应上。这种方法称为 PMD 缓解。多通道系统中的大多数补偿方案通过在光电检测过程之后在每个通道中使用数字传输滤波器来进行。如果将高级调制格式与相干检测方案结合使用,情况就大不相同。在这种情况下,可以通过强数字信号处理(DSP)来有效地抑制 PMD 效应,这将在第 6 章介绍。先进的前向纠错(FEC)方案也有助于抑制 PMD 效应,这将在第 7 章介绍。

3.3.4 光纤中的自相位调制

假设光纤作为线性传输介质，可以解释光纤的一些基本特性，这意味着：① 折射率不依赖于光功率；② 叠加原理总能应用于几个独立的光信号；③ 任何光信号的光波长或载波频率保持不变；④ 所讨论的光信号不与任何其他光信号相互作用。

如果在光传输系统中采用较低的光功率和较低的比特率，则这些假设是非常有效的。然而，高功率半导体激光器和光放大器的使用，以及密集 WDM 技术的部署，为光纤成为非线性介质创造了条件，其性能与上面列出的相反。光纤中的非线性效应不是设计或制造的缺陷，但无论如何都会发生并且会导致严重的传输损伤。在某些特殊情况下，它们可能用于增强光纤的传输能力。

非线性效应主要与单模光纤有关，因为它们具有较小的光纤芯横截面积。众所周知，任何介电材料如果暴露在强电磁场中都会有非线性特性[1]。相同的结论也可以应用于光纤，因为可以出现在光纤中的所有非线性效应都与传输光信号的电磁场的强度成正比。有两组主要的非线性效应，或者与非线性折射率有关，或者与非线性光信号散射有关。与非线性折射率相关的效应基于克尔效应[1]，它是由于折射率对光强度的相关性而发生的。非线性折射率导致传输光脉冲畸变的自相位调制(SPM)。SPM 效应与单个光学通道有关。此外，在多通道 WDM 传输中，由于交叉相位调制(XPM) 和四波混频(FWM) 过程，非线性指数会导致通道间串扰。在本节中，我们将解释 SPM 效应，而在讨论多通道传输时，本节后面将解释 XPM 和 FWM 效应。同样重要的是，光纤中的高功率还导致由光(即光子) 和材料(即晶格或声子) 之间的参数相互作用引起的非线性散射效应。

有两种类型的非线性散射效应：① 受激拉曼散射(SRS)，导致不同波长之间的能量转移；② 受激布里渊散射(SBS)，导致光功率耦合到后向行波。SRS 和 SBS 效应都在第 2.6.2.3 节中解释过。

非线性指数以及受激散射的影响程度取决于光纤的传输长度和横截面积。对于较长的光纤长度和较小的横截面的纤芯区域，非线性相互作用将更强。由于光功率的降低，该效应将沿传输线减小。非线性效应具有局部特征，这使得对较长长度光纤的整体评估更加困难。从工程角度考虑，有效长度 L_{eff} 和有效横截面积 A_{eff} 作为表征非线性效应强度的参数更为实用，这已在第 2.6.2.3 节中介绍。通过假设在有效长度 L_{eff} 上作用的恒定光功率将产生与作用于物理光纤长度 L 的衰减光功率 $P=P_0\exp(-\alpha z)$ 相同的效果，可以得到光纤的有效长度。因此，可以建立以下关系：

$$P_0 L_{eff}=\int_{z=0}^{L}P(z)\mathrm{d}z=\int_{z=0}^{L}P_0\exp(-\alpha z)\mathrm{d}z \tag{3.97}$$

其中，P_0 表示光纤的输入功率，α 表示光纤衰减系数。式(3.97) 可以变为

$$L_{eff}=\frac{1-\exp(-\alpha L)}{\alpha} \tag{3.98}$$

如果进行较长距离的光传输，则 L_{eff} 值可以近似为 $1/\alpha$。例如，如果在 1.55 μm 左右的波长下进行长距离传输，L_{eff} 约为 20 km。有效长度的概念如图 3.11 所示。

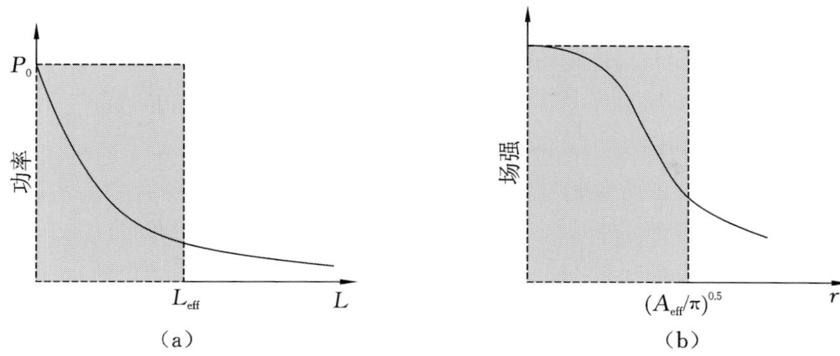

图 3.11　光纤参数的定义

(a) 有效长度；(b) 有效横截面积

如果沿着传输线放置有光放大器，则光功率将周期性地重置为更高的值，这意味着这种传输线的总有效长度将包括多个光纤跨度的贡献。如果每个光纤跨度具有相同的物理长度，则总有效长度为

$$L_{eff,t}=\frac{1-\exp(-\alpha L)}{\alpha}M=\frac{1-\exp(-\alpha L)}{\alpha}\frac{L}{l} \tag{3.99}$$

其中，L 是传输线的总长度，l 是光纤跨度长度，等于光放大器间距，M 是线路上的光纤跨距个数。从式(3.99) 可以看出，通过增加跨度长度可以减小有效长度，这意味着可以减少放大器的数量。但是，如果增加放大器间距，还应该增加与 $\exp(\alpha l)$ 成比例的功率，以补偿额外的光纤损耗。但是，任何功率增加都会增强非线性效应。在这种情况下，衡量光纤传输性能的重要参数是发射功率 P_0 和有效长度 $L_{eff,t}$ 之间的乘积。乘积 $P_0L_{eff,t}$ 随着跨度长度 l 的增加而

增加，因此可以通过减小放大器间距来降低非线性效应的整体效果。

非线性效应的影响程度与光纤纤芯的面积成反比。这是因为对于较小的横截面积，每单位横截面积的光功率或功率密度较高，反之亦然。请回忆一下第 3.2.3 节，单模光纤中的光功率不均匀地分布在核心部分，它在光纤轴上具有最大值，并且沿着光纤直径衰减。功率仍然在芯层-包层边界处不可忽视地存在，并且通过光纤包层区域继续衰减。横截面上的光功率分布与整体折射率分布密切相关。因此，通过应用与上面引入有效长度相同的逻辑，引入纤芯区域的有效横截面积 A_{eff} 是较为便捷的方式。通过假设作用在横截面积上的恒定光功率的影响等于在整个光纤半径上作用的衰减光功率的影响，可以得到有效横截面积，如图 3.11 所示。有效横截面积为

$$A_{\mathrm{eff}}=\frac{\left[\iint_{r\,\theta} r\,\mathrm{d}r\,\mathrm{d}\theta\ |E(r,\theta)|^{2}\right]^{2}}{\iint_{r\,\theta} r\,\mathrm{d}r\,\mathrm{d}\theta\ |E(r,\theta)|^{4}} \tag{3.100}$$

其中，r 和 θ 是极坐标，$E(r,\theta)$ 是光信号的电场。

电场的分布通常由式(3.59)给出的高斯函数近似，然后式(3.61)将有效面积 A_{eff} 与模场半径(模式光斑尺寸) w_0 联系起来：$A_{\mathrm{eff}}=\pi w_0{}^2$。高斯近似不能应用于具有更复杂的折射率分布的光纤。这种光纤包括色散位移光纤(DSF)、非零色散位移光纤(NZDSF)和色散补偿光纤(DCF)。图 3.12 所示的是与不同设计的单模光纤相关的折射率分布的几个例子。经典的单模光纤具有简单的阶跃折射率分布，其中两个显著值对应于 n_{co} 和 n_{cl}，如图 3.12(a) 所示。为满足不同的目的，引入了更复杂的折射率分布，例如：① 减小色散曲线的斜率，这对于在多通道光信号传输的一些特殊情况下的链路色散管理可能是有用的，如图 3.12(b) 所示；② 增加单模光纤的有效面积，这有助于减少非线性的影响，如图 3.12(c) 所示的剖面图；③ 引入大的负波导色散，其在总色散中成为主导项，可用于补偿沿传输线累积的正色散，它们被称为色散补偿光纤(DCF)，并具有类似于图 3.12(d) 所示的示例的折射率分布。在上面列出的具有复杂折射率分布的所有情况下，有效横截面积不能表示为 $A_{\mathrm{eff}}=\pi w_0{}^2$。相反，模式光斑尺寸参数 w_0 可以用参数 w_{so} 代替，参数 w_{so} 与等效阶跃折射率分布相关，文献[40]中介绍了相关概念。在这种情况下，有效横截面积表示为

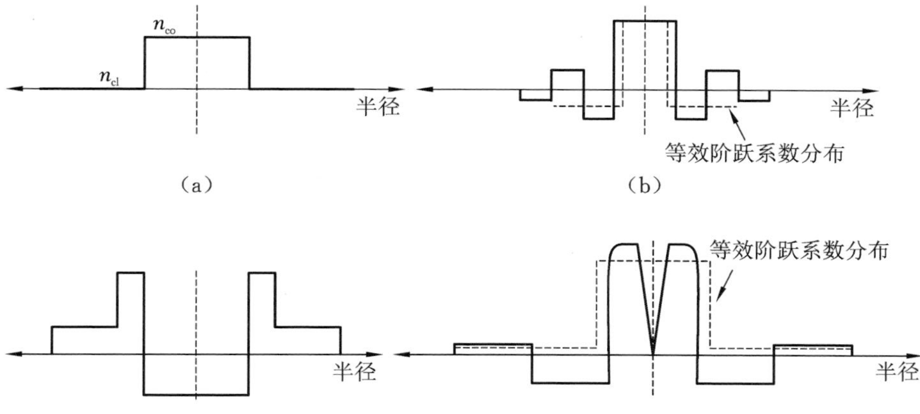

图 3.12　目前使用的单模光纤的折射率分布

(a) 标准 SMF；(b) 色散斜率减小的 NZDSF；(c) 大有效面积的 NZDSF；(d) 色散补偿光纤

$$A_{\text{eff}} = \pi w_{\text{so}}^2 \tag{3.101}$$

等效阶跃折射率的概念基于如下假设：如果单模光纤中的任何复杂形式的折射率分布产生相同的模式光斑尺寸，则可以用传统的阶跃折射率分布代替。具有任意折射率分布的单模光纤中的模式光斑尺寸可以通过使用以下通用公式来计算[41]：

$$w = a\,\frac{\left[\int_0^\infty r^3\,|\,E(r)\,|^2\,\mathrm{d}r\right]^{1/2}}{\left[\int_0^\infty r\,|\,E(r)\,|\,\mathrm{d}r\right]^{1/2}} \tag{3.102}$$

其中，r 和 a 分别是径向坐标和光纤半径，而 $E(r)$ 是基模电场。式(3.102) 可以应用于任意折射率分布 $n(r)$ 的情况；其模式光斑尺寸 w 可以表示为

$$w = a \cdot G(V) \tag{3.103}$$

其中，V 是由式(3.53) 定义的归一化频率，$G(V)$ 是由式(3.102) 右侧表示的模式函数。对于等效的阶跃折射率分布，式(3.103) 变为

$$w_{\text{so}} = a_{\text{so}} \cdot S(V_{\text{so}}) \tag{3.104}$$

其中，w_{so} 和 a_{so} 分别是模式光斑尺寸和等效阶跃折射率分布的纤芯半径，$S(V_{\text{so}})$ 是等效归一化频率 V_{so} 的新定义的模式函数。要得到参数 w_{so}、a_{so} 和 V_{so}，应该施加以下条件：

$$w_{\text{so}} = w \tag{3.105}$$

$$a_{so} = X \cdot a \tag{3.106}$$

$$V_{so} = Y \cdot V \tag{3.107}$$

其中，X 和 Y 是变换系数。通过建立以下数学函数可以找到这些系数：

$$J = w_{so} - w = a \cdot [X \cdot S(YV) - G(V)] = 0 \tag{3.108}$$

为了找到等效阶跃折射率分布的参数值，函数 J 应采用归一化频率 V 的范围 $[V_1 \quad V_2]$ 中的最小值，这样就有以下条件：

$$\frac{\partial}{\partial X} = \int_{V_1}^{V_2} J^2 \mathrm{d}V = 0 \tag{3.109}$$

$$\frac{\partial}{\partial Y} = \int_{V_1}^{V_2} J^2 \mathrm{d}V = 0 \tag{3.110}$$

通过求解式(3.109)和式(3.110)，可以找到 X 和 Y 的值。对于边界 V_1 和 V_2，它们应该在二次模式的截止频率 V_c 附近。在文献[40]中假设 $V_1 = 0.7V_c$ 和 $V_2 = 1.3V_c$，并且通过 $\delta = 2$(来自式(2.6))，轮廓为 $a_s = 0.71a$，$V_s = 0.64V$ 的抛物线渐变折射率分布，可以得到等效的阶跃折射率参数。如图 3.12(b) 所示，其中 W 形轮廓的 $a_s < a$，而图 3.12(d) 中的 M 形轮廓，有 $a_s > a$。这两种情况的等效阶跃折射率分布如图 3.12(b)、(d) 所示。

如果光功率密度相对较高，则折射率可作为光功率密度的函数，这是因为电场有效地压缩分子并增加折射率。折射率取决于外部电场强度的效应称为克尔效应[1]。现在可以将硅基光纤中的折射率的有效值表示为

$$n(P) = n_0 + n_2 \frac{P}{A_{\mathrm{eff}}} \tag{3.111}$$

其中，P/A_{eff} 定义为每单位横截面积的功率密度，n_2 是二阶折射率系数(或克尔系数)。克尔效应非常快，响应时间大约为 10^{-15} s，并且可以被认为是与信号波长和偏振态两者相关的常数。硅基光纤中二阶折射率系数的典型值为 $2.2 \times 10^{-20} \sim 3.4 \times 10^{-20}$ m^2/W(或 $2.2 \times 10^{-8} \sim 3.4 \times 10^{-8}$ μm^2/W)。例如，通过有效横截面积 $A_{\mathrm{eff}} = 80 \times 10^{-12}$ m^2 的标准单模光纤传播的光功率为 $P = 100$ mW 的光信号将导致功率密度为 $\Pi = P/A_{\mathrm{eff}} = 1.25 \times 10^9$ W/m^2，并且其折射率变化为 $\Delta n = n_2 \Pi = 3 \times 10^{-11}$。

我们可以看到，非线性部分的折射率远小于其恒定部分 n_0(请回想一下，对于硅基光纤，n_0 约为 1.5)。然而，即使这个很小的值也会在某些光信号传输情况下产生很大影响。由克尔效应引起的折射率变化将改变传输常数，因此现在可以将其写为

$$\beta(P)=\beta_0+\gamma P \tag{3.112}$$

其中，$\beta_0=2\pi n_0/\lambda$ 是与线性折射率 n_0 相关的线性部分，γ 是给定的非线性系数，表示为

$$\gamma=\frac{2\pi n_2}{\lambda A_{\text{eff}}} \tag{3.113}$$

因此，参数 γ 不仅是关于非线性指数 n_2 的函数，还取决于有效截面积和信号波长。对于在 1550 nm 波长下工作的单模光纤，参数 γ 的典型值为 0.9 ~ 2.75 $(\text{W}\cdot\text{km})^{-1}$。表 3.1 所示的是不同类型光纤的非线性参数的典型值。传输常数 β 将随光脉冲的持续时间而变化，因为沿着脉冲的点有不同的光功率。因此，与脉冲前沿相关的传输常数将低于与脉冲中心部分相关的常数。传输常数的差异将导致与脉冲的不同部分相关的相位差异。

表 3.1　光纤非线性参数的典型值

光纤类型	有效面积 $A_{\text{eff}}/\mu\text{m}^2$	1550 nm 处的非线性系数 $\gamma/(\text{W}\cdot\text{km})^{-1}$
SMF-28	80	1.12 ~ 1.72
AllWave	80	1.12 ~ 1.72
LEAF	72	1.23 ~ 1.92
Vascade	101	0.9 ~ 1.36
TrueWave-RS	50	1.78 ~ 2.75
Teralight	65	1.37 ~ 2.11

脉冲的中心部分将比前沿和后沿有更快的相位。在一定长度 L 之后的总非线性相移可以通过将距离 z 上的传输常数进行积分来计算，即

$$\Delta\Phi(P)=\int_0^L(\beta(P_0)-\beta)\mathrm{d}z=\int_0^L\gamma P(z)\mathrm{d}z \tag{3.114}$$

可以通过使用式(3.97) 以明确的形式表示相移，因此可以变为

$$\Delta\Phi(P(t))=\frac{\gamma P_0(t)(1-\exp(-\alpha L))}{\alpha}=\gamma L_{\text{eff}}P_0(t)=\frac{2\pi}{\lambda}\frac{L_{\text{eff}}}{A_{\text{eff}}}n_2P_0(t)=\frac{L_{\text{eff}}}{L_{\text{nel}}} \tag{3.115}$$

其中引入了文献[13] 中定义的非线性长度 L_{nel}，即

$$L_{\text{nel}}=\frac{\lambda A_{\text{eff}}}{2\pi n_2P_0}=\frac{1}{\gamma P_0} \tag{3.116}$$

式(3.115) 中与时间相关的脉冲相位将导致载波频率 $\omega_0=2\pi\nu_0$ 附近的瞬时频

率变化 $\delta\omega_{\mathrm{SPM}}(z,t)=2\pi\delta\nu(z,t)$。该频率变化(即频率啁啾)可以写为

$$\delta\nu(t)=\frac{\delta\omega(t)}{2\pi}=-\frac{\mathrm{d}(\Delta\Phi(t))}{\mathrm{d}t}=-\frac{1}{\lambda}\frac{L_{\mathrm{eff}}n_2}{A_{\mathrm{eff}}}\frac{\mathrm{d}P_0(t)}{\mathrm{d}t} \tag{3.117}$$

式(3.115)和式(3.117)描述了由克尔效应引起的相位和频移的性质。我们概述了光脉冲功率与时间相关的事实,这提醒我们沿着脉冲的位置决定了光学相位与其静止值的瞬时变化。重要的是要注意,由自相位调制引起的频率啁啾在时间上不是线性的。

由于自相位调制效应引起的频率啁啾可以通过在脉冲包络的时间形式下绘制频率的内容来说明,如图 3.13 所示,我们可以看到脉冲的前沿经历了频率的下降(或称为红移的波长增加),而后沿经历了频率的上升(或称为蓝移的波长减小)。由自相位调制引起的频率啁啾与群速度色散一起作用,可以导致脉冲展宽或脉冲压缩。

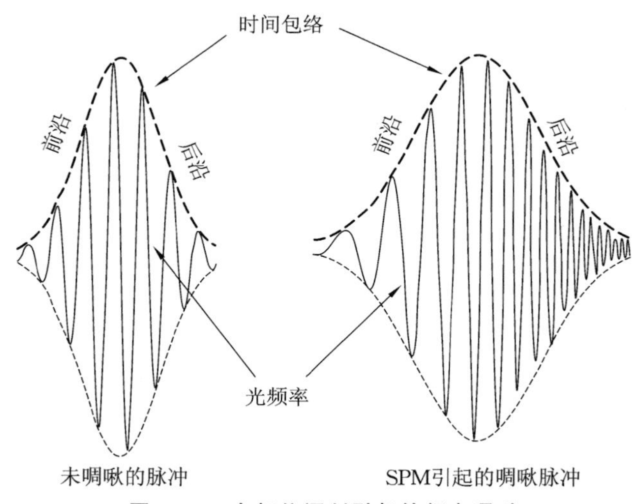

图 3.13 自相位调制引起的频率啁啾

3.4 单模光纤中的脉冲传输

如本章前面所述,光信号在通过光纤传输时会失真。信号衰减和脉冲展宽是脉冲失真的主要原因。接下来,我们将分析单模光纤中的传输过程,以更全面地了解前一节中提到的不同效应(如色散或自相位调制)对光纤传输特性的影响。接下来的分析是关于单通道传输,多通道 WDM 的情况将在此之后进行分析。

3.4.1 单通道传输

3.4.1.1 色散和频率源啁啾的影响

单模光纤的脉冲失真，通常被认为是脉冲衰减和展宽，可通过分析输入光信号频谱内每个单独频率分量的影响来进行评估。假设光学调制器已经产生啁啾类高斯光学脉冲，并通过光纤传输。这种假设是简便的。这种方法在文献[13,15,16]中采用，本节也将遵循。

沿 z 轴传输的单色电磁波可以通过其复电场函数表示为

$$E(z,t)=E_a(z,t)\exp(\mathrm{j}\beta(\omega)z)\exp(-\mathrm{j}\omega_0 t) \tag{3.118}$$

其中，$E_a(z,t)$ 是随时间 t 和距离 z 变化的脉冲包络。参数 $\omega_0=2\pi\nu_0$ 是单色波的光圆频率，ν 是线性光频率，$\beta(\omega)$ 是单色光波的传输常数。沿着光纤发生的脉冲展宽可以根据传输常数 $\beta=\beta(\omega)$ 的频率相关性来评估。发射光脉冲中的每个光谱分量将经历与 $\beta(\omega)z$ 成比例的相移。在距离 z 处观察到的脉冲频谱在频域中给出，即

$$\widetilde{E}_a(z,\omega)=\widetilde{E}_a(0,\omega)\exp(\mathrm{j}\beta(\omega)z) \tag{3.119}$$

请回想一下，上标(～)表示指定函数的频域表达。时域中的脉冲形状可以通过式(3.119)的逆傅里叶变换获得，即

$$E_a(z,t)=\frac{1}{2\pi}\int_{-\infty}^{\infty}\widetilde{E}_a(0,\omega)\exp(\mathrm{j}\beta(\omega)z)\exp(-\mathrm{j}\omega t)\mathrm{d}\omega \tag{3.120}$$

通常，逆傅里叶变换不能被精确计算，因为在大多数情况下函数 $\beta=\beta(\omega)$ 是未知的。因此，在载波频率 $\omega_0=2\pi\nu_0$ 附近的传输常数 $\beta=\beta(\omega)$ 用泰勒级数展开是有用的。只有满足条件 $(\omega-\omega_0)=\Delta\omega\ll\omega_0$ 才能进行展开，即使光信号的比特率达到每秒几兆(万亿)比特，也是如此。通过应用泰勒级数展开，变为

$$\beta(\omega)\approx\beta(\omega_0)+(\omega-\omega_0)\left.\frac{\mathrm{d}\beta}{\mathrm{d}\omega}\right|_{\omega=\omega_0}+\frac{(\omega-\omega_0)^2}{2}\left.\frac{\mathrm{d}^2\beta}{\mathrm{d}\omega^2}\right|_{\omega=\omega_0}+\frac{(\omega-\omega_0)^3}{6}\left.\frac{\mathrm{d}^3\beta}{\mathrm{d}\omega^3}\right|_{\omega=\omega_0}+\cdots \tag{3.121}$$

等式右侧的第一项是相对于单位长度的群延迟，由式(3.79)引入。该参数通常表示为 $\beta_1=\mathrm{d}\beta/\mathrm{d}\omega$，它只是群速度 v_g 的倒数值，参见式(3.81)。参数 $\beta_2=\mathrm{d}^2\beta/\mathrm{d}\omega^2$ 通常称为群速度色散(GVD)系数，确定传输期间脉冲展宽的程度。

很容易将该参数与通过式(3.84)引入的色散系数 D 相关联。可以通过在光学频率 ω 和波长 λ 之间使用关系 $\omega=2\pi c/\lambda$ 和 $\Delta\omega=-2\pi c\Delta\lambda/\lambda^2$ 来完成，因此它变为

$$D=-\frac{2\pi c}{\lambda^2}\beta_2 \tag{3.122}$$

其中，c 是真空中的光速。符号相反的参数 D 和 β_2 用于识别两个不同的波长区域，它们是：① 正常色散波长区域，其特征为 $D<0$ 和 $\beta_2>0$；② 异常的色散区域，其特征为 $D>0$ 和 $\beta_2<0$。另外，式(3.121)中的参数 $\beta_3=\mathrm{d}^3\beta/\mathrm{d}\omega^3$ 称为差分色散系数，它决定了超过指定的波长范围的色散斜率。如果在零色散区域附近色散参数有正负符号变换的波长处进行操作，则该参数起重要作用。

式(3.121)给出的展开式可以用在缓慢变化的脉冲包络幅度 $A(z,t)$ 的概念中，该概念可以从式(3.118)引入来表达脉冲场函数[13]，即

$$E(z,t)=E_a(z,t)\exp(\mathrm{j}\beta(\omega)z)\exp(-\mathrm{j}\omega_0 t)=A(z,t)\exp(\mathrm{j}\beta_0 z-\mathrm{j}\omega_0 t) \tag{3.123}$$

从脉冲传输角度来看，缓慢变化的幅度是最重要的参数，可以通过将式(3.121)和式(3.123)代入式(3.120)中求得，即

$$A(z,t)=\frac{1}{2\pi}\int_{-\infty}^{\infty}\widetilde{A}(0,\omega)\mathrm{e}^{\left[\mathrm{j}\beta_1 z(\omega-\omega_0)+\frac{\mathrm{j}}{2}\beta_2 z(\omega-\omega_0)^2+\frac{\mathrm{j}}{6}\beta_3 z(\omega-\omega_0)^3\right]}\mathrm{e}^{-\mathrm{j}t(\omega-\omega_0)}\mathrm{d}\omega \tag{3.124}$$

式(3.124)可以用偏微分方程的形式重写，只需计算每个轴坐标 z 的偏导数，并通过调用差值 $(\omega-\omega_0)$ 并将其看作每个时间坐标幅度的偏导数。从式(3.124)可以得到一个偏微分方程[13]为

$$\frac{\partial A(z,t)}{\partial z}=-\beta_1\frac{\partial A(z,t)}{\partial t}-\frac{\mathrm{j}\beta_2}{2}\frac{\partial^2 A(z,t)}{\partial t^2}+\frac{\beta_3}{6}\frac{\partial^3 A(z,t)}{\partial t^3} \tag{3.125}$$

该等式是控制通过色散介质(如单模光纤)的脉冲传输的基本方程。通常会分析呈高斯函数形状的振幅缓慢变化的脉冲传输，如下所示：

$$A(0,t)=A(0)\exp\left(-\frac{t^2}{2\tau_0^2}\right) \tag{3.126}$$

其中，$A(0)=A_0$ 是峰值幅度，$\tau_0=\sigma$ 表示高斯函数分布的标准偏差。标准偏差与式(3.126)给出的曲线的半最大值($T_{\mathrm{FWHM}}=2T_0$)存在以下关系：

$$T_{\text{FWHM}} = 2\sqrt{2\ln 2}\tau_0 \approx 2.3548\tau_0 = 2.3548\sigma \tag{3.127a}$$

存在时隙 $T=1/B$，其中 B 是比特率，如果满足以下条件，则该时隙中将包含至少 95% 的高斯脉冲能量。

$$\tau_0 = \sigma \leqslant \frac{T}{4} = \frac{1}{4B} \tag{3.127b}$$

上述条件可用于评估系统传输特性。

光纤输入端的调制光频谱由式(3.126) 的傅里叶变换确定，该公式为

$$\begin{aligned}\widetilde{A}(0,\omega) &= A_0\int_{-\infty}^{\infty}\exp\left(-\frac{t^2}{2\tau_0^2}\right)\exp(\mathrm{j}(\omega-\omega_0))\mathrm{d}t \\ &= A_0\tau_0\sqrt{2\pi}\exp\left(-\frac{\tau_0^2(\omega-\omega_0)^2}{2}\right)\end{aligned} \tag{3.128}$$

光谱具有以频率 $\omega_0 = 2\pi\nu_0$ 为中心的高斯形状。$1/e$ 强度点的光谱半宽为

$$\Delta\omega_0 = 1/\tau_0 \tag{3.129}$$

满足式(3.129) 的脉冲称为变换受限脉冲。式(3.129) 表示在光脉冲产生期间没有频率啁啾的情况。然而，在大多数实际情况下，在光脉冲产生或调制期间存在频率啁啾。它可以用式(3.126) 中的初始啁啾参数 C_0 表示，然后变为

$$A(0,t) = A_0\exp\left(-\frac{(1+\mathrm{j}C_0)t^2}{2\tau_0^2}\right) \tag{3.130}$$

啁啾参数 C_0 定义了啁啾高斯脉冲中的瞬时频移。作为示例，假设有一个半导体激光器进行直接调制，那么它与由式(2.58) 给出的偏移相关联。对于正值的参数 C_0，瞬时频率从前沿脉冲边缘线性地增加到后沿脉冲边缘。对于负值的啁啾参数，则出现相反的情况，因此瞬时频率从前沿到后沿线性地减小。

通过参数 C_0 施加的频率啁啾量是由载波频率 ω_0 的频率偏差 $\delta\omega$ 来测量的，并且可以通过对式(3.130) 相位进行求导来得到，即

$$\delta\omega = \frac{C_0}{\tau_0^2}t \tag{3.131}$$

啁啾高斯脉冲的频谱可以通过式(3.130) 的傅里叶变换求得，它变为

$$\begin{aligned}\widetilde{A}(0,\omega) &= A_0\int_{-\infty}^{\infty}\exp\left(-\frac{(1+\mathrm{j}C_0)t^2}{2\tau_0^2}\right)\exp(\mathrm{j}\omega t)\mathrm{d}t \\ &= A_0\left(\frac{2\pi\tau_0^2}{1+\mathrm{j}C_0}\right)^{1/2}\exp\left(-\frac{(\omega\tau_0)^2}{2(1+\mathrm{j}C_0)}\right)\end{aligned} \tag{3.132}$$

光谱具有高斯形状，在 $1/e$ 强度点处的光谱半宽给定为

$$\Delta\omega = (1+C_0^2)^{1/2}/\tau_0 = \Delta\omega_0(1+C_0^2)^{1/2} \tag{3.133}$$

其中，$\Delta\omega_0$ 是无啁啾脉冲的频谱半宽，由式(3.129) 给出。因此，啁啾高斯脉冲的谱宽增强因子为$(1+C_0{}^2)^{1/2}$。通过将式(3.132) 代入式(3.124)，然后进行积分分析，可以写出缓慢变化的脉冲幅度的解析表示式。通过假设载波波长远离零色散波长区域，可以忽略与系数β_3相关项的作用。另外，我们还可以省略与 β_1 相关项的作用，因为它不会影响脉冲形状(请回想一下，它只对脉冲延迟有影响)。在所有这些变化之后，输出脉冲包络的表示式为

$$\begin{aligned} A(z,t) &= \frac{A_0\tau_0}{\sqrt{\tau_0^2 - \mathrm{j}\beta_2 z + C_0\beta_2 z}}\exp\left(-\frac{(1+\mathrm{j}C_0)t^2}{2\tau_0^2 + 2C_0\beta_2 z - \mathrm{j}2\beta_2 z}\right) \\ &= |A(z,t)|\,\mathrm{e}^{\mathrm{j}\Phi(z,t)} \end{aligned} \tag{3.134}$$

其中，$|A(z,t)|$ 和 $\Phi(z,t)$ 分别是复脉冲包络的幅度和相位。它们可以表示为

$$|A(z,t)| = \frac{A_0}{[(1+C_0\beta_2 z/\tau_0^2)^2 + \beta_2^2 z^2/\tau_0^4]^{1/4}}\exp\left(-\frac{t^2}{2\tau_0^2 + 2C_0\beta_2 z + 2\beta_2^2 z^2/\tau_0^2}\right) \tag{3.135}$$

$$|\Phi(z,t)| = -\frac{1}{2}\frac{\beta_2 z t^2}{(\tau_0^2 + C_0\beta_2 z)^2 + \beta_2^2 z^2} + \frac{1}{2}\arctan\left(-\frac{\beta_2 z}{\tau_0^2 + C_0\beta_2 z}\right) \tag{3.136}$$

我们可以从式(3.135) 中看出，脉冲形状保持高斯型，但由于啁啾参数的影响而使幅度改变。啁啾参数和脉冲宽度(通过其在 $1/e$ 强度点处的半宽表示) 分别从它们的初始值 C_0 和 τ_0 开始变化，并且在距离 z 处变为

$$C(z) = C_0 + \frac{(1+C_0^2)\beta_2 z}{\tau_0^2} \tag{3.137}$$

$$\tau(z) = \tau_0\left[\left(1+\frac{C_0\beta_2 z}{\tau_0^2}\right)^2 + \left(\frac{\beta_2 z}{\tau_0^2}\right)^2\right]^{1/2} = \tau_0\left[\left(1+\frac{C_0 z}{L_\mathrm{D}}\right)^2 + \left(\frac{z}{L_\mathrm{D}}\right)^2\right]^{1/2} \tag{3.138}$$

其中，$L_\mathrm{D}=\tau_0^2/|\beta_2|$ 是文献[13]中定义的色散长度。式(3.136) 中与时间相关的脉冲相位意味着载波频率 ω_0 附近存在瞬时频率变化，即

$$\delta\omega(z,t) = -\frac{\partial\Phi(z,t)}{\partial t} = \frac{\beta_2 z}{(\tau_0^2 + C_0\beta_2 z)^2 + \beta_2^2 z^2}t \tag{3.139}$$

该瞬时频移再次被称为线性频率啁啾，因为它随时间成比例地变化。由

式(3.139) 可知有两个因素导致符号和线性函数的斜率发生变化。它们是 GVD 参数 β_2 和初始啁啾参数 C_0。

由色散影响而引起的脉冲宽度的频率偏差如图 3.14 所示。该图反映了初始啁啾参数为零时的情况。如我们所见,前沿的瞬时频率低于载波频率 $\omega_0 = 2\pi\nu_0$,如果参考正常的色散区域($D < 0$ 且 $\beta_2 > 0$),则后沿的频率高于载波频率。恰好相反的情况发生在反常色散区域($D > 0$ 且 $\beta_2 < 0$)。

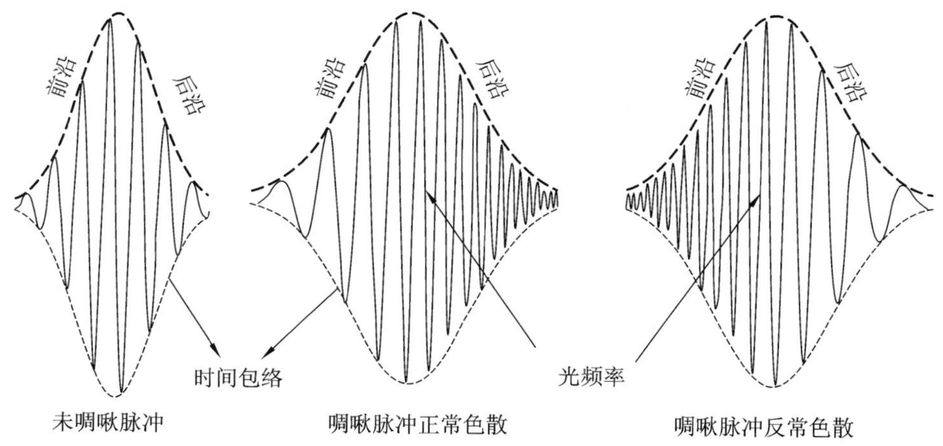

图 3.14　单模光纤中传播的无啁啾输入光脉冲和啁啾脉冲

初始啁啾参数的影响可以通过比率 $\tau(z)/\tau_0$ 来评估,该比率反映了脉冲的展宽。它在图 3.15 显示为归一化距离 z/L_D 的函数,其中 $L_D = \tau_0{}^2/|\beta_2|$ 是一个色散长度,该参数在式(3.138) 中引入。脉冲展宽的性质取决于 $C_0\beta_2$ 的符号,当 $C_0\beta_2 > 0$ 时,发生单调加宽,此时加宽率与啁啾参数的初始值成正比,因此对于非啁啾脉冲,会出现最小的宽度增加;如果 $C_0\beta_2 < 0$,则会发生初始变窄,然后接着进行的几乎是线性的变宽,这种情况可能发生在以下两种情况之一:① 具有正值 C_0 的脉冲在反常色散区域中传输($D > 0$ 且 $\beta_2 < 0$);② 具有负值 C_0 的脉冲在正常色散区域中传输($D < 0$ 且 $\beta_2 > 0$)。在任何一种情况下,由色散引入的频率啁啾抵消了初始频率啁啾。脉冲经历变窄,直到这两个啁啾相互抵消,这在图 3.15 中的曲线上可以被识别为最小值。

对于较长的传输距离,这两个频率啁啾将失去平衡,脉冲单调变宽。脉冲展宽在点 $z = L_D = \tau_0{}^2/|\beta_2|$ 与未啁啾高斯脉冲的展宽相同。由式(3.138) 给出的脉冲展宽不包括高阶色散项的影响(即 β_3 项或更高)。尽管该等式可用于

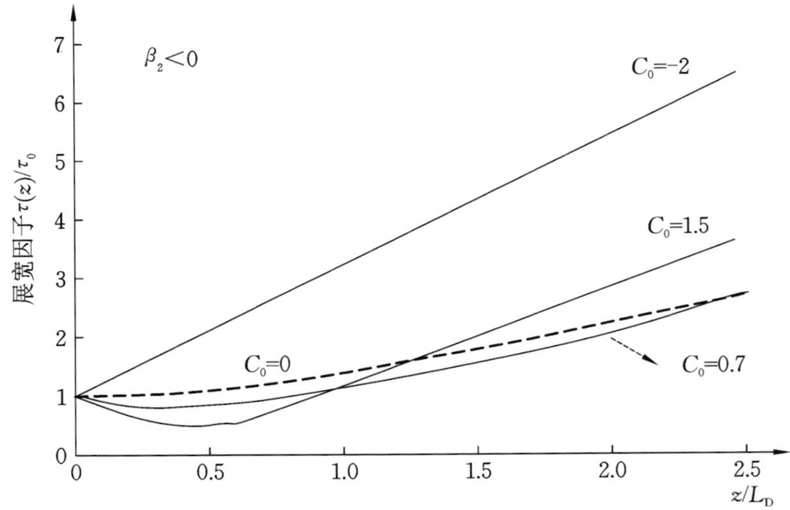

图 3.15　啁啾高斯脉冲的脉冲展宽因子

大多数实际情况，但在一些需要更精确估计的情况下（如在具有低色散的波长区域中的传输），结果可能不会太好。

假如包括 β_3 这一项，也可以获得式(3.125) 的精确解，但脉冲形状将不再是高斯函数形状。由于半高全宽(FWHM) 和 $1/e$ 强度点(FWEM) 的全宽都不能用于表征脉冲展宽，因此脉冲的宽度可用其均方根(RMS) 表示，定义为

$$\sigma(z)=\left[\frac{\int_{-\infty}^{\infty}t^2\mid A(z,t)\mid^2\mathrm{d}t}{\int_{-\infty}^{\infty}\mid A(z,t)\mid^2\mathrm{d}t}-\left(\frac{\int_{-\infty}^{\infty}t\mid A(z,t)\mid\mathrm{d}t}{\int_{-\infty}^{\infty}\mid A(z,t)\mid\mathrm{d}t}\right)^2\right]^{1/2}\tag{3.140}$$

距离 z 处的脉冲展宽量可以通过方差比 $\sigma^2(z)/\sigma_0^2$ 估算，其中 $\sigma_0^2=\tau_0^2/2$ 由输入高斯脉冲的半宽确定[13,16]，有

$$\frac{\sigma^2(z)}{\sigma_0^2}=\left(1+\frac{C_0\beta_2 z}{2\sigma_0^2}\right)^2+\left(\frac{\beta_2 z}{2\sigma_0^2}\right)^2+(1+C_0^2)\left(\frac{\beta_3 z}{4\sigma_0^3\sqrt{2}}\right)^2\tag{3.141}$$

式(3.141) 适用于光源光谱宽度远小于式(3.133) 引入的信号光谱宽度 $\Delta\omega_0$ 的所有情况。在实际应用中，大多数直接调制的情况下都不满足该条件，因此应修改式(3.141) 以考虑光源光谱宽度。它可以通过加宽因子 $\sigma_c=2\sigma_0\sigma_s$ 来完成，其中 σ_0 是高斯输入脉冲的谱宽，而 σ_s 是以 GHz 为单位测量的光源谱宽。式(3.141) 变为[13]

$$\frac{\sigma^2(z)}{\sigma_0^2}=\left(1+\frac{C_0\beta_2 z}{2\sigma_0^2}\right)^2+(1+\sigma_c^2)\left(\frac{\beta_2 z}{2\sigma_0^2}\right)^2+(1+C_0^2+\sigma_c^2)\left(\frac{\beta_3 z}{4\sigma_0^3\sqrt{2}}\right)^2 \tag{3.142}$$

式(3.141) 和式(3.142) 可用于分析从系统设计角度来看最相关的以下两种情况的色散影响：

(1) 当 $\sigma_c=2\sigma_0\sigma_s\gg 1$ 时，光源光谱远大于信号频谱，这里可以忽略频率啁啾的影响($C_0=0$)。此外，如果载波波长远离零色散区域，则包含 β_3 的项也可以忽略不计。在这种情况下，式(3.142) 采用简化形式

$$\sigma^2(z)=\sigma_0^2+\sigma_s^2\beta_2^2 z^2=\sigma_0^2+\sigma_\lambda^2 D^2 z^2=\sigma_0^2+\sigma_{D,1}^2 \tag{3.143}$$

如果载波波长在零色散区域内，则可以忽略包含 β_2 的项，因此式(3.142) 可变为

$$\sigma^2(z)=\sigma_0^2+\frac{\sigma_s^4\beta_3^2 z^2}{2}=\sigma_0^2+\frac{\sigma_\lambda^4 S^2 z^2}{2}=\sigma_0^2+\sigma_{D,2}^2 \tag{3.144}$$

注意，波长相关参数 σ_λ(以 nm 表示的光源光谱宽度)，D(以 ps/(nm · km) 表示的色散参数) 和 $S=\mathrm{d}D/\mathrm{d}\lambda$(以 ps/(nm^2 · km) 表示的色散斜率) 也在式(3.143) 和式(3.144) 中引入。

(2) 当 $\sigma_c=2\sigma_0\sigma_s\ll 1$ 时，光源光谱比信号光谱小得多，这意味着频率啁啾的影响占主导地位，此时采用式(3.141) 比式(3.142) 更合适。如果载波波长远离零色散区域，则可以忽略包含 β_3 的项，式(3.141) 变为

$$\sigma^2(z)=\sigma_0^2+C_0\beta_2 z+(1+C_0^2)\left(\frac{\beta_2 z}{2\sigma_0}\right)^2=\sigma_0^2+\sigma_{D,3a}^2 \tag{3.145}$$

另外，在无啁啾的情况下，式(3.141) 变为

$$\sigma^2(z)=\sigma_0^2+\left(\frac{\beta_2 z}{2\sigma_0}\right)^2=\sigma_0^2+\sigma_{D,3b}^2 \tag{3.146}$$

如果载波波长在零色散区域内，则可以忽略式(3.141) 中包含 β_2 的项，因此转换为

$$\sigma^2(z)=\sigma_0^2+(1+C_0^2)\left(\frac{\beta_3 z}{4\sigma_0^2\sqrt{2}}\right)^2=\sigma_0^2+\sigma_{D,4a}^2 \tag{3.147}$$

另外，在无啁啾的情况下为

$$\sigma^2(z)=\sigma_0^2+\left(\frac{\beta_3 z}{4\sigma_0^2\sqrt{2}}\right)^2=\sigma_0^2+\sigma_{D,4b}^2 \tag{3.148}$$

请注意，参数 $\sigma_{D,i}$ ($i=1,2,3,4$) 用于测量由于色散引起的脉冲展宽。系数 i 用于从系统设计角度区分四个最有可能的案例。表 3.2 总结了不同情况下的脉冲展宽。

表 3.2　最感兴趣的实际情况的脉冲展宽参数 σ_D

传输例子	远离零点色散	靠近零点色散
大光谱宽度的光源	$\sigma_{D,1}=\sigma_s\beta_2 z=\sigma_\lambda Dz$	$\sigma_{D,2}=\dfrac{\sigma_s^2\beta_3 z}{\sqrt{2}}=\dfrac{\sigma_\lambda^2 Sz}{\sqrt{2}}$
小光谱宽度的光源	初始啁啾脉冲 $\sigma_{D,3a}=\sqrt{C_0\beta_2 z+(1+C_0^2)\left(\dfrac{\beta_2 z}{2\sigma_0}\right)^2}$	初始啁啾脉冲 $\sigma_{D,4a}=\sqrt{\sigma_0^2+(1+C_0^2)\left(\dfrac{\beta_3 z}{4\sigma_0^2\sqrt{2}}\right)^2}$
	无啁啾脉冲 $\sigma_{D,3b}=\dfrac{\beta_2 z}{2\sigma_0}$	无啁啾脉冲 $\sigma_{D,4b}=\dfrac{\beta_3 z}{4\sigma_0^2\sqrt{2}}$

总之,如果光源光谱宽度远大于信号光谱,则脉冲展宽由光源和光纤参数决定。当使用法布里-珀罗激光器或LED时,基本上适用于直接调制方案。对于光源光谱远小于信号光谱的情况,脉冲展宽还取决于初始脉冲宽度,这种情况可以与外部调制方案相关联。因此,通过选择初始脉冲宽度的最佳值,可以使脉冲展宽最小化。值得注意的是,零色散区域对于色散效应的影响似乎非常有限,对于单通道光传输尤其如此。然而,在诸如密集 WDM 传输的多信道系统中,这仅仅是整体情况的一方面,因为由于非线性效应的影响,信号在零色散波长区域中的传输存在的潜在益处会消失。

3.4.1.2　自相位调制和预啁啾设计的影响

通过求解非线性薛定谔方程,能更精确地评估自相位调制对传输系统特性的影响。这个方程可以通过包括光信号衰减和非线性克尔指数的影响来推导,因此有如下表示式[13]:

$$\begin{aligned}&\frac{\partial A(z,t)}{\partial z}+\beta_1\frac{\partial A(z,t)}{\partial t}+\frac{\mathrm{j}\beta_2}{2}\frac{\partial^2 A(z,t)}{\partial t^2}-\frac{\beta_3}{6}\frac{\partial^3 A(z,t)}{\partial t^3}\\&=\mathrm{j}\gamma\,|A(z,t)|^2A(z,t)-\frac{1}{2}\alpha A(z,t)\end{aligned}\tag{3.149}$$

其中,α 是光纤衰减系数,$\gamma=2\pi n_2/(\lambda A_{\text{eff}})$ 是由式(3.113)引入的非线性系数。请注意,n_2 是非线性克尔系数,A_{eff} 是光纤纤芯的有效横截面积。式(3.149)左侧的第二项定义了脉冲延迟,可以忽略。实际上,通过引入新的时间坐标

$t_1 = t - \beta_1 z$ 和新的轴向坐标 $z_1 = z$，可以将式(3.149) 变换为新的等式。由于符号没有任何特定含义，我们仍然可以保留符号 z 和 t。但是，我们应该注意输出脉冲形状不会实时表示，但是会有延迟量 $\beta_1 z$，这意味着实时解决方案可以写成 $A(z, t-\beta_1 z)$。传输方程的合并形式变为

$$\frac{\partial A(z,t)}{\partial z} + \frac{\mathrm{j}\beta_2}{2}\frac{\partial^2 A(z,t)}{\partial t^2} - \frac{\beta_3}{6}\frac{\partial^3 A(z,t)}{\partial t^3} = \mathrm{j}\gamma \mid A^2 \mid A - \frac{1}{2}\alpha A \tag{3.150}$$

式(3.150) 不仅可用于评估单通道光传输中的自相位调制效应，还可用于评估涉及多个光通道的其他一些情况[42,43]。

为了评估自相位调制的影响，我们可以再次假设通过光纤传输的无啁啾高斯脉冲包络为 $A(0,t = \exp(-t^2/2\tau_0^2))$。还可以通过输入和输出均方根(RMS) 的比率来评估脉冲的展宽，并且在无啁啾高斯脉冲的情况下，有[44]

$$\frac{\sigma^2(z)}{\sigma_0^2} = 1 + \frac{\sqrt{2}L_{\mathrm{eff}}L\beta_2}{2L_{\mathrm{nel}}\sigma_0^2} + \left(1 + \frac{4}{3\sqrt{3}}\frac{L_{\mathrm{eff}}^2}{L_{\mathrm{nel}}^2}\right)\frac{L^2\beta_2^2}{8\sigma_0^4} \tag{3.151}$$

其中，$\sigma_0^2 = \tau_0^2/2$ 由输入高斯脉冲的半宽决定，而 L_{nel} 是由式(3.116) 定义的非线性长度。通常，自相位调制引起脉冲展宽是因为它增加了光信号的频率带宽。

设计总频率啁啾的可能性具有更广的范围，因为有三个参数确定总频率啁啾：初始频率啁啾、GDV 参数和光纤非线性参数。这三个因素可以从实际应用角度来选择最有益的方式联系在一起，如通过使用脉冲预失真或设计孤子方法[43-47]。

预失真和孤子方法都在输入光脉冲进入光传输线之前改变输入光脉冲的特性。该脉冲修正与幅度和相位有关，其决定了传输过程中脉冲变换的速度。预啁啾技术就是预失真方法，可以通过使用啁啾高斯脉冲的概念来解释。在光学频率 ω_0 处输入的啁啾高斯脉冲的电场 $E(z,t)$ 表示式为

$$E(0,t) = A(0,t)\exp(-\mathrm{j}\omega_0 t) = A(0)\exp\left(-\frac{(1+\mathrm{j}C_0)t^2}{2\tau_0^2}\right)\exp(-\mathrm{j}\omega_0 t) \tag{3.152}$$

其中，$A(0) = A_0$ 是峰值幅度，$2\tau_0$ 表示 $1/e$ 强度点(FWEM) 的全宽度。对于正啁啾参数($C_0 > 0$)，瞬时频率从前沿到后沿线性增加，这被称为正啁啾。然而，对于负啁啾参数($C_0 < 0$)，瞬时频率从前沿到后沿线性地减小，这被称为

负啁啾。我们还可以从图3.15中看到，当$C_0\beta_0<0$时，脉冲在色散光纤中经历初始压缩，然后再开始展宽的过程。

与最大脉冲压缩相关的传输距离可以从式(3.138)中求得，即

$$L(C_0)=\left(\frac{\tau_0^2}{|\beta_2|}\right)\frac{C_0+\sqrt{1+2C_0^2}}{1+C_0^2}=L_D\frac{C_0+\sqrt{1+2C_0^2}}{1+C_0^2} \tag{3.153}$$

其中，$L_D=\tau_0^2/|\beta_2|$是色散长度。函数$L(C_0)$在C_0大约为0.70时有最大值。然而，该最大值仅适用于高斯脉冲，对于其他脉冲形状可能不同，在不具有理想高斯脉冲形状的情况下需要优化来得到最大性能。如果应用外部调制方案，与非啁啾脉冲传输距离相比，啁啾参数的优化几乎可以使传输距离加倍。对于直接调制方案，脉冲预啁啾的好处相当小，这是因为半导体激光器通过幅度-相位耦合参数α_{chirp}施加了相对大的负啁啾($C_0<0$)，参考式(2.58)。另外，这只能在正常色散区域中观察到(即$\beta_2>0$，或$D<0$，其中D是色散系数)。另外，外部调制器能提供更大的灵活性。通过将啁啾参数设置为正($C_0>0$)，也可以在反常色散区域(即$\beta_2<0$，$D>0$)满足条件$C_0\beta_2<0$。使用频率调制(FM)到幅度调制(AM)的转换，可以通过适当的偏置和外部调制器来完成啁啾的产生。

FM-AM转换是另一种预失真方法，它是基于使用分布式反馈(DFB)激光器发射的连续波(CW)的频率调制，在信号进入外部幅度调制器之前作用于信号。首先是CW载波的FM调制，随后是信号的AM调制，最终将产生啁啾脉冲流。如果假设频率调制是通过用小的正弦偏置电流来完成的，那么进入外部调制器的信号的光频率可以表示为

$$\omega(t)=\omega_0(1+\delta\sin\omega_{FM}t) \tag{3.154}$$

其中，ω_0是CW信号的光频率，δ是频率变化的幅度，ω_{FM}表示正弦偏置电流的频率。我们可以预计，几毫安的正弦电流将产生大约10 MHz的频率偏差，因为系数δ大约为2.5 MHz/mA。如果外部调制器产生具有高斯脉冲形状，如式(3.126)给出的脉冲，则式(3.152)中的电场可表示为

$$\begin{aligned}E(0,\mathrm{t})&=A(0)\exp\left(-\frac{t^2}{2\tau_0^2}\right)\exp(-\mathrm{j}\omega_0(1+\delta\sin\omega_{FM}t)t)\\&\approx A(0)\exp\left(-\frac{(1+\mathrm{j}C_0)t^2}{2\tau_0^2}\right)\exp(-\mathrm{j}\omega_0 t)\end{aligned} \tag{3.155}$$

初始啁啾参数C_0通过使用近似式$\sin(\omega_{FM}t)\approx\omega_{FM}t$来确定，对于小频率变化

是可行的。啁啾参数可以表示为

$$C_0 = 2\delta\omega_{FM}\omega_0\tau_0^2 \tag{3.156}$$

因此,可以通过改变小正弦偏置电流的频率和幅度来改变啁啾参数的幅度和符号。

通过在外部调制器上进行光载波的相位调制,也可以从外部调制器内部改变啁啾参数,这会伴随着强度/幅度调制。如第 2.5.1 节所述,相位调制是通过调制器中折射率的变化来完成的。在这种特定情况下,相位调制通过使用与 AC 偏置电压一起施加的小正弦电压来完成。假设光信号相位变化为

$$\varphi(t) = \delta\cos(\omega_{PM}t) \tag{3.157}$$

等式(3.152) 就变成

$$\begin{aligned} E(0,t) &= A(0)\exp\left(-\frac{t^2}{2\tau_0^2}\right)\exp(-\mathrm{j}\omega_0 t + \mathrm{j}\delta\cos(\omega_{FM}t)) \\ &\approx A(0)\exp\left(-\frac{(1+\mathrm{j}C_0)t^2}{2\tau_0^2}\right)\exp(-\mathrm{j}\omega_0 t) \end{aligned} \tag{3.158}$$

初始啁啾参数 C_0 可以通过近似式 $\cos(\omega_{PM}t) \approx 1-(\omega_{PM}t)^2/2$ 来确定,该近似式适用于小频率变化 ω_{PM}。啁啾参数可以表示为

$$C_0 \approx \tau_0^2\omega_{PM}^2\delta \tag{3.159}$$

因此,通过改变小偏置电压的参数,我们也可以改变啁啾参数。两种类型的常用外部调制器,即马赫-曾德尔(MZ) 调制器和电吸收(EA) 调制器,可用于此目的以产生所需要的啁啾。外部调制器中的啁啾参数 C_0 通常被调到 0.5 ~ 0.9。在集成光学调制器上,预啁啾已经成为一种非常实用的方法。

同样还可以通过使用非线性预啁啾方法来完成脉冲预啁啾。这些方法涉及一些用于预啁啾脉冲的非线性介质。例如,这种介质可以是在饱和状态下工作的半导体光放大器(SOA)。在这种情况下,SOA 中的增益饱和导致载流子密度的变化,这反过来改变折射率值并施加频率啁啾。发生的过程也可以被认为是由增益饱和引起的自相位调制。频率啁啾可以从文献[13] 中得到,即

$$\delta\nu(t) = -\frac{\alpha_{chirp}}{4\pi}\frac{P(t)}{E_{sat}}(G(t)-1) \tag{3.160}$$

其中,$G(t)$ 是 SOA 在饱和状态下运行的增益。在大部分放大脉冲上,饱和状态下的啁啾几乎是线性的。

如果脉冲通过 $\beta_2 < 0$ 的光纤传输,则有可能产生脉冲压缩,因为啁啾参数

具有正值($C_0>0$)。在光纤传输线前面插入适当选择的特殊光纤也可用于脉冲预啁啾。该预啁啾是由于在特定部分中发生的自相调制效应而产生的。进入特殊光纤段的高斯光脉冲的幅度可表示为

$$A(0,t)=\sqrt{P_0}\exp\left(-\frac{t^2}{2\tau_0^2}\right) \tag{3.161}$$

$P(t)=P_0\exp(-t^2/\tau_0{}^2)$ 是输入脉冲功率。特殊光纤段输出端的脉冲幅度可表示为

$$\begin{aligned}A(L_{\text{fib}},t)&=\sqrt{P_0}\exp\left(-\frac{t^2}{2\tau_0^2}\right)\exp(-\mathrm{j}\omega_0 t+\mathrm{j}\gamma L_{\text{fib}}P(t))\\&\approx\sqrt{P(0)}\exp\left(-\frac{(1+\mathrm{j}C_0)t^2}{2\tau_0^2}\exp(-\mathrm{j}\omega_0 t-\mathrm{j}\gamma L_{\text{fib}}P_0)\right)\end{aligned} \tag{3.162}$$

其中,L_{fib} 是特殊光纤段的长度,γ 是非线性光纤系数,该系数来自式(3.113)。式(3.162)中的啁啾参数为

$$C_0=2\gamma L_{\text{fib}}P_0 \tag{3.163}$$

该参数将取正值,因为系数 γ 对于硅基光纤是正的。如果光在反常色散区域中进行传输(即对于 $\beta_2<0,D>0$),预啁啾将是有益的。

对预畸变方法进行总结,我们可以说尽管预啁啾提供了一些好处,但它不能作为独立方法用于长距离传输线中的色散补偿。因此,通常与另一种补偿方案相结合,如采用色散补偿光纤(DCF)的补偿方案。在这种组合方案中,预啁啾在需要通过 DCF 进行缓解,从而降低了 DCF 长度和 DCF 插入损耗。此外,可以将几种预啁啾技术组合在一起以增加整体增益。

组合预啁啾方案中的参数优化相当复杂,为此可能需要数值模拟和计算机辅助建模。正如我们从图 3.15 中看到的那样,如果群速度色散(GVD)系数 β_2 和啁啾参数 C_0 的乘积是负的时,在通过光纤传输的早期阶段,产生的脉冲压缩可以抵消由于色散导致的脉冲展宽。条件 $C_0\beta_2<0$ 可以通过将啁啾参数设置为不同于GVD系数 β_2 来实现。因此,可以在正常或反常色散区域中实现脉冲压缩。初始啁啾的产生可以通过式(3.156)、式(3.159)和式(3.163)来完成。

3.4.1.3 自相位调制的影响与光孤子系统的设计

通过建立光孤子系统,自相位调制(SPM)效应也可以有效地用于通过光

纤的脉冲传输期间任何阶段的脉冲啁啾管理[14,44-51]。这意味着在反常色散区域中(即对于 $D>0$ 或 $\beta_2<0$),也可以沿传输线有效地抑制由自相位调制效应引起的色散。条件 $\beta_2<0$ 只是解决方案所需的初始要求。

最重要的是在色散和特定脉冲形状上的 SPM 之间保持适当的平衡。适当的平衡意味着 SPM 引起的啁啾刚好足以抵消色散效应。任何偏离最佳啁啾的值都会导致不平衡并破坏平衡状态。在实际中保持适当的平衡并不容易,因为 SPM 引起的啁啾是功率相关的,并且脉冲传输期间的任何衰减都将影响啁啾值。但是,光放大器可以恢复脉冲功率并重新获得所需的啁啾值。分布式放大,如由分布式拉曼放大器(DRA) 完成的放大,比离散方式的放大更有利于保持光孤子机制。但是,恢复的脉冲将在其原始位置周围产生一些偏差。这些偏差称为定时抖动,是由放大过程中产生的放大自发辐射(ASE) 噪声引起的[48,51]。由于掺铒光纤放大器(EDFA) 具有比 DRA 更大的 ASE 噪声,因此沿着采用 EDFA 链的线路累积的总抖动将大于由拉曼放大器链路产生的抖动。

可以使用非线性薛定谔方程[44,47,51] 研究光孤子的性质。为此,我们可以回想一下方程(3.149),这是一个可以产生解析解的偏微分方程,与其他类似方程相比,它具有很大的优势。它存在两种类型的结果。第一个是脉冲状的,并且在 $\beta_2<0$(反常色散区域) 下存在。这种结果被称为"亮孤子",因为孤子脉冲带来能量或"亮度"。第二种结果是 $\beta_2>0$(正常色散),并且在恒定强度背景中呈现倾斜状的。该结果被称为"暗孤子"。从传输的角度来看,亮孤子是有意义的。至于暗孤子,有几个实验将它们用于传输目的,但最终实际应用的规模尚不十分清楚。式(3.149) 可以得到亮孤子。输入脉冲的幅度为

$$A(0,t)\approx N\operatorname{sech}\left(\frac{t}{\tau_0}\right) \tag{3.164}$$

如果 $N=1$,则在通过光纤传输时脉冲形状将保持不变。函数"sech" 称为双曲正割函数[49]。参数 τ_0 和 $\beta_2<0$ 分别与脉冲宽度和色散有关。sech 函数形状的半最大值(FWHM) 的全宽与参数 τ_0 相关:$T_{\mathrm{FWHM}}\approx 1.763\tau_0$。

如果 $N>1$,脉冲将偏离其原始形状,但最终将以周期性的方式恢复。如果满足以下条件,则光脉冲称为基本光孤子[44],即

$$N=(\gamma P_0 L_D)^{1/2}=\left(\frac{2\pi n_2}{\lambda A_{\mathrm{eff}}}\frac{\tau_0^2}{|\beta_2|}P_0\right)^{1/2} \tag{3.165}$$

由于基本光孤子无啁啾，以下参数定义了它的产生条件：① 非线性克尔系数 n_2；② 光纤纤芯的有效横截面积 A_{eff}；③ 脉冲参数 τ_0；④ 信号波长 λ 处的 GVD 系数 β_2；⑤ 脉冲峰值功率 P_0。

基本光孤子是唯一一个保持形状不变且没有啁啾的光孤子，这意味着光孤子系统的设计目标是产生和维持基本光孤子。高阶光孤子经过一段距离后的不确定周期后，会恢复到原来的形状，即

$$z_0 = \frac{\pi}{2} \frac{\tau_0^2}{|\beta_2|} \tag{3.166}$$

结果表明，光孤子对式(3.165)中参数的各种扰动是相对稳定的。即使初始脉冲偏离"sech"形状，也可以创建光孤子。这意味着高斯形状最终可演变为孤子形状[47]，如图 3.16 所示。

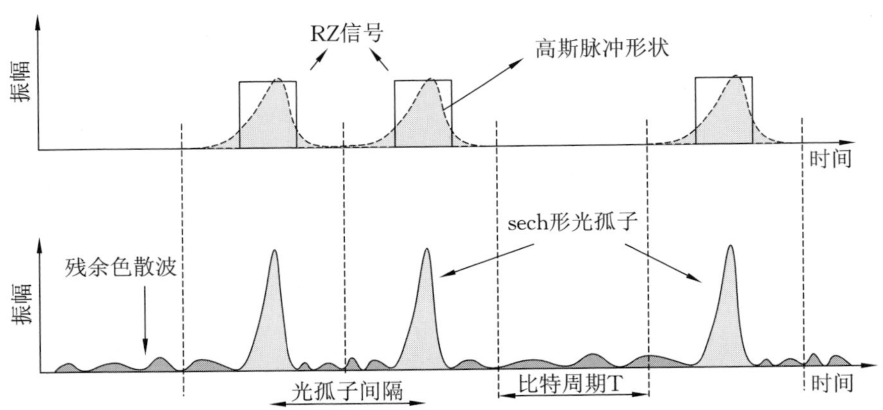

图 3.16　孤子的形成和沿距离的变化

至于峰值功率的偏差，也证明了数量 N 可以为 0.5～1.5，之后仍然可以产生光孤子[13,14]。初始脉冲向光孤子形状的转变伴随着色散波的形成，该色散波由于"sech"形状与原始脉冲形状之间的差异而从光孤子形状中扩散的能量中形成。色散波将继续与光孤子一起传输，并将对系统特性产生负面影响。因此，应通过将初始脉冲形状适当地匹配到由式(3.164)表示的理想形状来最小化色散波。

如果光孤子脉冲在传输过程中重叠，那么它们之间就会有相互破坏的趋势。这就是为什么除了归零(RZ)编码之外还应该通过应用适当的脉冲间隔来防止脉冲重叠。数据流中相邻光孤子脉冲之间的分离取决于光孤子脉冲宽度和信号比特率。更高的比特率应该通过更快的光孤子脉冲重复和选择更窄

的脉冲来设计。对光孤子间距的要求通常用比率 T/τ_0 表示，其中 $T=1/B$ 是比特时长，B 是比特率，τ_0 是光孤子脉冲宽度，如式(3.164)和式(3.165)中所定义的一样。这个比率通常为10～12，可以确保安全，并防止光孤子的相互作用。然而，已经表明，即使间隔比为7～8，相邻光孤子脉冲的振幅相差约10%，也可以防止光孤子相互作用[44]。

基本光孤子的形状可以从发射脉冲的能量中得到，有公式

$$P(t)=|A(0,t)|=P_0\operatorname{sech}^2\left(\frac{t}{\tau_0}\right) \tag{3.167}$$

其中，峰值功率 P_0 可以从式(3.168)中求得，即

$$P_0=\frac{\lambda A_{\text{eff}}}{2\pi n_2}\frac{|\beta_2|}{\tau_0^2} \tag{3.168}$$

由光孤子脉冲携带的总能量(由图3.16中脉冲形状下的阴影区域表示)可以通过积分方程(3.169)来计算，即

$$E_0=\int_{-\infty}^{\infty}P(t)\mathrm{d}t=2P_0\tau_0 \tag{3.169}$$

光孤子脉冲的产生并不是一个简单的过程，因为脉冲应该足够窄以达到指定的比特率，从而保持脉冲间隔，并防止最终的光孤子相互作用。例如，对于10 Gb/s比特率，需要10 ps宽的脉冲来提供光孤子机制；对于40 Gb/s比特率，需要2～3 ps的脉冲宽度；而对于100 Gb/s比特率，需要约1 ps的脉冲宽度。此外，产生的脉冲应具有“sech”形状并且无啁啾。如前所述，这个要求对于光孤子脉冲形成并不重要，因为即使脉冲不遵循“sech”形状并且有非零啁啾参数，也可以形成光孤子。然而，在之后可能会出现问题，因为最终将产生色散波，并且光孤子形成期间孤子能量的一部分将损失给色散波。例如，如果初始啁啾参数是 $C_0=0.5$，则总能量的约17%将转向色散波，这是一个相当大的量。因此，初始脉冲应该具有尽可能低的啁啾，并且尽可能接近理想的“sech”形状。光孤子脉冲可以由可编程啁啾源产生。在这种情况下，啁啾参数被调整为尽可能接近零值。另一种可能性是使用一些较小频率啁啾的激光器，并使用非线性脉冲整形来补偿啁啾参数的有限值。这种成形可以通过使用一部分特殊光纤来实现。

光孤子系统应在较长距离上保持，以便成为一种有效的通信方式。该目标的最大障碍是光纤衰减，因为它会降低保持色散和SPM之间平衡所需的光功率。因此，应该沿着传输线放大光孤子脉冲，这种方式称为光孤子脉冲的损

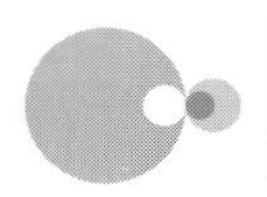

耗管理,可以通过集中和分布式放大来完成。集中放大由传统的线路中的光放大器执行。放大的光孤子脉冲在放大期间重新获得能量,并在跟随放大器通过光纤传输的同时动态调整其宽度和形状。形状调整的过程伴随着色散波的产生,色散波与光孤子脉冲一起继续传输。光孤子脉冲和产生的色散波都将被后续的放大器放大。

如果光孤子脉冲没有经历功率的显著变化,则可以使色散波最小化。这意味着它应该更频繁地被放大,每个放大级具有更小的增益,以防止在传输过程中出现更大的扰动。文献[44]显示,放大器间距应保持在色散长度 $L_D = \tau_0^2/|\beta_2|$ 以下,以便最小化色散波的功率。在没有衰减的情况下,放大器的发射功率应该高于理想情况下所需的峰值功率 P_0。这两个功率之间的比率称为放大引起的功率增强因子,定义为[13,14]:

$$F_{\mathrm{lm}} = \frac{P_{\mathrm{S,lm}}}{P_0} = \frac{E_{\mathrm{S,lm}}}{E_0} = \frac{G\ln G}{G-1} \tag{3.170}$$

其中,$P_{\mathrm{S,lm}}$ 是放大器输出端的发射功率,$E_{\mathrm{S,lm}}$ 是发射光孤子的能量,G 是放大器增益,E_0 是发射机输出端的光孤子脉冲能量,由式(3.169)给出。式(3.170)表明,参数 F_{lm} 应该为 2 ~ 4,这对商业系统来说可能不太实用。

分布式拉曼放大比集中放大更有利于光孤子传输,因为其固有性质能防止光功率和光孤子宽度的大扰动。拉曼放大器的双向泵浦非常方便,因为它能在信号较弱点处提供增益并且还可能解决了在其他方面受到威胁的问题。在这种情况下,任何放大器间距 L_A 小于 $4\pi L_D$ 的分布式放大,都能很好地阻止光孤子重叠区域的相互破坏。如果色散管理伴随着传输线的损耗管理时,则可以更容易地维持光孤子的状态。这样的结论基于式(3.168),其表明如果功率降低伴随有 GVD 的降低,则脉冲宽度将保持不变。由于功率随着长度与衰减系数成比例地呈指数下降,当 GVD 参数遵循相同的方式时,光孤子脉冲形状将得到保持,有

$$|\beta_2(z)| = |\beta_2(0)| \exp(-\alpha z) \tag{3.171}$$

这尽管有吸引力,但是式(3.171)在实践中不容易实现,主要是由于制造困难,具有较低色散的光纤不容易获得。此外,即使制造工艺有所改进,也可能相对昂贵。作为替代方案,包含具有相反 GVD 参数的光纤部分的周期性色散图可能有利于支持光孤子方案,如图 3.17 所示。

虽然色散图保持的 GVD 参数平均值较低,但每个部分都有足够的色散,

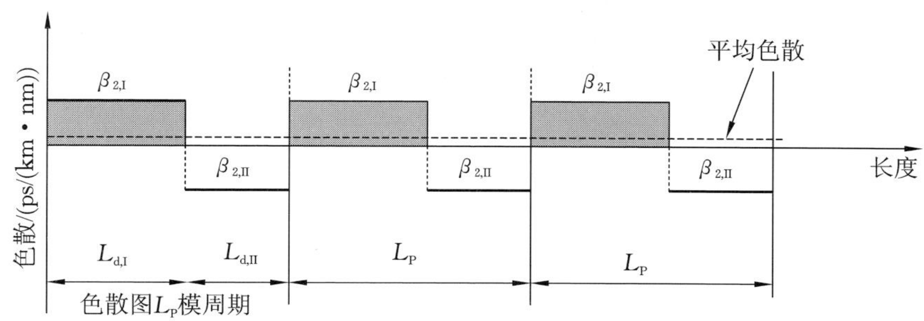

图 3.17　单模光纤中的周期色散图

以防止出现强烈的非线性串扰效应。甚至部分光纤工作在正常色散区域中时，脉冲在通过色散管理线路的期间都将保持光孤子状态。如果通过在整个传输长度上计算色散的平均值来平衡自相位调制效应，则仍然可以有效地支持光孤子系统。因此，光孤子证明了它们足够稳定，不仅可以承受峰值功率的扰动，而且能够承受脉冲形状的扰动。光孤子脉冲宽度将沿着线路周期性地振荡，但是避免了脉冲破坏。事实上，色散管理光孤子的优化设计是将它们运用到应用级别的步骤。值得注意的是，与适用于具有均匀 GVD 系数的标准光孤子系统的情况相比，需要更高的光学峰值功率来保持色散管理光孤子。支持光孤子方案所需的能量增加由增强因子表示为

$$F_{\mathrm{dm}}=\frac{E_{0,\mathrm{dm}}}{E_0} \tag{3.172}$$

其中，$E_{0,\mathrm{dm}}$ 和 E_0 分别是与色散管理和普通光孤子情况有关的能量。增强因子应比式(3.170)的功率增强因子高几倍，以保持光孤子状态。

色散管理光孤子的条件可以通过数值求解非线性薛定谔方程(3.149)来检验。脉冲输入参数(峰值功率、啁啾、脉冲宽度)可以根据指定的色散图参数(图周期、不同部分的长度)进行优化，反之亦然。非线性薛定谔方程通常通过假设输入脉冲具有高斯形状而不是“sech”形状来求解。结果发现，设计良好的色散管理图将在以下条件下支持光孤子方案[13]：

$$\tau_0=\sqrt{\frac{1+C_0^2}{|C_0|}}\sqrt{\frac{|\beta_{2,\mathrm{I}}\beta_{2,\mathrm{II}}L_{\mathrm{d,I}}L_{\mathrm{d,II}}|}{\beta_{2,\mathrm{I}}L_{\mathrm{d,I}}-\beta_{2,\mathrm{II}}L_{\mathrm{d,II}}}}=C_{\mathrm{eqv}}T_{\mathrm{map}} \tag{3.173}$$

其中，τ_0 和 C_0 分别代表脉冲宽度和啁啾参数的初始值，$\beta_{2,\mathrm{I}}$ 和 $\beta_{2,\mathrm{II}}$ 分别是指具有正常和反常色散的光纤部分的GVD参数。这些部分分别具有的长度为 $L_{\mathrm{d,I}}$ 和 $L_{\mathrm{d,II}}$，如图 3.17 所示。参数 T_{map} 与式(3.173)右侧的第二个平方根相关，是

映射参数。对于更高的比特率，该参数应该更小，这可能对更高比特率的色散管理的实用性有限制。重要的是图 3.17 中的图像需要对任何传输场景都有效，最常见的情况是 $L_{d,I}$ 和 $\beta_{2,I}$ 与常规传输光纤有关，而 $L_{d,II}$ 和 $\beta_{2,II}$ 与色散补偿光纤(DCF) 有关。

3.4.1.4　色散和 SPM 的补偿

通常，由于符号间干扰，色散会导致脉冲展宽和功率损失，因此有必要采取额外措施以最小化其影响。预失真和色散补偿映射都是减轻色散的整体影响的方法。色散补偿是一种常用的方法，首先它可以很好地应用于多模光纤，在多模光纤中，不同的渐变折射率分布光纤一起工作并补偿彼此的色散。同时色散补偿也应用于单模光纤，我们将概述色散补偿方案的基本原理。除了色散补偿能力之外，还根据以下参数评估所有补偿方案的优点：插入损耗、可补偿的频带宽度、相对于信号内容(比特率、调制格式) 的兼容性、在色散补偿同时并行补偿非线性效应的能力，以及补偿设备的物理尺寸。

到目前为止，有许多方法可以有效地用于色散补偿，可以分为以下几组：① 预失真，通过控制发射光信号的频率啁啾在发射端完成；② 通过使用提高色散效应的全光学方案沿光波路径进行在线补偿；③ 后检测，通过使用用于非线性色散效应消除的自适应反馈，通过相干光接收机中的电均衡，或通过在相干光接收机中使用数字信号处理方案的综合数字滤波来完成。

在本节中，我们将主要关注在线补偿方案，因为已经在前面的章节中讨论了预失真的方案，后检测色散补偿方案将在第 6 章中讨论。人们已经提出了几种用于在线补偿的方法。到目前为止，通常使用以下的方式之一：色散补偿光纤(DCF)、光纤布拉格光栅、双模光纤、相位耦合模块、中间系统光谱反转模块、窄带滤波器和马赫 - 曾德尔滤波器。其中有些方法没有找到更广泛的应用，而有些方法经常应用。

所有在线色散补偿方法也称为全光方法，它们可以应用于沿光波路径的任何位置。但实际上，它们通常在光放大器节点使用。色散补偿模块放置在光放大器的中间位置。在一些情况下，色散补偿模块可以放置在光发射端用来使信号预失真，或者可以是光接收机的一部分，来对残余色散进行后补偿。使用色散补偿光纤(DCF) 是最常用的方法，如果非线性效应可以忽略不计，那么能完全补偿色散。如果非线性很小，则可以将补偿视为满足以下条件的线性过程：

$$D_1L_1=-D_2L_2 \tag{3.174}$$

其中，D_1 和 L_1 分别是色散和传输光纤的长度，D_2 和 L_2 则与色散和 DCF 的长度有关。由于两个长度都是正参数，因此只有当色散系数 D_1 和 D_2 的符号不同时，才能满足式(3.174)。如果在反常色散区域中进行光传输，则色散补偿光纤应具有负色散(即 $D_2<0$)，而在正常色散区域则恰好相反。传输长度 L_1 和色散 D_1 是预先已知的参数，这意味着可以通过选择参数 L_2 和 D_2 来满足式(3.174)。长度 L_2 应尽可能短，以尽量减少插入损耗。这就要求色散系数 D_2 尽可能高。

具有大负色散的色散补偿光纤用于沿着传输线周期性地补偿色散效应。根据式(3.53)，这些光纤被设计成在低于归一化频率 V 下工作。通过应用具有较小芯径和特殊折射率分布的设计来完成 DCF 设计，如图 3.12(d) 所示。DCF 的这种设计导致相当大的波导色散分量，并且成为主导，决定了色散的总特性。用于色散补偿光纤的色散系数 D_2 的总值可以变化，对于商用 DCF，其色散系数为 $-90\sim-150$ ps/(nm·km)。尽管提供负色散系数，但由于传输模式通过纤芯区域时波导较弱，特殊设计的 DCF 也引入了更高的光纤衰减。此外，由于设计因素，色散补偿光纤对微弯损耗更敏感。DCF 的总衰减系数 α_{DCF} 为 $0.4\sim0.7$ dB/km，远远高于普通光纤的衰减。比率或品质因数 $FM=|D_2|/\alpha_{DCF}$ 用于表征不同类型的 DCF。很明显，品质因数应该尽可能高。如今生产的色散补偿光纤通常是 $FM>200$ ps/(nm·km)/dB。

DCF 最有益的用途主要是用于多通道传输系统中的色散补偿。如果在多通道或 WDM 环境中使用，则应满足每个独立通道的式(3.174)给出的条件，这意味着式(3.174)应该变为

$$D_1(\lambda_i)L_1=-D_2(\lambda_i)L_2 \tag{3.175}$$

其中，$\lambda_i(i=1,2,\cdots,M)$ 是指 M 个信道复用在一起时的某一光信道。由于 $D_1(\lambda)$ 是波长相关的，如图 3.8 所示，累积色散 $D_1(\lambda)L_1$ 对于每个单独的通道是不同的。这对 DCF 提出了更严格的要求，DCF 也应该具有适当的负色散斜率以满足式(3.175)。DCF 的色散斜率可以通过假设参考信道满足式(3.175)来计算，参考信道通常是混合 WDM 信号中的中心波长 λ_c。其他通道的色散可以通过参考色散和色散斜率来表示，这样就有下面的一组方程：

$$D_1(\lambda_c)L_1=-D_2(\lambda_c)L_2 \tag{3.176}$$

$$[D_1(\lambda_c)+S_1(\lambda_i-\lambda_c)]L_1=-[D_2(\lambda_c)+S_2(\lambda_i-\lambda_c)]L_2 \tag{3.177}$$

$$S_2 = -S_1(L_1/L_2) = S_1(D_2/D_1) \qquad (3.178)$$

其中，S_1 和 S_2 分别是光纤长度 L_1 和 L_2 的色散斜率。上述方程组控制多通道光传输中的色散补偿。对于光传输和色散补偿光纤，S/D 的比率（通常称为相对色散斜率）应该相同。但实际上很难在更宽的波长范围内满足方程(3.176)～方程(3.178)，这会导致某些通道的色散补偿不完善，如图 3.18 所示。

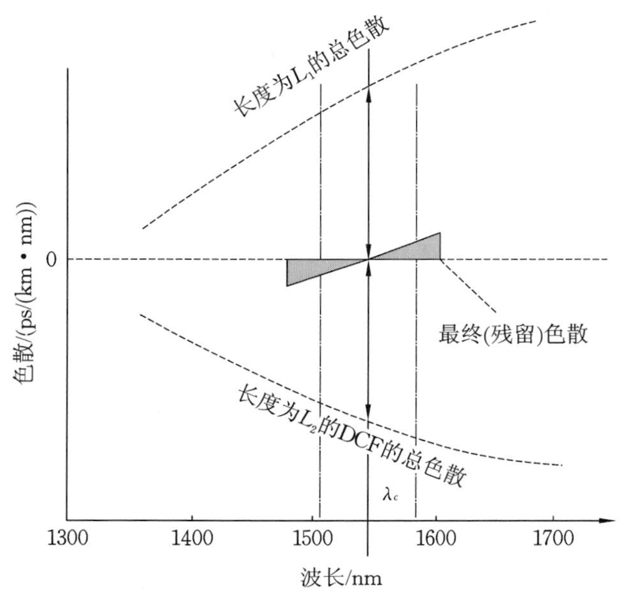

图 3.18　由于传输光纤和 DCF 之间的不完美匹配导致的残余色散

实现中心波长 λ_c 的完美补偿的同时，在传输带宽内的中心波长的两侧还存在残余色散，如图 3.18 所示。较短波长的信道被过度补偿，而较长波长的信道则补偿不足。还可以建立与中心波长不同的参考波长。在这种情况下，残留色散的情况将是不同的。对于 $S/D \approx 0.003\ \text{nm}^{-1}$ 的标准单模(SMF)光纤，比色散位移光纤(DSF)和非零色散位移光纤(NZDSF)更容易找到良好匹配，尽管后两种光纤都具有更高的匹配度(S/D，对于 DSF 和 NZDSF，通常 $S/D > 0.02\ \text{nm}^{-1}$)。因此，涉及 NZDSF 的补偿方案可能需要在接收端进行补偿以消除某些信道中的残余色散。如果长度 L_2 相对较长，则可以更容易地实现对所有通道进行适当的色散补偿。如果是这样，色散补偿光纤不仅仅是补偿元件，还会成为传输线路的一部分，具有与前一个单元不同的色散值，遵循特定的色散补偿映射，如图 3.17 所示。这种光纤称为反向色散光纤，通常与传输光纤结合使用，以提高整体传输能力[52]。通常，传输光纤和DCF可以用不同的方式组合，一般通过诸如预补偿、后补偿和过补偿等方式来表示，以描述所使用方法的性质。

在归一化截止频率($V_c=2.4$)附近工作且同时支持基模LP_{01}和高阶模式LP_{11}传输的光纤也可以用于补偿。如果用于色散补偿，则光纤在双模光纤部分的输入和输出处与模式转换器结合。输入光信号被引导通过模式转换器，模式转换器将基模LP_{01}转换到下一个高模LP_{11}。双模光纤经过特殊设计，使得对LP_{11}而言，色散系数D_2具有较大的负值，即$-550\sim-770$ ps/(nm·km)[53]。双模光纤的总长度为传输光纤长度的2%～3%。在通过双模DCF之后，高阶模式被转换回基模。从LP_{01}到LP_{11}的模式转换通过长周期光纤光栅[54]完成，它可以有效地耦合这些模式，反之亦然。

作为器件的布拉格光纤光栅也可以有效地用于色散补偿。这种属于短周期光栅的光栅称为布拉格光纤光栅[54,55]。布拉格光纤光栅用于色散补偿的应用，如图3.19(a)所示。光栅主要与光学环形器结合使用，光学环形器将反射光与前向信号分开。光纤光栅是一种特殊的光纤，内部刻有啁啾布拉格光栅，通过使用特殊相位掩模作用的强紫外(UV)激光源，或使用特殊的全息方法，光栅可以刻在光敏光纤的纤芯中[54]。

入射光功率引起光纤折射率的永久变化和微变化，而折射率最大值与衍射UV光的衍射条纹一致。折射率沿光纤片长度变化，有

$$n(z)=n_c+n_v\left(\frac{2\pi zG(z)}{\Lambda_0}\right)=n_c+n_v\cos\left(\frac{2\pi z}{\Lambda(z)}\right) \tag{3.179}$$

其中，n_c是纤芯的折射率，n_v(约0.0001)是光栅印记引起的折射率变化幅度，$\Lambda(z)=\Lambda_0/G(z)$是可变光栅周期，$\Lambda_0$是最大光栅周期，$G(z)$是沿光纤片长度表征光栅啁啾的函数。

由于布拉格波长沿光栅长度变化，不同的波长将沿着光栅在不同的位置耦合到后向波。波长耦合将发生在局部满足布拉格条件的地方。根据啁啾可以沿着光纤段的长度增加或减少，更短或更长的波长将首先被耦合。例如，图3.19中先耦合较长波长。反常色散区域中的色散可以用沿着长度具有负(减小)啁啾的布拉格光栅来补偿，而来自正常色散区域的色散可以通过增加啁啾的光栅来补偿。请注意，对光栅施加正负啁啾的分类不是非常严谨，因为如果输入端口和输出端口相反，则每个光栅都可以施加给所有芯片。因此，光

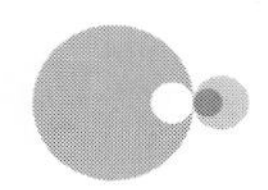

纤布拉格光栅沿其长度在不同点处滤除不同波长，并引入波长相关的延迟。

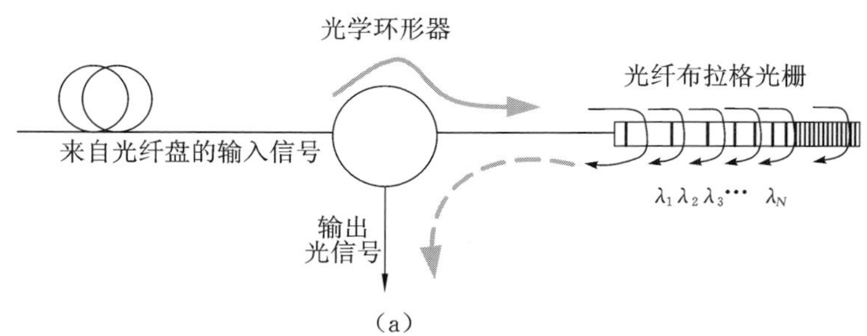

(a)

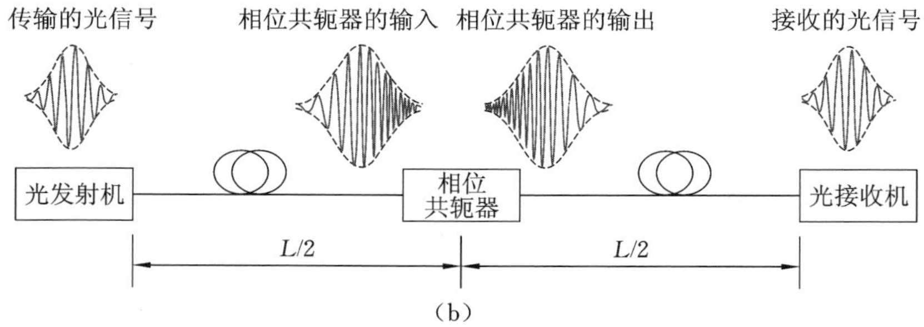

(b)

图 3.19　通过使用以下器件进行色散补偿

(a) 布拉格光纤光栅；(b) 相位共轭器

具有光栅结构的折射率变化会导致前向传输波和后向传输波的耦合。耦合仅发生在布拉格波长上，即满足以下布拉格条件的波长：

$$\lambda_B = 2n_c\Lambda(z) \tag{3.180}$$

布拉格光纤光栅的色散参数 D_{grat} 可以从光栅的最开始和最末端耦合的两个波长之间的时间延迟 $\Delta\tau$ 获得，其表示式如下：

$$\Delta\tau = D_{grat}\Delta\lambda = \frac{2n_{co,B}L_{grat}}{c} \tag{3.181}$$

$$D_{grat} = \frac{2L_{grat}n_{co,B}}{c\Delta\lambda} \tag{3.182}$$

其中，c 是真空中的光速，$n_{co,B}$ 是光纤纤芯的折射率，L_{grat} 是光栅的长度，$\Delta\lambda = \lambda_1 - \lambda_2$ 是光栅的两端反射波长的差异。实际上，布拉格光纤光栅是一种光学带通滤波器，它反射来自指定波段的波长，该波段由光栅周期、光纤长度和啁啾率来定义。补偿能力与光栅长度成正比。例如，需要 10 cm 的光纤长度来补偿 100 ps/nm 的色散，而需要 1 m 的长度来补偿 1000 ps/nm 的色散。同时，色散补偿能力与带宽成反比，这意味着可以在较小带宽上补偿较大的色散，反之亦然。例如，可以在 1 nm 的带宽上补偿 1000 ps/nm，而在约 10 nm 的波长带宽上可以补偿 100 ps/nm。

光学布拉格光栅在沿波长带通的反射率和时间延迟方面会有一些波纹。波纹与光栅压印的离散性质有关，并且是与光栅应用相关的最大问题之一。通过变迹技术可以使这种效应最小化，其中由式(3.179)中的 n_v 给出的折射率变化的幅度将在光纤长度上变得不均匀。变迹通常以如下方式进行：折射率变化在光纤片的中间具有最大值，而朝向其末端减小。布拉格光纤光栅的更广泛应用受到其有限带宽的限制，因为在较长的长度上保持啁啾稳定性相当困难。但由于具有相对小的插入损耗和较低的成本，因此它们得到广泛应用。此外，布拉格光纤光栅的补偿可以与其他色散补偿方法相结合，以提高整体的补偿能力。

用于有效色散补偿的另一种方法是使用相位共轭。相位共轭是全光非线性色散补偿方法，其中输入光信号被转换成其镜像。通过这样的方式使幅度保持不变，而输出信号频谱是输入频谱的复共轭或相位反转。因此，输入和输出信号的傅里叶变换存在一定关联，即

$$A_{in}(\omega_0-\delta\omega)=A_{out}(\omega_0+\delta\omega) \tag{3.183}$$

其中，A_{in} 和 A_{out} 分别是输入和输出脉冲的幅度，ω_0 是中心光频率，而 $\delta\omega$ 表示与中心频率的频率偏差。如我们所见，输入光谱的较高光谱分量已被转换为输出光谱中较低的光谱分量。相位共轭器可以以图 3.19(b) 所示的方式进行色散补偿。当传输链路的特征是均匀色散的情况下，应在距离 $z=L/2$ 处进行相位共轭，其中 L 是传输线的总长度。众所周知，该方法为中跨频谱反演。如果传输线是非均匀线路，则相位共轭器应放置的位置满足如下公式：

$$D_1L_1\approx D_2L_2 \tag{3.184}$$

其中，L_1 和 D_1 分别表示输入部分长度和相应的色散，L_2 和 D_2 分别表示输出部分长度及其相应的色散。式(3.183)和式(3.184)意味着沿着传输线的第一部分累积的色散可以由第二部分精确地补偿。该方式成立的原因是它可以用于二阶群速度色散，但不能用于式(3.149)中由系数 β_3 表示的三阶色散。

相位共轭方法的主要优点是它不仅可以用于色散补偿，还可以用于补偿 SPM 效应。在均匀传输线的情况下，可以在线路的中间进行相位共轭，而非均匀传输线要求满足以下要求：

$$n_2(L)\Pi(L)L_1\big|_{L=L_1}\approx n_2(L)\Pi(L)L_1\big|_{L=L_2} \tag{3.185}$$

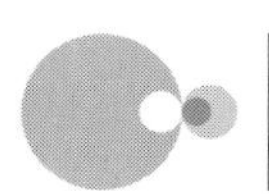

其中，n_2 是非线性 Kerr 系数，$\Pi(L)=P(L)/A_{eff}$ 是光功率密度，P 是光功率，A_{eff} 是有效截面积，可参考式(3.111) ~ 式(3.113)。

相位共轭的有效应用可以基于若干物理效应，如在光纤中发生的四波混频(FWM)过程，在特殊的非线性波导(如 LiNbO3 波导)中，或在半导体光放大器(SOA)中。目前几个实验组已经成功地证明了相位共轭可以补偿较长距离的色散[56-58]。数值模拟表明，如果使用非常精确的系统工程，相位共轭方法在数千千米范围内都是可行的。相位共轭器最终可以与光学放大器组合，以在同一位置提供放大和色散补偿。这些放大器称为参量放大器，有着显著的应用潜力[58,59]。

色散补偿也可以通过光学滤波器完成。光学滤波器的应用基于以下条件：色散使信号相位与 GDV 系数 β_2 成比例地变化。因此，如果存在相位反转的光学滤波器，则可以补偿色散。为达到该目的，光学滤波器应具有与所讨论的光纤的传递函数相反的传递函数。由于没有可以完全满足该要求的光学滤波器，因此在实践中很难实现。相反，可以使用特殊的光学滤波器来部分补偿色散效应。滤波器的传递函数可表示为

$$H_{fil}(\omega)=|H_{fil}(\omega)|\exp(j\Phi(\omega))\approx|H_{fil}(\omega)|\exp(j(\Phi_0+\Phi_1\omega+\frac{1}{2}\Phi_2\omega^2)) \tag{3.186}$$

其中，$\Phi_i=d_i\Phi/d\omega^i(i=1,2,\cdots)$ 是在中心频率 ω_0 处评估的导数。我们应该记得，相似的展开也可用于信号相位，参见式(3.121) ~ 式(3.124)。式(3.186)中具有指数 $i=0$ 和 $i=1$ 的系数分别映射固有相移和时间延迟，并且它们与相位变化无关。另一方面，指数 $i=2$ 的系数是最重要的系数，因为它与相位变化有关。该系数应与 GVD 系数相匹配，关系式为 $\Phi_2=-\beta_2L$。光学滤波器的振幅应为 $|H(\omega)|=1$，这是防止输入光信号内有任何光谱分量衰减所必需的。用于色散补偿的光学滤波器可以用法布里-珀罗或马赫-曾德尔干涉仪的级联结构来实现。通过使用平面光波导(PLC)可以生产包含多个光学滤波器的级联结构[60]。设计用于色散补偿的光学滤波器可以带来一些额外的好处，因为它们还可以滤除光学噪声并限制其功率。通常，光学滤波器可以补偿超过 1000 ps/nm 的色散，但是带宽相对较窄。

第三组色散补偿方案，主要用于消除保留在接收端的残余色散，称为色散后补偿。残余色散成为 WDM 系统中的一个问题，因为它可能超过某些通道

的临界水平。后补偿应该仅应用于指定数量的通道,通常是每个基础通道。如果存在大量传输信道,则这种方法可能相当麻烦且昂贵。此外,采用具有固定负色散的色散补偿模块是一种静态方法,可能不适合于色散量未知的环境。这是由于群速度色散系数的变化而产生的,群速度色散系数的变化可能是由温度引起的,或者可能是由于光网络环境中光波路径的动态重新配置而出现的,这种动态重新配置改变了累积色散的总值。对于高于10 Gb/s的比特率,色散的这些波动更为关键。因此,非常希望有一种具有可以自动调节的自适应补偿方案。这种方案可以采用可调色散补偿元件或利用色散效应的电子均衡[61-64]。从成本和系统工程的角度来看,远程控制和调整每个信道的可调色散补偿可以增强传输特性,并带来好处。

如果我们回想一下,任何色散补偿器都可以视为一个滤波器,它可以反转由于色散影响而产生的相位偏差,那么可调色散补偿就很容易理解。因此,可调性与滤波器特性的微调有关。已经提出并在实验室中演示了几种可调谐色散补偿方法。它们中的大多数使用布拉格光纤光栅作为可调谐滤波器。通过分布式加热改变与补偿能力相关的可控啁啾。通过这种方法,在亚纳米波长带上实现的色散补偿范围可以大于1500 ps/nm。一般而言,任何遵循式(3.186)给出的要求的可调谐光学滤波器都可以考虑用于动态色散补偿。

最后,在光学接收器中进行后检测色散补偿,并将其应用于电信号。通过数字信号处理和电子均衡滤波来抑制色散的影响。在某些情况下,如第6章中描述的相干检测方案,除了数字滤波之外,色散还可以通过线性模拟滤波方法进行补偿。校正由色散引起的信号失真的微波滤波器应具有如下的传递函数[46]:

$$H(\omega)=\exp\left(\frac{-\mathrm{j}(\omega-\omega_{\mathrm{IF}})^2\beta_2 L}{2}\right) \tag{3.187}$$

其中,ω_{IF} 是中心微波频率,β_2 是 GVD 系数,L 是色散累积的光纤长度。数十厘米长的微带线可用于补偿累积数百千米的色散。

线性滤波方法可以用于相干检测方案,因为保留了关于信号相位的信息。然而,直接检测方案不跟踪相位,因为光电二极管只响应光信号强度。在这种情况下,可以采取其他方法,如基于先前比特的存在来改变判决标准。例如,在所讨论的比特之前有更多“1”比特,这意味着要考虑更强烈的符号间影响,反之亦然。另一种方法就是检查由一行中的几个比特组成的信号结构之后做出判决，以便估计应该补偿的码间干扰的量。该方法称为最大似然序列估计(MLSE)，并且通常需要快速信号处理和在比信号比特率更高的时钟下操作的逻辑电路[65]。另外，检查的比特序列越长，信号处理就应该越快。因此，这种方法对于中等比特率和中等传输距离最有效。

电子补偿的另一种方法是使用数字横向滤波器，这在电信理论中是众所周知的[11]。在这种情况下，信号被分成几个相互延迟的分支并乘以权重系数。最终再将这些分量连接在一起，并根据总的信号做出判决。后检测技术现在被认为是先进高速检测方案的主流补偿方案[66-68]，这部分将在第6章详细讨论。

数字后向传输技术看起来非常有前途，不仅可以补偿色散效应，还可以补偿自相位调制和非线性信道串扰等非线性效应的影响。假设所有线性和非线性效应的影响在接收端是已知的，并且是在光纤信道中许多耦合的非线性薛定谔方程的综合传递函数中得到的。如果传递函数乘以其倒数，最终会消除所有非线性和线性效应的影响[66]。但是，这种方法实现有两个重要的前提条件：① 应该知道综合传递函数的确切形式；② 应该产生精确的反函数来消除原始效应的影响。所有这些意味着需要进行大量的数字信号处理以解决应该补偿的所有效应。为了进行高速信号处理，需要采用一些并行处理方案。数字通信技术是未来高速传输系统中最全面的补偿工具，并且随着数字信号处理速度的不断提高，它将得到更广泛的部署。

表3.3所示的是几种商用模块的色散补偿比较。将这些方法的品质因数进行比较，品质因数由插入损耗、色散补偿能力、微调能力、频带和对偏振的灵敏度来定义。

表3.3 光色散补偿方案

方法	色散补偿光纤	光纤布拉格光栅	双模转换
品质因数 /(ps/dB)	50 ～ 300	100 ～ 200	50 ～ 170
平均 PMD/($ps/km^{\frac{1}{2}}$)	0.06 ～ 0.1	0.5 ～ 1.5	0.05 ～ 0.08
带宽 /nm	＞30	0.5 ～ 6	约 30
可调性	否	是	是

对于偏振模色散(PMD)的补偿,由于在传输光波路径可以包括具有相对高的 PMD 值的一些环境,PMD 的补偿对于高比特率变得非常重要。PMD 和色散之间的主要区别在于 PMD 效应的随机性,这使得处理起来更加困难。尽管在两种情况下都是相同类型的检测方法,但 PMD 补偿方案通常被认为是独立于色散补偿方案的。

到目前为止,已经提出并证明了几种方法来补偿 PMD 效应,参见文献[62,63,65],主要分为两种方式:基于接收端或基于发射端。在某些情况下,这两种方案甚至可以组合在一起。此外,PMD 补偿可以与光信号或电信号相关。PMD 补偿背后的基本思想是关于两个偏振模式之间的延迟的校正和均衡,或者关于改变输入光信号的偏振状态以实现更有利的检测条件。

通过光学装置均衡 PMD 效应是通过使用一些偏振交替装置的反馈回路来改变输入光信号的偏振状态。可以在光接收端建立反馈,提供了相对快速的操作,但具有相当有限的动态范围。反馈可以一直建立到发射端,以找到发射中处于主偏振态(PSP)的信号。这种方法提供了更大的动态范围。然而,由于在较长距离上建立的反馈导致传输延迟,因此操作可能相对较慢。

PMD 均衡也可以通过主偏振态将输入光信号分成两种偏振模式来完成[63]。这两种偏振模式由偏振分光器分开,并通过偏振耦合器组合在一起。同时,较快的偏振模式相对于较慢的偏振模式有延迟,这意味着减轻了一阶 PMD。

电 PMD 补偿依赖于快速电信号处理,并且是数字接收机中整体数字信号处理方案的一部分,通过横向滤波器方案完成。该方案首先将检测到的电信号分成多个部分(分支);然后将每个分支乘以权重系数并通过延迟线延迟指定的时间量;最后将所有分支组合成统一的输出信号。

总之,PMD 补偿可以在电域中的每个信道上有效地完成。实际上,到目前为止采用的方法是充分减轻 PMD 效应,使其对光接收机的灵敏度降低的影响保持在一定限度内。先进的 PMD 补偿方案已成为现在高速应用的数字相干接收机中不可或缺的一部分。

3.5 光纤中多信道传输

光纤的多信道传输的特征在于多个信道一起复用,复用后的信号通过光纤线路发送。每个信道由其载波频率 ν_i(或载波波长 λ_i)和与该频率相关的光

功率 P_i 来标识。沿光路的聚合信号具有功率

$$P_{\text{tot}}=\sum_{i=1}^{M}P_i \tag{3.188}$$

其中,M 是总的信道数。

频域中的多信道布置称为波分复用(WDM)方案。沿波长坐标的信道分布可以遵循一些标准化方案,由相邻信道之间的频谱槽和信道间隔定义。ITU-T 标准建立了一个网格,其波长间隔可在 12.5 GHz 到 200 GHz 之间变化[69]。迄今为止部署的系统中最常见的是具有 50 GHz 间隔的波长网格,如图 3.20 所示,用于 10 Gb/s 和 40 Gb/s 通道的二进制强度调制。通常,每个信道可以用不同的比特率和调制信号进行调制,但是需要被设计为包含在分配的 ITU 网格内。

单模光纤中的多通道传输的特征在于,各个通道可能受到光纤中线性和非线性效应的影响不同。此外,多通道传输将产生一种环境,在该环境中,多通道非线性效应可能会导致主要的信号损伤。接下来我们将描述对单模光纤中的多通道传输有影响的两种非线性效应:交叉相位调制(XPM)和四波混频(FWM)。

3.5.1　交叉相位调制

交叉相位调制(XPM)是由折射率的强度相关性所引起的另一种效应,并且在复合光信号通过光纤传输期间发生。特定的光学通道的非线性相移不仅受该通道的功率影响,而且受其他通道的光功率影响。可以使用式(3.115)来评估其他光学通道对所讨论的通道的影响,该式现在被修正并变为

$$\Delta\Phi_m(t)=\gamma L_{\text{eff}}P_{0m}(t)+2\gamma L_{\text{eff}}\sum_{i\neq m}^{M}P_{0m}(t)=\frac{2\pi}{\lambda}\frac{L_{\text{eff}}n_2}{A_{\text{eff}}}\left[P_{0m}(t)+2\sum_{i\neq m}^{M}P_{0i}(t)\right] \tag{3.189}$$

其中,m 表示所讨论的信道,n_2、A_{eff}、L_{eff} 和 M 分别是非线性系数、有效横截面积、有效光纤长度和光信道总数。式(3.189)中的因子 2 表明,交叉相位调制效应比自相位调制效应的效率高 2 倍[44]。

另外,相移取决于位模式,因为仅"1"位将对总相移产生影响。因此,"1"和"0"位的排列(见图 3.20),将在整体效果中起到非常重要的作用。在最坏的情况下,当所有通道处于"1"位并加载功率 P_m 时,式(3.189)变为

$$\Delta\Phi_m(t)=\frac{2\pi}{\lambda}\frac{L_{\text{eff}}n_2P_{0m}(t)}{A_{\text{eff}}}(2M-1) \tag{3.190}$$

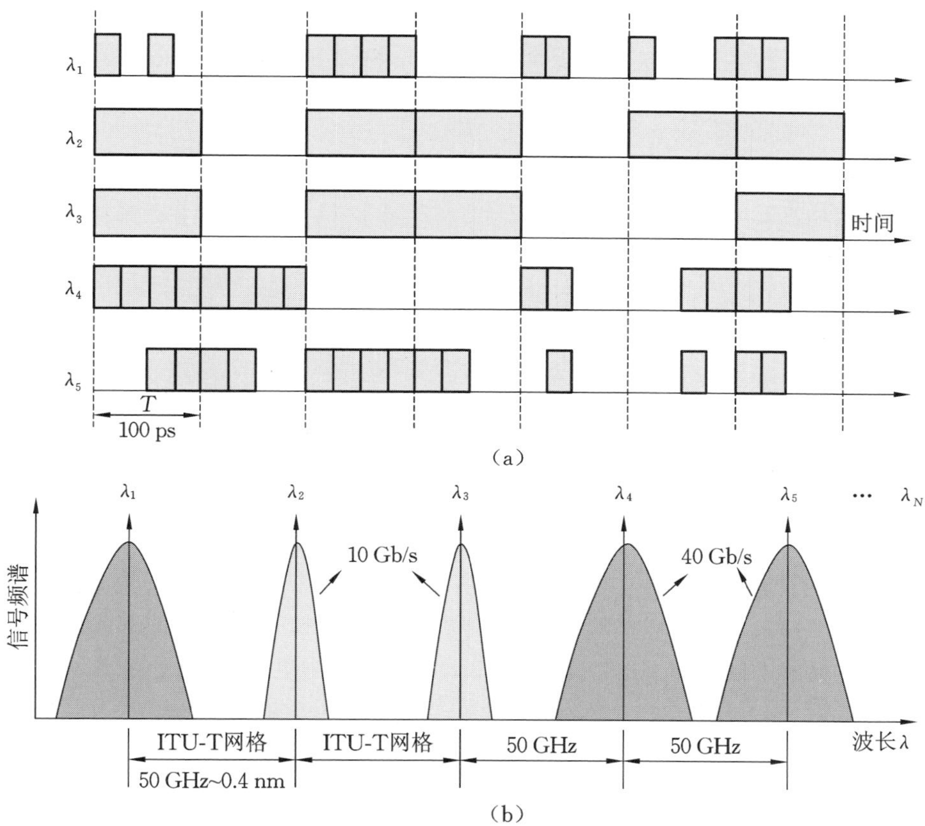

图 3.20　单频道的多频道排列

(a) 数字内容；(b) WDM 频谱分布

式(3.189) 和式(3.190) 可用于估计无色散介质中的交叉相位调制效应，其中来自不同光学通道的光脉冲以相同的群速度传播。在实际光纤中，不同光学通道中的光脉冲将具有不同的群速度。式(3.189) 和式(3.190) 给出的相移只能在重叠时间内发生。相邻信道之间的重叠比间隔开的信道的重叠长，并且对相移产生的影响最为显著。

由于交叉相位调制引起的脉冲重叠和频移如图 3.21 所示。当重叠发生时，脉冲 A 的前沿经历光学频率的降低或光学波长的增加(称为红移)，而脉冲 B的后沿经历光学频率的增加或光学波长的减小(称为蓝移)。当重叠完成时，脉冲 A 的后沿变为蓝移，而脉冲 B 的前沿经历红移。如果脉冲快速地相互穿过，则对两个脉冲的相互影响减小，因为由后沿引起的失真会消除由前沿引起的失真。当相互作用的通道分离较远时，这种情况可以与存在显著色散的情况相关联。但是，如果脉冲缓慢地相互穿过，两个脉冲所经历的效果类似于图 3.21 所示的效果。

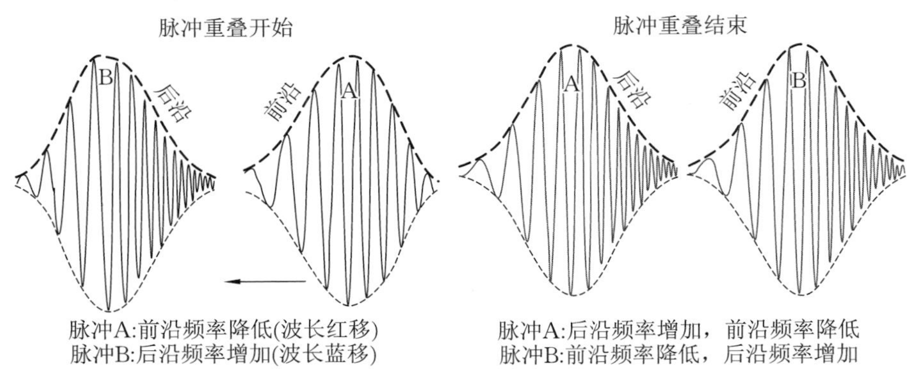

图 3.21　XPM 效应导致脉冲重叠和频移

可以通过增加各个通道之间的间隔来减少交叉相位调制的影响。通过这样做，这些通道之间的传输常数的差异变得足够大，使得相互作用的光脉冲彼此远离，并且不能进一步相互作用。如果色散的影响更大，那么这些差异将会增强。最不利的情况将发生在零色散波长区域，因为光学通道将在很长时间保持在一起并且有重叠。通常，仅通过使用式(3.189) 和式(3.190) 来估计交叉相位调制对传输系统性能的实际影响是非常困难的。通过求解非线性薛定谔方程，可以更精确地研究自相位和交叉相位调制的影响，我们将在稍后解释。

3.5.2　四波混频(FWM)

四波混频(FWM) 是复合多通道光信号传输期间在光纤中发生的非线性效应。如上所述，光纤中折射率的功率相关性不仅会改变各个通道中信号的相位，而且还会通过四波混频的过程产生新的光信号。四波混频是一种源自三阶非线性极化的效应，参见式(3.9)。四波非线性混合与以下条件有关：如果有三个光信号具有不同的载波频率(ν_i、ν_j 和 ν_k；$i,j,k=1,\cdots,M$)，通过光纤传输，将产生新的光学频率($\nu_{ijk}=\nu_i+\nu_j-\nu_k$)。

随着一起传输的光学信道的总数 M 的增加，具有三个光学频率的可能组合的数量迅速增长。然而，三个频率之间的有效相互作用也需要相位匹配，其可以表示为

$$\beta_{ijk}=\beta_i+\beta_j-\beta_k \tag{3.191}$$

其中，β 表示传输常数，定义为 $\beta=2\pi n/\lambda$（n 是折射率，λ 是波长）。相位差为

$$\Delta\beta=\beta_i+\beta_j-\beta_k-\beta_{ijk} \tag{3.192}$$

上式给出了涉及四波混频过程的光波的相位匹配条件的度量。只有当 $\Delta\beta$ 接近零时才会发生有效的相互作用并产生新的波。如果我们查看 FWM 过程的物理图像，则可以很容易地理解相位匹配条件。也就是说，FWM 过程可以被认为是具有能量 $h\nu_i$ 和 $h\nu_j$（h 是普朗克常数）的两个光子的相互作用和湮灭，导致产生具有能量 $h\nu_k$ 和 $h\nu_{ijk}$ 的两个新光子。相位匹配条件可以被认为是动量守恒的要求。

由 FWM 产生的新光学频率如图 3.22 所示，它说明了有两个和三个相互作用的光学通道的情况。当只有两个频率为 ν_1 和 ν_2 的光学通道，则会产生两个以上的光学频率，其表示为“简并”情况，如图 3.22(a) 所示[14]。如果有三个频率为 ν_1、ν_2 和 ν_3 的光学通道，则可以创建另外八个光学频率，如图 3.22(b) 所示（如果三个或更多频率参与该过程，则称为非简并情况）。对于图 3.22(a) 中的简并情况，可以很容易地理解相位匹配的条件。在这种情况下，我们得到 $\nu_2=\nu_1+\Delta\nu$，$\nu_{221}=\nu_2+\Delta\nu$，以及 $\nu_{112}=\nu_1-\Delta\nu$。如果在简并情况下对每个传输常数使用泰勒级数展开，则相位匹配条件变为

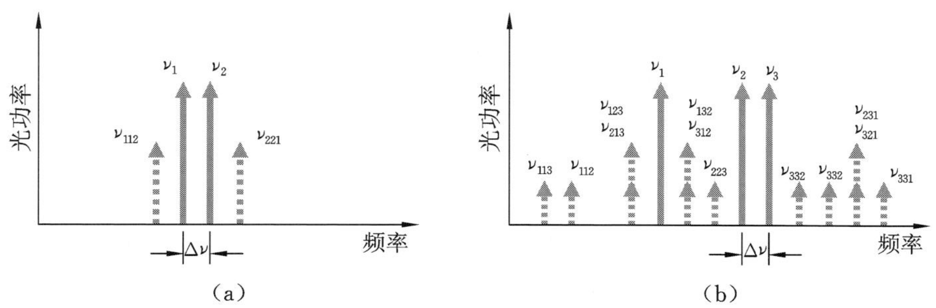

图 3.22　四波混频

(a) 简并情况；(b) 非简并情况

$$\Delta\beta=\beta_2\left(\frac{\Delta\nu}{2\pi}\right)^2 \tag{3.193}$$

其中，β_2 是群速度色散（GVD）系数。从式(3.193) 可以清楚地看出，只有当 $\beta_2=0$ 或处于零色散点时才会发生完全的相位匹配。然而，实际相位匹配发生在非常低的 GVD 系数值或非常窄的信道间隔之中。

新产生的光频率将具有与该过程中涉及的光信号的功率、非线性克尔效应的强度以及相位匹配条件的满足成比例的功率。这个功率可以从文献[70]中找到，即

$$P_{ijk}=\frac{\alpha^2}{\alpha^2+\Delta\beta^2}\left[1+\frac{4\exp(-\alpha l)\sin^2(\Delta\beta l/2)}{[1-\exp(-\alpha l)]^2}\right]\left(\frac{2\pi\nu_{ijk}n_2d_{ijk}}{3cA_{\text{eff}}}\right)^2P_iP_jP_kL_{\text{eff}}^2 \tag{3.194}$$

其中，n_2 是非线性折射率，A_{eff}是有效横截面积，L_{eff}是有效长度，l 是传输光纤长度，α 是光纤损耗系数，d_{ijk} 是简并因子（d_{ijk}等于 3 或 6 分别用于简并和非简并情况）。通过假设所有信道的功率相等可以简化式(3.194)，这种方法在采用沿光波路径的动态光功率均衡的高级 WDM 系统中通常是正确的。此外，如果考虑具有相等信道间隔的 WDM 系统，可以将式(3.193)给出的相位条件代入式(3.194)。因此，通过 WDM 系统中的 FWM 效应新生成的光波的功率可以表示为

$$P_{ijk}=H(\Delta\beta)\left(\frac{2\pi\nu_{ijk}n_2d_{ijk}}{3cA_{\text{eff}}}\right)^2P^3L_{\text{eff}}^2 \tag{3.195}$$

$$H(\Delta\beta)=\frac{\alpha^2}{\alpha^2+[\beta_2(\Delta\nu_{ijk}/2\pi)^2]^2}\left[1+\frac{4\exp(-\alpha l)\sin^2(l\beta_2(\Delta\nu_{ijk}/2\pi)^2/2)}{(1-\exp(-\alpha l))^2}\right] \tag{3.196}$$

其中，P 是每个 WDM 信道的光功率，$H(\Delta\beta)$ 反映了相位匹配条件。

由于几个新生成的频率可以与任何特定的光信道重合，因此FWM效应在WDM 系统中可以产生严重的信号劣化。可以在该过程中生成的新频率的总数 N 为

$$N=\frac{M^2(M-1)}{2} \tag{3.197}$$

其中，M 是通过光纤传输的光信道的总数。举例来说，100 个 WDM 通道将产生 495000 个新频率。其中一些将非常小，对系统性能的影响可以忽略不计。但是，其中一些可能会产生重大影响，特别是有几个新生成的频率与指定的WDM 信道频率重合时。也就是说，当新产生的光信号功率的总和与所要讨论的信道的功率相当时，新产生的光信号会变得极其重要。

通过降低光学相互作用通道的功率水平或通过防止完美的相位匹配，可以最小化 FWM 效应。可以通过增加色散和信道间隔来完成预防。但 FWM 过程也可用于波长转换，如第 2.8.3 节所述，或用于式(3.183) 给出的相位共

轭。FWM 过程对传输系统性能的影响将在第 4 章中进行评估。

3.5.3 多信道传输的非线性薛定谔方程

由式(3.149) 给出的非线性薛定谔方程(NSE) 是评估脉冲传输期间可能发生的各种效应(如色散和自相位调制) 的基本方程。此外,可以建立耦合方程来处理与各个光脉冲之间的能量交换相关的更复杂的效应。在这种情况下,总电场由缓慢变化的幅度之和产生。通常考虑三个光脉冲之间的相互作用,这三个光脉冲共同产生与振幅成比例的电场,即

$$A(z,t)=A_1(z,t)+A_2(z,t)+A_3(z,t) \tag{3.198}$$

其中,$A_1(z,t)$、$A_2(z,t)$ 和 $A_3(z,t)$ 与三个独立的信号脉冲相关联。传输方程(见方程(3.149)) 现在转换为三个耦合方程,如文献[13] 所示:

$$\begin{aligned}&\mathrm{j}\frac{\partial A_1(z,t)}{\partial z}-\frac{\beta_2}{2}\frac{\partial^2 A_1(z,t)}{\partial t^2}\\&=-\gamma[(|A_1|^2+2|A_2|^2+2|A_3|^2)A_1+A_2^2A_3^*]\end{aligned} \tag{3.199}$$

$$\begin{aligned}&\mathrm{j}\frac{\partial A_2(z,t)}{\partial z}-\frac{\beta_2}{2}\frac{\partial^2 A_2(z,t)}{\partial t^2}\\&=-\gamma[(|A_2|^2+2|A_1|^2+2|A_3|^2)A_2+2A_1A_2^*A_3]\end{aligned} \tag{3.200}$$

$$\begin{aligned}&\mathrm{j}\frac{\partial A_3(z,t)}{\partial z}-\frac{\beta_2}{2}\frac{\partial^2 A_3(z,t)}{\partial t^2}\\&=-\gamma[(|A_3|^2+2|A_1|^2+2|A_2|^2)A_3+A_2^2A_1^*]\end{aligned} \tag{3.201}$$

上述方程右侧的第一项对应自相位调制(SPM) 效应,第二项和第三项与交叉相位调制(XPM) 相关,第四项涉及四波混频(FWM) 的效果。在方程(3.199) ~ 方程(3.201) 中忽略了与方程(3.149) 中的系数 β_3 相关的三阶色散的影响。尽管有一些特殊情况可以很容易地找到解析解,但是通常非线性薛定谔方程只能得到数值解。这样的例子与第 3.4.1.3 节中讨论的光孤子脉冲有关。至于薛定谔方程的数值解,通常由用于传输系统特性的建模和仿真的软件来得出。

3.6 多模光纤中的信号传输

具有阶跃折射率和渐变折射率分布的多模光纤中信号传输的基本分析通常仅限于由模式色散导致的脉冲扩展的计算。由上文知,我们已经获得了评估脉冲展宽的一些基本公式 —— 参考式(2.4) 和式(2.8)。第 3.2 节介绍的更

精确的分析可用于计算通过多模光纤传输的各个模式的传输常数。

一般情况下，在多模光纤中，应评估在传输期间大量的模式之间相互作用的特性。这种相互作用称为模式耦合，并在之前发表的许多论文[74-78]中进行了讨论。可以通过模式耦合理论分析的情况有两种：① 对于具有大量传输模式的光纤；② 对于具有从几个到几十个的传输模式数量的光纤。在本节中，我们仅关注第二种情况，通过光纤传输有限数量的空间模式，对应于少模光纤(或假设每个纤芯仅支持单模的多芯光纤)。这两种光纤都被考虑用于不同的传输场景和网络场景[80-85]。我们假设，对于这些应用，多芯光纤中至少使用 7 个纤芯，而在少模光纤中将有效地考虑多达 7 个模式。

在有限数量空间模式通过光纤传输的情况下，也可以应用方程(3.199)～方程(3.201)。非线性薛定谔方程求得的数值解应当在所讨论光纤特性的初始条件下。然而，还可以进行一些分析评估来估计模式耦合对少模和多芯光纤的传输特性的影响。

3.6.1 多模光纤中的模式耦合

通过相互之间的功率交换观察到的模式相互作用将对多模 / 多芯光纤的整体传输特性产生相当大的影响。多模和多芯光纤中模式耦合的分析是类似的，我们将它们称为支持有限数量空间模式的光纤。模式耦合是由折射率分布中的不规则性引起的，不规则性是由折射率分布在给定的纤芯横截面上与其理想形状的偏差引起的。这种偏差可以表示为

$$n^2(r,\phi,z)=n_0^2+n_d^2(r,\phi,z) \tag{3.202}$$

其中，$n_0(r)$ 是到目前为止考虑的对称光纤的标准折射率分布，而 $n_d(r,\phi,z)$ 描述了方位角和轴向的折射率偏差。假设式(3.202)右侧的两个分量通过光纤传输时在与光信号波长相当的距离内变化不大。波动方程(3.27)可以被重写为每个笛卡儿坐标的三个独立方程的集合，因此对于 x 坐标，为

$$\nabla^2 E_x+n^2k_0^2E_x=0 \tag{3.203}$$

其中，$k_0=2\pi/\lambda$ 是波数。由 3.2.2 节中的讨论可以知道，当折射率仅取决于径向坐标时，式(3.203)的解将是一组 LP 模式。在具有理想折射率分布的光纤中，不同模式和偏振之间没有耦合。

式(3.203)的一般解基于式(3.202)定义的折射率分布。在这种情况下，解是根据图 3.3 的所有 LP_{li} 模式(HE_{mi}、EH_{mi}、TE_{mi} 和 TM_{mi} 模式组)的组合，因此有[78]

$$E_x = \sum_n V_n(z) E_n(r, \phi) \tag{3.204}$$

其中，$E_n(r, \phi)$ 是第 n 阶模式的电场横向分布，$V_n(z)$ 是幅度系数。在标准折射率分布的情况下，它表示为 $V_n(z) \approx \exp(\pm \gamma_n z)$，其中 $\gamma_n = \alpha_n + \mathrm{j}\beta_n$ 是复数传输常数，由衰减 α_n 和传输常数 β_n 组成。$V_n(z)$ 的指数部分中的符号“—”表示后向传输，而符号“+”表示前向传输。

式(3.204) 中的函数 $E_n(r, \phi)$ 是由下式给出的横波方程的解：

$$\nabla_t^2 E_n + (n_0^2 k_0^2 + \gamma_n^2) E_n = 0 \tag{3.205}$$

其中，系数 t 代表横向分量。式(3.205) 是式(3.203) 的修改，其中与 z 坐标的关系由因子 $\exp(\pm \gamma_n z)$ 表示。由于参数 r 较大，函数 E_n 有一个快速衰减的过程，因此可以认为它们彼此正交。如果式(3.205) 乘以与解 E_m 相关的公式，则将得到以下公式：

$$E_m \nabla_t^2 E_n - E_n \nabla_t^2 E_m + (\gamma_n^2 - \gamma_m^2) E_m E_n = 0 \tag{3.206}$$

如果在光纤横截面上对式(3.206) 进行积分，那么可以将格林定理[8] 应用于第一项，这样就有

$$\int_0^{2\pi} \int_0^r (E_m \nabla_t^2 E_n - E_n \nabla_t^2 E_m) r \, \mathrm{d}r \, \mathrm{d}\phi = \int_0^{2\pi} \left(E_m \frac{\partial E_n}{\partial r} - E_n \frac{\partial E_m}{\partial r} \right) r \, \mathrm{d}\phi \tag{3.207}$$

$\gamma_n \neq \gamma_m$ 是任意两种模式的正交性条件，当 $r \to \infty$ 时，可写为

$$\iint E_m E_n r \, \mathrm{d}r \, \mathrm{d}\phi = 0 \tag{3.208}$$

另外，也可以应用以下正交归一化条件：

$$\iint E_n E_n r \, \mathrm{d}r \, \mathrm{d}\phi = 1 \tag{3.209}$$

从式(3.202)、式(3.206) 和式(3.209) 推导出耦合系统的微分方程为

$$\frac{\mathrm{d}^2 V_m}{\mathrm{d}z^2} - \gamma_m^2 V_m = -\sum_n V_n k_0^2 \iint n_d^2(r) E_n E_m r \, \mathrm{d}r \, \mathrm{d}\phi \tag{3.210}$$

同时，系数为 n 的模式的横向磁场可以表示为

$$H_y = W_n(z) E_n(r, \phi) \tag{3.211}$$

另一方面，通过使用麦克斯韦方程(3.12) ~ 方程(3.15) 中的标准折射率分布，可以变为

$$H_y = -\frac{n_0}{\gamma_m} \left(\frac{\varepsilon_0}{\mu_0} \right)^{1/2} \frac{\partial E_x}{\partial z} \tag{3.212}$$

通过式(3.204)、式(3.207)和式(3.208),可以建立系数 V_m 和 W_m 的以下关系:

$$\frac{\mathrm{d}V_m}{\mathrm{d}z}+\frac{\gamma m}{n_0}\left(\frac{\mu_0}{\varepsilon_0}\right)^{1/2}W_m=0 \tag{3.213}$$

此外,该等式可用于将式(3.210)变换为

$$\frac{\mathrm{d}W_m}{\mathrm{d}z}+\gamma_m n_0\left(\frac{\varepsilon_0}{\mu_0}\right)^{1/2}V_m=2n_0\left(\frac{\varepsilon_0}{\mu_0}\right)^{1/2}\sum_n \chi_{nm}V_n \tag{3.214}$$

其中,

$$\chi_{mn}=\frac{k_0^2}{2\gamma_m}\iint n_d^2(r)E_nE_m r\,\mathrm{d}r\,\mathrm{d}\phi \tag{3.215}$$

是模式耦合系数。可以在式(3.213)和式(3.214)中进一步归一化幅度系数 V_m,以消除常数 μ_0 和 ε_0。另外,通过假设 $|X_{nm}|\ll\gamma_m$,幅度系数 V_m 可以由系数 a_m 表示,即

$$a_m=A_m(z)\exp(-\gamma_m z) \tag{3.216}$$

现在将式(3.214)变换为缓慢变化的波幅 $A_m(z)$ 的微分方程,即

$$\frac{\mathrm{d}W_m}{\mathrm{d}z}=\sum_n \chi_{nm}A_n\exp((\gamma_m-\gamma_n)z) \tag{3.217}$$

通过应用迭代方法,方程(3.217)的一阶和二阶迭代解可以分别表示为

$$A_m(z)=A_m(0)+\sum_n A_n(0)\int_0^z \chi_{mn}\exp((\gamma_m-\gamma_n)w)\mathrm{d}w \tag{3.218}$$

$$A_m(z)=1+\sum_n\int_0^z \chi_{mn}\exp((\gamma_m-\gamma_n)w)\int_0^w \chi_{mn}\exp((\gamma_n-\gamma_m)u)\mathrm{d}u\,\mathrm{d}w \tag{3.219}$$

假设在开始时只有一个模式,其中系数 m 的归一化幅度等于1,二阶解可以进一步简化。出于实际考虑,文献[76,78]中显示二阶迭代解能提供相对较高的精度。

从模式耦合的角度来看,可以忽略信号的衰减,以便进一步评估耦合条件。在这种情况下,复数传输常数变为 $\gamma_n=\mathrm{j}\beta_n$,这意味着 $X_{nm}=-c_{mn}$。其中 β_n 和 c_{mn} 现在都是实数,模式耦合方程(3.217)现在也变为

$$\frac{\mathrm{d}A_m}{\mathrm{d}z}=-\mathrm{j}\sum_n c_{nm}A_n\exp(\mathrm{j}(\beta_m-\beta_n)z) \tag{3.220}$$

对于系数为1和 n 的模式,式(3.219)的二阶迭代解可以写成

$$A_1(z)=1-\sum_n\int_0^z c_{1n}(u)\exp(-\mathrm{j}\Delta\beta_n u)\int_0^u c_{n1}(w)\exp(\mathrm{j}\Delta\beta_n w)\mathrm{d}u\,\mathrm{d}w \tag{3.221}$$

$$A_n(z) = -\mathrm{j}\int_0^z c_{n1}(w)\exp(\mathrm{j}\Delta\beta_n w)\mathrm{d}w \tag{3.222}$$

其中，$\Delta\beta_n = \beta_n - \beta_i$。为了进一步计算，有必要知道折射率偏差的特征。最简单的方法是通过展开参数 ϕ 在傅里叶级数（见式(3.202)）中的 n_d^2 项，因此变为

$$n_d^2(r,\phi,z) = \sum_q [\xi_q(r,z)\cos q\phi + \zeta_q(r,z)\sin q\phi] \tag{3.223}$$

其中，q 表示方位角变化的顺序。假设函数 $\xi_q(r,z)$ 和 $\zeta_q(r,z)$ 在径向和轴向方向上独立变化，所以变为

$$\xi_q(r,z) = R_q(r)f_q(z) \tag{3.224}$$

式(3.223)和式(3.224)可用于计算耦合系数 c_{mn}。对于具有场 E_m 和 E_n 的两种模式中的任何一种，有

$$c_{mn} = c_{mn}f_q(z) \tag{3.225}$$

只有当模式 LP_{li} 的方位角模式差值 $|\Delta l| = q$ 时，系数 C_{mn} 才不为零。

在光纤长度 L 上通过与第一个模式的耦合引起的第 n 个模式的幅度值计算如下：

$$A_n(L) = -\mathrm{j}C_{n1}\int_0^L f(z)\exp(\mathrm{j}\Delta\beta_n z)\mathrm{d}z = -\mathrm{j}C_{n1}F(\Delta\beta_n) \tag{3.226}$$

其中，$F(\Delta\beta_n)$ 表示函数 $f(z)$ 的傅里叶变换。函数 $f(z)$ 的空间频率的频谱内容可以用傅里叶级数表示为

$$f(z) = \sum_p [F_p\cos(2\pi pz/L) + G_p\sin(2\pi pz/L)] \tag{3.227}$$

空间分量 F_p 对幅度 $A_n(L)$ 的贡献是[78]

$$A_{np} = \frac{c_{n1}F_p}{\Delta\beta_n}\frac{1-\exp(\mathrm{j}\Delta\beta_n L)}{1-(2\pi p/\Delta\beta_n L)^2} \tag{3.228}$$

系数 F_p 表示轴向偏差，当轴向偏差较小时不会引起显著的模式耦合。如图3.23(a)所示，模式耦合更重要的条件是，偏差的空间频率 Ω_p 接近于所讨论的模式传输常数的差值 $\Delta\beta_n$。因此，我们就有

$$\Omega_p = 2\pi p/L \approx \Delta\beta_n, A_{np} = -\mathrm{j}C_{n1}F_pL/2; \Lambda_n = \frac{2\pi}{\Delta\beta_n} = L/p \tag{3.229}$$

其中，Λ_n 是两个模式间的耦合长度，等于空间不规则性的周期。在分析具有较小等级不规则性的长光纤时，可以认为模式间的耦合长度与空间频谱分量的周期非常近似。如果 $\Delta\beta_n \neq 2\pi p/L$，或者 $\Delta\beta_n = 2\pi p/L$ 时，$A_{np} = -\mathrm{j}C_{n1}F_pL/2$，那么可以通过式(3.228)来评估模式耦合的影响。

3.6.2 弯曲多模光纤中的模式耦合

光纤的弯曲会增强空间模式之间的模式耦合。在弯曲时，会引起空间频率 $\Omega_p=2\pi/L_p$ 接近所讨论的模式的传输常数中的差值 $\Delta\beta_n$。由于光纤弯曲所引起的几何结构的偏差可以转移到折射率分布中的等效偏差，其中来自式(3.202) 的 n_d^2 项可以表示为[79]

$$n_d^2=2n_{\text{axis}}^2\cdot x/\rho \tag{3.230}$$

其中，n_{axis} 是光纤轴的折射率，ρ 是弯曲半径，如图 3.23(b)、(c) 所示。现在，可以通过将函数(3.230) 代入式(3.215) 来找到耦合系数。弯曲光纤的归一化耦合系数 c_{nm} 可以从式(3.211) 和式(3.215) 中得到

$$c_{mn}=\frac{k_0^2}{2\beta_m}\frac{\iint n_d^2E_nE_mr\,\mathrm{d}r\,\mathrm{d}\phi}{\left(\iint E_m^2r\,\mathrm{d}r\,\mathrm{d}\phi\iint E_n^2r\,\mathrm{d}r\,\mathrm{d}\phi\right)^{1/2}} \tag{3.231}$$

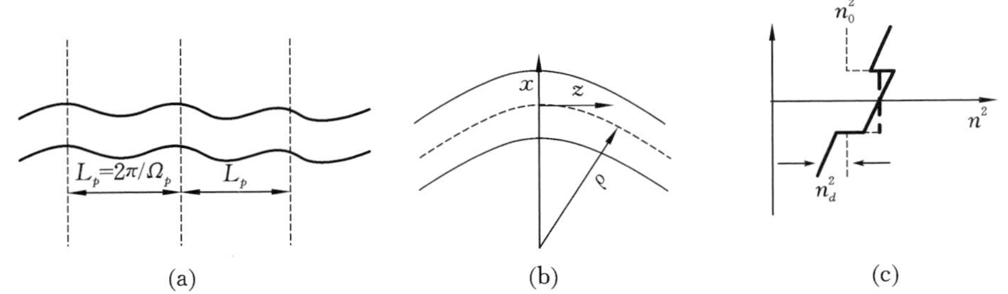

图 3.23 折射率分布的偏差

(a) 空间频率；(b) 弯曲光纤；(c) 弯曲光纤的等效折射率

可以对两个抛物线折射率分布来计算耦合系数，因此对于由式(3.63) 和式(3.64) 给出的 LP_{li} 模式中的 E_n 和 E_m 存在解析形式。抛物线折射率分布的 LP_{li} 模式的系数 $m=2i+l$。在文献[78] 中显示 LP_{li} 模式会与以下模式的耦合连接：$\text{LP}_{l+1,i}$ 模式、$\text{LP}_{l-1,i+1}$ 模式、$\text{LP}_{l-1,i}$ 模式和 $\text{LP}_{l+1,i-1}$ 模式。因此，只有模式系数相差 $|\Delta m|=1$ 的模式才能够耦合。

对于阶跃折射率分布，式(3.57) ～ 式(3.59) 给出的 LP_{li} 模式中的 E_n 和 E_m 也存在解析形式。而阶跃折射率分布的 LP_{li} 模式系数 m 也等于 $m=2i+l$。LP_{li} 模式与一些模式具有强耦合关系，这些模式与上述抛物线折射率分布的情况相同。同样，只有模式系数差异 $|\Delta m|=1$ 的模式能够强耦合。如果 $|\Delta m|>1$，耦合系数强度将与 $|\Delta m|^2$ 成反比。

3.6.3　双模光纤中的模式耦合

如果由式(3.53)给出的归一化传播频率V仅支持两个LP模式,即LP_{01}和LP_{11},那么就是我们讨论的双模光纤。事实上,正如从图3.4中看到的,有两种LP_{11}模式,每种模式都有不同的极化(偏振)。双模光纤是少模光纤中的一种,可用于传输线路和网络[80,81]。

重要的是双模式光纤被适当地设计,以便提供最大的传输容量,并且同时具有受控的模式耦合。在文献[82]中提出,双模光纤应具有优化的折射率分布,以均衡LP_{01}和LP_{11}模式之间的模间色散。折射率分布的数值计算是通过求解一组耦合的薛定谔方程来实现的,该方程的形式为

$$\frac{\mathrm{d}^2\Psi_{01}(r)}{\mathrm{d}r^2}+\left[-\beta_{01}^2+k_0^2n_{\mathrm{cl}}^2+\frac{1}{4r^2}\right]\Psi_{01}(r)=V_{01}(r)\Psi_{01}(r)+V_{12}(r)\Psi_{11}(r) \tag{3.232}$$

$$\frac{\mathrm{d}^2\Psi_{11}(r)}{\mathrm{d}r^2}+\left[-\beta_{11}^2+k_0^2n_{\mathrm{cl}}^2-\frac{3}{4r^2}\right]\Psi_{01}(r)=V_{21}(r)\Psi_{01}(r)+V_{11}(r)\Psi_{11}(r) \tag{3.233}$$

其中,$\Psi_{ij}=E_{ij}\sqrt{r}\,(i,j=0,1)$是$LP_{01}$和$LP_{11}$模式的归一化场函数,$V_{01}(r)$和$V_{11}(r)$是定义模式限制的势函数,而$V_{12}(r)$和$V_{21}(r)$是定义模式耦合强度的势函数。假设$V_{12}(r)=V_{21}(r)$,等电势的方程就被建立,即

$$V_{01}(r)+V_{12}(r)\frac{\Psi_{11}(r)}{\Psi_{01}(r)}=V_{11}(r)+V_{12}(r)\frac{\Psi_{01}(r)}{\Psi_{11}(r)} \tag{3.234}$$

方程(3.232)~方程(3.234)通过自收敛迭代过程求解。我们发现,存在一种近乎最佳的折射率分布,可以将特定波长下的模间色散降至最低,同时纤芯直径保持在22~24 μm。由于空分复用和MIMO技术带来了传输容量和网络灵活性的提高,双模光纤成为传输线路和网络应用的强有力候选者。

3.7　总结

在本章中,我们利用波导理论的基本原理分析了光纤的传输特性,并得到了表征多模和单模光纤中导模的特征方程。非线性薛定谔方程被用于分析色散和非线性相位变化对脉冲形状的影响。利用高斯脉冲形状计算色散和自相位调制的影响。之后我们还提出了减轻色散和非线性效应的方法。在考虑模式耦合的情况下,对多模光纤的传输特性进行了分析,同时分析了不同模式之

间的耦合强度。最后，还介绍了分析少模光纤的方法。

思考题

3.1 1550 nm 光传输系统使用 120 km 光纤链路，接收器灵敏度至少需要 −35 dBm，以保持信噪比高于所需水平。光纤损耗为 0.2 dB/km。光纤每隔 5 km 进行熔接，以这样的方式进行熔接只有 95% 的光功率通过熔接点。总光纤链路有两个用于源和光电探测器耦合的连接器，每个连接器损耗为 1.5 dB。应该在光纤中发射的最大功率是多少？

3.2 对于损耗为 0.17 dB/km、10 dB/km 和 200 dB/km 的光纤，传输距离 L 是多少时光功率是原来的四分之一？计算所有三种情况下的衰减系数 α（以 m^{-1} 为单位）。

3.3 可见光光谱两端的波长，在硅基光纤的衰减是多少？假设衰减主要由瑞利散射引起，1.5 μm 处的衰减为 0.2 dB/km。

3.4 通过对阶跃折射率光纤应用必要的条件，推导出特征值方程(3.51)。

3.5 一种阶跃折射率分布的多模光纤，其中芯层和包层的折射率分别为 1.5 和 1.4。纤芯的直径为 50 μm。估算通过波长为 1310 nm 的信号时光纤所支持的模式数。波长为 1550 nm 和 850 nm 的模式数量又是多少？

3.6 估算阶跃折射率分布的多模光纤中的模数，其中光纤直径为 200 μm，工作波长为 850 nm。假设纤芯的折射率为 1.55，包层的折射率为 1.45。

3.7 解释阶跃折射率分布单模光纤如何在不改变任何光纤参数的情况下成为多模光纤。

3.8 硅基单模光纤在芯层和包层之间折射率的差值 Δ 为 0.003，并且纤芯半径 $a=4$ μm。计算截止波长（与单模操作限制相关）。

3.9 估算模式的光斑尺寸，以及在波长 1550 nm($n_{co}=1.45$) 下工作的硅基单模光纤纤芯内部的模式功率。如果光纤在 1310 nm 波长下工作，这些值会是多少？每个波长的有效横截面积是多少？

3.10 证明：抛物线折射率分布多模光纤支持的模式数量只是阶跃折射率分布多模光纤支持的模式数量的一半。

3.11 纯二氧化硅单模光纤用于传输。计算以下情况下总带宽-距离乘积：① 光信号载波波长 1550 nm。使用 $\Delta\lambda=2$ nm 的发光二极管作为光源，芯层和包层的折射率之差为 0.1%，纤芯半径为 7 μm；② 光载波波长为 1.3 μm。线宽为 1 MHz 的激光源用作光源。使用与上述情况相同的光纤。

3.12 持续时间为 10 ps 的矩形脉冲通过一阶 PMD 系数平均值为 0.05 ps/(km)$^{1/2}$ 的单模光纤发送。在 1600 km 光纤长度上由于一阶 PMD 引起的脉冲扩展百分比是多少？假设是在最坏的情况。

3.13 波长为1550 nm的光脉冲具有高斯形状 $P(t)=P_0\exp(-t^2/\tau_0{}^2)$，其中 $P_0=7$ mW，$\tau_0=12$ ps。脉冲沿着100 km长的单模硅基光纤传输。找出由于自相位调制(SPM)效应而在光纤末端发生的最大频率变化(或偏移)。假设光纤的有效横截面积为 80 μm^2，非线性折射率系数为 3.0×10^{-20} m^2/W。

3.14 计算在 800 nm、1310 nm 和 1550 nm 波长下纯二氧化硅光纤纤芯的色散系数 D 和β_2。

3.15 如果单模光纤的长度为 $L=100$ km，并且载波波长为 1320 nm 和 1550 nm，则色散所允许的最大比特率是多少？假设信号由变换限制为 100 ps(FWHM) 输入脉冲组成。还假设在波长1310 nm和1550 nm处分别有 $\beta_3=0.15$ ps^3/km和0.05 ps^3/km，而在波长1320 nm和1550 nm处分别为$\beta_2=$ 0.05 ps^2/km 和 -20 ps^2/km。其中光源光谱宽度远小于信号光谱线宽。

3.16 在单模光纤中传输的光信号由啁啾高斯输入脉冲组成。假设色散斜率为零，并且 $C_0=2$。根据参数C_0、L 和β_2 找到最佳的比特率。假设光源具有较小的谱宽。

3.17 一个通信系统，其FWHM宽度等于 40 ps，啁啾高斯脉冲的啁啾参数 $C_0=-3$，比特率为 10 Gb/s。如果仅有基本的色散限制，可实现的传输距离是多少？如果 $C_0=3$，距离会是多少？假设光源的光谱宽度很小，载波波长为1550 nm 时，光源宽度为 $\beta_2=-20$ ps^2/km。

3.18 光通信系统具有形状为 $P(t)=P_0\exp(-t^2/\tau_0{}^2)$ 的非啁啾高斯脉冲，并以10 Gb/s的比特率传输，其中 $P_0=5$ mW且$\tau_0=10$ ps。通过自相位调制限制，可实现的传输距离是多少？假设光源光谱宽度小，并且传输是在 1550 nm 的载波波长下完成的。假设光纤的有效横截面积为 50 μm^2，而非线性折射率系数为 3.0×10^{-20} m^2/W。

3.19 10 Gb/s光学传输系统设计为具有高斯形状且宽度为30 ps(FWHM)的RZ脉冲。预啁啾技术用于色散抑制，因此可以容忍展宽达40%。为实现这一目标，啁啾参数C_0 的初始值是多少？在波长1550 nm处，最大传输距离是多少？假设 $\beta_2=-20$ ps^2/km。

3.20 中跨相位共轭补偿 SPM 和 GVD 的条件是什么？

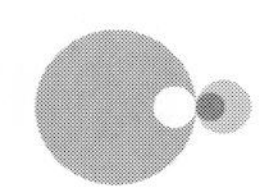

3.21　如果在1550 nm和1600 nm处进行传输，请找出光孤子脉冲的脉冲宽度。假设纤芯的有效面积为80 μm^2，$\beta_2=-1\ ps^2/km$，非线性折射率系数为$3.0\times10^{-20}\ m^2/W$，最大发射功率为5 mW。如果应用RZ格式来防止光孤子自毁，相应的比特率是多少？

3.22　计算输入脉冲的峰值功率，以确保在0.22 dB/km损耗的光纤中保留受管理的基本光孤子。RZ信号的比特率为10 Gb/s，放大器间距为50 km。假设光孤子脉冲$\tau_0=15$ ps，光纤参数$\beta_2=-0.5\ ps^2/km$，$\gamma=2\ W^{-1}/km$。计算平均发射功率。

3.23　有10个光信道占用2.5 nm的总带宽。标准单模光纤传输超过800 km。通过使用布拉格光纤光栅周期性地进行色散补偿。找到可用于色散补偿的光栅参数。

3.24　在多远的距离下，FWM产生的波只具有5%输入功率。还应该满足哪些条件？所有通道具有相等的功率$P=2$ dBm。通道间隔为50 GHz。假设$\beta_2=-0.5\ ps^2/km$，$\lambda=1550$ nm，有效横截面积为50 μm^2，光纤损耗为0.2 dB/km。简并和非简并条件之间有什么区别？

参考文献

[1] Born, M., Wolf, E., *Principles of Optics, 7th edition*, New York: Cambridge University Press, 1999.

[2] Bass, M., et al., *Handbook of Optics, 3rd edition*, New York: McGraw Hill, 2009.

[3] Yariv, A., *Quantum Electronics, 3rd edition*, New York: John Wiley & Sons, 1989.

[4] Saleh, B.E., and Teich, A.M., *Fundamentals of Photonics*, New York: Wiley, 1991.

[5] Chuang, S.L., *Physics of Optoelectronic Devices, 2nd edition*, New York: Wiley, 2009.

[6] Marcuse, D., *Principles of Quantum Electronics*, New York: Academic Press, 1980.

[7] Merzbacher, E., *Quantum Mechanics, 3rd edition*, New York: Wiley, 1998.

[8] Korn, G., and Korn, T., *Mathematical Handbook for Scientists and Engineers*, London: McGraw Hill, 1983.

[9] Abramovitz, M., and Stegun, I., *Handbook of Mathematical Functions*, New York: Dover, 1970.

[10] Polyanin, A.D., and Manzhirov, A.V., *The Handbook of Mathematics for Engineers and Scientists*, London: Chapman and Hall, 2006.

[11] Proakis J.G., *Digital Communications*, *5th edition*, New York: McGraw-Hill, 2007.

[12] Couch, L.W., *Digital and Analog Communication Systems*, New York: Prentice Hall, 2007.

[13] Agrawal, G.P., *Fiber Optic Communication Systems*, *4th edition*, New York: Wiley, 2010.

[14] Cvijetic, M., *Coherent and Nonlinear Lightwave Communications*, Norwood, MA: Artech House, 1996.

[15] Gower, J., *Optical Communication Systems*, *2nd edition*, Upper Saddle River, NJ: Prentice Hall, 1993.

[16] Keiser, G.E., *Optical Fiber Communications*, *3rd edition*, New York: McGraw-Hill, 2000.

[17] Okoshi, T., *Optical Fibers*, San Diego: Academic Press, 1982.

[18] Buck, J., *Fundamentals of Optical Fibers*, New York: Willey, 1995.

[19] Marcuse, D., *Light Transmission Optics*, New York: Van Nostrand Reinhold, 1982.

[20] Snyder, A.W., and Love, J.D., *Optical Waveguide Theory*, London: Chapman and Hall, 1983.

[21] Li, M.J., and Nolan, D.A., Optical fiber transmission design evolution, *IEEE/OSA Journ.Ligthwave Techn.*, Vol 26(9), 2008, pp.1079-1092.

[22] Russel, P.J., Photonic crystal fibers, *IEEE/OSA Journ.Ligthwave Techn.*, Vol.24(12), 2006, pp.4729-4749.

[23] Gloge, D., and Marcatili, E., Multimode theory in graded-index fibers, *Bell Sys.Tech.J.*, Vol.52, Nov.1973, pp.1563-1578.

[24] Gloge, D., Propagation effects in optical fibers, *IEEE Trans.Microwave*

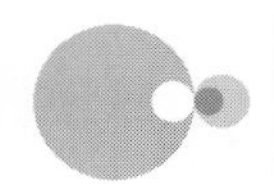

Theor. Trans., MTT-23(1975), pp.106-120.

[25] Rudolph, H.D., and Neumann, E.G. Approximation of the eigenvalues of the fundamental mode of a step index glass fiber waveguide, *Nachrichtentechnischen Zeitschrift*, 29(1976), pp.328-329.

[26] Adams, M.J., *An Introduction to Optical Waveguides*, New York: Wiley, 1981.

[27] Gloge, D., Weakly guided fibers, *Applied Optics*, Vol.10(1971), pp.2252-2258.

[28] Snyder, A.W., Understanding monomode optical fibers, *Proc. IEEE*, Vol 69(1981), pp.6-12.

[29] Marcuse, D., Interdependence of material and waveguide dispersion, *Applied Optics*, Vol.18(1979), pp.2930-2932.

[30] ITU-T Rec.G.652 Characteristics of single mode optical fiber cable, ITU-T(04/97), 1997.

[31] ITU-T Rec.G.653 Characteristics of dispersion-shifted ingle mode optical fiber cable, ITU-T(04/97), 1997.

[32] ITU-T Rec.G.655 Characteristics of non-zero dispersion shifted single mode optical fiber cable, ITU-T(10/00), 2000.

[33] Heidemann, R., Investigations of the dominant dispersion penalties occurring in multigigabit direct detection systems, *IEEE J. Lightwave Techn.*, LT-6(1988), pp.1693-1697.

[34] Kogelnik, H., L.E.Nelson, and R.M.Jobson, Polarization mode dispersion, In *Optical Fiber Communications*, I.P.Kaminov and T.Li (eds), San Diego, CA: Academic Press, 2002.

[35] Staif, M., et al., Mean square magnitude of all orders of PMD and the relation with the bandwidth of the principal states, *IEEE Photonics Techn. Lett.*, Vol.12(2000), pp.53-55.

[36] Ciprut, P., et al, Second-order PMD: impact on analog and digital transmissions, *IEEE J. Lightwave Techn.*, Vol.LT-16(1998), pp.757-771.

[37] Galtarossa, A., et al, Statistical description of optical system performances due to random coupling on the principal states of polarization, *IEEE Photon. Techn. Lett.*, 14(2002), pp.1307-1309.

[38] Foschini, G.J., Pole, C.D., Statistical theory of polarization mode dispersion in single mode fibers, *IEEE J.Lightwave Techn.*, LT-9(1991), pp.1439-1456.

[39] Karlsson, M., et al., A comparison of different PMD compensation techniques, *Proceedings of European Conference on Optical Communications ECOC*, Munich 2002, Vol. Ⅱ, pp.33-35.

[40] Matsumura, H., et al., Simple normalization of single mode fibers with arbitrary index-profile, *Proceedings of European Conference on Optical Communications-ECOC*, New York 1980, paper 103-1-6.

[41] Peterman, K., Theory of microbending loss in monomode fibers with arbitrary refractive profile, *EAU*, 30(1976), pp.337-342.

[42] Ramaswami, R., and K.N.Sivarajan, *Optical Networks*, San Francisco, CA: Morgan Kaufmann Publishers, 1998.

[43] Liu, F.et al., A novel chirped return to zero transmitter and transmission experiments, *in Proc. of European Conference on Optical Communications ECOC*, Munich 2000, Vol.3, pp.113-114.

[44] Agrawal, G.P., *Nonlinear Fiber Optics, 3rd edition*, San Diego, CA: Academic Press, 2001.

[45] Watanabe, S., and Shirasaki, M., Exact compensation for both chromatic dispersion and Kerr effect in a transmission fiber using optical phase conjuction, *IEEE/OSA Journal Lightwave Techn.*, LT-14(1996), pp.243-248.

[46] Kazovski, L., et al., *Optical Fiber Communication Systems*, Norwood, MA: Artech House, 1996.

[47] Hong, B.J., et al., Using nonsoliton pulses for soliton based communications, *IEEE/OSA J.Lightwave Techn.*, LT-8(1990), pp.568-575.

[48] Gordon, J.P., and Haus, H.A., A random Walk of Coherently Amplified Solitons in Optical Fiber Transmission, *Optics Letters*, 11(1986), pp.665-667.

[49] Miwa, T., *Mathematics of Solitons*, New York: Cambridge University Press, 1999.

[50] Hasegawa, A., and Kodama, Y., Signal Transmission by Optical Solitons in

Monomode Fiber, *IRE Proc.*, 69(1981), pp.1145-1150.

[51] Merlaud, F., and Georges, T., Influence of sliding frequency filtering on dispersion managed solitons, in *Proc. of European Conference on Optical Communications ECOC*, Nice 1999, Vol.1, pp.228-229.

[52] Fukuchi, K., et al., 10.92 Tb/s(273 × 40 Gb/s) triple band ultra-dense WDM optical-repeated transmission experiment, *in Proc. of Optical Fiber Conference OFC*, Anaheim 2001, PD 26.

[53] Poole, C.D., et al., Optical fiber based dispersion compensation using higher order modes near cutoff, *IEEE/OSA Journal Lightwave Techn.*, LT-12(1994), pp.1746-1751.

[54] Kashyap, R., *Fiber Bragg Gratings*, San Diego, CA: Academic Press, 1999.

[55] Hill, K.O., et al., Chirped in-fiber Bragg grating dispersion compensators: linearization of the dispersion characteristics and demonstration of dispersion compensation of a 100 km, 10 Gbps optical fiber link, *Electronics Letters*, 30(1994), pp.1755-1757.

[56] Jansen, S.L., et al., 10 Gbit/s, 25 GHz spaced transmission over 800 km without using dispersion compensation modules *Optical Fiber Communication Conference*, *OFC* 2004, Los Angeles, Vol.2, pp.3-4.

[57] Watanabe, S., and Shirasaki, M., Exact compensation for both chromatic dispersion and Kerr effect in a transmission fiber using optical phase conjunction, *IEEE/OSA Journal Lightwave Techn.*, LT-14(1996), pp.243-248.

[58] Radic, S., Parametric Signal Processing, *IEEE Journal of Selected Topics in Quantum Electronics*, Vol.18, 2012, pp.670-680.

[59] Kakande, J., et al., Detailed characterization of a fiber-optic parametric amplifier in phase-sensitive and phase-insensitive operation, *Opt. Express*, Vol.18, 2010, pp.4130-4137.

[60] Kashima, N., *Passive Optical Components for Optical Fiber Transmission*, Norwood, MA: Artech House, 1995.

[61] Vohra, S.T. et al., Dynamic dispersion compensation using bandwidth tunable fiber Bragg gratings, in *Proc. of European Conference on Optical Communications ECOC*, Munich 2000, Vol.1, pp.113-114.

[62] Suzuki, M. et al., PMD mitigation by polarization filtering for high-speed optical transmission systems, *IEEE/LEOS Summer Topical Meetings*, Acapulco 2008, pp.149-150.

[63] Bulow, H., et al., PMD mitigation at 10 Gbps using linear and nonlinear integrated electronic equalizer circuits, *Electron. Letters*, Vol.36, 2000, pp.163-164.

[64] Yonenaga, K. et al., Automatic dispersion equalization using bit-rate monitoring in a 40 Gb/s transmission system, *in Proc. of European Conference on Optical Communications ECOC*, Munich 2000, Vol.1, pp.119-120.

[65] Bosco, G., et al., New branch metrics for MLSE receivers based on polarization diversity for PMD Mitigation, *J. Lightwave Technol.*, Vol. 27, 2009, pp.4793-4803.

[66] Ip, E., Nonlinear compensation using backpropagation for polarization-multiplexed transmission, *J. Lightwave Technol.*, Vol.28, 2010, pp.939-951.

[67] Dedic, I., High-speed CMOS DSP and data converters, *in Optical Fiber Communication Conference, OFC 2011*, paper OTuN1.

[68] Nakazawa, M., High spectral density optical communication technologies, in *Volume 6 of Optical and Fiber Communications Reports*, New York: Springer, 2010.

[69] ITU-T, Rec G.694.1, Spectral grids for WDM applications: CWDM wavelength grid, ITU-T(06/02), 2002.

[70] Shibata, N., et al., Phase mismatch dependence of efficiency of wave generation through four-wave mixing in a single-mode optical fiber, *IEEE J. of Quantum Electronic*, Vol.QE-23, 1987, pp.1205-1210.

[71] Bennion, I., et al., UV-written in fibre Bragg gratings, *Optical Quantum Electronics*, 28(1996), pp.93-135.

[72] Chuang, S.L., *Physics of Optoelectronic Devices, 2nd edition*, Hoboken, NJ: Wiley, 2008.

[73] Agrawal, G.P., *Lightwave Technology: Components and Devices*, New York: Wiley-Interscience, 2004.

[74] Koeang, P.H., et al., Statistics of group delays in multimode fiber with strong mode coupling, *Journal of Lightwave Techn.*, Vol.29, No 2, pp.3119-3127.

[75] Shemirani, M.B., and Khan, J.M., *Principal Modes in Multimode Fiber*, Düsseldorf, Germany: VDM Verlag, 2010.

[76] Okoshi, T., and Okamoto, K., Analysis of wave propagation in inhomogeneous optical fibers using a variational method, *IEEE Transactions on Microwave Theory and Techniques*, Nov 1974, Vol.22, pp.938-945.

[77] Marcuse, D., Coupled mode theory of round optical fibers, *The Bell System Techn., Journal*, Vol.52, No 6, 1972, pp.2489-2495.

[78] Unger, H., G., *Planar Optical Waveguides and Fibers*, New York: Oxford University Press, 1979.

[79] Peterman, K., Microbending loss in singlemode W fibers, *Electron. Letters*, 12 (1976), pp.537-538.

[80] Morioka, T., et al., Enhancing optical communications with brand new fibers, *IEEE Commun. Mag.*, Vol.50, No.2, pp.40-50.

[81] Cvijetic, M., et al., Dynamic multidimensional optical networking based on spatial and spectral processing, *Optics Express*, Vol.20, 2012, pp.9144-9150.

[82] Cvijetic, M., Dual-mode optical fibers with zero intermodal dispersion, *Optical and Quant.Electron.*, Vol.16, 1984, pp.307-317.

[83] Awayi, A., et al., World first mode/spatial division multiplexing in multicore fiber using Laguerre-Gaussian mode, *Proc.2011 European Conf.on Optical Communications* (ECOC), Geneva, paper We.10.P1.

[84] Abedin, K., et al., Amplification and noise properties of an erbium doped multicore fiber amplifier, *Optics Express*, Vol.19, May 2011, pp.16715-16721.

[85] Zhu, B., et al., Seven-core multicore fiber transmission for passive optical network, *Optics Express*, Vol.18, May 2010, pp.117-122.

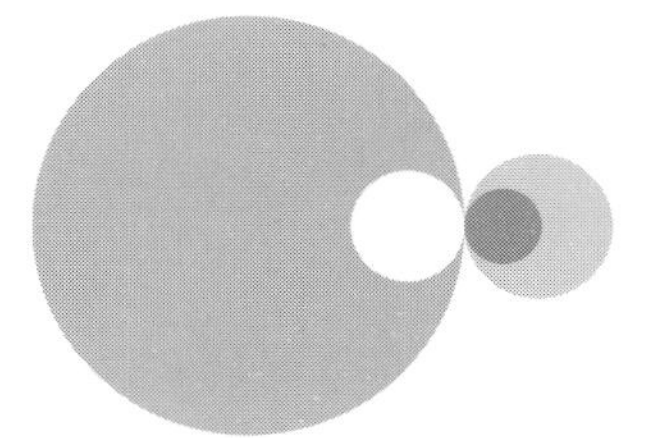

第 4 章 噪声和信道损伤

如图 1.11 所示，在调制、传播和探测过程中可能会产生各种导致光信号失真的效应。第 3 章讨论了由光纤损耗、色散和非线性效应引起的信号失真，由这些因素造成的信号损伤会在光接收端的判决点之前降低并损害信号的完整性。此外，还会有额外因素使信号被污染，从而在光传输信道中产生噪声，噪声也会与信号混在一起到达判决点。我们通过判决点处的信噪比(SNR)来测量传输质量。该处信噪比决定了接收机灵敏度，灵敏度被定义为将 SNR 保持在指定水平所需的最小光功率。在判决点接收的信号信噪比应尽可能高，以保持信号与噪声之间的差距，并提供补偿其他恶化效应所需的余量。

在本章中，我们描述了光通信信道中噪声分量的特性并给出了评估噪声的参数。我们还将通过评估这些参数来确定接收机灵敏度降低了多少。

4.1 光信道噪声

如图 4.1 所示，噪声作为信号的主要恶化因素，可以来自光传输系统内的不同位置。半导体激光器是激光强度噪声(RIN)、激光相位噪声和模式分配噪声的来源。光纤会产生模间噪声，而光学连接头和光学连接器是反射相关噪声的来源。光放大器会产生自发辐射噪声，自发辐射噪声会在随后的链路中放大并变成放大的自发辐射噪声(ASE)。此外，串扰也可以视为噪声，其主

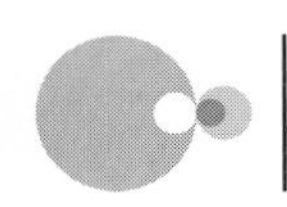

要在多路复用和交换网络元件(光学多路复用器、ROADM 和 OXC)中产生。最后,在光电二极管的光电转换期间也会产生几种噪声,这些噪声具有热效应或量子特性。

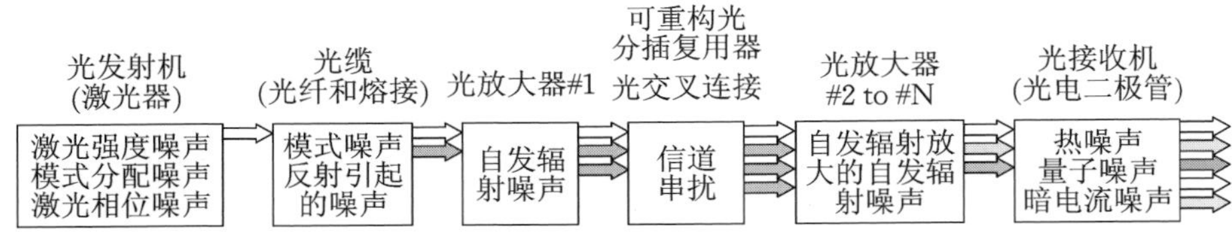

图 4.1　光传输信道中的噪声成分

上面提到的所有噪声分量可以分为在光学上面产生的噪声(光学噪声)分量,以及在电形式时添加到信号中的电噪声分量。任何光学噪声分量都有一些光功率,与其电场的平方成正比。由于光电探测器产生的光电流与输入光功率(而不是与功率相关的输入电场)成正比,因此总光电流将有几个方面的分量。这些分量可以分为:噪声电场与信号场相互拍频,噪声与其自身相互拍频,噪声中其他光学噪声分量的场相互拍频。虽然拍频分量的数量可能很多,但它们中的大多数相对较小并且可以忽略不计。

只有在经过光接收机中的光电检测过程之后,每个噪声分量的影响才变得明显。在我们的分析中,假设光接收机可以用图 4.2 中的通用框图表示。来自传输链路的光信号到达光电二极管后被转换成电信号并随后进行处理。在应用相干检测方案的情况下,如虚线所示,在光电检测之前,将输入光信号与来自本地激光振荡器(LO)的信号混合。在高级检测方案中,相干光接收机可以包含多个光电二极管(四个或更多),这将在第 6 章中讨论。每个光电二极管后面都有一个前端和前置放大器以及许多用于模拟和数字信号处理的电路来完全恢复原始信号波形。可以在前置放大器的输出处评估噪声分量和信号损

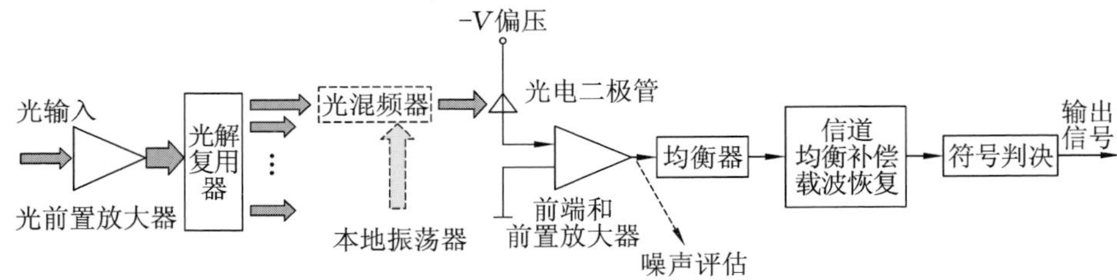

图 4.2　具有噪声评估点的光接收机的高级框图

伤的影响，本章将在基本的直接检测（DD）方案中评估这些影响。高级检测方案将在第 6 章中讨论。

进入接收器前端的噪声分量可以按图 4.3 所示的方式进行分类。光学前置放大器从传输链路中接收到强度噪声和自发辐射噪声。自发辐射噪声包含来自最后一级传输链路中放大器的分量，以及来自沿光传输路径放置的其他放大器放大的自发辐射（图 4.3 中放大的自发辐射成分如果与一级放大有关，则用小写字母表示；如果与多级放大有关，则用大写字母表示）。光放大器将增强与放大器增益成比例的所有光输入。信号和噪声分量都通过光电探测过程转换为电平信号，除了直接光电转换产生的分量外，还产生了几种噪声拍频分量。拍频是由信号、自发辐射和本地激光振荡器（假设使用了相干检测方案）的电场之间的相互作用引起的。因此，到达前端输入端的拍频噪声分量的总数可能很多，但是只有少数会对整体噪声强度有显著影响。在直接检测的情况下，最重要的噪声拍频分量是信号-自发辐射拍频噪声和自发辐射-自发辐射拍频噪声。当存在本地振荡器时，会引入强度噪声和相位噪声分量。

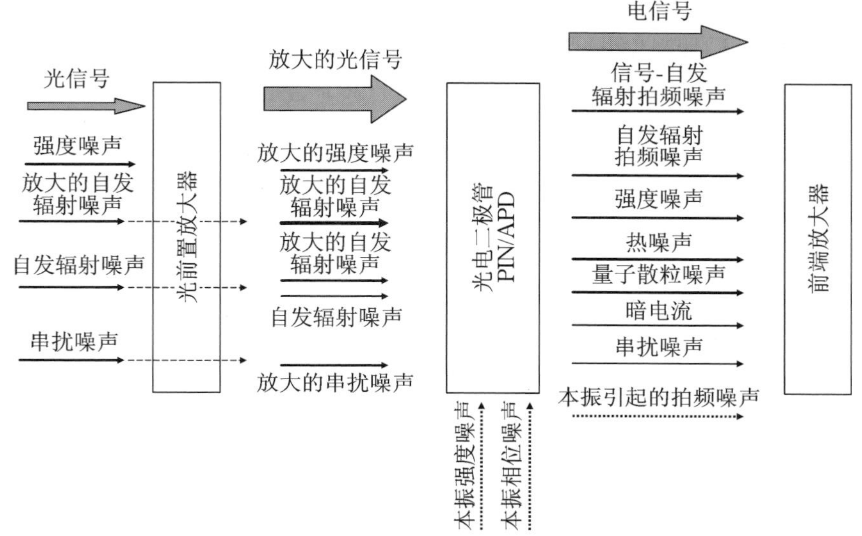

图 4.3　到达接收器前端的噪声分量

总噪声中有乘性噪声和加性噪声分量[1,2]。仅当光信号存在时才产生乘性噪声分量；而即使光信号不存在，也会产生加性噪声分量。乘性噪声分量有：

● 由于纵模总功率的分布不均匀以及每个纵模强度的细微变化，多模激光器中会产生模式分配噪声。

● 模式噪声，由多模光纤中横模激发的随机过程以及它们之间的功率交换产生。

● 激光输出功率强度细微变化引起的激光强度噪声。该噪声通过相对强度噪声(RIN) 参数表征。

● 由产生的光子相位细微变化引起的激光相位噪声。这是输出光信号(单个光子的集合) 呈现非零光谱宽度的主要原因。

● 量子散粒噪声，由光的量子特性和光电探测过程中产生的电子的随机分布引起。

● 雪崩散粒噪声，由雪崩光电二极管中碰撞电离效应引起的初级电子-空穴对的随机放大引起。

加性噪声分量有：

● 热处理过程的电子-空穴对在光电二极管中产生的暗电流噪声。

● 热噪声，也称为约翰逊噪声，产生于光接收器输入阻抗的电阻部分。

● 光路上的光放大器产生的放大的自发辐射噪声(ASE)。

● 多通道 WDM 系统中，当另一个信号干扰相关信号时，出现的串扰噪声。串扰经常被单独分析，因为它在本质上不同于其他噪声成分。串扰噪声的主要来源是光复用器 / 解复用器和光开关元件(ROADM 和 OXC)。

我们在分析上述噪声成分的影响时，更加关注那些在不同探测场景中占主导地位的成分。

4.1.1 模式分配噪声

半导体激光器中产生的所有噪声成分都是由光子的自发发射引起的，该光子伴随着激光光腔中受激辐射的过程。自发辐射是一个随机过程，对输出功率参数(强度、相位和频率) 有影响。自发辐射的光子通过产生随机分布的信号振幅和相位来补充相干光功率，从而引起输出功率振幅和相位的随机扰动。因此，发射光的强度和相位的波动是整个激光噪声的物理来源。模式分配噪声与多模法布里-珀罗半导体激光器相关，而与限制在激光光谱内的纵模的发射不相关(见图 2.10(b))。即使假设总输出功率是恒定的，图 2.10(b) 中任意一对纵模的强度差也存在随机波动。由于光纤中的色散将使所有纵模以不同的速度传播，这些强度波动将一直传递到光接收机。因此，模式分配噪声将被转换成电噪声,并将在判决点破坏信号。

模式分配噪声对于 $B \cdot L$ 值相对较低的传输系统的影响更为显著(B 是信号比特率,L 是传输距离)。为了估计与噪声影响相关的功率损失,有些文献对模式分配噪声进行了深入研究[3,4]。结论是,满足以下条件可以几乎完全抑制模式分配噪声的影响:

$$BLD\sigma_{\lambda} \leqslant 0.075 \tag{4.1}$$

其中,D 是色散系数;σ_{λ} 是多模半导体激光器的光谱线宽(见表 2.1)。通过选择零色散区或色散低于 1 ps/(nm·km) 的区域内的工作波长,可以使 $B \cdot L$ 值最大化。例如,比特率为 1 Gb/s 的信号可以在大约 30 km 的范围内传输,而 10 Gb/s 的信号可以在 3 km 的范围内有效传输。

半导体激光器,如 DFB 或者 DBR,设计用于单模工作,不会产生模式分配噪声。然而,激光光谱中剩余边模的存在可能需要引起一些关注。边模的强度以模式抑制比(MSR) 来衡量,模式抑制比定义为主要的纵模和最主要的抑制的边模之间的功率差,如图 2.12(b) 所示。我们可以假设 MSR 大于 100 的激光器可忽略模式分配噪声效应,因为它的功率损失将低于 0.1 dB[3]。

4.1.2 模式噪声

在一般情况下,多模光纤中的总输入光功率不均匀地分布在多个模式中。根据模式分布包含亮斑和暗斑的不同,会在接收端产生不同的散斑图案。光电二极管通过检测集中在光电二极管区域上的总功率,有效地消除了散斑图案的影响。然而,如果散斑图案在时间上不稳定,它将引起接收光功率的波动。这种波动称为模式噪声,并最终转化为光电流波动。由于机械干扰,如光缆中的微弯和振动,散斑图案的波动常常发生在光纤中。此外,由于接头和连接器有空间滤光器的作用,会影响横模的功率分布。

模式噪声与光源的光谱线宽 $\Delta\nu$ 成反比。这是因为只有当相干时间 t_{coh}($t_{coh} \sim 1/\Delta\nu$) 比光纤中的模间色散长时,模式干涉和散斑图案变化才是相关的(参考第 2.2.3 节)。因为发光二极管的光谱线宽相当大,所以如果将发光二极管用于信号传输,则不满足这一条件。因此,尽可能将发光二极管光源与多模光纤结合使用以避免模式噪声的可能影响是一个好主意。而如果单模激光器与多模光纤结合使用,情况就大不相同了,此时模式噪声影响可能是一个相当严重的问题。对于通过光纤传播的较少数量的模式,模式噪声的影响更大,而如果接收端的光功率仅由几个横模有效共享,则会出现最严重的情况,第

3.6 节中分析的少模光纤和多芯光纤就是这种情况。耦合方程(3.199)～方程(3.201)和方程(3.226)的数值解包括模式间的衰减差异，可用于分析模式噪声对传输系统性能的影响。从系统设计的角度来看，在单模激光器与多模光纤结合使用但没有任何先进的调制/检测方案的情况下，有必要分配一些功率裕度 ΔP 来适应模式噪声效应。而对于单模激光器和多模光纤的组合，分配的裕度应该高达 1 dB，这实际上意味着应该增加信号光功率以对抗模式噪声的影响。

除了多模光纤之外，长达几米的单模光纤也会引入模式噪声，因为高阶模式可以在光纤不连续处(连接器或接头)被激发，然后在下一个不连续处被转换回基模。因此，即使距离只有 1～2 m，使用比所需长度稍长的光纤也是个好主意。例如，5 m 的距离可以有效地消除模式噪声的影响，因为不能到达高阶模式。值得注意的是，垂直腔面发射激光器(VCSEL)通常与多模光纤结合使用，用于非常短的链路中(长达几千米)。尽管这种组合是在非常短的距离内实现千兆比特信号速率的经济有效的解决方案，但在这种情况下，模式噪声也可能是一个严重的因素，导致的功率损失甚至高于 1 dB[5]。

4.1.3 激光相位和强度噪声

半导体激光器通过受激辐射过程产生的量子噪声的总功率可以通过将代表噪声的光子密度乘以单个光子的能量来评估。量子噪声的光子密度数由自发辐射因子 n_{sp} 表示，该因子通过高能级和低能级的电子数 N_2 和 N_1 表示，如式(2.15)所示，我们可以得到

$$W_{lqn} = n_{sp} h\nu = \frac{N_2}{N_2 - N_1} h\nu \tag{4.2}$$

其中，W_{lqn} 是半导体激光器中每个纵模的量子噪声的总能量。激光量子噪声的总功率 P_{lqn} 为

$$P_{lqn} = W_{lqn}\Delta\nu = n_{sp} h\nu \cdot \Delta\nu \tag{4.3}$$

其中，$\Delta\nu$ 是激光光谱带宽。除了量子噪声，半导体激光器中产生的总噪声也包含热噪声成分。激光模式的热噪声分量 $P_{ltn}(\nu)$ 是通过用普朗克方程(10.9)除以激光本征模式数 $N_{l,emod} = 8\pi\nu^2/c^3$ 来计算的[7]，因此我们得到

$$P_{lm} = \frac{h\nu\Delta\nu}{\exp(h\nu/k\Theta) - 1} \tag{4.4}$$

$$P_{ln} = \left[\frac{N_2 h\nu}{N_2 - N_1} + \frac{h\nu}{\exp(h\nu/k\Theta) - 1}\right]\Delta\nu \tag{4.5}$$

其中，$P_{\ln}(\nu)$ 是每个激光模式产生的总噪声。

由于激光噪声是一个随机过程，激光相位和强度噪声分量都可以通过使用信号分析的标准方法来评估[2]。有必要找到与所产生光的振幅和相位相关的自相关函数、互相关函数和功率谱密度。为此，产生的光的电场可以表示为

$$E(t)=[A_0+a_n(t)]\exp\{\mathrm{j}[\phi_0+\phi_n(t)]\} \tag{4.6}$$

其中，A_0 和 ϕ_0 分别是幅度和相位的固定值；$a_n(t)$ 和 $\phi_n(t)$ 是这些值的噪声波动[8]。

相位波动 $\phi_n(t)$ 定义了频率噪声的光谱密度 $S_{\mathrm{F}}(\nu)$，因为瞬时频率偏差定义为

$$\nu_n(t)=\frac{1}{2\pi}\frac{\mathrm{d}\phi_n}{\mathrm{d}t} \tag{4.7}$$

频率噪声的光谱密度 $S_{\mathrm{F}}(\nu)$ 定义为

$$S_{\mathrm{F}}(\nu)=\lim_{T\to\infty}\frac{1}{T}\langle F_n(\nu)F_n^*(\nu)\rangle \tag{4.8}$$

其中，$F_n(\nu)$ 是函数 $\nu_n(t)$ 的傅里叶变换。

除了式(4.8)定义的光谱密度函数之外，还必须找到电场本身的光谱密度函数，以便评估激光器中产生的相位噪声光谱。光谱密度函数可以作为电场的自相关函数 $R(\tau)$ 的傅里叶变换[8]，并且通过使用式(4.6)和式(4.8)，可以得到

$$R(\tau)=\frac{\langle E^*(t)E(t+\tau)\rangle}{A_0^2}=\langle\exp\mathrm{j}\Delta\phi_n(\tau)\rangle=\exp(-\langle\Delta\phi_n^2(\tau)\rangle/2) \tag{4.9}$$

其中，$\Delta\phi_n(t)=\phi_n(t+\tau)-\phi_n(t)$ 定义为相位波动。假设相位波动可以表示为高斯随机过程。

通过式(4.9)和函数关系(4.7)和(4.8)的傅里叶变换，可以得出以下结论：

$$\langle\Delta\phi_n^2(\tau)\rangle=\sigma_\phi^2=4\int_0^\infty S_{\mathrm{F}}(\nu)\sin^2(\pi\nu\tau/\nu)\mathrm{d}\nu \tag{4.10}$$

其中，σ_ϕ^2 是系统计算中经常使用的相位噪声方差。对于不同的激光器结构，已经在论文[9-13]中评估了光谱密度 $S_{\mathrm{F}}(\nu)$。在文献[10]中对 InGaAsP 激光器结构获得了以下表示式：

$$S_{\mathrm{F}}(\nu)=\frac{n_{\mathrm{sp}}h\nu\Delta\nu_{\mathrm{LR}}}{A_0^2}\left[1+\frac{\alpha_{\mathrm{chirp}}^2\nu_{\mathrm{R}}^4}{(\nu^2-\nu_{\mathrm{R}}^2)^2+\nu^2\left(\frac{\gamma_s}{2\pi}\right)^2}\right] \tag{4.11}$$

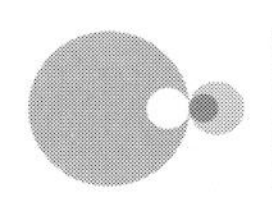

其中，α_{chirp} 是由式(2.20)定义的幅度-相位耦合参数；$\Delta\nu_{\text{LR}}$ 是激光谐振器的频率带宽；ν_{R} 和 γ_s 分别是弛豫频率和耗尽常数，定义为

$$\nu_{\text{R}}^2=\frac{A_0^2 G(P_0)}{(2\pi)^2}\frac{\partial G}{\partial P} \tag{4.12}$$

$$\gamma_s=\left(\frac{\alpha_{\text{chirp}}^2}{\alpha_{\text{chirp}}^2+1}\right)^{1/2}+A_0^2\frac{\partial G}{\partial P} \tag{4.13}$$

其中，P 是由过程中涉及的光子数量测量的辐射光功率；P_0 是光子的初始数量；G 是与受激辐射相关的净增益，参考式(2.13)和式(2.18)。

激光强度噪声与模式分配噪声具有相同的性质，与单模激光有关。在发射端产生的强度波动最终将经历光纤中的衰减和光放大器的放大。激光强度噪声将被光电二极管转换成电噪声，并在判决电路处破坏信号。

激光强度噪声可以通过相对强度噪声(RIN)参数来估计，该参数是强度自相关函数 $\Phi(\tau)$ 的傅里叶变换，定义为

$$\Phi(\tau)=\frac{\langle\delta P(t)\delta P(t+\tau)\rangle}{\langle P\rangle^2} \tag{4.14}$$

其中，$\langle P\rangle$ 表示由所产生的光子数量测量的激光输出功率的平均值，而 $\delta P=P(t)-\langle P\rangle$ 表示在平均值附近的小功率波动。因此，可以表示为

$$\text{RIN}(\nu)=\frac{1}{2\pi}\int_{-\infty}^{\infty}\Phi(t)\exp(-\text{j}2\pi\nu t)\text{d}t=\frac{1}{2\pi}\int_{-\infty}^{\infty}\frac{\langle\delta P(t)\delta P(t+\tau)\rangle}{\langle P\rangle^2}\exp(-\text{j}2\pi\nu t)\text{d}t \tag{4.15}$$

RIN 值可以通过求解包含与强度波动相关的 Langevin 噪声项 $F_P(t)$ 的广义激光速率方程来计算——参见方程式(2.21)～式(2.23)。参数 RIN(ν)通常以每赫兹分贝表示，在弛豫-振荡频率 ν_{R} 处具有最大值。衡量强度噪声影响的具有实际意义的参数定义为

$$r_{\text{int}}^2=\left[\frac{\langle\delta P(t)\delta P(t+0)\rangle}{\langle P\rangle^2}\right]=\int_{-\infty}^{\infty}\text{RIN}(\omega)\text{d}\nu=2\text{RIN}_{\text{laser}}\Delta f \tag{4.16}$$

其中，Δf 定义了适用于强度噪声的带宽(这实际上是光接收器的带宽)；$\text{RIN}_{\text{laser}}$ 是表征强度噪声大小的参数。对于高质量的 DFB 激光器，$\text{RIN}_{\text{laser}}\approx -160$ dB/Hz。

反射引起的噪声是由于光学接头、连接器和光纤末端的折射率不连续导致的背向反射光信号的出现而引起的。它与激光强度噪声具有相同的性质，因此，它们经常被一起处理。反射光的功率可以通过反射系数 r_{ref} 来估计，该

系数定义为

$$r_{\mathrm{ref}}=\left(\frac{n_{\mathrm{a}}-n_{\mathrm{b}}}{n_{\mathrm{a}}+n_{\mathrm{b}}}\right)^{2} \tag{4.17}$$

其中，n_a 和 n_b 是彼此面对的两种材料的折射率系数。反射光的功率与系数 r_{ref} 成正比。因此，折射率差异越大，反射系数越高，反之亦然。最强的反射发生在玻璃-空气界面。我们可以假设 $n_a=1.46$（二氧化硅）和 $n_b=1$（空气），则这里的反射系数 $r_{\mathrm{ref}} \approx 3.5\%$（或 -14.56 dB）。如果光纤末端被抛光，这个值甚至可以更高。如果在光纤-空气界面使用一些折射率匹配的油或凝胶，或者如果光纤末端以一定角度切割使得反射光偏离光纤轴，反射光可以减少到 0.1% 以下。这两种方法都广泛应用于高速光传输系统。过多的背向反射光会返回并进入半导体激光器谐振腔，会对激光器的正常运行产生负面影响，并导致激光器输出处的强度噪声过大。因此，激光器通常通过光隔离器与光纤链路分离，光隔离器会抑制反射光的影响。如果背向反射光超过 30 dBm，相对强度噪声可高达 20 dB。

反射噪声的影响不仅仅限于激光光源，因为光线在光学接头和连接器之间的多次来回反射也可能是附加强度噪声的来源。光线的多次反射最终会产生同一信号前向传播的多个副本。这些副本将发生相移，并充当相位噪声。这种相位噪声最终通过色散转换成强度噪声，并通过光纤链路上的光放大器得到增强。除了色散之外，相位噪声还可以在光纤链路的任意两个反射面上转换成强度噪声，因为两个反射镜起到了法布里-珀罗干涉仪的作用。相位噪声转换为强度噪声的最终结果将是总相对强度噪声的增加。因此，通过仔细选择使反射最小化的光学连接器来抑制整个光传输链路的背向反射极其重要。

4.1.4 量子散粒噪声

到达光电二极管的光信号包含许多光子，这些光子通过光电效应产生电子-空穴对。电子-空穴对被反向偏置电压有效地分离，从而形成光电流。在时间间隔 Δt 期间，光电二极管处具有 n 个电子-空穴对的概率由泊松分布表示为[2,14]

$$p(n)=\frac{N^{n}\mathrm{e}^{-N}}{n!} \tag{4.18}$$

其中，N 是在时间间隔 Δt 期间检测到的平均光电子数，表示为

$$N = \frac{\eta}{h\nu}\int_0^{\Delta t} P(t)\mathrm{d}t \tag{4.19}$$

其中，ν 是光学频率，h 是普朗克常数，η 是量子效率，即检测到的电子数与到达的光子数之比，如式(2.115)所示。泊松分布在较大的平均值 N 时接近高斯分布。

由电子产生的光电流的平均强度为

$$I = \langle i(t) \rangle = \frac{qN}{\Delta t} = \frac{qN}{T} \tag{4.20}$$

其中，q 是电子电荷($q = 1.6 \times 10^{-19}$ C)。请注意，假设时间间隔 Δt 等于"1"或"0"比特的持续时间 T。由于光电探测过程的随机性质，在比特持续期间产生的实际电子数在平均值 N 附近波动，而产生的光电流将在平均值 I 附近波动。由于泊松分布的性质，方差等于平均值，我们有

$$\langle [n - N]^2 \rangle = N \tag{4.21}$$

其中，尖括号表示求平均。比特持续时间 T 期间的瞬时电流给定为

$$i(t) = \frac{qn}{T} \tag{4.22}$$

式(4.21)和式(4.22)可用于估计平均值附近瞬时电流的波动。这些波动可以通过均方值来表示，即

$$\langle i^2 \rangle_{\mathrm{sn}} = \langle [i(t) - I]^2 \rangle = \frac{q^2 \langle [n(t) - N]^2 \rangle}{T^2} = \frac{q^2 N}{T^2} = \frac{qI}{T} \tag{4.23}$$

式(4.23)给出了量子散粒噪声的功率，它是由光的量子性质引起的乘法噪声分量。通过像文献[15]中那样假设 $\Delta f = 1/2T$，我们可以将比特持续时间 T 与信号带宽 Δf 相关联，得到以下关系式：

$$\langle i^2 \rangle_{\mathrm{sn}} = 2qI\Delta f = S_{\mathrm{sn}}(f)\Delta f \tag{4.24}$$

通过光电流相关函数的傅里叶变换计算信号光谱密度 $S_{\mathrm{sn}}(f)$，可以获得与前面相同的结果[16,17]。式(3.23)中量子散粒噪声的光谱密度是恒定的，给出如下公式：

$$S_{\mathrm{sn}}(f) = \frac{\mathrm{d}}{\mathrm{d}f}\langle i^2 \rangle_{\mathrm{sn}} = 2qI \tag{4.25}$$

式(4.24)和式(4.25)仅用于 PIN 光电二极管。这是因为雪崩光电二极管(APD)中的内部放大过程增加了产生的光电流并增强了总量子噪声。APD 中此附加噪声背后的物理背景与以下事实有关：通过碰撞电离的随机过程随

机生成二次电子-空穴对。

结果表明,雪崩散粒噪声可以用高斯概率密度函数来表征,并具有频率平坦的频谱[15]。雪崩散粒噪声功率为

$$\langle i^2 \rangle_{\text{sn/APD}} = S_{\text{sn/APD}}(f)\Delta f = 2q\langle M \rangle^2 F(M) I \Delta f \tag{4.26}$$

其中,$\langle M \rangle$ 是雪崩增益的平均值,而 $F(M)$ 是过量噪声系数,用来表示瞬时雪崩增益 M 围绕其平均值的变化。由于 $F(M) > 1$,放大过程总是有噪声的。因此,噪声的增加将成比例地高于信号的增强。APD 中的过量噪声系数可以表示为[15,16]

$$F(M) = k_{\text{N}}\langle M \rangle + (1 - k_{\text{N}})\left[2 - \frac{1}{\langle M \rangle}\right] \tag{4.27}$$

其中,参数 k_{N} 被称为电离系数。电离系数取值范围为 0 ~ 1,表示在雪崩放大过程中载流子产生其他载流子的能力。该系数应尽可能小,以便将产生的雪崩散粒噪声降至最低。常用的用于替代式(4.27) 的近似形式如下:

$$F(M) = \langle M \rangle^x \tag{4.28}$$

噪声系数 x 取 0 到 1 范围内的值,取决于所使用的半导体化合物。常用 APD 中化合物的噪声系数 k_{N} 和 x 的典型值如表 4.1 所示。

表 4.1　主要的光学参数

半导体	x	k_{N}	暗电流噪声 /nA
InGaAs	0.5 ~ 0.8	0.3 ~ 0.6	高达 20
锗	1.0	0.7 ~ 1.0	50 ~ 500
硅	0.4 ~ 0.5	0.02 ~ 0.04	高达 10

T 用来评估散粒噪声的影响,我们假设 PIN 和 APD 的噪声频谱密度都有以下形式:

$$S_{\text{sn}}(f) = 2q\langle M \rangle^{2+x} I \tag{4.29}$$

[例 4-1]　如果 $P = -20$ dBm 的光功率落到响应率 $R = 0.8$、$M = 1$ 和 $x = 0$ 的 PIN 光电二极管上,则 $I = 8\ \mu\text{A}$ 以及 $S_{\text{sn/PIN}} \approx 2.6 \times 10^{-24}\ \text{A}^2/\text{Hz}$。

[例 4-2]　如果 $P = -20$ dBm 的光功率落到响应率 $R = 0.8$,$M = 10$,$x = 0.7$ 的 APD光电二极管上,则 $I = 80\ \mu\text{A}$ 以及 $S_{\text{sn/APD}} \approx 1.29 \times 10^{-21}\ \text{A}^2/\text{Hz}$。

4.1.5　暗电流噪声

暗电流由电子-空穴对组成,这些电子-空穴对是光电二极管 PN 结中的热

产生的。即使没有光到达光电二极管表面，偏置的光电二极管中也会有暗电流流过。这些载流子在 APD 中也会加速，并会导致雪崩散粒噪声的产生。暗电流的功率表示为

$$\langle i^2\rangle_{\text{dcn}} = S_{\text{dcn}}(f)\Delta f = 2q\langle M\rangle^2 F(M) I_{\text{d}}\Delta f \tag{4.30}$$

其中，I_{d} 是光电二极管中的初级暗电流，而 S_{dcn} 是暗电流的光谱密度。不同半导体化合物的暗电流典型值如表 2.3 所示。式(4.30)可以应用于 PIN 光电二极管和 APD。

[例 4-3]　如果 PIN 光电二极管的 $I_{\text{d}}=5$ nA，$M=1$，$x=0$，则光谱密度 $S_{\text{dcn}}\approx 1.6\times 10^{-27}$ A^2/Hz。

[例 4-4]　如果 APD 光电二极管的 $I_{\text{d}}=5$ nA，$M=10$，$x=0.7$，则光谱密度 $S_{\text{dcn}}\approx 8\times 10^{-25}$ A^2/Hz。

如我们所见，光电二极管中产生的暗电流噪声的功率小于光电探测过程中产生的其他噪声分量的功率。因此，暗电流噪声的影响有时可被忽略。

雪崩光电二极管的整体噪声产生过程如图 4.4 所示。图 4.4 中有四个时隙，用于说明泊松统计量和总噪声的产生过程。有一个入射光子在第一时隙内产生一个一次光电子。这个一次光电子将产生几个二次电子-空穴对(在图 4.4 中是七个)。在第二个时隙内没有信号光子被捕获，但是产生了暗电流电子，并且能够通过电离过程产生一对二次光电子。接着，在第三个时隙内有两个入射光子产生许多二次光电子。最后，在第四个时隙内则会类似于第二个时隙，只是产生了较少数量的二次光电子。结果，光电子总数和产生的电流都围绕其平均值随时间波动，这些波动与光电二极管输出端的电流噪声有关。

4.1.6　热噪声

负载电阻用于将光电流转换为电压，如图 2.32 所示，由于电子的随机热运动，负载电阻会产生自己的噪声。这种噪声会以增加所产生光电流的波动电流的形式出现。这个附加噪声分量，也称为 Johnson 噪声[18]，其频谱平坦，并且统计特征是零均值高斯概率密度函数。该光谱密度的单位用 A^2/Hz 表示，并给出如下表达式：

$$S_{\text{the}}(f) = \frac{4k\Theta}{R_{\text{L}}} \tag{4.31}$$

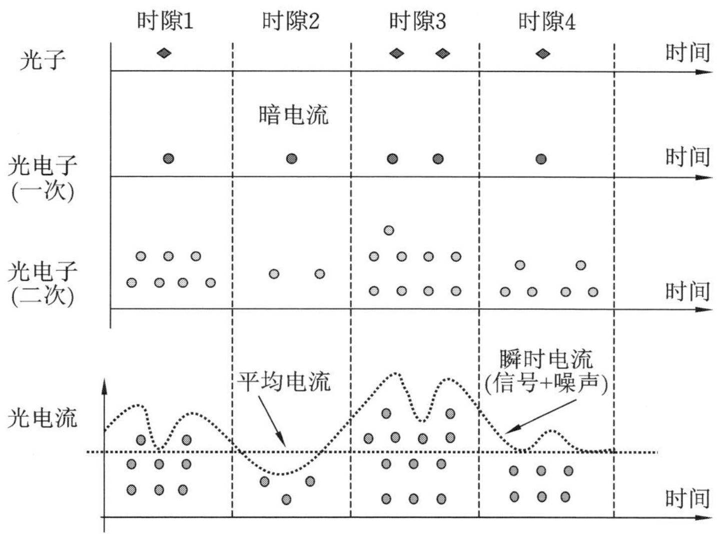

图 4.4　光电二极管中的噪声产生

其中，R_L 是负载电阻，Θ 是开尔文绝对温度，而 k 是玻尔兹曼常数($k=1.38\times 10^{-23}$ J/K)。接收机带宽 Δf 中包含的热噪声功率为

$$\langle i^2\rangle_{\text{the}}=S_{\text{the}}(f)\Delta f=\frac{4k\Theta\Delta f}{R_L} \tag{4.32}$$

通过使用大负载电阻可以降低热噪声。这种设计通常称为高阻抗前端放大器，提高了接收机的灵敏度。另一方面，它限制了接收机带宽，因为 RC 常数(C 是电路的电容)也增加了。因此，高阻抗输入需要一个均衡器来提升高频分量并增加接收机带宽。一般来说，接收机带宽可通过选择较小的负载电阻值来增加。具有低阻抗的前端设计比具有高阻抗前端放大器的设计具有更小的接收机灵敏度。作为折中方案，图 2.32 所示的互阻抗前端既可实现高接收机灵敏度，又可实现高速操作。跨阻抗前端设计还提高了光接收机的动态范围，这在接收端光功率可能发生显著变化的情况下非常重要。

负载电阻中产生的热噪声将通过前端放大器中的电子元件得到增强。放大器噪声系数 NF_{ne} 可以解释这种噪声增强，NF_{ne} 是用来衡量前端输出的热噪声增强的因子。考虑前端放大器增强的热噪声总功率如下所示：

$$\langle i^2\rangle_{\text{the}}=S_{\text{the}}(f)\Delta f=\frac{4k\Theta\Delta f\cdot\text{NF}_{\text{ne}}}{R_L}=I_{\text{the}}^2\text{NF}_{\text{ne}} \tag{4.33}$$

噪声系数 $\mathrm{NF}_{\mathrm{ne}}$（下标 e 代表电）因放大器而异，但对于低噪声前端放大器，噪声系数 $\mathrm{NF}_{\mathrm{ne}}$ 约为 3 dB。参数 I_{the}（单位用 $\mathrm{A/Hz^{1/2}}$ 表示）相当于热电流的标准偏差。该参数通常为几个 $\mathrm{pA/Hz^{1/2}}$。上式中 k 是玻尔兹曼常数（$k=1.38\times10^{-23}$ J/K），Θ 是绝对温度，单位为开尔文，R_{L} 是负载电阻，单位为欧姆。假设 $I_{\mathrm{the}}=3\ \mathrm{pA/Hz^{1/2}}$，$\mathrm{NF}_{\mathrm{ne}}=2$，我们可以得到 $S_{\mathrm{the}}\approx2\times10^{-23}\ \mathrm{A^2/Hz}$。因此，热噪声的光谱密度的计算值比暗电流噪声的计算值至少高两个数量级。如果一个光功率为 -10.65 dBm（86 μw）的光信号到达光电二极管（其响应度 $R=0.8$ A/W），则 PIN 光电二极管中产生的散粒噪声将与热噪声差不多处于同一数量级。

4.1.7 自发辐射噪声

第 2.6 节讨论的光放大器中的信号放大伴随着光子的自发辐射。这个过程是可叠加的，这意味着信号和自发辐射产生的噪声之间没有相关性。自发辐射引起的噪声也具有以零均值高斯概率密度函数为特征的平坦频谱。噪声频谱密度可以写成[19]

$$S_{\mathrm{sp}}(\nu)=(G-1)\mathrm{NF}_{\mathrm{no}}h\nu/2 \tag{4.34}$$

其中，G 是光放大器增益，$\mathrm{NF}_{\mathrm{no}}$ 是测量噪声增强的光放大器噪声系数（下标“o”代表“光”），h 是普朗克常数（$h=6.63\times10^{-34}$ J/Hz），ν 是光频率。请注意，我们暂时有两种频率表示，f 代表电信号的频率，ν 代表光信号的频率。然而，变量 f 和 ν 指的是相同的物理参数，用赫兹表示。这种区分会被多次使用（如区分光和电滤波器带宽，以及光和电信噪比）。

噪声系数和自发辐射系数 $n_{\mathrm{sp}}=(N_1-N_2)/N_2$ 之间有以下关系，该参数与式(2.15) 和式(4.2) 中定义的参数相同。

$$\mathrm{NF}_{\mathrm{no}}=\frac{2n_{\mathrm{sp}}(G-1)}{G}\approx2n_{\mathrm{sp}}\geqslant2 \tag{4.35}$$

N_1 和 N_2 的数量分别与基带能级和高能级的电子数量有关（见图 2.26(a)）。理论上，如果所有的电子移动到较高能级，自发辐射因子将变为 1，这在实际中是不可能的。因此，自发辐射因子总是取大于 1 的值，在大多数实际情况下，取值范围为 2 ～ 5，相当于 3 ～ 7 dB。级联光放大器的放大器链的有效噪声系数可以计算如下：

$$\mathrm{NF}_{\mathrm{no,eff}}=\mathrm{NF}_{\mathrm{no},1}+\frac{\mathrm{NF}_{\mathrm{no},2}}{G_1}+\frac{\mathrm{NF}_{\mathrm{no},3}}{G_1G_2}+\cdots+\frac{\mathrm{NF}_{\mathrm{no},k}}{G_1G_2\cdots G_{k-1}} \tag{4.36}$$

其中，$NF_{no,eff}$ 是包含 k 个光放大器总数的放大器链的有效噪声系数。就噪声影响而言，链中的第一个放大器最为重要。这就是为什么多级光放大器应该将第一级放大的噪声系数设计成较低值。因此，放大器噪声系数有效值的降低会给整个系统性能带来显著好处。

自发辐射噪声的总功率可以计算如下：

$$P_{sp}(\nu)=2\mid E_{sp}\mid^2=2S_{sp}(\nu)B_{op}=(G-1)NF_{no}h\nu B_{op} \tag{4.37}$$

其中，E_{sp} 是自发辐射的电场，B_{op} 是由光放大器带宽和滤光器决定的自发辐射的有效带宽。请注意，式(4.37) 中的因子 2 是因为光放大器输出端存在两种偏振模式。

4.1.8　光接收机中的拍频噪声成分

如果有一串光放大器，则在前一级放大器中产生的自发辐射噪声将会在后一级放大，从而成为放大的自发辐射噪声(ASE)。此外，任何特定放大器也会产生自发辐射噪声，这意味着放大器输出噪声会比输入噪声大，如图 4.3 所示。放大的自发辐射噪声的功率随光信号同时从光学上转换到电学上。在使用光放大器的情况下，光电二极管输出端产生的总光电流可以写成

$$I_p=I+i_{noise}=R\mid E\sqrt{G}+E_{sp}\mid+i_{sn}+i_{the} \tag{4.38}$$

其中，$E=P^{\frac{1}{2}}$ 和 $E_{sp}=P_{sp}^{\frac{1}{2}}$ 分别是与光信号功率 P 和放大的自发辐射功率 P_{sp} 相关的电场，I 是信号电流($I=RP$)，R 是光电二极管响应度，G 是放大器增益，i_{sn} 是量子散粒噪声分量，i_{the} 是热噪声分量。对大多数典型检测场景中噪声分量的评估表明，式(4.38) 中的三个噪声分量是主要的，并且从系统设计角度来看是最相关的。

放大的自发辐射噪声(ASE) 并不是简单地转换成相应的电噪声，因为 ASE 和信号电场之间存在拍频过程，这将会导致出现几个分量，这些分量均可被分类为拍频噪声。因此，如式(4.38) 所示，有必要用相应的电场来表示输入信号和 ASE，以评估这些拍频噪声分量。请注意，式(4.38) 仅包含式(4.37) 噪声功率的一半。与信号具有相同偏振的 ASE 成分参与拍频过程。这是因为正交偏振分量不能有效拍频，只有与信号具有相同偏振状态的分量才是相关因素。与光学 ASE 噪声相关的总噪声电流是由 ASE 场 E_{sp} 与信号场 E 的拍频以及场 E_{sp} 本身的拍频而产生的。这种波动电流的总方差可以通过使用通用表

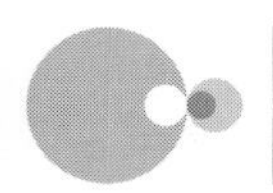

达式 $E=\sqrt{P}\exp(-j\omega t)$ 来表示式(4.38)中通过光功率求得的所有电场，以及对随机相位上的场的乘积求平均值来求得(见文献[10,11])。这个过程产生了以下等式：

$$\langle i^2\rangle=\langle i^2\rangle_{\text{the}}+\langle i^2\rangle_{\text{sn,Amp}}+\langle i^2\rangle_{\text{sig-sp}}+\langle i^2\rangle_{\text{sp-sp}} \tag{4.39}$$

其中，右侧的第一项代表热噪声的功率，即

$$\langle i^2\rangle_{\text{the}}=\frac{4k\Theta\cdot \text{NF}_{\text{ne}}\Delta f}{R_{\text{L}}} \tag{4.40}$$

其余三项具有以下值：

$$\langle i^2\rangle_{\text{sn,Amp}}=2qR[GP+S_{\text{sp}}B_{\text{op}}]\Delta f=S_{\text{sn,Amp}}\Delta f \tag{4.41}$$

$$\langle i^2\rangle_{\text{sig-sp}}=4R^2GPS_{\text{sp}}\Delta f=S_{\text{sig-sp}}\Delta f \tag{4.42}$$

$$\langle i^2\rangle_{\text{sp-sp}}=2R^2S_{\text{sp}}^2[2B_{\text{op}}-\Delta f]\Delta f=S_{\text{sp-sp}}\Delta f \tag{4.43}$$

式(4.42)和式(4.43)中拍频噪声分量的总频谱密度可以表示为

$$S_{\text{beat}}(f)=S_{\text{sig-sp}}(f)+S_{\text{sp-sp}}(f) \tag{4.44}$$

如我们所见，光放大器增益系数 G、光学滤波器的带宽 B_{op} 和接收机电滤波器的带宽 Δf 在光放大器自发辐射引起的总噪声中起关键作用。从式(4.41)中注意到，当光信号被预放大时，散粒噪声更大。

[例 4-5] 假设放大器和光电二极管参数有以下典型值：$P=-20$ dBm，$G=100$，$f_{\text{no}}=3.2$(也就是 5 dB)，$R=0.8$ A/W，$B_{\text{op}}=0.1$ nm，$\Delta f=0.5B_{\text{op}}$。式(4.41)、式(4.42)和式(4.43)的光谱密度现在分别为：$S_{\text{sn,Amp}}\approx 2.5\times 10^{-22}$ A^2/Hz，$S_{\text{sig-sp}}\approx 1.05\times 10^{-19}$ A^2/Hz，$S_{\text{sp-sp}}\approx 0.53\times 10^{-22}$ A^2/Hz。如我们所见，拍频噪声分量大于 PIN 光电二极管中的散粒噪声分量。

当考虑单个噪声分量的影响时，我们应该区分两种情况：检测“1”和检测“0”。这种区分对于散粒噪声、拍频噪声分量和强度相关噪声分量很重要。消光比可以用来作为与“1”和“0”相关的接收功率差异的度量。对于 PIN 光电二极管和 APD 光电二极管，表 4.2 所示的是与“1”和“0”相关的不同噪声成分的比较。假设根据式(2.57)计算的消光比是 10。如表 4.2 所示，热噪声和散粒噪声对总噪声功率的贡献通常小于拍频噪声分量的贡献。可以通过光学滤波降低自发辐射-自发辐射的拍频噪声，并使其小于信号-自发辐射的拍频噪声。

表 4.2　空间噪声分布的主要典型参数

	PIN		APD	
噪声频谱密度 /(A^2/Hz)	“1” 比特	“0” 比特	“1” 比特	“0” 比特
暗电流	1.6×10^{-27}	1.6×10^{-27}	0.8×10^{-24} ($M = 10$)	0.8×10^{-24} ($M = 10$)
热噪声	2×10^{-22}	2×10^{-23}	2×10^{-23}	2×10^{-23}
无前置放大器的散粒噪声	2.6×10^{-24}	2.6×10^{-25}	1.28×10^{-21} ($M = 10$)	1.28×10^{-22} ($M = 10$)
有前置放大器的散粒噪声	2.6×10^{-22}	2.6×10^{-23}	1.97×10^{-20} ($M = 5$)	1.97×10^{-21} ($M = 5$)
信号-放大的自发辐射拍频噪声	1.04×10^{-19}	1.04×10^{-20}	0.52×10^{-19}	0.52×10^{-19}
放大的自发辐射-放大的自发辐射拍频噪声	0.54×10^{-22}	0.54×10^{-22}	2.7×10^{-20}	2.7×10^{-20}

4.1.9　串扰噪声

信号串扰发生在多通道系统中，一小部分不需要的信号会增加相关通道的功率，从而产生噪声。串扰噪声可以在带外或带内。

如图 4.5(a) 所示，当来自相邻信道的光越过信道之间的边界并与指定光信道的功率混合时，会出现带外或信道内串扰；当把光学滤波器和光学多路复用器部署在光学传输系统中时，这种情况便经常发生，光接收机带宽中的干扰功率也会转换成电流。带外串扰不同于随机噪声，各种噪声类型具有尾部逐渐衰减的振幅概率分布，这决定了判决阈值的位置。相反，在串扰情况下，由于串扰源数量有限，可能出现在判决点的串扰功率是有限的。就串扰影响而言，当所有信道都是位同步的，并且所讨论的信道是“0”而所有其他信道是“1”时，有最坏的情况。但实际上，输入的串扰光功率与信道信号不相关，这意味着带外噪声本质上是不相干的，如图 4.5(a) 所示。

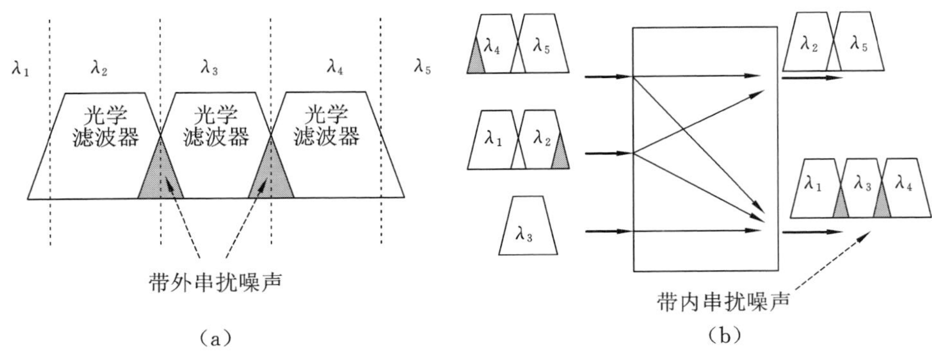

图 4.5　串扰噪声

(a) 带外串扰噪声；(b) 带内串扰噪声

将带外串扰转换电信号而产生的光电流可以认为是噪声，并且其处理方法与处理暗电流噪声的方法类似。将带外串扰转换为电信号而产生的噪声电流为

$$i_{\text{cross,out}} = \sum_{n \neq m}^{M} R X_n \tag{4.45}$$

其中，R 是光电二极管响应度，X_n 是由第 n 个光信道(即所讨论的信道)的光接收机捕获的第 n 个信道功率的一部分。我们假设总共有 M 个光信道，串扰噪声水平的最大贡献来自相邻信道。最小化带外串扰的影响可以通过优化光通道间距和选择具有更陡带宽特性的滤光器来实现。

如果信号继续沿指定的光路传播，则总功率将由信号功率和带外串扰功率组成。在光电探测之前最终可能发生的任何附加多路复用 / 滤波过程也会产生带外串扰。可能会出现因为来自相邻信道的串扰功率而恢复原来属于该信道的一部分功率的情况。尽管该部分包含与所讨论的信道相同的数据，但由于它们经历了不同的延迟而导致不再同相。由于交换机端口之间的非理想隔离，光交换机中可能会发生相同的过程(分开和重新结合)，如图 4.5(b) 所示。

带内串扰最终会产生拍频噪声成分，类似于光放大器的 ASE 噪声。唯一真正的区别是串扰，而不是 ASE 噪声，会随着信号和本身而拍频。第 m 个信道中的总拍频光电流为

$$\begin{aligned} i_{\text{cross,in}}(t) &= R \mid E_m(t) \mid^2 \\ &= R \left| E_m(t)\exp[-\mathrm{j}\omega_m t + \phi_m(t)] \right. \\ &\quad \left. + \sum_{n=1,n\neq m}^{M} X_n E_n(t)\exp[-\mathrm{j}\omega_n t + \phi_n(t)] \right|^2 \end{aligned} \tag{4.46}$$

式中:R 是光电二极管响应度;E_m 是所讨论的光信号的电场;X_n 和 ϕ_n 分别是与带内串扰分量相关的电场的幅度和相位;参数 M 表示带内串扰的潜在数量;指数项表示总电场的相干性。式(4.46) 可以通过使用替换 $E=\sqrt{P}$ 和算出所有乘法结果来排序,因此总电流变为

$$i_{\text{cross,in}}(t)=RP_m+2R\sum_{n=1,n\neq m}^{M}\sqrt{P_n}\cos[\phi_m(t)-\phi_n(t)]=R(P_m+\Delta P_{\text{cross,in}}) \tag{4.47}$$

从式(4.47) 可以看出,带内串扰与强度噪声具有相同的性质,可以视为总强度噪声的一个组成部分。

4.2　误码率(BER)、信噪比(SNR) 和接收机灵敏度的定义

光信号在沿光路传输期间会从原来的形状发生失真,最终被光接收机中的光电二极管转换成光电流,所有获得性损伤也将转移到电的形式。此外,如上所述,作为有损害的新噪声成分会在光接收机中产生。失真信号和新增的有损害的噪声最终将汇集到判决电路上,该电路以规定的时钟间隔识别逻辑电平,如图 4.2 所示。判决点处的信号值应尽可能高,以保持与噪声水平有良好的距离,并且还可能补偿由于其他各种损伤(如色散、有限消光比、串扰) 的影响而导致的接收器灵敏度下降。

图 4.6(a) 所示的是一些损伤导致的信号失真。一般来说,失真是通过脉冲电平降低、脉冲形状失真、相移和频移或添加的噪声观察到的。由于脉冲电平降低导致的接收机灵敏度下降可以直接评估,而脉冲形状失真或脉冲相位变化的评估复杂些。相反,噪声的影响是通过随机过程的平均功率来评估的。

以下章节涵盖的大部分主题与强度调制和直接检测的光传输系统有关。因此,所有讨论都是第 5、6 和 7 章中讨论的主题更进一步的基础。在本节中,我们将首先评估信噪比和接收机灵敏度,这两个都可以定义传输质量。接下来,其他损伤的影响将通过接收机灵敏度相对于参考案例的下降来量化。在某些情况下,接收机灵敏度的下降可视为是需要补偿的信号功率损失。这个可以通过分配一些功率裕度来实现,功率裕度定义为补偿每个特定损伤的影响所需的信号功率的增加。通过增加信号功率,信噪比保持在与没有损伤的情况下相同的水平。

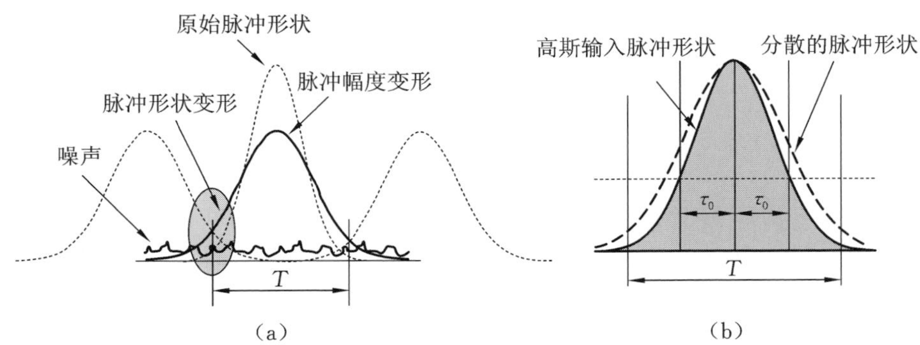

图 4.6　信号损伤示例

(a) 脉冲失真和噪声；(b) 高斯脉冲作为参考脉冲形状

补偿功率损失的信号强度增加值在某些情况下可能具有实值，如与色散或较小消光比的影响相关的情况。除非非线性效应的负面影响消除了信号功率增加带来的好处，信号功率的增加肯定会补偿相关损伤带来的损失。相反，如果功率裕度与非线性效应的影响相关，则功率裕度有不同的含义。这是因为信号功率的增加是无益的，它也会导致信号失真。无论如何，功率损失可以用作评估非线性损伤以及评估和优化整体传输能力的设计参数。

4.2.1　IM/DD 结构的误码率和信噪比

光接收机输出端的接收信噪比和误码率是定义传输质量最常用的参数。在本节中，我们将针对基本检测场景来评估这些参数，在该场景中，占据整个时隙（即不归零 ——NRZ 信号）的强度调制二进制码元将通过使用直接检测方案来转换为电信号。而其他涉及高级调制格式或相干检测的方案将在第 5 章和第 6 章进行分析。

信噪比定义了采样点的信号和噪声电平之间的差异。误码率与信噪比相关，定义了数字信号 0 被误认为数字信号 1 的概率，反之亦然。对应于 1 或 0 位的波动信号电平可以用相应的概率密度函数来表征，如图 4.7 所示。这些电平将围绕它们的平均值 I_1 和 I_0 波动，并且平均值分别与 1 和 0 位相关。

这两个电流可以表示为 $I_0=RP_0$ 和 $I_1=RP_1$，其中，P_0 是 0 位时的光功率，P_1 是 1 位时的入射光功率，R 是光电二极管的响应度。平均值附近的任何电流波动都与噪声相关。噪声强度可以用分别与 1 和 0 位相关的标准偏差 σ_1 和 σ_0 来表征，与 1 和 0 位相关的噪声功率可以用方差 σ_1^2 和 σ_0^2 来表征。在信号时钟被恢复以后，对判决电路的电流电平进行采样，然后与某个阈值 I_{th} 进行

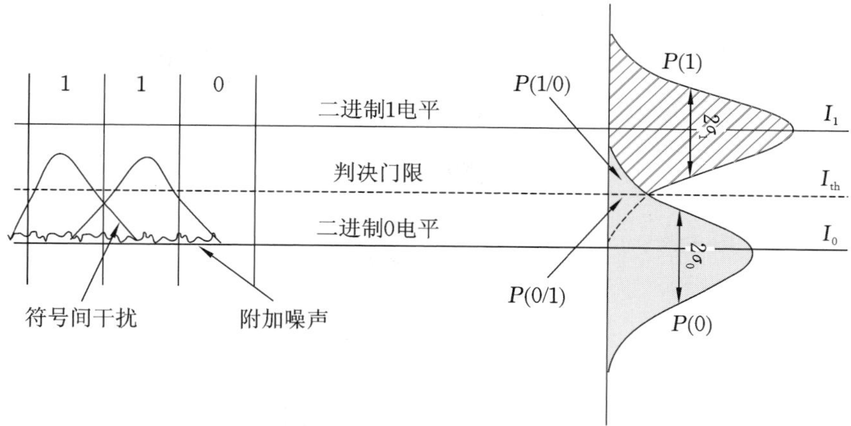

图 4.7　与 1 和 0 位有关的概率密度函数

比较。如果采样值高于阈值,则恢复为 1 位;如果采样值低于阈值,则恢复为 0 位。如果该判决与发送方的情况一致,则该判决是正确的。但是,如果发送 0 位时恢复了 1 位,则会出现错误。出现这种错误的原因在于,判决时刻的波动电流足够高,足以超过阈值,并被识别为与 1 位相关的电平。如果在发送 1 位时恢复了 0 位,则会出现另一个错误判决。做出这样的判决是围绕平均值 I_1 的波动在负向上相对较高,导致最终低于阈值水平,与阈值相比后,做出了错误的判决。

误码率解释了两种错误判决的情况。因此,错误判决的总概率可以表示为

$$\text{BER}=p(1)P(0/1)+p(0)P(1/0)=0.5[P(0/1)+P(1/0)] \tag{4.48}$$

其中,$p(0)$ 和 $p(1)$ 是传输的 0 和 1 的概率。我们可以假设 $p(0)=p(1)=0.5$,这对于较长的数据流是成立的。条件概率 $P(0/1)$ 和 $P(1/0)$ 分别是发送 1 时恢复 0 和发送 0 时恢复 1 的情况。概率 $P(0/1)$ 由 $P(1)$ 函数低于阈值线的区域表示,如图 4.7 所示。同时,概率 $P(1/0)$ 则由 $P(0)$ 函数位于阈值线之上的区域表示。

通过式(4.48) 计算误码率参数涉及信号参数和噪声参数。信号由平均值 I_1 和 I_0 表征,而总噪声由标准偏差 σ_1 和 σ_0 表征,这取决于可能导致总电流波动的不同噪声分量的强度。因此有

$$\sigma_1=\sqrt{\langle i_1^2\rangle_{\text{total}}} \tag{4.49}$$

$$\sigma_0 = \sqrt{\langle i_0^2 \rangle_{\text{total}}} \tag{4.50}$$

$i_{1,\text{total}}$ 和 $i_{0,\text{total}}$ 分别是与 1 和 0 位相关的波动电流。采样点电流波动的统计相当复杂，误码率的精确计算也相当烦琐。然而，到目前为止，有几种相当好的近似方法可以用来评估光接收机中的误码率[20,21]。最简单且有效的方法是基于这样的假设：即与噪声相关的两个概率函数都是高斯分布，其特征由均值和标准差确定（见图 4.7）。

在噪声函数的高斯模型下，条件概率 $P(0/1)$ 和 $P(1/0)$ 的表达式如下：

$$P(0/1) = \frac{1}{\sigma_1\sqrt{2\pi}}\int_{-\infty}^{I_{\text{th}}} \exp\left[-\frac{(I-I_1)^2}{2\sigma_1^2}\right]\mathrm{d}I = \frac{1}{2}\operatorname{erfc}\left(\frac{I_1 - I_{\text{th}}}{\sigma_1\sqrt{2}}\right) \tag{4.51}$$

$$P(1/0) = \frac{1}{\sigma_0\sqrt{2\pi}}\int_{I_{\text{th}}}^{\infty} \exp\left[-\frac{(I-I_0)^2}{2\sigma_0^2}\right]\mathrm{d}I = \frac{1}{2}\operatorname{erfc}\left(\frac{I_{\text{th}} - I_0}{\sigma_0\sqrt{2}}\right) \tag{4.52}$$

其中，$\operatorname{erfc}(x)$ 是互补误差函数，定义为[1,22]

$$\operatorname{erfc}(x) = \frac{2}{\sqrt{\pi}}\int_x^{\infty} \mathrm{e}^{-y^2}\,\mathrm{d}y \tag{4.53}$$

式(4.51) 和式(4.52) 中的概率都取决于阈值 I_{th}，这意味着可以调整阈值以降低错误检测的概率。阈值调整可以通过均衡式(4.51) 和式(4.52) 中的参数来完成，这样就有

$$\frac{(I_1 - I_{\text{th}})^2}{2\sigma_1^2} = \frac{(I_{\text{th}} - I_0)^2}{2\sigma_0^2} + \ln\left(\frac{\sigma_1}{\sigma_0}\right) \approx \frac{(I_{\text{th}} - I_0)^2}{2\sigma_0^2} \tag{4.54}$$

从式(4.54) 中获得的最佳阈值是

$$I_{\text{th}} = \frac{\sigma_1 I_0 + \sigma_0 I_1}{\sigma_1 + \sigma_0} \tag{4.55}$$

当 σ_1 接近 σ_0 时，这是一个有效的近似值。上述 I_{th} 的值可以代入式(4.51) 和式(4.52) 中；值 $P(0/1)$ 和 $P(1/0)$ 可以代入式(4.48) 中，从而得到

$$\text{BER} = \text{BER}(Q) = \frac{\operatorname{erfc}(Q/\sqrt{2})}{2} \approx \frac{\exp(Q^2/2)}{Q\sqrt{2\pi}} \tag{4.56}$$

在 $Q > 4$ 的情况下，上述等式右侧的近似表达式相当精确。

式(4.56) 中的 Q 参数定义为

$$Q = \frac{I_1 - I_0}{\sigma_1 + \sigma_0} \tag{4.57}$$

尽管 Q 参数和信噪比之间的确切关系取决于所使用的检测方案，但该参

数通常被视为信噪比的一种直接度量。通过示波器屏幕上的眼图，可以实验性地评估 Q 参数。眼图是通过接收信号的几个序列相互叠加而获得的。每个序列通常有几个比特长。眼图应该尽可能开阔和清晰，在评估不同损伤的影响时非常有用。误码率与 Q 参数的函数 BER(Q) 如图 4.8 所示，是系统性能评估中最重要的工具之一。该函数返回几个参考点，如图 4.8 所示，可用于许多实际上的估计，比如：

- BER $=10^{-9}$，相当于 $Q=6$，或 $20\lg 6=15.65$ dB；
- BER $=10^{-12}$，相当于 $Q=7$，或 $20\lg 7=16.90$ dB；
- BER $=10^{-15}$，相当于 $Q=8$，或 $20\lg 8=18.06$ dB。

式子中用来计算分贝值的是因子 20，而不是 10。这是因为 Q 参数与电平相关，$20\lg Q$ 测量功率电平。还应该提到的是，Q^2 有时与光域结合使用，这是基于 $20\lg Q$ 等于 $10\lg Q^2$ 的事实。

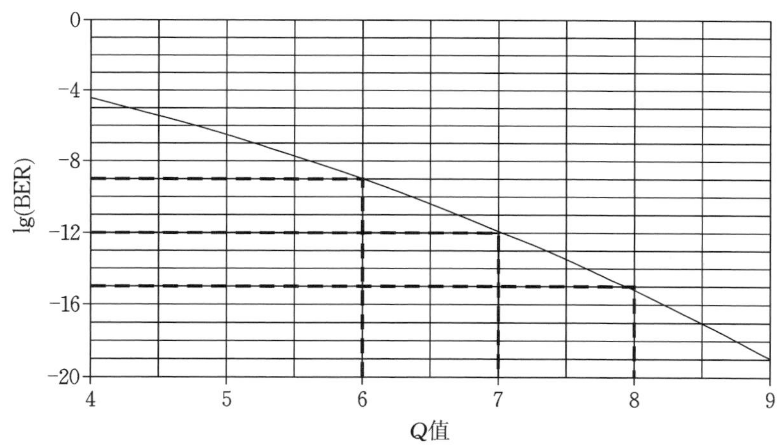

图 4.8　误码率关于 Q 参数的函数

4.2.2　光接收机灵敏度

光学接收机的性能可以通过接收机灵敏度参数 P_R 来评估。接收机灵敏度被定义为达到低于或等于指定值的误码率所需的平均功率，即

$$P_R=\frac{P_0+P_1}{2}=\frac{N_{\text{photons}}h\nu}{2T}=\langle N_{\text{photons}}\rangle Bh\nu \tag{4.58}$$

其中，P_1 和 P_0 分别是与 1 和 0 相关的功率电平，T 是比特持续时间，B 是信号比特率，N_{photons} 是每个 1 比特携带的光子的平均数量，$\langle N_{\text{photons}}\rangle=N_{\text{photons}}/2$ 是在 1 位和 0 位数据流上扩展的光子的平均数量。

接收机灵敏度通常根据上面写的三个误码率值来确定。实现特定误码率所需的光子的最小数量可以通过式(4.18)来计算,公式可以改写为

$$P(n)=\frac{N_{\text{photons}}^{n}\mathrm{e}^{-N_{\text{photons}}}}{n!} \tag{4.59}$$

式(4.59)给出了每1比特携带的光子的平均数 N_{photons} 产生 n 个电子-空穴对的概率。理想光接收机的误码率可以用式(4.48)和式(4.59)来计算。如果没有入射光子,就不可能产生任何电子,那么概率 $P(1/0)$ 将为零。相比之下,即使有入射光子,也有可能被识别为零电平。对于 $n=0$,该概率可以从式(4.59)中获得。因此,我们有

$$P_{\mathrm{R}}=\frac{P_0+P_1}{2}=\frac{N_{\text{photons}}h\nu}{2T}=\langle N_{\text{photons}}\rangle Bh\nu \tag{4.60}$$

我们可以通过评估理想光接收机对特定比特率的灵敏度,建立一些与接收机灵敏度相关的初始参考点。将式(4.58)~式(4.60)应用于波长为1550 nm的高速比特率,通过以下三个例子来说明。

[例 4-6] 对于 BER $=10^{-9}$,需要 $N_{\text{photons}}=20$ 或 $\langle N_{\text{photons}}\rangle=10$,这相当于理想接收机有以下灵敏度:

- 对于信号比特率 $B=1/T=2.5$ Gb/s,$P_{\mathrm{R}}=-54.94$ dBm;
- 对于信号比特率 $B=10$ Gb/s,$P_{\mathrm{R}}=-48.92$ dBm;
- 对于信号比特率 $B=40$ Gb/s,$P_{\mathrm{R}}=-42.90$ dBm;
- 对于信号比特率 $B=40$ Gb/s,$P_{\mathrm{R}}=-38.92$ dBm。

[例 4-7] 对于 BER $=10^{-12}$,需要 $N_{\text{photons}}=27$ 或 $\langle N_{\text{photons}}\rangle=14$,这相当于以下接收机灵敏度:

- 对于信号比特率 $B=2.5$ Gb/s,$P_{\mathrm{R}}=-53.64$ dBm;
- 对于信号比特率 $B=10$ Gb/s,$P_{\mathrm{R}}=-47.62$ dBm;
- 对于信号比特率 $B=40$ Gb/s,$P_{\mathrm{R}}=-41.59$ dBm;
- 对于信号比特率 $B=100$ Gb/s,$P_{\mathrm{R}}=-37.61$ dBm。

[例 4-8] 对于 BER $=10^{-15}$,需要 $N_{\text{photons}}=34$ 或 $\langle N_{\text{photons}}\rangle=17$,这相当于以下接收机灵敏度:

- 对于信号比特率 $B=2.5$ Gb/s 时,$P_{\mathrm{R}}=-52.63$ dBm;
- 对于信号比特率 $B=10$ Gb/s 时,$P_{\mathrm{R}}=-46.61$ dBm;
- 对于信号比特率 $B=40$ Gb/s 时,$P_{\mathrm{R}}=-40.59$ dBm;

- 对于信号比特率 $B=100$ Gb/s 时，$P_R=-36.61$ dBm。

正如我们所看到的，对于更长的比特间隔，可以更容易地获得实现特定误码率所需的光子数量，这就是接收机在于较低比特率的情况下灵敏度效果更好的原因(较好的接收机灵敏度与较低的功率 P_R 相关联)。

任何具体的实际情况都可以用相关的接收机灵敏度来表征，这不同于与理想光接收机相关的灵敏度。这是因为理想光接收机的灵敏度仅由光探测的量子极限决定，而不包括任何其他信号损伤的影响。然而，在考虑实际情况时，都应考虑这些影响。不同的损伤会降低接收机灵敏度，这可以通过保持特定误码率所需的功率 P_R 的增加来观察到。理想光接收机和实际应用场景相关的接收机灵敏度之间的差异可以被视为与特定情况相关的光功率损失。对接收机灵敏度整体下降的最大贡献来自噪声。由于在所有实际情况下，噪声都伴随着信号，因此可以方便地评估噪声影响导致的接收机灵敏度下降，并建立新的参考点，这些参考点从设计角度来看比与理想接收机情况相关的参考点更相关。

4.2.2.1　由散粒噪声和热噪声定义的接收机灵敏度

应首先评估热噪声和量子散粒噪声成分的影响，因为它们存在于任何光电探测场景中。这可以通过考虑不涉及光学前置放大的直接检测方案来实现。我们可以假设信号具有不确定的消光比，这意味着可以忽略 0 比特所携带的功率 P_0。在这种情况下，式(4.58) 中的接收机灵敏度变为

$$P_R=\frac{P_1}{2}=\frac{RI_1}{2} \tag{4.61}$$

其中，R 是光电二极管的响应度，单位是 A/W。

我们可以使用表 4.2 中的值来识别不同检测场景中占主导地位的噪声成分，包括本例。其他一些噪声成分，包括暗电流噪声，可以忽略，因为它们的影响较小。因此，在直接检测情况中，0 位的热噪声占主导地位，同时热噪声和量子散粒噪声都对 1 位的总噪声有贡献。在此检测场景中，定义的 Q 参数 I_1 将有以下值：

$$I_1=R\langle M\rangle P_1=2\langle M\rangle RP_R \tag{4.62}$$

$$\sigma_1^2=\langle i_1^2\rangle_{\text{total}}=\langle i_1^2\rangle_{\text{sn}}+\langle i^2\rangle_{\text{the}}=2q\langle M\rangle^2F(M)I_1\Delta f+\frac{4k\Theta \text{NF}_{\text{ne}}\Delta f}{R_L} \tag{4.63}$$

$$\sigma_0^2 = \langle i_0^2 \rangle_{\text{total}} = \langle i^2 \rangle_{\text{the}} = \frac{4k\Theta \text{NF}_{\text{ne}} \Delta f}{R_{\text{L}}} \tag{4.64}$$

其中，$\langle M \rangle$ 是光电二极管放大参数的平均值，而 $F(M)$ 是光电二极管噪声因子。如果使用 APD，放大参数总是大于 1；如果使用 PIN 光电二极管，放大参数等于 1。如果噪声因子 $F(M)$ 与 PIN 光电二极管相关，则它具有单位值；而如果噪声因子 $F(M)$ 与 APD 相关，则噪声因子 $F(M)$ 会更高，并且可以通过式(4.27) 和式(4.28) 来计算。

这种情况下的 Q 参数可以表示为

$$\begin{aligned} Q &= \frac{I_1}{\sigma_1 + \sigma_0} \\ &= \frac{2\langle M \rangle R P_{\text{R}}}{\left[2q\langle M \rangle^2 F(M)(2\langle M \rangle R P_{\text{R}})\Delta f + \dfrac{4k\Theta \text{NF}_{\text{ne}} \Delta f}{R_{\text{L}}}\right]^{1/2} + \left[\dfrac{4k\Theta \text{NF}_{\text{ne}} \Delta f}{R_{\text{L}}}\right]^{1/2}} \end{aligned} \tag{4.65}$$

就 P_{R} 而言，可解出上述方程，并得到[14]

$$\begin{aligned} P_{\text{R}} &= \frac{Q\sqrt{\langle i^2 \rangle_{\text{the}}}}{\langle M \rangle R} + \frac{qQ^2 F(M) \Delta f}{R} \\ &= \frac{1}{\langle M \rangle}\left[\frac{Q(4k\Theta \cdot \text{NF}_{\text{ne}} \Delta f)^{1/2}}{R\sqrt{R_{\text{L}}}}\right] + \frac{qQ^2 F(M) \Delta f}{R} \end{aligned} \tag{4.66}$$

如果使用 PIN 光电二极管，热噪声项在式(4.66) 中占主导地位，因为 $\langle M \rangle = F(M) = 1$，并且该检测场景被认为是热噪声受限的情况[14,16,17]。热噪声受限情况下的接收机灵敏度可以通过忽略式(4.66) 中的散粒噪声来计算，这样就有

$$P_{\text{R,PIN}} \approx \frac{\sigma_{\text{the}} Q}{R} = \frac{Q(4k\Theta \cdot \text{NF}_{\text{ne}} \Delta f)^{1/2}}{R\sqrt{R_{\text{L}}}} \tag{4.67}$$

因此，接收机灵敏度由接收机带宽 Δf、负载电阻 R_{L} 和前端放大器的噪声系数 NF_{ne} 决定。尽管接收机带宽取决于调制格式，范围可以从 $0.5B$ 到 B，通过假设 $\Delta f = B$，我们可以将热噪声受限情况与理想光接收机情况进行比较。

在几个实际感兴趣的比特率(即 $B = 0.1$ Gb/s，1 Gb/s，2.5 Gb/s，10 Gb/s，40 Gb/s 和 100 Gb/s) 和 BER$= 10^{-12}$ 的情况下，热噪声受限的接收机灵敏度和理想接收机的灵敏度下降如图 4.9 所示。

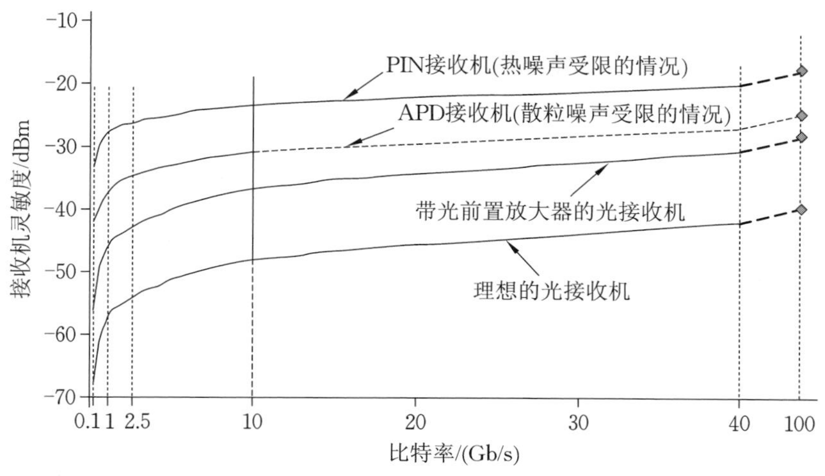

图 4.9　光接收机灵敏度

图 4.9 中还标出了直接检测比特率为 100 Gb/s 的信号时适用的灵敏度，这只是为了进行比较。假设 $R=0.8$ A/W，$R_L=50\ \Omega$。比特率越高，灵敏度下降越小。这是因为在这种情况下，噪声功率与信号带宽（比特率）的平方根成正比，而不是与比特率成正比。

热噪声受限情况下的信噪比可计算如下：

$$\mathrm{SNR}=\frac{I_1^2}{\sigma_1^2}=4Q^2 \tag{4.68}$$

因此，以下信噪比值可以与 Q 参数相关联：

- 对于 $Q=6$，$\mathrm{SNR}=144$ 或 21.58 dB，$\mathrm{BER}=10^{-9}$；
- 对于 $Q=7$，$\mathrm{SNR}=196$ 或 22.92 dB，$\mathrm{BER}=10^{-12}$；
- 对于 $Q=8$，$\mathrm{SNR}=256$ 或 24.08 dB，$\mathrm{BER}=10^{-15}$。

如果使用 APD 光电二极管，雪崩放大将使信号增强 $\langle M\rangle$ 倍。同时，将产生与噪声因子成比例的附加散粒噪声。在这种情况下，散粒噪声的影响可能变得与热噪声相当，甚至大于热噪声。有可能找到最佳放大因子 $\langle M\rangle_{\mathrm{opt}}$，该因子将优化接收机灵敏度，并最小化式(4.66)给出的函数 $P_R(\langle M\rangle)$。为此，将式(4.27)用于 $F(M)$ 是有用的。应用于式(4.66)的优化过程会使 APD 接收机灵敏度有以下值[6,14]：

$$P_{\mathrm{R,APD}}=\frac{qQ^2[2k_N\langle M\rangle_{\mathrm{opt}}+2(1-k_N)]\Delta f}{R} \tag{4.69}$$

其中，增益系数的最佳值为

$$\langle M\rangle_{\mathrm{opt}}=\left(\frac{\sqrt{\langle i^2\rangle_{\mathrm{the}}}}{k_N qQ\Delta f}+\frac{k_N-1}{k_N}\right)^{1/2}\approx\left(\frac{\sqrt{\langle i^2\rangle_{\mathrm{the}}}}{k_N qQ\Delta f}\right)^{1/2} \tag{4.70}$$

我们可以使用表 4.2 中的噪声参数来评估 APD 接收机的灵敏度。很容易看出，与基于 PIN 的接收机相比，APD 接收机的灵敏度通常至少提高 5～10 dB。这一优势仅限于在 10 Gb/s 的比特率内，因为 APD 频率范围使其无法部署在以高于 10 Gb/s 的比特率工作的光接收机中。基于 APD 的接收机的灵敏度与最佳雪崩增益如图 5.4 所示。它们的应用范围被限制在 10 Gb/s，这就是在图 4.9 中用虚线表示的原因，因为它只是用于比较。

4.2.2.2 由光学前置放大器定义的接收机灵敏度

在光电二极管前面使用光放大器，IM/DD 结构的接收机灵敏度可以显著提高。这种方法也称为光学前置放大，如果与 PIN 光电二极管结合使用，效率最高；因为与 APD 光电二极管结合使用会引入相对较高的散粒噪声，从而降低前置放大带来的好处。然而，如果 APD 光电二极管与光学前置放大器结合使用，放大系数应该调整到相对较低的值，以抑制散粒噪声的影响。例如，保持 $\langle M\rangle$ 低于 5 可能是一个不错的选择。

接收机灵敏度可以通过使用先前使用的相同方法来评估。我们可以再次假设有一个不确定的消光比，这意味着由 0 位携带的功率 P_0 可以被忽略。此外，表 4.2 可用于估计该情况下涉及的单个噪声分量的重要性。正如我们所见，拍频噪声分量是最强的。即使使用 APD 也是如此，因此雪崩增益应该调整到更低的值。

对于这个检测情况，我们再次得到 $P_R=P_1/2$，而噪声参数可以从式 (4.42) 和式(4.43) 中获得。因此

$$I_1=RGP_1=2GRP_R \tag{4.71}$$

$$\begin{aligned}\sigma_1^2&=\langle i_1^2\rangle_{\mathrm{total}}=\langle i^2\rangle_{\mathrm{sig\text{-}sp}}+\langle i^2\rangle_{\mathrm{sp\text{-}sp}}\\&=8R^2GP_RS_{\mathrm{sp}}\Delta f+2R^2S_{\mathrm{sp}}^2[2B_{\mathrm{op}}-\Delta f]\Delta f\end{aligned} \tag{4.72}$$

$$\sigma_0^2=\langle i_0^2\rangle_{\mathrm{total}}=\langle i^2\rangle_{\mathrm{sp\text{-}sp}}=2R^2S_{\mathrm{sp}}^2(2B_{\mathrm{op}}-\Delta f)\Delta f \tag{4.73}$$

$$Q=\frac{I_1}{\sigma_1+\sigma_0}=\frac{2GRP_R}{(\langle i^2\rangle_{\mathrm{sig\text{-}sp}}+\langle i^2\rangle_{\mathrm{sp\text{-}sp}})^{1/2}+(\langle i^2\rangle_{\mathrm{sp\text{-}sp}})^{1/2}} \tag{4.74}$$

与 0 位相关的噪声仅由自发辐射-自发辐射拍频噪声分量决定，因此我们忽略了 0 位携带的功率 P_0。从上述等式中提取的接收机灵敏度为

$$
\begin{aligned}
P_{\mathrm{R}} &= \frac{2S_{\mathrm{sp}}\Delta f[Q^2 + Q(B_{\mathrm{op}}/\Delta f - 0.5)^{1/2}]}{G-1} \\
&= \mathrm{NF}_{\mathrm{no}} hf\Delta f[Q^2 + Q(B_{\mathrm{op}}/\Delta f - 0.5)^{1/2}]
\end{aligned}
\tag{4.75}
$$

在上式中，我们使用自发辐射噪声功率密度和光放大器噪声系数之间的式(4.34) 将 S_{sp} 表示为

$$
S_{\mathrm{sp}} = \frac{\mathrm{NF}_{\mathrm{no}} h\nu(G-1)}{2} \tag{4.76}
$$

从式(4.75) 中可以得出结论，应该使用低噪声系数的光放大器来充分利用光前置放大带来的好处。此外，有必要将光学滤波器带宽调整到尽可能接近信号带宽，以最小化噪声影响。

对于五个示例性比特率和 $\mathrm{BER}=10^{-12}$，再次计算了与具有光学前置放大器的接收机相关的接收机灵敏度。所有的结果都是通过假设光学滤波器具有 $B_{\mathrm{op}}=2\Delta f$ 带宽而获得的，获得的结果与其他情况下获得的结果并行地显示在图 4.9 中。该图的结果证明光放大是非常有益的，因为与该检测方案相关的接收机灵敏度最接近理想光接收机灵敏度。

4.2.2.3 相干检测方案中的接收机灵敏度

到目前为止，用于计算直接检测光接收机中的 Q 因子和 BER 的分析不能用于相干检测光接收机。这些接收机将在第6章单独分析，其主要原因是信号和噪声统计取决于所应用的调制方案。对于相干检测的一般情况，可以估计其 SNR 和接收机灵敏度。

相干接收机的特点是存在本地激光振荡器，如图 4.2 所示。本地激光振荡器在产生主要噪声成分中占主导地位，这些噪声成分有：量子散粒噪声、由与 ASE 和本地激光振荡器相关的电场之间的拍频引起的噪声以及激光强度和相位噪声。相干检测本质上可以是外差或零差的。在第一种情况下，输入光信号的载波频率和本地振荡器的频率之间存在一些差异，而在零差检测情况下，本地激光振荡器的频率等于输入光信号的频率。通常，由到达光电二极管的总光功率产生的光电流可以表示为[8]

$$
I(t) = RP(t) = R\{P_{\mathrm{LO}} + 2\sqrt{P_{\mathrm{S}}(t)P_{\mathrm{LO}}}\cos[(\omega_{\mathrm{S}} - \omega_{\mathrm{LO}})t + \Delta\phi(t) + \Delta\phi_n(t)]\} \tag{4.77}
$$

其中，P_{S} 和 P_{LO} 分别是输入信号和本地激光振荡器的光功率，ω_{S} 和 ω_{LO} 分别是输入信号和本地振荡器的载波频率。参数 $\Delta\phi$ 是输入信号和本地振荡器之

间的相位差，以及由式(4.9)和式(4.10)描述的相位噪声分量$\Delta\phi_n(t)$。由于零差检测只是外差检测的特例(其中$\omega_S=\omega_{LO}$)，我们将只分析外差检测方案。除了使用ASK调制格式的情况之外，对应于1和0位的电流是相同的。

在外差探测方案中，由于本地振荡器功率的贡献，散粒噪声的功率将被增强。散粒噪声分量的总方差取决于应用ASK调制方案时发送的二进制状态，而与FSK和PSK调制方案无关。外差探测方案中光接收机的总带宽Δf等于直接探测方案中接收机带宽的两倍，而零差探测情况下的接收机带宽等于直接探测方案中应用的带宽。在具有平衡光接收机和M进制调制格式的先进调制方案中，由于在外差探测中用了降频滤波，因而采用外差和零差探测的光接收机带宽变得相同并都等于Δf。

如果假设应用二进制PSK(BPSK)调制格式，与外差探测相关的信号和噪声参数可以表示为

$$I_1=I_0=\langle[2R\langle M\rangle\sqrt{P_S(t)P_{LO}}]\rangle \tag{4.78}$$

$$\begin{aligned}\sigma_1^2&=\langle i_1^2\rangle_{total}\\&=\langle i_1^2\rangle_{sn,S}+\langle i^2\rangle_{sn,LO}+\langle i^2\rangle_{the}+\langle i^2\rangle_{sp\text{-}LO}+(RP_{LO}r_{int})^2\end{aligned} \tag{4.79}$$

$$\sigma_0^2=\langle i_0^2\rangle_{total}=\langle i_1^2\rangle_{total} \tag{4.80}$$

其中，$RP_{LO}r_{int}=2(RP_{LO})^2\mathrm{RIN}_{laser}=2(RP_{LO})^2\mathrm{RIN}_{LO}$，根据式(4.16)和式(4.127)可计算强度噪声的影响。强度噪声主要来源于本地激光振荡器。再次假设光电二极管产生一些增益$\langle M\rangle$，而光电二极管响应度通过参数R来表示。我们需要强调PIN光电二极管($\langle M\rangle=1$)最适合相干探测方案，APD的应用仅限于增益保持较低($\langle M\rangle\leqslant 3\sim 5$)的情况。分量$\langle i_1^2\rangle_{sn,S}$和$\langle i_1^2\rangle_{sn,LO}$分别是信号光功率和本地激光振荡器产生的散粒噪声分量，其中，$\langle i_1^2\rangle_{sn,S}\ll\langle i_1^2\rangle_{sn,LO}$，而$\langle i^2\rangle_{the}$是热噪声分量的功率。分量$\langle i^2\rangle_{sp\text{-}LO}$表示由于ASE电场和本地激光振荡器的相互作用而产生的拍频噪声。在直接探测的情况下，该分量类似于信号-自发辐射拍频噪声，可以通过应用式(4.42)对这种特定情况进行评估，同时用P_{LO}替换乘积$G\cdot P$，假设自发辐射来自光学前置放大器，而不是中继，这意味着其功率等于S_{sp}/G。我们还应该注意到，自发辐射-自发辐射拍频噪声分量很小且不相干。

此外，必须考虑本地激光振荡器的强度噪声的影响，因为这是通过式(4.79)和式(4.80)中最后一项给出的强度噪声电流的功率来计算的。由式(4.16)定义的参数r_{int}被应用于现在占主导地位的本地激光振荡器。我们可以假设由

本地激光振荡器的强度噪声引起的影响与发射器激光强度噪声引起的影响类似,但强度要大得多。此时暗电流的影响被忽略。因此,式(4.79)和式(4.80)中的主要噪声分量计算如下:

$$\langle i^2 \rangle_{\text{sp-LO}} = 4R^2 P_{\text{LO}} S_{\text{sp}} \Delta f / G = S_{\text{sp-LO}} \Delta f_{\text{equiv}} \tag{4.81}$$

$$\langle i_1^2 \rangle_{\text{sn,LO}} = 2q \langle M \rangle^2 F(M) R P_{\text{LO}} \cdot \Delta f_{\text{equiv}} \tag{4.82}$$

$$\langle i^2 \rangle_{\text{the}} = \frac{4k\Theta \cdot \text{NF}_{\text{ne}} \Delta f_{\text{equiv}}}{R_{\text{L}}} \tag{4.83}$$

其中,Δf_{equiv} 表示等效的接收机带宽。一般来说,外差探测的 $\Delta f_{\text{equiv}} = 2\Delta f$,零差探测的 $\Delta f_{\text{equiv}} = \Delta f$($\Delta f$ 是决定直接探测接收机中噪声带宽的接收机带宽)。然而,在具有 M 进制调制格式和平衡探测的相干接收机中,两个带宽都等于 Δf_{equiv}。

外差探测方案(在这种情况下是 BPSK 调制格式)的 SNR 可以用信号功率与总噪声功率的比值来表示。通过应用式(4.78)～式(4.83),可以得到

$$\begin{aligned} \text{SNR} &= \frac{\langle I_1^2 \rangle}{\sigma_1^2} \\ &= \frac{\langle [2R\langle M \rangle \sqrt{P_{\text{S}}(t) P_{\text{LO}}}]^2 \rangle}{\left[2q\langle M \rangle^2 F(M) R P_{\text{LO}} + \dfrac{4R^2 P_{\text{LO}} S_{\text{sp}}}{G} + 2(RP_{\text{LO}})^2 \text{RIN}_{\text{LO}} + \dfrac{4k\Theta \cdot \text{NF}_{\text{ne}}}{R_{\text{L}}}\right] \Delta f_{\text{equiv}}} \end{aligned} \tag{4.84}$$

我们可以根据式(4.84)计算和比较不同噪声成分的功率谱密度。它们是针对以下光放大器、本地激光振荡器和 PIN 光电二极管参数的典型值获得的:$P_{\text{LO}} = 10$ dBm,$\text{NF}_{\text{ne}} = 2$,$R = 0.8$ A/W,$\text{RIN}_{\text{LO}} \approx -165$ dB/Hz,而与 ASE 噪声相关的参数为 $G = 20$ dB 和 $\text{NF}_{\text{no}} = 3.2$(即 5 dB)。式(4.41)、式(4.42)和式(4.43)中的光谱密度现在分别变为 $S_{\text{LO-sp}} \approx 1.05 \times 10^{-20}\ \text{A}^2/\text{Hz}$、$S_{\text{the}} \approx 2 \times 10^{-23}\ \text{A}^2/\text{Hz}$、$S_{\text{sn,LO}} \approx 2.5 \times 10^{-21}\ \text{A}^2/\text{Hz}$ 和 $S_{\text{int}} = 2(\text{RP})^2 \text{RIN}_{\text{LO}} \approx 0.4 \times 10^{-20}\ \text{A}^2/\text{Hz}$。关于相干探测场景中的噪声分量,有以下几个结论:① 只要本地激光振荡器的功率大于 0.7 mW,热噪声的影响就被抑制(在这种情况下,由于本地振荡器的影响而产生的散粒噪声大约是热噪声的 10 倍);② 只要本地振荡器的功率比输入光信号的功率高得多,由自发辐射和本地激光振荡器的电场的相互作用引起的拍频噪声的影响是主要的,这在几乎所有情况下都是成立的;③ 如果 RIN_{LO} 高于 -160 dB/Hz,激光强度噪声是一个主要因素(在

这种情况下，该影响变得与散粒噪声的影响相当)，然而，在平衡相干接收机中，该影响至少被抑制 15 dB，并变得与热噪声的影响相当。综上所述，相干探测提出了一种自发辐射占主导地位的探测方案，其谱功率密度由 ASE 噪声的谱功率密度决定，由式(4.76) 给出，仅与本机激光振荡器的功率成比例地增强。在这种情况下，对于$\langle M\rangle=1$，我们有以下近似值：

$$\mathrm{SNR}\approx\frac{4R^2\langle P_\mathrm{S}\rangle P_\mathrm{LO}G}{4R^2P_\mathrm{LO}S_\mathrm{sp}\Delta f_\mathrm{equiv}}=\frac{2\langle P_\mathrm{S}\rangle G}{\mathrm{NF_{no}}h\nu(G-1)\cdot\Delta f_\mathrm{equiv}}\tag{4.85}$$

其中，$\mathrm{NF_{no}}$ 和 G 是产生 ASE 的光放大器的噪声系数和增益。由于相干探测通过与本地振荡器混合带来信号增益，因此最好使用 PIN 光电二极管来最小化总噪声(如果考虑 APD，增益$\langle M\rangle$ 应小于 5)。此外，由于大噪声，将光前置放大器与外差探测结合使用不能达到目的，因此不被考虑用于实际应用。因为在大多数相干探测方案中，1 和 0 比特中的每比特的光功率都相等，所以我们可以假设接收机灵敏度 P_R 等于$\langle P_\mathrm{S}\rangle$，那么

$$P_\mathrm{R}\approx\frac{\mathrm{NF_{no}}h\nu(G-1)\cdot\Delta f_\mathrm{equiv}\mathrm{SNR}}{2G}\tag{4.86}$$

正如我们已经提到的，相干选择方案中的误差概率是特定于调制格式的，并且应该针对所讨论的任何情况单独计算，还应该考虑激光相位噪声的影响。例如，BPSK 调制方案中的误差概率可以计算为[8]

$$\mathrm{BER_{BPSK}}=\mathrm{BER}(\mathrm{SNR_{BPSK}})=\frac{1}{2}\int_{-\pi}^{\pi}p(\Delta\phi_n)\mathrm{erfc}\left(\frac{\mathrm{SNR_{BPSK}}\cos\Delta\phi_n}{\sqrt{2}}\right)\mathrm{d}(\Delta\phi_n)\tag{4.87}$$

其中，$p(\Delta\phi_n)$ 是随机噪声相位的概率分布函数。通常假设概率分布函数可以用高斯分布近似，方差由式(4.10) 给出，即

$$\langle\Delta\phi_n^2\rangle=4\int_0^\infty S_\mathrm{F}(\nu)\sin^2(\pi\nu\tau/\nu)\mathrm{d}\nu\tag{4.88}$$

其中，$S_\mathrm{F}(\nu)$ 是由式(4.8) 定义的频率噪声的频谱密度函数。第 5 章和第 6 章将分析最相关的先进调制和探测方案。

4.2.3 光信噪比

光信噪比(OSNR) 是监测光传输质量的一个非常重要的参数。顾名思义，在光域中 OSNR 是光信号功率与噪声功率的比值。用 OSNR 评估的主要原因是信号在光放大过程中有副作用，即光放大过程伴随着沿传输线积累的

放大的自发辐射噪声(ASE)的产生。ASE 噪声的功率是根据指定的光学带宽 B_{op} 计算的。它也可以被测量,通常是由光谱分析仪(OSA)来完成的,该分析仪可评估在指定的光学带宽时隙中 ASE 噪声的功率。通常需要计算和测量光路上特定点的光信号功率和 ASE 噪声的比值。OSNR 是表征光路由的主要限制因素之一,这将在第 8 章中讨论。

光路上的某个点的 OSNR 可以定义为

$$\mathrm{OSNR}=\frac{P_S}{P_{ASE}}=\frac{P_S}{S_{sp}B_{op}}=\frac{P_S}{2n_{sp}h\nu(G-1)B_{op}} \tag{4.89}$$

其中,P_S 是指定点的光信号功率,n_{sp} 是自发辐射因子,G 是光放大器增益,B_{op} 是光学滤波器的带宽,h 是普朗克常数,ν 是光信号的频率。最右侧分母中的因子 2 代表 ASE 的两种偏振状态,其中每种状态都携带与 $n_{sp}h\nu(G-1)B_{op}$ 相等的光功率。光学滤波器带宽通常会在测量过程中声明。例如,在光域中有许多测量是在 0.1 nm 的光学带宽内进行的,如果应用于 1550 nm 波长区域,该带宽约为 12.5 GHz。

OSNR 参数也可以在光电探测发生之前在接收机入口处测量。在这种情况下,信号的光功率可以通过使用关系 $P_S \approx 2P_R$ 与接收机灵敏度 P_R 相联系,而 OSNR 可以通过使用式(4.75)和式(4.89)来计算,即

$$\mathrm{OSNR}\approx\frac{P_R}{n_{sp}hf(G-1)B_{op}}=\frac{2\Delta f[Q^2-Q(B_{op}/\Delta f)^{1/2}]}{(G-1)B_{op}} \tag{4.90}$$

OSNR 值最终将被转换成一个包含 Q 参数和 BER 的电学上的等效表示。在这种检测情况下,Q 参数主要由 ASE 噪声决定,ASE 噪声最终被转换为拍频噪声分量。如果忽略除拍频噪声成分之外的其他噪声成分,可以为 NRZ 信号建立以下 Q 参数和 OSNR 之间的关系[23]:

$$Q=\frac{2\,\mathrm{OSNR}\sqrt{B_{op}/\Delta f}}{1+\sqrt{1+4\,\mathrm{OSNR}}} \tag{4.91}$$

如果假设只有一个主要噪声项,式(4.91)可以进一步简化,在这种情况下,信号自发辐射-自发辐射拍频噪声来自式(4.72)。根据这一假设,式(4.91)变为

$$Q\approx\sqrt{\frac{\mathrm{OSNR}}{2}\frac{B_{op}}{\Delta f}} \tag{4.92}$$

从传输质量的角度来看,最重要的参数是 Q 参数(与信噪比成正比),因为

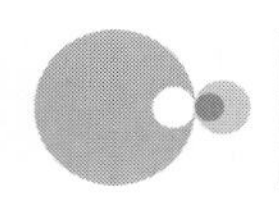

它与误码率直接相关。因此,从系统设计和性能监控的角度来看,在不同的检测场景中,有必要在 Q 参数与 SNR 和 OSNR 之间建立起良好的相关性。在某些情况下,可以通过使用近似经验公式来得出,如式(4.68) 和式(4.92) 给出的公式,但是在许多其他情况下,在 Q 参数和 OSNR 之间建立更精确的关系是有用的。Q 参数和 OSNR 之间的关系因传输情况而异,这意味着应该针对与所讨论的传输场景相关的输入参数进行计算。例如,式(4.66)、式(4.67)、式(4.69)、式(4.74) 和式(4.85) 可用于确定特定性能要求的接收机灵敏度,该性能要求通过 BER、SNR 或 Q 参数来定义。该接收机灵敏度随后可用作识别 OSNR 的参考。

通过数值计算,可能需要输入一些测量数据来建立起 Q 参数、SNR 和 OSNR 之间更精确的相关性。这个过程也可以在动态基础上执行。也就是说,可以沿着光路测量 OSNR,同时可以针对特定场景计算出 Q 参数和 BER 的值。然后将计算出的 Q 参数与已建立的参考值进行比较,并在系统性能监控过程中使用。

4.3 信号损伤

第 2 章和第 3 章中讨论的不同线性和非线性效果会在光信号沿光路传播期间导致光信号失真。这些信号的损伤程度可以通过考虑整体信号变化的信噪比来计算,或者通过与接收机灵敏度下降相关的光功率损失来计算。一些损伤(如光纤损耗) 的影响非常直接,可以通过信噪比直接计算。相比之下,大多数其他损伤的影响更加复杂,需要通过接收机灵敏度下降来评估。通过使用数值方法和寻找非线性薛定谔方程的解来精确分析各种损伤的影响。然而,本节分析的目的是通过使用分析工具来评估损伤的影响,这将产生闭合表达式。这些表达式本质上是近似的,但是对于实际的系统来说已足够精确。

如果光功率损耗是信号失真的唯一原因,那么光检测机的输入信号可以表示为

$$P_2(t)=P_1(t)-\alpha L-\alpha_c-\alpha_{\text{others}} \tag{4.93}$$

其中,$P_2(t)$ 是通过不同元件(光纤、接头、滤波器、耦合器、开关) 的信号功率,$P_1(t)$ 是光路开始时的发射功率,α_c 是接头和连接器损耗,α_{others} 代表光路中可能出现的所有其他插入损耗。功率 $P(t)$ 将直接决定信噪比,这意味着功率损

失将直接转化为功率代价。

对于基于掺杂二氧化硅的单模光纤，在波长约为 1550 nm 时，光纤损耗系数约为 0.2 dB/km。PSCF（纯二氧化硅芯纤维）的损耗可能更低，据报道，其损耗 $\alpha=0.1484$ dB/km[24]。对于由 C 和 L 波段覆盖的其他波长，损耗值增加约 20%。S 波段的衰减甚至更高，可以比大约 1550 nm 处的衰减值高出 50% 以上。

熔接光学接头的典型平均衰减在 0.05 dB 和 0.1 dB 之间，而机械拼接插入的损耗比 0.1 dB 略高。光学连接器被设计成可拆卸的，因此允许多次重复连接和断开。通常使用的单模光纤连接器有多种型号，如 FC、SC、LC、MU，所有这些都取决于连接器的形状和匹配接头的形状[16]。高质量单模光纤的插入损耗应不高于 0.25 dB。一种特殊的连接器设计经常被用于最小化来自连接器表面的入射光信号的反射。这种设计包括带有一定角度的光纤端面（FC/APC 连接器），或者在光纤表面施加一些折射率匹配的液体。当光信号从一根光纤传到另一根光纤时，匹配液体将通过减小折射率差来最小化式(4.17)给出的反射系数。

光纤端面成角度的光学连接器是使用最方便的使回波损耗最小化的连接器，回波损耗是在连接点反射回光纤的光功率的一部分。在某些情况下，如通过同一光纤的双向传输，反射功率应该比输入信号的功率低 60 dB 以上。这一要求通过使用成角度的光纤端面连接器来满足。

光学接头和连接器的数量取决于光路的长度，在系统设计时应予以考虑。由于光纤拼接和布线而引入的光信号衰减通常分布在整个传输长度上，并反映在 α 系数上。这种方法在系统工程过程中非常有用。通常的做法是将 α 系数增加约 10%，以考虑光纤拼接和布线的影响。

很明显，式(4.93) 仅举出了一个简单的参考案例。更现实的方法是将式(4.93) 表示为

$$P_2(t)=P_1(t)-\alpha L-\alpha_c-\alpha_{\text{others}}-\sum\Delta P_i(t) \tag{4.94}$$

其中，ΔP_i 的总和解释了由信号损伤引起的接收机灵敏度下降。接下来，我们将讨论最相关的损伤对光接收机灵敏度的影响，并针对最相关的情况评估 ΔP_i。

4.3.1 模式色散对多模光纤的影响

多模光纤中模式色散的影响分别由阶跃折射率和梯度折射率分布的方

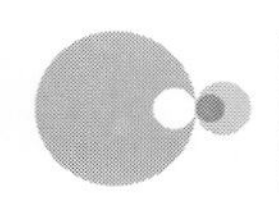

程(2.4)和方程(2.8)来评估。第3章中还提到,模间色散的影响可以通过式(3.78)给出的光纤带宽来表示。光纤带宽是一个依赖于距离的参数,可以根据每个指定传输长度的可用光纤数据来进行计算。从系统角度来看,将多模光纤中的光纤带宽转换为脉冲展宽参数,并将其作为整个系统脉冲展宽考虑的一部分(如第4.4.2节所示)是非常有用的。光纤带宽可以通过使用以下关系式来转换成脉冲展宽时间[25]:

$$\Delta t_{\text{fib},L} = \frac{U}{B_{\text{fib},L}} = \frac{UL^{\mu}}{B_{\text{fib}}} \tag{4.95}$$

其中,L 是所讨论的光纤长度,B_{fib} 是1 km光纤长度的光纤带宽,$B_{\text{fib},L}$ 是指定光纤长度的带宽,μ 是取值范围为0.5~1的系数。对于大多数多模光纤 $\mu \approx 0.7$。式(4.95)中的参数 U 表示以下事实:加宽时间与调制格式相关,对于非归零(NRZ)调制格式为0.35,对于归零(RZ)调制格式为0.7。由式(4.95)计算的1 km光纤长度的展宽时间可以从0.5 ns(对于渐变折射率光纤)到100 ns(对于阶跃折射率光纤)变化。

如果通过单模光纤传输,色散对系统性能的影响是脉冲形状退化的主要因素。至于多模光纤,它通常小于模间色散的影响。如果传输远离零色散区,它会对总脉冲展宽有很大影响。

4.3.2 色散的影响

单模光纤中色散的总影响是结合几个参数来考虑的,这些参数不仅与光纤的特性有关,还与传输信号和光源的特性有关。传输系统的设计应尽量减少色散的影响。这种影响可以通过信号功率代价来评估,在这种情况下,信号功率代价表示为保持信噪比不变所需的信号功率的增加。

色散的影响可以通过假设色散引起的脉冲扩展不应超过临界极限来评估。该极限可以由泄露到比特周期之外的分数 $\delta_{\text{s,chrom}}$ 来定义,或者由与输入和输出脉冲形状相关联的宽度的展宽比 $\delta_{\text{b,chrom}}$ 来定义。这些参数不会直接转化为功率代价,因为它们处理的是脉冲形状失真,而不是幅度降低。

功率代价的精确评估相当复杂,因为它与特定的信号脉冲形状相关。相反,可以通过假设脉冲采用式(3.126)给出的高斯形状,同时使用式(3.141)作为起点来进行合理的近似评估。因此,我们将采用展宽因子 $\delta_{\text{b,chrom}}$ 作为脉冲展宽的测量方法。该系数已在第3章中定义,并针对大多数相关传输场景进行了计算(见式(3.141)和式(3.142))。

展宽因子可以表示为

$$\delta_{b,chrom}=\frac{\sigma_{chrom}}{\sigma_0(B)} \tag{4.96}$$

其中，σ_{chrom} 是光纤末端的脉冲均方根(RMS) 宽度，σ_0 是光纤输入端的脉冲均方根宽度。请注意，σ_0 表示为信号比特率 $B=1/T$ 的函数，其中 T 定义比特间隔的长度。如果输入具有高斯脉冲形状，并满足以下关系，则 σ_0 被限制在时隙 T 内：

$$\sigma_0 \leqslant \frac{T}{4}=\frac{1}{4B} \tag{4.97}$$

其中，σ_0 与高斯脉冲的均方根(RMS) 相关。事实上，在文献[17] 中表明，式(4.97) 保证了几乎 100% 的脉冲能量都包含在脉冲间隔内。任何参数 σ_{chrom} 超过 σ_0 的增加都将表明与该特定情况相关的一些功率代价。相反，除非输出脉冲的均方根值(RMS) 超过输入脉冲的均方根值(RMS)，否则不会有任何代价。如果观察到初始脉冲压缩，功率代价甚至可能是负的。

我们可以通过使用以下公式来估计色散引起的功率代价 ΔP_{chrom}：

$$\Delta P_{chrom}\approx 10\lg\delta_{b,chrom}=10\lg\frac{\sigma_{chrom}}{\sigma_0(B)} \tag{4.98}$$

上述公式相对简单，但计算功率代价 ΔP_{chrom} 的主要任务与计算展宽因子 $\delta_{b,chrom}$ 有关。还有一些其他更复杂的公式来计算色散导致的功率代价，如文献[26] 中给出的公式。式(4.98) 给出的色散代价可以通过应用式(3.141) 来计算，以确定展宽因子 $\delta_{b,chrom}$。对于所讨论的传输场景，应用表 3.2 中的特定等式通常更合适。通常，功率代价是初始脉冲与光源线宽、初始啁啾参数、色散参数和传输长度的函数。

例如：让我们考虑在零色散区外进行高速传输以及光源光谱远小于信号光谱时最常见的情况。我们使用式(3.145) 计算脉冲展宽参数。在以下情况：$\sigma_0=17.68$ ps，$\sigma_0=7.06$ ps，$\sigma_0=4.41$ ps，$\sigma_0=1.77$ ps，分别对应于 10 Gb/s、25 Gb/s、40 Gb/s 和 100 Gb/s 的高速比特率。假设使用色散 $D=17$ ps/(nm・km) 的单模光纤。结果如图 4.10 和图 4.11 所示。必须指出的是，如果使用更高级的调制格式，比特率可以转换为码元率。例如，如果通过应用 QPSK 格式和偏振复用来调制 100 Gb/s，则码元速率将为 25 Gb/s。从图 4.10 和图 4.11 中可以看出，色散代价取决于啁啾参数的初始值 C_0。如上所述，它甚至可以是正的，因为脉冲经历了初始压缩。如果负初始啁啾与正色散相结合，则会出现这种情况，反之亦然。

图 4.10 和图 4.11 所示结果的真正重要性在于，对于特定的色散代价可以容忍多大的色散。色散代价限制可以通过定义功率代价上限来建立。它通常为 0.5 dB 或 1 dB，如图 4.10 和图 4.11 中的虚线所示。在某些情况下，如对于比特率高达 10 Gb/s 的非放大点对点传输，甚至可以容忍 2 dB 的功率代价。

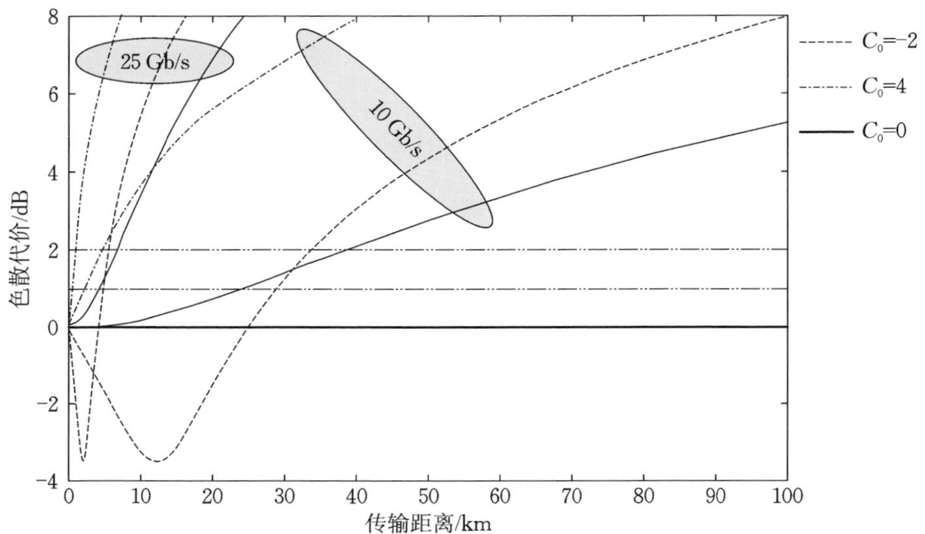

图 4.10　由于色散影响 10 Gb/s 和 25 Gb/s 信号位/符号率的功率损失

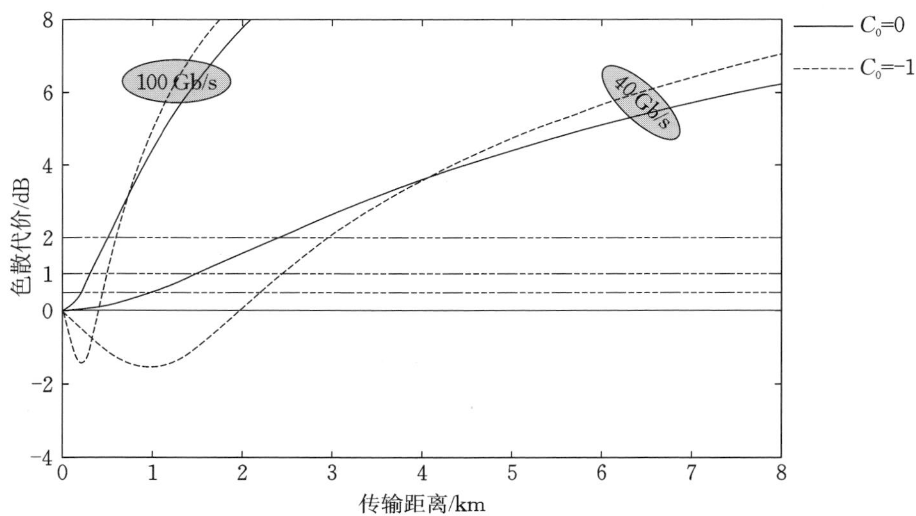

图 4.11　由于色散影响 40 Gb/s 和 100 Gb/s 信号位/符号率的功率损失

例如，如果对于 10 Gb/s 比特（码元）速率和 2 dB 色散代价，$C_0=0$，则对应于未补偿色散的光纤长度约为 38 km，这相当于 608 ps/nm 的色散。同时，如果对于 40 Gb/s 比特（码元）速率和 0.5 dB 色散代价，$C_0=0$，则对应于未补偿色散（残余色散）的最佳光纤长度约为 1 km，这可以转化为 17 ps/nm 左右的色散。

可以容忍的色散量也称为色散容限。表 4.3 总结了未应用啁啾和高比特率传输系统中使用不同光纤的情况下的 1 dB 极限色散容限。对应于色散容限的两种不同光纤类型（图 3.8 中的标准 SMF 和 NZDSF）的长度也显示在表 4.3 中。

表 4.3　典型的色散值

比特（符号）速率 /（Gb/s）	色散容限 /（ps/nm）	$D=17$ ps/（km·nm）的 SMF 光纤长度 /km	$D=4$ ps/（km·nm）的 NZDSF 光纤长度 /km
10	720	42	180
40	45	2.6	11
100	7.1	0.42	1.77

当光源光谱 σ_λ 相对较宽，以及无啁啾高斯脉冲通过光纤传播时，色散代价估计可以简化两种极端情况。我们可以假设输入高斯脉冲具有最佳宽度 $2\tau_0=(\beta_2 L)^{1/2}$，其中 β_2 是群速度色散（GVD）参数，而 $2\tau_0$ 代表 $1/e$ 强度点（FWEM）处的全宽度。这两种极端情况可以通过式（3.141）和式（4.98）来表征，即

$$\sigma_\lambda |D| LB < \delta_{\mathrm{s,chrom}}\text{，对于光源是大光谱线宽} \tag{4.99}$$

$$B\lambda\left(\frac{|D|L}{2\pi c}\right)^{1/2} < \delta_{\mathrm{s,chrom}}\text{，对于 CW 激光器的外部调制} \tag{4.100}$$

其中，$B=1/T$ 是信号比特率，σ_λ 是光源光谱线宽，L 是传输距离，$\delta_{\mathrm{s,chrom}}$ 是信号泄露到比特周期 T 之外的一部分。色散代价限制在一些早期的标准文件中使用过，如文献[27]，该文献指出，对于低于 1 dB 的色散代价，分数展宽因子 $\delta_{\mathrm{s,chrom}}$ 应该高达 0.306，而对于 2 dB 的色散代价，应该低于 0.491。

通过适当选择与脉冲形状和光调制器相关的参数来抑制比特率较高的 IM/DD 系统中色散的影响，并使用适当的补偿方法进行补偿。在大多数情况下，色散必须被补偿和抑制到最小功率代价（0.5 dB）的水平。在相干检测方案中，通过码间干扰（ISI）观察到的色散的影响可以通过使用数字滤波方法有效

地消除，这些方法需要在电平上进行强信号处理(参考第 6 章)。

4.3.3 偏振模色散影响

第 3.3.3 节中讨论的偏振模色散(PMD)效应可能是高速 IM/DD 光传输系统中的一个严重问题。相反，在相干检测系统中，PMD 效应可以通过数字滤波得到有效补偿，这将在第 6 章中讨论。对于高达 25 Gb/s(或者更好地说，25 Gsymbol/s)的比特率，可以使用式(3.88)来评估由 PMD 引起的总脉冲展宽，这是因为忽略了二阶 PMD 项。由于 PMD 影响而泄漏到比特周期之外的信号的一部分 $\delta_{s,PMD}$ 可以表示为

$$\delta_{s,PMD}=\frac{\sigma_{PMD}}{T}=\sigma_{PMD}B \tag{4.101}$$

其中，$B=1/T$ 是信号比特率，σ_{PMD} 是输出脉冲的均方根值(RMS)。$\delta_{s,PMD}$ 应小于指定值。与 PMD 效应相关的功率代价 ΔP_{PMD} 可以通过使用文献[26]中给出的公式来评估，该公式是

$$\Delta P_{PMD}\approx -10\lg(1-d_{PMD}) \tag{4.102}$$

其中，

$$d_{PMD}\approx \mathrm{erfc}(\xi)+2\sum_{i=1}^{\infty}\exp(-i^2\xi^2)\{\mathrm{erf}[(i+1)\xi]-\mathrm{erf}([(i-1)\xi])\} \tag{4.103}$$

$$\xi=\frac{T}{2\tau_0}\frac{\sigma_0}{\sigma} \tag{4.104}$$

函数 $\mathrm{erf}(x)=1-\mathrm{erfc}(x)$ 是误差函数。互补误差函数 $\mathrm{erfc}(x)$ 由式(4.53)定义。参数 σ 和 σ_0 分别与输出和输入脉冲的均方根值(RMS)相关。如果我们现在用式(4.97)、式(4.101)、式(4.103)和式(4.104)表示高斯型脉冲，可以得到 $\xi=1/(2\sigma)$。因此，参数 d_{PMD} 可以通过参数 $\delta_{s,PMD}$ 定义为

$$d_{PMD}\approx \mathrm{erfc}\left(\frac{1}{2\delta_{s,PMD}}\right)+2\sum_{i=1}^{\infty}\exp\left(\frac{-i^2}{4\delta_{s,PMD}{}^2}\right)\left[\mathrm{erf}\left(\frac{i+1}{2\delta_{s,PMD}}\right)-\mathrm{erf}\left(\frac{i-1}{2\delta_{s,PMD}}\right)\right] \tag{4.105}$$

如果假设输入脉冲具有高斯形状，可以再次应用式(4.97) 作为脉冲扩展极限的标准。我们也可以假设一阶 PMD 在大多数情况下是主导效应。参数 $\delta_{s,PMD}$ 可以从方程(3.88) 中找到，它变成

$$\delta_{s,PMD}=\frac{1}{4}\left[1+2\frac{\Delta\tau_{P1}^2}{\sigma_{in}^2}\zeta(1-\zeta)\right]^{1/2}=\frac{1}{4}\left[1+64\frac{\Delta\tau_{P1}^2}{T^2}\zeta(1-\zeta)\right]^{1/2} \tag{4.106}$$

其中，$\Delta\tau_{P1}$ 定义了光纤长度 L 上两个主偏振态之间的差分延迟，ζ 代表两个主偏振态之间信号的功率分配。

由偏振模色散效应引起的最大允许脉冲展宽可以根据 ITU-T 在文献[28]中发布的建议来确定。该建议指出，对于低于 1 dB 的光功率代价，由偏振模色散引起的脉冲展宽因子 $\delta_{s,PMD}$ 应该小于 0.30。因此，利用式(3.92)，有

$$\Delta\tau_{P1}=\langle D_{P1}\rangle\sqrt{L}<0.1\cdot T \tag{4.107}$$

其中，$\langle D_{P1}\rangle$ 是以 $ps/km^{1/2}$ 为单位的一阶 PMD 参数的平均值。表 4.4 汇总了几种高速比特率对平均一阶 PMD 的累积和实际一阶 PMD 群延迟(表示为平均值的三倍)的要求。表 4.4 中的值仅与二进制 IM/DD 方案相关。然而，它们也可以应用于多级调制方案，在多级调制方案中用码元速率而不是比特率来表示。例如，如果应用于具有偏振复用的 QPSK 调制方案，码元速率为 25 GSymbol/s，并且可以容忍的实际 PMD 为 12 ps(而不是对于二进制方案有效的 3 ps，如表 4.4 所示)。从 IM/DD 系统的设计角度来看，如果一阶 PMD 高于 0.5 $ps/km^{1/2}$，PMD 效应将成为 10 Gb/s 比特率传输的关键因素。如果光纤的一阶 PMD 超过 0.05 $ps/km^{1/2}$，则它将成为二进制 40 Gb/s IM/DD 方案的主导因素。

表 4.4 一阶 PMD 容忍度的典型值

比特(符号)速率 /(Gb/s)	平均 PMD 容限 /ps	实际 PMD 容限 /ps
10	10	30
40	2.5	7.5
100	1	3

二阶 PMD 的影响也可以用方程(4.106)来评估。在这种情况下，一阶 PMD 参数 $\Delta\tau_{P1}$ 应替换为等价参数

$$\Delta\tau^2=\Delta\tau_{P1}^2+\Delta\tau_{P2}^2 \tag{4.108}$$

其中，$\Delta\tau_{P2}$ 是根据式(3.96)定义了由二阶 PMD 效应引起的总脉冲扩展。除了传输光纤之外，PMD 效应也可以出现在沿光路的其他光学元件中，如光放大

器、色散补偿模块和光开关。在这些元件中包含脉冲传播的影响是重要的，尤其是当比特率超过10 Gb/s时。不同元件中获得的PMD对脉冲扩展的贡献可以表示为

$$\sigma_{\text{PMD,addit}} = \left(\sum_{i}^{J} \sigma_{i,\text{PMD}}^{2}\right)^{1/2} \tag{4.109}$$

其中，$\sigma_{i,\text{PMD}}$ 是来自上述光学元件的 PMD 贡献。单个跨度内光学模块和功能元件的典型 PMD 值可在相应的数据表中找到，其中一些列于表 4.5 中。例如，我们可以从式(4.109) 计算出，假设有 3 ～ 5 个光学元件对总 PMD 效应有显著贡献，$\sigma_{\text{PMD,addit}}$ 将超过 0.5 ps 每光纤跨度。包含传输光纤和光学模块的整个 PMD 的通用公式可以从式(3.92)、式(3.96) 和式(4.109) 中导出，并写成

$$\sqrt{(3\langle D_{P1}\rangle \sqrt{L})^{2} + (5\langle D_{P2}\rangle L)^{2} + \sum_{i}^{J} \sigma_{i,\text{PMD}}^{2}} < 0.3T \tag{4.110}$$

表 4.5　在每段光纤中 PMD 的典型数值

模块	实际偏振模色散 /(ps/nm)
光放大器	0.15 ～ 0.3
色散补偿模块	0.25 ～ 0.7
光开关	0.2
光隔离器	⩽ 0.02

4.3.4　非线性效应对系统性能的影响

由于光纤中出现非线性效应，传输质量将会下降[29-34]。一些非线性效应，如自相位调制或交叉相位调制，会通过信号频谱展宽和脉冲形状失真来降低系统性能。其他效应会通过非线性串扰(在四波混频和受激拉曼散射中) 或信号功率损耗(在受激布里渊散射中) 来降低系统性能。与非线性效应相关联的功率代价和与色散或衰减相关联的情况具有不同的含义，因为非线性的影响不能通过光信号功率的增加来补偿，这是因为任何信号功率的增加也会增加非线性的影响。因此，功率代价应被视为非线性影响的一种度量。

4.3.4.1　受激布里渊散射(SBS) 的影响

在 SBS 过程中，声子与光子相互作用，这发生在 50 ～ 100 MHz 的非常窄的光谱线宽 $\Delta\nu_{\text{SBS}}$ 上(请回忆方程(2.110))。如果光谱线宽大于 100 MHz，这

种相互作用相当弱，可以忽略不计。SBS 过程通过将功率传递给反向散射光（即斯托克斯波）来耗尽传播的光信号。如果每个通道的入射功率高于某个阈值 P_{Bth}，则该过程变得非常激烈。由式(2.111) 表示的阈值估计为7 mW。通过将每个通道的功率保持在 SBS 阈值以下，或者通过加宽光源的线宽，可以减少 SBS 损失。线宽展宽最实用的方法是通过信号抖动。应用光谱线宽展宽，SBS 阈值的方程(2.111) 变为[32,35]

$$P_{\mathrm{Bth}}=\frac{21bA_{\mathrm{eff}}}{g_{\mathrm{Bmax}}L_{\mathrm{eff}}}\left(1+\frac{\Delta\nu_{\mathrm{laser}}}{\Delta\nu_{\mathrm{SBS}}}\right) \tag{4.111}$$

其中，$\Delta\nu_{\mathrm{laser}}$ 是光源线宽的加宽值。例如，如果光源线宽加宽值 $\Delta\nu_{\mathrm{laser}}=250$ MHz，则 SBS 阈值 P_{Bth} 上升到 16 mW(12 dBm)。这个值足以防止 SBS 效应的任何严重影响。

4.3.4.2 受激拉曼散射(SRS) 的影响

由于受激拉曼散射效应本质上是宽带效应，其增益系数比受激拉曼散射增益覆盖更宽的波长范围。第 2.6.2.3 节解释了相互间隔达 125 nm 的光学信道可以通过 SRS 过程有效地在两个方向上耦合。这就是尽管增益峰值 g_{R}(约 7×10^{-13} m/W) 远小于与受激布里渊散射过程相关的增益峰值，受激布里渊散射效应仍可用于设计高效光放大器的主要原因。仅当两个信道在任何特定时刻都是 1 位时，SRS 耦合和功率传输才会以图 4.12 所示的方式从较低波长 λ_{A} 传输到较高波长 λ_{B}，如图 4.13 所示。

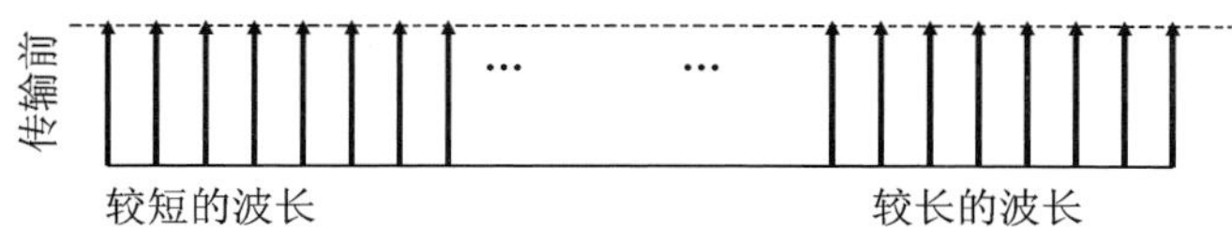

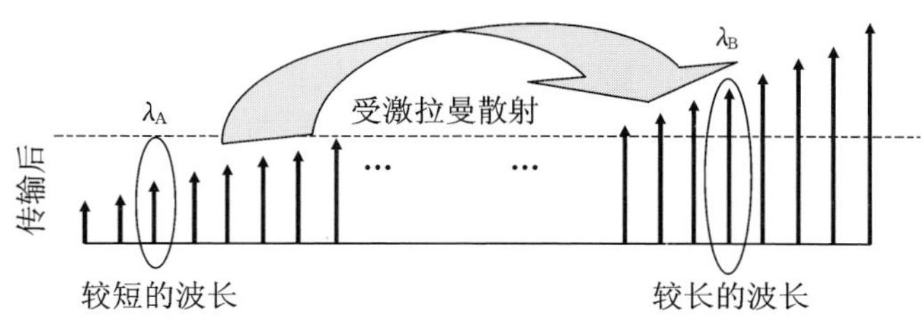

图 4.12　作为 WDM 信道间光功率传输的 SRS 效应

功率代价是由于始发信道中的信号耗尽而产生的，可以表示为

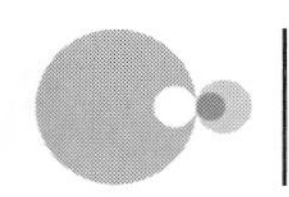

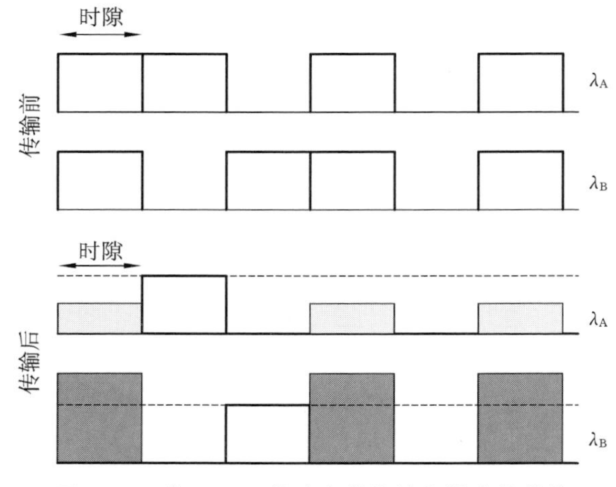

图 4.13　基于 SRS 的功率传输的位模式依赖性

$$\Delta P_{\text{SRS}} = -10\lg(1-\delta_{\text{Raman}}) \tag{4.112}$$

其中，δ_{Raman} 代表与所述信道泄漏功率部分成比例的系数。δ_{Raman} 系数的计算表示式为[32,33]

$$\delta_{\text{Raman}} = \sum_{i=1}^{M-1} g_{\text{R}} \frac{i\Delta\lambda_{\text{ch}}}{\Delta\lambda_{\text{R}}} \frac{PL_{\text{eff}}}{2A_{\text{eff}}} = \frac{g_{\text{R}}\Delta\lambda_{\text{ch}}PL_{\text{eff}}M(M-1)}{4\Delta\lambda_{\text{R}}A_{\text{eff}}} \tag{4.113}$$

其中，$\Delta\lambda_{\text{R}} \approx 125$ nm 是 SRS 过程中涉及的信道之间的最大间距，$\Delta\lambda_{\text{ch}}$ 是信道间距，P 是每个信道的功率，M 是信道的数量。式(4.113)是在假设所有光通道的功率在发生 SRS 效应之前相等的情况下得到的。要保持代价低于 0.5 dB，应该满足 $\delta_{\text{Raman}} < 0.1$ dB，或者

$$PM(M-1)\Delta\lambda_{\text{ch}}L_{\text{eff}} = P_{\text{tot}}\Delta\lambda_{\text{total}}L_{\text{eff}} < 40\ \text{W}\cdot\text{nm}\cdot\text{km} \tag{4.114}$$

其中，$\Delta\lambda_{\text{total}}$ 是所有信道占用的总光学带宽。式(4.113) 和式(4.114) 通过使用在文献[30,34] 中获得的结果导出，并且假设不涉及色散。

如果存在色散，SRS 效应会降低，因为不同的信道会以不同的速度传播，并且脉冲之间重叠的概率会降低。如果色散超过临界极限(2.5～3.5 ps/(nm・km))，由式(4.113) 表示的系数 δ_{Raman} 应乘以因子 ψ(约 0.5)。

为了说明上述情况，我们计算了色散存在时的功率代价，如图 4.14 所示。通过使用式(4.112) 和式(4.113) 计算几个代表性情况的功率代价。系数 δ_{Raman} 减少了一半，以反映存在色散的事实。从图 4.14 可以看出，通过将光信道放置得更近并降低每个信道的功率，可以降低功率代价。但因为功率降低会降低信噪比，所以只有当功率代价降低得比功率本身快时，它才是有益的。

多信道系统中的 SRS 效应可以通过与单个 WDM 通道相关的功率均衡来抵消，这通常通过沿光路周期性应用动态增益均衡来实现。

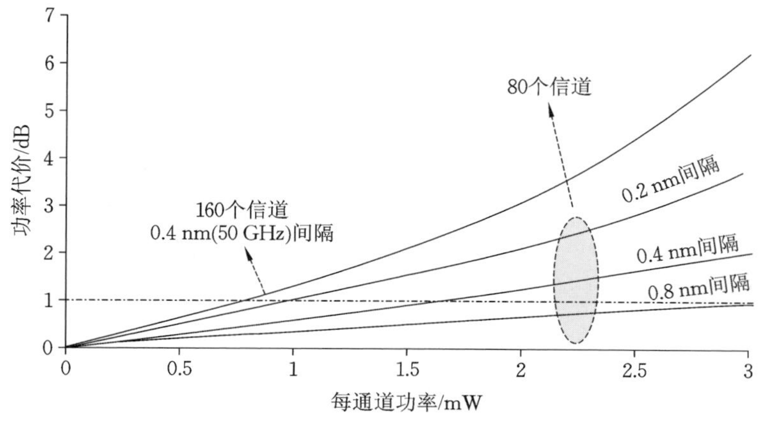

图 4.14　由于 SRS 造成的功率损失

4.3.4.3　四波混频(FWM)的影响

FWM 效应可被视为带外非线性串扰，并通过式(4.45)进行评估。由 FWM 造成的负面影响不能通过光信号功率的增加来补偿。带外串扰可以通过以下比率来计算：

$$\delta=\frac{\sum_{i=1;i\neq n}^{M}P_i}{P_n}\tag{4.115}$$

其中，分子包含来自除所述信道之外的所有信道的部分干扰功率，分母指所述信道的光功率。在 FWM 过程中，串扰分量是在光频率 $\nu_{ijk}=\nu_i+\nu_j-\nu_k$ 下产生的。串扰分量在频率为 ν_i、ν_j 和 ν_k 的三个波长通过光纤传播并满足其中的相位匹配条件下出现。

相位匹配通过过程中所涉及的光波传播常数之间的关系来定义，该关系由式(3.192)表示。然而，式(3.192)通常采用由式(3.193)给出的更实用的形式，这被称为退化情况(如 WDM 传输)。合成的新光波的光功率可以由式(3.195)和式(3.196)计算，而与 FWM 影响相关的功率代价的计算表示式为

$$\Delta P_{\mathrm{FWM}}=-10\lg(1-\delta_{\mathrm{FWM}})\tag{4.116}$$

其中，串扰因子 δ_{FWM} 的计算表示式如下：

$$\delta_{\mathrm{FWM}}=\frac{\sum_{i,j,k=1(\neq n)}^{M}P_{ijk}}{P_n}\tag{4.117}$$

如果要将功率代价保持在 1 dB 以下，则应该使 $\delta_{FWM}<0.2$。式(4.116) 为我们提供了一个好主意，即如何利用 GVD 参数、信道间距和每个信道的光功率来适应目标功率代价。作为说明，我们绘制了一系列与五种不同信道间隔相关的曲线：12.5 GHz、25 GHz、50 GHz、100 GHz 和 200 GHz，如图 4.15 所示。计算针对的是有 80 个信道的 WDM 系统，只有有限数量的信道能有效地提高了串扰水平，因为与不同 WDM 信道之间相互作用强度相关的权重系数随着信道间距的增加而迅速降低，如图 4.15 所示。例如，与所讨论的信道上下间隔 50 GHz 的相邻信道的影响将是上下间隔 300 GHz 的两个信道的影响的两倍。

对于 100 GHz 和 200 GHz 的信道间隔，图 4.15 中的曲线是通过计算放置在 600 GHz 内的信道的影响获得的。无论所讨论的信道是向上还是向下，对于 50 GHz、25 GHz 和 12.5 GHz 的信道间隔，图 4.15 中的曲线是通过计算放置在 300 GHz 内的信道的影响获得的。这意味着 12.5 GHz 信道间隔下共有 48 个交互信道，25 GHz 信道间隔下有 24 个交互信道，50 GHz 信道间隔下有 12 个交互信道，100 GHz 信道间隔下有 12 个交互信道，200 GHz 信道间隔下有 6 个交互信道。假设 $A_{eff}=80\ \mu m$，$D=8$ ps/(nm·km)($\beta_2\approx-10\ ps^2/km$)。从实际角度来看，确保传输光纤中的色散高于临界值非常重要，该临界值为 2.5 ~ 3.5 ps/(nm·km)[32]。这是优化过程可能遵循的前提条件，该过程涉及信道间距选择和每个信道的光功率调整。如果系统在零色散区附近工作，则 FWM 效应将严重降低系统性能，这解释了引入非零色散位移光纤(NZDSF) 的原因。

4.3.4.4 自相位调制(SPM) 的影响

自相位调制效应不会引起任何串扰或功率损耗。它能引起脉冲频谱扩展，然后与色散相互作用并增强脉冲展宽。可以使用与估计色散相同的方法来估算由 SPM 引起的假设功率损失，即

$$\Delta P_{SPM}\approx 10\lg\delta_{b,SPM} \tag{4.118}$$

其中，$\delta_{b,SPM}$ 是由于 SPM 效应引起的展宽因子，可以通过使用式(3.151) 计算如下：

$$\delta_{b,SPM}=\frac{\sigma_{SPM}}{\sigma_0}=\left[1+\frac{\sqrt{2}L_{eff}L\beta_2}{2L_{nel}\sigma_0^2}+\left(1+\frac{4}{3\sqrt{3}}\frac{L_{eff}^2}{L_{nel}^2}\right)\frac{L^2\beta_2^2}{4\sigma_0^4}\right]^{1/2} \tag{4.119}$$

对于 10 Gb/s 比特率，以及输入功率和色散参数的几个不同值，式(4.118) 计算结果如图 4.16 所示。再次假设输入脉冲具有高斯形状，并且可以应用式(4.97) 计算。因此，式(4.119) 中的参数 σ_0 取值 17.68 ps。如果在正常色散区

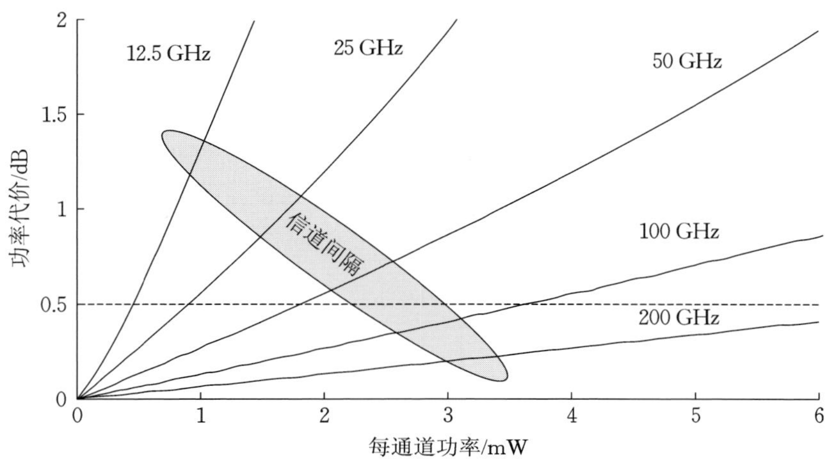

图 4.15 FWM 带来的功率代价

(负色散系数)进行传输,即使输入光功率值适中,也会造成相当大的功率代价。相反,偏振模色散效应有助于抑制反常色散区中色散的影响。通过啁啾 RZ 编码和光孤子传输这两种特殊技术进一步探索了这种可能性,这两种技术在第 3.4.1.3 节中有所讨论。

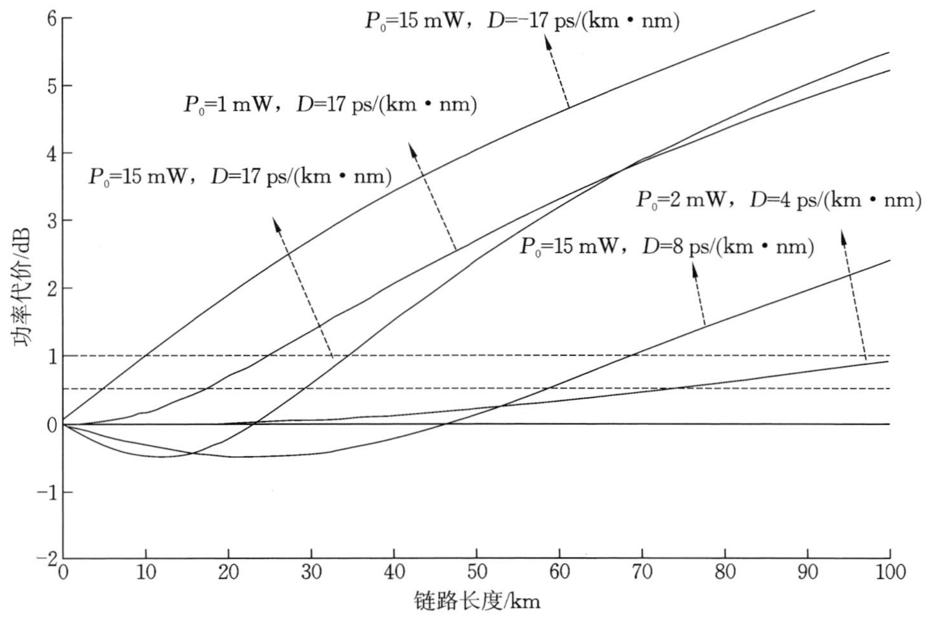

图 4.16 由 SPM 导致 10 Gb/s 比特率的功率损失

4.3.4.5 交叉相位调制(XPM)效应的影响

交叉相位调制(XPM)是引起光信号相位变化的另一种非线性效应。这种相移依赖于脉冲形状,并且在存在色散的情况下被转换为功率波动。因此,信噪比将由于强度噪声而降低,强度噪声也依赖于脉冲形状。XPM 效应可以通过降低光功率来降低,因为这些强度波动的均方根(RMS)取决于光功率。假设 XPM 引起的总相移 ϕ_{XPM} 应低于 1 弧度,文献[29]对 XPM 效应进行了粗略估计。因此,通过式(3.189)、式(3.190)计算总相移,并且通过假设 $\phi_{XPM}<1$,获得了对光信道功率的以下限制:

$$P_{ch,XPM} \leqslant \frac{\alpha}{\gamma(2M-1)} \tag{4.120}$$

其中,α 是光纤衰减系数,M 是信道总数,γ 是由式(3.113)引入的非线性系数。如果信道数为 40,式(4.120)返回值为 0.25 mW;如果信道数为 80,则返回值为 0.125 mW。式(4.120)将有助于建立一些参考线,但它没有考虑由不同的信道以不同的速度传输而产生的信道偏移。

只有当两个脉冲在时域上重叠时,XPM 效应才会发生,这意味着每个信道的最大功率将高于式(4.120)表示的值。XPM 效应引起的相移最终被转换为振幅变化,其方式与 SPM 的情况相同。此外,不同信道之间的比特形状和功率变化将导致不对称的脉冲重叠,从而导致不同信道之间的净频移,在时域中将其视为定时抖动。XPM 效应导致的系统性能下降不仅是因为幅度存在噪声变化,还因为引入了定时抖动。

XPM 效应是多信道光传输系统中可能严重降低性能的最严重损伤之一。评估不同比特形状的 XPM 效应的影响的更精确方法是通过数值求解非线性波动方程(见方程(3.199)、方程(3.200)和方程(3.201))。我们应该注意,第 7 章描述的一类新的 LDPC 码是最小化 XPM 效应的有效工具。

4.3.5 消光比的影响

所有损伤都会通过有效降低信号功率对信噪比和误码率的正面效应来降低接收机灵敏度。在某些情况下,如有限消光比的影响,可以通过将光信号的值增加一定的余量 ΔP 来恢复接收机灵敏度。

式(2.57)引入的消光比由参数 $R_{ex}=P_1/P_0$ 定义,其中,P_1 是 1 比特的功率,而 P_0 是 0 比特的功率。本质上,消光比是由 0 比特携带的能量决定的,这就是为什么它的倒数 $r_{ex}=1/R_{ex}=P_0/P_1$ 经常用于不同的计算。如果激光偏置高于或接近阈值，则 0 比特携带的能量在直接调制方案中相对较高。另一方面，外部调制器方案中的消光比由调制器的偏置电压和结构决定。

在式(4.57)和式(4.58)中，与有限消光比相关的 Q 因子可以通过用 $r_{ex}P_1$ 替换 P_0 来计算，这样就有

$$Q(r_{ex})=\frac{1-r_{ex}}{1+r_{ex}}\frac{2RP_R}{\sigma_1+\sigma_0} \tag{4.121}$$

该值可用于衡量之前分析的不同场景中的接收机灵敏度。例如，如果由 PIN 光电二极管完成探测，我们可以使用式(4.67)通过 Q 因子评估接收机灵敏度。在这种情况下，接收机灵敏度如下所示：

$$P_{R,PIN}(r_{ex})=\frac{1+r_{ex}}{1-r_{ex}}\frac{\sigma_{the}Q(0)}{R}=\frac{1+r_{ex}}{1-r_{ex}}P_R(0) \tag{4.122}$$

由有限消光比造成的功率代价现在变为

$$\Delta P_{ex}(r_{ex})|_{PIN}=10\lg\left(\frac{1+r_{ex}}{1-r_{ex}}\right) \tag{4.123}$$

如果将 APD 用于光电探测，功率代价评估会更加复杂，因为消光比会影响最佳 APD 增益。文献[40]首次表明，最佳 APD 增益随着 r_{ex} 的增加而降低，这导致接收机灵敏度下降。如果假设量子散粒噪声是主要噪声因子，并且有 $\sigma_0\approx r_{ex}\sigma_1$。根据这一假设，$Q$ 因子可以表示为

$$Q(r_{ex})\mid_{APD}\approx Q_{indef}\frac{1-r_{ex}}{1+r_{ex}} \tag{4.124}$$

其中，Q_{indef} 对应于具有无限消光比的理想情况，该情况可参考式(4.69)。将式(4.124)给出的近似值代入式(4.69)中，功率代价可以计算为对应于 Q_{indef} 和 $Q(r_{ex})$ 的接收机灵敏度差异。

图 4.17 所示的是基于 PIN 和 APD 光接收机的非理想消光比导致的功率代价。基于 PIN 的光接收机的消光比的倒数应小于 0.06，以保持功率代价低于 0.5 dB(见图 4.17 中的虚线)。

4.3.6 强度噪声和模式分配噪声的影响

强度噪声是由入射光信号的强度波动引起的，光源是这些波动的主要原因。强度噪声可以通过一些其他效果得到增强，如沿着光路的多次光反射以及相位噪声到强度噪声的转换。任何光强波动都将转化为光电二极管中的电噪声，并添加到已经存在的噪声成分中(即热噪声、量子散粒噪声、拍频

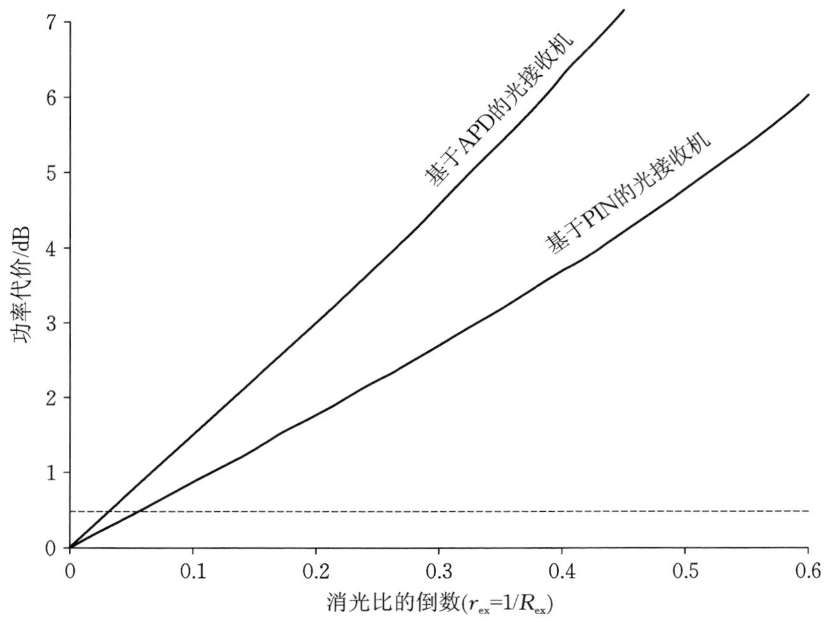

图 4.17　非理想消光比导致的功率代价

噪声)。

信噪比和接收机灵敏度都会因强度噪声的影响而降低。与强度噪声相关的功率代价的精确评估相当复杂。文献[17]提出了一种简化方法,对整体强度噪声的影响提供了相当好的估计。假设强度噪声功率可以简单地加到热噪声和散粒噪声的功率上,使得与1比特和0比特相关的噪声功率值变成

$$\begin{aligned}\sigma_1^2 &= \langle i_1^2\rangle_{\text{total}} = \langle i_1^2\rangle_{\text{sn}} + \langle i^2\rangle_{\text{the}} + \langle i^2\rangle_{\text{int}} \\ &= 2q\,\langle M\rangle^2 F(M) I_1 \Delta f + \frac{4k\Theta \text{NF}_{\text{ne}}\Delta f}{R_{\text{L}}} + (RP_1 r_{\text{int}})^2\end{aligned} \tag{4.125}$$

$$\sigma_0^2 = \langle i_0^2\rangle_{\text{total}} = \langle i^2\rangle_{\text{the}} = \frac{4k\Theta \text{NF}_{\text{ne}}\Delta f}{R_{\text{L}}} \tag{4.126}$$

其中,由强度波动引起的噪声功率表示为

$$\langle i\rangle_{\text{int}}^2 = (RP_1)^2 r_{\text{int}}^2 = \frac{(RP_1)^2}{2\pi}\int_{-\infty}^{\infty} \text{RIN}(\omega)\,\text{d}\omega = 2\,(RP_1)^2 \text{RIN}_{\text{laser}}\Delta f \tag{4.127}$$

其中,RIN(ω)是由式(4.15)定义的相对强度噪声(RIN)谱,r_{int} 是由式(4.17)引入的测量强度波动的参数。式(4.127)中的 $\text{RIN}_{\text{laser}}$ 参数与 RIN 频谱的平均

值相关，对于高质量激光器(即 $r_{\text{int}} \approx 0.004$)，$\text{RIN}_{\text{laser}}$ 参数小于 -160 dB/Hz。

我们可以通过假设接收机灵敏度 $P_{\text{R}} = P_1/2$，以及将式(4.125) ~ 式(4.127) 代入式(4.57) 来计算由于强度噪声的影响而导致的接收机灵敏度下降。可以容易地获得以下表示式：

$$P_{\text{R}}(r_{\text{int}}) = \frac{P_{\text{R}}(0)}{1 - r_{\text{int}}^2 Q^2} \tag{4.128}$$

式(4.128) 是在消光比的影响可以忽略的假设下得到的。强度噪声影响导致的功率代价可计算如下：

$$\Delta P_{\text{int}} = 10\lg\left[\frac{P_{\text{R}}(r_{\text{int}})}{P_{\text{R}}(0)}\right] = -10\lg(1 - r_{\text{int}}^2 Q^2) \tag{4.129}$$

式(4.129) 计算的功率代价如图 4.18 所示，针对 3 个 Q 参数的值(即 $Q=6$、7、8)。对于范围从 0.42($Q=8$) 到 0.55($Q=6$) 的 r_{int}，功率代价小于 0.5 dB。如果参数超过某个临界值，功率代价会急剧增加，对于 $Q=8$，$r_{\text{int}} \approx 0.12$；对于 $Q=6$，$r_{\text{int}} \approx 0.15$。如果参数 r_{int} 高于这些临界值，功率代价会变得非常高，并且降低接收机灵敏度。

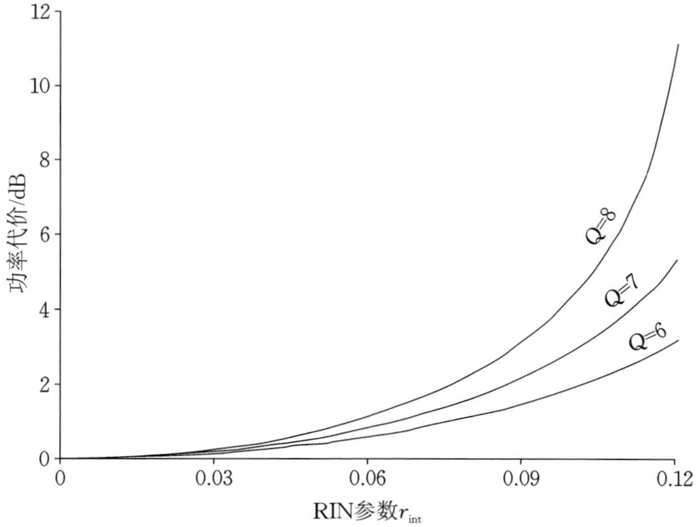

图 4.18　强度噪声导致的功率代价

还有其他因素，如反射、相位噪声到强度噪声的转换，模式分配噪声和反射噪声，它们也是总强度噪声的一部分。这些噪声成分的影响可以通过有效强度噪声参数 r_{eff} 来估计，该参数定义为

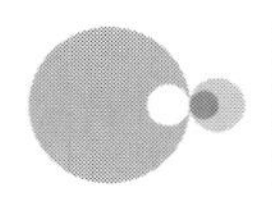

$$r_{\mathrm{eff}} = \sqrt{(r_{\mathrm{int}}^2 + r_{\mathrm{ref}}^2 + r_{\mathrm{part}}^2 + r_{\mathrm{phase}}^2)} \tag{4.130}$$

其中,式(4.130)右侧的各个分量分别与强度噪声、反射噪声、模式分配噪声和相位转换的噪声相关。

根据式(4.130)评估单个成分并不容易。如果将 DFB 激光器与单模光纤结合使用,问题会得到简化,因为强度噪声贡献基本上由式(4.130)右侧的第一项决定。这是因为我们假设了反射噪声通过沿光路插入的光隔离器来降低。但在使用多模激光器或 VCSEL 的情况下,式(4.130)右侧其他项的贡献可能占主导地位。与反射引入强度噪声相关的参数可以表示为

$$r_{\mathrm{ref}} \approx \frac{(r_1 r_2)^{1/2}}{\gamma_{\mathrm{iso}}} \tag{4.131}$$

其中,r_1 和 r_2 是由式(4.17)引入的两个分离点的反射系数,γ_{iso} 是光隔离器的衰减系数。如果反射系数与包括空气/玻璃接口的连接器相关,并且没有使用光隔离器,则反射系数变为 $r_{\mathrm{ref}} \approx 3.6\%$ 或 -14.4 dB。但是,如果有一个光隔离器,它将相当于或小于 -55 dB,因为光隔离器的衰减通常高于 40 dB。模式分配效应引入的强度噪声的影响可以通过参数 r_{part} 表示为[17]

$$r_{\mathrm{part}} \approx (k/\sqrt{2})\{1 - \exp[-(\pi BLD\sigma_\lambda)^2]\} \tag{4.132}$$

其中,k 是在 0.6 ~ 0.8 范围内变化的系数,B 是信号比特率,L 是传输距离,D 是色散系数,σ_λ 是光源的光谱线宽。请回顾第 4.1.2 节,如果乘积 $BLD\sigma_\lambda$ 小于 0.075(相当于 $r_{\mathrm{part}} \approx 0.15$),模式分配噪声的影响几乎可以完全抑制。

4.3.7 定时抖动的影响

定时抖动是由实际时钟恢复的波动引起的,因为采样时间不太稳定[1]。事实上,由于输入信号的噪声特性,时钟在特定时刻前后波动。这将导致采样间隔围绕比特中心波动,意味着信号的采样值不会总是与信号最大值对齐。定时抖动由随机时间变量 Δt 衡量,它反映了从比特中心开始的任何特定采样时刻的波动。判决点的定时抖动的影响类似于强度噪声的影响,因为采样时间的任何变化最终都会转换为采样点的强度变化。这种负面影响可以通过增加等于引入的功率代价的信号功率来抑制。

抖动对接收机灵敏度的影响可以通过使用相当复杂的数值方法来分析,如文献[26]中介绍的方法。相比之下,文献[17]提出了一种近似的方法,可以很好地理解定时抖动过程中涉及的统计数据。在文献[17]中,假设方程(4.57)中的噪声参数可以表示为

$$\sigma_1^2 = \langle i_1^2 \rangle_{\text{total}} = \langle i^2 \rangle_{\text{the}} + \langle i^2 \rangle_{\text{jitt}} = \frac{4k\Theta \text{NF}_{\text{ne}} \Delta f}{R_{\text{L}}} + \langle \Delta i_{\text{jitt}}^2 \rangle \tag{4.133}$$

$$\sigma_0^2 = \langle i_0^2 \rangle_{\text{total}} = \langle i^2 \rangle_{\text{the}} = \frac{4k\Theta \text{NF}_{\text{ne}} \Delta f}{R_{\text{L}}} \tag{4.134}$$

其中,$\langle i^2 \rangle_{\text{jitt}}$ 是由定时抖动引起的噪声分量的功率,$\langle \Delta i_{\text{jitt}} \rangle$ 是由时间变化 Δt 引起的电流波动的标准偏差。很明显,脉冲形状将对产生的定时抖动有很大影响。如果知道控制电流信号形状的函数 $h_{\text{out}}(t)$,就可以更精确地评估电流波动。

一般来说,我们可以假设函数 $h_{\text{out}}(t)$ 采用升余弦形状。为了评估噪声功率,需要找到随机变量 Δi_{jitt} 的方差$\langle i^2 \rangle_{\text{jitt}}$。在文献[17]中,假设 Δi_{jitt} 遵循高斯分布,其方差可以计算如下:

$$\langle \Delta i_{\text{jitt}}^2 \rangle = 8I_1^2 \left[(B\sigma_{\Delta t})^2 (\pi^2/3 - 2) \right]^2 \tag{4.135}$$

其中,$\sigma_{\Delta t}$ 是时间波动 Δt 的标准偏差,接收机灵敏度可以通过将式(4.57)、式(4.58) 和式(4.67) 代入式(4.133) ~ 式(4.135) 来评估,最终就有

$$\begin{aligned} Q &= \frac{I_1 - \langle \Delta i_{\text{jitt}} \rangle}{\sigma_1 + \sigma_0} \\ &= \frac{I_1 \left[1 - (B\sigma_{\Delta t})^2 (2\pi^2/3 - 4)\right]}{\left[8I_1^2 \left[(B\sigma_{\Delta t})^2 (\pi^2/3 - 2)\right]^2 + \dfrac{4k\Theta \text{NF}_{\text{ne}} \Delta f}{R_{\text{L}}}\right]^{1/2} + \left[\dfrac{4k\Theta \text{NF}_{\text{ne}} \Delta f}{R_{\text{L}}}\right]^{1/2}} \end{aligned} \tag{4.136}$$

$$P_{\text{R}}(\sigma_{\Delta t}) = P_{\text{R}}(0) \frac{1 - (B\sigma_{\Delta t})^2 (2\pi^2/3 - 4)}{\left[1 - (B\sigma_{\Delta t})^2 (2\pi^2/3 - 4)\right]^2 - 8Q^2 \left[(B\sigma_{\Delta t})^2 (\pi^2/3 - 2)\right]^2} \tag{4.137}$$

由定时抖动引起的功率代价可由式(4.137) 计算得出,即

$$\Delta P_{\text{jitt}} = 10\lg\left(\frac{P_{\text{R}}(\sigma_\lambda)}{P_{\text{R}}(0)}\right) \tag{4.138}$$

如果抖动的均方根值(RMS) 低于比特间隔的 10%(即 $\sigma_{\Delta t}B < 0.1$),则由式(4.137) 和式(4.138) 计算的功率代价低于 0.5 dB。如果抖动的均方根值(RMS) 高于比特间隔的 20%,则会产生不确定的功率代价。式(4.137) 和式(4.138) 适用于功率代价的近似评估。更精确的计算,如文献[26] 中的计算,表明功率代价甚至高于式(4.138) 估计的功率代价。然而,$\sigma_{\Delta t}B < 0.1$ 的标准对于在传输系统设计中用作指导是非常有效的。

4.3.8 信号串扰的影响

串扰噪声与多信道系统相关，本质上可以是带外或带内噪声，如第 4.1.9 节所述。当光信道的部分功率扩展到信道带宽之外并与相邻信道的信号混合时，就会出现带外串扰。因此，任何特定光信道的光接收机都可以接收到干扰光功率并将其转换成电流，该电流可以表示为

$$i_{\text{cross,out}} = \sum_{n\neq m}^{M} RP_n X_n = RP\sum_{n\neq m}^{M} X_n \tag{4.139}$$

其中，R 是光电二极管响应度，P 是每个信道的光功率，X_n 是第 m 个光信道的光接收机接收的第 n 个信道功率的一部分。为了方便起见，把参数 X_n 定义为串扰比。串扰电流或串扰噪声可以被视为强度噪声。因此，带外串扰噪声的影响可以通过将式(4.129) 应用于该特定情况来评估。因此，可以建立以下方程组：

$$r^2_{\text{cross,out}} = \left(\sum_{n\neq m}^{M} X_n\right)^2 \tag{4.140}$$

$$\langle i^2\rangle_{\text{cross,out}} = (RP_1)^2 r^2_{\text{cross,out}} = (RP_1)^2\left(\sum_{n\neq m}^{M} X_n\right)^2 \tag{4.141}$$

$$\Delta P_{\text{cross,out}} = -10\lg(1 - r^2_{\text{cross,out}} Q^2) \tag{4.142}$$

当考虑带内串扰噪声对接收机灵敏度的影响时，可以使用相同的方法。当干扰光功率具有与所讨论的光信道波长相同的波长时，会出现带内串扰噪声。通过将方程(4.129) 应用于该特定情况，可以建立以下方程组：

$$i_{\text{cross,in}} = 2RP\sum_{n\neq m}^{M}\sqrt{X_n} \tag{4.143}$$

$$\langle i^2\rangle_{\text{cross,in}} = (RP_1)^2 r^2_{\text{cross,in}} = 2(RP_1)^2\left(\sum_{n\neq m}\sqrt{X_n}\right)^2 \tag{4.144}$$

$$\Delta P_{\text{cross,in}} = -10\lg(1 - r^2_{\text{cross,in}} Q^2) \tag{4.145}$$

因为带外和带内串扰都可以被认为是类似强度噪声损伤，所以串扰的总影响可以通过使用等效噪声参数来评估，即

$$r_{\text{cross}} = \sqrt{r^2_{\text{cross,out}} + r^2_{\text{cross,in}}} \tag{4.146}$$

该参数代入式(4.145)，评估由于总串扰效应导致的接收机灵敏度下降，从而有

$$\Delta P_{\text{cross}} = -10\lg(1 - r^2_{\text{cross}} Q^2) \tag{4.147}$$

我们可以通过假设在式(4.145) 和式(4.147) 之和中有一个主要的串扰项

来评估串扰噪声的总影响,而其他项的影响可以忽略。该假设意味着这一单个串扰充当等效串扰比 X_{eq}。式(4.142)、式(4.145) 和式(4.147) 中使用了等效串扰比的概念来计算与串扰相关的功率代价。文献[33] 提到了带内串扰的影响是等效串扰参数的主要影响。此外,如果串扰比 X_{eq} 大于6.7%,将导致由带外串扰引起的功率代价超过 1 dB,这意味着如果干扰光功率比与所讨论的信道相关联的功率至少低 11.7 dB,则功率代价将低于 1 dB。同时,如果串扰比 X_{eq} 大于 0.85%(干扰光功率比信号低 20.65 dB),则由带内串扰导致的功率代价将高于 1 dB。如果功率代价保持在 0.5 dB 以下,则带外串扰应至少比相关信号低 13.4 dB,而带内串扰应至少比信号低 23.5 dB。

4.3.9 拉曼放大对信号失真的影响

在信号放大的同时,拉曼放大器也会引起信号损伤。这些损伤与放大自发辐射噪声(ASE)、二次瑞利后向散射(DRB) 噪声以及非线性克尔效应引起的信号失真有关[41]。两个主要噪声源(ASE 噪声和 DBR 噪声) 如图 4.19 所示。ASE 噪声的功率可以通过应用式(4.3) 给出的通式来得到,即

$$P_{\mathrm{ASE}}=2n_{\mathrm{sp}}h\nu_{\mathrm{S}}\Delta\nu_{\mathrm{R}}=\frac{2h\nu_{\mathrm{S}}\Delta\nu_{\mathrm{R}}}{1-\exp\left(\dfrac{h\nu_{\mathrm{S}}}{k\Theta}\right)} \tag{4.148}$$

其中,$\nu_{\mathrm{S}}=\omega_{\mathrm{S}}/2\pi$ 是信号的光学频率,n_{sp} 是由热能决定的自发辐射系数。式(4.148) 中的因子 2 是指自发辐射中的两种偏振状态。由于拉曼放大的分布特性,自发辐射的功率比 EDFA 的小得多。EDFA 放大器和拉曼放大器的区别在于拉曼放大器的 n_{sp} 约为 1.13,因为在放大过程中总有全粒子数反转。从式(4.148) 可以看出,ASE 噪声本质上是宽带噪声,类似白噪声。二次瑞利背向散射噪声的产生也如图 4.19 所示。这种效应是由于瑞利散射造成的,瑞利散射通常存在于所有光纤中,但程度要小得多。散射光的大部分向后,而小部分向前增强了信号。如果存在分布式放大过程,则由瑞利散射产生的光子将倍增。在这种情况下,我们可以考虑将瑞利散射噪声的前向传播部分添加到 ASE 噪声中,从而导致总噪声水平的增加。

一般来说,即使放大,这部分也不是一个严重的问题,主要问题是增强瑞利散射的多次反射。在这种情况下,光纤起着弱分布式反射镜的作用。后向散射最终转向前向散射,从而对传播的光信号产生串扰。这种串扰噪声称为二次瑞利后向散射(DRB) 噪声,在具有大量放大器的长距离传输系统中积

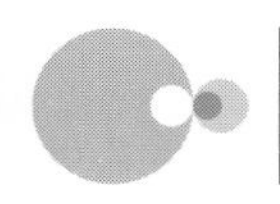

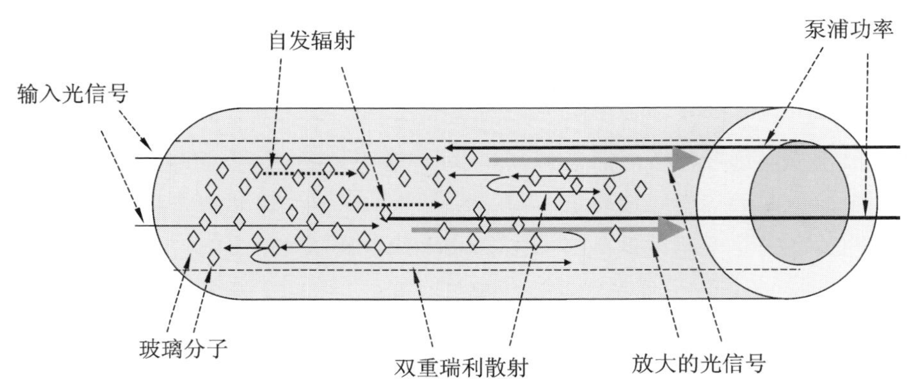

图 4.19　拉曼放大过程中的信号和噪声

累。例如,海底传输系统中的 DRB 噪声可能会严重降低系统性能。

ASE 和 DRB 噪声分量的主要区别在于:①ASE 是一种独立于信号的加性噪声;②DRB是信号光谱的复制品,也称为多径干扰(MPI)。DBR噪声的增加是拉曼放大器增益不能增加到某个临界值以上的主要原因,即在拉曼放大器中,处于较高能级的电子的寿命较短,导致瞬时增益,并导致泵浦功率和信号功率的耦合,这从信号增益的角度来看是有利的。然而,泵浦功率的波动也会与信号耦合,从而增加整体噪声。这被反向泵浦配置所抑制,反向泵浦配置在拉曼放大器增益方面效率较低,但从噪声角度来看更有利。

DRB 噪声的功率可以计算为[41]

$$P_{\mathrm{DRB}}=P_{\mathrm{S}}(0)G_{\mathrm{R}}r^{2}\int_{0}^{L_{\mathrm{span}}}G^{-2}(0,z)\int_{z}^{L_{\mathrm{span}}}G^{2}(0,\xi)\,\mathrm{d}\xi\,\mathrm{d}z \tag{4.149}$$

其中,$P_{\mathrm{S}}(0)$ 是发射信号功率,G_{R} 是拉曼增益,通常称为开-关增益,r 是瑞利后向散射系数($r\approx1.03\times10^{-4}\ \mathrm{km}^{-1}$),$G(0,z)$ 是 0 到 z 范围内的净增益(净增益等于放大减去衰减),L_{span} 是分布拉曼放大器之前的光纤跨距长度。在集中式拉曼放大器中,只存在 ASE 噪声,而 DRB 噪声可以忽略不计。DRB 噪声不是类白色噪声的,而是类高斯型的,并且和信号相关。

拉曼放大过程还引入了克尔效应影响下的信号损伤。这种影响可以通过计算沿长度 L_{span} 的非线性相位积分来评估,即

$$\Phi_{\mathrm{DRA}}=\int_{0}^{L_{\mathrm{span}}}\gamma P(z)\,\mathrm{d}z \tag{4.150}$$

其中,γ 是方程(3.113) 引入的非线性克尔系数,$P(z)$ 指沿 z 轴变化的信号功率。分布式拉曼放大器(DRA)中的功率变化比传输光纤中发生的简单衰减更复

杂。一般来说,DRA 是双向泵浦的,而正向和反向泵浦功率之间的比率是决定光信号沿跨距长度变化的特性的一个因素。如果没有泵浦,则式(4.150) 给出的相位积分将采用线性形式,可以计算如下:

$$\Phi_{\text{pass}} = P_{\text{S}}(0)\int_0^{L_{\text{span}}} \gamma \exp(-\alpha_{\text{S}} z)\mathrm{d}z = \gamma P_{\text{S}}(0)\frac{1-\exp(-\alpha_{\text{S}} L_{\text{span}})}{\alpha_{\text{S}}} \tag{4.151}$$

式(4.151) 中的下标 pass 代表无源光纤,这意味着相位是在没有泵浦时计算的。非线性指数的影响可以通过比率来衡量,即

$$R_{\text{NL}} = \frac{\Phi_{\text{DRA}}}{\Phi_{\text{pass}}} = \frac{\alpha_{\text{S}}\int_0^{L_{\text{span}}} G(0,z)\mathrm{d}z}{1-\exp(-\alpha_{\text{S}} L_{\text{span}})} \tag{4.152}$$

ASE 噪声和 DRB 噪声都是伴随光电二极管区域的信号。在光电探测过程中,它们会随着信号相互拍频,产生电学拍频噪声分量。拍频噪声的主要成分将来自信号-DRB 拍频和信号-ASE 拍频。在文献[42,43]中发现,以下噪声方差近似值可用于评估拍频噪声分量:

$$\sigma^2_{\text{S,ASE}} = 2R^2 P_{\text{ASE}} P_{\text{S,1}} \Delta f \tag{4.153}$$

$$\sigma^2_{\text{S,DRB}} = 2R^2 P_{\text{DRB}} P_{\text{S,1}} \Delta f \tag{4.154}$$

其中,R 是光电二极管的响应度,$P_{\text{S,1}}$ 是与 1 比特相关的信号功率,P_{ASE} 和 P_{DRB} 分别代表 ASE 和 DRB 噪声分量的功率,分别由式(4.148) 和(4.149) 给出。分布式拉曼放大器的等效噪声系数(见图 2.9 和图 4.20(b)) 可以计算为[14]

$$\text{NF}_{\text{DRA}} = \frac{\text{SNR}_{\text{in}}}{\text{SNR}_{\text{out}}} = \frac{1}{G_{\text{R}}\Gamma}\left(\frac{P_{\text{ASE}}}{B_{\text{op}} h\nu_{\text{S}}} + \frac{5P_{\text{DRB}}}{9h\nu_{\text{S}}\sqrt{(\Delta f^2 + B_{\text{op}}^2/2)}} + 1\right) \tag{4.155}$$

其中,ν_{S} 是光频率,Δf 是电接收机的频率带宽,B_{op} 是光学滤波器的带宽,G_{R} 是拉曼开关增益,而 Γ 是光纤跨距损耗,$\Gamma = \exp(-\alpha_{\text{S}} \cdot L_{\text{span}})$。

拉曼开关增益 G_{R} 是式(4.155) 中等效噪声系数评估的关键参数。它可以被计算为[41]

$$\begin{aligned} &G_{\text{R}}(z_1, z_2) \\ &= \frac{C_{\text{r}}(\lambda_{\text{s}}, \lambda_{\text{p}})}{\alpha_{\text{p}}}\{P_{\text{b}}[\mathrm{e}^{-\alpha_{\text{p}}(L_{\text{span}}-z_2)} - \mathrm{e}^{-\alpha_{\text{p}}(L_{\text{span}}-z_1)}] + P_{\text{f}}(\mathrm{e}^{-\alpha_{\text{p}} z_1} - \mathrm{e}^{-\alpha_{\text{p}} z_2})\} \end{aligned} \tag{4.156}$$

其中，α_p 是泵浦光的光纤衰减（$\alpha_p \approx 0.25$ dB/km），z_1 和 z_2 是沿传输光纤的点，P_b 和 P_f 分别是后向和前向的泵浦功率。参数 $C_r(\lambda_s,\lambda_p)$ 称为拉曼增益效率（单位长度和单位功率的增益），对于标准单模光纤，大约为 0.42 $(\mathrm{W\cdot km})^{-1}$。在文献[41] 中显示，如果 G_R 保持在 30 dB 以下，并且在前向和后向泵浦之间适当分布，与 P_{ASE} 相比，P_{DBR} 的影响可以忽略不计。

拉曼放大器的等效噪声系数也可以通过测量开关增益 G_R、P_{ASE} 和 P_{DRB} 来评估。值得一提的是，由于拉曼增益的分布特性，NF_{DRA} 的值可能是负的。负值的真正含义是拉曼放大器部署的最终结果是信噪比的提高，因为拉曼放大器的使用将使信号远离噪声水平。

如图 4.20 所示，当拉曼放大器与 EDFA 结合使用时，分布式拉曼放大的好处是可以在实际情况下进行估计。由于拉曼放大器包括整个光纤跨度，引入光纤跨度部分的噪声系数有助于更清楚地比较不同情况。拉曼放大器关闭（只有 EDFA 放大器有效）和打开时，单光纤跨度的总噪声系数可以通过对级联光放大器使用式(4.36) 来计算，因此可以得到

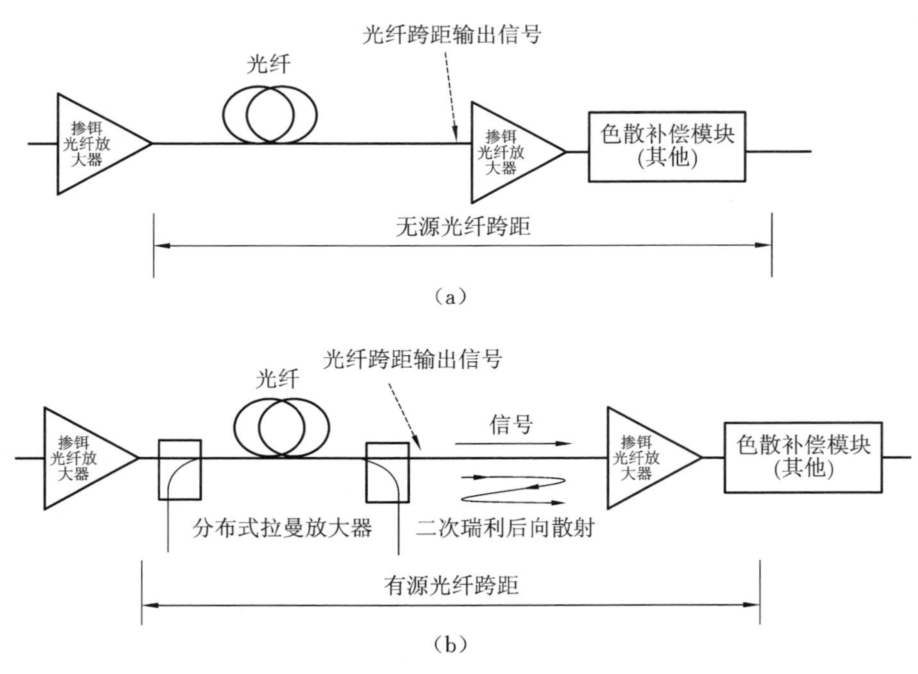

图 4.20　拉曼放大器的部署

(a) 无拉曼放大的无源光纤；(b) 有拉曼放大的有源光纤

$$\mathrm{NF_{link}}=\begin{cases}\mathrm{NF_{passive}}=\dfrac{\mathrm{NF_{EDFA}}}{\Gamma}+1-\Gamma_{\mathrm{loss}}\\ \mathrm{NF_{active}}=\mathrm{NF_{DRA}}+\dfrac{\mathrm{NF_{EDFA}}-1}{G_{\mathrm{R}}\Gamma}+1-\Gamma_{\mathrm{loss}}\end{cases}\tag{4.157}$$

其中，$\mathrm{NF_{EDFA}}$ 是 EDFA 放大器的噪声系数，Γ 是光纤跨距损耗，Γ_{loss} 是由其他一些元件引起的损耗，如插入在放大器位置的色散补偿模块(DCM) 引起的损耗。

一般来说，由于克尔非线性不同，每个跨度可能在不同的发射功率下工作，但我们可以假设克尔效应对所有跨度都是相同的。在 N 个跨度之后，SNR 的改善可以计算如下：

$$R_{\mathrm{DRA}}=\frac{\mathrm{SNR_{pass}}}{\mathrm{SNR_{DRA}}}=R_{\mathrm{NL}}\frac{N(\mathrm{NF_{DRA}}-1)+1}{N(\mathrm{NF_{pass}}-1)+1}\approx R_{\mathrm{NL}}\frac{\mathrm{NF_{DRA}}}{\mathrm{NF_{pass}}}\tag{4.158}$$

在文献[41] 中表明，通过优化后向泵浦与前向泵浦的比例，发现 30% ～ 35% 前向泵浦和 65% ～ 75% 后向泵送的混合可以带来最大的效益。图 4.21 所示的是两个不同值的拉曼增益 ($G_{\mathrm{R1}}<G_{\mathrm{R2}}<30$ dB) 的信噪比的改善，其中忽略了 DRB 的影响。

从图 4.21 可以看出，信号没有接近噪声水平，就像只部署 EDFA。在这种情况下，拉曼放大器充当 EDFA 的低噪声前置放大器，有助于降低 EDFA 的增益和噪声系数。相反，拉曼放大器与 EDFA 结合使用也是有益的，因为允许它们保持在双重瑞利背向散射(DRS) 极限以下。

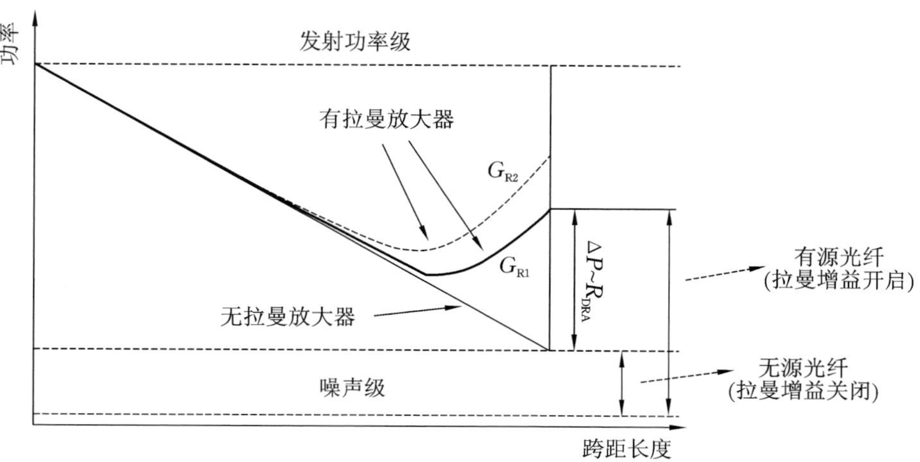

图 4.21　拉曼增益带来的信噪比的提高

拉曼放大的总输出与方程(4.158) 中的改进因子 R_{DRA} 成正比。该输出也可以转到光域，并被认为是光功率增益或负光功率代价。为此，我们可以应用式(4.92)，这样就有以下关系：

$$\Delta P_{\mathrm{DRA}} = R_{\mathrm{DRA}} \frac{2\Delta f}{B_{\mathrm{op}}} \tag{4.159}$$

其中，ΔP_{DRA} 是通过使用分布式拉曼放大器给系统带来的光功率增益，Δf 是电学滤波器带宽，B_{op} 是光学滤波器带宽。ΔP_{DRA} 可以抵消一些功率代价，并减轻拉曼放大器使用前所需的功率裕度要求。这样，它就扮演了负功率裕度的角色。

如上所述，如果横截面积较小，也可以在较短长度的光纤上应用有效的拉曼放大。在这种情况下，我们谈论的是集中式拉曼放大器。该方案可用于通过引入反向泵浦来补偿色散补偿光纤(DCF)中的损耗，与分布式拉曼放大器(全拉曼组合)相结合来提高功率水平，或者放大由S波段覆盖的信号，如文献[44]中所说的。

文献[44]也表明，色散补偿光纤(DCF)可以用作集中式拉曼放大的有效光纤介质，因为它们具有较小的有效面积和较高的增益。集中式拉曼放大器的分析方法与EDFA的类似。

4.3.10 累积噪声的影响

我们可以假设沿光路有许多级联的光放大器，间距为 L_{span} km，其中，参数 L_{span} 定义为跨距长度，如图4.22所示。假设光纤衰减系数是 α，两个放大器之间的跨距损耗是 $\Gamma_{\mathrm{span}} = \exp(-\alpha L_{\mathrm{span}})$。光路上的每个光放大器为输入光信号提供刚好足以补偿前一跨距损耗的增益。然而，每个放大器在光信号放大的同时也会产生一些自发辐射噪声。信号和自发辐射噪声继续一起传播，被后面光放大器放大。当处理较长距离(光路)时，放大器噪声的累积是影响特定系统性能的最关键因素。

放大的自发辐射噪声(ASE)将在每个后续跨距累积和增加，从而导致总噪声和信噪比的恶化。此外，ASE功率将会促使光放大器的饱和，从而降低放大器增益和放大信号电平。图4.22也说明了这个过程。正如我们所看到的，从某个发射电平开始的光信号在被光放大器增强之前，将在整个跨距上经历衰减。光放大器有助于恢复输出功率水平，但它本身会产生自发辐射噪声，并放大来自前一个放大器的自发辐射噪声。经过每个放大器之后，ASE噪声水平将会增加，并最终迫使光放大器进入饱和状态。由于输出功率保持在相同水平,ASE 的增加将降低光信号水平。最终结果将是光信噪比(OSNR)的降低。这里所描述的可以被转换成关于传输长度和信号与噪声参数的数学关系。

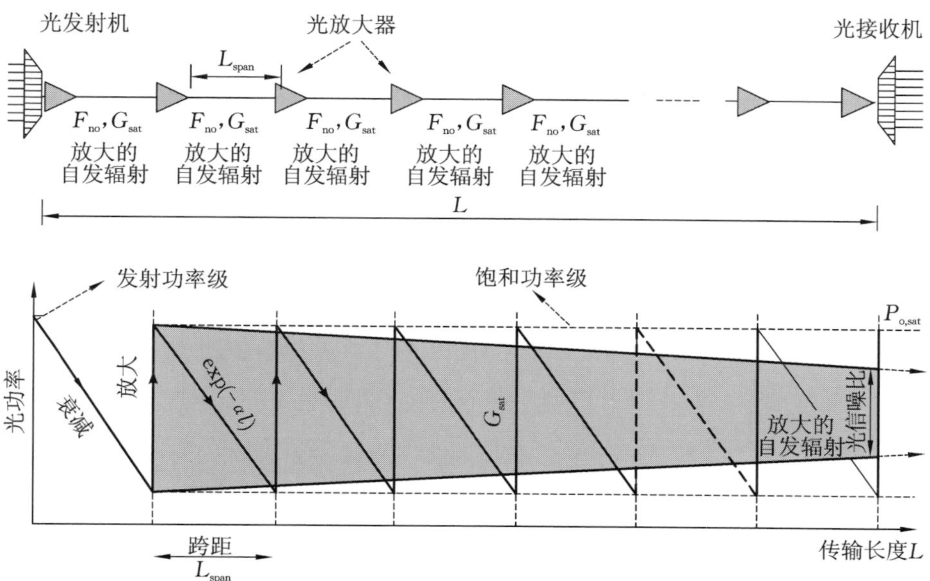

图 4.22　采用光放大器的传输系统

假设放大器增益 G 被调整为仅补偿跨距损耗 Γ_{span}。如果增益大于跨距损耗,则信号功率将在整个放大器链路中逐渐增加,从而迫使放大器饱和,而饱和意味着放大器增益随着输入功率的增加而下降。

在末端,放大器将进入饱和状态,而总增益将从初始值 $G_0=G_{max}$ 下降到饱和值 G_{sat}(见式(2.94))。光放大器的输出功率由饱和值 $P_{o,sat}$ 决定,由式(2.93)给出。从实际角度来看,重要的是只考虑长距离传输系统中达到的空间稳态条件,其中饱和输出功率 $P_{o,sat}$ 和增益 G_{sat} 保持不变,并控制信号放大过程。在这种情况下,每个信道的输出功率为 $P_{out}=P_{o,sat}/M$,其中 M 是多路复用并一起放大的光信道数量。如上所述,OSNR 沿光路逐渐减小,因为累积的 ASE 噪声逐渐构成光放大器有限总功率的更大部分。由于每个放大器点都增加了噪声,稳态增益或饱和增益将略小于信号跨距损耗。因此,最佳的工程方法是选择非常接近跨距损耗的饱和增益。在这种情况下,可以在信号和累积噪声之间建立以下平衡:

$$P_{o,sat}\exp(-\alpha L_{span})G_{sat}+P_{sp}=P_{o,sat} \tag{4.160}$$

其中,P_{sp} 是方程(4.37) 定义的 ASE 功率。ASE 功率可以表示为

$$P_{sp}(\nu)=2S_{sp}(\nu)B_{op}=(G_{sat}-1)\,\mathrm{NF}_{no}h\nu B_{op} \tag{4.161}$$

其中,$S_{sp}(\nu)$ 是式(4.34) 给出的自发辐射的光谱密度,ν 是光频率,B_{op} 是光学滤波器带宽,$\mathrm{NF}_{no}=2n_{sp}$ 是光放大器的噪声系数,n_{sp} 是式(2.15) 定义的自发辐射系数。值得注意的是,饱和增益也满足式(2.94),可以改写为

$$G_{sat}=1+\frac{P_{sat}}{P_{in}}\ln\frac{G_{max}}{G_{sat}}=1+\frac{P_{sat}}{P_{o,sat}\exp(-\alpha L_{span})}\ln\frac{G_{max}}{G_{sat}} \tag{4.162}$$

式(4.161) 可用于评估传输线路末端达到的稳态的总噪声功率,它变为

$$NP_{sp}(\nu)=N(G_{sat}-1)\,\mathrm{NF}_{no}h\nu B_{op}=(L/L_{span})\,(e^{\alpha L_{span}}-1)\,\mathrm{NF}_{no}h\nu B_{op} \tag{4.163}$$

其中,$N=L/L_{span}$ 表示传输线路的跨距数,等于沿着线路使用的光放大器数。选择饱和增益值只是为了补偿前一跨度的信号损失。

4.3.10.1　传输线路末端的 OSNR

在传输线路末端以每信道为基础计算的光信噪比可以表示为

$$\begin{aligned}\mathrm{OSNR}&=\frac{P_{o,sat}/M-\mathrm{NF}_{no}h\nu B_{op}(e^{\alpha L_{span}}-1)L/L_{span}}{\mathrm{NF}_{no}h\nu B_{op}(e^{\alpha L_{span}}-1)L/L_{span}}\\&=\frac{P_{ch}-\mathrm{NF}_{no}h\nu B_{op}(e^{\alpha L_{span}}-1)N}{\mathrm{NF}_{no}h\nu B_{op}(e^{\alpha L_{span}}-1)N}\end{aligned} \tag{4.164}$$

其中,$P_{o,sat}$ 是光放大器输出端的总发射光功率,P_{ch} 是单个光信道内的发射光功率。为了满足指定的 OSNR,发射信道功率应该满足以下等式:

$$\begin{aligned}P_{ch}&\geqslant(\mathrm{OSNR}+1)\lfloor\mathrm{NF}_{no}h\nu B_{op}(e^{\alpha L_{span}}-1)N\rfloor\\&\approx\mathrm{OSNR}\lfloor\mathrm{NF}_{no}h\nu B_{op}(e^{\alpha L_{span}}-1)N\rfloor\end{aligned} \tag{4.165}$$

如果我们不担心非线性,可最大化每个信道的功率,以轻松达到式(4.165) 给出的要求。然而,实际情况是不同的,因为任何功率的增加都会增强非线性效应。如果将运算符 10lg(•) 应用于等式两边,式(4.165) 可以转换为分贝单位,在这种情况下,变成

$$P_{ch}\geqslant\mathrm{OSNR}+\mathrm{NF}_{no}+\alpha L_{span}+10\lg N+10\lg(h\nu B_{op}) \tag{4.166}$$

其中,OSNR、P_{ch} 和 NF_{no} 的单位都用分贝表示,而 α 的单位用 dB/km 表示。这个等式也可以写成

$$\mathrm{OSNR}\approx 2Q^2\Delta f/B_{op}\geqslant P_{ch}-\mathrm{NF}_{no}-\alpha L_{span}-10\lg N-10\lg(h\nu B_{op}) \tag{4.167}$$

OSNR 值可以作为输入参数来计算能达到的总长度 $L=NL_{\text{span}}$。该值可以通过使用 OSNR 和由式(4.91)、式(4.92) 给出的 Q 参数之间的关系来获得。例如,我们用式(4.92) 来表示 OSNR 和式(4.167) 中的 Q 参数之间的联系。因此,我们可以首先为特定的 Q 参数计算 OSNR,然后使用式(4.167) 来评估其他传输参数。这些参数包括:每个信道的发射光功率、光放大器的噪声系数、光纤跨距数、光纤带宽和每个光纤跨距的光损耗。尽管式(4.167) 是在考虑了 IM/DD 方案的情况下获得的,但它可以应用于任何调制 / 检测场景。在这种情况下,我们需要调整 OSNR(或 Q) 的要求以及式(4.167) 中的 B_{op} 和 Δf 参数,以适应特定调制 / 检测场景的情况。

从式(4.167) 可以看出,对于特定的链路长度,可以通过增加输出光功率或减少光放大器的数量来增加 OSNR。此外,可以通过降低放大器噪声系数和每光纤跨度的光损耗来改善 OSNR。只有当跨距长度增加时,放大器的数量才能减少,这意味着总信号衰减也会增加。因此,整体情况变得更加复杂,可能需要进行一些权衡。

4.3.10.2 光孤子传输的 OSNR

上述分析没有考虑非线性相位的影响和可能的光孤子形成。对于在第 3.4.1.3 节中介绍的光孤子,任何光孤子脉冲放大之后都将产生放大的自发辐射(ASE),在光孤子再生过程中,自发辐射(ASE) 将与色散波混合。总的传输性能下降是由产生的噪声和脉冲能量的波动引起的,因为这两种效应都会降低信噪比。此外,性能下降将通过频率波动引起的定时抖动表现出来。文献[29] 估计了光孤子放大过程中的总能量波动。人们发现,OSNR 可以表示为

$$\text{OSNR}_{\text{soliton}}=\sqrt{\frac{E_0}{2NS_{\text{sp}}}}=\sqrt{\frac{E_0}{2Nn_{\text{sp}}h\nu(G-1)}} \tag{4.168}$$

其中,E_0 是作为光功率随时间积分计算的脉冲能量,N 是沿链路的光放大器的数量,S_{sp} 是 ASE 噪声的光谱密度,n_{sp} 是自发辐射因子,h 是普朗克常数,ν 是光频率。

式(4.168) 适用于具有线上放大的标准光孤子系统,但是没有任何实际的色散管理。色散管理将改善 $\text{OSNR}_{\text{soliton}}$,因为脉冲能量高于标准光孤子的能量。$\text{OSNR}_{\text{soliton}}$ 的改善与 $F_{\text{dm}}{}^{1/2}$ 成正比,其中 F_{dm} 是由方程(3.172) 给出的能量增强因子。光孤子频率变化引起的定时抖动影响光孤子在光纤中的传播速度,是限制光孤子传输系统整体性能的最严重问题。这种抖动称为 Gordon-Haus 抖动[45]。

标准光孤子系统中引入的定时抖动的标准偏差 σ_t^2[17] 可以表示为

$$\left.\frac{\sigma_t^2}{\tau_0^2}\right|_{lm}=\frac{S_{sp}L^3}{9E_{S,lm}L_D^2L_{span}} \tag{4.169}$$

其中，τ_0 是初始光孤子脉冲宽度，L 是总传输长度，$L=NL_{span}$，其中 L_{span} 是跨距长度（或放大器间距），$E_{S,lm}$ 是等式(3.170)给出的光孤子能量，L_D 是色散长度，$L_D=\tau_0^2/|\beta_2|$。相反，色散管理光孤子系统中引入的定时抖动的标准偏差可以表示为

$$\left.\frac{\sigma_t^2}{T_m^2}\right|_{dm}\approx\frac{S_{sp}L^3}{3E_0L_{D,dm}^2L_{span}} \tag{4.170}$$

其中，E_0 是发射机输出端的光孤子能量，T_m 是传输过程中出现的最小脉冲宽度，$L_{D,dm}=T_m^2/|\beta_2|$。光孤子脉冲宽度在色散管理情况下振荡，最小值出现在反常 GVD 截面的中间。通过比较方程(4.169)和方程(4.170)，并假设 $T_m\sim\tau_0$，可以看出色散管理光孤子的定时抖动降低了$(F_{dm}/3)^{1/2}$倍。

值得注意的是，在基于光孤子的传输系统中也观察到光孤子自频移。这种效应是由于脉冲间拉曼散射效应造成的，也可以认为是由光孤子脉冲的宽光谱导致的。脉冲的高频分量将能量转移到低频分量，并导致光孤子载波频率的连续下降。光孤子自频移对于较高的比特率会更强，因为较窄的光孤子脉冲会产生更宽的脉冲频谱。如果我们想到光孤子是满足式(3.128)的变换受限脉冲，就可以更容易理解了。

光孤子传输中出现的定时抖动应小心控制，以最小化其负面影响。这可以通过在每个放大器后放置光学滤波器来实现，因为这可以限制 ASE 噪声功率，同时增加 $OSNR_{soliton}$ 的值。定时抖动的增加可以通过减少可调光学滤波器沿着链路移动的中心频率来实现[46]。这种频率滑动跟随自频率移动，并确保噪声功率的最大部分已经被去除。

光孤子机制在 WDM 传输系统中也得到支持。然而，有必要考虑属于不同 WDM 信道的光孤子之间脉冲碰撞的影响。在这种碰撞过程中，交叉相位调制(XPM)效应会引起随时间变化的相移，从而导致光孤子频率的变化。这种频率变化会加快或减慢脉冲。在碰撞结束时，每个脉冲最终会在频率和速度上恢复，但所引发的定时抖动将保持不变。如果数据流仅由 1 比特组成，定时抖动将不是一个问题，因为这种变化将对所有脉冲产生同等影响。然而，由于 1 位的内容是随机的，因此将以每比特为基本单位发生位置的移动。

4.4 光传输链路的限制

总的来说，考虑到不同的损伤，传输系统链路长度可能是功率受限的或带宽受限的。一方面，功率受限意味着将考虑不同的信号损伤（它们之间的色散），并决定总长度。另一方面，在带宽受限的情况下，总传输容量由所用关键元件（如光源、光电探测器和光纤）的频率带宽决定。

4.4.1 功率预算受限的点对点光波系统

当考虑点对点光波系统的功率预算时，有两种情况：① 没有光放大器的链路；② 应用光放大器的链路。在没有光放大器的情况下，功率预算表示为

$$P_{\text{out}} - \alpha L - \alpha_{\text{c}} - \Delta P_{\text{M}} \geqslant P_{\text{R}}(Q, \Delta f) + \Delta P_{\text{imp}} \tag{4.171}$$

其中，P_{out} 是光源尾纤的输出光功率，α 是光纤的衰减系数，α_{c} 是与光学接头和连接器相关的信号损耗，P_{R} 是与指定 BER 相关的接收机灵敏度。参数 ΔP_{M} 是考虑老化和温度变化等影响所需的系统裕量，而 ΔP_{imp} 是考虑与特定情况相关的损伤影响的功率裕量。请注意，P_{R} 表示为 Q 参数和接收机带宽（或信号比特率）的函数。式(4.171) 中的所有参数的单位都用分贝表示，但衰减系数 α 除外，它的单位用 dB/km 表示。

我们可以根据预先指定的参数来区分各种情况。如果指定了总传输距离 L 和比特率 B，式(4.171) 有助于选择满足系统要求的成本效益高的元件。这种情况在比特率较低时很常见，包括光源、工作波长和光接收机的选择。一般来说，如果所有元件在较短的波长下工作，这些元件的价格都比较低，适用于工作波长在 850 nm 左右。当转换到波长在 1310 nm 和 1550 nm 时，元件价格会上升。至于光源，LED 比光电二极管便宜得多，而法布里-珀罗激光器比单模 DFB 激光器便宜得多。在接收机方面，基于 APD 的接收机比基于 PIN 的接收机具有更高的灵敏度。然而，它们需要一个高压电源，应该小心控制，以避免雪崩击穿。此外，APD 比 PIN 贵，即使将 APD 与基于 PIN 和 FET 的前端放大器的集成组合进行比较也是如此。因此，选择顺序应该是从 LED 到激光器，从 PIN 光电二极管到 APD，同时检查所选元件是否能够满足系统要求。如果选择光纤，则顺序应该是从多模光纤到单模光纤。

式(4.171) 最适用于高达 1 Gb/s 的比特率和几十千米的距离的情况。例如，让我们考虑这样一种情况，即以 400 Mb/s 的比特率传输信号应在不短于

15 km 的距离内完成(请参考表 1.1,对应于 Fiber Channel-Ⅱ 找到该比特率)。假设系统需要满足 BER $< 10^{-12}$。首先从 LED 作为光源候选元件开始,然后再从 PIN 和 APD 作为光电探测器候选元件开始。假设 $P_{\text{out}} = -12$ dBm,PIN 光电二极管和 APD 的接收机灵敏度分别为 -30 dBm 和 -38 dBm。此外,我们可以从多模光纤开始,假设 1 km 光纤的光纤带宽为 1.8 GHz · km(即 $B_{\text{fib},L} = 1.8$ GHz · km),参见式(4.95)。让我们首先考虑成本第一选择(波长 850 nm)和第二选择(波长 1300 nm)。

我们假设 5 dB 的系统裕量可以涵盖所有操作要求和信号损伤。通常的方法是将系统裕量分配在 4 ～ 6 dB 范围内[25],以补偿元件老化和温度影响。通常假设光纤衰减系数中包含接入损耗(850 nm 时 $\alpha = 3.0$ dB/km,1300 nm 时 $\alpha = 0.5$ dB/km),而连接器总损耗为 2 dB。这种情况如表 4.6 所示。

表 4.6　400 Mb/s 光传输信道 Ⅱ 功率分配

参数	LED		激光器	
波长 /nm	850	1300	850	1300
接收机灵敏度(PIN)/dBm	−30	−31	−30	−31
接收机灵敏度(APD)/dBm	−38	−39	−38	−39
输出功率 /dBm	−12	−13	0	0
连接器损耗 /dB	2	2	2	2
系统裕度 /dB	5	5	5	5
额外裕度 /dB	0	0	1	1
PIN 的可用损失 /dB	11	11	22	23
APD 的可用损失 /dB	19	19	30	31
光纤损耗 /(dB/km)	3.5	0.5	3.5	0.5
PIN 的传输长度 /km	3.2	22	6.4	46
APD 的传输长度 /km	5.4	36	8.6	62

我们可以清楚地看到,两种组合在 850 nm 窗口下的传输都是可行的。下一个可用的选择是使用 1300 nm 窗口下传输,其中 LED/PIN 组合是满足要求的元件中最便宜的。如果要求传输信号超过 22 km,可以部署工作在 1300 nm 的 LED/PIN 组合。任何超过 36 km 的传输要求只能通过使用工作在 1300 nm 的激光二极管来满足。

除了系统裕量之外,如果在使用激光作为光源的同时通过多模光纤进行传输,还应该分配功率裕量来补偿模式噪声和模式分配噪声的影响,通常分配 1 ~ 2 dB。在表 4.6 中,我们假设分配了 4 dB 作为系统裕量,并且分配了额外的 1 dB 来补偿模式噪声和模式分配噪声的影响。该分析可应用于局域网环境。

在上述情况下,传输波长的选择可能与波长可用性有关,因为可能会出现最初选择的波长已经被占用的情况。如果出现了这种情况,则应该考虑其他波长。局域网(LAN) 环境中的光传输通常包括利用光功率分流进行信号广播。在这种情况下,沿光路使用的每个 1∶2 的光耦合器 / 光分路器应通过分配 3 dB 功率分流损耗来解决。例如,如果有 5 个光耦合器,连接器损耗应增加 15 dB。

还存在另一种传输模型,在 1310 nm 具有较高比特率,并且在功率上受到一定限制。例如,如果需要在几百米到几千米的距离内传输,它适用于 2.5 Gb/s、10 Gb/s、40 Gb/s 的比特率。该场景包括数据中心联网(这将在第 8 章中讨论)。法布里-珀罗(FP) 激光器和 VCSEL 都是 2.5 Gb/s 比特率的良好候选,而 VCSEL 和 DFB 激光器的比特率可达到10 Gb/s。至于 40 Gb/s 比特率,集成有电吸收调制器的 DFB 激光器应被视为主要候选。至于与此传输场景相关的功率裕度分配,与强度噪声和消光比影响相关的功率损失应由系统功率裕度之外的某个功率裕度涵盖。每种损伤都需要 1 dB 的功率裕量。表 4.7 说明了可能适用于高比特率的情况。然而,在大多数情况下,传输距离不是功率预算受限的,而是带宽受限的,正如我们将很快看到的,因此表 4.7 中给出的值可能不相关。

表 4.7　高速短距离传输中的功率分配

参数	2.5 Gb/s		10 Gb/s		40 Gb/s	
波长 /nm	1310	1550	1310	1550	1310	1550
接收机灵敏度(PIN)/dBm	−27	−27	−24	−24	−21	−21
接收机灵敏度(APD)/dBm	−35	−35	−32	−32	−29	−29
输出功率 /dBm	3	3	3	3	0	0
连接器损耗 /dB	2	2	2	2	2	2

续表

参数	2.5 Gb/s		10 Gb/s		40 Gb/s	
系统裕度 /dB	5	5	5	5	5	5
额外的裕度 /dB	2	2	2	2	2	2
PIN 的可用损失 /dB	15	15	12	12	6	6
APD 的可用损失 /dB	23	23	20	20	14	14
光纤损耗 /(dB/km)	0.5	0.22	0.5	0.22	0.5	0.22
PIN 的传输长度 /km	30	67	24	54	12	27
APD 的传输长度 /km	46	100	40	90	28	64

4.4.2 带宽受限的点对点光波系统

光传输系统的性能可能会受到所使用的一些关键元件(如光源、光电探测器或光纤)的可用频率带宽的限制。从系统带宽的角度来看,光纤是其中最重要的限制元件。多模光纤中的光纤带宽主要由于模式色散效应而受到限制,因为它通常比色散大得多,而色散是定义单模光纤带宽的唯一因素。

多模光纤的带宽通过 1 km 长度的光纤带宽 B_{fib} 来表征,对于阶跃折射率光纤,该带宽约为 150 MHz · km;对于设计良好的渐变折射率光纤,该带宽约为 2 GHz · km。至于单模光纤,可用带宽也取决于所用光源的光谱线宽。一般来说,就单模光纤和光源的可用带宽而言,我们可以区分两种不同的情况。使用式(4.95)、式(3.143) 和式(3.145),通过任意给定长度的带宽-长度乘积来评估可用的光纤带宽。因此,我们可以区分以下三种情况(一种用于多模光纤,两种用于单模光纤),它们表示为

$$BL^{\mu} \leqslant B_{\text{fib}}, \quad \text{针对多模光纤} \tag{4.172}$$

$$BL \leqslant (4D\sigma_{\lambda})^{-1}, \quad \text{针对单模光纤和大线宽} \tag{4.173}$$

$$B^2L \leqslant (16|\beta_2|)^{-1}, \quad \text{针对单模光纤和窄线宽} \tag{4.174}$$

其中,B 是信号比特率,L 是传输长度,B_{fib} 是多模光纤的带宽,μ 是取值范围为 0.5 ~ 1 的参数,D 是色散系数,σ_{λ} 是光源线宽,β_2 是单模光纤的群速度色散系数。因此,式(4.172) ~ 式(4.174) 可用于初始评估,以判断光传输系统是功率预算受限还是带宽受限。

使用式(4.172) ~ 式(4.174),将距离绘制为比特率的函数是很有用的。

它可以和与光功率预算受限相关的曲线并行完成。这些曲线可以通过使用从方程(4.171)导出的下列函数相关性来绘制：

$$L(\lambda,B) \leqslant \frac{P_{\text{out}}(\lambda,B) - [P_{\text{R}}(\lambda,B) + \alpha_{\text{c}} + \Delta P_{\text{M}} + \Delta P_{\text{imp}}]}{\alpha(\lambda)} \tag{4.175}$$

其中，P_{out} 是输出光信号功率，P_{R} 是接收机灵敏度，α 是光纤的衰减系数，α_{c} 是与光接头和连接器相关的信号损耗，ΔP_{M} 是系统裕量。为此，我们可以假设没有系统裕量，连接器损耗可以忽略不计。

由式(4.172)～式(4.175)表示的函数曲线如图 4.23 所示。传输距离显示为比特率的函数，而光波长用作参数。图 4.23 可用于识别参考点，并识别哪些是关键限制因素。假设单模光纤(SMF)中的 GVD 系数 $\beta_2 = -20\ \text{ps}^2/\text{km}$，非零色散位移光纤(NZDSF)中的 GVD 系数为 $\beta_2 = -4\ \text{ps}^2/\text{km}$。

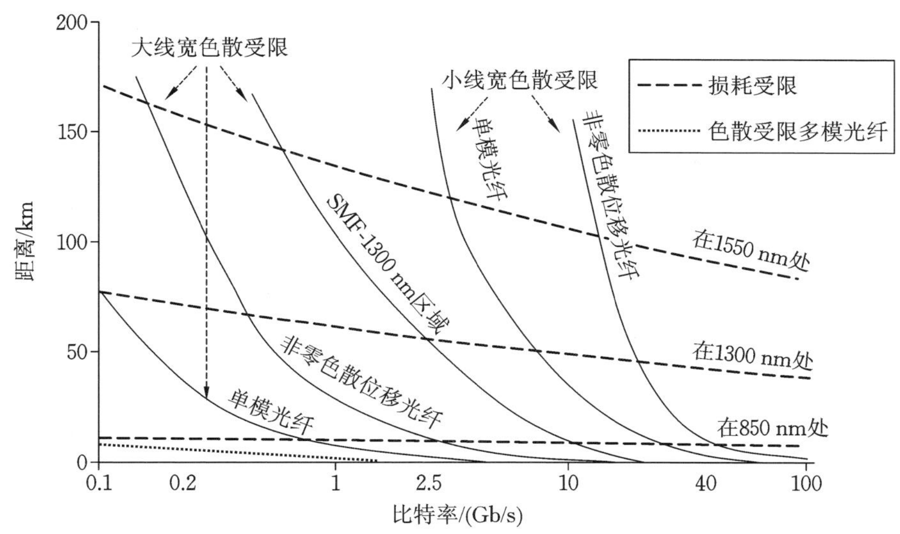

图 4.23 由于信号损耗和光纤带宽，系统长度受到的限制

一般来说，当使用不同类型的光纤时，关于系统限制有几个结论。首先，对于所有实际感兴趣的比特率(从 1 Mb/s 到几兆比特每秒)，阶跃折射率多模光纤的系统带宽受限，而传输距离可达几千米。其次，如果比特率高达约 100 Mb/s，渐变折射率多模光纤的系统通常会受到功率预算的限制；而对于更高的比特率，它们会受到色散的限制。如果采用强度调制和直接检测(IM/DD)方案，可以在渐变折射率多模光纤上传输 1.5～2 km 的 1 Gb/s 信号，或者传输约 300 m 的 10 Gb/s 信号。最后，如果光源具有大的线宽，单模光纤在数百 Mb/s

的比特率也会受到功率预算的限制。如果使用窄线宽光源，功率预算受限可以扩展到 2.5 Gb/s 及更高的比特率。此外，不同类型的单模光纤会对特定比特率施加不同种类的限制。例如，如果在大约 1300 nm 的波长下工作，标准单模光纤(SMF) 会对比特率为 1 Gb/s 的信号施加功率预算限制，而非零色散位移光纤则会对该比特率和工作波长施加带宽限制。

对于比特率高达 600 Mb/s 的信号，在波长约为 1300 nm 的单模光纤上工作是最有利的。值得一提的是，通过应用波长为 1300 nm 的直接调制方案，也可以在 SMF 传输比特率高达 2.5 Gb/s 的信号，传输距离可达 50 ～ 60 km。同样的配置可用于传输 10 Gb/s 的信号，可达 10 ～ 15 km。单模光纤在属于 1550 nm 波长区域上提供色散受限的传输。通过这种配置，可以传输最高 40 ～ 50 km 的 10 Gb/s 比特率信号，或者最高 2 ～ 3 km 的 40 Gb/s 比特率信号。另请参见表 4.3 中的数据，关于在不使用任何色散补偿方案的情况下，可以在指定的比特率下实现的传输长度的数据(它也可用于评估带宽受限系统中可容忍的残余色散量)。

带宽受限系统的传输长度不仅由式(4.172) ～ 式(4.174) 表示的光纤带宽决定，还由光发射机和光接收机的频率带宽(3 dB 带宽) 决定。带宽限制与系统中各个模块中出现的脉冲上升时间有关，可以建立以下关系：

$$T_r^2 \geqslant T_{tr}^2 + T_{fib}^2 + T_{rec}^2 \tag{4.176}$$

其中，T_r 是系统的整体响应时间，T_{tr} 是光发射机的响应时间(即上升时间)，T_{rec} 是光接收机的响应时间。响应时间与 3 dB 系统带宽 Δf 之间存在以下关系[1,25]：

$$T_r = \frac{0.35}{\Delta f} \tag{4.177}$$

该等式可以转换为将响应时间与信号比特率联系起来的通用形式。系统带宽 Δf 和比特率 B 之间的关系取决于所使用的数字格式。如果信号为归零(RZ) 二进制调制格式，则 $\Delta f = B$；如果信号为非归零(NRZ) 二进制格式，则 $\Delta f = 0.5B$。由式(4.177) 表示的带宽和上升时间之间的关系可以应用于光学系统中的所有关键元件(即光发射机、光纤和光接收机)。由此，式(4.177) 变为

$$\frac{1}{B^2} \geqslant \frac{1}{\Delta f_{tr}^2} + \frac{1}{B_{fib,L}^2} + \frac{1}{\Delta f_{rec}^2}, \quad \text{对于 RZ 格式} \tag{4.178}$$

$$\frac{4}{B^2} \geqslant \frac{1}{\Delta f_{\text{tr}}^2} + \frac{1}{B_{\text{fib},L}^2} + \frac{1}{\Delta f_{\text{rec}}^2}, \quad \text{对于 NRZ 格式} \tag{4.179}$$

其中,$B_{\text{fib},L}$ 是与指定长度L 相关的光纤带宽,可以从式(4.172) ~ 式(4.174)计算得出。请注意,应首先求解不等式(4.172) ~ 不等式(4.174),以获得与指定传输长度 L 相关的参数 B。然后将获得的值分配给光纤带宽 $B_{\text{fib},L}$。

式(4.178) 和式(4.179) 可用于验证系统是否带宽受限。应该求解它们以得到传输长度 L,而获得的结果应该与从不等式(4.171) 获得的值进行比较,不等式(4.171) 与功率预算受限场景相关。假设发射机和接收机满足带宽要求,比较的结果将由光纤类型和工作波长决定。然而,如果发射机和接收机不满足等式(4.178) 和不等式(4.179) 给出的要求,应考虑更快的替代方案。

值得一提的是,本小节中关于二进制 IM/DD 方案的所有考虑都可以应用于高级调制方案,其中将用码元速率来代替比特率,并根据所应用的检测方案调整带宽 Δf。

4.4.3 高速光传输系统中的 OSNR 评估

与点对点传输相关的结果可以推广到使用一些光放大器的光放大系统。式(4.171) 可以由式(4.167) 代替,式(4.167) 可以重写为

$$\text{OSNR} \approx \frac{2Q^2 \Delta f}{B_{\text{op}}} \geqslant P_{\text{ch}} - \text{NF}_{\text{no}} - \alpha L_{\text{span}} - 10\lg N - 10\lg(h\nu B_{\text{op}}) - \Delta P \tag{4.180}$$

引入了功率裕度 ΔP 来考虑各种损伤的影响。应用式(4.180) 的目的是给出与 Q 参数相关的指定的误码率(BER)。输入参数是信号 / 码元比特率和光信道数量。式(4.180) 也可以改写为

$$\text{OSNR}_{\text{req}} = \text{OSNR} + \Delta P \geqslant P_{\text{ch}} - \text{NF}_{\text{no}} - \alpha L_{\text{span}} - 10\lg N - 10\lg(h\nu B_{\text{op}}) \tag{4.181}$$

为了适应各种损伤带来的功率代价,其中 OSNR_{req} 是一种应该达到的新光信噪比。很明显,该值应该比原始值高一个相当于预期会发生的功率代价的量。式(4.181) 是高速长距离传输系统设计过程中可以使用的基本式。考虑的参数包括每个信道的发射输出功率、跨距长度、信道数量、信道间距和跨距数量。发射输出功率是一个应该通过评估其增加的优缺点来优化的参数,这意味着功率水平只能增加到 OSNR 高于非线性效应导致的功率代价的程度。光信道的数量将对非线性效应和串扰噪声产生影响。至于光纤跨距长

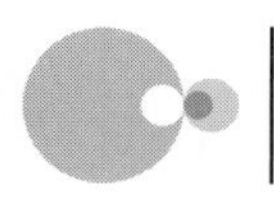

度，通常是预先确定的，然后系统评估考虑基于在特定条件下可容纳的最大跨距数。在文献[33]中评估了 $OSNR_{req}$，当应用IM/DD方案并且 Q 参数等于7时，对于2.5 Gb/s、10 Gb/s和40 Gb/s的比特率，分别获得了15.02 dB、20.12 dB和22.70 dB的值。

裕度分配在系统设计过程中起着非常重要的作用。分配可以基于保守的方法，在这种情况下，总裕度是每个部分贡献的裕度的总和。有几个损伤，如色散和消光比，不具有随机性，需要分配特定的裕度。有些损伤，如PMD和强度噪声，本质上是随机的，在任何给定的时刻都可能有不同的组合。这些损伤可以由分配给共同的功率裕量来弥补。裕度的值可以通过应用统计方法来估计，该方法评估几个参数的共同影响。最简单的选择是将这些参数视为高斯随机变量，并分配与总随机过程的总标准偏差成比例的裕度。另一种方法是使用统计建模，如使用蒙特卡罗方法，以获得最接近实际的结果。在这种情况下，裕度分配将基于最实际的结果。统计方法的主要好处是，分配的裕度没有被高估，如果采用保守的假设，可能会高估。裕度分配可以基于计算机辅助工程和使用专门的仿真软件来进行，但这会导致更复杂的计算，需要给一些重要影响提供更好的估计，否则这些影响很难评估（如交叉相位调制）。

4.5 总结

在本章中，我们解释了光信道中噪声成分的来源，并评估了它们的相关性。我们还评估了导致信号失真和接收机灵敏度下降的各种线性和非线性效应的影响。对量子散粒噪声、放大自发辐射影响以及激光强度和相位噪声分量的评估需要特别关注。此外，还对色散、偏振模色散和自相位调制引起的脉冲展宽的影响进行了详细评估。多信道传输中的损伤分析包括线性串扰、交叉相位调制、四波混频和受激拉曼散射。最后，在系统功率预算和总脉冲展宽确定的两种情况下评估了传输系统性能。

思考题

4.1　绘制光通信信道和数字光接收机中产生的噪声的框图，显示其各种成分。并解释每个成分的来源。

4.2　说出最重要的加性噪声和乘性噪声分量。加性噪声和乘性噪声成分之间有什么区别？

4.3　如果在某个时间间隔内电子-空穴对的平均数是 1，那么在这个时间间隔内产生一个电子-空穴对的概率是多少？在同一时间段内有 10 对电子-空穴对的概率是多少？

4.4　光接收机基于工作在 1300 nm 的 InGaAsP PIN 光电二极管。接收机具有 50 MHz 带宽、70% 量子效率、2 nA 暗电流、10 pF 结电容和 3 dB 放大器噪声系数。有 10 μW 的光功率到达 PIN。求出频谱密度，以及散粒噪声、暗电流、热噪声和放大器噪声引起的噪声电流变化。

4.5　在问题 4.2 中，计算信噪比和接收机灵敏度。

4.6　当检测受到散粒噪声和热噪声影响时，如果要求的 Q 参数为 25 dB 的限制时，那么问题 4.4 中接收机的最小接收功率是多少？

4.7　如果使用 APD，计算最大 Q 参数，并求出 APD 增益的最佳值。使用表达式 $F(M)=M^x$ $(x=0.7)$ 作为 APD 噪声系数。假设接收机灵敏度为 -30 dBm，接收机带宽为 100 MHz，光电二极管响应度为 0.8 A/W，负载电阻的值为 100 Ω，前端放大器的噪声系数为 3。

4.8　如果接收机带宽为 100 MHz，对于以 200 Mb/s 的比特率工作于 1.3 μm 的基于 PIN 的数字接收机，求 $\mathrm{BER}=10^{-9}$ 时的接收机灵敏度。PIN 具有 80% 的量子效率，负载电阻为 100 Ω，前端放大器噪声系数为 3 dB。需要多少额外功率来满足 $\mathrm{BER}=10^{-15}$ 的要求？两种情况下各需要多少光子？系统热噪声或散粒噪声是否受限？

4.9　在雪崩散粒噪声和热噪声同时存在的情况下，计算由于有限消光比的影响而降低了 2 dB 的 APD 接收机的 $\mathrm{BER}=10^{-9}$ 时的灵敏度。APD 具有以下参数：$M=10$，$x=0.7$，量子效率为 70%。假设接收机带宽为 300 MHz，前端放大器噪声系数为 3。什么样的消光比可以保证 Q 参数下降小于 30%。

4.10　如果假设量子散粒噪声是主要噪声因子，则可以评估有限（非理想）消光比对基于 APD 的光接收机灵敏度的影响。比较接收机灵敏度的下降和 Q 参数的下降（使用分贝单位）。如有必要，使用问题 4.9 中的 APD 参数。消光比可以从 5 变化到 50。绘制函数曲线反映对非理想消光比的依赖性。

4.11　光接收机基于工作在 1550 nm 的 InGaAsP PIN 光电二极管。接收机具有 5 GHz 带宽、70% 量子效率、0.5 pF 结电容和 3 dB 放大器噪声系数。10 Gb/s 的光功率为 1 μW。在外差探测方案中还部署了本地光振荡器（LO），功率为 10 dBm，$\mathrm{RIN}(0)=-160$ dB。求出散粒噪声、热噪声和激光强度噪声

引起的噪声电流的标准偏差。LO 的功率为多少时可以均衡一侧的散粒噪声和另一侧的强度噪声、加热噪声的贡献?

4.12　提供功率预算并估计 1310 nm 波长光波系统的链路长度,该系统以 2.5 Gb/s 的速度运行。将 0.5 mW 的平均功率耦合到光纤中。0.45 dB/km 的光纤损耗包括接入损耗。两端的连接器都有 1 dB 的损耗。InGaAs PIN 接收机的灵敏度为 −36 dBm。

4.13　关于式(4.177),确认系数 0.35 源于 RC 电路的 3 dB 带宽。

4.14　如果将具有上升时间的高斯光脉冲(相对于 3 dB 光带宽)用作参考,式(4.177) 中使用的系数是什么?

4.15　光传输系统以 100 Mb/s 的比特率运行。如果传输是在 1.31 μm 波长超过 15 km 的情况下进行的,则应制定上升时间预算。发射机中使用的发光二极管和接收机中使用的 InGaAs PIN 的上升时间分别为 3 ns 和 1.7 ns。发射功率等于 −13 dBm,而接收机灵敏度等于 −34 dBm。渐变折射率多模光纤的纤芯折射率 $n_{co}=1.45$,相对芯层-包层折射率差 $\Delta=0.01$,色散参数 $D=0.5$ ps/(km・nm)。发光二极管光谱线宽为 30 nm。系统功率预算受限吗?该系统能设计成既适用于 NRZ 格式又适用于 RZ 格式吗?绘制两种方法的系统长度受限。

4.16　光传输系统工作在 1530 nm,在光纤线路上的比特率为 2.5 Gb/s,OEO 中继器间距为 40 km。光纤是 DSF 光纤,在工作波长附近的色散为 1.3 ps/(km・nm)。计算多模半导体激光器的波长线宽,对于多模半导体激光器,模式分配噪声的影响几乎可以被完全抑制。假设模式分配系数 $k=0.7$。

4.17　求以 8 Gb/s 运行的数字传输系统的最大传输距离,以将啁啾引起的功率代价保持在 1 dB 以下。啁啾 $C_0=-4$ 的单模激光器用于 DGD 系数等于 $\beta_2=-20$ ps^2/km 的单模光纤。

4.18　光放大器的噪声系数是多少?针对常见情况(EDFA 和拉曼光放大器)解释其细节。为什么噪声系数不能低于 3 dB?

4.19　光传输系统使用 EDFA 作为前置放大器。计算 BER $=10^{-12}$ 和 BER $=10^{-15}$ 时的接收机灵敏度。假设载波波长为 1610 nm,接收机带宽为 7 GHz。EDFA 前置放大器的噪声系数为 5 dB,前置放大器和检测器之间安装了 1 nm 光学滤波器。如果接收机带宽等于滤波器带宽,接收机灵敏度是多少?

4.20　海底 10000 km 长的光学系统被设计成在 1550 nm 的载波波长下以

10 Gb/s 的比特率工作。如果 EDFA 每 50 km 放置一次，Q 参数是多少？假设光缆损耗为 0.22 dB/km，发射功率为 0 dBm，EDFA 的噪声系数(NF)为 4 dB，在每个放大器后插入一个 2 nm 带宽的光学滤波器以降低 ASE 噪声。假设将应用 Q 参数高于 10^{-3} 的 FEC，那么它的传输质量好吗？

4.21　线上有 4 个 EDFA，如下所示：$G=23$，$\mathrm{NF}=7$；$G=20$，$\mathrm{NF}=6$；$G=19$，$\mathrm{NF}=6$；$G=25$，$\mathrm{NF}=4.6$。如果输入信号为 1 μW，考虑如何排列这些 EDFA，以确保最大信噪比。

4.22　如果应用带宽为 100 GHz 的光学滤波器，计算问题 4.20 的 OSNR。

4.23　在使用 RZ 调制的 40 Gb/s 传输中，OSNR 为何值，使得$\mathrm{BER}<10^{-15}$？假设可以选择光学滤波器特性。

4.24　在标准 SMF 上以 1.55 μm 工作的 10 Gb/s RZ 直接调制光波系统的色散受限传输距离是多少？假设频率啁啾将高斯形状的脉冲频谱从其原始形状加宽了 4 倍。如果使用啁啾因子 $C_0=-1$ 的外部调制器代替直接调制，会有什么提升？

4.25　具有可调啁啾参数的外部调制器用于 10 Gb/s 光波系统，该系统在标准 SMF 上工作于 1550 nm，同时以 40 ps 宽度(FWHM)的啁啾高斯脉冲形式传输 RZ 信号，可以容忍高达 1 dB 的色散代价。啁啾参数 C_0 的最佳值是多少？对于该最佳值，信号可以传输多远？如果容忍 2 dB 的代价，距离会是多少？

4.26　如果使用传递函数 $H(\omega)=\exp\left[-\dfrac{(1+\mathrm{j}b)\,\omega^2}{\omega_f^2}\right]$ 的光学滤波器，对问题4.17 的解决会有什么影响？提示：找到这个滤波器的脉冲响应。使用式(3.186)得到滤波器输出端的脉冲形状。如何优化滤波器以最小化光纤色散的影响？

4.27　对于比特率为 10 Gb/s 的 RZ 无啁啾脉冲，如果使用工作在 1.55 μm 的具有大光谱线宽的光源 a，以及如果使用啁啾因子 $C_0=-1.5$ 的外部调制器应用于 CW 激光器输出，这两种情况将色散代价保持在 1 dB 以下可到达的长度有什么不同？假设在直接调制期间，频率啁啾将高斯形状的脉冲频谱从其原始形状加宽了 3 倍。如果 PMD 的 DGD 是 0.07 ps/(km)$^{1/2}$，求传输距离，并将其与色散极限进行比较。写出结论。

4.28　对于 40 Gb/s 二进制 IM/DD 系统，求最大的 DGD 和最大的传输距离，以将接收机灵敏度代价保持在 1 dB 限制内。假设也有二阶 PMD，所有元件的影响等于二阶的影响。应用 QPSK 调制格式有什么不同？

4.29　计算外差接收机中采用的本地振荡器功率，以抑制热噪声的影响（热噪声小于总噪声的 5%）。假设在室温下运行，忽略温度变化的影响。接收机采用量子效率为 90% 的 PIN 光电二极管，连接到 50 Ω负载电阻。

4.30　在 SMF 线上以 $B=20$ Gb/s 的速率、中心波长为 1550 nm 的系统中，有一系列相隔 80 km 的光放大器。每个放大器的 NF＝5 dB，增益为 20 dB。如果采用 NRZ 编码，满足 BER $<10^{-12}$ 的线路总长度是多少？假设光学带宽可以优化，系统裕量为 5 dB。有 80 个信道，XPM 作为最严重的损伤应得到控制。

4.31　使用混合 Raman-EDFA 线上光学放大器设计一个 160 Gb/s 的光学 WDM 系统，其中 $M=4$ 个信道，工作在 40 Gb/s，如图 4.24 所示。

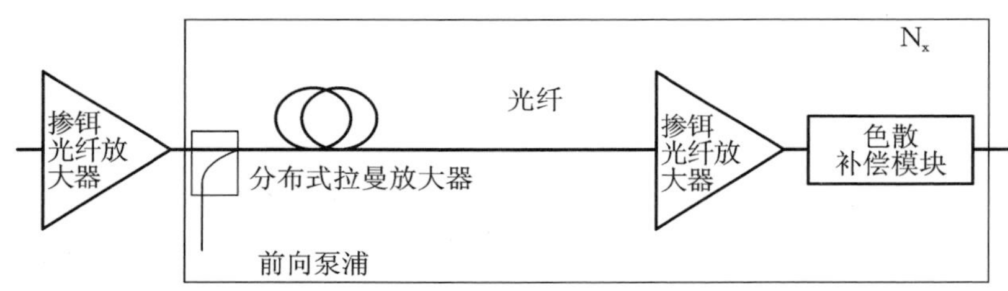

图 4.24　带有 EDFA 和拉曼放大器的光纤链路

总发射功率受可用激光源的限制，不能大于 9 dBm，SMF 光纤损耗 $\alpha=0.2$ dB/km。SMF 色散系数为 17 ps/(nm · km)。色散补偿模块(DCM) 由色散系数为 −95 ps/(nm · km) 的 DCF 组成，而 DCF 衰减系数为 0.5 dB/km。请注意，DCF 长度对总传输长度没有影响。分布式拉曼放大器(DRA) 用于补偿 SMF 光纤损耗，而 EDFA 用于补偿 DCM 插入损耗。假设可以忽略二次瑞利后向散射，DRA 噪声系数可以由 $\mathrm{NF}_{\mathrm{DRA}}=\left(\dfrac{P_{\mathrm{ASE}}}{h\nu_{\mathrm{s}}B_{\mathrm{op}}}+1\right)/[G_{\mathrm{DRA}}\exp(-al)]$ 计算，其中，G_{DRA} 是 DRA 增益(B_{op} 是光学滤波器带宽)。DRA 的 ASE 噪声功率可根据式(4.148) $P_{\mathrm{ASE}}=2h\nu_{\mathrm{s}}\Delta\nu_{\mathrm{R}}/\left[1-\exp\left(-\dfrac{h\nu_{\mathrm{s}}}{k_{\mathrm{B}}\Theta}\right)\right]$ 计算，其中，k_{B} 是玻尔兹曼常数(1.381×10^{-23} J/K)，ν_{s} 是信号频率，$\Delta\nu_{\mathrm{R}}$ 是信号频率和泵浦频率之间的间隔，Θ 是绝对温度。泵浦波长为 1450 nm。假设 G_{DRA} 刚好足以补偿 SMF 光纤的损失。EDFA 噪声系数($\mathrm{NF}_{\mathrm{EDFA}}$) 为 6 dB。DRA 和 EDFA 的等效噪声系数可以通过有源链路的式(4.157) 计算。用于色散、消光比、偏振效应、光纤

非线性、元件老化和系统裕度的预测裕度分别为 0.5 dB、0.5 dB、1.5 dB、1.5 dB、2 dB 和 2 dB，以达到 $BER=10^{-12}$。工作温度为 25 ℃。WDM 多路解复用器可以被建模为一组光学滤波器，每个光学滤波器的带宽 B_o 等于 B（每信道的比特率）。假设是 NRZ 传输，电滤波器带宽 $B_e=0.7B$，放大器间距 $L_{span}=100$ km，请确定位于 1552.524 nm 的中心信道实现 10^{-12} 误码率所需的光信噪比（OSNR）。最大可能传输距离是多少？ASE 噪声累积导致的 EDFA 饱和可以忽略不计。

参考文献

[1] Proakis, J.G., *Digital Communications, 5th edition*, New York: McGraw-Hill, 2007.

[2] Papoulis A., *Probability, Random Variables and Stochastic Processes, 3rd edition*, New York: McGraw-Hill, 1991.

[3] Okano, Y., et al., Laser mode partition evaluation for optical fiber transmission, *IEEE Trans. on Communications*, COM-28(1980), pp.238-243.

[4] Ogawa, K., Analysis of mode partition noise in laser transmission systems, *IEEE J.Quantum Electron.*, QE-18(1982), pp.849-855.

[5] Lachs, G., *Fiber Optic Communications: System Analysis and Enhancements*, New York: McGraw-Hill, 1998.

[6] Agrawal, G.P., Duta, N.K., *Semiconductor Lasers, 2nd edition*, New York: Van Nostrand Reinhold, 1993.

[7] Born, M., and Wolf, E., *Principles of Optics, 7th edition*, New York: Cambridge University Press, 1999.

[8] Cvijetic, M., *Coherent and Nonlinear Lightwave Communications*, Norwood, MA: Artech House, 1996.

[9] Henry, C.H., Theory of the linewidth of the semiconductor lasers, *IEEE J.Quantum Electron*, QE-18(1982), pp.259-264.

[10] Kikuchi, K., and Okoshi, T., FM and AM spectra of 1.3 μm InGaAsP lasers and determination of the linewidth enhancement factor, *Electron. Letters*, 20(1984), pp.1044-1045.

[11] Arakawa, Y., and Yariv, A., Quantum-well lasers-Gain, Spectra, Dynamics,

IEEE Journal Quant.Electron.,QE-22(1986),pp.1887-1899.

[12] Osinski,M.,and Buus,J.,Linewidth broadening factor in semiconductor lasers,*IEEE Journal Quant.Electron*,QE-23(1987),pp.57-61.

[13] Hunziger,G.,et al.,Gain,refractive index,linewidth enhancement factor from spontaneous emission of strained GaInP quantum well lasers, *IEEE J.Quantum Electronics*,QE-31(1995),pp.643-646.

[14] Personic,S.D.,*Optical Fiber Transmission Systems*,New York:Plenum, 1981.

[15] Saleh,B.E.A.,and Teich,M.,*Fundamentals of Photonics*,New York: Wiley,1991.

[16] Gower,J.,*Optical Communication Systems,2nd edition*,Upper Saddle River,NJ:Prentice Hall,1993.

[17] Agrawal,G.P.,*Fiber Optic Communication Systems,4th edition*,New York:Wiley,2010.

[18] Robinson,F.N.H.,*Noise and Fluctuations in Electronic Devices and Circuits*,Oxford:Oxford University Press,1974.

[19] Desurvire,E.,*Erbium Doped Fiber Amplifiers*,New York:John Wiley,1994.

[20] Personic,S.D.,et al.,A detailed comparison of four approaches for the calculation of the sensitivity of optical fiber system receivers,*IEEE Trans.Commun.*,COM-25(1977),pp.541-548.

[21] Smith,D.R.,and Garrett,I.,A simplified approach to digital optical receiver design,*Optical Quantum Electronics*,10(1978),211-221.

[22] Abramovitz,M.,and Stegun,I.A.,*Handbook of Mathematical Functions*, New York:Dover,1970.

[23] Marcuse,D.,*Light Transmission Optics*,New York:Van Nostrand Reinhold,1982.

[24] Nagayama,K.,Ultra low loss fiber with low nonlinearity and extension of submarine transmissions,*IEEE LEOS Newsletter*,16(2002),pp.3-4.

[25] Keiser,G.E.,*Optical Fiber Communications,3rd edition*,New York, NY:McGraw-Hill,2000.

[26] Kazovski,L.,Benedetto,S.,and Willner,A.,*Optical Fiber Communication*

Systems, Norwood, MA: Artech House, 1996.

[27] Bellcore document GR-253 CORE, SONET Transport Systems: Common Generic Criteria, 1995.

[28] ITU-T Rec.G.691, Optical interfaces for single-channel STM-64, STM-256 and other SDH systems with optical amplifiers, ITU-T(10/00), 2000.

[29] Agrawal, G.P., *Nonlinear Fiber Optics*, *3rd edition*, San Diego, CA: Academic Press, 2001.

[30] Stolen R., Nonlinearity in fiber transmission, IRE Proc., 68(1980), pp.1232-1236.

[31] Inoue, K., Four wave mixing in an optical fiber in the zero- dispersion wavelength region, *IEEE J.Lightwave Techn.*, LT-10(1992), pp.1553-1561.

[32] Chraplivy, A.R., Limitations in lightwave communications imposed by optical fibers nonlinearities, *IEEE J.Lightwave Techn.*, LT-8(1990), pp.1548-1557.

[33] Cvijetic, M., *Optical Transmission Systems Engineering*, Norwood, MA: Artech House, 2003.

[34] Ramaswami, R., et al., *Optical Networks*, *3rd edition*, San Francisco, CA: Morgan Kaufmann Publishers, 2010.

[35] Shibata, N., et al., Phase mismatch dependence of efficiency of wave generation through four-wave mixing in single mode optical fiber, *IEEE Journ.of Quant.Electron.*, Vol.QE-23, 1987, pp.1205-1210.

[36] Smith, R.G., Optical power handling capacity of low loss optical fibers as determined by stimulated Raman and Brillouin scattering, *Applied Optics*, 11(1972), pp.2489-2494.

[37] Stolen, R.G., and Ippen, E.P., Raman gain in glass optical waveguides, *Applied Phys.Letters*, 22(1973), pp.276-278.

[38] Agrawal, G.P., *Lightwave Technology*: *Components and Devices*, New York: Wiley-Interscience, 2004.

[39] Shibata, N., et al., Experimental verification of efficiency of wave generation through four-wave mixing in low-loss dispersion shifted single-mode optical fibers, *Electron.Letters*, 24(1988), pp.1528-1530.

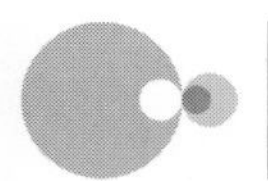

[40] Moui, T.V., Receiver design for high speed optical fiber systems, *IEEE/OSA Journ.Lightwave Techn.*, Vol.LT-2, 1984, pp.243-267.

[41] Okoshi T., *Optical Fibers*, San Diego: Academic Press, 1982.

[42] Essiambre, R.J., et al, Design of Bidirectionally Pumped Fiber Amplifiers Generating Double Rayleigh Scattering, *IEEE Photon. Techn.Lett.*, 14(2002), pp.914-916.

[43] Kin, C.H., et al., Reflection Induced Penalty in Raman Amplified Systems, *IEEE Photon.Techn.Lett.*, 14(2002), pp.573-575.

[44] Puc, A., et al., Long Haul WDM NRZ transmission at 10.7 Gb/s in S-band using cascade of lumped Raman amplifiers, *in Proc. of Optical Fiber Conference OFC*, Anaheim 2001, PD-39.

[45] Gordon, J.P., Haus, H.A., Random walk of coherently amplified solitons in optical fiber transmission, *Optics Letters*, 11(1986), pp.665-667.

[46] Merlaud, F., and Georges, T., Influence of sliding frequency filtering on dispersion managed solitons, *in Proc. of European Conference on Optical Communications ECOC*, Nice 1999, Vol.1, pp.228-229.

[47] Bendelli, G., et al., Optical performance monitoring techniques, *in Proc. of European Conference on Optical Communications ECOC*, Munich 2000, Vol.4, pp.213-216.

[48] ITU-T, Rec.G.751, Digital multiplex equipments operating at the third order bit rate of 34 368 kbit/s and the fourth order bit rate of 139 264 kbit/s and using positive justification, ITU-T(11/88), 1988.

[49] ITU-T, Rec.G.709/Y1331, Interfaces for the Optical Transport Network (OTN), ITU-T(02/01), 2001.

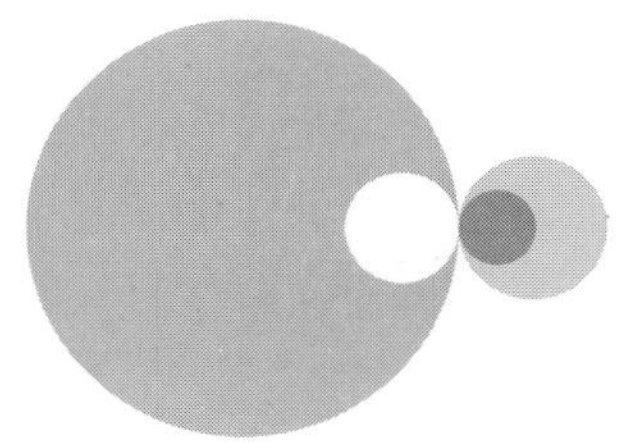

第 5 章 高级调制格式

在这一章中,我们将描述高级调制格式,包括:① 多阶调制,比如 M 进制的相移键控(M-PSK) 和 M 进制的正交幅度调制(M-QAM);② 多维星座,比如适合于单模光纤链路传输的四维信号星座适合于少模光纤传输的多维轨道角动量调制(OAM),以及混合多维信号星座,采用所有可用的自由度,在光纤链路中传输;③ 正交频分复用(OFDM)。除此之外,本章还将介绍偏振复用和空分复用的概念,同时介绍信号空间理论的概念和最佳星座图的设计。最后,将在偏振复用和空分多路复用的背景下介绍和讨论多进多出(MIMO) 的系统概念。

5.1 信号空间理论和带通数字光传输

在开始详细介绍高级调制格式之前,我们将展示一个数字光传输系统,解释信号的几何表示,并介绍信号星座图。除此之外,我们将描述调制器和解调器的一般架构。

5.1.1 数字光传输系统

采用信道编码的典型数字光传输系统如图 5.1 所示。信号源按照一组序列的形式产生信息。信道编码器接收信息符号并以特定的编码格式添加冗余信号,这一点将在第 7 章中详细介绍。编码器之后是调制器,它将以适合用于光信道传输的格式转换编码序列。调制是指用某一种特定的调制规则来改变信号的一个参数,如幅度、频率和相位。最简单的方法是改变幅度,通过幅度键控(ASK)来传输信息,或者是使用脉冲位置变化。第一种方法又称为强度调制(IM),或者是第4章所介绍的开关键控(OOK),而第二种方法是脉冲位置调制(PPM)。至于通过相位和频率传输信息的方式,这种调制格式称为相移键控(PSK)和频移键控(FSK)。调制之后的信号通过光链路传输,这一点在第3章中已详细介绍。

图 5.1　一种典型的点对点的数字光传输系统

在接收器端,光信号被重新转换成电幅度。在直接探测(direct detection, DD)系统中,光电探测器的输出正比于功率,这将导致只有幅度传递的信息能够被接收,相位传递的信息被丢失。由于直接探测只能分辨出不同功率水平,因此它只有与OOK和PPM相结合才能有效地使用。相反地,如果使用相干探测,所有信息包括加载在相位和频率上的信息都可以被检测出来,这一点将在第6章中详细介绍。

在接收端完成光电探测和解调之后,解码器利用在发送端插入的冗余符号来确定发送的是哪个信号符号。编码器和解码器把整个数字光传输系统当作一个独立信道。数字光通信可以表述如下[1]。信号源从用$\{m_1, m_2, \cdots, m_M\}$表示的符号集中生成一个符号$m_i(i=1,2,\cdots,M)$。这些信号是由一串先验概率$p_1, p_2, \cdots, p_M$生成的,其中$p_i=p(m_i)$($p(m_i)$代表选择信号$m_i$的概率,$i=1,2,\cdots,M$)。如果每个符号的概率相同,那么$p_i=1/M$。接下来,发射机将信号源的输出$m_i$转换成适合于光链路传输的不同信号$s_i(t)$。

如果用$s_i(t)$作为在T时间内的实数信号,那么它的能量可以表示为[2]

$$E_i=\int_0^T s_i^2(t)\mathrm{d}t \tag{5.1}$$

我们假设这个实数信号在光链路中传输具有如下几个特点:① 信道是线性的;② 信道噪声是均值为零的加性高斯白噪声(AWGN)[2],这些噪声是来自线路中的光放大器产生的自发辐射(ASE)噪声。图5.2所示的是信号和噪声在频域上相互作用的表达方式,其中我们采用的是多载波传输系统的一种无记忆信道方式,比如在信道中传输的正交频分复用(OFDM)调制格式。同时，我们假定使用相干探测。接收信号可以由第 i 个 OFDM 符号 $\boldsymbol{r}_{i,k}=[\boldsymbol{r}_{x,i,k},\boldsymbol{r}_{y,i,k}]^{\mathrm{T}}$ 中的第 k 个子载波的符号矢量表示为

$$\boldsymbol{r}_{i,k}=\boldsymbol{H}_k\boldsymbol{s}_{i,k}\mathrm{e}^{j[\phi_{\mathrm{CD}}(k)+\phi_{\mathrm{T}}-\phi_{\mathrm{LO}}]}+\boldsymbol{w}_{i,k} \tag{5.2}$$

其中，$\boldsymbol{s}_{i,k}=[\boldsymbol{s}_{x,i,k}\boldsymbol{s}_{y,i,k}]^{\mathrm{T}}$ 表示第 k 个子载波的第 i 个 OFDM 符号的发送端的符号向量；$\boldsymbol{w}_{i,k}=[\boldsymbol{n}_{x,i,k}\boldsymbol{n}_{y,i,k}]^{\mathrm{T}}$ 表示由 ASE 噪声主导的噪声向量；ϕ_{T} 和 ϕ_{LO} 表示发送端和本地激光源的激光相位噪声；$\phi_{\mathrm{CD}}(k)$ 表示由于色散引起的第 k 个子载波的相位失真；$\boldsymbol{H}_k$ 表示第 k 个子载波的琼斯矢量，即

$$\boldsymbol{H}_k=\begin{bmatrix}H_{xx}(k) & H_{xy}(k)\\ H_{yx}(k) & H_{yy}(k)\end{bmatrix} \tag{5.3}$$

式中：下标 x 和 y 分别表示 x 和 y 两个偏振方向。

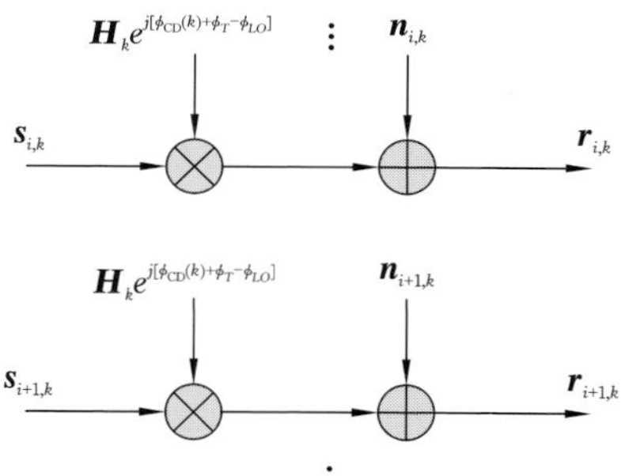

图 5.2　线性离散光信道模型，表征的是在频域下的一种并行分解

在式(5.2)中，我们还假设光电探测器的响应度等于 1 A/W。我们注意到单载波系统可以被认为是多载波系统的一个特例。由自发发射产生的噪声在每一个偏振态下的频率上都表示为一个平坦的双边带功率谱，即

$$S_{\mathrm{sp}}(v)=(G-1)F_{\mathrm{no}}h\nu/2 \tag{5.4}$$

其中，G 是放大器增益，F_{no} 是噪声系数，$h\nu$ 是光子能量(请参照第 4.1.7 节)。连续时间信道模型的响应针对单载波系统可以由 $r(t)$ 来表示，即

$$r(t)=s_i(t)+w(t),\begin{cases}0\leqslant t\leqslant T\\ i=1,2,\cdots,M\end{cases} \tag{5.5}$$

其中，$r(t)$ 是接收到的信号，$w(t)$ 是由于 ASE 噪声产生的 AWGN。在接收端，我们使用相干探测。相干探测是指使用本地激光源和接收到的信号进入一个光混合器，再进行光电探测的过程，这在第 6 章有详细解释。正确选择接收端的配置使信号误码率最小，有

$$\min P_e = \min \sum_{i=1}^{M} p_i P(\hat{m} \neq m_i \mid m_i) \tag{5.6}$$

其中，$P(\hat{m} \neq m_i \mid m_i)$ 表示探测到的信号（表示为 $\hat{m}$）与发送信号 m_i 有不同的条件概率。使符号错误概率最小的接收机称为最佳接收机。在介绍有关接收机配置的更多细节之前，我们将介绍信号的几何表示，这将有助于发射机和接收机的设计。

5.1.2 调制器和解调器中信号的几何表示

信号几何表示的本质可以描述如下：将任意一组 M 个能量（实值）信号 $\{s_i(t)\}$ 表示为 D 个正交基函数 $\{\Phi_j\}$ 的线性组合，其中 $D \leqslant M$。

$$s_i(t) = \sum_{j=1}^{D} s_{ij} \Phi_j(t), \begin{cases} 0 \leqslant t \leqslant T \\ i = 1,2,\cdots,M \end{cases} \tag{5.7}$$

式(5.7)中的扩展系数表示为沿基函数的投影，即

$$s_{ij} = \int_0^T s_i(t) \Phi_j(t) \mathrm{d}t, \begin{cases} i = 1,2,\cdots,M \\ j = 1,2,\cdots,D \end{cases} \tag{5.8}$$

满足正交规则的基函数表示为[2]

$$\int_0^T \Phi_i(t) \Phi_j(t) \mathrm{d}t = \delta_{ij} = \begin{cases} 1, i = j \\ 0, i \neq j \end{cases} \tag{5.9}$$

信号矢量定义为 $\boldsymbol{s}_i$，有

$$\boldsymbol{s}_i = | s_i \rangle = \begin{bmatrix} s_{i1} \\ s_{i2} \\ \vdots \\ s_{iD} \end{bmatrix}, i = 1,2,\cdots,M \tag{5.10}$$

其中，第 j 个分量（坐标）表示信号沿第 j 个基函数的投影。信号矢量的内积定义为

$$\langle \boldsymbol{s}_i \mid \boldsymbol{s}_i \rangle = \| \boldsymbol{s}_i \|^2 = \boldsymbol{s}_i^{\mathrm{T}} \boldsymbol{s}_i = \sum_{j=1}^{D} s_{ij}^2, i = 1,2,\cdots,M \tag{5.11}$$

信号能量可以表示为

$$\begin{aligned} E_i &= \int_0^T s_i^2(t) \mathrm{d}t = \int_0^T \left[\sum_{j=1}^{D} s_{ij} \Phi_j(t) \right] \left[\sum_{k=1}^{D} s_{ik} \Phi_k(t) \right] \mathrm{d}t \\ &= \sum_{j=1}^{N} \sum_{k=1}^{N} s_{ij} s_{ik} \underbrace{\int_0^T \Phi_j(t) \Phi_k(t) \mathrm{d}t}_{1, k=j} = \sum_{j=1}^{N} s_{ij}^2 = \| s_i \|^2 \end{aligned} \tag{5.12}$$

信号 $s_i(t)$ 和 $s_k(t)$ 的内积与它们之间的相关系数有关，有

$$\langle \boldsymbol{s}_i \mid \boldsymbol{s}_k \rangle = \int_0^T s_i(t) s_k(t) \mathrm{d}t = \boldsymbol{s}_i^{\mathrm{T}} \boldsymbol{s}_k \tag{5.13}$$

信号 $s_i(t)$ 和 $s_j(t)$ 的欧氏距离[2] 可以表示为

$$\| \boldsymbol{s}_i - \boldsymbol{s}_k \| = \sqrt{\sum_{j=1}^{N} (s_{ij} - s_{ik})^2} = \sqrt{\int_0^T [s_i(t) - s_k(t)]^2 \mathrm{d}t} \tag{5.14}$$

因此，两个信号矢量之间的角度可以确定为 θ_{ik}，即

$$\theta_{ik} = \arccos\left(\frac{\boldsymbol{s}_i^{\mathrm{T}} \boldsymbol{s}_k}{\| \boldsymbol{s}_i \| \| \boldsymbol{s}_k \|} \right) \tag{5.15}$$

通过式(5.13) 和式(5.15)，我们可以写出 θ_{ik} 的余弦表达式为

$$\cos\theta_{i,k} = \frac{\boldsymbol{s}_i^{\mathrm{T}} \boldsymbol{s}_k}{\| \boldsymbol{s}_i \| \| \boldsymbol{s}_k \|} = \frac{\int_{-\infty}^{\infty} s_i(t) s_k(t) \mathrm{d}t}{\left[\int_{-\infty}^{\infty} s_k^2(t) \mathrm{d}t \right]^{1/2} \left[\int_{-\infty}^{\infty} s_k^2(t) \mathrm{d}t \right]^{1/2}} \tag{5.16}$$

因为 $|\cos\theta_{i,k}| \leqslant 1$，可以得到如下的不等式：

$$\left| \int_{-\infty}^{\infty} s_i(t) s_k(t) \mathrm{d}t \right| \leqslant \left[\int_{-\infty}^{\infty} s_i^2(t) \mathrm{d}t \right]^{1/2} \left[\int_{-\infty}^{\infty} s_k^2(t) \mathrm{d}t \right]^{1/2} \tag{5.17}$$

信号的几何表示可以由任意一组正交的基函数 $\{\phi_j\}$ 来表示。作为说明，图 5.3 展示了两组信号的几何表示，也称为信号星座图。图 5.3(a) 是一维 ($D=1$) 的三元($M=3$) 信号星座图，而二维($D=2$) 的四元信号星座图，也称为 4-QAM 或 QPSK，如图 5.3(b) 所示。为了生成给定的星座点 s_i，我们使用式(5.7)，也称为合成公式，相应的调制器如图 5.4 所示。针于二进制数据源，需要使用并串(parallel-to-serial, P/S) 转换器，它的输出作为 D 维映射器的地址，通过查找表来实现。在这种情况下，每个 M 进制的符号都带有 $m=\log_2 M$ 个比特。

在接收端，应该在信号空间中建立判决边界以识别星座点。如果假设信号传输的概率相等，那么状态之间的判决边界(见图 5.3) 可以定位为 $s_i - s_k$ 的垂直平分线。相邻判决边界确定给定的判决区域。因此，整个信号空间被分为 M 个判决区域。当发送矢量 $\boldsymbol{s}_j$ 和噪声矢量 $\boldsymbol{\omega}$ 之和(即接收矢量 $\boldsymbol{r}$) 落在判定区域 Z_i 内时，我们判定接收到的信号为 s_i。

另一种判决决策是使用欧氏距离判决器[2]，如图 5.5 所示，欧氏距离判决器使用最小欧氏距离作为标准[2]。接收机的类型和判决决策将在第 6 章详细介绍。可以通过沿不同基函数投影接收信号来获得该接收机的接收矢量，也

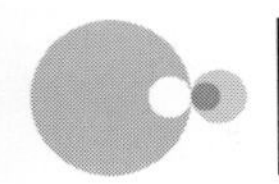

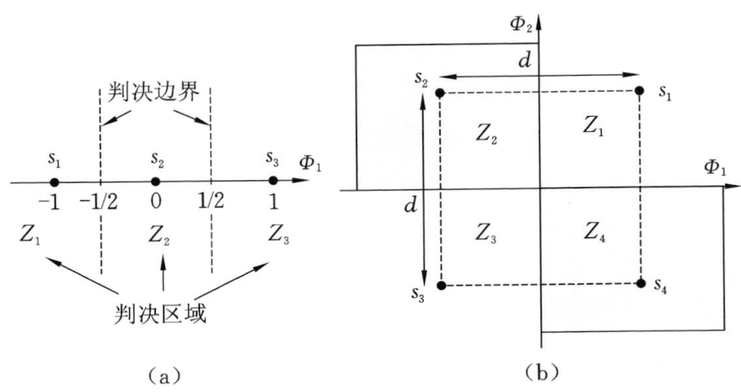

图 5.3　信号几何表示的图示

(a) $D=1, M=3$;(b) $D=2, M=4$

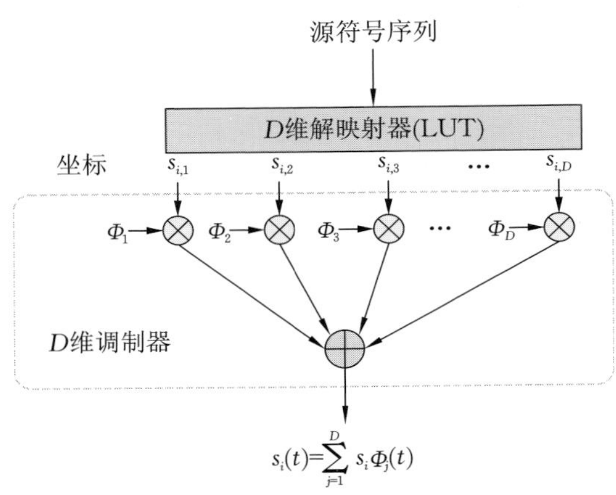

图 5.4　*M* 进制 *D* 维调制器(合成器)的配置

称为观测矢量。D 维解调器是基于式(5.8)构造的,并且提供信号星座坐标的估计。基于坐标(也就是接收信号的投影),欧氏距离接收机将观测矢量指定为距离最近的星座点。相应的判决规则可以定义为

$$\arg\min_{s_k} \| r - s_k \| = \arg\min_{s_k} \sqrt{\sum_{j=1}^{D} (r_j - s_{ik})^2} \tag{5.18}$$

在这个接收机的例子中,假设使用相干探测,并且所有 D 个基函数都在电域中产生。接收机配置(见图 5.5)也称为相关接收器。

另一种接收机是基于匹配滤波器[2],如图 5.6 所示。具有脉冲响应为 $h_j(t)=\Phi_j(T-t)$ 的第 j 个匹配滤波器的输出可以表示为 r_j,即

$$r_j(t) = \int_{-\infty}^{\infty} r(\tau) h_j(t-\tau)\mathrm{d}\tau = \int_{-\infty}^{\infty} r(\tau)\Phi_j(T-t+\tau)\mathrm{d}\tau \tag{5.19}$$

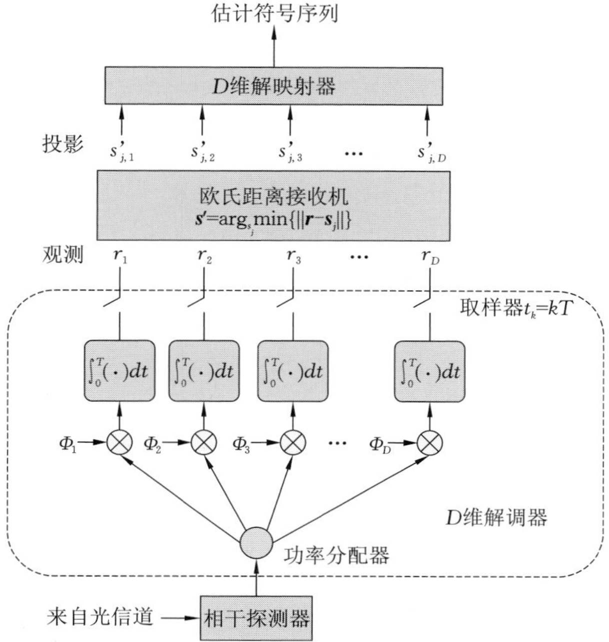

图 5.5 M 进制 D 维解调器(分析仪)的配置

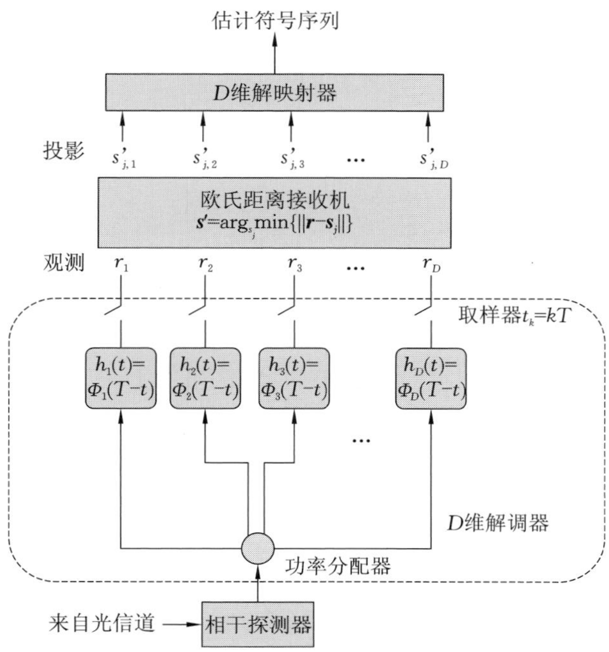

图 5.6 基于匹配滤波器的 M 进制 D 维解调器配置

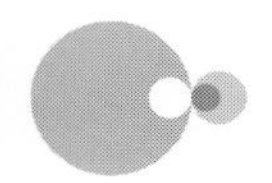

通过在时间点 $t=T$ 处进行采样，我们得到采样之后的 r_j 为

$$r_j(T)=\int_{-\infty}^{\infty} r(\tau)h_j(T-\tau)\mathrm{d}\tau=\int_0^T r(\tau)\Phi_j(\tau)\mathrm{d}\tau \tag{5.20}$$

它的形式和相关接收器的第 j 个输出相同。因此，基于滤波器的相关接收机和匹配接收机是等价的。

5.1.3 *M* 进制基带脉冲幅度调制(PAM)

M 进制脉冲幅度调制格式是一维信号集合，它的基函数是持续时间为 T_s 的单位能量脉冲 $p(t)$。调制后的 PAM 信号可以表示为一连串的矩形脉冲，即

$$s(t)=\sum_n a(n)p(t-nT_s) \tag{5.21}$$

在这里，$a(n)$ 的表达式 $a(n)\in\{A_i=(2i-1-L)d;i=1,2,\cdots,L\}$ 和 $a(n)\in\{A_i=(i-1)d;i=1,2,\cdots,L\}$ 分别用于相干探测和直接探测。假设脉冲形状 $p(t)$ 为矩形，在时间为 $-1/2<t<1/2$ 内，幅度为 A，其余值为零。当使用两个幅度电平并且进行直接探测时，这种调制方案也称为开关键控(OOK)或者单极信号(unipolar signaling)。相反，当使用两个幅度电平但是进行相干探测时，这种调制方案称为对映信号(antipodal signaling)方式。假设所有符号都是等概率传输，相干探测的 PAM 信号的平均符号能量可以由如下的 E_s 来表示：$E_s=\frac{1}{M}\sum_{i=1}^{L}A_i^2=\frac{1}{3}(L^2-1)d^2$。然而，对于直接探测的PAM信号，平均符号能量由下面的公式来表示：$E_s=\frac{1}{M}\sum_{i=1}^{L}A_i^2=(L-1)(2L-1)d^2/6$。相应的比特能量 E_b 和符号能量 E_s 存在线性关系：$E_b=E_s/\log_2 L$。每个码元的比特数等于 $\log_2 L$。符号速率 $R_s=1/T$，比特速率 R_b 可以表示为 $R_b=R_s/\log_2 L$(换句话说，符号持续的时间 T_s 与比特持续的时间 T_b 存在如下关系：$T_s=T_b/\log_2 L$)。

我们把注意力转回到使用相干探测的连续时间(CT)和离散时间(DT)的 PAM 调制的实现方式。连续时间 PAM 信号的调制器和解调器如图 5.7 所示。在串并模块的输出处，$\log_2 L$ 个比特将从 PAM 映射表中寻找得到。查找表的输出可表示为

$$a(t)=\sum_n a(n)\delta(t-nT_s) \tag{5.22}$$

其中，$\delta(t)$ 是冲击函数。冲击响应为 $h(t)=p(t)$ 的脉冲整形器的输出是由输入 $a(t)$ 和脉冲响应的卷积得到，即

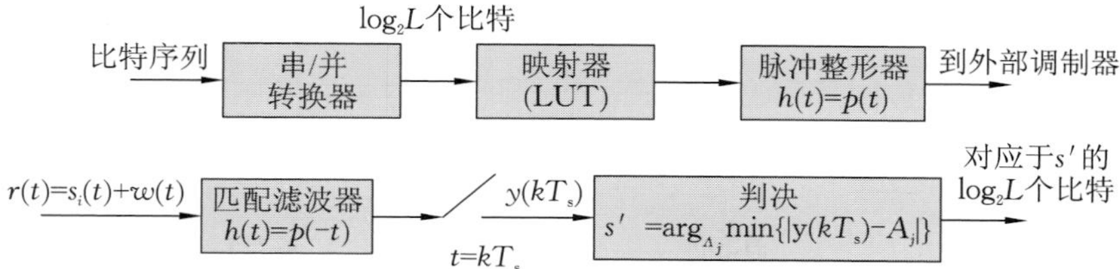

图 5.7　连续时间 PAM 调制器(上)和解调器(下)

$$
\begin{aligned}
s(t) &= a(t) * p(t) = \sum_n a(n)\delta(t - nT_s) * p(t) \\
&= \sum_n a(n) p(t - nT_s)
\end{aligned} \tag{5.23}
$$

这个公式也和式(5.21)相同。相关器的输出表示沿基函数 $p(t)$ 的投影,被用于欧氏距离接收机来确定最相近的幅度 A_i。相关器的输出可写成

$$
\begin{aligned}
y(t) &= \int_{-\infty}^{\infty} r(\tau) p(\tau - t) \mathrm{d}\tau \\
&= \sum_n a(n) \underbrace{\int_{nT_s}^{l+nT_s} p(\tau - nT_s) p(\tau - t) \mathrm{d}\tau}_{R_p(l - nT_s)} + \underbrace{\int_{nT_s}^{l+nT_s} w(\tau) p(\tau - t) \mathrm{d}\tau}_{v(t)}
\end{aligned} \tag{5.24}
$$

在采样后变成

$$
y(kT_s) = \sum_n a(n) R_p(kT_s - nT_s) + \nu(kT_s) = a(k) + \nu(kT_s) \tag{5.25}
$$

假设脉冲形状是根据奈奎斯特准则[2]正确选择的,并且匹配滤波器的输出没有符号间干扰,即

$$
R_p(lT_s) = \begin{cases} 1, l = 0 \\ 0, l \neq 0 \end{cases}
$$

PAM 调制器和解调器的离散时间方式如图 5.8 所示。在串并(S/P)转换器的输出端,$\log_2 L$ 个比特将从 PAM 映射器中寻找得到,该映射器是通过查找表实现的。映射器的输出以 $U = T_s/T$ 被上采样,其中 T 是采样周期。上采样是通过在两个相邻的采样值中个插入 $(U-1)$ 个零采样点形成的。脉冲整形器的输出可以通过上采样器输出 $\sum_k a(k)\delta(nT - kT_s)$ 和脉冲响应 $h(n) = p(nT)$ 的卷积而获得,即

$$
s(nT) = \sum_k a(k) \delta(nT - kT_s) \tag{5.26}
$$

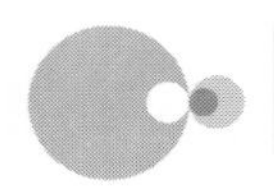

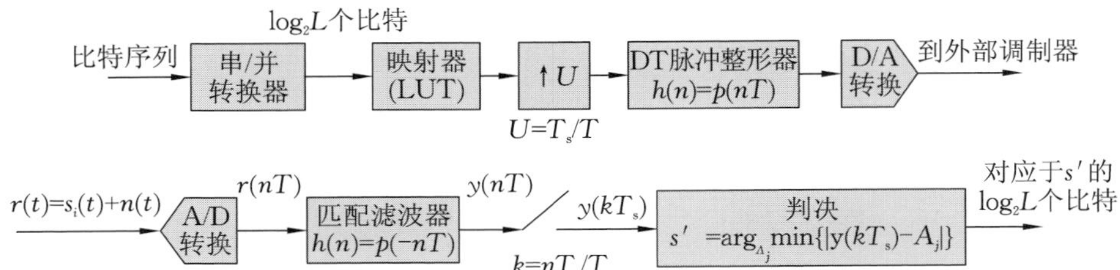

图 5.8　离散时间 PAM 调制器(上)和解调器(下)

综上所述,在发射端进行数模转换(DAC)之后,得到式(5.21)给出的信号。在接收端,经过模数转换(ADC)、匹配滤波和采样之后,得到式(5.25)给出的判决电路的输入。

5.1.4　带通数字传输

带通调制信号 $s(t)$ 可以用同相分量和正交分量来描述,标准形式如下:

$$s(t)=s_{\mathrm{I}}(t)\cos(2\pi f_{c}t)-s_{\mathrm{Q}}(t)\sin(2\pi f_{c}t) \tag{5.27}$$

其中,$s_{\mathrm{I}}(t)$ 和 $s_{\mathrm{Q}}(t)$ 分别表示同相和正交分量,f_c表示载波频率。由于正弦信号和余弦信号在第 k 个符号区间($kT_s \leqslant t \leqslant (k+1)T_s$)内是正交的,所以相应的信号空间是二维的。为了方便进一步讨论,我们可以使用信号 $s(t)$ 的复包络(低通(LP))来表示,即

$$\tilde{s}(t)=s_{\mathrm{I}}(t)+\mathrm{j}s_{\mathrm{Q}}(t) \tag{5.28}$$

在频域上,标准形式的功率谱密度(表示为 $\mathrm{PSD_S}$)和 LP(表示为 $\mathrm{PSD_{LP}}$)功率谱密度存在如下关系:

$$\mathrm{PSD_S}(f)=\frac{1}{4}\left[\mathrm{PSD_{LP}}(f-f_c)+\mathrm{PSD_{LP}}(f+f_c)\right] \tag{5.29}$$

其中,下标“S”和“LP”分别代表标准和低通的情况。标准形式也可以由极坐标来表示,即

$$\begin{gathered}s(t)=a(t)\cos\left[2\pi f_{c}t+\phi(t)\right]\\ a(t)=\left[s_{\mathrm{I}}^{2}(t)+s_{\mathrm{Q}}^{2}(t)\right]^{1/2},\phi(t)=\arctan\left[\frac{s_{\mathrm{Q}}(t)}{s_{\mathrm{I}}(t)}\right]\end{gathered} \tag{5.30}$$

如果信号加载在振幅上,那么相应的调制格式就是 ASK;如果信号加载在相位上,那么相应的调制格式就是 PSK。另外,如果调制信号加载在频率上,那么相应的调制格式就是 FSK。如果利用偏振方向来调制载波,那么相应的调制格式是偏振移位键控(PolSK)。最后,也可以使用多个自由度来传递信

息，这种调制格式是混合调制。例如，如果同时使用振幅和相位来传递信息，那么这种调制格式称为QAM调制。QAM调制的信号空间是二维的。如果在同相和正交的基函数的基础上使用两个相互正交的偏振态，那么得到的信号空间就变成四维的。

与信号类似，任何线性时不变(LTI)带通系统都可以用这种典型脉冲响应来表示，即

$$h(t)=h_{\mathrm{I}}(t)\cos(2\pi f_{\mathrm{c}}t)-h_{\mathrm{Q}}(t)\sin(2\pi f_{\mathrm{c}}t) \tag{5.31}$$

其中，$h_{\mathrm{I}}(t)$ 和 $h_{\mathrm{Q}}(t)$ 分别表示同相分量和正交分量。线性时不变带通系统的复包络可以由下式表示：

$$\widetilde{h}(t)=h_{\mathrm{I}}(t)+\mathrm{j}h_{\mathrm{Q}}(t) \tag{5.32}$$

带通系统输出端信号的复包络可以通过复数形式的连续时间的卷积得到，即

$$\widetilde{y}(t)=\frac{1}{2}\widetilde{h}(t)*\widetilde{x}(t) \tag{5.33}$$

最终，线性时不变带通系统输出的标准形式如下：

$$y(t)=\mathrm{Re}\left[\widetilde{y}(t)\exp(\mathrm{j}2\pi f_{\mathrm{c}}t)\right] \tag{5.34}$$

调制格式中的一个重要参数是带宽效率，定义为 $\rho=R_{\mathrm{b}}/B(\mathrm{b/s/Hz})$，其中 B 是根据功率谱形状(一般是主瓣的宽度)确定的调制后信号所占的带宽。频谱效率调制方式的目的是最大限度地提高带宽效率。在下一节，我们将介绍可用于光通信系统的高效频谱调制方案。

5.1.5 正交幅度调制(QAM)

M 进制的QAM信号可以理解为是 M 进制的PAM信号的二维形式，其两个正交带通基函数表示式如下：

$$\begin{cases}\Phi_1(t)=\sqrt{\dfrac{2}{T_{\mathrm{s}}}}\cos(2\pi f_{\mathrm{c}}t),0\leqslant t\leqslant T_{\mathrm{s}}\\[2ex]\Phi_2(t)=\sqrt{\dfrac{2}{T_{\mathrm{s}}}}\sin(2\pi f_{\mathrm{c}}t),0\leqslant t\leqslant T_{\mathrm{s}}\end{cases} \tag{5.35}$$

由(Φ_1,Φ_2)构成的信号在信号空间中的第 i 个星座点可以表示为($I_i d_{\min}/2,Q_i d_{\min}/2$)，其中，$d_{\min}$ 是在信号星座图中的最短欧氏距离，最短欧氏距离与最小能量信号星座点 $E_{\min}$ 相关，即 $d_{\min}/2=E_{\min}^{1/2}$。($I_i,Q_i$)表示第 i 个信号星座点的坐标。在第 k 个符号间隔中的发送信号可以表示为

$$s_k(t)=\sqrt{\frac{2E_{\min}}{T_s}}I_k\cos(2\pi f_c t)-\sqrt{\frac{2E_{\min}}{T_s}}Q_k\sin(2\pi f_c t),\begin{cases}0\leqslant t\leqslant T_s\\ k=0,\pm 1,\pm 2,\cdots\end{cases}\tag{5.36}$$

因此,使用两个相位正交的载波,每个载波都由一组相应的离散的幅度调制。QAM 信号的星座可以分为三大类:① 方形的 QAM,其中,每个符号的比特数为偶数($M=L^2$,其中 L 为正整数);② 交叉星座图,每个符号的比特数为奇数;③ 星型的 QAM 星座图,它的星座点是沿着不同半径的同心圆排列。M 进制的 PSK 调制可以看作是星型 QAM 的一种特例,它的星座点均匀地分布在一个圆上。

方形的 QAM 星座图可以解释为一维 PAM 信号的二维笛卡儿积(Cartesian product),详见第 5.1.3 节,如下所示:

$$X^2=X\times X=\{(x_1,x_2)\mid x_d\in X,1\leqslant d\leqslant 2\}\tag{5.37}$$

其中,$X=\{2l-1-L\mid l=1,2,\cdots,L\}$,$L$ 是一维 PAM 信号的长度,QAM 信号星座图的点数 $L^2=M_{\text{QAM}}$。换句话说,方形的 M 进制 QAM 信号的星座图的第 k 个信号星座点的坐标可以由下式表示:

$$\{I_k,Q_k\}=\begin{bmatrix}(-L+1,L-1) & (-L+3,L-1) & \cdots & (L-1,L-1)\\ (-L+1,L-3) & (-L+3,L-3) & \cdots & (L-1,L-3)\\ \vdots & \vdots & & \vdots\\ (-L+1,-L+1) & (-L+3,-L+1) & \cdots & (L-1,-L+1)\end{bmatrix}\tag{5.38}$$

举例说明,十六进制的方形 QAM 信号的星座图可以表示为以下的坐标积:

$$\{I_k,Q_k\}=\begin{bmatrix}(-3,3) & (-1,3) & (1,3) & (3,3)\\ (-3,1) & (-1,1) & (1,1) & (3,1)\\ (-3,-1) & (-1,-1) & (1,-1) & (3,-1)\\ (-3,-3) & (-1,-3) & (1,-3) & (3,-3)\end{bmatrix}$$

16-QAM 和 64-QAM 的星座图如图 5.9 所示。

星型 QAM 信号,也称为幅度相移键控(APSK),可以通过沿同心环放置星座点来获得。M 进制的相移键控(PSK)可以看作是星型 QAM 信号只有一个圆的特例。

发送的 M 进制 PSK 信号的第 k 个码元可以表示为

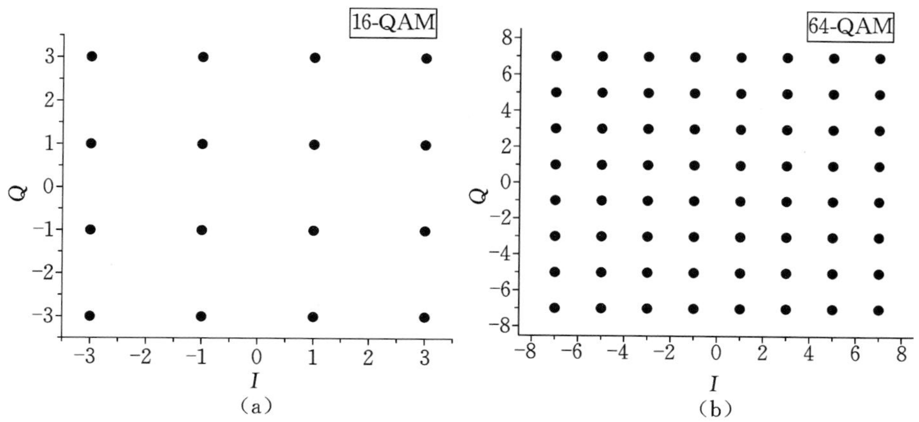

图 5.9　方形 QAM 信号的星座图

(a) 16-QAM；(b) 64-QAM

$$s_k(t)=\begin{cases}\sqrt{\dfrac{2E}{T}}\cos\left(2\pi f_c t+(k-1)\dfrac{2\pi}{M}\right),\begin{cases}0\leqslant t\leqslant T\\ k=1,2,\cdots,M\end{cases}\\ 0,\text{其他}\end{cases}\tag{5.39}$$

举例说明，8-PSK 和 8-QAM 的星座图如图 5.10 所示。可以使用不同的映射规则将二进制序列映射到相应的星座点，包括自然映射、格雷映射和反格雷映射。在格雷映射规则中，相邻的两个信号星座点之间的区别只有一个比特位。对于加性高斯白噪声(AWGN)并且信噪比比较高的情况，格雷映射是最

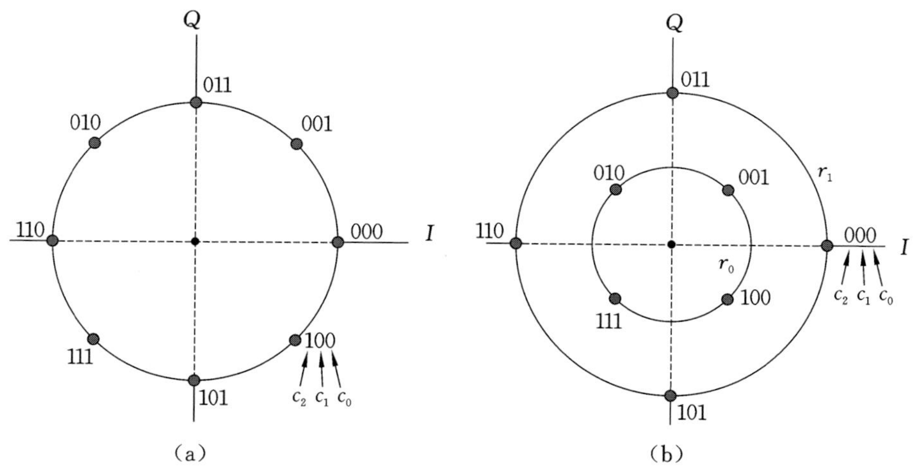

图 5.10　星座图

(a) 8-PSK；(b) 8-QAM

佳映射,这是因为一个符号的错误只会导致一个比特的错误。8-PSK 相应的格雷映射的规则如图 5.10(a) 所示。严格地说,无法定义 8-QAM 的格雷映射。但是,图 5.10(b) 所示的映射是格雷映射的良好近似。在表 5.1 中,我们解释了 3 比特序列是如何在 8-PSK 和 8-QAM 的情况下映射到相应的星座点的。

表 5.1　8-PSK/8-QAM 格雷映射规则

输入位($c_2c_1c_0$)	ϕ_k	8-PSK		8-QAM	
		I_k	Q_k	I_k	Q_k
000	0	1	0	$1+\sqrt{3}$	0
001	$\pi/4$	$\sqrt{2}/2$	$\sqrt{2}/2$	1	1
011	$\pi/2$	0	1	0	$1+\sqrt{3}$
010	$3\pi/4$	$-\sqrt{2}/2$	$\sqrt{2}/2$	-1	1
110	π	-1	0	$-(1+\sqrt{3})$	0
111	$5\pi/4$	$-\sqrt{2}/2$	$-\sqrt{2}/2$	-1	-1
101	$3\pi/2$	0	-1	0	$-(1+\sqrt{3})$
100	$7\pi/4$	$\sqrt{2}/2$	$\sqrt{2}/2$	1	-1

QAM 调制的调制器和解调器的连续时间实现方式如图 5.11 所示。这种特殊的实现方式是为了适用于射频信号。适用于高速光纤传输系统的实现方式将在 5.2 节介绍。串并转换器的输出端将得到 $m=\log_2 M$ 个比特,这些比特通过合适的映射规则将映射成 QAM 信号星座图中的一个点。上下分支脉冲整形器的同相 $I(t)$ 和正交 $Q(t)$ 输出可以分别写成

$$\begin{aligned} I(t) &= \sum_k I_k \delta(t-kT_s) * p(t) = \sum_k I_k p(t-kT_s) \\ Q(t) &= \sum_k Q_k \delta(t-kT_s) * p(t) = \sum_k Q_k p(t-kT_s) \end{aligned} \tag{5.40}$$

选择适当的脉冲整形器脉冲响应 $p(t)$(一般是单位能量的矩形脉冲)以满足零码间串扰的奈奎斯特准则,只有当 $l=0$ 时,$R_p(lT_S)=1$;当 l 为其他值时,$R_p(lT_S)=0$。脉冲整形器的输出 $I(t)$ 和 $Q(t)$ 分别用于调制同相和正交载波,因此 I/Q 调制器的输出信号可以表示为

$$s(t) = \sum_k \sqrt{\frac{2}{T_s}} I_k p(t-kT_s)\cos(\omega_c t) - \sqrt{\frac{2}{T_s}} Q_k p(t-kT_s)\sin(\omega_c t) \tag{5.41}$$

这个公式与式(5.36)相同。在图 5.11(b)的接收端,匹配滤波器的输出表示信号沿基函数分量上的投影,在采样后可写为

$$
\begin{aligned}
I'(kT_s) &= \sum_l I_l R_p(lT_s - kT_s) + \nu_I(kT_s) \\
Q'(kT_s) &= \sum_l Q_l R_p(lT_s - kT_s) + \nu_Q(kT_s)
\end{aligned}
\tag{5.42}
$$

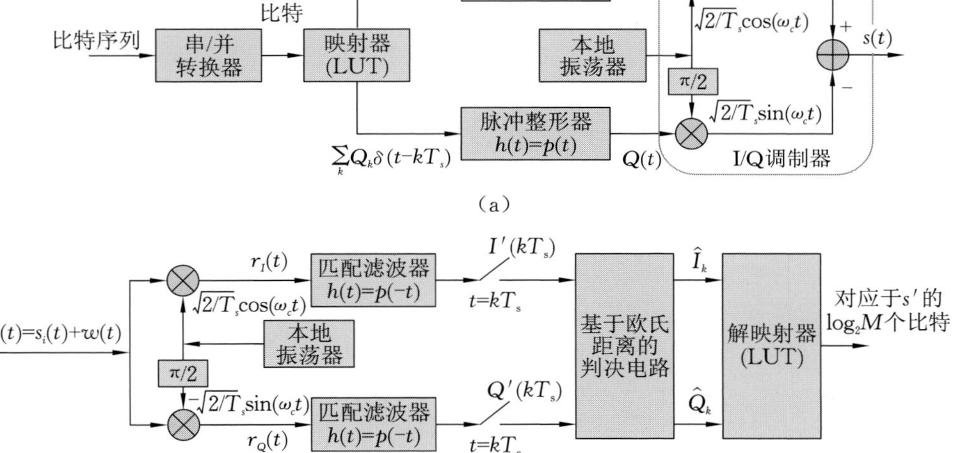

图 5.11　相干 QAM 信号调制解调框图

(a) QAM 调制器;(b) 解调器的连续时间实现方式

其中,ν_I 和 ν_Q 分别表示噪声在同相和正交基函数分量上的投影。由于 $p(t)$ 的形状是矩形,没有噪声,并且只有在 $l=0$ 时,$R_p(lT_S)=1$,所以我们可以完美地恢复出传输 QAM 星座的同相和正交坐标。然而,由于存在噪声和信道失真,我们使用欧氏距离接收器并且选择离接收点($I'(kT)$,$Q'(kT)$)最近的星座点作为判决点。相应的 QAM 调制的调制器和解调器离散时间实现方式如图 5.12 所示。串并转换器输出的 $m=\log_2 M$ 个比特被用于从 QAM 映射表中选择星座点。映射器的输出被上采样,上采样采样倍数为 $U=T_s/T$,其中 T 是采样周期。脉冲整形器的输出是整形器的输入和脉冲响应为 $h(n)=p(nT)$ 的卷积和,即

$$I(nT) = \sum_k I_k p(nT - kT_s)$$

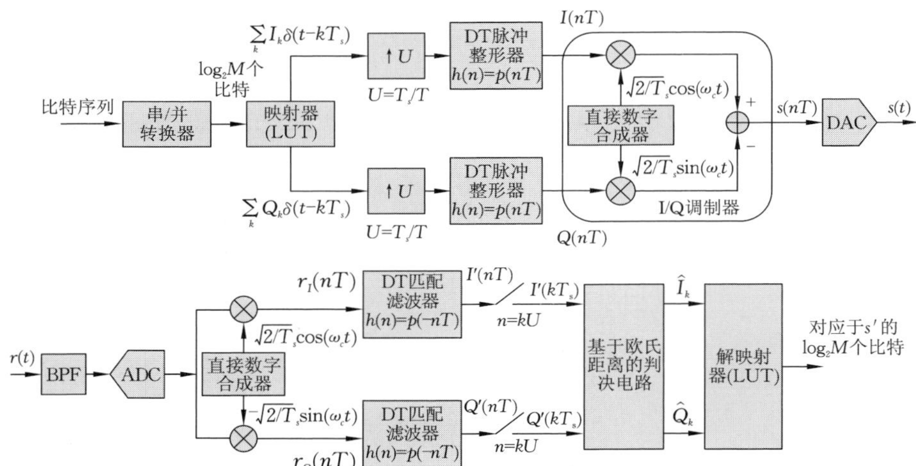

图 5.12　QAM 调制器(上)和解调器(下)的离散时间实现方式

$$Q(nT)=\sum_k Q_k p(nT-kT_s) \tag{5.43}$$

这些输出被用于调制由直接数字合成器产生的同相和正交离散时间载波。离散时间 I/Q 调制器的输出可以表示为

$$s(nT)=\sum_k \sqrt{\frac{2}{T_s}} I_k p(nT-kT_s)\cos(\Omega_c n)-\sqrt{\frac{2}{T_s}} Q_k p(nT-kT_s)\sin(\Omega_c n) \tag{5.44}$$

它就是式(5.41)的一个采样版本;经过数模转换器之后,就可以将此公式转化成式(5.41)。参数Ω_c为离散频率(单位为弧度/采样点),计算公式为$\Omega_c=\omega_c T$,其中,T为采样周期,ω_c为载波频率。直接数字合成器的输出$y(nT)$和输入$x(nT)$满足如下关系:

$$y(nT)=\cos\left(\Omega_c n+\sum_{k=-\infty}^{n-1} x(kT)\right) \tag{5.45}$$

在接收端,经过带通滤波(BPF)和 ADC 之后,可以得到沿基函数的离散时间投影为

$$I'(nT)=\sum_l I_l R_p(lT-nT)+\nu_I(nT)$$
$$Q'(nT)=\sum_l Q_l R_p(lT-nT)+\nu_Q(nT) \tag{5.46}$$

其中,ν_I和ν_Q与连续时间情况相同,都代表着噪声沿同相和正交基函数分量的投影。在以$n=kU$采样匹配滤波器的输出后,可以得到发射的 QAM 信号

星座点坐标的估计值，即

$$I'(kT_s)=\sum_l I_l R_p(lT_s-kT_s)+\nu_I(kT_s)=I_k+\nu_I(kT_s)$$

$$Q'(kT_s)=\sum_l Q_l R_p(lT_s-kT_s)+\nu_Q(kT_s)=Q_k+\nu_Q(kT_s) \quad (5.47)$$

在总结这一节之前，先讨论一下 PSK 和 QAM 格式的带宽效率。M 进制的 PSK 的低通滤波的功率谱密度（PSD）可以由下式来表示：

$$\mathrm{PSD}_{\mathrm{LP}}^{\mathrm{PSK}}(f)=2E_s\mathrm{sinc}^2(T_s f)=2E_b\log_2 M\mathrm{sinc}^2(fT_b\log_2 M) \quad (5.48)$$

我们假设脉冲整形器的脉冲响应是持续时间为 T_s 的矩形脉冲。E_s 表示符号能量，E_b 是比特能量，T_b 表示比特周期。如果定义带宽为功率谱密度主瓣从零点到零点的距离，那么调制信号所占用的带宽 B 和符号持续时间 T_s 的关系是 $B=2/T_s$。由于 $R_b=1/T_b$，因此，可以得到

$$B=2R_b/\log_2 M \quad (5.49)$$

那么带宽效率可以表示为

$$\rho=R_b/B=\log_2 M/2 \quad (5.50)$$

这表示带宽效率随着信号星座点的点数的增加而增加。举例说明，我们可以计算出 4-QAM（QPSK）的带宽效率是 1 b/s/Hz。如果将频谱带宽定义为 3 dB，那么带宽效率的值将会更高。

5.1.6 频移键控(FSK)

M 进制的 FSK 信号集可以定义为

$$s_i(t)=\sqrt{\frac{2E}{T_s}}\cos\left(\frac{\pi}{T_s}(n_c+i)t\right),0\leqslant t\leqslant T_s;i=1,2,\cdots,M \quad (5.51)$$

其中，n_c 是个整数。显然，每个信号都是相互正交的，因为每个信号在符号间隔 T_s 内都包含整数个周期，并且相邻 FSK 信号之间的周期数相差一个周期，因此，可以得到

$$\int_0^T s_i(t)s_j(t)\mathrm{d}t=0,i\neq j \quad (5.52)$$

由于 FSK 信号是相互正交的，因此它的基函数具有以下形式：

$$\phi_i(t)=\frac{1}{\sqrt{E_s}}s_i(t),\begin{cases}0\leqslant t\leqslant T_s\\ i=1,2,\cdots,M\end{cases} \quad (5.53)$$

其中，E_s 是符号能量。相邻 FSK 信号之间的最小距离为 $d_{\min}=(2E_s)^{1/2}$。相邻频率之间的间隔为 $1/(2T_s)$，因此总带宽可以计算为 $B=M/(2T_s)$。相应

的带宽效率可以表示为

$$\rho = \frac{R_b}{B} = \frac{2\log_2 M}{M} \tag{5.54}$$

在 $M > 4$ 之后，带宽效率随着信号星座点点数的增加而降低。

5.2 多阶调制格式

在这一节中，我们将介绍光调制器中调制格式的实现。从这个角度来看，我们将作为载波的光信号表示为单色电磁波，其中电场为

$$E(t) = pA\cos[2\pi ft + \phi(t)] \tag{5.55}$$

式(5.55)中的每个参数(振幅 A、频率 f、相位 ϕ 和偏振方向 p)都可以用于传递信息。如在 5.1 节中提到的，相应调制格式分别称为 ASK、FSK、PSK 和 PolSK。

5.2.1 I/Q 和极性调制器

第 2 章已经介绍了马赫-曾德尔调制器(MZM)是一种关键的光器件。在这里，我们把它作为一个基本器件，如图 5.13 所示，并讨论它在更高级的方案中的实现，比如用它实现 I/Q 调制器、极性调制器和四维调制器，这将在 5.3 节中介绍。图 5.13 所示的马赫-曾德尔调制器中的输出电场 E_{out} 与场输入 E_{in} 相关，可以用下式表示：

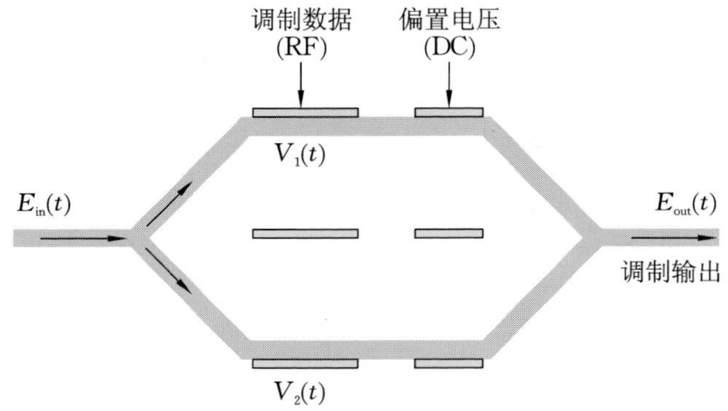

图 5.13 马赫-曾德尔调制器(MZM)的工作原理

$$E_{out}(t) = \frac{1}{2}\left[\exp\left(j\frac{\pi}{V_\pi}V_1(t)\right) + \exp\left(j\frac{\pi}{V_\pi}V_2(t)\right)\right]E_{in} \tag{5.56}$$

其中，V_π 是在两臂之间引入 π 的相移差的驱动电压，也可以称为半波电压。

$V_1(t)$ 和 $V_2(t)$ 分别表示在上电极和下电极上施加的电驱动信号。将马赫-曾德尔调制器作为一个基本器件,我们可以用它来实现各种不同的调制格式,包括开关键控(OOK)、二进制相移键控(BPSK)、QPSK、差分 PSK(DPSK)、差分 QPSK(DQPSK) 和归零(RZ)OOK。例如,我们可以通过如下两个式子来设置 $V_1(t)$ 和 $V_2(t)$:$V_1(t)=V(t)-V_\pi/2$,$V_2(t)=-V(t)+V_\pi/2$,以此来生成零啁啾 OOK 或 BPSK,在这种情况下,式(5.56) 可简化为

$$\frac{E_{\text{out}}(t)}{E_{\text{in}}}=\sin\left(\frac{\pi V(t)}{V_\pi}\right) \tag{5.57}$$

然而,如果按如下来设置 $V_1(t)$ 和 $V_2(t)$:$V_1(t)=V(t)/2$,$V_2(t)=-V(t)/2$,式(5.56) 就变成

$$\frac{E_{\text{out}}(t)}{E_{\text{in}}}=\cos\left(\frac{\pi V(t)}{2V_\pi}\right) \tag{5.58}$$

在这种情况下,我们认为 MZM 是在推拉模式下进行的。相应的 MZM 的功率传递函数是电场之比的平方,即

$$\left|\frac{E_{\text{out}}(t)}{E_{\text{in}}}\right|^2=\cos^2\left(\frac{\pi V(t)}{2V_\pi}\right)=\frac{1+\cos(\pi V(t)/V_\pi)}{2} \tag{5.59}$$

假设光功率与电场的平方成正比,那么式(5.59) 与式(2.79) 相同。由式(5.57) 和式(5.58) 可知,MZM 可以用于强度调制和相位调制。对于强度调制,MZM 工作在正交点(quadrature point, QP) 处,直流偏置为 $\pm V_{\pi/2}$,峰值调制电压略低于 V_π。然而,对于 BPSK,MZM 工作在零点(null-point, NP),直流偏置为 $\pm V_\pi$,峰值调制电压略低于 $2V_\pi$。MZM 的幅度调制和相位调制的工作点如图 5.14 所示。除此之外,MZM 可以用于将非归零(NRZ) 码转化为归零(RZ) 码(否则,NRZ 到 RZ 的转换可以在电域或光域中进行)。在光域,我们通常选择频率等于码元速率 R_s 的正弦信号驱动的 MZM,有

$$V(t)=\frac{V_\pi}{2}\sin\left(2\pi R_s t-\frac{\pi}{2}\right)-\frac{V_\pi}{2} \tag{5.60}$$

因此,在 MZM 的输出处我们可以获得占空比 50% 的 RZ 脉冲,有

$$\frac{E_{\text{out}}(t)}{E_{\text{in}}(t)}=\cos\left(\frac{\pi}{4}\sin\left(2\pi R_s t-\frac{\pi}{2}\right)-\frac{\pi}{4}\right) \tag{5.61}$$

脉冲形状还可以通过驱动放大器进行修改。

另一种用于实现更高级调制器的基本模块是相位调制器,它的物理特性已经在 2.5.2 节中介绍过。相位调制器的工作原理如图 5.15 所示。

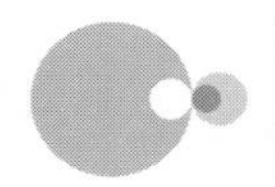

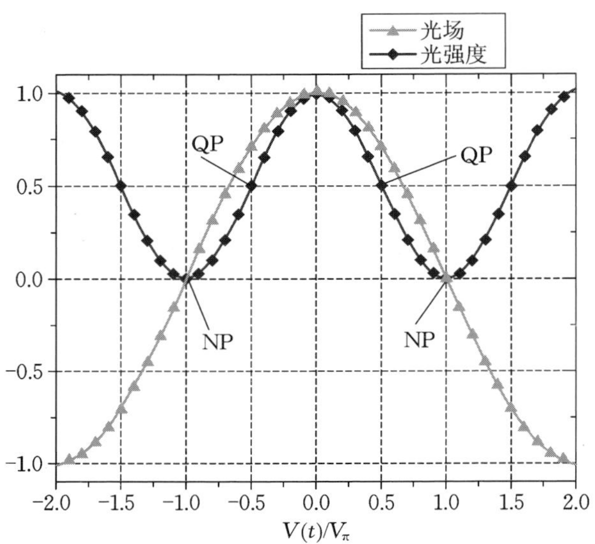

图 5.14　马赫-曾德尔调制器的工作点

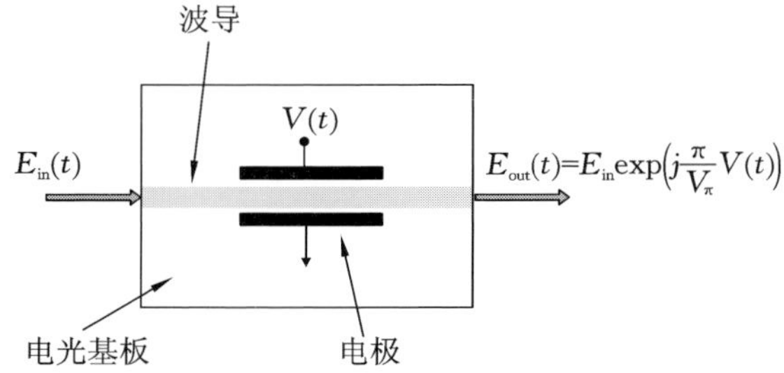

图 5.15　相位调制器的工作原理

相位调制器的输出端和输入端的电场存在以下关系：

$$\frac{E_{\text{out}}(t)}{E_{\text{in}}}=\exp\left(\mathrm{j}\ \frac{\pi V(t)}{V_{\pi}}\right) \tag{5.62}$$

如图 5.16 所示的 I/Q 调制器，通过使用两个 MZM 和一个 PM 就可以实现这个功能，相位调制器的相位调节功能是引入 π/2 相移。I/Q 调制器的输出 E_{out} 与输入 E_{in} 的电场关系可以用下式表示：

$$\begin{aligned}\frac{E_{\text{out}}(t)}{E_{\text{in}}}&=\frac{1}{2}\cos\left(\frac{1}{2}\ \frac{\pi V_{\text{I}}(t)}{V_{\pi}}\right)+\mathrm{j}\ \frac{1}{2}\cos\left(\frac{1}{2}\ \frac{\pi V_{\text{Q}}(t)}{V_{\pi}}\right)\\&=\frac{1}{2}\cos(\Phi_{\text{I}}(t)/2)+\mathrm{j}\ \frac{1}{2}\cos(\Phi_{\text{Q}}(t)/2),\quad \Phi_{\text{I(Q)}}(t)=\pi V_{\text{I(Q)}}(t)/V_{\pi}\end{aligned} \tag{5.63}$$

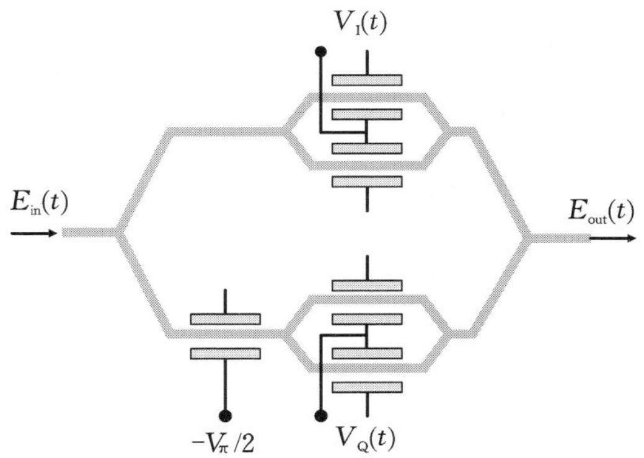

图 5.16 I/Q 调制器的工作原理

其中，V_I 和 V_Q 分别表示射频调制信号的同相和正交分量。当 V_I 和 V_Q 的振幅足够小时，选择的同相和正交信号如下所示：

$$V_I(t)=\frac{-4}{\pi}V_\pi I(t)+V_\pi,\quad V_Q(t)=\frac{-4}{\pi}V_\pi Q(t)+V_\pi$$

忽略 MZM 的非线性，式(5.63) 可以写成

$$\frac{E_{out}(t)}{E_{in}}\approx I(t)+\mathrm{j}Q(t) \tag{5.64}$$

其中，$I(t)$ 和 $Q(t)$ 由式(5.40) 给出。因此，在 5.1.5 节中介绍的不同 QAM 星座图可以直接应用于该方案。式(5.63) 也可以用极坐标的形式表示为

$$\frac{E_{out}(t)}{E_{in}}=R(t)\cos[\Psi(t)] \tag{5.65}$$

其中，包络 $R(t)$ 和相位 $\Psi(t)$ 可以用下式来表示：

$$R(t)=\left|\frac{E_{out}(t)}{E_{in}}\right|=\frac{1}{2}\left[\cos^2\left(\frac{1}{2}\,\frac{\pi V_I(t)}{V_\pi}\right)+\cos^2\left(\frac{1}{2}\,\frac{\pi V_Q(t)}{V_\pi}\right)\right]^{1/2}$$

$$\Psi(t)=\arctan\left[\frac{\cos^2\left(\frac{1}{2}\,\frac{\pi V_Q(t)}{V_\pi}\right)}{\cos^2\left(\frac{1}{2}\,\frac{\pi V_I(t)}{V_\pi}\right)}\right] \tag{5.66}$$

如式(5.66) 所示，我们可以使用一个等效的极性调制器来代替 I/Q 调制器，如图 5.17 所示。极化调制器输出的实部对应于式(5.65)。在下一节中，我们将通过之前章节介绍的对于信号和光调制器的分析来描述不同 QAM 发射机配置的特性。我们将遵循类似于文献[6] 中提出的方法。

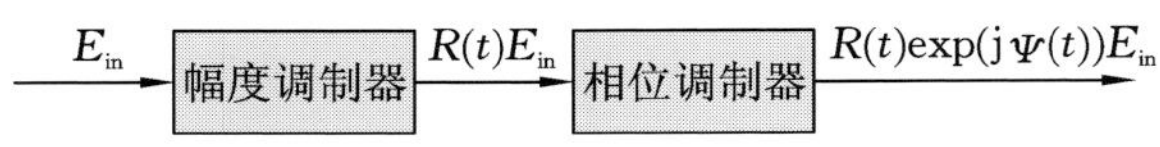

图 5.17　极性调制器的工作原理

5.2.2　*M* 进制 PSK 发射机

以下有多种方法产生 M 进制 PSK 信号：①M 个相位调制器的串联；②I/Q 调制器和相位调制器的组合；③ 单个 I/Q 调制器。单个 I/Q 调制器要求同相和正交通道的幅度变化足够小，此时才可以应用式(5.64) 给出的近似值。用查找表(LUT) 实现的映射器能够映射到 M 进制 PSK 星座图上的笛卡儿坐标。相位调制器的串联如图 5.18 所示。串并转换或分路器分路之后，m 个输出比特能够映射到如下式所示的输出信号：

$$V_i(t)=\frac{V_\pi}{2^{i-1}}\sum_{k=-\infty}^{\infty}c_i(k)p(t-kT_s)\ ;i=1,2,\cdots,m \tag{5.67}$$

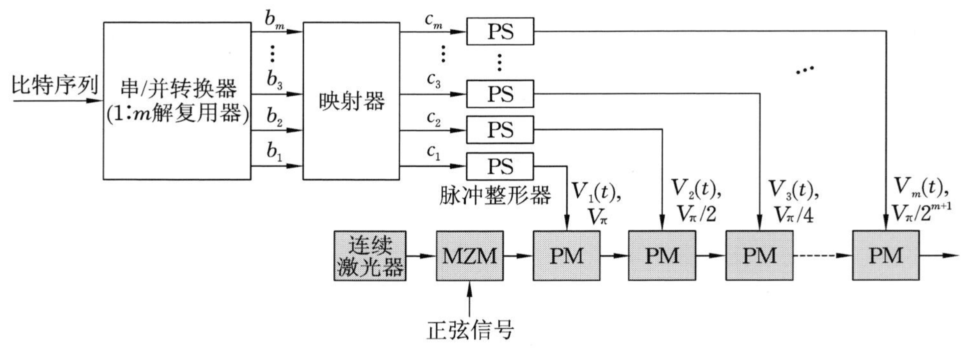

图 5.18　PSK 发射机串行配置的工作原理

如果光传输系统对周期跳变敏感，那么应该采用差分编码。用 $p(t)$ 来表示脉冲形状，它是由脉冲整形器的脉冲响应和驱动放大器的脉冲响应的卷积而获得的。第 i 个脉冲整形器的输出幅度等于 $V_\pi/2^{i-1}$。第一个相位调制器后的相位变化等于 $\pm\pi$，这表示第一个相位调制器产生了一个 BPSK 调制格式的信号。第二个相位调制器引入的相位变化是 $\pm\pi/2$，这意味着第二个相位调制器输出的格式是 QPSK。第三个相位调制器引入的相位变化是 $\pm\pi/4$，这表示三个相位调制器输出的格式是 8-PSK。以此类推，在第 m 个相位调制器之后可以得到 $M=2^m$ 进制的 PSK 格式。

使用 MZM 调制器是实现 M 进制 PSK 发射机的一个可行方案；它的目的是如式(5.61) 所示将 NRZ 转换成 RZ。串行 M 进制 PSK 发射机输出的总电场

可以表示为

$$E_{\mathrm{T}}(t)=\sqrt{P_{\mathrm{T}}}\,\mathrm{e}^{\mathrm{j}\left(\omega_{\mathrm{T}}t+\phi_{\mathrm{T,PN}}\right)}\exp\left(\mathrm{j}\,\frac{\pi}{V_{\pi}}\sum_{i=1}^{m}V_{i}(t)\right)\tag{5.68}$$

式(5.68)表示，在原理上，仅使用一个相位调制器就能够实现式(5.67)中各种信号的叠加。在式(5.68)中，我们使用 P_{T} 表示发射功率，ω_{T} 表示载波频率，$\phi_{\mathrm{T,PT}}$ 表示由连续激光器引入的相位噪声。如上所述，建议在存在周期跳变的情况下使用差分编码。差分 PSK 无需在接收端将本地激光器与发射激光频率锁定，因为它包括了发射机的两个基本操作：差分编码和相移键控。例如，在差分 BPSK(DBPSK)中，发送比特 0 时，我们将电流信号波形的相位提前 π 个弧度；而发送比特 1 时，则保持相位不变。接收机通过使用第 2.4 节中描述的马赫-曾德尔干涉仪测量两个连续比特之间接收到的相位差，然后进行直接探测或常规相干探测。相干探测方案也可用于线性通道损伤的补偿，同时它对周期跳变不敏感。在这种情况下，发送的信号可以表示为

$$\begin{aligned}E_{1}(t)&=\sqrt{P_{\mathrm{T}}}\,\mathrm{e}^{\mathrm{j}(\omega_{\mathrm{T}}t+\phi_{\mathrm{T,PN}})}\begin{cases}p(t),0\leqslant t\leqslant T_{\mathrm{b}}\\p(t),T_{\mathrm{b}}\leqslant t\leqslant 2T_{\mathrm{b}}\end{cases}\\E_{0}(t)&=\sqrt{P_{\mathrm{T}}}\,\mathrm{e}^{\mathrm{j}(\omega_{\mathrm{T}}t+\phi_{\mathrm{T,PN}})}\begin{cases}p(t),0\leqslant t\leqslant T_{\mathrm{b}}\\-p(t),T_{\mathrm{b}}\leqslant t\leqslant 2T_{\mathrm{b}}\end{cases}\end{aligned}\tag{5.69}$$

其中，下标 T 表示发送比特。如果 DBPSK 传输被理解为持续时间 $2T_{\mathrm{b}}$ 的符号传输，那么从式(5.69)可以看出两个符号彼此正交。差分编码规则如下：① 如果第 k 时刻输入位(表示为 b_k)为 1，那么使符号 c_k 相对于前一位保持不变；② 如果输入二进制符号 b_k 为 0，那么就对符号 c_k 相对于前一位进行补码。换言之，c_k 可以用下式来表示：$c_k=\overline{b_k\oplus c_{k-1}}$，其中顶线表示对每个模 2 求和的补码运算。

对 M-PSK/DPSK 的另一种理解是，它只需要使用一个相位调制器，但是会产生更加复杂的电信号。M 进制的 PSK 的相干探测方案是在每 l 个传输间隔中发送数据相量 ϕ_l($\phi_l\in\{0,2\pi/M,\cdots,2\pi(M-1)/M\}$)。在 M 进制的 DPSK 的直接探测和相干差分探测中，调制是差分的，而发送数据相量 $\phi_l=\phi_{l-1}+\Delta\phi_l$($\Delta\phi_l\in\{0,2\pi/M,\cdots,2\pi(M-1)/M\}$)，其中 $\Delta\phi_l$ 由 $m=\log_2 M$ 个输入比特位映射而成。

图 5.19 所示的是用 I/Q 调制器和相位调制器共同实现的发射机。I/Q 调制器被用来产生 QPSK 调制信号，这替代了图 5.18 中的两个相位调制器。由

于相位调制器在QPSK星座图中引入了$\pm\pi/4$的相移，所有它产生的信号格式为8-PSK。最后，第m个相位调制器的输出为$M=2^m$进制的PSK格式。在图5.19中，I路和Q路的驱动信号用下式表示：

$$V_{\mathrm{I}}(t)=2V_{\pi}\left[\sum_{k=-\infty}^{\infty}c_1(k)p(t-kT_{\mathrm{s}})-1\right]$$

$$V_{\mathrm{Q}}(t)=2V_{\pi}\left[\sum_{k=-\infty}^{\infty}c_2(k)p(t-kT_{\mathrm{s}})-1\right] \tag{5.70}$$

最后，调制器的输出电场由下式给出：

$$E_{\mathrm{T}}(t)=\sqrt{P_{\mathrm{T}}}\,\mathrm{e}^{\mathrm{j}(\omega_{\mathrm{T}}t+\phi_{\mathrm{T,PN}})}R(t)\mathrm{e}^{\mathrm{j}\Psi(t)}\exp\left(\mathrm{j}\frac{\pi}{V_{\pi}}\sum_{i=3}^{m}V_i(t)\right) \tag{5.71}$$

其中，包络$R(t)$和相位$\Psi(t)$如式(5.66)所示。

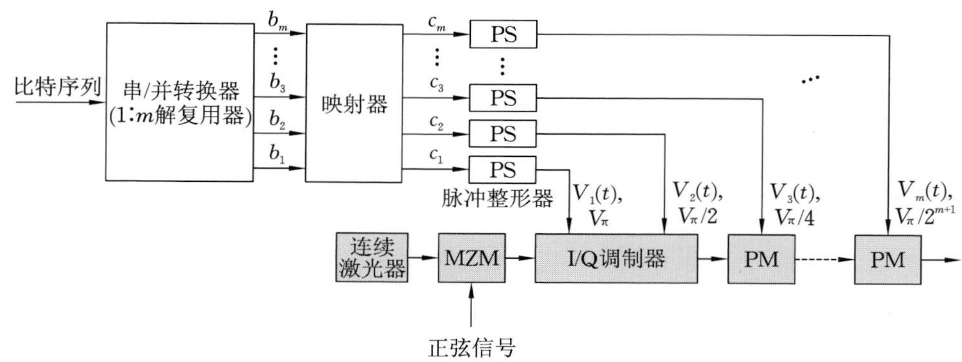

图5.19　基于I/Q调制器和相位调制器的PSK发射机结构的工作原理

5.2.3　星型QAM信号发射机

星型QAM信号发射机可以解释为是M进制的PSK发射机的推广。不同于M进制PSK，星型QAM信号通常有几个同心圆，星座点均匀地分布在星座图上，而不是只有一个圆。例如，8-QAM的信号的星座图如图5.11(b)所示，它由两个半径为r_0和r_1的同心圆组成，每个圆上有4个点。对于星型的16-QAM，我们有多种方案：第一种是2个圆圈，每个圈上8个点；第二种是4个圆圈，每个圈上4个点；第三种是3个圆圈，分别是6点、5点和5点，等等。半径的比例不需要固定，每个圆的点数也不需要是均匀的。理想的星型16-QAM星座图将在第5.5节介绍。在图5.20中，我们提供了一种星型16-QAM发射机的配置，在这种情况下，它的星座图包含两个圆圈，每个圈上8个点，这可以解释为图5.18所示的方案的推广。前三个相位调制器是用于产生8-PSK。比特

c_4 用来控制马赫-曾德尔调制器，它的用处是当 $c_4=0$ 时，产生的信号点位于半径为 r_0 的靠内的环；而当 $c_4=1$ 时，产生的信号点则位于半径为 r_1 的靠外的环。类似的策略也可以应用在任意的一种星型 QAM 信号星座图中。

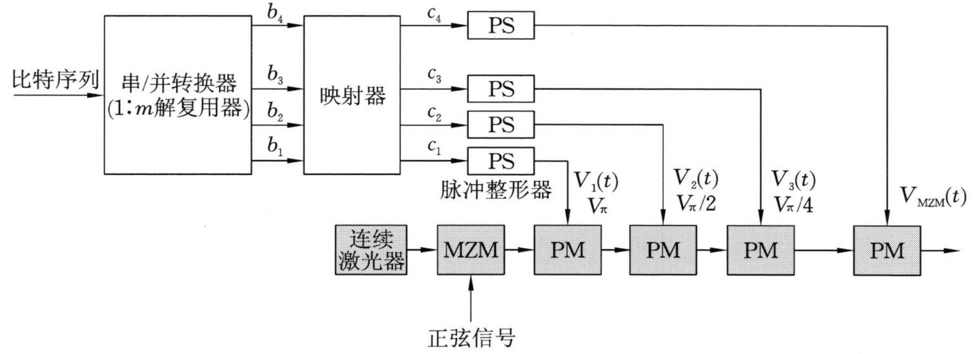

图 5.20　星型的 16-QAM 发射机串联配置的工作原理图

假设信号星座图中包含 M_c 个同心圆，每圈上有 M_p 个点。需要 $m_p=\log_2 M_p$ 个相位调制器，另外选择给定圆圈需要的比特数为 $m_c=\log_2 M_c$。只需要一个马赫-曾德尔调制器，驱动信号就具有 M_c 个振幅级别。星座图上每个点代表的比特数是 m_c+m_p 个，其中前 m_c 个比特是用于选择第几个圈，而后面的 m_p 个是用于选择在这个圈上的某个点。每个用二进制序列驱动的 M_p 相位调制器组可以用能够处理 M_c 个电平信号的单个调制器代替。这种配置对应于图 5.17 所示的极性调制器。或者也可以只使用单个 I/Q 调制器，但是需要将映射器用作一个查找表，在后面加一个分辨率足够的 DAC。对于差分编码，用于选择给定圆的 m_c 位必须保持自然映射形式，而剩余的 m_p 位可以进行差分编码。星型的 16-QAM 调制器也可以由一个 I/Q 调制器、一个相位调制器和一个马赫-曾德尔调制器共同组成。I/Q 调制器用于产生 QPSK 信号，而相位调制器用于在此基础上引入一个 $\pm\pi/4$ 的相移，从而产生 8-PSK。最后，马赫-曾德尔调制器是用于在两个 8-PSK 星座图中选择一个，由此最终形成 16-QAM 信号。马赫-曾德尔调制器中使用两个以上的振幅会降低整个 OSNR。

图 5.20 中的星型十六进制 QAM 信号的调制器也可以用 M_p 个相位调制器和一个马赫-曾德尔调制器来实现。该调制器能够生成由两个 $2m_p$ 进制的 PSK 星座图组成的星型 QAM 信号。该星型 QAM 信号调制器的输出电场由

下式表示：

$$E_{\mathrm{T}}(t)=\sqrt{P_{\mathrm{T}}}\,\mathrm{e}^{\mathrm{j}(\omega_{\mathrm{T}}t+\phi_{\mathrm{T,PN}})}\exp\left(\mathrm{j}\frac{\pi}{V_{\pi}}\sum_{i=1}^{m_{\mathrm{p}}}V_{i}(t)\right)\cos\left(\frac{\pi V_{\mathrm{MZM}}(t)}{2V_{\pi}}\right) \tag{5.72}$$

其中，$V_i(t)(i=1,2,\cdots,m_{\mathrm{p}})$ 由式(5.67) 给出，$V_{\mathrm{MZM}}(t)$ 表示为

$$V_{\mathrm{MZM}}(t)=\frac{2V_{\pi}}{\pi}\arccos(r_0/r_1)\left[\sum_{k}c_{m_{\mathrm{p}}+1}[k]p(t-kT_{\mathrm{s}})-1\right] \tag{5.73}$$

5.2.4 方形或交叉形 QAM 发射机

方形或交叉形 QAM 星座图可以通过以下几种方式产生：① 使用图 5.16 所示的单个 I/Q 调制器；② 使用图 5.17 所示的单极性调制器；③ 使用一种改进型 I/Q 调制器，这种调制器每个相位分支都由一个 PM 和一个 MZM 组成；④ 并行 I/Q 调制器；⑤ 串联 QAM 信号发射机。图 5.21 所示的是只使用一个 I/Q 调制器的配置原理图。通过查找表的方式，QAM 调制的映射器将 $m=\log_2 M$ 个比特映射成 QAM 星座图中的一个点，作为 LUT 实现。同相和正交驱动信号如下：

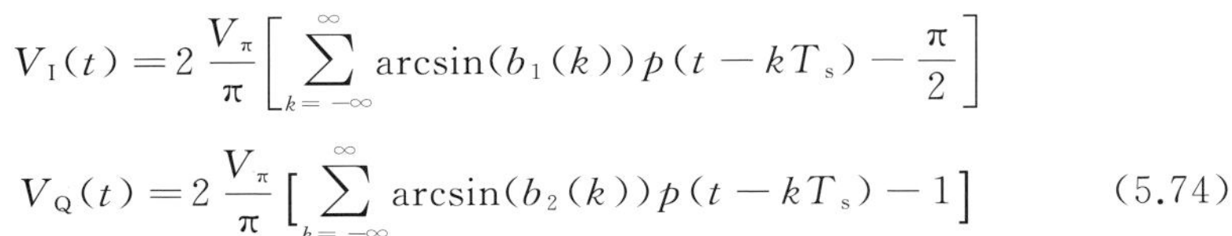

$$V_{\mathrm{I}}(t)=2\frac{V_{\pi}}{\pi}\left[\sum_{k=-\infty}^{\infty}\arcsin(b_1(k))p(t-kT_{\mathrm{s}})-\frac{\pi}{2}\right]$$

$$V_{\mathrm{Q}}(t)=2\frac{V_{\pi}}{\pi}\left[\sum_{k=-\infty}^{\infty}\arcsin(b_2(k))p(t-kT_{\mathrm{s}})-1\right] \tag{5.74}$$

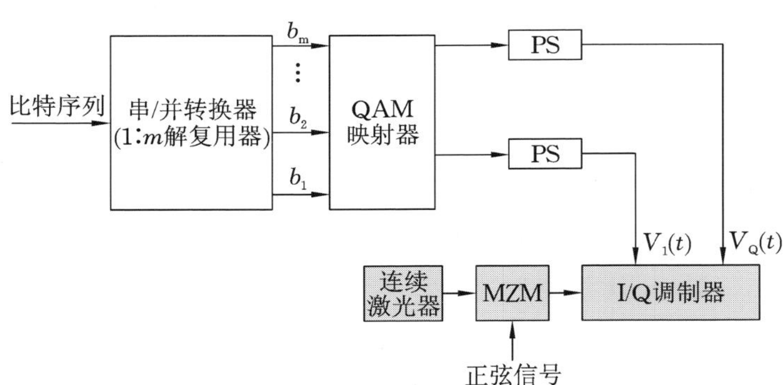

图 5.21 使用一个 I/Q 调制器的方形 QAM 发射机的工作原理

PS 表示脉冲整形器。I/Q 调制器如图 5.16 所示。

式(5.63) 表明，将式(5.74) 展示的同相和正交信号改变，可以产生任意的交叉形 QAM 信号。基于极性调制器的方形 QAM 发射机如图 5.22 所示。发送的电场可以写成

$$E_{\mathrm{T}}(t)=\sqrt{P_{\mathrm{T}}}\,\mathrm{e}^{\mathrm{j}(\omega_{\mathrm{T}}t+\phi_{\mathrm{T,PN}})}\cos\left(\frac{\pi V_{\mathrm{MZM}}(t)}{2V_{\pi}}\right)\exp\left(\mathrm{j}\,\frac{\pi V_{\mathrm{PM}}(t)}{V_{\pi}}\right) \tag{5.75}$$

其中，V_{MZM} 和 V_{PM} 分别表示 MZM 和 PM 的驱动信号。从式(5.66)可以清楚地看出，基于极性调制器的方形或交叉形发射机需要对 QAM 星座点坐标进行非线性变换。

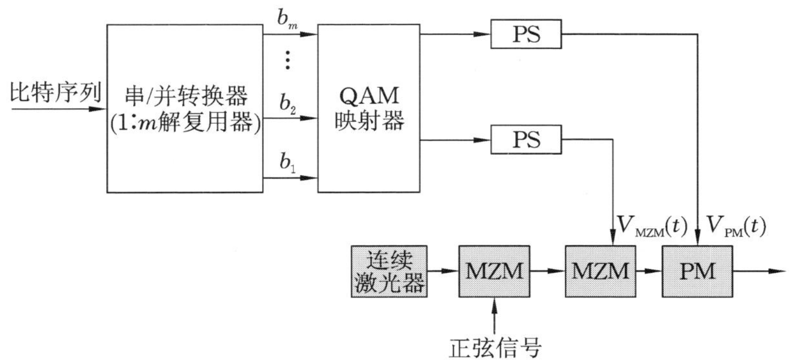

图 5.22　使用一个极性调制器的方形 QAM 发射机的工作原理

图 5.23 所示的是使用一个改进的 I/Q 调制器实现的方形或交叉形 QAM 发射机。在同一个图中，也展示了改进后的 I/Q 调制器的配置。改进后的 I/Q 调制器与传统的 I/Q 调制器的区别在于，它引入了一个额外的 PM。从信息理论的角度来说，这个额外的 PM 是多余的。然而，它的引入提供了更大的灵活性，就是说可以使用更简单的驱动信号来生成所需要的 QAM 星座图。I 路的 MZM 和 PM 的驱动信号由以下公式给出：

$$\begin{aligned}V_{\mathrm{I}}^{(\mathrm{MZM})}(t)&=2\,\frac{V_{\pi}}{\pi}\left[\sum_{k=-\infty}^{\infty}\arcsin(|b_1(k)|)\,p(t-kT_{\mathrm{s}})-\frac{\pi}{2}\right]\\V_{\mathrm{I}}^{(\mathrm{PM})}(t)&=\frac{V_{\pi}}{2}\sum_{k=-\infty}^{\infty}(1-\mathrm{sign}(b_1(k)))\,p(t-kT_{\mathrm{s}})\end{aligned} \tag{5.76}$$

而 Q 路的 MZM 和 PM 驱动信号由以下公式给出：

$$\begin{aligned}V_{\mathrm{Q}}^{(\mathrm{MZM})}(t)&=2\,\frac{V_{\pi}}{\pi}\left[\sum_{k=-\infty}^{\infty}\arcsin(|b_2(k)|)\,p(t-kT_{\mathrm{s}})-\frac{\pi}{2}\right]\\V_{\mathrm{Q}}^{(\mathrm{PM})}(t)&=\frac{V_{\pi}}{2}\sum_{k=-\infty}^{\infty}(1-\mathrm{sign}(b_2(k)))\,p(t-kT_{\mathrm{s}})\end{aligned} \tag{5.77}$$

基于式(5.62)和式(5.63)，时域上的电场“传递”函数可以写成下式：

$$\frac{E_{\text{out}}(t)}{E_{\text{in}}}=\frac{1}{2}\cos\left[\frac{1}{2}\ \frac{\pi V_{\text{I}}^{(\text{MZM})}(t)}{V_{\pi}}\right]e^{j\frac{\pi}{V_{\pi}}V_{\text{I}}^{(\text{PM})}(t)}+j\ \frac{1}{2}\cos\left[\frac{1}{2}\ \frac{\pi V_{\text{Q}}^{(\text{MZM})}(t)}{V_{\pi}}\right]e^{j\frac{\pi}{V_{\pi}}V_{\text{I}}^{(\text{PM})}(t)} \tag{5.78}$$

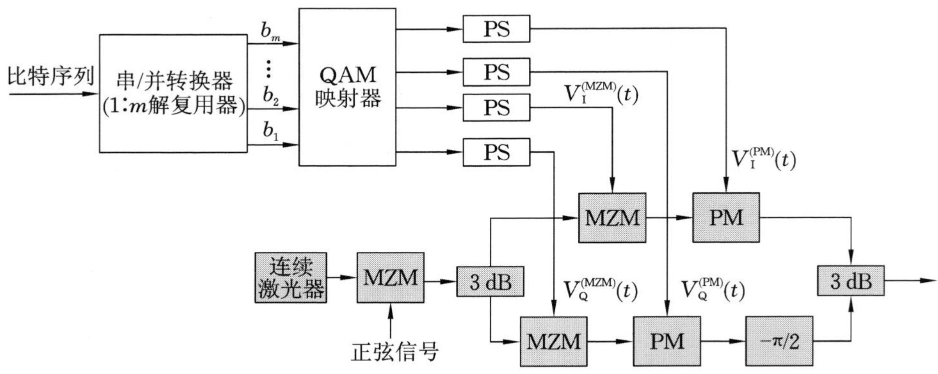

图 5.23　由一个改进型的 I/Q 调制器实现的方形 QAM 发射机的工作原理

最终，基于改进型的 I/Q 调制器的方形或交叉形 QAM 发射机的输出电场可以用极坐标表示为

$$E_{\text{T}}(t)=\sqrt{P_{\text{T}}}\,e^{j(\omega_{\text{T}}t+\phi_{\text{T,PN}})}R(t)\exp(j\Psi(t)) \tag{5.79}$$

其中，包络 $R(t)$ 和相位 $\Psi(t)$ 分别表示为

$$R(t)=\frac{1}{2}\ [R_{\text{I}}^2(t)+R_{\text{Q}}^2(t)+2R_{\text{I}}(t)R_{\text{Q}}(t)\cos(\Psi_{\text{I}}(t)-\Psi_{\text{Q}}(t))]^{1/2}$$

$$\Psi(t)=\arctan\left(\frac{R_{\text{I}}(t)\sin\Psi_{\text{I}}(t)-R_{\text{Q}}(t)\sin\Psi_{\text{Q}}(t)}{R_{\text{I}}(t)\cos\Psi_{\text{I}}(t)-R_{\text{Q}}(t)\cos\Psi_{\text{Q}}(t)}\right) \tag{5.80}$$

其中，$R_{\text{I}}(R_{\text{Q}})$ 和 $\Psi_{\text{I}}(\Psi_{\text{Q}})$ 由式(5.66)定义。基于并行 I/Q 调制的方形或星型 QAM 发射机如图 5.24 所示。连续波信号被分成 n 路，每路都包含着一个 I/Q 调制器和衰减器。第 i 路的衰减系数 $\alpha_i=(i-1)\times 6$ dB。这种方法的关键在于通过适当地梳理较小的星座图来简化更大的星座图的生成。例如，16-QAM 信号可以由两个 QPSK 信号相加而成，其中有一路的 QPSK 信号被衰减 6 dB。

图 5.25 所示的是串联的 QAM 发射机[6]。I/Q 调制器用于生成仅位于第一象限的初始 QAM 星座。两个连续的 PM 分别用于引入 π/2 和 π 的相移。通过这种额外的操作，我们将原本位于第一象限的星座图分别旋转 ±π/2 和 ±π

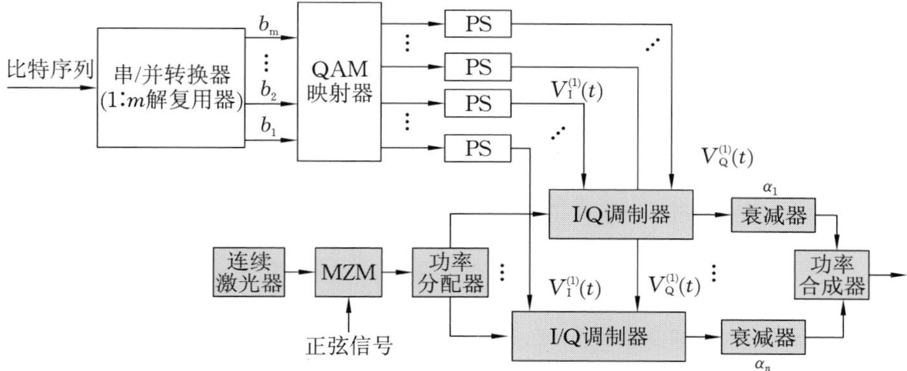

图 5.24　基于并行 I/Q 调制器的方形 QAM 发射机的工作原理图

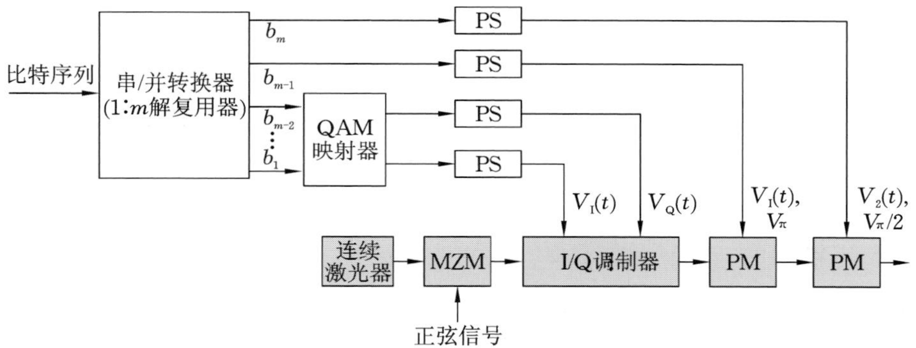

图 5.25　串联的 QAM 发射机的工作原理图

的相移，这样就可以在所有四个象限中都产生 QAM 信号星座图。每个码元中的前 $m-2$ 个比特被用于映射到第一象限中的星座点。b_{m-1} 个比特被用于控制第一个 PM，如此在脉冲整形器(PS)之后就可获得 $\pi/2$ 的相移。最后一个比特 b_m 被用于控制第二个 PM，由此可以产生 $\pm\pi$ 的相移。最终产生的信号一共有 2^m 个星座点，分别分布在四个象限中。

5.3　偏振复用和四维信号

线偏振平面波沿 z 方向上传播的电场可以表示为

$$E(z,t)=E_x(z,t)+E_y(z,t)=e_xE_{0x}\cos(\omega t-kz)+e_yE_{0y}\cos(\omega t-kz+\delta) \tag{5.81a}$$

其中，$k=2\pi/\lambda$ 是波传播矢量的大小(λ 是工作波长)，δ 表示两个正交偏振方向

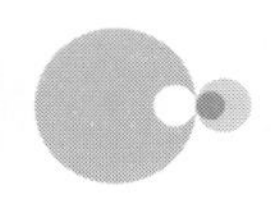

上的相位差。E_x 和 E_y 分别表示 x 方向和 y 方向上的偏振态。使用琼斯矢量来表示偏振波[3]，可以写成如下形式：

$$\boldsymbol{E}(t)=\begin{bmatrix}E_x(t)\\E_y(t)\end{bmatrix}=E\begin{bmatrix}\sqrt{1-p_{\mathrm{r}}}\\\sqrt{p_{\mathrm{r}}}\,\mathrm{e}^{\mathrm{j}\delta}\end{bmatrix}\mathrm{e}^{\mathrm{j}wt} \tag{5.81b}$$

其中，p_{r} 表示偏振态的功率分配比，并且省略了复数向量项。由于 x 和 y 方向上的偏振态是正交的，因此它们可以被用作基函数。鉴于同相和正交信道也是正交的，我们可以得出结论，单模光纤中相应的空间是四维的，这使得我们能够使用四维星座图来替代二维的（如 PSK 和 QAM）。与使用相同码元能量的二维星座图相比，四维星座图能够增加相邻星座点之间的欧氏距离，因此可以提高光信噪比[8]。另外，如文献[10] 所示，四维信号星座图对光纤非线性效应具有更强的鲁棒性。图 5.26 所示的是四维调制器。连续波激光信号源被偏振分束器（PBS）分成两个正交的偏振态。每个偏振态的分支都包括一个 I/Q 调制器或一个极性调制器。在偏振复用（PDM）的应用中，在脉冲整形后，使用 x 和 y 偏振分支中的 QAM 星座坐标作为相应 I/Q 调制器的同相（I）和正交（Q）输入。独立的 QAM 流通过偏振组合器（PBC）复用在一起。

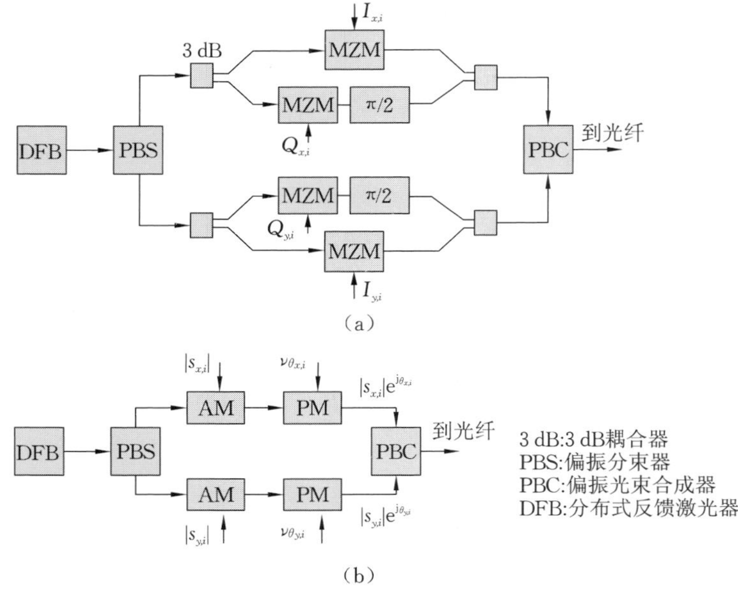

图 5.26　适用于偏振复用和四维光传输的四维调制器的配置

(a) 基于笛卡儿坐标的调制器；(b) 基于极坐标的调制器

如图 5.26(b) 所示,可以使用极性调节器来替代 I/Q 调节器。另外,5.2 节中描述的各种二维调制器也可用于偏振分支。在四维调制中,用查找表实现的映射器可以提供四个参数输入四维调制器中。在脉冲整形之后,前两个坐标被用于 x 偏振支路中 I/Q 调制器的输入,其他两个坐标被用于 y 偏振支路中 I/Q 调制器的输入。第 i 个符号间隔的相应信号星座点可以用以下矢量形式来表示:

$$\boldsymbol{s}_i=\begin{pmatrix}\mathrm{Re}(E_{x,i})\\\mathrm{Im}(E_{x,i})\\\mathrm{Re}(E_{y,i})\\\mathrm{Im}(E_{y,i})\end{pmatrix}=\begin{pmatrix}I_{x,i}\\Q_{x,i}\\I_{y,i}\\Q_{y,i}\end{pmatrix}=\begin{pmatrix}|s_{x,i}|\cos\theta_{x,i}\\|s_{x,i}|\sin\theta_{x,i}\\|s_{y,i}|\cos\theta_{y,i}\\|s_{y,i}|\sin\theta_{y,i}\end{pmatrix}\tag{5.82}$$

其中,I 和 Q 分别表示同相和正交分量;x 和 y 分别表示两个偏振方向。在式(5.82) 中,$|s|$ 表示信号星座点的幅度,θ 表示在给定偏振态中对应的相位。偏振复用和四维调制的最大区别在图 5.27 中标出。在图 5.27(a) 所示的偏振复用中,我们采用两个独立的映射器,通过 I/Q 调制器驱动两个独立的二维数据流。独立的二维数据流由偏振组合器复用在一起并通过光纤线路传输。相同的连续激光信号用于两个偏振方向,在调制之前由偏振分束器分离。然而,在四维信号中,只使用一个四维映射器,它提供四个坐标,用作相应的 I/Q 调制器的输入,如图 5.27(b) 所示。从图 5.27(b) 中可以很清楚地看出,一个四维调制器由两个 I/Q 调制器、一个偏振分束器和一个偏振组合器组成。举例说明,一个 16 个点的四维星座图可以由$\{\pm1,\pm1,\pm1,\pm1\}$组合[8] 来描述。同时,一个 32 个点的四维星座图包括以下组成部分:一部分是 16 个点,被映射成$\{\pm0.5,\pm0.5,\pm0.5,\pm0.5\}$组成的集合,4 个点被映射成$\{\pm1,0,0,\pm1\}$的组合,4 个点被映射成$\{0,\pm1,\pm1,0\}$的组合,还有 8 个点被映射成$\{\pm1,0,0,0\}$的组合。上面所描述的 16 个点的四维星座图如图 5.28 中的施莱格尔图[7] 所示。该图中的施莱格尔图是从四维空间到三维空间的正八面体的投影,超出其一个面的点。

在两个偏振方向中也可以传输相同的数据流,我们将此方案称为偏振分集(polarization diversity) 方案。偏振分集方案的目的是为了避免偏振模色散(PMD) 补偿的需要,它的代价是将光信噪比的灵敏度降低 3 dB。不同的偏振模色散补偿的方案将在第 6 章介绍。对偏振分集调制的另一种有趣的解释是将其视为一种 2×2 多进多出(MIMO) 方案,并采用 MIMO 数据处理来处理

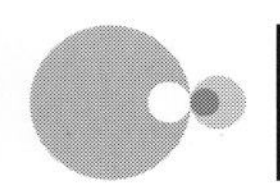

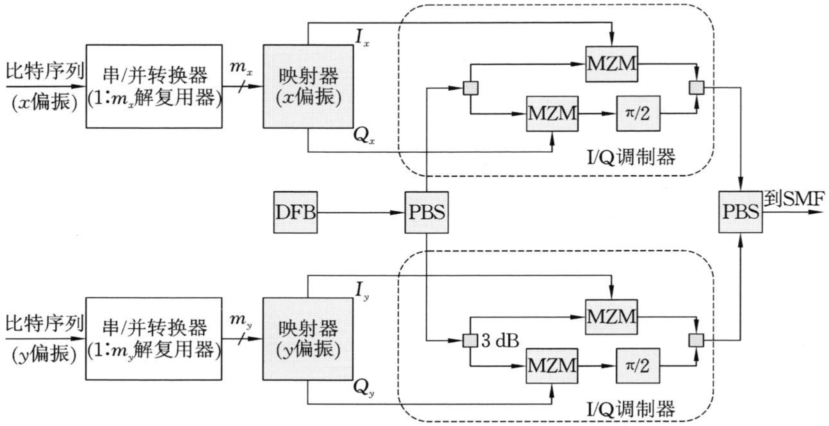

（a）

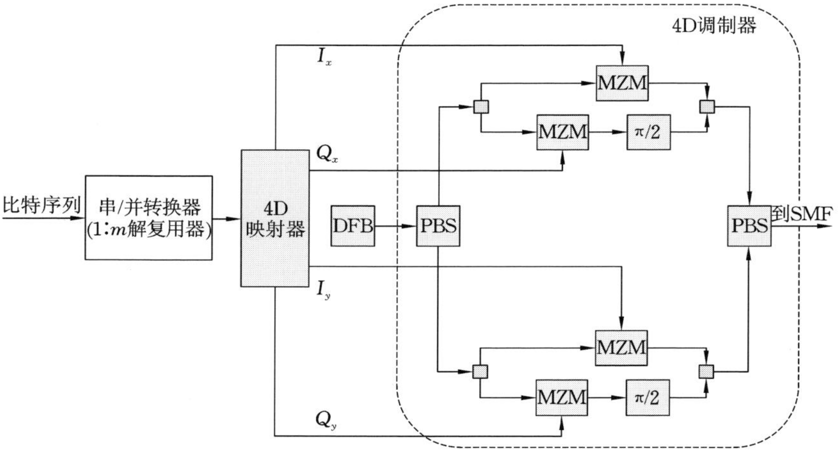

（b）

图 5.27　相干偏振复用信号调制解调框图

（a）偏振复用（PDM）方案；（b）四维信号方案

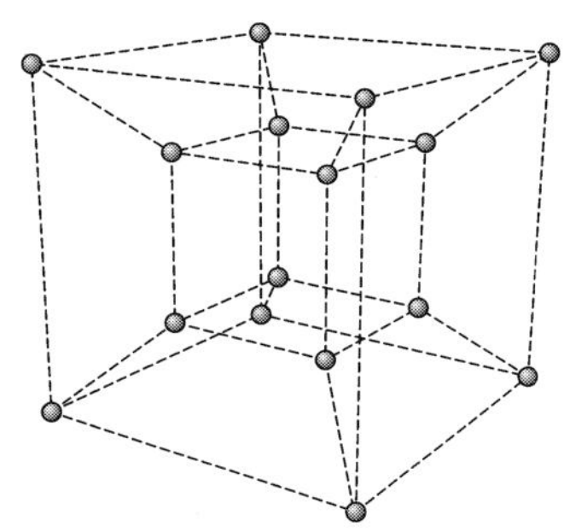

图 5.28　16 个点的四维星座图的施莱格尔图

PMD、色散、偏振相关损耗(PDL)和各种滤波效应。这种方法将在 5.6 节中讨论。

四维调制的频谱效率由下式给出:

$$S_E = RR_s \log_2 M_{4D} \tag{5.83}$$

其中,R_s 表示符号率,R 表示前向纠错方案的码率,M_{4D} 表示四维信号星座图的大小。偏振复用方案的频谱效率可以表示为

$$S_E = 2RR_s \log_2 M_{2D} \tag{5.84}$$

其中,因子 2 表示偏振复用,M_{2D} 表示在每个偏振态中使用的二维信号星座的大小。在两种计算方式中,在相同的情况下有 $M_{4D} = M_{2D}^2$。

例如,十六进制的四维星座图对应的是偏振复用的 QPSK 调制格式。有趣的是,在存在非线性的情况下,更大尺寸的四维调制方案比相同条件下的偏振复用的 QAM 方案具有更好的鲁棒性,如文献[10]中所述。

根据图 5.29 所示的方案,四维信号还可以与子载波复用[8]结合(在第 6 章中将描述双偏振接收机的特性)。也可以使用正交多项式来代替正交子载波。另一种替代方案是将四维信号与 OFDM [9]结合,该方案将在第 5.6 节中介绍。另外,我们还可以使用光纤模式复用代替子载波复用,相应的方案称为模式复用的四维调制。最终,偏振复用也可以和偏振时间(PT)编码结合使用,其特别适用于和 OFDM[11] 的结合。文献[1,12,18,19]的作者进行的多维编码调制(CM)研究表明,在光通信信道中同时使用多个自由度可以显著提高带宽容量。鉴于多维编码调制的高潜力,下一节将专门对其进行介绍。

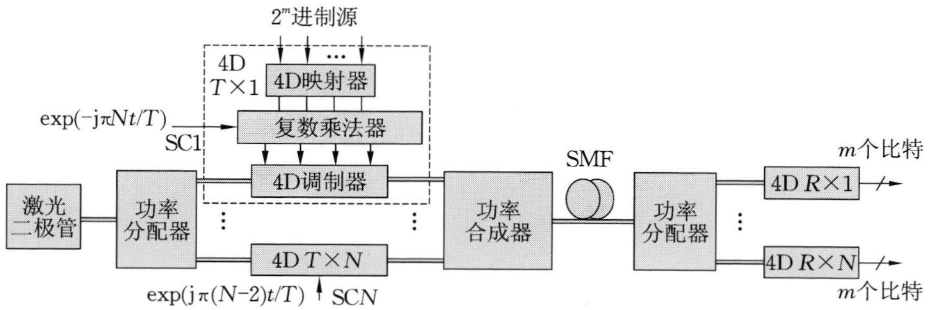

图 5.29　子载波复用的四维调制方案

5.4 空分复用和多维混合调制

如果光纤能够提供空分复用能力，则可有效地实现混合多维调制方案。第 3 章中所描述的少模光纤（FMF）和少芯光纤（FCF）都是很好的选择。此外，它们不仅从传输的角度，而且从构成网络的角度提供了很大的潜力。因此，我们在讨论空分复用和多维调制格式的时候，会假设已经使用了这些光纤。

众所周知，光子可以携带自旋角动量和轨道角动量（OAM）[14]。自旋角动量与偏振态相关，而轨道角动量与复电场的方位角相关。经典电磁场中的角动量 L 可以写成[15]

$$\boldsymbol{L}=\frac{1}{4\pi c}\int_V(\boldsymbol{E}\times\boldsymbol{A})\mathrm{d}V+\frac{1}{4\pi c}\int_V\sum_{k=x,y,z}E_k(\boldsymbol{r}\times\boldsymbol{\nabla})A_k\mathrm{d}V \tag{5.85}$$

其中，$\boldsymbol{E}$ 是电场强度，$\boldsymbol{A}$ 是矢量电位，c 是光速。$\boldsymbol{A}$ 与磁场强度 $\boldsymbol{H}$ 相关，表示为 $\boldsymbol{H}=\boldsymbol{\nabla}\times\boldsymbol{A}$，而电场强度 $\boldsymbol{E}$ 表示为 $\boldsymbol{E}=-c^{-1}\partial\boldsymbol{A}/\partial t$。由于存在角动量算子 $\boldsymbol{r}\times\boldsymbol{\nabla}$，我们将式(5.85) 中的第二项定义为轨道角动量。总的来说，在可以承载轨道角动量的各种光束中，可以轻松地实现 Laguerre-Gauss(LG) 涡旋光束 / 模式。沿 z 方向的 LG 光束的场分布可以用柱坐标(r,ϕ,z) 来表示(r 表示与传播轴的径向距离，ϕ 表示方位角，z 表示传播距离)，如下所示[16,17]：

$$u_{m,p}(r,\phi,z)=\sqrt{\frac{2p!}{\pi(p+|m|)!}}\frac{1}{w(z)}\left[\frac{r\sqrt{2}}{w(z)}\right]^{|m|}L_p^m\left(\frac{2r^2}{w^2(z)}\right)\times \mathrm{e}^{-\frac{r2}{w^2(z)}}\mathrm{e}^{-\frac{jkr^2z}{2(z^2+z_R^2)}}\mathrm{e}^{\mathrm{j}(2p+|m|+1)\arctan\frac{z}{z_R}}\mathrm{e}^{-\mathrm{j}m\phi} \tag{5.86}$$

其中，$w(z)=w_0\sqrt{1+(z/z_R)^2}$（$w_0$ 是零阶高斯光束的束腰半径），$z_R=\pi w_0^2/\lambda$ 为瑞利长度(其中 λ 为工作波长)，$k=2\pi/\lambda$ 是波数，$L_p^m(\cdot)$ 是相关的拉盖尔多项式，p 和 m 分别表示径向和角度的模式数，这一点请参考式(3.64) 和式(3.65)。由式(5.86) 可以看出，LG 光束的第 m 个模式具有由式$\exp(-\mathrm{j}m\phi)$ 表示的方位角度，其中 m 是方位角模式指数。在自由空间中，当 $m=0$ 时，$u(r,\phi,z)$ 变成一个零阶高斯光束，也称为 TEM_{00} 模式。对于 $p=0$，所有 m 的情况下都有 $L_p^m(\cdot)=1$，因此 LG 模式的强度是一个半径与 $|m|^{1/2}$ 成比例的环。

可以看出，对于一个固定的 p，满足以下关联性原则[17]：

$$(u_{m,p},u_{n,p})=\int u_{m,p}^{*}(r/\phi,z)u_{n,p}(r,\phi,z)r\mathrm{d}r\mathrm{d}\phi$$

$$=\begin{cases}\iint |u_{m,p}|^{2}r\mathrm{d}r\mathrm{d}\phi, n=m\\0, n\neq m\end{cases}\tag{5.87}$$

因此,对应于一个固定的 p,轨道角动量都是正交的,并且它们可以作为轨道角动量调制的基函数。

在轨道角动量调制中可以使用不同的信号星座图与它结合,从而可以产生多维混合的调制。这种方案称为混合方案,因为它们采用所有可用的自由度:振幅、相位、偏振态和轨道角动量。例如,对于每个偏振态,我们可以使用 M 个基函数,如 M 个正交子载波[19],所以有以下表示式:

$$\Phi_{\mathrm{m}}(nT)=\exp\left[\mathrm{j}2\pi(m-1)nT/T_{\mathrm{s}}\right](m=1,\cdots,M)\tag{5.88}$$

其中,$\Phi_{\mathrm{m}}(nT)$ 定义为基函数,T_{s} 是符号持续时间。在式(5.88) 中,T 表示的是采样间隔,与符号持续时间存在以下关系:$T=T_{\mathrm{s}}/U$,其中 U 是过采样率。除此之外,我们可以使用 N 个正交的轨道角动量状态来用于这种调制。因此,相应的信号空间是 $D=2M\cdot N$ 维的。通过增加维度,还可以提高系统的数据速率,同时使用接近 LDPC 码的容量确保在这些超高速下的可靠传输。包括本方案在内的各种编码调制方案,将会在第 7 章中介绍。

相比于传统的二维空间,D 维空间可以让相邻信号星座点之间的欧氏距离更大,这将会提高整体的误码率性能。这里应该指出,正交多项式或其他任何一组正交复基函数都可以使用。图 5.30 和 5.31 所示的是整体的系统架构。图 5.30(a) 所示的 D 维调制器产生的信号星座点的表达示为

$$s_{i}=C_{D}\sum_{d=1}^{D}\phi_{i,d}\Phi_{d}\tag{5.89}$$

其中,$\phi_{i,d}$ 表示第 i 个信号星座点的第 d 个坐标($d=1,\cdots,D$),集合$\{\Phi_{1},\cdots,\Phi_{D}\}$ 表示上述的基函数(在式(5.89) 中,C_{D} 是归一化常数)。图 5.30(a) 所示的是发射机的架构。连续激光二极管信号通过功率分配器分成 N 个分支,用来推送到 $2M$ 维电光调制器,每个调制器对应 N 个轨道角动量模式中的一个。$2M$ 维电光调制器的实现方式如图 5.30(b) 所示。轨道角动量模式复用器由 N 个波导、锥芯光纤和少模光纤(FMF) 组成,所有这些都经过合适的设计,以激发少模光纤中的正交轨道角动量模式。$2M$ 调制器由两个 M 维调制器构成,每一个都针对一个偏振态,它的离散时间(DT) 实现方式如图 5.30(c) 所示。上采样后的 M 信号星座图的坐标,可以通过计算信号经过相应的具有脉

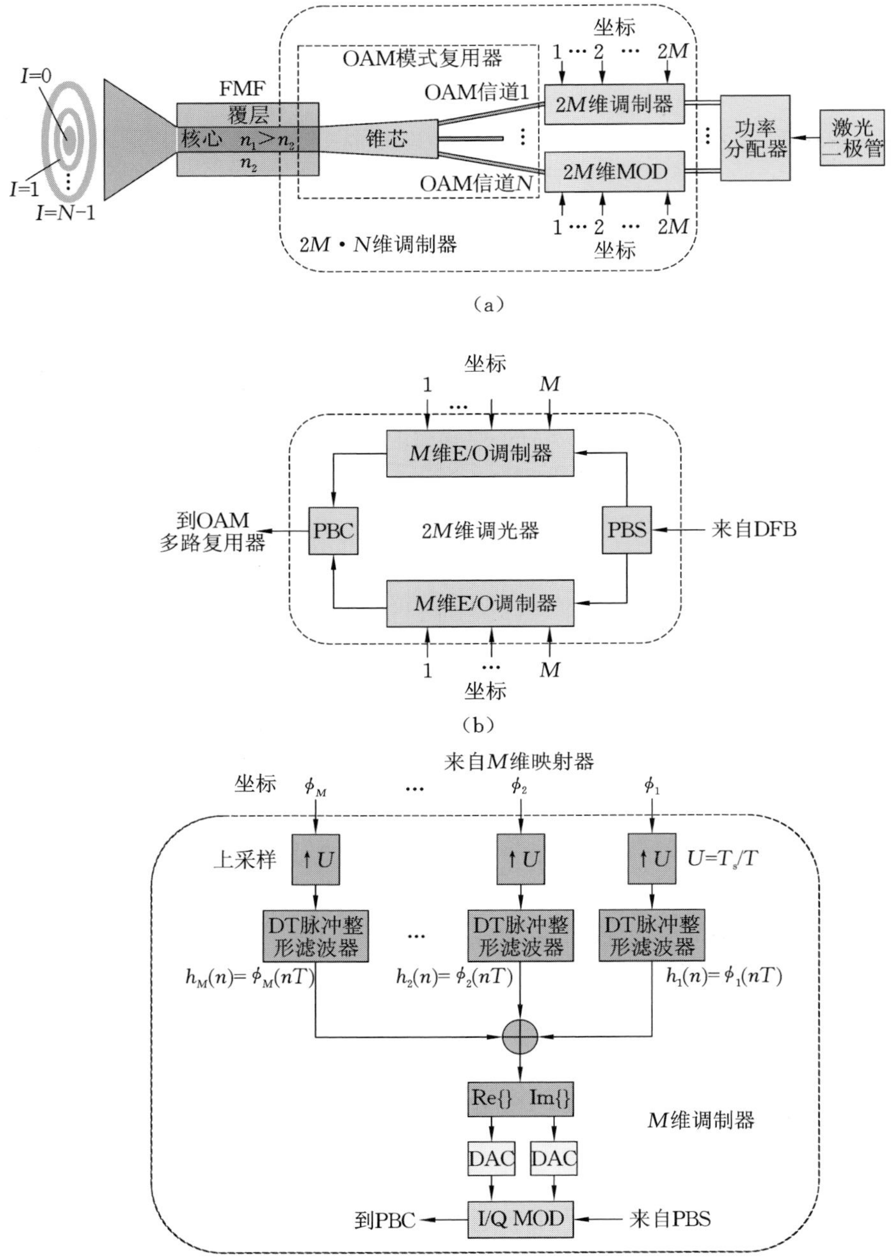

I=0
I=1
I=N−1
FMF
覆层
核心 $n_1>n_2$
n_2
OAM模式复用器
锥芯
OAM信道1
OAM信道N
坐标
1 … 2 … 2M
2M维调制器
2M维MOD
1 … 2 … 2M
坐标
功率分配器
激光二极管
2M · N维调制器

（a）

坐标
1 … M
M维E/O调制器
到OAM多路复用器
PBC
2M维调光器
PBS
来自DFB
M维E/O调制器
1 … M
坐标

（b）

来自M维映射器
坐标 ϕ_M … ϕ_2 ϕ_1
上采样
↑U ↑U ↑U $U=T_s/T$
DT脉冲整形滤波器 … DT脉冲整形滤波器 DT脉冲整形滤波器
$h_M(n)=\phi_M(nT)$ $h_2(n)=\phi_2(nT)$ $h_1(n)=\phi_1(nT)$
Re{} Im{}
M维调制器
DAC DAC
到PBC I/Q MOD 来自PBS

（c）

图 5.30　离散节能混合的 D 维调制的发射机架构

（a）发射机架构；（b）2M 维调制器；（c）M 维调制器

冲响应为$h_m(n)=\Phi m(nT)$的离散时间脉冲滤波器来获得,这个滤波器的组合输出合成为一个单一的复数数据流。复数数据流的实部和虚部在经过数模转换(DAC)之后,将驱动 I/Q 调制器的射频输入。经过偏振组合器(PBC),M 维调制器的输出被合成为一路。综上所述,所获得的 N 个轨道角动量流由轨道角动量模式复用器组合而成。

图 5.31(a) 所示的是 $2M \cdot N$ 维的解调器架构。我们首先在轨道角动量解复用块中执行模式的解复用,如图 5.31(a) 所示,它的输出是沿 N 个轨道角动量状态的 $2M$ 维投影。每个轨道角动量模式都经过偏振分集相干探测,相应的输出被发送到 M 维解调器,如图 5.31(b) 所示。在偏振分集探测后,我们恢复了实部和虚部,这些部分是由 ADC 组合成一个单一的复数数据流后得到的。将相同的复数数据流作为脉冲响应为 $h_m(n)=\Phi_m(-nT)$ 的匹配滤波器的输入。重采样后的输出表示的是沿基函数 Φ_m 上的投影,如图 5.31(b) 所示。

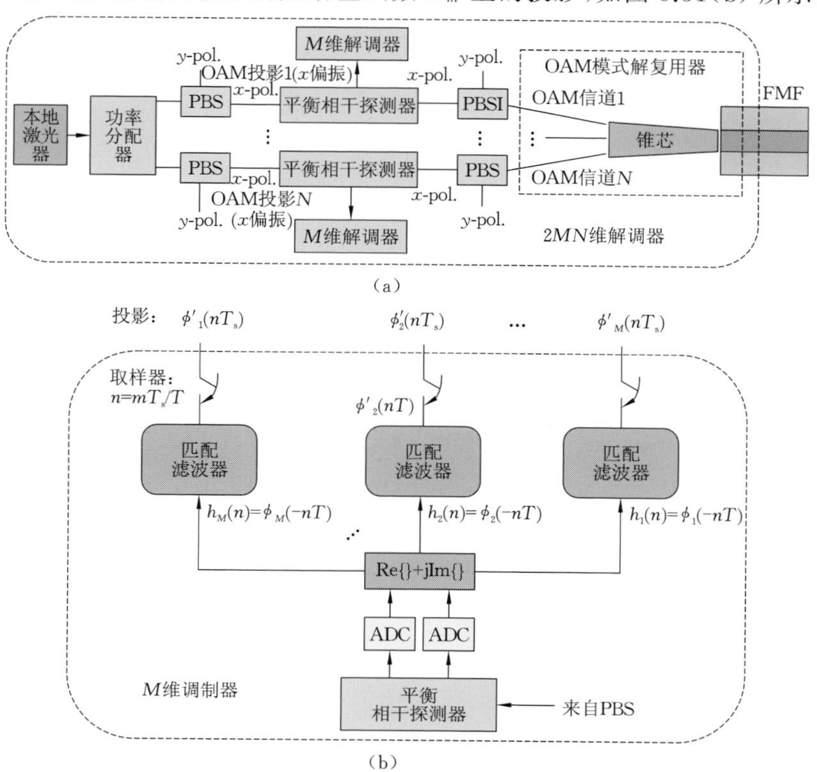

图 5.31　离散时间节能混合的 *D* 维 LDPC 编码调制的接收机架构

(a) 接收机架构;(b) M 维解调器架构

5.5 最佳信号星座图的设计

不同的优化准则可以用于优化信号星座图设计，包括最小均方误差(MMSE)[20,21]、最小误码率(BER)和最大信息速率(信道容量)[22]。接下来，我们将描述基于迭代极化量化(IPQ)的迭代极化调制(IPM)[20]。我们可以假设，对于ASE噪声主导的信道模型，最佳信号源是高斯分布，有

$$p(s_I, s_Q) = \frac{1}{2\pi\sigma^2}\exp\left(-\frac{s_I^2 + s_Q^2}{2\sigma^2}\right) \tag{5.90}$$

其中，(s_I, s_Q)表示同相和正交坐标。通过极坐标(r, θ)表示笛卡儿坐标$s_I = r\cos\theta$和$s_Q = r\sin\theta$，可以证明半径r将遵循瑞利分布[20,21]，而相位保持均匀。这意味着在MMSE的意义上，最佳分布包含放置在遵循瑞利分布的圆上的星座点。每个圆上的点数是不同的，而一个圆上的点的分布是一致的。同时介绍以下定义：L_i表示半径为m_i的圆上的星座点数；L_r表示星座中的圆圈数；Q表示信号星座图中的总点数($Q = \sum_{i=1}^{L_r} L_i$)；$p(r)$表示半径为r的瑞利分布函数。

IPM信号星座图设计方法可以通过以下步骤[20,21]来实现。

第1步：选择一个任意大小为Q的星座图作为初始化。

第2步：通过下式来决定第i个圈上的星座点数。

$$L_i = \sqrt[3]{m_i^2 \int_\eta^{\eta+1} p(r)\mathrm{d}r} \Big/ \left[\sum_{i=2}^{L_r} \frac{1}{Q}\sqrt[3]{m_i^2\int_\eta^{\eta+1} p(r)\mathrm{d}r}\right], i = 1, 2, \cdots, L_r \tag{5.91}$$

第3步：通过下式来决定第i个圈的半径。

$$m_i = \left[2\sin(\Delta\theta_i/2)\int_\eta^{\eta+1} rp(r)\mathrm{d}r\right] \Big/ \left[\Delta\theta_i\int_\eta^{\eta+1} p(r)\mathrm{d}r\right]$$

$$\Delta\theta_i = 2\pi/L_i, i = 1, 2, \cdots, L_r \tag{5.92}$$

重复步骤2、3，直到收敛。在步骤2、3中，与决策边界相对应的限制由以下因素决定：

$$r_i = [\pi(m_i^2 - m_{i-1}^2)/2]/[m_i L_i\sin(\Delta\theta_i/2) - m_{i-1}L_{i-1}\sin(\Delta\theta_{i-1}/2)], i = 1, 2, \cdots, L_r \tag{5.93}$$

因此，除了极坐标系下的IPM信号星座外，该算法还可以提供决策边界。举例

说明,64-IPQ/IPM 信号星座如图 5.32 所示。用 r_3 和 r_5 表示半径为 m_4 的圆的判决边界。表 5.2 所示的是这个星座图的详细信息,i 表示从中心计数的第 i 个圆。要说明的是,在 64-IPQ 示例中,我们没有使用放置在原点的信号星座图,对于大信号星座图,使用或不使用放置在原点的点并不重要。但是,针对中等大小和小的信号星座图而言,为了节省能量,将点放置在原点是有利的。这样的信号星座图可以称为中心 IPQ/IPM(CIPQ/CIPM)。举例说明,十六进制和三十二进制的 CIPQ 星座图如图 5.33 所示。

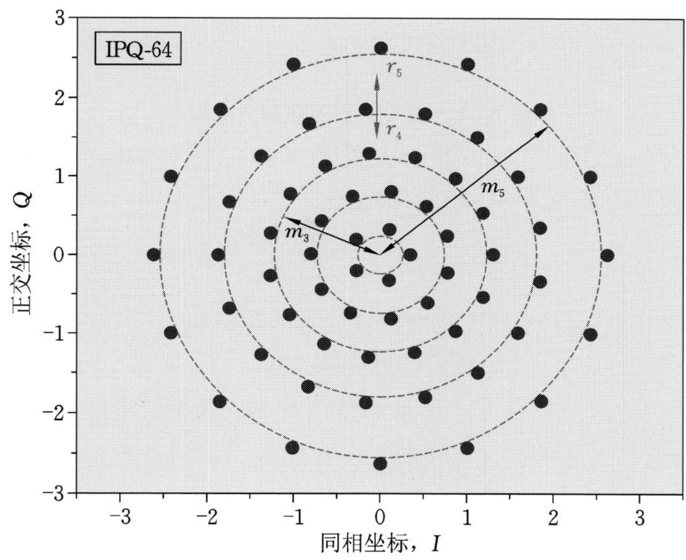

图 5.32　六十四进制的 IPQ/IPM 信号星座图的详细信息

表 5.2　64-IPQ/IPM 星座的详细信息

i	1	2	3	4	5	6
r_i	0	0.54	1.02	1.55	2.25	4.5
m_i	0.33	0.78	1.26	1.84	2.61	
L_i	5	11	15	17	16	

在文献[22]中介绍了另一种具有相干探测的旋转对称光通道信号星座设计方法。这种方法的基本原理取决于这样一个事实,即光通道需要条件概率密度函数(pdfs)的知识作为补充,而条件概率密度函数通常是通过评估柱状图来估计的(因此,在这种情况下,不能直接应用基于梯度的优化方法)。在文

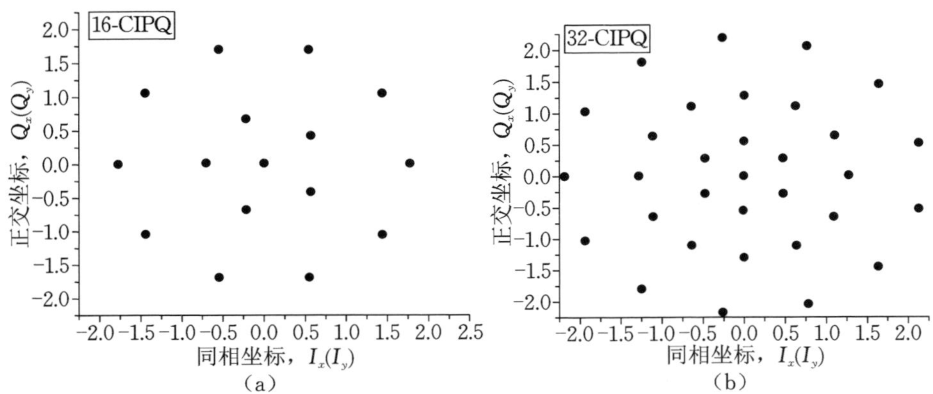

图 5.33　基于中心 IPQ 信号星座图

(a) 16 个点；(b) 32 个点

献[22] 中建议将可接受的一组约束定义如下：

$$\Omega(p;r)=\left\{p:\sum_{i=1}^{n}p_i r_i^2\leqslant P_a,\sum_{i=1}^{n}p_i=1,0\leqslant r_i\leqslant\sqrt{P_p}\right\}\tag{5.94}$$

其中，P_a 表示平均功率(AP) 的约束，P_p 表示峰值功率(PP) 的约束。此外，r_i 表示第 i 个半径，而 p_i 表示相应的发生概率。

引入这些约束条件是为了考虑系统的物理局限性，并且使非线性效应达到最小。通过以下分步优化算法解决优化问题。在初始化传统的二维星座图之后，我们开始以下的迭代步骤，直到达到收敛或者达到预定的迭代次数[22]。

第 1 步：更新 p_i：

$$p_i=\underset{p}{\operatorname{argmax}}\{I(p):p\in\Omega(p;r_{i-1})\}\tag{5.95}$$

第 2 步：更新 r_i：

$$r_i=\underset{r}{\operatorname{argmax}}\{I(p):r\in\Omega(p_i;r)\}\tag{5.96}$$

可以证明，序列$\{I(p_i)\}$(其中 $I(\cdot)$ 表示互信息) 是非递减的并且收敛于信道容量。

在文献[19] 中展示了另一种提高能效的信号星座图算法(另见文献[1])。这种基础的节能光通信问题可以表述为如下。具有先验概率 $p_1,\cdots,p_Q[p_i=\Pr(x_i)]$ 的符号 $X=\{x_1,x_2,\cdots,x_Q\}$，它的能量分别是 $E_1,\cdots,E_Q$，它们将在光信道上传输。集合 X 中的符号满足以下两个约束：① $\sum_i p_i=1$(概率约束)；② $\sum_i p_iE_i\leqslant E$(能量约束)。我们可以使用拉格朗日方法[1,26] 来最大化

互信息 $I(X,Y)$，定义 $I(X,Y)=H(X)-H(X\mid Y)$，所以有下面一个式子[19]：

$$\begin{aligned}L=&\overbrace{-\sum_i p_i\lg p_i}^{H(X)}-\overbrace{\left(-\sum_i p_i\sum_j P_{ij}\lg Q_{ji}\right)}^{H(X\mid Y)}\\&+\lambda\left(\sum_i p_i-1\right)+\mu\left(\sum_i p_iE_i-E\right)\end{aligned}\tag{5.97}$$

其中，$P_{ij}=\Pr(y_j\mid x_i)$ 可以通过直方图的评估来确定，而 $Q_{ji}=\Pr(x_i\mid y_j)$ 来自贝叶斯规则[27]，规则如下：

$$Q_{ji}=\Pr(x_i,y_j)/\Pr(y_j)=P_{ij}p_i/\sum_k P_{kj}p_k$$

这种节能的信号星座图的设计算法（EE-SCDA）可以用以下步骤来实现[19]。

第 1 步（初始化步骤）：需要选择任意辅助输入分布和信号星座，星座点数 Q_a 远大于目标信号星座点数 Q。

第 2 步：更新 Q_{ji}：

$$Q_{ji}^{(t)}=P_{ij}p_i^{(t)}/\sum_k P_{kj}p_k^{(t)},P_{ij}=\Pr(y_j\mid x_i)\tag{5.98}$$

第 3 步：更新 p_i：

$$\begin{aligned}p_i^{(t+1)}&=\frac{\exp(-\mu E_i-H^{(t)}(x_i\mid Y))}{\sum_k\exp(-\mu E_k-H^{(t)}(x_k\mid Y))}\\H(x_i\mid Y)&=-\sum_k P_{ik}\log Q_{ki}\end{aligned}\tag{5.99}$$

迭代步骤 2、3，直到收敛。

第 4 步：将目标星座的星座点确定为辅助信号星座中最接近 Q_a/Q 星座点的质心。

最后，我们将描述在文献[28]中介绍的最佳信号星座图的设计（OSCD）方法。这种方法是最方便的，因为它不需要使用约束优化条件。相反，它可以使用一个简单的蒙特卡罗模拟来进行信号星座图的设计。由于 IPM 算法是在对大型星座有效的假设下导出的，我们可以说 OSCD 生成的星座图对于中小尺寸的信号星座图的设计是最有利的。这种 OSCD 方法可以由以下步骤来实现。

第 1 步（初始化）：选择大小为 Q 的任意信号星座图。

第 2 步：应用 Arimoto-Blahut 算法[27]来确定最佳信号源的分布。

第 3 步：通过这种最佳信号源的分布来生成一个样本序列。将这个序列中的样本点分为 Q 组。在这个组中成员关系是根据前一次迭代中采样点和信号星座点之间的欧氏距离的平方来确定的。每个样本点被分配到具有最小平方距离的类中。

第 4 步:将信号星座点确定为每个群集的质心。

重复步骤 3、4,直到收敛。

例如,在图 5.34 中展示了通过这种算法获得的三十二进制和六十四进制的星座图。

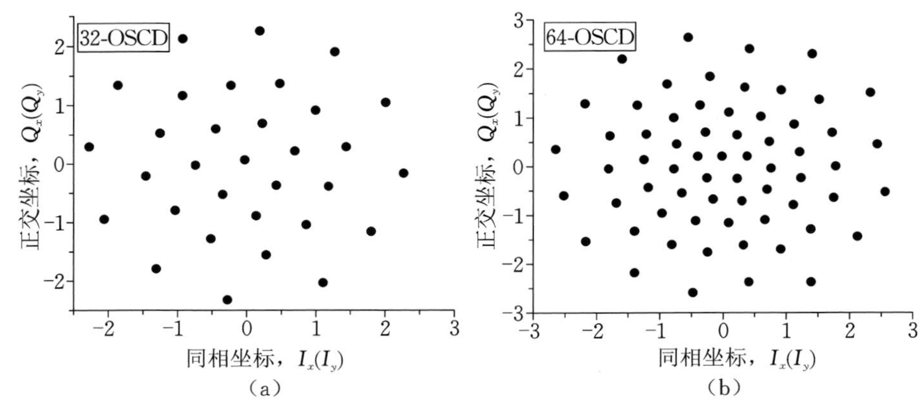

图 5.34　通过 OSCD 方法得到的信号星座图

(a) 三十二进制的信号星座图;(b) 六十四进制的信号星座图

5.6　光通信中的正交频分复用(OFDM)

正交频分复用(OFDM)属于多载波传输,它在多个低速的正交子载波上传输单个数据流。顾名思义,OFDM 可以被当作是一种调制技术,也可以认为是一种复用技术,或者两者都有。这使得 OFDM 具有传统单载波系统所不具备的灵活性。1966 年 Chang[30] 在他的开创性论文中介绍了 OFDM,在 1970 年获得了专利[31]。OFDM 已经成为移动无线系统、无线局域网、非对称数字用户线和同轴电缆众多标准的一部分。1996 年 OFDM 出现在光传输中。如今,OFDM 作为一种超高速的光通信推动者,正在被深入研究[39-43]。用于光通信的 OFDM 系统有两种基本形式:一种是直接探测的 OFDM [35,37];另一种是相干探测的 OFDM [36],它们都具有多种变化形式。

与单载波系统相比,OFDM 具有以下几个基本优点:对各种色散效应(色散、偏振模色散、多模色散)和 PDL 的鲁棒性,以及对时变信道条件的适应性、对软件定义的光传输的灵活性等方面,与传统均衡器方案相比,信道估计的计算较为简单，复杂度低。但是，它对频率偏移和相位噪声十分敏感，另外它产生较大的 PAPR。由于专家已经找到了如何应对这些缺点，因此 OFDM 依然是一个热门的研究课题。除此之外，由于空分复用光纤（FMF 和 FCF）的复兴，OFDM 被认为是下一代光传输关键的使能技术[18,53-57]。

5.6.1　通过逆快速傅里叶变换产生 OFDM 信号

正交频分复用（OFDM）信号可以作为正交子载波的总和生成，这些子载波通过传统的二维信号星座调制（如 PSK 和 QAM）。正交这个词说明了在 OFDM 系统中载波频率之间存在一个准确的数学关系。也就是说，每个子载波在符号间隔 T_s 内具有恰好整数个周期，并且相邻子载波之间的周期数恰好相差一个，因此第 k 个子载波（表示为 f_k）和第 l 个子载波（表示为 f_l）的关系如下：

$$f_k - f_l = n/T_s \tag{5.100}$$

其中，n 是一个整数。第 k 个子载波的波形可以表示为

$$s_k(t) = \mathrm{rect}(t/T_s)\,\mathrm{e}^{\mathrm{j}2\pi f_k t},\ \mathrm{rect}(t) = \begin{cases} 1, & -1/2 < t \leqslant 1/2 \\ 0, & 其他 \end{cases} \tag{5.101}$$

只有当子载波之间的关系如式(5.100)所示，第 k 个子载波和第 l 个（$k \neq l$）子载波波形之间的正交性原则才有效，即

$$\begin{aligned} \langle s_l, s_k \rangle &= \frac{1}{T_s}\int_{-T_s/2}^{T_s/2} s_k(t) s_l^*(t)\,\mathrm{d}t = \frac{\sin(\pi(f_k - f_l)T_s)}{\pi(f_k - f_l)T_s} \\ &= \mathrm{sinc}((f_k - f_l)T_s)\,|_{f_k - f_l = \pi/T_s} = 0 \end{aligned} \tag{5.102}$$

其中，$\mathrm{sinc}(x) = \sin(\pi x)/(\pi x)$。在这种情况下，正交子载波代表着基函数，并且任意信号可以用沿基函数的投影来表示。换句话说，通过使用 PSK 和 QAM 星座图作为沿基函数的投影，可以生成任意的 OFDM 波形，表示为

$$s(t) = \begin{cases} \displaystyle\sum_{k=-N_{sc}/2}^{k=N_{sc}/2-1} X_{k+N_{sc}/2} \exp\left(\mathrm{j}2\pi \frac{k}{T_s} t\right), & -T_s/2 < t \leqslant T_s/2 \\ 0, & 其他 \end{cases} \tag{5.103}$$

其中，X_k 表示第 k 个子载波上的 QAM/PSK 信号，N_{sc} 表示子载波的数量。基于这种解释，图 5.35(a) 所示的是 OFDM 调制器。QAM 串行数据流被解复用成 N_{sc} 个并行的数据流，它们与不同的子载波基函数相乘，最终产生 OFDM 信号，如图 5.35(b) 所示。OFDM 信号经过 DAC 之后的实部和虚部可以作为 I/Q 调制器的射频输入。因此，该 OFDM 调制器与图 5.4 所示的合成器一致。

在这种特殊的配置下，采用 OFDM 原理进行调制。但是，如果将独立的 N_{sc} 个 QAM 流与相应的子载波基函数相乘，然后再组合在一起，那么 OFDM 合成器将充当多路复用器。

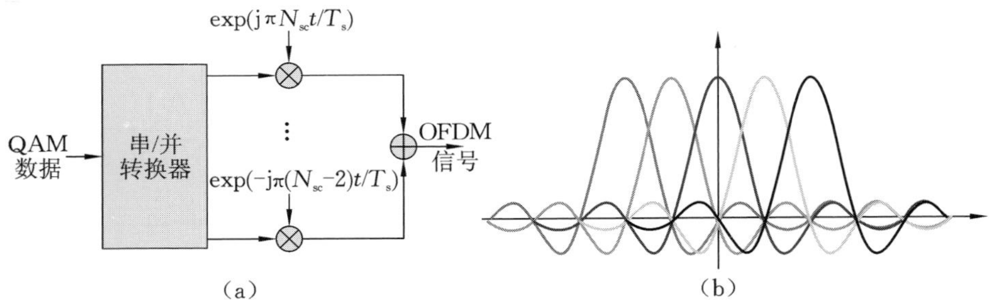

图 5.35　OFDM 信号

(a) 波形产生器；(b) 奈奎斯特重叠子载波

第 l 个子载波 QAM 符号的解调可以通过 l/T_s 的下转换来执行，换句话说，通过图 5.5 中的相关接收器执行，如下所示：

$$\begin{aligned}&\frac{1}{T_s}\int_{-T_s/2}^{T_s/2}\exp\left(-\mathrm{j}2\pi\frac{l}{T_s}t\right)\sum_{k=-N_{sc}/2}^{N_{sc}/2}X_{k+N_{sc}/2}\exp\left(\mathrm{j}2\pi\frac{k}{T_s}t\right)\mathrm{d}t\\&=\frac{1}{T_s}\sum_{k=-N_{sc}/2}^{N_{sc}/2}X_{k+N_{sc}/2}\underbrace{\int_{-T_s/2}^{T_s/2}\exp\left(\mathrm{j}2\pi\frac{k-l}{T_s}t\right)\mathrm{d}t}_{T_s,k=l(0,k\neq l)}=X_{l+N_s/2}\end{aligned}\tag{5.104}$$

由于正交性原则，第 l 个子载波的 QAM 符号可以被解调出来。然而，在存在频率偏移的情况下，子载波的初始正交性将受到破坏，并且基函数（子载波）之间会发生串扰，通常称为载波间干扰（ICI）。

为了实现时域上的转换，我们将 OFDM 连续时间信号进行采样，采样间隔为 $T=T_s/N$，其中 N 是一个 2^n（$n>1$）形式的整数，那么采样后的表现形式如式（5.103）所示。采样结果如下所示：

$$s(mT)=\begin{cases}\displaystyle\sum_{k=-N_{sc}/2}^{k=N_{sc}/2-1}X_{k+N_{sc}/2}\exp\left(\mathrm{j}2\pi\frac{k}{T_s}mT\right),T_s/2<t\leqslant T_s/2\\0,\text{其他}\end{cases}\tag{5.105}$$

由于 $T=T_s/N$，我们可以将上面的公式改写为

$$s(mT)=\begin{cases}\displaystyle\sum_{k=-N_{sc}/2}^{k=N_{sc}/2-1}X_{k+N_{sc}/2}\exp\left(\mathrm{j}\frac{2\pi}{N}km\right),T_s/2<t\leqslant T_s/2\\0,\text{其他}\end{cases}\tag{5.106}$$

它表示输入 QAM 序列的逆离散傅里叶变换(IDFT)。逆快速傅里叶变换(IF-FT)可以很高效地实现 IDFT。这种离散时间的实现方式是 OFDM 具有较高吸引力的一个重要原因。由于几个子载波可以用于信道估计,所以用离散方式的实现是非常灵活的。除此之外,还可以使用基-2 和基-4 算法来降低 IDFT 的复杂度。也就是说,在基数-2 算法中,N 个点的 IFFT 需要$(N/2)\log_2 N$ 个复数进行相乘,而基数-4 算法只需要$(3N/8)(\log_2 N-2)$个复数进行相乘或相位旋转。然而,常规的 IDFT 需要 N^2 个复数相乘。不幸的是,由于需要使用数模转换(DAC),用于计算 IFFT 的样本不足以实现这个功能。为了避免混叠,必须使用过采样。这种方法一般使用插零的方式来进行。零样本点应该添加在 QAM 数据序列的中间,而不是边缘处。也就是说,通过这种方式,我们将确保数据 QAM 点被映射到直流分量上,而零样本点将被映射到接近正负采样率的位置。经过 IFFT 计算和并串转换,DAC 的功能就完成了。

与单载波系统相比,OFDM 具有更好的频谱效率。也就是说,在式(5.103)中,图 5.35(b)所示的单个 OFDM 符号的频谱可以用持续时间为 T_s 的方形脉冲频谱卷积得到,表示为 $\mathrm{sinc}(fT_s)$函数,在子载波频率处有一个狄拉克脉冲(Dirac pulse)之和,即

$$\begin{aligned}S(f)&=\mathrm{FT}\{s(t)\}=\left\{\mathrm{rect}(t/T_s)\sum_{k=-N_{sc}/2}^{k=N_{sc}/2-1}X_{k+N_{sc}/2}\exp\left[\mathrm{j}2\pi\frac{k}{T_s}t\right]\right\}\\&=\mathrm{sinc}(fT_s)*\sum_{k=-N_{sc}/2}^{k=N_{sc}/2-1}X_{k+N_{sc}/2}\delta\left(f-k\frac{1}{T_s}\right)\\&=\sum_{k=-N_{sc}/2}^{k=N_{sc}/2-1}X_{k+N_{sc}/2}\,\mathrm{sinc}\left(\left(f-k\frac{1}{T_s}\right)T_s\right)\end{aligned} \tag{5.107}$$

其中,FT 表示傅里叶变换算子。因此,每个子载波的重叠频谱满足无码间干扰(ISI)的奈奎斯特准则[2,3]。所以说,即使子载波脉冲在观察到的 OFDM 子载波位置处重叠,但是在该位置处形成的交叉为零,因此不存在载波间干扰。与无码间干扰信号相比,关键的区别在于,OFDM 子载波的脉冲形状是在频域而不是在时域得到的。由于允许子载波脉冲在频域上的重叠,因此可以提高带宽效率。

5.6.2 循环扩展和窗口化

OFDM 的一个关键优点是它可以直接用于处理各种色散效应。为了减少

OFDM 符号间的码间串扰(ISI),每个 OFDM 符号之间都引入了保护时间。选择的保护时间通常比预期的色散宽度长,这样就可以使得一个符号的色散不会影响到相邻的符号。保护时间可以是空的时间间隔;但是,在这种情况下,由于子载波分量不是正交的,所以会出现载波间干扰(ICI)的问题。为了消除色散光信道引入的载波间干扰,OFDM 符号通常在保护间隔内被周期性地扩展,以此来恢复子载波间的正交性。在循环扩展之后,符号的持续时间被确定为 $T_s = T_G + T_{FFT}$,其中,T_G 是保护时间间隔的时间长度,而 T_{FFT} 是与子载波间隔相关的 OFDM 符号的有效长度,T_{FFT} 与 Δf_{sc} 的关系是 $T_{FFT} = 1/\Delta f_{sc}$。循环扩展可以将 FFT 帧中最后一个 $N_G/2$(对应于 $T_G/2$)个样本作为前缀来执行,并重复第一个 $N_G/2$ 样本作为后缀来执行,如图 5.36 所示。另一种方法是仅选择持续时间为 T_G 的前缀或后缀。为了完全消除码间串扰,由于色散和差分群时延 DGD,总的延迟扩展 Δt 应该小于保护间隔[13],Δt 表示为

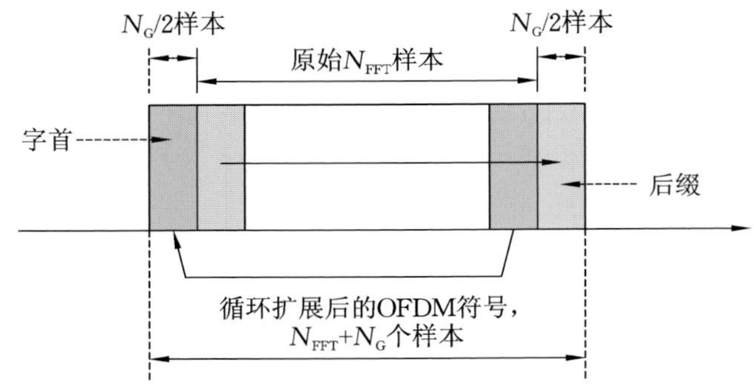

图 5.36　循环扩展过程的描述

$$\begin{aligned}\Delta t &= |\beta_2| L_{tot} \Delta\omega + \mathrm{DGD}_{max} \\ &= \frac{c}{f^2} |D_t| N_{FFT} \Delta f_{sc} + \mathrm{DGD}_{max} \leqslant T_G\end{aligned} \tag{5.108}$$

其中,D_t 是累积色散,c 是光速,f 是中心频率(通常设置为 193.1 THz),L_{tot} 是总的传输距离,DGD_{max} 是最大 DGD 数值,β_2 是与色散参数 D 相关的二阶群速度色散(GVD),$\beta_2 = -(2\pi c/\lambda^2)D$(详见第 3.3.2 节和 3.3.3 节)。在存在色散的情况下,接收到的电场可以写成

$$E_s = \exp(\mathrm{j}(2\pi f_{LD} t + \phi_{PN,S})) \sum_{k=1}^{N_{FFT}} X_k \mathrm{e}^{\mathrm{j}2\pi f_k t} \mathrm{e}^{\mathrm{j}\phi_{CD}(k)} \tag{5.109}$$

其中,$\phi_{CD}(k)$ 表示第 k 个子载波的相位因子,即

$$\phi_{\mathrm{CD}}(k)=\frac{\omega_k^2\,|\beta_2|\,L}{2}=\frac{4\pi^2 f_k^2}{2}\,\frac{\lambda_{\mathrm{LD}}^2}{2\pi c}DL=\frac{\pi c}{f_{\mathrm{LD}}^2}D_t f_k^2 \tag{5.110}$$

其中，f_k 是第 k 个子载波的频率(对应的角频率 $\omega_k=2\pi f_k$)，f_{LD} 是发射激光的频率(对应的波长为 λ_k)，D_{t} 表示总的色散($D_{\mathrm{t}}=D\cdot L$，D 为色散系数，L 为光纤长度)，c 为光速。

OFDM 平衡相干探测器(在第 6 章描述)的输出可以表示为

$$v(t)\approx R_{\mathrm{PIN}}R_{\mathrm{L}}\mathrm{e}^{\{\mathrm{j}[2\pi(f_{\mathrm{LD}}-f_{\mathrm{LO}})t+\phi_{\mathrm{PN,S}}-\phi_{\mathrm{PN,LO}}]\}}\sum_{k=1}^{N_{\mathrm{FFT}}}X_k\mathrm{e}^{\mathrm{j}2\pi f_k t}\mathrm{e}^{\mathrm{j}\phi_{\mathrm{CD}}(k)}+N(t) \tag{5.111}$$

其中，f_{LO} 是本地激光源的载波频率，R_{PIN} 是光电探测器的响应度，R_{L} 是跨阻抗放大器中的反馈电阻，$\phi_{\mathrm{PN,S}}$ 和 $\phi_{\mathrm{PN,LO}}$ 分别表示发射激光和本地激光振荡的相位噪声。这两个噪声源通常被建模为 Wiener-Lévy 过程[13]，这是一个具有方差为 $2\pi(\Delta\nu_{\mathrm{S}}+\Delta\nu_{\mathrm{L}})\,|\,t\,|$ 的零均值高斯过程，其中，$\Delta\nu_{\mathrm{S}}$ 和 $\Delta\nu_{\mathrm{L}}$ 分别是发射激光和本地激光的线宽，$N=N_{\mathrm{I}}-\mathrm{j}N_{\mathrm{Q}}$ 表示噪声过程，主要以 ASE 噪声为主。

第 k 个子载波的接收符号可以表示为

$$Y_k=X_k\exp(\mathrm{j}(\phi_{\mathrm{PN,S}}-\phi_{\mathrm{PN,LO}}))\exp(\mathrm{j}\phi_{\mathrm{CD}}(k))+N_k,\quad N_k=N_{k,\mathrm{I}}+N_{k,\mathrm{Q}} \tag{5.112}$$

其中，N_k 表示由复数形式的 ASE 噪声引起的圆形高斯过程。第 k 个子载波的发射符号可以被估计为

$$\widetilde{X}_k=Y_k\exp(-\mathrm{j}(\phi_{\mathrm{PN,S}}-\phi_{\mathrm{PN,LO}}))\exp(-\mathrm{j}\phi_{\mathrm{CD}}(k)) \tag{5.113}$$

其中，第 k 个子载波的色散相位因子 $\phi_{\mathrm{CD}}(k)$ 是通过训练信道来估计的，而相位因子 $\phi_{\mathrm{PN,S}}-\phi_{\mathrm{PN,LO}}$ 是通过导频辅助信道来估计的。第 6 章将介绍各种 OFDM 信道估计技术的额外细节。因此，通过适当地设置保护间隔，可以将色散信道分解为 N_{FFT} 个并行信道，如图 5.2 所示。如果用式(5.81b)的琼斯矢量将偏振模色散(PMD)也包括在这个模型中，那么等效信道模型可以表示为

$$\begin{bmatrix}Y_k^{(\mathrm{H})}\\ Y_k^{(\mathrm{V})}\end{bmatrix}_k=\boldsymbol{U}(f_k)\begin{bmatrix}X_k^{(\mathrm{H})}\\ X_k^{(\mathrm{V})}\end{bmatrix}\exp(\mathrm{j}(\phi_{\mathrm{PN,S}}-\phi_{\mathrm{PN,LO}}))\exp(\mathrm{j}\phi_{\mathrm{CD}}(k))+\begin{bmatrix}N_k^{(\mathrm{H})}\\ N_k^{(\mathrm{V})}\end{bmatrix} \tag{5.114}$$

其中，$\boldsymbol{U}(f_k)$ 表示光纤链路的琼斯矩阵，而上标 H 和 V 分别表示水平和垂直两种偏振态。

现在将从数字信号处理(DSP)的角度来解释循环扩展。离散时间序列

$x(n)(0 \leqslant n \leqslant N-1)$ 的 N 个点的离散傅里叶变换(DFT)和相应的逆DFT(IDFT)可以定义为

$$\begin{aligned}\mathrm{DFT}\{x(n)\} &= X_k = \sum_{n=0}^{N-1} x[n] \mathrm{e}^{-\mathrm{j}2\pi nk/N}, \quad 0 \leqslant k \leqslant N-1 \\ \mathrm{IDFT}\{X_k\} &= x(n) = \frac{1}{N}\sum_{k=0}^{N-1} X_k \mathrm{e}^{\mathrm{j}2\pi nk/N}, \quad 0 \leqslant n \leqslant N-1\end{aligned} \tag{5.115}$$

线性时不变(LTI)系统的输出 $y(n)$ 可以由输入 $x(n)$ 和LTI系统的色散信道脉冲响应 $h(n)$ 的卷积得到,即

$$y(n) = x(n) * h(n) = h(n) * x(n) = \sum_k h(k) x(n-k) \tag{5.116}$$

然而,$x(n)$ 和 $h(n)$ 的环形卷积定义为

$$y(n) = x(n)^* h(n) = \sum_k h(k) x\,(n-k)_N, (n-k)_N \equiv (n-k) \bmod N \tag{5.117}$$

其中,$(n-k)_N$ 表示 $x(n-k)$ 的周期性扩展,周期为 N。因此,通过环形卷积得到的序列是周期为 N 的周期性序列。$x(n)$ 和 $h(n)$ 的圆周卷积的 DFT 是相应的单项 DFT 的乘积,即

$$\mathrm{DFT}\{y(n) = x(n)^* h(n)\} = X_k H_k, \quad 0 \leqslant k \leqslant N-1 \tag{5.118}$$

在这种情况下,信道输出的不是环形卷积,而是信道输入和脉冲响应的线性卷积。线性卷积可以通过引入循环扩展来转换成环形卷积。循环扩展可以作为前缀、后缀,或同时为前缀和后缀部分插入。以前缀形式插入的 $\{x(n)\}$ 的循环扩展可以由 $\{x(N-L), \cdots, x(N-1)\}$ 来定义,其中 L 表示序列的最后 L 个样本,如图 5.37 所示。当循环扩展作为前缀插入序列 $x(n)$ 的开头时,所得到的序列和脉冲响应 $h(n)$ 的卷积产生环形卷积,有

$$\begin{aligned}y(n) &= x_{\text{circular}}(n) * h(n) = \sum_{k=0}^{L} h(k) x_{\text{circular}}(n-k) = \sum_{k=0}^{L} h(k) x(n-k)_N \\ &= x(n) * h(n)\end{aligned} \tag{5.119}$$

其中,$x_{\text{circular}}(n)$ 表示循环扩展序列。$x(n)$ 和 $h(n)$ 的环形卷积的 DFT 由下式给出:

$$\mathrm{DFT}\{y(n) = x(n) * h(n)\} = X_k H_k, \quad 0 \leqslant k \leqslant N-1 \tag{5.120}$$

以此来估计输入序列,在此表示为 $\widetilde{x}(n)$,可以通过以下方式来完成:

$$\widetilde{x}(n)=\mathrm{IDFT}\left\{\frac{Y_k}{H_k}\right\}=\mathrm{IDFT}\left\{\frac{\mathrm{DFT}\{y(n)\}}{\mathrm{DFT}\{h(n)\}}\right\} \tag{5.121}$$

其中，H_k 是通过导频辅助信道估计得到的，这将在第 6 章中介绍。在式(5.121) 中使用的 $y(n)$ 长度为 $N+L$。然而，恢复原始序列 $x(n)$(其中 $n=0,1,\cdots,N-1$)不需要 $y(n)$ 中的前 L 个样本(其中 $n=-L,\cdots,-1$)。通过增加循环前缀，我们解决了环形卷积的问题，但引入了 L/N 的开销，所以总的数据速率会降低 $N/(L+N)$ 倍。在 OFDM 中除了使用 DFT/IDFT，我们还可以使用 FFT/IFFT。在上述讨论中，序列的长度 N 与 N_{FFT} 相对应。在 OFDM 中，我们将循环前缀添加到每个 OFDM 符号中。总之，借助循环前缀，我们可以同时解决码间串扰和环形卷积的问题。

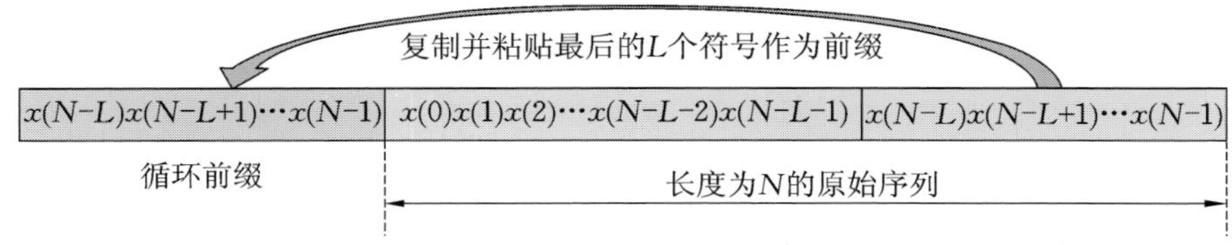

图 5.37　基于 FFT 的 OFDM 循环前缀创建的说明

关于 OFDM 的另一个重要步骤是窗口化，如图 5.38 所示。窗口化的目的是减少带外频谱，这对于多波段相干光(coherent optical, CO)OFDM 应用非常重要，通常称为超信道光学 OFDM 结构。常用的窗口类型具有升余弦形状，即

$$w(t)=\begin{cases}\dfrac{1}{2}[1-\cos\pi(t+T_{\mathrm{win}}+T_{\mathrm{G}}/2)/T_{\mathrm{win}}], & -T_{\mathrm{win}}-T_{\mathrm{G}}/2\leqslant t<-T_{\mathrm{G}}/2\\ 1.0, \quad -T_{\mathrm{G}}/2\leqslant t<T_{\mathrm{FFT}}+T_{\mathrm{G}}/2 & \\ \dfrac{1}{2}[1-\cos\pi(t-T_{\mathrm{FFT}})/T_{\mathrm{win}}], & T_{\mathrm{FFT}}+T_{\mathrm{G}}/2\leqslant t<T_{\mathrm{FFT}}+T_{\mathrm{G}}/2+T_{\mathrm{win}}\end{cases} \tag{5.122}$$

其中，T_{G} 表示保护间隔长度，T_{win} 表示窗间隔长度。上述窗口形状可以在数字信号处理中用各种数字函数(也称为窗口)表示，如汉明、汉宁和巴特利特[41]。需要仔细选择加窗间隔而不违反正交性原理，因为在实际使用中允许相邻的 OFDM 部分重叠。也可以使用数字滤波技术来替代加窗技术以降低带外频谱。然而，数字滤波每个样本至少需要几次乘法，窗口化每个符号需要多次乘法，这代表着窗口化更容易实现。加窗后的 OFDM 信号可以表示为

$$s_n(t)=\sum_{n=-\infty}^{\infty} w(t-nT_s)\sum_{k=-N_{FFT}/2}^{N_{FFT}/2-1} X_{k,n}\cdot \mathrm{e}^{\mathrm{j}2\pi\frac{k}{T_{FFT}}(t-nT_s)} \tag{5.123}$$

其中,n 表示第n 个 OFDM 符号,k 表示第k 个 OFDM 子载波。对于单频带的 OFDM 系统,可以省略窗口操作(在式(5.123) 中,下标 B 表示基带信号)。

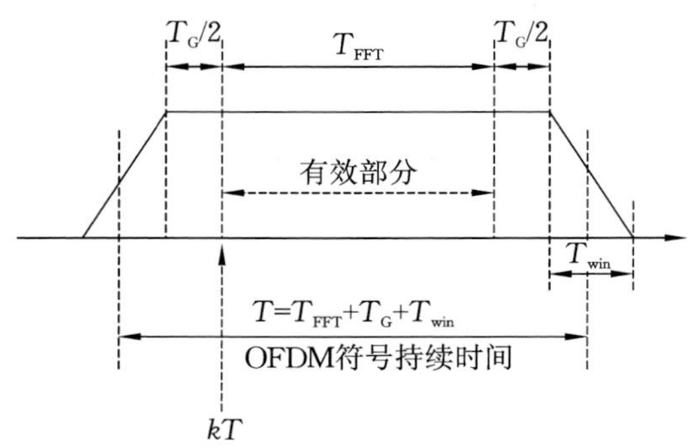

图 5.38　加窗过程的描述

总之,用如下步骤来生成 OFDM 信号。N_{QAM} 的 QAM 符号用零填充方式以获得用于计算 IFFT 的 N_{FFT} 个输入样本。IFFT 输出的最后 $N_G/2$ 个样本被插入 OFDM 符号的开头,而最开始的 $N_G/2$ 个样本被添加到末尾。OFDM 符号乘以相应的窗口函数。之后,将实部和虚部分开,并对实部和虚部分别进行数模转换。最后,在驱动放大后,将 I 路和 Q 路信号输入至 I/Q 调制器。

5.6.3　CO-OFDM 的带宽效率

如果假设在 CO-OFDM 系统中使用 N_{sc} 个子载波,每个子载波的码元速率为 R_{sc},那么总的码元速率 R_s 为

$$R_s=N_{sc}R_{sc} \tag{5.124}$$

在不使用加窗操作的情况下,OFDM 一个符号占据的带宽可以表示为

$$B_{CO\text{-}OFDM}=\frac{N_{sc}-1}{T_{FFT}}+2R_{sc} \tag{5.125}$$

其中,T_{FFT} 表示一个 OFDM 码元的有效部分,也就是传递信息的部分,如图 5.38 所示。由于子载波的间隔是由 $\Delta f_{sc}=1/T_{FFT}$ 给出的,那么整个所占据的带宽等于$(N_{sc}-1)\Delta f_{sc}$。然而,由于第一个和最后一个子载波的有限上升沿和下降沿引起的带宽部分由 $2R_{sc}$ 给出,CO-OFDM 系统的总带宽效率可以表示为

$$\rho = 2\,\frac{bN_{sc}R_{sc}}{B_{CO\text{-}OFDM}} = 2\,\frac{bN_{sc}R_{sc}}{2R_{sc} + (N_{sc} - 1)/T_{FFT}} \tag{5.126}$$

其中,b 表示每个 QAM 信号的比特数,因子 2 来源于偏振复用。子载波的间隔可确定为 $\Delta f_{sc} = 1/(T_s - T_G)$,并且与系统的设计有关。保护间隔很大程度上取决于系统需要补偿的色散量,如式(5.108) 所示。因此,只有在整个 OFDM 系统的所有细节都已知的情况下,才能知道真正的带宽效率。然而,以下的经验法则可以用于初步的研究。通常,$R_s/B_{CO\text{-}OFDM}$ 约为 8/9,所以带宽效率大概是每赫兹 1.778 b/s/Hz[13]。例如,当所有子载波都传输 16-QAM 信号时,带宽效率约为 7.112 b/s/Hz。考虑到循环前缀的传输除了降低带宽效率之外,还会降低功率效率,使用全零前缀可以提高 OFDM 的功率效率,如图 5.39 所示。也就是说,在发射端,我们将保护间隔留空。由于色散和偏振模色散,光信道将在保护间隔内引入一些拖尾效应。在 OFDM 解调前,需要将这些拖尾“复制粘贴”作为 OFDM 符号的前缀。原则上,与 CO-OFDM 系统中的循环前缀相比,该方案的色散补偿能力没有差异,但是功率效率可以提高$(N + L)/N$ 倍。这种方案的弊端是 ASE 噪声会增加大约一倍,因为来自拖尾的噪声会被传输到 OFDM 符号中已经有噪声的前缀部分。相反,通过无保护间隔的 OFDM 可以提高带宽效率[42,43]。然而,无保护间隔的 OFDM 要求使用传统的线性均衡器来补偿色散效应带来的失真。

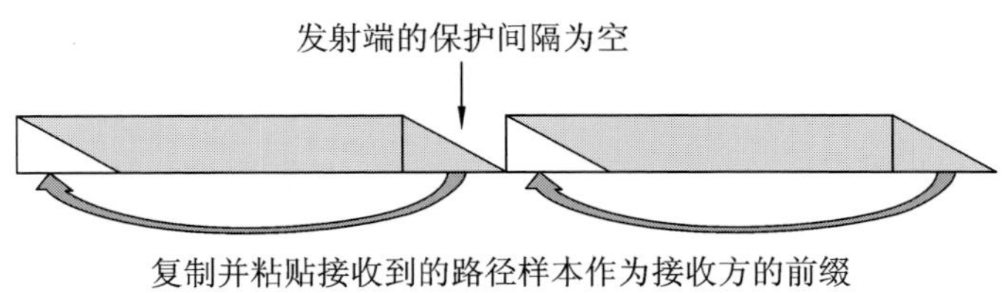

图 5.39　零前缀的 OFDM 示意图

5.6.4　OFDM 信号处理和并行光信道分解

OFDM 参数的选择通常是由相互冲突的需求决定的,因此正确的工程设计至关重要。首先,标准的参数要求有如下几个:OFDM 信号的带宽、总的数据速率、要补偿的剩余色散量、平均 DGD 值和平均 PDL 值。要补偿的色散量和最大容许的 DGD 值一起直接决定了保护时间间隔的长度,如式(5.108) 所示。根据经验,保护间隔的长度应该至少是式(5.108) 所要求长度的 2 ～ 3 倍,以确保 PMD/PDL 中断和串联滤波问题的正确系统余量。OFDM 符号的长度

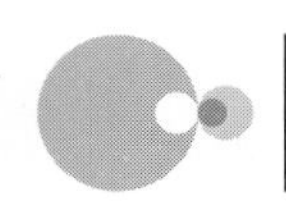

应至少是保护间隔时长的 5 倍，以确保与单载波系统相比，OSNR 损失小于 1 dB。需要的子载波的数量应该仅仅由 OFDM 信号带宽和子载波频率间隔的比值决定。如前一节所示，子载波间隔可以被确定为 OFDM 符号持续时间减去保护时间的倒数值，即 $\Delta f_{sc}=1/(T_s-T_G)$。

通用的 CO-OFDM 系统架构如图 5.40 所示。由于 OFDM 接收机的配置仅仅用于完整呈现发送的数据，所以我们将更多地关注 OFDM 发射机的配置(详细的 OFDM 接收机的分析将在第 6 章中介绍)。在对二进制数据流编码并执行相应的二进制字段到 QAM 映射之后可以得到 QAM 数据，这些数据流作为串行符号流到达 OFDM 射频发射机。QAM 数据流中的符号的集合是 $\{0,1,\cdots,M-1\}$，其中 M 是 QAM 信号星座图的大小。可以使用任意的二维星座图。当使用非二进制编码时，码字符号可以被解释为 QAM 符号，从而提供给编码器非二进制字段的长度与 QAM 星座图的大小相同。串行的 QAM 流在并串转换器中被转换成并行数据流，N_{sc} 个符号被提供给子载波映射器。子载波映射器以查找表(LUT) 的方式工作，它将同相和正交坐标分配给每个输入符号，并创建以并行方式传递到 IFFT OFDM 调制器的相应复数。在创建 OFDM 符号的 FFT 部分(也就是有效数据部分)之后，就可以执行循环扩展，如第 5.6.2 节所示。循环扩展得到的 OFDM 符号经过并行到串行的转换和上采样操作，然后再传递到数模转换器(DAC)。在脉冲整形和放大之后，DAC 输出的实部和虚部被用作 I/Q 调制器的输入，这在第 5.2.1 节中已经介绍了。光 OFDM 数据流在所针对的光通信系统上传输。在接收器端(见图 5.40(b))，接收到的光信号和平衡相干探测器中的本地激光信号混合，其配置将在第 6 章中介绍。经过放大和模数转换(ADC) 之后，平衡相干探测器的输出是沿同相和正交基函数的投影，分别被定义为图 5.40(b) 中的V_I 和 V_Q，这些被解释为相应复数的实部和虚部。在串并转换之后，执行 FFT 解调，然后进行 QAM 符号检测。在并串转换之后，QAM 数据流就会分发到终端用户。在图 5.40(b) 所示的 OFDM 射频接收机中，在进行 DAC 和 FFT 解调后，向下转换的 OFDM 信号在符号检测之前经过以下步骤：①FFT 窗口同步，其中 OFDM 信号被正确地对准以避免任何的码间串扰；② 频率同步，对频率偏移量进行估计和补偿；③ 子载波恢复，需要估计和补偿子载波级的信道系数。这些步骤的细节将在第 6 章中介绍。

在这里应该提到，类似于 OFDM 的方案也可以应用到频域，通过使用具有矩形带宽频谱的光脉冲，这个宽度理想情况下等于符号速率。这将导致如

图 5.35(b) 所示的脉冲重叠，但这次重叠是在时域中。该技术称为奈奎斯特波分复用，并且是本章问题 5.33 的主题。

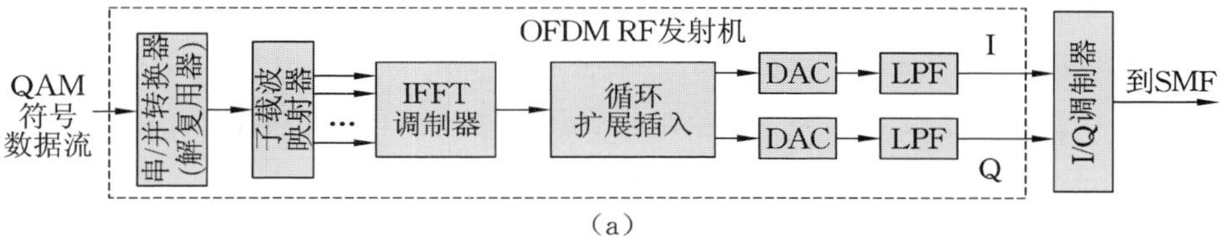

(a)

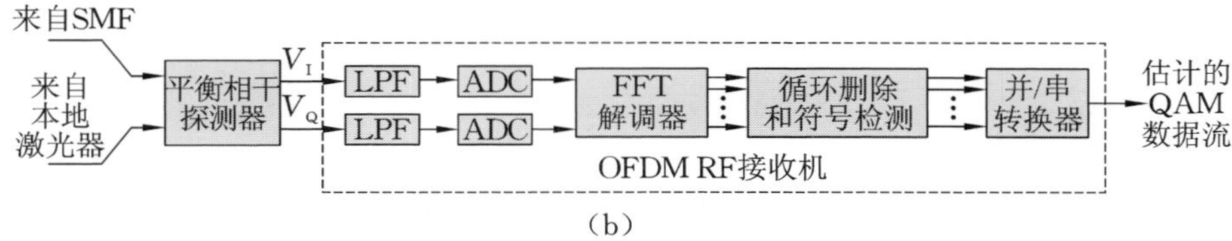

(b)

图 5.40 CO-OFDM 系统架构

(a) OFDM 发射机配置；(b) OFDM 接收机配置

图 5.40(a) 所示的 OFDM 发射机的输出端可以通过使用式(5.123) 来表示，并且变成以下公式：

$$s(t)=\mathrm{e}^{\mathrm{j}(2\pi f_{\mathrm{LD}}t+\phi_{\mathrm{PN,S}})}\sum_{n=-\infty}^{\infty}\sum_{k=-N_{\mathrm{FFT}}/2}^{N_{\mathrm{FFT}}/2-1}X_{k,n}\operatorname{rect}\left(\frac{t-nT_{\mathrm{s}}}{T_{\mathrm{s}}}\right)\mathrm{e}^{\mathrm{j}2\pi\frac{k}{T_{\mathrm{FFT}}}(t-nT_{\mathrm{s}})} \tag{5.127}$$

其中我们忽略了窗函数。在式(5.127) 中，f_{LD} 表示发射机发光二极管的光载波频率，而 $\phi_{\mathrm{PN,S}}$ 表示激光的随机相位噪声过程。式(5.127) 中其他参数已在之前的章节中介绍过。发射的光 OFDM 信号在脉冲响应为 $h(t,\tau)$ 的光学介质上传播，其中参数 τ 表示脉冲响应是随时间变化的，因此接收到的信号可以表示为

$$r(t)=s(t)*h(t,\tau)+w(t) \tag{5.128}$$

其中，$w(t)$ 表示来自 EDFA 的 ASE 噪声过程，该过程周期性地用于补偿光纤损耗。在平衡相干探测中，相应的信号可以写成

$$v(t)=R_{\mathrm{PIN}}R_{\mathrm{L}}\mathrm{e}^{\mathrm{j}\{2\pi(f_{\mathrm{LD}}-f_{\mathrm{LO}})t+\phi_{\mathrm{PN,S}}-\phi_{\mathrm{PN,LO}}\}}s_{\mathrm{B}}(t)*h(t,\tau)+w(t) \tag{5.129}$$

其中，R_{PIN} 表示光电二极管的响应度，R_{L} 表示负载电阻。用 $s_{\mathrm{B}}(t)$ 表示式(5.127) 的基带部分，即

$$s_{\mathrm{B}}(t)=\sum_{n=-\infty}^{\infty}\sum_{k=-N_{\mathrm{FFT}}/2}^{N_{\mathrm{FFT}}/2-1}X_{k,n}\operatorname{rect}\left(\frac{t-nT_{\mathrm{s}}}{T_{\mathrm{s}}}\right)\mathrm{e}^{\mathrm{j}2\pi\frac{k}{T_{\mathrm{FFT}}}(t-nT_{\mathrm{s}})} \tag{5.130}$$

从式(5.129) 可以明显看出，频率偏移 $\Delta f_{\mathrm{off}}=f_{\mathrm{LD}}-f_{\mathrm{LO}}$ 的估计和补偿以及相

位误差 $\Delta\phi=\phi_{\mathrm{PN,S}}-\phi_{\mathrm{PN,LO}}$ 都是至关重要的。我们有以下假设:① 信道是准静态的,并且在几个 OFDM 符号的持续时间内不会改变,这对于典型的 CO-OFDM 系统都是如此,因此我们可以写出 $h(t,\tau)\approx h(t)$;② 保护间隔设置是合理的,因此在相邻的两个 OFDM 符号之间没有码间串扰。OFDM 解调可以由一组匹配滤波器实现,并且第 k 个分支的输出可以表示为

$$\begin{aligned}Y_{n,k}&=\frac{1}{T_{\mathrm{FFT}}}\int_{t=kT_m}^{kT_\mathrm{s}+T_{\mathrm{FFT}}}v(t)\mathrm{e}^{-\mathrm{j}2\pi i(t-kT_\mathrm{s})/T_{\mathrm{FFT}}}\mathrm{d}t\\&=\frac{1}{T_{\mathrm{FFT}}}\int_{t=kT_\mathrm{s}}^{kT_\mathrm{s}+T_{\mathrm{FFT}}}\left[\int_0^{\Delta t}h_k(\tau)s_\mathrm{B}(t-\tau)\mathrm{d}\tau+w(t)\right]\mathrm{e}^{-\mathrm{j}2\pi n\frac{t-kT_\mathrm{s}}{T_{\mathrm{FFT}}}}\mathrm{d}t\end{aligned}\tag{5.131}$$

为了简单起见,我们忽略 $R_{\mathrm{PIN}}\cdot R_\mathrm{L}$ 项,并且假设频率偏移和相位误差都得到补偿,并且 Δt 由式(5.108) 给出。通过用式(5.130) 给出的表达式替代 $s_\mathrm{B}(t)$,我们得到以下式子:

$$\begin{aligned}Y_{n,k}&=\sum_{n'=-N/2}^{N/2-1}X_{n',k}\frac{1}{T_{\mathrm{FFT}}}\int_{\sigma=0}^{T_{\mathrm{FFT}}}\left[\int_0^{\Delta t}h_k(\tau)\mathrm{e}^{-\mathrm{j}2\pi n'(\sigma-\tau)/T_{\mathrm{FFT}}}\mathrm{d}\tau\right]\mathrm{e}^{-\mathrm{j}2\pi\sigma/T_{\mathrm{FFT}}}\mathrm{d}\sigma+w_{n,k}\\&=\sum_{n'=-N/2}^{N/2-1}X_{n',k}\frac{1}{T_{\mathrm{FFT}}}\int_{\sigma=0}^{T_{\mathrm{FFT}}}\underbrace{\int_0^{\Delta t}h_k(\tau)\mathrm{e}^{-\mathrm{j}2\pi n't/T_{\mathrm{FFT}}}\mathrm{d}\tau}_{H_{n',k}}\mathrm{e}^{-\mathrm{j}2\pi(n-n')\sigma/T_{\mathrm{FFT}}}\mathrm{d}\sigma+w_{n,k}\end{aligned}\tag{5.132}$$

其中,$H_{n',k}$ 表示第k 个子载波的传递函数。此项不是外积分的函数,所以可以去掉,上述的公式就变成

$$Y_{n,k}=\sum_{n'=-N/2}^{N/2-1}X_{n',k}H_{n',k}\overbrace{\frac{1}{T_{\mathrm{FFT}}}\int_{\sigma=0}^{T_{\mathrm{FFT}}}\mathrm{e}^{-\mathrm{j}2\pi(n-n')\sigma/T_{\mathrm{FFT}}}\mathrm{d}\sigma}^{1,n=n'}+w_{n,k}\tag{5.133}$$

通过使用正交性原则,我们得到下式:

$$Y_{n,k}=H_{n,k}X_{n,k}+w_{n,k}\tag{5.134}$$

它表示光信道的并行分解,如图 5.2 所示。如果相位误差没有得到补偿,那么相应的并行光信道分解如下:

$$Y_{n,k}=X_{n,k}H_{n,k}\mathrm{e}^{\mathrm{j}(\phi_{\mathrm{PN,S}}-\phi_{\mathrm{PN,LO}})}+w_{n,k}\tag{5.135}$$

信道系数 $H_{n,k}$ 表示了色散和滤波效应还有其他线性失真效应。色散部分有以下形式:$\exp[\mathrm{j}\phi_{\mathrm{CD}}(k)]$,其中 $\phi_{\mathrm{CD}}(k)$ 由式(5.110) 给出。我们现在可以替换 $H_{n,k}=H'_{n,k}\exp[\mathrm{j}\phi_{\mathrm{CD}}(k)]$,就可以得到

$$Y_{n,k}=X_{n,k}H'_{n,k}\mathrm{e}^{\mathrm{j}(\phi_{\mathrm{PN,S}}-\phi_{\mathrm{PN,LO}})}\mathrm{e}^{\mathrm{j}\phi_{\mathrm{CD}}(k)}+w_{n,k}\tag{5.136}$$

通过引入光纤链路$U(f_k)$的琼斯矩阵可以实现式(5.136)的推广,因此我们得到以下的信道模型:

$$Y_{n,k}=U(f_k)H'_{n,k}\mathrm{e}^{\mathrm{j}(\phi_{\mathrm{PN,S}}-\phi_{\mathrm{PN,LO}})}\mathrm{e}^{\mathrm{j}\phi_{\mathrm{CD}}(k)}X_{n,k}+W_{n,k} \tag{5.137}$$

其中,相应的符号用2个参数的向量替代,第一个参数表示x偏振态,第二个参数表示y偏振态。这种模型被用于研究CO-OFDM系统以及各种信道失真的补偿方法。例如,为了研究一阶的偏振模色散,我们可以有以下的琼斯矩阵(参考文献[11])。

$$\boldsymbol{U}=\begin{bmatrix}U_{xx}(\omega) & U_{xy}(\omega)\\ U_{yx}(\omega) & U_{yy}(\omega)\end{bmatrix}=\boldsymbol{RP}(\omega)\boldsymbol{R}^{-1},\boldsymbol{P}(\omega)=\begin{bmatrix}\mathrm{e}^{-\mathrm{j}\omega\tau/2} & 0\\ 0 & \mathrm{e}^{\mathrm{j}\omega\tau/2}\end{bmatrix} \tag{5.138}$$

其中,τ是DGD,ω是角频率,$\boldsymbol{R}=R(\theta,\varepsilon)$是旋转矩阵,表示为

$$\boldsymbol{R}=\begin{bmatrix}\cos\left(\dfrac{\theta}{2}\right)\mathrm{e}^{\mathrm{j}\tau/2} & \sin\left(\dfrac{\theta}{2}\right)\mathrm{e}^{-\mathrm{j}\tau/2}\\ -\sin\left(\dfrac{\theta}{2}\right)\mathrm{e}^{\mathrm{j}\tau/2} & \cos\left(\dfrac{\theta}{2}\right)\mathrm{e}^{-\mathrm{j}\tau/2}\end{bmatrix} \tag{5.139}$$

其中,θ是极角,ε是方位角。琼斯信道矩阵的U_{xx}和U_{xy}系数相对于归一化频率f_τ的大小如图5.41所示(频率用DGD τ归一化,因此它的结论与数据速率无关),分以下两种情况:①$\theta=\pi/2$且$\varepsilon=0$;②$\theta=\pi/3$且$\varepsilon=0$。在第一种情况下,信道系数U_{xx}对于某些频率完全消失,而在第二种情况下它从未完全消失,因此表明第一种情况表示最坏情况。

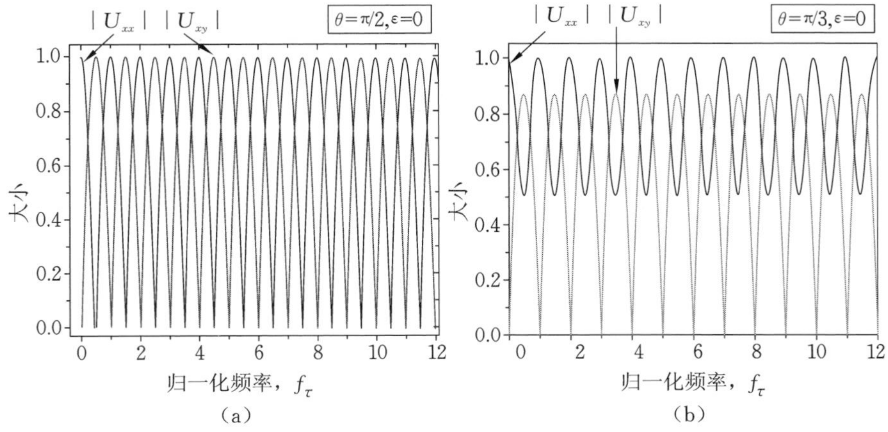

图 5.41 U_{xx}和U_{xy}的琼斯矩阵系数相对于归一化频率的幅度响应

(a) $\theta=\pi/2$且$\varepsilon=0$;(b) $\theta=\pi/3$且$\varepsilon=0$

5.6.5 多模光纤链路中的离散多载波调制技术(discreete multitone,DMT)

通过使用多载波传输,发送的比特流可以被分成多路子比特流,而这些子比特流一般来说都是互相正交的。这些子比特流通过许多不同的子通道发送,从而避免了其他所需要的高速组件。合理地选择子比特流的数目使得每个子比特流上的符号的时域时间都大于信道中延迟展宽,从而减少符号间干扰。OFDM 技术可以利用自适应调制和编码机制来处理时变信道条件,如多模光纤(MMF) 链路中的信道条件。这种方案可以基于直接探测来降低系统成本。然而,这仍然需要使用射频的上变频和下变频。DMT 调制是 OFDM 的一种特殊版本,它被认为是在局域网应用中通过多模光纤链路传输的一种低成本的解决方法[44]。如果使用 DMT 调制格式,则需要将同样的序列发送两次,这会导致比特速率降低。但是与传统的单载波传输相比,DMT 还有以下两个优点:① 它有能力根据信道条件定制信道上的信息承载分布来最大化信息速率;② 它能适应时变信道条件,这是由于原始数据流在多个子载波之间进行划分而实现的,而受信道条件影响的子载波可以通过自适应调制来避免。

利用多模光纤链路传输的 DMT 系统框图如图 5.42 所示。解复用器将输入的信息比特流转换成并行形式。星座映射器将 N 个子载波通过 QAM 的形式映射成并行的数据流。采用 IFFT 进行调制,将频域上的并行数据转换成时域上的并行数据。IFFT 之后得到的复数时域序列 s_k 可以表示为

$$s_k=\frac{1}{\sqrt{N}}\sum_{n=0}^{N-1}C_n\exp\left(\mathrm{j}2\pi k\ \frac{n}{N}\right),\quad k=0,1,\cdots,N-1 \tag{5.140}$$

其中,$C_n(n=0,1,\cdots,N-1)$ 表示频域输入 QAM 序列。在 DMT 中,时域序列是实值序列,用点数为 $2N$ 的 IFFT 代替实现,输入值满足 Hermitian 对称性[13],有

$$C_{2N-n}=C_n^*,\quad n=1,2,\cdots,N-1,\quad \mathrm{Im}\{C_0\}=\mathrm{Im}\{C_N\}=0 \tag{5.141}$$

这意味着输入序列的后半部分(进入 IFFT 块) 是前半部分的复共轭。除此之外,第 0 和第 N 个子载波必须如式(5.139) 所示为实数。因此,DMT 中的 $2N$ 点 IFFT 可以表述为

$$s_k=\frac{1}{\sqrt{2N}}\sum_{n=0}^{2N-1}C_n\exp\left(\mathrm{j}2\pi k\ \frac{n}{2N}\right),\quad k=0,1,\cdots,2N-1 \tag{5.142}$$

其中,s_k 是长度为 $2N$ 的实值序列。在进行并串转换时,相应的离散时间信号

可以写为

$$s\left(k\frac{T}{2N}\right)=\frac{1}{\sqrt{2N}}\sum_{n=0}^{2N-1}C_n\exp\left(\mathrm{j}2\pi n\frac{kT}{2N}\right),\quad k=0,1,\cdots,2N-1 \tag{5.143}$$

其中,T 是 DMT 帧的持续时间。在并串转换中(见图 5.42),循环扩展的执行方式与前面章节中介绍的类似。由于多模色散,循环扩展的长度必须比最大的脉冲展宽要长。数模转换器通常包括发送滤波器,它执行从数字到模拟域的转换。如图 5.42 所示,利用 DMT 信号对激光二极管进行直接调制可以降低系统成本。此外,偏压用于将 DMT 信号的负数部分转换成正数部分,这是因为如果强度调制与直接检测结合使用,那么就无法传输负信号。信号的裁剪可以提高功率效率。

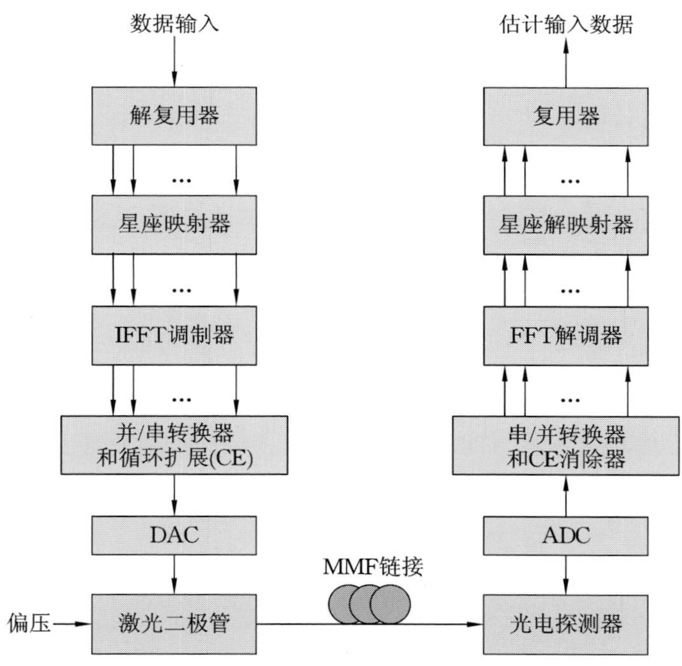

图 5.42　通过多模光纤传输的 DMT 系统

P/S 表示并转串,S/P 表示串转并,DAC 表示数模转换器,ADC 表示模数转换器。

在接收端,光电探测器进行光电转换,直流偏压被阻断,同时进行了 ADC、循环消除和串并转换。通过 $2N$ 个点 FFT 进行解调,它的输出如下:

$$\hat{C}_n=\frac{1}{\sqrt{2N}}\sum_{k=0}^{2N-1}c_k\exp\left(-\mathrm{j}2\pi k\frac{n}{2N}\right),\quad n=0,1,\cdots,2N-1 \tag{5.144}$$

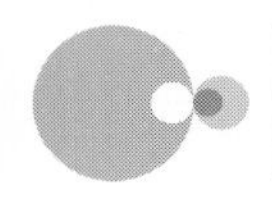

其中，$\hat{C}_n(n=0,1,\cdots,N-1)$ 表示对发送序列的估计。由于在 DMT / OFDM 中不同的子载波是独立调制的，因此在某些地方子载波会大量地叠加，从而导致高的 PAPR，定义为

$$\mathrm{PAPR}=10\lg\left(\frac{\max\limits_{0\leqslant t<T_{\mathrm{DMT}}}|s_{\mathrm{DMT}}(t)|^2}{E[|s_{\mathrm{DMT}}(t)|^2]}\right)[\mathrm{dB}] \tag{5.145}$$

其中，$s_{\mathrm{DMT}}(t)$ 表示在一个时长为 T_{DMT} 内的一个 DMT 帧，$E[\cdot]$ 表示平均算子。高 PAPR 可以在驱动放大器、数模转换器和模数转换器模块中引入非线性。尽管 DMT 帧具有较高的 PAPR 值，但它们以一定的概率出现，而且可以使用互补累积分布函数 $\mathrm{Pr}(\mathrm{PAPR}>\mathrm{PAPR}_{\mathrm{ref}})$ 进行表征，其中 $\mathrm{PAPR}_{\mathrm{ref}}$ 是参考 PAPR 值（通常用 dB 表示）。在文献[44]中已经表明，当 PAPR $>$ 15 dB（使用 512 个子载波）时，Pr 为 10^{-4}，当 PAPR $>$ 27 dB（所有子载波大量叠加）时，Pr 将更小。因此，不需要适应整个动态范围。通过限制 DAC 和 ADC 的动态范围到一个合适的选择区域，可以获得最佳性能，如文献[47]所示。使用的子载波数目不同将导致不同的 PAPR 概率密度函数。在文献[44]中已经表明，使用更多的子载波可以为同样的开销提供更长的保护间隔，从而对较差的信道响应提供更好的鲁棒性。

可以通过削波简单地调整 DAC 和 ADC 的动态范围，有

$$s_{\mathrm{clipped}}(t)=\begin{cases}s_{\mathrm{DMT}}(t), & |s_{\mathrm{DMT}}(t)|\leqslant A\\ 0, & \text{其他}\end{cases} \tag{5.146}$$

其中，$s_{\mathrm{clipped}}(t)$ 表示削波后的 DMT 信号，A 表示削波前的最大容许振幅。如果我们测量 BER 随限幅 C_L 的变化曲线，可以得到最小化 BER 的最佳限幅电平，定义为

$$C_L=10\lg\left(\frac{A^2}{E[|s_{\mathrm{DMT}}(t)|^2]}\right)(\mathrm{dB}) \tag{5.147}$$

例如，在文献[44]中显示，对于 256 个子载波和 64-QAM，不同 ADC/DAC 分辨率的最佳限幅比为 8.5 ～ 9.5 dB。

另一方面，削波会对 DMT 信号引入失真。可以通过使用无失真的 PAPR 减少[49,51]来降低 PAPR。另一种方法是通过编码的方式来降低 PAPR[52]。其中一些无失真的方法的复杂性远远高于允许削波的方法。这就是为什么在文献[44]中提倡使用中等复杂度的方法，如选择性映射[49,50]。选择性映射是基于在下面描述的过程中对复杂 FFT 的实部和虚部的双重使用。首先观察长

度为 N 的复数序列 $D_n(n=0,1,\cdots,N-1)$。其次，假设长度为 $2N$ 的复数序列满足对称性，有

$$D_{2N-n}=-D_n^*,\quad n=1,2,\cdots,N-1,\quad \mathrm{Im}\{D_0\}=\mathrm{Im}\{D_N\}=0 \tag{5.148}$$

式(5.148) 给出的序列对于 $2N$ 个点的 IFFT 具有纯虚数值。序列 $X_n=C_n+\mathrm{j}D_n$ 的 IFFT(C_n 是如上定义的发送序列) 可以表示为

$$\begin{aligned} s_k&=\frac{1}{\sqrt{2N}}\sum_{n=0}^{2N-1}X_n\exp\left(\mathrm{j}2\pi k\ \frac{n}{2N}\right)\\ &=\frac{1}{\sqrt{2N}}\left[\sum_{n=0}^{2N-1}C_n\exp\left(\mathrm{j}2\pi k\ \frac{n}{2N}\right)+\mathrm{j}\sum_{n=0}^{2N-1}D_n\exp\left(\mathrm{j}2\pi k\ \frac{n}{2N}\right)\right],k=0,1,\cdots,2N-1\\ &=\mathrm{Re}\{s_k\}+\mathrm{j}\ \mathrm{Im}\{s_k\} \end{aligned} \tag{5.149}$$

我们刚刚通过 $2N$ 个点的 IFFT 创建了双通道的输入 / 输出调制器。通过对 C_n 进行格雷映射，对 D_n 进行反格雷映射，并应用相同的输入序列 $D_n=C_n$，我们将得到具有不同 PAPR 值的两个 DMT 帧。然后可以使用较小的 PAPR 值传输 DMT 帧。接收端需要知道发射端发出的是哪个序列。结果表明，当 $\mathrm{PAPR_{ref}}$ 在 13.2 dB左右时(对于 512 子载波和 64-QAM)，$\Pr(\mathrm{PAPR}>\mathrm{PAPR_{ref}})$ 达到 10^{-4} 的概率相同[44]。

一个具有 N 个带宽为 B_N 的独立子载波和子载波增益为 $\{g_i,i=0,\cdots,N-1\}$ 的 DMT 系统的容量可以表示为

$$C=\max_{P_i:\sum P_i=P}\sum_{i=0}^{N-1}B_N\log_2\left[1+\frac{g_i(P_i+P_{\mathrm{bias}})}{N_0B_N}\right] \tag{5.150}$$

其中，P_i 表示分配给第 i 个子载波的光功率，N_0 表示跨阻抗放大器的功率谱密度，P_{bias} 表示用于传输偏置的相应功率。信号中的偏置用于将 DMT 信号中的负值转换成正值。子载波的增益 g_i 可以通过公式 $g_i=R^2|H_i|^2$ 来计算，其中，R 是光电二极管的响应度，H_i 是第 i 个子载波的多模光纤传递函数的幅值。由于采用了直接探测，式(5.150) 基本上代表了信道容量的下限。然而，它可以用作初始的品质因数。通过使用拉格朗日方法，可以证明如下[13]：

$$\frac{P_i+P_{\mathrm{bias}}}{P}=\begin{cases}1/\gamma_c-1/\gamma_i,\gamma_i\geqslant\gamma_c\\0,其他\end{cases},\gamma_i=g_i(P+P_{\mathrm{bias}})/N_0B_N \tag{5.151}$$

其中，γ_i 是第 i 个子载波的信噪比，γ_c 是信噪比的阈值。通过将式(5.149)代入式(5.148)，可以获得以下用于表示信道容量的表达式：

$$C = \sum_{c\gamma_i > \gamma_c} B_N \log_2\left(\frac{\gamma_i}{\gamma_c}\right) \tag{5.152}$$

当相应的SNR高于阈值时，则可以使用第 i 个子载波。每个子载波的比特数可以由 $m_i = \lfloor B_N \log_2(\gamma_i/\gamma_c)\rfloor$ 确定，其中 $\lfloor\cdot\rfloor$ 表示小于所包含的数字的最大整数，也就是向下取整。因此，基于多模光纤信道的系数可以确定信号星座图的大小以及每个子载波的功率。当子载波的信噪比较高时，可以使用较大的星座尺寸，并根据式(5.151)选择每个子载波的功率；当子载波的信噪比较低时，应该采用较小的星座图大小；当子载波的信噪比低于一定阈值时，则不会传输任何信号。图5.43所示的是自适应QAM的一个示例。

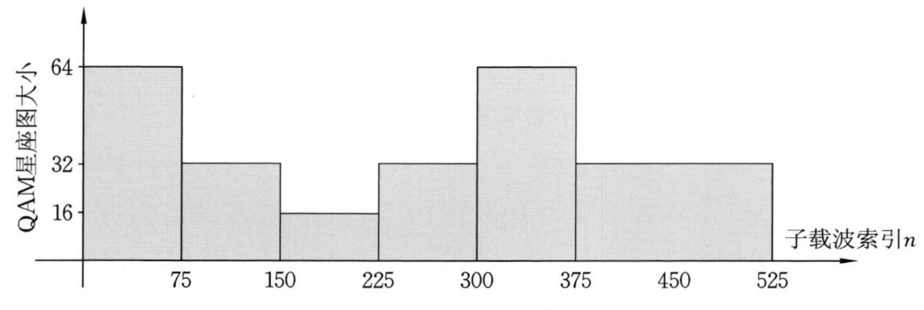

图 5.43　基于自适应 QAM 的子载波映射的示意图

在文献[44]中作者进行了实验，结果表明，带宽约为3 GHz的超过730 m的多模光纤链路可以传输24 Gb/s的速率，这在典型的基带单载波开关键控(OOK)方案中是不可能实现的。

5.7　MIMO光通信

在第5.3节和第5.4节中已经介绍了MIMO光通信的概念。在第5.3节中，我们描述了偏振复用，其中将两个正交的偏振态用于发送两个独立的QAM流。因此，偏振复用可以表示为 2×2 MIMO通信系统的一种示例。两个偏振态都传输相同的数据，那么这种方案一般称为偏振分集。然而，在多模光纤中，光在空间模式中传播，每个模式具有不同的传输常数和群速度。光纤入口的空间模式激励取决于发射条件，而传播过程中的条件取决于初始条件和模式耦合，如第3.6.1节所述。由于单个脉冲可以激发多个空间模式，而由于模式色散，最后到达输出端的将是多个脉冲的总和，这种效果类似于无线通信中的多径效应。因此，在这种情况下，已经在无线通信中使用的各种方法也在光通信中适用，包括均衡、多载波调制和 OFDM、扩频技术、分集和 MIMO。上述的一些方法已经在点对点链路和广播的应用下进行了研究。基于 MMF 的 MIMO 的主要缺点是模式之间的耦合问题，这使得在应用 MIMO 信号处理时所有的计算都变得很复杂。这也是传统的 MMF 会限制在短距离的应用中的原因。但是，如果使用第 2 章描述的少模光纤(FMF) 和少芯光纤(FCF)，与模式耦合相关的计算会变得更加简单，这使它们成为高容量、长距离传输的理想选择。MIMO 信号处理有三种类型的增益：① 阵列增益，与单进单出(SISO) 的系统相比，是指 SNR/OSNR 的改善；② 分集增益，即利用分集原理提高误码率斜率；③ 多路复用增益，即系统总容量的提升。

图 5.44 所示的是在 FMF/FCF 中进行 OFDM-MIMO 信号传输的示例，它通过在相干探测方案中使用两种偏振态。图 5.44(a) 所示的是具有 M_T 个发射机和 M_R 个接收机的 MIMO 系统的例子，而为了简单起见，我们可以假设 $M_T = M_R = N$。对于 FMF/FCF 应用，我们可以将这种 MIMO 方案解释为采用 N 个 OAM 模式的方案。由于系统使用了两个偏振态，所以它可以传输 $2N$ 个独立的二维(QAM) 数据流。激光二极管 CW 输出信号分成 M_R 个输出，每个分支包括一个发射机，它的配置如图 5.44(b) 所示。两个独立的数据流被用作每个分支 OFDM 发射机的输入。实际上，我们可以假设在每个分支中存在两个独立的发射机(分别表示为 x 和 y)，一个用于在 x 偏振上传输，另一个用于在 y 偏振上传输。I/Q 调制器用于将 OFDM 信号转化到光域。两个偏振的 OFDM 信号通过偏振合路器进行组合。如图 5.44(a) 所示，PDM 数据流进一步进行模式复用，并通过基于 FMF/FCF 的系统传输。在接收端，模式解复用完成之后，FMF/FCF 的 N 个不同的输出作为 N 个相干接收机的输入。相干接收机的基本配置如图 5.44(c) 所示，更多的细节将在第 6 章介绍。所有相干接收机都共用一个本地激光源，这是为了降低系统成本。来自两个偏振态的同相(I) 和正交(Q) 信道的输出用作 OFDM-MIMO 信号处理块的输入。OFDM 的使用同时提升了色散、模式耦合和偏振模色散的容忍度。图 5.44 所示的方案可以用于点对点和多点对多点的应用。

如果基于 FMF/FCF 的 MIMO 系统具有 M_T 个发射机和 M_R 个接收机，那么相应的输入 / 输出关系可以表示为

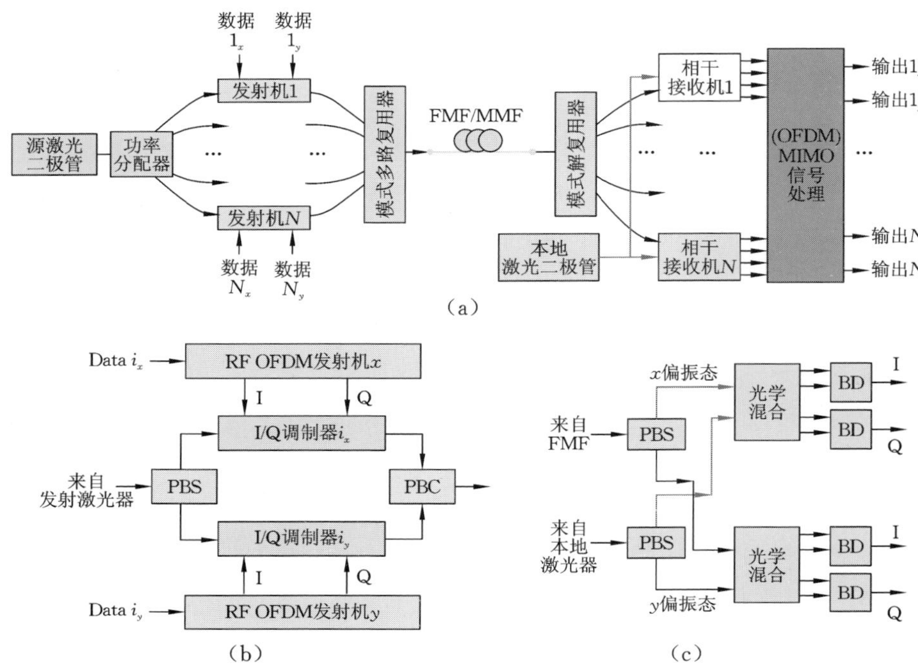

图 5.44　基于 FMF/FCF 的相干光 OFDM-MIMO 系统

(a) 系统框图；(b) 第 i 个分支的发射机配置；(c) 相干接收机配置

PBS— 偏振分束器，PBC— 偏振光合路器，BD— 平衡探测器

图 5.44 中的 RF OFDM 发射机和接收机配置与图 5.40 中的相同。

$$y_i(t)=\sum_{j=1}^{M_T}\sum_{k=1}^{P}h_{ji}(k)\mathrm{e}^{\mathrm{j}\omega_c(t-\tau_{p,k})}x_j(t-\tau_{g,k})+w_i(t) \tag{5.153}$$

其中，$y_i(t)$ 表示第 $i(i=1,2,\cdots,M_R)$ 个接收机接收的信号，$h_{ji}(k)$ 表示从第 j 个发射机发出以第 k 个模式进行传输的信道增益，$\tau_{p,k}$ 和 $\tau_{g,k}$ 分别表示与第 k 个模式相关的相位延迟和群延迟。同时，ω_c 是光载波的频率，P 是空间模式的数目，w_i 表示噪声过程，$x_j(t)$ 表示从第 j 个发射机发出的信号。我们应该注意到，式(5.153) 解决的是针对单个偏振态。当群延迟 $\Delta\tau_g=\tau_{g,p}-\tau_{g,1}$ 小到和码元持续时间相当时，我们可以假设 $x(t-\tau_{g,k})\approx x(t-\tau_g)$，这代表着所有路径大约在同一时间到达，如果距离不超过某个值，则该路径有效。由式(5.153) 给出的采样基带等效函数可以用如下矩阵形式表示：

$$\boldsymbol{y}(n)=\boldsymbol{H}\boldsymbol{x}(n)+\boldsymbol{w}(n) \tag{5.154}$$

其中，

$$\boldsymbol{y}(n)=\begin{bmatrix} y_1(nT_s) \\ \vdots \\ y_{M_R}(nT_s) \end{bmatrix}, \quad H_{ij}=\sum_{k=1}^{P} h_{ij}(k)\mathrm{e}^{-j\omega_c\tau_{p,k}}$$

$$\boldsymbol{x}(n)=\begin{bmatrix} x_1(nT_s) \\ \vdots \\ x_{M_T}(nT_s) \end{bmatrix}, \quad \boldsymbol{w}(n)=\begin{bmatrix} w_1(nT_s) \\ \vdots \\ w_{M_R}(nT_s) \end{bmatrix} \tag{5.155}$$

我们可以假设,基于文献[85]中提出的先前的结果,模式数目很大,因此每个发射机/接收机发射/取样来自一组充分不同的模式组,而且载波频率和相位延迟扩展的乘积足够大,以满足以下关系 $\omega_c\tau_{p,k}\gg 2\pi$。在这种情况下,$\boldsymbol{H}$ 中的每个参数可以被认为是对于相位的平均分布。$\boldsymbol{H}$ 中的元素将具有复数的高斯分布,而它的振幅遵循瑞利分布[92]。因此,将估计的信道状态信息(CSI)发送回发射机是可行的,因为与正在传输的数据速率相比,多模信道传输函数以相对较慢的速率变化。

可以针对两个不同的场景进行估计信道容量:① 当发射端已知 CSI 时;② 当CSI未知时。当已知CSI时,信道容量可以通过平均每个信道实现相关的容量来获得[92],因此它可以表示为

$$C=E_{\boldsymbol{H}}\{\max_{\boldsymbol{R}_x:\mathrm{Tr}(\boldsymbol{R}_x)=\rho} B\log_2[\det(\boldsymbol{I}_{M_R}+\boldsymbol{H}\boldsymbol{R}_x\boldsymbol{H}^{\dagger})]\}, \quad \rho=\sum_{i=1}^{M_T}E[x_i x_i^*] \tag{5.156}$$

其中,$\boldsymbol{R}_x$ 表示传输数据的协方差矩阵,$\boldsymbol{I}$ 是单位矩阵(我们使用 $\mathrm{Tr}(\cdot)$ 来表示矩阵的对角元素之和即矩阵的迹,$E[\cdot]$ 表示期望运算符,† 表示转置和复共轭运算符)。通过对信道矩阵进行奇异值分解,有

$$\boldsymbol{H}=\boldsymbol{U\Sigma V}^{\dagger};\boldsymbol{U}^{\dagger}\boldsymbol{U}=\boldsymbol{I}_{M_R};\boldsymbol{V}^{\dagger}\boldsymbol{V}=\boldsymbol{I}_{M_T}$$

$$\boldsymbol{\Sigma}=\mathrm{diag}(\sigma_i),\sigma_i=\sqrt{\lambda_i},\lambda_i=\mathrm{eigenvalues}(\boldsymbol{HH}^{\dagger}) \tag{5.157}$$

MIMO 信道的容量可以表示为

$$C=E_{\boldsymbol{H}}\left\{\max_{P_i:\sum_i P_i\leqslant\overline{P}}\sum_{i=1}^{R_{\boldsymbol{H}}}B\log_2\left(1+\frac{P_i\gamma_i}{\overline{P}}\right)\right\},\gamma_i=\frac{\sigma_i^2\overline{P}}{\sigma^2},\sigma^2=E[w_i^2] \tag{5.158}$$

其中,$R_{\boldsymbol{H}}=\mathrm{rank}(\boldsymbol{H})\leqslant\min(M_T,M_R)$ 是 $\boldsymbol{H}$ 的非零奇异值的个数。

当发射端未知 CSI 时,发射机假设 $\boldsymbol{H}$ 为零均值的空间白噪声模型,因此相

应的遍历信道容量可表示为[92]

$$C = \max_{\boldsymbol{R}_x : \mathrm{Tr}(\boldsymbol{R}_x) = \rho} E_{\boldsymbol{H}} \{ B \log_2 [\det(\boldsymbol{I}_{M_T} + \boldsymbol{H}\boldsymbol{R}_x \boldsymbol{H}^\dagger)] \} \tag{5.159}$$

其中，期望运算符应用于信道矩阵的分布。最大化遍历信道容量的最佳输入协方差是缩放的单位矩阵 $\boldsymbol{R}_x = (\rho / M_T) \boldsymbol{I}_{M_T}$，在这种情况下，遍历信道容量可写为

$$C = E_{\boldsymbol{H}} \left\{ B \log_2 \left[\det \left(\boldsymbol{I}_{M_R} + \frac{\rho}{M_T} \boldsymbol{H}\boldsymbol{H}^\dagger \right) \right] \right\} \tag{5.160}$$

5.7.1 MIMO 光信道的并行分解

之前介绍的 MIMO 系统的多路复用增益来源于这样一个事实：一个 MIMO 的光信道可以被分解成 N 个并行的独立信道，从而使信息速率提高 N 倍。对式(5.155) 给出的信道矩阵 $\boldsymbol{H}$ 进行奇异值分解。在奇异值分解中，有以下内容：① $\boldsymbol{\Sigma}$ 矩阵对应于缩放操作；② 作为 $\boldsymbol{H}\boldsymbol{H}^\dagger$ 的特征向量获得的矩阵 $\boldsymbol{U}$ 的列对应于旋转操作；③ 另一个旋转矩阵 $\boldsymbol{V}$ 的特征向量为 $\boldsymbol{H}^\dagger\boldsymbol{H}$。矩阵 $\boldsymbol{H}$ 的秩对应于复用增益。在 FMF/FCF 中，我们可以通过使用 OAM 本征状态来确保信道矩阵的满秩，而常规的多模光纤链路不能保证这一点。

光信道的并行分解是通过对通道输入矢量 $\boldsymbol{x}$ 和通道输出矢量 $\boldsymbol{y}$ 引入以下两个变换来实现的：① 发送预编码，其中输入矢量 $\boldsymbol{x}$ 通过与旋转矩阵 $\boldsymbol{V}$ 的预乘来线性变换到发射机；② 接收机整形，其中接收到的矢量 $\boldsymbol{y}$ 乘上旋转矩阵 $\boldsymbol{U}^\dagger$（如图 5.44 所示的相干探测方案）。整体变换如图 5.45 所示。通过这一点，我们有效地执行了以下操作：

$$\tilde{\boldsymbol{y}} = \boldsymbol{U}^\dagger(\underbrace{\boldsymbol{H}}_{\boldsymbol{U\Sigma V}^\dagger} \boldsymbol{x} + \boldsymbol{z}) = \boldsymbol{U}^\dagger \boldsymbol{U\Sigma V}^\dagger \boldsymbol{V}\tilde{\boldsymbol{x}} + \underbrace{\boldsymbol{U}^\dagger \boldsymbol{z}}_{\tilde{\boldsymbol{z}}} = \boldsymbol{\Sigma}\tilde{\boldsymbol{x}} + \tilde{\boldsymbol{z}} \tag{5.161}$$

同时还成功地将光 MIMO 光信道分解成 $N = \mathrm{rank}(\boldsymbol{H})$ 个并行的单进单出(SISO) 的信道。等效的光信道模型如图 5.46 所示。

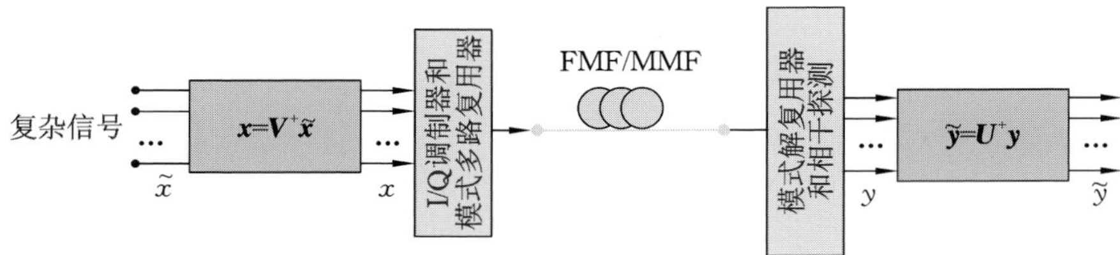

图 5.45 光信道的并行分解

接收到的矢量 $\boldsymbol{y}$ 可以写为 $\boldsymbol{y} = \boldsymbol{H}\boldsymbol{x} + \boldsymbol{z}$（为了简化说明，我们省略了光电二极管响应度和负载电阻项），$\boldsymbol{z}$ 表示等效噪声过程。

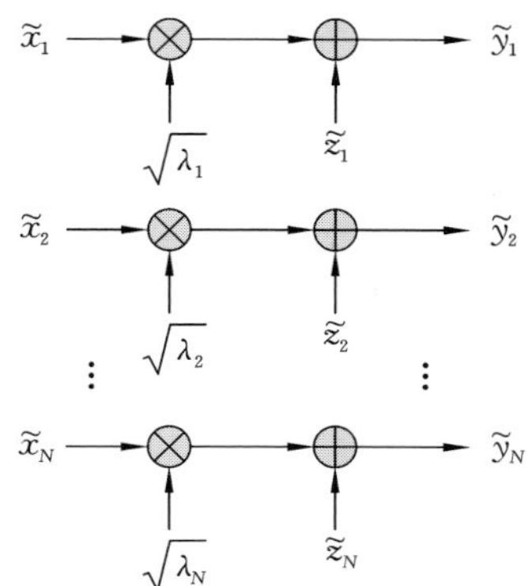

图 5.46　等效并行光 MIMO 信道

λ_i 表示 $\boldsymbol{HH}^\dagger$ 的第 i 个特征值。

如果不考虑多路复用增益，则可以使用无线通信文献[92]中称为波束形成的简单方案。在图 5.47 所示的方案中，所有的空间模式都会发送相同的符号 x，用一个复数的比例因子加权。因此，通过使用波束形成策略，预编码和接收端的矩阵就变成简单的列向量，即 $\boldsymbol{V}=\boldsymbol{v}$ 和 $\boldsymbol{U}=\boldsymbol{u}$。现在得到的接收信号如下：

$$y=\boldsymbol{u}^\dagger \boldsymbol{Hv}x+\boldsymbol{u}^\dagger \boldsymbol{z},\ \|\boldsymbol{u}\|=\|\boldsymbol{v}\|=1 \tag{5.162}$$

其中，我们使用 $\|\cdot\|$ 来表示一个矢量的范数。如果接收端已知光信道矩阵 $\boldsymbol{H}$，可以通过选择 $\boldsymbol{u}$ 和 $\boldsymbol{v}$ 作为信道矩阵 $\boldsymbol{H}$ 的左、右主奇异向量来优化接收的信噪比，而相应的信噪比则由 $\sigma_{\max}^2\rho$ 给出，其中 $\sigma_{\max}$ 是矩阵 $\boldsymbol{HH}^\dagger$ 的最大特征值。波束形成方案的信道容量可以表示为 $C=B\lg^2(1+\sigma_{\max}^2\mathrm{SNR})$，这对应的是具有信道功率增益为 $\sigma_{\max}^2$ 的单个 SISO 信道的容量。然而，当信道矩阵未知时，我们只需要对 $\boldsymbol{u}$ 进行最大化。波束形成分集的阵列增益在 $\max(M_\mathrm{T},M_\mathrm{R})$ 和 $M_\mathrm{T}M_\mathrm{R}$ 之间，而分集增益等于 $M_\mathrm{T}M_\mathrm{R}$。

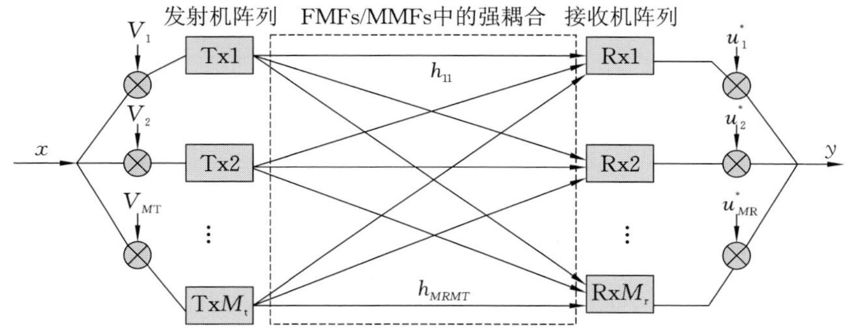

图 5.47　用于说明波束形成策略的等效光信道模型

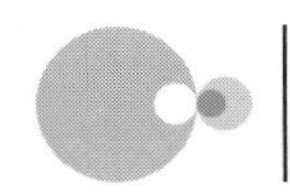

5.7.2 MIMO 光信道的空间时间编码

具有空间模式的相干 MIMO 光信道中传输的符号是一个矢量而不是一个标量，因为信道具有 $\boldsymbol{y}=\boldsymbol{Hx}+\boldsymbol{w}$ 的输入/输出关系。当信号设计扩展到空间坐标（即通过多个空间模式）和时间坐标（即通过多个符号间隔）时，由于无线通信中多模色散和多径衰落的相似性，我们可以将其称为空间时间编码。大多数为无线通信设计的空间时间编码都可以用于 MIMO 光信道的设计。假如在 N_s 个符号周期内空间模式信道是静止的，它的输入和输出变为矩阵形式，其尺寸对应于空间坐标（空间模式）和时间坐标（符号间隔）。输出矩阵如下：

$$\boldsymbol{Y}=\boldsymbol{HX}+\boldsymbol{W} \tag{5.163}$$

其中，

$$\boldsymbol{Y}=[\boldsymbol{y}_1,\boldsymbol{y}_2,\cdots,\boldsymbol{y}_{N_s}]=(Y_{ij})_{M_R\times N_s},\boldsymbol{X}=[\boldsymbol{x}_1,\boldsymbol{x}_2,\cdots,\boldsymbol{x}_{N_s}]=(X_{ij})_{M_T\times N_s}$$
$$\boldsymbol{W}=[\boldsymbol{w}_1,\boldsymbol{w}_2,\cdots,\boldsymbol{w}_{N_s}]=(W_{ij})_{M_R\times N_s} \tag{5.164}$$

其中，M_T 表示发射机的数目，M_R 表示接收机的数目。

首先考虑在接收机已知信道矩阵 $\boldsymbol{H}$ 的情况下的这样一种空间时间编码。在最大似然（ML）检测下，通过以下最小化[83,92] 获得最佳传输矩阵：

$$\hat{\boldsymbol{X}}=\arg\min_{x\in \boldsymbol{x}^{M_T\times N_s}}\sum_{i=1}^{N_s}\|\boldsymbol{y}_i-\boldsymbol{Hx}_i\|^2 \tag{5.165}$$

其中，最小化是在所有可能的空间时间输入矩阵上执行的。比如，Alamouti 代码的矩阵由文献[93] 给出为

$$\boldsymbol{X}=\begin{bmatrix} x_1 & -x_2^* \\ x_2 & x_1^* \end{bmatrix} \tag{5.166}$$

其中，在第一个时期内，符号 x_1 是通过空间模式 1 传输的，符号 x_2 是通过空间模式 2 传输的。在第二个时期内，符号 $-x_2^*$ 是通过空间模式 1 传输的，而符号 x_1^* 是通过空间模式 2 传输的。这样对应的空间模式信道矩阵可以写成

$$\boldsymbol{H}=\begin{bmatrix} h_{11} & h_{12} \\ h_{21} & h_{22} \end{bmatrix} \tag{5.167}$$

在光电探测之后，接收到的电流信号可以被写成以下矩阵形式：

$$\begin{bmatrix} y_{11} & y_{12} \\ y_{21} & y_{22} \end{bmatrix}=\begin{bmatrix} h_{11} & h_{12} \\ h_{21} & h_{22} \end{bmatrix}\begin{bmatrix} x_1 & -x_2^* \\ x_2 & x_1^* \end{bmatrix}+\begin{bmatrix} w_{11} & w_{12} \\ w_{21} & w_{22} \end{bmatrix}$$

$$=\begin{bmatrix} h_{11}x_1+h_{12}x_2+w_{11} & -h_{11}x_2^*+h_{12}x_1^*+w_{12} \\ h_{21}x_1+h_{22}x_2+w_{21} & h_{21}x_2^*+h_{22}x_1^*+w_{22} \end{bmatrix} \tag{5.168}$$

文献[93] 中所述的组合输出可以获得如下结果：

$$\begin{aligned} \tilde{x}_1 &= h_{11}^* y_{11} + h_{12} y_{12}^* + h_{21}^* y_{21} + h_{22} y_{22}^* \\ &= (|h_{11}|^2 + |h_{12}|^2 + |h_{21}|^2 + |h_{22}|^2) x_1 + \text{noise} \\ \tilde{x}_2 &= h_{12}^* y_{11} - h_{11} y_{12}^* + h_{22}^* y_{21} - h_{21} y_{22}^* \\ &= (|h_{11}|^2 + |h_{12}|^2 + |h_{21}|^2 + |h_{22}|^2) x_2 + \text{noise} \end{aligned} \tag{5.169}$$

刚才所述的 Alamouti 代码属于线性空间时间分组代码。在线性空间时间编码中，L 个符号分别是 $x_1, x_2, \cdots, x_L$ 在 T 个时隙内通过 M_T 个发射机传输，它们的编码矩阵具有如下形式：

$$\boldsymbol{X} = \sum_{l=1}^{L} (\alpha_l \boldsymbol{A}_l + \mathrm{j}\beta_l \boldsymbol{B}_l), \alpha_l = \mathrm{Re}\{x_l\}, \beta_l = \mathrm{Im}\{x_l\} \tag{5.170}$$

其中，$\boldsymbol{A}_l$ 和 $\boldsymbol{B}_l$ 表示维数为 $M_T \times T$ 的复矩阵。例如，Alamouti 代码可以用以下形式来表示：

$$\begin{aligned} \boldsymbol{X} &= \begin{bmatrix} x_1 & -x_2^* \\ x_2 & x_1^* \end{bmatrix} = \begin{bmatrix} \alpha_1+\mathrm{j}\beta_1 & -\alpha_2+\mathrm{j}\beta_2 \\ \alpha_2+\mathrm{j}\beta_2 & \alpha_1-\mathrm{j}\beta_1 \end{bmatrix} \\ &= \alpha_1 \begin{bmatrix} 1 & 0 \\ 0 & 1 \end{bmatrix} + \mathrm{j}\beta_1 \begin{bmatrix} 1 & 0 \\ 0 & -1 \end{bmatrix} + \alpha_2 \begin{bmatrix} 0 & -1 \\ 1 & 0 \end{bmatrix} + \mathrm{j}\beta_2 \begin{bmatrix} 0 & 1 \\ 1 & 0 \end{bmatrix} \end{aligned} \tag{5.171}$$

另外一类适用于光学空间模式传输的空间时间编码是网格空间时间编码[92]。这些编码类似于网格编码调制（TCM）方案，其中由格子分支描述的状态之间的转换由 M_T 个信号标记，每个信号与一个发射机相关联。在每个时刻 t，根据编码器和输入位的状态，选择不同的转换分支。如果这个分支的标签是 $q_t^1 q_t^2 \cdots q_t^{M_T}$，那么发射机 i 用来发送星座符号 q_t^i，而且这些传输过程都是同步的。举例说明，图 5.48 给出了在 $M_T=2$ 时的 QPSK 网格空间时间编码方案。

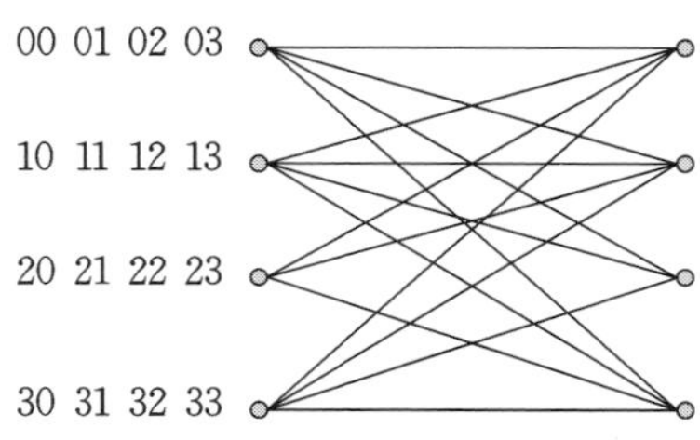

图 5.48 QPSK 网格空间时间编码

假设探测器已知理想信道状态信息(CSI)和通道增益 $h_{ij}(i=1,\cdots,M_T;j=1,\cdots,M_R)$,那么标记为 $q_t^1q_t^2\cdots q_t^{M_T}$ 的转换分支度量为

$$\sum_{j=1}^{M_R}\left|r_t^j-\sum_{i=1}^{M_T}h_{ij}q_t^i\right|^2 \tag{5.172}$$

其中,r_t^j 表示在 t 时刻由第 j 个接收机接收到的信号。维特比算法[2] 用于进一步计算具有最低累积度量的路径。

目前在 MIMO 无线通信中使用的其他方法可以用于 FMF 系统中的相干 MIMO,包括线性接口,如迫零和最小均方误差(MMSE),以及非线性接口,比如贝尔实验室的 BLAST 架构[94]。

5.7.3 偏振时间编码和 MIMO-OFDM

在传统的偏振复用 CO-OFDM 方案中,两个独立的二维星座图信息数据流被用作两个射频 OFDM 发射机的输入,这和图 5.40(a) 所示的 OFDM 发射机配置相同。两个偏振态共用一个激光二极管,它的输出使用 PBS 分成两路。如图 5.49(a) 所示,需要使用两个 I/Q 调制器,分别对应一个偏振态。二维 QAM 数据流以第 5.6.4 节所述的相同方式在射频 OFDM 发射机中进行处理。射频 OFDM 发射机的输出是 OFDM 信号的实数和虚数部分的组合,它们分别是相应的 I/Q 调制器的 I 路和 Q 路的输入。在经过了 I/Q 调制器的电光转换之后,x 和 y 两个方向的独立偏振态的光信号通过 PBC 合路在一起,然后在光传输系统中进行传输。在接收器端,接收到的光信号被 PBS 分成两个正交的偏振态,这也是利用来自本地激光源的信号来实现的。PBS 的 x 和 y 两个方向的偏振分别作为平衡相干探测器上下两个分支的输入,如图 5.49(b) 所示。

平衡相干探测器的配置将在第 6 章介绍。平衡相干探测器的输出表示了相应射频 OFDM 接收机的实部和虚部的估计,它的配置如图 5.40(b) 所示。在 x 和 y 两个偏振分支中的 FFT 解调之后,进行了色散补偿、PMD/PDL 补偿和符号探测。在存在 PDL 的情况下,我们还需要通过使用并行分解和由式(5.136) 给出的模型来进行矩阵求逆。考虑到信道矩阵大小为 2×2,此操作的计算范围并不大。

另外一种替代的方法是使用偏振时间(PT) 编码,类似于之前描述的空间时间编码方案。其中一种方案如图 5.50 所示。这种方案是基于在第 5.7.2 节所介绍的 Alamouti 代码,在文献[11] 中提出。除 PT 编码器外,发射端的所有

模块操作都类似于图 5.49 所示。除了基于 Alamouti 代码的组合器符号检测外，接收端的功能块与图 5.49 所示的相同。如图 5.50 所示，编码的操作原则如下所述：① 在第 i 个时刻的前半部分中，符号 s_x 通过 x 偏振态通道发送，而符号 s_y 通过 y 偏振态通道发送；② 在第 i 个时间的后半部分中，符号 $-s_y^*$ 通过 x 偏振态通道发送，而符号 s_x^* 通过 y 偏振态通道发送。前半部分和后半部分使用的接收信号向量可以写为

$$\boldsymbol{r}_{i,k}^{(m)} = \boldsymbol{U}(k)\boldsymbol{s}_{i,k}^{(m)}\mathrm{e}^{\mathrm{j}(\phi_r-\phi_{\mathrm{LO}})} + \boldsymbol{z}_{i,k}^{(m)}, \quad m = 1,2 \tag{5.173}$$

其中，琼斯（信道）矢量 $\boldsymbol{U}(k)$ 已经在式(5.138) 中介绍（我们使用 k 来表示频率为 ω_k 的第 k 子载波），$\boldsymbol{r}_{i,k}^{m} = [r_{x,i,k}^{(m)}, r_{y,i,k}^{(m)}]^{\mathrm{T}}$ 表示在第 $m(m=1,2)$ 个信道中使用的第 i 个 OFDM 符号和第 k 个子载波接收到的符号向量，$\boldsymbol{z}_{i,k}^{(m)} = [n_{x,i,k}^{(m)}, n_{y,i,k}^{(m)}]^{\mathrm{T}}$ 表示相应的噪声矢量。我们同时还使用 $\boldsymbol{s}_{i,k}^{(1)} = [s_{x,i,k}, s_{y,i,k}]^{\mathrm{T}}$ 和 $\boldsymbol{s}_{i,k}^{(2)} = [-s_{x,i,k}, s_{y,i,k}]^{\mathrm{T}}$ 表示在第一和第二信道中传输的符号。因为在第 i 个时刻内的第一和第二信道中使用的传输符号向量是正交的，所以可以分别对 x 和 y 偏振态进行分组来重写式(5.173)，有如下公式：

$$\begin{bmatrix} r_{x,i,k}^{(1)} \\ r_{x,i,k}^{*(2)} \end{bmatrix} = \begin{bmatrix} U_{xx}\mathrm{e}^{\mathrm{j}\phi_{\mathrm{PN}}} & U_{xy}\mathrm{e}^{\mathrm{j}\phi_{\mathrm{PN}}} \\ U_{xy}^{*}\mathrm{e}^{-\mathrm{j}\phi_{\mathrm{PN}}} & -U_{xx}^{*}\mathrm{e}^{-\mathrm{j}\phi_{\mathrm{PN}}} \end{bmatrix} \begin{bmatrix} s_{x,i,k} \\ s_{y,i,k} \end{bmatrix} + \begin{bmatrix} z_{x,j,k}^{(1)} \\ z_{x,j,k}^{*(2)} \end{bmatrix} \tag{5.174}$$

$$\begin{bmatrix} r_{y,i,k}^{(1)} \\ r_{y,i,k}^{*(2)} \end{bmatrix} = \begin{bmatrix} U_{yx}\mathrm{e}^{\mathrm{j}\phi_{\mathrm{PN}}} & U_{yy}\mathrm{e}^{\mathrm{j}\phi_{\mathrm{PN}}} \\ U_{yy}^{*}\mathrm{e}^{-\mathrm{j}\phi_{\mathrm{PN}}} & -U_{yx}^{*}\mathrm{e}^{-\mathrm{j}\phi_{\mathrm{PN}}} \end{bmatrix} \begin{bmatrix} s_{x,i,k} \\ s_{y,i,k} \end{bmatrix} + \begin{bmatrix} z_{y,i,k}^{(1)} \\ z_{y,i,k}^{*(2)} \end{bmatrix} \tag{5.175}$$

其中，$\phi_{\mathrm{PN}} = \phi_{\mathrm{T}} - \phi_{\mathrm{LO}}$。如果仅使用一个偏振态，我们可以选择式(5.174) 和式(5.175) 中任意一个。然而，相对于使用两种偏振态的情况而言，仅使用一种偏振将导致 3 dB 的损失。根据与前一节作类似的推导，可以看出，在 PT 解码器的输出端（针对于以 ASE 噪声为主的方案），传输信号的估计值可以表示为

$$\tilde{s}_{x,i,k} = U_{xx}^{*}r_{x,i,k}^{(1)}\mathrm{e}^{-\mathrm{j}\phi_{\mathrm{PN}}} + U_{xy}r_{x,i,k}^{*(2)}\mathrm{e}^{\mathrm{j}\phi_{\mathrm{PN}}} + U_{yx}^{*}r_{y,i,k}^{(1)}\mathrm{e}^{-\mathrm{j}\phi_{\mathrm{PN}}} + U_{yy}r_{y,i,k}^{*(2)}\mathrm{e}^{\mathrm{j}\phi_{\mathrm{PN}}} \tag{5.176}$$

$$\tilde{s}_{x,i,k} = U_{xx}^{*}r_{x,i,k}^{(1)}\mathrm{e}^{-\mathrm{j}\phi_{\mathrm{PN}}} + U_{xy}r_{x,i,k}^{*(2)}\mathrm{e}^{\mathrm{j}\phi_{\mathrm{PN}}} + U_{yx}^{*}r_{y,i,k}^{(1)}\mathrm{e}^{-\mathrm{j}\phi_{\mathrm{PN}}} + U_{yy}r_{y,i,k}^{*(2)}\mathrm{e}^{\mathrm{j}\phi_{\mathrm{PN}}} \tag{5.177}$$

其中，接收端的 $\tilde{s}_{x,i}$ 和 $\tilde{s}_{y,i}$ 分别表示在第 i 个时刻对于发送信号 $s_{x,i}$ 和 $s_{y,i}$ 的估计值。如果仅使用一个偏振态（如 x 偏振态），那么式(5.176) 和式(5.177) 中的后两项可以忽略。

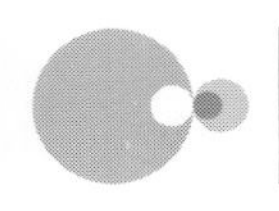

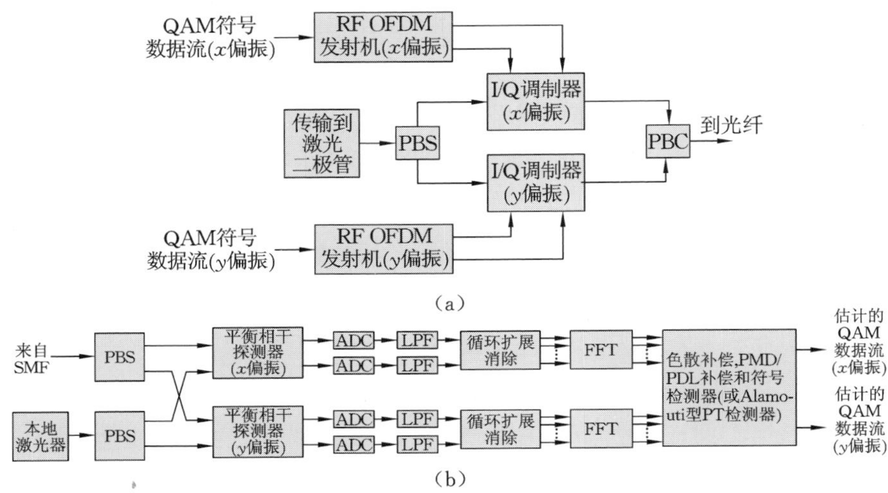

图 5.49　偏振复用的 CO-OFDM 方案

(a) 发射机配置;(b) 接收机配置

PBS— 偏振分束器;PBC— 偏振合路器

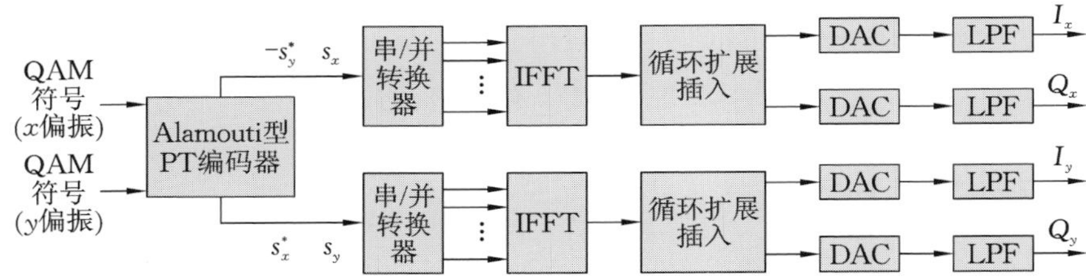

图 5.50　结合 CO-OFDM 的 PT 编码方案的发射机结构

5.8　总结

本章描述了许多适用于单模光纤链路的高级调制格式。此外,我们还描述了适用于少模光纤上通信的多维轨道角动量(OAM),以及使用可用的自由度的混合多维调制格式。特别需要关注正交频分复用(OFDM)及它在不同场景中的应用;同时还介绍了偏振复用和空分复用的概念。本章还提出了信号空间理论的概念,为优化信号星座图的设计提供了指导方案。

思考题

5.1　在下列情况下,求出两个信号之间的欧氏距离(每个信号都可用于二进制数字通信):

(a) 双极性信号

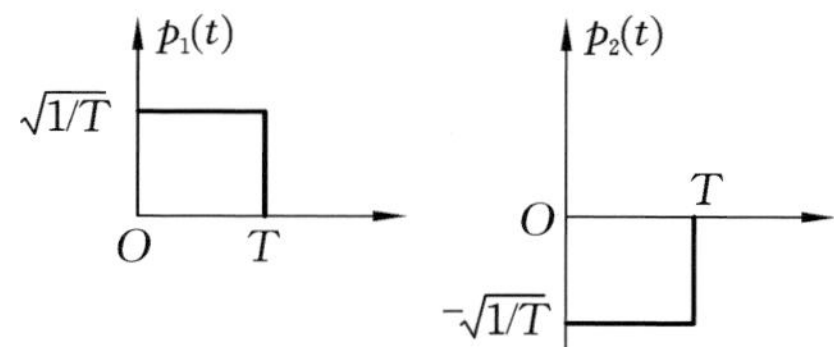

(b) 单极性(开关键控)信号

(c) 正交信号

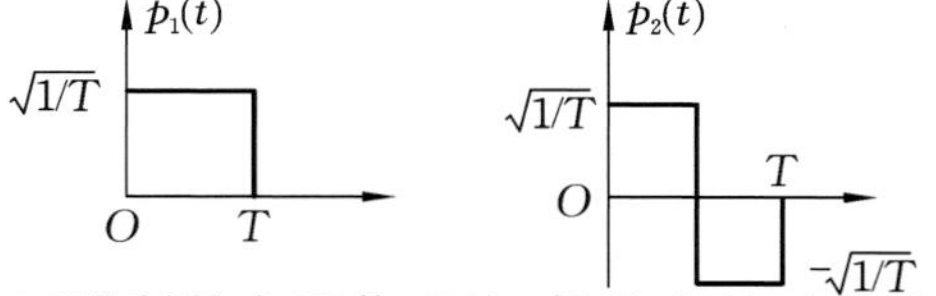

5.2　对于一个四进制数字通信系统,符号由以下波形来表示:

$p_1(t)=0, p_2(t)=\text{rect}((t-T/2)/T), p_3(t)=2\text{rect}((t-T/2)/T)$, $p_4(t)=3\text{rect}((t-T/2)/T)$。根据以下映射规则,使用两位比特的序列来选择所要发送的波形:

$$00 \to p_1(t) \quad 01 \to p_2(t) \quad 10 \to p_3(t) \quad 11 \to p_4(t)$$

如果先验概率由下式确定,那么求每比特的平均能量:

$$P(00)=1/16, P(01)=P(10)=3/16, P(11)=9/16$$

5.3　假设给定一个正交基函数集$\{\phi_j(t); j=1,\cdots,N\}$,用这个基函数集来表示一组信号$\{s_i(t); i=1,\cdots,M\}(M \geqslant N)$。考虑到信号$s_i(t)$可以用沿基函数的投影来表示,求出$s_i(t)$和$s_j(t)$之间相关系数的表达式。

5.4　画出8-PSK调制格式的信号星座图。假设每个波形$s_i(t)$具有相同的能量E_s。画出相应的判决区域和边界。

5.5　图5.51给出了QPSK调制器的一种可能的实现方式,其中$b_i(t)=\sum_k b_{ik}\text{rect}((t-kT)/t), b_{ik} \in \{-1,1\}, i \in \{I,Q\}$。证明:该调制器的输出可以用$s_m(t)$来表示为

$$s_m(t)=\sqrt{\frac{2E_s}{T_0}}\cos\left(\omega_c t-\left(\frac{\pi}{4}+\frac{m2\pi}{4}\right)\right)$$

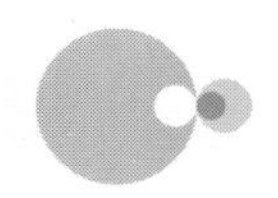

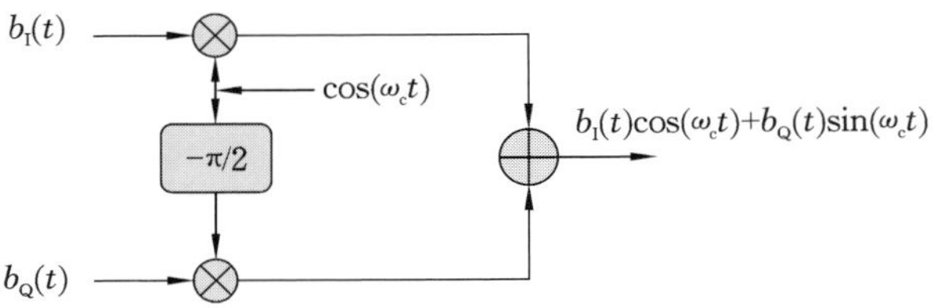

图 5.51　QPSK 调制器

5.6　通过将信号星座点放置在边长为 a 的等边三角形的顶点处，可以获得三进制信号集的信号星座图。绘制信号星座图，并假设所有的符号等概率传输，求出以 a 为自变量的平均信号能量的函数。确定最佳判决区域。选择任意的基函数 $\phi_1(t)$ 和 $\phi_2(t)$，并用这两个基函数来表示星座图上的星座点。确定相应的最小信号能量的星座图。

5.7　假设我们要使用二进制 DPSK 传输以下数据序列：1101000110。如果用 $s(t)=A\cdot\cos(\omega_c t+\theta)$ 来表示持续时间为 T 的任意时间间隔的发送信号，则确定该数据序列的发送信号的相位。假设第一个发送比特相位为 $\theta=0$。

5.8　考虑图 5.52(a) 所示的 8-QAM 信号星座图。

(a) 描述该星座图的格雷映射规则。

(b) 如果需要的比特率为 75 Gb/s，请确定符号速率。

(c) 比较此信号星座图和 8-PSK 的信噪比。

(d) 图 5.52(a) 所示的 8-QAM 或 8-PSK，哪个信号星座图更能抵抗相位误差？证明你的答案。

(e) 比较图 5.52 所示的信号星座图所需的信噪比。

(f) 确定图 5.52 所示星座图的判决边界和判决区域。

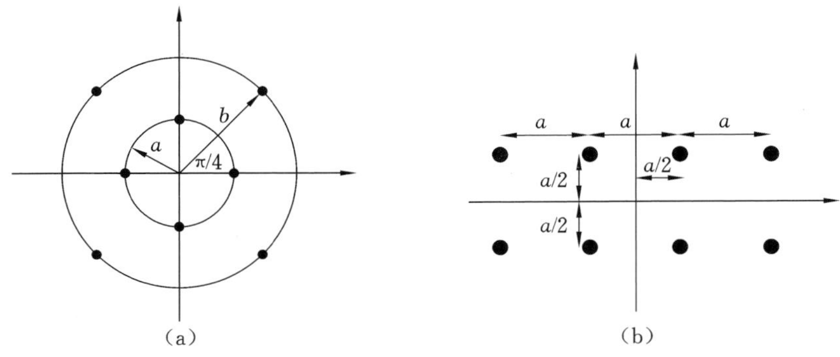

图 5.52　八进制的二维星座图

(a) 星型 8-QAM；(b) 8-QAM

5.9 立体的信号星座图是通过将信号星座点放置在边长为 a 的立方体的顶点中来获得的。绘制信号星座图并确定以 a 为自变量的平均信号能量的表示式,假设所有符号的发送概率相等。选择任意基函数 $\phi_i(t)(i=1,2,3)$,用基函数来表示信号星座图中的信号。确定相应的最小能量信号星座。每个符号能传输多少位?应用格雷映射并展示如何将比特映射到符号。

5.10 我们研究了两种信号星座图,一种是如图 5.53 所示的 5-QAM 信号星座图,第二种是以 a 为半径的 5-PSK 的信号星座图。对比这两种信号星座图的性能,假设所有星座点的传输概率相同。

(a) 比较这两个信号星座图的能量效率。

(b) 哪个信号星座图对相位误差更具有鲁棒性? 证明你的答案。

(c) 确定判决边界和判决区域。

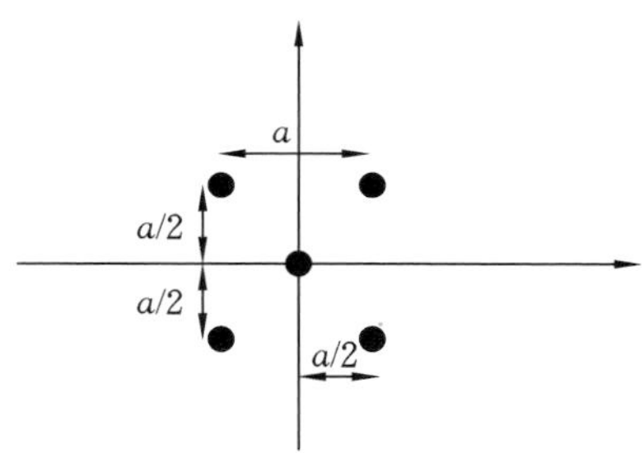

图 5.53 5-QAM 信号星座图的示意图

5.11 一个线性时不变(LTI) 带通系统可以用它的冲激响应来表示:$h(t)=h_\mathrm{I}(t)\cos(2\pi f_c t)-h_\mathrm{Q}(t)\sin(2\pi f_c t)$,其中 $h_\mathrm{I}(t)$ 和 $h_\mathrm{Q}(t)$ 分别表示冲激响应的同相和正交分量。证明 LTI 带通系统的复包络表示为:$\tilde{h}(t)=h_\mathrm{I}(t)+\mathrm{j}h_\mathrm{Q}(t)$。证明:带通系统输出的复包络可以通过将该系统的复冲激响应与输入的复包络进行连续时间卷积来获得。带通信号如下:

$$\tilde{y}(t)=\tilde{h}(t)*\tilde{x}(t)/2$$

5.12 证明:矩形脉冲形状 $p(t)=\mathrm{rect}(t/T_\mathrm{s})$ 在匹配滤波器的输出处满足零码间串扰的奈奎斯特准则:$R_p(lT_\mathrm{s})=\begin{cases}1, l=0\\0, l\neq 0\end{cases}$,其中,$R_p(\tau)$ 是 $p(t)$ 的自相关函数。通过使用上面的结果,I/Q 调制器的输出可以表示为

$$s(t)=\sum_k \sqrt{\frac{2}{T_\mathrm{s}}}I_k p(t-kT_\mathrm{s})\cos(\omega_c t)-\sqrt{\frac{2}{T_\mathrm{s}}}Q_k p(t-kT_\mathrm{s})\sin(\omega_c t)$$

证明在接收端，采样后匹配滤波器的输出可以写成如下形式：

$$I'(kT_s)=\sum_l I_l R_p(lT_s-kT_s)+v_I(kT_s),Q'(kT_s)$$
$$=\sum_l Q_l R_p(lT_s-kT_s)+v_Q(kT_s)$$

根据图 5.12 描述离散时间 QAM 调制器和解调器的工作原理，并将离散时间调制器的输出与连续时间调制器输出的采样版本相关联。

5.13　基于图 5.20 中的十六进制星型 QAM 调制格式的串联发射机配置，为图 5.52(a) 所示的八进制星型 QAM 信号星座图提供相应的发射机配置。完整描述此发射机的操作。此外，对于图 5.52(b) 所示的八进制 QAM 信号星座图，请基于图 5.23 中改进的 I/Q 调制器提供相应的发射机配置。讨论这两个发射机的复杂性。

5.14　基于第 5.2 节，描述图 5.53 所示的三种不同的五进制 QAM 信号星座图的发射机配置。讨论它们的实现复杂性。

5.15　确定第 5.3 节所描述的三十二进制的四维信号星座图的平均比特能量。比较该信号星座图所需的信噪比与第 5.5 节所述的三十二进制 CIPQ 信号星座图所需的信噪比。比较这两个方案的频谱效率。

5.16　离散时间的 M 维调制器和解调器的配置分别如图 5.30(c) 和 5.31(b) 所示。提供相应的连续时间实现方案，并说明它们与离散时间实现方案之间的关系。

5.17　解释说明第 5.4 节中描述的多维混合调制方案如何通过使用以 25 GS/s 的速率的设备实现 4 TbE 和 10 TbE。讨论不同的替代方案以及它的复杂性。

5.18　以类似于表 5.2 的方式提供 128 进制的 CIPQ 星座图的详细信息。使用式(5.91) ～ 式(5.93) 所描述的算法。

5.19　说明如何在节能信号星座图设计算法中推导式(5.99) 给出的 p_i 更新规则。完整提供此推导中的步骤。

5.20　提供能够补偿在 1000 km 单模光纤上传输累积的色散和偏振模色散的 CO-OFDM 系统的参数。总数据速率至少达到 400 Gb/s，OFDM 信号带宽应为 25 GHz 或 40 GHz。使用偏振复用和方形的 QAM 信号星座图。假设色散参数为 16 ps/(nm · km)，偏振模色散参数为 $D_p=0.05\ \text{ps}\cdot\text{km}^{-1/2}$。忽略二阶 GVD 和光纤非线性效应。与背对背配置相比，估计由于保护间隔导致的

OSNR 损失。确定设计的频谱效率，是否有可能找到最佳数量的子载波来使频谱效率最大？

5.21　从式(5.106)可以看出，对于足够数量的子载波，OFDM 样本将遵循高斯分布。包络显然将遵循瑞利分布，而能量将遵循卡方分布。确定包络的累积分布函数。确定 PAPR 低于某个阈值 z_{ts} 的概率。确定以下数目的子载波：32、64、128、256 和 512，针对 PAPR[dB] 绘制此概率的对数。最后，讨论降低 PAPR 的可行方法。

5.22　式(5.138)给出针对一阶偏振模色散的琼斯矢量用于探究 CO-OFDM 在补偿偏振模色散的效率。将此模型推广到高阶偏振模色散研究中。

5.23　这个问题与直接探测 OFDM(DDO-OFDM)相关。我们通过引入射频项 $\exp(j\omega_{RF}t)$ 来概括 OFDM 方程，如下所示：

$$s(t)=\begin{cases}\sum\limits_{k=-N_{sc}/2}^{k=N_{sc}/2-1} X_{k+N_{sc}/2}\mathrm{e}^{j2\pi\frac{k}{T_s}t}\mathrm{e}^{j\omega_{RF}t}, & -T_s/2<t\leqslant T_s/2\\ 0, & \text{其他}\end{cases}$$

经过适当的偏压后，该信号的实部用作 MZM 的输入。在接收端，仅使用一个光电探测器执行光电转换。提供此 DDO-OFDM 系统的相应框图，并描述每个模块的工作原理。解释为什么需要增加偏压。该方案称为双边带(DSB)DDO-OFDM 方案。描述如何使用时域或频域方法将双边带方案转换为单边带(SSB)方案。提供相应的单边带方案的框图。讨论这两种方案的实现复杂性。

5.24　式(5.129)描述了在存在频率偏移和相位噪声的情况下进行相干探测后的 OFDM 信号。在这个问题中，我们研究了频率偏移对 QPSK-OFDM 系统误码率性能的影响。频率偏移引入了载波间串扰(ICI)。通过使用足够数量的子载波，可以通过调用中心极限定理将载波间串扰近似为高斯过程。在没有载波间串扰的情况下，QPSK 的误码率由 $\mathrm{BER}=0.5\mathrm{erfc}(\sqrt{\gamma/2})$ 给出，其中，γ 是信噪比(SNR)，而 erfc(•)是互补误差函数。在存在 ICI 的情况下，我们需要增加 SNR 以实现相同的 BER。针对归一化频率偏移 $\delta=\Delta f_{off}/(1/T_s)$ 的不同值绘制 BER 与 SNR [dB] 的关系，其中 Δf_{off} 是频率偏移，T_s 是符号持续时间。

5.25　重复上面一个问题，现在考虑相位误差。绘制在不同的归一化激光线宽 $\Delta\nu/(1/T_s)$ 的情况下，QPSK-OFDM 系统的误比特率随 SNR[dB] 的关系曲线，其中，T_s 是符号持续时间。

5.26　描述第 5.6 节中描述的自适应子载波加载如何通过使用偏置 OFDM 而不是 DMT 在 GI-POF 应用中使用。

5.27　同样的方法可以用于室内无线光通信吗？如果可以，请描述如何使用。

5.28　基于 5.7.1 节中描述的 MIMO 光信道的并行分解，解释 MIMO-OFDM 如何在速率大于 Tb/s 级别的光信道中传输。

5.29　我们描述了使用两个光发射机和两个接收机的 Alamouti 方案。描述如何将该 Alamouti 方案推广到接收机数量大于 2 的情况。提供相应的组合器规则。通过数学归纳证明。

5.30　提供具有两个发射机和 $2M_R$ 分集的星型 8-QAM 网格状时空编码方案。

5.31　通过以下信号矩阵描述了在 $T=4$ 个符号间隔内扩展的 $M_T=3$ 个光发射机和 $M_R=1$ 个接收机的正交设计：

$$\boldsymbol{X}=\begin{bmatrix} x_1 & -x_2^* & -x_3^* & 0 \\ x_2 & x_1^* & 0 & -x_3^* \\ x_3 & 0 & x_1^* & x_2^* \end{bmatrix}$$

确定将导致线性模式耦合消除的接收机组合规则。确定该方案的阵列增益和分集增益。您可以将组合器设计推广到使用两个光接收器的情况吗？

5.32 讨论第 5.7.3 节中描述的 Alamouti 型 PT 编码方案和常规 PDM-OFDM 方案的优缺点。

5.33 相干光(CO-OFDM) 和奈奎斯特 WDM 是超高速光传输系统中超信道结构设计的最有希望的候选方案。这两种技术在时域和频域中执行的功能恰好相反。讨论第 5.6 节中描述的 CO-OFDM 方案与奈奎斯特 WDM 方案相比的优缺点。发射机生成由选定的 M 进制 QAM 格式调制的多个频率子载波组成的 400 Gb/s 超级信道，从而形成较低速率的子信道。在这种情况下，假定在 CO-OFDM 和奈奎斯特 WDM 的情况下，频率子载波均使用 16-QAM 调制格式。对于 CO-OFDM 子信道，在时域中假设子载波的形状均是理想的矩形脉冲形状，其中符号持续时间为 $T_s=1/R_s$。这种布置保证了子载波间的频率间隔为 R_s。同时假设在频域上的奈奎斯特 WDM 子信道具有平方根的升余弦频谱，滚降系数为 0.025，而奈奎斯特 WDM 子信道之间的间隔为 $1.1R_s$，依然可以满足。假定相同的组件用于 CO-OFDM 方案和奈奎斯特 WDM 方案（这些组件包括调制器、接收机、ADC/DSP）。图 5.54 展示了 CO-OFDM 和奈奎斯特 WDM 中 400 Gb/s 超通道频谱的结构。

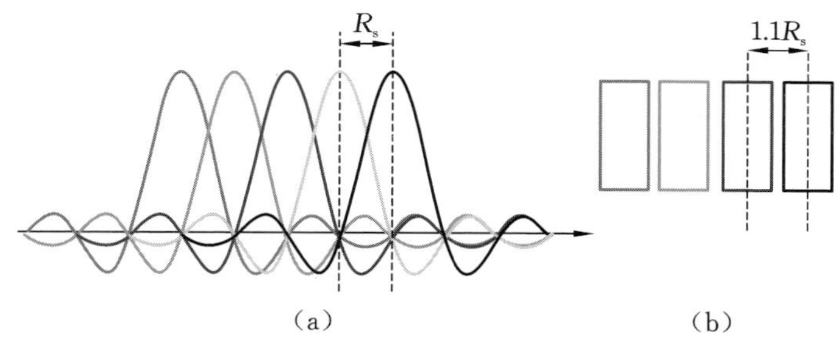

图 5.54　超信道结构

(a) 基于 CO-OFDM；(b) 基于奈奎斯特 WDM

参考文献

[1] Djordjevic, I. B., Xu, L., and Wang, T., Statistical physics inspired energy-efficient coded-modulation for optical communications, *Opt. Letters*, vol.37, no.8, pp.1340-1342, 2012.

[2] Proakis, J. G., *Digital Communications, 5th ed.*, New York, NY: McGraw Hill, 2007.

[3] Collett, E., *Polarized Light in Fiber Optics*, SPIE Press, 2003.

[4] Haykin, S., *Communication Systems, 4th ed.*, New York: John Wiley & Sons, 2001.

[5] Abramovitz, M., and Stegun, I.A., *Handbook of Mathematical Functions*, New York: Dover, 1970.

[6] Seimetz, M., *High-Order Modulation for Optical Fiber Transmission*, New York: Springer, 2009.

[7] Schlegel, V., Theorie der homogen zusammengesetzten Raumgebilde, Nova Acta, Ksl.Leop.Carol.Deutsche Akademie der Naturforscher, Band XLIV, Nr.4, Druck von E.Blochmann & Sohn inDresden, 1883.

[8] Batshon, H.G., Djordjevic, I.B., and Schmidt, T., Ultra high speed optical transmission using subcarrier-multiplexed four-dimensional LDPC-coded

modulation,*Opt.Express*,Vol.18,pp.20546-20551,2010.

[9] Djordjevic,I.,Batshon,H.G.,Xu,L.,and Wang,T.,Four-dimensional optical multiband-OFDM for beyond 1.4 Tb/s serial optical transmission,*Opt. Express*,Vol.19,No.2,pp.876-882,2011.

[10] Zhang,Y.,Arabaci,M.,and Djordjevic,I.B.,Evaluation of four-dimensional nonbinary LDPC coded modulation for next-generation long-haul optical transport networks,*Optics Express*,Vol.20,No.8,pp.9296-9301,2012.

[11] Djordjevic,I.B.,Xu,L.,and Wang,T.,PMD compensation in coded-modulation schemes with coherent detection using Alamouti-type polarization-time coding, *Optics Express*,Vol.16,No.18,pp.14163-14172,2008.

[12] Djordjevic,I.B.,Arabaci,M.,et al.,Generalized OFDM (GOFDM) for ultra-high-speed optical transmission,*Opt.Express*,Vol.19,No.7,pp. 6969-6979,2011.

[13] Shieh,W.,and Djordjevic,I.,*OFDM for Optical Communications*, Amsterdam:Elsevier/Academic Press,2009.

[14] Born,M.,and Wolf,E.,*Principles of Optics*,*7th ed.*,New York: Cambridge University Press,1999.

[15] Jackson,J.D.,*Classical Electrodynamics*,New York:John Wiley & Sons,1975.

[16] Bouchal,Z.,et al.,Selective excitation of vortex fiber modes using a spatial light modulator,*New J. Physics*,Vol.7,pp.125,2005.

[17] Anguita,J.A.,Neifeld,M.A.,and Vasic,B.V.,Turbulence-induced channel crosstalk in an orbital angular momentum-multiplexed free-space optical link,*Appl.Opt.*,Vol.47,No.13,pp.2414-2429,2008.

[18] Djordjevic,I.B.,Arabaci,M.,et al.,Spatial-domain-based multidimensional modulation for multi-Tb/s serial optical transmission,*Opt.Express*,Vol.19, No.7,pp.6845-6857,2011.

[19] Djordjevic,I.B.,Energy-efficient spatial-domain-based hybrid multidimensional coded-modulations enabling multi-Tb/s optical transport,*Opt.Express*,Vol. 19,No.17,pp.16708-16714,2011.

[20] Peric,Z.H.,Djordjevic,I.B.,et al.,Design of signal constellations for

Gaussian channel by iterative polar quantization, *Proc. 9th Mediterranean Electrotechnical Conference*, Vol.2, pp. 866-869, May 18-20, 1998, Tel-Aviv, Israel.

[21] Djordjevic, I.B., Batshon, H.G., et al., Coded polarization-multiplexed iterative polar modulation (PM-IPM) for beyond 400 Gb/s serial optical transmission, *Proc. OFC/NFOEC 2010*, Paper No. OMK2, San Diego, CA, 2010.

[22] Zhang, J., and Djordjevic, I.B., Optimum signal constellation design for rotationally symmetric optical channel with coherent detection, *Proc. OFC/NFOEC 2011*, Paper No. OThO3.

[23] Liu, X., Chandrasekhar, S., et al., Generation and FEC-decoding of a 231.5-Gb/s PDM-OFDM signal with 256-Iterative-Polar-Modulation achieving 11.15-b/s/Hz intrachannel spectral efficiency and 800-km reach, *Proc. OFC/NFOEC*, Paper PDP5B.3.

[24] Essiambre, R.-J., Kramer, G., et al., Capacity limits of optical fiber networks, *J. Lightwave Technol.*, Vol.28, No.4, pp.662-701, 2010.

[25] Sloane, N.J.A., Hardin, R.H., et al., Minimal-energy clusters of hard spheres, *Discrete Computational Geom.*, Vol.14, pp.237-259, 1995.

[26] Wannier, G., *Statistical Physics*, New York: Dover Publications, 1987.

[27] Cover, T., and Thomas, J., *Elements of Information Theory*, New York: John Wiley & Sons, 1991.

[28] Djordjevic, I.B., Liu, T., et al., Optimum signal constellation design for high-speed optical transmission, *Proc.* OFC/NFOEC 2012, Paper No. OW3H.2, March 6-8, 2012, Los Angeles, CA.

[29] Liu, T., Djordjevic, I.B., et al., Feedback channel capacity inspired optimum signal constellation design for high-speed optical transmission, *Proc. CLEO 2012*, Paper no. CTh3C.2, San Jose, CA, 2012.

[30] Chang, R.W., Synthesis of band-limited orthogonal signals for multichannel data transmission, *Bell Sys. Tech. J.*, Vol.45, pp.1775-1796, 1966.

[31] Chang, R.W., *Orthogonal Frequency Division Multiplexing*, U.S. Patent No.3488445, 1970.

[32] Pan,Q.,and Green,R.J.,Bit-error-rate performance of lightwave hybrid AM/OFDM systems with comparision with AM/QAM systems in the presence of clipping noise,*IEEE Photon. Technol. Lett.*,Vol.8,pp. 278-280,1996.

[33] Dixon,B.J.,Pollard,R.D.,and Iezekiel,S.,Orthogonal frequency-division multiplexing in wireless communication systems with multimode fiber feeds, *IEEE Tran.Microw.Theory Techn.*,vol.49,No.8,pp.1404-1409,Aug.2001.

[34] Lowery,A.J.,and Armstrong,J.,10 Gb/s multimode fiber link using power-efficient orthogonal-frequency-division multiplexing,*Opt.Express*, Vol.13,No.25,pp.10003-10009,Dec.2005.

[35] Djordjevic,I.B.,and Vasic,B.,Orthogonal frequency division multiplexing for high-speed optical transmission,*Optics Express*,Vol.14,pp.3767-3775,May 1,2006.

[36] Shieh,W.,and Athaudage,C.,Coherent optical frequency division multiplexing,*Electron. Lett.*,Vol.42,pp.587-589,2006.

[37] Lowery,A.J.,Du,L.,and Armstrong,J.,Orthogonal frequency division multiplexing for adaptive dispersion compensation in long haul WDM systems,*Proc.OFC Postdeadline Papers*,Paper No.PDP39,Mar.2006.

[38] Djordjevic,I.B.,Xu,L.,and Wang,T.,Beyond 100 Gb/s optical transmission based on polarization multiplexed coded-OFDM with coherent detection,*IEEE/OSA J. Opt. Commun. Netw.*,Vol.1,pp. 50-56,June 2009.

[39] Ma,Y.,Yang,Q.,et al.,1-Tb/s single-channel coherent optical OFDM transmission over 600 km SSMF fiber with subwavelength bandwidth access,*Opt.Express*,Vol.17,pp.9421-9427,2009.

[40] Liu,X.,and Chandrasekhar,S.,Beyond 1 Tb/s superchannel transmission, *Proc.IEEE Photonics Conference (PHO) 2011*,pp.893-894,2011.

[41] Proakis,J.G.,and Manolakis,D.G.,*Digital Signal Processing:Principles, Algorithms,and Applications,4th ed.*,Upper Saddle River,NJ: Prentice-Hall,2007.

[42] Sano,S.,et al.,No-guard-interval coherent optical OFDM for 100-Gb/s

long-haul WDM transmission, *J. Lightw. Technol.*, Vol.27, pp.3705-3713, 2009.

[43] Zhu, B., Liu, X., et al., Ultra-long-haul transmission of 1.2-Tb/s multicarrier no-guard-interval CO-OFDM superchannel using ultra-large-area fiber, *IEEE Photon. Technol. Lett.*, Vol.22, pp.826-828, 2010.

[44] Lee, S.C.J., Breyer, F., et al., High-speed transmission over multimode fiber using discrete multitone modulation [Invited], *J. Opt. Netw.*, Vol. 7, pp.183-196, Feb.2008.

[45] Pepeljugoski, P.K., and Kuchta, D.M., Design of optical communications data links, *IBM J. Res. Dev.*, Vol.47, pp.223-237, 2003.

[46] Matthijsse, P., et al., Multimode fiber enabling 40 Gbit/s multi-mode transmission over distances > 400 m, *Proc. Optical Fiber Communication Conference (OFC) 2006*, Anaheim, CA, 2006, Paper No. OW113.

[47] Jin, X.Q., Tang, J.M., et al., Optimization of adaptively modulated optical OFDM modems for multimode fiber-based local area networks, *J. Opt. Netw.*, Vol.7, No.3, pp.198-214, Mar.2008.

[48] Yam, S.S.H., and Achten, F., Single wavelength 40 Gbit/s transmission over 3.4 km broad wavelength window multimode fibre, *Electron. Lett.*, Vol.42, pp.592-594, 2006.

[49] Mestdagh, D.J.G., and Spruyt, P.M.P., A method to reduce the probability of clipping in DMT-based transceivers, *IEEE Trans. Commun.*, Vol.44, pp.1234-1238, 1996.

[50] Eetvelt, P.V., Wade, G., and Thompson, M., Peak to average power reduction for OFDM schemes by selected scrambling, *IEE Electron. Lett.*, Vol.32, pp.1963-1964, 1996.

[51] Friese, M., Multicarrier modulation with low peak-to-average power ratio, *IEE Electron. Lett.*, Vol.32, pp.712-713, 1996.

[52] Davis, J.A., and Jedwab, J., Peak-to-mean power control in OFDM, Golay complementary sequences, and Reed-Muller codes, *IEEE Trans. Inf. Theory*, Vol.45, pp.2397-2417, 1999.

[53] Li, A., Al Amin, A., et al., Reception of mode and polarization multiplexed 107-Gb/s CO-OFDM signal over a two-mode fiber, *Proc.*

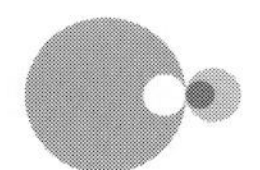

OFC/NFOEC, *Postdeadline Papers* (OSA, 2011), Paper PDPB8.

[54] Gruner-Nielsen, L., Sun, Y., et al., Few mode transmission fiber with low DGD, low mode coupling and low loss, *Proc.OFC/NFOEC*, *Postdeadline Papers* (OSA, 2012), Paper PDP5A.1.

[55] Ryf, R., et al., Low-loss mode coupler for mode-multiplexed transmission in few-mode fiber, *Proc.OFC/NFOEC*, *Postdeadline Papers* (OSA, 2012), Paper PDP5B.5.

[56] Fontaine, N.K., et al., Space-division multiplexing and all-optical MIMO demultiplexing using a photonic integrated circuit, *Proc.OFC/NFOEC*, *Postdeadline Papers* (OSA, 2012), Paper PDP5B.1.

[57] Chen, X., Li, A., et al., Reception of dual-LP11-mode CO-OFDM signals through few-mode compatible optical add/drop multiplexer, *Proc.OFC/NFOEC*, *Postdeadline Papers* (OSA, 2012), Paper PDP5B.4.

[58] Chandrasekhar, S., Liu, X., et al., Terabit transmission at 42.7 Gb/s on 50 GHz grid using hybrid RZ-DQPSK and NRZ-DBPSK formats over 16 × 80 km SSMF spans and 4 bandwidthmanaged ROADMs, *J. Lightw. Technol.*, Vol.26, pp.85-90, 2008.

[59] Ma, Y., Yang, Q., et al., 1-Tb/s single-channel coherent optical OFDM transmission over 600 km SSMF fiber with subwavelength bandwidth access, *Opt. Express*, Vol.17, pp.9421-9427, 2009.

[60] Tang, Y., and Shieh, W., Coherent optical OFDM transmission up to 1 Tb/s per channel, *J. Lightw. Technol.*, Vol.27, pp.3511-3517, 2009.

[61] Bathula, B.G., Alresheedi, M., and Elmirghani, J.M.H., Energy efficient architectures for optical networks, *Proc.IEEE London Communications Symposium*, London, Sept.2009.

[62] Liu, T., Djordjevic, I.B., et al., Feedback channel capacity inspired optimum signal constellation design for high-speed optical transmission, *Proc.CLEO 2012*, Paper no.CTh3C.2, San Jose, CA, 2012.

[63] Djordjevic, I.B., Heterogeneous transparent optical networking based on coded OAM modulation, *IEEE Photonics J.*, Vol.3, pp.531-537, 2011.

[64] Djordjevic, I.B., Xu, L., and Wang, T., Multidimensional hybrid modulations

for ultra-high-speed optical transport, *IEEE Photonics J.*, Vol.3, pp. 1030-1038, 2011.

[65] Arabaci, M., Djordjevic, I.B., et al., Polarization-multiplexed rate-adaptive non-binary-LDPC-coded multilevel modulation with coherent detection for optical transport networks, *Opt. Express*, Vol.18, pp.1820-1832, 2010.

[66] Sakai, J., Kitayama, K., et al., Design considerations of broad-band dual-mode optical fibers, *IEEE Trans.Microwave Theory and Techniques*, Vol.26, pp.658-665, 1978.

[67] Razavi, B., A 60 GHz CMOS receiver front-end, *IEEE J.Solid-State Circuits*, Vol.41, pp.17-22, 2006.

[68] Doan, C., Emami, S., et al., Millimeter-wave CMOS design, *IEEE J. Solid-State Circuits*, Vol.40, pp.144-155, 2005.

[69] Nagarajan, R., et al., Large-scale photonic integrated circuits, *IEEE J. Sel.Top.Quantum Electron.*, Vol.11, pp.50-64, 2005.

[70] Welch, D.F., et al., Large-scale InP photonic integrated circuits: enabling efficient scaling of optical transport networks, *IEEE J.Sel. Top.Quantum Electron.*, Vol.13, pp.22-31, Jan./Feb.2007.

[71] Gunn, C., CMOS photonics for high-speed interconnects, *IEEE Micro*, Vol.26, pp.58-66, Mar.-Apr.2006.

[72] Lipson, M., Guiding, modulating and emitting light on silicon-challenges and opportunities, *IEEE J.Lightw.Technol.*, Vol.23, pp.4222-4238, Dec.2005.

[73] Blahut, R.E., Computation of channel capacity and rate distortion functions, *IEEE Trans.Inform.Theory*, Vol.IT-18, pp.460-473, 1972.

[74] Murshid, S., and Chakravarty, A., Tapered optical fiber quadruples bandwidth of multimode silica fibers using same wavelength, *Proc. Frontiers in Optics*, OSA Technical Digest (OSA, 2010), paper FWI2.

[75] Djordjevic, I.B., Xu, L., and Wang, T., Coded multidimensional pulse amplitude modulation for ultra-high-speed optical transmission, *Proc. OFC/NFOEC 2011*, Paper No. JThA041, Los Angeles Convention Center, Los Angeles, CA, 2011.

[76] Randel, S., et al., Mode-multiplexed 6 × 20 GBd QPSK transmission over

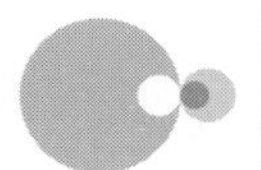

1200 km DGD-compensated few-mode fiber, *Proc.OFC/NFOEC, Postdeadline Papers* (OSA, 2012), Paper PDP5C.5.

[77] Fossorier, M.P.C., Quasi-cyclic low-density parity-check codes from circulant permutation matrices, *IEEE Trans.Inform.Theory*, Vol.50, pp.1788-1793, 2004.

[78] Chen, J., Dholakia, A., Eleftheriou, E., Fossorier, M., and Hu, X.-Y., Reduced-complexity decoding of LDPC codes, *IEEE Trans.Comm.*, Vol.53, pp.1288-1299, Aug.2005.

[79] Ryf, R., et al., Space-division multiplexed transmission over 4200 km 3-core microstructured fiber, in Proc. *OFC/NFOEC, Postdeadline Papers* (Optical Society of America, 2012), Paper PDP5C.5.

[80] Puttnam, B.J., Klaus, W., et al., 19-core fiber transmission of 19×100×172 Gb/s SDM-WDM-PDM-QPSK signals at 305Tb/s, *Proc.OFC/NFOEC, Postdeadline Papers* (OSA, 2012), Paper PDP5C.1.

[81] Krummrich, P.M., Optical amplifiers for multi mode / multi core transmission, *Proc.OFC/NFOEC* (OSA, 2012), Paper OW1D.1.

[82] Essiambre, R., and Mecozzi, A., Capacity limits in single mode fiber and scaling for spatial multiplexing, *Proc.OFC/NFOEC* (OSA, 2012), Paper OW3D.

[83] Biglieri, E., Calderbank, R., et al., *MIMO Wireless Communications*, Cambridge, UK: Cambridge University Press, 2007.

[84] Shah, A.R., Hsu, R.C.J., et al., Coherent optical MIMO (COMIMO), *J.Lightw.Technol.*, Vol.23, pp.2410-2419, Aug.2005.

[85] Hsu, R.C.J., Tarighat, A., et al., Capacity enhancement in coherent optical MIMO (COMIMO) multimode fiber links, *J.Lightw.Technol.*, Vol.23, pp.2410-2419, Aug.2005.

[86] Tarighat, A., Hsu, R.C.J., et al., Fundamentals and challenges of optical multiple-input multiple output multimode fiber links, *IEEE Comm.Mag.*, Vol.45, pp.57-63, May 2007.

[87] Bikhazi, N.W., Jensen, M.A., and Anderson, A.L., MIMO signaling over the MMF optical broadcast channel with square-law detection, *IEEE*

Trans.Comm., Vol.57, pp.614-617, Mar.2009.

[88] Agmon, A., and Nazarathy, M., Broadcast MIMO over multimode optical interconnects by modal beamforming, *Optics Express*, Vol.15, pp.13123-13128, 2007.

[89] Alon, E., Stojanovic, V., et al., Equalization of modal dispersion in multimode fibers using spatial light modulators, *Proc.IEEE Global Telecommun.Conf*.2004, Dallas, TX, Nov.29-Dec.3, 2004.

[90] Panicker, R.A., Kahn, J.M., and Boyd, S.P., Compensation of multimode fiber dispersion using adaptive optics via convex optimization, *J. Lightw.Technol.*, Vol.26, pp.1295-1303, 2008.

[91] Fan, S., and Kahn, J.M., Principal modes in multi-mode waveguides, *Optics Letters*, Vol.30, no.2, pp.135-137, 2005.

[92] Goldsmith, A., *Wireless Communications*.Cambridge, UK: Cambridge University Press, 2005.

[93] Alamouti, S., A simple transmit diversity technique for wireless communications, *IEEE J.Sel.Areas Commun.*, Vol.16, pp.1451-1458, 1998.

[94] Foschini, G.J., Layered space-time architecture for wireless communication in a fading environment when using multi-element antennas, *Bell Labs Tech. J.*, Vol.1, pp.41-59, 1996.

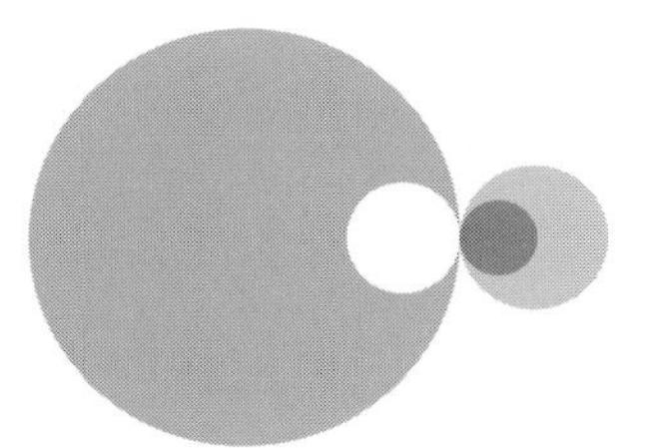

第 6 章 高级探测方案

本章主要介绍光通信系统中的高级探测概念。我们将讨论以下几个主题：① 高级调制格式的相干探测，包括 OFDM、光信道均衡、光 MIMO 探测以及色散补偿、PMD 和光纤非线性；② 最相关的补偿技术，包括前馈均衡器、判决反馈均衡器、自适应均衡器、最大似然序列探测器(MLSD)或维特比均衡器、盲均衡器、涡轮均衡器、数字反向传输、维纳滤波和基于 Volterra 系列表示的均衡器；③ 光 OFDM 信号的相干探测，包括所有同步方式、相位和信道估计以及 PMD 的补偿。此外，还将描述各种 MIMO 检测技术。在本章中，读者将了解检测和估计理论的基础知识，包括最佳接收机设计和误差概率推导，这将有助于读者更好地理解光信号高级探测方案背后的原理。

6.1 基础探测理论

6.1.1 接收信号的几何表示和不相关定理

在第 5.1 节中，我们介绍了在数字光通信系统中，首先消息源会从信号集 $\{m_1,m_2,\cdots,m_M\}$ 中生成符号 $m_i(i=1,2,\cdots,M)$，这些符号的先验概率分别为 $p_1,p_2,\cdots,p_M$，其中 $p_i=P(m_i)$ 表示发送第 i 个符号的概率。然后，发射机将来自消息源的输出 m_i 转换成持续时间为 T_s 的适合于通过光信道传输的 $s_i(t)$。同时信号 $\{s_i(t)\}$ 可以表示为 $D(D\leqslant M)$ 个正交基函数 $\{\Phi_j\}$ 的线性组合，有以下的表示式：

$$s_i(t)=\sum_{j=1}^{D}s_{ij}\Phi_j(t)\begin{cases}0\leqslant t\leqslant T\\i=1,2,\cdots,M\end{cases}\tag{6.1}$$

其中，s_{ij} 是第i个信号沿第j个基函数的投影。接收信号$r(t)$也可以用沿相同基函数的投影来表示：

$$r(t)=\sum_{j=1}^{D}r_j\Phi_j(t),r_j=\int_0^{T_i}r(t)\Phi_j(t)\mathrm{d}t(j=1,2,\cdots,D)\tag{6.2}$$

因此，接收和发送的信号都可以表示为信号空间中的矢量，即

$$\boldsymbol{r}=[r_1\quad r_2\quad\cdots\quad r_D]^{\mathrm{T}},\quad \boldsymbol{s}_i=|\,\boldsymbol{s}_i\rangle=[s_{i1}\quad s_{i2}\quad\cdots\quad s_{iD}]^{\mathrm{T}}\tag{6.3}$$

在第5章中，我们使用欧氏距离接收机来判决最接近接收信号矢量的信号星座点。在光纤非线性较弱的情况下，我们可以使用加性(线性) 信道模型，并将接收信号表示为发送信号 $s_i(t)$ 和累积 ASE 噪声 $n(t)$ 之和，即

$$r(t)=s_i(t)+n(t)\begin{cases}0\leqslant t\leqslant T_{\mathrm{s}}\\i=1,2,\cdots,M\end{cases}\tag{6.4}$$

基于式(6.2)，我们可以将接收信号 $r(t)$ 沿第 j 个基函数的投影表示为

$$\begin{aligned}r_j&=\int_0^{T_{\mathrm{s}}}r(t)\Phi_j(t)\mathrm{d}t=\int_0^{T_{\mathrm{s}}}[s_i(t)+n(t)]\Phi_j(t)\mathrm{d}t\\&=\underbrace{\int_0^{T_{\mathrm{s}}}s_i(t)\Phi_j(t)\mathrm{d}t}_{s_{ij}}+\underbrace{\int_0^{T_{\mathrm{s}}}n(t)\Phi_j(t)\mathrm{d}t}_{n_j}\\&=s_{ij}+n_j,j=1,\cdots,D\end{aligned}\tag{6.5}$$

我们可以将式(6.5) 改写为矢量形式，即

$$\boldsymbol{r}=\begin{bmatrix}r_1\\r_2\\\vdots\\r_D\end{bmatrix}=\underbrace{\begin{bmatrix}s_{i1}\\s_{i2}\\\vdots\\s_{iD}\end{bmatrix}}_{s_i}+\underbrace{\begin{bmatrix}n_1\\n_2\\\vdots\\n_D\end{bmatrix}}_{n}=\boldsymbol{s}_i+\boldsymbol{n}\tag{6.6}$$

因此，接收到的矢量也称为观测矢量，可以写为发送矢量和噪声矢量之和。有两种方法来获得观测向量：基于匹配滤波器的探测器和相关探测器，如图 6.1 所示。脉冲响应为 $h_j(t)=\Phi_j(T-t)$ 的第 j 个匹配滤波器的输出为

$$r_j(t)=\int_{-\infty}^{\infty}r(\tau)h_j(t-\tau)\mathrm{d}\tau=\int_{-\infty}^{\infty}r(\tau)\Phi_j(T_{\mathrm{s}}-t+\tau)\,\mathrm{d}\tau\tag{6.7}$$

在时间点 $t=T_{\mathrm{s}}$ 处采样，可以得到采样之后的值为

$$r_j(T_s)=\int_{-\infty}^{\infty} r(\tau)h_j(T_s-\tau)\,\mathrm{d}\tau=\int_0^{T_s} r(\tau)\Phi_j(\tau)\,\mathrm{d}\tau \tag{6.8}$$

它的形式和第 j 个相关接收器的输出相同。因此,基于相关和匹配滤波器的接收机是等价的。

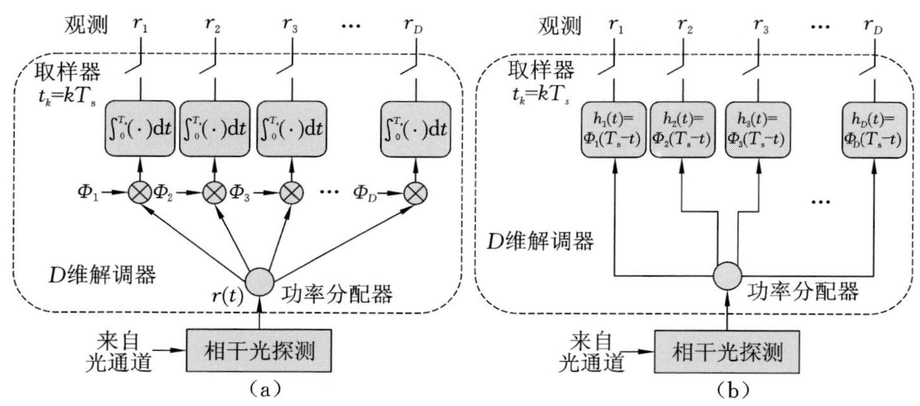

图 6.1　探测器(或解调器)的两个等效实现(为了便于说明,仅示出了电学基矢量)

(a) 相关探测器;(b) 基于匹配滤波器的探测器

观察接收信号和使用接收信号沿基函数投影获得的信号,它们之间的差异是随机过程。事实上,这种差异是接收信号的其余部分,即

$$\begin{aligned} r'(t)&=r(t)-\sum_{j=1}^{D} r_j\Phi_j(t)=s_i(t)+n(t)-\sum_{j=1}^{N}(s_{ij}+n_j)\Phi_j(t) \\ &=n(t)-\sum_{j=1}^{N} n_j\Phi_j(t)=z(t) \end{aligned} \tag{6.9}$$

接收信号的其余部分仅与噪声有关。在上面的所有公式中,我们用表示发射信号的基函数来表示噪声。但是,考虑到噪声过程的相关特性,使用 Karhunen-Loève 扩展[2] 来表示噪声更加合适。对于加性高斯白噪声(AWGN),沿发射信号的基函数的噪声投影是不相关且独立的,这在之后将进行展示。因此,用于表示噪声的基函数与探测过程中判决策略的选择无关。

定义 $R(t)$ 表示对接收信号 $r(t)$ 的采样建立的随机过程。$R(t)$ 沿第 j 个基函数的投影 R_j 是相关器输出 $r_j(j=1,2,\cdots,D)$ 表示的一个随机变量。R_j 的相应均值由下式给出:

$$m_{R_j}=E[R_j]=E[s_{ij}+N_j]=s_{ij}+E[N_j]=s_{ij} \tag{6.10}$$

并且它仅仅取决于发射信号 s_{ij} 的第 j 个坐标。用 N_j 表示噪声分量 $n(t)$ 产生的第 j 个相关器（匹配滤波器）输出的随机变量，而 E 表示期望算子。用这样的方式，R_j 的方差也仅仅与噪声有关，即

$$\sigma_{R_j}^2 = \mathrm{Var}[R_j] = E[(R_j - s_{ij})^2] = E[N_j^2] \tag{6.11}$$

R_j 的方差可以确定为

$$\begin{aligned}\sigma_{R_j}^2 &= E[N_j^2] = E\left[\int_0^T N(t)\Phi_j(t)\mathrm{d}t\int_0^T N(u)\Phi_j(u)\mathrm{d}t\right] \\ &= E\left[\int_0^{T_s}\int_0^{T_s}\Phi_j(t)\Phi_j(u)N(t)N(u)\mathrm{d}t\,\mathrm{d}u\right] \\ &= \int_0^{T_s}\int_0^{T_s}\Phi_j(t)\Phi_j(u)E\,\underbrace{[N(t)N(u)]}_{R_N(t,u)}\mathrm{d}t\,\mathrm{d}u \\ &= \int_0^{T_s}\int_0^{T_s}\Phi_j(t)\Phi_j(u)R_N(t,u)\mathrm{d}t\,\mathrm{d}u\end{aligned} \tag{6.12}$$

在式(6.12)中，$R_N(\cdot)$ 表示噪声过程 $N(t)$ 的自相关函数，另见文献[1,2]，即

$$R_N(t,u) = \frac{N_0}{2}\delta(t-u) \tag{6.13}$$

将式(6.13)代入式(6.12)中，可以得到以下式子：

$$\sigma_{R_j}^2 = \frac{N_0}{2}\int_0^{T_1}\int_0^{T_1}\Phi_j(t)\Phi_j(u)\delta(t-u)\mathrm{d}t\,\mathrm{d}u = \frac{N_0}{2}\underbrace{\int_0^T\Phi_j^2(t)\mathrm{d}t}_{1} = \frac{N_0}{2} \tag{6.14}$$

因此，所有匹配滤波器（相关器）输出的方差都等于噪声过程 $N(t)$ 的功率谱密度，即 $N_0/2$。匹配滤波器的第 j 个和第 k 个（$j \neq k$）输出之间的协方差由下式给出：

$$\begin{aligned}\mathrm{Cov}[R_jR_k] &= E[(R_j - s_{ij})(R_k - s_{ik})] = E[R_jR_k] \\ &= \left[\int_0^{T_s}N(t)\Phi_j(t)\mathrm{d}t\int_0^{T_s}N(u)\Phi_k(t)\mathrm{d}t\right] \\ &= E\left[\int_0^{T_s}\int_0^{T_s}\Phi_j(t)\Phi_k(u)N(t)N(u)\mathrm{d}t\,\mathrm{d}u\right] \\ &= \int_0^{T_s}\int_0^{T_s}\Phi_j(t)\Phi_k(u)\underbrace{E[N(t)N(u)]}_{R_N(t-u)}\mathrm{d}t\,\mathrm{d}u \\ &= \int_0^{T_s}\int_0^{T_s}\Phi_j(t)\Phi_k(u)\underbrace{R_N(t-u)}_{\frac{N_0}{2}\delta(t-u)}\mathrm{d}t\,\mathrm{d}u\end{aligned}$$

$$
=\frac{N_0}{2}\int_0^{T_s}\int_0^{T_s}\Phi_j(t)\Phi_k(u)\delta(t-u)\mathrm{d}t\mathrm{d}u=\frac{N_0}{2}\underbrace{\int_0^{T_s}\Phi_j(t)\Phi_k(t)\mathrm{d}t}_{0,j\neq k}
$$

$$
=0 \tag{6.15}
$$

由此可以说明相关器(匹配滤波器)的输出 R_j 之间是互不相关的。所以,由式(6.6)给出的相关器输出为高斯随机变量。这些随机变量在统计上是独立的,因此观察向量 $\boldsymbol{R}$ 的联合条件概率密度函数可以写成相关器各个输出的条件概率密度函数的乘积,即

$$
f_{\boldsymbol{R}}(\boldsymbol{r}\mid m_i)=\prod_{j=1}^{D}f_{R_j}(r_j\mid m_i),i=1,2,\cdots,M \tag{6.16}
$$

参数 R_j 是均值为 s_{ij}、方差为 $N_0/2$ 的高斯随机变量,因此 S_j 相应的条件概率密度函数如下:

$$
f_{R_j}(r_j\mid m_i)=\frac{1}{\sqrt{\pi N_0}}\exp\left(-\frac{1}{N_0}(r_j-s_{ij})^2\right)\begin{cases}j=1,2,\cdots,D\\i=1,2,\cdots,M\end{cases} \tag{6.17}
$$

通过将条件概率密度函数替换为联合概率密度函数,并在简单整理后,得到下式:

$$
f_{\boldsymbol{R}}(\boldsymbol{r}\mid m_i)=(\pi N_0)^{-D/2}\exp\left(-\frac{1}{N_0}\sum_{j=1}^{D}(r_j-s_{ij})^2\right) \tag{6.18}
$$

可以得出结论,由式(6.6)给出的随机向量的元素完全代表 $\sum_i r_i\Phi_i$。剩下要描述的是式(6.9)给出的接收信号的剩余 $z(t)$,它仅与噪声有关。可以很容易证明,噪声过程样本 $Z(t_m)$ 在统计上与相关器的输出 R_j 无关,所以有

$$
E[R_jZ(t_m)]=0\begin{cases}j=1,2,\cdots,D\\0\leqslant t_m\leqslant T_s\end{cases} \tag{6.19}
$$

因此,相关器(匹配滤波器)的输出仅与判决过程中的统计数据相关。也就是说,考虑在信号探测中的 AWGN,只有投到基函数上的噪声,用来表示信号集$\{s_i(t)\}$ $(i=1,\cdots,M)$,才会影响到检测电路中的统计过程,其他噪声是无关的。这一主张有时称为无关定理[2,22]。根据该定理,由式(6.4)给出的信道模型可以用式(6.6)给出的等效 D 维向量来表示。

6.1.2 欧几里得相关匹配滤波接收机的等效性

图 6.1 中的方案可以作为接收机判决电路的基础,理想接收机的配置如

图 6.2 所示。使用匹配滤波器的相关性获得的观测矢量作为输入矢量。观测向量被用作 M 个点乘计算器的输入。第 i 个乘法器获得的观测矢量 $\boldsymbol{r}$ 和第 i 个信号矢量 $\boldsymbol{s}_i$ 之间的内积，如下所示：

$$\boldsymbol{r}\boldsymbol{s}_i^{\mathrm{T}} = \sum_{j=1}^{D} r_j s_{ij} \tag{6.20}$$

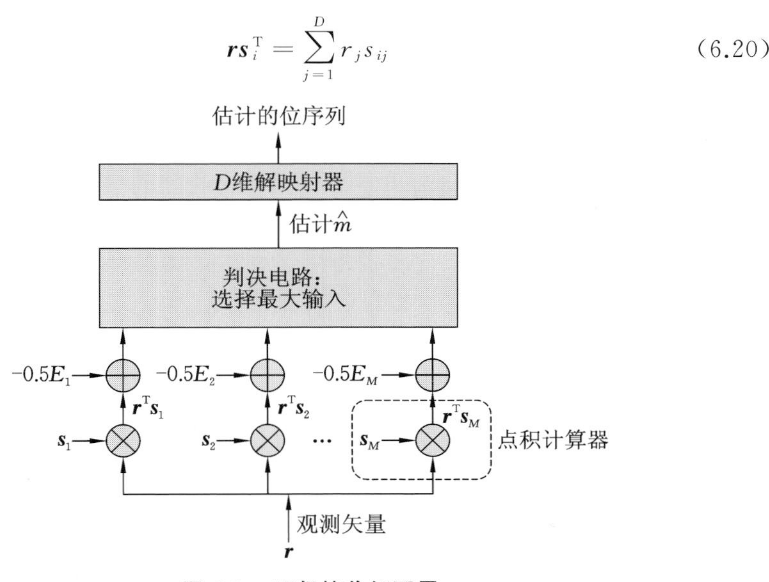

图 6.2　理想接收机配置

如果在点乘运算后，不同的符号有不同的能量，那么就在每个分支中去除以对应符号的一半能量。该判决电路选择输入最大的符号，并将结果发送给 D 维解映射器。对于非二进制传输，可以忽略解映射器模块。

我们现在重新考虑信号 $s_i(t)$ 和 $s_k(t)$ 之间的欧氏距离平方，如第 5 章中所定义，并将它写为如下形式：

$$d_E^2(\boldsymbol{s}_i, \boldsymbol{s}_k) = \int_0^{T_s} [s_i(t) - s_k(t)]^2 \mathrm{d}t = \sum_{j=1}^{N} (s_{ij} - s_{kj})^2 \tag{6.21}$$

用相同的形式，接收信号 $r(t)$ 和第 k 个候选 $s_k(t)$ 之间的欧氏距离平方可以写成以下形式：

$$d_E^2(\boldsymbol{r}, \boldsymbol{s}_k) = \int_0^{T_s} [r(t) - s_k(t)]^2 \mathrm{d}t = \sum_{j=1}^{N} (r_j - s_{kj})^2 \tag{6.22}$$

欧氏距离平方接收机在判决最接近接收信号的候选信号之前，需要执行 $M-1$ 次比较。对于第 i 个和第 k 个候选信号，欧氏距离平方接收机将针对它们执行以下判决策略操作：

$$\int_0^{T_i} [r(t) - s_i(t)]^2 \mathrm{d}t \underset{m_k}{\overset{m_i}{\lessgtr}} \int_0^{T_s} [r(t) - s_k(t)]^2 \mathrm{d}t \tag{6.23}$$

通过对括号项进行平方,并重新排列后,可以得到下式:

$$\int_0^{T_s} r(t)s_i(t)\mathrm{d}t - \frac{1}{2}\underbrace{\int_0^{T_s} s_i^2(t)\mathrm{d}t}_{E_j} \underset{m_i}{\overset{m_s}{\lessgtr}} \int_0^{T_s} r(t)s_k(t)\mathrm{d}t - \frac{1}{2}\underbrace{\int_0^{T_s} s_k^2(t)\mathrm{d}t}_{E_k} \tag{6.24}$$

基于式(6.23),我们可以按图 6.3(a) 构建接收机配置。根据式(6.24),我们也可以设计出如图 6.3(b) 所示的接收机配置,它本质上是一个相关接收机,图 6.2 和图 6.3(b) 所示的接收机是等价的。接收到的信号 $r(t)$ 和 $s_i(t)$ 之间的相关系数实际上就是信号空间中相应矢量的点积,如第 5 章所述。因此,它们之间的距离可以表示为

$$\langle \boldsymbol{r} \mid \boldsymbol{s}_i \rangle = \int_0^{T_s} r(t)s_i(t)\mathrm{d}t = \boldsymbol{r}^{\mathrm{T}}\boldsymbol{s}_i \tag{6.25}$$

至此,我们证明了对于高斯类信道,欧氏距离接收机、相关接收机和匹配接收机是等价的。

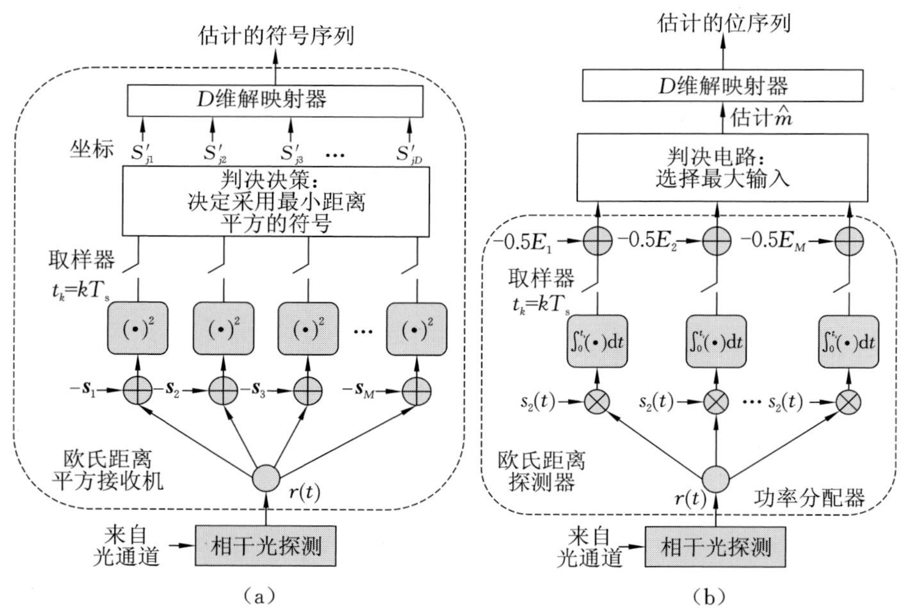

(a)　　　　　(b)

图 6.3　欧氏距离平方接收机

(a) 基于式(6.23);(b) 基于式(6.24)

在本节的剩余部分,我们将从信噪比(SNR) 的角度来证明匹配滤波器是最佳的。对于这个证明,我们将使用式(5.17) 给出的施瓦茨不等式。首先针

对图 6.1(b) 所示的匹配滤波器的第 j 个输出，可以表示为以下形式：

$$r_j(T_s)=r(t)*h_j(t)\mid_{t=T_s}=\underbrace{[s_j(t)*h_j(t)]\mid_{t=T_s}}_{\alpha_j(T_s)}+\underbrace{[n(t)*h_j(t)]\mid_{t=T_s}}_{z_j(T_s)}$$
$$=\alpha_j(T_s)+z_j(T_s) \tag{6.26}$$

其中，$\alpha_j(T_s)$ 表示匹配滤波器输出的信号部分，$z_j(T_s)$ 表示匹配滤波器输出的噪声部分。信噪比可以定义为

$$\mathrm{SNR}=\frac{E[\alpha_j^2(T_s)]}{E[z_j^2(T_s)]} \tag{6.27}$$

噪声过程的方差可以表示为

$$E[z_j^2(T_s)]=E\left[\int_{-\infty}^{\infty}h_j(T_s-\tau)n(\tau)\mathrm{d}\tau\cdot\int_0^{T_i}h_j(T_s-\sigma)n(\sigma)\mathrm{d}\sigma\right]$$
$$=\int_{-\infty}^{\infty}\int_{-\infty}^{\infty}\underbrace{E\{n(\tau)n(\sigma)\}}_{R_N(t-\sigma)}h_j(T_s-\tau)h_j(T_s-\sigma)\mathrm{d}\tau\,\mathrm{d}\sigma \tag{6.28}$$

其中，$R_N(\tau-\sigma)$ 表示由式(6.13) 引入的 AWGN 的自相关函数。现有以下式子 $R_N(\tau-\sigma)=(N_0/2)\delta(\tau-\sigma)$，将它代入式(6.28) 中可以得到下式：

$$E[z_j^2(T_s)]=\frac{N_0}{2}\int_{-\infty}^{\infty}\int_{-\infty}^{\infty}\delta(\tau-\sigma)h_j(T_s-\tau)h_j(T_s-\sigma)\mathrm{d}\tau\,\mathrm{d}\sigma$$
$$=\frac{N_0}{2}\int_0^{T_i}h_j^2(T_s-\sigma)\mathrm{d}\sigma \tag{6.29}$$

然而，匹配滤波器输出端的信号方差如下所示：

$$E[\alpha_j^2(T_s)]=E\{[s_j(t)*h_j(t)\mid_{t=T_s}]^2\}=[s_j(t)*h_j(t)\mid_{t=T_s}]^2$$
$$=\left[\int_{-\infty}^{\infty}h_j(T_s-\tau)s_j(\tau)\mathrm{d}\tau\right]^2=\left[\int_0^{T_i}h_j(T_s-\tau)s_j(\tau)\mathrm{d}\tau\right]^2 \tag{6.30}$$

在将相应的方差代入式(6.27) 后，可以得到 SNR 的表示式如下：

$$\mathrm{SNR}=\frac{\left[\int_0^{T_i}h(T_s-\tau)s_j(\tau)\mathrm{d}\tau\right]^2}{\frac{N_0}{2}\int_0^{T_i}h_j^2(T_s-\tau)\mathrm{d}\tau} \tag{6.31}$$

对式(6.31) 中的分子使用施瓦茨不等式，变成下式：

$$\mathrm{SNR}=\frac{\left[\int_0^{T_s}h(T_s-\tau)s_j(\tau)\mathrm{d}\tau\right]^2}{\frac{N_0}{2}\int_0^{T_s}h_j^2(T_s-\tau)\mathrm{d}\tau}\leqslant\frac{\int_0^{T_s}h_j^2(T_s-\tau)\mathrm{d}\tau\int_0^{T_s}s_j^2(\tau)\mathrm{d}\tau}{\frac{N_0}{2}\int_0^{T_s}h_j^2(T_s-\tau)\mathrm{d}\tau}$$
$$=\frac{2}{N_0}\int_0^{T_s}s_j^2(\tau)\mathrm{d}\tau=\frac{2E_j}{N_0}=\mathrm{SNR}_{j,\max} \tag{6.32}$$

式(6.32)中的等号当且仅当$h_j(T_s-\tau)=C_{s_i}(\tau)$时才能取得，其中，$C$是任意常数(为方便起见，可以假设$C=1$)。因此，匹配滤波器的脉冲响应可以表示为

$$h_j(\tau)=s_j(T_s-\tau) \tag{6.33}$$

因此，可以得到结论：匹配滤波器最大限度地提高了信噪比。可以直接看出，匹配滤波器的输出信号为输入信号的自相关函数的移位形式，即

$$r_j(t)=R_{s_j}(t-T_s) \tag{6.34}$$

同时，可以发现匹配滤波器的输出信号的频谱密度与输入信号的频谱密度成正比，即

$$\begin{aligned}H(f)&=\mathrm{FT}\{s_j(t)*s_j(T_s-\tau)\}\\&=\underbrace{S_j(f)S_j^*(f)}_{|s_j(f)|^2}\exp(-\mathrm{j}2\pi fT_s)\\&=|S_j(f)|^2\exp(-\mathrm{j}2\pi fT_s)\end{aligned} \tag{6.35}$$

6.1.3 已知信号的探测和最佳接收器设计

由$f_{\boldsymbol{R}}(\boldsymbol{r}\mid m_i)$给出的联合条件概率密度函数可以用于判决过程。它通常被称为似然函数，并表示为$L(m_i)$。对于高斯信道，似然函数包含可能导致数值不稳定的指数项。使用它的对数版本会更方便(一般称为对数似然函数)：

$$l(m_i)=\lg L(m_i),i=1,2,\cdots,M \tag{6.36}$$

对于AWGN信道，可以通过将式(6.18)代入式(6.36)(忽略信道统计中的独立项)来获得对数似然函数，因此可以得到以下结果：

$$l(m_i)=-\frac{1}{N_0}\sum_{j=1}^{N}(r_j-s_{ij})^2,i=1,2,\cdots,M \tag{6.37}$$

注意到，对数似然函数类似于前面介绍的欧氏距离平方。

在判决过程中，对数似然函数非常有用。由于特别关注最佳接收机的设计，我们可以使用对数似然函数作为设计工具。也就是说，给定一个观测矢量

$\boldsymbol{r}$，最佳接收机执行从观测矢量 $\boldsymbol{r}$ 到发射符号（如 m_i）的估计值 $\hat{m}$ 的映射，使得符号误差概率最小化。错误判决（$\hat{m} \neq m_i$）的概率 P_e 可以通过下式来计算：

$$P_e(m_i \mid \boldsymbol{r}) = P(m_i \text{ is not sent} \mid \boldsymbol{r}) = 1 - P(m_i \text{ is sent} \mid \boldsymbol{r}) \quad (6.38)$$

其中 $P(\cdot|\cdot)$ 表示条件概率。

最优判决策略，也称为最大后验概率（MAP）规则，可以表示为以下判决规则：

$$\begin{aligned} &\text{if } P(m_i \text{ is sent} \mid \boldsymbol{r}) \geqslant P(m_k \text{ is sent} \mid \boldsymbol{r}), \forall k \neq i \\ &\text{Set } \hat{m} = m_i \end{aligned} \quad (6.39)$$

此时，提供最佳探测问题的几何解释是有用的。设 Z 表示所有可能的观测矢量的D维信号空间（Z 也被称为观测空间）。总观测空间被分为M个非重叠的 D 维判决区域 $Z_1, Z_2, \cdots, Z_M$，分别定义为

$$Z_i = \{\boldsymbol{r}: P(m_i \text{ sent} \mid \boldsymbol{r}) > P(m_k \text{ sent} \mid \boldsymbol{r}), \forall k \neq i\} \quad (6.40)$$

换句话说，第 i 个判定区域Z_i 被定义为发送m_i 概率最大的观测矢量的集合。在图 6.4 中，我们展示了 QPSK(4-QAM) 的判决区域，假设传输的概率相等。当观测矢量落在判决区域 Z_i 内时，判决符号为 m_i。

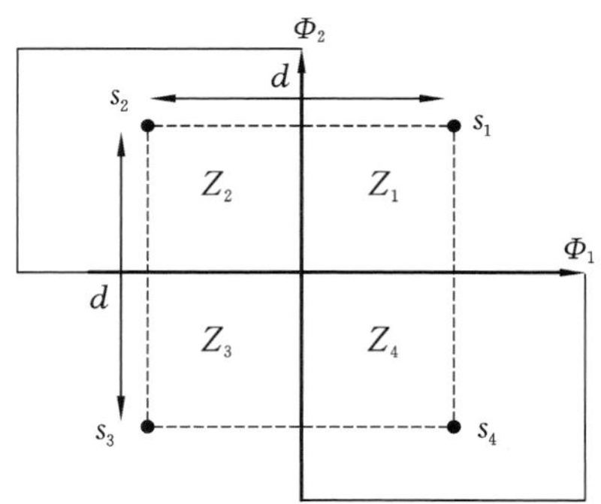

图 6.4　QPSK(4-QAM) 的判决区域

式(6.39) 给出的最优判决策略在实际应用中并不实用。在此我们考虑 $M=2$ 的另一种实际表示。当 $M=2$ 时，平均错误概率由下式给出：

$$P_e = p_1 \int_{\overline{Z}_1} f_{\boldsymbol{R}}(\boldsymbol{r} \mid m_1)\, \mathrm{d}\boldsymbol{r} + p_2 \int_{\overline{Z}_2} f_{\boldsymbol{R}}(\boldsymbol{r} \mid m_2)\, \mathrm{d}\boldsymbol{r} \quad (6.41)$$

其中，$p_i = P(m_i)$ 表示发送符号m_i 的先验概率，$\overline{Z_i} = Z - Z_i$表示Z_i 的非（也就是 Z_i 以外的区域）。由于 $Z = Z_1 + Z_2$，可以将式(6.41) 改写为以下形式：

$$P_e = p_1\int_{z-z_1} f_R(\boldsymbol{r} \mid m_1)\mathrm{d}\boldsymbol{r} + p_2\int_{z1} f_R(\boldsymbol{r} \mid m_2)\mathrm{d}\boldsymbol{r}$$
$$= p_1 + \int_{z_1} [p_2 f_R(\boldsymbol{r} \mid m_2) - p_1 f_R(\boldsymbol{r} \mid m_1)]\mathrm{d}\boldsymbol{r} \tag{6.42}$$

为了最小化式(6.42) 给出的平均错误概率，可以应用以下判决规则：如果 $p_1 f_{\boldsymbol{R}}(\boldsymbol{r} \mid m_1) > p_2 f_{\boldsymbol{R}}(\boldsymbol{r} \mid m_2)$，则将 $\boldsymbol{r}$ 判决到 Z_1 区域，并相应地选择 m_1 作为判决符号；否则，将 $\boldsymbol{r}$ 判决到 Z_2 区域，并选择 m_2 作为判决符号。

而对于 $M > 2$，此判决策略可概括如下：

$$\begin{aligned}&\text{if } p_k f_{\boldsymbol{R}}(\boldsymbol{r} \mid m_k) \text{ is the maximum for } k = i\\ &\text{Set } \hat{m} = m_i\end{aligned} \tag{6.43}$$

当所有符号的发送概率都是 $p_i = 1/M$ 时，相应的判决规则称为最大似然(ML) 规则，可以表示为以下形式：

$$\begin{aligned}&\text{if } l(m_k) \text{ is maximum for } k = i\\ &\text{Set } \hat{m} = m_i\end{aligned} \tag{6.44}$$

在观测空间方面，ML 规则可以表示为以下形式：

$$\begin{aligned}&\text{if } l(m_k) \text{ is the maximum for } k = i\\ &\text{Observation vector } \boldsymbol{x} \text{ lies in region } Z_i\end{aligned} \tag{6.45}$$

即如果 $l(m_k)$ 在 $k = i$ 时最大，那么就判决观测矢量 $\boldsymbol{x}$ 位于区域 Z_i。

对于加性高斯白噪声(AWGN) 信道，通过使用式(6.37) 给出的似然函数(与欧氏距离平方相关)，我们可以将 ML 规则表示为以下形式：

$$\begin{aligned}&\text{if the Euclidean distance } \|\boldsymbol{r} - s_k\| \text{ is minimum for } k = i\\ &\text{Observation vector } \boldsymbol{r} \text{ lies in region } Z_i\end{aligned} \tag{6.46}$$

即如果 $\boldsymbol{r}$ 和 s_k 的欧氏距离 $\|\boldsymbol{r} - s_k\|$ 在 $k = i$ 时最小，那么就判决观测矢量 $\boldsymbol{r}$ 位于区域 Z_i。

从式(5.1) 可以得到下式：

$$\|\boldsymbol{r} - s_k\|^2 = \sum_{j=1}^{N}(r_j - s_{kj})^2 = \sum_{j=1}^{N} r_j^2 - 2\sum_{j=1}^{N} r_j s_{kj} + \underbrace{\sum_{j=1}^{N} \mid s_{kj}^2}_{E_k} \tag{6.47}$$

将该等式代入式(6.46)，可以得到 ML 规则的最终版本，即

$$\begin{aligned}&\text{if } \sum_{j=1}^{D} r_j s_{kj} - \frac{1}{2}E_k \text{ is maximum for } k = i\\ &\text{Observation vector } \boldsymbol{r} \text{ lies in region } \boldsymbol{Z}_i\end{aligned} \tag{6.48}$$

即如果 $\sum_{j=1}^{D} r_j s_{kj} - \frac{1}{2}E_k$ 在 $k=i$ 时最大，那么就判决观测矢量 $\boldsymbol{r}$ 位于区域 $\boldsymbol{Z}_i$。

因此，图 6.2 所示的接收机配置是仅适用于 AWGN 信道的最佳配置（如由 ASE 噪声主导的光信道），而对于类似高斯的信道则是次优的。对于非高斯信道，需要使用式(6.44) 给出的 ML 规则使符号误差概率最小化。

例如，对于 $M=2$ 的调制方式，我们可以使用基于式(6.49) 所示的判决规则，即

$$\text{LLR}(\boldsymbol{r})=\lg\left[\frac{f_{\boldsymbol{R}}(\boldsymbol{r}\mid m_1)}{f_{\boldsymbol{R}}(\boldsymbol{r}\mid m_2)}\right]\underset{m_2}{\overset{m_1}{\gtrless}}\lg\left(\frac{p_2}{p_1}\right) \tag{6.49}$$

其中，LLR(•) 表示对数似然比。式(6.49) 也称为贝叶斯检验[2]，因子 $\lg(p_1/p_2)$ 称为检验阈值。对应的对数似然比接收机方案如图 6.5 所示。当 $p_1=p_2=1/2$ 时，测试的阈值为 0，相应的接收机为 ML 接收机。

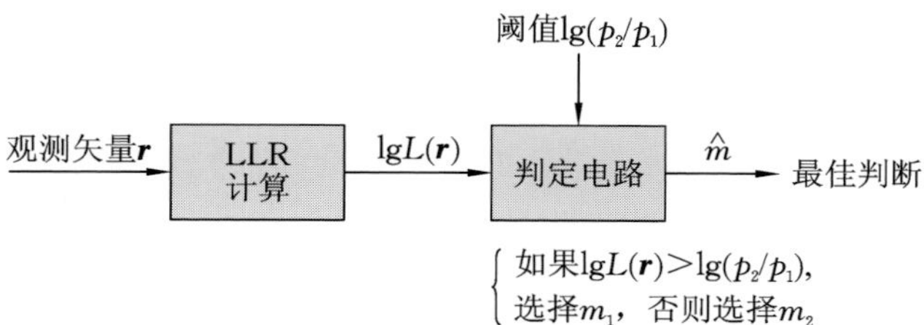

图 6.5　对数似然比接收机

6.1.4　接收机误差概率

探测过程的平均误差概率可以表示为

$$P_e=\sum_{i=1}^{M}p_iP(\boldsymbol{r}\text{ does not lie in }Z_i\mid m_i\text{ sent})=\sum_{i=1}^{M}p_i\int_{\overline{Z_i}}f_x(\boldsymbol{r}\mid m_i)\,\mathrm{d}\boldsymbol{r} \tag{6.50}$$

其中，$p_i=P(m_i)$ 表示发送 m_i 的先验概率，$\overline{Z_i}=Z-Z_i$ 表示非 Z_i 的区域。通过使用判决区域非的这个定义，式(6.50) 可以改写为以下形式：

$$P_e=\sum_{i=1}^{M}p_i\int_{Z-Z_i}f_x(\boldsymbol{r}\mid m_i)\mathrm{d}\boldsymbol{r}=1-\sum_{i=1}^{M}p_i\int_{Z_i}f_x(\boldsymbol{r}\mid m_i)\mathrm{d}\boldsymbol{r} \tag{6.51}$$

当传输符号概率相等($p_i=1/M$) 时，平均误差概率可以由 P_e 来计算，即

$$P_e=1-\frac{1}{M}\sum_{i=1}^{M}\int_{Z_i}f_x(\boldsymbol{r}\mid m_i)\,\mathrm{d}\boldsymbol{r} \tag{6.52}$$

在 ML 探测中，符号误差的概率 P_e 仅取决于星座图中星座点之间的相对

欧氏距离。由于 AWGN 信道在信号空间的所有方向上都是球对称的，因此方向的变化（相对于坐标轴和原点）不会影响符号错误的概率。因此，信号星座的旋转和平移产生另一个信号星座，它的符号错误概率与针对最小欧氏距离观察到的符号错误概率相同。

首先观察旋转操作，并用$\{\boldsymbol{s}_i\}$表示原始信号星座。旋转矩阵 $\boldsymbol{R}$ 是正交矩阵（满足 $\boldsymbol{R}\boldsymbol{R}^{\mathrm{T}}=\boldsymbol{I}$，其中 $\boldsymbol{I}$ 是单位矩阵）。在应用了旋转矩阵之后得到的星座图表示为$\{\boldsymbol{R}s_i\}$。观测矢量 $\boldsymbol{r}$ 与旋转信号星座的一个星座点（如 $\boldsymbol{R}s_i$）之间的欧氏距离表示为如下形式：

$$\| \boldsymbol{r}_{\text{rotate}} - s_{\text{i,rotate}} \| = \| \boldsymbol{R}s_i + \boldsymbol{n} - \boldsymbol{R}s_i \| = \| \boldsymbol{n} \| = \| \boldsymbol{r} - s_i \| \tag{6.53}$$

因此，星座点之间的欧氏距离在旋转后保持不变，因为它仅与噪声有关。也就是说，符号错误概率针对旋转过程是不变的。我们还需要验证噪声向量是否对旋转敏感。旋转噪声矢量的方差可以表示为

$$\begin{aligned} E[\boldsymbol{n}_{\text{rotate}}\boldsymbol{n}_{\text{rotate}}^{\mathrm{T}}] &= E[\boldsymbol{R}\boldsymbol{n}(\boldsymbol{R}\boldsymbol{n})^{\mathrm{T}}] = E[\boldsymbol{R}\boldsymbol{n}\boldsymbol{n}^{\mathrm{T}}\boldsymbol{R}^{\mathrm{T}}] \\ &= \boldsymbol{R}E[\boldsymbol{n}\boldsymbol{n}^{\mathrm{T}}]\boldsymbol{R}^{\mathrm{T}} = \frac{N_0}{2}\boldsymbol{R}\boldsymbol{R}^{\mathrm{T}} = \frac{N_0}{2}\boldsymbol{I} \\ &= E[\boldsymbol{n}\boldsymbol{n}^{\mathrm{T}}] \end{aligned} \tag{6.54}$$

这意味着它在旋转过程中不会改变。旋转噪声矢量的平均值依然等于零，即

$$E[\boldsymbol{n}_{\text{rotate}}] = E[\boldsymbol{R}\boldsymbol{n}] = \boldsymbol{R}E[\boldsymbol{n}] = 0 \tag{6.55}$$

因此，AWGN 具有球对称性。

关于转换操作，将所有星座点都通过相同的转换矢量$(s_i - \boldsymbol{a})$进行转换。观测矢量与发射点 s_i 之间的欧氏距离有以下表示式：

$$\| \boldsymbol{r}_{\text{translate}} - s_{i,\text{translate}} \| = \| s_i - \boldsymbol{a} + \boldsymbol{n} - (s_i - \boldsymbol{a}) \| = \| \boldsymbol{n} \| = \| \boldsymbol{x} - s_i \| \tag{6.56}$$

式(6.56)不会随转换而改变。因此，符号错误概率作为最小欧氏距离的函数也不会改变。然而，平均符号能量随着转换而改变，在转换时可以表示为如下形式：

$$E_{\text{translate}} = \sum_{i=1}^{M} \| s_i - \boldsymbol{a} \|^2 p_i \tag{6.57}$$

由于

$$\| s_i - \boldsymbol{a} \|^2 = \| s_i \|^2 - 2\boldsymbol{a}^{\mathrm{T}}\mathrm{s}_i + \| \boldsymbol{a} \|^2$$

可以将式(6.57)改写为

$$E_{\text{translate}}=\underbrace{\sum_{i=1}^{M}\|s_i\|^2 p_i}_{E}-2\boldsymbol{a}^{\mathrm{T}}\underbrace{\sum_{i=1}^{M}s_i p_i}_{E[s]}+\|\boldsymbol{a}\|^2\sum_{i=1}^{M}p_i=E-2\boldsymbol{a}^{\mathrm{T}}E[s]+\|\boldsymbol{a}\|^2 \tag{6.58}$$

最小能量星座可以通过将 $E_{\text{translate}}$ 对 $\boldsymbol{a}$ 求导来获得，将该结果设为零，并求解最佳平移值来获得，这使得 $\boldsymbol{a}_{\min}=E[s]$。最小能量信号星座定义如下：

$$s_{i,\text{translate}}=s_i-E[s] \tag{6.59}$$

式(6.59) 定义的最佳星座的平均符号能量为

$$E_{\text{translate},\min}=E-\|E[s]\|^2$$

示例 1：通过将信号星座点放置在边长 a 的等边三角形的顶点处来获得信号星座图，如图 6.6 所示（判决边界和判决区域也在该图中示出）。以下基函数可用于实现此调制方案：

$$\Phi_1(t)=\begin{cases}\dfrac{1}{\sqrt{T}}, & 0\leqslant t\leqslant T\\ 0, & \text{其他}\end{cases},\quad \Phi_2(t)=\begin{cases}-\dfrac{1}{\sqrt{T}}, & 0\leqslant t\leqslant T\\ 0, & \text{其他}\end{cases}$$

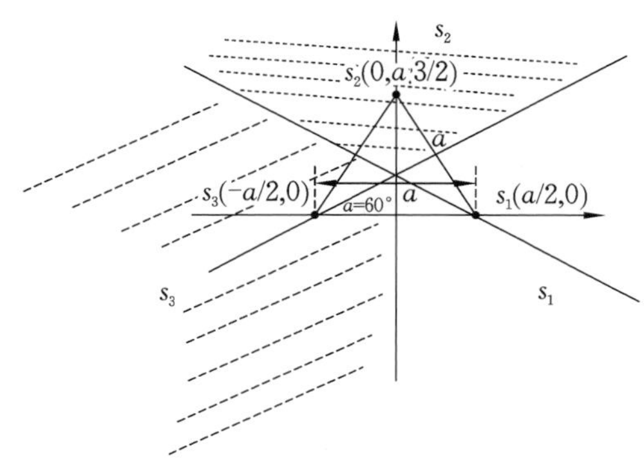

图 6.6　信号星座图

图 6.6 所示的信号星座图可以用基函数来表示：

$$s_1(t)=\frac{a}{2}\Phi_1(t),\quad s_3(t)=-\frac{a}{2}\Phi_1(t),\quad s_2(t)=\frac{a\sqrt{3}}{2}\Phi_2(t)$$

对应的信号星座图的能量可以表示为如下形式：

$$E_1=E_2=\frac{a^2}{4},\quad E_3=\frac{3a^2}{4}$$

平均信号能量可以表示为

$$E_{av}=\frac{1}{3}(E_1+E_2+E_3)=\frac{5a^2}{12}$$

信号星座图的中心由下式来表示：

$$E[a]=\frac{1}{3}(a_1+a_2+a_3)=(0,a/(2\sqrt{3}))$$

最小能量信号星座可以用以下方式获得：

$$a'_1=a_1-E[a]=(a/2,-a/(2\sqrt{3}))=a(1/2,-1/(2\sqrt{3}))$$

$$a'_2=a_2-E[a]=(-a/2,-a/(2\sqrt{3}))=a(-1/2,-1/(2\sqrt{3}))$$

$$a'_3=a_3-E[a]=(0,a\sqrt{3}/3)=a(0,\sqrt{3}/3)$$

图 6.7 所示的是在这种情况下最佳接收机配置。

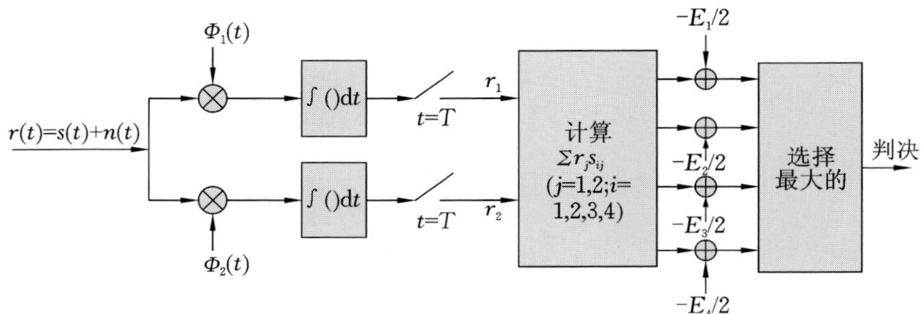

图 6.7　对于三进制信号星座图的最佳接收机配置

由于对称性，三进制信号星座图的误码率概率是相等的，因此平均误码率可以表示为以下形式：

$$P_e=P_e(s_1)=P_e(s_2)=P_e(s_3)=1-\left[1-\Psi\left(\frac{a}{\sqrt{2N_0}}\right)\right]^2$$

$$=1-\left[1-\Psi\left(\sqrt{\frac{6}{5}\frac{E_{av}}{N_0}}\right)\right]^2$$

上面使用的 Ψ 函数定义为单位方差的零均值高斯随机变量 X 大于 u 的概率：

$$\Psi(u)=P(X>u)=\int_u^{\infty}\frac{1}{\sqrt{2\pi}}e^{-x^2/2}dx=\frac{1}{2}\text{erfc}\left(\frac{u}{\sqrt{2}}\right)$$

erfc 函数由式(4.53) 定义。

示例 2：我们将结论应用于二进制信号星座。我们知道因为匹配滤波器(或相关滤波器)r 输入是高斯随机过程，故其输出是高斯随机变量。在任何线性滤波器中，高斯输入产生的输出也是高斯随机过程，但具有不同的均值和方差[1,2]。该高斯随机变量 r 的统计值随传输信号 s_1 或 s_2 的变化而变化。如果发送 s_1，那么 r 是均值为 m_1 和方差为 σ^2 的高斯随机变量，即

$$m_1 = E\{r \mid s_1\} = E_1 - \rho_{12}, \quad \sigma^2 = \frac{N_0}{2}(E_1 + E_2 - 2\rho_{12}), \rho_{12} = \int_0^{T_s} s_1(t)s_2(t)\mathrm{d}t \tag{6.60}$$

如果发送 s_2，则 r 的均值和方差由下式给出：

$$m_2 = E\{r \mid s_2\} = -E_2 + \rho_{12}, \quad \sigma^2 = \frac{N_0}{2}(E_1 + E_2 - 2\rho_{12}) \tag{6.61}$$

对于符号等概率传输，可以在相应的条件概率密度函数的交集中确定最佳判决阈值。现在可以将误差概率表示为以下形式：

$$P_e\{Z_1 \mid m_2\} = P_e\{Z_2 \mid m_1\} = \Psi\left(\sqrt{\frac{E_1 + E_2 - 2\rho_{12}}{2N_0}}\right) \tag{6.62}$$

平均误码率为

$$P_e = \Psi\left(\sqrt{\frac{E_1 + E_2 - 2\rho_{12}}{2N_0}}\right) \tag{6.63}$$

下面关注三个代表性示例：双极性信号、正交信号和单极性信号。平均符号能量由 $E_s = \sum_{k=1}^{M} E_k p_k$ 给出，对于二进制符号的等概率传输，它可以表示为 $E_s = 0.5E_1 + 0.5E_2$。对于二进制传输，比特能量 E_b 与平均符号能量相同，即 $E_b = E_s / \log_2 M = E_s$。

在双极性信号中，如 BPSK，它的发送符号可以表示为：$s_1(t) = +s(t)$ 和 $s_2(t) = -s(t)$。在这种情况下，$E_1 = E_2 = E_b$，并且 $\rho_{12} = -E$，因此平均误码率由 $P_e = \Psi(\sqrt{2E_b/N_0})$ 给出。

在正交信号中，如 FSK，我们得到相关系数 $\rho_{12} = 0$ 和 $E_1 = E_2 = E$。在这种情况下，平均误码率可以表示为 $P_e = \Psi\left(\sqrt{\frac{E}{N_0}}\right) = \Psi\left(\sqrt{\frac{E_b}{N_0}}\right)$，相比于双极性信号相差大概 3 dB。

在单极信号中，如 OOK，发送的符号可以表示为：$s_1(t) = s(t)$ 和 $s_2(t) = 0$。在这种情况下，$E_1 = E$，$E_2 = 0$，那么 E_b 可以表示为 $E_b = E/2$ 且 $\rho_{12} = 0$，因此平均误码率可以表示为 $P_e = \Psi\left(\sqrt{\frac{E}{2N_0}}\right) = \Psi\left(\sqrt{\frac{E_b}{N_0}}\right)$，比双极性信号相差大概 3 dB。

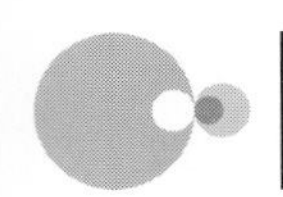

现在建立平均误码率和欧氏距离之间的关系。在欧氏距离的定义中，我们有以下形式：

$$d_E^2(s_1,s_2)=\int_0^{T_s}[s_1(t)-s_2(t)]^2\mathrm{d}t=\int_0^{T_0}s_1^2(t)-2s_1(t)s_2(t)+s_2^2(t)\mathrm{d}t$$
$$=E_1+E_2-2\rho_{12} \tag{6.64}$$

因此，平均误码率可以表示为

$$P_e=\Psi\left(\frac{d_E(p_1,p_2)}{\sqrt{2N_0}}\right) \tag{6.65}$$

可以看出，当 $E_1=E_2=E$ 时，$d_E(s_1,s_2)$ 被最大化（而 P_e 被最小化）；当 $s_1(t)=-s_2(t)$ 时，对应于双极性信号，$\rho_{12}=-E$，欧氏距离表示为 $d_E(s_1,s_2)=2\sqrt{E}$，相应的误差概率表示为 $P_e=\Psi(\sqrt{2E/N_0})$，与上述表示式相同。

示例 3：M 进制的 QAM 信号。由 5.1.5 节可知，M 进制方形 QAM 信号星座图可以由 $L=\sqrt{M}$ 进制的 PAM 信号的二维笛卡儿乘积得到，即

$$X\times X=\{(x_1,x_2)\mid x_i\in X\},X=\{(2i-1-L)d;i=1,2,\cdots,L\} \tag{6.66}$$

M 进制的 QAM 信号的错误概率可以表示为以下形式：

$$P_e=1-P_{e,\mathrm{PAM}}^2 \tag{6.67}$$

我们可以把同相和正交信道分别看作是两个独立的 PAM 星座图。PAM 信号星座图相近之间的星座点距离为 $2d$。为了得到平均 PAM 符号误码率 $P_{e,\mathrm{PAM}}$ 的表示式，首先应该确定以下两个误码率：① 只有一个邻域的边缘符号；② 有两个邻域的内部符号。内部符号错误概率可以表示为以下形式：

$$P_e(m_i)=P(\|\boldsymbol{n}\|>d)=\psi(\sqrt{2d^2/N_0}),i=2,3,\cdots,L-1 \tag{6.68}$$

边界符号的错误概率仅为内部符号错误概率的一半。因此，L 进制的 PAM 信号的平均符号误码率可表示为如下形式：

$$P_{e,\mathrm{PAM}}=\frac{2}{L}\Psi\left(\sqrt{\frac{2d^2}{N_0}}\right)+\frac{L-2}{L}2\Psi\left(\sqrt{\frac{2d^2}{N_0}}\right)=\frac{2(L-1)}{L}\Psi\left(\sqrt{\frac{2d^2}{N_0}}\right) \tag{6.69}$$

PAM 信号星座图的平均符号能量可表示为

$$E_{s,\mathrm{PAM}}=\frac{1}{L}\sum_{i=1}^{L}(2i-L)^2d^2=\frac{1}{3}(L^2-1)d^2 \tag{6.70}$$

通过使用平均能量表示 d^2，可以将 PAM 的平均误码率写成以下形式：

$$P_{e,PAM}=\frac{2(L-1)}{L}\Psi\left(\sqrt{\frac{6}{L^2-1}\frac{E_{s,PAM}}{N_0}}\right)=\frac{L-1}{L}\text{erfc}\left(\sqrt{\frac{3}{L^2-1}\frac{E_{s,PAM}}{N_0}}\right) \tag{6.71}$$

假设同相信道或正交信道的所有 L 幅值均相同，M 进制 QAM 的平均符号能量可以表示为

$$E_s=2E_{s,PAM}=\frac{2}{3}(L^2-1)d^2=\frac{2}{3}(M-1)d^2 \tag{6.72}$$

同样，用平均能量来表示 d^2，可以得到 QAM 信号的平均误码率为

$$\begin{aligned}P_e&=1-\left[1-2\frac{\sqrt{M}-1}{\sqrt{M}}\Psi\left(\sqrt{\frac{3}{M-1}\frac{E_s}{N_0}}\right)\right]^2\\&=1-\left[1-\frac{\sqrt{M}-1}{\sqrt{M}}\text{erfc}\left(\sqrt{\frac{3}{2(M-1)}\frac{E_s}{N_0}}\right)\right]^2\end{aligned} \tag{6.73}$$

对于足够高的信噪比，我们可以忽略前一公式中的 $\Psi^2\{\cdot\}$ 项，因此，我们可以写出 P_e 的表示式：

$$P_e\approx 2\frac{\sqrt{M}-1}{\sqrt{M}}\text{erfc}\left(\sqrt{\frac{3}{2(M-1)}\frac{E_s}{N_0}}\right) \tag{6.74}$$

尽管由式(6.51)和式(6.52)可以精确地计算出平均误码率，但是对于大信号星座图，找到一个封闭形式的解是相当困难的。在这种情况下，我们使用联合边界近似[1,4,22,25]给出一个表示式，它只是信号星座点之间欧氏距离的函数。这种近似仅仅在高信噪比的情况下才是准确的。当发送符号 m_i（向量 s_i）时，用 A_{ik} 表示观测向量 $\boldsymbol{r}$ 比 s_i 更接近信号向量 s_k 的事件，意味着 $\|\boldsymbol{r}-s_k\|<\|\boldsymbol{r}-s_i\|$。如果 $\|\boldsymbol{r}-s_i\|<\|\boldsymbol{r}-s_k\|(\forall k\neq i)$，则意味着此时正确检测到了星座点 s_i，平均误码率的上限可以表示为

$$P_e(m_i\ \text{sent})=P\left(\bigcup_{k=1,k\neq i}^{M}A_{ik}\right)\leqslant\sum_{k=1,k\neq i}^{M}P(A_{ik}) \tag{6.75}$$

事件 A_{ik} 的概率可以表示为

$$P(A_{ik})=P(\|\boldsymbol{r}-s_k\|<\|\boldsymbol{r}-s_i\|\mid m_i)=P(\|s_i-s_k+\boldsymbol{n}\|<\|\boldsymbol{n}\|) \tag{6.76}$$

换句话说，$P(A_{ik})$ 对应于噪声分量更接近于向量 s_i-s_k 而不是原点的概率。考虑到第 i 个噪声分量是一个方差为 $N_0/2$ 的零均值高斯随机变量，重要的是

噪声分量在包含向量 $s_i - s_k$ 的直线上的投影 n 上。该投影均值为零，方差为 $N_0/2$，因此 $P(A_{ik})$ 可以表示为以下形式：

$$\begin{aligned} P(A_{ik}) &= P(n > \underbrace{\| s_i - s_k \|}_{d_k}/2) = \int_{d_{ik}/2}^{\infty} \frac{1}{\sqrt{\pi N_0}} \mathrm{e}^{-v^2/2} \mathrm{d}v \\ &= \Psi\left(\frac{d_{ik}}{\sqrt{2N_0}}\right) = \frac{1}{2}\operatorname{erfc}\left(\frac{d_{ik}}{2\sqrt{N_0}}\right) \end{aligned} \tag{6.77}$$

与符号 m_i 相关的错误概率上限可以定义为以下形式：

$$P_{\mathrm{e}}(m_i) \leqslant \frac{1}{2} \sum_{k=1,k\neq i}^{M} \operatorname{erfc}\left(\frac{d_{ik}}{2\sqrt{N_0}}\right), i = 1,2,\cdots,M \tag{6.78}$$

最终，平均误码率的上限可以定义为

$$P_{\mathrm{e}} = \sum_{i=1}^{M} p_i P_{\mathrm{e}}(m_i) \leqslant \frac{1}{2} \sum_{i=1}^{M} p_i \sum_{k=1,k\neq i}^{M} \operatorname{erfc}\left(\frac{d_{ik}}{2\sqrt{N_0}}\right) \tag{6.79}$$

上述不等式称为联合约束。对于等概率传输 $p_i = 1/M$ 的符号，联合约束变成以下形式：

$$P_{\mathrm{e}} \leqslant \frac{1}{2M} \sum_{i=1}^{M} \sum_{k=1,k\neq i}^{M} \operatorname{erfc}\left(\frac{d_{ik}}{2\sqrt{N_0}}\right) \tag{6.80}$$

通过将星座图的最小距离定义为 $d_{\min} = \min_{i,k} d_{i,k}$，可以获得更宽松的界限：

$$P_{\mathrm{e}} \leqslant \frac{M-1}{2} \operatorname{erfc}\left(\frac{d_{\min}}{2\sqrt{N_0}}\right) \tag{6.81}$$

对于圆对称信号星座图，可以使用以下边界：

$$P_{\mathrm{e}} \leqslant \frac{1}{2} \sum_{k=1,k\neq i}^{M} \operatorname{erfc}\left(\frac{d_{ik}}{2\sqrt{N_0}}\right) \tag{6.82}$$

最终可以给出最近近似值：

$$P_{\mathrm{e}} \approx \frac{M_{d_{\min}}}{2} \operatorname{erfc}\left(\frac{d_{\min}}{2\sqrt{N_0}}\right) \tag{6.83}$$

其中，$M_{d_{\min}}$ 表示距观测到的星座点距离为 $d_{\min}$ 的星座点点数。关于误码概率 P_{b}，当类似格雷映射规则[25] 用于足够高的 SNR 时，可以有以下近似值：

$$P_{\mathrm{b}} \approx P_{\mathrm{e}} / \log_2 M \tag{6.84}$$

为了比较光域中各种信号星座大小，我们可以使用由式(4.89) 引入的光信噪比(OSNR) 代替电信噪比。每比特的光信噪比定义如下[35]：

$$\mathrm{OSNR_b} = \frac{\mathrm{OSNR}}{\log_2 M} = \frac{R_{\mathrm{s,info}}}{2B_{\mathrm{op}}}\mathrm{SNR_b} \tag{6.85}$$

其中,M 表示信号星座图的大小,$R_{\mathrm{s,info}}$ 表示符号速率,B_{op} 表示光学带宽(通常假设 $B_{\mathrm{op}}=12.5$ GHz,对应于载波波长为 1550 nm 附近的 0.1 nm 的谱宽)。式(6.85)中的参数 $\mathrm{SNR_b}=E_b/N_0$ 表示每比特信息的信噪比,其中,E_b 是比特能量,N_0 是来源于 ASE 噪声的功率谱密度(PSD)。为方便起见,假设光电二极管响应度为 1 A/W,那么就可以得到 $N_0=N_{\mathrm{ASE}}$,其中,N_{ASE} 表示针对单个偏振态的 ASE 噪声的功率谱密度。针对一个偏振态的 OSNR 通常定义为 $\mathrm{OSNR}=ER_s/(2N_{\mathrm{ASE}}B_{\mathrm{op}})$,其中,$E$ 表示符号能量,R_s 表示与符号速率 $R_{\mathrm{s,info}}$ 相关的符号速率,两者之间的关系为 $R_s=R_{\mathrm{s,info}}/R_c$($R_c$ 是码率)。

6.1.5 估计理论,ML 估计和 Cramér-Rao 边界

到现在为止,我们的重点是在存在加性噪声的情况下探测信号,如 ASE 或高斯噪声。在本节中,我们将从探测的角度关注对某个重要信号参数的估计,如相位、频偏等。用 $r(t)$ 表示接收信号,用 $s(t,p)$ 表示发送信号,其中 p 是所需要估计的参数。在存在加性噪声 $n(t)$ 的情况下,接收信号可写为

$$r(t)=s(t,p)+n(t),0 \leqslant t \leqslant T \tag{6.86}$$

其中,T 为观测间隔(相当于调制方案的符号持续时间)。将值 $\hat{p}$ 分配给未知参数 p 的操作称为参数估计;分配的值是估计值,用于执行该操作的算法是估计器。

用于评估估计量有不同的标准,包括最小均方(MMS)估计、最大后验(MAP)估计和最大似然(ML)估计。我们可以将 MMS 估计(MMSE)中的成本函数定义为二次形式的积分[2],即

$$e_{\mathrm{MMSE}}(\varepsilon)=\int \underbrace{(p-\hat{p})^2}_{\varepsilon^2} f_P(p \mid \boldsymbol{r})\mathrm{d}p \tag{6.87}$$

其中,$\varepsilon=\hat{p}-p$,$f_P(p \mid \boldsymbol{r})$ 是随机变量 p 的后验概率密度函数(PDF)。式(6.87)中的观测向量 $\boldsymbol{r}$ 由其 r_i 分量定义,其中第 i 个分量有以下形式:

$$r_i=\int_0^T r(t)\Phi_i(t)\mathrm{d}t, i=1,2,\cdots,N \tag{6.88}$$

$\{\Phi_i(t)\}$ 表示正交基集。式(6.87)给出的最小化平均成本函数的估计称为贝叶斯 MMS 估计[2,3]。最大化后验概率密度函数 $f_P(p \mid \boldsymbol{r})$ 的估计称为 MAP

估计。最后，使条件概率密度函数 $f_P(\boldsymbol{r} \mid p)$（也称为似然函数）最大化的估计是 ML 估计。通过使用统一成本函数 $e(\varepsilon)=(1/\delta)[1-\text{rect}(\varepsilon/\delta)]$，可以获得 MAP 估计作为贝叶斯估计的特殊情况，如下所示：

$$E\{e(\varepsilon)\}=\int e(\varepsilon) f_P(p \mid \boldsymbol{r}) \mathrm{d} p=\frac{1}{\delta}\left[\int_{-\infty}^{\hat{p}-\delta/2}+\int_{\hat{p}+\delta/2}^{\infty}\right] f_P(p \mid \boldsymbol{r}) \mathrm{d} p$$

$$\begin{aligned} E\{e(\varepsilon)\} &=\frac{1}{\delta}\left[1-\int_{\hat{p}-\delta/2}^{\hat{p}+\delta/2} f_p(p \mid \boldsymbol{r}) \mathrm{d} p\right] \\ & \approx(1/\delta)[1-\delta f_p(p \mid \boldsymbol{r})] \\ &=\frac{1}{\delta}-f_p(p \mid \boldsymbol{r}) \end{aligned} \tag{6.89}$$

上述估计值只对于足够小的 δ 有效。估计的质量通常根据预期平均值 $E(\hat{p})$ 和估计误差的方差进行评估。我们可以根据预期值举几个例子。如果估计的期望值等于参数的真值，$E(\hat{p})=p$，则该估计是无偏的。如果估计值的期望与真实值相差 b，即 $E(\hat{p})=p+b$，则认为估计值具有已知偏差。如果期望值与真实值不同，则相差为 $b(p)$。也就是说，如果 $E(\hat{p})=p+b(p)$，则认为估计值具有可变偏差。估计误差 ε 定义为真值 p 和估计值 $\hat{p}$ 之间的差值，即 $\varepsilon=p-\hat{p}$。好的估计需要同时具有小偏差和小方差的估计误差。估计误差方差的下界可以由 Cramér-Rao 不等式[1,2] 得到，如下所示：

$$E\{(p-\hat{p})^2\} \geqslant \frac{-1}{E\left\{\dfrac{\partial^2 \lg f_r(\boldsymbol{r} \mid p)}{\partial p^2}\right\}} \tag{6.90}$$

我们假设条件概率密度函数的第二偏导数存在，并且它是绝对可积的。任何满足式(6.90)右边定义的 Cramér-Rao 边界的估计都称为有效估计。

为了解释 ML 估计，我们假设发送信号 $s(t,p)$ 可以表示为信号空间中的向量 $\boldsymbol{s}$，第 i 个分量表示为

$$s_i(p)=\int_0^T s(t,p) \Phi_i(t) \mathrm{d} t, i=1,2,\cdots,N \tag{6.91}$$

噪声矢量 $\boldsymbol{n}$ 可以用类似的方式表示为

$$\boldsymbol{n}=\begin{bmatrix} n_1 \\ n_2 \\ \vdots \\ n_N \end{bmatrix}, n_i=\int_0^T n(t) \Phi_i(t) \mathrm{d} t, i=1,2,\cdots,N \tag{6.92}$$

由于噪声分量 n_i 是零均值高斯过程，功率谱密度表示为 $N_0/2$，因此观测矢量的分量也是高斯分布，均值为 $s_i(p)$。给定 p 值的联合条件概率密度函数如下所示：

$$f_r(\boldsymbol{r} \mid p) = \frac{1}{(\pi N_0)^{N/2}} \prod_{i=1}^{N} \mathrm{e}^{-\mathrm{j}\,[r_i - s_i(p)]^2/N_0} \tag{6.93}$$

似然函数可以定义为

$$\Lambda[r(t), p] = \lim_{N\to\infty} \frac{f_r(\boldsymbol{r} \mid p)}{f_r(\boldsymbol{r})} = \frac{2}{N_0}\int_0^T r(t)s(t,p)\mathrm{d}t - \frac{1}{N_0}\int_0^T s^2(t,p)\mathrm{d}t \tag{6.94}$$

ML 估计是通过最大化似然函数得到的，这是通过似然函数对 $\hat{p}$ 求导，然后将导数设置为零来完成的，因此有如下结果[3]：

$$\int_0^T [r(t) - s(t,\hat{p})]\mathrm{d}t\,\frac{\partial s(t,\hat{p})}{\partial \hat{p}} = 0 \tag{6.95}$$

上面的条件称为似然方程。

示例 4：我们考虑幅值为 a 和频率为 ω 的正弦信号，它的相位未知，我们可以把它写为 $a\cos(\omega t + \theta)$。基于似然方程(6.95)，我们可以得到在 AWGN 存在的情况下 ML 的相位估计为

$$\hat{\theta} = \arctan\left[\frac{\displaystyle\int_0^T r(t)\cos(\omega t)\mathrm{d}t}{\displaystyle\int_0^T r(t)\cos(\omega t)\mathrm{d}t}\right] \tag{6.96}$$

6.2 光信号的相干探测

相比于直接探测，光信号的相干探测有如下几个优点：① 改善接收机灵敏度；② 更好的频率选择性；③ 可以使用恒定幅度调制格式（如 FSK、PSK）；④ 使用可调谐光学接收机；⑤ 缓解色散和偏振模色散效应。

本地激光器，也称为本地激光晶振，用于相干接收机中。我们可以根据本地激光器工作频率与入射光信号频率的关系来划分几种检测方案，分别是：① 零差检测，两者的频率相同；② 外差检测，两者的频率差大于信号符号速率，以便在中频(IF) 下进行光探测时的所有相关信号处理；③ 内差检测，两者的频率差小于符号速率但大于零。此外，不同的相干探测方案可以分为以下几类：① 同步方案（包括 PSK、FSK、ASK）；② 异步方案（包括 FSK、ASK）；

③ 差分检测(包括 CPFSK、DPSK);④ 相位分集;⑤ 偏振分集;⑥ 偏振复用。其中,同步探测方案可以进一步分为剩余载波方案和抑制载波方案。

6.2.1 相干光探测基础

如图 6.8 所示,相干探测和直接探测最基本的区别在于是否存在本地激光振荡器。如之前所描述的,相干探测采用了一个本地激光振荡器,以便将接收的光信号和本地激光输出混合在光学域(图 6.8(b) 中展示的是一个透明镜,但实际的信号混合应该是使用了光学混合)。

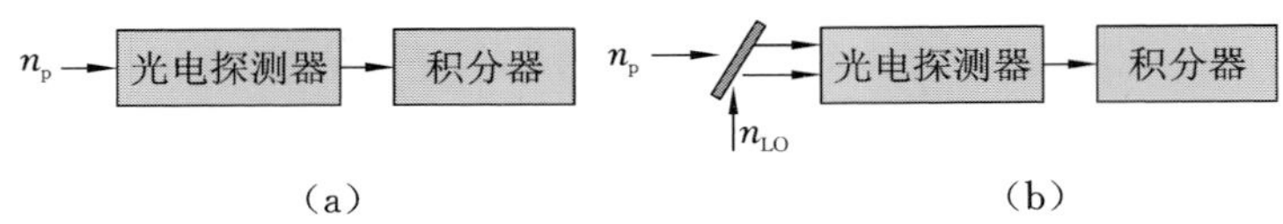

图 6.8 通用框图

(a) 直接探测方案;(b) 相干探测方案

由于光电探测器产生的光电流与输入光功率成比例,因此直接探测积分器的输出信号可以写为如下形式:

$$s'_0(t)=0, \quad 0 \leqslant t \leqslant T$$
$$s'_1(t)=RP_s, \quad 0 \leqslant t \leqslant T \tag{6.97}$$

其中,P_s 表示输入光信号功率,R 表示光电二极管响应度,T 表示比特持续时间。下标 0 和 1 分别表示发送的比特 0 和 1。我们可以用电子的数目来表示光电流信号,它可以转换为每比特的光子数 n_p,即 $n_p=RP_sT/q$(q 是电子电荷)。通过每比特光子数测量的所选信号可表示为如下形式:

$$s_0(t)=0, \quad 0 \leqslant t \leqslant T$$
$$s_1(t)=\frac{n_p}{T}, \quad 0 \leqslant t \leqslant T \tag{6.98}$$

零差同步检测的相干探测器积分器的输出可以表示为

$$s_{0,1}(t)=\frac{1}{2T}\left(\mp\sqrt{2n_p}+\sqrt{2n_{LO}}\right)^2, \quad 0 \leqslant t \leqslant T \tag{6.99}$$

其中,n_{LO} 表示来自本地激光器每比特平均光子数,而符号"−"和"+"分别表示传输的比特 0 和 1。最佳相干探测接收机是将误比特率 P_b 最小化,接收机是脉冲响应为 $h(t)=s_1(T-t)-s_0(T-t)$ 的匹配滤波器(或相干接收机),如第 6.1.2 节所述。

适用于不同调制格式(如 ASK、FSK、PSK)和散粒噪声主导场景的匹配滤

波器输出信号的一般表示式为

$$s'_{0,1}(t)=2R\sqrt{P_sP_{LO}}\cos[\omega_{0,1}(t)+\phi_{0,1}(t)]+n_{sn}(t);\quad 0\leqslant t\leqslant T \tag{6.100}$$

其中,P_{LO} 表示本地激光器输出信号($P_{LO}\gg P_s$),$\omega_{0,1}$ 和 $\phi_{0,1}$ 表示对应于比特 0 和 1 的频率和相位,如图 6.9 所示。$n_{sn}(t)$ 表示散粒噪声过程,它通常被建模为零均值高斯过程,它的功率谱密度由式(4.25) 表示。在此,我们将本地激光器产生的散粒噪声功率谱密度表示为 $N'_0=2RqP_{LO}$。由于比特能量可以表示为

$$E'=E'_{0,1}=\int_0^T s'^2_{0,1}(t)\mathrm{d}t\approx 2R^2P_sP_{LO}T$$

相应的信噪比可以用如下式子来表示:

$$\frac{E'}{N'_0}=\frac{2R^2P_sP_{LO}T}{2RqP_{LO}}=\frac{RP_sT}{q}=n_p \tag{6.101}$$

因此,相干探测方案中的 SNR 等于每比特的光子数目。

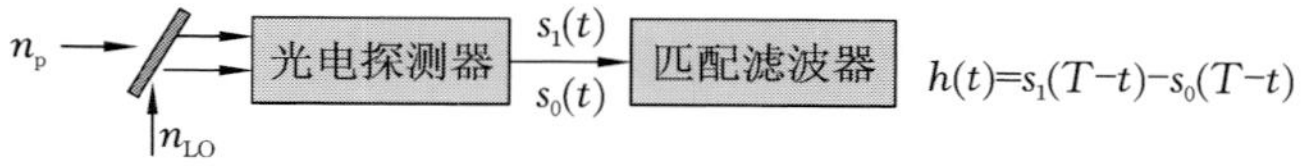

n_p → 光电探测器 $s_1(t)$ / $s_0(t)$ → 匹配滤波器 $h(t)=s_1(T-t)-s_0(T-t)$
n_{LO}

图 6.9　同步匹配滤波器探测器配置

我们将式(6.101) 应用于式(6.4) 给出的一般表示式,有如下形式:

$$s_{0,1}(t)=\sqrt{\frac{2n_p}{T}}\cos(\omega_{0,1}(t)+\phi_{0,1}(t)),\quad 0\leqslant t\leqslant T \tag{6.102}$$

发送信号(s_0 和 s_1) 之间的相关系数 ρ 和欧氏距离 d 定义为如下形式:

$$\rho=\frac{1}{\sqrt{E_0E_1}}\int_0^T s_0(t)s_1(t)\mathrm{d}t,\quad d^2=E_0+E_1-2\rho\sqrt{E_0E_1} \tag{6.103}$$

其中,E_i 表示第 $i(i=0,1)$ 个比特的能量。误差概率与欧氏距离有关,有如下表示式:

$$P_b=\frac{1}{2}\mathrm{erfc}\left(\frac{d}{2\sqrt{N_0}}\right) \tag{6.104}$$

现在我们考虑 ASK、FSK 和 PSK 调制方案,并确定每种特定情况下的误码率。对于 ASK 系统,发送的信号可以用 n_p 来表示,有

$$s_1(t)=\sqrt{\frac{2n_p}{T}}\cos(\omega_1 t),\quad s_0(t)=0,\quad 0\leqslant t\leqslant T \tag{6.105}$$

通过使用式(6.105),由式(6.21) 定义的欧氏距离的平方可以表示为 $d^2=n_p$,

因此误比特率(或 BER)的相应表示式为

$$P_{\mathrm{b}}=\frac{1}{2}\mathrm{erfc}\left(\frac{\sqrt{n_{\mathrm{p}}}}{2}\right) \tag{6.106}$$

误比特率等于10^{-9}时对应于每比特 72 个光子。

对于连续相位 FSK(CPFSK) 系统,发送的信号可以表示为$s_1(t)$和$s_0(t)$,即

$$\begin{aligned} s_1(t)&=\sqrt{\frac{2n_{\mathrm{p}}}{T}}\cos(\omega_1 t),\quad 0\leqslant t\leqslant T \\ s_0(t)&=\sqrt{\frac{2n_{\mathrm{p}}}{T}}\cos(\omega_0 t),\quad 0\leqslant t\leqslant T \end{aligned} \tag{6.107}$$

相应的相关系数可以表示为

$$\rho=\frac{2}{T}\int_0^T\cos(\omega_0 t)\cos(\omega_1 t)\mathrm{d}t\approx\frac{\sin(2\pi m)}{2\pi m},m=\frac{|\omega_1-\omega_0|}{2\pi/T} \tag{6.108}$$

其中,m 是调制指数。相应的误码率可以表示为

$$P_{\mathrm{b}}=\frac{1}{2}\mathrm{erfc}\left[\sqrt{\frac{n_{\mathrm{p}}}{2}\left(1-\frac{\sin(2\pi m)}{2\pi m}\right)}\right] \tag{6.109}$$

对于$m=0.5p(p=1,2,\cdots)$的情况,实现10^{-9}误码率需要的每比特光子数为 36 个。对于 $m=0.715$ 的情况,需要的最小光子数是 $n_{\mathrm{p}}=29.6$ 个。

对于直接调制 PSK(DM-PSK) 系统,发送的符号可以表示为 $s_1(t)$ 和 $s_0(t)$,即

$$\begin{aligned} s_1(t)&=\sqrt{\frac{2n_{\mathrm{p}}}{T}}\cos(\omega_{\mathrm{IF}}t+\phi_1(t)),\quad 0\leqslant t\leqslant T; \\ \phi_1(t)&=\begin{cases}\dfrac{\pi m}{T}t; & 0\leqslant t\leqslant T/(2m)\\ \pi/2; & T/(2m)\leqslant t\leqslant T\end{cases} \\ s_0(t)&=\sqrt{\frac{2n_{\mathrm{p}}}{T}}\cos(\omega_{\mathrm{IF}}t+\phi_0(t)),\quad 0\leqslant t\leqslant T; \\ \phi_0(t)&=\begin{cases}-\dfrac{\pi m}{T}t; & 0\leqslant t\leqslant T/(2m)\\ -\pi/2; & T/(2m)\leqslant t\leqslant T\end{cases} \end{aligned} \tag{6.110}$$

其中,$\omega_{\mathrm{IF}}=|\omega_{\mathrm{s}}-\omega_{\mathrm{LO}}|$是中频。相关系数可以通过$\rho\approx 1/(2m)-1$获得,相应的误差概率可表示为

$$P_b = \frac{1}{2}\operatorname{erfc}\left[\sqrt{n_P\left(1-\frac{1}{4m}\right)}\right] \tag{6.111}$$

对于 $m=1/2$ 的情况，实现误码率为10^{-9} 所需的每比特光子数为 36 个（与 FSK 系统相同）；而当 $m \to \infty$ 时，所需要的最小光子数是 $n_p=29.6$ 个。

对于使用两个激光器的 FSK 系统，发送的信号由下式来表示，即

$$s_1(t)=\sqrt{\frac{2n_p}{T}}\cos(\omega_1 t+\phi), \quad 0 \leqslant t \leqslant T$$

$$s_0(t)=\sqrt{\frac{2n_p}{T}}\cos(\omega_0 t+\phi), \quad 0 \leqslant t \leqslant T \tag{6.112}$$

其中，

$$\phi=\begin{cases}[\pi-\pi m]_\pi, & 2p \leqslant m \leqslant 2p+1 \\ [-\pi m]_\pi, & 2p+1 \leqslant m \leqslant 2(p+1)\end{cases}, \quad p=0,1,2,\cdots$$

（我们使用 $[x]_\pi$ 来表示 mod π 操作。）相关系数可以由 $\rho \approx (\sin(2\pi m+\theta)-\sin\theta)/(2\pi m)$ 来获得，而误比特率可以表示为

$$P_b=\frac{1}{2}\operatorname{erfc}\left[\sqrt{\frac{n_P}{2}\left(1+\frac{|\sin \pi m|}{\pi m}\right)}\right] \tag{6.113}$$

当 $n_p=36/(1+|\sin \pi m|/\pi m)$ 时，误码率为10^{-9}。例如，当 $m \to 0$ 时，$n_p=18$；而当 $m=1,2,3,\cdots$ 时，$n_p=36$。图 6.10 所示的是不同 FSK 调制格式在实现误码率为10^{-9} 所需的 n_p 数，其中调制指数 m 作为参数。

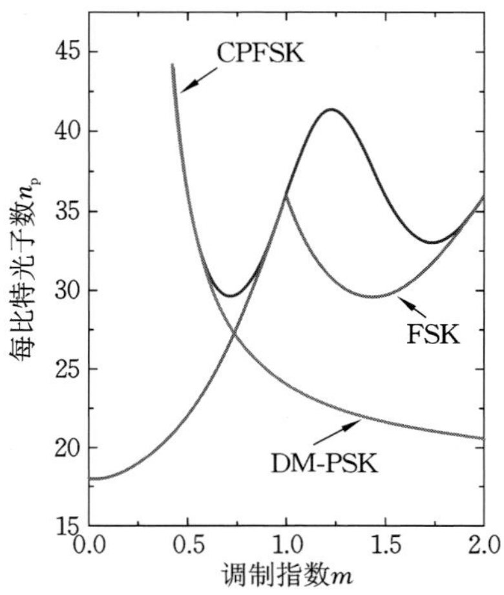

图 6.10　FSK 系统的比较

对于 PSK 系统，发送信号可以描述为 $s_1(t)$ 和 $s_0(t)$，即

$$
\begin{aligned}
s_1(t) &= \sqrt{\frac{2n_{\mathrm{p}}}{T}}\cos(\omega_1 t), \quad 0 \leqslant t \leqslant T \\
s_0(t) &= \sqrt{\frac{2n_{\mathrm{p}}}{T}}\cos(\omega_1 t + \pi), \quad 0 \leqslant t \leqslant T
\end{aligned} \tag{6.114}
$$

相应的误比特率可以表示为

$$
P_{\mathrm{b}} = \frac{1}{2}\mathrm{erfc}\left(\sqrt{\frac{n_{\mathrm{p}}}{2}}\right) \tag{6.115}
$$

在外差检测的情况下，要实现误码率为10^{-9}，要求 $n_{\mathrm{p}} = 18$；而在零差检测的情况下，$n_{\mathrm{p}} = 9$。

上述讨论的不同调制方案的误码率曲线如图 6.11 所示。我们可以看出，PSK 方案与同步相干检测方案相结合可以提供最佳性能。表 6.1 总结了不同调制格式在接收机灵敏度（这里定义为每比特所需的光子数 n_{p}，以实现误码率为10^{-9}）方面的比较。

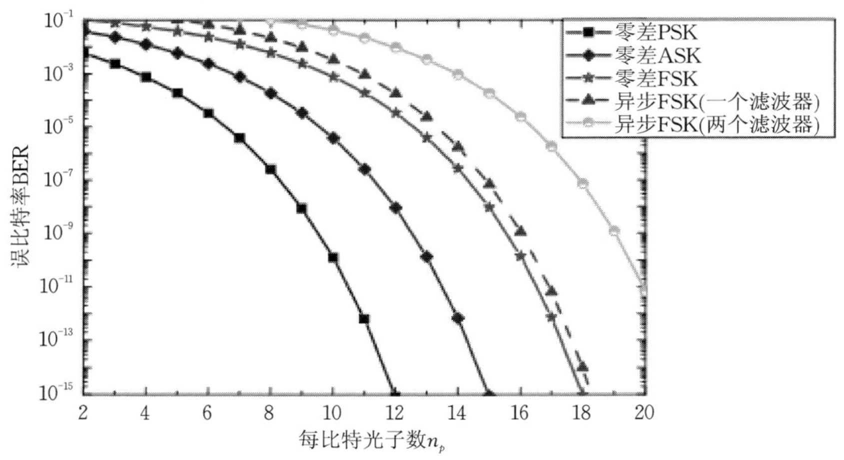

图 6.11　BER 性能的比较

表 6.1　相干探测器接收机灵敏度（根据实现误码率为10^{-9} 所需的 n_{p}）

系统		相干外差	相干零差
超量子极限			5
ASK	匹配滤波器	72	36

续表

系统		相干外差	相干零差
异步		76	
CPFSK	$m = 0.5, 1, 1.5, \cdots$	36	
匹配滤波器	$m = 0.715$	29.6	
FSK	$m = 0$	18	9
两个振荡器	$m = 1, 2, \cdots$	36	
匹配滤波器	$m = 1.43$	29.6	
FSK	$m = 1, 2, \cdots$	40	
异步	$m = 1.5$	47	
DM-PSK	$m = 0.5$	36	18
匹配滤波器	$m = 1$	24	12
匹配滤波器	$m = 2$	20.6	10.3
DM-DPSK	$m = 0.5$	61.9	30.9
延迟检测	$m = 1$	30.6	15.3
延迟检测	$m = 2$	24.4	12.2
PSK		18	9
匹配滤波器			
DPSK		20	10
DPSK IF $= 1/(2T)$		24.7	

6.2.2 光学混合和平衡相干接收机

到现在为止，我们考虑的都是在光剥离之前，使用半透明的光学镜进行光学混合。在实际使用中，该操作是由一个称为光混合器的四端口设备执行的，如图 6.12 所示。光学混合是由图 2.33 所示的光学耦合器实现的，其特性由方程(2.119) ～ 方程(2.121) 描述。在这种情况下，我们假设有控制电压通过相位微调器引入相移。

输出端口 E_{1o} 和 E_{2o} 的电场与输入端口 E_{1in} 和 E_{2in} 的电场有如下关系式：

$$E_{1o} = (E_{1in} + E_{2in})\sqrt{1-k}$$

$$E_{2o} = [E_{1in} + E_{2in}\exp(-j\xi)]\sqrt{k} \tag{6.116}$$

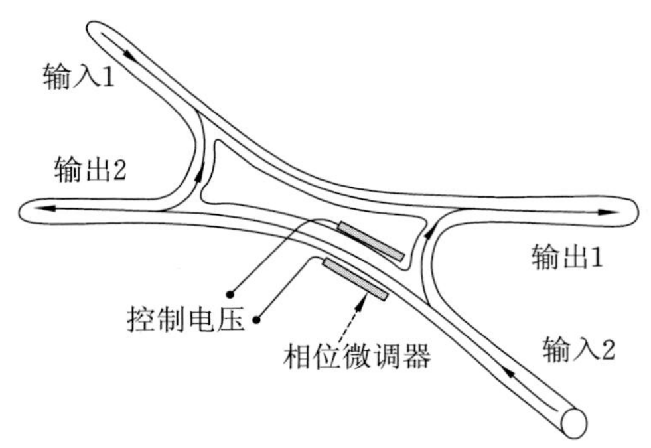

图 6.12　光学混合器

其中，k 表示功率分配比，ξ 是相位调整器引入的相移。式(6.116) 可以用散射矩阵($\boldsymbol{S}$) 表示为

$$\boldsymbol{E}_{\text{o}}=\begin{bmatrix}E_{1\text{o}}\\E_{2\text{o}}\end{bmatrix}=\boldsymbol{S}\begin{bmatrix}E_{1\text{o}}\\E_{2\text{o}}\end{bmatrix}=\boldsymbol{S}\boldsymbol{E}_{i},\quad \boldsymbol{S}=\begin{bmatrix}s_{11}&s_{12}\\s_{21}&s_{22}\end{bmatrix}=\begin{bmatrix}\sqrt{1-k}&\sqrt{1-k}\\\sqrt{k}&\mathrm{e}^{-\mathrm{j}\xi}\sqrt{k}\end{bmatrix}\tag{6.117}$$

在式(6.116) 和式(6.117) 中，假设混合器是无损耗器件，这导致有以下 几个式子：$|s_{11}|\exp(\mathrm{j}\xi_{11})$，$|s_{12}|\exp(\mathrm{j}\xi_{12})$，$|s_{21}|\exp(\mathrm{j}\xi_{21})$，$|s_{22}|\exp(\mathrm{j}\xi_{22})$。在相干探测方案中广泛使用的混合器称为π混合(设计为$\xi=\pi$)或者π/2混合(设计为 $\xi=\pi/2$)。π 混合的 $\boldsymbol{S}$ 矩阵可以写成如下形式：

$$\boldsymbol{S}=\begin{bmatrix}\sqrt{1-k}&\sqrt{1-k}\\\sqrt{k}&-\sqrt{k}\end{bmatrix}\tag{6.118}$$

而 π/2 混合的 $\boldsymbol{S}$ 矩阵可以写成如下形式：

$$\boldsymbol{S}=\begin{bmatrix}s_{11}&s_{12}\\s_{21}&s_{22}\mathrm{e}^{-\mathrm{j}\pi/2}\end{bmatrix}\tag{6.119}$$

可以很容易得出结论，π混合器只是 3 dB耦合器($k=1/2$)。如果π/2混合器有如下对称性：$|s_{ij}|=1/L\ (\forall i,j)$，则可以选择输入电场 $E_{1\text{in}}=|E_{1\text{in}}|$ 与 $E_{2\text{in}}=|E_{2\text{in}}|\mathrm{e}^{\mathrm{j}\phi_i}$ 之间的相位差使得总输出端口的总功率最大化。总输出功率可表示为

$$\boldsymbol{E}_0^{\dagger}\boldsymbol{E}_0=\frac{2}{L}\left[P_{1\text{in}}+P_{2\text{in}}+\sqrt{P_{1\text{in}}P_{2\text{in}}}\,(\cos\phi_1+\sin\phi_{\text{i}})\right]\tag{6.120}$$

我们使用 † 来表示厄米特转换(它表示同时转置和复共轭)。对于相同的输入功率，$\phi_{\text{i}}=\pi/4$ 时能获得最大输出，从而得到 $L\geqslant 2+\sqrt{2}$。相应的损耗为

$10\lg(L/2)=2.32$ dB。$\boldsymbol{S}$ 矩阵现在可以表示为

$$\boldsymbol{S}=\frac{1}{\sqrt{L}}\begin{bmatrix}\sqrt{1-k} & \sqrt{1-k}\\ \sqrt{k} & -\mathrm{j}\sqrt{k}\end{bmatrix} \tag{6.121}$$

参数 k 可以针对特定场景进行优化，如使用 Costas 环的零差检测[6,8]。

平衡接收机通常用于降低激光相对强度噪声(RIN)的影响以及多通道传输系统中串扰干扰的影响。图 6.13 中的上、下两个光电探测器的光电流可以分别写为如下形式：

$$\begin{aligned}i_1(t)&=R\,|E_1|^2=\frac{1}{2}R\left(P_s+P_{LO}+2\sqrt{P_sP_{LO}}\cos\phi_s\right)+n_1(t)\\ i_2(t)&=R\,|E_2|^2=\frac{1}{2}R\left(P_s+P_{LO}-2\sqrt{P_sP_{LO}}\cos\phi_s\right)+n_2(t)\end{aligned} \tag{6.122}$$

其中，ϕ_s 表示输入光信号的相位，$n_i(t)(i=1,2)$ 表示第 i 个光电探测器的散粒噪声过程，这个散粒噪声的功率谱密度(PSD)等于 $S_{n_i}=qR\,|E_i|^2$。由此产生的输出电流可以写成如下形式：

$$i(t)=i_1(t)-i_2(t)=2R\sqrt{P_sP_{LO}}\cos\phi_s+n(t) \tag{6.123}$$

其中，$n(t)=n_1(t)-n_2(t)$，它表示零均值高斯散粒噪声过程，它的功率谱密度为 $S_n=S_{n_1}+S_{n_2}=qR(P_s+P_{LO})\approx qRP_{LO}$。

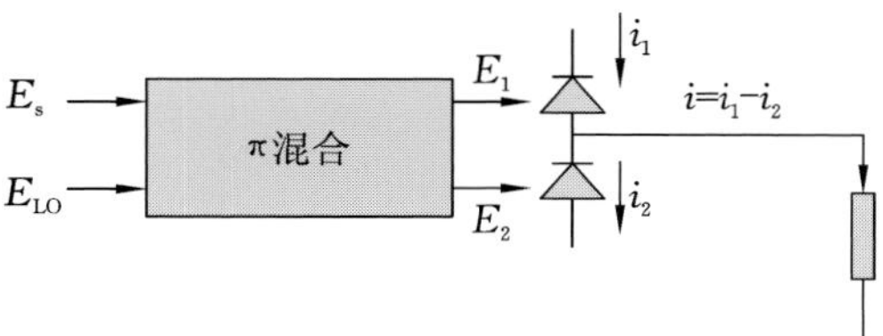

图 6.13　平衡探测器

6.2.3　相干光学探测器中的相位、偏振和强度噪声源

在本节中，我们将概括由于相干探测器中的相位、偏振和强度变化引起的噪声过程；第 4 章对其他光学相关信道损伤进行了更详细的描述。

由自发辐射引起的噪声会引起激光器的相位波动，这将导致光谱线宽 $\Delta\nu$ 不等于零，这一点请参照第 4.1.3 节。在半导体激光器中，线宽 $\Delta\nu$ 取决于腔长和线宽加强因子的值，并且可以在 100 kHz 到 1000 kHz 范围内变化。

因此，我们可以假设半导体激光器的输出表示为

$$x(t)=\sqrt{P_{\mathrm{s}}}\,\mathrm{e}^{\mathrm{j}[\omega_0 t+\phi_{\mathrm{n}}(t)]} \tag{6.124}$$

其中，$\phi_{\mathrm{n}}(t)$ 表示激光相位噪声过程，这在第 4.1.3 节中进行了分析。我们还可以假设 $x(t)$ 的相应功率谱密度表示为洛伦兹曲线。因此，我们可以用简化形式来表示式(4.11)：

$$\mathrm{PSD}_x(\nu)=\frac{2P_{\mathrm{s}}}{\pi\Delta\nu}\left[1+\left(2\frac{\nu-\nu_0}{\Delta\nu}\right)^2\right]^{-1} \tag{6.125}$$

如图 6.14 所示。

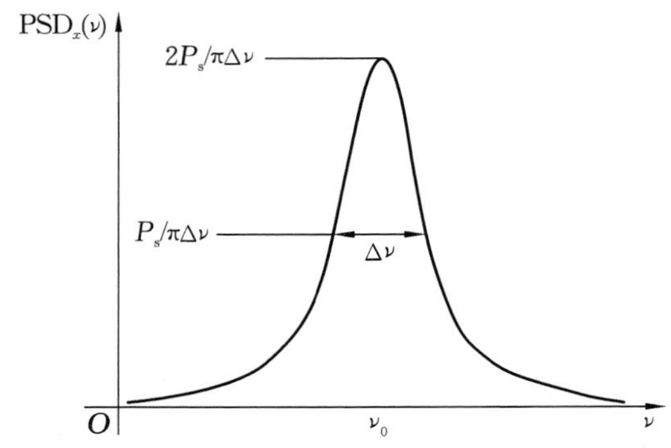

图 6.14　激光二极管的洛伦兹频谱

通过频谱线宽表示的激光相位噪声将导致误比特率降低，因此图 6.11 中的曲线(在忽略相位噪声影响的情况下)将得到修改。举例说明，使用式(4.87)计算的激光相位噪声对 BPSK 性能的影响如图 6.15 所示。我们可以看到，相位噪声对误比特率曲线的影响是双重的：① 误比特率曲线向右移动；② 出现误比特率底线。在高级相干探测方案的设计中，激光相位噪声的影响可以通过在光探测之后进行数字信号处理得以缓解，如果谱线线宽在几百千赫兹左右，相位噪声的影响确实会受到限制。对于更大的多级调制方案，如多进制 QAM 信号，激光相位噪声则会导致更大的性能下降。

偏振噪声是入射光信号的偏振态(SOP)与本地激光器的偏振态不一致导致的，这是相干接收方案性能下降的另一个原因。为了减轻偏振噪声的影响，有以下几类技术：① 偏振控制；② 使用保偏光纤；③ 偏振加扰；④ 偏振分集；⑤ 偏振复用。本章将讨论其中的一些技术。

发射到光纤中的偏振电磁场可以表示为

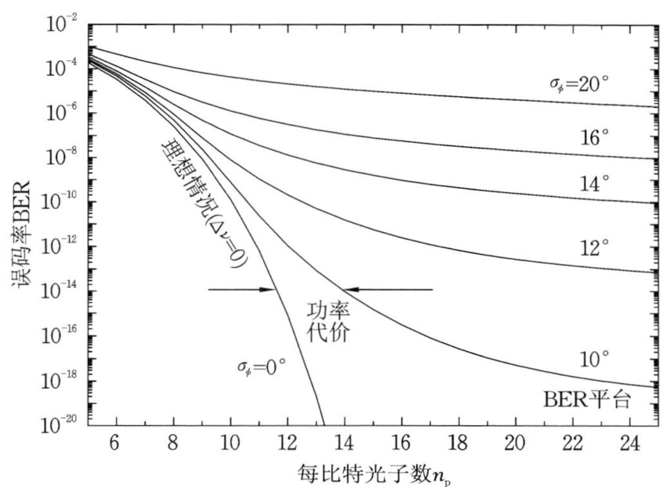

图 6.15　激光相位噪声对零差二进制 PSK 信号的误比特率性能的影响

$$\boldsymbol{E}(t)=\begin{bmatrix}e_x(t)\\e_y(t)\end{bmatrix}\mathrm{e}^{\mathrm{j}\omega_\mathrm{c}t}\tag{6.126}$$

其中,e_x 和 e_y 表示两个正交的偏振态分量,ω_c 是光载波频率。接收到的光场可以表示为

$$\boldsymbol{E}_\mathrm{s}(t)=\boldsymbol{H}'\begin{bmatrix}e_x(t)\\e_y(t)\end{bmatrix}\mathrm{e}^{\mathrm{j}\omega_\mathrm{c}t}\tag{6.127}$$

$\boldsymbol{H}'$ 是由式(3.89)引入的双偏振琼斯矩阵。为了使本地激光器的偏振态和入射光信号的偏振态相匹配,需要使用额外的转换,这个转换用变换矩阵 $\boldsymbol{H}''$ 来表示,因此有如下表达式:

$$\boldsymbol{E}'_\mathrm{s}(t)=\boldsymbol{H}''\boldsymbol{H}'\begin{bmatrix}e_x(t)\\e_y(t)\end{bmatrix}\mathrm{e}^{\mathrm{j}\omega_\mathrm{c}t}=\boldsymbol{H}\begin{bmatrix}e_x(t)\\e_y(t)\end{bmatrix}\mathrm{e}^{\mathrm{j}\omega_\mathrm{c}t},\quad \boldsymbol{H}=\boldsymbol{H}''\boldsymbol{H}'\tag{6.128}$$

本地激光器的偏振态可以用斯托克斯坐标表示为 $\boldsymbol{S}_\mathrm{LO}=(S_{1,\mathrm{LO}}S_{2,\mathrm{LO}}S_{3,\mathrm{LO}})$(详情参阅第 10.13 节)。只有当 $\boldsymbol{S}_\mathrm{LO}=\boldsymbol{S}_\mathrm{R}$($\boldsymbol{S}_\mathrm{R}$ 是接收到的光信号的偏振态)时,完全外差混合才可以实现。双折射效应会使得发射信号的偏振态对应的邦加球上的矢量,经过传输后发生旋转。这种旋转可以用围绕轴 s_i 的角 α_i 的旋转矩阵 $\boldsymbol{R}_i(i=1,2,3)$ 表示为[60]

$$\boldsymbol{R}_1(\alpha_1)=\begin{bmatrix}\cos(\alpha_1/2) & -\mathrm{j}\sin(\alpha_1/2)\\-\mathrm{j}\sin(\alpha_1/2) & \cos(\alpha_1/2)\end{bmatrix},\quad \boldsymbol{R}_2(\alpha_2)=\begin{bmatrix}\cos(\alpha_2/2) & -\sin(\alpha_2/2)\\\sin(\alpha_2/2) & \cos(\alpha_2/2)\end{bmatrix}$$

$$\boldsymbol{R}_3(\alpha_3)=\begin{bmatrix}\mathrm{e}^{-\mathrm{j}\alpha_3/2} & 0\\ 0 & \mathrm{e}^{\mathrm{j}\alpha_3/2}\end{bmatrix} \tag{6.129}$$

我们假设本地激光器的偏振态和斯托克斯空间中的 s_1 轴对齐(它的琼斯矢量由 $\boldsymbol{E}_{\mathrm{LO}}=[e_x(t)]^{\mathrm{T}}$ 给出),我们可以在球坐标$(2\xi,2\boldsymbol{\Psi})$(见图 10.10)中建立接收信号和本地激光器偏振态之间的关系如下:

$$\underbrace{\begin{bmatrix}e'_x(t)\\ e'_y(t)\end{bmatrix}}_{\boldsymbol{E}_\mathrm{s}}=\begin{bmatrix}\cos\xi & -\sin\xi\\ \sin\xi & \cos\xi\end{bmatrix}\begin{bmatrix}\mathrm{e}^{-\mathrm{j}\Psi} & 0\\ 0 & \mathrm{e}^{\mathrm{j}\Psi}\end{bmatrix}\underbrace{\begin{bmatrix}e_x(t)\\ 0\end{bmatrix}}_{\boldsymbol{E}_{\mathrm{LO}}}=\begin{bmatrix}\mathrm{e}^{-\mathrm{j}\Psi}\cos\xi\\ \mathrm{e}^{-\mathrm{j}\Psi}\sin\xi\end{bmatrix}e_x(t) \tag{6.130}$$

外差分量的功率与总功率之比由下式给出:

$$p(\boldsymbol{\Psi},\xi)=\frac{P_{\mathrm{het}}}{P_{\mathrm{tot}}}=\frac{|\mathrm{e}^{-\mathrm{j}\Psi}\cos\xi|^2}{|\mathrm{e}^{-\mathrm{j}\Psi}\cos\xi|^2+|\mathrm{e}^{-\mathrm{j}\Psi}\sin\xi|^2}=|\cos\xi|^2=\frac{1}{2}[1+\cos(2\xi)] \tag{6.131}$$

$\theta=\measuredangle(\boldsymbol{S}_\mathrm{R},\boldsymbol{S}_{\mathrm{LO}})$ 的概率密度函数有如下形式[8]:

$$\mathrm{PDF}(\theta)=\frac{\sin(2\boldsymbol{\Psi})}{2}\mathrm{e}^{-\frac{A2}{4\sigma2}[1-\cos(2\boldsymbol{\Psi})]}\left\{1+\frac{A^2}{4\sigma^2}[1+\cos(2\boldsymbol{\Psi})]\right\} \tag{6.132}$$

$$\boldsymbol{\Psi}\in[0,\pi];\quad A=2R\sqrt{P_\mathrm{s}P_{\mathrm{LO}}},\quad \sigma^2=qRP_{\mathrm{LO}}$$

对于强度噪声,它的特性在第 4.1.3 节中进行了分析。强度噪声可以通过式(4.15) 和式(4.16) 引入的 RIN 和 r_{int} 参数来表征,而强度噪声对信噪比和接收机灵敏度的影响在第 4.2、2.3 节中进行了分析,请参见方程(4.84) 和方程(4.86)。在平衡探测接收机中,式(4.84) 分母中第二项 $2(RP_{\mathrm{LO}})^2\mathrm{RIN}_{\mathrm{LO}}$ 表示的强度噪声的影响将由于分支相互抵消而被超过 15 dB 的因子抑制,故可以忽略,而式(4.82) 中热噪声将加倍。

6.2.4 零差相干探测

零差相干探测接收机可以设计为残余载波或抑制载波接收机版本[6,8]。如图 6.16 所示,在残余载波方案中,标记位和空间位之间的相位差小于 π/2 弧度,因此传输信号功率的一部分用于传输没有被调制的载波,这会导致接收机灵敏度的降低。这种情况类似于直接探测接收机中的非理想消光比,功率损失可用式(4.121) 估算。

图 6.17 所示的是基于 Costas 环和决策驱动环路(DDL)[6] 的接收机,它是剩余载波接收机的两种替代方案。这两种替代方案都采用完全抑制的载波传

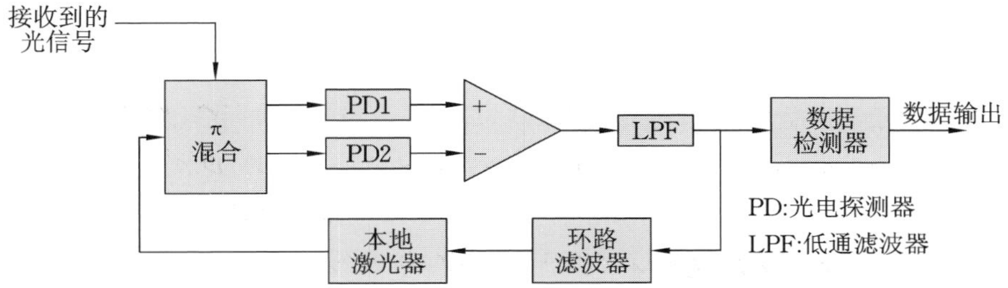

图 6.16　基于环路的平衡接收机

输,整个传输功率都用于数据传输。但在接收机端,一部分功率用于载波提取,因此这种方法也会产生一定的功率损耗。

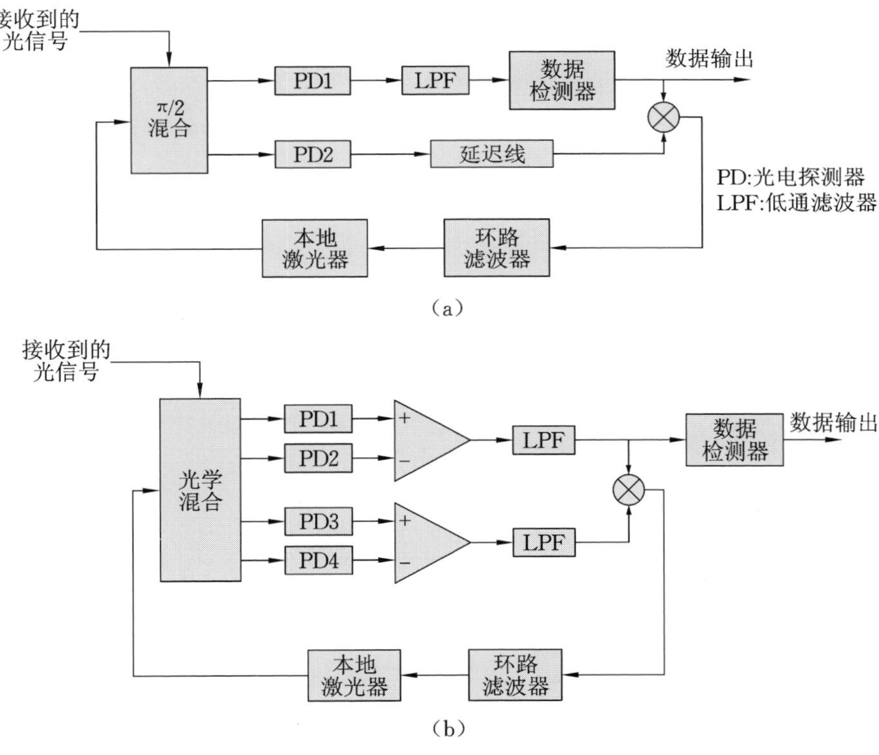

图 6.17　相干检测示意图

(a) 基于决策驱动的循环接收机;(b) 基于 Costas 环的接收机

6.2.5　相位分集零差接收机

图 6.18(a) 所示的是多端口零差接收机的一般结构图。输入光信号和本地激光器输出信号的电场可以由下式来表示[8]:

$$S(t)=aE_{s}e^{j[\omega_{c}t+\phi_{s}(t)]}\quad L(t)=E_{LO}e^{j[\omega_{c}t+\phi_{LO}(t)]}\tag{6.133}$$

其中,信息被调制在幅度 a 或相位 ϕ_s 上。输入光信号 S 和本地激光器输出信号 L 都用于光混合器的 N 个输出端口的输入,在端口之间引入固定的相位差 $k(2\pi/N)(k=0,1,\cdots,N-1)$,使得输出电场可写为

$$E_{k}(t)=N^{-1/2}\left[S(t)e^{jk\frac{2\pi}{N}}+L(t)\right]\tag{6.134}$$

相应的光电探测器输出如下:

$$\begin{aligned}i_{k}(t)&=R\mid E_{k}(t)\mid+i_{nk}(t)\\&=\frac{R}{N}\left\{P_{LO}+aP_{s}+2a\sqrt{P_{s}P_{LO}}\cos\left[\phi_{s}(t)-\phi_{LO}(t)+k\frac{2\pi}{N}\right]\right\}+i_{nk}(t)\end{aligned}\tag{6.135}$$

其中,$i_{nk}(t)$ 是第 k 个光电探测器的散粒噪声。输出经过低通滤波器(LPF)和解调器处理,可以实现 ASK、DPSK 和 DPFSK 等不同的版本,对应的解调器如图 6.18(b) 所示。对于 ASK 方案,我们只需要将光电探测器的输出进行平方并将它们相加,就可以得到 y 的表示式:

$$y=\sum_{k=1}^{N}i_{k}^{2}\tag{6.136}$$

对于其他方案,信号需要乘上它的延迟。

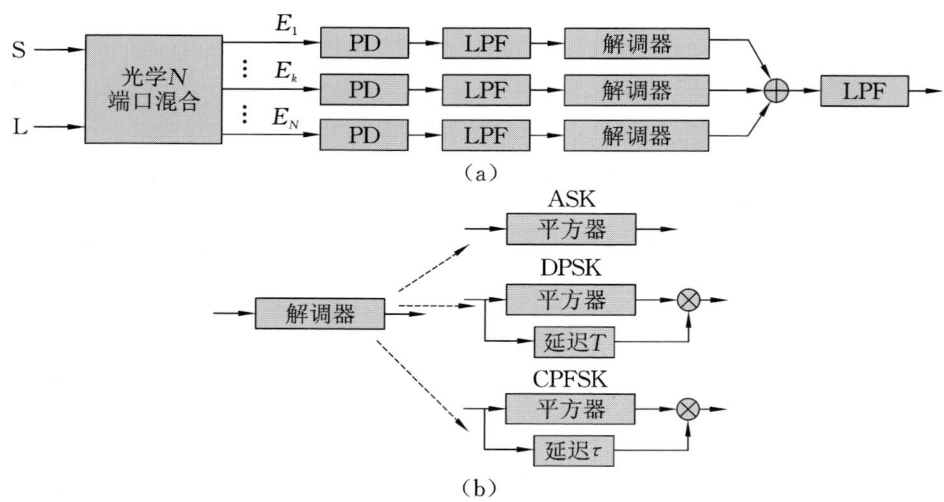

图 6.18　ASK、DPSK、DPFSK 等其他类型解调器

(a) 相位分集接收机;(b) 解调器的配置

6.2.6 相干接收机的偏振控制和偏振分集

相干接收机要求本地激光器和接收光信号的偏振态相匹配。在实际使用中，只有本地激光器的偏振态可以控制；有一种偏振控制接收机的配置如图 6.19 所示。图 6.19 中的偏振控制器通常使用四个压缩器[8] 来实现。

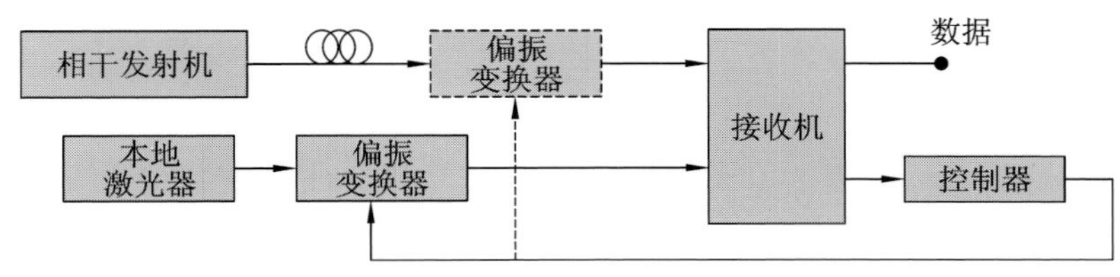

图 6.19 偏振控制接收机的配置

如图 6.20 所示，如果接收机从接收信号的两个正交偏振态中获得两个解调信号，则可以提高接收机对偏振态波动的忍受能力，该接收机称为偏振分集接收机。然而，在偏振分集接收机中，只能有效地使用一种偏振态，这意味着其频谱效率和无偏振分集接收机的相同。为了使偏振分集接收机的频谱效率提高一倍，可以采用偏振复用方案[10,11]。

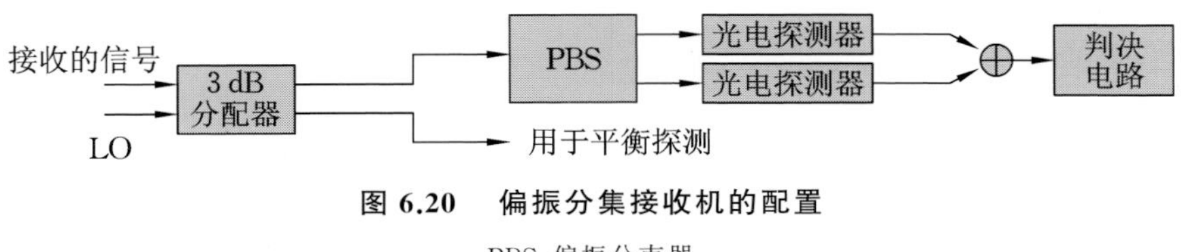

图 6.20 偏振分集接收机的配置

PBS：偏振分束器

6.2.7 偏振复用(PDM)和编码调制

在偏振复用[10,11] 中，两个偏振态都携带独立的多级调制数据流，如图 6.21 所示，这提高了整体的频谱效率。

M 进制的 PSK、QAM、DPSK 都实现了每个符号 $\log_2 M = m$ 个比特的传输。在相干探测中，第 l 个发射间隔发送数据相位 $\phi_l \in \{0, 2\pi/M, \cdots, 2\pi(M-1)/M\}$。我们还应该注意到，在直接探测中，调制是差分的，因为数据相位 $\phi_l = \phi_{l-1} + \Delta\phi_l$，其中，$\Delta\phi_l \in \{0, 2\pi/M, \cdots, 2\pi(M-1)/M\}$ 值是根据适当的映射规则由 $\log_2 M$ 个输入位确定的。

现在介绍一种优化的发射机架构，它可以与偏振复用和相干探测方案相结合，这意味着它采用了前向纠错(FEC)码，如 LDPC 码，这将在第 7 章中进行介绍。如果组件的 LDPC 编码的码率不同，但长度相同，则相应的方案通常称

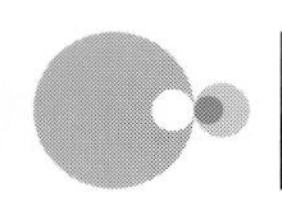

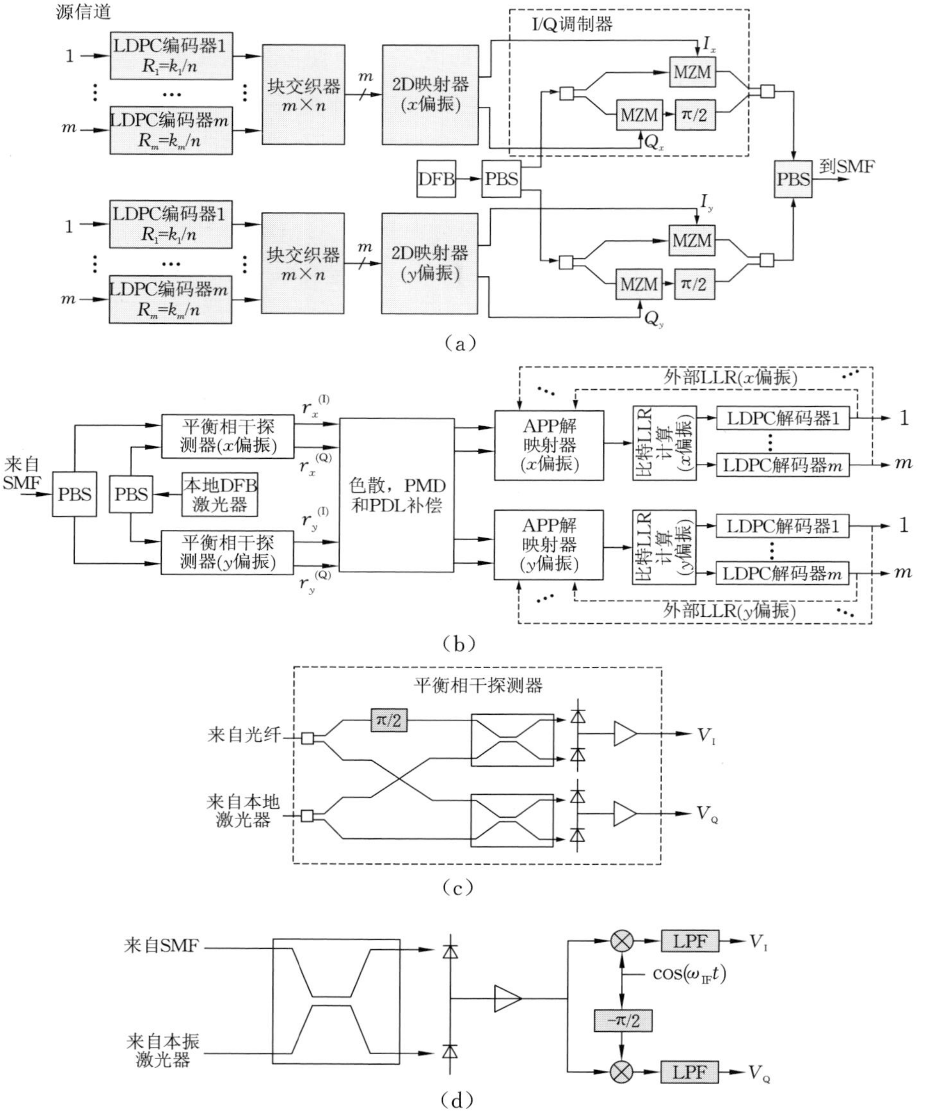

(a)

(b)

(c)

(d)

图 6.21　基于偏振复用的传输系统方案

(a) 发射机配置；(b) 接收机配置；(c) 平衡相干探测器架构；(d) 基于外差设计的单平衡探测器

DFB：分布式反馈激光器；PBS/PBC：偏振分束器 / 偏振合束器；MZM：马赫-曾德尔调制器；

LDPC：低密度奇偶校验；LPF：低通滤波器。

为多级编码(MLC)(参照第 7.9.1 节)。多级编码的使用能够使码率适应星座映射器和信道。

现在我们来解释对应于 x 偏振态的射频发射机部分的配置。在 MLC 中，来自 m 个不同信号源的比特流使用码率为 $r_i=k_i/n$ 的不同 (n,k_i)FEC 码进行编码，其中，k_i 表示第 i 个 $(i=1,2,\cdots,m)$ 分量的 FEC 码的信息比特数，n 表示码字长度，对于所有 FEC 码都是相同的。映射器在第 i 时刻处从 $m\times n$ 交织器中按列选取 m 位，$c=(c_1,c_2,\cdots,c_m)$，并由此确定相应的 M 进制（$M=2^m$）星座点 $s_i=(I_i,Q_i)=|s_i|\exp(\mathrm{j}\phi_i)$，如图 6.21(a) 所示。由图 6.21(a) 可以看出，发射机需要两个 I/Q 调制器（配置如图 5.7 所示）和两个二维映射器，分别对应于一个偏振态。I/Q 调制器的输出采用偏振合束器（PBC）进行组合，并利用相同的 DFB 激光器作为连续波激光源，用偏振分束器（PBS）分开 x 偏振和 y 偏振。

图 6.21(b) 所示的是相应的相干探测器接收机结构，而图 6.21(c) 所示的是平衡相干探测器结构。在第 i 时刻 x 偏振态的 I 和 Q 两路分支的平衡输出可以写成如下形式：

$$\begin{aligned}\nu_{\mathrm{I},i}^{(x)} &\approx R\,|S_{\mathrm{i}}^{(x)}|\,|L^{(x)}|\cos(\omega_{\mathrm{IF}}t+\phi_i^{(x)}+\phi_{\mathrm{S,PN}}^{(x)}-\phi_{\mathrm{L,PN}}^{(x)})\\ \nu_{\mathrm{Q},i}^{(x)} &\approx R\,|S_{\mathrm{i}}^{(x)}|\,|L^{(x)}|\sin(\omega_{\mathrm{IF}}t+\phi_i^{(x)}+\phi_{\mathrm{S,PN}}^{(x)}-\phi_{\mathrm{L,PN}}^{(x)})\end{aligned}\tag{6.137}$$

其中，R 表示光电二极管响应度，$\phi_{\mathrm{S,PN}}$ 和 $\phi_{\mathrm{L,PN}}$ 分别表示发射端和本地激光源的激光相位噪声。$\omega_{\mathrm{IF}}=|\omega_{\mathrm{S}}-\omega_L|$ 表示中频，$S_{\mathrm{i}}^{(x)}$ 和 $L^{(x)}$ 分别表示来自本地激光源的 x 偏振态和 x 偏振态输出的信号，对于 y 偏振态有相同的表示。外差接收机也可以仅用单个平衡探测器实现，如图 6.21(d) 所示。对于以 ASE 噪声为主的方案，两种外差方案性能相当；然而，在以散粒噪声为主的场景中，使用单个平衡探测器的外差设计表现更好。在零差探测中，设置 $\omega_{\mathrm{IF}}=0$。

我们可以看到，这种高级接收机设计中包含色散补偿模块，其中的色散、PMD、PDL 和其他信道损伤得到了补偿。这个过程称为信道均衡，将在下一节中进行详细介绍。

6.3 光信道均衡

6.3.1 无码间串扰的光传输和部分响应

我们将从等效光信道模型开始分析，仅针对一种偏振态（x 或 y 偏振态），如图 6.22 所示。其中，函数 $h_{\mathrm{T}}(t)$ 表示脉冲整形器的脉冲响应、驱动放大器和马赫-曾德尔调制器（MZM）脉冲响应卷积得到的发射机等效脉冲响应，$h_{\mathrm{c}}(t)$ 表示光信道的脉冲响应，$h_{\mathrm{R}}(t)$ 表示光电探测器脉冲响应与前端带有互阻抗的

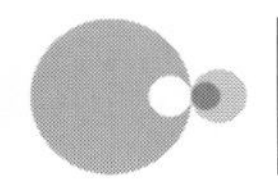

放大器卷积获得的等效脉冲响应，在光学和电学滤波器中都被使用，电学滤波器可以用匹配滤波器代替。而 $n(t)$ 表示由 ASE 噪声主导的等效噪声过程。该系统的等效脉冲响应由卷积 $h(t)=(h_{\mathrm{T}}*h_{\mathrm{c}}*h_{\mathrm{R}})(t)$ 给出，因此整个系统的输出可以写为

$$c(t)=\sum_{k}b_{k}h(t-kT_{\mathrm{s}}) \tag{6.138}$$

其中，b_k 是符号的传输序列。通过对系统输出进行采样，我们得到如下结果：

$$\begin{aligned}c(mT_{\mathrm{s}})&=\sum_{k}b_{k}h(mT_{\mathrm{s}}-kT_{\mathrm{s}})=b_{m}h(0)+\sum_{k\neq m}b_{k}h(mT_{\mathrm{s}}-kT_{\mathrm{s}})\\&=b_{m}h(0)+\underbrace{\sum_{k\neq 0}b_{k}h(kT_{\mathrm{s}})}_{\text{ISI term}}\end{aligned} \tag{6.139}$$

其中，等式右侧第一项 $b_{m}h(0)$ 对应传输符号，第二项代表码间串扰项。如果实现了无码间串扰的光传输，则第二项就会消失；如果等效脉冲响应满足以下条件，则可以实现无码间串扰，即有

$$h(kT_{\mathrm{s}})=\begin{cases}h_{0}=1,k=0\\0,k\neq 0\end{cases} \tag{6.140}$$

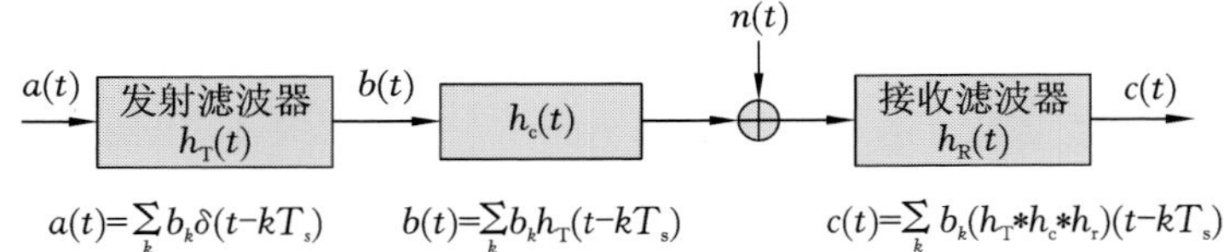

图 6.22　等效低通光信道模型(只考虑一个偏振态)

在这种情况下，等效系统函数 $H(f)=\mathrm{FT}[h(t)]$ 的频率响应(其中，FT 表示傅里叶变换)应满足以下条件：

$$\sum_{k=-\infty}^{\infty}H\left(f+\frac{k}{T_{\mathrm{s}}}\right)=T_{\mathrm{s}} \tag{6.141}$$

那么在采样时刻就不会有码间串扰，这个条件称为无码间串扰的奈奎斯特准则，可以用于所有通道均衡器的设计。这个准则非常容易证明，我们从傅里叶逆变换定义开始，然后将积分间隔分为带宽为 $1/T_{\mathrm{s}}$ 的频带，可以得到如下结果：

$$h(t)=\mathrm{FT}^{-1}\{H(f)\}=\int_{-\infty}^{\infty}H(f)\mathrm{e}^{\mathrm{j}2\pi ft}\mathrm{d}f=\sum_{k=-\infty}^{\infty}\int_{(2k-1)/2T_{\mathrm{s}}}^{(2k+1)/2T_{\mathrm{s}}}H(f)\mathrm{e}^{\mathrm{j}2\pi ft}\mathrm{d}f \tag{6.142}$$

通过对式(6.142)中的等效脉冲响应进行采样,我们得到如下结果:

$$h(mT_s)=\sum_{k=-\infty}^{\infty}\int_{(2k-1)/2T_s}^{(2k+1)/2T_s}H(f)\mathrm{e}^{\mathrm{j}2\pi fmT_s}\mathrm{d}f \tag{6.143}$$

代入 $f'=f-k/T_s$,式(6.143)变成如下形式:

$$\begin{aligned}h(mT_s)&=\sum_{k=-\infty}^{\infty}\int_{-1/2T_s}^{1/2T_s}H(f'+k/T_s)\mathrm{e}^{\mathrm{j}2\pi f'mT_0}\mathrm{d}f'\\&=\int_{-1/2T_s}^{1/2T_s}\overbrace{\sum_{k=-\infty}^{\infty}H(f'+k/T_s)}^{T_s}\mathrm{e}^{\mathrm{j}2\pi f'mT_s}\mathrm{d}f'\\&=\int_{-1/2T_s}^{1/2T_s}T_s\mathrm{e}^{\mathrm{j}2\pi f'mT_s}\mathrm{d}f'=\frac{\sin(m\pi)}{m\pi}=\begin{cases}1,m=0\\0,m\neq 0\end{cases}\end{aligned} \tag{6.144}$$

由式(6.144)可以看出,码间串扰项消失了,这证明了奈奎斯特准则的确在符号间实现了零码间串扰。

频率响应满足方程(6.141)的信道称为理想奈奎斯特信道。理想奈奎斯特信道的传递函数具有矩形形式,表示为 $H(f)=(1/R_s)\mathrm{rect}(f/R_s)$,相应的脉冲响应可以表示为

$$h(t)=\frac{\sin(\pi t/T_s)}{\pi t/T_s}=\mathrm{sinc}(t/T_s) \tag{6.145}$$

理想矩形频率响应具有尖锐的过渡边缘,这在实际中很难实现。满足式(6.141)和附加项($k=-1,0,1$)的频率响应(谱)称为升余弦(RC)谱,由以下公式给出:

$$H_{\mathrm{RC}}(f)=\begin{cases}T_s, & 0\leqslant|f|\leqslant(1-\beta)/2T_s\\ \dfrac{T_s}{2}\left\{1-\sin\left[\pi T_s\left(|f|-\dfrac{R_s}{2}\right)/\beta\right]\right\}, & (1-\beta)/2T_s\leqslant|f|\leqslant(1+\beta)/2T_s\end{cases} \tag{6.146}$$

升余弦的脉冲响应表示为如下:

$$h_{\mathrm{RC}}(t)=\frac{\sin(\pi t/T_s)}{\pi t/T_s}\frac{\cos(\beta\pi t/T_s)}{1-4\beta^2t^2/T_s^2} \tag{6.147}$$

式(6.146)和式(6.147)中的参数 β 称为滚降系数,它确定容纳升余弦频谱所需的带宽,该带宽由 $B=(1+\beta)/(2T_s)$ 给出。当 $\beta=0$ 时,升余弦系数降低到奈奎斯特信道理想值。从升余弦滤波器脉冲响应可以看出,除了在 $\pm T_s$,$\pm 2T_s$,… 处存在过零点外,在 $\pm 3T_s/2$,$\pm 5T_s/2$,… 处也有过零点。

在第 6.1 节中，我们研究了使符号错误概率最小化的各种方法，并了解到对于以噪声为主的信道，使用匹配滤波器是最佳的；要实现无码间串扰传输，应该选择具有升余弦形式的滤波器，如图 6.23 所示。结合这两种方法，我们可以得到最接近最佳的发送和接收滤波器。也就是说，从零码间串扰条件开始，我们要求

$$h(t)=(h_{\mathrm{T}}*h_{\mathrm{c}}*h_{\mathrm{R}})(t)=h_{\mathrm{RC}}(t) \tag{6.148}$$

在频域中有如下表示式：

$$|H_{\mathrm{RC}}|=|H_{\mathrm{T}}H_{\mathrm{c}}H_{\mathrm{R}}| \tag{6.149}$$

匹配滤波器的条件可以写为

$$|H_{\mathrm{R}}(f)|=|H_{\mathrm{T}}(f)H_{\mathrm{c}}(f)| \tag{6.150}$$

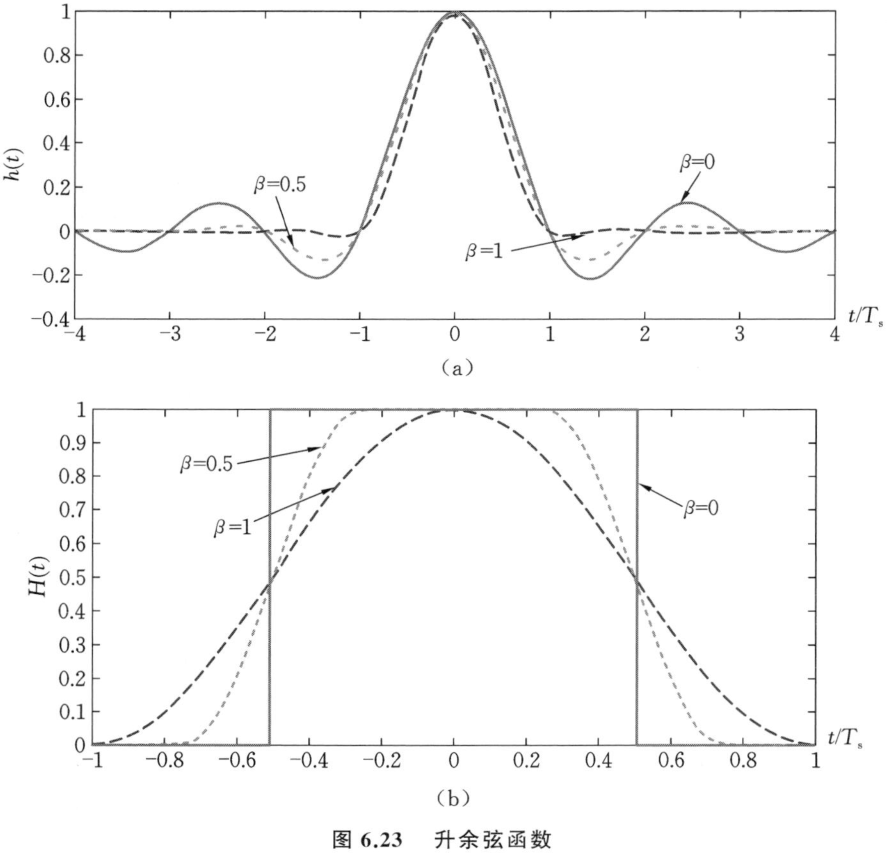

(a)

(b)

图 6.23　升余弦函数

(a) 脉冲响应；(b) 频率响应

将式(6.148)和式(6.149)给出的这两个准则结合起来，可以得到以下式子：

$$|H_T|=\frac{\sqrt{H_{RC}}}{|H_c|},\quad |H_R|=\sqrt{H_{RC}} \tag{6.151}$$

这依然是一个近似的解决方案，因为两个问题可以独立解决，然后合并。

在上述的讨论中，我们将码间串扰视为有害影响。但是，通过可控制的方法插入码间串扰，可以以 $2B$ 的奈奎斯特速率发送信号，其中 B 是信道带宽。使用这种策略的方案称为部分响应(PR)，它们广泛应用于磁记录和各种数字通信[1,21-23]。部分响应系统的脉冲响应表示为

$$h(t)=\sum_{n=0}^{N-1}w_n\ \text{sinc}\ (t/T_b-n) \tag{6.152}$$

表 6.2 列出了常见的部分响应信号方案。

表 6.2　常用部分响应信号方案

类别	N	w_0	w_1	w_2	w_3	w_4	该类也称为
Ⅰ	2	1	1				双二进制
Ⅱ	3	1	2	1			
Ⅲ	3	2	1	−1			
Ⅳ	3	1	0	−1			改良的双二进制
Ⅴ	5	−1	0	2	0	−1	

例如，具有 $N=2$ 的方案称为双二进制方案，而 $N=3$ 且权重系数为 1、0、−1 的方案称为改进双二进制方案。

6.3.2　迫零均衡器

为了补偿线性失真效应，如色散，我们可以使用均衡器，该电路与所讨论的系统之间的级联，如图 6.24(a) 所示。整体的频率响应等于 $H_c(\omega)\cdot H_{eq}(\omega)$，其中，$H_c(\omega)$ 是系统传递函数，而 $H_{eq}(\omega)$ 是均衡器传递函数。假设使用了平衡相干探测。对于无失真传输，要求有以下式子：

$$H_c(\omega)H_{eq}(\omega)=e^{-j\omega t_0} \tag{6.153}$$

因此，均衡器的频率响应与系统传递函数成反比，即

$$H_{eq}(\omega)=\frac{e^{-j\omega t_0}}{H_c(\omega)} \tag{6.154}$$

抽头延迟线均衡器(FIR)或者有限脉冲响应(FIR)滤波器都是非常适合均衡的功能块,尤其是针对色散补偿,其结构如图 6.24(b)所示,滤波器的抽头数为 $N+1$。正如我们在第 3 章中介绍的,色散的影响可以通过传递函数来描述,即

$$H_c(\omega)=\exp(j(\beta_2\omega^2/2+\beta_3\omega^3/6)L) \tag{6.155}$$

其中,β_2 和 β_3 分别表示群速度色散(GVD)和二阶群速度色散参数,由式(3.121)引入,L 是光纤长度。因此,我们需要设计出具有式(6.155)给出的频率响应的 FIR 均衡器。

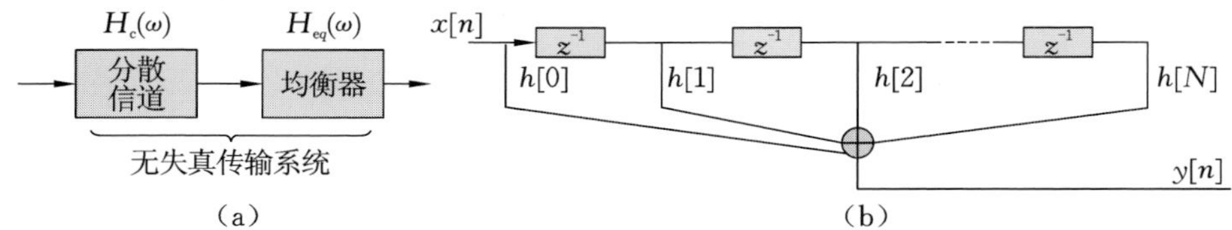

图 6.24　对抗色散的线性滤波器示意图

(a) 均衡原理;(b) 抽头延迟线均衡器(FIR 滤波器)

如图 6.25 所示,使用文献[14]中描述的一些方法可以完成 FIR 均衡器设计,这些方法包括:① 对称法;② 窗口法;③ 频率采样法;④ 切比雪夫法。用对称方法得到的 FIR 滤波器具有线性相位,它的离散脉冲响应 $h[n]$ 和系统函数 $H(z)$ 满足以下对称性[14]:

$$\begin{aligned} &h[n]=\pm h[N-1-n],\quad n=0,1,\cdots,N-1 \\ &H(z)=\mathscr{Z}\{h[n]\}=\pm z^{-(N-1)}H(z^{-1}) \end{aligned} \tag{6.156}$$

其中,$\mathscr{Z}\{\cdot\}$ 表示脉冲响应 $h[n]$ 的 z 变换形式,10.10.4 节介绍了有关 z 域中系统功能的更多详细信息。因此,$H(z)$ 的根必须与 $H(z^{-1})$ 的根相同,这意味着 $H(z)$ 的根必须以成对的形式出现,如 z_k、z_k^{-1}。除此之外,若要使滤波器系数为实值,那么根必须以复共轭的形式出现,如 z_k、z_k^{-1};z_k^*、z_k^{*-1}。由于式(6.155)

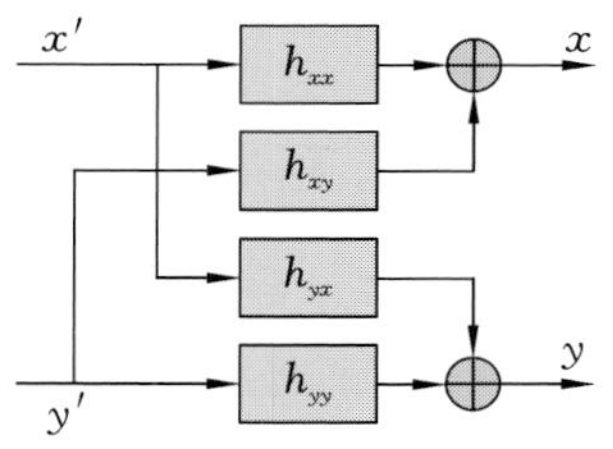

图 6.25　FIR 滤波器对偏振相关色散的补偿

给出的单模光纤的相频响应包含二次项和立方项，因此该方法不适用于色散补偿。

加窗方法的设计从指定滤波器阶数 N 开始（N 通常为一个整数），并且对于给定的采样间隔 T_s，采用以下步骤：① 设置恒定时间延迟 $t_0=(N/2)/T_s$；② 将均衡器的频率响应 $H_{eq}(\omega)$ 做傅里叶逆变换获得所需要的脉冲响应 $h_{eq}(t)$；③ 设置 $h[n]=w[n]h_{eq}[nT_s]$ 的均衡器的脉冲响应，其中 $w[n]$ 是长度为（$N+1$）的窗口。最简单的一个窗口是矩形窗，它的形式如下所示：

$$w(n)=\begin{cases}1, n=0,1,\cdots,M-1\\0,\text{其他}\end{cases} \tag{6.157}$$

因此，通过卷积 $H(\Omega)=H_{eq}(\Omega)W(\Omega)$ 可以获得平滑均衡器的频率响应，其中 $\Omega=\omega\cdot T_s$ 是离散频率（单位是弧度 / 样本）。对于具有矩形窗的滤波器阶数较大的时候，可以观察到在 $H(\Omega)$ 中的吉布斯现象[14]，这是由于均衡器的脉冲响应 $h_{eq}[n]$ 突然截断引起的。为了获得更好的结果，可以使用锥形窗口。常用的锥形窗口包括：Blackman、Hamming、Hanning、Kaiser、Lanczos 和 Tukey 窗口[14]。例如，Hanning 窗函数由下式给出：

$$w[n]=\frac{1}{2}\left(1-\cos\frac{2\pi n}{N-1}\right) \tag{6.158}$$

锥形窗口减弱了吉布斯现象，但增加了过渡带宽（也就是说，它们提供了更好的平滑度，但是在过渡时的尖锐度不强）。

如果使用加窗方法，则用于补偿色散的 FIR 均衡器的设计变得很简单。例如，当忽略二阶 GVD 参数时，FIR 均衡器系数变为如下形式：

$$h[n]=\sqrt{\frac{\mathrm{j}cT^2}{D\lambda^2L}}\exp\left(-\mathrm{j}\frac{\pi cT^2}{D\lambda^2L}n^2\right),-\left[\frac{N}{2}\right]\leqslant n\leqslant\left[\frac{N}{2}\right],N=2\left[\frac{|D|\lambda^2L}{2cT^2}\right]+1 \tag{6.159}$$

其中，D 表示由式（3.84）和式（3.122）引入的色散参数，它与 GVD 的关系为 $D=-(2\pi c/\lambda^2)\beta_2$。

一阶偏振模色散（PMD）可以通过使用四个 FIR 滤波器来补偿。x 偏振态的输出符号可以由文献[9]确定，有

$$\boldsymbol{x}[k]=\boldsymbol{h}_{xx}^{\mathrm{T}}\boldsymbol{x}'+\boldsymbol{h}_{xy}^{\mathrm{T}}\boldsymbol{y}'=\sum_{n=0}^{N-1}(h_{xx}[n]x'[k-n]+h_{xy}[n]y'[k-n]) \tag{6.160}$$

其中，$h_{ij}(i,j\in\{x,y\})$ 是 FIR 滤波器的响应，每个滤波器都有 N 个抽头。可以用类似的方式写出确定 y 偏振态符号的方程式。

频率采样方法是基于对均衡器频率响应的采样，如下所示：

$$H(k)=H(\Omega)\big|_{\Omega_k=2\pi k/N} \tag{6.161}$$

函数 $H(\Omega)$ 可以用离散傅里叶变换来表示为

$$H(\Omega)=\sum_{n=0}^{N-1}h[n]\mathrm{e}^{-\mathrm{j}\Omega n} \tag{6.162}$$

由于频率响应是通过设置 $z=\exp(\mathrm{j}\Omega)$ 确定的，所以可以很容易地确定系统函数 $H(z)$。当系统函数分解如下时：

$$H(z)=\underbrace{\frac{1-z^{-N}}{N}}_{H_1(z)}\underbrace{\sum_{k=0}^{N-1}\frac{H(k)}{1-\mathrm{e}^{\mathrm{j}2\pi k/N}z^{-1}}}_{H_2(z)} \tag{6.163}$$

其中，$H_1(z)$ 表示全零系统或梳状滤波器，在单位圆上具有相等间隔的零点 $(z_k=\mathrm{e}^{\mathrm{j}2\pi(k+\alpha)/N},\alpha=0$ 或 $0.5)$，而 $H_2(z)$ 由谐振频率 $p_k=\mathrm{e}^{\mathrm{j}2\pi(k+\alpha)/N}$ 的平行单极滤波器组组成。最后，需要根据 $H(z)$ 确定单位样本脉冲响应 $h[n]$。这种方法的主要缺点是在点 Ω_k 之间的频率上不存在对 $H(\Omega)$ 的控制。

在实际使用中，常采用最优等波纹法来控制 $H(\Omega)$。利用实际均衡器的频率响应 $H(\Omega)$ 不同于期望函数 $H_{\mathrm{d}}(\Omega)$，因此，误差函数 $E(\Omega)$ 可以作为期望频率响应和实际频率响应之间的差异：

$$E(\Omega)=W(\Omega)[H_{\mathrm{d}}(\Omega)-H(\Omega)] \tag{6.164}$$

其中，$W(\Omega)$ 称为加权函数。该方法的关键思想是通过最小化最大绝对误差来确定 $h[k]$，可以将其表示为如下形式：

$$\hat{h}[n]=\arg\min_{\text{over }h(n)}[\max_{\Omega\in S}|E(\Omega)|] \tag{6.165}$$

其中，S 表示进行优化的频带不相交并集。对于线性相位 FIR 滤波器的设计，可以使用 Remez 算法[14]。另一方面，对于涉及二次和三次相位项的问题，可以采用切比雪夫近似法。

从式(6.155)可以总结出，色散补偿器实质上是一个全通滤波器，它的响应幅度为 $|H(\Omega)|=1,0\leqslant\Omega\leqslant\pi$。全通滤波器的一个重要特性是零点和极点相互为倒数，即

$$H(z)=z^{-N}\frac{A(z^{-1})}{A(z)},A(z)=\sum_{k=0}^{N}a[k]z^{-k}(a[0]=1) \tag{6.166}$$

响应幅度为 $|H(\omega)|^2 = H(z)H(z^{-1})|_{z=e^{j\Omega}} = 1$。分解后，全通滤波器的系统函数由式(6.167)[14] 给出，即

$$H(z) = \prod_{k=1}^{N_r} \frac{z^{-1} - \alpha_k}{1 - \alpha_k z^{-1}} \prod_{k=1}^{N_c} \frac{(z^{-1} - \beta_k)(z^{-1} - \beta_k^*)}{(1 - \beta_k z^{-1})(1 - \beta_k^* z^{-1})} \tag{6.167}$$

$$-1 < \alpha_k < 1, \quad |\beta_k| < 1$$

其中，N_r 表示具有的单极点数目，N_c 表示具有的复共轭极点数目。通过将色散补偿器的设计解释为全通滤波器设计，可以预计，抽头的数量将小于 FIR 滤波器设计中所需的数量(抽头的数量是光纤长度的线性函数)。由式(6.166)和式(6.167)可以明显看出，全通滤波器本质上是无限脉冲响应(IIR)滤波器。有关 IIR 全通滤波器设计的更多详细信息，请参见文献[15,16]。

上面描述的 FIR/IIR 均衡器的函数在除 $n=0$ 之外的 $t=nT_s$ 的情况下码间串扰为零。因此，它们也称为迫零均衡器。但是，使用它们的问题是 ASE 噪声、色散和 PMD 会共同作用，以组合的方式影响传输系统的性能，而横向均衡器则忽略了信道噪声的影响。这导致噪声增强，可以解释如下。让我们再次考虑图 6.22 所示的模型，现在接收滤波器的脉冲响应被分解为匹配滤波器脉冲响应和均衡器脉冲响应，即

$$h_R(t) = h_T(-t) * h_{eq}(t) \tag{6.168}$$

假设脉冲器的频域响应为 $H_{eq}(f) = \mathrm{FT}\{h_{eq}(t)\} = 1/H_c(f)$，则系统输出的傅里叶变换 $C(f)$ 的表示式为

$$\begin{aligned} C(f) &= [H_T(f)H_c(f) + N(f)]H_T^*(f)H_{eq}(f) \\ &= |H_T(f)|^2 + \underbrace{\frac{N(f)H_T^*(f)}{H_c(f)}}_{N'(f)} \end{aligned} \tag{6.169}$$

有色高斯噪声 $N'(f)$ 相应的功率谱密度由下式给出：

$$\mathrm{PSD}_{N'}(f) = \frac{N_0}{2} \frac{|H_T(f)|^2}{|H_c(f)|^2} \tag{6.170}$$

我们可以看到码间串扰得到了补偿，但是噪声得到了增强，除非 $|H_T(f)| = |H_c(f)|$。

6.3.3 最佳线性均衡器

更好的接收机设计方法是采用最小均方误差(MMSE)准则来确定均衡器系数，通过减少信道噪声和 ISI 的影响为问题提供平衡的解决方案。用 $h_R(t)$

表示接收机滤波器的脉冲响应，$x(t)$ 为信道输出，由下式给出：

$$x(t)=\sum_k s_k q(t-kT_s)+w(t),\quad q(t)=h_T(t)*h_c(t) \tag{6.171}$$

其中，$h_T(t)$ 是发射滤波器的脉冲响应，$h_c(t)$ 是信道脉冲响应（受色散和光电滤波器的影响），T_s 是符号持续时间，s_k 是在第 k 时刻发送的符号，$w(t)$ 是由 ASE 噪声控制的信道噪声。接收滤波器的输出可以通过接收滤波器的脉冲响应和相应的输入卷积来确定，即

$$y(t)=\int_{-\infty}^{\infty}h_R(\tau)x(t-\tau)\mathrm{d}\tau \tag{6.172}$$

通过在 $t=iT_s$ 时刻采样，我们获得以下表示式：

$$\begin{gathered}y(iT_s)=\xi_i+w_i,\xi_i=\sum_k s_k\int_{-\infty}^{\infty}h_R(\tau)q(iT_s-kT_s-\tau)\mathrm{d}\tau\\ w_i=\int_{-\infty}^{\infty}h_R(\tau)w(iT_s-\tau)\mathrm{d}\tau\end{gathered} \tag{6.173}$$

信号误差可以定义为接收样本和发送符号之间的差，即

$$e_i=y(iT_s)-s_i=\xi_i+w_i-s_i \tag{6.174}$$

相应的均方误差为

$$\begin{aligned}\mathrm{MSE}&=\frac{1}{2}E[e_i^2]\\&=\frac{1}{2}E[\xi_i^2]+\frac{1}{2}E[w_i^2]+\frac{1}{2}E[s_i^2]+E[\xi_iw_i]-E[w_is_i]-E[\xi_is_i]\end{aligned} \tag{6.175}$$

假设环境稳定，则式(6.175) 可以重新写为

$$\begin{aligned}\mathrm{MSE}=\frac{1}{2}+\frac{1}{2}\int_{-\infty}^{\infty}\int_{-\infty}^{\infty}\left[R_q(t-\tau)+\frac{N_0}{2}\delta(t-\tau)\right]h_R(t)h_R(\tau)\mathrm{d}t\,\mathrm{d}\tau\\ -\int_{-\infty}^{\infty}h_R(t)q(-t)\mathrm{d}t\end{aligned} \tag{6.176}$$

其中，$R_q(\tau)$ 是 $q(t)$ 的自相关函数，N_0 是 ASE 噪声的功率谱密度。为了确定 MMSE 意义上的最佳滤波器，必须找到关于 $h_R(t)$ 的 MSE 导数，并将其设置为零，则有

$$\int_{-\infty}^{\infty}\left[R_q(t-\tau)+\frac{N_0}{2}\delta(t-\tau)\right]h_R(\tau)\mathrm{d}\tau=q(-t) \tag{6.177}$$

通过应用式(6.177) 的傅里叶变换(FT) 并结合接收滤波器传递函数 $H_R(f)=$

$\mathrm{FT}[h_{\mathrm{R}}(t)]$，可以得到

$$H_{\mathrm{R}}(f)=\frac{Q^{*}(f)}{S_{q}(f)+\frac{N_{0}}{2}}=Q^{*}(f)\underbrace{\frac{1}{S_{q}(f)+\frac{N_{0}}{2}}}_{H_{\mathrm{eq}}(f)} \tag{6.178}$$

其中，均衡器的脉冲响应为$h_{\mathrm{eq}}(t)=\mathrm{FT}^{-1}[H_{\mathrm{eq}}(f)]$，随后使用上述加窗方法。因此，在 MMSE 意义上的最佳线性接收机包括匹配滤波器和横向均衡器的级联连接，如图 6.26 所示。如果延时 T 等于脉冲持续时间 T_{s}，则相应的均衡器称为符号间隔均衡器。如果符号率($R_{s}=1/T_{s}$)小于 $2B$(B 是信道带宽)，则均衡器需要补偿信道失真和混叠效应。当 T 满足条件 $1/T\geqslant 2B>R_{s}$ 时，可以避免混叠问题，并且均衡器只需要补偿信道失真，这种均衡器称为分数间隔均衡器，最常见的情况是 $T=T_{s}/2$。

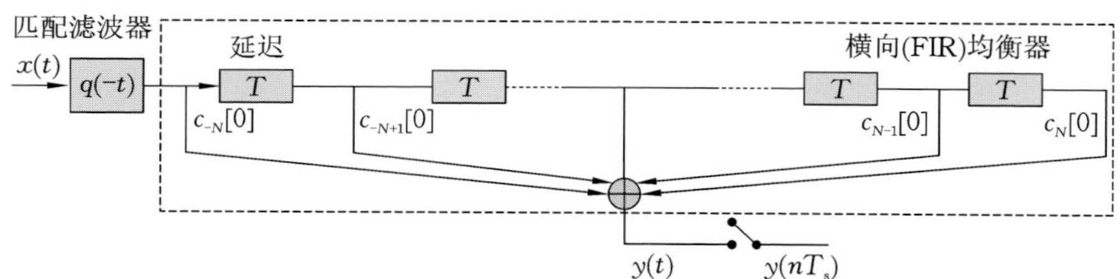

图 6.26 MMSE 意义下的最佳线性均衡器

6.3.4 维纳滤波

我们已经在第 6.1.5 节中讨论了存在加性噪声的情况下如何估计某些信号参数。在本节中，我们将这项研究扩展到根据接收到的向量 $\boldsymbol{r}$ 估计长度 N 的随机向量 $\boldsymbol{s}$。我们关注的是线性最小误差方差估计[2]，也就是说，我们希望我们的估计是一个接收向量的线性函数，它可以表示为

$$\hat{\boldsymbol{s}}=\boldsymbol{A}\boldsymbol{r}+\boldsymbol{b} \tag{6.179}$$

其中，$\boldsymbol{A}$ 和 $\boldsymbol{b}$ 分别是需要确定的矩阵和向量。向量 $\boldsymbol{b}$ 可以根据对无偏估计的要求来确定，即

$$E\{\hat{\boldsymbol{s}}\}=\underbrace{\boldsymbol{m}_{s}}_{E(\boldsymbol{s})}=\boldsymbol{A}\underbrace{E\{\boldsymbol{r}\}}_{\boldsymbol{m}_{r}}+\boldsymbol{b}=\boldsymbol{A}\boldsymbol{m}_{r}+\boldsymbol{b} \tag{6.180}$$

$\boldsymbol{b}$ 的值如下所示：

$$\boldsymbol{b}=\boldsymbol{m}_{s}-\boldsymbol{A}\boldsymbol{m}_{r} \tag{6.181}$$

由无偏估计得出的误差可表示为

$$\boldsymbol{\varepsilon}=\hat{\boldsymbol{s}}-\boldsymbol{s}=\underbrace{(\hat{\boldsymbol{s}}-\boldsymbol{m}_s)}_{\boldsymbol{A}(\boldsymbol{r}-\boldsymbol{m}_r)}-(\boldsymbol{s}-\boldsymbol{m}_s)=\boldsymbol{A}(\boldsymbol{r}-\boldsymbol{m}_r)-(\boldsymbol{s}-\boldsymbol{m}_s) \tag{6.182}$$

矩阵 $\boldsymbol{A}$ 可以通过协方差矩阵的轨迹确定，定义为如下形式：

$$\mathrm{Cov}(\boldsymbol{\varepsilon})=E\{\boldsymbol{\varepsilon}\boldsymbol{\varepsilon}^{\mathrm{T}}\} \tag{6.183}$$

通过将方程(6.183)中协方差矩阵相对于矩阵 $\boldsymbol{A}$ 的一阶导数设置为零，我们得出以下正交性原则：

$$E\{(\boldsymbol{r}-\boldsymbol{m}_r)\boldsymbol{\varepsilon}^{\mathrm{T}}\}=0 \tag{6.184}$$

正交性原则说明误差矢量与数据无关。通过将式(6.182)替换成式(6.184)，得到 $\boldsymbol{A}$ 的以下解：

$$\boldsymbol{A}=\boldsymbol{C}_{rs}^{\mathrm{T}}\boldsymbol{C}_r^{-1};\boldsymbol{C}_{rs}=E\{(\boldsymbol{r}-\boldsymbol{m}_r)(\boldsymbol{x}-\boldsymbol{m}_s)^{\mathrm{T}}\}$$
$$\boldsymbol{C}_r=E\{(\boldsymbol{r}-\boldsymbol{m}_r)(\boldsymbol{r}-\boldsymbol{m}_r)^{\mathrm{T}}\} \tag{6.185}$$

其中，$\boldsymbol{C}_{rs}$ 和 $\boldsymbol{C}_r$ 是对应的协方差矩阵。现在，将式(6.181)和式(6.185)代入式(6.179)，得到以下形式的估计：

$$\hat{\boldsymbol{x}}=\boldsymbol{C}_{rs}^{\mathrm{T}}\boldsymbol{C}_r^{-1}(\boldsymbol{r}-\boldsymbol{m}_r)+\boldsymbol{m}_s \tag{6.186}$$

它代表了维纳滤波器的一般形式。该估计器的最小误差方差由下式给出：

$$E\{\boldsymbol{\varepsilon}\boldsymbol{\varepsilon}^{\mathrm{T}}\}=\boldsymbol{C}_s-\boldsymbol{C}_{sr}\boldsymbol{C}_r^{-1}\boldsymbol{C}_{sr}^{\mathrm{T}} \tag{6.187}$$

维纳滤波也可以用于偏振复用(PDM)系统。在偏振复用中，传输的向量 $\boldsymbol{s}$ 可以表示为 $\boldsymbol{s}=[\boldsymbol{s}_x,\boldsymbol{s}_y]^{\mathrm{T}}$，其中下标 x 和 y 分别表示两个偏振态。以类似的方式，接收到的向量 $\boldsymbol{r}$ 也可以表示为 $\boldsymbol{r}=[\boldsymbol{r}_x,\boldsymbol{r}_y]^{\mathrm{T}}$。我们可以注意到，唯一的区别只是向量 $\boldsymbol{s}$ 和 $\boldsymbol{r}$ 的维数，它们的分量增加了 2 倍。矩阵 $\boldsymbol{A}$ 的维数也变得更高，是 $2N\times 2N$。

6.3.5　自适应均衡

到目前为止，我们假设光纤通信系统中不同的信道损伤是时不变的，这是不完全正确的，特别是对于 PMD 和 PDL 存在的情况下。自适应滤波提供了一种方案来解决信道均衡[1,3,14,22]问题。自适应滤波有一组可调整的滤波器系数，如图 6.27 所示，这些系数可以根据以下所述的算法进行调整。广泛使用的自适应滤波器算法是最快下降算法和最小均方(LMS)算法[3,14,22]。这些算法可以用于确定横向均衡器的系数。

根据最快下降算法，我们更新第 k 个滤波器的系数 W_k，如图 6.27 所示，在与梯度 $\boldsymbol{\nabla}_k$ 相反的方向上修正当前值[3]，因此有如下表示式：

$$w_k[n+1]=w_k[n]+\frac{1}{2}\mu\{-\nabla_k[n]\},\quad k=0,1,\cdots,N \tag{6.188}$$

实数参数 μ 确定收敛速度。

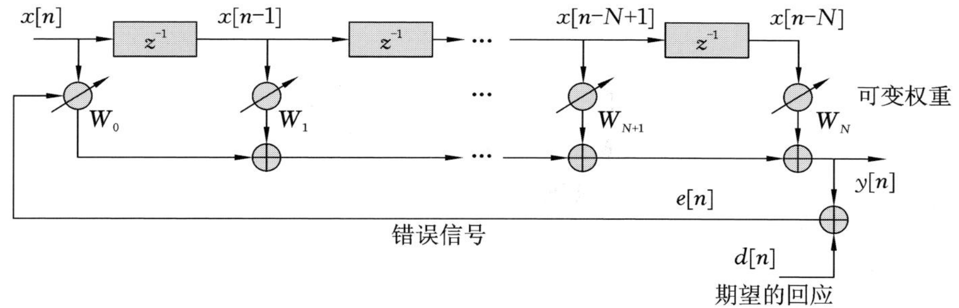

图 6.27　自适应均衡器

误差信号 $e[n]$ 被定义为期望信号和相应 FIR 滤波器的输出 $y[n]$ 之差，有如下表达式：

$$e[n]=d[n]-\sum_{k=0}^{N}w_k[n]x[n-k] \tag{6.189}$$

梯度 $\boldsymbol{\nabla}_k$ 定义为如下形式：

$$\boldsymbol{\nabla}_k[n]=\frac{\partial}{\partial w_k[n]}E[e^2[n]]=-2E[e[n]x[n-k]]=-2R_{\mathrm{EX}}[k],k=0,1,\cdots,N \tag{6.190}$$

其中，$R_{\mathrm{EX}}[k]$ 是误差信号和自适应滤波器输入之间的互相关函数。通过将式(6.190) 代入式(6.188)，可以得到以下形式的最快下降算法：

$$w_k[n+1]=w_k[n]+\mu R_{\mathrm{EX}}[k],\quad k=0,1,\cdots,N \tag{6.191}$$

可以证明，对于该算法，μ 应该满足以下条件：

$$0<\mu<2/\lambda_{\max} \tag{6.192}$$

其中，$\lambda_{\max}$ 是给出的相关矩阵 $\boldsymbol{R}_x$ 的最大特征值

$$\boldsymbol{R}_x=\begin{bmatrix} R_x(0) & R_x(1) & \cdots & R_x(N) \\ R_x(1) & R_x(0) & \cdots & R_x(N-1) \\ \vdots & \vdots & & \vdots \\ R_x(N) & R_x(N-1) & \cdots & R_x(0) \end{bmatrix},R_x(l)=E[x[n]x[n-l]] \tag{6.193}$$

最快下降算法的一个缺点是，它需要在每次迭代中都需要计算梯度 $\boldsymbol{\nabla}_k$。

LMS算法的关键思想是用方程的瞬时值 $e[n]x[n-k]$ 来近似式(6.190)中的平均值 $E[\cdot]$，从而使更新规则简单化，即

$$\hat{W}_k[n+1]=\hat{\omega}_k[n]+\mu e[n]x[n-k],\quad k=0,1,\cdots,N \tag{6.194}$$

6.3.6 判决反馈均衡器

另一种均衡器是判决反馈均衡器(DFE)，如图6.28所示。它的核心思想是利用信道冲激响应靠前的信息来处理靠后的信息。所有这些都基于一个假设：判决是正确的。令离散形式的信道冲激响应由 $h_c[n]$ 表示，信道在没有噪声的情况下对输入序列 $x[n]$ 的响应如下所示：

$$\begin{aligned} y[n] &= \sum_k h_c[k]x[n-k] \\ &= h_c[0]x[n] + \underbrace{\sum_{k<0} h_c[k]x[n-k]}_{\text{precursors}} + \underbrace{\sum_{k>0} h_c[k]x[n-k]}_{\text{postcursors}} \end{aligned} \tag{6.195}$$

右侧的第一项 $h[0]x[n]$ 表示所需的数据符号；第二项是先前样本的函数；第三项是输入样本的函数。DFE由前馈均衡器(FFE)部分、反馈均衡器部分和判定设备组成，如图6.28所示。前馈和反馈部分可以用FIR滤波器(横向均衡器)来实现，也可以是自适应的。检测器的输入可以写为

$$z[m]=\sum_{n=1}^{N_{\mathrm{FF}}} f[n]x[mT_s-nT]-\sum_{n=1}^{N_{\mathrm{FB}}} g[n]\hat{b}[m-n] \tag{6.196}$$

其中，$f[n]$ 和 $g[n]$ 分别是前馈和反馈部分中可调抽头的值，N_{FF} 和 N_{FB} 分别表示前馈和反馈中的抽头数。

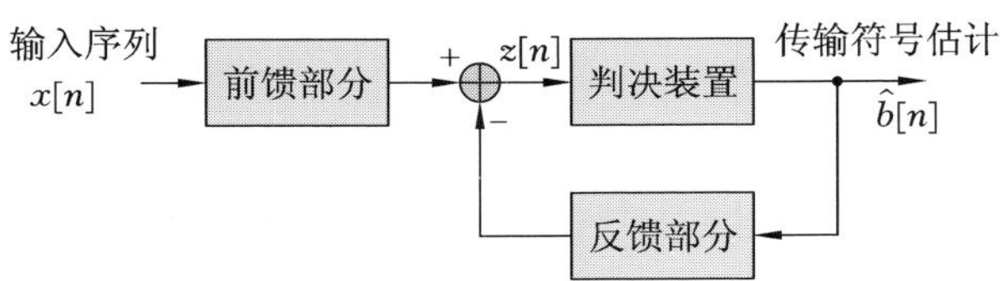

图6.28 判决反馈均衡器(DFE)

我们可以看出前馈部分是一个小数间隔的均衡器，它的工作速率等于符号速率的整数倍($1/T=m/T_s$，m 是整数)。前馈和反馈部分的抽头通常是根据LSE算法基于MSE标准选择的。自适应判决反馈均衡器的示例如图6.29所示。由于传输符号的估计取决于先前的判决，所以均衡器是一个非线性的

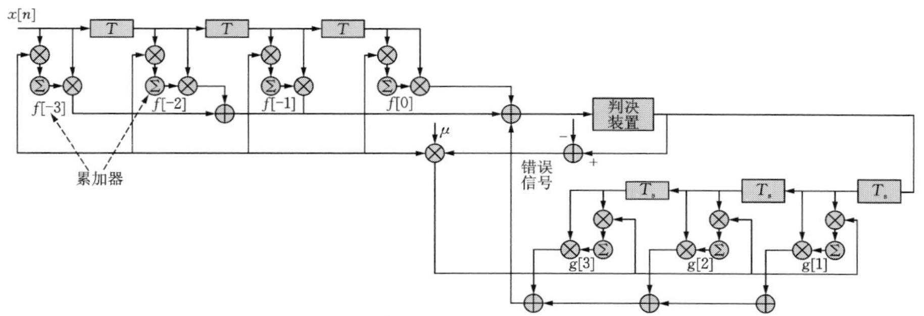

图 6.29 自适应判决反馈均衡器

函数元件。如果先前的判决是错误的,则会发生错误传播效应。然而,错误并不是无限期地持续,而是突发性地发生。

6.3.7 MLSD 和 Viterbi 均衡器

另一种重要的均衡器是基于最大似然序列检测(估计)(MLSD 或 MLSE)[24-27]。由于该方法估计了传输符号的序列,因此避免了噪声增强和错误传播的问题。MLSE 以最大化接收信号 $r(t)$ 的似然函数的方式选择发射符号 $\{s_k\}$ 的输入序列。MLSD 的等效系统模型如图 6.30 所示。接收信号 $r(t)$ 可以用正交基函数 $\Phi_n(t)$ 的集合来表示:

$$r(t)=\sum_{n=1}^{N}r_n\Phi_n(t) \tag{6.197}$$

其中,

$$r_n=\sum_{k=-\infty}^{\infty}s_kh_{nk}+\nu_n=\sum_{k=0}^{L}S_kh_{nk}+\nu_n;\quad h_{nk}=\int_0^{LT_s}h(t-kT_s)\Phi_n^*(t)\mathrm{d}t$$

$$\nu_n=\int_0^{LT_s}n(t)\Phi_n^*(t)\mathrm{d}t;\quad h(t)=h_T(t)*h_c(t) \tag{6.198}$$

式(6.198)中的函数 $h_T(t)$ 和 $h_c(t)$ 分别表示发射机和信道的冲激响应,N 表示基函数集的数目,L 表征信道存储器长度,$h(t)$ 表示组合信道冲激响应(它等于发射端和信道冲激响应的卷积)。由于 ν_n 是高斯随机变量,因此 $\boldsymbol{r}^N=[r_1r_2\cdots r_N]^T$ 的分布具有多元高斯性,即

$$p(\boldsymbol{r}^N\mid s^L,h(t))=\prod_{n=1}^{N}\left[\frac{1}{\pi N_0}\exp\left(-\frac{1}{N_0}\left|r_n-\sum_{k=0}^{L}s_kh_{nk}\right|^2\right)\right] \tag{6.199}$$

其中,N_0 是 ASE 噪声的功率谱密度。MLSE 判决采用符号序列 s^L 来最大化

由式(6.199)给出的似然函数,即

$$\hat{s}^L=\arg\max_{s^L} p(\boldsymbol{r}^N \mid s^L, h(t))=\arg\max_{s^L}\left(-\sum_{n=1}^{N}\left|r_n-\sum_{k=0}^{L}s_k h_{nk}\right|^2\right)$$
$$=\arg\max_{s^L}\left\{2\mathrm{Re}\left[\sum_k s_k^*\sum_{n=1}^{N}r_n h_{nk}^*\right]-\sum_k\sum_m s_k s_m^*\sum_{n=1}^{N}h_{nk}h_{nm}^*\right\} \tag{6.200}$$

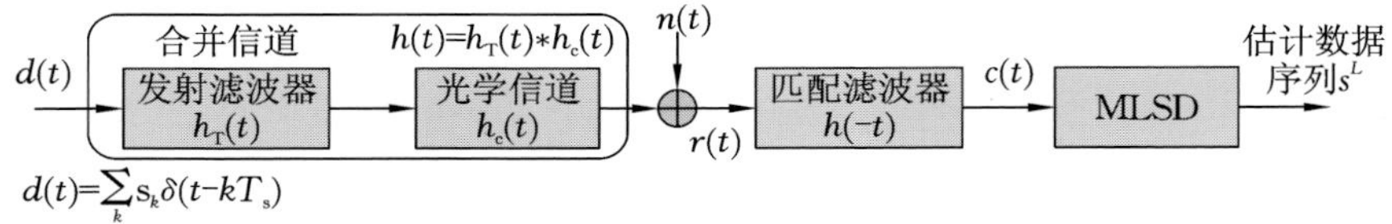

图 6.30　研究 MLSD(在单偏振情况下)的等效系统模型

通过使用 $u(t)=h(t)*h^*(-t)$ 并注意到以下内容是有效的:

$$\sum_{n=1}^{N}r_n h_{nk}^*=\int_{-\infty}^{\infty}r(\tau)h^*(\tau-kT_s)\mathrm{d}\tau=c[k]$$
$$\sum_{n=1}^{N}h_{nk}h_{nm}^*=\int_{-\infty}^{\infty}h(\tau-kT_s)h^*(\tau-mT_s)\mathrm{d}\tau=u(mT_s-kT_s)=u(k-m) \tag{6.201}$$

式(6.200)可以简化成以下形式:

$$\hat{s}^L=\arg\max_{s^L}\left\{2\ \mathrm{Re}\ \left[\sum_k s_k^* c[k]\right]-\sum_k\sum_m s_k s_m^* u[k-m]\right\} \tag{6.202}$$

式(6.202)可以通过维特比算法[1]有效地计算。然而,维特比算法提供的是硬判决,因此不适合与软判决解码方案一起使用。为了利用软解码的优点,需要软可靠性。这些可靠性可以通过软输出维特比算法(SOVA)[28]、BCJR 算法[29]或者基于蒙特卡洛的均衡[30]获得。Turbo 均衡方案可以用于同时补偿色散、PMD、PDL 和光纤非线性。在存在强烈的光纤非线性的情况下,类似高斯的近似方法无效,应该通过传输足够长的训练序列,从直方图中估计条件概率密度函数 $p(\boldsymbol{r}^N \mid s^L, h(t))$。

6.3.8　盲均衡

在 MMSE 均衡器中,需要使用训练序列对均衡器系数进行初步调整。但是,也可以在不使用训练序列的情况下进行均衡器系数的调整,这种方法称为盲均衡(或自我恢复均衡)。所有盲均衡算法可以分为三类[1]:① 基于最快下降算法;② 基于高阶统计量算法;③ 基于最大似然算法。

为了方便解释盲均衡，现在考虑信号的偏振态。在平衡相干探测时，假设只有 x 和 y 偏振，光纤通道的输出可以表示为

$$r[n]=\sum_{k=0}^{K}h[k]a[n-k]+z[n] \tag{6.203}$$

其中，$h[n]$ 表示在 x 或 y 偏振态下的光信道脉冲响应，$a[n]$ 是符号的传输序列，$z[n]$ 是加性 ASE 噪声。在高斯噪声的情况下，对于给定的脉冲响应矢量 $\boldsymbol{h}=[h_0h_1\cdots h_K]^{\mathrm{T}}$ 和发射序列 $\boldsymbol{a}=[a_1\cdots a_L]$，接收序列 $\boldsymbol{r}=[r_1r_2\cdots r_L]^{\mathrm{T}}$ 的联合概率密度函数可以写成如下形式：

$$f_{\mathrm{R}}(\boldsymbol{r}\mid\boldsymbol{h},\boldsymbol{a})=(\pi N_0)^{-L}\exp\left(-\frac{1}{N_0}\|\boldsymbol{r}-\boldsymbol{A}\boldsymbol{h}\|^2\right)$$

$$\boldsymbol{A}=\begin{bmatrix} a_1 & 0 & 0 & \cdots & 0\\ a_2 & a_1 & 0 & \cdots & 0\\ a_3 & a_2 & a_1 & \cdots & 0\\ \vdots & \vdots & \vdots & & \vdots\\ a_L & a_{L-1} & a_{L-2} & \cdots & I_{L-K}\end{bmatrix} \tag{6.204}$$

在使用训练序列并且已知信息矢量 $\boldsymbol{a}$ 的情况下，可以通过似然函数(6.204) 最大化来获得信道脉冲响应的 ML 估计，即

$$\boldsymbol{h}_{\mathrm{ML}}(\boldsymbol{a})=(\boldsymbol{A}^{\dagger}\boldsymbol{A})^{-1}\boldsymbol{A}^{\mathrm{T}}\boldsymbol{r} \tag{6.205}$$

相反地，如果光信道脉冲响应是已知的，我们可以使用第 6.3.7 节中介绍的维特比均衡器来探测最可能的传输序列 $\boldsymbol{a}$。然而，当 $\boldsymbol{a}$ 和 $\boldsymbol{h}$ 都未知时，需要确定这两项，以使方程(6.204) 中的似然函数最大化。作为一种替代方案，我们可以从 $f_{\mathrm{R}}(\boldsymbol{r}\mid\boldsymbol{h})$ 中估计 $\boldsymbol{h}$，该值是通过对所有可能的数据序列(总共 M^K 个，其中 M 是信号星座图大小) 求平均而获得的。换句话说，条件概率密度函数可以通过以下方式获得：

$$f_{\mathrm{R}}(\boldsymbol{r}\mid\boldsymbol{h})=\sum_{k=1}^{MK}f_{\mathrm{R}}(\boldsymbol{r}\mid\boldsymbol{h},\boldsymbol{a})P(\boldsymbol{a}^{(k)}) \tag{6.206}$$

可以从 $f_{\mathrm{R}}(\boldsymbol{r}\mid\boldsymbol{h})$ 相对于 $\boldsymbol{h}$ 的一阶导数(设置为零) 来获得使式(6.206) 最大化的新似然函数 $\boldsymbol{h}$ 的估计值，从而得到新的 $\boldsymbol{h}$ 值为

$$\boldsymbol{h}^{(i+1)}=\left[\sum_{k}\boldsymbol{A}^{(k)\dagger}\boldsymbol{A}^{(k)}\mathrm{e}^{-|\boldsymbol{r}-\boldsymbol{A}^{(k)}\boldsymbol{h}^{(i)}|\mathrm{j}N_0}P(\boldsymbol{a}^{(k)})\right]^{-1}\sum_{k}\boldsymbol{A}^{(k)\dagger}\boldsymbol{r}\mathrm{e}^{-|\boldsymbol{r}-\boldsymbol{A}^{(k)}\boldsymbol{h}^{(i)}|\mathrm{j}N_0}P(\boldsymbol{a}^{(k)}) \tag{6.207}$$

由于相应的方程是先验的，因此我们使用迭代过程来递归地确定 $\boldsymbol{h}$。一旦确定

$\boldsymbol{h}$，就可以通过式(6.204)最大化似然函数的维特比算法来估计发送序列 $\boldsymbol{a}$，或者是使欧几里得距离 $\|\boldsymbol{r}-\boldsymbol{A}\boldsymbol{h}_{\mathrm{ML}}\|^2$ 最小化，即

$$\hat{\boldsymbol{a}}=\arg\min_{\boldsymbol{a}}\|\boldsymbol{r}-\boldsymbol{A}\boldsymbol{h}_{\mathrm{ML}}\|^2 \tag{6.208}$$

很明显，这种算法是普遍适用的。而且，由于 $\boldsymbol{h}$ 是从平均条件概率密度函数估计得来，因此与使用训练序列的情况相比，它的估计不会那么精确。在这种情况下，更好的决策方法是联合执行信道和数据估计。

在联合执行信道和数据估计时，该过程分为几个阶段。在第一阶段，每个候选数据序列 $\boldsymbol{a}^{(k)}$ 确定 $\boldsymbol{h}$ 的对应 ML 估计，有

$$\boldsymbol{h}_{\mathrm{ML}}(\boldsymbol{a}^{(k)})=(\boldsymbol{A}^{(k)\dagger}\boldsymbol{A}^{(k)})^{-1}\boldsymbol{A}^{(k)\mathrm{T}}\boldsymbol{r},\quad k=1,\cdots,M^K \tag{6.209}$$

在第二阶段，我们为所有信道估计选择欧几里得距离最小的数据序列 $\hat{\boldsymbol{a}}$，有

$$\hat{\boldsymbol{a}}=\arg\min_{\boldsymbol{a}^{(k)}}\|\boldsymbol{r}-\boldsymbol{A}^{(k)}\boldsymbol{h}_{\mathrm{ML}}(\boldsymbol{a}^{(k)})\|^2 \tag{6.210}$$

为了有效地实现联合信道和数据估计，在文献[39]中提出了一种通用的维特比算法(GVA)，其中保留了传输序列的最佳 $B(\geqslant 1)$ 估计。在该算法中，采用了传统的维特比算法，直到第 K 阶段，该算法执行穷举搜索。之后，只保留了 B 个幸存序列。如文献[39]所示，该算法在 $B=4$ 和中等信噪比的情况下表现良好。

在随机梯度盲均衡算法中，通常使用无记忆非线性假设。此类算法中最流行的是 Godard 算法[40]，也称为恒模算法(CMA)。除了补偿 I/Q 不均衡和其他信道损伤之外，该算法还可以执行 PMD 补偿。在传统的自适应均衡中，我们使用一个训练序列作为期望序列，所以有 $d[n]=a[n]$。然而，在盲均衡中，我们必须根据观察到的基于某个非线性函数的均衡器的输出生成期望序列 $d[n]$，即

$$d[n]=\begin{cases} g(\hat{a}[n]), & \text{无需缓存} \\ g(\hat{a}[n],\hat{a}[n-1],\cdots,\hat{a}[n-m]), & \text{缓存阶数 } m \end{cases} \tag{6.211}$$

常用的非线性函数有以下几种

(1) Godard 函数[40]：

$$g(\hat{a}[n])=\frac{\hat{a}[n]}{|\hat{a}[n]|}(|\hat{a}[n]|+R_2|\hat{a}[n]|-|\hat{a}[n]|^3),R_2=\frac{E\{|a[n]|^4\}}{E\{|a[n]|^2\}} \tag{6.212}$$

（2）Sato 函数[41]：

$$g(\hat{a}[n])=\zeta\operatorname{sgn}(\hat{a}[n]),\zeta=\frac{E\{[\operatorname{Re}(a[n])]^2\}}{E\{|\operatorname{Re}(a[n])|\}} \tag{6.213}$$

（3）Benveniste-Goursat 函数[42]：

$$\begin{aligned}g(\hat{a}[n])=&\hat{a}[n]+k_1(\hat{a}[n]-a[n])+k_1|\hat{a}[n]\\&-\tilde{a}[n]|[\zeta\operatorname{sgn}(\hat{a}[n])-\tilde{a}[n]]\end{aligned} \tag{6.214}$$

其中，k_1 和 k_2 都是选择合适的常数，而 $\tilde{a}[n]$ 是如图 6.31 所示的判决电路输出。在同一幅图中，我们还提供了适用于上述三个非线性函数的自适应均衡器抽头系数的更新规则。

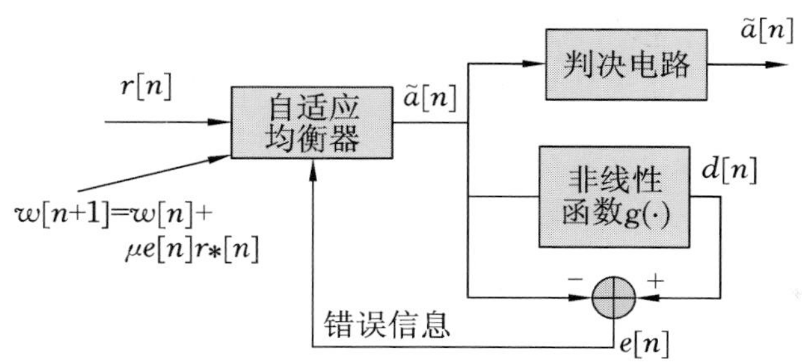

图 6.31　通用的随机梯度盲均衡算法

Godard 算法属于下降最快的一类算法，在无需训练序列的情况下得到了广泛的使用。Godard 算法适用于同时盲自适应均衡和载波相位跟踪，如图 6.32 所示。用 $r_{\mathrm{I}}[n]$ 和 $r_{\mathrm{Q}}[n]$ 来表示平衡相干探测器的同相和正交分量。均衡器输出由输入复序列 $r[n]=(r_{\mathrm{I}}[n],r_{\mathrm{Q}}[n])$ 的离散时间卷积和均衡器抽头系数 $w[n]$ 表示为

$$\hat{a}[k]=\sum_{n=-k}^{K}w[n]r[k-n] \tag{6.215}$$

这个输出再乘以 $\exp(-\mathrm{j}\widetilde{\phi_k})$，其中，$\widetilde{\phi_k}$ 是第 k 个时刻的载波相位估计。可以定义误差信号为

$$e[k]=a[k]-\exp(-\mathrm{j}\hat{\phi}_k)\hat{a}[k] \tag{6.216}$$

假设 $a[k]$ 是已知的。对于均衡器抽头系数和载波相位估计，MSE 可以最小化为如下形式：

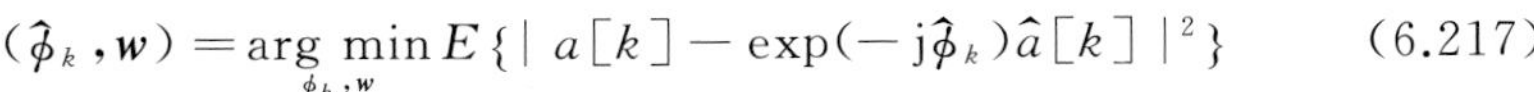

$$(\hat{\phi}_k, \boldsymbol{w}) = \arg\min_{\phi_k, \boldsymbol{w}} E\{|a[k] - \exp(-\mathrm{j}\hat{\phi}_k)\hat{a}[k]|^2\} \tag{6.217}$$

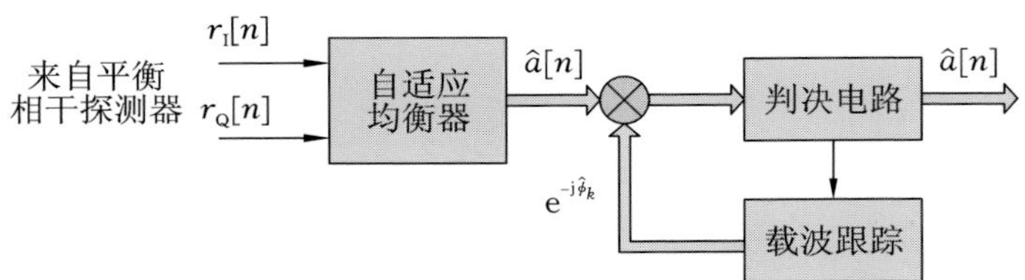

图 6.32　用于同时盲均衡和载波相位跟踪的 Godard 方案

类似于LMS的算法，MSE可以用于分别确定载波相位估计和均衡器抽头系数，如下所示：

$$\begin{aligned} \hat{\phi}_k &= \hat{\phi}_k + \mu_\phi \mathrm{Im}\{a[k]\hat{a}^*[k]\exp(\mathrm{j}\hat{\phi}_k)\} \\ \hat{w}_{k+1} &= \hat{w}_k + \mu_w (a[k] - \hat{a}[k]\exp(-\mathrm{j}\hat{\phi}_k)) \end{aligned} \tag{6.218}$$

然而，由于所需序列 $a[n]$ 未知，上述算法不会收敛。为了解决这个问题，我们可以使用独立于载波相位的成本函数，定义为如下形式：

$$e(p) = E\{[|\hat{a}[k]|^p - |a[k]|^p]^2\} \tag{6.219}$$

其中，p 是一个正整数（一般 $p=2$）。在这种情况下，只有信号的幅度会被均衡。

为 Godard 算法引入另一个更通用的成本函数，定义为[40]

$$D^{(p)} = E\{[|\hat{a}[k]|^p - R_p]^2\} \tag{6.220}$$

其中，R_p 是待确定的正实数。式(6.225)中关于均衡器抽头系数的成本函数最小化可以通过使用最快下降算法来完成，即

$$\boldsymbol{w}_{i+1} = \boldsymbol{w}_i - \mu_p \frac{\mathrm{d}D^{(p)}}{\mathrm{d}\boldsymbol{w}_i} \tag{6.221}$$

在执行方差推导并省略期望运算符 $E\{\cdot\}$ 之后，定义了以下类似于 LMS 的自适应算法：

$$\boldsymbol{w}_{k+1} = \boldsymbol{w}_k + \mu_p \boldsymbol{r}_k^* \hat{a}[k]|\hat{a}[k]|^{p-2}(R_p - |\hat{a}[k]|^p), R_p = \frac{E\{|\hat{a}[k]|^{2p}\}}{E\{|\hat{a}[k]|^p\}} \tag{6.222}$$

如上所述，确定均衡器抽头系数不需要知道载波相位。算法对于 $p=2$ 特别简单，因为 $|\hat{a}[k]|^{p-2}=1$。如果所有抽头系数都被初始化为零，则式(6.227)中

的算法将会收敛,但为了满足以下不等式而选择的中心抽头除外:

$$|w_0|^2 > \frac{E\{|a[k]|^4\}}{2|h_{\max}|\{E[|a[k]|^2]\}^2} \tag{6.223}$$

其中,$h_{\max}$ 是最大幅度的信道脉冲响应样本。不等式(6.223)是收敛的必要条件,但不是充分条件。

6.3.9 基于 Volterra 级数的均衡

Volterra 级数的一个重要应用是为了补偿非线性[43-50]。非线性补偿可以在时域[43,50]或频域[49,51]执行。因为背后的理论已经得到很好的发展[47,48],频域被广泛应用。Volterra 级数的展开式可以写为如下形式[44]:

$$\begin{aligned} y(t) &= \sum_{n=0}^{\infty} y_n(t) \\ y_n(t) &= \int_{-\infty}^{\infty}\cdots\int_{-\infty}^{\infty} h_n(\tau_1,\tau_2,\cdots,\tau_n)\,x(t-\tau_1)\,x(t-\tau_2)\cdots x(t-\tau_n)\,\mathrm{d}\tau_1\mathrm{d}\tau_2\cdots\mathrm{d}\tau_n \end{aligned} \tag{6.224}$$

其中,$x(t)$ 是非线性系统的输入,而第 n 项 $y_n(t)$ 表示输入的 n 次卷积和 n 次脉冲响应 $h_n(\tau_1,\cdots,\tau_n)$。脉冲响应的集合 $\{h_0, h_1(\tau_1), h_2(\tau_1,\tau_2),\cdots,h_n(\tau_1,\tau_2,\cdots,\tau_n),\cdots\}$ 称为系统的 Volterra 核。0 阶对应于直流分量,一阶对应于线性系统的脉冲响应,此处没有表示;一阶脉冲响应可以用解析形式表示,如式(6.159)所示,其中二阶 GVD 可以忽略。Volterra 级数的频域表示由以下给出:

$$Y(\omega) = \sum_{n=1}^{\infty}\int_{-\infty}^{\infty}\cdots\int_{-\infty}^{\infty} H_n(\omega_1,\cdots,\omega_n)\,X(\omega_1)\cdots X(\omega_n)\,X(\omega-\omega_1-\cdots\omega_n)\,\mathrm{d}\omega_1\cdots\mathrm{d}\omega_n \tag{6.225}$$

例如,如果 H_3 表示核 h_3 的三维傅里叶变换,则可以估计为如下形式[44]:

$$\begin{aligned} H_3(f,g,h) &= \frac{S_{xxxy}(f,g,h)}{6S_{xx}(f)S_{xx}(g)S_{xx}(h)} \\ S_{xx}(f) &= \frac{1}{T}E\{|X_i(f)|^2\} \\ S_{xxxy}(f,g,h) &= E\{X_i^*(f)X_i^*(g)X_i^*(h)Y_i(f+g+h)\} \end{aligned} \tag{6.226}$$

其中,$X(f)$ 和 $Y(f)$ 是 $x(t)$ 和 $y(t)$ 的傅里叶变换,T 是观测间隔,下标 i 表示持续时间 T 的索引。

如第 3 章中所述,单模光纤中的传播可以由非线性 Schrödinger 方程

(NSE) 来表示,请参见方程(3.149)。由于我们在这里关注色散和非线性的补偿,因此让我们观测以下 NSE 的逆版本,该 NSE 的逆版本可以通过更改项的符号而得到以下式子:

$$\frac{\partial E(z,t)}{\partial z}=(-\hat{D}-\hat{N}),\hat{D}=-\frac{\alpha}{2}-\mathrm{j}\frac{\beta_2}{2}\frac{\partial^2}{\partial t^2}+\frac{\beta_3}{6}\frac{\partial^3}{\partial t^3},\hat{N}=\mathrm{j}\gamma|E^2| \tag{6.227}$$

其中,E 表示信号电场,$\hat{D}$ 和 $\hat{N}$ 分别表示线性和非线性算子;α、β_2、β_3 和 γ 分别表示衰减系数、GVD、二阶 GVD 和非线性系数。通过设置 $X(\omega)=E(\omega,z)=\mathrm{FT}\{E(z,t)\}$,方程(6.227) 中的电场可以表示为

$$\begin{aligned}E(\omega,0)\approx H_1(\omega,z)E(\omega,z)+\iint H_3(\omega_1,\omega_2,\omega-\omega_1\\+\omega_2,z)E(\omega_1,z)E^*(\omega_2,z)E(\omega-\omega_1+\omega_2,z)\,\mathrm{d}\omega_1\mathrm{d}\omega_2\end{aligned} \tag{6.228}$$

频域中的线性核为

$$H_1(\omega,z)=\mathrm{e}^{\alpha z/2-\mathrm{j}\beta_2\omega^2 z/2} \tag{6.229}$$

其中忽略了二阶 GVD(但是应该注意,忽略二阶 GVD 不能在超长距离传输中提供准确的结果)。频域中的三阶内核由式(6.230)[49] 给出:

$$H_3(\omega_1,\omega_2,\omega-\omega_1+\omega_2,z)=-\mathrm{j}\gamma H_1(\omega,z)\frac{1-\mathrm{e}^{\alpha z-\mathrm{j}\beta_2(\omega_1-\omega)(\omega_1-\omega_2)z}}{-\alpha+\mathrm{j}\beta_2(\omega_1-\omega)(\omega_1-\omega_2)} \tag{6.230}$$

如式(6.230) 所示,在基于 Volterra 级数的非线性均衡器的设计中使用了相反符号的光纤参数。

如之前提到的,超长距离传输系统研究必须包括二阶 GVD。此外,还应该计算五阶核项。关于这种算法的复杂性,可以使用下面的经验法则:与第 n 核相关的操作数量大约等于一阶核所需操作数的 n 次幂。

6.4 数字背向传输

另一种同时补偿色散和光纤非线性的方法是数字背向传输补偿[53,54]。这种方法的关键思想是假设数字域中的接收信号可以通过同一根光纤反向传输。这种虚拟的反向传输可以通过使用与实际光纤参数(应用于正向传播) 符

号正好相反的光纤来实现。通过这种方法，如果没有信号与噪声之间非线性相互作用，则原则上能够补偿光纤的非线性。如图 6.33 所示，这种虚拟反向传输(BP) 可以在发端或收端执行。在没有噪声的情况下，这两种方法彼此等效。

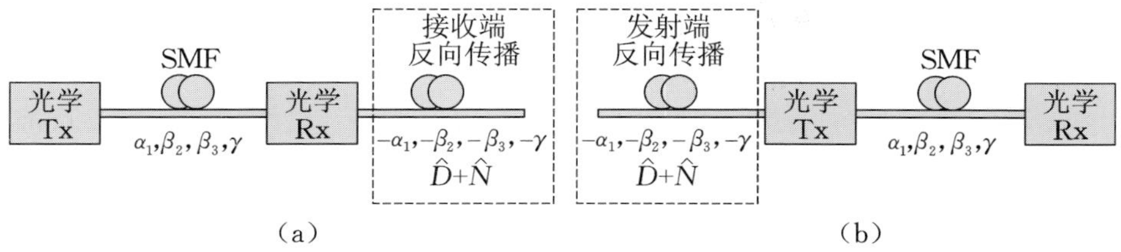

图 6.33　数字背向传输(BP) 方法的说明

(a) 收端 BP;(b) 发端 BP

背向传输由 NSE 控制，如式(6.227) 所示。背向传输的方法作用在信号电场上，因此它是普遍适用并且与调制格式无关的。它使用合理的高复杂度的分步傅里叶方法求解方程(6.227)。作为说明，我们简要描述迭代对称的分步傅里叶方法，其他细节将在第 9 章中给出。该方法的关键思想是以迭代方式应用线性和非线性算子。

与频域中的乘法相对应的线性算子可以表示为如下形式：

$$\begin{aligned}&\exp(-\Delta z\hat{D})E(z+\Delta z,t)\\&=\mathrm{FT}^{-1}\left\{\exp\left[-\left(-\frac{\alpha}{2}+\mathrm{j}\frac{\beta_2}{2}\omega^2+\mathrm{j}\frac{\beta_3}{6}\omega^3\right)\Delta z\right]\mathrm{FT}[E(z+\Delta z,t)]\right\}\end{aligned}\tag{6.231}$$

其中，Δz 是步长，FT 表示傅里叶变换，FT^{-1} 表示傅里叶逆变换。而在时域中执行非线性相位“旋转” 的非线性算子表示为

$$\exp(-\Delta z\xi\hat{N})E(z+\Delta z,t)=\exp(-\mathrm{j}\xi\gamma\Delta z\mid E(z+\Delta z,t)\mid^2)E(z+\Delta z,t)\tag{6.232}$$

其中，$0\leqslant\xi\leqslant1$ 是校正因子，它是解决传输过程中 ASE 噪声 - 信号非线性相互作用所必需的。

显然，非线性算子取决于位置 z 处的电场强度，可以使用文献[55] 中提出的梯形法找到电场强度，即

$$E(z,t)=\exp(-\hat{D}\Delta z/2)\exp\left(-\xi\int_{z+\Delta z}^{z}N(z')\mathrm{d}z'\right)\exp(-\hat{D}\Delta z/2)E(z+\Delta z,t)$$

$$\approx\exp(-\hat{D}\Delta z/2)\exp\left(-\xi\frac{\hat{N}(z+\Delta z)+\hat{N}(z)}{2}\Delta z\right)\exp(-\hat{D}\Delta z/2)$$

$$E(z+\Delta z,t) \tag{6.233}$$

由于运算 $\hat{N}(z)=\mathrm{j}\gamma\ |E(z,t)|^2$ 取决于输出，因此方程(6.227)可以用迭代方法来求解，如图 6.34 所示的流程图。

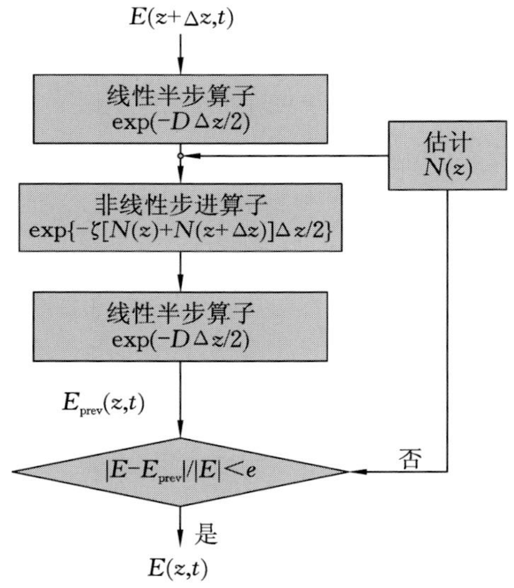

图 6.34　求解逆非线性薛定谔方程的迭代对称分步傅里叶法图解

BP 方法中的工作频率范围必须小于采样率，因此需要过采样。关于复杂度问题，FFT 复杂度按因子 $N\lg N$ 缩放，而滤波和非线性相位旋转操作的复杂度则与 N 成正比。

对于多通道的 BP，有两种选择可以应用。第一种方法是将不同的波分复用信道组合在一起，使电场变成如下形式：

$$E(z,t)=\sum_{t}E_t(z,t)\mathrm{e}^{-\mathrm{j}e2\pi\Delta f} \tag{6.234}$$

其中，Δf 是信道间间隔。这种方法称为全场 BP[54]。第二种方法是分别考虑单个 WDM，然后求解耦合逆 NSE 的集合，即

$$\frac{\partial E_i(z,t)}{\partial z} = -\hat{D}_i - \xi \hat{N}_i$$

$$\hat{D}_i = -\frac{\alpha}{2} - \beta_1 \mathrm{j} \frac{\partial}{\partial t} - \mathrm{j} \frac{\beta_2}{2} \frac{\partial^2}{\partial t^2} + \frac{\beta_3}{6} \frac{\partial^3}{\partial t^3}, \hat{N}_i = \mathrm{j}\gamma \left(|E_s|^2 + \sum_{j \neq 1} |E_j|^2 \right) \tag{6.235}$$

尽管这种方法似乎得到更广泛的应用，但是不需要所有的 WDM 通道都同步。两种方法都适用于点对点应用。在网状网络中，情况有所不同，因为某些波长通道可能会沿着路径丢失和增加多次。如果接收方不知道沿路径的确切情况，则多频带 BP 的应用甚至可能会导致系统性能下降。

BP 的方法也可以用于偏振复用(PDM) 系统中。由于 PMD旋转矩阵在光纤截面之间以随机的方式变化，预测各个旋转矩阵非常具有挑战性。因此，在需要非线性效应和偏振模色散同时补偿时，BP 方法的效果并不理想。此外，在单通道中使用电场标量时，BP 算法处理 PMD 的复杂性较高。将单偏振 BP 应用琼斯矩阵代替，偏振复用系统的逆 NSE 可以表示为

$$\frac{\partial \boldsymbol{E}(z,t)}{\partial z} = (-\hat{\boldsymbol{D}} - \xi \hat{\boldsymbol{N}})$$

$$\hat{\boldsymbol{D}} = -\frac{\boldsymbol{\alpha}}{2} - \boldsymbol{\beta}_1 \frac{\partial}{\partial t} - \mathrm{j} \frac{\boldsymbol{\beta}_2}{2} \frac{\partial^2}{\partial t^2} + \frac{\boldsymbol{\beta}_3}{6} \frac{\partial^3}{\partial t^3}, \quad \hat{\boldsymbol{N}} = \mathrm{j}\gamma \left(|\boldsymbol{E}|^2 \boldsymbol{I} \cdot \frac{1}{3} (\boldsymbol{E}^{\dagger} \boldsymbol{Y} \boldsymbol{E}) \boldsymbol{Y} \right) \tag{6.236}$$

其中，$\boldsymbol{E} = [E_x, E_y]^{\mathrm{T}}$ 表示电场的琼斯矢量，$\boldsymbol{\alpha}$ 表示 x 和 y 偏振态中的衰减系数。$\boldsymbol{\beta}_1$、$\boldsymbol{\beta}_2$ 和 $\boldsymbol{\beta}_3$ 分别表示 x 偏振和 y 偏振中的群速度、GVD 和二阶 GVD 参数。最后，用 $\boldsymbol{Y}$ 表示量子力学符号中的保利-Y 矩阵[60]。也就是说，在量子力学中的保利矩阵与光学相关的论文和书籍中使用的形式不同，参见文献[54、55、61]。在我们的例子中，保利矩阵定义为

$$\boldsymbol{X} = \begin{pmatrix} 0 & 1 \\ 1 & 0 \end{pmatrix}, \quad \boldsymbol{Y} = \begin{pmatrix} 0 & -\mathrm{j} \\ \mathrm{j} & 0 \end{pmatrix}, \quad \boldsymbol{Z} = \begin{pmatrix} 1 & 0 \\ 0 & -1 \end{pmatrix} \tag{6.237}$$

如果不可能跟踪每个部分的琼斯矢量，则应该将 $\boldsymbol{\beta}_1$ 设置为零。否则，$\boldsymbol{\beta}_1$ 与偏振旋转矩阵 $\boldsymbol{R}$ 的关系如下所示：

$$\boldsymbol{\beta}_1(\theta_k, \varepsilon_k) = \boldsymbol{R}(\theta_k, \varepsilon_k) \left(\frac{\delta_k}{2} Z \right) \boldsymbol{R}'(\theta_k, \varepsilon_k)$$

$$\boldsymbol{R}(\theta_k, \varepsilon_k) = \begin{bmatrix} \cos\theta_k \cos\varepsilon_k - \mathrm{j}\sin\theta_k \sin\varepsilon_k & \sin\theta_k \cos\varepsilon_k + \mathrm{j}\cos\theta_k \sin\varepsilon_k \\ \sin\theta_k \cos\varepsilon_k + \mathrm{j}\cos\theta_k \sin\varepsilon_k & \cos\theta_k \cos\varepsilon_k - \mathrm{j}\sin\theta_k \sin\varepsilon_k \end{bmatrix} \tag{6.238}$$

其中，$2\theta_k$ 和 $2\varepsilon_k$ 是第 k 个光纤段的方位角和椭圆率角，δ_k 对应于该段的偏分群延迟(DGD)。方程(6.236)的解应该通过分步傅里叶方法获得，即

$$\boldsymbol{E}(z,t)=\exp[-\Delta z(\hat{\boldsymbol{D}}+\xi\hat{\boldsymbol{N}})]\boldsymbol{E}(z+\Delta z,t) \tag{6.239}$$

迭代过程的复杂度高于单偏振情况。

6.5 同步

在数字光接收机中采用两种基本形式的同步：① 载波同步，其中估计光载波的频率和相位；② 码元同步，其中估计调制改变其状态的时刻。同步问题可以解释为关于统计参量的估计问题，这是第 6.1.5 节和第 6.3.4 节的主题。例如，在第 6.1.5 节中描述的最大似然(ML)估计可以直接应用于此。根据是否将前同步码用于同步，我们可以将各种同步方法分为数据辅助同步和非数据辅助同步。在本节中，我们将描述非数据辅助同步方法。这些方法可以进一步分类为：① 传统的基于锁相环(PLL)的方法；② 算法方法。

当使用二进制调制格式时，6.2.4 节探论了常规的基于锁相环的方法。对于 M 进制的 PSK 格式，我们可以使用 M 元功率环路 Costas 环的变体，如图 6.35 所示。这种方法可以很容易地推广到星型 QAM 信号星座图。但是，它在$[0,2\pi]$间隔内具有相位模糊性，并且存在周期性滑动。这两个问题都可以通过差分编码解决，但是需要以 SNR 的降低为代价，因为 SNR 降低了大概 3 dB。

算法方法基于专门开发的 DSP 算法。在这种情况下，平衡相干探测后 M 进制的 PSK 信号可以表示为

$$\begin{gathered} r(t)=A\cos(2\pi f_{\mathrm{IF}}t+\theta+\phi_k)p(t-t_{\mathrm{g}})+z(t) \\ \phi_k=k2\pi/M(k=0,\cdots,M-1) \end{gathered} \tag{6.240}$$

其中，A 取决于平均接收功率和本地激光功率的幅值，如第 6.2.7 节所述：θ 是由于发射和本地激光器的激光相位噪声以及可能的相位延迟引起的随机相位；在本节中，我们将用 θ 代替 ϕ_n，后者仅在式(6.124)中用于概述估算过程；t_{g} 是群延时；$p(t)$ 是发射端使用的脉冲形状；$z(t)$ 是等效的高斯噪声，以 ASE 噪声为主；f_{IF} 表示中频，即接收信号和本地激光器的载波频率之差。接收器端使用的基本函数由下式给出：

$$\Phi_1(t)=\sqrt{\frac{2}{T_{\mathrm{s}}}}\cos(2\pi f_{\mathrm{IF}}t),t_{\mathrm{g}}\leqslant t\leqslant t_{\mathrm{g}}+T_{\mathrm{s}}$$

$$\Phi_2(t)=\sqrt{\frac{2}{T_s}}\sin(2\pi f_{IF}t),t_g\leqslant t\leqslant t_g+T_s \tag{6.241}$$

现在可以将接收到的信号表示为二维矢量，即

$$\boldsymbol{r}(t_g)=\begin{bmatrix}r_1(t_g)\\r_2(t_g)\end{bmatrix},\boldsymbol{r}_j(t_g)=\int_{t_g}^{t_g+T_s}r(t)\Phi_j(t)\mathrm{d}t,j=1,2 \tag{6.242}$$

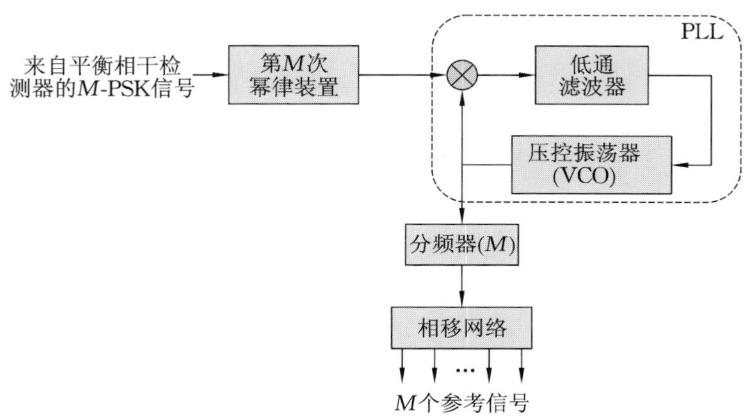

图 6.35　用于相位恢复的第 M 个电源环路(在 M 进制的 PSK 系统中)

用类似的方式，$\boldsymbol{r}(t_g)$ 的发射信号部分可以表示为

$$\boldsymbol{s}(a_k,\theta,t_g)=\begin{bmatrix}r_1(t_g)\\r_2(t_g)\end{bmatrix}$$

$$s_j(a_k,\theta,t_g)=\int_{t_g}^{t_g+T_s}A\cos(2\pi f_{IF}t+\theta+\phi_k)\Phi_j(t)\mathrm{d}t,j=1,2 \tag{6.243}$$

其中，a_k 是发送符号，它等于 M 进制 PSK 的 $\exp(\mathrm{j}\phi_k)$。通过选择发射激光和本地激光器的频率，使 f_{IF} 为符号速率 $(1/T_s)$ 的整数倍，得到式(6.243)的简化形式：

$$\boldsymbol{s}(a_k,\theta,t_g)\approx\begin{bmatrix}\sqrt{E}\cos(\theta+\phi_k)\\-\sqrt{E}\sin(\theta+\phi_k)\end{bmatrix} \tag{6.244}$$

噪声信号 $z(t)$ 可以用矢量形式表示为

$$\boldsymbol{z}=\begin{bmatrix}z_1\\z_2\end{bmatrix},\quad z_j=\int_{t_g}^{t_g+T_s}z(t)\Phi_j(t)\mathrm{d}t,j=1,2 \tag{6.245}$$

从而给出矢量形式的等效模型，有

$$\boldsymbol{r}_k(t_g)=\boldsymbol{s}(a_k,\theta,t_g)+\boldsymbol{z} \tag{6.246}$$

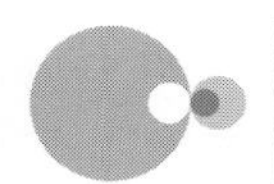

如果色散、PMD和PDL效应得到了适当的补偿，则产生噪声的过程与功率谱密度为 N_0 的高斯过程类似，因此相应的条件概率密度函数由下式给出：

$$f_R(\boldsymbol{r} \mid a_k,\theta,t_g)=\frac{1}{\pi N_0}\mathrm{e}^{-\|\boldsymbol{r}_k(t_g)-s(a_k,\theta,I_g)\|^2/N_0} \tag{6.247}$$

对于非高斯信道，我们将需要使用直方图的方法来估计条件概率密度函数 $f_R(\boldsymbol{r} \mid a_k,\theta,t_g)$。为了方便起见，我们可以使用似然函数，定义为如下形式：

$$\begin{aligned}L(a_k,\theta,t_g)&=\frac{f_R(\boldsymbol{r} \mid a_k,\theta,t_g)}{f_R(\boldsymbol{r} \mid a_k=0)}\\&=\exp\left(\frac{2}{N_0}\boldsymbol{r}_k^{\mathrm{T}}(t_g)\boldsymbol{s}(a_k,\theta,t_g)-\frac{1}{N_0}\|\boldsymbol{s}(a_k,\theta,t_g)\|^2\right)\end{aligned} \tag{6.248}$$

在 M 进制的PSK中，项 $\|s(a_k,\theta,t_g)\|^2$ 是常数，可以忽略，因此前面的等式变成如下形式：

$$L(a_k,\theta,t_g)=\exp\left(\frac{2}{N_0}\boldsymbol{r}_k^{\mathrm{T}}(t_g)\,\boldsymbol{s}(a_k,\theta,t_g)\right) \tag{6.249}$$

如果发送 $L=T/T_s$ 个统计独立符号序列 $\boldsymbol{a}=[a_0\cdots a_{L-1}]^{\mathrm{T}}$，则相应的似然函数为

$$L(\boldsymbol{a},\theta,t_g)=\prod_{l=0}^{L-1}\exp\left[\frac{2}{N_0}\boldsymbol{r}_l^{\mathrm{T}}(t_g)\boldsymbol{s}(a_l,\theta,t_g)\right] \tag{6.250}$$

为了避免数值溢出的问题，应该使用对数似然函数

$$l[L(\boldsymbol{a},\theta,t_g)]=\lg L(\boldsymbol{a},\theta,t_g)=\sum_{j=0}^{L-1}\frac{2}{N_0}\boldsymbol{r}_j^{\mathrm{T}}(t_g)\boldsymbol{s}(a_j,\theta,t_g) \tag{6.251}$$

对数似然函数关于 θ 的一阶导数由下式给出：

$$\begin{gathered}\frac{\partial l(\boldsymbol{a},\theta,t_g)}{\partial\theta}\approx\frac{2E^{-1/2}}{N_0}\sum_{k=0}^{L-1}\mathrm{Im}\{\hat{a}_k^*\bar{r}_k\mathrm{e}^{-\mathrm{j}\theta}\}\\ \bar{r}_k=r_{1,k}+\mathrm{j}r_{2,k},r_{1,k}=E^{-1/2}\cos(\hat{\phi}_k+\theta),r_{2,k}=E^{-1/2}\sin(\hat{\phi}_k+\theta)\end{gathered} \tag{6.252}$$

其中，$\hat{a}_k$ 表示 a_k 的估计，$\hat{\phi}_k$ 表示 ϕ_k 的估计。现在我们可以制定一个类似于LMS的算法，用来估计。也就是说，当前迭代中的误差信号可以估计为如下形式：

$$e[n]=\mathrm{Im}(\hat{a}_k^*\bar{r}_k\mathrm{e}^{-\mathrm{j}\theta[n]}) \tag{6.253}$$

其中，$\hat{\theta}[n]$ 是随机相位的先前估计值，可以通过以下方式获得更新的估计值：

$$\hat{\theta}[n+1]=\hat{\theta}[n]+\mu e[n] \tag{6.254}$$

其中，μ 表示步长参数。该算法基本上实现了图 6.36 所示的递归式 Costas 环。其中循环滤波器实际上是一阶滤波器，该循环可能会产生静态误差，如果用二阶滤波器作为环路滤波器，则可以避免静态误差。

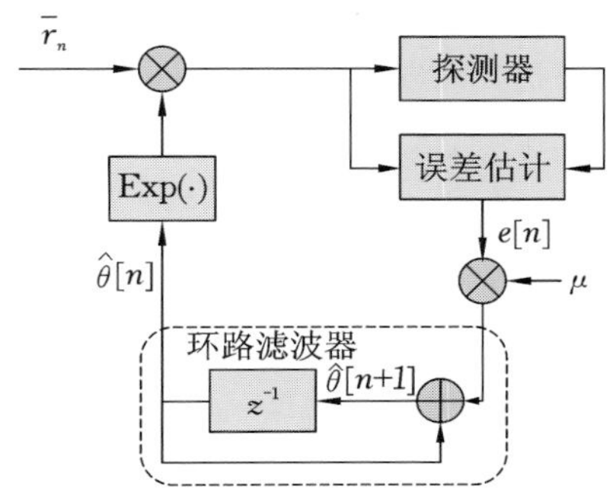

图 6.36　Costas 环的递归实现

对于时序同步，我们需要知道中频 f_{IF}。开发时序同步算法的起点还是式(6.249) 给出的似然函数。但是，似然函数取决于随机相位 θ，需要对它进行平均。因为激光相位噪声的分布是高斯分布，通过利用激光相位噪声的高斯分布，我们可以将平均似然函数表示为

$$\begin{aligned}\overline{L}(a_k,t_g)&=\int L(a_k,\theta,t_g)\frac{1}{\sigma_\theta\sqrt{2\pi}}\mathrm{e}^{-\theta^2/2\sigma_\theta^2}\,\mathrm{d}\theta\\&=\int\exp\left[\frac{2}{N_0}\boldsymbol{r}_k^{\mathrm{T}}(t_g)\boldsymbol{s}(a_k,\theta,t_g)\right]\frac{1}{\sigma_\theta\sqrt{2\pi}}\mathrm{e}^{-\theta^2/2\sigma_\theta^2}\,\mathrm{d}\theta\end{aligned} \tag{6.255}$$

其中，激光相位噪声的方差由 $\sigma_\theta^2=2\pi\Delta\nu T_s$ 给出，其中 $\Delta\nu$ 表示发射激光和本地激光线宽之和。现需要对上面的积分数值求解，与载波同步的类似，必须首先为 $L=T/T_s$ 个统计独立符号序列 $\boldsymbol{a}=[a_0\cdots a_{L-1}]^{\mathrm{T}}$ 创建似然函数，该函数为

$$\overline{L}(\boldsymbol{a},t_g)=\prod_{l=0}^{L-1}\overline{L}(a_k,t_g) \tag{6.256}$$

下一步是通过 $\bar{l}(\boldsymbol{a},t_g)=\lg\overline{L}(\boldsymbol{a},t_g)$ 来创建对数似然函数。最后，根据对数似然函数相对于群时延的导数，即 $\partial\bar{l}(\boldsymbol{a},t_g)/\partial t_g$，合理选择误差信号，建立一种类似于 LMS 的定时同步算法。

6.6 相干光 OFDM 探测

在概念上，光 OFDM 信号处理已经在 5.6 节中进行了讨论。在本节中，我们将通过解释以下射频 OFDM 信号处理步骤来扩展该描述：DFT 窗口同步、频率同步、信道估计和相位噪声估计。在 DFT 窗口同步中，需要将 OFDM 符号正确对齐以避免码间串扰；在频率同步中，我们估计发射激光器和本地振荡器之间的频率偏移以对其进行补偿；在子载波恢复中，我们估计每个子载波的信道系数并补偿信道失真；最后，在相位噪声估计中，我们需要估计来自发射激光器和本地激光器的相位噪声，并试图对其进行补偿（如果需要，建议读者查看文献[56,57,80-86]）。

CO-OFDM 系统的工作原理如图 6.37 所示。

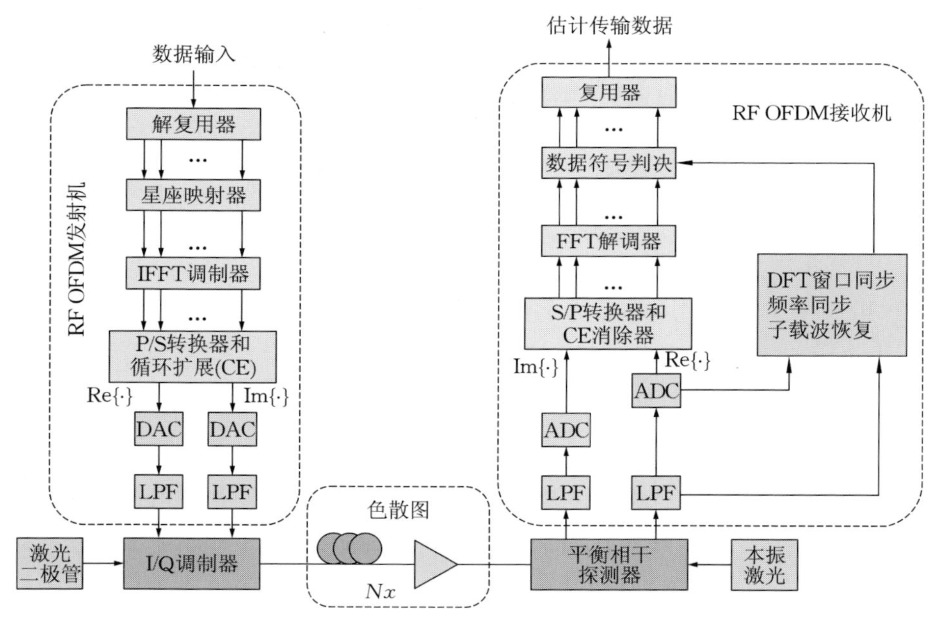

图 6.37 CO-OFDM 系统的工作原理

在图 6.37 中可以确定几个基本的组件：射频 OFDM 发射机、光学 I/Q 调制器（用于执行光电转换）、色散映射、平衡相干探测器和射频 OFDM 接收机。在平衡相干探测后，接收信号可以表示为

$$r(t)=A\exp\{\mathrm{j}[\underbrace{(\omega_{\mathrm{Tx}}-\omega_{\mathrm{LO}})}_{\Delta\omega}t+\underbrace{\phi_{\mathrm{PN,Tx}}-\phi_{\mathrm{PN,LO}}}_{\Delta\phi}]\}\,S_{\mathrm{B}}(t)*h(t)+w(t) \tag{6.257}$$

其中,A 是平衡的相干探测常数,$h(t)$ 是光信道脉冲响应,$w(t)$ 是加性噪声过程(由 ASE 噪声主导)。$S_{\mathrm{B}}(t)$ 表示信号的基带部分,即

$$S_{\mathrm{B}}(t)=\sum_{n=-\infty}^{\infty}\sum_{k=-N_{\mathrm{FFT}}/2}^{N_{\mathrm{FFT}}/2-1}X_{k,n}\,\mathrm{rect}\left(\frac{t-nT_{\mathrm{s}}}{T_{\mathrm{s}}}\right)\mathrm{e}^{\mathrm{j}2\pi\frac{k}{T_{\mathrm{FFT}}}(t-nT_{\mathrm{s}})} \tag{6.258}$$

其中,$X_{k,n}$ 表示第 n 个 OFDM 符号在第 k 个子载波上发送的二维信号星座(如 QAM 点),T_{s} 是符号持续时间,T_{FFT} 是 OFDM 符号的有效 FFT 部分。ω_{Tx} 和 ω_{LO} 分别表示发射激光和本地激光的载波频率,$\phi_{\mathrm{PN,Tx}}$ 和 $\phi_{\mathrm{PN,LO}}$ 分别表示发射激光器和本地振荡器的相位噪声。由式(6.257)和式(6.258)可以明显看出,频率偏移 $\Delta\omega=\omega_{\mathrm{Tx}}-\omega_{\mathrm{LO}}$ 和相位误差 $\Delta\phi=\phi_{\mathrm{PN,Tx}}-\phi_{\mathrm{PN,LO}}$ 的估计和补偿至关重要。

6.6.1 DFT 窗口同步

从应用的角度来讲,DFT 窗口[81] 已经变得非常有吸引力,例如,发送由两个相同段组成的导频符号的前同步码,图 6.38 说明了这种方法。可以用自相关法确定 DFT 窗口的起始点,也可以使用循环扩展保护间隔和自相关方法来确定 DFT 窗口的起点,如文献[78]所述。但是,保护间隔通常比 DFT 同步中使用的前同步码短,这可能会导致性能下降。DFT 前同步码可以描述为[57,81]:

$$p_m=p_{m+N_{\mathrm{sc}}/2},m=1,2,\cdots,N_{\mathrm{sc}}/2 \tag{6.259}$$

其中,p_m 表示第 m 个导频符号,N_{sc} 表示子载波数量。通过对接收到的信号进行采样,基于第 5.6.4 节中的并行信道分解模型,得到如下式子:

$$r_m=r(mT_{\mathrm{FFT}}/N_{\mathrm{sc}})=p_m\mathrm{e}^{\mathrm{j}(\Delta\omega mT_{\mathrm{FFT}}/N_{\mathrm{sc}}+\Delta\phi)}+w_m \tag{6.260}$$

其中,T_{FFT} 是 OFDM 信号的有效部分(见图 5.39)。在 DFT 窗口中可以使用以下相关函数:

$$R_d=\sum_{m=1}^{N_{\mathrm{sc}}/2}r_{m+d}^{*}r_{m+d+N_{\mathrm{sc}}/2} \tag{6.261}$$

在 $d=0$ 处获得峰值。只要频率偏移 $\Delta\omega$ 足够小,就可以轻松识别 FFT 有效部分的起始点。另一种方法是将相关函数的归一化幅值平方定义为如下

形式[57]：

$$M_d = |R_d / S_d|^2, S_d = \sqrt{\sum_{m=1}^{N_{sc}/2} |r_{m+d}|^2 \sum_{m=1}^{N_{sc}/2} |r_{m+d+N_{sc}/2}|^2} \tag{6.262}$$

通过使 M_d 最大化来确定最佳起始点，即

$$\hat{d} = \arg \max_d M_d \tag{6.263}$$

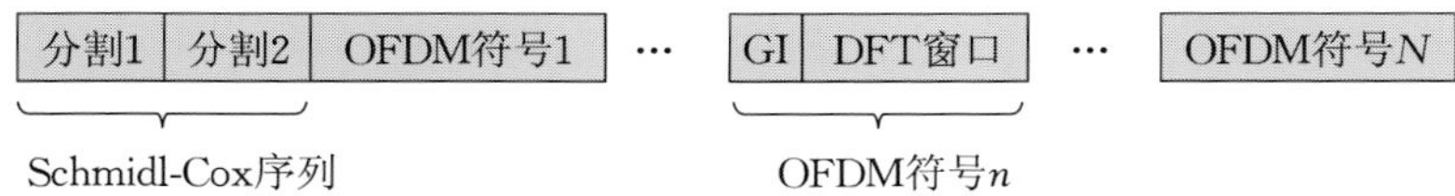

图 6.38　显示用于 DFT 窗口的 Schmidl-Cox 前同步码的 OFDM 帧结构

6.6.2　光 OFDM 系统中的频率同步

频率同步有两个阶段：① 频率捕获阶段；② 频率跟踪阶段。通常，通信用的激光器可以根据 ITU-T 定义的频率网格确定，常用的波长锁定器的精度为 2.5 GHz 左右。如文献[57]中所述，在 −5 GHz 到 5 GHz 之间的任何频率偏移都会对 OFDM 系统操作造成严重影响。频率捕获的目的是执行频率偏移的过程估计，并将其减小到 OFDM 子载波间隔的几倍范围内。之后，可以启动频率跟踪。

频率捕获可以基于导频[87]、ML 估计[88]或循环前缀[78,89]来执行，如图 6.39 所示。如果按照图 5.37 所示实施循环扩展过程，则有效 OFDM 符号部分的前缀和最后 $N_G/2$ 个样本相同。我们能够估计频率偏移并通过对相关段进行互相关来对其进行补偿。同时，在每个 OFDM 符号之后获得的相关峰可以用于定时。然而，考虑到保护间隔的持续时间，这种方法不如文献[81]中提出的 Schmidl-Cox 时序方法。

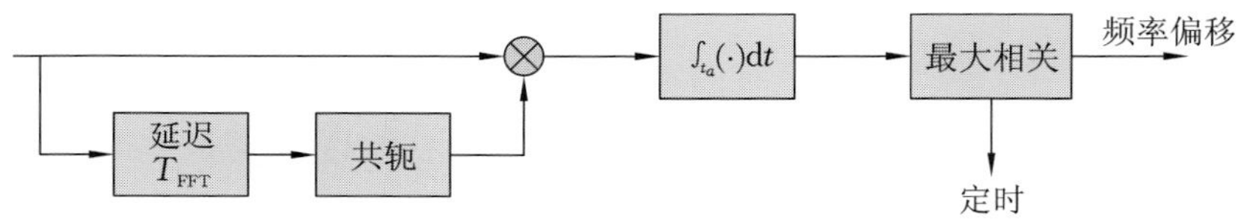

图 6.39　使用循环前缀获取频率

使用 Schmidl-Cox 方法可以估计频率捕获时的频偏。通过将方程(6.260)代入方程(6.261)，我们可以重新写出 R_d 的表达式：

$$R_d=\sum_{m=1}^{N_{sc}/2}|r_{m+d}|^2 e^{j\left(\underbrace{2\pi f_{offset}}_{\Delta\omega}\underbrace{T_{FFT}}_{1/\Delta f_{sc}}/2+\Delta\phi\right)}+n_d=\sum_{m=1}^{N_{sc}/2}|r_{m+d}|^2 e^{j(\pi f_{offset}/\Delta f_{sc}+\Delta\phi)}+n_d \tag{6.264}$$

其中，n_d 是等效噪声量。通过忽略相位噪声误差 $\Delta\phi$，我们可以估计频率偏移 f_{offset}[57,81] 为

$$\hat{f}_{offset}=\frac{\Delta f_{sc}}{\pi}\measuredangle R_d \tag{6.265}$$

其中，$\measuredangle R_{\hat{d}}$ 是相关函数的角度(以弧度为单位)，而 $\hat{d}$ 可从式(6.263)获得。一旦估计了频率偏移，就可以从接收到的信号中实现补偿，即

$$r_{comp}(t)=e^{-j2\pi\hat{f}_{offset}}r(t) \tag{6.266}$$

在完成时间同步和频率同步之后，进行子载波恢复。子载波恢复涉及相位估计和信道估计。

6.6.3 光 OFDM 系统中的相位估计

在 5.6.4 节中解释了在等效信道模型中，第 i 个 OFDM 符号中的第 k 个子载波的接收符号分量(表示为 $r_{i,k}$)可以表示为

$$r_{i,k}=H_k s_{i,k}e^{j\phi_i}+w_{i,k} \tag{6.267}$$

其中，$s_{i,k}$ 表示第 i 个 OFDM 符号中的第 k 个子载波的发射符号，H_k 是第 k 个子载波的信道系数，$\phi_i=(1/N_{sc})\sum_{k=1}^{N_{sc}}\phi_{ik}$ 是公共相位误差(CPE)，参数 $\omega_{i,k}$ 表示加性噪声项(同样由 ASE 噪声控制)。在这种情况下的似然函数表示为

$$f(r_{i1},r_{i2},\cdots,r_{i,N_{sc}}\mid H_1,H_2,\cdots,H_{N_{sc}};\phi_t)=C\exp\left(-\sum_{k=1}^{N_{sc}}\frac{|r_{i,k}-H_kS_{i,k}e^{j\phi_i}|^2}{2\sigma_k^2}\right) \tag{6.268}$$

其中，C 是归一化常数，σ_k^2 是噪声的方差。相应的对数似然函数为

$$l(r_{i1},\cdots,r_{iN}\mid H_1,\cdots,H_{N_{sc}};\phi_i)=-\sum_{k=1}^{N_{sc}}\frac{|r_{i,k}-H_kS_{i,k}e^{j\phi_i}|^2}{2\sigma_k^2} \tag{6.269}$$

通过使对数似然函数最小，我们可以获得以下针对常见相位误差的解决方案[57]：

$$\hat{\phi}=\arg\left\{\sum_{k=1}^{N_{sc}}r_{i,k}H_k^* s_{i,k}/\sigma_k^2\right\} \tag{6.270}$$

6.6.4 OFDM 系统中的信道估计

针对信道估计,现在已经有多种算法。它们可以是基于时域的、基于频域的,也可以是两者结合的。信道估计技术可以分为数据辅助和导频辅助。数据辅助信道估计技术容易受到误差传播的影响,因此本文不作讨论。在导频辅助信道估计中,有一部分子载波被分配用于信道估计。在一维导频辅助信道估计中有两种导频配置类型:块状和梳状,如图 6.40 所示。当信道条件以缓慢速度变化时(即具有色散效应的情况下),块状布置是更合适的。

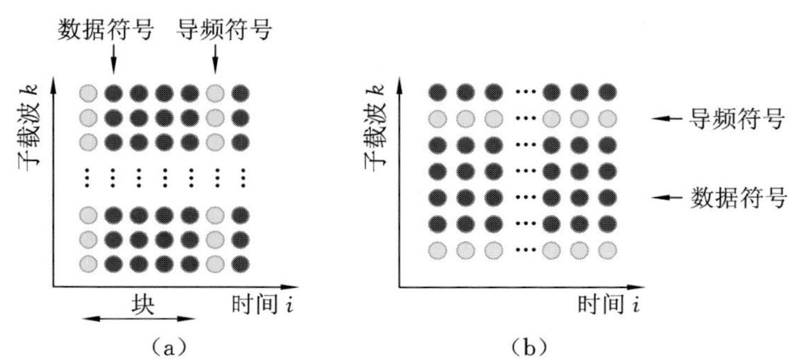

图 6.40 OFDM 信道估计的导频布置

(a) 块状布置;(b) 梳状布置

而梳状布置适用于信道条件变化快的情况,如考虑 PMD 的情况。在这种情况下,导频被插入到每个 OFDM 符号的特定数目的子载波中,也可以使用二维信道估计,如图 6.41 所示。因此,前同步码可以用于色散补偿,而梳状导频配置可以用于 PMD 补偿。

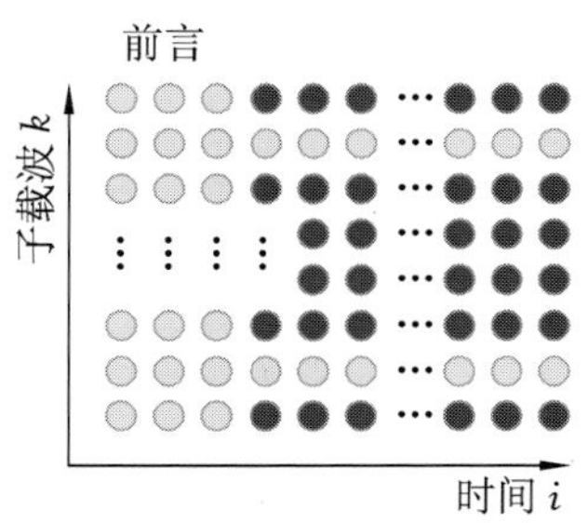

图 6.41 用于二维 OFDM 信道估计的导频布置

各种信道估计通常属于ML估计或者是MMSE估计的一种。让我们再次考虑由式(6.267) 表示的模型,但现在将公共相位误差设置为零,并忽略对应于 OFDM 符号索引的下标(假设光信道变化不快)。假设 ASE 噪声占主导地位，则似然函数由下式给出：

$$f(r_1,r_2,\cdots,r_{N_{sc}} \mid H_1,H_2,\cdots,H_{N_{sc}})=C\exp\left(-\sum_{k=1}^{N_{sc}}\frac{|r_k-H_ks_k|^2}{2\sigma^2}\right) \tag{6.271}$$

其中，C 是归一化常数，σ^2 是噪声的方差。相应的对数似然函数为

$$\begin{aligned} l(r_1,r_2,\cdots,r_{N_{sc}} \mid H_1,H_2,\cdots,H_{N_{sc}}) &= -\sum_{k=1}^{N_{sc}}\frac{|r_k-H_ks_k|^2}{2\sigma^2} \\ &= -\sum_{k=1}^{N_{sc}}\frac{(r_k-H_ks_k)(r_k-H_kS_k)^*}{2\sigma^2} \end{aligned} \tag{6.272}$$

为了确定信道系数，需要对所有 H_k 的对数似然函数最大化，这需要大量的计算时间。相反，通过将似然函数相对于 H_k 的一阶导数设置为零，并通过对 H_k 求解，我们将容易地获得以下解：

$$H_{k,LS}=\frac{r_k}{s_k}=H_k+\frac{w_k}{s_k} \tag{6.273}$$

由式(6.273) 产生的值通常称为最小二乘(LS) 值。LS 估计器估计的信息符号为

$$s_k=\frac{r_k}{H_{k,LS}}=\frac{H_ks_k+w_k}{H_k+\dfrac{w'_k}{s'_k}}\approx s_k+\frac{w_k}{H_k}-\frac{w'_k}{H_k}\frac{s_k}{s'_k} \tag{6.274}$$

其中，s'_k和w'_k表示获得H_k 的LS估计时产生的传输符号和噪声样本。 由于存在两个加法项，可以明显地看出噪声得到了增益，这表明该方案是迫零估计器的一个例子。

在 MMSE 信道估计中，我们将 $\boldsymbol{H}_{LS}$ 与适当选择的矩阵 $\mathbf{A}$ 预先相乘来线性变换 LS 解，即

$$\boldsymbol{H}_{MMSE}=\boldsymbol{A}\boldsymbol{H}_{LS} \tag{6.275}$$

这将使 MSE 最小化。估计误差可以定义为如下形式：

$$\boldsymbol{\varepsilon}=\boldsymbol{A}\boldsymbol{H}_{LS}-\boldsymbol{H} \tag{6.276}$$

通过采用第 6.3.4 节中的正交性原理，并由于误差矩阵与数据无关，我们得到以下式子：

$$\boldsymbol{E}\{(\boldsymbol{A}\boldsymbol{H}_{LS}-\boldsymbol{H})\boldsymbol{H}^\dagger\}=\mathbf{0}\Leftrightarrow\boldsymbol{A}\underbrace{\boldsymbol{E}\{\boldsymbol{H}_{LS}\boldsymbol{H}^\dagger\}}_{\boldsymbol{R}_{H,H_{LS}}}-\underbrace{\boldsymbol{E}\{\boldsymbol{H}\boldsymbol{H}^\dagger\}}_{\boldsymbol{R}_H}=\mathbf{0} \tag{6.277}$$

其中，$\boldsymbol{R}_H$ 表示 $\boldsymbol{H}$ 的相关矩阵，而 $\boldsymbol{R}_{H,H_{\mathrm{LS}}}$ 表示 $\boldsymbol{H}$ 和 $\boldsymbol{H}_{\mathrm{LS}}$ 之间的互相关矩阵。通过对方程(6.277)求解，获得如下形式的解 $\boldsymbol{A}$：

$$\boldsymbol{A}=\boldsymbol{R}_H\boldsymbol{R}_{H,H_{\mathrm{LS}}}^{-1} \tag{6.278}$$

将它代入式(6.275)后，我们获得 MMSE 信道估计为

$$\boldsymbol{H}_{\mathrm{MMSE}}=\boldsymbol{R}_H\boldsymbol{R}_{H,H_{\mathrm{LS}}}^{-1}\boldsymbol{H}_{\mathrm{LS}} \tag{6.279}$$

类似于一般的维纳滤波器解决方案。从式(6.273)中，我们得到下式：

$$\boldsymbol{R}_{H,H_{\mathrm{LS}}}\approx\boldsymbol{R}_{H,H_{\mathrm{LS}}}+\sigma_n^2\left[\boldsymbol{E}(\boldsymbol{SS}^{\dagger})\right]^{-1}$$

其中，σ_n^2 是噪声的方差。代入方程(6.279)中，我们可以获得 $\boldsymbol{H}$ 的 MMSE 估计的一个更简单的方程为

$$\boldsymbol{H}_{\mathrm{MMSE}}=\boldsymbol{R}_H\left\{\boldsymbol{R}_{H,H_{\mathrm{LS}}}+\sigma_n^2\left[\boldsymbol{E}(\boldsymbol{SS}^{\dagger})\right]^{-1}\right\}^{-1}\boldsymbol{H}_{\mathrm{LS}} \tag{6.280}$$

上述有关 MMSE 估计的讨论适用于块状导频布置。为了降低复杂度同时降低开销，应该改用组合式和二维先导装置，如图 6.40(b) 和图 6.41 所示。MMSE 估计的表示式仍然适用，只是需要将每个 $\boldsymbol{H}$ 替换成 $\boldsymbol{H}_{\mathrm{p}}$(p 表示导频)。例如，组合式 / 二维布置的式(6.279)可以重新写为如下形式：

$$\hat{\boldsymbol{H}}_{\mathrm{p,MMSE}}=\boldsymbol{R}_{H_{\mathrm{p}}}\boldsymbol{R}_{H_{\mathrm{p}},H_{\mathrm{p,LS}}}^{-1}\hat{\boldsymbol{H}}_{\mathrm{p,LS}} \tag{6.281}$$

其中，$\hat{\boldsymbol{H}}_{\mathrm{p,LS}}$ 由文献[85,86]给出如下：

$$\hat{\boldsymbol{H}}_{\mathrm{p,LS}}=[H_{\mathrm{p,LS}}(1)\cdots H_{\mathrm{p,LS}}(N_{\mathrm{p}})]^{\mathrm{T}},H_{\mathrm{p,LS}}(i)=\frac{Y_{\mathrm{p}}(i)}{X_{\mathrm{p}}(i)},i=1,\cdots,N_{\mathrm{p}} \tag{6.282}$$

在式(6.282)中，N_{p} 是导频子载波的数目，$X_{\mathrm{p}}(i)$ 和 $Y_{\mathrm{p}}(i)$ 分别表示第 i 个发送和接收的导频符号($i=1,\cdots,N_{\mathrm{p}}$)。一旦以组合型和二维布置确定了导频，就需要执行插值以估计数据子载波的信道系数。到目前为止，已经提出了多种插值方法，如线性插值、二阶插值、低通插值和样条三次插值。例如，在线性插值中，第 k 个子载波的信道估计由文献[84]给出：

$$\begin{gathered}\hat{H}(k)=[H_{\mathrm{p}}(m+1)-H_{\mathrm{p}}(m)]\frac{l}{N_{\mathrm{sc}}/N_{\mathrm{p}}}+H_{\mathrm{p}}(m)\\ m\frac{N_{\mathrm{sc}}}{N_{\mathrm{p}}}<k<(m+1)\frac{N_{\mathrm{sc}}}{N_{\mathrm{p}}},0<l<\frac{N_{\mathrm{sc}}}{N_{\mathrm{p}}}\end{gathered} \tag{6.283}$$

我们假设导频的间隔均匀：$X(mN_{\mathrm{sc}}/N_{\mathrm{p}}+l)=X_{\mathrm{p}}(m)$，其中，$X(i)(i=1,\cdots,N_{\mathrm{sc}})$ 是第 i 个子载波携带的符号。

使用式(6.281)计算信道系数的计算量很大。已经证明，以下近似方法对

于多模光纤上的多 Tb/s 级别的超信道 CO-OFDM 光传输[85,86] 和多 Tb/s 级别的 CO-OFDM 传输[76] 都是有效的：

$$\hat{\boldsymbol{H}}_{\mathrm{p,MMSE}} = R_{H_{\mathrm{p}}}\left(R_{H_{\mathrm{p}}} + \frac{\alpha(M)}{\mathrm{SNR}}\right)^{-1}\hat{\boldsymbol{H}}_{\mathrm{p,LS}} \tag{6.284}$$

其中，参数 $\alpha(M)$ 被定义为 $\alpha(M)=E\{|X_{\mathrm{p}}(m)|^2\}E\{|X_{\mathrm{p}}(m)|^{-2}\}$，它取决于信号星座图的类型和大小。信噪比定义为 $\mathrm{SNR}=E\{|X_{\mathrm{p}}(m)|^2\}/\sigma_n^2$（其中 σ_n^2 表示噪声方差）。

6.7 光学 MIMO 探测

第 5.7 节已经介绍了 MIMO 光通信的概念。在本节中，我们将描述几种可应用于不同场景的光学 MIMO 探测策略，参见文献[11,58,62-66]。这些策略不仅适用于偏振复用（2 × 2 MIMO 方案），而且适用于少模光纤 / 少芯光纤的空分复用。对于来自空间模式光纤的 MIMO 信号探测，我们在第 5.7 节中说明了如何执行信道矩阵的并行分解。

现在考虑以下空间模式光纤的 MIMO 模型：

$$y_i(t) = \sum_n \sum_{j=1}^{M_{\mathrm{T_X}}} x_j[n]h_{ij}(t-nT_{\mathrm{s}}) + z_i(t), i=1,\cdots,M_{\mathrm{Rx}} \tag{6.285}$$

其中，$M_{\mathrm{T_X}}$ 和 $M_{\mathrm{R_X}}$ 分别是发射机和接收机的数量；$x_j[n]$ 表示使用第 j 个发射机在第 n 个符号间隔（持续时间为 T_{s}）中发射的符号；$h_{ij}(t)$ 表示第 i 个接收机和第 j 个发射机之间的等效脉冲响应，该响应是通过将发射机 $h_{\mathrm{T}}(t)$、接收机 $h_{\mathrm{R}}(t)$ 和信道脉冲响应 $h_{c,ij}(t)$ 三者卷积而获得的，脉冲响应表示为 $h_{ij}(t)=h_{\mathrm{T}}(t)*h_{c,ij}(t)*h_{\mathrm{R}}(t)$。假设 $M_{\mathrm{T_X}}, M_{\mathrm{R_X}} \geqslant D$，其中 D 是自由度的数量（它表示偏振模式的空间模式的总数）。$z_i(t)$ 表示具有高斯分布的加性噪声，主要由 ASE 噪声、散粒噪声和热噪声控制。如果采样频率为符号速率的 U 倍，也就是 $1/T=U/T_{\mathrm{s}}$（U 是过采样因子，它是正整数或正有理数），以这样的采样速率采样第 i 个接收信号，可以得到以下式子：

$$y_i(mT) = \sum_n \sum_{j=1}^{M_{\mathrm{T_X}}} x_j[n]h_{ij}(mT-nT_{\mathrm{s}}) + z_i(mT), i=1,\cdots,M_{\mathrm{R_x}} \tag{6.286}$$

针对一个无记忆的信道，则可以创建以下矩阵空间模式光纤信道模型：

$$\boldsymbol{y}=\boldsymbol{H}\boldsymbol{x}+\boldsymbol{z},\boldsymbol{y}=\begin{bmatrix} y_1 \\ \vdots \\ y_{M_{R_x}} \end{bmatrix},\boldsymbol{x}=\begin{bmatrix} x_1 \\ \vdots \\ x_{M_{T_x}} \end{bmatrix},\boldsymbol{H}=\begin{bmatrix} h_{11} & h_{12} & \cdots & h_{1M_{T_s}} \\ h_{21} & h_{22} & \cdots & h_{2M_{T_s}} \\ \vdots & \vdots & & \vdots \\ h_{M_{R_x}1} & h_{M_{R_x}2} & \cdots & h_{M_{R_x}M_{T_s}} \end{bmatrix} \tag{6.287}$$

它看起来就像是一个传统的 MIMO 模型[25]。如果仅仅使用具有两个偏振态的基本模式，则 $M_{T_X}=M_{R_X}=D=2$，并且由式(6.292)构成的模型成为 2×2 的偏振复用(PDM)MIMO 方案，即

$$\begin{bmatrix} y_1 \\ y_2 \end{bmatrix}=\begin{bmatrix} h_{11} & h_{12} \\ h_{21} & h_{22} \end{bmatrix}\begin{bmatrix} x_1 \\ x_2 \end{bmatrix}+\begin{bmatrix} z_1 \\ z_2 \end{bmatrix} \tag{6.288}$$

因此，PDM 方案只是由式(6.287)给出的用于少模光纤 / 少芯光纤的 MIMO 模型的一个特例。PDM 信道由于存在色散和滤波效应而引入存储器，则信道矩阵元素成为行向量。在这种情况下，如第 6.3.4 节所述，最佳线性接收器呈现维纳滤波器形成。

从检测空间模式光纤 MIMO 信号的角度来看，在处理模式耦合、模间色散和模式群延迟时，使用合适的策略非常重要。由于 PDM 方案是 $D=2$ 的少模光纤(FMF)方案的特例，因此这里讨论的关于少模光纤 MIMO 的策略直接适用于 PDM-MIMO 方案。

6.7.1 少模光纤的 MIMO 模型

第 3.6 节讨论了光信号的传播和模式耦合。如果空间模式之间存在强耦合，则模式之间的群延时(GD)与链路长度的平方根成比例，这类似于一阶 PMD 对光纤链路长度的依赖性[74,75]。

因此，在 PMD 耦合分析中使用的光纤分段模型也可以通过以独立光纤分段数目来表示总链路长度应用于 FMF。通过应用这种模型，在文献[75]中得到了 FMF 中 GD 的联合概率密度函数(PDF)。其将 FMF 分为 K 个部分，如图 6.42 所示，并采用了初步建模方法，这是对少模光纤的偏振效应建模的标准技术。每段长度应大于光纤相关长度。理想情况下，截面长度应随机分布，以避免在波长域出现周期性伪像。

现在我们考虑以强模式耦合方式运行的 FMF。具有 D 个模式的 FMF 的第 k 个部分的传播特性可以通过 $D\times D$ 信道矩阵建模，其中 $M_k(\omega)$ 表

示为[75,76]

$$M_k(\omega)=\boldsymbol{V}_k\boldsymbol{\Lambda}_k(\omega)\boldsymbol{U}_k^{\dagger},\quad k=1,2,\cdots,K \tag{6.289}$$

其中，$\boldsymbol{V}_k$ 和 $\boldsymbol{U}_k$ 是与频率无关的随机复数矩阵，表示在不存在与模式无关的增益或损耗的情况下相邻部分中模式之间的强随机耦合；$\boldsymbol{\Lambda}_k(\omega)=\mathrm{diag}[\mathrm{e}^{-\mathrm{j}\omega\tau_1},\mathrm{e}^{-\mathrm{j}\omega\tau_2},\cdots,\mathrm{e}^{-\mathrm{j}\omega\tau_D}]$ 是描述非耦合模态群延迟的对角矩阵；τ_i 是第 i 个模态的群延时；K 表示光纤段数。

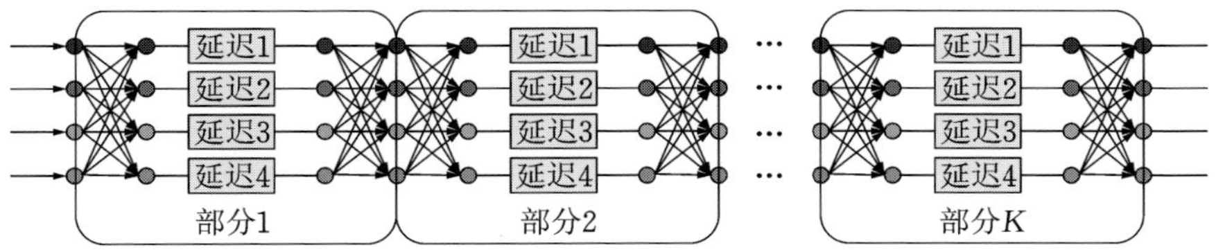

图 6.42　强耦合状态下的少模光纤概念模型

区段的数量 K 取决于光纤的长度和相关长度，因此可以通过串联各个区段来表示总的频域响应，如下所示：

$$M_{\mathrm{tot}}(\omega)=M_1(\omega)\cdot M_2(\omega)\cdot\cdots\cdot M_K(\omega) \tag{6.290}$$

6.7.2　线性和决策反馈 MIMO 接收机

正如我们在 6.1.3 节中分析的，传输向量 $\boldsymbol{x}$ 的 ML 检测需要相对于 $\boldsymbol{x}$ 的最大化对数似然函数。对于高斯类信道，这等效于关于 $\boldsymbol{x}$ 的欧几里得范数的最小化，即

$$\hat{\boldsymbol{x}}=\arg\min_x\|\boldsymbol{y}-\boldsymbol{Hx}\|_{\mathrm{F}}^2=\arg\min_x\sum_{i=1}^{M_{\mathrm{Rx}}}\left|y_i-\sum_{j=1}^{M_{\mathrm{Ts}}}h_{jr}x_j\right| \tag{6.291}$$

这可以通过使用 Viterbi 算法执行此操作。算法的复杂度随着向量 $\boldsymbol{x}$ 的可能性的数量（$2^{bM_{\mathrm{Tx}}}$，其中 b 是每个符号的位数）而呈指数增长。现在我们讨论几种降低检测器复杂度的次优策略，以使其适用于光学 MIMO 信号的检测。我们将从线性和决策反馈接收器开始讨论。

线性接收机背后的关键思想是对接收到的矢量执行某些线性操作，使其转换后的信道矩阵不具有非对角元素，即

$$\tilde{\boldsymbol{y}}=\boldsymbol{A}(\boldsymbol{H})\boldsymbol{y}=\boldsymbol{A}(\boldsymbol{H})\boldsymbol{Hx}+\boldsymbol{A}(\boldsymbol{H})\boldsymbol{z} \tag{6.292}$$

在这种情况下，错误概率的联合界限由下式给出：

$$P_{\mathrm{e}}\leqslant\frac{1}{M}\sum_x\sum_x P(\boldsymbol{x}\rightarrow\hat{\boldsymbol{x}}) \tag{6.293}$$

其中,欧氏度量的条件分段错误概率(PEP)表示为

$$\begin{aligned}P(\boldsymbol{x}\rightarrow\hat{\boldsymbol{x}}\mid\boldsymbol{H})&=P(\|\boldsymbol{A}\boldsymbol{y}-\hat{\boldsymbol{x}}\|^2<\|\boldsymbol{A}\boldsymbol{y}-\boldsymbol{x}\|^2\mid\boldsymbol{H})\\&=P(\|\boldsymbol{A}\boldsymbol{H}\boldsymbol{x}-\hat{\boldsymbol{x}}+\boldsymbol{A}\boldsymbol{z}\|^2<\|\boldsymbol{A}\boldsymbol{H}\boldsymbol{x}-\boldsymbol{x}+\boldsymbol{A}\boldsymbol{z}\|^2\mid\boldsymbol{H})\\&=P(\|\boldsymbol{d}\|^2+2((\boldsymbol{A}\boldsymbol{H}-\boldsymbol{I})\boldsymbol{x},\boldsymbol{d})+2(\boldsymbol{A}\boldsymbol{z},\boldsymbol{d})<0\mid\boldsymbol{H})\end{aligned}\tag{6.294}$$

其中,$\boldsymbol{d}=\boldsymbol{x}-\hat{\boldsymbol{x}}$,$(\boldsymbol{a},\boldsymbol{b})$ 表示向量 $\boldsymbol{a}$ 和 $\boldsymbol{b}$ 之间的点积。由于 $\mathrm{Var}\{(\boldsymbol{A}\boldsymbol{z},\boldsymbol{d})\}=N_0\|\boldsymbol{A}^\dagger\boldsymbol{d}\|^2$,因此 PEP 变为以下形式:

$$P(\boldsymbol{X}\rightarrow\hat{\boldsymbol{X}})=E\left\{\Psi\left(\sqrt{\frac{\|\boldsymbol{d}\|^2+2((\boldsymbol{A}\boldsymbol{H}-\boldsymbol{I})\boldsymbol{X},\boldsymbol{d})}{2N_0\|\boldsymbol{A}^\dagger\boldsymbol{d}\|^2}}\right)\right\}\tag{6.295}$$

在迫零接收机中,选择的线性矩阵 $\boldsymbol{A}$ 具有以下形式:

$$\begin{aligned}&\boldsymbol{A}=\boldsymbol{H}^+=\begin{cases}\boldsymbol{V}\begin{bmatrix}\boldsymbol{\Sigma}^+\\\boldsymbol{0}\end{bmatrix}\boldsymbol{U}^\dagger, M_{\mathrm{R_x}}\leqslant M_{\mathrm{T_x}}\\\boldsymbol{V}\,[\boldsymbol{\Sigma}^+\quad\boldsymbol{0}]\,\boldsymbol{U}^\dagger, M_{\mathrm{R_x}}>M_{\mathrm{T_x}}\end{cases},\quad\boldsymbol{\Sigma}^+=\mathrm{diag}(\sigma_1^{-1},\sigma_2^{-1},\cdots,\sigma_p^{-1},0,\cdots,0)\\&\boldsymbol{H}=\boldsymbol{U}\,[\boldsymbol{\Sigma}\quad\boldsymbol{0}]\,\boldsymbol{V}^\dagger;\sigma_1\geqslant\sigma_2\geqslant\cdots\geqslant0,\sigma_i=\sqrt{\lambda_i},\boldsymbol{\Sigma}=\mathrm{diag}(\sigma_1,\sigma_2,\cdots)\\&\boldsymbol{U}=\mathrm{eigenvectors}(\boldsymbol{H}\boldsymbol{H}^\dagger),\boldsymbol{V}=\mathrm{eigenvectors}(\boldsymbol{H}^\dagger\boldsymbol{H})\end{aligned}\tag{6.296}$$

因为 $M_{\mathrm{R_x}}\geqslant M_{\mathrm{T_x}}$,故矩阵 $\boldsymbol{H}^\dagger\boldsymbol{H}$ 是可逆的,即

$$\boldsymbol{H}^+(\boldsymbol{H}^+)^\dagger=(\boldsymbol{H}^\dagger\boldsymbol{H})^{-1}\Rightarrow\boldsymbol{H}^+=(\boldsymbol{H}^\dagger\boldsymbol{H})^{-1}\boldsymbol{H}^\dagger\tag{6.297}$$

我们可以使用下面的式子来补偿模式耦合:

$$\boldsymbol{H}^+\boldsymbol{y}=\boldsymbol{x}+\boldsymbol{H}^+\boldsymbol{z}\tag{6.298}$$

PEP 表示式的方差由下式给出:

$$\mathrm{Var}\{(\boldsymbol{H}^\dagger\boldsymbol{z},\boldsymbol{d})\}=\frac{N_0}{2}\mathrm{Tr}\{\boldsymbol{d}^\dagger\boldsymbol{H}^\dagger(\boldsymbol{H}^+)^\dagger\boldsymbol{d}\}=\frac{N_0}{2}\mathrm{Tr}\{\boldsymbol{d}^\dagger(\boldsymbol{H}^+\boldsymbol{H})^{-1}\boldsymbol{d}\}\tag{6.299}$$

这表明在模式耦合的迫零过程中需要付出的代价是最后的噪声增强。

另一种策略是将变换信道矩阵 $\boldsymbol{A}\boldsymbol{H}$ 和有色噪声 $\boldsymbol{A}\boldsymbol{z}$ 的对角线元素最小化。在这种情况下,接收方式即为最小均方误差(MMSE),$\boldsymbol{A}$ 矩阵被设置为以下形式:

$$\boldsymbol{A}_{\mathrm{MMSE}}=(\boldsymbol{H}^\dagger\boldsymbol{H}+\boldsymbol{I}/\mathrm{SNR})^{-1}\boldsymbol{H}^\dagger\tag{6.300}$$

其中,$\mathrm{SNR}=E/N_0$ 表示在矢量 $\boldsymbol{x}$ 的分量上平均能量为 E 的信号的信噪比。

本节要描述的最后一种方法与决策反馈接收机有关。它的关键思想是通过 QR 因子分解 $\boldsymbol{H}=\boldsymbol{QR},\boldsymbol{Q}^{\dagger}\boldsymbol{Q}=\boldsymbol{I}_{M_{\mathrm{T_x}}}$ 对 $\boldsymbol{H}$ 进行预处理，以便我们可以将接收向量转换为以下形式：

$$\tilde{\boldsymbol{y}}=\boldsymbol{Q}^{\dagger}\boldsymbol{y}=\boldsymbol{R}\boldsymbol{x}+\boldsymbol{Q}^{\dagger}\boldsymbol{z} \tag{6.301}$$

其中，转换后的噪声矢量保留了 $\boldsymbol{z}$ 的属性（如我们在 6.1.4 节中所述）。由于 $\boldsymbol{R}$ 是一个上三角矩阵，可以执行以下优化：

$$\hat{\boldsymbol{x}}=\arg\min_{x}\|\boldsymbol{y}-\boldsymbol{R}\boldsymbol{x}\|_{\mathrm{F}} \tag{6.302}$$

优化从检测 $x_{M_{\mathrm{T_x}}}$ 开始，先将 $|\tilde{y}_{M_{\mathrm{T_x}}}-R_{M_{\mathrm{T_x}},M_{\mathrm{T_x}}}x_{M_{\mathrm{T_x}}}|^2$ 最小化；然后，判决 $\hat{x}_{M_{\mathrm{T_x}}}$，再通过最小化 $|\tilde{y}_{M_{\mathrm{T_x}}-1}-R_{M_{\mathrm{T_x}}-1,M_{\mathrm{T_x}}-1}x_{M_{\mathrm{T_x}}-1}-R_{M_{\mathrm{T_x}}-1,M_{\mathrm{T_x}}}\hat{x}_{M_{\mathrm{T_x}}}|^2+|\tilde{y}_{M_{\mathrm{T_x}}}-R_{M_{\mathrm{T_x}},M_{\mathrm{T_x}}}\hat{x}_{M_{\mathrm{T_x}}}|^2$ 来检测 $x_{M_{\mathrm{T}}-1}$。这种方法的问题与错误传播有关。另一种替代策略是使用空时编码，其中空间坐标对应于少模光纤中的空间模式。由于第 5.7.2 节已经介绍了空时编码的基础知识，因此在下一节中，我们将重点介绍检测/解码策略。

6.7.3 基于空时编码(STC)的 MIMO 检测方案

在空时编码[25,67,69-72]中，信道设计扩展到空间坐标（通过多个空间模式）和时间坐标（通过多个符号间隔）。在假设空间模式信道在符号持续时间 T 内是静止的情况下，它的输入和输出可以作为矩阵，它的维数与空间坐标（空间模式）和时间坐标（符号间隔）相对应。接收端矩阵由下式给出：

$$\boldsymbol{Y}=\boldsymbol{H}\boldsymbol{X}+\boldsymbol{Z} \tag{6.303}$$

其中，

$$\begin{aligned}&\boldsymbol{Y}=[y_1,y_2,\cdots,y_T]=(Y_{ij})_{M_{\mathrm{R_x}}\times T},\boldsymbol{X}=[x_1,x_2,\cdots,x_T]=(X_{ij})_{M_{\mathrm{T_x}}\times T},\\&\boldsymbol{Z}=[z_1,z_2,\cdots,z_T]=(Z_{ij})_{M_{\mathrm{R_x}}\times T}\end{aligned} \tag{6.304}$$

在最大似然检测过程中，通过对数似然函数的最大化得到最佳的传输矩阵。对于类高斯信道，应该执行以下最小化操作：

$$\hat{\boldsymbol{X}}=\arg\min_{x}\|\boldsymbol{Y}-\boldsymbol{H}\boldsymbol{X}\|_{\mathrm{F}} \tag{6.305}$$

其中，$\|\cdot\|_{\mathrm{F}}$ 表示欧几里得范数，定义为以下形式：$\|\boldsymbol{A}\|\doteq\sqrt{(\boldsymbol{A},\boldsymbol{A})}=\sqrt{\mathrm{Tr}(\boldsymbol{A}\boldsymbol{A}^{\dagger})}$。

上述最小化是通过对所有可能的时空输入矩阵 $\boldsymbol{X}$ 执行 Viterbi 算法来完

成的。这种方法的复杂度甚至比上一节中讨论的 ML 接收机的复杂度还要高,因此应该考虑采用一些次优的检测策略。接下来介绍一些替代策略。

在线性空时编码中,L 个码元 $x_1, x_2, \cdots, x_L$ 在 T 个时间间隔内通过 M_{Tx} 个发射机发送,它的编码矩阵有以下形式:

$$\boldsymbol{X} = \sum_{l=1}^{L} (a_l \boldsymbol{A}_l + \mathrm{j} b_l \boldsymbol{B}_l), a_l = \mathrm{Re}\{x_l\}, b_l = \mathrm{Im}\{x_l\} \tag{6.306}$$

其中,$\boldsymbol{A}_l$ 和 $\boldsymbol{B}_l$ 是 $M_{\mathrm{T_x}} \times T$ 维复矩阵。我们将列向量定义为

$$\overline{\boldsymbol{x}} = [a_1 b_1 \cdots a_L b_L]^{\mathrm{T}}, \overline{\boldsymbol{z}} = \mathrm{vec}(\boldsymbol{Z}) \tag{6.307}$$

$TM_{\mathrm{R_x}} \times 2L$ 矩阵如下所示:

$$\overline{\boldsymbol{H}} = [\mathrm{vec}(\boldsymbol{HA}_1) \ \ \mathrm{vec}(\mathrm{j}\boldsymbol{HB}_1) \cdots \ \mathrm{vec}(\boldsymbol{HA}_L) \ \ \mathrm{vec}(\mathrm{j}\boldsymbol{HB}_L)] \tag{6.308}$$

接收信号可以表示为[72]

$$\begin{aligned}\overline{\boldsymbol{y}} &= \mathrm{vec}(\boldsymbol{Y}) = \mathrm{vec}(\boldsymbol{HX} + \boldsymbol{Z}) = \sum_{l=1}^{L} (a_l \ \mathrm{vec}(\boldsymbol{HA}_l) + b_l \mathrm{vec}(\mathrm{j}\boldsymbol{HB}_l)) \\ &= \overline{\boldsymbol{H}}\,\overline{\boldsymbol{x}} + \overline{\boldsymbol{z}}, L \leqslant TM_{\mathrm{R_x}}\end{aligned} \tag{6.309}$$

现在我们可以进行 QR 因子分解,$\breve{\boldsymbol{H}} = \breve{\boldsymbol{Q}}\breve{\boldsymbol{R}}$,就像在决策反馈接收器中一样,请参见式(6.301)。由于 $\breve{\boldsymbol{Q}}$ 是一个酉矩阵,所以可以写出以下式子:

$$\overline{\boldsymbol{y}} = \breve{\boldsymbol{Q}}^{\dagger}\overline{\boldsymbol{y}} = \underbrace{\breve{\boldsymbol{Q}}^{\dagger}\breve{\boldsymbol{Q}}}_{I}\breve{\boldsymbol{R}}\overline{\boldsymbol{x}} + \breve{\boldsymbol{Q}}^{\dagger}\overline{\boldsymbol{z}} = \breve{\boldsymbol{R}}\overline{\boldsymbol{x}} + \breve{\boldsymbol{Q}}^{\dagger}\overline{\boldsymbol{z}} \tag{6.310}$$

由于 $\breve{\boldsymbol{R}}$ 是上三角矩阵,最后一项与 b_L 成正比,因此可以采用类似于前面所述的方法对其进行检测。倒数第二项实质上是 a_L 和 b_L 的线性组合,因为已经探测到 $\hat{b}_L$,接下来也可以探测到 a_L。继续执行此迭代过程,直到所有符号 x_l 都检测完毕。

由于在 5.7.2 节中解释了网格空时解码策略,因此接下来我们将重新讨论先前介绍的线性检测器策略,即迫零和线性 MMSE(LMMSE) 接口,但这次是在空时编码的内容中。

在迫零层面,我们选择线性变换矩阵 $\boldsymbol{A}$ 作为 $\boldsymbol{H}$ 的伪逆矩阵,即 $\boldsymbol{A} = \boldsymbol{H}^{+}$,以一种类似于式(6.296) 中的方式,模式耦合效应可以通过式(6.311) 得到补偿:

$$\boldsymbol{H}^{+}\boldsymbol{Y} = \boldsymbol{X} + \boldsymbol{H}^{+}\boldsymbol{Z} \tag{6.311}$$

如式(6.299) 所示,该方法还受到噪声增强效应的影响。

在 LMMSE 层面,通过最小化 MSE 的方式来选择线性变换矩阵 $\boldsymbol{A}$,定

义为

$$\begin{aligned}\varepsilon^2(\boldsymbol{A}) &= E\{\|\boldsymbol{AY}-\boldsymbol{X}\|^2\}\\ &= E\{\mathrm{Tr}[((\boldsymbol{AH}-\boldsymbol{I}_{M_{\mathrm{Tx}}})\boldsymbol{X}+\boldsymbol{AZ})((\boldsymbol{AH}-\boldsymbol{I}_{M_{\mathrm{Tx}}})\boldsymbol{X}+\boldsymbol{AZ})^\dagger]\}\\ &= \mathrm{Tr}[\rho(\boldsymbol{AH}-\boldsymbol{I}_{M_{\mathrm{Tx}}})(\boldsymbol{AH}-\boldsymbol{I}_{M_{\mathrm{Tx}}})^\dagger+N_0\boldsymbol{AA}^\dagger]\end{aligned} \tag{6.312}$$

其中，第三行源自 $\boldsymbol{X}$ 的独立均匀分布(i.i.d.)零均值假设，它的第二项用 ρ 表示。通过将相对于 $\boldsymbol{A}$ 的 MSE 变化设置为零[72]，有以下式子：

$$\begin{aligned}\delta(\varepsilon^2) = \mathrm{Tr}\{&\delta\boldsymbol{A}[\rho\boldsymbol{H}(\boldsymbol{AH}-\boldsymbol{I}_{M_{\mathrm{Tx}}})^\dagger+N_0\boldsymbol{A}^\dagger]\\ &+[\rho(\boldsymbol{AH}-\boldsymbol{I}_{M_{\mathrm{Tx}}})\boldsymbol{H}^\dagger+N_0\boldsymbol{A}]\delta\boldsymbol{A}^\dagger\}=0\end{aligned} \tag{6.313}$$

我们得到了 $\boldsymbol{A}$ 的以下解：

$$\begin{aligned}\boldsymbol{A}_{\mathrm{MMSE}} &= \boldsymbol{H}^\dagger(\boldsymbol{HH}^\dagger+\boldsymbol{I}_{M_{\mathrm{Rx}}}/\mathrm{SNR})^{-1}\\ &= (\boldsymbol{H}^\dagger\boldsymbol{H}+\boldsymbol{I}_{M_{\mathrm{Tx}}}/\mathrm{SNR})^{-1}\boldsymbol{H}^\dagger\end{aligned} \tag{6.314}$$

$$\mathrm{SNR}=\rho/N_0$$

现在给出了估计误差概率上限所需的相应的分段误差概率为

$$P(\boldsymbol{X}\to\hat{\boldsymbol{X}}) = E\left\{\Psi\left(\sqrt{\frac{\|\boldsymbol{D}\|^2+2([(\boldsymbol{H}^\dagger\boldsymbol{H}+\boldsymbol{I}_{M_{\mathrm{Tx}}}/\mathrm{SNR})^{-1}\boldsymbol{H}^\dagger\boldsymbol{H}-\boldsymbol{I}_{M_{\mathrm{Tx}}}]\boldsymbol{X},\boldsymbol{D})}{2N_0\|\boldsymbol{H}(\boldsymbol{H}^\dagger\boldsymbol{H}+\boldsymbol{I}_{M_{\mathrm{Tx}}}/\mathrm{SNR})^{-1}\boldsymbol{D}\|}}\right)\right\} \tag{6.315}$$

其中，$\boldsymbol{D}=\boldsymbol{X}-\hat{\boldsymbol{X}}$，$(\boldsymbol{A},\boldsymbol{B})$ 表示矩阵 $\boldsymbol{A}$ 和 $\boldsymbol{B}$ 的点积，即

$$(\boldsymbol{A},\boldsymbol{B})=\sum_{i=1}^{m}\sum_{j=1}^{n}a_{ij}b_{ij}^*$$

在图 6.43 所示的非线性判决反馈方法的线性接口中，我们首先通过矩阵 $\boldsymbol{A}$ 对接收信号 $\boldsymbol{Y}$ 进行线性处理，然后减去模式耦合 $\boldsymbol{B}\hat{\boldsymbol{X}}$ 的估计值，其中 $\hat{\boldsymbol{X}}$ 是对发送序列的初步判决。初步判决使用度量 $\|\tilde{\boldsymbol{Y}}-\boldsymbol{X}\|$，其中 $\tilde{\boldsymbol{Y}}=\boldsymbol{AY}-\boldsymbol{B}\hat{\boldsymbol{X}}$。将矩阵 $\boldsymbol{B}$ 的对角元素设为零，这样可以有效地消除耦合效应。我们应该注意到，这种策略已经被用于处理偏振色散多路复用系统中的 PMD 效应[58]。我们将描述这个接口的两个有吸引力的版本，它被称为贝尔实验室分层时空架构(BLAST)[68]。这些 BLAST 版本分别是：① 在没有噪声的情况下 MSE 最小化；② 在有噪声的情况下 MSE 最小化。第一种方案也称为零迫垂直 BLAST(ZF V-BLAST)，而第二种方案称为 MMSE V-BLAST。

在 ZF V-BLAST 中，我们首先对信道矩阵执行 QR 分解，即 $\boldsymbol{H}=\boldsymbol{QR}$，然后

根据图 6.43 确定 **A** 和 **B** 两个矩阵，如下所示：

$$\boldsymbol{A}_{\text{ZF V-BLAST}}=\text{diag}^{-1}(\boldsymbol{R})\boldsymbol{Q}^{\dagger},\boldsymbol{B}_{\text{ZF V-BLAST}}=\text{diag}^{-1}(\boldsymbol{R})\boldsymbol{R}-\boldsymbol{I}_{M_{\text{Tx}}} \tag{6.316}$$

其中，矩阵 **B** 是严格的上三角矩阵($[\boldsymbol{B}]_{ij}=0,i\geqslant j$)。该接口的软估计为以下形式：

$$\begin{aligned}\tilde{\boldsymbol{Y}}&=\text{diag}^{-1}(\boldsymbol{R})\boldsymbol{Q}^{\dagger}\boldsymbol{Y}-[\text{diag}^{-1}(\boldsymbol{R})\boldsymbol{R}^{\dagger}-\boldsymbol{I}_{M_{\text{Tx}}}]\hat{\boldsymbol{X}}\\&=\boldsymbol{X}+[\text{diag}^{-1}(\boldsymbol{R})\boldsymbol{R}^{\dagger}-\boldsymbol{I}_{M_{\text{Tx}}}]\boldsymbol{D}+\text{diag}^{-1}(\boldsymbol{R})\boldsymbol{Q}^{\dagger}\boldsymbol{Z}\end{aligned} \tag{6.317}$$

其中，第一项是有效值，第二项对应于从其他模式到观测模式的其余模式耦合分数，最后一项是有色高斯噪声。

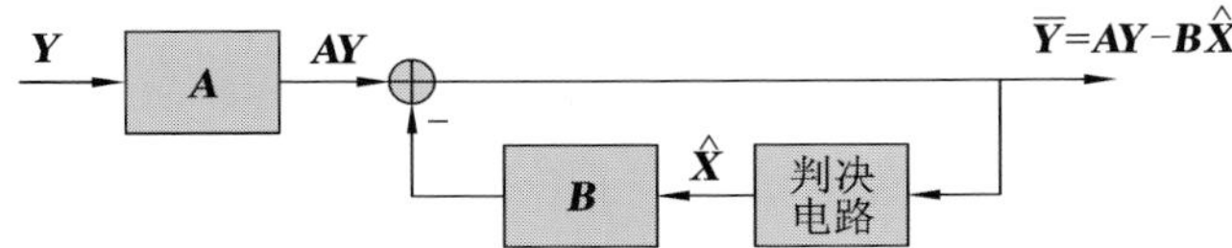

图 6.43　带有非线性决策反馈的线性接口图示

在 MMSE V-BLAST 中，首先执行 Cholesky 分解[67,72]，有以下形式：

$$\boldsymbol{H}^{\dagger}\boldsymbol{H}+\text{SNR}^{-1}\boldsymbol{I}_{M_{\text{Tx}}}=\boldsymbol{S}^{\dagger}\boldsymbol{S} \tag{6.318}$$

其中，**S** 是上三角矩阵。进一步确定矩阵 **A** 和 **B**，以在存在噪声的情况下最小化 MSE，如下式所示：

$$\boldsymbol{A}_{\text{MMSE V-BLAST}}=\text{diag}^{-1}(\boldsymbol{S})\boldsymbol{S}^{-\dagger}\boldsymbol{H}^{\dagger},\boldsymbol{B}_{\text{MMSE V-BLAST}}=\text{diag}^{-1}(\boldsymbol{S})\boldsymbol{S}-\boldsymbol{I}_{M_{\text{Tx}}} \tag{6.319}$$

软估计由下式给出：

$$\begin{aligned}\tilde{\boldsymbol{Y}}&=\text{diag}^{-1}(\boldsymbol{S})\boldsymbol{S}^{-\dagger}\boldsymbol{H}^{\dagger}\boldsymbol{Y}-[\text{diag}^{-1}(\boldsymbol{S})\boldsymbol{S}-\boldsymbol{I}_{M_{\text{Tx}}}]\hat{\boldsymbol{X}}\\&=[\boldsymbol{I}_{M_{\text{Tx}}}-\text{diag}^{-1}(\boldsymbol{S})\boldsymbol{S}^{-\dagger}]\boldsymbol{X}+[\text{diag}^{-1}(\boldsymbol{S})\boldsymbol{S}-\boldsymbol{I}_{M_t}]\boldsymbol{D}+\text{diag}^{-1}(\boldsymbol{S})\boldsymbol{S}^{-\dagger}\boldsymbol{H}^{\dagger}\boldsymbol{Z}\end{aligned} \tag{6.320}$$

其中，第一项是有效值，第二项对应于从其他模式到观测模式的剩余模式耦合，最后一项是有色高斯噪声。

图 6.44 所示的是另一种以迭代方式消除模式耦合的方案。文献[58]提出了一种类似的方案来处理偏振复用系统中的 PMD 效应。该方案背后的关键思想是用迭代的方式来消除模式耦合。用迭代方式消除模式耦合的算法可以表示为如下形式。

第 1 步(初始化)：

$$\text{Set } \boldsymbol{A}=\operatorname{diag}^{-1}(\boldsymbol{R})\boldsymbol{Q}^{\dagger}, \widetilde{\boldsymbol{X}}^{(0)}=\boldsymbol{0}, \widetilde{\boldsymbol{Y}}^{(0)}=\boldsymbol{Y}$$

第 2 步(水平更新规则):

$$\hat{\boldsymbol{X}}^{(k)}=\arg\min_{x}\|\widetilde{\boldsymbol{Y}}^{(k)}-\boldsymbol{X}\|^{2}$$

第 3 步(垂直更新规则):

$$\widetilde{\boldsymbol{Y}}^{(k+1)}=\widetilde{\boldsymbol{Y}}-(\boldsymbol{AH}-\operatorname{diag}(\boldsymbol{AH}))\hat{\boldsymbol{X}}^{(k)}$$

我们必须迭代操作步骤 2 和步骤 3,直到收敛为止。可以证明,在不存在非线性的情况下,对于适度的 OSNR,$\hat{\boldsymbol{X}}^{(k)}$ 可以收敛到传输的 $\boldsymbol{X}$。

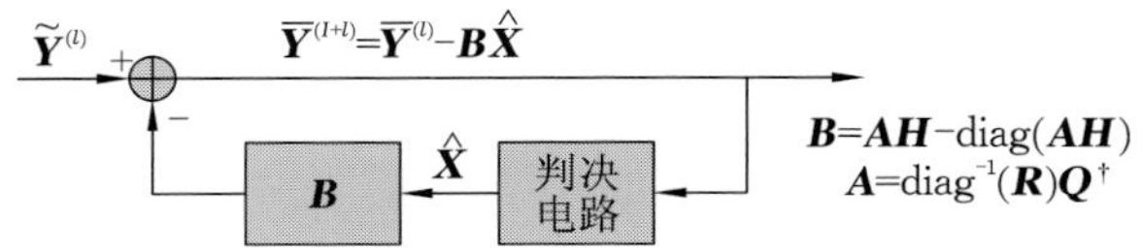

图 6.44　用迭代的方式消除模式耦合方案的工作原理

6.8　总结

本章主要描述高级检测概念,包括相干检测、相干光 OFDM、信道均衡、同步、MIMO 检测以及各种损伤的补偿。本章介绍了以下几种检测补偿技术:前馈均衡器、判决反馈均衡器、自适应均衡器、维特比均衡器、维纳滤波、盲均衡器、Turbo 均衡法、Volterra 级数展开均衡方法和数字背向传输方法。另外,已经详细描述了通过 OFDM 对色散和偏振模色散的补偿,以及各种 MIMO 检测技术。为了实现表达的完整性,提供了包括最佳接收机设计和错误概率推导在内的检测和估计理论的基础。

思考题

6.1　随机过程 $X(t)$ 的形式为 $X(t)=A\cos(\omega t+\theta)$,其中,$A$ 是一个正的随机变量,取值为 $0\sim1$,频率 ω 是固定的,并且 θ 在$[-\pi,\pi]$中均匀分布。假设 A 和 θ 是独立随机变量,求出 $X(t)$ 的均值、自相关和功率谱密度(PSD)。随机过程在均值和自相关中是平稳的吗?如果随机过程是广义平稳的,它的功率是多少?

6.2　考虑一个由 $X(t)=A\cos(2\pi f_0 t+\phi)$ 给出的随机过程,其中,A 和 f_0 是常数,ϕ 是均匀分布在$(0,2\pi)$上的随机变量。如果 $X(t)$ 是遍历过程,则在 $t\to\infty$ 时 $X(t)$ 的时间平均值等于 $X(t)$ 的整体平均值。

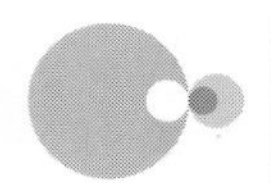

(1) 使用整数周期的时间平均来计算 $X(t)$ 的第一矩和第二矩的近似值。

(2) 计算 $X(t)$ 的第一统计矩和第二统计矩(整体平均值)。将结果与(1)中的时间平均值进行对比。

6.3 低通、零均值、高斯随机过程 $X(t)$ 的功率谱密度如下所示:

$$G_X(f)=\begin{cases}A, & |f|<B\\0, & |f|\geqslant B\end{cases}$$

令 $Y=(I/T)\int_{-T/2}^{T/2}X(t)\mathrm{d}t$,假设 $T\gg 1/B$,计算 σ_Y^2 并将其与 σ_X^2 进行比较。

6.4 AWGN 信号通过系统传递,它的传递函数可以建模为如图 6.45 所示。输出噪声功率为多少?确定系统输出端随机噪声过程的自相关函数。假设 $R/L=8$ 并且 $1/(LC)=25$。

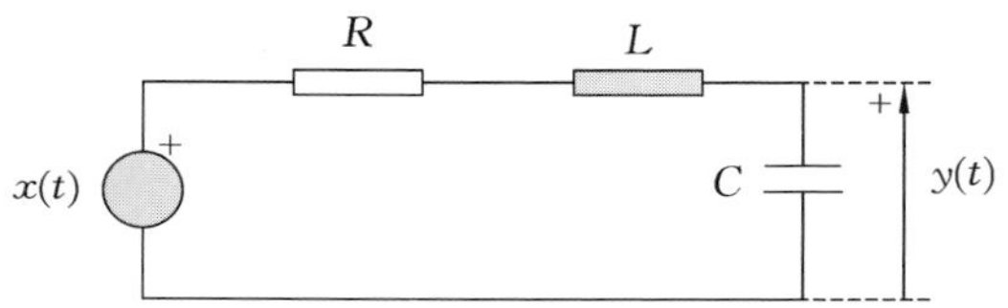

图 6.45 传输系统示例

6.5 假设四个符号中每个符号等概率发送,确定 4-ASK 每个符号的平均能量。导出符号错误概率的表示式,并将其与 QPSK 进行比较。

6.6 我们已经研究了如图 6.46(a) 所示的 8-QAM 信号星座图(请参考第 5 章的问题 8),特别是它的 Gray 映射规则和判决边界。

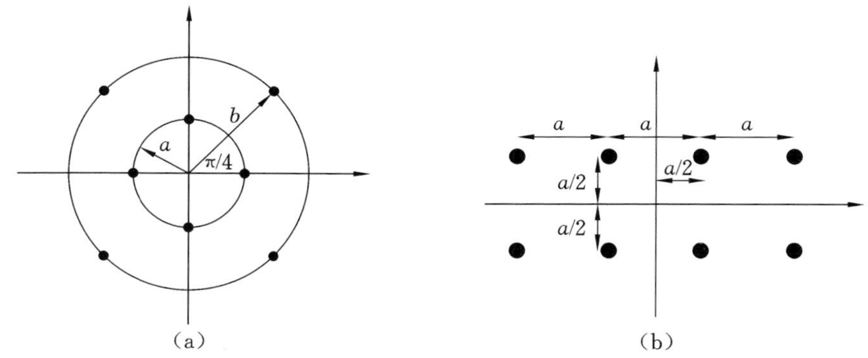

图 6.46 八进制的二维星座图

(a) 星型 8-QAM;(b) 8-QAM

(1) 确定两个星座图的判决边界和判决区域,如图 6.46 所示。

(2) 推导图 6.46(a) 所示的 8-QAM 平均错误概率表示式。

(3) 推导图 6.46(b) 所示的 8-QAM 平均错误概率表示式,并将其与图 6.46(a) 所示的信号星座图进行比较。

6.7 在本问题中,我们研究了图 6.47 所示的 5-QAM 信号星座图,并与信号星座点位于半径为 a 的圆上的 5-PSK 的性能比较。在第 5 章的问题 10 中,我们从能量效率和相位误差的鲁棒性方面讨论了这两种调制方案。假设所有星座点等概率发送。

(1) 试确定 5-QAM 和 5-PSK 的判决边界和判决区域。

(2) 推导图 6.47 所示的 5-QAM 平均错误概率表示式。

(3) 推导 5-PSK 平均错误概率表示式,并将其与 5-QAM 的平均误差概率进行比较。

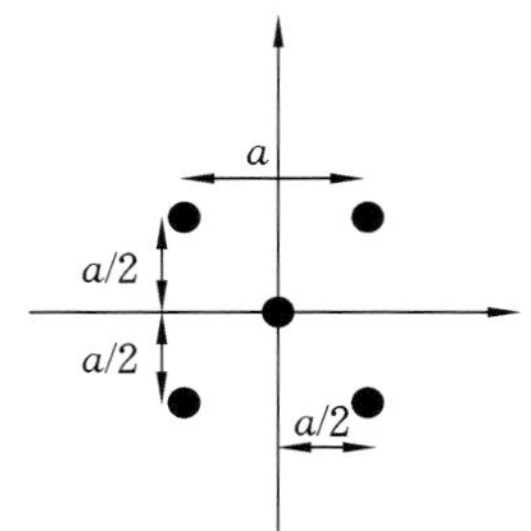

图 6.47 5-QAM 信号星座图

6.8 将信号星座点放置在边长为 a 的立方体顶点上,得到立方体的信号星座图。假设所有符号等概率发送,导出平均符号错误概率的表示式。将其与图 6.46 所示的 8-QAM 信号星座图进行比较。

6.9 假设 $r(T_s)$(T_s 是符号持续时间)为最佳二进制接收机的输出。证明以下表达式成立:

(1) $m_1 = E\{r \mid s_1\} = E_1 - \rho_{12}$。

(2) $m_2 = E\{r \mid s_2\} = -E_2 + \rho_{12}$。

(3) $\sigma^2 = \mathrm{Var}\{r \mid m_1\} = \mathrm{Var}\{r \mid m_2\} = \mathrm{Var}\left\{\int_0^T n(t)\,[s_1(t) - s_2(t)]\,\mathrm{d}t\right\}$

$$= \frac{N_0}{2}(E_1 + E_2 - 2\rho_{12})\text{。}$$

其中,

$$E_1 = \int_0^{T_s} s_1^2(t)\,\mathrm{d}t,\ E_2 = \int_0^{T_s} s_2^2(t)\,\mathrm{d}t,\ \rho_{12} = \int_0^{T_s} s_1(t)s_2(t)\,\mathrm{d}t$$

6.10　让我们考虑随机过程 $R(t)$ 及其扩展形式：

$$R(t)=\sum_{j=1}^{D} r_j \Phi_j(t)+Z(t),0 \leqslant t \leqslant T_s$$

其中，$Z(t)$ 是噪声项的余项。$\{\Phi_j(t)\}$ 表示一组正交基函数，r_j 是 $R(t)$ 沿第 j 个基函数的投影。$Z(t_m)$ 是通过在 $t=t_m$ 处观察 $Z(t)$ 而获得的随机变量。证明噪声过程 $Z(t_m)$ 的样本在统计上独立于相关器的输出 $\{R_j\}$，即

$$E\left[R_j Z(t_m)\right]=0\begin{cases} j=1,2,\cdots,D \\ 0 \leqslant t_m \leqslant T_s \end{cases}$$

6.11　正交信号集的特征是任意一对信号的点积为零。提供一对满足此条件的信号，并构造相应的信号星座图。

6.12　利用正交集的负符号信号对正交信号集进行推广，得到一组 $2M$ 个双正交信号。双正交信号结构是否增加了原始信号集的维数？问题 6.11 给出了正交信号星座的双正交信号星座图的构造。

6.13　为以下编码制定信号星座图：单极性 NRZ、双极性 NRZ、单极性 RZ 和曼彻斯特编码。对于曼彻斯特编码，当在 AWGN 信道中应用 ML 规则时，导出错误概率的表示式。

6.14　单纯形信号同样可能是高度相关的信号。当从 M 个正交信号导出时，集合中任意两对信号之间的相关系数由下式给出：

$$\rho_{kl}=\begin{cases} -1/(M-1), k \neq l \\ 1, k=l \end{cases}$$

构造单纯形信号集的最简单方法是从正交信号集开始，其中每个元素具有相同的能量，然后创建最小能量信号集。考虑将信号点放置在等边三角形顶点上的信号集。证明这三个信号代表单纯形信号集。

6.15　让我们观察第 5 章中描述的 M 进制交叉形信号星座图（见图 5.10）。证明对于足够高的 SNR，可以将平均符号错误概率估计为 $P_e \approx 2(1-1/\sqrt{2M})\operatorname{erfc}(\sqrt{E_0/N_0})$，其中，$E_0$ 是星座图中最小的符号能量。确定该星座图的边界，并讨论它的精度。最后，确定最相邻的近似值。

6.16　让我们观察 M 进制 PSK 信号星座图。导出平均符号错误概率的表示式。确定联合边界近似。最后，确定最近邻近似。讨论这些近似值对平均符号错误概率表示式的精度影响。

6.17　让我们考虑一个相对于原点对称的信号星座图。假设集合中有 M

个信号星座点，它们的可能性相同。利用上界的方法，确定该信号星座图对应的平均符号误差。

6.18 让我们重新思考第 6.1.5 节中的例子。说明如何导出方程式(6.96)。利用它，推导出锁相环的实现方式。

6.19 推导式(6.184) 给出的正交性原则。通过使用它，可以得出维纳滤波器的最通用形式(6.186)。最后，导出维纳滤波器的方差误差，并写出推导过程。

6.20 这个问题对 MIMO 信号处理和滤波器设计具有重要意义。假设 $\boldsymbol{x}$ 为发射信号矢量，$\boldsymbol{r}$ 为接收信号矢量，$\boldsymbol{z}$ 为噪声矢量，它们的关系式是 $\boldsymbol{r}=\boldsymbol{H}\boldsymbol{x}+\boldsymbol{z}$，其中 $\boldsymbol{H}$ 是信道矩阵。推导出维纳估计并确定其最小误差方差。

6.21 在这个问题上，我们通过数据辅助方法研究了载波相位恢复。在数据辅助方法中，接收机具有长度为 L 的前导码，表示为 $\{a_l\}_{l=0}^{L-1}$。确定载波相位的最大似然估计。提供此 ML 相位估算器的框图。

6.22 让我们考虑外差相干探测设计，包括两个平衡探测器或者只有一个平衡探测器，如图 6.20 和图 6.48 所示。假设入射光信号由 $S_i=\sqrt{P_s}\,|a_i|\,e^{j(\omega_s t+\phi_i+\phi_{S,PN})}$ 给出，推导两种设计中的 v_I 和 v_Q，其中 ω_s 是发射激光的载波频率，(a_i,ϕ_i) 是在第 i 个时间点发射的二维信号星座图的极坐标，$\phi_{S,PN}$ 是发射激光器的激光相位噪声。假设本地振荡器(LO) 信号由 $L=\sqrt{P_{LO}}\,e^{j(\omega_{LO}t+\phi_{LO,PN})}$ 给出，其中，ω_{LO} 是本地激光振荡器的载波频率，$\phi_{LO,PN}$ 是相应的激光相位噪声。在以下两个方案中分别比较这两种方案的接收机灵敏度：①ASE 噪声主导的情况；② 散粒噪声主导的情况。

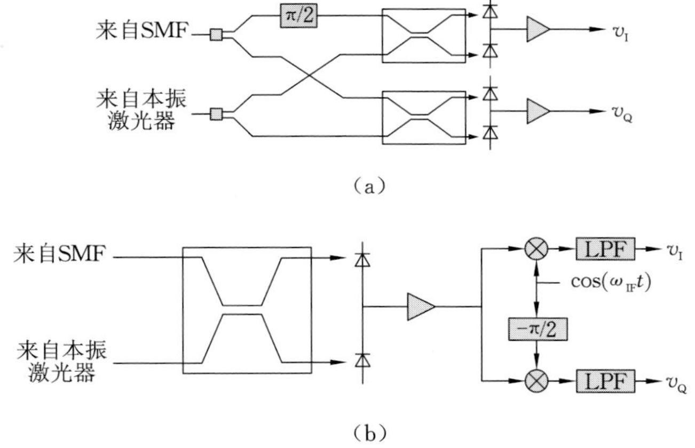

图 6.48 外差相干探测的设计

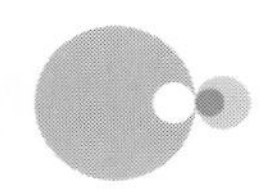

6.23　在本问题中，我们研究了DFT窗口同步的效率。在Matlab或C/C++中实现CO-OFDM系统，进行以下蒙特卡洛仿真。OFDM系统参数应该设计为如下：符号周期为25.6 ns，保护时间间隔为3.2 ns，子载波数为256个，采用BPSK格式的总数据速率为10 Gb/s，发射和本振激光器的激光线宽为100 kHz。在累积色散为34000 ps/nm和OSNR为6 dB的情况下，绘制时间度量和时间偏移的关系图。当使用QPSK时，重复仿真。最后，当存在一阶PMD，DGD值分别取100 ps、500 ps和1000 ps时，重复仿真。

6.24　在本问题中，我们研究了CO-OFDM系统中Alamouti型偏振时间(PT)编码的效率。设计了一种基于Alamouti型PT编码的CO-OFDM系统，它能够在6500 km的SMF上实现100 Gb/s的串行光传输。在线性范围内进行蒙特卡罗仿真，考虑以下影响：色散、一阶偏振模色散和100 kHz的激光线宽(相对于发射机和本地激光器而言)。使用前面章节中给出的典型光纤参数。将该方案与基于LS信道估计的相同聚合数据速率的等效偏振复用(PDM)系统进行对比并讨论结果。PT编码相对于PDM有哪些优缺点？

6.25　在本问题中，我们研究了V-BLAST方案在CO-OFDM系统中的效率。设计一个CO-OFDM系统，能够在10000 km的SMF上实现100 Gb/s的串行光传输。用线性的方式进行蒙特卡洛仿真，考虑以下影响：色散、一阶偏振模色散和100 kHz的激光线宽(相对于发射机和本地激光器而言)。使用前面章节中给出的典型光纤参数。为了补偿偏振模色散和色散，使用V-BLAST的方法。基于LS信道估计，将该方案与具有相同聚合数据速率的等效PDM方案进行比较并讨论结果。V-BLAST的检测方案相对于PDM有哪些优缺点？

6.26　重复问题6.25，但现在考虑非线性区域，通过求解两个偏振态的非线性方程，研究误码率性能和总传输距离的关系。

6.27　在本问题中，我们有兴趣通过问题6.26中的MMSE信道估计来改善BER性能和基于V-BLAST的常规PDM，以及CO-OFDM系统的非线性容限。在以下几种情况下绘制BER和总传输距离的关系图：①V-BLAST-LS估计；② 常规PDM-LS估计；③V-BLAST-MMSE估计；④ 常规PDM-MMSE估计。对于MMSE估计，请使用一阶和二阶插值并讨论结果。

6.28　此问题与式(6.300)给出的$\mathbf{A}_{\mathrm{MMSE}}$矩阵的推导有关。定义MSE为如下形式：

$$\varepsilon^2(\boldsymbol{A}) = E\{\|\boldsymbol{A}\boldsymbol{y} - \boldsymbol{x}\|^2\}$$
$$= E\{\mathrm{Tr}[((\boldsymbol{AH} - \boldsymbol{I}_{M_{\mathrm{Tx}}})\boldsymbol{x} + \boldsymbol{Az})((\boldsymbol{AH} - \boldsymbol{I}_{M_{\mathrm{Tx}}})\boldsymbol{x} + \boldsymbol{Az})^\dagger]\}$$

假设 $\boldsymbol{x}$ 分量是 i.i.d.零均值并且具有对应于平均能量的第二矩，确定最佳的 MMSE 线性变换 $\boldsymbol{A}$。推导相应的 PEP。讨论以下情况的渐近行为：

(1) 有限 $M_{\mathrm{T_X}}, M_{\mathrm{R_X}} \to \infty$；

(2) $M_{\mathrm{T_X}} \to \infty, M_{\mathrm{R_X}} \to \infty$，并且 $M_{\mathrm{T_X}}/M_{\mathrm{R_X}} \to \mathrm{a}$。

6.29 在这个问题中，我们处理 ZF V-BLAST 中矩阵 $\boldsymbol{A}$ 和 $\boldsymbol{B}$ 的推导。没有噪声的 MSE 由下式给出：

$$\varepsilon^2(\boldsymbol{A}, \boldsymbol{B}) = E\{\|\tilde{\boldsymbol{Y}} - \boldsymbol{X}\|^2\} = E\{\|\boldsymbol{AHX} - \boldsymbol{B}\hat{\boldsymbol{X}} - \boldsymbol{X}\|^2\}$$

通过使用高 SNR 逼近和信道矩阵的 QR 分解确定矩阵 $\boldsymbol{A}$ 和 $\boldsymbol{B}$，从而使 MSE 最小化。一旦确定了这些矩阵，就可以证明模式耦合的确被抵消了。完整描述检测过程。

6.30 在本问题中，我们处理 MMSE V-BLAST 矩阵 $\boldsymbol{A}$ 和 $\boldsymbol{B}$ 的推导。在存在噪声的情况下，MSE 由下面式子给出：

$$\varepsilon^2(\boldsymbol{A}, \boldsymbol{B}) = E\{\|\tilde{\boldsymbol{Y}} - \boldsymbol{X}\|^2\} = E\{\|\boldsymbol{AY} - \boldsymbol{BX} - \boldsymbol{X}\|^2\}$$
$$= E\{\|(\boldsymbol{AH} - \boldsymbol{L} - \boldsymbol{I}_{M_{\mathrm{Tx}}})\boldsymbol{X} + \boldsymbol{AZ}\|^2\}$$

通过使用 Cholesky 分解 $\boldsymbol{H}^\dagger\boldsymbol{H} + \mathrm{SNR}^{-1}\boldsymbol{I}_{M_{\mathrm{Tx}}} = \boldsymbol{S}^\dagger\boldsymbol{S}$，确定矩阵 $\boldsymbol{A}$ 和 $\boldsymbol{B}$，以使 MSE 最小化。剩余的 MSE 误差是什么？一旦确定了这些矩阵，就可以证明模式耦合的确被抵消了。

6.31 在本问题中，我们关注通过使用模分复用 PDM CO-OFDM 在 1500 km 的少模光纤(FMF)上实现 1 Tb/s 的光传输。对于 FMF 建模，请使用 6.7.1 节中描述的模型。通过采用两种空间和极化模式，设计出总数据速率为 1 Tb/s 的 CO-OFDM 系统。使用五个正交 OFDM 频段进行仿真，每个频段的总数据速率是 200 Gb/s。对以下感兴趣的情况执行蒙特卡洛模拟：①V-BLAST-LS 估计；② 常规 PDM-LS 估计；③V-BLAST-MMSE 估计；④ 常规 PDM-MMSE 估计。对于 MMSE 估计，请使用一阶和二阶插值并讨论结果。

参考文献

[1] Proakis, J.G., *Digital Communications*, Boston, MA: McGraw-Hill, 2001.

[2] McDoNough, R.N., and Whalen, A.D., *Detection of Signals in Noise, 2nd ed.*, San Diego: Academic Press, 1995.

[3] S.Haykin, *Digital Communications*, New York: John Wiley & Sons, 1988.

[4] Jacobsen, G., *Noise in Digital Optical Transmission Systems*, Norwood, MA: Artech House, 1994.

[5] Cvijetic, M., *Coherent and Nonlinear Lightwave Communications*, Norwood, MA: Artech House, 1996.

[6] Djordjevic, I.B., and Stefanovic, M.C., Performance of optical heterodyne PSK systems with Costas loop in multichannel environment for nonlinear second order PLL model, *IEEE J.Lightw.Technol.*, Vol.17, No.12, pp. 2470-2479, Dec.1999.

[7] Hooijmans, P.W., *Coherent Optical System Design*, New York: John Wiley & Sons, 1994.

[8] Kazovsky, L., Benedetto, S., and Willner, A., *Optical Fiber Communication Systems*, Norwood, MA: Artech House, 1996.

[9] Savory, S.J., Digital filters for coherent optical receivers, *Opt.Express*, Vol.16, pp.804-817, 2008.

[10] Djordjevic, I.B., Xu, L., and Wang, T., PMD compensation in multilevel coded-modulation schemes with coherent detection using BLAST algorithm and iterative polarization cancellation, *Opt.Express*, Vol.16, No.19, pp.14845-14852, Sept.15, 2008.

[11] Djordjevic, I.B., Xu, L., and Wang, T., PMD compensation in coded-modulation schemes with coherent detection using Alamouti-type polarization-time coding, *Opt.Express*, Vol.16, No.18, pp.14163-14172, Sept.1, 2008.

[12] Djordjevic, I.B., Arabaci, M., and Minkov, L., Next generation FEC for high-capacity communication in optical transport networks, *IEEE/OSA J.Lightw.Technol.*, Vol.27, No.16, pp.3518-3530, August 15, 2009. (Invited Paper.)

[13] Djordjevic, I.B., Xu, L., and Wang, T., Beyond 100 Gb/s optical transmission based on polarization multiplexed coded-OFDM with coherent detection, *IEEE/OSA J.Opt.Commun.Netw.*, Vol.1, No.1, pp.50-56, June 2009.

[14] Proakis, J.G., and Manolakis, D.G., *Digital Signal Processing: Principles, Algorithms, and Applications, 4th ed.*, Upper Saddle River, NJ: Prentice-Hall, 2007.

[15] Tseng, C.-C., Design of IIR digital all-pass filters using least *p*th phase error criterion, *IEEE Trans. Circuits Syst. II, Analog Digit. Signal Process.*, Vol.50, No.9, pp.653-656, Sept.2003.

[16] Goldfarb, G., and Li, G., Chromatic dispersion compensation using digital IIR filtering with coherent detection, *IEEE Photon. Technol. Lett.*, Vol.19, No.13, pp.969-971, July 1, 2007.

[17] Ip, E., Pak, A., et al., Coherent detection in optical fiber systems, *Opt. Express*, Vol.16, No.2, pp.753-791, 21 January 2008.

[18] Ip, E., and Kahn, J.M., Digital equalization of chromatic dispersion and polarization mode dispersion, *J. Lightw. Technol.*, Vol.25, pp.2033-2043, Aug.2007.

[19] Kuschnerov, M., Hauske, F.N., et al., DSP for coherent single-carrier receivers, *J. Lightw. Technol.*, Vol.27, No.16, pp.3614-3622, Aug.15, 2009.

[20] Djordjevic, I.B., Ryan, W., and Vasic, B., *Coding for Optical Channels*, New York: Springer, 2010.

[21] Proakis, J.G, Partial response equalization with application to high density magnetic recording channels, in *Coding and Signal Processing for Magnetic Recording Systems*, (B.Vasic and E.M.Kurtas, Eds.), Boca Raton, FL: CRC Press, 2005.

[22] Haykin, S., *Communication Systems, 4th ed.*, New York: John Wiley & Sons, 2001.

[23] Lyubomirsky, I., Optical duobinary systems for high-speed transmission, in *Advanced Technologies for High-Speed Optical Communications* 2007, (L. Xu, Ed.), Research Signpost, 2007.

[24] Alic, N., Papen, G.C., et al., Signal statistics and maximum likelihood sequence estimation in intensity modulated fiber optic links containing a single optical preamplifier, *Opt. Express*, Vol.13, pp.4568-4579, June 2005.

[25] Goldsmith, A., *Wireless Communications*, Cambridge, UK: Cambridge

University Press, 2005.

[26] ColaVolpe, G., Foggi, T., et al., Multilevel optical systems with MLSD receivers insensitive to GVD and PMD, *IEEE/OSA J. Lightw. Technol.*, Vol.26, pp.1263-1273, 2008.

[27] Ivkovic, M., Djordjevic, I.B., and Vasic, B., Hard decision error correcting scheme based on LDPC codes for long-haul optical transmission, *Proc. Optical Transmission Systems and Equipment for Networking V-SPIE Optics East Conference*, Vol.6388, pp.63880F.1-63880F.7, Oct.1-4, 2006, Boston, MA, USA.

[28] Hagenauer, J., and Hoeher, P., A Viterbi algorithm with soft-decision outputs and its applications, *Proc. IEEE Globecom Conf.*, Dallas, TX, pp.1680-1686, Nov.1989.

[29] Bahl, L.R., Cocke, J., Jelinek, F., and Raviv, J., Optimal decoding of linear codes for minimizing symbol error rate, *IEEE Trans. Inform. Theory*, Vol.IT-20, pp.284-287, Mar.1974.

[30] Wymeersch, H., and Win, M.Z., Soft electrical equalization for optical channels, *Proc. ICC'08*, pp.548-552, May 19-23, 2008.

[31] Douillard, C., Jézéquel, M., et al., Iterative correction of intersymbol interference: turbo equalization' *Eur. Trans. Telecommun.*, Vol.6, pp. 507-511, 1995.

[32] Tüchler, M., Koetter, R., and Singer, A.C., Turbo equalization: principles and new results, *IEEE Trans. Commun.*, Vol.50, No.5, pp.754-767, May 2002.

[33] Jäger, M., Rankl, T., et al., Performance of turbo equalizers for optical PMD channels, *IEEE/OSA J. Lightw. Technol.*, Vol.24, No.3, pp.1226-1236, Mar.2006.

[34] Djordjevic, I.B., Minkov, L.L., et al., Suppression of fiber nonlinearities and PMD in coded-modulation schemes with coherent detection by using turbo equalization, *IEEE/OSA J. Opt. Commun. Netw.*, Vol.1, No.6, pp.555-564, Nov.2009.

[35] Djordjevic, I. B., Spatial-domain-based hybrid multidimensional coded-modulation schemes enabling multi-Tb/s optical transport, *IEEE/OSA*

J.Lightw.Technol., Vol.30, No.14, pp.2315-2328, July 15, 2012.

[36] Hayes, M.H., *Statistical Digital Signal Processing and Modeling*, New York: John Wiley & Sons, 1996.

[37] Haykin, A., *Adaptive Filter Theory*, 4th ed., Boston, MA: Pearson Education, 2003.

[38] Manolakis, D.G., Ingle, V.K., and Kogon, S.M., *Statistical and Adaptive Signal Processing*, New York: McGraw-Hill, 2000.

[39] Seshadri, N., Joint data and channel estimation using fast blind trellis search techniques, *IEEE Trans.Comm.*, Vol.COMM-42, pp.1000-1011, Feb./Mar./Apr.1994.

[40] Godard, D.N., Self-recovering equalization and carrier tracking in two-dimensional data communication systems, *IEEE Trans.Comm.*, Vol.28, No.11, pp.1867-1875, Nov.1980.

[41] Sato, Y., A method of self-recovering equalization for multilevel amplitude-modulation systems, *IEEE Tran.Comm.*, Vol.23, No.6, pp. 679-682, Jun.1975.

[42] Benveniste, A., Goursat, M., and Ruget, G., Robust identification of a nonminimum phase system, *IEEE Trans.Auto.Control*, Vol.AC-25, pp. 385-399, June 1980.

[43] Nowak, R.D., and Van Veen, B.D., Volterra filter equalization: a fixed point approach, *IEEE Tran.Sig.Proc.*, Vol.45, No.2, pp.377[78,89]388, Feb.1997.

[44] Jeruchim, M.C., Balaban, P., and Shanmugan, K.S., *Simulation of Communication systems: Modeling, Methodology, and Techniques*, *2nd ed.*, N.York: Kluwer Academic/Plenum Pub., 2000.

[45] Nazarathy, M., and Weidenfeld, R., Nonlinear impairments in coherent optical OFDM and their mitigation, in *Impact of Nonlinearities on Fiber Optic Communication*, (S.Kumar Ed.), Springer, pp.87-175, Mar.2011.

[46] Guiomar, F.P., Reis, J.D., et al., Mitigation of intra-channel nonlinearities using a frequency-domain Volterra series equalizer, *Proc.ECOC 2011*, Paper Tu.6.B.1, Sept.18-22, 2011, Geneva, Switzerland.

[47] Peddanarappagari, K.V., and Brandt-Pearce, M., Volterra series transfer function of single-mode fibers, *J.Lightw.Technol.*, Vol.15, pp.2232-2241, Dec.1997.

[48] Xu, B., and Brandt-Pearce, M., Modified Volterra series transfer function method, *IEEE Photon.Technol.Lett.*, Vol.14, No.1, pp.47-49, 2002.

[49] Guiomar, F.P., Reis, J.D., et al., Digital post-compensation using Volterra series transfer function, *IEEE Photon.Technol.Lett.*, Vol.23, No.19, pp.1412-1414, Oct.1, 2011.

[50] Gao, Y., Zgang, F., et al., Intra-channel nonlinearities mitigation in pseudo-linear coherent QPSK transmission systems via nonlinear electrical equalizer, *Opt.Commun.*, Vol.282, pp.2421-2425, 2009.

[51] Liu, L., Li, L., et al., Intrachannel nonlinearity compensation by inverse Volterra series transfer function, *J.Lightw.Technol.*, Vol.30, No.3, pp.310-316, Feb.1, 2012.

[52] Liu, X., and Nazarathy, M., Coherent, self-coherent, and differential detection systems, in *Impact of Nonlinearities on Fiber Optic Communication*, (S.Kumar, ed.), New York: Springer, pp.1-42, Mar.2011.

[53] Ip, E., and Kahn, J.M., Compensation of dispersion and nonlinear impairments using digital backpropagation, *J.Lightw.Technol.*, Vol.26, No.20, pp.3416-3425, 2008.

[54] Ip, E., and Kahn, J.M., Nonlinear Impairment Compensation using Backpropagation, in *Optical Fibre, New Developments*, (C.Lethien, ed.), Vienna, Austria: In-Tech, 2009.

[55] Agrawal, G.P., *Nonlinear Fiber Optics, 5th ed.*, San Diego: Academic Press, 2012.

[56] Yang, Q., Al Amin, A., and Shieh, W., Optical OFDM basics, in *Impact of Nonlinearities on Fiber Optic Communication*, (S.Kumar, ed.), New York: Springer, pp.43-85, 2011.

[57] Shieh, W., and Djordjevic, I., *OFDM for Optical Communications*, New York: Elsevier/Academic Press, 2009.

[58] Djordjevic, I.B., Xu, L., and Wang, T., PMD compensation in multilevel

coded-modulation schemes using BLAST algorithm, *Proc. The 21st Annual Meeting of the IEEE Lasers & Electro-Optics Society*, Newport Beach, CA, 2008, Paper No. TuP 2.

[59] Xu, T., Jacobsen, G., *et al.*, Chromatic dispersion compensation in coherent transmission system using digital filters, *Opt. Express*, Vol. 18, No.15, pp.16243-16257, 19 July 2010.

[60] Djordjevic, I.B., *Quantum Information Processing and Quantum Error Correction: An Engineering Approach*, New York: Elsevier/Academic Press, 2012.

[61] Gordon, J.P., and Kogelnik, H., PMD fundamentals: polarization mode dispersion in optical fibers, *Proc. Nat. Academy of Science*, Vol.97, No. 9, pp.4541-4550, Apr. 2000.

[62] Tong, Z., Yang, Q., et al., 21.4 Gb/s coherent optical OFDM transmission over multimode fiber, in Post-Deadline Papers Technical Digest, *Proc. 13th Optoelectronics and Communications Conference* (*OECC*) *and 33rd Australian Conference on Optical Fibre Technology* (*ACOFT*), Paper No. PDP-5, 2008.

[63] Hsu, R.C.J., Tarighat, A., et al., Capacity enhancement in coherent optical MIMO (COMIMO) multimode fiber links, *J. Lightw. Technol.*, Vol.23, No. 8, pp.2410-2419, Aug. 2005.

[64] Tarighat, A., Hsu, R.C.J., et al., Fundamentals and challenges of optical multiple-input multiple output multimode fiber links, *IEEE Comm. Mag.*, Vol.45, pp.57-63, May 2007.

[65] Bikhazi, N.W., Jensen, M.A., and Anderson, A.L., MIMO signaling over the MMF optical broadcast channel with square-law detection, *IEEE Trans. Comm.*, Vol.57, No.3, pp.614-617, Mar. 2009.

[66] Agmon, A., and Nazarathy, M., Broadcast MIMO over multimode optical interconnects by modal beamforming, *Optics Express*, Vol.15, No.20, pp.13123-13128, Sept. 26, 2007.

[67] Biglieri, E., Calderbank, R., et al., *MIMO Wireless Communications*, Cambridge, UK: Cambridge University Press, 2007.

[68] Foschini, G.J., Layered space-time architecture for wireless communication in a fading environment when using multi-element antennas, *Bell Labs Tech. J.*, Vol.1, pp.41-59, 1996.

[69] Tse, D., and Viswanath, P., *Fundamentals of Wireless Communication*, Cambridge, UK: Cambridge University Press, 2005.

[70] Duman, T.M., and Ghrayeb, A., *Coding for MIMO Communication Systems*, New York: John Wiley & Sons, 2007.

[71] Tarokh, V., Seshadri, N., and Calderbank, A.R., Space-time codes for high data rate wireless communication: performance criterion and code construction, *IEEE Trans. Information Theory*, Vol.44, No.2, pp.744-765, Mar.1998.

[72] Biglieri, E., *Coding for Wireless Channels*, New York: Springer, 2005.

[73] Alamouti, S., A simple transmit diversity technique for wireless communications, *IEEE J. Sel. Areas Commun*. Vol.16, pp.1451-1458, 1998.

[74] Kogelnik, H., Jopson, R.M., and Nelson, L.E., Polarization-mode dispersion, in *Optical Fiber Telecommunications IVB: Systems and Impairments*, (I. Kaminow and T. Li, Eeds.), San Diego, CA: Academic Press, 2002.

[75] Ho, K.-P., and Kahn, J.M., Statistics of group delays in multimode fiber with strong mode coupling, *J. Lightw. Technol.*, Vol.29, No.21, pp. 3119-3128, 2011.

[76] Zou, D., Lin, C., and Djordjevic, I.B., LDPC-coded mode-multiplexed CO-OFDM over 1000 km of few-mode fiber, *Proc. CLEO 2012*, Paper No.CF3I.3, San Jose, CA, 2012.

[77] Shieh, W., and Athaudage, C., Coherent optical orthogonal frequency division multiplexing, *Electronic Letters*, Vol.42, pp.587-589, May 11, 2006.

[78] Djordjevic, I.B., and Vasic, B., Orthogonal frequency division multiplexing for high-speed optical transmission, *Optics Express*, Vol.14, pp.3767-3775, May 1, 2006.

[79] Lowery, A.J., Du, L., and Armstrong, J., Orthogonal frequency division multiplexing for adaptive dispersion compensation in long haul WDM systems, *Proc. Optical Fiber Communication Conference*, Paper PDP39,

March 5-10,2006,Anaheim,CA.

[80] Shieh,W.,Yi,X.,et al.,Coherent optical OFDM:has its time come? *J. Opt.Netw.*,Vol.7,pp.234-255,2008.

[81] Schmidl,T.M.,and Cox,D.C.,Robust frequency and time synchronization for OFDM,*IEEE Trans.Commun.*,Vol.45,pp.1613-1621,Dec.1997.

[82] Minn,H.,Bhargava,V.K.,and Letaief,K.B.,A robust timing and frequency synchronization for OFDM systems,*IEEE Trans.Wireless Comm.*,Vol.2,pp.822-839,July 2003.

[83] Pollet,T.,Van Bladel,M.,and Moeneclaey,M.,BER sensitivity of OFDM systems to carrier frequency offset and Wiener phase noise,*IEEE Trans.Comm.*,Vol.43,pp.191-193,Feb./Mar./Apr.1995.

[84] Coleri,S.,Ergen,M.,et al.,Channel estimation techniques based on pilot arrangement in OFDM systems,*IEEE.Trans.Broadcasting*,Vol.48,No.3,pp.223-229,Sept.2002.

[85] Zou,D.,and Djordjevic,I.B.,Multi-Tb/s optical transmission based on polarization-multiplexed LDPC-coded multi-band OFDM,*Proc.13th International Conference on Transparent Optical Networks* (*ICTON*) *2011*,Paper Th.B3.3,June 26-30,2011,Stockholm,Sweden.

[86] Zou,D.,and Djordjevic,I.B.,Beyond 1Tb/s superchannel optical transmission based on polarization multiplexed coded-OFDM over 2300 km of SSMF,*Proc.2012 Signal Processing in Photonics Communications* (*SPPCom*),Paper SpTu2A.6,2012,Colorado Springs,Colorado,USA.

[87] Sari,H.,Karam,G.,and Jeanclaude,I.,Transmission techniques for digital terrestrial TV broadcasting,*IEEE Commun.Mag.*,Vol.33,No.2,pp.100-109,1995.

[88] Moose,P.,A technique for orthogonal frequency division multiplexing frequency offset correction,*IEEE Trans.Commun.*,Vol.42,pp.2908-2914,1994.

[89] Sandell,M.,Van de Beek,J.J.,and Börjesson,P.O.,Timing and frequency synchronization in OFDM systems using cyclic prefix,*Proc.Int.Symp. Synchron.*,pp.16-19,Saalbau,Essen,Germany,Dec.1995.

[90] Zhang,S.,Huang,M.-F.,et al.,40 × 117.6 Gb/s PDM-16QAM OFDM

transmission over 10,181 km with soft-decision LDPC coding and nonlinearity compensation, *Proc.OFC 2012 Postdeadline Papers*, Paper No.PDP5C.4, 2012, Los Angeles, CA.

[91] Liu, X., and Chandrasekhar, S., Beyond 1 Tb/s superchannel transmission, *Proc.2011 IEEE Photonics Conference*, pp.893-894, 2011, Arlington, VA.

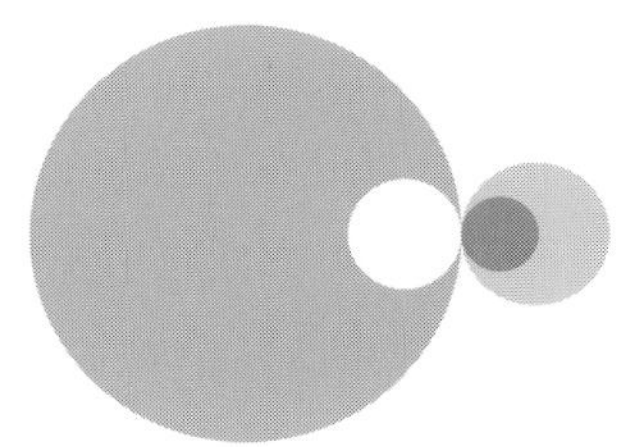

第 7 章 先进的编码方案

本章概述了用于光通信的前向纠错编码(forward error correction,FEC)技术,主要包括图形编码、编码调制、速率自适应编码调制、Turbo 均衡。本章的主要内容是:① 描述了针对光通信使用的几种图形编码;② 描述了如何将多阶调制和信道编码进行组合;③ 描述了如何执行信道均衡和软解码;④ 联合解调、解码和均衡在协同处理各种信道损伤方面的效率。下一代高速光通信中主要使用到的图形编码包括 Turbo 码、Turbo 乘积码、低密度奇偶校验码(low-density paritycheck,LDPC)。我们将描述二进制和非二进制 LDPC 码以及其具体的设计和解码算法。为了便于解释,我们首先介绍信道编码的基本知识,并简要介绍线性分组码、循环码、BCH 码、RS 码、串联码和乘积码。

7.1 信道编码的基本知识

考虑在下一代光纤网络中[1-3] 部署的超高速光纤通信系统,由于受到通道内和通道间光纤非线性、偏振模色散(PMD)和色散的影响,其性能显著下降。为了解决这些信道损伤,需要设计和开发更为先进的调制和检测、编码和信号处理等方面的新的先进技术[1-14]。

由 ITU-T 标准化的 FEC 码的现有技术包括 Bose-Ray-Chaudhuri-

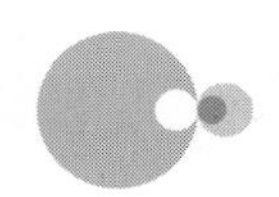

Hocquenghem(BCH) 和 Reed-Solomon(RS) 码的不同变体。特别是 RS(255,239) 码字被广泛应用于长途通信系统中,通常被认为是第一代 FEC[11]。可以将基本 FEC 方案组合在一起,以获得编解码能力更强的 FEC 方案,如 RS(255,239) + RS(255,233) 组合的情况。ITU-T G 975.1 文档中对这几种级联编码进行了标准规范化。类似这类级联方案,如两个 RS 码的级联,或 RS 和卷积码的级联,通常被认为是第二代 FEC[14]。ITU-T 还定义了不同码字长度的光信道传输单元,以更好地适应信息内容和 FEC 尺寸。

主要的第三代光通信 FEC 编解码是基于图形方式编码的[1-11],如 Turbo 码[3] 和低密度奇偶校验(LDPC) 码[1-3]。文献[8-29] 极大地促进了通信理论,并已成为许多应用的标准。其中,Gallager 于 20 世纪 60 年代[20] 发明的 LDPC 码,近年来激起了编码界的极大兴趣[1-3]。

7.1.1　信道编码原理

采用信道编码直接检测的典型数字光通信系统如图 7.1 所示。离散源以符号序列的形式产生码流信息。信道编码器接收消息符号,并根据规定的规则添加冗余符号。信道编码将长度为 k 的序列转换为长度为 n 的码字。这种转换的规则即为信道编码,可以表示为以下映射:$C:\{M\} \rightarrow \{X\}$,其中,C 表示信道编码,M 表示长度为 k 的信息序列集,X 表示长度为 n 的码字集。在接收端,解码器利用这些冗余符号来确定实际发送的消息符号。编码器和解码器将整个数字传输系统视为放置在它们之间的离散信道。

信道编码可分为三大类:① 错误检测码,其中我们只关注检测传输期间是否发生错误(如自动请求传输 ——ARQ 功能);② 前向纠错码(FEC),这类解码可以纠正在传输过程中发生的一定数量错误;③ 结合前两种方法的混合信道编码。在本章中,我们仅讨论 FEC 特性。通常在光纤通信中考虑的编解码属于分组码字类。在(n,k)分组码中,通道编码器接收连续的 k 个符号块中的信息,并添加与 k 个消息符号代数相关的 $n-k$ 个冗余符号,从而产生一个由 n 个符号$(n>k)$组成的整体编码块,称为码字。如果分组码是系统的,则在编码操作中信息符号保持不变,编码操作可视为将 $n-k$ 个广义奇偶校验加到 k 个信息符号中。由于信息符号在统计上是独立的(源编码或加扰的结果),因此每个码字独立于先前码字的内容。(n,k) 块编码序列的总比特率增加因子为 $1/R$,其中,R 是定义为 $R=k/n$ 的码率。编码开销被定义为 OH =

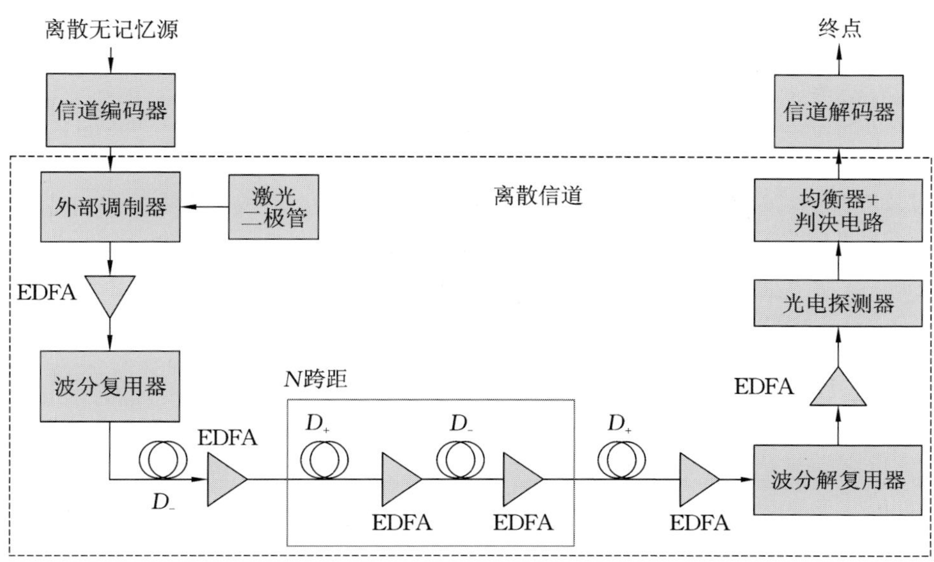

图 7.1　直接检测的点对点数字光通信系统的框图

$(1/R-1)\times 100\%$。通过编码可以节省的能量通常由编码增益来描述，与没有编码的情况相比，在应用编码的情况下，通过每信息比特的能量比(E_b/N_0)和噪声的频谱功率密度的变化来衡量编码增益。

示例 1：重复码

在重复码中，每一个比特都被重复传输 $n=2m+1$ 次。例如，对于 $n=3$，位 0 和位 1 分别表示为 000 和 111。在接收端，我们首先对每个比特分别进行阈值判定，如果接收到的样本高于阈值，则判定为 1；否则，判定为 0。然后解码器应用以下多数解码规则：如果在包含 n 位的块中，位 1 的数量超过位 0 的数量，则解码器判决为 1；否则，解码器判决为 0。这段码字能够纠正最多 m 个错误(在 $n=3$ 的情况下，$m=1$)。解码后仍然存在错误的概率可以用下式来计算：

$$P_e=\sum_{i=m+1}^{n}\binom{n}{i}p^i(1-p)^{n-i} \tag{7.1}$$

其中，p 是给定位置出错的概率。在图 7.2 中，我们使用一个简单的例子来说明信道编码的重要性。图 7.2 所示的是在不同信道转移概率 p 下解码后比特错误概率与码率 $R(R=1/N)$ 的关系。使用这种简单的码字可以实现极低的误码率 BER(10^{-15})，但是编码率非常低。

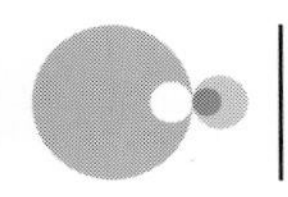

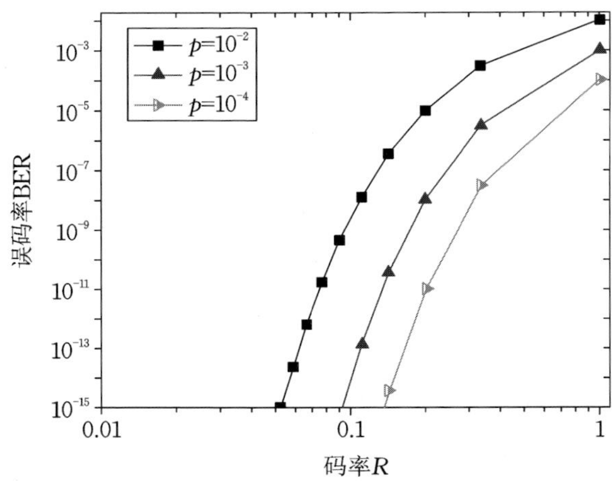

图 7.2　信道编码重要性的示例

示例 2:汉明码

汉明码是单纠错码,其码参数(n,k)满足不等式$2^{n-k} \geqslant n+1$。在汉明码中,$(n-k)$奇偶校验位位于位置$2^j(j=0,1,\cdots,n-k-1)$,而信息位位于剩余的比特位上。为了找出误码的位置,我们需要确定伴随式。举个例子,对于一个(7,4)汉明码,码字可以用$p_1p_2i_1p_3i_2i_3i_4$表示,其中,$p_j(j=1,2,3)$是奇偶校验位,$i_j(j=1,2,3,4)$是信息位。对于信息位1101,码字为$p_1p_2 1p_3 101$,奇偶校验位确定为$p_1=i_1+i_2+i_4=1$,$p_2=i_1+i_3+i_4=0$,$p_3=i_2+i_3+i_4=0$因此,得到的码字字变成$x_1x_2x_3x_4x_5x_6x_7=1010101$。假设第 6 位没有正确接收,对应的字是$y_1y_2y_3y_4y_5y_6y_7=1010111$。伴随式的计算过程如下:

$$s_1=y_1+y_3+y_5+y_7=1+1+1+1=0$$

$$s_2=y_2+y_3+y_6+y_7=0+1+1+1=1$$

$$s_3=y_4+y_5+y_6+y_7=0+1+1+1=1$$

$$S(s_3,s_2,s_1)=110_2=6$$

这个伴随式给出了错误的位置,在这个例子中是第6个位置。定位的误码可以通过翻转相应位的内容来纠正。伴随式检查s_1对最右边为 1 的所有位位置(二进制表示中的位置为2^0)执行奇偶校验,即对$001_2=1$,$011_2=3$,$101_2=5$和$111_2=7$进行校验。伴随式检查s_2对右边第二位为 1 的所有位位置(二进制表示中的位置为2^1)执行奇偶校验,即对$010_2=2$,$011_2=3$,$110_2=6$和$111_2=7$进行校验。最后,伴随式检查s_3对最左边为 1 的所有位位置(二进制表示中的

位置为 2^2）执行奇偶校验，即对 $100_2=4$，$101_2=5$，$110_2=6$ 和 $111_2=7$ 进行校验。

7.1.2 互信息和信道容量

如上所述，信道编码将整个传输系统视为一个离散信道，其中输入和输出字母表的大小是有限的。图 7.3 所示的是这样一个通道的两个例子。图 7.3(a) 所示的是一个离散无记忆信道（DMC）的例子，它的特征是由信道（转换）概率表征的。如果 $X=\{x_0,x_1,\cdots,x_{I-1}\}$ 和 $Y=\{y_0,y_1,\cdots,y_{J-1}\}$ 分别表示信道输入字母表和信道输出字母表，则信道完全由以下转换概率集表征：

$$p(y_j \mid x_i)=P(Y=y_j \mid X=x_i),0 \leqslant p(y_j \mid x_i) \leqslant 1 \tag{7.2}$$

其中，$i \in \{0,1,\cdots,I-1\}$，$j \in \{0,1,\cdots,J-1\}$，I 和 J 分别表示输入和输出字母表的大小。转换概率 $p(y_j \mid x_i)$ 表示给定输入 $X=x_i$ 时 $Y=y_j$ 的条件概率。图 7.3(b) 所示的为离散记忆信道模型[6]。假设光通道的内存为 $2m+1$，$2m$ 是影响两边观测位的比特数。该动态网格由前一状态、下一状态和通道输出的组合唯一地定义。网格中的状态（位模式配置）定义为 $s_j=(x_{j-m},x_{j-m+1},\cdots,x_j,x_{j+1},\cdots,x_{j+m})=\boldsymbol{x}[j-m,j+m]$，其中 $x_k \in X=\{0,1\}$。例如，$2m+1=5$ 的格架如图 7.3(b) 所示。网格有 $2^5=32$ 个状态（s_0，s_1，$\cdots$，s_{31}），每个状态对应一个不同的 5 位模式。

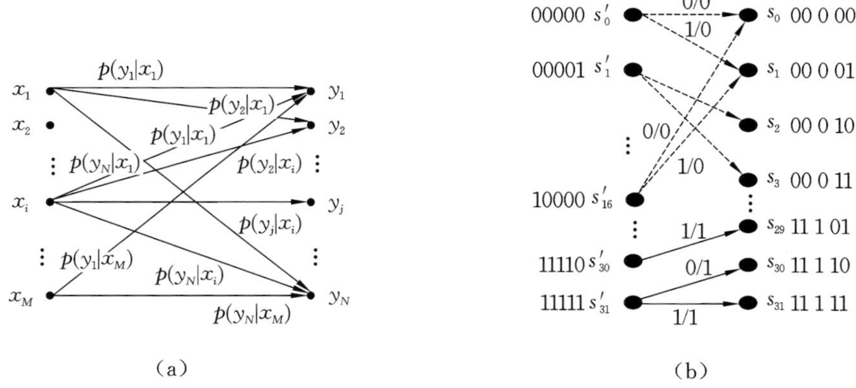

图 7.3 离散通道示例

(a) 离散无记忆通道（DMC）；(b) 被描述为动态网格的离散记忆通道

为了完整地描述网格，转换概率密度函数（PDFs）$p(y_j \mid x_i)=p(y_j \mid s)$，$s \in \boldsymbol{S}$ 可以从采集的直方图中确定（y_j 表示对应于传输位 x_j 的样本，$\boldsymbol{S}$ 是网格中的状态集）。

传输信道最重要的特性之一是信道容量[30-33]，它是通过在所有可能的输入分布上最大化互信息 $I(X;Y)$ 而得到的，有

$$C=\max_{\{p(x_i)\}} I(X;Y),\quad I(X;Y)=H(X)-H(X\mid Y) \tag{7.3}$$

其中，$H(U)=-E(\log_2 P(U))$ 表示随机变量 U 的熵，$E(\cdot)$ 表示数学期望算子。

互信息可以确定为

$$\begin{aligned} I(X;Y) &= H(X)-H(X\mid Y)\\ &=\sum_{i=1}^{M} p(x_i)\log_2\frac{1}{p(x_i)}-\sum_{j=1}^{N} p(y_j)\sum_{i=1}^{M} p(x_i\mid y_j)\log_2\frac{1}{p(x_i\mid y_j)} \end{aligned} \tag{7.4}$$

其中，$H(X)$ 表示观测到信道输出前信道输入的不确定性，也称为熵，$H(\mathbf{X}\mid\mathbf{Y})$ 表示接收到信道输出后信道输入的条件熵或剩余不确定量。因此，互信息表示信道每个符号所传递的信息量，即表示通过观察信道输出来解决信道输入的不确定性。相互信息可以用图 7.4(a) 所示的 Venn 图[34] 来解释。左右圆分别代表了信道输入和信道输出的熵，而互信息是作为这两个圆的交叉区域所获得。另一种解释如图 7.4(b)[30] 所示。互信息，即信道所传递的信息，等于输出信息减去信道中丢失的信息。

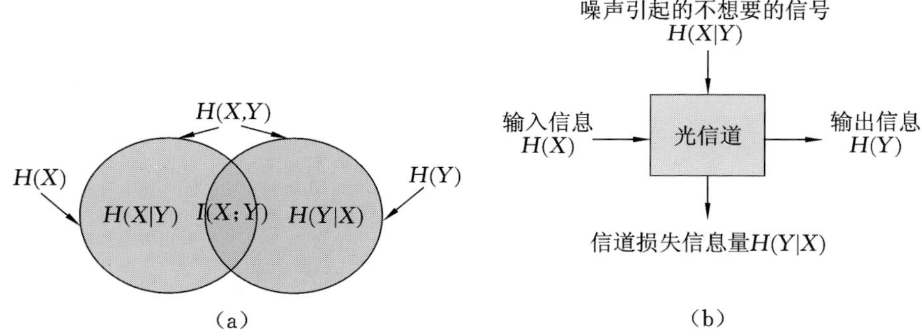

图 7.4　互信息的解释

(a) Venn 图；(b) Ingels 方法

在 M 元输入和 M 元输出对称信道(MSC)中，$p(y_j\mid x_i)=P_s/(M-1)$，$p(y_j\mid x_i)=1-P_s$，其中，P_s 为符号错误概率，信道容量以比特/符号表示为

$$C=\log_2 M+(1-P_s)\log_2(1-P_s)+P_s\log_2\frac{P_s}{M-1} \tag{7.5}$$

信道容量是任何调制和编码方案所能达到的数据速率的上限，它还可用于比较不同编码调制方案与最大信道容量曲线之间的距离。

7.1.3 信道编码与信息容量定理

我们现在可以推导出信道编码定理[30-35]。让一个由字母 S 表示的离散无记忆源具有熵 $H(S)$，并每隔 T_s 秒发出符号。一个离散的无记忆通道（DMC）具有容量 C，在每 T_c 秒内使用一次。如果

$$H(S)/T_s \leqslant C/T_c \tag{7.6}$$

存在一种编码方案，通过该方案可以将源输出通过信道传输，并以任意小的误码率进行重构。参数 $H(S)/T_s$ 与平均信息速率有关，而参数 C/T_c 与每单位时间的信道容量有关。对于二进制对称信道（$M=N=2$），不等式（7.6）变为

$$R \leqslant C \tag{7.7}$$

其中，R 是前面介绍的码率。

信息容量定理在文献中也称为香农第三定理[9-30]。功率谱密度（PSD）的加性高斯白噪声（AWGN）等于 $N_0/2$，带宽为 B 的连续信道的信息容量由下式给出：

$$C = B\log_2\left(1+\frac{P}{N_0 B}\right)(\mathrm{b/s}) \tag{7.8}$$

其中，P 为平均传输功率。这个定理代表了信息论的一个重要的结果，因为它将所有重要的系统参数（传输功率、信道带宽和噪声功率谱密度）反映在一个公式中。

7.2 线性分组码

线性分组码（n，k）满足线性特性，这意味着任意两个码字的线性组合产生另一个码字。如果使用向量空间的术语，它可以定义为有限（Galois）域上向量空间的子空间，记作 GF(q)，q 为素数幂。每个空间都由它的基（一组线性无关的向量）来描述。基中的向量个数决定了空间的维数。因此，对于一个（n，k）线性分组码，空间的维数为 n，码字空间的维数为 k。

［**例 7-1**］ 重复码（n，1）有两个码字 $x_0=(00\cdots0)$ 和 $x_1=(11\cdots1)$，这两个码字的任何线性组合都是另一个码字，如下所示：

$$x_0+x_0=x_0$$

$$x_0 + x_1 = x_1 + x_0 = x_1$$
$$x_1 + x_1 = x_0$$

这个操作是逢 2 进位，如表 7.1 所示。由于将全零码字用作单位元素，并且码字本身用作逆元素，因此线性块码字中的一组码字在加法操作下形成一组，这就是线性分组码又称为群码的原因。线性分组码(n,k)可以看作是二进制域 $GF(2)=\{0,1\}$ 上所有 n 元向量空间的 k 维子空间，加法和乘法规则如表 7.1 所示。GF(2) 上的所有 n 元组构成向量空间。两个 n 元组 $a=(a_1a_2\cdots a_n)$ 和 $b=(b_1b_2\cdots b_n)$ 的和构成一个 n 元组，交换规则是有效的，因为 $a+b=(a_1+b_1a_2+b_2\cdots a_n+b_n)=(b_1+a_1b_2+a_2\cdots b_n+a_n)=b+a$。全零元组 $0=(00\cdots0)$ 是单位元，而 n 元组 a 是逆元素，即 $a+a=0$。因此，n 元组构成都是加法操作的阿贝尔组（Abelian group）（参见 10.11.3 节）。标量乘法定义为：$\alpha a=(\alpha a_1\ \alpha a_2\cdots\alpha a_n)$，$\alpha\in GF(2)$。分配率是有效的，即

$$\alpha(a+b)=\alpha a+\alpha b$$
$$(\alpha+\beta)a=\alpha a+\beta a,\ \forall\alpha,\beta\in GF(2)$$

而乘法交换律 $(\alpha\cdot\beta)a=\alpha\cdot(\beta a)$ 明显成立。因此，所有 n 元组的集合是 GF(2) 上的向量空间。一个(n,k)线性分组码的所有码字集合在加法运算下形成一个阿贝尔组。可以以类似于上面给出的方式示出，(n,k)线性码的所有码字形成维度为 k 的向量空间。存在 k 个基向量（码字），使得每个码字都是这些码字的线性组合。

［**例 7-2**］ 对于$(n,1)$重复码，码字集由：$C=\{(00\cdots0),(11\cdots1)\}$ 给出。码字集 C 中的两个码字可以表示为全一基向量的线性组合：$(11\cdots1)=1\cdot(11\cdots1)$，$(00\cdots0)=1\cdot(11\cdots1)+1\cdot(11\cdots1)$。

表 7.1 加法(+)和乘法(·)规则

+	0	1	·	0	1
0	0	1	0	0	0
1	1	0	1	0	1

7.2.1 生成矩阵

设 $\boldsymbol{m}=(m_0m_1\cdots m_{k-1})$ 表示 k 位信息向量。任何来自(n,k)线性分组码的码字 $\boldsymbol{x}=(x_0x_1\cdots x_{n-1})$ 都可以由 k 个基向量 $g_i(i=0,1,\cdots,k-1)$ 的线性组

合来表示,如下所示:

$$\boldsymbol{x}=m_0 g_0+m_1 g_1+\cdots+m_{k-1} g_{k-1}=\boldsymbol{m}\begin{bmatrix} g_0 \\ g_1 \\ \vdots \\ g_{k-1} \end{bmatrix}=\boldsymbol{mG},\boldsymbol{G}=\begin{bmatrix} g_0 \\ g_1 \\ \vdots \\ g_{k-1} \end{bmatrix} \tag{7.9}$$

其中,$\boldsymbol{G}$ 为生成矩阵($k\times n$ 维),其中每一行表示来自编码子空间的基向量。因此,要进行编码,信息向量 $\boldsymbol{m}$ 必须与生成矩阵 $\boldsymbol{G}$ 相乘才能得到码字,即 $\boldsymbol{x}=\boldsymbol{mG}$。例如,$(n,1)$ 重复码和$(n, n-1)$ 单参数校验码的生成矩阵分别为

$$\boldsymbol{G}_{\mathrm{r}}=[11\cdots1],\quad \boldsymbol{G}_{\mathrm{p}}=\begin{bmatrix} 100\cdots01 \\ 010\cdots01 \\ \vdots \\ 000\cdots11 \end{bmatrix}$$

可以通过对生成矩阵中的行进行基本操作将码字换为系统形式,即

$$\boldsymbol{G}_{\mathrm{s}}=[\boldsymbol{I}_k \mid \boldsymbol{P}] \tag{7.10}$$

其中,$\boldsymbol{I}_k$ 是$k\times k$ 维的单位矩阵,$\boldsymbol{P}$ 是$k\times(n-k)$ 维的矩阵,其列表示奇偶校验的位置。$\boldsymbol{P}$ 为

$$\boldsymbol{P}=\begin{bmatrix} p_{00} & p_{01} & \cdots & p_{0,n-k-1} \\ p_{10} & p_{11} & \cdots & p_{1,n-k-1} \\ \vdots & \vdots & & \vdots \\ p_{k-1,0} & p_{k-1,1} & \cdots & p_{k-1,n-k-1} \end{bmatrix}$$

系统码的码字为

$$\boldsymbol{x}=[\boldsymbol{m} \mid \boldsymbol{b}]=\boldsymbol{m}[\boldsymbol{I}_k \mid \boldsymbol{P}]=\boldsymbol{mG},\quad \boldsymbol{G}=[\boldsymbol{I}_k \mid \boldsymbol{P}] \tag{7.11}$$

其结构如图 7.5 所示。信息向量在系统编码期间不受影响,而奇偶校验 $\boldsymbol{b}$ 是与信息位代数相关的位,如下所示:

$$b_i=p_{0i}m_0+p_{1i}m_1+\cdots+p_{k-1,i}m_{k-1} \tag{7.12}$$

其中,

$$p_{ij}=\begin{cases}1,\text{如果 } b_i \text{ 由 } m_j \text{ 来决定} \\ 0,\text{其他}\end{cases}$$

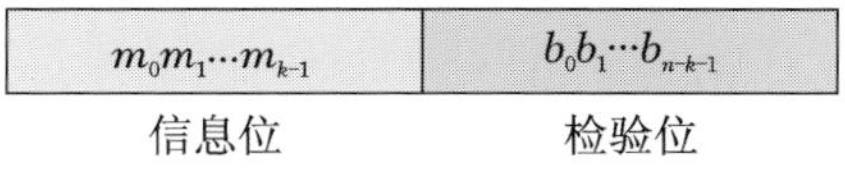

$m_0m_1\cdots m_{k-1}$	$b_0b_1\cdots b_{n-k-1}$
信息位	检验位

图 7.5 系统码字结构

光信道在传输过程中会引入一些误码信息，接收向量 $\boldsymbol{r}$ 可以表示为 $\boldsymbol{r}=\boldsymbol{x}+\boldsymbol{e}$，其中，$\boldsymbol{e}$ 是误差向量（误差模式），由下式确定：

$$e_i=\begin{cases}1,\text{当错误发生在第 } i \text{ 个位置时}\\0,\text{其他}\end{cases}$$

为了验证接收到的向量 $\boldsymbol{r}$ 是否是码字 1，接下来我们将引入奇偶校验矩阵的概念，作为与线性分组码相关的另一个有效矩阵。

7.2.2 奇偶校验矩阵

将矩阵方程 $\boldsymbol{x}=\boldsymbol{mG}$ 以标量形式展开如下：

$$\begin{aligned}
&x_0=m_0\\
&x_1=m_1\\
&\quad\vdots\\
&x_{k-1}=m_{k-1}\\
&x_k=m_0p_{00}+m_1p_{10}+\cdots+m_{k-1}p_{k-1,0}\\
&x_{k+1}=m_0p_{01}+m_1p_{11}+\cdots+m_{k-1}p_{k-1,1}\\
&\qquad\vdots\\
&x_{n-1}=m_0p_{0,n-k-1}+m_1p_{1,n-k-1}+\cdots+m_{k-1}p_{k-1,n-k-1}
\end{aligned}\tag{7.13}$$

利用 k 个等式，最后 $n-k$ 个方程可以用前 k 个码字元素重写，如下所示：

$$\begin{aligned}
&x_0p_{00}+x_1p_{10}+\cdots+x_{k-1}p_{k-1,0}+x_k=0\\
&x_0p_{01}+x_1p_{11}+\cdots+x_{k-1}p_{k-1,0}+x_{k+1}=0\\
&\vdots\\
&x_0p_{0,n-k+1}+x_1p_{1,n-k-1}+\cdots+x_{k-1}p_{k-1,n-k+1}+x_{n-1}=0
\end{aligned}\tag{7.14}$$

上述方程可以写成矩阵形式为

$$\underbrace{\begin{bmatrix}x_0 & x_1 & \cdots & x_{n-1}\end{bmatrix}}_{x}\underbrace{\begin{bmatrix}p_{00} & p_{10} & \cdots & p_{k-1,0} & 1 & 0 & \cdots & 0\\ p_{01} & p_{11} & \cdots & p_{k-1,1} & 0 & 1 & \cdots & 0\\ \cdots & & \cdots & & \cdots & & & \cdots\\ p_{0,n-k-1} & p_{1,n-k-1} & \cdots & p_{k-1,n-k-1} & 0 & 0 & \cdots & 1\end{bmatrix}^{\mathrm{T}}}_{\boldsymbol{H}^{\mathrm{T}}}=0$$

$$\Leftrightarrow \boldsymbol{xH}^{\mathrm{T}}=\boldsymbol{0},\boldsymbol{H}=\begin{bmatrix}\boldsymbol{P}^{\mathrm{T}} & \boldsymbol{I}_{n-k}\end{bmatrix}_{(n-k)x_n}\tag{7.15}$$

式(7.15)中的 $\boldsymbol{H}$ 矩阵称为奇偶检验矩阵。我们可以很容易地证明 $\boldsymbol{G}$ 和 $\boldsymbol{H}$ 矩阵

满足下面这个方程：

$$GH^{\mathrm{T}}=[\boldsymbol{I}_k \quad \boldsymbol{P}]\begin{bmatrix}\boldsymbol{P}\\ \boldsymbol{I}_{n-k}\end{bmatrix}=\boldsymbol{P}+\boldsymbol{P}=\boldsymbol{0} \tag{7.16}$$

这表示(n,k)线性块码的奇偶校验矩阵 $\boldsymbol{H}$ 具有秩$n-k$ 和维度$(n-k)\times n$，其零空间是 k 维向量，其中基构成生成矩阵 $\boldsymbol{G}$。

［**例 7-3**］　分别给出$(n,1)$ 重复码和$(n,n-1)$ 检查码的奇偶校验矩阵，即

$$\boldsymbol{H}_{\mathrm{r}}=\begin{bmatrix}100\cdots01\\010\cdots01\\ \vdots\\000\cdots11\end{bmatrix},\quad \boldsymbol{H}_{\mathrm{p}}=[11\cdots1]$$

［**例 7-4**］　对于(7,4)汉明码，生成矩阵 $\boldsymbol{G}$ 和奇偶校验矩阵 $\boldsymbol{H}$ 分别为

$$\boldsymbol{G}=\begin{bmatrix}1000 \mid 110\\0100 \mid 011\\0010 \mid 111\\0001 \mid 101\end{bmatrix},\quad \boldsymbol{H}=\begin{bmatrix}1011 \mid 100\\1110 \mid 010\\0111 \mid 001\end{bmatrix}$$

生成矩阵 $\boldsymbol{G}$ 和奇偶校验矩阵 $\boldsymbol{H}$ 的每个(n,k) 线性分组码具有对偶码，即生成矩阵 $\boldsymbol{H}$ 和奇偶校验矩阵$\boldsymbol{G}$。例如，$(n,1)$ 重复码和$(n,n-1)$ 单奇偶校验码是对偶校验码。

7.2.3　码距特性

为了确定线性分组码的纠错能力，必须引入汉明距离和汉明权值[31-38] 的概念。两个码字 x_1 和 x_2 之间的汉明距离 $d(x_1,x_2)$ 定义为这两个向量的模，码字向量 $\boldsymbol{x}$ 的汉明权值 $wt(\boldsymbol{x})$ 定义为向量中非零元素的个数，线性分组码的最小距离 $d_{\min}$ 定义为码空间中任意一对码向量之间的最小汉明距离。由于全零向量也是一个码字，所以线性码的最小距离可以定义为码中非零码向量的最小汉明权值。

我们可以将奇偶检验矩阵写成 $\boldsymbol{H}=[\boldsymbol{h}_1\ \boldsymbol{h}_2\cdots\ \boldsymbol{h}_n]$ 的形式，其中$\boldsymbol{h}_i$ 表示矩阵结构中的第 i 列。由于每个码字 $\boldsymbol{x}$ 必须满足伴随式方程 $\boldsymbol{x}\boldsymbol{H}^{\mathrm{T}}=\boldsymbol{0}$，所以线性分组码的最小距离由 $\boldsymbol{H}$ 矩阵中列数的最小值决定，这几列之和等于零向量。例如，上面讨论的(7, 4) 汉明码具有最小距离 $d_{\min}=3$，因为第一列、第五列和第六列之和为零。

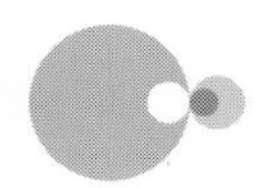

码字可以表示为 n 维空间中的点,如图 7.6 所示。可以把解码过程想象成在码字点周围创建半径为 t 的球体。图 7.6(a) 中接收到的字向量 r 将被解码为码字 x_i,因为它的汉明距离 $d(x_i, r) \leqslant t$ 最接近码字 x_i。然而,在图 7.6(b) 所示的例子中,汉明距离满足关系 $d(x_i, x_j) \leqslant 2t$,且落在两个球相交区域的接收向量 $\boldsymbol{r}$ 不能被唯一解码。因此,当且仅当 $t \leqslant 1/2\,(d_{\min} - 1)$ 或 $d_{\min} \geqslant 2t + 1$ (其中$\lfloor \cdot \rfloor$表示小于或等于所包含数量的最大整数)时,最小距离 $d_{\min}$ 的(n, k) 线性分组码可以纠正至多 t 个错误。如果我们只对检测误差 e_d 感兴趣,那么最小距离应该是 $d_{\min} \geqslant e_d + 1$。如果我们对检测误差 e_d 和纠正误差 e_c 感兴趣,那么最小距离应该是 $d_{\min} \geqslant e_d + e_c + 1$。因此,汉明(7, 4) 码是一个单纠错和双检错码。更一般地,汉明码是(n, k) 线性分组码,具有以下参数:

- 块长度:$n = 2^m - 1$
- 信息比特数:$k = 2^m - m - 1$
- 校验比特数:$n - k = m$
- $d_{\min} = 3$

其中,$m \geqslant 3$。汉明码属于完全码类,满足汉明不等式的码为[7-9,31]

$$2^{n-k} \geqslant \sum_{i=0}^{t} \binom{n}{i} \tag{7.17}$$

这个界限给出了使用特定(n, k) 线性分组码可以至多纠正多少错误。

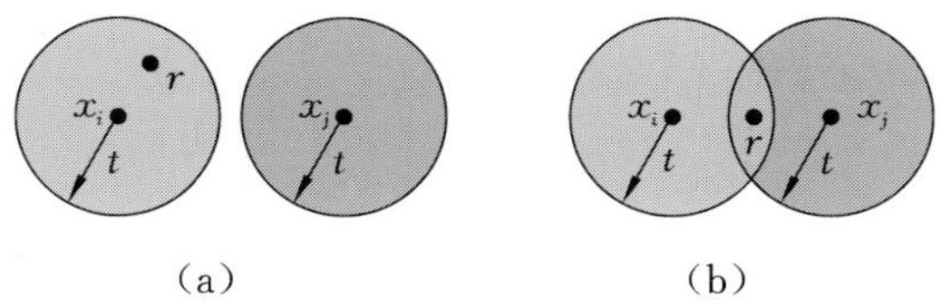

图 7.6　汉明距离示意图

(a)$d(\boldsymbol{x}_i, \boldsymbol{x}_j) \geqslant 2t + 1$;(b) $d(\boldsymbol{x}_i, \boldsymbol{x}_j) < 2t + 1$

7.2.4　编码增益

线性(n, k) 块的编码增益定义为在给定比特误码率下,当编码被应用时,每个信息比特的能量相对节省多少。由于总信息字能量 kE_b 必须与总码字能量 nE_c 相同(其中,E_c 为传输的位能量,E_b 为信息位能量),我们可以建立如下关系:

$$E_c = (k/n)E_b = RE_b \tag{7.18}$$

其中，R 为编码速率。以 AWGN 信道上的 BPSK 为例，在采用逐位相干硬判决解调器的情况下，误差概率为

$$p=\frac{1}{2}\operatorname{erfc}\left(\sqrt{\frac{E_c}{N_0}}\right)=\frac{1}{2}\operatorname{erfc}\left(\sqrt{\frac{RE_b}{N_0}}\right) \tag{7.19}$$

其中，$\operatorname{erfc}(x)$ 函数由式(4.53)定义。

利用切诺夫边界[34]，我们得到了在译码过程中应用硬判决时的编码增益表示式为

$$\frac{(E_b/N_0)_{\text{uncoded}}}{(E_b/N_0)_{\text{coded}}}\approx R(t+1) \tag{7.20}$$

其中，t 为码字的纠错能力。相应的软判决编码增益可由下式估计[3,31]：

$$\frac{(E_b/N_0)_{\text{uncoded}}}{(E_b/N_0)_{\text{coded}}}\approx Rd_{\min} \tag{7.21}$$

通过比较方程(7.20)和方程(7.21)，可以看出当最小距离 $d_{\min}\geqslant 2t+1$ 时，软判决编码增益比硬判决编码增益高约 3 dB。

如果在 AWGN 上使用 BER 表示式，编码增益(CG)和净编码增益(NCG)可以表示为[3,11]

$$\text{CG}=20\lg\left[\operatorname{erfc}^{-1}(2\text{BER}_t)\right]-20\lg\left[\operatorname{erfc}^{-1}(2\text{BER}_{\text{in}})\right](\text{dB}) \tag{7.22}$$

$$\text{NCG}=\text{CG}+10\lg R(\text{dB}) \tag{7.23}$$

其中，BER_{in} 表示 FEC 解码器输入端的 BER，BER_{out} 表示 FEC 解码器输出端的 BER，BER_t 表示目标 BER(通常为 10^{-12} 或 10^{-15})。

7.2.5 伴随式解码与标准阵列

如果满足以下伴随式方程 $\boldsymbol{s}=\boldsymbol{r}\boldsymbol{H}^{\mathrm{T}}=\boldsymbol{0}$，则接收向量 $\boldsymbol{r}=\boldsymbol{x}+\boldsymbol{e}$($\boldsymbol{x}$ 为码字，$\boldsymbol{e}$ 为误差码字)为一个码字。该伴随式具有以下重要特征[3,7,9,30]：

(1) 将伴随式 $\boldsymbol{s}$ 定义为 $\boldsymbol{s}=\boldsymbol{r}\boldsymbol{H}^{\mathrm{T}}=(\boldsymbol{x}+\boldsymbol{e})\boldsymbol{H}^{\mathrm{T}}=\boldsymbol{x}\boldsymbol{H}^{\mathrm{T}}+\boldsymbol{e}\boldsymbol{H}^{\mathrm{T}}=\boldsymbol{e}\boldsymbol{H}^{\mathrm{T}}$，并给出误差码字的唯一函数。

(2) 所有因码字不同而不同的错误码字都具有相同的伴随式。一组因码字不同而不同的错误模式也称为陪集 $\boldsymbol{e}_i$，所以有 $\boldsymbol{e}_i=\boldsymbol{e}+\boldsymbol{x}_i(i=0,1,\cdots,2^{k-1})$，其中 $\boldsymbol{x}_i$ 是第 i 个码字。对应于来自该组的第 i 个错误码字的伴随式，即 $\boldsymbol{s}_i=\boldsymbol{r}_i\boldsymbol{H}^{\mathrm{T}}=(\boldsymbol{x}_i+\boldsymbol{e})\boldsymbol{H}^{\mathrm{T}}=\boldsymbol{x}_i\boldsymbol{H}^{\mathrm{T}}+\boldsymbol{e}\boldsymbol{H}^{\mathrm{T}}=\boldsymbol{e}\boldsymbol{H}^{\mathrm{T}}$，仅是错误模式的函数。因此，来自陪集的所有错误码字具有相同的伴随式。

(3) 该伴随式仅是对应于错误位置的奇偶校验矩阵内的那些列的函数。

如果奇偶校验矩阵以 $\boldsymbol{H}=[\boldsymbol{h}_1\cdots\boldsymbol{h}_n]$ 的形式写入，其中，$\boldsymbol{h}_i$ 表示第 i 列，则以下表示式有效：

$$\boldsymbol{s}=\boldsymbol{e}\boldsymbol{H}^{\mathrm{T}}=[e_1 \quad e_2 \quad \cdots \quad e_n]\begin{bmatrix}\boldsymbol{h}_1^{\mathrm{T}}\\ \boldsymbol{h}_2^{\mathrm{T}}\\ \vdots \\ \boldsymbol{h}_n^{\mathrm{T}}\end{bmatrix}=\sum_{i=1}^{n}e_i\,\boldsymbol{h}_i^{\mathrm{T}} \tag{7.24}$$

其中，$\boldsymbol{e}=[e_1e_2\cdots e_n]$ 表示错误码字。

(4) 如果满足式(7.17)所给出的汉明界，则$(n,\ k)$线性分组码可以通过伴随式解码纠正至多 t 个错误，下面将对此特征进行说明。

按上述编解码规则将所有接收到的码字的空间划分为 2^k 个不相交的子集。子集中任何接收到的字都将被解码为唯一的码字。我们可以使用标准阵列作为一种技术，通过使用以下两个步骤来实现分区[3, 7, 30]：

(1) 将 2^k 个码字写为第一行的元素，以全零码字作为前导元素。

(2) 做以下操作，直到所有 2^n 个码字都用完。

① 在剩余未使用的 n 元组中，选择权重最小的一个作为下一行的主导元素。

② 通过向第一行中出现的每个非零码字添加前导元素，并在相应的列中写下结果和，完成当前行。

该算法得到的$(n,\ k)$块码字的标准数组由图 7.7 所示的体系结构所示。列代表 2^k 个不相交集，行代表码字的陪集，前导元素称为陪集前导元素。

$$\begin{matrix}
x_1=0 & x_2 & x_3 & \cdots & x_i & \cdots & x_{2^k}\\
e_2 & x_2+e_2 & x_3+e_2 & \cdots & x_i+e_2 & \cdots & x_{2^k}+e_2\\
e_3 & x_2+e_3 & x_3+e_3 & \cdots & x_i+e_3 & \cdots & x_{2^k}+e_3\\
\vdots & \vdots & \vdots & & \vdots & & \vdots\\
e_j & x_2+e_j & x_3+e_j & \cdots & x_i+e_j & \cdots & x_{2^k}+e_j\\
\vdots & \vdots & \vdots & & \vdots & & \vdots\\
e_{2^{n-k}} & x_2+e_{2^{n-k}} & x_3+e_{2^{n-k}} & \cdots & x_i+e_{2^{n-k}} & \cdots & x_{2^k}+e_{2^{n-k}}
\end{matrix}$$

图 7.7　标准阵列架构

[**例 7-5**]　表 7.2 给出了(5,2)码字 $C=\{(00000),(11010),(10101),(01111)\}$ 的标准数组。该码字的奇偶校验矩阵由下式给出：

$$\boldsymbol{H}=\begin{bmatrix}1&0&0&1&1\\0&1&0&1&0\\0&0&1&0&1\end{bmatrix}$$

因为这段码字的最小距离是 3(第一、第二和第四列相加为零),所以这段码字能够纠正所有单个错误。例如,如果接收到的码字为 01010,它将被解码为位于列顶部的码字 11010,相应的伴随式也在同一表中提供。

伴随式解码流程分为三步过程,可以描述为:

(1) 对于接收到的向量 $\boldsymbol{r}$,计算伴随式 $\boldsymbol{s}=\boldsymbol{r}\boldsymbol{H}^{\mathrm{T}}$。我们可以在伴随式和查找表(LUT) 的错误码字之间建立一对一的对应关系,其中包含伴随式和相应的错误码字(陪集首)。请参阅表 7.2 的右侧部分作为 LUT 的示例。

(2) 在以伴随式 $\boldsymbol{s}$ 为特征的陪集中,识别陪集首,如 $\boldsymbol{e}_0$。陪集首对应于发生概率最大的错误码字。

(3) 将接收到的向量解码为 $\boldsymbol{x}=\boldsymbol{r}+\boldsymbol{e}_0$。

表 7.2 (5,2) 码字的标准数组及其对应的解码表

	码字				伴随式	错误码字
陪集首	00000	11010	10101	01111	000	00000
	00001	11011	10100	01110	101	00001
	00010	11000	10111	01101	110	00010
	00100	11110	10001	01011	001	00100
	01000	10010	11101	00111	010	01000
	10000	01010	00101	11111	100	10000
	00011	11001	10110	01100	011	00011
	00110	11100	10011	01001	111	00110

[例 7-6] 令上面的(5,2) 码字示例的接收矢量为 $\boldsymbol{r}=(01010)$。该伴随式可计算为 $\boldsymbol{s}=\boldsymbol{r}\boldsymbol{H}^{\mathrm{T}}=(100)$,LUT(见表 7.2) 的对应错误码字为 $\boldsymbol{e}_0=(10000)$。通过将错误码字添加到接收到的码字 $\boldsymbol{x}=\boldsymbol{r}+\boldsymbol{e}_0=(11010)$ 中得到解码后的单词,从而纠正第一个位置的错误。

数组可用于确定错误码字的概率,如下所示:

$$P_{\mathrm{w}}(e)=1-\sum_{i=0}^{n}\alpha_i p^i(1-p)^{n-i} \tag{7.25}$$

其中,i 是权重为 i 的陪集首的数量(权重的分布也称为陪集首的权重分布),p 是二元对称信道(BSC) 的交叉概率。任何不是陪集首的错误码字都会导致解码错误。例如,(5,2) 码字中陪集首的权重分布为 $\alpha_0=1$,$\alpha_1=5$,$\alpha_2=2$,$\alpha_i=$

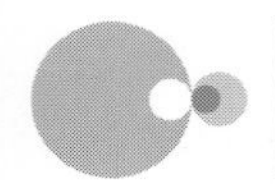

$0(i=3,4,5)$，这导致下面的错误码字概率：

$$P_w(e)=1-(1-p)^5-5p(1-p)^4-2p^2(1-p)^3\big|_{p=10^{-3}}=7.986\times10^{-6}$$

我们可以使用式(7.25)来估计给定线性分组码的编码增益。例如，(7，4)汉明码的错误码字概率为

$$P_w(e)=1-(1-p)^7-7p(1-p)^6=\sum_{i=2}^{7}\binom{7}{i}p^i(1-p)^{7-i}\approx21p^2$$

我们可以在比特概率 P_b 和错误码字概率 P_w 之间建立如下关系：

$$P_b\approx P_w(e)(2t+1)/n=(3/7)P_w(e)\approx(3/7)21p^2=9p^2 \tag{7.26}$$

因此，交叉概率可以表示为

$$p=\sqrt{P_b}/3=(1/2)\ \mathrm{erfc}\left(\sqrt{\frac{RE_b}{N_0}}\right)$$

从这个表示式中，我们可以很容易地计算出所需的信噪比，以达到目标比特误码率 P_b。

7.2.6 重要的编码边界

在本节中，我们将描述几个重要的编码边界，包括 Hamming、Plotkin、Gilbert-Varshamov 和 Singleton[3, 7, 30]。二元线性分组码(LBC)已经引入了汉明边界，并由式(7.17)表示。q 元(n, k)二元线性分组码(LBC)的汉明边界为

$$\left[1+(q-1)\binom{n}{1}+(q-1)^2\binom{n}{2}+\cdots+(q-1)^i\binom{n}{i}+\cdots+(q-1)^t\binom{n}{t}\right]q^k\leqslant q^n \tag{7.27}$$

其中，t 为纠错能力，$(q-1)^i\binom{n}{i}$ 是与 i 个符号中给定码字不同的接收码字数。满足带有等号的汉明界的码字称为完备码。汉明码是完备码，因为 $n=2^{n-k}-1$，即$(1+n)2^k=2^n$，所以方程(7.27)左右两边的关系用等号表示。$(n, 1)$重复码也是一个完备码的例子。

对于最小距离，Plotkin 界限由以下关系定义：

$$d_{\min}\leqslant\frac{n2^{k-1}}{2^k-1} \tag{7.28}$$

也就是说，如果所有的码字都写成 $2^k\times n$ 矩阵的行，每一列将包含 2^{k-1} 个 0 和 2^{k-1} 个 1，所有码字的总权重等于$n2^{k-1}$。

Gilbert-Varshamov 边界基于以下属性：线性(n,k)分组码的最小距离 $d_{\min}$ 可以被确定为 $\boldsymbol{H}$ 矩阵中和为零的最小列数，即

$$\binom{n-1}{1}+\binom{n-1}{2}+\cdots+\binom{n-1}{d_{\min}-2}<2^{n-k}-1 \tag{7.29}$$

Singleton 边界由以下不等式定义：

$$d_{\min}\leqslant n-k+1 \tag{7.30}$$

这个界限很容易证明。在信息向量中只允许一位的值为 1，如果它涉及 $n-k$ 个奇偶校验，则码字中的 1 的总数不能大于 $n-k+1$。满足等号约束的 Singleton 码称为最大距离可分离(MDS)码(例如，RS 码字是 MDS 码字)。

7.3 循环码

最常用的线性分组码称为循环码，下面将介绍循环码。

我们来观察 n 维向量空间。如果对于任意码字 $\boldsymbol{c}(c_0,c_1,\cdots,c_{n-1})$，任意循环移位 $\boldsymbol{c}_j(c_{n-j},c_{n-j+1},\cdots,c_{n-1},c_0,c_1,\cdots,c_{n-j-1})$ 表示另一个码字，那么这个空间的子空间就是一个循环码。循环码中的每个码字 $\boldsymbol{c}(c_0,c_1,\cdots,c_{n-1})$ 都与码字多项式相关联，其公式如下：

$$c(x)=c_0+c_1x+c_2x^2+\cdots+c_{n-1}x^{n-1} \tag{7.31}$$

用 $\mathrm{mod}(x^n-1)$ 观察到的第 j 次循环移位也是一个码字多项式，有

$$c^{(j)}(x)=x^jc(x)\mathrm{mod}(x^n-1) \tag{7.32}$$

如果式(7.32)可被多项式 $g(x)=g_0+g_1x+\cdots+g_{n-k}x^{n-k}$(同时除以 x^n-1)整除，则很容易证明观察到的子空间是循环的。$n-k$ 次的多项式 $g(x)$ 称为码字的生成多项式。如果 $x^n-1=g(x)h(x)$，那么 k 次多项式 $h(x)$ 就是奇偶校验多项式。生成多项式具有以下三个重要性质：

(1) 循环码(n,k)的生成多项式是唯一的；

(2) 生成多项式的任何倍数都是码字多项式；

(3) 生成多项式和奇偶校验多项式都是 x^n-1 的因子。

生成多项式 $g(x)$ 和奇偶校验多项式 $h(x)$ 与线性分组码的生成矩阵 $\boldsymbol{G}$ 和奇偶校验矩阵 $\boldsymbol{H}$ 具有相同的作用。与 k 个多项式 $g(x)$，$xg(x)$，$\cdots$，$x^{k-1}g(x)$ 相关的 n 元组可以用在 $k\times n$ 生成矩阵 $\boldsymbol{G}$ 的行中，且与 $n-k$ 个多项式 $x^kh(x^{-1})$，$x^{k+1}h(x^{-1})$，$\cdots$，$x^{n-1}h(x^{-1})$ 相关的 n 元组可用于 $(n-k)\times n$ 奇偶校验矩阵 $\boldsymbol{H}$ 的行中。

要执行编码，我们只需将消息多项式 $m(x)=m_0+m_1x+\cdots+m_{k-1}x^{k-1}$ 与生成多项式 $g(x)$ 相乘，它返回码字多项式 $c(x)=m(x)g(x)\text{mod}(x^n-1)$。要以系统形式进行编码，我们必须找到 $x^{n-k}m(x)/g(x)$ 的余数，并将其添加到消息多项式 $x^{n-k}m(x)$ 的移位版本中，从而得到

$$c(x)=x^{n-k}m(x)+\text{rem}[x^{n-k}m(x)/g(x)]$$

其中，rem[·] 表示为给定实体的剩余部分。以系统形式生成码字多项式的一般电路如图 7.8(a) 所示。编码器的工作如下：当开关 S 处于位置 1，门关闭时，信息位移动到移位寄存器中，同时传输到信道上。一旦所有信息位以 k 步进入寄存器，且 Gate 打开时，开关 S 移动到位置 2，$(n-k)$ 移位寄存器的内容被发送到通道。

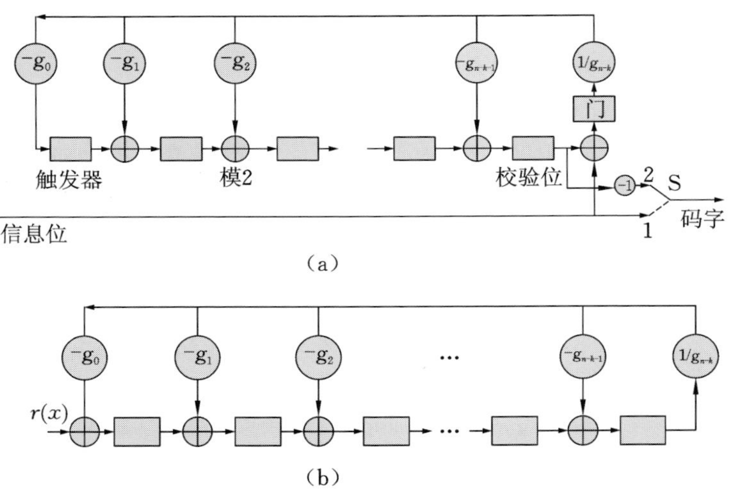

图 7.8　基于多项式的通用编码器示意图

(a) 系统循环编码；(b) 伴随式计算

为了检查接收的字是否是码字多项式 $r(x)=r_0+r_1x+\cdots+r_{n-1}x^{n-1}$，只需要确定伴随式多项式 $s(x)=\text{rem}[r(x)/g(x)]$。如果 $s(x)$ 为零，则在传输期间不会引入错误。相应的电路如图 7.8(b) 所示。

例如，(7,4) 汉明码的编码和伴随式计算如图 7.9 所示。生成多项式由 $g(x)=1+x+x^3$ 给出。多项式 x^7+1 可以分解为 $x^7+1=(1+x)(1+x^2+x^3)(1+x+x^3)$。如果选择 $g(x)=1+x+x^3$ 作为生成多项式，根据生成多项式的性质 3，对应的奇偶检验多项式将是 $h(x)=(1+x)(1+x^2+x^3)=1+x+x^2+x^4$。信息序列 1001 可以用多项式形式表示为 $m(x)=1+x^3$。对

于系统形式的表示，我们必须将 $m(x)$ 乘以 x^{n-k} 来获得：$x^{n-k}m(x)=x^3m(x)=x^3+x^6$。获得的码字多项式为

$$\begin{aligned}c(x)&=x^{n-k}m(x)+\text{rem}[x^{n-k}m(x)/g(x)]\\&=x+x^3+\text{rem}[(x+x^3)/(1+x+x^3)]\\&=x+x^2+x^3+x^6\end{aligned}$$

对应的码字是 0111001。为了得到这段码字的生成矩阵，我们可以使用以下多项式：$g(x)=1+x+x^3$，$xg(x)=x+x^2+x^4$，$x^2g(x)=x^2+x^3+x^5$，$x^3g(x)=x^3+x^4+x^6$。因此，我们可以用矩阵的形式写出相应的 n 元组，如下所示：

$$\boldsymbol{G}'=\begin{bmatrix}1101000\\0110100\\0011010\\0001101\end{bmatrix}$$

通过高斯消元，我们可以将生成矩阵写成以下系统形式：

$$\boldsymbol{G}=\begin{bmatrix}1101000\\0110100\\1110010\\1010001\end{bmatrix}$$

奇偶校验矩阵可由下列多项式得到：

$$\begin{aligned}x^4h(x^{-1})&=1+x^2+x^3+x^4\\x^5h(x^{-1})&=x+x^3+x^4+x^5\\x^6h(x^{-1})&=x^2+x^3+x^5+x^6\end{aligned}$$

且通过将相应的 n 元组以矩阵的形式写下来，得到

$$\boldsymbol{H}'=\begin{bmatrix}1011100\\0101110\\0010111\end{bmatrix}$$

利用高斯消元法，可以将 $\boldsymbol{H}$ 矩阵转化为系统形式：

$$\boldsymbol{H}=\begin{bmatrix}1001011\\0101110\\0010111\end{bmatrix}$$

利用伴随多项式 $s(x)$ 以下三个重要性质，可以简化解码器的实现[3, 30]：

(1) 接收到的码字多项式 $r(x)$ 的伴随式也是相应的误差多项式 $e(x)$ 的伴随式。

(2) $r(x)$ 循环移位的伴随式 $xr(x)$ 由 $xs(x)$ 确定。

(3) 如果误差仅限于接收到的码字多项式 $r(x)$ 的 $(n-k)$ 奇偶校验位，则伴随多项式 $s(x)$ 与误差多项式 $e(x)$ 相同。

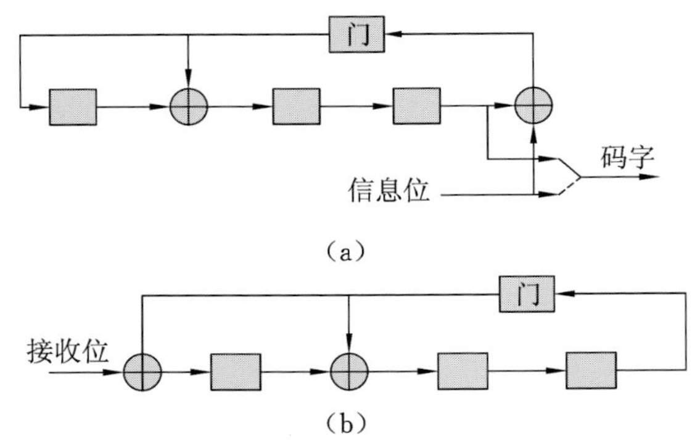

图 7.9 (7,4) 汉明码编码器和解码器

(a) 汉明(7,4) 编码；(b) 伴随式计算

最大长度码 $(n=2^m-1,m)$ $(m\geqslant 3)$ 是汉明码的对偶，其最小距离为 $d_{\min}=2^m-1$。例如，(7,3) 最大长度码的奇偶校验多项式为 $h(x)=1+x+x^3$。(7,3) 最大长度码字的编码器如图 7.10 所示。生成多项式给出最大长度码的一个周期，假设编码器初始化为 0…01。例如，上面(7,3) 最大长度码的生成多项式是 $g(x)=1+x+x^2+x^4$，输出序列由下式给出：

$$\underbrace{100}_{\text{初始状态}}\qquad\underbrace{1110100}_{g(x)=1+x+x^2+x^4}$$

循环冗余校验(CRC) 码是一种非常流行的错误检测码。一个(n,k)CRC 码字能够检测以下内容[7, 9, 31]：

- 长度为 $n-k$ 的所有突发错误被定义为一个$n-k$ 位的连续序列，其中第一位和最后一位或任何其他中间位被错误接收。
- 一小部分突发错误等于 $1-2^{-(n-k-1)}$，其长度等于 $n-k+1$。
- 当长度大于 $n-k+1$ 时，一部分误差分数等于 $1-2^{-(n-k-1)}$。
- $d_{\min}-1$(或更少) 错误的所有组合。
- 当码字的生成多项式 $g(x)$ 的非零系数为偶数时，所有错误码字都有奇数个错误。

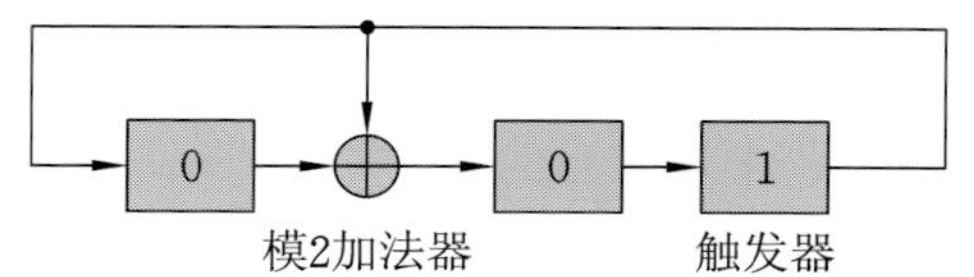

图 7.10 (7,3) 最大长度码的编码器

例如，在表 7.3 中，我们列出了目前在各种通信系统中常使用的几种 CRC 码字的生成多项式。

表 7.3 几种 CRC 码的生成多项式

CRC 码	生成多项式	$n-k$
CRC-8 码 (IEEE 802.16，WiMax)	$1+x^2+x^8$	8
CRC-16 码 (IBM CRC-16，ANSI，USB，SDLC)	$1+x^2+x^{15}+x^{16}$	16
CRC-ITU (X25，V41，CDMA，Bluetooth，HDLC，PPP)	$1+x^5+x^{12}+x^{16}$	16
CRC-24 (WLAN，UMTS)	$1+x+x^5+x^6+x^{23}+x^{24}$	24
CRC-32 (Ethernet)	$1+x+x^2+x^4+x^5+x^7+x^8+x^{10}+x^{11}$ $+x^{12}+x^{16}+x^{22}+x^{23}+x^{26}+x^{32}$	32

循环码的解码与线性分组码的解码相同，由三个步骤组成，即伴随式计算、错误码字识别以及纠错[3,32]。梅奇(Meggit)译码器配置如图 7.11 所示，它是基于伴随式性质 2(也称为梅奇定理)实现的。通过将接收到的码字除以生成多项式 $g(x)$ 来计算伴随式，同时将接收到的码字移入缓冲寄存器，一旦接收到的码字的最后一位进入解码器，就关闭。该伴随式被进一步读入错误码字检测电路，该检测电路用组合逻辑电路来实现，当且仅当校验位寄存器中的内容对应于最高阶位置 x^n-1 的可校正错误码字时，该错误码字检测电路产生 1。通过将错误码字检测器的输出添加到误差位，可以纠正错误，但必须同时修改该伴随式。如果 x^l 位置发生错误，通过循环移动接收到的码字 $n-l-1$ 次，误差位将出现在 x^{n-1} 位置，并且可以纠正。因此，解码器以逐位方式校正错误，直到从缓冲寄存器中读出整个接收码字。

生成多项式 $g(x)=1+x+x^3$ 的汉明(7,4)循环解码器配置如图 7.12 所

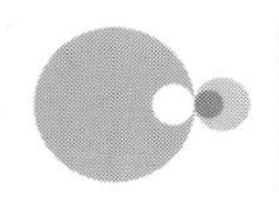

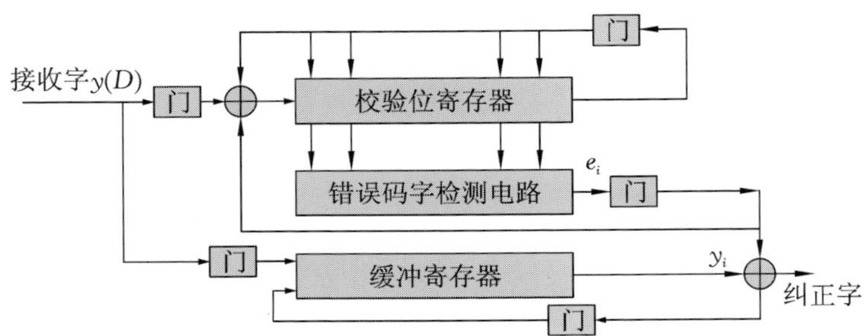

图 7.11　梅奇译码器配置

示。由于我们只期望出现单个错误，因此对应于最高阶位置的误差多项式是 $e(x)=x^6$，并且相应的校正子是 $s(x)=1+x^2$。一旦检测到这种伴随式，x^6 位置上的错误位将被纠正。现在假设位置 x^i 发生了错误，其错误码字为 $e(x)=x^i$。一旦接收到的码字整个被移位到校验位寄存器中，误差伴随式就不再是 101 了。但在 $6-i$ 个额外的移位后，校验位寄存器的内容将变为 101，x^6 位置（初始位置 x^i）的错误将得到纠正。

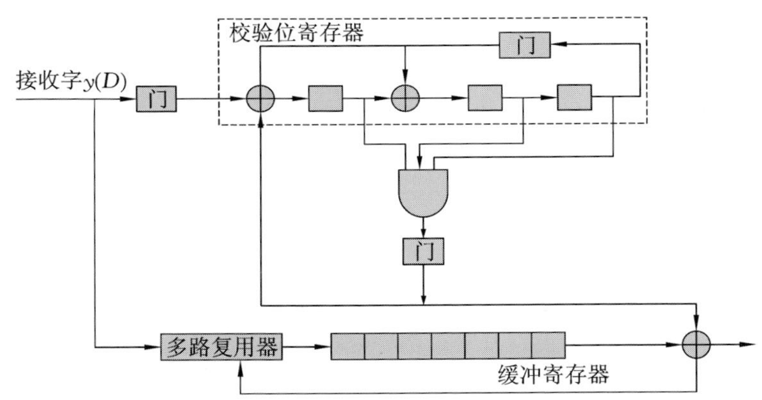

图 7.12　汉明(7,4)解码器配置

目前有几种版本的梅奇译码器，但基本思想与上面描述的基本思想是相似的。这种译码器的复杂度随着需要纠正的错误数量的增加而迅速增加，所以它很少用于纠正三个以上的单个错误或一个突发错误。梅奇译码器可以在一定的假设条件下进行简化。假设误差仅局限于接收多项式 $r(x)$ 的最高阶信息位：x^k，x^{k+1}，…，x^{n-1}，从而使伴随多项式 $s(x)$ 可以表示为

$$s(x)=r(x)\bmod g(x)=[c(x)+e(x)]\bmod g(x)=e(x)\bmod g(x) \tag{7.33}$$

其中，$r(x)$ 为接收多项式，$c(x)$ 为码字多项式，$g(x)$ 为生成多项式。

相应的误差多项式可以用下式估算：

$$\begin{aligned} e'(x) &= e'(x)\bmod g(x) = s'(x) = x^{n-k}s(x)\bmod g(x) \\ &= e_k + e_{k+1}x + \cdots + e_{n-2}x^{n-k-2} + e_{n-1}x^{n-k-1} \end{aligned} \tag{7.34}$$

由于 $\deg[g(x)] = n-k$，误差多项式最多为 $n-k-1$ 次，因此校验位寄存器的内容与误差码字相同，则可认为误差码字被校验位寄存器捕获。对应的解码器称为错误捕获解码器，如图 7.13 所示。如果在 $n-k$ 个连续的位置出现 t 或更少的误差时，可以看出，只有当伴随式 $w(x)$ 的权重小于或等于 t 时，误差码字才被校验位寄存器捕获。因此，对错误捕获条件的测试是检查该伴随式的权重是否为 t 或更小。在逻辑门 1、2 和 3 闭合（4 和 5 打开）的情况下，接收码字从右端移入校验位寄存器，这相当于将接收多项式 $r(x)$ 与 x^{n-k} 左乘。一旦最高阶 k 位（对应于信息位）被移位到信息缓冲区中，逻辑门 1 就会打开。一旦接收码字的所有 n 位都移位到校验位寄存器中，逻辑门 2 就会打开。此时的校验位寄存器包含对应于 $x^{n-k}r(x)$ 的伴随式。如果其权重为 t 或更小，则关闭逻辑门 4 和 5（所有其他门都打开），并将更正后的信息移出。如果 $w(s) > t$，则误差不限于 $s(x)$ 的 $n-k$ 高阶位置，因此在逻辑门 3 打开（其他门关闭）时继续移位，直到 $w(s) \leqslant t$。如果在校验位寄存器移位 k 次时 $w(s)$ 始终不满足条件 $w(s) \leqslant t$，则要么出现了一个错误码字，其错误局限于 $n-k$ 个连续的末端位置，要么出现了不可校正的错误码字。有关此解码器和其他类型的循环解码器的其他说明，感兴趣的读者可参考文献[3, 7, 32-38]。

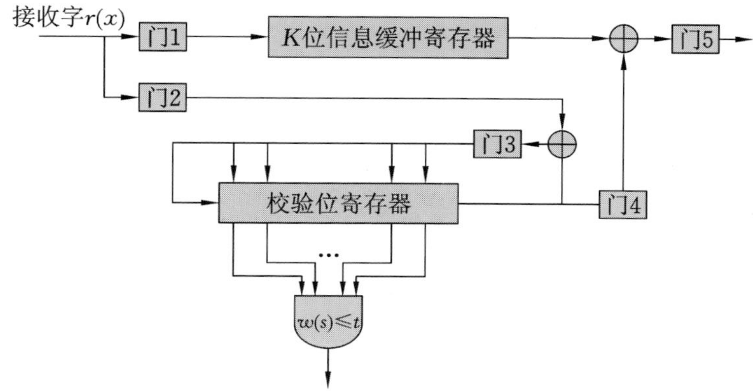

图 7.13　错误捕获译码结构

7.4 Bose-Chaudhuri-Hocquenghem(BCH)码

BCH码是最著名的循环码，分别由Hocquenghem及Bose和Chaudhuri在1959年和1960年发明[38]。BCH的一个重要子类是1960年提出的一类Reed-Solomon码。在BCH码的许多不同解码算法中，最重要的是Massey-Berlekamp算法和Chien搜索算法。不熟悉伽罗华域的读者在继续研究BCH码字结构之前应参考第10.11.3节。

我们先给出有限域$GF(q)$（符号域）和扩展域$GF(q^m)$（定位域），$m\geqslant 1$。对于每一个$m'(\geqslant 1)$和汉明距离d，存在一个生成多项式为$g(x)$的BCH码，当且仅当它是最小程度的，且系数来自$GF(q)$，根来自扩展域$GF(q^m)$时，如下所示[32,38]：

$$\alpha^{m'},\alpha^{m'+1},\cdots,\alpha^{m'+d-2} \tag{7.35}$$

其中，α来自$GF(q^m)$。码字长度被确定为根的最小公倍数（有限域中元素β的阶数为最小正整数j，使得$\beta^j=1$）。

可以看出，对于任意正整数$m(m\geqslant 3)$和$t(t\geqslant 2^{m-1})$，都存在一个二进制BCH码，它具有以下特性：

- 码字长度：$n=2^m-1$。
- 奇偶校验位数：$n-k\leqslant mt$。
- 最小汉明距离：$d\geqslant 2t-1$。

此码字最多可纠正t个错误。生成多项式可以被看作是α^j的最小多项式的最小公倍数（LCM），有

$$g(x)=\mathrm{LCM}[P_{\alpha^1}(x),P_{\alpha^3}(x),\cdots,P_{\alpha^{2t-1}}(x)] \tag{7.36}$$

其中，α为$GF(2^m)$中的本原元，$P_{\alpha^i}(x)$为α^i的最小多项式。

设$c(x)=c_0+c_1x+c_2x^2+\cdots+c_{n-1}x^{n-1}$为码字多项式，生成多项式的根为$\alpha,\alpha^2,\cdots,\alpha^{2t}$，其中$t$代表BCH码字的纠错能力。因为生成多项式$g(x)$是码字多项式$c(x)$的因子，所以$g(x)$的根也必须是$c(x)$的根：

$$c(\alpha^i)=c_0+c_1\alpha^i+\cdots+c_{n-1}\alpha^{(n-1)i}=0,1\leqslant i\leqslant 2t \tag{7.37}$$

这个方程也可以写成码字向量$\boldsymbol{c}=[c_0c_1\cdots c_{n-1}]$和以下向量$[1\ \alpha^i\ \alpha^{2i}\cdots\alpha^{2(n-1)i}]$的内（标量）积，即

$$[c_0 c_1 \cdots c_{n-1}]\begin{bmatrix}1\\ \alpha^i\\ \cdots\\ \alpha^{(n-1)i}\end{bmatrix}=0,\quad 1\leqslant i\leqslant 2t \tag{7.38}$$

式(7.38) 可改写为

$$[c_0 c_1 \cdots c_{n-1}]\begin{bmatrix}\alpha^{n-1} & \alpha^{n-2} & \cdots & \alpha & 1\\ (\alpha^2)^{n-1} & (\alpha^2)^{n-2} & \cdots & \alpha^2 & 1\\ (\alpha^3)^{n-1} & (\alpha^3)^{n-2} & \cdots & \alpha^3 & 1\\ \vdots & \vdots & & \vdots & \vdots\\ (\alpha^{2t})^{n-1} & (\alpha^{2t})^{n-2} & \cdots & \alpha^{2t} & 1\end{bmatrix}^{\mathrm{T}}=\boldsymbol{c}\boldsymbol{H}^{\mathrm{T}}=\boldsymbol{0},$$

$$\boldsymbol{H}=\begin{bmatrix}\alpha^{n-1} & \alpha^{n-2} & \cdots & \alpha & 1\\ (\alpha^2)^{n-1} & (\alpha^2)^{n-2} & \cdots & \alpha^2 & 1\\ (\alpha^3)^{n-1} & (\alpha^3)^{n-2} & \cdots & \alpha^3 & 1\\ \vdots & \vdots & & \vdots & \vdots\\ (\alpha^{2t})^{n-1} & (\alpha^{2t})^{n-2} & \cdots & \alpha^{2t} & 1\end{bmatrix} \tag{7.39}$$

其中,$\boldsymbol{H}$ 为 BCH 码的奇偶校验矩阵。利用第 10 章 GF(q) 的相应性质,可以得出结论:α^i 和α^{2i} 是同一最小多项式的根,因此 $\boldsymbol{H}$ 中的偶数行可以省略,从而得到 BCH 码奇偶校验矩阵的最终版本为

$$\boldsymbol{H}=\begin{bmatrix}\alpha^{n-1} & \alpha^{n-2} & \cdots & \alpha & 1\\ \alpha^{3(n-1)} & \alpha^{3(n-2)} & \cdots & \alpha^3 & 1\\ \alpha^{5(n-1)} & \alpha^{5(n-2)} & \cdots & \alpha^5 & 1\\ \vdots & \vdots & & \vdots & \vdots\\ \alpha^{(2t-1)(n-1)} & \alpha^{(2t-1)(n-2)} & \cdots & \alpha^{2t-1} & 1\end{bmatrix} \tag{7.40}$$

例如,(15, 7) 双错校正 BCH 码生成多项式为

$$\begin{aligned}g(x)&=\mathrm{LCM}\,[\phi_\alpha(x),\phi_{\alpha^3}(x)]\\&=\mathrm{LCM}\,[x^4+x+1,(x+\alpha^3)(x+\alpha^6)(x+\alpha^9)(x+\alpha^{12})]\\&=x^8+x^7+x^6+x^4+1\end{aligned}$$

奇偶检验矩阵为

$$\boldsymbol{H}=\begin{bmatrix}\alpha^{14} & \alpha^{13} & \alpha^{12} & \alpha^{11} & \alpha^{10} & \alpha^9 & \alpha^8 & \alpha^7 & \alpha^6 & \alpha^5 & \alpha^4 & \alpha^3 & \alpha^2 & \alpha & 1\\ \alpha^{12} & \alpha^9 & \alpha^6 & \alpha^3 & 1 & \alpha^{12} & \alpha^9 & \alpha^6 & \alpha^3 & 1 & \alpha^{12} & \alpha^9 & \alpha^6 & \alpha^3 & 1\end{bmatrix}$$

在前面的表达式中,我们使用了 GF$(2^4)\alpha^{15}=1$ 这一事实。用来设计该码字的

本原多项式是 $p(x)=x^4+x+1$。GF(2^4) 中的每个元素都可以表示为 4 元组，如表 7.4 所示。为了创建第二列，我们使用了关系 $\alpha^4=\alpha+1$，并且在第二列中读取系数得到了 4 元组。将上述奇偶校验矩阵的幂替换为相应的 4 元组，奇偶校验矩阵可以写成如下二进制形式：

$$\boldsymbol{H}=\begin{bmatrix}1&1&1&1&0&1&0&1&1&0&0&1&0&0&0\\0&1&1&1&1&0&1&0&1&1&0&0&1&0&0\\0&0&1&1&1&1&0&1&0&1&1&0&0&1&0\\1&1&1&0&1&0&1&1&0&0&1&0&0&0&1\\1&1&1&1&0&1&1&1&1&0&1&1&1&1&0\\1&0&1&0&0&1&0&1&0&0&1&0&1&0&0\\1&1&0&0&0&1&1&0&0&0&1&1&0&0&0\\1&0&0&0&1&1&0&0&0&1&1&0&0&0&1\end{bmatrix}$$

表 7.4　由 x^4+x+1 生成的 GF(2^4)

α 的幂	α 的多项式	4 元组
0	0	0000
α^0	1	0001
α^1	α	0010
α^2	α^2	0100
α^3	α^3	1000
α^4	$\alpha+1$	0011
α^5	$\alpha^2+\alpha$	0110
α^6	$\alpha^3+\alpha^2$	1100
α^7	$\alpha^3+\alpha+1$	1011
α^8	α^2+1	0101
α^9	$\alpha^3+\alpha$	1010
α^{10}	$\alpha^2+\alpha+1$	0111
α^{11}	$\alpha^3+\alpha^2+\alpha$	1110
α^{12}	$\alpha^3+\alpha^2+\alpha+1$	1111
α^{13}	$\alpha^3+\alpha^2+1$	1101
α^{14}	α^3+1	1001

在表 7.5 中，我们列出了由针对光通信中的小于 2^5-1 阶的本原元生成的几个 BCH 码的参数。完整列表可在文献[38] 的附录 C 中找到。

表 7.5　一组本原二进制 BCH 码

n	k	t	生成多项式(八进制)
15	11	1	23
63	57	1	103
63	51	2	12471
63	45	3	1701317
127	120	1	211
127	113	2	41567
127	106	3	11554743
127	99	4	3447023271
255	247	1	435
255	239	2	267543
255	231	3	156720665
255	223	4	75626641375
255	215	5	23157564726421
255	207	6	16176560567636227
255	199	7	7633031270420722341
255	191	8	2663470176115333714567
255	187	9	52755313540001322236351
255	179	10	22624710717340432416300455

一般来说，q 不需要是质数，它可以是质数的幂。但是，符号必须取自 GF(q)，根必须取自 GF(q^m)。在非二进制 BCH 码字中，Reed-Solomon 码字是最著名的，这些码字将在下一节简要解释。

BCH 码可以解码为任何其他循环码类，包括前面描述的错误捕获解码。这里我们通过采用专门为解码 BCH 码而开发的算法来解释解码过程。

设 $g(x)$ 为具有相应根 $\alpha,\alpha^2,\cdots,\alpha^{2t}$ 的生成多项式。设 $c(x)=c_0+c_1x+c_2x^2+\cdots+c_{n-1}x^{n-1}$ 为码字多项式，$r(x)=r_0+r_1x+r_2x^2+\cdots+r_{n-1}x^{n-1}$ 为接收到的码字多项式，$e(x)=e_0+e_1x+e_2x^2+\cdots+e_{n-1}x^{n-1}$ 为误差多项式。生成多项式的根也是码字多项式的根，即

$$c(\alpha^i)=0,\quad i=0,1,\cdots,2t \tag{7.41}$$

对于二进制BCH码，唯一的非零元素是1；因此，系数 $e_i\neq0$（或 $e_i=1$）的指数 i 决定了误差位置。对于非二进制 BCH 码，除了误差位置外，误差大小也很重要。

对 α^i 的接收码字多项式 $r(x)$ 进行评估，得到

$$r(\alpha^i)=c(\alpha^i)+e(\alpha^i)=e(\alpha^i)=S_i \tag{7.42}$$

其中，S_i 为伴随式向量的第 i 个分量，定义为

$$\boldsymbol{S}=[S_1S_2\cdots S_{2t}]=\boldsymbol{rH}^{\mathrm{T}} \tag{7.43}$$

BCH 码字能够纠正多达 t 个错误。假设误差多项式 $e(x)$ 的误差不超过 t 个，则误差多项式 $e(x)$ 可以写成

$$e(x)=e_{j_1}x^{j_1}+e_{j_2}x^{j_2}+\cdots+e_{j_l}x^{j_l}+\cdots+e_{j_v}x^{j_v},\quad 0\leqslant v\leqslant t \tag{7.44}$$

其中，e_{j_v} 为误差大小，j_l 为误差位置。由式(7.40) ~ 式(7.42) 可得到对应的伴随式分量如下：

$$S_i=e_{j_1}(\alpha^i)^{j_1}+e_{j_2}(\alpha^i)^{j_2}+\cdots+e_{j_l}(\alpha^i)^{j_l}+\cdots+e_{j_v}(\alpha^i)^{j_v},\quad 0\leqslant v\leqslant t \tag{7.45}$$

其中，α^{j_l} 是错误位置号。注意，错误大小来自符号域，而错误位置号来自扩展域。为了避免双重索引，我们引入以下符号：$X_l=\alpha^{j_l}$，$Y_l=e_{j_l}$。(X_l,Y_l) 来完全识别错误($l\in[1,v]$)。我们现在需要解出下列方程组：

$$\begin{aligned}
S_1&=Y_1X_1+Y_2X_2+\cdots+Y_vX_v\\
S_2&=Y_1X_1^2+Y_2X_2^2+\cdots+Y_vX_v^2\\
&\vdots\\
S_{2t}&=Y_1X_1^{2t}+Y_2X_2^{2t}+\cdots+Y_vX_v^{2t}
\end{aligned} \tag{7.46}$$

求解该方程组的过程代表了相应的解码算法。然而，直接求解该方程组是不切实际的。求解方程组有很多不同的算法(7.46)，从迭代算法到欧几里得算法，参见文献[3,7,32-38]。最流行的 BCH 码解码算法是 Massy-Berlekamp

算法。在该算法中,BCH 译码被看作是一个移位寄存器的合成问题:给定的伴随式 S_i,我们必须找到产生该伴随式的最小长度移位寄存器。一旦确定了这个移位寄存器的系数,我们构造误差定位多项式为

$$\sigma(x)=\prod_{i=1}^{v}(1+X_i x)=\sigma_v x^v+\sigma_{v-1}x^{v-1}+\cdots+\sigma_1 x+1 \tag{7.47}$$

这里的 σ_i 也称为基本对称函数,是由韦达公式给出的,即

$$\begin{aligned}\sigma_1&=X_1+X_2+\cdots+X_v\\ \sigma_2&=\sum_{i<j}X_iX_j\\ \sigma_3&=\sum_{i<j<k}X_iX_jX_k\\ &\vdots\\ \sigma_v&=X_1X_2\cdots X_v\end{aligned} \tag{7.48}$$

因为 $\{X_l\}$ 是 $\sigma(x)$ 平方根的倒数,$\sigma(1/X_l)=0\ \forall\, l$,我们可以写成

$$X_l^v\sigma(X_l^{-1})=X_l^v+\sigma_1X_l^{v-1}+\cdots+\sigma_v \tag{7.49}$$

通过将之前的方程乘以 X_l^j 并对定点 j 对 1 求和,就可以得到

$$\begin{gathered}S_{v+j}+\sigma_1S_{v+j-1}+\cdots+\sigma_vS_j=0,\quad j=1,2,\cdots,v\\ S_{v+j}=-\sigma_1S_{v+j-1}-\sigma_2S_{v+j-2}-\cdots-\sigma_vS_v\end{gathered} \tag{7.50}$$

这个方程可以重写为

$$S_{v+j}=-\sum_{i=1}^{v}\sigma_iS_{v+j-i},\quad j=1,2,\cdots,v \tag{7.51}$$

其中,S_{v+j} 表示移位寄存器的输出,如图 7.14 所示。Massy-Berlekamp 算法的流程图如图 7.15 所示。一旦确定了定位多项式,我们必须找到根,并将其倒转,以获得错误定位。为了确定误差大小,必须定义另一个多项式,称为误差求值多项式,定义为

$$\begin{aligned}\zeta(x)=1&+(S_1+\sigma_1)x+(S_2+\sigma_1S_1+\sigma_2)x^2+\cdots\\ &+(S_v+\sigma_1S_{v-1}+\cdots+\sigma_v)x^v\end{aligned} \tag{7.52}$$

误差大小可从下式获得

$$Y_l=\frac{\zeta(X_l^{-1})}{\prod\limits_{i=1,i\neq l}^{v}(1+X_iX_l^{-1})} \tag{7.53}$$

对于二进制 BCH 码字,有 $Y_l=1$,因此我们不需要计算误差大小。

$-\sigma_1$
$-\sigma_2$
$-\sigma_{v-1}$
$-\sigma_v$
S_{V+j-1}
S_{V+j-2}
S_j

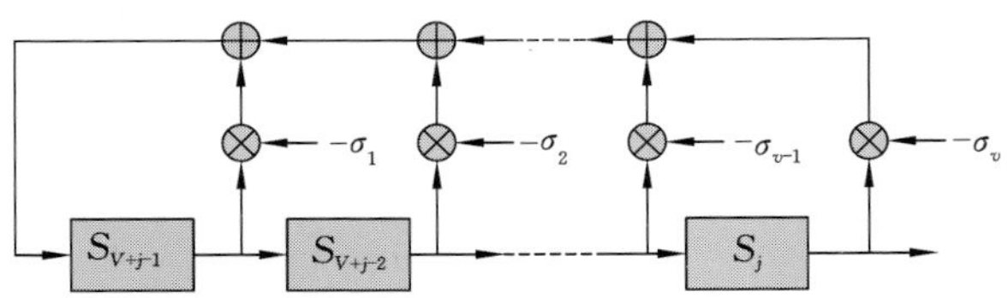

图 7.14　产生伴随式 S_j 的移位寄存器

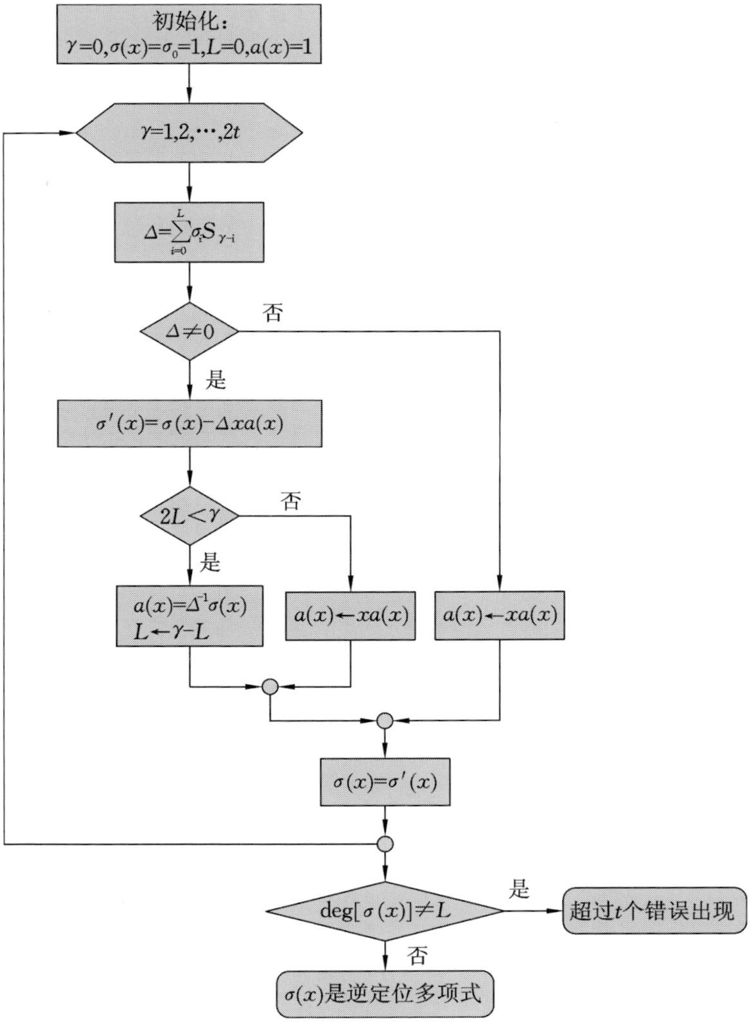

初始化：
$\gamma=0,\sigma(x)=\sigma_0=1,L=0,a(x)=1$
$\gamma=1,2,\cdots,2t$
$\Delta=\sum_{i=0}^{L}\sigma_i S_{\gamma-i}$
$\Delta\neq0$
否
是
$\sigma'(x)=\sigma(x)-\Delta xa(x)$
$2L<\gamma$
否
是
$a(x)=\Delta^{-1}\sigma(x)$
$L\leftarrow\gamma-L$
$a(x)\leftarrow xa(x)$
$a(x)\leftarrow xa(x)$
$\sigma(x)=\sigma'(x)$
$\deg[\sigma(x)]\neq L$
是
超过t个错误出现
否
$\sigma(x)$是逆定位多项式

图 7.15　Massey-Berlekamp 算法的流程图

Δ 表示伴随式和移位寄存器输出之间的误差(差异)，$a(x)$ 在延长之前存储移位寄存器的内容(归一化为 Δ^{-1})

7.5 里德-所罗门码(Reed-Solomon(RS))、级联码和乘积码

Reed-Solomon(RS) 码是 1960 年发现的,代表了一类特殊的非二进制 BCH 码[35-41]。RS 码是最常用的非二进制码。码字符号和生成多项式的根都来自定位域。换句话说,符号域和定位域是相同的。RS 码的码字长度由 $n=q^m-1=q-1$ 决定,这些码字相对较短。某些元素 β 的最小多项式是 $P_\beta(x)=x-\beta$。如果是 GF(q) 的原元(q 是素数或素数幂),则 t- 纠错- 里德- 所罗门码的生成多项式由下式给出:

$$g(x)=(x-\alpha)(x-\alpha^2)\cdots(x-\alpha^{2t}) \tag{7.54}$$

生成多项式的次数为 $2t$,与奇偶校验符号的数量 $n-k=2t$ 相同,而码字的块长度为 $n=q-1$。由于 BCH 码的最小距离为 $2t+1$,因此 RS 码的最小距离为 $d_{\min}=n-k+1$,满足 Singleton 界限不等式($d_{\min}\leqslant n-k+1$),属于最大距离可分类(maxmium-distance separable codes,MDS)。当 $q=2^m$ 时,RS 码参数为:$n=m(2^m-1)$,$n-k=2mt$,$d_{\min}=2mt+1$。因此,当以二进制码的形式观察时,RS 码的最小距离是很大的。RS 码可视为突发纠错码,适用于突发信道。这个二进制码字能够纠正长度为 m 的 t 个脉冲。同样,这个二进制码字也能够纠正长度为 $(t-1)m+1$ 的单个脉冲。

RS 码的权重分布可以确定为

$$A_i=\binom{n}{i}(q-1)\sum_{j=0}^{i-d_{\min}}(-1)^j\binom{i-1}{j}q^{i-d_{\min}-j} \tag{7.55}$$

利用该表示式可以求出未检测到的误差概率为

$$P_u(e)=\sum_{i=1}^{n}A_i p^i(1-p)^{n-i} \tag{7.56}$$

其中,p 为交叉概率,A_i 为权重 i 的码字个数,码字权重由 McWilliams 恒等式[36] 确定。

举例:让 GF(4) 由 $1+x+x^2$ 生成。GF(4) 的符号是 $0,1,\alpha,\alpha^2$。RS(3,2) 码字的生成多项式由 $g(x)=x-\alpha$ 给出。对应的码字为

$000,101,\alpha0\alpha,\alpha^2 0\alpha^2,011,110,\alpha1\alpha^2,\alpha^2 1\alpha,0\alpha\alpha,1\alpha\alpha^2,\alpha\alpha0,\alpha^2\alpha1,0\alpha^2\alpha^2,1\alpha^2\alpha,\alpha\alpha^2 1,\alpha^2\alpha^2 0$

该码字本质上是偶数奇偶校验码字($\alpha^2+\alpha+1=0$)。RS(3,1) 的生成多项式为 $g(x)=(x-\alpha)(x-\alpha^2)=x^2+x+1$,对应的码字为:000、111、$\alpha\alpha\alpha$、

$\alpha^2\alpha^2\alpha^2$。因此，这段码字实际上就是重复码。

由于 RS 码是一类特殊的非二进制 BCH 码，因此可以使用前一节中已经说明的解码算法对它们进行解码。

为了进一步提高RS码的突发纠错能力，可以将RS码与一个内部二进制块码组合成一个级联方案，如图 7.16 所示。级联方案背后的关键思想可以解释如下：考虑由 (n,k,d) 内码生成的码字（d 是码字的最小距离），并通过突发通道传输。解码器处理错误接收到的码字并正确地对其进行解码。然而，偶尔接收到的码字会被错误地送往解码。因此，内部编码器、信道和内部解码器可以被认为是属于 $GF(2^k)$ 的超级信道。外编码器（N,K,D）（D 是外码的最小距离）对输入的 K 个符号进行编码，生成通过超信道传输的 N 个输出符号。每个符号的长度是 k 个信息位。由此产生的码称为级联码，最初是在文献[42]中提出的。该方案是一个（Nn,Kk,Dd）码字，最小距离至少为 Dd。例如，RS(255,239,8) 码可以与级联方案（$12\cdot255,239\cdot8,\geqslant24$）中的（12,8,3）单奇偶校验码组合。图 7.16 中的级联方案可以推广到 q 元通道，其中内码在 $GF(q)$ 上运行，外码在 $GF(q^k)$ 上运行。

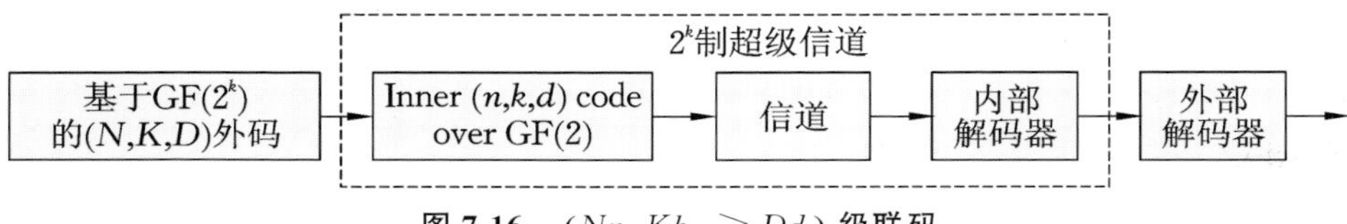

图 7.16　($Nn,Kk,\geqslant Dd$) 级联码

两个 RS 码可以通过交织处理组合成一个级联方案。通过获取给定码 $\boldsymbol{x}_j=(x_{j1},x_{j2},\cdots,x_{jN})$ $(j=1,2,\cdots,L)$ 的 L 个码字（长度为 N），并通过将 L 个码字交织为 $\boldsymbol{y}_i=(x_{11},x_{21},\cdots,x_{L1},x_{12},x_{22},\cdots,x_{L2},\cdots,x_{1N},x_{2N},\cdots,x_{LN})$ 来形成新的码字，以获得交织码。交织的过程可以看作是由多行的 L 个码字组成一个 $L\times N$ 矩阵，并将矩阵一列列传递的过程，如下所示：

$$
\begin{matrix}
x_{11} & x_{12} & \cdots & x_{1N}\\
x_{21} & x_{22} & \cdots & x_{2N}\\
\vdots & \vdots & & \vdots\\
x_{L1} & x_{L2} & \cdots & x_{LN}
\end{matrix}
$$

参数 L 称为交织度。传输或解码必须等到收集完 L 码字后才能进行。为了能够在新码字可用时传输列，码字应该按对角线排列，如下所示。这种交织方案称为延迟交织(1 帧延迟交织)。

$$\begin{array}{cccccc}
x_{i-(N-1),1} & \cdots & x_{i-2,1} & x_{i-1,1} & x_{i,1} & \\
 & x_{i-(N-1),2} & \cdots & x_{i-2,2} & x_{i-1,2} & x_{i,2} \\
 & & & \vdots & \vdots & \\
 & & & x_{i-(N-1),N-1} & x_{i-(N-2),N-1} & \\
 & & & & x_{i-(N-1),N} & x_{i-(N-2),N}
\end{array}$$

每个新的码字负责实现这个数组的一列。在上面的例子中,码字 x_i 完成了列(帧)$x_{i,1}, x_{i-1,2}, \cdots, x_{i-(N-1),N}$。该方案一般称为 λ 帧延时织,其中,第 i 个码字 x_i 的分量(如 $x_{i,j}$ 和 $x_{i,j+1}$)被间隔开 λ 帧。

处理突发错误的另一种方法是按乘积的方式排列两个 RS 码字,如图 7.17 所示。新的乘积码是一个(n_1n_2, k_1k_2, d_1d_2)方案,其中码字形成一个 $n_1 \times n_2$ 数组,其中每一行是来自 $C_1(n_1, k_1, d_1)$ 码字的码字,而每一列是来自另一个 $C_2(n_2, k_2, d_2)$ 码字的码字;其中 n_i、k_i 和 $d_i(i=1,2)$ 分别为第 i 个分量码的码字长度、维数和最小距离。Turbo 乘积码最初是在文献[43]中提出的。二进制码字(如二进制 BCH 码字)和非二进制码字(如 RS 码字)都可以通过乘积码的方式排列。可以证明乘积码的最小距离是各个分量码的最小距离的乘积。由此可见,乘积码能够纠正长度为 $b=\max(n_1b_2, n_2b_1)$ 的突发错误,其中 b_i 代表分量码 $i=1,2$ 的突发错误能力。在光开关键控 AWGN 通道上对几种 RS 级联方案进行蒙特卡罗仿真,仿真结果如图 7.18 所示。净编码增益是通过特定 BER 的 Q 值差来测量的。我们可以看到,码率 $R=0.82$ 的 RS(255,239)+RS(255,223) 级联方案的性能优于所有其他组合。

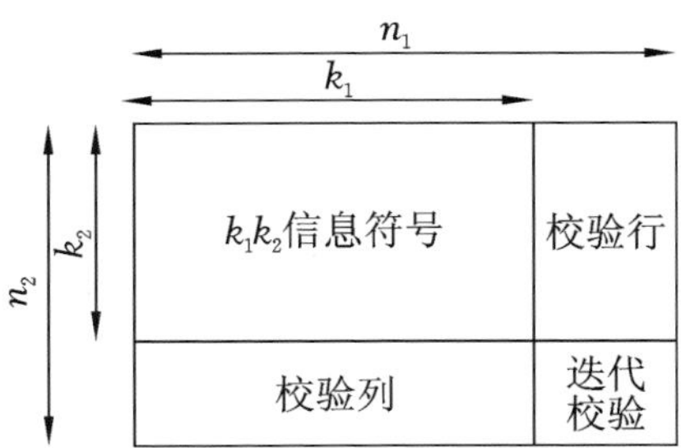

图 7.17 乘积的码字结构

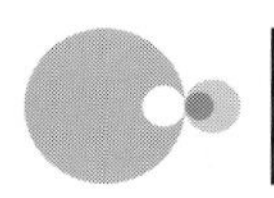

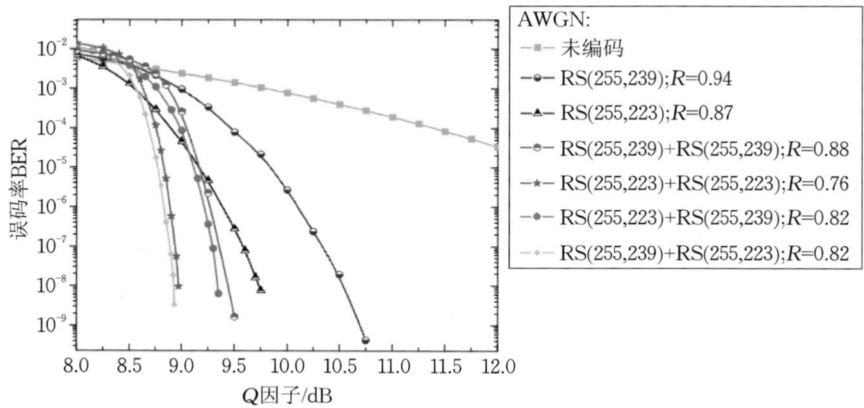

图 7.18　光开关键控通道上级联 RS 码的误码率性能

7.6　Turbo 码

光通信编码方式包括 Turbo 码、Turbo 乘积码和 LDPC 码。Turbo 码[2-4,44,45] 可以看作是码级联的推广，在迭代解码过程中，解码器将软消息迭代一定次数进行分析处理。Turbo 码在无线通信应用时，可以逼近信道容量的极限。如果考虑在光传输系统中使用它们，它们会表现出很强的误码率性能平层[4]。因此，需要寻找替代的迭代软解码方法。正如在文献[1-3,11,13]中所述，Turbo 乘积码和 LDPC 码字可以提供出色的编码增益，并且在适当的设计下，不会显示任何的误码平层。

Turbo 编码器由两个(或多个)卷积编码器级联而成，相应的译码器由两个(或多个)卷积软译码器组成，其中外部概率信息在软译码器之间来回迭代。如图 7.19(a) 所示，并行 Turbo 编码器由两个以并行级联方案排列的双速率半卷积编码器组成。在串行 Turbo 编码器中，如图 7.19(b) 所示，串行级联卷积编码器由一个 K/R_0 位交织器分开，其中，R_0 是外编码器的码率。交织器接收输入的比特块，并通过第二个编码器以伪随机的方式编码，以便相同的信息比特不会被相同的递归系统卷积(RSC)码字编码两次(当使用相同的 RSC 码字时)。RSC 码字的生成矩阵可以写成：$\boldsymbol{G}_{\mathrm{RSC}}(x)=[1\quad g_2(x)/g_1(x)]$，其中，$g_2(x)/g_1(x)$ 表示编码器奇偶分支的传递函数(见图 7.19(a))。例如，由 $\boldsymbol{G}_{\mathrm{RSC}}(x)=[1\quad (1+x^4)/(1+x+x^2+x^3+x^4)]$ 描述的 RSC 编码器如图 7.19(c) 所示。

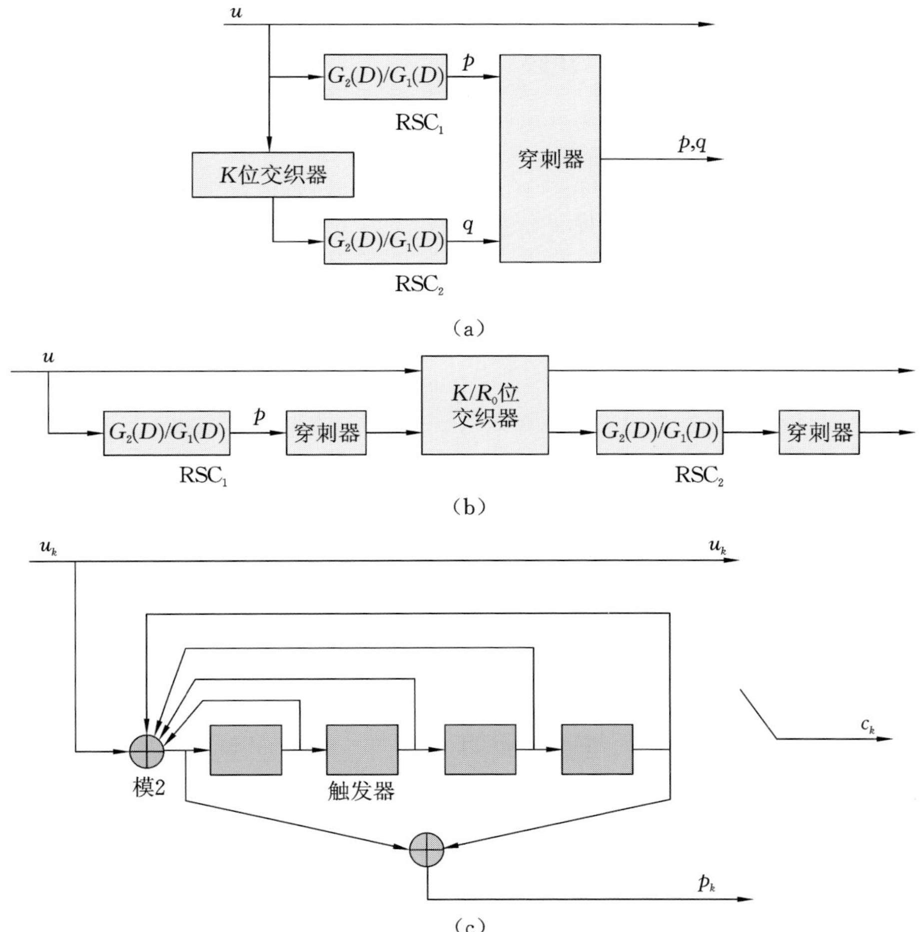

图 7.19　Turbo 码编码器的配置

(a) 并行涡轮编码;(b) 串行涡轮编码;(c) $\boldsymbol{G}_{\mathrm{RSC}}(x)=[1\quad(1+x^4)/(1+x+x^2+x^3+x^4)]$ 的 RSC 编码器

如图 7.20 所示,迭代(Turbo) 解码器将两个软输入 / 软输出(SISO) 解码器交织在一起,迭代地、协作地交换外部信息。迭代解码器的作用是迭代估计后验概率(APPs)$\Pr(u_k \mid \boldsymbol{y})$,其中,$u_k$ 为第 k 个数据位($k=1,2,\cdots,K$),$\boldsymbol{y}$ 为接收到的加噪声的码字(即 $\boldsymbol{y}=\boldsymbol{c}+\boldsymbol{n}$)。在迭代解码器中,每个分量码解码器从其伴随解码器接收每个u_k 的外部信息或软信息,伴随解码器提供先验信息,如图 7.20 所示。外部信息背后的关键思想是解码器DEC_2 仅使用DEC_1 不可用的信息为每个u_k 提供DEC_1 所需的软信息。后验概率(APPs) 知识使信息位

u_k 的最佳决策能够通过最大后验概率(MAP)规则作出，最大后验概率(MAP)规则如下：

$$\frac{P(u_k=+1 \mid y)}{P(u_k=-1 \mid y)} \underset{-1}{\overset{+1}{\gtrless}} 1 \Leftrightarrow \hat{u}_k = \text{sign}[L(u_k)], \quad L(u_k)=\lg\frac{P(u_k=+1 \mid \boldsymbol{y})}{P(u_k=-1 \mid \boldsymbol{y})} \tag{7.57}$$

其中，$L(u_k)$ 为 log-APP，也称为对数似然比(LLR)。通过应用贝叶斯规则，我们可以写出

$$\begin{aligned} L(b_k) &= \lg\left[\frac{P(b_k=+1 \mid \boldsymbol{y})}{P(b_k=-1 \mid \boldsymbol{y})}\frac{p(\boldsymbol{y})}{p(\boldsymbol{y})}\right] = \lg\left[\frac{P(\boldsymbol{y} \mid b_k=+1)}{P(\boldsymbol{y} \mid b_k=-1)}\frac{P(b_k=+1)}{P(b_k=-1)}\right] \\ &= \lg\frac{P(\boldsymbol{y} \mid b_k=+1)}{P(\boldsymbol{y} \mid b_k=-1)} + \lg\frac{P(b_k=+1)}{P(b_k=-1)} \end{aligned} \tag{7.58}$$

其中，$b_k \in \{u_k, p_k\}$ 。式(7.58)中的第一项表示迭代解码器从对应的伴随解码器得到的外部信息，第二项表示先验信息。注意，对于传统解码器，通常有 $P(b_k=+1)=P(b_k=-1)$ 。

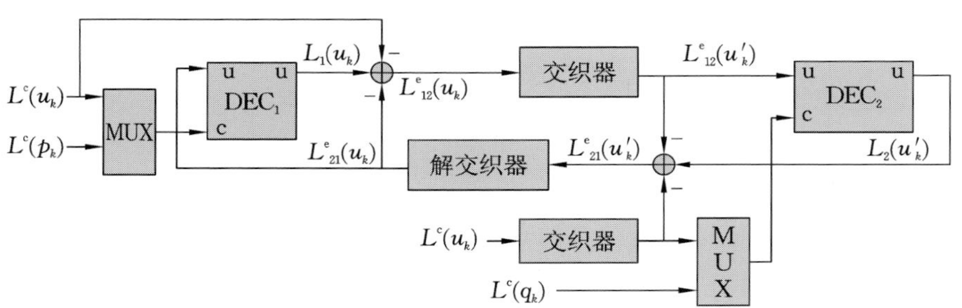

图 7.20　并行 Turbo 解码器配置

MUX：多路复用器，DEC：解码器

外部信息背后的关键思想是只向伴随解码器提供关于 b_k 的软信息(这是不可用的)。因此，尽管最初的先验信息是零，但在第一次迭代之后它就变成非零。如图 7.20 所示，从DEC_1 到DEC_2 发送的外部信息，即 $L^e_{12}(u_k)$，可以通过从 DEC_1 的输出 LLR$L_1(u_k)$ 中减去已从 DEC_2 接收到的信道可靠性 $L^c(u_k)$ 和外部信息 $L^e_{21}(u_k)$ 来计算。然而，从DEC_2 发送到DEC_1 的外部信息 $L^e_{21}(u_k)$ 是由DEC_2 的输出 LLR$L_2(u_k)$ 减去交织信道可靠性$L^c(u_k)$ 和交织外部信息$L^e_{12}(u'_k)$(已经从DEC_1 接收到)得到的。由于DEC_2 是对交织序列进行操作的，所以在将这些外部信息发送到DEC_1 之前需要对其进行去交错。这种外

部信息的交换将被执行，直到成功解码或达到预定的迭代次数为止。解码器 $DEC_i\ (i=1,2)$ 通过采用 BCJR 算法[5] 对编码器的网格进行操作。BCJR 算法也可用于 MAP 检测，这将在 7.10 节中描述。由于并行 Turbo 编码器产生的码率较低（$R=1/3$），因此穿孔器需要删除所选位以减少编码开销，如图 7.19(a) 所示。产生的码率变为 $R=K/(K+P)$，其中，P 是截位后残余（puncturing）的奇偶校验位数。但是，截位后残余的码字会缩短原码的最小距离，从而导致性能下降和更早的误码平层，如文献[4] 所述。由于编码速率低、误码平层早，在光纤通信中，Turbo 码的应用并不广泛。

7.7 Turbo 乘积码

Turbo 乘积码（TPC），也称为分组 Turbo 码（BTC）[12]，是一个 (n_1n_2, k_1k_2, d_1d_2) 码，其中码字形成一个 $n_1\times n_2$ 阵列。每行都是来自 $C_1(n_1,k_1,d_1)$ 分量码的一个码字，且每列是来自 $C_2(n_2,k_2,d_2)$ 分量码的码字。用 n_i、k_i、$d_i\ (i=1,2)$ 分别表示第 i 个分量码的码字长度、维数和最小距离（有关码字的结构，请参见图 7.17）。软比特信息在码字 C_1 和 C_2 的解码器之间进行迭代。可以看出，乘积码的最小距离是分量码最小距离的乘积，$d=d_1d_2$。分量码通常是扩展 BCH 码，因为与标称 BCH 码相比，使用扩展 BCH 码可以将最小距离增加 d_1+d_2+1。基于最大似然（ML）解码下的误码概率 P_b 和基于 AWGN 信道的误码概率 P_{cw} 的表示式为[3,4]

$$P_b\approx\frac{w_{min}}{2k_1k_2}\mathrm{erfc}\left(\sqrt{\frac{RdE_b}{N_0}}\right),\quad P_{cw}\approx\frac{A_{min}}{2}\mathrm{erfc}\left(\sqrt{\frac{RdE_b}{N_0}}\right)\tag{7.59}$$

其中，w_{min} 是所有 A_{min} TPC 码字在最小距离 d 处的最小权值。注意，w_{min} 和 A_{min} 相对于 Turbo 码来说是相当大的，因此有很好的误码率性能。然而，由于高复杂度，在 TPC 解码中 ML 解码并不常用，而是使用简单的类似 Chase Ⅱ 的解码算法[3,12]。下面介绍一种独立于信道模型[15] 的算法。设 u_j 为码字 $\boldsymbol{u}=[u_1\cdots u_n]$ 中的第 j 位，r_j 对应于接收到的样本。初始比特对数似然比（LLRs）可以计算为

$$L(u_j)=\lg[P(u_j=0\mid r_j)/P(u_j=1\mid r_j)]\tag{7.60}$$

其中，

$$P(u_j\mid r_j)=\frac{P(r_j\mid u_j)P(u_j)}{P(r_j\mid u_j=0)P(u_j=0)+P(r_j\mid u_j=1)P(u_j=1)}$$

可以通过估计直方图来评估。基于改进的 Chase Ⅱ 译码算法，所提出的 SISO 译码算法由以下步骤[2] 定义：

(1) 从方程(7.60)开始确定 p 个最小可能性的位置，生成 2^p 个测试码字，将其添加到硬判决码字中。

(2) 通过将测试码字(每个模 2)添加到硬判决码字(在最小可能性的位置上)来确定第 i 个($i=1,\cdots,2^p$)扰动序列。

(3) 执行代数或硬解码以创建一组候选码字(简单的伴随式解码适合高速执行)。

(4) 根据以下公式计算伴随式码字 $\boldsymbol{c}_i$ 对数似然比(LLRs)：

$$\Lambda\left[\boldsymbol{c}_i=(\boldsymbol{c}_i(1)\boldsymbol{c}_i(2)\cdots\boldsymbol{c}_i(n))\right]=\sum_{j=1}^{n}\lg\frac{\mathrm{e}^{(1-\boldsymbol{c}_i(j))L(\boldsymbol{c}_i(j))}}{1+\mathrm{e}^{L(\boldsymbol{c}_i(j))}} \tag{7.61}$$

(5) 计算下一个解码的外部比特可靠性，使用

$$L_{\text{ext}}(u_j)=\lambda(u_j)-L(u_j),\lambda(u_j)=\lg\frac{\sum_{\boldsymbol{c}_i(j)=0}\Lambda(\boldsymbol{c}_i)}{\sum_{\boldsymbol{c}_i(j)=1}\Lambda(\boldsymbol{c}_i)} \tag{7.62}$$

在使用式(7.61)和式(7.62)进行计算时，递归地应用下面的“max-star”算子：

$$\max{}^*(x,y)\triangleq\lg(\mathrm{e}^x+\mathrm{e}^y)=\max(x,y)+\lg(1+\mathrm{e}^{-|x-y|}) \tag{7.63}$$

鉴于对SISO组成解码算法的描述，TPC解码器的操作如下。设 $L_{\mathrm{rc},j}^{\mathrm{e}}$ 表示从行到列译码器传递的外部信息，设 $L_{\mathrm{cr},j}^{\mathrm{e}}$ 表示反向传递的外部信息。然后，假设列解码器首先运行，TPC 解码器执行以下步骤。

(1) 初始化：对于所有 j，$L_{\mathrm{cr},j}^{\mathrm{e}}=L_{\mathrm{rc},j}^{\mathrm{e}}$。

(2) 列解码器：使用输入 $L(u_j)+L_{\mathrm{rc},j}^{\mathrm{e}}$ 运行上述 SISO 解码算法，得到 $\{L_{\text{column}}(u_j)\}$ 和 $\{L_{\mathrm{cr},j}^{\mathrm{e}}\}$。外部信息由式(7.62)计算。将外部信息 $\{L_{\mathrm{cr},j}^{e}\}$ 传递给行解码器。

(3) 行译码器：使用以下输入 $L(u_j)+L_{\mathrm{cr},j}^{\mathrm{e}}$ 运行 SISO 解码算法，得到 $\{L_{\text{row}}(u_j)\}$ 和 $\{L_{\mathrm{rc},j}^{\mathrm{e}}\}$。将外部信息 $\{L_{\mathrm{rc},j}^{\mathrm{e}}\}$ 传递给对应的列解码器。

(4) 位判决：重复步骤(2)、(3)，直到生成有效的码字或达到预定的迭代次数。由 $\mathrm{sgn}\left[L_{\text{row}}(u_k)\right]$ 对位做出判决。

7.8 低密度校验码(LDPC)

如果奇偶校验矩阵中 1 的密度较低，并且每一行和每一列中 1 的个数都是

不变的，则该方案称为规则 LDPC 码。在高速实现中优选使用规则 LDPC 码而不是不规则 LDPC 码。 我们将使用 LDPC 码的图形表示，称为二分(Tanner)图表示，来描述 LDPC 解码算法。Tanner 图是这样的一种图，其节点可以分为两类(变量和检查节点)，只能连接不属于同一类的两个节点。Tanner 图是根据以下规则绘制的：当奇偶校验矩阵 $\boldsymbol{H}$ 中的 h_{cv} 元素为 1 时，校验节点 c 连接到位(变量)节点 v。在一个 $m \times n$ 奇偶校验矩阵中，有 $m=n-k$ 个校验节点和 n 个可变节点。

举例：让我们考虑下面形式的 $\boldsymbol{H}$ 矩阵：

$$\boldsymbol{H}=\begin{bmatrix}1 & 0 & 1 & 0 & 1 & 0\\1 & 0 & 0 & 1 & 0 & 1\\0 & 1 & 1 & 0 & 0 & 1\\0 & 1 & 0 & 1 & 1 & 0\end{bmatrix}$$

对于任何有效的码字 $\boldsymbol{x}=[x_0 x_1 \cdots x_n]$，用于解码码字的奇偶校验被写为

- 等式(c_0)：$x_0+x_2+x_4=0(\text{mod } 2)$；
- 等式(c_1)：$x_0+x_3+x_5=0(\text{mod } 2)$；
- 等式(c_2)：$x_1+x_2+x_5=0(\text{mod } 2)$；
- 等式(c_3)：$x_1+x_3+x_4=0(\text{mod } 2)$。

图 7.21(a) 所示的是该过程的 Tanner 图表示。圆圈表示位(变量) 节点，正方形表示校验节点。例如，方程(c_0) 中涉及变量节点 x_0、x_2 和 x_4，因此连接到校验节点 c_0。

在图中包含 l 边缘闭合路径是长度为 l 的循环。二分图中的最短周期是围长(girth)。 围长影响 LDPC 码的最小距离，与外部 LLRs 相关，影响解码性能。在译码过程中，由于大围长增加了最小距离，并且消除了外部信息的相关性，因此采用大围长的 LDPC 码是较好的选择。为了提高迭代译码性能，必须避免码长为 4 和 6 的循环。为了检验短周期的存在，必须采用在 $\boldsymbol{H}$ 矩阵上搜索图 7.21(b)、(c) 所示的模式。

7.8.1 准循环(QC) 二进制 LDPC 码

在本节中，我们描述了一种设计大围长 QC LDPC 码的方法，并在 7.8.2 节讨论了一种适用于光通信的高效、简单的和积算法(SPA) 变体。

基于 Tanner 对 LDPC 码[3,7,16] 的最小距离的界限，最小距离 d 由下界

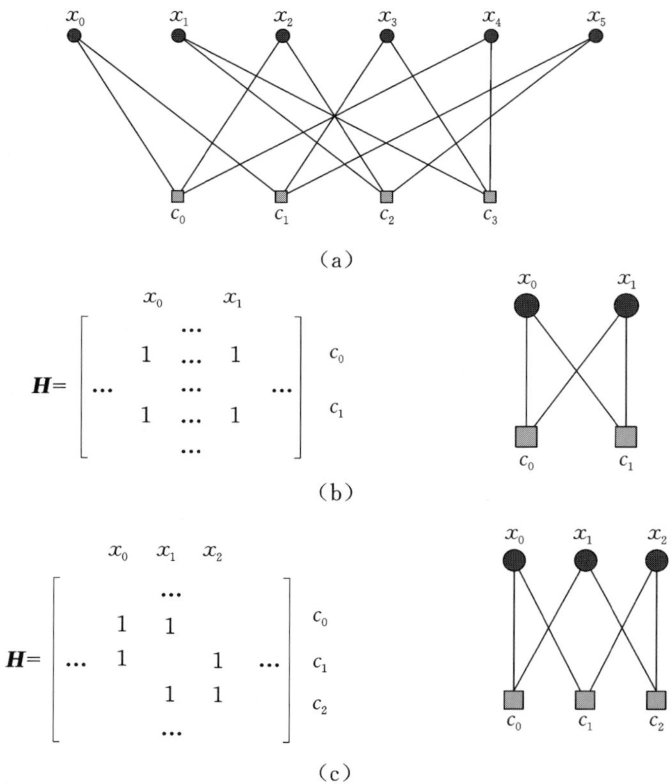

图 7.21　唐纳示意图

(a) 由上述 **H** 矩阵描述的(6,2)码二分图;(b)Tanner 图中长度为 4 的循环;
(c)Tanner 图中长度为 6 的循环

限定:

$$d \geqslant \begin{cases} 1+\dfrac{w_c}{w_c-2}\left[(w_c-1)^{\lfloor (g-2)/4 \rfloor}-1\right], g/2=2m+1 \\ 1+\dfrac{w_c}{w_c-2}\left[(w_c-1)^{\lfloor (g-2)/4 \rfloor}-1\right]+(w_c-1)^{\lfloor (g-2)/4 \rfloor}, g/2=2m \end{cases} \tag{7.64}$$

其中,g 和w_c 分别表示码字图的围长和列权重。因此,我们得出结论,只要列权重大于或等于 3,大围长就会导致最小距离呈指数增长($\lfloor \cdot \rfloor$表示小于或等于封闭数量的最大整数)。例如,列权重 $r=3$ 的围长为 10 的码字的最小距离至少为 10。常规 QC LDPC 码的奇偶校验矩阵[1-3] 可写成

$$\boldsymbol{H}=\begin{bmatrix} I & I & I & \cdots & I \\ I & P^{S[1]} & P^{S[2]} & \cdots & P^{S[c-1]} \\ I & P^{2S[1]} & P^{2S[2]} & \cdots & P^{2S[c-1]} \\ \vdots & \vdots & \vdots & & \vdots \\ I & P^{(r-1)S[1]} & P^{(r-1)S[2]} & \cdots & P^{(r-1)S[c-1]} \end{bmatrix} \tag{7.65}$$

其中,$\boldsymbol{I}$ 是具有 $B\times B$ 大小的单位矩阵(B 是素数),$\boldsymbol{P}$ 是 $B\times B$ 大小的置换矩阵,其中元素由 $\boldsymbol{P}=(p_{ij})_{B\times B}$ 给出(如果 $p_{i,i+1}=p_{B,1}$,则它们等于1;否则等于零),r 和 c 分别表示式(7.65)中的块行数和块列数。从集合$\{0,1,\cdots,B-1\}$中仔细选择整数集 s,以避免在方程(7.65)所对应的 Tanner 图中短长度的循环。根据文献[17]中的定理2.1,我们必须避免由以下方程定义的长度为$2k$($k=3$或4)的循环:

$$\begin{aligned} &S[i_1]j_1+S[i_2]j_2+\cdots+S[i_k]j_k \\ &=S[i_1]j_2+S[i_2]j_3+\cdots+S[i_k]j_1 \bmod p \end{aligned} \tag{7.66}$$

其中,闭合路径由$(i_1,j_1),(i_1,j_2),(i_2,j_2),(i_2,j_3),\cdots,(i_k,j_k),(i_k,j_1)$定义,其中一对指数表示方程(7.65)中置换块的行-列位置,如 $l_m\neq l_{m+1},l_k\neq l_1(m=1,2,\cdots,k;l\in\{i,j\})$。因此,我们必须识别满足方程(7.66)的整数序列 $S[i]\in\{0,1,\cdots,B-1\}(i=0,1,\cdots,r-1;r<B)$,可以通过计算机搜索或以组合方式得到。作为一个例子,文献[28]提出了循环不变差分集(cyclic-invariant difference set,CIDS)的概念来设计 QC LDPC 码。基于 CIDS 的码字自然是围长为 6 的码字,为了增加围长,我们应该有选择地删除 CIDS 中的某些元素。

我们应该注意到,对于速率大于 0.8、列权重为 3 和围长为 10 的 LDPC 码字,使用 CIDS 方法可能不会带来优化结果。相反,就像在文献[1]中所做的那样可以使用高效的计算机搜索算法。在该算法中,每次从集合$\{0,1,\cdots,B-1\}$中选择一个整数添加到初始集合 S 中,然后检查方程(7.66)是否满足。如果满足该方程,则从集合 S 中删除该整数,同时继续搜索同一集合中的另一个整数,直到使用所有元素$\{0,1,\cdots,B-1\}$。这些 QC 码的码率 R 的下界由下式定义:

$$R\geqslant\frac{|S|B-rB}{|S|B}=1-r/|S| \tag{7.67}$$

其中,码字长度为$|S|B$,$|S|$表示集合 S 的基数。用于给定码率 R_0 的集合

S 中的元素个数等于$\lfloor r/(1-R_0) \rfloor$。该算法适用于任意速率 LDPC 码的设计。

［**例 7-7**］ 设 $B=2311$，则根据式(7.65)可以获得整数集 $S=\{1,2,7,14,30,51,78,104,129,212,223,318,427,600,808\}$。对应的 LDPC 码率为 $R_0=1-3/15=0.8$，列权重为 3，围长为 10，长度为 $|S|B=15\times 2311=34665$。在本例中，初始整数集是 $S=\{1,2,7\}$，方程(7.65)中使用的行集是$\{1,3,6\}$。使用不同的初始集会在集合 S 中产生不同的元素。

［**例 7-8**］ 设 $B=269$，得到集合 $S=\{0, 2, 3, 5, 9, 11, 12, 14, 27, 29, 30, 36, 38, 39, 81, 83, 84, 84, 90, 92, 93, 95, 108, 110, 111, 113, 119, 120, 122\}$。如果使用 30 个整数，则对应的LDPC码率为 $R_0=1-3/30=0.9$，列权重为 3，围长为 8，长度为 $30\times 269=8070$。

7.8.2 二进制 LDPC 码的解码和误码率性能评估

用于 LDPC 码的近似最优迭代解码算法，在文献[20]中提出并且被称为 Gallager 对数域 SPA，计算变量的分布以计算后验概率(APP)。对于接收矢量 $\boldsymbol{y}=[y_0 y_1 \cdots y_{n-1}]$，码字 $\boldsymbol{v}=[v_0\ v_1 \cdots\ v_{n-1}]$中的比特$v_i$ 等于1。这个迭代译码方案将在下面描述，它涉及在边缘上的 c 节点和 v 节点之间来回传递外部信息来更新分布估计。该方案中的每个迭代由两个半迭代组成，如图 7.22 所示。例如，图 7.22(a) 显示了从 v 节点v_i 发送到c 节点c_j 的消息。除了来自连接到v_i 节点的其他 c 节点的外部信息之外，v_i 节点还从信道(y_i 样本)收集信息，处理它们并将外部信息(尚未可用)发送到 c_j。这个外部信息包含关于概率 $\Pr(c_i=b \mid y_0)$ 的信息，其中$b\in\{0,1\}$。此过程在连接到v_i 节点的所有c 节点中执行。但是，图 7.22(b) 也显示了从c 节点c_i 向v 节点v_j 发送的外部信息，其中包含了给定接收向量 $\boldsymbol{y}$ 满足 c_i 方程的概率信息。

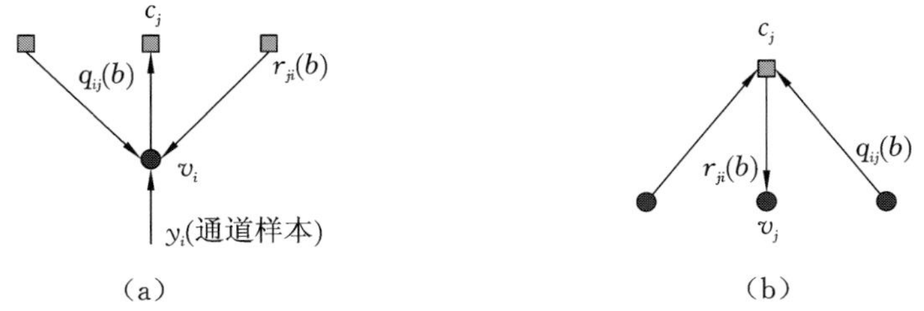

图 7.22 和积算法的半迭代示意图

(a) 第一次半迭代：从 v 节点发送到 c 节点的外部信息；(b) 第二次半迭代：从 c 节点发送到 v 节点的外部信息

通常,我们可以计算 APP $\Pr(v_i \mid \boldsymbol{y})$ 或 APP 比率 $l(v_i)=\Pr(v_i=0\mid \boldsymbol{y})/\Pr(v_i=1\mid \boldsymbol{y})$,这也称为似然比。在和积算法的对数域版本中,我们用对数似然比(LLRs)代替这些似然比,因为概率域包含大量导致数值不稳定的乘法。另一方面,使用 LLRs 的计算仅涉及加法运算。 此外,采用对数域的表示方式更适用于有限精度的表示。因此,通过 $L(v_i)=\lg[\Pr(v_i=0\mid \boldsymbol{y})/\Pr(v_i=1\mid \boldsymbol{y})]$ 来计算 LLRs。最终决定,如果 $L(v_i)>0$,则判决为 0;而如果 $L(v_i)<0$,则判决为 1。为了更好地解释 SPA,可以引入以下符号[21]:

$V_j=\{$连接 c 节点 c_j 的 v 节点$\}$

$V_j\backslash i=\{$连接 c 节点 c_j 的 v 节点$\}\backslash\{v$ 节点 $v_i\}$

$C_i=\{$连接 v 节点 v_i 的 c 节点$\}$

$C_i\backslash j=\{$连接 v 节点 v_i 的 c 节点$\}\backslash\{c$ 节点 $c_j\}$

$M_v(\sim i)=\{$来自除节点 v_i 之外的所有 v 节点的消息$\}$

$M_v(\sim j)=\{$来自除节点 c_j 之外的所有 c 节点的消息$\}$

$P_i=\Pr(v_i=1\mid y_i)$

$S_i=$满足涉及 c_i 的检验方程的事件

$q_{ij}(b)=\Pr(v_i=b\mid S_i, y_i, M_c(\sim j))$

$r_{ij}(b)=\Pr($满足检验方程 $c_j\mid v_i=b, M_v(\sim i))$

在和积算法的对数域版本中,所有计算都在对数域中执行,如下所示:

$$L(v_i)=\lg\frac{\Pr(v_i=0\mid y_i)}{\Pr(v_i=1\mid y_i)},L(r_{ji})=\lg\frac{r_{ji}(0)}{r_{ji}(1)},L(q_{ji})=\lg\frac{q_{ji}(0)}{q_{ji}(1)} \tag{7.68}$$

该算法从初始化步骤开始,我们将 $L(v_i)$ 设为

$$\begin{aligned}
&L(v_i)=(-1)^{y_i}\lg\left(\frac{1-\varepsilon}{\varepsilon}\right), \quad \text{for BSC}\\
&L(v_i)=2^{y_i}/\sigma^2, \quad \text{for binary input AWGN}\\
&L(v_i)=\lg\frac{\sigma_1}{\sigma_0}-\frac{(y_i-\mu_0)^2}{2\sigma_0^2}+\frac{(y_i-\mu_1)^2}{2\sigma_1^2}, \quad \text{for BA-AWGN}\\
&L(v_i)=\lg\frac{\Pr(v_i=0\mid y_i)}{\Pr(v_i=1\mid y_i)}, \quad \text{for arbitrary channel}
\end{aligned} \tag{7.69}$$

其中,ε 表示二进制对称信道(BSC)中的误差概率,σ^2 表示 AWGN 的高斯分布的方差,μ_j 和 $\sigma_j^2(j=0,1)$ 表示对应于比特 $j=0,1$ 的二进制非对称(BA)-AWGN 信道的高斯过程的均值和方差。在初始化 $L(q_{ij})$ 之后,$L(r_{ij})$ 的

表示式为

$$L(r_{ji})=L\Big(\sum_{i'\in V_j\backslash i}b_i\Big)=L(\cdots\oplus b_k\oplus b_l\oplus b_m\oplus b_n\cdots)$$
$$=\cdots L_k\boxplus L_l\boxplus L_m\boxplus L_n\boxplus\cdots \tag{7.70}$$

其中，$\oplus$ 表示模 2 加法，$\boxplus$表示一个成对计算，由下式定义：

$$L_1\boxplus L_2=\prod_{k=1}^{2}\mathrm{sign}(L_k)\cdot\phi\Big(\sum_{k=1}^{2}\phi(|L_k|)\Big),\phi(x)=-\lg\tanh(x/2) \tag{7.71}$$

在计算 $L(r_{ij})$ 时，我们更新 $L(q_{ij})$，得到

$$L(q_{ij})=L(v_i)+\sum_{j'\in C_{i\backslash j}}L(r_{j'i}),\quad L(Q_i)=L(v_i)+\sum_{j\in C_i}L(r_{ji}) \tag{7.72}$$

最后，决策步骤由下式定义：

$$\hat{\nu}_i=\begin{cases}1,L(Q_i)<0\\0,\text{其他}\end{cases} \tag{7.73}$$

若满足伴随式方程$\hat{\boldsymbol{\nu}}\boldsymbol{H}^{\mathrm{T}}=\mathbf{0}$或达到最大迭代次数，则停止；否则，重新计算 $L(r_{ij})$ 并更新 $L(q_{ij})$ 和 $L(Q_i)$，然后再次检查。重要的是将迭代次数优化到足够高以确保大多数码字能被正确解码，但也不会太高以免影响处理时间。需要指出的是，用于良好 LDPC 码的解码器需要更少的迭代以保证成功解码。

Gallagher 对数域 SPA 可以总结如下。

(1) 初始化：对于 $j=0,1,\cdots,n-1$，计算从 v 节点 i，到 c 节点 j 的 LLRs 值作为初始信息，即 $L(q_{ij})=L(c_i)$。

(2) c 节点更新规则：对于 $j=0,1,\cdots,n-k-1$，计算 $L(r_{ji})=\Big(\prod_{i'\in R_j\backslash i}\alpha_{i'j}\Big)\phi\Big[\prod_{i'\in R_j\backslash i}\phi(\beta_{i'j})\Big]$，其中，$\alpha_{ij}=\mathrm{sign}[L(q_{ij})]$，$\beta_{ij}=|L(q_{ij})|$，$\phi(x)=-\lg\tanh\left(\dfrac{x}{2}\right)=\lg[(\mathrm{e}^x+1)/(\mathrm{e}^x-1)]$。

(3) v 节点更新规则：对于 $i=0,1,\cdots,n-1$，对于$h_{ji}=1$的所有 c 节点，设 $L(q_{ij})=L(c_i)+\prod_{i'\in C_i\backslash j}L(r_{j'i})$。

(4) 比特判决：通过 $L(Q_i)=L(c_i)+\prod_{j\in C_i}L(r_{ji})$ 更新 $L(Q_i)(i=0,\cdots,n-1)$，当 $L(Q_i)<0$ 时设置$\hat{c}_i=1$(否则，设置$\hat{c}_i=0$)。如果 $\hat{\boldsymbol{c}}\boldsymbol{H}^{\mathrm{T}}=\mathbf{0}$ 或已达到

预定的迭代次数,则停止,否则转到步骤(1)。

由于 c 节点更新规则涉及对数函数和 tanh 函数的计算,因此上述算法存在许多近似值,计算量很大。其中最吸引人的是文献[19] 中提出的最小和加矫正近似。也就是说,方块加号运算符 $\boxplus$ 也可以通过下式计算:

$$L_1 \boxplus L_2 = \prod_{k=1}^{2} \operatorname{sign}(L_k) \cdot \min(|L_1|,|L_2|) + c(x,y) \tag{7.74}$$

其中,$c(x,y)$ 表示校正因子,由下式定义:

$$c(x,y) = \lg[1+\exp(-|x+y|)] - \lg[1+\exp(-|x-y|)] \tag{7.75}$$

校正因子 $c(x,y)$ 通常以查找表(LUT) 形式实现。

我们已经对各种码字进行了仿真,以便在误码率(BER) 方面进行比较。AWGN 信道模型的仿真结果如图 7.23 所示。我们将大围长 LDPC 码与以下码进行比较:RS 码、级联 RS 码、TPC 码和其他类型的 LDPC 码。我们使用 Q 因子作为参数,将修正项和积算法的迭代次数设置为 25 次。在本节的所有仿真结果中,我们都保持了双精度。对于 LDPC(16935,13550) 码,我们还提供了 3 位和 4 位定点仿真结果。结果表明,4 位表示法的性能与双精度表示法相当,而 3 位表示法在误码率为 2×10^{-8} 时的性能比双精度表示法差 0.27 dB。码率为 0.8 的 10 围长 LDPC(24015,19212) 码在 BER 为 10^{-7} 时,性能比级联 RS(255,239) + RS(255,223)(速率为 0.82) 好 3.35 dB,比 RS(255,239) 好 4.75 dB。相同的 LDPC 码在 BER 为 10^{-7} 时的性能比基于投影几何(PG) $(2,2^6)$ 的 6 围长 LDPC(4161,3431)(速率为 0.825) 好 1.49 dB,比基于 CIDS 的速率为 0.75 的 LDPC(4320,3242) 和 8 围长 LDPC 码好 0.25 dB。在 BER 为 10^{-10} 时,它比基于栅格的速率为 0.81 的 LDPC(8547,6922) 和 8 围长 LDPC 码好 0.44 dB,比速率为 0.82 的 BCH(128,113) × BCH(256,239) TPC 好 0.95 dB。当 BER 为 10^{-12} 时,10 围长 LDPC(24015,19212) 的净编码增益为 10.95 dB。

7.8.3 非二进制 LDPC 码

非二进制 QC-LDPC 码的奇偶校验矩阵 $\boldsymbol{H}$ 可以被组合为具有相同大小的子矩阵阵列,如式(7.76) 所示,其中,$\boldsymbol{H}_{i,j}$ $(0 \leqslant i < \gamma, 0 \leqslant j < \rho)$ 是一个 $B \times B$ 的子矩阵,其中每行是它前面行的循环移位。该模块结构可用于 QC-LDPC

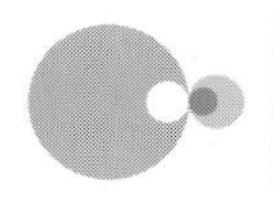

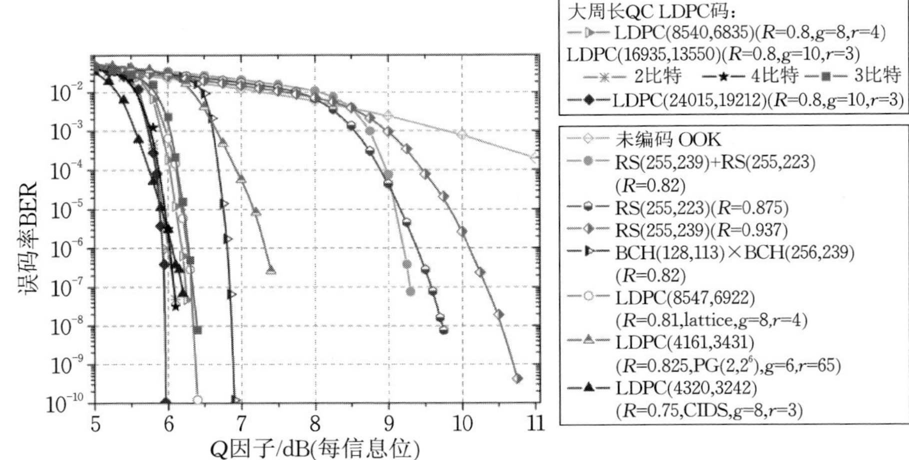

图 7.23　大围长 QC LDPC 码与 RS 码、级联 RS 码、TPC 和 6 围长 LDPC 码的性能评估

码[22-28] 解码器的硬件实现。此外,它们的生成矩阵的准循环特性使得能够通过使用简单的基于移位寄存器的架构在线性时间内执行 QC-LDPC 码的编码。

$$\boldsymbol{H}=\begin{bmatrix}\boldsymbol{H}_{0,0} & \boldsymbol{H}_{0,1} & \cdots & \boldsymbol{H}_{0,\rho-1}\\ \boldsymbol{H}_{1,0} & \boldsymbol{H}_{1,1} & \cdots & \boldsymbol{H}_{1,\rho-1}\\ \vdots & \vdots & & \vdots\\ \boldsymbol{H}_{\gamma-1,0} & \boldsymbol{H}_{\gamma-1,1} & \cdots & \boldsymbol{H}_{\gamma-1,\rho-1}\end{bmatrix} \tag{7.76}$$

如前几节所述,如果从二进制域 GF(2) 中选择 $\boldsymbol{H}$,那么得到的 QC-LDPC 码字将是二进制 LDPC。如果从 GF(q) 表示的 q 元素的 Galois 域进行选择,则得到 q 元 QC-LDPC 码字。

对于非二进制 LDPC 码的解码,使用称为 q 元 SPA(QSPA) 的 SPA 的变体[24]。当场顺序是 2 的幂时,即 $q=2^m$(其中,m 是整数,并且 $m\geqslant 2$),可以使用快速傅里叶变换(FFT)。 基于 FFT 的 QSPA 实现(称为 FFT-QSPA) 显著降低了计算复杂度。FFT-QSPA 的详细分析见文献[25]。混合域 FFT-QSPA 实现或 MDFFT-QSPA 旨在通过在可能的情况下将概率域中的乘法运算转换为对数域中的加法运算来降低硬件实现复杂度,它还避免了概率域实现中常见的不稳定性问题。

作为上面讨论的码字设计的一个例子, 我们在 GF(2^p) 域上生成

(3,15) 规则,8 围长 LDPC 码,其中 $0 \leqslant p \leqslant 7$。所有码字的码率($R$) 至少为 0.8,开销 $OH = (1/R - 1)$ 为 25% 或更低。 我们比较了这些码的误码率性能,并与其他已经建立的码进行了比较,结果如图 7.23 所示。我们在模拟中使用了二进制 AWGN(BI-AWGN) 信道模型,并将最大迭代次数设置为 50。从图 7.24 可以看出,GF 阶数的增加会导致 BER 性能下降。除了具有比高阶域上的码字更好的 BER 性能之外,当通过使用 MD-FFT-QSPA 算法进行解码时,GF(4) 上的码字具有更小的解码复杂度。根据这一点,我们把注意力集中在 GF(4) 上的非二进制、常规、速率为 0.8 的 8 围长 LDPC 码。

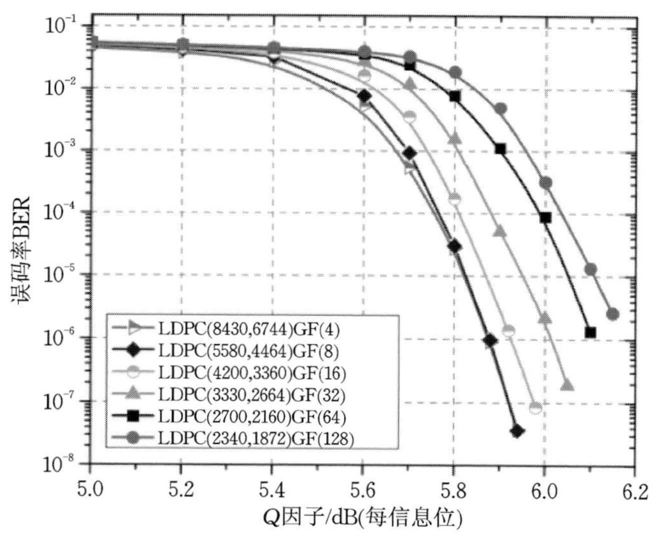

图 7.24 BI-AWGN 信道上非二进制的(3,15) 规则的 8 围长 LDPC 码的比较

图 7.25 显示了在 GF(4) 上 LDPC(8430,6744) 码字与几个码字的 BER 性能的比较。与级联码 RS(255,239) + RS(255,223) 和 RS(255,239) 码相比,该码在 BER 为10^{-7} 时分别提供了 3.36 dB 和 4.40 dB 的额外编码增益。在 BER 为 4×10^{-8} 时,与 BCH(128,113) × BCH(256,239) TPC 相比,其编码增益提高了 0.88 dB。最后,我们计算出在 BER 为 10^{-12} 时,GF(4) 上 4 元、常规、速率为 0.8 的 8 围长 LDPC 码的净编码增益为 10.78 dB。需要指出的是,用于解码非二进制 LDPC 码的 MD-FFT-QSPA 算法的复杂度一般低于用于解码相应二进制 LDPC 码的校正为目的的最小和算法(min-sum-with-correctionterm algorithm)。 举例说明,(3,15) 规则的 4 元

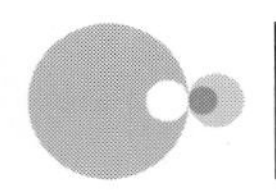

LDPC码需要解码具有相同速率和比特长度的(3,15)规则的二进制LDPC码，需大约90%的计算资源。

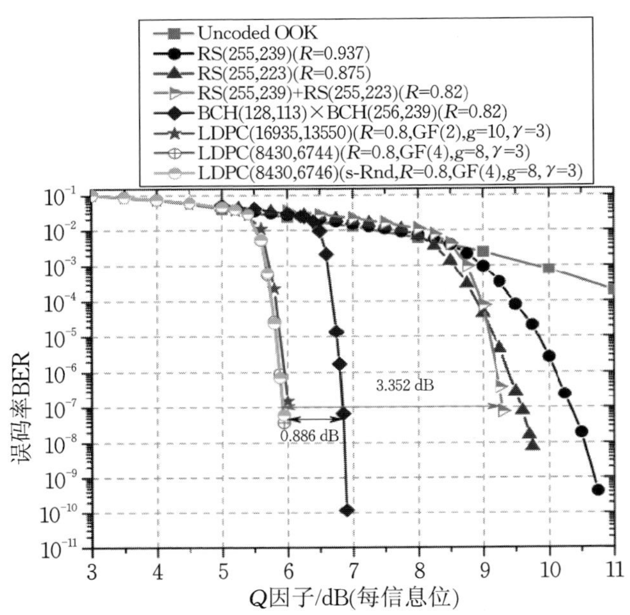

图 7.25　4 元(3,15) 规则、8 围长的 LDPC 码的比较；一种二进制的、10 围长的 LDPC 码、三个 RS 码和一个 TPC 码(也在 BI-AWGN 信道上)

7.8.4　用于大围长 QC-LDPC 码的解码器的 FPGA 实现

通过研究LDPC解码器的实现，得出了使用最小和LDPC解码算法是非常有益的结论[1,3,27]。该算法表示上面介绍的带有校正的最小和算法的简化版本，其中省略了式(7.74)中的校正项。由于半并行结构是准循环码的一种自然选择，因此可以采用部分并行结构。在该架构中，处理元件(processing element，PE)被分配给一组位/校验节点而不是单个节点。映射到一组位节点的PE是比特处理元素(bit-processing element，BPE)，而映射到一组校验节点的PE是校验处理元素(check-processing element，CPE)。BPEs(CPEs)以串行方式处理分配给它们的节点。但是，所有BPEs(CPEs)同时执行其他任务。在文献[27]中显示，如上所述的FPGA实现与模拟结果非常接近。

7.9 编码调制

调制、编码和多路复用的功能可以通过使用编码调制方法以统一的方式执行。对于一些低符号率的系统，传输、信号处理、检测和解码可以有效地完成，这带来了一些好处，如处理非线性效应和 PMD。在本节中，我们将描述几种与高速光传输系统中最相关的编码调制方案。

7.9.1 多级编码和块交织编码调制

第 5 章概述了 M 元 2D 星座，如 M-PSK、M-QAM 和 M-DPSK，能够传输每个符号的$\log_2 M(=m)$ 位。如果应用 M-PSK 的相干检测，则在每个第 l 个传输间隔发送数据相量 $\phi_l \in \{0,2\pi/M,\cdots,2\pi(M-1)/M\}$ 。在直接检测情况下，发送数据相量 $\phi_l=\phi_{l-1}+\Delta\phi_l$，其中$\Delta\phi_l \in \{0,2\pi/M,\cdots,2\pi(M-1)/M\}$ 由 m 个输入比特的序列使用适当的映射规则确定。

现在介绍采用 LDPC 码作为信道码的发射机架构。如果分量 LDPC 码具有不同的码率但具有相同的长度，则相应的方案通常称为多级编码(multilevel coding，MLC)。如果所有分量码具有相同的码率，则将该方案称为块交织编码调制(block-interleaved coded-modulation，BICM)[46-49]。我们应该指出，与无线通信中使用的比特交织编码调制方案相比，这是不同的方案。即在无线通信中，仅使用一个以 mR_s 速率操作的 LDPC 编码器 / 解码器，其中，R_s 是符号速率，而在图 7.26 所示的方案中，存在 m 个编码器 / 解码器在并行操作。采用这种方法的原因是为了克服在超高速光通信 mR_s 速率上实现编码器 / 解码器的难度。MLC 的使用允许我们根据星座映射器和信道特性调整码率。例如，对于在 AWGN 信道上使用 8-PSK 格式的格雷映射，文献[50]指出，各个编码器的最佳码率约为0.75、0.5 和 0.75，这意味着每个符号携带 2 比特。在 MLC 中，使用码率为 $r_i=k_i/n$ 的不同(n,k_i) LDPC码对源自 m 个不同信息源的比特流进行编码。因此，k_i 表示第 $i\,(i=1,2,\cdots,m)$ 个分量 LDPC 码的信息比特数，而 n 表示码字长度，对于所有 LDPC 码是相同的。在来自$(m\times n)$ 交织器的时刻i 时，映射器接收 m 位比特流，$c=(c_1,c_2,\cdots,c_m)$，逐列读取，并确定相应的 M 元$(M=2^m)$ 星座点 $s_i=(I_i,Q_i)=|s_i|\exp(\mathrm{j}\phi_i)$（见图 7.26(a)）。在脉冲整形之后，二维坐标用于 I/Q 调制器的 RF 输入。

让我们用$E_i = |E_i| \exp(j\varphi_i)$表示时刻$i$处的电场，其存在于图7.26(b)所示的具有直接检测的光学M进制DPSK接收器的输入端。它可以表明，I和Q分支（见图7.26(b)中的上部和下部分支）的输出分别与$\mathrm{Re}\{E_i E_{i-1}^*\}$和$\mathrm{Im}\{E_i E_{i-1}^*\}$成比例。

在相干检测接收器结构中，如图7.26(c)所示，在时刻i时的电场，来自时刻i时的光学通道S_i和本振激光器L分别由下式给出：

$$S_i = |S| \mathrm{e}^{j\varphi_{S,i}} (\varphi_{S,i} = \omega_S t + \varphi_i + \varphi_{S,PN}) \tag{7.77}$$

$$L = |L| \mathrm{e}^{j\varphi_L} (\varphi_L = \omega_L t + \varphi_{L,PN}) \tag{7.78}$$

对于零差，平衡相干检测，本振激光振荡器(ω_L)的频率与输入光信号(ω_L)的频率相同，因此I和Q通道分支的平衡输出（图7.26(c)中的上下分支）可以写成

$$\begin{aligned} v_I(t) &= \Re |S_k| |L| \cos(\varphi_i + \varphi_{S,PN} - \varphi_{L,PN}), (i-1)T_s \leqslant t < iT_s \\ v_Q(t) &= \Re |S_k| |L| \sin(\varphi_i + \varphi_{S,PN} - \varphi_{L,PN}), (i-1)T_s \leqslant t < iT_s \end{aligned} \tag{7.79}$$

其中，$\Re$为光电二极管响应率，$\varphi_{S,PN}$，$\varphi_{L,PN}$分别表示发射激光和本振激光相位噪声。

I和Q分支的输出（在相干或直接检测情况下）以符号率（我们假设完美同步）进行采样，并且符号$\boldsymbol{s}_i (i = 1,\cdots,M)$的LLRs在APP解映射块中计算如下：

$$\lambda(\boldsymbol{s}_i) = \lg \frac{P(\boldsymbol{s}_i \mid \boldsymbol{r})}{P(\boldsymbol{s}_r \mid \boldsymbol{r})} \tag{7.80}$$

其中，$P(\boldsymbol{s} \mid \boldsymbol{r})$由贝叶斯规则确定：

$$P(\boldsymbol{s}_i \mid \boldsymbol{r}) = \frac{P(\boldsymbol{r} \mid \boldsymbol{s}_i) P(\boldsymbol{s}_i)}{\sum_{s'} P(\boldsymbol{r} \mid \boldsymbol{s}') P(\boldsymbol{s}')} \tag{7.81}$$

注意，$\boldsymbol{s}_i = (I_i, Q_i)$是时刻$i$时的发送信号星座点，$\boldsymbol{r}_i = (r_{I,i}, r_{Q,i})$，$r_{I,i} = v_I(t = iT_s)$，$r_{Q,i} = v_Q(t = iT_s)$分别来自图7.26(b)、(c)的I和Q检测分支的样本。在存在光纤非线性的情况下，使用足够长的训练序列的同时，对方程(7.81)中的$P(\boldsymbol{r} \mid \boldsymbol{s})$进行直方图估计。我们用$P(\boldsymbol{s}_i)$表示符号$\boldsymbol{s}_i$的先验概率，其中，$\boldsymbol{s}_r$是指示符号。通过将式(7.81)代入式(7.80)中，我们得到

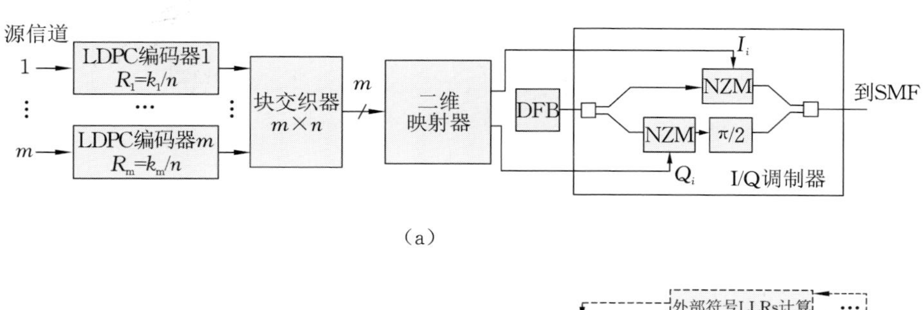

(a)

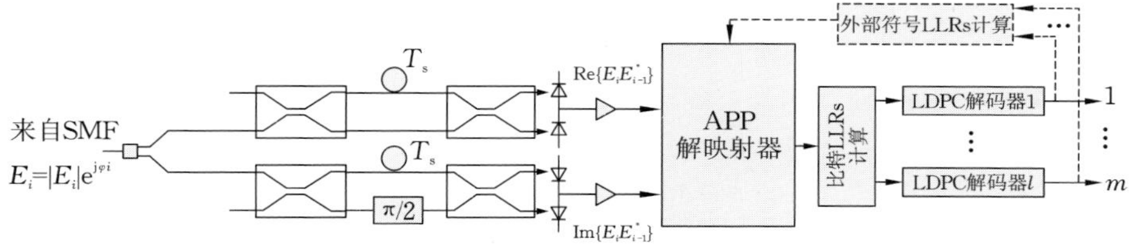

(b)

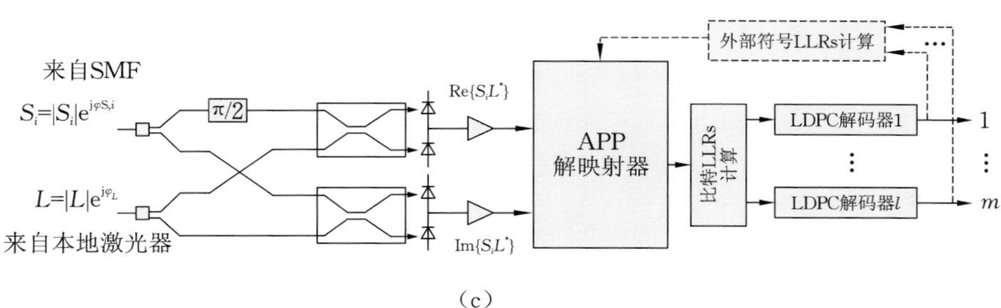

(c)

图 7.26　具有并行独立解码(PID)的多级 LDPC 编码调制方案

(a) 发射机架构;(b) 直接检测架构;(c) 相干检测接收机架构

$T_s=1/R_S$,R_S 是符号速率,MZM:马赫-曾德尔调制器

$$\begin{aligned}\lambda(\boldsymbol{s}_i)&=\lg\frac{P(\boldsymbol{r}_i\mid\boldsymbol{r}_i)P(\boldsymbol{s}_i)}{P(\boldsymbol{r}_i\mid\boldsymbol{s}_r)P(\boldsymbol{s}_r)}\\&=\lg\frac{P(\boldsymbol{r}_i\mid\boldsymbol{s}_i)}{P(\boldsymbol{r}_i\mid\boldsymbol{s}_r)}+\underbrace{\lg\frac{P(\boldsymbol{s}_i)}{P(\boldsymbol{s}_r)}}_{\lambda_a(\boldsymbol{s}_i)}\\&=\lg\frac{P(\boldsymbol{r}_i\mid\boldsymbol{s}_i)}{P(\boldsymbol{r}_i\mid\boldsymbol{s}_r)}+\lambda_a(\boldsymbol{s}_i)\end{aligned}\tag{7.82}$$

其中,$\lambda_a(\boldsymbol{s}_i)$ 表示符号 $\boldsymbol{s}_i$ 的先验可靠性。我们用 c_j 表示观察符号 $\boldsymbol{s}_i$ 的二进制表示 $\boldsymbol{c}=(c_1,\cdots,c_m)$ 中的第 j 位。用于下一次迭代的先验符号 LLRs 由下式确定:

$$\lambda_a(\boldsymbol{s}_i)=\lg\frac{P(\boldsymbol{s}_i)}{P(\boldsymbol{s}_r)}=\lg\frac{\prod_{j=1}^{m}P(c_j)}{\prod_{j=1}^{l}P(c_j=0)}=\sum_{j=1}^{m}\lg\frac{P(c_j)}{P(c_j=0)} \tag{7.83}$$

我们假设指示符号是 $\boldsymbol{s}_r=(0\cdots0)$，则

$$\lg\frac{P(c_j)}{P(c_j=0)}=\begin{cases}0,c_j=0\\-L(c_j),c_j=1\end{cases}=-c_jL(c_j),\quad L(c_j)=\lg\frac{P(c_j=0)}{P(c_j=1)} \tag{7.84}$$

先验符号 LLRs 变成

$$\lambda_a(\boldsymbol{s})=-\sum_{j=1}^{m}c_jL(c_j) \tag{7.85}$$

最后，先验符号估计值可从下式获得：

$$\lambda_a(\hat{\boldsymbol{s}})=-\sum_{j=1}^{m}c_jL_{D,e}(c_j) \tag{7.86}$$

其中，

$$L_{D,e}(\hat{c}_j)=L(c_j^{(\mathrm{out})})-L(c_j^{(\mathrm{in})}) \tag{7.87}$$

在式(7.87)中，$L(c_j^{(\mathrm{out})})$、$L(c_j^{(\mathrm{in})})$ 来表示当前迭代中的 LDPC 解码器的输出/输入。比特 LLRs $L(c_j)$ 由符号 LLRs 确定，即

$$L(\hat{c}_j)=\lg\frac{\sum_{\boldsymbol{c}:c_j=0}\exp[\lambda(\boldsymbol{s})]\exp\left(\sum_{\boldsymbol{c}:c_k=0,k\neq j}L_a(c_k)\right)}{\sum_{\boldsymbol{c}:c_j=1}\exp[\lambda(\boldsymbol{s})]\exp\left(\sum_{\boldsymbol{c}:c_k=0,k\neq j}L_a(c_k)\right)} \tag{7.88}$$

因此，第 j 位可靠性被计算为 $c_j=0$ 的情况下的概率与 $c_j=1$ 的情况下的概率之比的对数。分子中的求和是在位置 j 处具有 0 的所有符号 $\boldsymbol{s}$（具有相应的二进制表示 $\boldsymbol{c}$）上完成的，而分母中的求和是在位置 j 处具有 1 的所有符号 $\boldsymbol{s}$ 上执行的。我们用 $L_a(c_k)$ 表示从 APP 解映射器中确定的先验（外在）信息。式(7.88)中的内部求和是在外部求和中选择的符号 $\boldsymbol{s}$ 的所有比特上执行的，其中 $c_k=0$，$k\neq j$。比特 LLRs 被转发到 LDPC 解码器，LDPC 解码器根据式(7.86)提供用于解映射器的外部比特 LLR。这些 LLRs 已被用作式(7.82)中的先验信息。执行 APP 解映射器和 LDPC 解码器之间的迭代，直至达到最大迭代次数或获得有效码字。

和积算法中的 30 次迭代以及 APP 解映射器和 LDPC 解码器之间的 10 次

迭代的仿真结果如图 7.27 所示。通过使用 BICM 和格雷映射获得了结果。由于要对各种信号星座大小的调制进行比较，因此使用光学 SNR(OSNR) 作为参数。每比特和每个单偏振的比率表示为 $OSNR_b$，并定义为

$$OSNR_b = \frac{OSNR}{\log_2 M} = \frac{R_{s,info}}{2B_{ref}} SNR_b \tag{7.89}$$

其中，M 是信号星座大小，$R_{s,info}$ 是信息符号率，B_{ref} 是参考带宽(通常等于 12.5 GHz，对应于波长为 1550 nm 的光谱分析仪的 0.1 nm 分辨率带宽)。同时，我们可以将每个信息比特的信噪比定义为 $SNR_b = E_b/N_0$，其中，E_b 是比特能量，N_0 是源自 ASE 噪声的功率谱密度(PSD)。假设光电二极管响应度为 1 A/W，使得 $N_0 = N_{ASE}$，其中 N_{ASE} 是单个偏振态中的 ASE 噪声的 PSD。每单偏振状态的 OSNR 被定义为 $OSNR = ER_s/(2N_{ASE}B_{ref})$，其中，$E$ 是符号能量，$R_s = R_{s,info}/R_c$ 是与符号信息速率 $R_{s,info}$ 除以码率 R_c 相关的符号率。

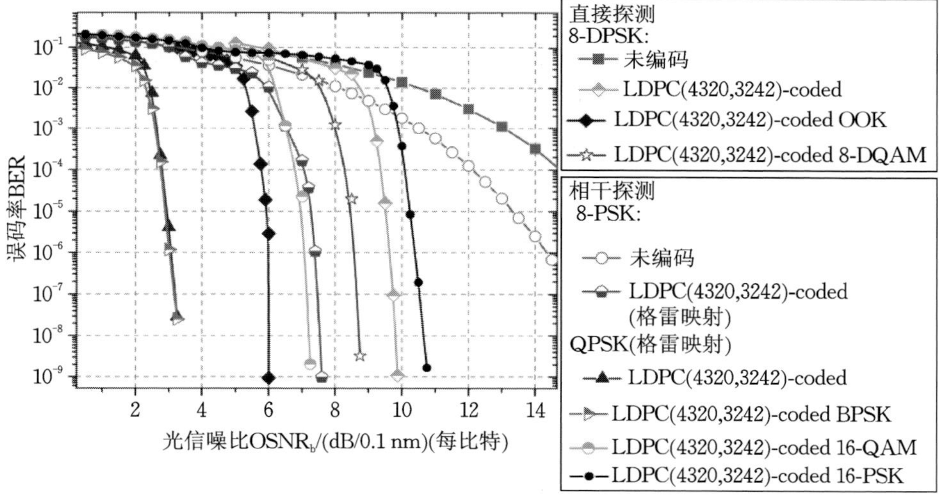

图 7.27　对于 ASE 噪声占主导的情况下，基于相干检测和基于直接检测两种方案下的比特交织 LDPC 编码调制的误码率性能比较(信息符号速率设置为 25 GS/s)

当 $BER = 10^{-9}$ 时，8-PSK 格式的净编码增益(net coding gain，NCG) 约为 9.5 dB，而当 $BER < 10^{-12}$ 时，NCG 将更大。当 $BER = 10^{-9}$ 时，具有相干检测的块交织 LDPC 编码的 8-PSK 的 NCG 比具有直接检测的 LDPC 编码的 8-DPSK 高出 2.23 dB。在相同的 BER 下，8-DQAM 的性能比 8-DPSK 高出 1.15 dB。LDPC 编码的 16-QAM 稍微优于 LDPC 编码的 8-PSK，且明显优于 LDPC 编码

的 16-PSK。正如预期的那样，LDPC 编码的 BPSK 和 LDPC 编码的 QPSK（具有格雷映射）性能非常接近，并且它们都比 LDPC 编码的 OOK 高出近 3 dB。仿真中使用的 LDPC 码的设计如文献[28] 中所述。通过使用更长的大围长 LDPC 码，可以进一步提高 BER 性能[1]。

具有上述 PID 的 MLC 方案可以推广用于偏振复用（PDM）系统，其中的一种方案如图 7.28 所示。m_x+m_y 的独立数据流独立地进行 LDPC 编码，如图 7.28(a) 所示。上方 m_x 个 LDPC 编码器对应于 x 偏振，而下方 m_y 个 LDPC 编码器对应于 y 偏振。编码器的输出以行方式写入块交织器。m_x (m_y) 比特从块交织器中逐列获取并用于从 2^{m_x} − ary(2^{m_y} − ary) 2D 星座中选择一个点，如 QAM。来自映射器的坐标在脉冲整形之后用作相应 I/Q 调制器的 RF 输入。来自 I/Q 调制器的数据流（对应于 x 和 y 偏振）通过偏振光束组合器

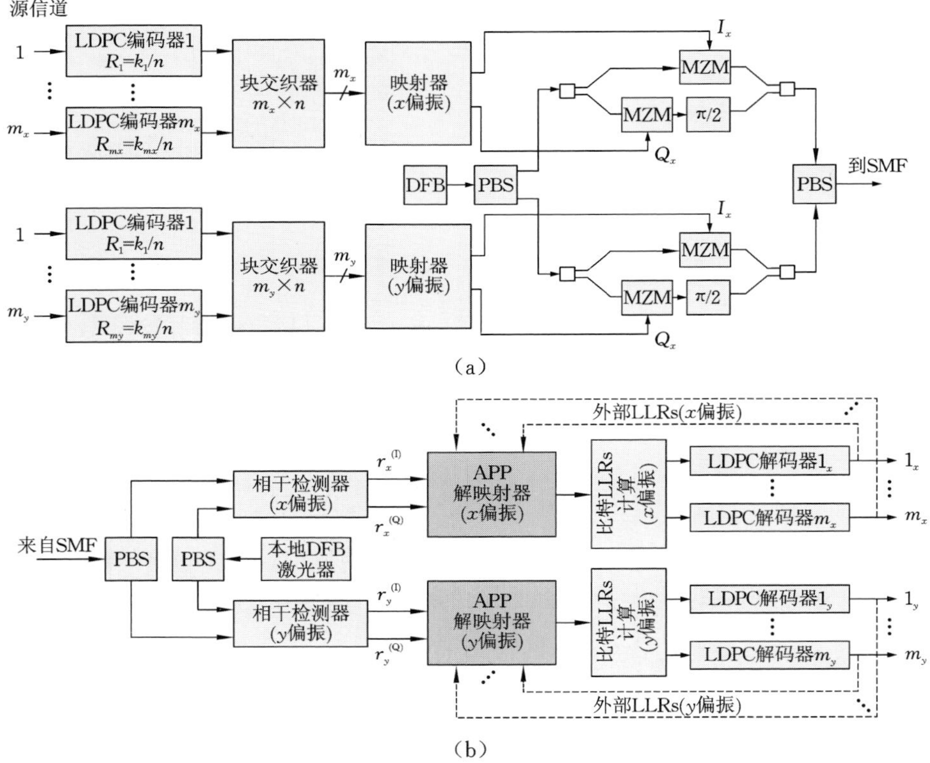

图 7.28 带 PID 的 PDM 多级编码方案

(a) 发射机配置；(b) 接收机配置（相干检测器配置与图 7.26(c) 所示的相同）

(polarization beam combiner, PBC) 组合在一起。我们在接收机端采用传统的偏振分集接收器,如图 7.28(b) 所示。接收器提供对两种偏振的同相 / 正交分量的估计。这些估计用于以类似于由式(7.82) 描述的方式计算符号 LLRs。为了提高误码率的整体性能,进一步采用了迭代译码和解映射。

7.9.2 偏振分复用 OFDM 编码

偏振分复用编码 OFDM 的方案和关键要素如图 7.29 所示。映射器的发射机配置与图 7.28 中的相同。图 7.29(a) 中的 2D 星座点被分成两个 OFDM 发射机的流,对应于 x 和 y 偏振。QAM 星座点被认为是多载波 OFDM 信号的快速傅里叶变换(FFT) 的值,如图 7.29(b) 所示。

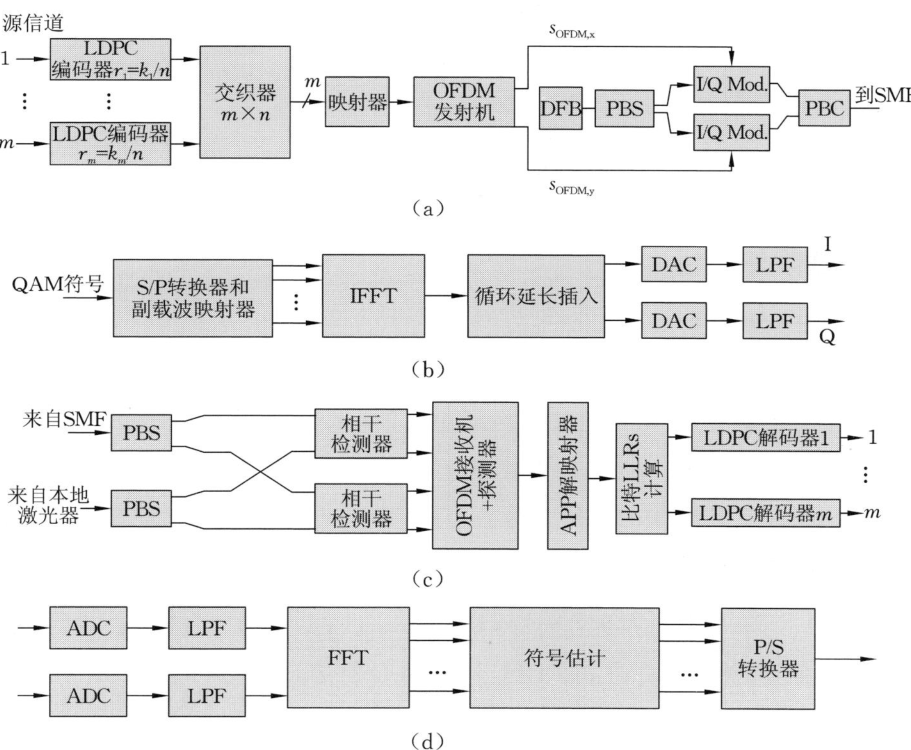

图 7.29 采用两种偏振的偏振分复用 LDPC 编码的 OFDM

(a) 发射机架构;(b) OFDM 发射机配置;(c) 接收机架构;(d) OFDM 接收机配置

DFB:分布式反馈激光器,PBS(PBC):偏振分束器(偏振合成器),MZM:双驱动马赫-曾德尔调制器

OFDM 符号按如下方式生成:输入的 N_{QAM} 个 QAM 符号被零填充以获得用于逆 FFT(IFFT) 的 N_{FFT} 个输入样本;插入 N_{G} 个非零样本以创建保护间

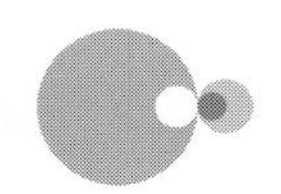

隔,并且 OFDM 符号乘以相应的窗口函数。对于有效的色散和 PMD 补偿,由于色散和 DGD 的存在,周期性延长的保护间隔长度应该大于总扩散长度。循环扩展是通过重复有效的 OFDM 符号部分(N_{FFT} 个采样)的后 $N_{\text{G}}/2$ 个采样作为前缀,重复前 $N_{\text{G}}/2$ 个采样作为后缀来实现的。在 D/A 转换(DAC)之后,使用I/Q调制器将RF OFDM信号转换至光域。需要两个I/Q调制器,每个偏振一个。通过使用偏振分束器(PBS)来组成I/Q调制器的输出。一个 DFB 激光器用作 CW 源,其中,x 和 y 偏振由偏振分束器分开。

由第 i 个 OFDM 符号中的第 k 个子载波携带的符号 $s_{i,k,x(y)}$ 的偏振检测器软判决被转发给 APP 解映射器。然后,解映射器确定 x/y 偏振的 LLRs 值 $\lambda_{x(y)}(q)$ ($q=0,1,\cdots,2^b-1$) 为

$$\begin{aligned}\lambda_{x(y)}(q) = &-\frac{(\text{Re}[\tilde{s}_{i,k,x(y)}]-\text{Re}[\text{QAM}(\text{map}(q))])^2}{2\sigma^2} \\ &-\frac{(\text{Im}[\tilde{s}_{i,k,x(y)}]-\text{Im}[\text{QAM}(\text{map}(q))])^2}{2\sigma^2}\end{aligned} \tag{7.90}$$

其中,Re[•] 和 Im[•] 表示复数的实部和虚部,QAM 表示 QAM 星座图,σ^2 表示源自 ASE 噪声的等效高斯噪声过程的方差,而 map(q) 表示相应的映射规则。LDPC 解码所需的比特 LLRs 以符号 LLRs 计算,其方式类似于式(7.88)给出的方式。向外和向前迭代外部 LLRs,直到达到收敛或达到预定的迭代次数。注意,方程(7.90) 仅在准线性区域中有效,因为在非线性区域中,我们需要以类似于方程(7.82) 给出的方式基于直方图的方法确定似然性。如文献[2,53]所示,相干光 OFDM是实现超过1 Tb/s光传输的一个有效途径。在实现 PDM LDPC-OFDM 中使用的不同技术,参见文献[54-57]。

7.9.3 非二进制 LDPC 编码调制

将编码调制与非二进制 LDPC 码字结合使用,与前面提出的基于块交织的LDPC 编码调制(BI-LDPC-CM) 的二进制编码相比,具有以下几个优点[24-26]。

(1) 2^m-QAM($m>1$) 调制所需的 m 个二进制 LDPC 编码器 / 解码器被折叠成单个 2^m 元编码器 / 解码器,从而减少了系统的整体计算复杂性。

(2) 不再使用块交织器 / 解交织器从二进制到非二进制(反之亦然) 的转换接口,从而减少了系统的延迟。

(3) 后验概率 APP 解映射器和 LDPC 解码器被集成到一个块中，并且不需要在 APP 解映射器和 LDPC 解码器之间迭代外部信息，从而减少系统中的延迟。除了降低光通信系统中的复杂性和延迟之外，已经在文献[24,26] 中证明了，非二进制编码调制方案提供比基于 BI-LDPC-CM 的二进制编码方案更高的编码增益。

非二进制 LDPC 编码调制(NB-LDPC-CM) 方案中的发射机(Tx) 和接收机(Rx) 配置如图 7.30 所示。使用码率 $R_i = K_i/N(i \in \{x, y\})$ 的不同非二进制 LDPC 码对两个独立数据流进行编码，其中，$K_x(K_y)$ 表示在与 x 和 y 偏振对应的非二进制 LDPC 码中使用的信息符号的数量，而 N 表示对于两个 LDPC 码都相同的码字长度。非二进制 LDPC 码在有限域 $GF(q_i = 2^{m_i})$ $(i \in \{x, y\})$ 上操作。映射器 $x(y)$ 在时刻 l 时接收来自 LDPC 编码器 $x(y)$ 的非二进制符号，并确定相应的 q_x 元(q_y 元) 星座点 $s_{l,x} = (I_{l,x}, Q_{l,x}) = |s_{l,x}|\exp(\mathrm{j}\phi_{l,x})$ ($s_{l,y} = (I_{l,y}, Q_{l,y}) = |s_{l,y}|\exp(\mathrm{j}\phi_{l,y})$)，其中坐标用作双驱动$MZM_x$ (MZM_y) 或 I/Q 调制器 x(I/Q 调制器 y) 的输入，如图 7.30(a) 所示。

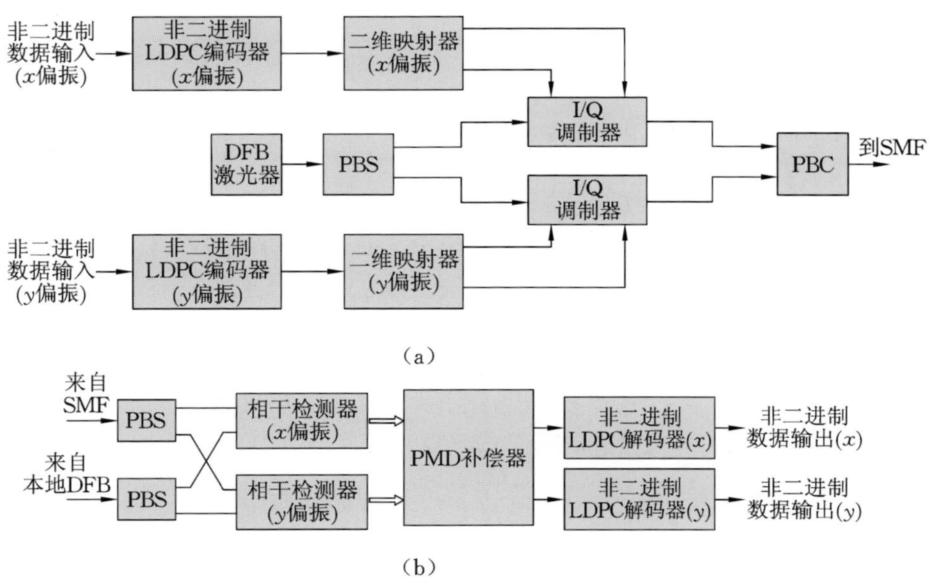

图 7.30 NB-LDPC-CM 方案

(a) 发射机(Tx) 配置；(b) 接收机(Rx) 配置

在接收机端(见图 7.30(b)),I 和 Q 分支(在 x 或 y 偏振接收器分支中)的输出按符号速率进行采样,而符号 LLRs 的计算如下:

$$\lambda(\boldsymbol{s}) = \lg \frac{P(\boldsymbol{s} \mid \boldsymbol{r})}{P(\boldsymbol{s}_0 \mid \boldsymbol{r})} \tag{7.91}$$

其中,$\boldsymbol{s} = (I_l, Q_l)$ 和 $\boldsymbol{r} = (r_1, r_Q)$ 分别表示在时间间隔 l 处(以 x 或 y 偏振)的发送信号星座点和接收符号,而 $\boldsymbol{s}_0$ 表示参考符号。

为了评估 NB-QC-LDPC 编码调制技术的性能,我们通过观察以热噪声为主的情况进行了蒙特卡洛模拟。由式(7.76) 给出的尺寸为 $(N-K)\times N$,$K<N$ 的奇偶校验矩阵 $\boldsymbol{H}$ 在每列中具有 γ 个 1,在每行中具有 ρ 个 1。图 7.31 和图 7.32 所示的分别是使用 2^m-QAM($m=2$、3 和 4) 调制的准循环 (γ,ρ) 常规二进制和非二进制 LDPC 编码方案的 BER 性能结果。

对于速率为 0.8 和 0.85 的 LDPC 码,所获得的 BER 性能结果分别如图 7.31 和图 7.32 所示。非二进制 LDPC 码和二进制 LDPC 码的长度相同。BI-LDPC-CM 的解码交互次数设置为 25,而 APP 解映射器和 LDPC 解码器之间的交互次数为 3。NB-LDPC-CM 的解码迭代次数设置为 50。定义为 $R_s \times R \times m \times 2$ 的 LDPC 码参数和聚合信息率(其中,R_s 表示符号率,R 表示码率,m 表示每个符号的比特数,因子 2 对应两个正交极化状态) 如表 7.6 所示。

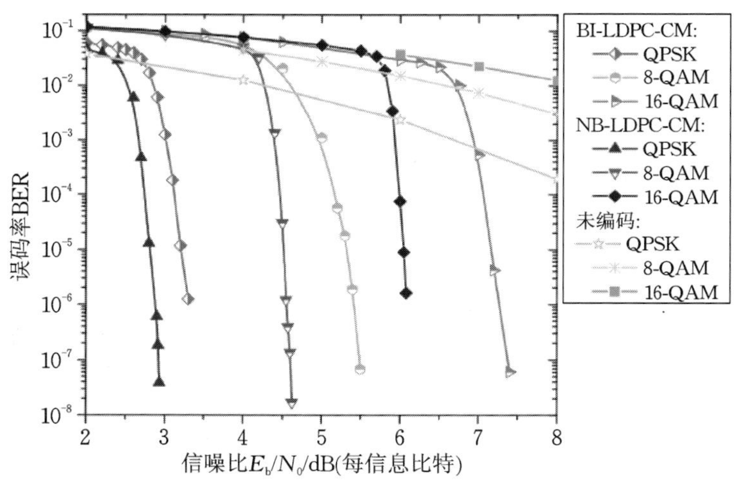

图 7.31　对于速率为 0.8 的分量 LDPC 码,NB-LDPC-CM 和 BI-LDPC-CM 方案误码率性能比较

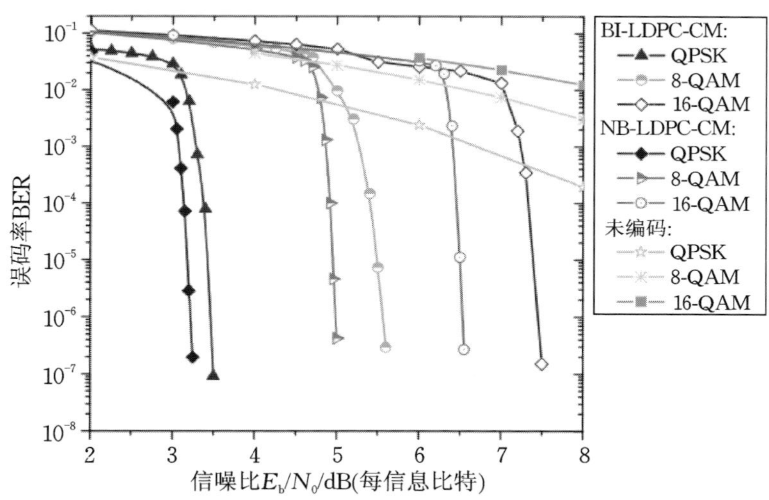

图 7.32 对于速率为 0.85 的分量 LDPC 码，NB-LDPC-CM 和 BI-LDPC-CM 方案误码率性能比较

表 7.6 偏振多路复用 BI-LDPC-CM 和 NB-LDPC-CM 方案的 LDPC 码字参数和可实现的聚合信息比特率

码率	(γ,ρ)	(N,K)	聚合信息比特率 /(Gb/s)		
			QPSK	8-QAM	16-QAM
0.8	(3,15) (4,21)	(8550,6840) (8547,6922)	160	170	180
0.85	(3,20) (4,27)	(16200,13770) (16200,13810)	240	255	270

NB-LDPC-CM(BI-LDPC-CM) 编码方式举例。

在计算中，符号率被设置为 $R_s=50$ GS/s，并使用偏振复用。我们进一步计算了二进制和非二进制 LDPC 编码调制方案在每个符号 m 的不同比特数下的误码率(BER) 为10^{-6} 时的 NCGs，结果如表 7.7 所示。如我们所见，随着信号星座图尺寸的增加，非二进制编码比二进制编码调制方案的 NCG 效果改善了，对于 16-QAM，当使用速率为 0.8 的 LDPC 码时，NCG 改善为1.2 dB。

表 7.7　偏振复用器 BI-LDPC-CM 和 NB-LDPC-CM 方案在 BER = 10^{-6} 下确定的编码增益

单位:dB

码率	调制格式		
	QPSK	8-QAM	16-QAM
0.8	7.62 7.19	8.06 7.21	8.31 7.11
0.85	7.27 7.02	7.64 7.06	7.87 6.94

* NB-LDPC-CM(BI-LDPC-CM) 编码方式举例。

两种方案的计算复杂度均可由式(7.92) 所给出的计算比(CR) 来估计。当采用基于 FFT 的解码算法时,使用 2^m-QAM 调制的(γ,ρ)-规则的 2^m 进制 LDPC(N, K) 码,NB-LDPC-CM 方案的计算复杂度由下式中的数值来决定:

$$\mathrm{CR}=\frac{2\rho qM[m+1-1/(2\rho)]}{\rho mM(\rho-2)}=2q[m+1-1/(2\rho)]/[m(\rho-2)] \tag{7.92}$$

当使用最小和加校正项算法时,使用 2^m-QAM 调制的 $m(\gamma,\rho)$-常规二进制 LDPC(N,K) 码的相应 BI-LDPC-CM 方案的复杂性由式(7.92) 中的分母表示。式(7.92) 中的 M 和 q 分别为 $M=N-K$, $q=2^m$。例如,如果在两种方案中都使用(3, 30) 规则的、速率为 0.9 的 LDPC 码,则当使用 QPSK 时,CR = 42.62%;而如果使用 8-QAM,则 CR = 75.87%。

在上面提供的模拟中,我们观察到了以热噪声为主的情况。但是,要同时处理各种信道损伤(如残留色散、PMD、偏振相关损耗和光纤非线性),需要使用 Turbo 均衡,这是第 7.10 节的主题。Turbo 均衡器的复杂性通常由基于 BCJR 算法[5] 的 MAP 均衡器控制,这将在后面介绍。在 Turbo 均衡中,APP 解映射器由 MAP 均衡器代替,而 BI-LDPC-CM 需要通过多次使用 BCJR 算法来迭代 MAP 均衡器和 LPDC 解码器之间的外部比特位的可信度。但是在 NB-LDPC-CM 中,仅使用一次 BCJR 算法,这意味着 NB-LDPC-CM 的复杂度甚至比式(7.92) 所描述的更低。

7.9.4　多维编码调制

多维编码调制方案用于解决未来光网络对高信道容量的需求,同时兼顾了成本和能源效率[49]。多维编码调制概念背后的关键思想是利用各种自由度在光子上传输信息。可用的自由度包括频率、时间、相位、幅度和极化。这里将阐述在子载波复用(SM)四维(4D)LDPC 编码调制方案上的多维编码调制概念[58]。

四维子载波复用系统由 N 个四维子系统组成,如图 7.33(a) 所示。来自不同信息源的 $N\times m$ 输入比特流按每个子载波分成 N 组 m 个比特流。每个子载波的 m 个比特流用作四维发射机的输入。向每个子系统分配一个唯一的子载波 $\exp(\mathrm{j}2\pi kt/T)$,其中子载波彼此正交(它们包含符号持续时间 T 内的整数个周期)。使用功率组合器将 N 个四维发射机的输出组合在一起,并通过光传输线发送。

四维发射机配置如图 7.33(b) 所示。第 k 个子载波的 m 位独立码流用作码率 k_i/n 的 m 个 LDPC 编码器的输入(k_i 表示第 i 个编码器的信息字长,而 n 是所有编码器共有的码字长)。来自这些分支的编码数据流被转发到 $m\times n$ 块交织器中,在其中按行写入。在第 i 时刻,映射器从交织器中按列读取 m 位,以确定相应的 2^m 进制信号星座点。映射器基于具有 2^m 内存位置的简单查找表。遵循给定的映射规则来选择控制调制器所需的输出电压。映射器的输出位于四维信号星座图中,与复指数项 $\exp(\mathrm{j}2\pi kt/T)$ 相乘。第 i 个符号间隔的相应信号星座点可以用如下向量形式表示:

$$\boldsymbol{s}_i^{(k)}=\begin{pmatrix}\Re\,(E_{x,i})\\ \Im\,(E_{x,i})\\ \Re\,(E_{y,i})\\ \Im\,(E_{y,i})\end{pmatrix}\mathrm{e}^{\mathrm{j}2\pi kt/T}=\begin{pmatrix}I_{x,i}\\ Q_{x,i}\\ I_{y,i}\\ Q_{y,i}\end{pmatrix}\mathrm{e}^{\mathrm{j}2\pi kt/T}=\begin{pmatrix}|s_{x,i}|\cos\theta_{x,i}\\ |s_{x,i}|\sin\theta_{x,i}\\ |s_{y,i}|\cos\theta_{y,i}\\ |s_{y,i}|\sin\theta_{y,i}\end{pmatrix}\mathrm{e}^{\mathrm{j}2\pi kt/T}\tag{7.93}$$

前两个坐标为 x 偏振对应的 I/Q 调制器的 I 路和 Q 路的输入,后两个坐标为 y 偏振对应的 I/Q 调制器的 I 路和 Q 路的输入。x 和 y 偏振流通过偏振合束器(PBC)进行组合,如图 7.33(b) 所示。上标 k 表示第 k 个子载波。

在接收机端(见图 7.33(a)),信号被分成 N 个子载波分支,并转发到相应的四维接收机中。第 k 个子载波的接收机如图 7.33(c) 所示。使用 PBS 将光信号分成两个正交偏振,并用作两个平衡相干检波器的输入。平衡相干检波器为将在类 Turbo 解码中使用的两个偏振提供估计的同相和正交信息,如下所述。首先,检测器的输出由为相应的四维接收机指定的子载波解调。然后,将输出样本转发到 APP 解映射器和一个位 LLRs 计算器,以提供迭代 LDPC

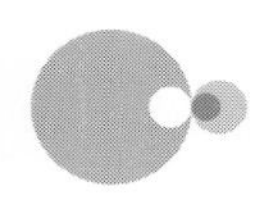

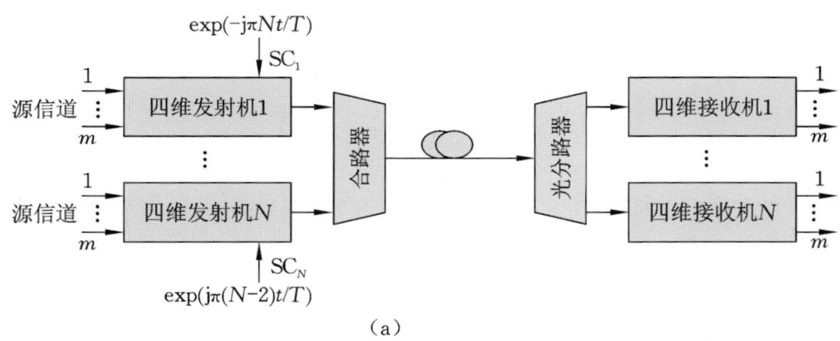

(a)

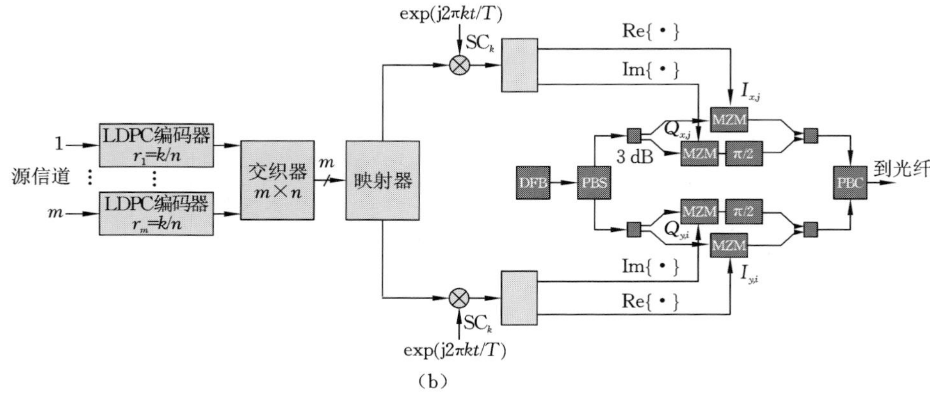

(b)

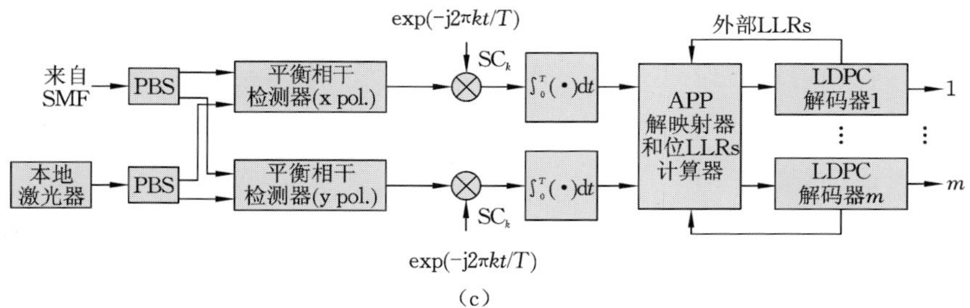

(c)

图 7.33　四维编码光子载波复用系统

(a) 系统配置；(b) 直角坐标系(I/Q)下的四维发射机配置；(c) 四维接收机配置

解码所需的位 LLRs[65]。APP 解映射器使用以下公式来计算符号 LLRs：

$$\lambda\left(\boldsymbol{s}_i^{(k)}\right)=\lg\frac{P\left(\boldsymbol{s}_0 \mid \boldsymbol{r}_i^{(k)}\right)}{P\left(\boldsymbol{s}_i^{(k)} \mid \boldsymbol{r}_i^{(k)}\right)} \tag{7.94}$$

其中，$P\left(\boldsymbol{s}_i^{(k)} \mid \boldsymbol{r}_i^{(k)}\right)$ 由贝叶斯规则决定，即

$$P\left(\boldsymbol{s}_i^{(k)} \mid \boldsymbol{r}_i^{(k)}\right)=\frac{P\left(\boldsymbol{r}_i^{(k)} \mid \boldsymbol{s}_i^{(k)}\right)P\left(\boldsymbol{s}_i^{(k)}\right)}{\sum_{s'}P\left(\boldsymbol{r}_i^{(k)} \mid \boldsymbol{s}_i'^{(k)}\right)P\left(\boldsymbol{s}_i'^{(k)}\right)} \tag{7.95}$$

位 LLR 计算器块根据符号 LLRs 计算位 LLRs，其方式与式(7.88) 类似。在式中，我们具有以下符号：$\boldsymbol{s}_i^{(k)}$ 表示第 k 个子载波上的发射信号星座点；$\boldsymbol{r}_i^{(k)}$ 表示接收到的星座点(在第 k 个子载波上)；$\boldsymbol{s}_0$ 表示参考星座点；$P(\boldsymbol{s}_i^{(k)} \mid \boldsymbol{r}_i^{(k)})$ 表示条件概率；$P(\boldsymbol{s}^{(k)})$ 是先验符号概率；$\hat{v}_j^{(k)}$ $(j \in \{0,1,\cdots,n-1\})$ 是码字 $\boldsymbol{v}$ 中的第 j 位信息。该比特 LLRs 被转发到 LDPC 解码器，为解映射器提供外部比特 LLRs，并且用作式(7.94) 的输入作为先验信息。

类 Turbo 解码过程用于提高总体 BER 性能，其执行过程如下。在计算比特 LLRs 之后，将解映射器的外部 LLRs 作为要在 LDPC 解码过程中使用的先验概率转发到 LDPC 解码器。由此产生的 LDPC 解码器的外部信息被发送回 APP 解映射器，以再次用作先验可靠性。在类 Turbo 解码算法中，除非达到预定义的迭代次数，否则重复外部迭代直到实现收敛。迭代一旦停止，LDPC 解码器会将解码后的信息进行输出。

为了说明该方案的优势，我们可以使用两个正交子载波时的 BER 性能结果进行比较，采用不同四维多边形的顶点用作信号星座图，如图 7.34 所示。将该方案与常规 PDM-QAM 进行了比较。对于具有 96 个顶点的 4D 多面体，通过第一个子载波使用 64 个顶点在每个符号上承载 6 个比特，而在第二个子载波上使用其余的 32 个点在每个符号上承载 5 个比特。因此，传输 11 个比特 / 符号，这代表了高带宽效率方案。用于一个 96-4D 信号星座图的星座图点是基于三角镶嵌，并被选择为$(\pm 1, \pm 1, \pm(1+\sqrt{2}), \pm(1+\sqrt{2}))$的排列。但是，一个 96-4D 信号星座图的星座点以经过整流的 24-cell 为基础，以$(0, \pm 1, \pm 1, \pm 2)$的排列形式给出(96-4D-H 信号星座图的星座点在文献[58] 中以 64 和 32 SM-4D 的组合给出，其中字母 H 表示混合)。最后，基于 24-cell 的 24-4D 信号星座图的星座点如下所示：8 个点作为第一个子载波上的$(\pm 1,0,0,0)$的形式排列，16 个点作为在第二子载波上的$(\pm 1/2, \pm 1/2, \pm 1/2, \pm 1/2)$的不同组合。这个星座每个符号携带 7 个比特。24-4D 方案的性能比 PDM-8-QAM 高出约 0.7 dB，同时具有更高的聚合数据速率(280 Gb/s vs 240 Gb/s)。各种 96-4D 方案的聚合数据速率为 440 Gb/s，并与 400 Gb/s 以太网完全兼容。我们应该提到，96-4D 方案的性能优于相应的 PDM-32-QAM(其聚合数据速率为 400 Gb/s) 约 1.5 dB。

对于其他多维方案，如四维 OFDM 和广义 OFDM (GOFDM)，感兴趣的

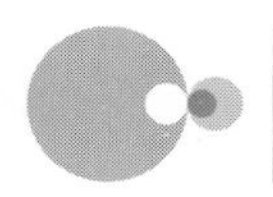

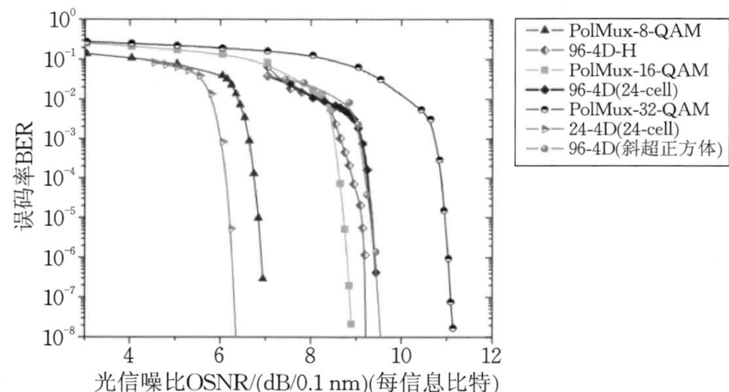

图 7.34　双子载波复用的四维 LDPC 编码调制方案在基带信息速率为 40 Gb/s 的误码率性能

读者可以参考文献[48，49]。多维格式适合于第 5 章讨论的空分复用方案。

7.9.5　自适应非二进制 LDPC 编码调制

由于硬件复杂性和互操作性问题，在光网络中针对不同目的使用不同的信道编码将需要付出很高代价，除非可以对所有目的使用统一的编码和解码架构。结构准循环 LDPC 码为我们提供了这一独特的特性。通过使用多级调制和偏振分复用，与编码、信号处理和传输相关的所有操作都以较低的符号速率执行，同时聚合速率保持较高水平。举例说明，当聚合速率保持在 100 Gb/s 以上时，可以使用 33 GS/s 的符号速率。这种方法在处理光纤非线性和偏振模色散时更加方便。根据信道条件选择给定星座大小的非二进制 LDPC(NB-LDPC)码的码率。当信道条件有利时(对应于高信噪比)，采用较高码速率的 LDPC 码。从实现的角度来看，自适应编码方法非常方便，因为码元速率保持恒定，从而避免了与可变码元速率调制自适应相关的所有同步问题。此外，使用非二进制编码的多电平调制方案具有吸引力，因为它们提供较低的解码复杂度和较低的信号延迟，同时与二进制编码方案相比提供较大的编码增益。

接下来介绍几种格式的非二进制 LDPC 码的性能。假设有速率为 $R=0.833$、0.875 和 0.9 的码字，并使用 QPSK、8-star-QAM 和 16-star-QAM 调制格式测试了速率自适应 LDPC 编码调制方案的性能。这些方案分别映射每个符号 2、3 和 4 个比特($m=2,3,4$)。可达到的信息比特率可以确定为 $2mR_sR$ b/s；当使用最低码速率($R=0.833$)时，获得最低的信息比特率。因此，对于 QPSK、

8-star-QAM 和 16-star-QAM 调制，使用 $R_s=60$ GS/s 时，该方案可达到的最低信息比特率分别为 200 Gb/s、300 Gb/s 和 400 Gb/s。

我们在 GF(2^m) 上采用了一系列结构化 QC-LDPC 码作为速率自适应 LDPC 编码方案的代表。在这种方案中，所有码字都是固定长度为 N 个符号的(3,ρ) 规则的，而在改变子矩阵 $\boldsymbol{B}$ 的大小的同时，使用式(7.76) 可获得相应的奇偶校验矩阵。码字的参数如表 7.8 所示。从表 7.8 可以看出，方案中考虑的三种不同的码率(0.833、0.875 和 0.9) 分别带来了 20%、14.29% 和11.11% 的相应开销(OH)，其中，开销由 $\text{OH}=(1/R-1)\times 100\%=(N/K-1)\times 100\%$ 定义。为了使解码器的复杂度保持在较低水平，所有分量码的列权重均固定为 $\gamma=3$。因此，通过改变子矩阵 $\boldsymbol{B}$ 大小或行权重 ρ 来获得码率适配。

表 7.8 速率自适应非二进制 LDPC 编码方案的参数

码率	N	K	M	γ	ρ	B
0.833	13680	11400	2280	3	18	760
0.875	13680	11970	1710	3	24	570
0.9	13680	12312	1368	3	30	456

当在热噪声占主导的情况下使用常规 QAM 调制时，这些码字的 BER 性能曲线如图 7.35 所示。从图中可以清楚地看出，对于给定的 BER，与较低速率

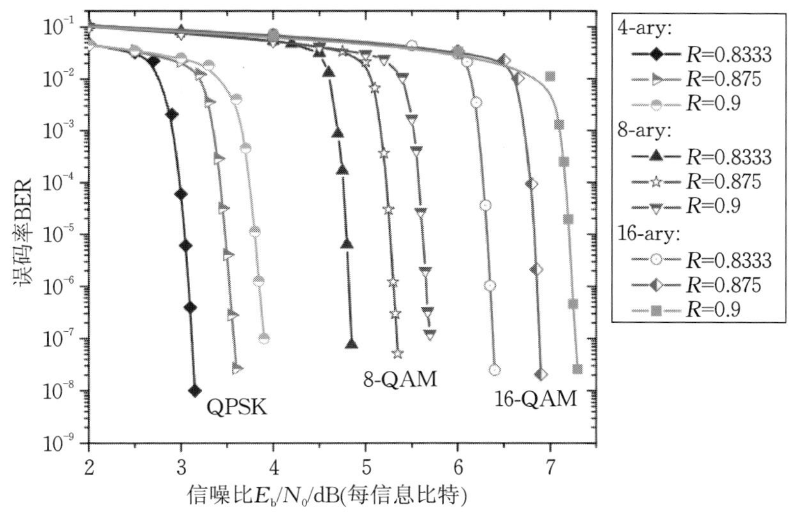

图 7.35 表 7.8 中列出的热噪声主导下的 LDPC 编码的性能

码字所需的 SNR 相比,较高速率码字需要较高的 SNR。应适当量化 SNR 区域,并且对于信道信噪比,应该使用合适的 LDPC 码。

7.10 LDPC 编码的 Turbo 均衡

LDPC 编码的 Turbo 均衡(TE) 方案[1,3,62] 是一种通用方案,可用于同时缓解以下损伤:① 光纤非线性;②PMD;③PDL;④ 色散;⑤ 多层 / 多维编码调制方案中的 I/Q 不平衡效应。在描述 LDPC 编码的 Turbo 均衡方案之前,我们提供了二进制信号最佳检测的基本概念,即最小错误概率[3] 和最大后验概率(MAP) 检测算法。

7.10.1 MAP 检测

设 x 为发射序列,y 为接收序列。最佳接收机将$\hat{x}_k$ 赋值为 $x \in \{0,1\}$,使接收序列 y 的后验概率(APP)$P(x_k = x \mid y)$ 最大化,所以有

$$\hat{x}_k = \arg\max_{x \in \{0,1\}} P(x_k = x \mid y) \tag{7.96}$$

相应的检测算法通常称为 MAP 检测算法。实际上,通常使用式(7.96) 的对数形式,即

$$\hat{x}_k = \begin{cases} 0, L(x_k \mid y) \geqslant 0 \\ 1, \text{其他} \end{cases}, \quad L(x_k \mid y) = \lg \frac{P(x_k = 0 \mid y)}{P(x_k = 1 \mid y)} \tag{7.97}$$

其中,$L(x_k \mid y)$ 为条件对数似然比(LLR)。为了计算上述方程所需的 $P(x_k = x \mid \boldsymbol{y})$,我们引用了贝叶斯规则,即

$$P(x_k = x \mid y) = \sum_{\forall x : x_k = x} P(x \mid y) = \sum_{\forall x : x_k = x} \frac{P(y \mid x) P(\boldsymbol{x})}{P(\boldsymbol{y})} \tag{7.98}$$

其中,$P(y \mid x)$ 为条件概率密度函数(PDF),$P(x)$ 是输入序列 $\boldsymbol{x}$ 的先验概率,表示为 $P(x) = \prod_{i=1}^{n} P(x_i)$,其中 n 是码字长度。假设这些符号是相互独立的。将式(7.98) 代入式(7.97),条件 LLR 可表示为

$$L(x_k \mid y) = \lg \frac{\sum_{\forall x : x_k = 0} p(\boldsymbol{y} \mid \boldsymbol{x}) \prod_{i=1}^{n} P(x_i)}{\sum_{\forall x : x_k = 1} p(\boldsymbol{y} \mid \boldsymbol{x}) \prod_{i=1}^{n} P(x_i)} = L_{\text{ext}}(x_k \mid \boldsymbol{y}) + L(x_k) \tag{7.99}$$

其中，y $L_{\text{ext}}(x_k \mid y)$ 和先验 LLR $L(x_k)$ 中包含的有关 x_k 的外部信息分别定义为

$$L_{\text{ext}}(x_k \mid y) = \lg \frac{\sum\limits_{\forall \boldsymbol{x}: x_k = 0} p(y \mid x) \prod\limits_{i=1, i \neq k}^{n} P(x_i)}{\sum\limits_{\forall \boldsymbol{x}: x_k = 1} p(y \mid x) \prod\limits_{i=1, i \neq k}^{n} P(x_i)}, \quad L(x_k) = \lg \frac{P(x_k = 0)}{P(x_k = 1)} \tag{7.100}$$

一种计算式(7.100) 的可能方式是基于 BCJR 算法[5]，当应用于多级调制方案时，使用的是对数域版本，这将在下一部分介绍。

7.10.2 多级 Turbo 均衡

多级 LDPC 编码的 Turbo 均衡器由两部分组成：① 基于多级 BCJR 检测算法的 MAP 检测器；②LDPC 解码器。MLC/BICM 的发射机配置已在前面的章节中进行了描述，LDPC 编码的 Turbo 均衡器的接收机配置如图 7.36 所示。上下相干检测平衡分支的输出分别与 $\text{Re}\{S_i L^*\}$ 和 $\text{Im}\{S_i L^*\}$ 成比例，用作多级 BCJR 均衡器的输入，其中本地激光振荡器的电场表示为 $L = |L| \exp(\text{j}\varphi_{\text{L}})$ (φ_{L} 是本地激光振荡器的激光相位噪声过程)，而在时刻 i 处传入的光信号由 S_i 表示。

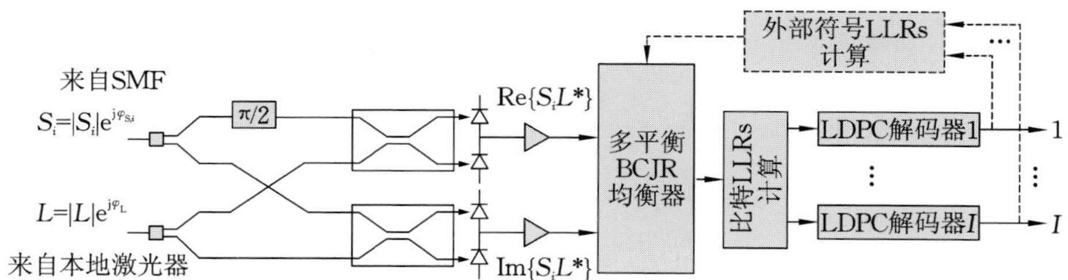

图 7.36 LDPC 编码的 Turbo 均衡方案体系结构

多级 BCJR 均衡器是通用的，并且适用于任何二维信号星座，如 N 元 PSK、M 元 QAM 或 M 元偏振移位键控(PolSK)，以及相干检测和直接检测[62]。该方案可以容易地推广到多维信号星座图。它在动态网格上运行，该网格由以下三元组唯一定义：上一个状态、下一个状态和通道输出。格子中的状态定义为 $s_j = (x_{j-m}, x_{j-m+1}, \cdots, x_j, x_{j+1}, \cdots, x_{j+m}) = x[j-m, j+m]$，其中，$x_k$ 表示可能索引的集合 $X = \{0, 1, \cdots, M-1\}$ 中符号的索引，M 是对应的

M 元信号星座图中的点数。每个符号携带 $l=\log_2 M$ 个比特，使用适当的映射规则（natural、Gray、anti-Gray 等）。状态的内存等于 $2m+1$，其中 $2m$ 是双方观察到的符号的个数。图 7.37 所示的是具有四进制调制格式（如 QPSK）的存储器 $2m+1=3$ 的网格示例。网格具有 $M^{2m+1}=64$ 个状态（列为 $\boldsymbol{s}_0,\boldsymbol{s}_1,\cdots,\boldsymbol{s}_{63}$），并且每个状态对应于不同的三符号模式（符号配置）。通过将 $2m+1$ 个符号视为以 M 为底的数字系统中的数字来确定状态索引。例如，在图 7.37 中使用以 4 为底的四进制数字系统。动态网格的左列表示当前状态，右列表示终端状态。分支由两个符号标记；输入符号是初始状态下的最后一个符号（分支标签中的左侧符号），而输出符号是终端状态的中心符号（分支标签中的右侧符号）。因此，当前符号同时受先前符号和传入符号的影响。

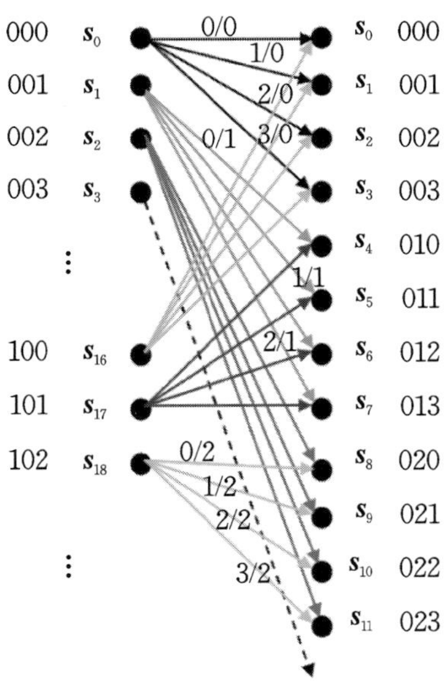

图 7.37　内存为 $2m+1=3$ 的四层 MAP 探测器的网格中的一部分

跃迁概率密度函数（PDFs）$p(y_j \mid x_j)=p(y_j \mid s)$，$s\in S$ 是动态网格完整描述所必需的。集合 S 定义了网格中的状态，其中，y_j 是与所发送的符号索引 x_j 相对应的样本的向量。条件跃迁概率密度函数可以从收集的直方图中确定，也可以使用瞬时埃奇沃斯展开法确定[63]。源于任何左列状态的边的数目以及任意终端状态下的合并边的数目均等于 M。该过程中的前向度量定义为 $\alpha_j(s)=\lg\{p(s_j=s,y[1,j])\}$ $(j=1,2,\cdots,n)$；向后度量定义为

$\beta_j(s)=\lg\{p(y[j+1,n]\mid s_j=s)\}$；并将分支度量定义为 $\gamma_j(s',s)=\lg[p(s_j=s,y_j,s_{j-1}=s')]$。相应的指标可以迭代计算如下：

$$\alpha_j(s)=\max_{s'}{}^*[\alpha_{j-1}(s')+\gamma_j(s',s)] \tag{7.101}$$

$$\beta_{j-1}(s')=\max_{s}{}^*[\beta_j(s)+\gamma_j(s',s)] \tag{7.102}$$

$$y_j(s',s)=\lg[p(y_j\mid x[j-m,j+m])P(x_j)] \tag{7.103}$$

式(7.101)和式(7.102)中使用的 $\max^*$ 运算符定义为 $\max^*(x,y)=\lg(e^x+e^y)$，可以被有效地计算为 $\max^*(x,y)=\max(x,y)+c_f(x,y)$，其中，$c_f(x,y)$ 是校正因子，定义为 $c_f(x,y)=\lg[1+\exp(-|x-y|)]$，通常可以近似或通过使用查找表实现。如上所述，函数 $p(y_j\mid x[j-m,j+m])$ 是通过收集直方图或通过瞬时埃奇沃斯展开法获得的。在第一次外部迭代中，代表传输符号 x_j 的先验概率的函数 $P(x_j)$ 如下设置：① 对于图 7.37 中给出的网格现有跃迁，其等于 $1/M$，这是因为观察到了等概率传输；② 对于不存在的跃迁，其为零。外部迭代由如下因素决定：多级 BCJR 均衡器块中的符号 LLRs 的计算、LDPC 解码、LDPC 解码所需的相应比特 LLRs 的计算以及下一次迭代所需的外部符号 LLRs 的计算。LDPC 解码器中基于最小和校正项算法的迭代在此称为内部迭代。

初始正向和反向指标值被设置为

$$\alpha_0(s)=\begin{cases}0,s=s_0\\-\infty,s\neq s_0\end{cases},\quad \beta_n(s)=\begin{cases}0,s=s_0\\-\infty,s\neq s_0\end{cases} \tag{7.104}$$

其中，s_0 是初始状态。令 $s'=x[j-m-1,j+m-1]$ 表示先前状态，$s=x[j-m,j+m]$ 表示当前状态，$x=(x_1,x_2,\cdots,x_n)$ 表示传输的符号字，$y=(y_1,y_2,\cdots,y_n)$ 表示接收到的样本序列。表示符号 $x_j=\delta(j=1,2,\cdots,n)$ 的可靠性的 LLR 可以按下式计算：

$$\begin{aligned}\Lambda(x_j=\delta)=&\max_{(s',s):x_j=\delta}{}^*[\alpha_{j-1}(s')+\gamma_j(s',s)+\beta_j(s)]\\&-\max_{(s',s):x_j=\delta_0}{}^*[\alpha_{j-1}(s')+\gamma_j(s',s)+\beta_j(s)]\end{aligned} \tag{7.105}$$

其中，δ 表示观察到的符号($\delta\in\{0,1,\cdots,M-1\}\backslash\{\delta_0\}$)，$\delta_0$ 为参考符号。正向和反向指标使用式(7.101)和式(7.102)来计算。

图 7.38 所示的为四级 BCJR MAP 检测器的向前和向后递归步骤。在图 7.38(a)中，s 表示任意终端状态，该状态具有 $M=4$ 个边缘，它们起源于相

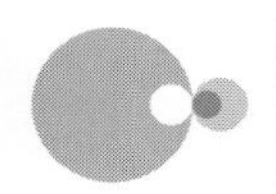

应的初始状态，在此表示为s'_1、s'_2、s'_3和s'_4。注意，分支度量中的第一项在检测/解码发生之前仅计算一次，并且在那之后就储存下来。在每个外部迭代中都重新计算第二项 $\lg(P(x_j))$。通过保留最大项（在$\max^*$ 形式下）$\alpha_{j-1}(s'_k)+\gamma_j(s,s'_k)$ $(k=1,2,3,4)$，更新第 j $(j=1,2,\cdots,n)$ 步中状态 s 的前向度量。对第 j 步中的终端状态列中的每个状态重复此过程。在第 $j-1$ 步中使用类似的步骤来计算状态 s' 的向后度量 $\beta_{j-1}(s')$，如图 7.38(b) 所示，但是这次是向后进行 $(j=n,n-1,\cdots,1)$。

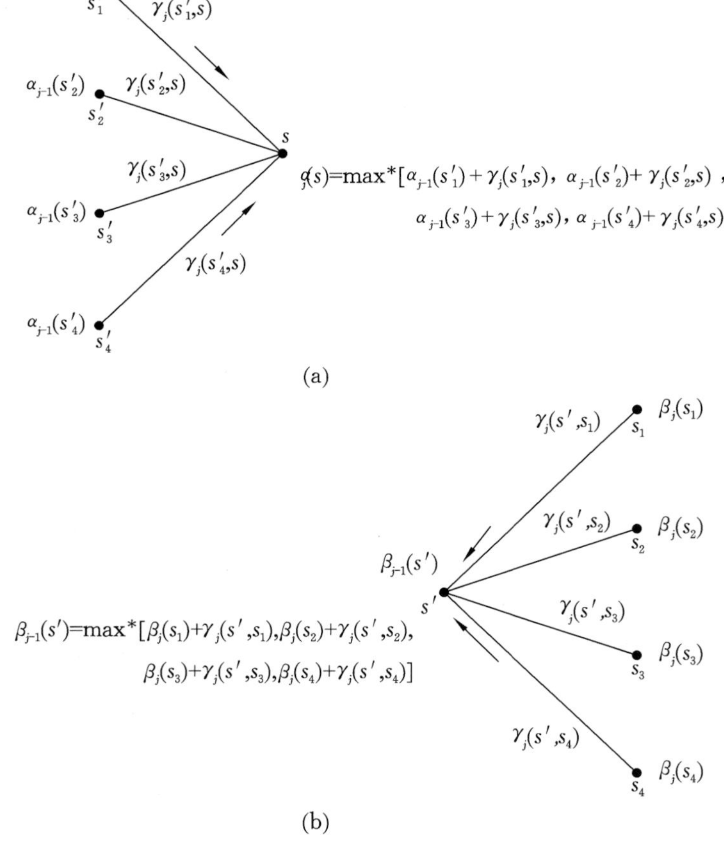

图 7.38　四层 BCJR 均衡器的正向/反向递归步骤

(a) 正向递归步骤；(b) 反向递归步骤

我们可以按照第 7.9 节中所述的方式，根据符号 LLRs 进一步地计算比特 LLRs。为了提高 LDPC 编码的 Turbo 均衡器的整体性能，我们在 LDPC 解码

器和多级 BCJR 均衡器之间执行外部 LLRs 的迭代。从图 7.37 中可以明显看出，动态网格的复杂度呈指数增长，因为状态数由 M^{2m+1} 决定，因此信号星座图的增加导致了基数的增加，而通道内存的增加会导致指数增长。对于较大的星座图和/或较大的存储器，应该使用降低复杂度的滑动窗口 BCJR 算法[62]。即在滑动窗口检测器中，我们可以观察到较短的序列，而不是检测与码字长度 n 对应的符号序列。此外，我们不需要记住所有分支指标，而只需记住几个最大的指标。在前向/后向度量更新中，我们仅需要更新那些连接到与占支配优势度量边缘的状态度量，依此类推。此外，当 $\max^*(x,y)=\max(x,y)+\lg[1+\exp(-|x-y|)]$ 操作(在向前和向后递归步骤中需要)由 $\max(x,y)$ 操作近似代替时，向前和向后 BCJR 步骤分别成为向前和向后 Viterbi 算法。

LDPC 编码的多级 Turbo 均衡器也可以用于 PMD 补偿。图 7.39 所示的为在具有相干检测的偏振复用方案中用于 PMD 补偿研究的实验装置，如文献[59]所述。因此，我们可以进行类似的计算，以评估相对于 PMD 效果的多级 Turbo LDPC 均衡的效率。

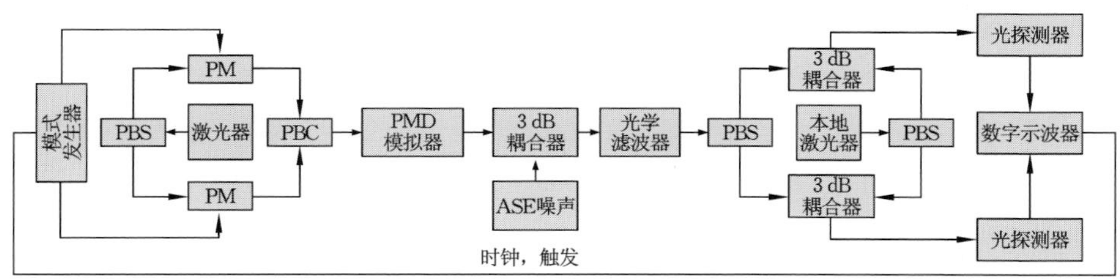

图 7.39　PDM BPSK 研究的实验设置

图 7.40 所示的为多级 Turbo 均衡器的 BER 性能建模结果。建模是通过使用 PMD 仿真器和离线处理完成的，其方式类似于文献[59]中介绍的方式。我们使用围长为 10、列权重为 3 的准循环 LDPC(16935,13550) 码作为通道码。LDPC 解码器和 BCJR 均衡器之间的外部迭代次数设置为 3，内部 LDPC 解码器迭代次数设置为 25。$2m+1=3$ 的状态存储器足以补偿 DGD 为 100 ps 的 1 阶 PMD。当 BER $=10^{-6}$ 时，100 ps 的 DGD 的 OSNR 损失为 1.5 dB。当 BER $=10^{-6}$ 时，0 ps 的 DGD 的编码增益为 7.5 dB，而 100 ps 的 DGD 的编码增益为8 dB。我们应该提到，这些结果仅仅是由于 Turbo 均衡的影响。

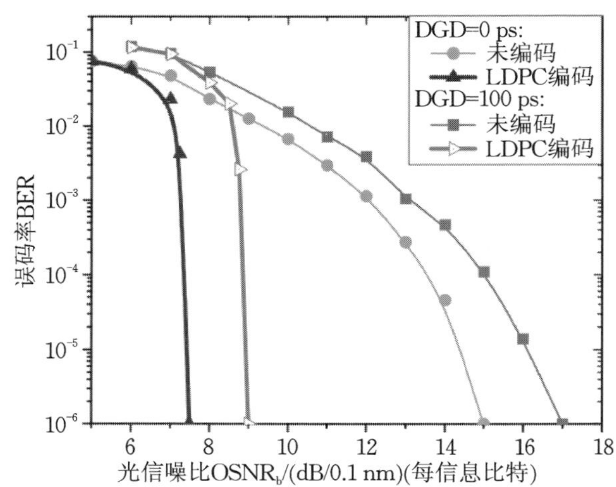

图 7.40　PMD 补偿的多级 Turbo 均衡器的误码率性能

7.10.3　用于 I/Q 不均衡和偏振偏移的多级 Turbo 均衡器

对于 I/Q 不均衡和偏振偏移的鲁棒性，可以进一步优化 Turbo 均衡方案[60]。在这种情况下，对通过两个正交偏振传输的两个独立符号执行基于4D 滑动窗口 BCJR 算法的 MAP 检测。该方案将在两个偏振中传输的独立符号视为超级符号 $s=(s_x,s_y)$，其中，s_x 和 s_y 分别是在 x 偏振和 y 偏振中传输的 QAM 符号。

图 7.41 显示了提出的优化方案的通用发射机和接收机架构。对于两个正交偏振 x 和 y，存在两个独立的输入流 m_x 和 m_y，它们使用速率为 $R_i=k_i/n\,(i\in\{x,y\})$ 的不同 QC-LDPC 码进行编码。在每个偏振中的编码器的输出之后是一个 $m_x\times n$（或 $m_y\times n$）的比特交织器。从交织器中按列获取的比特由 QAM 映射器映射到 2^{m_x} 进制（2^{m_y} 进制）QAM 信号星座点。星座点在笛卡儿 I-Q 坐标中表示为 $s_{i,x}=(I_x,Q_x)$ $(s_{i,y}=(I_y,Q_y))$。每个映射器的输出用于驱动两个 I/Q 调制器。然后，来自两个偏振的信号在传输之前被多路复用。传输的超级符号 $s\in S$ 由在两个偏振中的符号 $s=(s_x,s_y)$ 组成。在接收机端（见图 7.41(b)），信号在相应的偏振中分离并被相干检测。

令 R 表示接收到的序列。所接收的符号 $r\in R$ 包括在两个偏振中分别对应于 I 和 Q 的四个分量：$r=(r_x^{(\mathrm{I})},r_x^{(\mathrm{Q})},r_y^{(\mathrm{I})},r_y^{(\mathrm{Q})})$，每个分量均以符号速率采样。然后，将接收到的向量的四个分量传递到 DSP 块，最后传递给 MAP 均衡

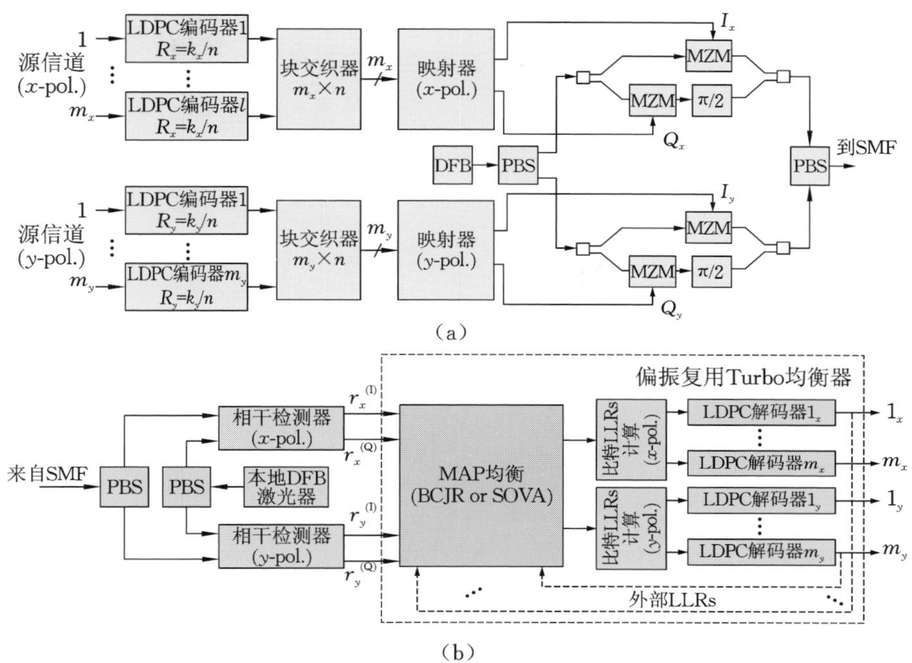

图 7.41　偏振复用 LDPC 编码的 QAM

(a) 发射机结构;(b) 接收机结构

器和一组 LDPC 解码器。4D MAP 解码器计算符号 LLRs,这些符号用于确定 LDPC 解码所需的比特 LLRs。通过使用 $\lambda(s)=\lg[P(s \mid r)/P(s_0 \mid r)]$ 获得初始符号 LLRs,其中,s 表示发送的符号星座点,并且 s_0 表示参考符号。

这种 Turbo 均衡原理用于补偿多通道损伤,如光纤非线性、PMD 以及 I 和 Q 通道之间的不均衡。4D MAP 均衡器在光通道上运行,该光通道建模为具有 $2m+1$ 内存的非线性码间串扰(ISI) 通道。该模型采用离散动态网格进行信道描述。这种用于 QPSK 传输的网格的示例如图 7.42 所示。它描述了在内存为 $2m+1=3$ 的信道中的两个连续离散时刻的动态网格。内存假设概述了传输期间的每个符号 s_i 都受前面的 $m(s_{i-m},s_{i-m+1},\cdots,s_i)$ 个超级符号和随后的 $m(s_{i+1},\cdots,s_{i+m})$ 个符号影响。将符号 s_i 定义为 $s_i=(s_{i-m},\cdots,s_i,s_{i+1},\cdots,s_{i+m})$。我们用 0_x、1_x、2_x 和 3_x(0_y、1_y、2_y 和 3_y) 表示通过 x 偏振(y 偏振) 传输的 QPSK 符号。基于此表示法,符号定义为:$s_0=(0_x,0_y)$,$s_1=(0_x,1_y)$,$s_2=(0_x,2_y)$,$s_3=(0_x,3_y)$,$s_4=(1_x,0_y)$,$\cdots$,$s_{15}=(3_x,3_y)$。有序三元组{上一个状态,通道输出,下一个状态}在任何时候都唯一地定义了网格。右列是当前时间序列,而左列是前一个时间序列。要检测的超级符号是终端状态的中间超级符号。箭头指示从一个时刻到下一时刻的所有可能过渡。箭头上方的字符分别表示处于终端状态的已发送的符号和中间符号。通过确定条件 PDFs $p(r_j \mid \boldsymbol{s})$,可以完全表征光通道。这些条件 PDFs 是通过传播足够长的序列并创建状态的直方图来实验确定的。

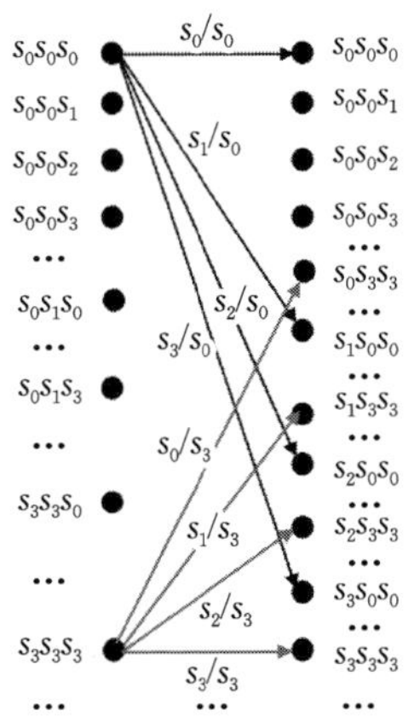

图 7.42　光纤通道的动态网格描述

可用于 4D 方案性能评价的实验设置如图 7.43(a) 所示。连续波可调谐激光器的输出由两个独立的 LDPC 编码序列驱动的 I/Q 调制器调制。脉冲切割器可进一步用于执行 NRZ 到 RZ 的转换。将调制后的信号用 PBS 分离,其输出经过去相关,然后与 PBC 重新组合。这两个偏振分量可以认为是相互独立的。该操作的目的是模拟偏振复用发射机,然后将受控量的 ASE 引入信号中。调制后的信号电平保持恒定,而改变 ASE 功率电平获得不同的 OSNR。将信号传递到相干的 DQPSK 接收器,并在使用数字采样示波器进行采样之前使用四个光电检测器。将收集的样本送入 DSP 模块(可以是个人计算机)以进行离线处理。图 7.43(b) 所示的为 DSP 模块执行以及偏振解复用 Turbo 均衡(PDM TE) 和其他 DSP 功能,包括色散补偿的初始补偿和 I/Q 不平衡。剩余的信道失真通过使用 4D PDM TE 方案进行补偿。

我们使用大围长的 QC-LDPC 码字进行了实验建模。码字参数为(16935,13550),码字率为 0.8,围长为 10,列权重为 3。实验结果如图 7.44 所示,其中水

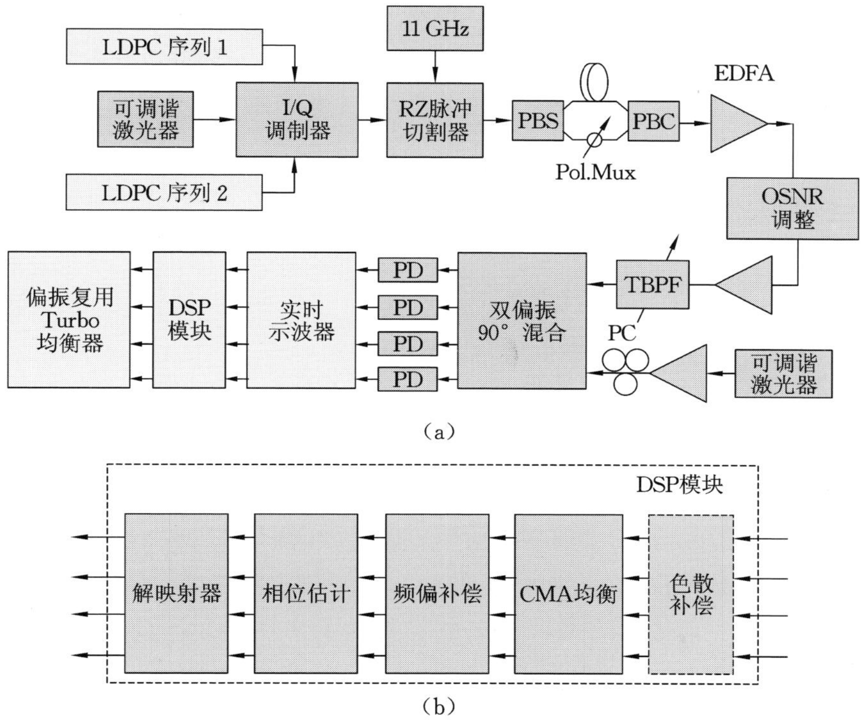

图 7.43 PDM DQPSK 的实验设置

平轴表示每比特的 OSNR。基于此 LDPC 码的 4D PDM TE 方案的编码增益(与 2D BCJR 均衡器方案相比)在 BER 为10^{-6}时为 7.4 dB，与 x 偏振的 2D 方案相比，也提高了 3.2 dB。

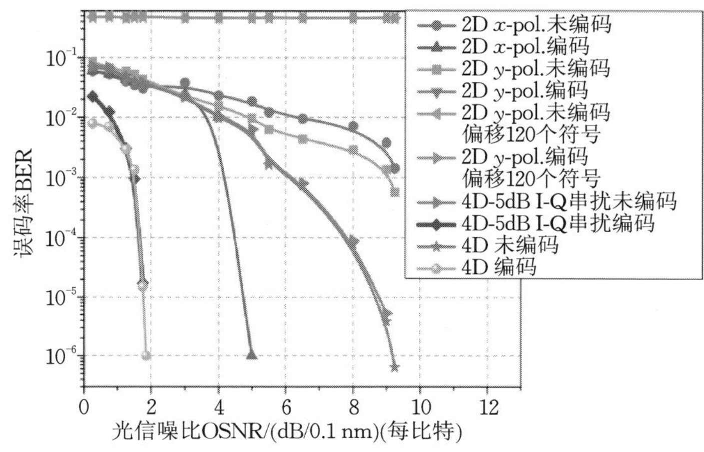

图 7.44 抗 I/Q 不均衡和偏振偏移的 TE 方案的 BER 性能

最上面的一组曲线对应于在 y 偏振信号和 x 偏振信号之间的 120 个符号的偏差。这种偏差将由传统的 2D Turbo 均衡器处理，该均衡器会独立考虑在两个偏振上传输的符号。这种偏差导致传统方案出现一个错误层现象，这是常用的 FEC 码字所不能解决的。但是，由于 BCJR 滑动窗口深度超过了偏差延迟，因此 4D PDM TE 表现出了对偏振偏差的鲁棒性。图 7.44 还显示了针对 I-Q 不平衡补偿（I 和 Q 通道之间存在 −5 dB 的串扰）的 4D TE 方案的性能。在这种情况下，与没有 I-Q 不平衡的情况相比，BER 性能下降很小。

7.10.4 数字反向传播的多级 Turbo 均衡

前面各节所述的 LDPC 编码 Turbo 均衡器被证明是同时处理线性和非线性光纤引起的损伤的最有效工具。但是，该均衡器的复杂度随着信道存储器或星座图尺寸的增加而呈指数增长。为了解决这个问题，如文献[62-64]中所提出的，可以使用一种简单的数字反向传播算法（具有合理的小数目的系数）来减少所需的信道存储，并通过 Turbo 均衡方案来补偿剩余的信道损伤。

采用数字反向传播的多级 Turbo 均衡如图 7.45 所示。使用码率 $R_i=K_i/N\,(i\in\{x,y\})$ 的不同 LDPC 码对 m_x+m_y（指数 x 和 y 分别对应于 x 偏振和 y 偏振状态）进行编码。K_x（或 K_y）表示在与 x（或 y）偏振相对应的二进制 LDPC 码中使用的信息位数，其中，N 表示码字长度，这两个 LDPC 码的码字长度都是相同的。来自 $m_x(m_y)$ 个不同信息源的 $m_x(m_y)$ 个输入比特流通过相同的 LDPC 编码器，这些编码器使用具有码率为 $R_x(R_y)$ 的大围长准循环 LDPC 码。然后，编码器的输出由 $m_x\times N(m_y\times N)$ 块交织器进行比特交织，其中此序列按行写入，并按列读取。交织器的输出在一个时间点 i 上以 $m_x(m_y)$ 个比特作为一个比特流发送到映射器。如上所述，映射器根据查找表将每 $m_x(m_y)$ 个比特放入 2^{m_x} 进制（2^{m_y} 进制）IPM 信号星座点。使用迭代极性调制（IPM）[64] 映射器中的星座点 $\boldsymbol{s}_{i,x}=(I_{i,x},Q_{i,x})=|\boldsymbol{s}_{i,x}|\exp(\mathrm{j}\phi_{i,x})$（$\boldsymbol{s}_{i,y}=(I_{i,y},Q_{i,y})=|\boldsymbol{s}_{i,y}|\exp(\mathrm{j}\phi_{i,y})$）作为 I/Q MOD_x（I/Q MOD_y）的输入。

在接收机端，以符号速率对两个偏振中的 I 和 Q 分支处的输出进行采样，其中，符号 LLRs 的计算公式为 $\lambda(s)=\lg[P(\boldsymbol{s}\mid\boldsymbol{r})/P(\boldsymbol{s}_0\mid\boldsymbol{r})]$，其中，$\boldsymbol{s}=(I_i,Q_i)$ 和 $\boldsymbol{r}=(r_\mathrm{I},r_\mathrm{Q})$ 分别表示在时间实例 i（在 x 偏振或 y 偏振下）下的发射信号星座点和接收符号，其中，$\boldsymbol{s}_0$ 表示参考符号。为了减少通道内存，同时保

持较低的复杂度,可以使用系数数量少的粗略数字反向传播算法处理。为了补偿剩余的信道失真,可以采用 LDPC 编码的 Turbo 均衡。如前所述,LDPC 解码器的误码率是根据符号可靠性来计算的。

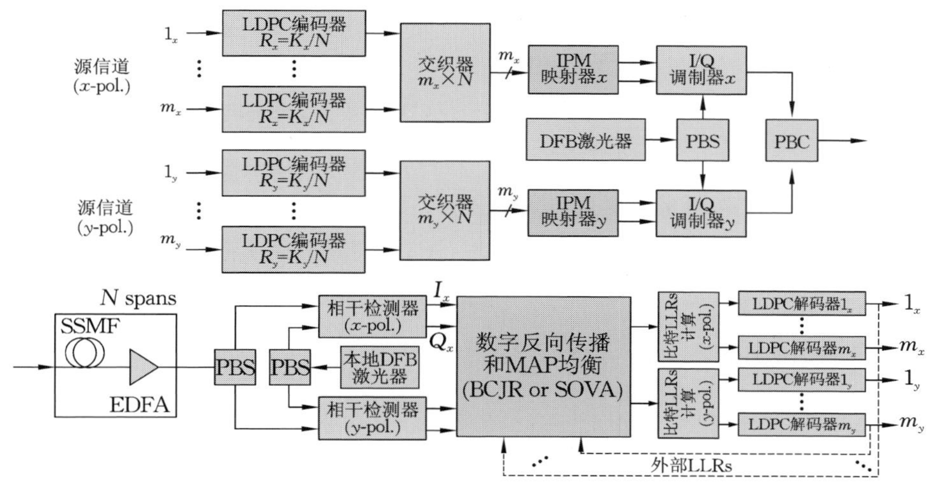

图 7.45 LDPC 编码的 PDM-IPM 方案

MAP:最大后验概率;LLRs:对数似然比;IPM:迭代极性调制

通过使用编码的 IPM 方案,不同信号星座图尺寸下的总传输距离为[62-64]:$M=16$(总速率 $R_D=400$ Gb/s)时为 2250 km,$M=32$($R_D=500$ Gb/s)时为 1320 km,$M=64$($R_D=600$ Gb/s)时为 460 km 和 $M=128$($R_D=700$ Gb/s)时为 140 km。通过使用拉曼放大器辅助色散图,可以大大改善使用编码 IPM 的传输距离,如文献[66]所述。

7.11 总结

本章致力于光通信的高级编码技术,介绍了图形编码、编码调制、速率自适应编码调制和 Turbo 均衡。本章还介绍了 Turbo 码、Turbo 乘积码和 LDPC 码(也称为图形码),它们对实现高速光传输系统具有很大的吸引力。介绍了二进制和非二进制 LDPC 编码的设计和解码算法。本章的主要内容是:① 介绍光通信中不同类别的图形编码;② 介绍如何将多级调制和信道编码结合在一起;③ 介绍如何将均衡和软译码结合起来;④ 展示了联合解调、解码和均衡在同时处理各种信道损伤方面的效率。我们已经证明,LDPC 编码的

Turbo 均衡器是同时减轻色散、PMD、光纤非线性和 I-Q 不平衡的极佳候选者。为了便于说明，还介绍了信道编码的初步知识，并简要介绍了线性分组码、循环码、BCH 码、RS 码、级联码和乘积码。为了更深入地了解基本概念，我们提供了一系列自学问题。

思考题

7.1　证明相互信息的以下属性。

(a) 相互信息是对称的：$I(X,Y)=I(Y,X)$。

(b) 一个通道的互信息是非负的：$I(X,Y)\geqslant 0$。

(c) 一个通道的互信息与联合熵 $H(X,Y)$ 有关：

$$I(X;Y)=H(X)+H(Y)-H(X,Y),$$

$$H(X,Y)=\sum_{j}\sum_{k}p(x_j;y_k)\log_2\frac{1}{p(x_j;y_k)}$$

7.2　让我们观察 $p(y_j\mid x_i)=P_s/(M-1)$ 和 $p(y_j\mid x_j)=1-P_s$ 的 M 进制输入、M 进制输出和对称通道(如 M 进制 PPM)，其中，P_s 是符号错误概率。得出以下信道容量表示式(单位为比特 / 符号)

$$C=\log_2 M+(1-P_s)\log_2(1-P_s)+P_s\log_2\frac{P_s}{M-1}$$

以 M 为参数，绘制通道容量作为 P_s 的函数。

7.3　通过使用信息容量定理和 Fano 不等式[34]，生成不同码率下的最小误码率与信噪比关系图。观察零均值加性高斯噪声通道上的二进制相移键控传输。

7.4　二进制消除信道(BEC)具有两个输入和三个输出，如图 7.46 所示。输入标记为 x_0 和 x_1，输出标记为 y_0、y_1 和 e。通道会消除输入比特的一部分 p。确定此通道的容量。

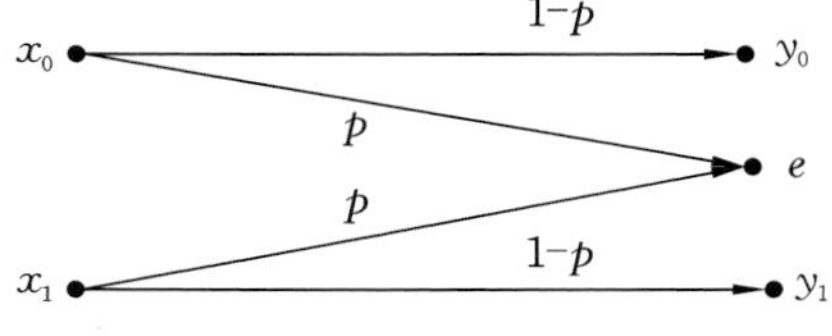

图 7.46　二进制消除信道(BEC) 模型

7.5　二进制对称信道(BSC) 用下面的信道矩阵来描述：

$$\boldsymbol{P}_{\mathrm{BSC}}=\begin{bmatrix} q & p \\ p & q \end{bmatrix},\quad p+q=1$$

确定该通道的通道容量，并绘制其对交叉概率 p 的依赖关系。

(a) 现在观察由级联 BSC 信道获得的信道。

(b) 将两个和三个 BSC 信道级联后，确定信道矩阵。

(c) 绘制级联信道的信道容量与 p 的关系图，讨论结果。

7.6 (n, k) 线性分组码由下面的校验矩阵来描述：

$$\boldsymbol{H}=\begin{bmatrix} 0&0&0&0&0&0&0&1&1&1&1&1&1&1&1 \\ 0&0&0&1&1&1&1&0&0&0&0&1&1&1&1 \\ 0&1&1&0&0&1&1&0&0&1&1&0&0&1&1 \\ 1&0&1&0&1&0&1&0&1&0&1&0&1&0&1 \end{bmatrix}$$

(a) 确定码字参数：码字长度、信息比特数、码率、开销、最小距离和纠错能力。

(b) 以系统形式表示 $\boldsymbol{H}$ 矩阵，并确定相应的系统码的生成矩阵 $\boldsymbol{G}$。

7.7 考虑带有生成矩阵的(7, 4) 码字

$$\boldsymbol{G}=\begin{bmatrix} 0&1&0&1&1&0&0 \\ 1&0&1&0&1&0&0 \\ 0&1&1&0&0&1&0 \\ 1&1&0&0&0&0&1 \end{bmatrix}$$

(a) 查找码字的所有码字。

(b) 码字的最小距离是多少？

(c) 确定码字的奇偶校验矩阵。

(d) 确定接收向量的伴随式[1101011]。

(e) 假设发送全为 0 的信息比特序列，找出所有导致不是全零码字的有效码字的最小权值错误模式 $\boldsymbol{e}$。

(f) 使用行和列运算将 $\boldsymbol{G}$ 转换为系统形式，并找到其对应的奇偶校验矩阵。画出此系统码的移位寄存器实现。

(g) 所有汉明码的最小距离为 3。汉明码的纠错和检错能力是什么？

7.8 考虑以下集合：

$C=\{(000000),(001011),(010101),(011110),(100111),(101100),(110010),(111001)\}$

(a) 证明 C 是 GF(2) 上的向量空间。

(b) 确定该集合的维度。

(c) 确定基向量集。

如果将集合 C 视为 LBC 的码字集：

(d) 确定此码字的参数。

(e) 以系统形式确定生成矩阵和奇偶校验矩阵。

(f) 确定此码字的最小距离和纠错能力。

7.9　令 C 为最小汉明距离为 d 的(n,k)LBC。通过添加一个附加的整体奇偶校验方程式来定义新码字 C_e。这样获得的码字称为扩展码字。

(a) 如果原始码字的最小距离是 d，确定扩展码字的最小距离。

(b) 证明扩展码字是$(n+1,k)$码字。

7.10　最大长度 C_{dual}^m 是相应汉明码的$(2^m-1,2^m-1-m,3)$的对偶。令 $m=3$：

(a) 列出此码字的所有码字。

(b) 证明 C_{dual}^3 是(7,3,4)LBC。

7.11　确定通过扩展(7,4)汉明码获得的(8,4)码。确定其最小距离和纠错能力。证明(8,4)码字及其对偶是相同的。这种码字称为自对偶码，在量子纠错中非常重要。

7.12　令 $\boldsymbol{G}=[\boldsymbol{I}_k \mid \boldsymbol{P}]$ 是系统(n,k)LBC的生成矩阵。当且仅当 $\boldsymbol{P}$ 是一个方形且 $\boldsymbol{P}\boldsymbol{P}^{\mathrm{T}}=\boldsymbol{I}$ 时，证明该码字是自对偶的。证明对于偶数码 $n=2k$。最后，为 $n=4$、6 和 8 设计自对偶码。

7.13　证明标准数组的以下属性：

(a) 行的所有 n 元组都是不同的。

(b) 每个 n 元组在标准数组中仅出现一次。

(c) 在标准数组中正好有 2^{n-k} 行。

(d) 对于完备码（满足带有等号的汉明边界），所有权重为 $t=[(d_{\min}-1)/2]$ 或更小的 n 元组都表现为陪集前导（$[x]$ 是 x 的整数部分）。

(e) 对于准完备码，除了权重等于 t 或更小的所有 n 元组之外，一些但不是全部的权重为 $t+1$ 的所有 n 个元组都表现为陪集前导。

(f) 同一行（陪集）中的所有元素都具有相同的伴随式。

(g) 不同行中的元素具有不同的伴随式。

(h) 2^{n-k} 行对应于 2^{n-k} 个不同的伴随式。

7.14　对于问题 11 中的扩展码字，确定标准数组和伴随式解码表。如果接收到的码字是(10101010)，则标准数组解码的结果是什么？确定 BSC 的交叉概率为10^{-4} 时的权重分布和误码概率。最后，确定目标 BER 为10^{-6} 时的编码增益。

7.15　通过删除信息符号可以缩短(n,k)LBC，这等效于删除奇偶校验矩阵 $\boldsymbol{H}=[\boldsymbol{P}^{\mathrm{T}}\mid\boldsymbol{I}_{n-k}]$ 中的奇偶列。让我们删除 $(2^m-1,2^m-1-m)$ 汉明码的 $\boldsymbol{P}^{\mathrm{T}}$ 中所有权重相等的列。根据原始码字得出新的码字参数，并确定缩短了的码字的最小距离。此缩短了的码字的纠错能力是多少？

7.16　证明如果最小距离 $d_{\min}$ 满足以下不等式：$d_{\min}\geqslant e_d+e_c+1$，则 LBC 可以纠正所有具有 e_c 或更少错误的错误模式，并同时检测所有包含 $e_d\,(e_d\geqslant e_c)$ 或更少错误的错误模式。

7.17　给出在 GF(2) 上的多项式 x^7+1。确定循环(7,4) 码的生成矩阵和奇偶校验多项式。 通过使用这些多项式，可以创建相应的生成矩阵和奇偶校验矩阵。使用该循环码对信息序列(1101) 进行编码。提供编码器和伴随式电路。

7.18　考虑 RS(31,15) 码。

(a) 确定码字中每个符号的位数，并确定以位为单位的块长度。

(b) 确定码字的最小距离和纠错能力。

7.19　让我们观察一下 RS(n,k) 码：

(a) 证明最小距离由 $d_{\min}=n-k+1$ 给出。

(b) 证明可以通过以下方法确定 RS 码的权重分布：

$$A_i=\binom{n}{i}(q-1)\sum_{j=0}^{i-d_{\min}}(-1)^j\binom{i-1}{j}q^{i-d_{\min}-j}$$

7.20　使用(15,9) 的 3 符号纠错的 RS 码字作为外部码字，并使用(7,4) 二进制汉明码作为内部码字来设计级联码字。确定总的码字长度和码字中包含的二进制信息位数。确定此码字的纠错能力。

7.21　这个问题与编码调制有关。

(a) 描述如何确定符号对数似然比(LLRs)：① 假定高斯近似；② 假定通过收集直方图获得条件 PDFs。

(b) 描述用于偏振复用块交织 LDPC 编码调制的发射机和接收机的

配置。

(c) 描述使用 LDPC 码作为信道码的多级编码(MLC) 方案的发射机和接收机配置。

(d) 假设(a) 中确定了符号 LLRs,则描述如何确定 LDPC 解码所需的比特 LLRs。描述如何确定 APP 解映射器的 LDPC 解码器输出处的外部信息。描述如何确定下一个 APP-LDPC 解码器迭代步骤的先验符号 LLRs。

7.22　这个问题与和积算法有关。让$q_{ij}(b)$ 表示关于$c_i=b,b\in\{0,1\}$ 的概率,从变量节点v_i 传递到功能节点 f_j 的外部信息(消息),如图 7.47(a) 所示。此消息关注的是 $c_i=b$ 的概率,给定来自除节点 f_j 之外的所有检查节点的外部信息,并给定信道样本 y_j。令 $r_{ij}(b)$ 表示要从节点 f_j 传递到节点v_i 的外部信息,如图 7.47(b) 所示。该消息关注的是当 $c_i=b$ 时,第 j 个奇偶校验方程满足的概率,而其他比特具有由$\{q_{ij'}\}_{j'\neq j}$ 给出的可分离分布。

(a) 证明可以从$q_{i'j}(0)$ 和$q_{i'j}(1)$ 计算出 $r_{ji}(0)$ 和 $r_{ji}(1)$,如下所示:

$$r_{ji}(0)=\frac{1}{2}+\frac{1}{2}\prod_{i'\in V_j\backslash i}(1-2q_{i'j}(1)),\quad r_{ji}(1)=\frac{1}{2}-\frac{1}{2}\prod_{i'\in V_j\backslash i}(1-2q_{i'j}(1))$$

(b) 证明$q_{ji}(0)$ 和$q_{ji}(1)$ 的计算结果如下:

$$q_{ij}(0)=(1-P_i)\prod_{j'\in C_i\backslash j}r_{j'i}(0),q_{ij}(1)=P_i\prod_{j'\in C_i\backslash j}r_{j'i}(1)$$

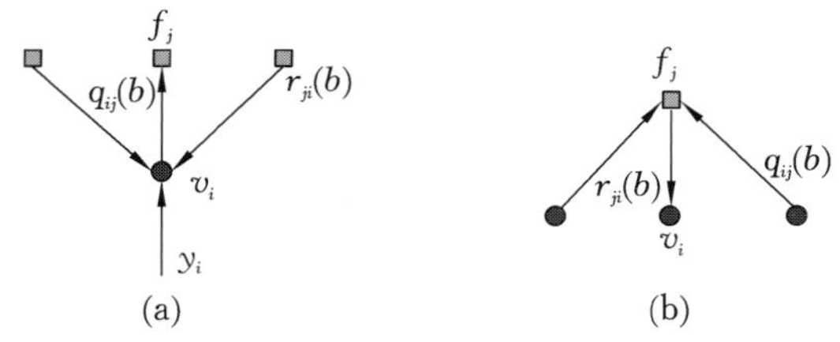

图 7.47　和积算法的说明

7.23　我们可以这样说,概率域和积算法有问题,是因为:① 涉及乘法(实现加法的成本较低);② 许多乘积概率的计算可能在数值上变得不稳定(特别是对于具有超过 50 次迭代的长码字)。和积算法的对数域版本是更可取的选择。代替对数域中的想法,我们使用对数似然比(LLRs),对于码字位 $c_i(i=1,\cdots,n)$,其定义为

$$L(c_i)=\log\frac{\Pr(c_i=0\mid y_i)}{\Pr(c_i=1\mid y_i)}$$

其中,y_i 为 c_i 对应的噪声样本。r_{ij} 和q_{ij} 对应的 LLRs 定义如下:

$$L(r_{ji})=\log\frac{r_{ji}(0)}{r_{ji}(1)},\quad L(q_{ij})=\lg\frac{q_{ij}(0)}{q_{ij}(1)}$$

通过使用 $\tanh[\lg(p_0/p_1)/2]=p_0-p_1=1-2p_1$，证明下列公式：

$$L(r_{ji})=2\operatorname{arctanh}\left\{\prod_{i'\in V_j\backslash i}\tanh\left[\frac{1}{2}L(q_{i'j})\right]\right\}$$

$$L(q_{ij})=L(c_i)+\sum_{j'\in C_i\backslash j}L(r_{j'i})$$

7.24　这个问题与使用带有校正项的最小和算法的 LDPC 解码器实现有关。

(a) 使用带有校正项的最小和算法实现 LDPC 解码器。通过假设在第 7.8.1 节中描述的 LDPC 码在加性高斯白噪声(AWGN) 信道上传输了零码字，表明了 BER 对 Q 因数的依赖关系。确定 BER 分别为10^{-6} 和10^{-9} 时的编码增益。

(b) 实现相应的编码器，使用足够长的伪随机二进制序列，对其进行编码，在 AWGN 信道上进行传输，然后根据(a) 重复仿真。讨论差异。

(c) 在实际的光信道上发送 LDPC 编码的序列。生成足够长的 PRBS 序列，以准确估算低至10^{-6} 的 BER。使用在(b) 中开发的 LDPC 编码器对该序列进行编码，并通过光纤传输系统进行传输，如下所述。用 FWHM 为 12.5 ps 的高斯脉冲表示符号 1 脉冲。假设发射功率为 0 dBm，消光比为 20 dB，数据速率为 40 Gb/s。传输系统的长度为 6000 km，其色散图由 N 段长度为 80 km 的 SMF(色散和色散斜率参数分别为 16 ps/(nm・km) 和 0.06 ps/(nm^2・km)) 和 40 km 的 DCF 组成。选择 DCF 以精确补偿残余色散，并且与色散图斜率相匹配。两种光纤的非线性系数均为 $\gamma=2.5\ (\mathrm{W\cdot km})^{-1}$。NF 为 5 dB 且 BW$=3R_b$($R_b$ 是比特率) 的 EDFAs 会定期部署到每个光纤段，以精确补偿光纤损耗。SMF 损耗为 0.2 dB/km，DCF 损耗为 0.5 dB/km。工作波长为 1550 nm，光电二极管的响应度为 1 A/W。接收电路可以模型化为 3 dB 带宽的高斯滤波器，即 BW $=0.75R_b$。以 2 dBm 的步长将发射功率从 -6 dBm 改变为 6 dBm，并绘制 LDPC 解码前后 BER 随发射功率的变化情况。确定使用大围长的 LDPC 码可以扩展多少传输距离。针对不同的发射功率，提供未编码和 LDPC 编码情况下的 BER 与总传输图。

7.25　这个问题与在背靠背配置中具有相干检测的 QAM 有关。发射机和接收机如图 7.48 所示。对于以下信号星座图大小($M=4$、16 和 64)，通过仿真确定误码率 P_b 和符号误码率 P_s 相对于每比特的光学信噪比。

7.26　这个问题与 QAM 相干检测有关。在如下的长距离光传输系统中色散进行了同期性补偿，如图 7.48(c) 所示。发送器和接收器的配置分别与图 7.48(a)、(b) 所示的相同。

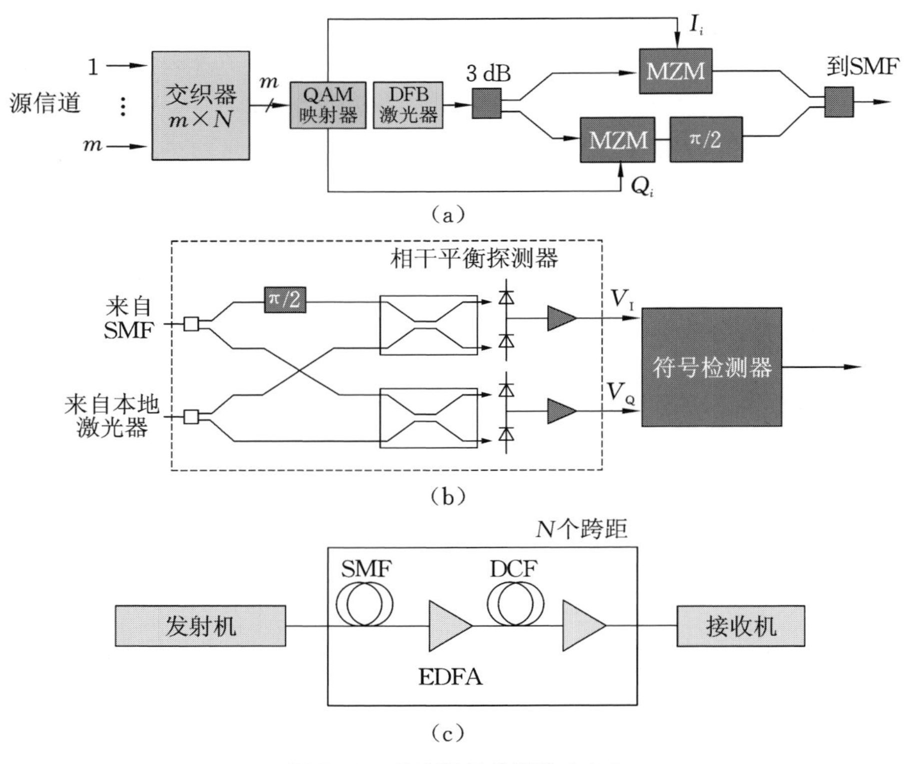

图 7.48　具有相干检测的 QAM

(a) 发射机配置；(b) 接收机配置；(c) 色散图

3 dB：3 dB 耦合器，MZM：马赫-曾德尔调制器

假设平均符号发射功率为 0 dBm，符号速率为 25 GS/s，并且使用 QPSK 或 16-QAM。传输系统由 N 段长度为 80 km 的 SMF（色散和色散斜率参数分别为 16 ps/(nm·km) 和 0.06 ps/(nm^2·km)）和 40 km 的 DCF 组成。选择 DCF 以精确补偿残余色散，并且色散图是斜率匹配的。两种光纤的非线性系数均为 $\gamma=2.5\ (\mathrm{W\cdot km})^{-1}$。NF 为 5 dB 且 BW$=3R_b$（$R_b$ 是比特率）的 EDFAs 会定期部署到每个光纤段，以精确补偿光纤损耗。SMF 损耗为 0.2 dB/km，DCF 损耗为 0.45 dB/km。工作波长为 1550 nm，光电二极管的响应度为 1 A/W。接收电路可以模型化为 3 dB 带宽的高斯滤波器，即 BW$=0.8R_b$。以

2 dBm 的步长将发射功率从 −6 dBm 改变为 6 dBm，并通过使用发射功率作为参数来绘制 BER 随总传输长度的变化情况。同时显示自然映射和格雷映射时的误码率和符号误码率。

7.27　这个问题与背靠背配置中具有相干检测的编码调制有关。发送器配置如图 7.48(a) 所示，接收器配置如图 7.49 所示。让我们再次观察 QAM，但是这次是与 LDPC 码结合使用。LDPC 编码器的输出按块行顺序写入相应的块交织器，如图 7.48(a) 所示。从块交织器按列取 $m=\log_2 M$ 个比特，使用格雷映射规则选择相应的星座点。调制器输入的上部分支表示同相通道(I)，下部分支表示正交通道(Q)。后验概率(APP) 块确定符号对数似然比(LLRs)。比特 LLRs 块计算 LDPC 解码所需的比特 LLRs。

(a) 推导符号 LLRs。如何根据符号 LLRs 计算比特 LLRs?

(b) 对未编码的情况和 LDPC 编码的情况都进行 $M=2$、4 和 16 的蒙特卡罗模拟。绘制 BERs 与每个信息位的光学 SNR 的关系图。

(c) 确定 BER 为10^{-6} 时的编码增益。

(d) 重复 LDPC 解码器和 APP 解映射器之间的外部信息 3 次，并提供 BER 图与每比特光学 SNR 的关系，低至10^{-6}。确定相对于(c) 的 OSNR 改进。

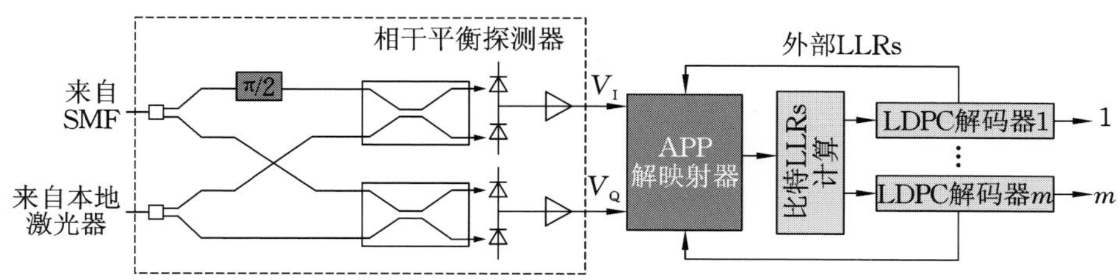

图 7.49　块交织 LDPC 编码的 QAM 的接收机配置

7.28　本题与 LDPC 编码 QAM 相干检测有关，在具有色散图的长距离光传输系统中(见图 7.48(c))，发送器和接收器的配置与图 7.49 所示的相同。光纤参数与问题 7.26 中给出的参数相同。以 2 dBm 为步长将发射功率从 −6 dBm 改变为 6 dBm，并使用发射功率作为参数绘制 BER 随总传输长度的变化情况。同时显示自然映射和格雷映射时的误码率和符号误码率。从 LDPC 编码中识别传输距离的扩展。提供 1 和 3 次外部(APP 解映射器-LDPC 解码器) 迭代的结果。使用 25 个内部(LDPC 解码器) 迭代。讨论三个外部迭代相对于一个外部迭代的改进。

7.29　本题与 QAM 相干检测的色散补偿有关。发射机和接收机如图 7.50 所示。

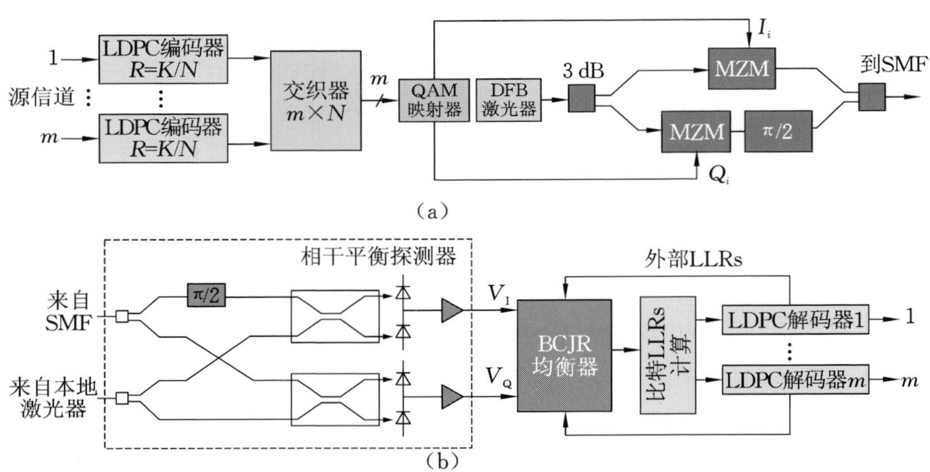

图 7.50　具有 Turbo 均衡的块交织的 LDPC 编码的 QAM

(a) Tx 配置；(b) Rx 配置

传输系统由长度为 L 的 SMF 和相应的 EDFA 组成，用以补偿光纤损耗。通过仿真确定以下信号星座图大小 $M=4$ 和 16 以及距离 $L=40$、60、80 和 100 km 时的误码率 BER 与光 SNR/比特的关系。计算未编码和 LDPC 编码情况下的 BER。使用与先前问题相同的 LDPC 码字。假设符号速率为 40 GS/s。讨论信道存储假设对 BER 结果的影响。

7.30　这个问题与具有相干检测的 QAM 系统中的 PMD 补偿有关。发射机和接收机如图 7.51 所示。在一阶偏振模色散 PMD 研究中，忽略了偏振相关损耗和去极化效应的琼斯(Jones)矩阵，可以表示为

$$\boldsymbol{H}=\begin{bmatrix} h_{xx}(\omega) & h_{xy}(\omega) \\ h_{yx}(\omega) & h_{yy}(\omega) \end{bmatrix}=\boldsymbol{RP}(\omega)\boldsymbol{R}^{-1},\boldsymbol{P}(\omega)=\begin{bmatrix} \mathrm{e}^{-\mathrm{j}\omega\tau/2} & 0 \\ 0 & \mathrm{e}^{\mathrm{j}\omega\tau/2} \end{bmatrix}$$

其中，τ 表示 DGD，ω 为角频率，$\boldsymbol{R}=\boldsymbol{R}(\theta,\varepsilon)$ 为转动矩阵，即

$$\boldsymbol{R}=\begin{bmatrix} \cos\left(\dfrac{\theta}{2}\right)\mathrm{e}^{\mathrm{j}\varepsilon/2} & \sin\left(\dfrac{\theta}{2}\right)\mathrm{e}^{-\mathrm{j}\varepsilon/2} \\ -\sin\left(\dfrac{\theta}{2}\right)\mathrm{e}^{\mathrm{j}\varepsilon/2} & \cos\left(\dfrac{\theta}{2}\right)\mathrm{e}^{-\mathrm{j}\varepsilon/2} \end{bmatrix}$$

其中，θ 是极角，ε 为方位角。关于最坏的情况，对于大小为 4 和 16 的信号星座图，以及 25 ps、50 ps 和 75 ps 的 DGD 值，通过仿真确定误码率 BER 与每比特

的光学 SNR 的关系。计算未编码和 LDPC 编码情况下的 BER。使用与前面的示例相同的 LDPC 码字。假设符号速率为 40 GS/s。讨论关于 BER 的信道存储假设。

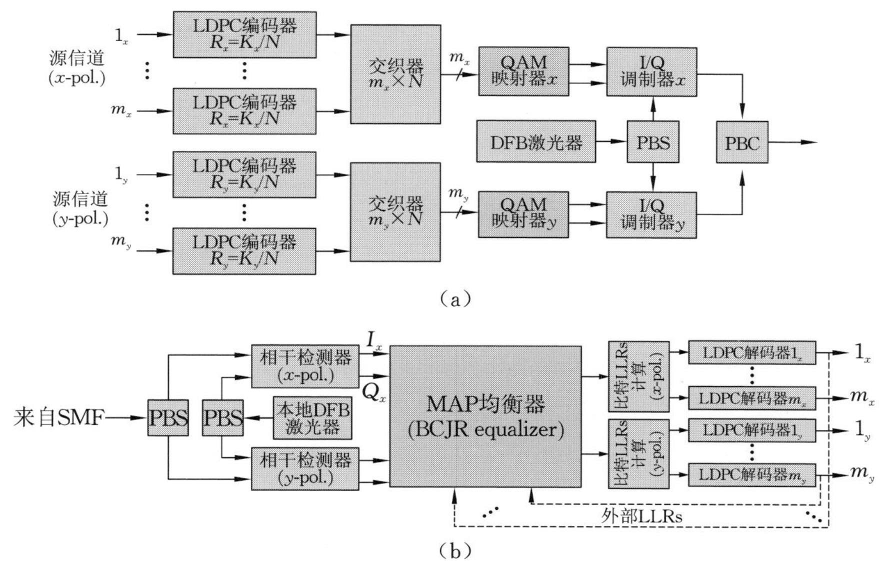

(a)

(b)

图 7.51　具有 Turbo 均衡功能的偏振复用的块交织的 LDPC 编码的 QAM

(a) Tx 配置；(b) Rx 配置

7.31　这个问题与通过 Turbo 均衡的通道内非线性补偿有关。正在研究的相应的长距光传输系统的色散图如图 7.52 所示。发射机和接收机的配置与图 7.51 所示的相同。假设平均符号发射功率为 0 dBm，符号速率为 40 GS/s，并且使用 QPSK 或 16-QAM。传输系统由 N 段长度为 80 km 的 SMF（色散和色散斜率参数分别为 16 ps/(nm · km) 和 0.06 ps/(nm^2 · km)）和 40 km 的 DCF 组成。选择 DCF 以精确补偿残余色散，并且色散图是斜率匹配的。两条光纤的非线性系数均为 $\gamma=2.5\ (\mathrm{W\cdot km})^{-1}$。NF 为 5 dB 且 BW＝$3R_b$（$R_b$ 是比特率）的 EDFAs 会定期部署到每个光纤段，以精确补偿光纤损耗。SMF 损耗为 0.2 dB/km，DCF 损耗为 0.5 dB/km。工作波长为 1550 nm，光电二极管的响应度为 1 A/W。接收电路可以模型化为 3 dB 带宽的高斯滤波器，即 BW＝$0.75R_b$。以 2 dBm 的步长将发射功率从 −6 dBm 改变为 6 dBm，并通过使用发射功率作为参数来绘制 BER 随总传输长度的变化情况。同时显示自然映射和格雷映射时的误码率。提供未编码和 LDPC 编码情况下的结果。讨论关于 BER 结果的信道存储假设。将获得的结果与以前使用 APP 解映射器代替 BCJR 均衡器的问题进行比较,并讨论结果。

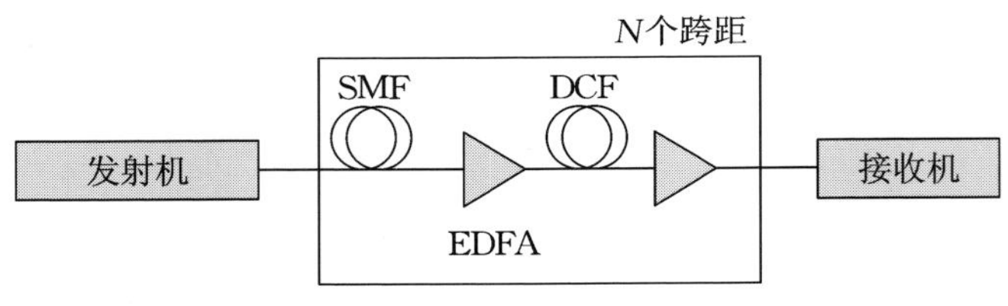

图 7.52 研究中的色散图

参考文献

[1] Djordjevic,I.B.,Arabaci,M.,Minkov,L.,Next generation FEC for high-capacity communication in optical transport networks,*IEEE/OSA J.Lightw. Technol.*,Vol.27,pp.3518-3530,2009.

[2] Shieh,W.,and Djordjevic,I.,*OFDM for Optical Communications*, Amsterdam:Elsevier/Academic Press,2009.

[3] Djordjevic,I.,Ryan,W.,and Vasic,B.,*Coding for Optical Channels*, New York,Springer,2010.

[4] Ryan,W.E.,Concatenated convolutional codes and iterative decoding,in *Wiley Encyclopedia of Telecommunications*,(J.G.Proakis (Ed.)),John Wiley & Sons,2003.

[5] Bahl,L.R.,Cocke,J.,Jelinek,F.,and Raviv,J.,Optimal decoding of linear codes for minimizing symbol error rate,*IEEE Trans.Inform.Theory*, Vol. IT-20,No.2,pp.284-287,Mar.1974.

[6] Djordjevic,I.B.,Minkov,L.L.,and Batshon,H.G.,Mitigation of linear and nonlinear impairments in high-speed optical networks by using LDPC-coded turbo equalization,*IEEE J.Sel.Areas Comm.Optical Comm.and Netw.*,Vol.26,pp.73-83,2008.

[7] Djordjevic,I.,*Quantum Information Processing and Quantum Error Correction:An Engineering Approach*,Amsterdam:Elsevier/Academic Press,2012.

[8] Djordjevic,I.B.Coding and modulation techniques for optical wireless

channels, in *Optical Wireless Communications*, (S. Arnon, J. Barry, et al. (Eds.)), Cambridge, UK: Cambridge University Press, 2012.

[9] Djordjevic, I.B., Codes on graphs, coded modulation and compensation of nonlinear impairments by turbo equalization, in *Impact of Nonlinearities on Fiber Optic Communication*, (S. Kumar (Ed.)), New York: Springer, pp. 451-505, 2011.

[10] Chung, S., et al., On the design of low-density parity-check codes within 0.0045 dB of the Shannon Limit, *IEEE Comm. Lett.*, Vol.5, pp.58-60, Feb.2001.

[11] Mizuochi, T., Recent progress in forward error correction and its interplay with transmission impairments, *IEEE J. Sel. Top. Quantum Electron.*, Vol.12, No.4, pp.544-554, Jul./Aug.2006.

[12] Pyndiah, R.M., Near optimum decoding of product codes, *IEEE Trans. Comm.*, Vol.46, pp.1003-1010, 1998.

[13] Sab, O.A., and Lemarie, V., Block turbo code performances for long-haul DWDM optical transmission systems, *Proc. OFC 2001*, Vol.3, pp.280-282, 2001.

[14] Mizuochi, T., et al., Forward error correction based on block turbo code with 3-bit soft decision for 10 Gb/s optical communication systems, *IEEE J. Sel. Top. Quantum Electron.*, Vol.10, pp.376-386, 2004.

[15] Djordjevic, I.B., Sankaranarayanan, S., et al., Low-density parity-check codes for 40 Gb/s optical transmission systems, *IEEE J. Sel. Top. Quantum Electron.*, Vol.12, No.4, pp.555-562, July/Aug.2006.

[16] Tanner, R.M., A recursive approach to low complexity codes, *IEEE Tans. Information Theory*, Vol.IT-27, pp.533-547, Sept.1981.

[17] Fossorier, M.P.C., Quasi-cyclic low-density parity-check codes from circulant permutation matrices, *IEEE Trans. Inform. Theory*, Vol.50, pp.1788-1793, 2004.

[18] Ryan, W.E., An Introduction to LDPC Codes, in *CRC Handbook for Coding and Signal Processing for Recording Systems* (B. Vasic, (Ed.)), Boca Raton, FL: CRC Press, 2004.

[19] Xiao-Yu, H., Eleftheriou, E., et al., Efficient implementations of the sum-product algorithm for decoding of LDPC codes, *Proc. IEEE Globecom*, Vol.2, Nov.2001, pp.1036-1036E.

[20] Gallager, R.G., *Low Density Parity Check Codes*, Cambridge, MA: MIT Press, 1963.

[21] MacKay, D.J.C., Good error correcting codes based on very sparse matrices, *IEEE Trans. Inform. Theory*, Vol.45, pp.399-431, 1999.

[22] Djordjevic, I.B., and Vasic, B., Nonbinary LDPC codes for optical communication systems, *IEEE Photon. Technol. Lett.*, Vol.17, No.10, pp.2224-2226, Oct.2005.

[23] Declercq, D., and Fossorier, M., Decoding algorithms for nonbinary LDPC codes over GF(q), *IEEE Trans. Commun.*, Vol.55, No.4, pp. 633-643, Apr.2007.

[24] Arabaci, M., Djordjevic, I.B., et al., Non-binary quasi-cyclic LDPC based coded modulation for beyond 100-Gb/s transmission, *IEEE Photon. Technol. Lett.*, Vol.22, No.6, pp.434-436, Mar.2010.

[25] Davey, M.C., *Error-correction using low-density parity-check codes*, Ph.D. Dissertation, Univ. Cambridge, Cambridge, U.K., 1999.

[26] Arabaci, M., Djordjevic, I.B., et al., Polarization-multiplexed rate-adaptive non-binary-LDPC-coded multilevel modulation with coherent detection for optical transport networks, *Opt. Express*, Vol.18, No.3, pp.1820-1832, 2010.

[27] Arabaci, M., and Djordjevic, I.B., An alternative FPGA implementation of decoders for quasi-cyclic LDPC codes, *Proc. TELFOR* 2008, pp. 351-354, Nov.2008.

[28] Milenkovic, O., Djordjevic, I.B., and Vasic, B., Block-circulant low-density parity-check codes for optical communication systems, *IEEE J. Sel. Top. Quantum Electron.*, Vol.10, pp.294-299, Mar./Apr.2004.

[29] Djordjevic, I.B., Vasic, B., Multilevel coding in *M*-ary DPSK/differential QAM high-speed optical transmission with direct detection, *IEEE/OSA J. Lightw. Technol.*, Vol.24, pp.420-428, Jan.2006.

[30] Ingels, F.M., *Information and Coding Theory*, Scranton, PA: Intext

Educational Publishers, 1971.

[31] Haykin, S., *Communication Systems*, New York: John Wiley & Sons, 2004.

[32] Proakis, J.G., *Digital Communications*, New York: McGraw-Hill, 2001.

[33] Morelos-Zaragoza, R.H., *The Art of Error Correcting Coding*, New York: John Wiley & Sons, 2002.

[34] Cover, T.M., and Thomas, J.A. *Elements of Information Theory*, New York: John Wiley & Sons, 1991.

[35] Anderson, J.B., and Mohan, S., *Source and Channel Coding: An Algorithmic Approach*, Boston, MA: Kluwer Academic Publishers, 1991.

[36] MacWilliams, F.J., and Sloane, N.J.A., *The Theory of Error-Correcting Codes*, Amsterdam, Netherlands: North Holland, 1977.

[37] Wicker, S.B., *Error Control Systems for Digital Communication and Storage*, Englewood Cliffs, NJ: Prentice-Hall, 1995.

[38] Lin, S., and Costello, D.J., *Error Control Coding: Fundamentals and Applications*, Englewood Cliffs, NJ: Prentice-Hall, 1983.

[39] Vucetic, B., and Yuan, J., *Turbo Codes-Principles and Applications*, Boston, MA: Kluwer Academic Publishers, 2000.

[40] Reed, I.S., and Solomon, G., Polynomial codes over certain finite fields, *SIAM J. Appl. Math.*, Vol.8, pp.300-304, 1960.

[41] Wicker, S.B., and Bhargva, V.K. (Eds.), *Reed-Solomon Codes and Their Applications*, New York: IEEE Press, 1994.

[42] Forney, G.D., Jr., *Concatenated Codes*, Cambridge, MA: MIT Press, 1966.

[43] Elias, P., Error-free coding, *IRE Trans. Inform. Theory*, Vol. IT-4, pp. 29-37, Sept. 1954.

[44] Berrou, C., Glavieux, and A., Thitimajshima, P., NearShannon limit error-correcting coding and decoding: turbo codes, *Proc. 1993 Int. Conf. Comm. (ICC 1993)*, pp.1064-1070, 1993.

[45] Berrou, C., and Glavieux, A., Near optimum error correcting coding and decoding: turbo codes, *IEEE Trans. Comm.*, Vol.44, pp.1261-1271, 1996.

[46] Djordjevic, I.B., Cvijetic, M., et al., Using LDPC-coded modulation and coherent detection for ultra high-speed optical transmission,

IEEE/OSA J.Lightw.Technol., Vol.25, pp.3619-3625, Nov.2007.

[47] Djordjevic, I.B., and Vasic, B., LDPC-coded OFDM in fiber-optics communication systems, *OSA J.Opt.Netw.*, Vol.7, pp.217-226, 2008.

[48] Djordjevic, I., Batshon, H.G., et al., Four-dimensional optical multiband-OFDM for beyond 1.4 Tb/s serial optical transmission, *Opt.Express*, Vol.19, No.2, pp.876-882, 2011.

[49] Djordjevic, I.B., Arabaci, M., et al., Generalized OFDM (GOFDM) for ultra-high-speed optical transmission, *Opt.Express*, Vol.19, No.7, pp. 6969-6979, 2011.

[50] Hou, J., Siegel, P.H., Milstein, et al., Capacity-approaching bandwidth-efficient coded modulation schemes based on low-density parity-check codes, *IEEE Trans.Information Theory*, Vol.49, No.9, pp.2141-2155, 2003.

[51] Djordjevic, I.B., Xu, L., and Wang, T., PMD compensation in coded-modulation schemes with coherent detection using Alamouti-type polarization-time coding, *Opt.Express*, Vol.16, No.18, pp.14163-14172, 2008.

[52] Biglieri, E., Calderbank, R., et al., *MIMO Wireless Communications*, Cambridge, UK: Cambridge University Press, 2007.

[53] Ma, Y., Yang, Q., et al., 1-Tb/s single-channel coherent optical OFDM transmission over 600 km SSMF fiber with subwavelength bandwidth access, *Opt.Express*, Vol.17, No.11, pp.9421-9427, May 2009.

[54] Razavi, B., A 60-GHz CMOS receiver front-end, *IEEE J.Solid-State Circuits*, Vol.41, pp.17-22, 2006.

[55] Doan, C., Emami, S., et al., Millimeter-wave CMOS design, *IEEE J. Solid-State Circuits*, Vol.40, pp.144-155, 2005.

[56] Nagarajan, R., et al., Large-scale photonic integrated circuits, *IEEE J. Sel.Top.Quantum Electron.*, Vol.11, pp.50-64, 2005.

[57] Welch, D.F., et al., Large-scale InP photonic integrated circuits: enabling efficient scaling of optical transport networks, *IEEE J.Sel.Top.Quantum Electron.*, Vol.13, No.1, pp.22-31, Jan./Feb.2007.

[58] Batshon, H.G., Djordjevic, I.B., and Schmidt, T., Ultra high speed optical transmission using subcarrier-multiplexed four-dimensional LDPC-coded

modulation, *Opt.Express*, Vol.18, pp.20546-20551, 2010.

[59] Minkov, L.L., Djordjevic, I.B., et al., PMD Compensation in Polarization Multiplexed Multilevel Modulations by Turbo Equalization, *IEEE Photon.Technol.Lett.*, Vol.21, No.23, pp.1773-1775, Dec.2009.

[60] Djordjevic, I.B., Xu, L., et al., Polarization-multiplexed LDPC-coded QAM robust to I-Q imbalance and polarization offset, *Proc.Communications & Photonics Conference & Exhibition (ACP 2010)*, Paper No.SH 3, 8-12 December 2010, Shanghai, China.

[61] Zhang, S., Huang, M.-F., et al., 40 × 117.6 Gb/s PDM-16QAM OFDM transmission over 10,181 km with soft-decision LDPC coding and nonlinearity compensation, *Proc.OFC 2012 Postdeadline Papers*, Paper No.PDP5C.4, March 6-8, 2012, Los Angeles, CA.

[62] Djordjevic, I.B., Minkov, L.L., et al., Suppression of fiber nonlinearities and PMD in coded-modulation schemes with coherent detection by using turbo equalization, *IEEE/OSA J.Opt.Commun.Netw.*, Vol.1, No.6, pp.555-564, Nov.2009.

[63] Ivkovic, M., Djordjevic, I., et al., Pulse energy probability density functions for long-haul optical fiber transmission systems by using instantons and Edgeworth expansion, *IEEE Photon.Technol.Lett.*, Vol.19, No.20, pp.1604-1606, 2007.

[64] Batshon, H.G., Djordjevic, I.B., et al., Iterative polar quantization based modulation to achieve channel capacity in ultra-high-speed optical communication systems, *IEEE Photonics J.*, Vol.2, No.4, pp.593-599, 2010.

[65] Ten Brink, S., Convergence behavior of iteratively decoded parallel concatenated codes, *IEEE Trans.Commun.*, Vol.40, pp.1727-1737, Oct.2001.

[66] Liu, X., Chandrasekhar, S., et al., Generation and FEC-decoding of a 231.5-Gb/s PDM-OFDM signal with 256-Iterative-Polar-Modulation achieving 11.15-b/s/Hz intrachannel spectral efficiency and 800-km reach, in Proc.*OFC/NFOEC*, *Postdeadline Papers* (OSA, 2012), Paper PDP5B.3, 2012.

[67] Djordjevic, I.B., Xu, L., and Wang, T., Statistical physics inspired energy-

efficient coded-modulation for optical communications, *Opt. Letters*, Vol.37, No.8, pp.1340-1342, 2012.

[68] Li, A., Al Amin, A., et al., Reception of mode and polarization multiplexed 107-Gb/s CO-OFDM signal over a two-mode fiber, *Proc. OFC/NFOEC, Postdeadline Papers* (OSA, 2011), Paper PDPB8.

[69] Krummrich, P.M., Optical amplifiers for multi mode/multi core transmission, *Proc. OFC/NFOEC* (OSA, 2012), Paper OW1D.1.

[70] Randel, S., et al., Mode-multiplexed 6 × 20-GBd QPSK transmission over 1200-km DGD-compensated few-mode fiber, *Proc. OFC/NFOEC, Postdeadline Papers* (OSA, 2012), Paper PDP5C.5.

[71] Ryf, R., et al., Low-loss mode coupler for mode-multiplexed transmission in few-mode fiber, *Proc. OFC/NFOEC, Postdeadline Papers* (OSA, 2012), Paper PDP5B.5.

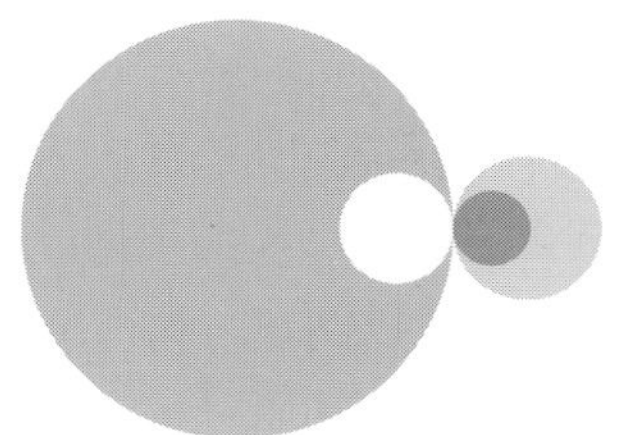

第 8 章 高级光网络

本章将描述高级光网络的原理，定义光网络模型并确定通用网络拓扑结构的设计参数。前面几章，尤其是 1 ～ 4 章介绍的背景资料将有助于更好地理解本章所讨论的内容。

8.1 光网络作为 ISO 模型的一部分

可以将光网络定义为通过光纤链路连接的一组分布式节点。节点可以简指为能够和其他网络或放置在两个及以上节点之间的具有执行信号交换和路由功能的设备进行通信的终端用户设备。大量在节点内或沿着传输链路执行的功能能够在电学领域内完成，这意味着术语“光网络”同时包含电学领域和光学领域。

8.1.1 ISO 网络模型

光网络是整体网络图景的一部分，其目标是通过建立可以完全控制的信息流来连接信息的源和目的地。在以信息为中心的社会中，大多数人都将网络视为支持 Internet 连接的智能工具。Internet 被公认为提供许多应用的引擎，如万维网(WWW)、电子邮件、流视频及音频、文件共享、社交网络和网上银行。可以在 Internet 上标识的每个实体都具有唯一的统一资源定位符(URL)；通过单击页面 URL 激活传输控制协议(TCP)，同时将服务器名称转换为由一组用点号分隔的数字表示的唯一 Internet 地址。例如,互联网地址对应的服务器名称可能是 111.23.456.789。其他一些 Internet 应用(如流视频或音频)同样只是一种从源发送到目标的数据。在上述两种情况下,数据传输的延迟可能并不重要。但是,对于交互式应用(如视频会议或互联网电话)有严格的时间约束,任何超过特定级别的延迟将使应用程序无法使用。

网络连接是信息传递和交换的关键。所有参与节点应通过某些物理链路进行连接。在某些情况下,它是仅用于连接两个节点的专用链路,但是在大多数情况下,超过两个以上的节点可以共享相同的物理链路,称之为共享访问。网络中的专线接入和共享访问如图 8.1(a) 所示。每个节点连接到至少一个点对点物理链路。

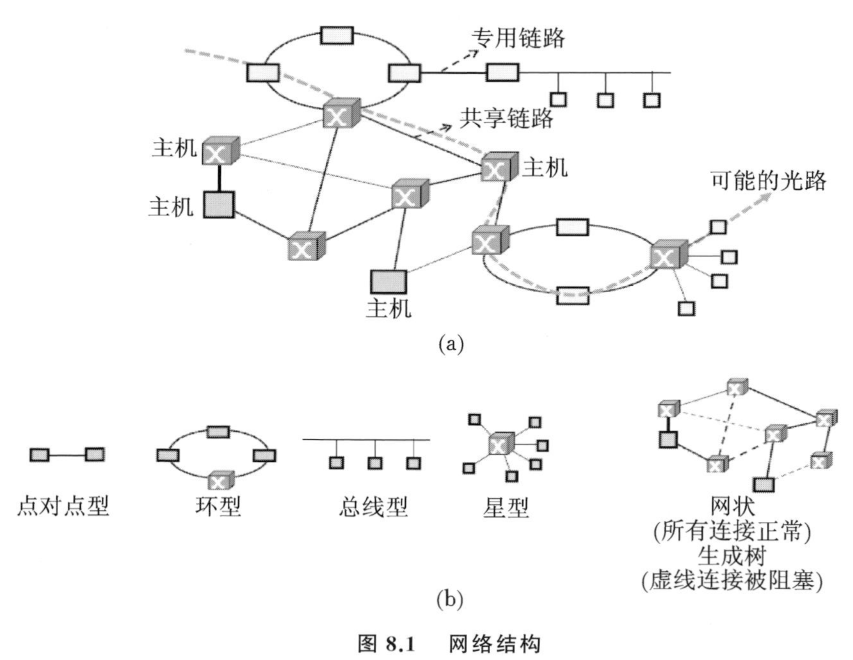

图 8.1　网络结构

(a) 复合交换网络;(b) 通用网络拓扑

连接到两个或多个点对点链路的节点可以重定向来自一个链路末端的数据,以通过另一条链路继续进行,所有命令或请求均如此。转发的过程在节点之间进行协调,这就是此互联结构通常被称为交换网络的原因。稍后,我们介绍基于电路的交换和基于分组的交换。在电路交换中,每个连接在共享介质上充当点对点链接;而在基于数据包的分组交换中,数据块根据其目标地址作为实体进行路由。在图 8.1 所示的复合网络体系结构中,我们可以识别出几种不同的拓扑,如图 8.1(b) 所示,它们是点对点型、总线型、环型、星型和网状型。它们中的每一个可以被视为在有限地理区域内部署的一个独立网络。点对点拓扑是两大洲之间海底连接的典型拓扑,星型拓扑是局域网(LAN) 的典型拓扑,而环型和网状拓扑分别在城域网(MAN) 和全国性网络中占主导地位。如果在全国范围内部署,则该拓扑也被认为是广域网(WAN) 或核心网。

由于节点之间的通信和网络用户之间的信息传递是一个复杂的过程,因此国际标准组织(ISO) 在几十年前就定义了一种促进节点之间通信的通用方法[1]。那个时期计算机作为节点使得计算机网络成为标准化的主体。ISO 创建了一种称为开放式系统互联(OSI) 的体系结构,该体系结构定义了整个网络功能的分区。如图 8.2 所示,OSI 体系结构有七层,每层由一个或多个协议实现其功能。图 8.2 中还显示了其中一些协议(包括前面提到的有关 Internet 分发的协议) 以及执行指定层功能的设备。

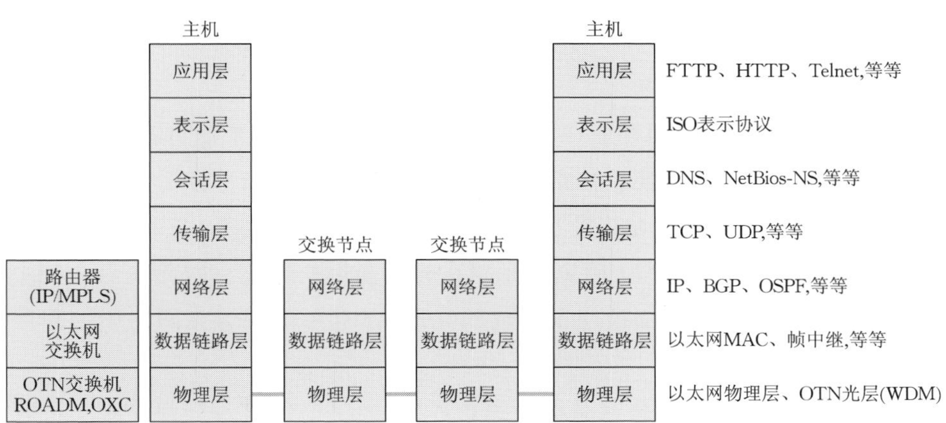

图 8.2 OSI 网络结构以及相关协议和设备

在图 8.2 所示的结构中,每个层仅执行指定的一组功能。物理层处理指定链路上的比特流(1 或 0) 的传输。数据链路层将比特位聚合处理成帧,并且每个帧都有一些标记,传送到目的地的是帧而不是比特流。网络层处理分组交换网络中节点之间的路由,这意味着数据包而不是帧被传递到目的地。上面提到的三层是在所有网络节点中实现的,包括中间节点和末端节点(主机节点)。

图 8.2 中的传输层执行的数据单元为消息,而不是数据包或帧。传输层以上的三层是面向应用的,具有更广泛的意义。应用层包括诸如文件传输协议

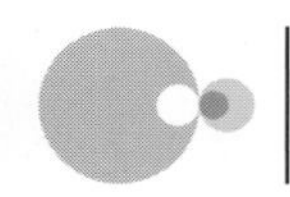

(FTP)之类的协议,该协议定义了文件传输应用程序的互操作性。表示层处理端节点之间交换的数据的格式,这些功能包括关注视频流的格式、考虑整型长度(是32位还是64位长)。会话层区分属于同一应用程序的流,如区分在视频会议期间同时传输的语音和视频。

8.1.2 光网络的定义和作用

光网络是OSI体系结构的一部分,并执行物理层功能。广义上的光网络根据OSI体系结构为上层即物理层的客户层提供服务,包括在光学或电学领域执行的许多功能。信号传输是在光域中完成的,而切换可以是光或电的,也可以采用某种混合方式。光网络节点既可以执行基于电路的交换也能执行基于分组的交换,如果所有交换功能都在光域中完成,就称为全光网络。如图8.1所示,全光网络是一种可以根据每个请求规划、建立、更改和拆除大量光路的体系结构。一旦建立了光通路,它对来自各种参与者的不同服务的内部数据内容便是透明的。这意味着已经通过使用单个基础结构建立了服务透明性。正如图8.1所示的一样,物理网络体系结构可以在逻辑上划分成许多被认为是虚拟网络[2,3]的叠置结构。

在全光网络中,光路建立在充当数据源和目的地的两个参与者之间,并且沿路径没有任何光电变换。光路还可以被视为具有前面章节中分析的所有参数(信号、噪声、损伤)的光传输实体。光路的长度由各种参数(比特率、噪声影响、调制格式和FEC方案)确定。光路在光电变换处终止。因此前面章节中分析的光传输的方方面面已完全集成到光网络中,可以视为光网络中物理层的工程。

作为整个OSI网络体系结构中的物理层,光网络每时每刻都在与上层客户端层(如以太网和IP)交互,这种交互称为跨层互通。互通涉及服务供应、数据路由、动态连接分配以及服务保护和恢复的协调,其中一些功能是通过网络管理系统(NMS)完成的,该系统是一个独立于数据流运行的软件引擎,管理需要执行的各种操作。还有一个控制平面作为节点的独立逻辑连接,以分布式方式处理端到端连接。NMS和控制平面都是光网络的一部分,在本章中同样重要。

8.1.3 与上层的跨层互通

从光网络的角度来看,理解光路中所使用设备的作用以及光路本身的特性是非常重要的。这些问题在第 2、3 和 4 章中进行了详细讨论，在本章中，读者将全面了解设备在光网络中的作用。

从网络的角度出发，了解物理层和图 8.2 所示的几个上层之间的交互过程很重要。互通过程不是单向的，它是一种物理层和上层（OTN、以太网和 IP/MPLS）相互影响的推挽式的类型。某些交互作用可能与位于传输和交换层之上的应用层有关。

图 8.3 所示的结构派生自图 8.2 所示的通用 OSI 结构。如我们所见，物理层由 L0 层（零层）和 L1 层（第一层）表示，它们分别是光学 WDM 和光学 OTN 结构的通用参考结构。交换层被标识为 L2 和 L3，分别对应图 8.2 中的数据链路和网络层。L2 层通常与以太网相关联，而 L3 层则与 IP 或 MPLS 层相关联（在某些文献中，MPLS 也称为 L2＋层）。光学物理层在互通过程中与之交互的是三个网络层：OTN、以太网和 IP/MPLS。我们将简单地描述这三个层的主要特征，并将它们视为光学物理层的客户端。至于图 8.3 中的服务层，光学层应该意识到它们的存在，因为它们施加的一系列约束可以直接转化为对有关光路传输和路由的要求。

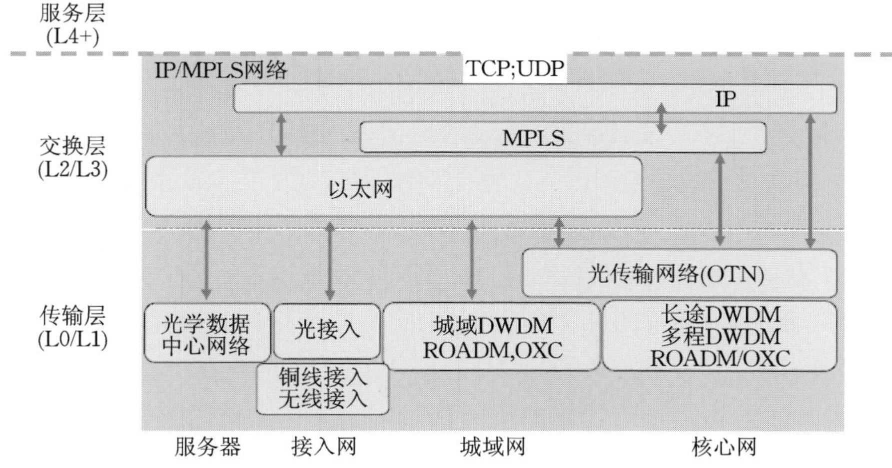

图 8.3　跨光网络段的传输层和交换层之间的互通结构

图 8.3 还显示了跨网段的网络层的应用，可以认为是图 1.2 的补充。光学数据中心网络在图 8.3 中显示为单独的实体，因为尽管它具有 LAN 的某些元素，但不能将其分类为接入网络或 LAN。交付一项指定服务主要包括：两个远程基站，以及若干个网段和网络拓扑。该服务被包装到网络协议中，以特定

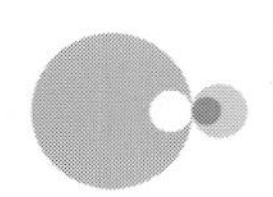

的服务质量(QoS)传递到目的地。从物理意义上讲,光网络由部署在不同网段中的许多网元表示,如图8.3所示的可重构光分插复用器(ROADM)或光交叉连接(OXC)。至于访问网段,最终用户也可以通过铜线(双绞线和同轴电缆)或空中无线访问,如图8.3所示。

接下来,我们首先介绍光网络客户端层的主要功能,然后关注光路路由网络元素(ROADM和OXC)、光路路由过程以及图8.3中每个网段(核心网、城域网、接入网)的详细信息。

8.1.4 电客户层

位于光学层顶部的所有客户端层都在电域中处理数据,它们的功能包括数据聚合和多路复用、切换以及控制功能的标记。在与第五代光传输系统和网络以及高级网络场景相关的场景中,我们只关注那些在与光层的互通方面占主导地位的客户端层[4],分别是光传输网络(OTN)层、以太网数据层以及IP和MPLS网络层。

8.1.4.1 OTN层

OTN层首先在ITU-T标准G.709[5]中定义,其目标是通过直接调制光载波来促进任意距离上层客户层数据(IP、以太网)的传输。客户端信号被打包到OTN帧中,并带有额外的开销,该开销携带用于运营、管理和管理目的的信息。这样,OTN可以承载任意距离的客户信号,通常跨越属于不同电信运营商的多个域。OTN技术可以被认为是SDH/SONET技术的继任者[6],不仅具有更高比特率的更高级处理能力,而且有更多管理功能。此外,SDH和SONET帧的结构差异已得到克服。以不同比特率传输的OTN数据容器称为OUT,除了第1章介绍的比特率为111.809 Gb/s的OTU-4以外,ITU-T还为以下比特率定义了相应的OTU:OTU-0为1.25 Gb/s,OTU-1为2.667 Gb/s,适用于10.709 Gb/s的OTU-2和适用于43.018 Gb/s的OTU-3。当应用更高级的FEC编码(如LDPC)时,还有一个OTU-4版本可容纳100 Gb/s,我们可以预见OTU-5和OTU-6将最终定义为400 Gb/s以太网和1 Tb/s以太网协议为主。

基本的OTN层次结构如图8.4(a)所示。客户信号(SONET、IP、以太网)被插入帧有效负载区域,并与一些开销字节一起构成光负载单元(OPU)。在下一步中,将操作管理和维护(OAM)开销添加到OPU以创建光数据单元

(ODU)。之后,再通过将传输开销(如帧对准开销)添加到 ODU 来创建光传输单元(OTU)。因为 OTU 帧用于调制到指定的波长,它定义了光信号的线比特率,调制后的波长构成光通道层(OCh)。另外,ITU-T 将光复用段(OMS)定义为光信道的波分复用组;此外,OMS中还定义了一个单独波长用来承载光开销监控信道(OSC)。

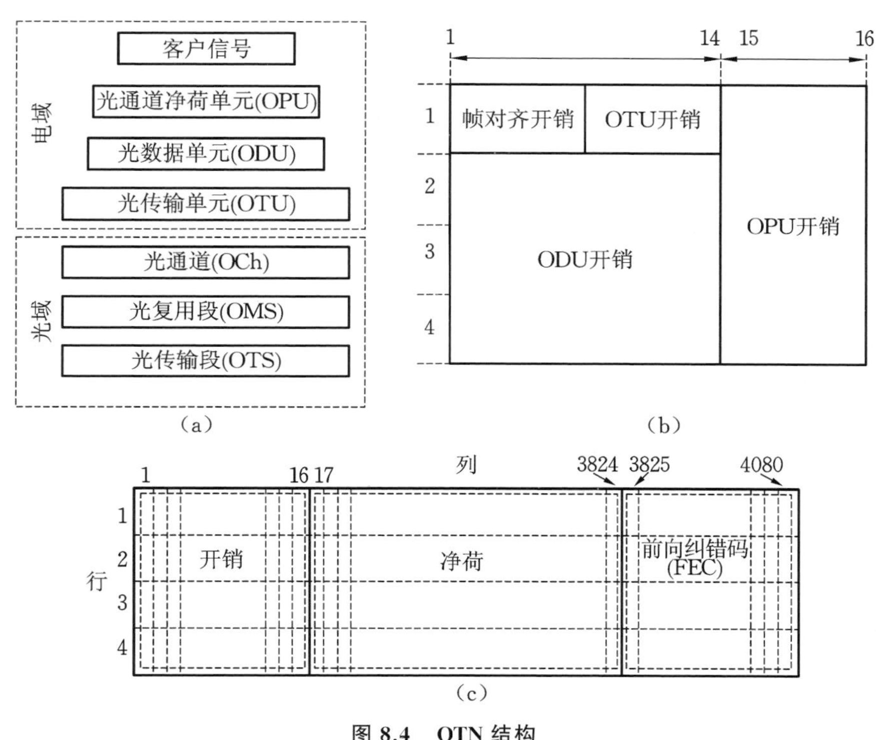

图 8.4　OTN 结构

(a) 框架生成;(b) 开销结构;(c) 帧结构

可以说,OMS 部分管理光学多路复用器和开关元件之间的连接,而 OCh 管理光路(具有光/电/光转换的两点之间的连接),该技术也就是我们常说的万维网(WAN)。最后,由 OMS 和开销信道(在自己的波长上)组成的光传输段(OTS)定义与物理接口相关的光学参数。OCh、OMS 和 OTS 开销信道提供了用于评估传输信道质量的工具;另外,OCh 和 OTS 开销还提供了连通性验证的方法;OCh、OMS 和 OTS 层在 ITU-T(见文献[7,8])中进行了描述。

OTU 开销的结构如图 8.4(b) 所示,OTN 帧结构如图 8.4(c) 所示。OTU 和 ODU 开销位于 OTN 帧的第 1～14 列中。OTU 开销位于第 1 行,而 ODU

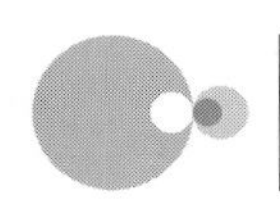

开销位于第2、3和4行。至于OPU开销，它放在第15和16列中。所有数据字节都放在有效负载区域中（见图8.4中的第17～3824列），而FEC区域则在3825～4080列中。

总而言之，OTN是一种集复用、客户端打包功能于一体的光网络传输技术。由于它可以在任何指定距离上传输客户端信号，也被称为广域网（WAN）技术。

8.1.4.2　以太网层

以太网被认为是一种局域网（LAN）技术。它创建于1973年[9,10]，最初通过单个总线结构连接计算机，后来逐渐发展为包括各种拓扑（点对点、星型、总线、网格）和各种传输介质（从双绞线到光纤）的技术。它从10 Mb/s的比特率开始，到2009年发展到100 Gb/s，并有望达到1000 Gb/s[11,12]。第1章介绍了100 Gb/s以太网（100 GbE）的一些基本原理，因此本节仅关注以太网技术的高级联网和传输特性。

以太网的基本协议是媒体访问控制（MAC）协议，即载波侦听多路访问/冲突检测（CSMA/CD），它可以仲裁节点之间的传输。节点在发送数据之前首先检测链路是否空闲，所有节点都会在随机选择的延迟后尝试发送数据，并且很有可能会有一个节点始终能够传输或重新传输数据。该技术的关键是节点以统计方式访问媒体并发送数据，这就是为什么以太网被称为基于统计复用的技术的原因。与允许发送数据的时间相比，冲突的检测应该是一个短暂的过程，但它取决于传播延迟和链路的长度。为了在即使很高的速度下也能使传输过程高效，可通过按比例增加以太网数据包的长度来进行调整。

以太网的应用域仍然是LAN，在LAN中主要采用总线或星型拓扑结构。总带宽由所有参与者共享，因此可用带宽与节点数成反比。星型拓扑具有一个中央集线器，该集线器将传入的信号广播到所有节点，这在有限的地理区域和有限的参与者数量的情况下非常方便。LAN能够将多个节点组合在一起，并建立以太网协议支持的虚拟LAN（VLAN），VLAN功能是最具吸引力的以太网属性之一。以太网帧结构具有一个独特的VLAN标识符，称为VLAN标记，因此图1.4中的通用MAC帧现在采用图8.5所示的形式。VLAN头长4个字节，其中后三位保留用于优先级指定，这意味着VLAN标记还可以定义服务质量（QoS）类别。最高优先级（数字7）将用于关键管理消息，接下来的两个类别将分配给实时延迟敏感的交互式业务，而其余的类别将分配给其他业务。

就 QoS 而言，最低优先级将用于尽力而为的传输服务。通过使用 VLAN 功能，基于以太网的网络可以支持虚拟专用网络(VPN)，这是一种驻留在整个以太网物理拓扑内部的独特逻辑网络结构，单个以太网 LAN 可以支持许多 VPN。

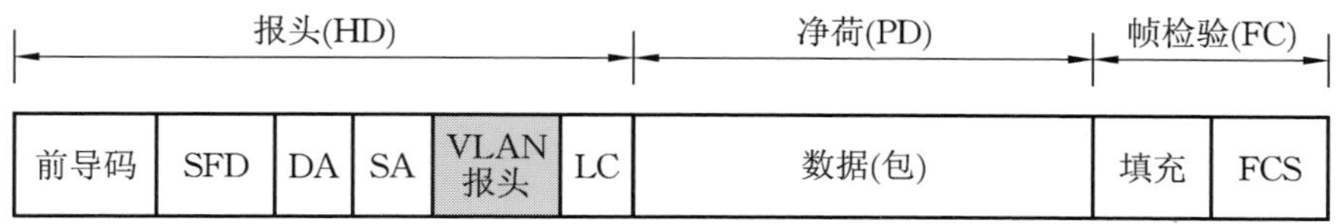

SFD—起始帧定界符
DA—目的地地址
SA—源地址
LC—长度计数
FSC—帧校验序列

图 8.5　VLAN 以太网帧结构

主要的网络元件是以太网交换机，在星型拓扑结构中，它可以代替中央集线器使用。以太网交换机具有用于传入帧的转发表，并具有缓冲功能。该表包含 LAN 中参与者的以太网地址列表，每个参与者都与一个以太网交换机端口相关联。以太网交换机具有根据接收到的帧学习节点位置的能力，并且可以在需要时更新转发表。即使有许多连接的以太网交换机，仍然可以使用转发表。唯一的使用条件是，任何两个交换机之间只能有一条连接路径，这意味着网络拓扑没有任何环路。这种无环拓扑称为生成树。如果将交换机放置在网状拓扑中，则可用来在任意两个交换机之间建立环路的连接被阻断，并且交换机不会沿该方向转发数据，如图 8.1(b) 所示。

放置在网络中的以太网交换机运行生成树协议以建立生成树。最有效的生成树协议称为快速生成树协议(RSTP)，它基于以下过程：首先，选择层次结构顶部的根交换机，然后建立从每个交换机到根交换机的路径(最短的连接)。因此，每个交换机都有一个指向根交换机的指定端口(称为根端口) 和通向树的"分支" 的其他端口(称为指定端口)。VLAN 上采用了一种 RSTP，称为多生成树协议 ——MSTP，每个 VLAN 都有自己的生成树，该生成树是通过阻止某些链路连接而建立的。但是，属于同一物理网络拓扑的其他某些 VLAN 可以使用这些特定的链接，因为这些链接对特定的 VLAN(但有一些链接也会锁定) 不会被阻止。如我们所见，由 MSTP 运行的 VLAN 和生成树拓扑为整个以太网网络引入了迫切需要的灵活性[12]。

通过允许交换机端口具有可变的线路比特率，以太网引入了更大的灵活性，也使将多个链路聚合为单个逻辑以太网链路成为可能。聚合和解聚合是每个数据包的基础，并已由链路聚合协议（LACP）进行管理，必须按照特定应用程序要求的逻辑顺序安排数据包的聚合和解聚合。

以太网技术已经扩展到LAN应用之外，可以连接多个站点。现在，基于以太网的服务包括：E-LINE作为点对点连接、E-LAN作为虚拟交换以太网网络以及E-TREE作为以太网点对多点广播连接。同样，以太网已经采用了载波传输机制，在这种情况下，它被认为是电信级以太网。电信级以太网的属性与服务质量以及处理视频、语音和数据服务传输所需的能力有关。

电信级以太网通过运营商桥接器及其提供的骨干桥接技术来支持，在这种情况下，将修改以太网帧头以及其处理方式[2]。在运营商桥接器中，以太网运营商会设置自己的VLAN以支持客户VLAN流量，而客户VLAN对运营商则不可见。通过将C-Tag（客户标签）合并到标头中，可以从供应商侧识别客户（即企业）。另外，特定VLAN内企业参与者的标识由标头中的S-Tag（服务标签）完成。此VLAN-in-VLAN流量也称为Q-in-Q，因为它是由IEEE 802.1Q组定义的。Q-in-Q运营商桥接功能在可支持的客户数量方面有所限制，因为S-Tag值的最大数量为4096。

运营商骨干桥接（PBB）技术克服了这一限制，因为整个客户VLAN帧都放置在另一个以太网VLAN标头中，该技术也称为MAC-in-MAC。在PBB结构中引入了B-Tag（骨干标签），它允许运营商将其骨干网划分为广播域，另外还引入了用于服务识别的I-Tag以实现比S-Tag更多的服务目的地。以太网交换机可能会也可能不会注意上面提到的任何特定标签，具体取决于它们在网络中的位置。通过用定义流量工程（TE）的位扩展报头，可在PBB结构中进一步增强电信级以太网属性。PBB-TE结构也称为运营商骨干网传输（PBT）。电信级以太网的要点是将以太网用作面向连接的基于数据包的技术，以确保根据客户和提供商之间的服务级别协议（SLA）建立的QoS相关要求（例如，对延迟和丢包率的保证），同时仍然使用网络带宽共享的原始统计方法。电信级以太网的面向连接的性质意味着某些功能（如生成树协议或广播）需要暂停，但无论如何，电信级以太网是以太网技术的最新发展，证明了其生命力和灵活性。

8.1.4.3 Internet协议/IP

互联网协议（IP）[13]已成为我们这个以信息为中心的社会的代名词。从网络角度来看，根据图 8.2 所示的 OSI 网络体系结构，它位于数据链路层的顶部并且充当以太网和光网络的客户端，如图 8.3 所示。IP 可以直接作为有效负载封装在以太网帧中，同时 IP 可以通过点对点协议(PPP) 或使用通用成帧规程(GFP) 将帧封装在 OTN 中[14]。

IP 本身并不能提供从源到目的地的数据的逻辑顺序传送，通常是通过支持超文本传输(HTTP) 的传输控制协议(TCP) 或者支持流媒体传输的用户数据报协议(UDP) 等来完成的。TCP 和 UDP 位于 IP 层的顶部，这就是我们经常使用名称 TCP/IP 或 UDP/IP 的原因。

IP 数据包(见图 8.6(a)) 由 IP 路由器定向，将其从输入链路(方向) 转发到输出链路。每个路由器都有一个路由表，其中包含一个或多个条目，对应于网络中在特定时刻充当含有目的地地址的每个路由器。这些条目实际上是所讨论的路由器相邻节点的地址。路由器通过查看数据包头检查每个数据包，并标识该数据包的目标路由器。然后，路由器查阅查询表以确定下一个相邻路由器节点，并将数据包转发到通往该相邻节点的链路。例如，在图 8.6(b) 中，到节点 ♯3 的相邻节点是 ♯2、♯4 和 ♯6，而查询表可能告诉路由器将其发送到 ♯6。有时，当维护过程更新了路由查询表时，也可能会发送到 ♯2。我们可以看到，在图 8.6(b) 中，每个路由器建立了多条相邻关系，从 2 条到 4 条不等。

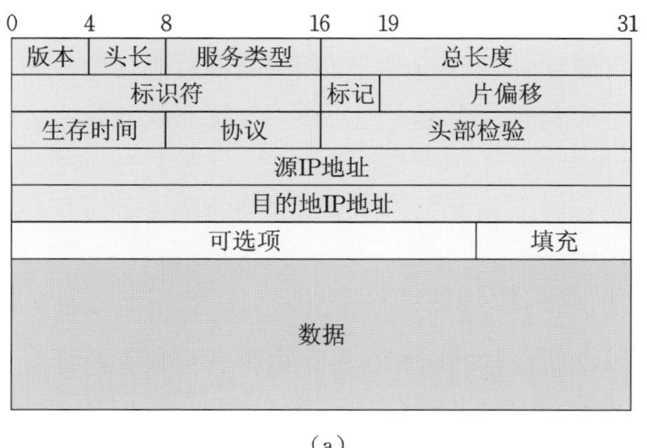

(a)

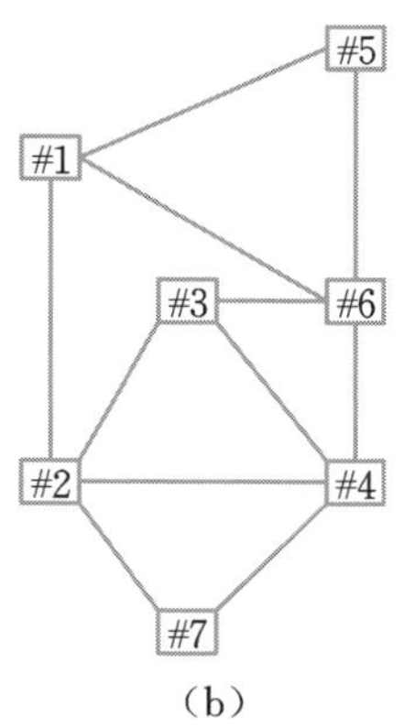

(b)

图 8.6　IP 包示意图

(a) IP 数据包结构；(b) 节点的邻接

维护过程是自动的，并且起着重要的作用，这是因为网络配置是动态的，其中某些节点可能会发生故障，而另一些节点可能会添加到网络基础结构

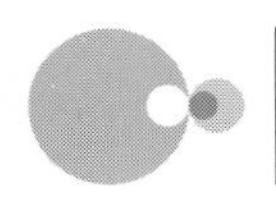

中。此过程通过分布式路由协议完成，该协议下路由器会产生通过序列号生成的链路状态数据包，当路由器检测到任何与其相邻的路由器在故障中重启或脱离工作状态时，就会立即广播从而实现该维护过程。该广播过程在每个阶段都将持续进行，直到网络中的所有路由器都获得了更新查找路由表的信息为止。只有序列号高于引起查询表更新的最后一个序列号的数据包发起的动作才能更改查询表。

网络中的每个路由器都知道任何其他路由器以及在某一时刻有效的连接拓扑。基于上述知识，路由器可以为每个经过检查的数据包计算出到目标路由器的最短路径，并确定需要首先接收该数据包的相邻路由器。在图 8.6(b)中，路由器 ＃3 将计算出到目标路由器 ＃5 的最短路径是路径 ＃3—＃6—＃5。在原则上起作用的常用路由协议称为开放最短路径优先（OSPF）协议。从网络中任一路由器的角度来看，为了更好地促进路由过程和提高网络对每一个路由器的可见性，必须将所有大型路由器网络划分为称为互联系统（AS）的逻辑互联域，域之间的路由通过使用单独的协议（如边界网关协议（BGP））来完成。

所有 IP 服务中的一个关键部分是通过网络分发的数据包，任何 IP 数据包均包含包头，后跟可变数量的数据字节，如图 8.6(a) 所示。图 8.6(a) 中数据包头的表示形式与我们之前讨论的以太网或 OTN 数据包的表示形式不同，这是因为上层的客户端数据包设计时向 32 位（4 字节）边界对齐以简化软件处理工作，因此，通常的方法是将结构表示为连续的 32 位的字，其中最上面的字最先发送，每个字的最左字节最先发送。包头中的“版本”字段指定 IP 的版本，可以是版本 4 或版本 6，分别称为 IPv4 和 IPv6。IHL 指定包头的长度，而字段“服务类型”具有允许根据应用程序需求对包进行不同处理的功能。“总长度”字段包括包头和数据包的长度。数据包最大为 65535 字节。通常不可能在指定的物理网络中一起传输所有字节，这就是 IP 包头还包含有关数据包分段和重组信息的原因。该信息包含在 IP 包头的第二个字（第二行）中。至于包头中的第三个字（生存时间），它旨在捕获无限循环中浮动的数据包并丢弃它们，因为它们可能会无限期地消耗网络资源。“协议”字段显示解复用密钥，以标识 IP 数据包应传递到的更高层协议，每个上层协议（TCP、UDP）都有一个特定的代码号。通过简单地检查位奇偶校验对整个包头计算“校验和”，包头位已损坏的任何数据包最终将在接收路由器获取校验和时失败并被丢弃。但是，这种类型的错误检测不如以太网帧中的 CRC 处理那么强，这因为 IP 是尽力而为处理且“校验和”处理简单易行。

包头中的源 IP 地址和目的地 IP 地址是用于标识数据包来源以及将数据包传递到目的地的关键。每个数据包都包含目标节点的完整地址，因此每个路由器都可以做出合适的转发决定。IP 定义了自己的全局地址，并将其独立于从源到目的地的路径上部署的物理网络。报头末尾带有“ options”字段的选项不经常使用，但可用于某些其他功能。

IP 最初被构造为尽力而为服务，并很好地用于数据传输，在这种情况下，随机延迟或拥塞期间丢失的分组并不重要。但是，由于 IP 成为不同应用程序的路由引擎，一直在努力引入一些服务质量（QoS）差异。这是通过差异化服务（Diff-Serv）完成的，在差异化服务中，数据包被分类为几个类，包头中指示了类的类型。类的类型决定了在路由器中处理数据包的方式。标记为加速转发和保证转发的数据包放置在两个优先级队列中，其中，应该尽快处理和转发加速转发队列中的数据包。Diff-Serv 功能增强了 IP 中的 QoS，但没有最终用户 QoS 保证，这就是引入多协议标签交换（MPLS）网络技术[15-18]的主要原因。

8.1.4.4　多协议标签交换（MPLS）

在整个 OSI 结构中，多协议标签交换（MPLS）网络层与 IP 层一起被考虑，因此它们经常被称为 IP/MPLS，这也意味着 MPLS 可以看作是位于 IP 和以太网之间的薄层，从而提高 IP 承载的服务质量。引入 MPLS 网络技术的主要目的是保证端到端 QoS，这是通过建立对数据包传送过程的完全控制来实现的。MPLS 在参与节点之间建立标签交换路径（LSP），LSP 的串联将在源和目的地之间建立虚拟连接路径，这使 MPLS 成为面向连接的技术。LSP 由标签交换路由器（LSR）强制执行，标签交换路由器遵循标签转发表进行操作。标签转发表不仅指定传入数据包的传出链路，而且还指定每个传入数据包的传出标签。因此，每个输入的数据包都在 LSR 中进行检查，现有标签将被提取并替换为传出标签。出站标签是根据转发路由表生成的，数据包根据该表被定向到出站链接。

标签交换和转发的过程独立于任何特定 LSP 的创建和取消过程而完成。由于标签交换和转发与数据流有关，这些过程与数据平面相关联。数据平面是涉及携带信息内容字节的操作的通用名称，而任何携带用于操作和管理功能的指

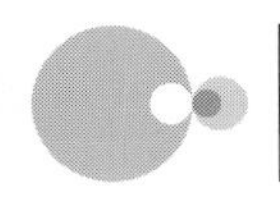

令的字节都属于控制平面。控制平面是一组协议和算法的通用名称，这些协议和算法能够创建、拆除、保护路径或分配信令信息。控制平面功能对于不同层之间的整体互通非常重要，包括光学层与 OTN、以太网、MPLS 和 IP 之间的互通。

LSR 中的数据包转发过程比 IP 路由器中的相同过程效率要高得多，这是因为它几乎可以通过硬件功能来完成，而无需软件编程。如前所述，在 IP 中，因为路由和控制功能之间仍然存在耦合，数据平面和控制平面的分离尚未明确进行，这意味着控制域中的任何更改都会对数据的路由过程产生影响，这种影响可能会分散最佳路由过程。MPLS 中数据平面与控制平面的完全分离提高了网络的速度和灵活性，同时增强了 QoS 功能。

MPLS 路由方案与 IP 的不同，因为它是面向连接的，也就是说，IP 数据包仅基于目标地址进行转发，并且通常是随机地转发到公共链路之外，这会导致某些具有不同数据包的链路过载，不论其优先级类型如何都会出现这种结果。而 MPLS 是面向连接的，这是因为数据包被组织成多个流，这些流最终将获得相同的 LSP 分配，就这样将具有不同 QoS 要求的数据包分组为不同的数据包流，甚至针对同一目的地的数据包也将被分离为不同的流，并基于 QoS 属性占用不同的 LSP。可以通过调整链路容量来管理网络性能，通过在相关链路上扩展和缩小多个 LSP 来完成，这可以防止链路过载；否则常规 IP 流将发生过载。上面提到的可伸缩性功能属于流量工程，它是 MPLS 可以执行的最重要功能之一。

MPLS 技术的主要优势之一是能够建立众多连接源和目的地的 LSP，这一过程通常与 IP 层下面的网络云中的隧道相比较，该隧道仅连接两个点，因此，MPLS 被认为是具有高级网络隧道功能的技术。MPLS 的指定 LSP 和隧道功能可用于在单个物理网络拓扑上支持许多虚拟专用网（VPN）。建立具有指定 QoS 属性的 LSP 的决定可能是一项复杂的任务，因为它涉及大量的信令交换和动作，这些动作不仅与 MPLS 层有关，而且与较低层（以太网和光层）有关。

4 个字节长的 MPLS 头的结构及其位置如图 8.7 所示。标签字段为 20 位长，其余部分由以下内容占据：3 位试验性地用于可能的 QoS 应用；TTL 字段是“生存时间”，具有与 IP 头中相同的功能，即在一段时间后丢弃数据包；S 是表示标签栈底部的标志。MPLS 允许 LSP 具有自己的 LSP，这是一个“隧道中的隧道”的概念，可以进一步增强流量工程和 QoS 功能。因此，MPLS 标签具有与 LSP 相关的堆叠结构，标签像堆栈一样从数据包中添加和删除。堆栈的组织方式是，任何特定节点在转发数据包时仅需要检查堆栈标签的顶部。

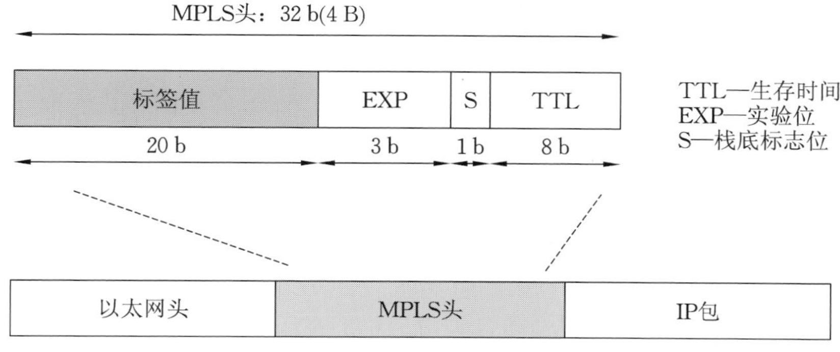

图 8.7　MPLS 报头的结构

QoS需求的支持在整个网络中起着非常重要的作用,其中许多实时交互式服务,如视频会议、在线游戏或实时事件的流视频广播已经可以支持。最高QoS与以下各项相关:①LSP的最大可用带宽;② 通过指定LSP传输的数据包的最小等待时间;③ 沿LSP的数据包的最小丢失率;④ 各比特位的最小时序抖动。如前所述,MPLS对QoS需求的支持比IP的情况要好得多。MPLS报头中的3位EXP字段可以区分八类服务,因此优先级高的数据包将由启用MPLS的路由器处理,并在处理优先级较低的数据包之前将其定向到LSP。此外,任何LSP标签也与具体的服务类别有关。最高级别的LSP将具有较短的物理路径和足够的带宽资源。

使用资源预留协议(RSVP)或标签分发协议(LDP)来启用MPLS网络中LSP管理所需的信令功能。这些协议由入口MPLS路由器使用,入口MPLS路由器将请求出口路由器建立LSP,出口路由器通过沿反向路径发送回复消息进行响应,该消息是沿路径建立转发表的执行命令。可以通过在现有协议上添加一些扩展来升级RSVP和LDP,这有助于入口路由器通过执行对返回消息中找到的路径信息的计算和存储来明确定义所需的LSP。为了计算请求的LSP,入口路由器需要了解网络拓扑和每个链接的相关资源信息,这是通过使用和IP网络中相同的方式来收集信息完成的。使用具有扩展名的协议称为RSVP-TE和CR-LDP,其中,TE代表流量工程,CR代表受限的路由。

由于MPLS技术具有多种选择和优先级,因此它被所有服务提供商和网络运营商广泛使用以提供基于分组的服务。除了IP,基于电路的服务(如SONET)也可以使用伪线技术打包[18],并将MPLS作为MPLS客户端。即使对于以太网,同样也可以通过使用伪线分片建立MPLS。

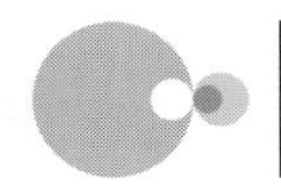

MPLS 理念也以 MPLS-TP 协议的形式应用于 WAN 传输(TP 代表传输配置文件),其中 IP/MPLS 数据包被封装到 MPLS-TP 数据包中。因此,MPLS 和 MPLS-TP 具有不同的含义,无法相互通信。MPLS-TP 是通过启用双向链接、保护交换以及操作和管理功能来复用 MPLS 体系结构,并根据传输目的对其进行调整。

MPLS 协议已扩展为包括适用于图 8.2 中的第 1、2 和 3 层的信令和路由控制功能的形式,该形式称为通用 MPLS 或 GMPLS。GMPLS 定义的控制平面被视为光网络上分组带宽传输的各种应用中的高级工具[19]。

总之,MPLS 是一种有广泛应用的面向连接的网络技术,预计它将具有非常长的生命周期。

8.2 光网络元件

通过引入密集波分复用(DWDM) 技术实现了光网络,该技术可以并行部署多个载波波长以组成光路。如图 8.8 所示,根据 ITU-T 网格,光信道可以具有相等的间距(网格定义的间距),范围可以从 12.5 GHz 到 200 GHz[20],或者信道之间的间距可以是专有的或无网格的。

在网格定义的情况下,WDM 信道的数量可以为 16 到 160 或更多。可以预见,单个光载波的数量将迅速增加,并最终超过数百个。每个 DWDM 光纤信道都可以视为一个网络实体,用于建立面向连接的路径。

基于无网格信道间隔[4,21] 的弹性光网络的概念极大地增强了网格定义网络的灵活性。在弹性光网络中,遵循某些正交准则,信道之间的间隔非常密集,这意味着即使频谱中存在重叠,也没有有效的串扰。在这种情况下,光信道可以有效地由多个光子载波组成,从而在光网络路由中提供更大的灵活性。这种网络方案将在 8.9 节中讨论。

我们可以识别出几个不同的服务于启动、终止或切换光路的网络元件。这些元件是:① 光线路终端;② 光分插复用器;③ 光交叉连接,如图 8.9 所示。现在,所有这些元件都已广泛部署在全球光网络中。此外,我们还可以将光突发交换机和光分组交换机识别为处理光分组而不是光路径的网络元件。接下来,我们将描述光终端、分插复用器和光交叉连接的功能,而光突发和分组交换的功能将在第 8.7 节中描述。

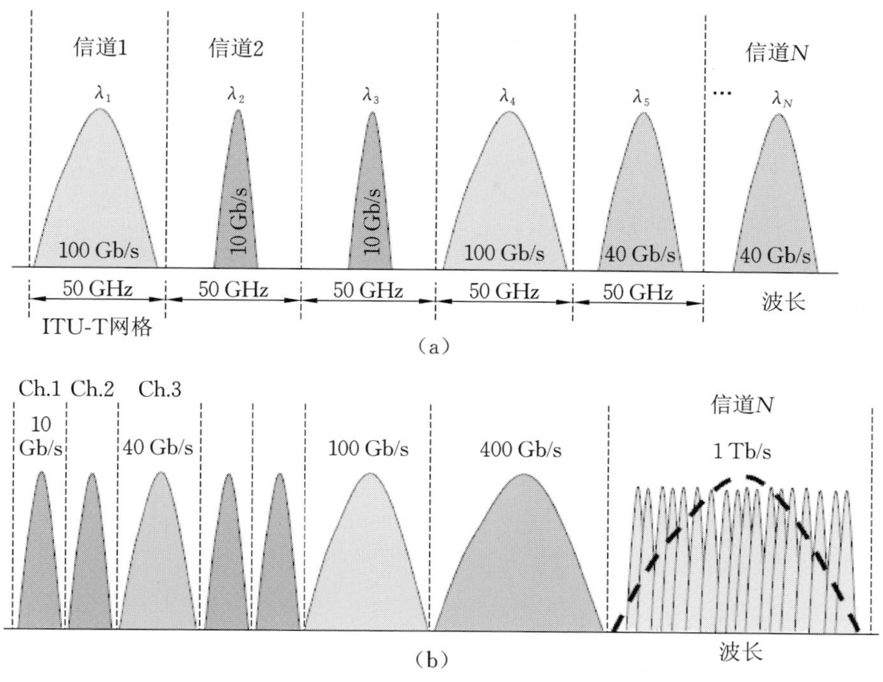

图 8.8　光频谱分配示意图

(a)ITU 网格布置；(b) 无网格布置中的光信道

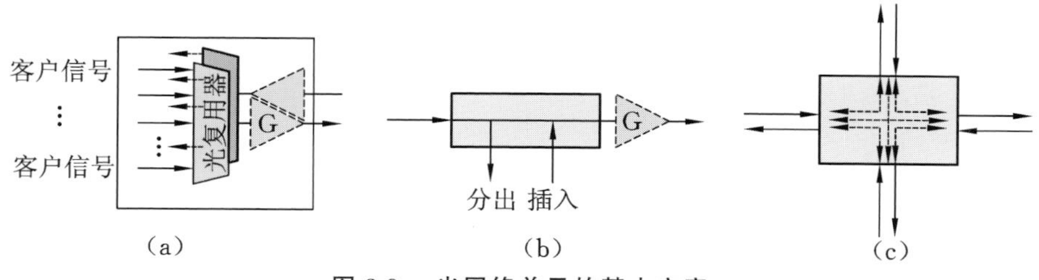

图 8.9　光网络单元的基本方案

(a) 光线路终端；(b) 光分插复用器；(c) 光交叉连接

8.2.1　光线路终端

通常，光线路终端包含许多光线路卡(应答器)，它们接收客户信号(通常是以太网)并将其转换为指定波长的光信号。由于功能是双向的，因此应答器还包含一个接收部分，用于接收光线路信号并将其转换为客户信号。通过使用第 5 章、第 6 章和第 7 章中讨论的某些方案，转发器中的光发送器和光接收器均执行许多功能(格式转换、调制、检测、编码/解码)。光线路终端的一部分还是光复用器/解复用器，用于聚合/解聚合光信道，在大多数情况下还应包括一个光放大器,以降低输出光功率并补偿调制和复用过程中的损耗。

根据距离、速度和环境条件,通过使用光纤或铜线将光转发器连接到客户端网络元素(IP 路由器或以太网交换机)。在某些情况下,光转发器只是集成到 IP/MPLS 路由器结构中的线卡(收发器)。如果收发器与客户端信号线卡在同一底板中,则连接距离在几厘米间变化;如果从客户端路由器到光线路终端的远程访问,则连接距离可以在几十千米之间变化。通行类型和距离,两者通常由标准建议[23-24] 定义。

光复用器将各个信道上的信号聚合为一个复合 DWDM 信号。尽管第 2 章描述的所有类型的光多路复用器都可以用于此目的,但是阵列波导光栅是光复用和解复用中最常用的。同样需要重点指出,有一个单独的光信道,它不承载信息数据流,而是承载管理功能的信号,称之为光监控信道(OSC)。

光线路终端内的光放大器用于降低聚合光信号的输出功率(与光发射器有关的功能)或在多路分解之前放大进入的光信号,这是第 4.2.2 节中讨论的光前置放大功能。

8.2.2 光分插复用器(OADM)

光分插复用器(OADM)是最重要的光网络组件之一。它的功能是允许同时处理两种类型信号的连接,第一种处理直通流量,第二种处理指定流量的终止(流量丢弃)。这也意味着将使用先前由丢弃流量占用的频谱时隙可以在 OADM 站点上发起并添加一些新流量,从而实现流量的重新使用。分插过程如图 8.10 所示。

图 8.10(a) 所示的方案是最简单的 OADM 结构,其中首先对输入的聚合信号进行多路分解,每个单独的信道均作为 2×2 光开关的输入。如果开关处于直通状态,则该信号可以继续作为直通流量,这适用于所有信道,但图 8.10 中的信道 N 除外。对于信道 N,开关处于交叉状态,它将信号定向到本地输出端口,由于第 N 个信道的信号路径已终止,因此可以启动“添加路径”以将本地流量插入网络。图 8.10 中显示的方案是可以提供的最简单的配置,通过更改开关状态,任何信道都可以通过或断开。每个信道在频谱内都有指定的位置,并且仅与一个应答器相关联。它也是一种并行体系结构,必须对输入的聚合信号进行解复用,并将所有信道定向到指定的开关。

很明显,图 8.10(a) 所示的并行配置在下行信道的选择上很灵活,但是如果下行信道和直通信道的比率相对较小时,该设置并不高效,从这一角度来

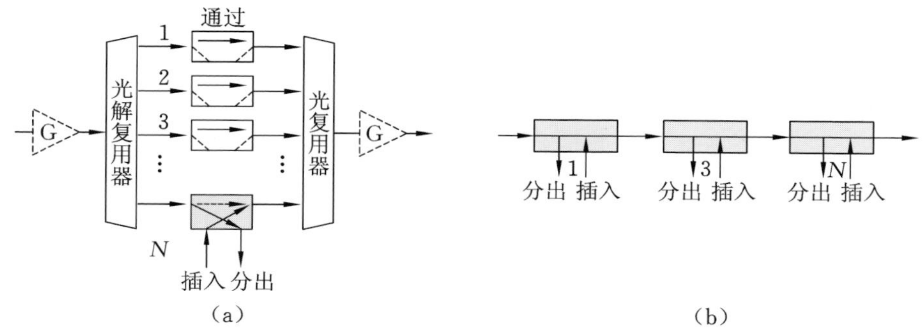

图 8.10　光分插复用器的方案

(a) 并行配置;(b) 串行配置

看,图 8.10(b) 所示的串行结构效率更高,这是因为可以从聚合光信号中分 / 插单个信道。此外,也可以设计一种串行架构,该架构可以通过具有覆盖多个相邻信道的带通滤波器的单个分插结构或通过多个模块的串行连接(每个模块选择一个信道) 来同时分离多个信道,这种串行分插结构由光学滤波器组成,如光纤布拉格光栅(FBG) 或介电薄膜滤波器,已在第 2 章中讨论过。同样地,波长阻塞器也可以用于此目的。对任何下路的光信道,聚合信号的频谱中都将出现一个空位,因此可以在相同载波频率上添加新的信道。通常,当分离较少数量的信道时,串行分插体系结构提供了一种经济高效的解决方案,但是就网络供应和业务流的动态变化而言,它的灵活性要差得多。

图 8.10 所示的体系结构是基本的架构,也称为二维 OADM,这意味着传入的聚合光信号会沿同一路径继续直线传播,同时内容会有一些由 OADM 施加的变化。如果输入光信号也可以选择输出路径,则可以采用另一种结构提供多维 OADM。由于此功能意味着动态重新配置应成为整个体系结构的一部分,因此实际上是在谈论多维可重新配置的光分插复用器(ROADM)。ROADM 已经成为光网络的重要组成部分,支持的维数可以从 2 个到 8 个甚至更多。如果采用三维以上的 ROADM,就可以实现多波长光纤链路之间的互联。接下来,我们将描述可用于高级 ROADM 体系结构中的此类互联的设备,而 ROADM 的设计将在此后进行描述。

8.2.3　光学互联设备

支持多波长光链路互联的设备可以分为三类:① 无源星型互联;② 无源路由器互联;③ 有源交换机互联。

无源星型配置是一种在所有可用方向上广播信号的设备，如图 8.11 所示。来自任何输入端口的所有信号将被均分，并且将在所有输出端口可用。如果来自不同输入的信号具有不同的波长，则所有端口上的输出信号将是复合信号。如果合理选择载波波长，无源星型耦合器设备还可以用作光复用器。但是，如果同时引入广播星型结构的两个或多个输入具有相同的载波波长，则会发生冲突，因此应避免这种情况。需重点指出的是，从任何无源星型端口传入的信号实际上也可以是复合信号，这导致一旦两个频谱的任何部分有重叠，就会增加碰撞的概率。

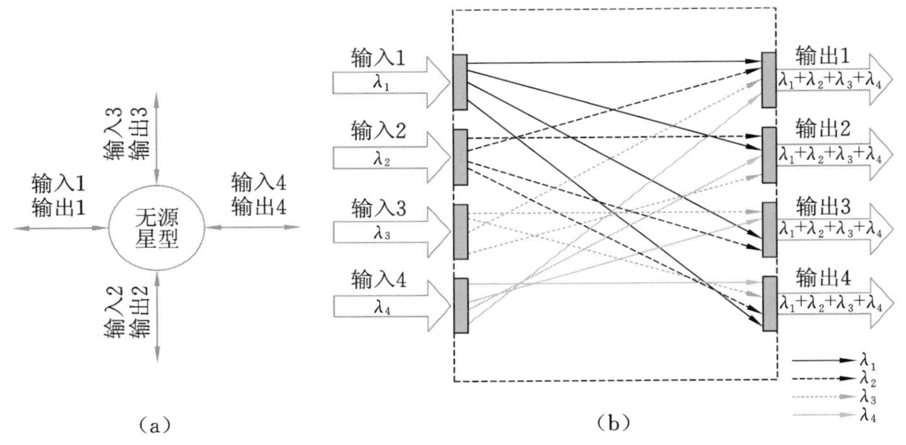

图 8.11　光学无源星型配置

(a) 通用方案；(b) 广播原理

假设星型结构的尺寸为 $N\times N$，则任何信号从输入到输出的总插入损耗为

$$a_{\text{star}}=10\times \lg N+a_{\text{insert}}\approx 10\times \lg N\,(\text{dB}) \tag{8.1}$$

其中，a_{insert} 是由于设备内部衰减导致的插入损耗，与信号分路造成的损耗相比通常要小得多。式(8.1)中的所有损耗均以分贝表示。除 $N\times N$ 配置外，无源星型结构通常采用 $1\times N$ 结构，这样输入信号被有效地分为 N 部分。

$N\times N$ 星型体系结构最常见的应用是在局域网中，其中，N 台计算机是广播体系结构的一部分(如图 8.11(a) 所示，4 台计算机可以参与该广播方案)。同时，$1\times N$ 星型设备最常见的应用是在无源光(PON) 接入网络中，其中来自中心局的信号在附近被分配给参与者。PON 中发生的常见分光比为 1∶32，这意味着 $a_{\text{star}}>15$ dB。无源星型广播设备可以级联以实现更大的分光比。例如，级联的 1×4 和 1×32 星型耦合器将有效地产生 1∶128 广播分路。

任何无源光路由器互联都将每个波长分量分别路由进入输入端口，如图 8.12(a) 所示。无源光路由器的特征在于指定内部连接的路由矩阵，此路由矩阵是固定的，不能更改。输入端口上的复合信号被分成多个分量，每个分量都被定向到单独的输出，这意味着如果输入复合信号中有 N 个频谱分量，则应该有 N 个输出端口。至于输入的数量，它可以从 1 到任意数量 M，并且与输出端口的数量 N 不互联（如果 $M=1$，则是指 WDM 复用器 / 解复用器）。

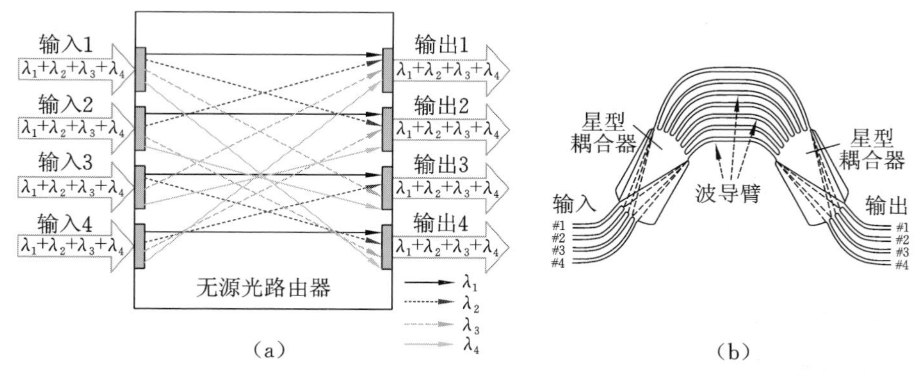

图 8.12　无源光路由器

(a) 互联模式；(b)CAWG 配置

无源光路由器通过多个输入 / 输出连接的空间排列实现波长复用。从图 8.12(a) 可以看出，输出端口处的频谱排列相同，分别为 λ_1、λ_2、λ_3、λ_4，但是每个频谱分量都来自不同的空间输入。与无源星型设备可以处理 N 个同时连接相比，具有 $N \times N$ 大小的无源光路由器结构可以路由 N^2 个同时连接。无源光路由器也称为阵列波导光栅（AWG）路由器或循环 AWG(CAWG) 路由器[2,26]。这些路由器基于第 2.4 节中讨论的 AWG 设备，其运行结果以 WDM 多路分解的循环形式出现。通过使用硅上二氧化硅平面光波电路（PLC）技术或 InGaAsP/In 结构，CAWG 器件通常以 7 ～ 15 mm 长的紧凑形式制造。

如图 2.20 所示，可以将无源光路由器视为一种马赫 - 曾德尔干涉仪的连接。CAWG 的设计需要精确考虑信号通过星型耦合器和连接波导传播期间的相位变化。最重要的是波导阵列的设计，这是因为两个相邻波导之间的长度差 ΔL 应该在整个阵列上保持恒定。对于信号从输入端 p，通过第 m 个波导，以载波波长 λ_{pqm} 传输到输出端 q 的连接中心端口的路径，其相位差可以表示为[2]

$$\phi_{pqm}=\frac{2\pi m}{\lambda}(n_1\delta_p+n_2\Delta L+n_1\delta_q)=\frac{2\pi m}{\lambda}\cdot(j\lambda) \tag{8.2}$$

其中,n_1 和 n_2 分别是星型耦合器和波导所用材料的折射率,长度δ_p 和δ_q 分别定义端口 p 和q 的位置。在式(8.2) 中,j 是一个整数,它表示波长 λ_{pqm} 在通过不同的波导时会获得 2π 的倍数的相移。结果是,与 λ_{pqm} 关联的所有光场将仅在端口 q 定义的位置处相长干涉。来自输入端口 p 的所有其他波长将被引导至由式(8.2) 定义的端口,并且和它们的分裂光束产生相长干涉。从这个角度来看,这与 WDM 解复用中发生的过程相同。存在多个整数 j,满足式(8.2) 的条件。通过改变 j,不同的波长 λ'_{pqm} 将满足式(8.2) 并将被引导至 q 端口。波长差 $\Delta\lambda=\text{FSR}=\lambda_{pqm}-\lambda'_{pqm}$ 定义了无源 CAWG 路由器的自由光谱范围(FSR)。总之,CAWG 的设计应谨慎进行,以最大限度地减少信道串扰和内部损耗,并提高与光纤的耦合效率。

有源光开关具有与无源光路由器相似的空间结构,并且可以进行基于空间的波长复用,它还可以支持 N^2 个同时连接,图 8.13(a) 所示的为 $N=4$ 的结构。但是有源开关(或有源星型设备) 的路由矩阵不是静态的,而是根据需要可重新配置的,重配置过程是由外部电压完成的。有源光开关也称为波长选择开关(WSS);WSS 已成为所有波长路由架构的重要组成部分。就输入和输出端口($N\times1$、$1\times M$、$N\times M$) 而言,它可以具有不同的大小,并具有不同的切换颗粒度(波长级或波段)。例如,$1\times N$ 型 WSS 由一个输入(公共端口) 和 N 个相对的多波长端口组成,其中来自公共端口的每个波长输入可以切换(路由) 到 N 个输出端口中的任何一个;相对其他波长信道的路由而言,这一过程是非常独立的。从 WSS 应用刚起步时,就一直使用 1×5 或 1×9 的 WSS,但预计输出端口的数量会增加几倍。此外,如图 8.13(b) 所示的 $N\times M$ 型 WSS 结构可以通过 $N\times1$ 和 $1\times M$ 开关的背对背连接来创建。

制造 WSS 设备最常用的技术是基于液晶(LC) 或硅上液晶(LCOS) 和微机电系统(MEMS) 的[28-30],如第 2.8.2 节所述。在 $1\times N$ 型 WSS 设计中,具有复合信号的输入光束通过波长解复用器分成多个单独的信道,每个信道(或更确切地说是信道所在的光谱槽) 在空间上都被液晶或 MEMS 芯片的微透镜定向到指定的输出端口。此外,LCOS 和数字 MEMS 技术可以使用一组微透镜或 LC 像素代替单个镜或像素来切换每个单独的信道,这样便可以动态地调整每个光信道的光谱宽度。因此,这些高级版本的 WSS 设备通过允许过滤将要

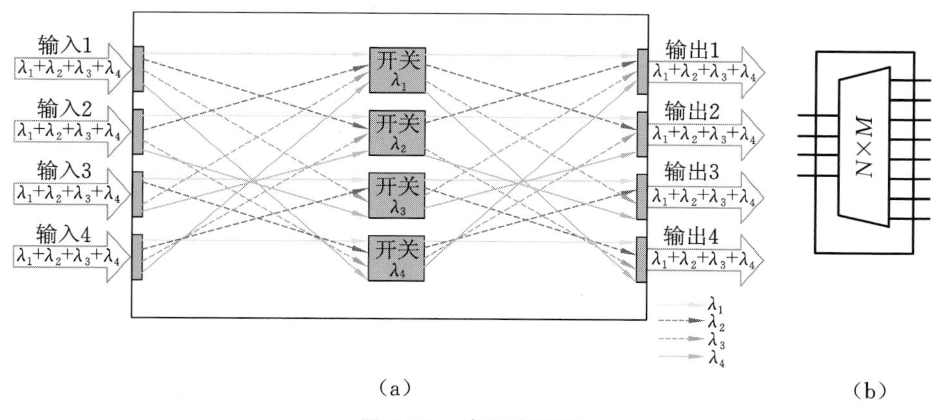

图 8.13　有源光开关

(a) 通用体系结构;(b) 尺寸为 $N\times M$ 的 WSS

切换的光带宽来实现不同颗粒度的动态切换。由于该带宽可以包含一个以上的载波波长,因此几乎没有信号可以一起切换,也无法用同一设备处理不同的比特率。

有源光开关可以是多功能模块的一部分,该模块还包含用于功率均衡的可变光衰减器、耦合器和无源路由器以及集成的光放大器。接下来将在讨论高级 ROADM 的属性时对此进行说明。

8.2.4　可重新配置的光分插复用器(ROADM)

图 8.10 所示的光分插复用器体系结构可以在选择要分离的信道和将要通过的信道方面进行重新配置。但如果应答器在固定波长下运行,则只能部分实现重新配置功能。在这种情况下需要提前部署应答器,以便可以在需要时将其激活,但这可能不是最经济的解决方案。尽管图 8.10 中的分插架构被认为是可重新配置的,但应答器的低灵活度限制了它们的应用,并使规划和配置过程更加困难。同样,图 8.10 所示的体系结构与只有一个输出端口的二维情况有关。可重配置的多维 ROADM 体系结构需要在将输入光纤端口与输出光纤端口连接时提供更大的灵活性,同时在每个输出方向上放置预配置的信号内容。

高级的 ROADM 架构是通过使用功能块构建的,如可调谐滤波器、无源耦合器、无源光路由器和有源光交换机[31,32],这些功能的特性都在本章或第 2 章中介绍。在高级 ROADM 配置的任何特定设计中,许多因素(如支持的度数、分流业务量和信道总数）都很重要。此外，长期可扩展性和总体成本都将起到重要作用。

2-度 ROADM 的高级架构如图 8.14 所示。图 8.14(a) 中的结构包含波长阻塞器作为中心部分。波长阻塞器是可重新配置的设备，它可以阻止或通过任何特定的波长，并且该过程是可编程的。它执行的功能类似于可变光衰减器，但只有两个数字状态(通过和阻止)。输入信号由无源光耦合器分路，因此所有波长在分出和直通方向均可用。可以通过使用固定接收器的解复用过程，或者通过其他无源分路和可调接收器来选择分出的波长，这种架构称为广播选择型。对于直通方向，分出的波长被阻止通过，因此它们无法到达阻塞器的输出以及之后的波长合束器的输入端，取而代之的是将来自插入侧的一组波长插入先前已被分出的波长占据的位置中。提供输入光的本地应答器是可调的。可以修改和调整图 8.14(a) 所示的体系结构，以适应分离波长和通过波长的比率。如果该比率相对较小，则光复用器和解复用器可以用无源耦合器代替，而波长阻塞器将是可调的光学滤波器。

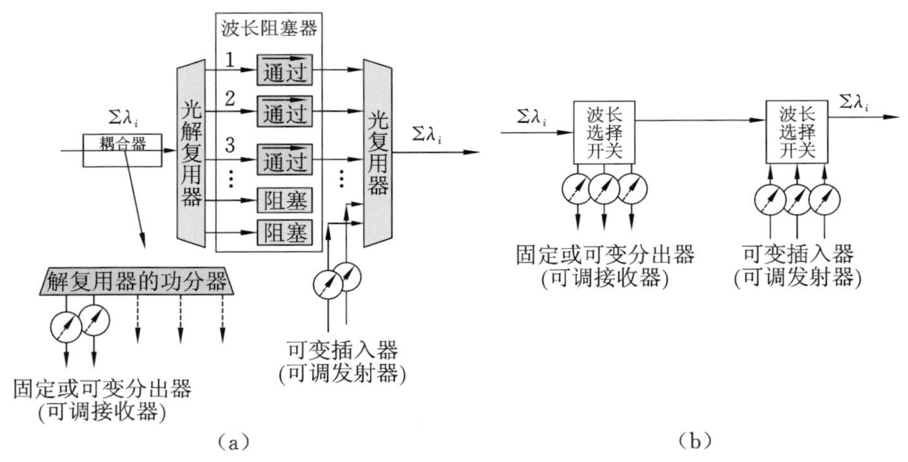

图 8.14　2-度 ROADM 架构

(a) 带有波长阻塞器；(b) 带有 WSS

图 8.14(b) 中的 2-度 ROADM 体系结构包含一对 WSS，在某些情况下输出端的 WSS 可以用无源耦合器代替。ROADM 输入处的 1：N(在图中为 1：4)WSS 在四个输出方向上提供选择性的波长切换。连接到输出 WSS 的方向之一被指定处理直通流量，其他端口可以连接到波长解复用器或可调光接收器，用于分出本地的流量。

可以修改应用于 ROADM 设计的 2- 度体系结构以适应由输入和输出方向的数量定义的额外度。2- 度 ROADM 支持一个输入和一个输出方向，而 4- 度 ROADM 支持一个输入和三个输出方向(通常称为东、西、北和南方向)，信道被路由到特定方向(度)或本地分 / 插方向。先进的多度 ROADM 的体系结构可以实现不同的安排。作为说明，在图 8.15 中我们绘制了包含以下内容的体系结构：无源分光器、波长解复用器和 WSS。

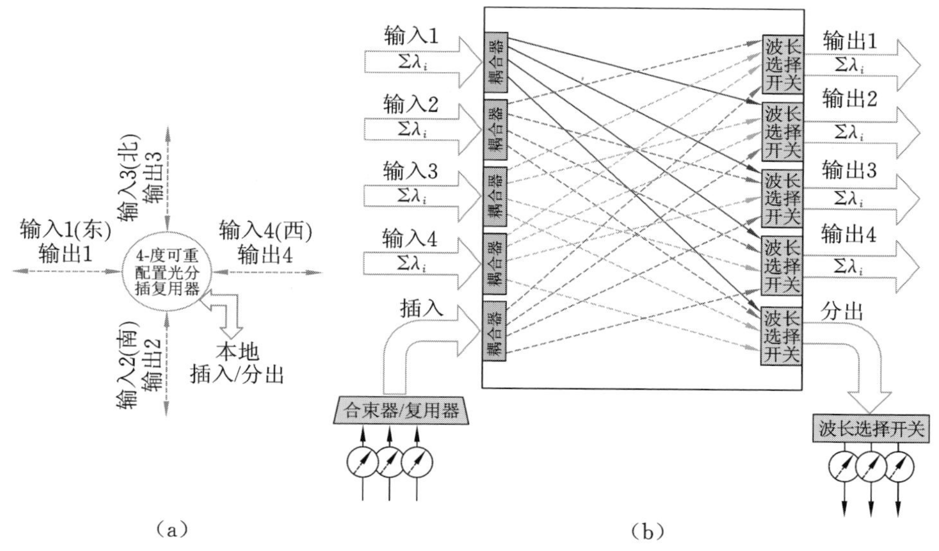

图 8.15　高级的 4- 度 ROADM

(a) ROADM 结构；(b) 信道路由方案

输入端口处的光分路器将来自该端口的输入信道分配到分 / 插部分以及与所有其他方向关联的 WSS，分出端口处的信道由波长分束器或可调接收器选择。对于本地插入信道，则使用带有可调波长发射器(激光)的光耦合器或光复用器来组合这些信道，并将它们分配给所有其他方向的 WSS。通常，从本地侧插入大量信道的情况下使用波长复用器，而在较少数量的插入信道时使用光耦合器。在本地分插端口上分别使用无源合束器(耦合器)和 WSS 可以实现无色操作，这意味着任何本地端口都可以接收和发送所有信道波长。如果分别使用光复用器和解复用器代替耦合器和 WSS，将使信道绑定到本地侧的特定位置(转发器)。显然，当使用耦合器组合通道并使用可调接收器进行选择时，相邻通道之间的串扰可能是个问题，此时应仔细选择可调激光器和滤波器的参数。同样要重点指出的是，无色操作需要一个可靠的波长分配算法，该算法软件能够保护系统，避免错误的波长分配。

如果在本地端并行使用相同的波长，则防止信道竞争也很重要。无竞争的 ROADM 设计消除了 ROADM 结构本地插 / 分侧的波长限制，因此只要 ROADM 结构中具有相同波长的信道数不超过该 ROADM 所支持的度数，就允许任何发射机使用任何波长（在图中的情况下，数量应为 4 个或更少）。ROADM 的无方向操作可以通过在分插端口使用 $N \times M$ 型 WSS 来启用，这是因为 $M \times N$ 型 WSS 结构可以将任何波长从任何输入端口切换到任何输出端口，只要该波长尚未在输出端口使用即可。同时支持无色、无竞争和无方向性的 ROAD 体系结构称为 CCD[22]。如果使用 CCD ROADM 节点，则从本地角度来看，对波长分配的约束已消除，但是因为在连接任何两个节点的同一光纤链路中不允许具有相同波长的两个信道，整个网络的波长分配约束仍然存在。

8.2.5　光交叉连接（OXC）

最初引入光分插复用器是为了在大多数流量通过节点时能够处理本地流量，后来更多的高级架构和 ROADM 设计被引入，可以应用于不同的网络场景[33]。多度 ROADM 具有先进的路由功能，在某些情况下可以将其视为光交叉连接（OXC）。OXC 提出了一种网络元素来处理比 ROADM 更大的流量，并且在必要时还可以提供流量疏导[30,34]。ROADM 主要用于环型网络结构，而 OXC 主要针对网状网络拓扑，如图 8.16(a) 所示。OXC 是必不可少的网络元素，可提供光信号路由、网络重新配置、保护和流量的动态配置。例如，如果两个光节点（如图 8.16(a) 中的节点 1 和 2）之间的连接断开，则 OXC 节点 3 将重新配置流量，因而节点 1、2 可以通过 2—3—4—1 路径连接。

尽管使用了“光学”一词，但除了纯光之外，OXC 的内部开关架构也可以基于开关电信号，在这两种情况下都进行各个光信道的切换。OXC 的关键功能是在交换结构或交换核心上执行的，交换结构或交换核心通过对应于各个 OXC 端口的 OXC 线卡接收来自光路的信号。线卡通常设计为支持不同种类的本地接口，从非常短距离（VSR）到短距离（SR）、长距离（LR）和扩展长距离（ELR）接口。LR 和 ELR 接口也可以接收来自线路侧的信号。

在电域中进行切换时，线卡可以执行光 — 电 — 光（O—E—O）变换。如果交换光信号涉及 O—E—O 转换，那么我们讨论的是 OXC 的不透明架构。

如果光信号在通过 OXC 结构时始终保留在光域中，则是纯光或全光配置。通常，我们可以假定 OXC 具有图 8.16(b) 所示的结构，这种结构既包含全光部分，又包含 O—E—O 部分，其中，全光部分更适合处理直通流量，而 O—E—O 部分执行本地插/分和流量疏导功能。根据应用领域的不同，两个部分的大小都可以按比例放大或缩小。如果 OXC 旨在用于核心光网络，则可能不需要电学部分。同时，网络边缘(城域网) 中的应用通常需要进行一些流量疏导和交换，其比特率要低于光通道最初承载的比特率。

有必要指出，各个光通道可以编组为光带并作为实体进行交换和路由，如图 8.16 所示。这种分层结构实际上是所有 OXC 的通用结构，已在文献[35,36]中提出。

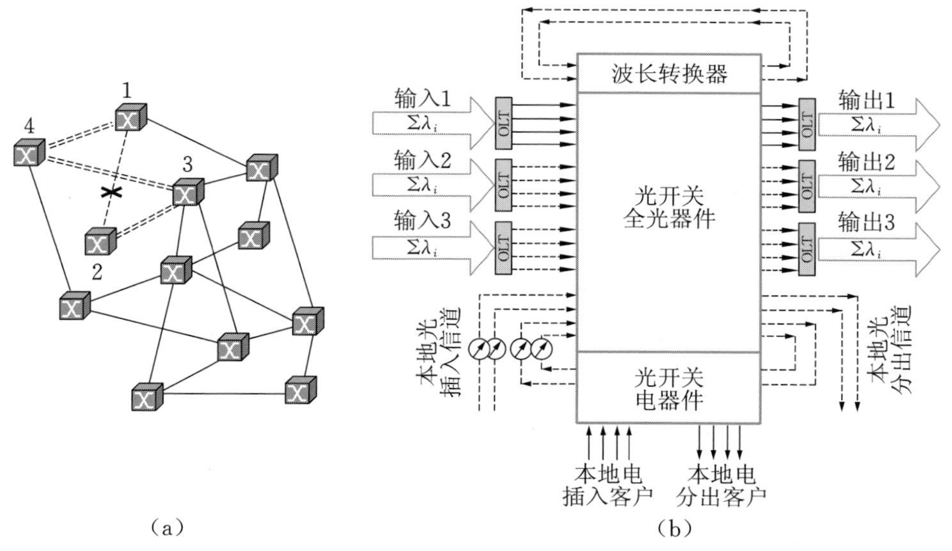

图 8.16　OXC

(a) 在网络中的应用；(b) 通用结构

我们可以认为，本地分插端口被设计为接受和疏导(如有必要) 客户端信号流量(主要是以太网或 IP/MPLS)，而 IP 路由器和以太网交换机要么与 OXC 并置，要么放置在一个特定的局间距离上或者偏远位置。流量疏导可能包括一些光信号加载之前的调整(如 OTN 组帧和编码调整)，因此 OXC 的内部处理可以包括在光学水平上的波段的聚合和解聚合，以及由单个光信道携带的信号的电聚合和解聚合。

尽管 OXC 的全光配置可实现纯光网络连接，但它还需要对整个网络体系结构进行更复杂的设计。除了与波长分配和路由相关的挑战外，在通过多个光学交叉连接和分插复用器进行信号传播期间，还会增加不同的信号损伤。实际上，从源到目的节点的光路从不间断。在这种情况下，我们讨论的是感知损失的光路由。

应采用有效的信号疏导、波长转换和光再生方法，将全光 OXC 作为处理各种波长分配和路由方案的综合网络元素来部署。需要进行信号疏导以增加网络灵活性，同时需要进行波长转换和光再生以提高网络利用率和吞吐量。

可以通过图 8.17 分析 OXC 交换平面的属性，在图 8.17 中来自不同输入链路的信号被解复用，并且所有给定波长的信号都被定向到专用于该特定波长的开关部分（SW-λ_i）。对 SW-λ_i 的输出进行广播以再次进行复用，并将其定向到输出光纤链路，如有必要，它们之间可能会发生一些波长重排（转换、调谐）。如果有对应于 $N/2$ 条光纤链路的 N 对光纤对，并且每条链路上有 M 条光信道，则图 8.17(a) 中的完整 OXC 配置需要 N 条光线路终端（每条都带有 M 个转发器）和总计 M 个开关（M 个 SW-λ_i），每个开关规模为 $2N\times2N$，这将使任何信号都可以在本地分离。同时，图 8.17(b) 中的交换平面是通过使用第 2.8.2 节中提到的一些非阻塞架构（如 Clos 或 Spanke）构建的。在这种情况下，来自不同方向的多路分解通道占据单独的输入和输出端口。该架构需要 N 个光线路终端和 $2M\cdot N\times2M\cdot N$ 大小的单个较大交换矩阵，以提供与图 8.17(a) 所示的交换相同的功能。

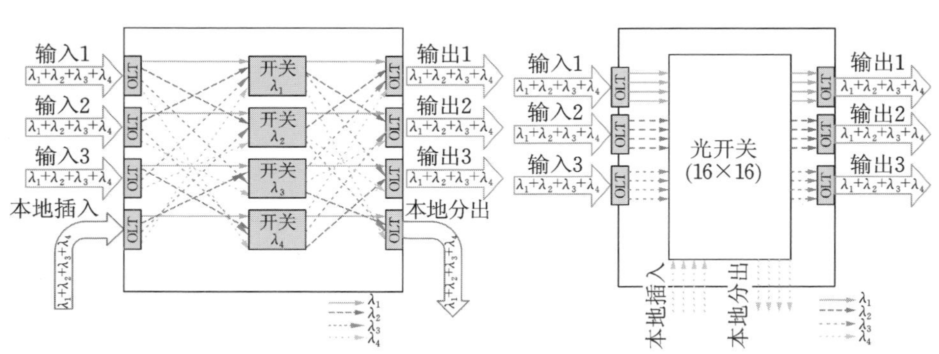

图 8.17　OXC 交换平面

(a) 具有波长开关的模块化架构；(b) 具有单个交换平面的结构

如果本地分接点的数量相对较小，图 8.17(a) 所示的带有交换平面的 OXC 配置似乎比图 8.17(b) 所示的大型非阻塞结构更为经济[2]。但是，如果本地分插的数量增加，图 8.17(b) 中的体系结构将变得更具吸引力。总体而言，图 8.17(a) 所示的 OXC 交换平面的设计更具可扩展性，并且类似于高级 ROADM 的结构，而图 8.17(b) 所示的设计具有与任何大型电交叉连接相似的结构。

8.3 光网络中的光路路由

光网络中的节点通过光纤链路连接，该拓扑称为物理拓扑。光纤链路用于光路或连接的创建；一旦创建，光路径就会呈现出虚拟网络拓扑或光路径拓扑的形式。从光网络客户端(假设是 IP 路由器或以太网交换机)的角度来看，光路径拓扑是唯一与之相关的拓扑。有多种方法可以在多节点光网络中创建光路，根据多种标准(如总成本和总等待时间)选择最合适的一种。光路包括几个光纤链路和几个中间节点来提供源节点和目标节点之间的连接，中间节点应为连接源和目的地的光路流量提供通道。

通常，在具有 N 个节点的网络中，任何节点都可以是中间节点，中间节点有助于将流量从源路由到目标。来自源节点的流量通过多个中间节点的多跳而到达目标节点。发生多跳的网络也称为多跳网络。源与目的地之间的距离(以跳数表示)以及中间节点的处理能力在多跳网络中光路的建立和路由中起着关键作用。如果光路上没有中间节点，则网络被称为单跳网络，其中最重要的设计任务是应用高效的协议来协调源与目的地之间的流量交换。

在多跳光网络中创建光路的过程被称为光路设计。完成后，它将提供任何“源 — 目的地”对之间的连接路径。除了创建光路外，多信道光网络的设计还应考虑波长(或信道)的分配及其沿特定光路在网络中的路由。这个过程称为波长和路由分配(RWA)。在某些情况下，光网络还需考虑在客户端层占用光路之前对其进行梳理的规划，但本章只关注光路的设计和 RWA 过程。

8.3.1 光路拓扑及其对波长路由的影响

存在几种不同的网络拓扑，如图 8.1 所示。我们可以假设网络中任何两个节点之间存在不同的路由，并且可以在一跳或多跳中建立连接。我们将使用文献[2] 中介绍的方法来分析三种常见的拓扑结构(网格、环型和集线器)，它们由图 8.18 所示的基本结构表示。图 8.18 中的拓扑本质上是逻辑结构，因为它们与光路有关，而实际上其物理拓扑是一个环，其中每个节点通过双向光纤链路连接到另外两个节点。这同样适用于将逻辑拓扑与物理拓扑区分开来的任何网络结构。

环型逻辑拓扑也可以视为点对点路径的级联。通常在环型拓扑中的两个节点之间可以建立一个以上的光路，以满足流量需求或启用保护方案。在集线器光路设计中，所有节点都通过相应数量的光路连接到中央集线器。任何连接都是通过两条路径建立的，每个方向一条。网格逻辑拓扑也可以被视为在任意一对节点之间建立的全光连接。

图 8.18 所示的逻辑拓扑基于物理环型拓扑，是为了便于说明而选择的简单拓扑。实际上可以将物理网状拓扑视为一种通用的拓扑，作为服务于上述三种逻辑拓扑的基础。对于大型网络，物理网状拓扑最经济，因为它可以实现高效的路由和保护方案。具有 N 个节点的物理网状拓扑中的链路数量可以变化，但是它大于 N，并且随着节点数量的增加而迅速增加。由于物理环型拓扑节省了连接所有 N 个节点所需的光链路数量，因此在较小的地理区域中被广泛使用。环型物理拓扑中的链路数等于节点数。

我们可以假设，光节点客户端是具有连接到多信道光线路终端的输出端口的 IP 路由器。光节点可以是我们目前分析过的任何网络元素（OLT、ROADM 和 OXC），还可以假设总流量 Ψ 是均匀分布的，这意味着各部分流量在网络中的每两个节点之间路由，有

$$\varphi=\frac{\Psi}{N-1} \tag{8.3}$$

Ψ 和 φ 通常用 Erlangs[37] 表示，在这种情况下，假设流量单位是波长，如文献[2]中所述。同样，我们还可以假设每个节点所需的路由器端口数为 M。在假设沿光路没有波长转换的情况下，图 8.18 所示的三种网络拓扑之间的差异可以通过总波长数 K 和每个节点支持流量需求所需的路由器端口的数量来评估。

如果网络中的节点 i 和 j 之间的最小距离（由它们之间的跳数测量）用 L_{ij} 表示，那么节点之间的最小平均跳数可以表示为

$$L_{\min}=\frac{\sum_{i=1}^{N}\sum_{j=1}^{N}L_{ij}}{N(N-1)} \tag{8.4}$$

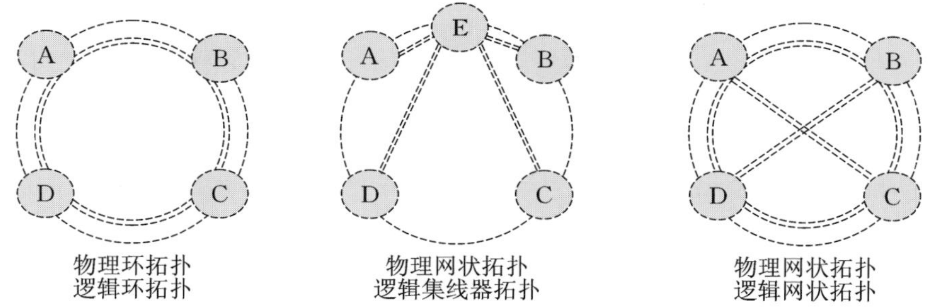

图 8.18　物理拓扑(环)及可在其上建立的光路拓扑

对于由点对点链路组成的环型光路拓扑,可以发现[2]

$$L_{\min}=\frac{N+1}{4}+\frac{1}{4(N-1)}=\frac{N^2}{4(N-1)} \tag{8.5}$$

其中,N 为偶数。在任何链路上,以波长单位表示的最大流量负载 K 应该大于平均流量负载K_{av},即

$$K \geqslant K_{\text{av}}=\left\lceil\frac{L_{\min}\cdot \Psi}{N\cdot 2}\right\rceil=\left\lceil\frac{\varphi\cdot N^2}{8}\right\rceil \tag{8.6}$$

其中,运算符$\lceil\cdot\rceil$表示比括号内的值高的最近整数。由于每个波长在源路由器和目标路由器上都有端口,因此支持流量所需的路由器端口总数为

$$M=2K_{\text{av}}=\left\lceil\frac{\varphi\cdot N^2}{4}\right\rceil \tag{8.7}$$

在集线器拓扑中,集线器路由器被添加到物理环中,并且允许其与所有节点通信,而其他路由器包含可支持它们与集线器节点之间通信的端口。如果假设集线器节点不发起或终止任何信息流,而只是充当其他节点的连接工具,那么分析会更简单。光路在每个节点和集线器节点之间建立;两个节点之间的连接是两条光路的总和。在这种情况下,每个节点所需的波长和路由器端口数为

$$K=\frac{N}{2}\cdot\lceil(N-1)\cdot\varphi_1\rceil \tag{8.8}$$

$$M=2\cdot\lceil(N-1)\cdot\varphi_2\rceil \tag{8.9}$$

图 8.18 中的网状光路拓扑意味着可以在源和目标之间只建立一条光路,并且路径上没有中间路由器。应该有总数为 φ_1 的光路来处理每对节点之间的 φ_2 个流量单位。处理流量的路由器端口数为

$$M=(N-1)\cdot\lceil\varphi_2\rceil \tag{8.10}$$

而需要的波长数是

$$K=\frac{(2N+N^2)}{8}\cdot\lceil\varphi_1\rceil \tag{8.11}$$

通过比较支持所有流量所需的路由器端口数和波长的表示式，可以发现支持点对点、插/分流量的逻辑环型拓扑需要的端口数量最多。这是因为源和目标之间的总路径由许多执行 O—E—O 转换的路径组成。如果使用高级 ROADM 设计处理插/分，物理环型拓扑将成为需要最少路由器端口数的全光逻辑网状拓扑。

然而，所需的路由器端口数量和波长数量之间存在权衡，这意味着点对点环型结构需要的波长数量最少，而集线器拓扑需要的波长数量最多，全光逻辑网状拓扑需要的波长数要小于集线器拓扑的波长数。显然，以总成本衡量的有效网络设计是依赖于支持业务模式的逻辑拓扑和能够有效利用网络资源的路由及波长分配过程(RWA)。通过关注逻辑拓扑和基流量感知模式的 RWA 过程，有不同的方法来实现网络设计的最优化。RWA 过程在文献[2,3]中有详细说明。在此，我们将总结这些参考文献中讨论的方法，同时基于传输理论做出一些建模假设[38]。

8.3.2 光路拓扑建模

任何逻辑拓扑(光路拓扑)的建模都基于底层物理拓扑，它表示一组通过光纤链路互联的节点。如果使用高级 ROADM 或全光交叉连接将光路从一个物理链路重新路由到另一个物理链路，则光路可以不间断地通过许多链路。假设每条光路是双向的，并且在总共有 N 个节点的网络中的两个节点(节点 i 和节点 j)之间建立。

光路拓扑分析和优化基于一组视具体情况而定的约束，一般来说，这一过程包含了需要密集计算机计算的线性规划(LP)模型。通过提出一些突出并且现实的假设，可以很容易地解释这个过程，例如：① 每个光节点与客户端连接，这些客户端为最大端口为 M 的 IP 端口；②N 个节点网络中的最大光路数为 $M\cdot N$，每条光路开始和结束于路由器端口；③IP 流量随 T^{sd} 的到达率(包/秒)服从统计分布，其中，标号 $s,d=1,2,3,\cdots,N$ 标识包的源和目的地对。

线性规划程序应该定义二进制值变量 X_{ij}，它表示光路在模式 i 和 j 之间的存在。二进制“1”意味着光路被建立和存在，而“0”则意味着没有路径存在。计算机线性程序设计应符合 X_{ij} 的规范，X_{ij} 将识别节点 i 和 j。程序可以包括以下两种情况：①(s,d) 节点之间的总流量通过链路(i,j) 路由；② 只有一小部分(s,d) 节点之间的总流量通过链路(i,j) 路由，因此通过光路(i,j) 在源和目的地之间的包流量表示为 $T_{ij}^{sd}=a_{ij}^{sd}T^{sd}$。在光路$(i,j)$ 上路由的所有(s,d) 节点对之间的总流量为

$$T_{ij}=\sum_{s,d}T_{ij}^{sd} \tag{8.12}$$

网络中的拥塞可以被定义为在所有已建立的(i,j) 路径上的最大值 $\mathrm{Max}\{T_{ij}\}$，因此第一线性规划目标将是最小化 $\mathrm{Max}\{T_{ij}\}$。

线性编程情况 2 包括细化至分组级的考虑。包到达时间可以用泊松分布来建模[39]，而传输时间可以用平均时间等于 $1/\delta$ 秒的指数分布来建模[2]。此外，可以假设加载到光路(i,j) 的流量独立于加载到其他链路的流量，因此每个链路可以建模为 $M/M/1$ 队列，链路(i,j) 上的平均队列延迟定义为 $d_{ij}=1/(\delta-v_{ij})$，参见文献[37]。同时，吞吐量可以定义为路径负载的最小值，如果 $\mathrm{Max}\{v_{ij}\}=\delta$，所有链路上的延迟都是无限的。

现在可以针对目标函数 $\mathrm{Min}\{\mathrm{Max}\{v_{ij}\}\}$ 编写方程格式，该函数要求找到路径负载的最小值。因此，我们有以下约束：

$$\sum_{j}T_{ij}^{sd}-\sum_{j}T_{ji}^{sd}=\begin{cases}T^{sd},s=i\\-T^{sd},d=i\\0,\text{其他}\end{cases} \tag{8.13}$$

$$0\leqslant T_{ij}=\sum_{j}T_{ij}^{sd}\leqslant \mathrm{Max}\{T_{ij}\},i,j=1,2,3,\cdots,N \tag{8.14}$$

$$0\leqslant T_{ij}^{sd}\leqslant X_{ij}T^{sd},i,j,s,d=1,2,3,\cdots,N \tag{8.15}$$

$$M\geqslant\begin{cases}\sum_{i}X_{ij}\\ \sum_{j}X_{ij}\end{cases},X_{ij}=X_{ji},i,j=1,2,3,\cdots,N \tag{8.16}$$

式(8.13) 给出的约束与定义为进出流量差的每种模式下的流量守恒有关，而式(8.14) 和式(8.15) 定义了逻辑链路上的总流量。式(8.16) 确保设计的拓扑与每个节点之间最多有 M 个进出链接。 上面的编程以 $Y_{ij}=f(T_{ij}^{sd},T_{ij},\mathrm{Max}\{T_{ij}\},X_{ij})$ 的形式建立了一组线性函数，这些函数需要应用线性程序(LP)。如果每一个环节都只有整数流，问题将被定义为整数线性规划(ILP)。然而，使用通用的 LP 求解器可能不够，即使对于中等大小的网络，也要考虑计算量。

很明显，方程的数量和变量的数量将随着节点和已建立的链接的数量而

快速增长。即使对于网络大小 N 约为 10 的规模，方程的数目也可以超过几千个。文献[3]中观察到方程的数目和变量的数目都与 N^2 成正比。编程的复杂性可以通过使用一些启发式近似来简化，这是视网络拓扑而定的。到目前为止，已经提出并讨论了许多 RWA 方案，如 First-Fit、Least-Used、Most-Used、Min-Product 和 Max-Sum，它们在文献[2,3]中进行了分析，但当所有假设不都满足时，它们各自的表现都不同[40,41]。

必须指出的是，随着时间的推移，流量模式可能会发生变化，可能需要更改光路拓扑以优化网络资源。但是，这个过程应该仔细安排，并遵循一个迭代过程，以尽量减少任何破坏性的更改。

8.3.3 多跳网络拓扑的优化

多跳网络的优化[42,46]可以在波长分配相对静态的假设下进行，这意味着需要在网络层面改变分配之前进行分配是正确的。另外，假设节点之间没有直接连接，因此源和目标之间的流量通常通过中间节点的多跳传输。逻辑网络拓扑可以基于性能特征（最小分组延迟、最小跳数、最大业务流）或总成本约束来优化。多跳拓扑的优化会导致产生一些不规则的网络结构（即与下面列出的一些常见拓扑结构不同的结构），因为优化标准是优先处理的。然而，不规则的结构会因为缺乏任意连接模式而引入路由复杂度。规则结构具有结构化的节点连接模式，简化了路由方案，但优化准则并没有直接给出。目前提出的规则结构有洗牌交换网（ShuffleNet）、德布莱英图（de Bruijn Graph）、曼哈顿街（Manhattan Street）、超立方体（Hyper Cube）、线性双总线和虚拟树，这些结构在文献[3]中有详细的描述。在本节中，我们将简要地解释洗牌交换网和超立方体的特性，以说明应用于规则结构的路由过程。洗牌交换网和超立方体拓扑如图 8.19 所示。

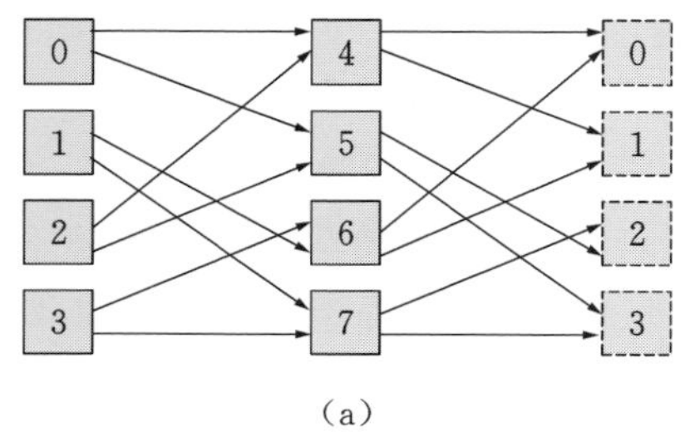

(a)

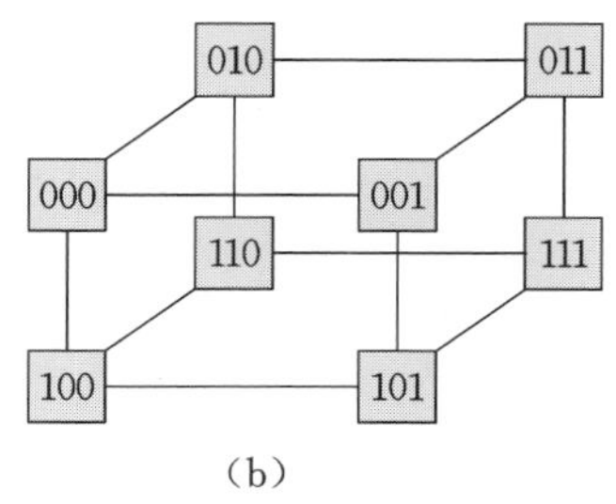

(b)

图 8.19　洗牌交换网和超立方体网络拓扑

(a) 洗牌交换网；(b) 超立方体网

洗牌交换网拓扑由(m,n)对标识，其中，n 定义列数，而整数 m 用于指定节点数 N 为 $n \cdot m^n$（其中 $m,n=1,2,3,\cdots$）。相邻列的节点之间的连接就像 m-shuffle（对 m 副牌洗牌）。第 n 列以圆柱形方式绕在第一列周围，用虚线节点表示。例如，节点 6 连接回节点 0 和节点 1。在特定列中的节点 $i(i=0,1,2,\cdots,m^n-1)$ 和下一列中的节点 $j,j+1,\cdots,j+m-1$ 之间建立连接，其中，$j=(i \bmod m^{n-1}) \cdot m$。洗牌交换网结构的关键特性是，从任何一个节点可以在一跳内到达所有 m 个节点；下一跳则为 m^2 个节点；再下一跳为 m^3 个节点，以此类推。当原始列中剩余的 m^n-1 个节点被连接时，就完成最后一跳。例如，节点 1 可以通过路径 1—7—2—4 或路径 1—6—0—4 到达节点 4。在洗牌交换网结构中建立的链接总数为 $N_{\text{lnks}}=N \cdot m=n \cdot m^{n-1}$。

对于洗牌交换网结构，两个节点之间的平均跳数可以计算为[3]

$$L_{\text{H.average}}=\frac{n \cdot m^n \cdot (m-1)(3n-1)-2n(m^n-1)}{2(m-1)(n \cdot m^n-1)} \tag{8.17}$$

在洗牌交换网结构中任意两个节点之间的最大跳数是 $L_{\max}=2n-1$。在这种结构中（和在其他多跳配置中一样），总链路容量在由一个链路连接的两个节点之间的直接业务，与由连续跳到达的其他节点的转发业务之间共享。如果洗牌交换网具有一个对称的(m,n)结构和均匀加载的链路，则任意链路的利用率等于 $1/L_{\text{H.average}}$。

洗牌交换网结构的总网络容量 C 可以按下式计算[42]：

$$\begin{aligned}C&=\frac{N_{\text{links}}}{L_{\text{H.average}}}\\&=\frac{2n \cdot m^{n+1}(m-1)(n \cdot m^n-1)}{n \cdot m^n(m-1)(3n-1)-2n(m^n-1)}\end{aligned} \tag{8.18}$$

每个用户的吞吐量可以计算为 C/N，将得到

$$\begin{aligned}\text{TH}=\frac{C}{N}&=\frac{2n \cdot m^{n+1}(m-1)(n \cdot m^n-1)}{n^2 \cdot m^{2n}(m-1)(3n-1)-2n(m^n-1)}\\&=\frac{2(m-1)(n \cdot m^n-1)}{n \cdot m^{n-1}(m-1)(3n-1)-2n(m^n-1)}\end{aligned} \tag{8.19}$$

式(8.19)清楚地指出，每个用户的吞吐量取决于(m,n)组合。它可以通过减少跳数（即通过减少 n 和增加 m）来增加。

超立方体拓扑最初应用于微处理器体系结构，但对于光路拓扑也变得很有吸引力。图 8.19 所示的为最简单的超立方体配置，也称为二进制超立方

体。m 维结构总共有 $N=2^m$ 个节点，每个节点都面向 m 个邻居，因此需要 m 个发送器和 m 个接收器来与每个邻居节点连接。定义节点 i 为 $i(b_1b_2b_3\cdots b_m)$，其中，$b_1b_2b_3\cdots b_m$ 表示该节点的二进制地址的位，i 的邻居节点的二进制地址与 i 的地址 $b_1b_2b_3\cdots b_m$ 仅相差一个位值（即只有一个位 $b_i(i=1,\cdots,m)$ 不同）。超立方体拓扑中的最大跳数相对较小，即 $L_{\text{H.max}}=\log_2 N$，而平均跳数为

$$L_{\text{H.average}}=\frac{N\cdot\log_2 N}{2(N-1)} \tag{8.20}$$

如果将二进制地址替换为任何一组正整数，则可以推广二进制超立方体拓扑。这样的结构更复杂，但是在适应就节点数量和互联链路模式而言的不同网络大小方面也更加灵活。

诸如洗牌交换网或超立方体之类的拓扑可以应用于某些实际情况。有几种网络体系结构，如美国的 NSFNET 和 ARPANET 或欧盟的 GEANT，它们已出于研究目的而部署，并且普遍应用于光网络建模。节点数从 NSFNET 中的 14 个到 GEANT 中的 32 个不等。通过将节点数增加到 24 或 32，可以进一步完善 NSFNET。

建模时通常使用修改后的 NSFNET 而非使用原始的 NSFNET，如图 8.20 所示，它包含通过 24 个链接连接的 16 个节点。在这种情况下，洗牌交换网或超立方体拓扑都可以应用。例如，节点 1 ～ 8 可以形成二进制超立方体。带有 24 个节点的改进型扩展 NSFNET 模型如图 8.21 所示，也可以用于相同的目的。

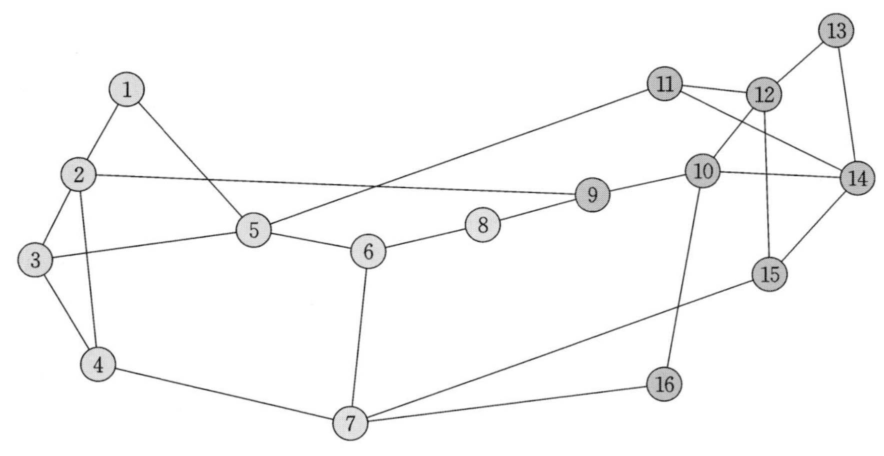

图 8.20　NSFNET 拓扑

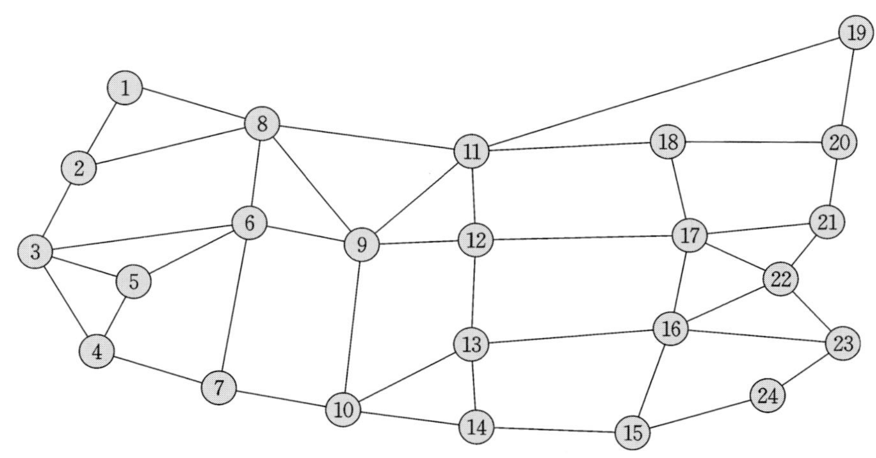

图 8.21　扩展的 NSFNET 拓扑

NSFNET 在图 8.20 中呈现的拓扑可以使用以下标准进行优化：① 最小延迟；② 最大传输负荷；③ 最低网络成本。标准(1) 和(2) 的约束可以表示为[3]

$$\sum_{ij}\left\{\sum_{sd}T_{ij}^{sd}\left[\sum_{nm}^{N}P_{mn}^{ij}D_{mn}+1/\left(C-\sum_{sd}T_{ij}^{sd}\right)\right]\right\}\text{，用于最小延迟} \tag{8.21}$$

$$\mathrm{Min}\left[\mathrm{Max}\left(\sum_{sd}T_{ij}^{sd}\right)\right]=\mathrm{Max}\left\{C/\mathrm{Max}\left(\sum_{sd}T_{ij}^{sd}\right)\right\}\text{，用于流量最大化} \tag{8.22}$$

在式(8.18) 和式(8.19) 中，(sd)、(ij) 和(mn) 对分别称为流量 / 数据包源到目标节点、光路末端的虚拟拓扑节点以及物理末端节点。参数 T_{ij}^{sd} 表示沿着光路 ij 从源到目的地的流量，而 C 表示在假设一定的平均数据包长度的情况下，以数据包 / 秒表示的每个通道的容量。变量 P_{ij}^{sd} 与物理拓扑有关，可以为 1(在节点 m 和 n 之间存在直接物理链接，并且该链接存在于光路 ij 中的情况下) 或为 0(在所有其他情况下)。D_{mn} 表示物理拓扑变量，该变量用于表示节点 m 和 n 之间的距离(可以通过将长度除以光速把距离表示为时间延迟)。如果 $P_{mn}=0$，则 $D_{mn}=0$。

对于最低网络成本，重要的是要防止转发器数量与各个波长的利用之间的任何不匹配，否则这种不匹配可能会发生。每个节点与波长数匹配的发送应答器(或发送器 - 接收器对，每个与特定波长相关) 的数量可按下式计算：

$$\mathrm{TPND}_i=\mathrm{TX}_i=\mathrm{RX}_i\approx\frac{M\cdot W}{N\cdot L_{\mathrm{L,average}}} \tag{8.23}$$

其中，$L_{\text{L,average}}$ 是光路径的平均长度，表示为在所有源 - 目的地光路中平均包含的光纤链路数。该参数可以作为虚拟拓扑优化的结果。式(8.23) 中的参数 M 和 W 分别是网络中的光纤链路数以及每条链路的波长数，而 TPND、TX 和 RX 分别表示转发器、发送器和接收器。

具有 N 个节点、M 条光纤链路和每条链路 W 个波长的多节点光网络的总成本可按下式计算：

$$\text{COST}=\text{CO}_{\text{TPND}}\left(\sum_{i=1}^{N}\text{TX}_i+\sum_{i=1}^{N}\text{RX}_i\right)+\text{CO}_{\text{MUX}}\text{MUX}_{\text{total}}+\text{CO}_{\text{SW}}\text{SW}_{\text{total}} \tag{8.24}$$

其中，CO_{TPND}、CO_{MUX} 和 CO_{SW} 是应答器、光复用器 / 解复用器和 2×2 个光开关元件的成本。在式(8.24) 中，下面两项

$$\text{MUX}_{\text{total}}=\left(2M+\sum_{i=1}^{N}\left\lceil\frac{\text{TX}_i}{W}\right\rceil+\sum_{i=1}^{N}\left\lceil\frac{\text{RX}_i}{W}\right\rceil\right) \tag{8.25}$$

$$\text{SW}_{\text{total}}=\frac{W\left(\sum_{m=1}^{N}H_m\lg H_m\right)}{2} \tag{8.26}$$

分别表示光复用器 / 解复用器和 2×2 个开关元件的总数(运算符$\lceil\cdot\rceil$表示大于内部值的整数)。式(8.25) 右侧的最后两项计算启动或终止光路的本地端口上需要的复用器和解复用器数量[3]。同时，式(8.26) 右边的项计算开关元件的总数来建立尺寸为 $H_m\times H_m$ 的开关，假设 $W\geqslant2$。

波长转换是当输入信号以波长 λ_1 进入节点并以波长 λ_2 离开节点时在网络节点中发生的过程，这意味着波长已被有效更改。可以使用多种技术进行波长转换，这些技术已在 2.8.3 节中进行了讨论。最简单的方法是进行光电光(O—E—O) 转换，这样输出的波长与输入的波长不同。输出信号的源来自以指定波长辐射的可调激光器。

波长转换的主要目的是防止波长拥塞并提高网络效率[47]。如果网络中存在网络拓扑优化和 RWA 过程，则都应该包含波长转换，而且网络控制机制应足够灵活，以解决波长转换所引起的影响。

在没有波长转换的网络中，波长分配基于以下约束：每个随机请求都建立了光路，并且具有随机寿命。因此，源节点和目标节点之间的光路被动态地设置和拆除。光路定义了通过网络的路由，这是在该路径上自由分配波长的前

提。如果几条光路共享一条光纤链路,则这些光路不能使用相同的波长。同样地,相同的波长应表征通过位于源和目标之间的所有光纤链路的光路,这被称为波长连续性约束。

显然,波长连续性约束不适用于可能发生波长转换的网络。可以采用与传统电路交换电话网络类似的方式对具有波长转换的网络进行建模[2,48]。由于消除了波长连续性约束,因此允许波长转换中的波长分配过程变得更加简单。另外,当启用波长转换时,主要由没有波长转换的光网络中波长连续性约束的存在而引起的阻塞概率已相当程度地降低,阻塞概率在文献[2,48]中进行了分析。

如果再次假设每个光纤链路有 W 个波长,同时还可以假设在链路上使用了特定波长的概率为 ξ,并且该波长的使用是独立的(因此,波长未被占用的概率等于 $1-\xi$)。此外,这种使用与在其他链路上应用相同波长也相互独立。如果源节点和目标节点之间的连接经过包含总数为 L 个链路的光路($L=1,2,\cdots$),则连接请求将被阻塞的概率 P_b 等于沿着级联的 L 个链路的路径中存在一条链路占用所有 W 个波长的概率。因此,在不进行波长转换的情况下的阻塞概率可以表示为[48]

$$P_{b,\mathrm{noWC}}=[1-(1-\xi_{\mathrm{noWC}})^L]^W \tag{8.27}$$

其中,$(1-\xi_{\mathrm{noWC}})^L$ 项表示波长在 L 个链路中的任何一处都是空闲的,$1-(1-\xi_{\mathrm{noWC}})^L$ 表示波长在某些链路中被占用,而指数 W 表示所有波长在某些链路中被占用。现在可以假设 ξ_{noWC} 表示给定阻塞概率下可实现的链路利用率,并求解方程式(8.27)将 ξ_{noWC} 表示为 $P_{b,\mathrm{noWC}}$ 的函数,因此有

$$\xi_{\mathrm{noWC}}=1-(1-P_{b,\mathrm{noWC}}^{\frac{1}{W}})^{\frac{1}{L}}\approx-\frac{\ln(1-P_{b,\mathrm{noWC}}^{\frac{1}{W}})}{L}\approx\frac{P_{b,\mathrm{noWC}}^{\frac{1}{W}}}{L} \tag{8.28}$$

其中,近似值在 L 较大并且 W 取相对适度的值时有效。链接的利用率与级联链接的数量成反比,这是合乎逻辑的结果。

启用波长转换后,阻塞概率可以表示为

$$P_{b,\mathrm{WC}}=1-(1-\xi_{\mathrm{WC}}^W)^L \tag{8.29}$$

其中,$1-\xi_{\mathrm{WC}}^W$ 表示在链路上所有波长都是空闲的,$(1-\xi_{\mathrm{WC}}^W)^L$ 表示在所有 L 个链路上的所有波长都是空闲的。根据式(8.29)计算的在波长转换情况下可达到的利用率为

$$\xi_{\mathrm{WC}}=[1-(1-P_{b,\mathrm{WC}})^{\frac{1}{L}}]^{\frac{1}{W}}\approx\left(\frac{P_{b,\mathrm{WC}}}{L}\right)^{\frac{1}{W}}\tag{8.30}$$

如果比率 $P_{b,\mathrm{WC}}/L$ 较小，则可以应用近似值，这意味着级联链路的利用率较小。通过将式(8.28) 与式(8.30) 进行比较，我们可以发现，对于相同的阻塞概率，上述两种情况的利用率之比可以表示为

$$R_b=\frac{\xi_{\mathrm{WC}}}{\xi_{\mathrm{noWC}}}=L^{\left(1-\frac{1}{W}\right)}\ \frac{P_b^{\frac{1}{W}}}{-\ln(1-P_b^{\frac{1}{W}})}\tag{8.31}$$

式(8.31) 指出，即使对于使用中等数量波长的网络，没有进行波长转换时可实现的链路利用率小于使用了波长转换器时的利用率 L 倍。如果 $L=1$ 且 $W=1$，则链路利用率之比变为 1，这是合乎逻辑的结果。该比率随阻塞概率的降低而增加，但是对于较小的阻塞概率，此效果相对较小。比率 R_b 随着 W 的增加而增加，并且在 $W\approx 10$ 时具有最大值。如文献[48] 所述，R_b 的最大值接近 $L/2$。

在链路上应用某波长的概率取决于其他链路上应用相同波长的假设下分析波长转换收益，文献[2] 对其进行了分析，但是需要再次假设所讨论的波长使用是独立于其他波长使用的。定义了以下条件概率：① 在链路 i 上使用某一波长 λ 但在链路$(i-1)$ 上未使用此波长的概率等于 ξ_{non}；② 在链路 i 和$(i-1)$ 上都使用某一波长 λ 的概率 $\xi_{\mathrm{bloc}}=(1-\xi_l)+\xi_l\xi_{\mathrm{non}}$(其中 ξ_l 是采用波长 λ 的链路 l 上存在另一条光路，但是它离开了链路 l 并且不会使用链路$(l+1)$ 的概率)。因此，在通过 $L(L=1,2,l-1,l,l+1)$ 条链路的光路中，冲突只会发生在链路 l 上。在不同链路上独立使用相同波长的假设对应于以下设置：$\xi_l=1$ 且 $\xi_{\mathrm{non}}=\xi$(其中，ξ 是某一特定波长应用到链路上的概率)。基于以上假设，有无波长转换的情况下的阻塞概率可以表示为[2]

$$P_{b,\mathrm{noWC}}=[1-(1-\xi_{\mathrm{non}})^L]^W\tag{8.32}$$

$$P_{b,\mathrm{WC}}=1-\prod_{i=1}^{L}\left(1-\frac{\xi_i^W-\xi_{\mathrm{block}}^W\xi_{i-1}^W}{1-\xi_{i-1}^W}\right)\tag{8.33}$$

其中，

$$\xi_i=\frac{\xi_{\mathrm{non}}[1-(\xi_{\mathrm{block}}-\xi_{\mathrm{non}})^i]}{1+\xi_{\mathrm{non}}-\xi_{\mathrm{block}}}\tag{8.34}$$

在应用波长转换以及不进行波长转换的情况下，对给定的阻塞概率，可以用式(8.32) 和式(8.33) 找到可实现的链路利用率及其比率。该比率可表示为

$$R_b = \frac{\xi_{\mathrm{WC}}}{\xi_{\mathrm{noWC}}} \approx L^{(1-1/W)}(1+\xi_{\mathrm{non}}-\xi_{\mathrm{block}}) \tag{8.35}$$

如果网络连接良好(这是大多数网状物理拓扑中的情况),可以假设 $L \gg 1/\xi_l$。这种假设意味着在请求光路时选择的跳数,远大于可能会和某些干扰光路共享的平均跳数。该假设显然不适用于环型物理拓扑。综上所述,式(8.27)～式(8.35)可以应用于不同的网络场景,以评估流量参数,其结果取决于所用波长的数量、网络的大小、内部节点的大小,以及物理拓扑结构。

8.4 损伤感知路由

前面章节所讨论的虚拟拓扑的优化和RWA过程基于以下假设:物理拓扑和光纤链路的连接不会对源节点和目的节点之间的连接产生任何影响。显然,这个假设对应于理想的物理链路结构,即光信号在其中可以无差错地传输。然而,当光路由运行在更长的距离上且经过了大量的光网络节点或者网络结构部署了不同的光纤结构以及使用了不同波长下不同的比特率和调制格式时,都应该考虑到信号损伤的影响。光放大器、ROADM、OXC、光复用器和解复用器以及光纤的特性都会在光路的建立过程中起重要作用,这些都是基于应用于特定光路的比特率、调制格式、FEC编码和检测方案。如果沿光路的损伤会导致灾难性的信号质量下降,这种情况就称为光路阻塞。

对于全光网络结构(其中沿光路径的节点之间的距离可能会变化),损伤感知路由过程更为重要。如果在源节点和目标节点之间的路径上的任何地方存在O—E—O转换,情况都将有所不同,因为信号将被重新生成,并且损伤的影响将会增加。另一方面,任何O—E—O过程都很昂贵,并且网络规划人员最关心的是最大限度地减少网络中O—E—O转换的次数。以下损伤影响将对路由过程产生影响,应将其视为虚拟拓扑优化过程中产生损害的部分原因:光纤损耗、获得的总噪声、串扰、色散(色度色散和PMD)以及与色散相关的损耗、非线性效应的影响、滤波器和放大器的级联效应以及动态范围变化中的瞬变现象[49]。

沿光路损伤影响的监测是非常重要的。如果监测包括前面提到的所有损伤情况,或者监测每个节点,那将非常复杂。取而代之的是,光路拓扑规划应包括针对监测点的数量和位置进行优化,以及就应监测哪些位置的哪些参数进行优化。

测量光信噪比（OSNR）应该是关键的监视功能，OSNR 限制应该是 RWA 流程的一部分，OSNR 监视器的位置应该是虚拟拓扑优化的一部分，该监视还可以应用于 PMD 和信号串扰。关键是，与损伤相关的约束条件将从信号质量的角度指示 RWA 分配的光路是否可行，并且还将指导所有新光路的设置过程。因此，具有损伤相关约束的算法将同时处理光路计算和光路验证，并且应成为网络控制平面或网络管理软件的一部分。

该算法首先应该寻找满足源与目的地之间的连接请求的候选光路，可能会出现无满足该条件的光路的情况，此时应中断该过程的所有进程。相反，如果存在多条候选光路以及可用波长，则应根据所施加的信号损伤约束条件来估量它们。只有当信号质量满足条件时，才选择光路并启动连接过程。如果没有满足信号质量要求的候选光路，则该事件将被分类为物理层强行阻塞。

从描述的过程中可以看到，整个过程包括不同网络层（物理层、网络层）之间的协作，这也被认为是跨层设计和优化过程。该过程的流程图如图 8.22 所示。我们还应该注意到，损伤感知 RWA 流程具有成本，并且在将它引入高级光网络场景时应格外小心。

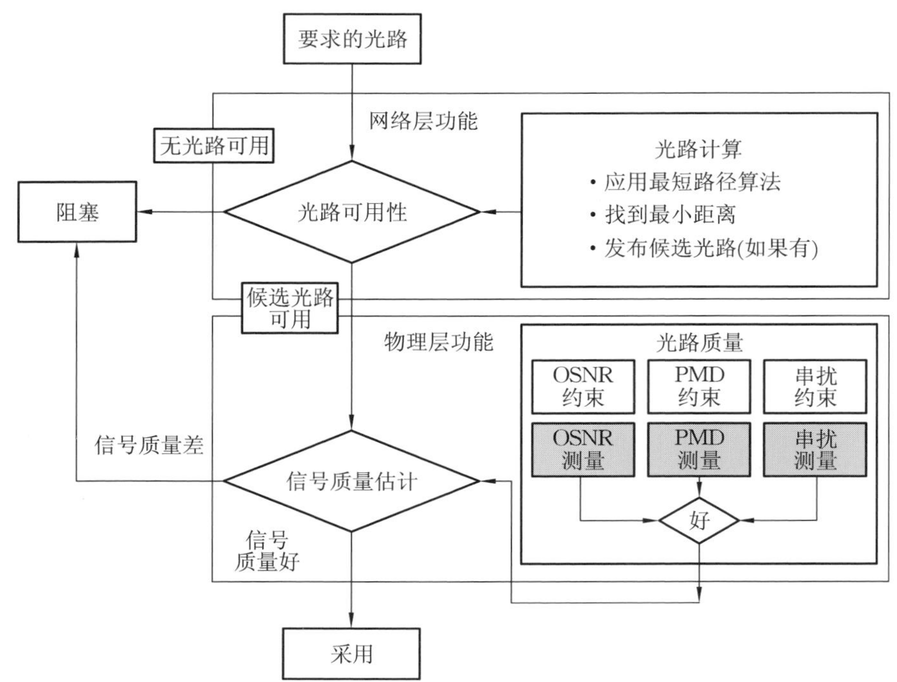

图 8.22　损伤感知 RWA 过程的流程图

8.4.1 光性能监测

出于多种原因,光网络中的性能监测起着特殊的作用,例如:① 对于网络运营商而言,控制传输线的整体状态和整个网络的状态以验证与客户建立的服务层协议(SLA)的实现非常重要;② 性能评估和信号强度是否低于阈值水平的检测可以作为保护机制的激活条件;③ 性能监测可用于预测可能会使传输质量降低的运行状况的变化;④ 性能监测提供了有关减损感知路由的输入,如图 8.22 所示。

性能监测既可以基于数字技术,也可以基于模拟技术。与误码率监测有关的数字技术只能通过使用专门开发的非服务方法(在其中使用测试信号而不是实际信号)来正确评估。所有模拟方法本质上都是近似的,并评估与误比特率(主要是 OSNR 和信号串扰)相关的模拟参数。快速准确的性能评估可以帮助操作员加快操作速度,从而节省时间和运营成本。从这种角度来看,即使模拟技术的准确性不如数字技术,也可以很好地达到目的。但是,将测量结果转换为常用参数(如 BER 或 Q 因子)极其重要。

三种常用的模拟技术与光谱分析、特殊导频的检测和直方图方法有关[50]。光谱分析仪(OSA)可测量 OSNR、光频率和光功率。在使用光谱分析仪评估上述参数之前,应使用某种滤波方法(可调滤波器、空间滤波)从复合信号中提取复合 WDM 信号内的光信道。此方法是最全面的方法,但需要精确可靠的测量设备。在传输侧的激光偏置上添加特定的小正弦波音调的导频技术是一种非常简单的方法,此方法可用于检测强度变化和信号串扰。添加到每个光通道的特定导频也可以用作每个通道的标签,这对于光网络环境中的操作和维护很重要。特定光通道的信号功率是通过监视沿光路的导频的幅度来估计的。如果总光功率已知,则可以用导频的幅度来求 OSNR 和 ASE 值。如果 OSNR 低于 30 dB,则在实验中使用光谱分析获得的结果与使用导频技术的基本一致。

光谱分析或导频技术都不能用于识别色散参数或非线性失真,因为它们仅能评估平均信号参数,这就是提出基于信号幅度直方图的监视技术的原因。信号幅度直方图的提取是通过信号的异步采样和使用非常快的光电二极管进行信号检测来完成的。该方法是位速率透明的,并且能够捕获幅度的变化,但是需要相对复杂的信号处理才能正确解释直方图数据。通过使用同步测量,无需任何信号采样,即可将直方图方法修改为分析特定比特率信号的方法。在这种情况下，监测接收机的设计可以修改为具有可调节阈值和数字计数器的第二判定电路。

例如，可以将通过 OSA 或导频音调技术测量的 NRZ 信号的 OSNR 值与 Q 因子相关联，将式(4.91) 修改成

$$Q=\frac{2\,\mathrm{OSNR}_{\mathrm{band}}\sqrt{B_{\mathrm{op}}/\Delta f}}{1+\sqrt{1+4\,\mathrm{OSNR}_{\mathrm{band}}}} \tag{8.36}$$

其中，B_{op} 是光学滤波器带宽，Δf 是电滤波器带宽，B_{band} 是所用仪器的分辨率带宽(通常是 OSA 分辨率带宽)，$\mathrm{OSNR}_{\mathrm{band}}=(B_{\mathrm{band}}/B_{\mathrm{op}})\mathrm{OSNR}$。式(8.33) 给出了 Q 因子代价的合理估计值，表示为

$$\Delta Q=10\lg\frac{Q}{Q_{\mathrm{ref}}} \tag{8.37}$$

其中，Q 是根据式(8.36) 从测得的 OSNR 中提取的 Q 因子值，Q_{ref} 是参考值，与配置网络设备时测得的值相关。因此，如果测量了 OSNR，则可以在控制系统的操作的同时，从测量数据中求得 Q 因子损耗。同时，可将警报阈值与可以容忍的 Q 因子损耗的最大值相关联，并且它们决定了图 8.22 所示的有关信号质量估计的决策。

串扰噪声的影响可以通过使用式(4.140) ～ 式(4.145) 进行估算。在提取 Q 因子之前，需要知道串扰功率的数量以评估下降的 OSNR 值，这可以通过导频监控技术来完成。这种方法的实现(包括 OSNR 和串扰监控) 应从信道配置过程中对 Q_{ref} 的评估开始，并通过监控来自测量数据的 Q 因子损耗的变化来继续进行。

直方图技术[50] 有助于从测量数据中提取有关信号衰减的更多详细信息。直方图数据通常分为两组，分别与 1 位和 0 位有关。通过假设每组均遵循高斯统计量，可使用它们来评估式(4.57) 中的信号和噪声参数。直方图数据可用来计算 BER，即

$$\mathrm{BER}=\frac{1}{2p(1)}\sum_i H(I_{1,i})\,\mathrm{erfc}\left(\frac{I_{1,i}-I_{\mathrm{th}}}{\sigma_{1,i}\sqrt{2}}\right)+\frac{1}{2p(0)}\sum_i H(I_{0,i})\,\mathrm{erfc}\left(\frac{I_{\mathrm{th}}-I_{0,i}}{\sigma_{0,i}\sqrt{2}}\right) \tag{8.38}$$

其中，$H(I_{1,i})$ 和 $H(I_{0,i})$ 是根据直方图测得的信号幅度，$p(0)$ 和 $p(1)$ 是接收到 0 和 1 的概率，参见式(4.48)。不妨假设概率 $p(0)$ 和 $p(1)$ 相等，即 $p(0)=p(1)=0.5$。如果应用同步采样，则使用式(8.38) 进行 BER 评估的精度为

$-20\%\sim40\%$；而在应用异步采样时，则为$-20\%\sim120\%$。直方图技术的最大优势在于，它可以检测到小信号劣化，并且在某些情况下可以指出这种劣化的原因。

用于评估光通道性能的数字技术基于监控错误检测编码。两种常用的检错编码是循环冗余校验(CRC)码和比特交织奇偶校验(BIP)码，本书在第7章中对它们进行了介绍。数字技术是提供运行中性能监控所必需的，并且通常由行业标准定义[51]。数据流按块进行监控。可以使用不同的方法来获取标记的错误检测编码的结果。最简单的方法是使用BIP错误检测编码，其中BIP位在所有控制位上提供了偶数奇偶校验，如果违反了位奇偶校验准则，则会记录传输错误。

尽管结果高度依赖于错误统计信息的出现，但是数字技术非常适合于在线性能监控。不过，它们不太适合故障定位和识别以及操作过程中的精细性能调整，这些可以通过使用能根据特定应用场景进行调整的快速模拟技术来完成。因此，最好的方法是将数字方法与模拟方法结合起来，以提供具有成本效益且高效的整体系统性能监控。

8.4.2 损伤感知限制

在本节中，我们将分析损伤感知路由方案中定义主要限制的方法。本节分析了有关 OSNR、色散、串扰和非线性的限制。

8.4.2.1 OSNR 限制

正如我们提到的那样，应将 OSNR 作为损伤感知路由过程的主要限制条件。要定义 OSNR 限制，我们可以应用与点对点传输相关的分析结果，即等效于连接源节点和目的节点的光路。为此，我们将式(4.180)和式(4.181)组合在一起，以便使 OSNR 限制可以用分贝单位表示为

$$
\begin{aligned}
\mathrm{OSNR}_{\mathrm{constraint}} &\approx \frac{2Q^2\Delta f}{B_{\mathrm{op}}}+\Delta P \\
&\geqslant P_{\mathrm{ch}}-\mathrm{NF}_{\mathrm{no}}-\alpha L_{\mathrm{span}}-10\lg N-10\lg(h\nu B_{\mathrm{op}})
\end{aligned}
\tag{8.39}
$$

其中，N 是跨数，相当于沿路径的光放大器的数量，而 $\mathrm{NF}_{\mathrm{no}}$ 是放大器的噪声系数。功率裕度 ΔP 仍然保持不变，以解决那些未设置明确限制条件的损害的影响。该限制条件相对于 Q 因子建立了一个参考点，其中的输入参数是比特率(用带宽 Δf 表示)、光路带宽 B_{op} 和光纤链路参数(衰减系数 α 和跨度长

度 L_{span}）。

可以预想光链中同时存在许多 EDFA 和拉曼放大器，因此可以通过引入有源光纤跨度（同时使用 EDFA 和拉曼放大器或仅使用拉曼放大器）和无源光纤的概念来修改式（8.39）光纤链路（仅使用 EDFA 放大器）。在这种情况下，我们可以使用式（4.157）给出的光纤链路的等效噪声系数，因此 ONSR 限制重写为

$$\mathrm{OSNR}_{\mathrm{constraint}} \approx \frac{2Q^2\Delta f}{B_{\mathrm{op}}} + \Delta P \geqslant P_{\mathrm{ch}} - \mathrm{NF}_{\mathrm{equiv}} - 10\lg N - 10\lg(hvB_{\mathrm{op}}) \tag{8.40}$$

其中，

$$\mathrm{NF}_{\mathrm{equiv}} = \begin{cases} \dfrac{\mathrm{NF}_{\mathrm{EDFA}}}{\Gamma} + 1 - \Gamma_{\mathrm{loss}} \\ \mathrm{NF}_{\mathrm{DRA}} + \dfrac{\mathrm{NF}_{\mathrm{EDFA}} - 1}{G_{\mathrm{R}}\Gamma} + 1 - \Gamma_{\mathrm{loss}} \end{cases} \tag{8.41}$$

式（8.41）给出了整个光纤跨段的噪声系数，与集总式放大器的情况相比，它的定义更宽泛。方程组（8.41）中的第一式对应于无源光纤，而如果同时使用了拉曼放大器与 EDFA，则应使用第二式进行计算。在仅使用拉曼放大器的情况下，应假定 $\mathrm{NF}_{\mathrm{EDFA}}=1$。在这种情况下，第二式中的第二项消失了。拉曼放大器的噪声系数 $\mathrm{NF}_{\mathrm{DRA}}$ 由式（4.155）表示，而 EDFA 的噪声系数 $\mathrm{NF}_{\mathrm{EDFA}}$ 由式（4.35）给出。参数 $\Gamma=\alpha L_{\mathrm{span}}$ 是跨度长度为 L_{span} 的光纤损耗，而 Γ_{loss} 是由其他元件（如在放大器站点插入的色散补偿模块（DCM））引起的损耗。

8.4.2.2 色散限制

可以通过单独的限制定义 PMD 和色散的影响。假设传输比特率 $B=1/T$（T 为比特周期），并且存在 N 个跨度，其中第 k 个跨度长度为 $L_{\mathrm{span},k}$。与 PMD 相关的限制可以直接从式（4.110）导出，并写为

$$\left\{\sum_{i=1}^{N}\left[\left(3\langle D_{P1,k}\rangle\sqrt{L_{\mathrm{span}}}\right)^2 + \left(5\langle D_{P2,k}\rangle L_{\mathrm{span}}\right)^2\right] + \sum_{i}^{J}\sigma_{i,\mathrm{PMD}}^2\right\}^{1/2} < \frac{\delta}{B} \tag{8.42}$$

其中，$\langle D_{P1,k}\rangle$ 表示跨度长度 $L_{\mathrm{span},k}$ 上的一阶 PMD 参数的平均值，单位为 $\mathrm{ps/km^{\frac{1}{2}}}$，$\langle D_{P2,k}\rangle$ 表示跨度长度 $L_{\mathrm{span},k}$ 上的二阶 PMD 参数的平均值，单位为 ps/km。若无特别说明，本书中可假设分数 δ 等于 0.3。式（8.42）左侧的最后

一项包括沿光路放置的其他光学元件(如光学放大器、色散补偿模块、光开关)中发生的 PMD 效应。至于与色散相关的限制,可以采用式(4.100),这样色散限制可以写为

$$B\lambda\left(\sum_{k=1}^{N}\frac{|D_{\text{equiv},k}|L_{\text{span},k}}{2\pi c}\right)^{1/2}<\delta_{\text{s,chrom}} \tag{8.43}$$

$\delta_{\text{s,chrom}}$ 是泄漏到比特周期 T 之外的信号的一部分,应该达到$\delta_{\text{s,chrom}}=0.306$,以使色散损失保持在 1 dB 以下。但是,在某些情况下,1 dB 值可能会太高,这意味着 $\delta_{\text{s,chrom}}$ 应该低得多(0.1 ~ 0.15)。$D_{\text{equiv},k}$ 是等效色散系数,计算为

$$D_{\text{equiv},k}=\frac{D_{\text{span},k}L_{\text{span},k}+D_{\text{DCF},k}L_{\text{DCF},k}}{L_{\text{span},k}+L_{\text{DCF},k}} \tag{8.44}$$

其中,$D_{\text{span},k}$ 和 $D_{\text{DCF},k}$ 分别是光纤跨度长度 $L_{\text{span},k}$ 和色散补偿光纤长度 $L_{\text{DCF},k}$ 的色散参数。

8.4.2.3 串扰限制

从式(4.147) 得出与总串扰相关的限制,可以将其重写为

$$-10\lg(1-r_{\text{cross}}^{2}Q^{2})\leqslant\delta_{\text{cross}} \tag{8.45}$$

其中,r_{cross} 为

$$r_{\text{cross}}=\sum_{k=1}^{N}\sqrt{r_{\text{c-out},k}^{2}+r_{\text{c-in},k}^{2}} \tag{8.46}$$

r_{cross} 包括第 k 个跨度(包括可能沿着光路放置的滤波器和光开关)上获取的带外(c-out) 和带内(c-in) 串扰分量。串扰可以被识别出来并最终表现为类似噪声强度的损伤。

8.4.2.4 非线性限制

想要评估沿线的非线性效应的影响是非常困难的。此外,其中的一些影响(四波混频和交叉相位调制) 已经通过串扰限制被包括在内。对于其余的信号(自相位调制和 SRS 效应),最好的做法是提供实际的余量 ΔP 并将其包括在式(8.40) 给出的 OSNR 限制中。我们可以使用式(4.112) 和式(4.118)。但是,采用文献[52] 中的工程方法并将总余量表示为所有相关余量的标准差是符合实际的,即

$$\Delta P=\sqrt{\sum_{j}\Delta P_{j}^{2}} \tag{8.47}$$

8.4.2.5 递归限制

之前提到,OSNR 是反映物理层影响的主要限制。OSNR 沿光路变化,因

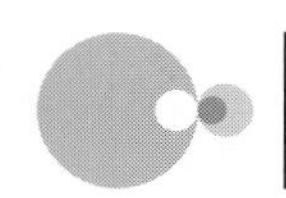

此精确的计算应包括每个跨度的影响，而不是应用通用模型，即假设所有元素（跨度损耗、放大器的噪声系数、节点中的串扰）都相同。可以通过使用递归模型来估计信号和噪声的产生，其方式是通过相对于第 k 个节点发生的增量变化来表示沿光路的第 $(k+1)$ 个中间节点处的信号和噪声。这样，在第 $(k+1)$ 个中间节点处的信号的功率可以表示为

$$P_{s,k+1}=P_{s,k}\prod_{m=1}^{N_{k,k+1}}\alpha_{k,k+1}(m)\cdot g_{k,k+1}(m,\lambda) \tag{8.48}$$

其中，$P_{s,k+1}$ 和 $P_{s,k}$ 分别是节点 $(k+1)$ 和 k 处的信号功率，$\alpha_{k,k+1}$ 和 $g_{k,k+1}$ 分别是总损耗（包括传输光纤和DCF）和传输跨度上的总增益（假设节点 $(k+1)$ 和 k 之间有 $N_{k,k+1}$ 个跨度）。

根据在第 $(k+1)$ 个节点与第 k 个节点之间部署的EDFA和拉曼放大器的影响，在第 $(k+1)$ 个节点处的噪声功率可以表示为

$$P_{\text{Noise},k+1}=P_{\text{Noise},k}\prod_{m=1}^{N_{k,k+1}}\text{NF}_{k,k+1}(m)\alpha_{k,k+1}(m)\cdot g_{k,k+1}(m,\lambda) \tag{8.49}$$

其中，$P_{\text{Noise},k+1}$ 和 $P_{\text{Noise},k}$ 分别是节点 $(k+1)$ 和 k 的噪声功率，而 $\text{NF}_{k,k+1}(m)$ 是第 m 个传输跨度的噪声系数。类似地，由于冲击信道串扰，我们可以将 $(k+1)$ 个节点的光功率表示为

$$P_{\text{Cross},k+1}=P_{\text{Cross},k}\prod_{m=1}^{N_{k,k+1}}\text{NF}_{k,k+1}(m)\alpha_{k,k+1}(m)\cdot g_{k,k+1}(m,\lambda)+r_{\text{cross},k+1}\delta P_{k+1} \tag{8.50}$$

其中，$P_{\text{Cross},k+1}$ 和 $P_{\text{Cross},k}$ 分别是节点 $(k+1)$ 和 k 处的串扰功率，$r_{\text{cross},k+1}$ 是由于在节点 $(k+1)$ 处进行切换和滤波而产生的串扰比，节点 $(k+1)$ 处总功率中来自其他通道串扰过程的一部分为 δP_{k+1}。

上面讨论的递归限制可以应用于任何连接源节点和目的节点的光路。损伤感知RWA过程虽然增加了计算复杂度，但有助于降低阻塞概率。无论如何，将它们应用于特定的网络场景时，应当权衡这两个方面的利弊。应当考虑的最主要因素是网络中使用的最大比特率。由于我们正朝着实现高比特率（100 Gb/s或更高）的方向发展，因此，损伤感知路由变得尤为重要。

8.5 光网络的控制与管理

光网络中的控制和管理功能通过协议来实现，这些协议监督光路径建立

的启动、更改和终止、信令任务以及网络保护机制。根据图 8.1 所示的方案，它们还充当不同网络层之间的通信工具。网络的动态和自动运行意味着上述过程无需任何人工干预就可以根据需求 / 要求进行。

光网络中的网络控制和管理包括一系列关于信令、资源预留、路由、波长分配以及故障管理的基本功能。但是，从更广泛的角度来看，网络管理包括多个功能，这些功能不仅与流量管理相关，而且与性能、配置管理、计费管理和安全等方面也有关。在本节中，我们仅讨论与信令、路由和故障管理相关的功能。信令功能需提供有效和及时的控制消息分发；路由功能包括用于建立、修改和终止光路的所有过程；故障管理功能涉及光路的保护和恢复。

8.5.1 信令和资源预留

建立光通路之前，需要信令协议在网络节点之间交换控制信息，其目的是找到当前最佳状态并沿感知到的光路预留资源。信令和预留协议可以执行并行或串行的关于光纤链路的任务。如果是并行模式，则在每个链路上并行地预留资源，而串行模式意味着资源是逐跳预留的（可以是从源节点到目的节点，也可以是从目的节点到源节点）。信令和预留协议可以基于有关网络某些部分（网络域）的信息或具有全局特征的信息运作。

并行资源预留假定每个节点都明确全局网络拓扑，包括整个网络中使用的任意波长。对于任何节点而言，全局信息对于在计划的波长上计算和优化到达目的地的路由都是必需的。首先，源节点从每个节点获取信息，并且将会向选定路由上的节点发送单独的控制消息；然后，每个接收到该预留请求消息的节点将尝试适应指定的波长；最后，通过肯定或否定来通知发送方。仅当源节点收到沿感知路径的所有节点的肯定确认时，光路才能建立。所有相关节点的并行信令通信和资源预留方案缩短了光路建立所需的总时间。但是，节点需要提前更新全局信息。

在串行资源预留方案中，控制消息沿感知的路由一次只能发送一跳。在将控制消息转发到路径上的下一个节点之前，每个节点都会对其进行处理。链路的预留既可以在节点准备肯定确认（前向预留）时立即执行，也可以在从目标节点向源节点的返回（后向预留）期间立即执行。前向预留过程也可以基于全局知识或基于连接到该节点的链路的状态的知识。如果已知全局信息，则该节点可以找到每个链路上的相同波长，沿着前向路径发送连接设置消息。如果没有全局信息，则该节点可以通过指定波长，再次沿着前向路径将连接设置消息发送到下一个节点。最终所有节点都可以确认该请求，源节点可以建立光路。但是，当存在否定确认时，波长将不可用，源节点将选择其他波长，然后再次开始该过程，直到获得来自所有节点的肯定确认为止。总体而言，该过程可能需要更长的时间，但查询过程不会降低网络利用率。为了加快该过程，可以使用过度预留的情况，这意味着在从源节点接收到预留消息后，该节点将保留所有可用波长。当预留消息到达目的节点时，它将从可用波长集中仅选择一个波长来支持光路的建立，而其余波长将被释放。这是一个更快的预留过程，但是由于过度预留模式，网络可用性可能会在短时间内受损。

在后向串行预留模式下，通过采取措施可以防止过度预留，即在控制消息到达目的节点后并返回源节点过程中进行预留。因此，目的节点负责通过沿所选路由将预留消息发送到源节点来预留资源。尽管这样做可以防止过度预留，但后向预留模式可能会导致重叠，因为网络中同时存在连接请求，并且可能发生这种情况：当消息到达源节点时，在转发请求传播和目标节点验证期间选择的用于连接的波长可能不再可用。

8.5.2 路由和波长分配

路由和分配(RWA)过程在本章前面已针对可能施加的限制进行了讨论。当连接请求被接受时，RWA 过程就启动了。由于以下某些原因，连接请求可能被阻止：① 没有可用的网络资源来建立光通路；② 沿光路的链路上没有共同的波长；③ 信号完整性受到严重损害。

RWA 流程的设计方式应使其成功建立连接的概率最大。为此，可以为一对源节点-目的节点组合预先确定一条固定的路由，或者可以在源节点路由表中预先确定并设置几条固定的路由，这样就可以在连接请求到达时直接选择其中一条。相反，自适应 RWA 过程通过可用的网络信息增加了建立光路的可能性。全局网络信息包括在每个链路上存在着什么可用波长、沿着链路候选的总延迟以及每个链路的成本标签等信息。基于此，RWA 流程可以与应该执行的优化标准保持一致(例如，可以通过选择链路来实现最小延迟)。

自适应 RWA 流程可以基于集中式管理或分布式管理。在集中式管理中，集中式算法处于网络管理系统(NMS) 软件内部，该软件维护着满足连接请求所需的所有信息。集中管理方法的最大优势是不需要节点之间的协调。但 NMS 中可能产生的单点故障会使整个动态过程瘫痪。另一种选择是应用分布式自适应路由算法，该算法有多种形式[53-55]，其本质是每个节点都应维护完整的网络状态信息以查找连接路由。所有节点必须通过广播消息不断更新网络状态。当以快速方式建立和删除光路径时,广播消息可能会在高度动态的环境中产生大量开销。如文献[54]中所建议的,可以放宽对每个节点上更新信息的请求,其中,要求每个节点都维护一个路由表,该路由表标识每个方向和每个波长的下一跳以及到目的地的距离。每次建立或删除连接时,都应更新路由表,并且该信息变化时与邻近节点共享。此外,即使没有任何变化,每个节点也会向邻近节点发送定期的路由更新。

利用全局信息的另一种方法是广播连接该节点与其邻居节点的较不拥塞的链路。较不拥塞的链路是具有更多可用波长的链路。当连接请求到达时,较少拥塞的路径将会被选取。每个节点都需要维护完整的网络状态信息或在光通路建立过程中实时获取该信息。路由也可以基于本地信息,这样就需要每个节点都维护一个路由表,该路由表会指示一个或多个备用出站链路,这些链路是通向目的节点的链路[56]。所有备用链路均已预先计算;如果首选链路上没有资源,则选择备用链路。每个节点仅维护有关源自该节点的传出链路上的波长使用情况的信息。

如果源节点和目标节点之间有多个可用波长,则应通过 RWA 算法进行选择。由于已标记了波长,因此路由将通过某种启发式方法(最简单的方法)或通过施加一些限制(如对任何特定波长的 OSNR 限制)来标识最合适的候选对象。

8.5.3 故障管理与网络恢复

通常,光网络包含高容量的光纤链路和高吞吐量的光节点。当所有链路和节点都处于工作状态时,上述信令和路由过程与常规情况有关。但是,非常重要的是要有一种机制,如果出现某些不正常的情况(例如,光纤链路断开或光节点故障),该机制将被激活。这种机制包括保护和恢复方案,以最大限度地减少可能发生的信息丢失。光学层的上层客户端层(见图 8.1)也具有自己可以被激活的保护和恢复方案。在考虑多层网络中的整体保护和恢复机制时,必须考虑以下因素:① 受每一层机制影响的数据量是多少;② 反应速度是多少;③ 几层同时发生的动作是否会对整体结果产生影响。通常来说,与通过任何客户端层(以太网、IP/MPLS)采取的措施相比,如果采用光学层采取的措施,则受影响的速度和数据量都更高。

“保护”和“恢复”一词的含义有所不同。也就是说,保护过程包括对备用

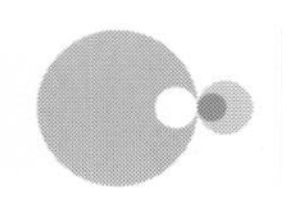

资源(链路、线卡、波长)进行预计算,然后预先预留这些备用资源,如果其中一些发生故障,则可以使用这些备用资源。但是,如果必须为每次故障动态寻找备份资源,那么我们所说的是网络恢复、网络保护效率更高,响应时间更快,效果有保证,但是需要大量冗余的网络资源,这会增加总网络成本。就所需资源而言,恢复的效率更高,这意味着如果应用此机制,网络成本会更低。但是,恢复的结果不能保证成功,且恢复过程会更长。一旦启动,恢复机制既包括信令和资源预留,又包括路由和波长分配方案(寻找光路、可用波长);可以将上面讨论的不同方法用于该目的。接下来,我们只讨论可以在不同网络场景中使用的保护方案。

光网络保护方案如图 8.23 所示。我们可以用物理网络拓扑来识别环形和网状类型的保护方案。两者都可以进一步分为链路保护和路径保护方案。在链路保护方案中,所有流量将在发生故障的链路周围重新路由,而路径保护则涉及通过另一条不相交的路由(用作备用路由)重新路由。在图 8.23(a) 所示的网络方案中,节点 1 和 6 之间的连接链路发生故障,流量通过节点 2 和 3 重新路由。另一方面,可以将节点 3、6、5、7 和 8 连接成环,如果节点 5 和 6 连接失败,则通过重新路由通过节点 7、8 和 3 的连接来激活环保护机制。

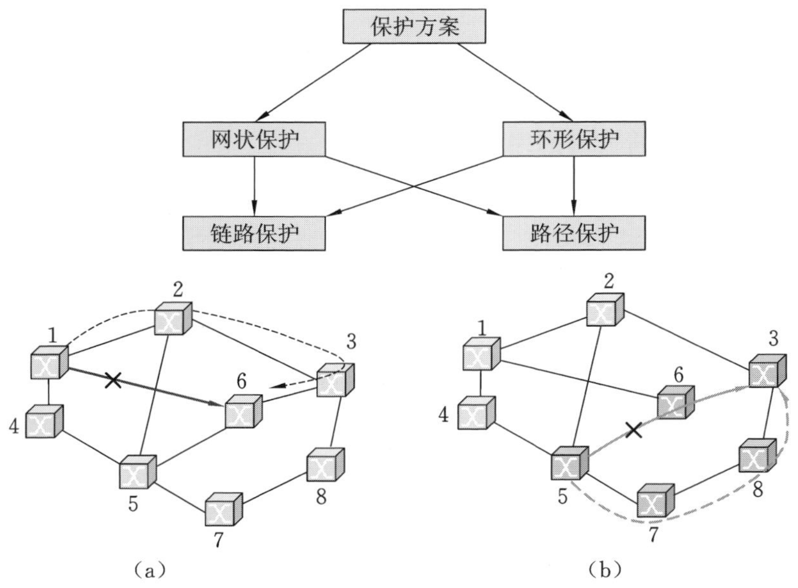

图 8.23　网络保护方案

(a) 网格;(b) 环网

8.5.3.1 客户端层的保护

在客户端层上有不同的保护方案。在某些方案中，一次保护一个连接（路径），而另一种则保护所有连接（线路保护）。例如，OTN 标准保持与 SONET 相同的保护方案，并为点对点链路提供保护，这适用于网状网络和环型网络。以太网和 IP/MPLS 都具有内置的保护机制。

OTN 中的点对点保护可以是 1＋1 或 1∶1 类型（或更常见的是 1∶N 类型）。在 1＋1 保护方案中，通过两个节点之间的两条独立的光纤链路（或独立的光纤链路级联）同时建立连接。目的节点仅根据其建立的质量要求选择要使用的信号。保护动作非常快，这是因为接收节点在断定信号质量不好之后立即采取行动，切换到其他方向（如果光纤被切断或某些损伤导致信号质量严重下降，则会发生这种情况）。此操作不需要任何信令协议。实际上，每个方向都需要两对光纤，一对用于工作流量，另一对用于保护流量。

在 1∶1 保护方案中，源节点和目标节点之间不会同时传输流量。如果光纤被切断，则目的节点和源节点都必须在收到链路故障的信号后启动到保护光纤链路的切换，通过自动保护切换（APS）协议将故障通知节点。在接收端发现连接失败并通过最短的可用连接将“切换到保护”消息发送到发送节点之后，生成此协议。1∶1 交换的操作比采用1＋1 保护方案的情况要慢，但是网络效率更高，因为在正常情况下，保护链路不会被重复的流量占用，并且可以用于传输优先级较低的流量（尽力而为流量）。如果启动保护，则优先级较低的流量将自动清空，以留出空间用于受保护的流量，该空间通常是优先级高的流量。另外，保护链路不仅可以用于1∶1保护方案，还可以用于1∶N 保护方案，这意味着 N 个工作光纤可以共享相同的保护。就网络资源利用而言，该方案非常经济。当发生多个故障时，自动交换协议应确保只有一个链路利用保护资源。重要的是，OTN 交换机是实现点对点保护方案的网络元素。

众所周知的事实是，SONET/SDH 技术在环型拓扑上提供了非常有效的保护方案[57]，并且与 OTN 的效率相同。保护速度由 SONET/SDH 和 OTN 标准定义，并设置为低于 50 ms，这已成为具有电信级传输质量所需的任何流量的通用参考。SONET/OTN 层定义了几种自愈环保护方案，它们可以与单向或双向情况相关。在单向情况下，节点通过光纤对连接，从而有效地形成两个光纤环。一个指定用于工作流量的环沿一个方向（可以是顺时针或逆时针）承载流量，而另一个指定用于保护流量的环则沿相反的方向进行流量传输。

作为示例，我们可以假设，通过使用这两个节点之间的直接链路，在图 8.23(b)中的节点 5 和 6 之间进行工作流量的连接是按顺时针方向进行的，而保护则通过逆时针环使用经过中间节点 7、8 和 3 的连接进行。节点 6 和 5 之间的正常通信连接将使用更长的路径即通过中间节点 3、8 和 7，而保护将由直接链路 6—5 完成，如图 8.23(b) 所示。

通常，双向环需要在每个节点之间部署四根光纤，并且双向承载工作流量。例如，节点 5 和 6 之间的工作流量是沿着直线 5—6 顺时针进行的，而节点 6 和 5 之间的工作流量是通过使用另一根光纤环上的直线 6—5 逆时针进行的。(如果有四个平行的光纤环，两个用于工作，两个用于保护)。双向方案的环的数量也可以减少到两个，这意味着环将保持如上所述的双向工作流量模式，而保护是通过环回光纤链路故障处周围节点的流量来实现的(在图 8.23(b) 所示的情况下，将通过桥接节点 5 和 6 中的两个环来建立连接所有节点的光纤环路)，这可以通过使用适用于这种情况的 APS 协议来完成。

以太网客户端层在生成树协议(STP) 中具有内置的保护机制。如果原始生成树中的某些链路发生故障，STP 将重新配置另一棵生成树，如图 8.24 所示。如我们所见，链路 1—6、2—5、5—6 和 5—7 在原始生成树配置中被阻塞。但是，如果链路 4—5 故障，则 STP 会取消阻塞链路 2—5，并建立新的生成树结构。在其他一些情况下，除了取消阻止某些链路外，STP 还可以阻止某些链路以确保生成树结构完整。快速生成树协议(RSPT) 进一步增强了 STP 的保护机制，其中以太网交换机自动将一个或两个阻塞端口指定为根交换机的备用端口。如果原始根端口发生故障，则可以解除阻塞并快速激活指定的端口，从而成为新的根端口，这种情况就是端口从节点 5 到根节点 2 的情况。

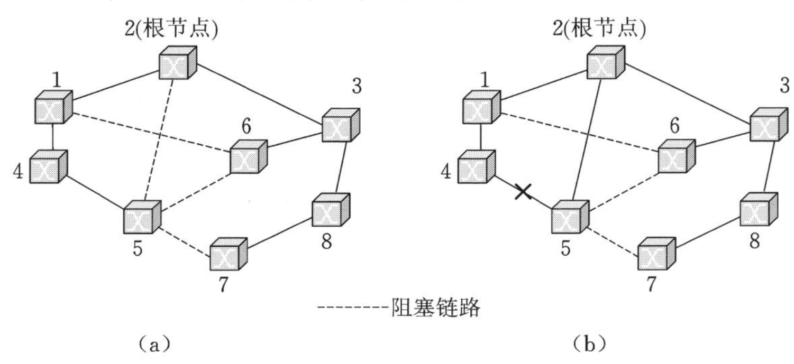

图 8.24　以太网生成树保护

(a) 原始树；(b) 保护后修改的树

对于IP层，通过逐跳动态重新路由来实现保护。如果特定域内发生故障，则使用 OSPF 或 IS-IS 等协议根据当前情况更新路由表，这在第 8.1.4.3 节中进行了讨论。更新路由表和重新路由流量的过程可能需要花费几秒钟的时间，这不属于定义为运营商级流量质量的类别。在任何情况下，IP 流量都被认为是尽力而为的，可以通过在逻辑结构中位于 IP 层下面的层（即 MPLS 或光层）来实现更有效的保护，如图 8.2 所示。

在 MPLS 保护方案中，标签交换路径（LSP）受另一条 LSP 保护，并且交换时间可以足够快以符合运营商级别要求。在这种保护方案中，保护 LSP 上的节点具有预先计算的备份隧道。一旦绕过故障，这些隧道最终将合并回常规 LSP。备份隧道的起点和终点分别称为本地修复点（PLR）和合并点（MP）。例如，如果假设使用图 8.20 中的 NSFNET 结构，并假设故障发生在节点 2 和 4 之间的链路 2—4 上，则保护隧道将通过节点 3 建立，因此新连接将遵循路由 2—3—4。现在节点 2 足以作为 PLR，而节点 4 则为 MP。由于恢复是在本地进行的，因此无需花费太多时间来执行保护切换。通常，一个 LSP 可以有多个保护隧道，其最大数目等于源节点和目标节点之间的最大跳数。

在传输 MPLS（MPLS-TP）[58] 中，定义了保护机制以满足运营商级质量要求，从而模拟了 SONET/OTN 中应用的方案，只是这一次使用的是 MPLS 技术。对于 MPLS-TP 中的路径保护，同时定义了 1+1 和 1∶1 方案。在 1+1 方案的情况下，目标节点将检测工作路径是否不可用，并将流量切换到保护路径；而在 1∶1 保护方案中，需要围绕故障点的路径上的节点之间进行协调，这是通过 APS 协议完成的。当末端节点检测到工作路径故障时，它将切换到保护路径模式，并将请求发送到另一个末端节点以执行相同的操作。收到请求并执行切换后，该节点会将已成功完成操作的确认信息发送回另一端节点。至于 MPLS-TP 中的环型保护，SONET/OTN 的完整仿真是通过已定义的两种有效的环保护机制完成的：包装和导向模式。对于每个形成环的工作 LSP，都有一个与工作环相反的方向延伸的保护隧道环。包装模式机制类似于单向 SONET/OTN 环保护方案，而转向模式类似于双向环保护方案。在包装模式下，当节点收到有关故障的信息时，它将流量切换到保护隧道；而在转向模式下，源节点和目标节点都必须切换到保护隧道。

8.5.3.2　光学层的保护

光学层的保护是通过分配光路来完成的，如果由于物理链路中断或信号

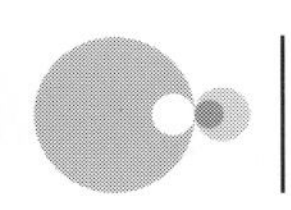

质量的灾难性降级而导致工作光路发生故障，则将对流量进行保护。通常，与上面讨论的客户端层上的保护相比，光学层上的保护更快，且更具成本效益。光网络元素（OLT、ROADM 和 OXC）通过使用与客户端层实施的方案本质上相似的方案来采取保护措施。但是，如果在光学层上完成，则更快，更高效。此外，光学层上的保护可以提供更高程度的网络弹性，这在同时发生多个故障的情况下非常重要。

我们还应该意识到，存在着一些在光学层上无法有效处理的故障。例如，客户端层设备的任何故障都应通过客户端层保护来解决，否则可能会出现光学层无法明确地识别并采取措施的情况，如果没有对损害影响进行精确评估，则会发生这种情况。而且，光学层保护由光路承载的所有业务，如果仅影响光路内的部分业务，则此保护可能不是必要的。最后，保护光路的长度可能较长，并且会累积更多的损伤（延迟、抖动、PMD），从而使保护成为问题。

当使用分光器（每个部分都指向不同的路径）将进入光纤链路的信号分开时，最简单的光路保护方案是1+1。在接收端，光开关用于接收来自输入的不同路径之一的信号，而如果光信号降到某个阈值（阈值通常为零，因此切换动作基于特定链路上是否存在光信号）以下，则触发开关。由于分光器和沿光路的开关的存在，该保护方案会加入一些其他损耗。如果实施了 1：N 保护，则在发射端需要使用 1：N 光开关，而在接收端应使用 N：1 开关。如果切换动作是由 APS 协议发起的，则沿光路的总插入损耗小于 1+1 保护方案中的损耗。

1+1和1：N 保护方案的原理与SONET/OTN方案中使用的原理非常相似。光路保护与单个光通道或单个波长有关。因此，单波长方案也称为光通道（OCh）保护方案，从这个角度来说，存在以下可用方案：① 环形和网状拓扑中的1+1 OCh 专用保护；② OCh 共享保护环（OCh-SPRING），本质上是一种应用于环拓扑的 1：N 保护方案，其恢复机制类似于双向 SONET/OTN 环；③ OCh 网状保护，这是一种应用于网状拓扑的 1：N 保护方案，如果发生光路故障，则光学交叉连接可将波长重新路由到共享链路。

光复用（OMS）保护方案是指将保护应用于聚合的复合信号，从这个角度来说，存在以下可用方案：① 环型和网状拓扑中的 1+1 OMS 专用保护；② OMS 共享保护环（OMS-SPRING）本质上是在环体系结构中使用的 1：N 保护方案，OMS 专用保护环（OMS-DPRING）本质上是在 SONET/OTN 中使用的单向环保护方案 OTN；③OMS 网格保护，本质上是一种应用于此特定情况的 1∶N 保护方案。1+1 OCh 和 1+1 OMS 保护方案之间的区别在图 8.25 中作了说明。

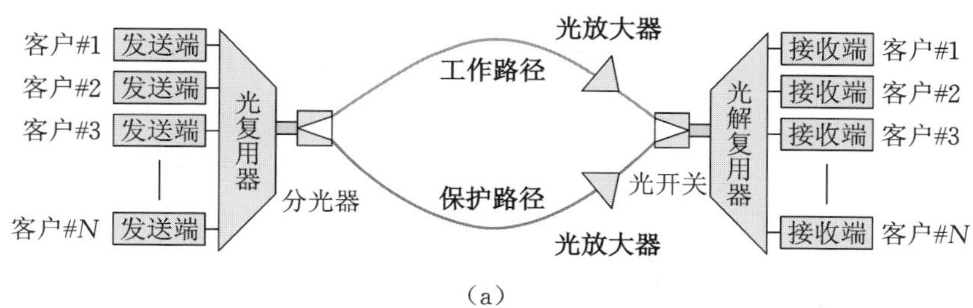

(a)

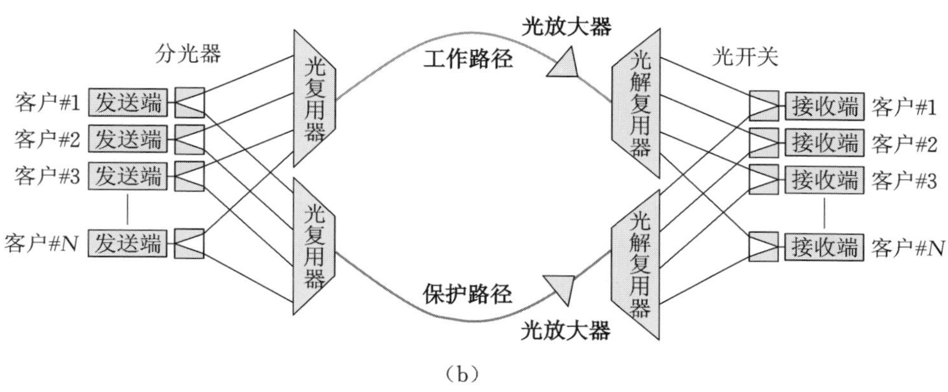

(b)

图 8.25　1+1 光学保护方案

(a) OMS 保护；(b) OCh 保护

值得一提的是，也可以通过使用在路径上部署的光放大器来实现保护方案，如图 8.25 所示。图中一个放大器处于工作状态，而另一个放大器则根据此时的工作路径而关闭。

总而言之，光学保护方案可以针对不同粒度进行保护，并且客户端保护方案通常是整体故障管理和网络恢复的一部分。网状保护方案比环型保护方案更为复杂，但是可以提供更有效的网络资源管理。网状保护的关键是使保护路由表作为节点路由方案的一部分得到很好的维护。从网络规划的角度来看，网状保护方案也更加灵活。网状保护通常设计为预先计算的保护路径和即时动态计算的保护路径的组合。

对于光学层和客户层之间的互通，必须防止不同层同时且独立地尝试解决恢复问题时引起的资源争用和动作延迟。而且，由于每一层将以重叠的方式分配一些冗余的网络资源，所以由两层或更多层进行的独立且不协调的动作是非常低效的。因此，一些分层方法应该是层互通的一部分，在层之间通信的同时应定义关于各个层的动作顺序的优先级机制。还可以通过增加的延迟时间来管理有序的恢复，以这种方式，更高的网络层(以太网、MPLS)将等到光学层执行完操作为止。但是，如果延迟时间较长，则此方案可能效率不高。

8.6　光网络的控制平面

光路的建立和取消、光信号的动态路由、保护和恢复机制的激活以及光网络和客户端层之间的有效通信都可以通过控制平面来实施。控制平面的建立应与数据平面无关(数据平面是数据传输和从源到目的地的整个路由过程的通用名称)。

正如之前看到的，从源到目的地的传输涉及许多协议，这些协议用于信令、路由、广播、互通和保护目的。我们可以将它们全部视为独立软件包和负责所列出功能的网络中的一部分，该软件和子网称为控制平面。

建立控制平面最重要的部分是定义客户端层和光层之间的交互，以及定义不同光网络域之间的相互交互。许多标准化组织(IEEE、ITU-T、IETF、OIF)已经讨论了控制平面层面，试图找到最有效的结构来促进客户端和服务器层之间的通信(在这种情况下，光学层是服务器层)，从源到目的地的信令、路由和恢复功能的应用。客户端和服务器层之间的通信与源节点和目的节点之间的所有连接的初始化、修改和拆除有关。

通常，可以针对特定的光联网方案实现控制平面的两个模型：覆盖模型和P2P模型，分别如图8.26和图8.27所示。在覆盖模型中，光学层通过用户网络接口(UNI)与客户端层进行通信，而光学层内部的所有通信均通过网络到网络接口(NNI)完成。NNI实现了光层内不同域或子网之间的通信，可以根据不同的标准(如地理区域或网络所有权)来建立光域。此模型中，客户端网络元素(IP路由器、以太网交换机、OTN交换机)没有任何关于拓扑、节点配置和连接表方面的知识。对于客户端网络(如IP网络)也是如此，从光学层的角度来看，它是“不可见的”。覆盖模型在支持专用光通路服务和虚拟专用光网络方面非常有用。

P2P控制平面模型的情况有所不同，在该模型中，所有网络元件均相等，

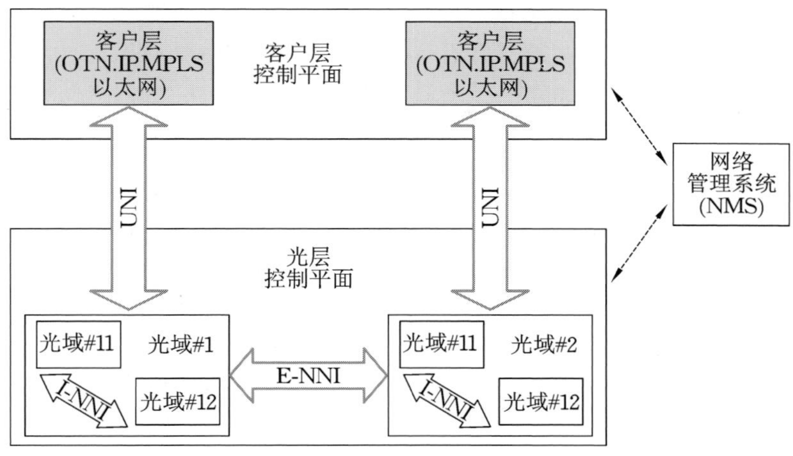

图 8.26　光网络控制平面的覆盖模型

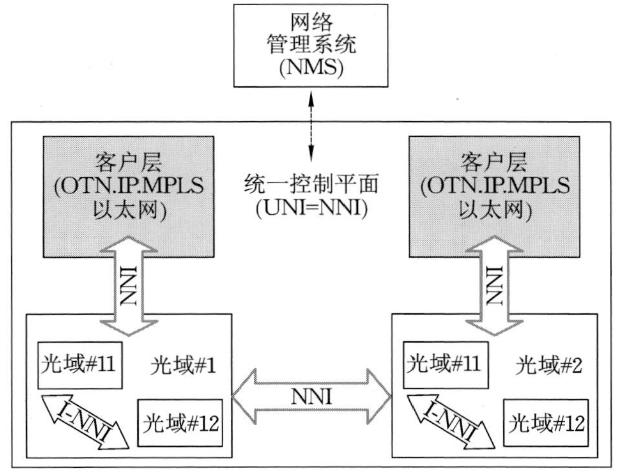

图 8.27　光网络控制平面的 P2P 模型

并且每个元件都知道整个网络属性。在这种情况下，由于 UNI 和 NNI 的功能合并在统一的 NNI 中，因此不需要特定的 UNI。因此，所有网络元件(IP 路由器、以太网交换机、OTN 交换机、ROADM、OXC) 都受到同等对待。IP 路由器完全了解光学交叉连接的路由属性，并认为 OXC 只是另一个路由器。但是，光网络元件施加的限制与 IP 路由器施加的限制不同，因此需要对 IP 路由器的观点进行某种抽象。

每个控制平面模型也有改进版本，其处于两者之间，只有所选信息会提供

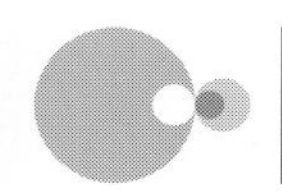

给每个参与者，而一些拓扑信息可应要求提供。

控制平面是一种独立于网络管理系统(NMS)运行的分布式网络智能。但是，需要控制平面和NMS之间的通信才能充分利用两者的优势(集中式处理与分布式处理)。作为第五代光网络的一部分，控制平面采用了一组特殊的路由和信令协议，这些协议最初是作为IP/MPLS网络技术的一部分开发的，但已经对原始协议进行了一些修改和扩展以执行上述功能。这就是将这样的控制平面称为基于通用MPLS或GMPLS协议的控制平面的原因。GMPLS可以合并到属于传统NMS结构的某些段中，并且这种变体被认为是自动交换光网络(ASON)模型，旨在有效地执行光网络中的关键功能。

同样重要的是，GMPLS模型支持线路和路径保护。对于线路保护，对于1＋1和1∶1方案所支持的定义在网络资源利用方面提供了更大的灵活性。GMPLS还可以支持$M:N$共享保护方案，其中，N是工作链路的数量，而M是分配用于共享保护的链路的数量。在$M:N$共享保护方案中，优先级由为该功能指定的节点设置，并且还具有其他处理功能。总之，GMPLS保护机制的主要优势在于更好的灵活性和网络资源的更有效利用，但是该保护方案延长了执行网络保护功能所需的时间。

8.7 光学包和突发交换

本章到目前为止讨论的光网络主题一直是关于光路和如何有效建立及建立之后管理光路的问题。另外，与客户端层的交互被概述为整个光学网络的重要方面。从这个角度来看，光网络被看作是通过基于电路的交换来容纳基于分组服务的工具，其中较低的交换粒度是一个波长。很明显，所有未来的基于分组的网络都需要在包括光网络在内的所有网络级别上以更精细的粒度进行大容量和高性能交换，这就是为什么在谈论下一代光网络时将光分组交换视为最终目标的主要原因。

接下来，我们将解释光分组交换(OPS)的基本原理及其实际实现所需的技术和方法[59-62]。迄今为止，对光分组交换的实际实现的最大挑战是缺乏在光级别执行的随机存取存储器功能以及用于光数字信号处理的关键逻辑器件，所有这些都是执行光路由和信令目的所需的控制功能(如数据包头处理和路径计算)所必需的。在以有效且经济高效的方式解决该问题之前，光分组交换仍在实验室研究阶段，而不是现场部署阶段。

考虑到 OPS 技术的所有实际缺点，光突发交换(OBS) 被认为是中间步骤，或者说是在光电路和光分组交换之间的中间步骤，由于不需要光缓冲和快速信号处理[63-68]，因此更容易实现。本节还将说明光脉冲串交换的特性。

8.7.1　光分组交换

OPS 提供了最好的转换粒度，这是继续进行研究活动以实现其实际实施的主要动力。光分组交换机的通用方案包含几个关键功能块：分组交换矩阵块(或交换结构)、交换控制单元和分组同步块。如果光分组交换机被设计用于网络内的同步操作，则需要一个分组同步块。在同步模式下，如图 8.28 所示，要求所有数据包要么具有相同的大小，即占用一个时隙，要么占用整数个时隙。进行数据包同步的主要原因是，当两个或多个数据包同时切换到同一输出端口时，需要将由于输出端口拥塞引起的冲突降至最低；如果同步，则一次只允许一个数据包进入任何给定的输出端口。相同输出端口的其他数据包将被缓存以等待，数据包在缓存区中的等待时间还取决于特定数据包承载的流量的优先级。因此，缓存提供了数据包的同步和分类。

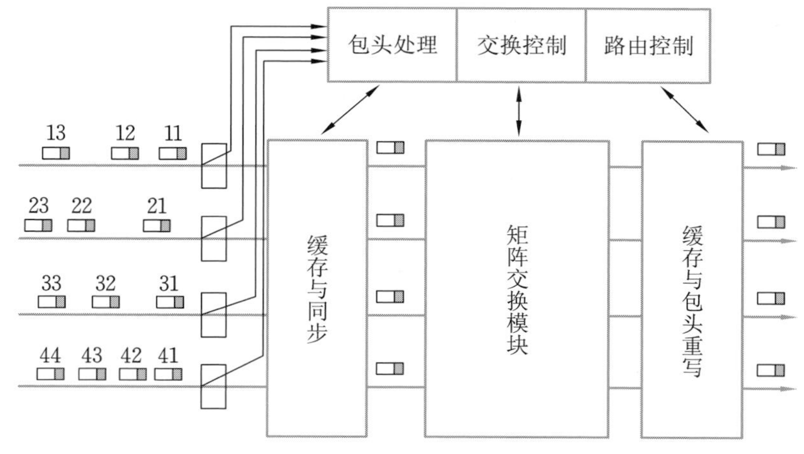

图 8.28　同步光分组交换机的结构

数据包到达 OPS 的输入端口取决于沿连接源节点和相关节点的走线放置的所有光纤链路的物理长度、通道波长、线路上的色散以及沿光纤线的温度变化。例如，任何长度为 100 km 的光纤链路都会引起大约 330 μs 的延迟，而如果使用标准单模光纤，则通道波长之间的 10 nm 差异(假设为 1550 nm 区域)将导致大约 20 ns 的交互延迟。同时，10 ℃ 的温度变化将在 100 km 的距

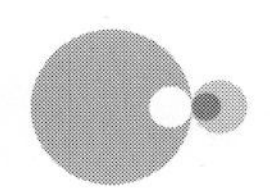

离内引起约 40 ps 的延迟变化。由于上述原因引起的分组延迟可以在光分组交换机输入处于缓存和同步阶段得到补偿。缓存和同步单元可以由级联的光开关和光纤延迟线组成，它们可以经过校准以提供可编程的延迟时间。

开关中的任何处理都从包头处理开始，这是因为一小部分输入信号被抽取并传递到包头处理模块，在其中识别前导并读取头信息。包头还携带时间标记信息，该信息用于在矩阵块交换时的对齐同步块。在访问交换矩阵之前，所有数据包都在缓存和同步块中对齐。开关矩阵还可以引入本质上与上述提到的延迟类似的延迟以及由于电子处理引起的时序抖动而引起的延迟，但是规模要小得多。由于抖动引起的延迟应在缓存与包头重写阶段的交换机出口处进行补偿。重写是将新内容放入包头的过程，该包头具有地址信息、优先级和时间戳。数据包描述过程对于正确读取包头和通过交换机进行路由至关重要，但要求纳秒级或更高级别的位级同步[61,62]。

同步操作和补偿延迟的选择在读取标头并执行数据包描述之后启动，因此可以肯定数据包头已被确定。值得一提的是，通常，OPS 中的数据包同步模块会引入信号和信道串扰的额外损失。较长的级联需要一定的信号放大，这也会产生额外的噪声，而串扰会降低信号质量。

如果没有同步块，则光分组交换机以异步方式工作，并且可能有也可能没有时隙大小的间隔。数据包无需任何对齐即可到达交换设备，并且可以在任何特定时间进行交换，如图 8.29 所示。但是，由于此过程的随机性，当两个或多个数据包前往同一出口端口时，发生竞争的可能性就会增加。数据包通过一条固定的延迟线（通常是光纤的一部分）而不是同步块，在发生数据包头处理和交换机重新配置过程时，该延迟线将存储数据包。因此，所有数据包都经历相同的延迟时间，彼此之间保持相同的相对位置。

异步机制在容纳到达的数据包方面更加灵活，但是没有任何机制可以最小化数据包之间的竞争。所有这些都会大大降低光网络的吞吐量。值得一提的是，尽管异步机制提供了动态的数据包交换功能，但它仍需要快速的时钟恢复，以进行包头识别和比特级的同步。

包头识别功能在同步和异步模式下都是相同的，其执行方式与电分组交换机（IP 路由器和以太网交换机）不同。也就是说，在电分组交换的情况下，如从图 8.5 和图 8.7 所示的帧所见，分组包头位与有效载荷数据串行发送，包头以与数据位流速率相同的速率处理。在 OPS 中，包头处理的方式有所不同，以

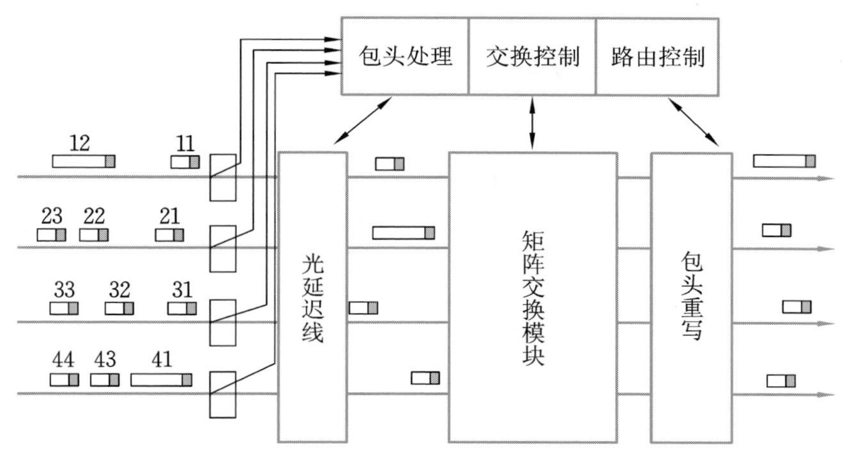

图 8.29　异步光分组交换机的结构

提高处理速度并使其更具成本效益。为此考虑了几种方法，如数据流的光学子载波多路复用、ASK 或 FSK 调制[61,62,65]，这些方法都有一些缺点，如光接收机的带宽有限或消光比降低。

正如我们前面提到的，当两个或两个以上的数据包以相同的波长同时到达时，应该相当精确地控制光分组交换的过程，以最小化 OPS 输出端口上的竞争。通过电交换，可以将一些数据包存储在随机存取存储器(RAM) 中，然后在可用时通过端口发送它们来解决这种竞争。但是这不能在光学层面上做到，而应考虑其他一些方法。最具吸引力的方法之一是再次使用波长转换，该转换将有效地重叠数据包，但没有真正的竞争。同样，光延迟线可以以与在输入端类似的方式应用于输出端。最后，可以应用一些新的路由，其中某些数据包将通过不同的路由间接发送到同一最终目的地。这些数据包将通过不同的输出端口离开 OPS，只是为了跳过竞争。

流量建模在 OPS 结构的设计中起着非常重要的作用，这是因为数据包到达的时间会影响所有后续步骤。为此，建模应与 IP 流量模式保持一致，其特征是突发性和自相似性。结果表明，流量可以通过数据包到达的通断周期来表征，该周期遵循具有称为 Pareto 分布的概率密度函数的分布[66,67]，即

$$p(x)=\frac{\alpha\cdot b^{\alpha}}{x^{\alpha+1}}\tag{8.51}$$

其中，α 是形状参数，b 是 x 可以取的最小值。该概率密度的分布函数为

$$P(x)=\int_{b}^{x}\frac{\alpha\cdot b^{\alpha}}{y^{\alpha+1}}\mathrm{d}y=1-\frac{b^{\alpha}}{x^{\alpha}} \tag{8.52}$$

如果 $\alpha \leqslant 2$，则式(8.52) 定义的分布具有无限方差；如果 $\alpha > 2$，则该分布具有无穷平均值。参数 α 的值应介于 1 和 2 之间，以具有自相似的流量仿真。如果对流量进行建模，则参数 x 的生成应满足条件

$$\mathrm{RBMD}=\frac{b^{\alpha}}{x^{\alpha}} \tag{8.53}$$

或

$$x=b\left(\frac{1}{\mathrm{RBMD}}\right)^{1/\alpha} \tag{8.54}$$

其中，RNDM 是 0 到 1 范围内的随机数。

式(8.51) 的分布平均值为 $\alpha b/(\alpha-1)$。开关周期的分布由参数 α_{on}、α_{off}、b_{on} 和 b_{off} 确定，其中，b_{on} 是接通时间的最小长度($b_{\mathrm{on}}=B_{\mathrm{on}}/B$，其中，$B_{\mathrm{on}}$ 表示最小数据包大小，B 表示信号比特率)。任意开关流量源的平均负载以比率定义为

$$E_R=\frac{E_{\mathrm{on}}}{E_{\mathrm{on}}+E_{\mathrm{off}}} \tag{8.55}$$

其中，E_{on} 和 E_{off} 分别是打开和关闭周期的平均值。于是有

$$b_{\mathrm{off}}=b_{\mathrm{on}}\left(\frac{1}{E_R}-1\right)\frac{\alpha_{\mathrm{on}}(\alpha_{\mathrm{off}}-1)}{\alpha_{\mathrm{off}}(\alpha_{\mathrm{on}}-1)} \tag{8.56}$$

值得一提的是，在接通期间，数据包按顺序发送而不会暂停。刚刚描述的模型可以扩展到多个源，并且每个源都遵循式(8.51) ～ 式(8.56) 描述的分布。可以将总网络吞吐量 T_{N} 计算为[3]

$$T_{\mathrm{N}}=\frac{N_{\mathrm{b,successful}}}{C_{\mathrm{N}}t/L_{\mathrm{H}}} \tag{8.57}$$

其中，$N_{\mathrm{b,successful}}$ 是成功传送的位数，C_{N} 是总网络传输容量，t 是总传送时间，L_{H} 是平均跳距。网络总传输容量为

$$C_{\mathrm{N}}=\sum_{i=1}^{N_{\mathrm{total}}}i\left(\sum_{j}^{M}j\cdot B_{ij}\right) \tag{8.58}$$

其中，N_{total} 是链路的总数，M 是波长的数量，B_{ij} 是特定链路和波长内的传输比特率。如果所有链路具有相同的波长数和相同的比特率，网络容量将变为

$$C_{\mathrm{N}}=N_{\mathrm{total}}M\cdot B \tag{8.59}$$

8.7.2 光突发交换

突发交换的概念最早在文献[63]中提出，应用于基于传统 TDM 的链路上的数据流量，但已逐渐用于光网络[64,68]，并最终成为光突发交换（OBS）。OBS 的概念在本质上与光标签交换（OLS）的概念相同，因为在这两个概念中，控制包在路由过程中都起着关键作用。在基于 OBS 的网络中，源节点（入口节点）将客户端 IP 数据包聚合为更大的突发流量，如图 8.30 所示。每个数据突发（见图 8.30 中的 B1、B2 和 B3）都与一个控制包（见图 8.30 中的 C1、C2 和 C3）相关，该控制包中包含有关突发流量大小和路由方向（目的地）的信息。控制包和随后的突发数据包之间应该有一个时间偏移。控制分组在光分组交换中起分组头的作用，在每个中间光学节点进行电处理，以做出适当的路由决策（输出端口、波长、优先级）。每个突发流量可作为任意中间光节点中的实体进行交换，该中间光节点基于从控制包中提取的信息进行适当配置。

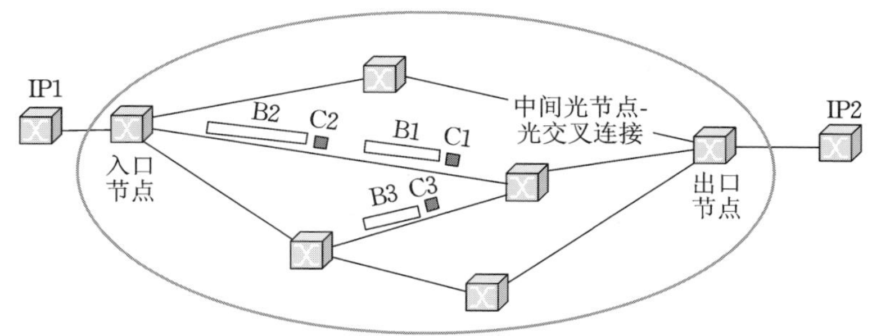

图 8.30 光突发交换的实现

光突发交换的重要功能是网络边缘突发的聚集，以及到出口节点的调度。聚集可以基于时序或阈值原理。在基于定时的方案中，定义了一个时隙以收集和聚集已到达该时隙内的所有分组。在基于阈值的方案中，将限制设置为可聚合的最小和最大数据包数量。所有传入的数据包都存储在入口节点的指定注册表中，直到满足条件为止，然后将突发发送到网络。就保证突发延迟的要求而言，基于时序的方案更为有效，因为在基于阈值的方案中无法保证突发延迟符合某些延迟要求。也可以通过组合时序和阈值准则来实现混合方案，以为自相似流量提供更好的性能，但是该方案通常更复杂。除了将突发组装并引导到相应的输出端口外，突发调度算法还负责控制包的转发以及突发与控制包之间的时序偏移。

光突发网络中的信令起着关键作用，因为它促进了光路的建立和所有后续的优化。该信令方案与之前讨论的基于电路的光联网时所述的方案类似，但是进行了一些修改，这些修改考虑了与控制数据包处理有关的细节。对于路由协议，可以应用于与信令相同的逻辑。因此，基于 GMPLS 的控制平面可用于管理光分组突发上的端到端连接。

光突发交换是一种基于光电路交换和光分组交换的技术。我们可以说这是“部分”光电路交换，因为它们两个都使用类似的信令和路由过程。突发流也需要光路径的建立，但是相互作用的方式是不同的，这是因为光路径的建立和消除要更快，这同样适用于通过光学交叉连接进行的路由。另一方面，光突发交换正在处理以数据包头信息为特征的光分组。因此，每个突发都可以视为从输入端口切换到输出端口的非常大的数据包。就入口数据包的异步与同步安排和竞争解决而言，相同的逻辑也可应用于 OPS 和 OBS。OPS 和 OBS 之间的关键区别在于数据包的大小、包头排列以及边缘节点的作用。OBS 中的边缘节点在整个网络结构中起着关键作用，因为它负责监视、分类和调度功能。控制平面是在边缘节点之间提供全面协调的关键。数据流量的自相似模式也适用于光突发交换，尽管突发集合可能会影响该模式[70]。

总之，光突发交换可以看作是在光电路交换和基于光分组交换之间的中间过程，该交换试图采用并结合这两个概念的最吸引人的特性。这样，它有可能比光分组交换更早地部署。对于光网络的更广阔的视野，这三种技术(光电路交换、OPS 和 OBS)都与协议的通用性、采用波长转换方法的争用解决方案以及保护方案相互关联。一方的任何技术进步都可以推动另一方的努力，反之亦然。基于电路的光网络仍然占主导地位，这是该领域中唯一被采用的技术，而 OPS 和 OBS 仍在研究中。

8.8 光网络应用部分

光网络拓扑和路由方案高度依赖于应用方案。通常，如图 1.1 所示，有四个应用程序段可以分别分析：① 光接入网；② 光城域网；③ 光核心网；④ 数据中心光网络。

8.8.1 光接入网

部署光接入网的方式是使光信号一直到达终端用户，或者其友邻，使用位于中心处位置的光线路终端(OLT)从某个网络节点分发此光信号,如图 8.31 所示。OLT 连接到设备商边缘网络,并能够向终端用户(家庭、建筑物、企业、蜂窝站点)交付各种服务(语音、视频、数据、移动)。

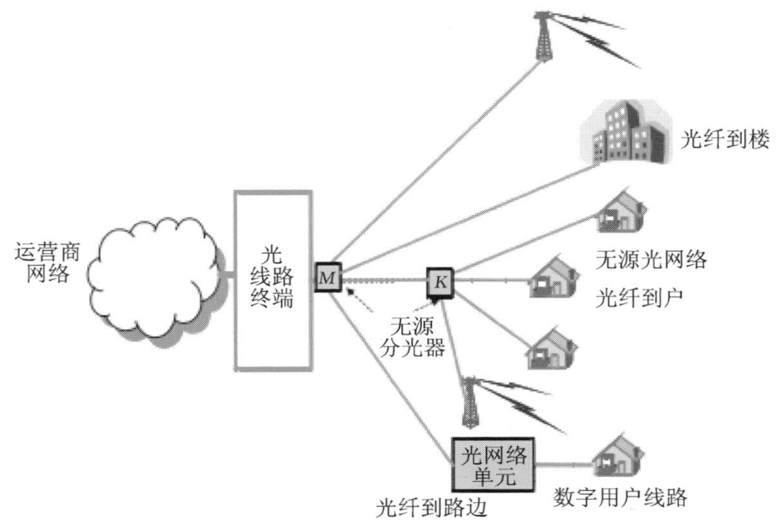

图 8.31　基于光纤的接入网

来自 OLT 的信号分配可以通过使用一条直达终端用户的点对点光纤链路来完成,也可以通过采用无源光网络(PON)结构来完成。PON 是一种树状拓扑,其中原本通过光纤馈线传输的信号通过使用 $1\times N$ 无源光耦合器进行分离,并定向到各个用户。在另一侧与 OLT 通信的设备称为光网络终端(ONT)节点或光网络单元(ONU)。尽管这两个术语的含义有时会混淆,但 ONU 表示光纤终端点并不完全位于终端用户位置,并且一些用户通常可以共享同一 ONU。终端用户与 ONU 的连接可以通过铜线、同轴电缆或空中进行。ONT 可以被视为 ONU 的特殊类别,因为它仅服务于单个最终用户(客户),且被放置在客户位置(家庭、公寓)。沿线可能有几个无源分路器,其作用是将信号交付给指定数量的客户。因此,总的分光比 N 可以通过单个 $1:N$ 无源耦合器/分路器或几个耦合器的级联来实现(图 8.31 中为 $N=M\times K$,其中,M 和 K 定义了两个独立的耦合器)。

基于 ONU 的定位,有几种类型的基于光纤的光接入网络:① 光纤到户(FTTH)结构,光纤接入在 ONT= ONU 节点中终止;② 光纤到建筑物(FTTB),光纤接入在位于商业客户场所的 ONT 或 ONU 节点中终止,如果 ONU 在多个业务用户及其结构之间共享，则称为光纤到地下室；③ 光纤到路边(FTTC)，光纤访问在共享的 ONU 处终止，然后通过各个铜线定向到终端用户。

PON 平台基于不同的网络技术，可以分为以下类型：①BPON(或宽带 PON)，完全基于 ATM 技术，并已根据 ITU-T 建议书[72,73] 进行了标准化；②GPON 和 x-PON，基于通用成帧规程(GFP) 的应用，用于分别以 2.5 Gb/s 和 10 Gb/s的比特率成帧和分发基于分组的服务——ITU-T 建议书[74-76] 也体现了这两种类型的特性；③EPON(或以太网 PON) 和 10G-EPON 完全基于本地以太网技术，同时通过 1 Gb 以太网和 10 Gb 以太网连接提供共享服务——这两种 PON 类型已由 IEEE[77] 标准化；④WDM PON 和 OFDM PON 基于多载波光接入，这与上述提到的通过单个光载波进行传输的类型大不相同。

8.8.1.1 单载波 PON 架构

典型的单载波 PON 类型(BPON、GPON/x-PON、EPON/10G-EPON) 可以支持的分流比为1∶32或1∶64，但是就用于共享、传输距离和动态带宽分配方案的总可用带宽而言，它们之间存在很大差异。此外，分光比不仅取决于光学层的特性(总损耗、色散)，还取决于网络层的特性(寻址方案、带宽共享方案)，可以传递给同一 PON 中任何终端用户的最小带宽等于 B/N，其中，B 是从 OLT 端分配的总带宽。例如，在典型的 GPON 方案中，如果所有用户都处于活动状态，则每个用户都将获得比特率等于 2.5/32 Gb/s(78.12 Mb/s) 的信号。该比特率含开销，这意味着有效比特率将更低。但是，PON 是一种共享体系结构，某些最终用户很有可能在任意给定时刻都不活跃。

GPON 和 x-PON 都采用了基于 125 微秒 TDM 的数据帧结构，同时使用通用成帧规程(GFP) 封装 IP/MPLS或以太网数据包。EPON/10G-EPON 网络完全基于本地以太网帧。这些 PON 结构都必须以某种有组织的方式安排上行传输，这通常是时分多址(TDMA) 的变体。在 TDMA 方案中，所有单个用户都只能在以周期性方式分配给每个用户的指定时隙中访问 OLT。作为示例，分别在图 8.32 和图 8.33 中示出了 EPON 架构中的下行和上行传输。

在下行传输中，针对单个 ONU 的数据在以太网有效载荷内进行统计复用，并向所有 ONU 广播。在接收端，每个 ONU 通过使用在其初始注册期间分配的逻辑链路标识符来选择仅针对它的数据。对于上行传输，将相等长度的时隙分配给每个用户，并按循环原则共享。每个 ONU 只能将上行数据放入分配给它的时隙内，因此，应将所有 ONU 同步到公共时间以供参考。通常，可

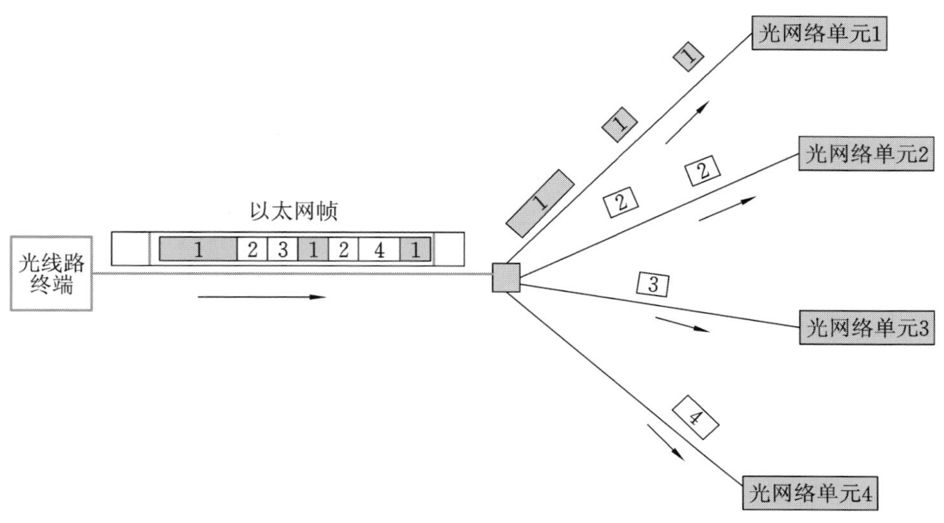

图 8.32　EPON 架构:下行传输

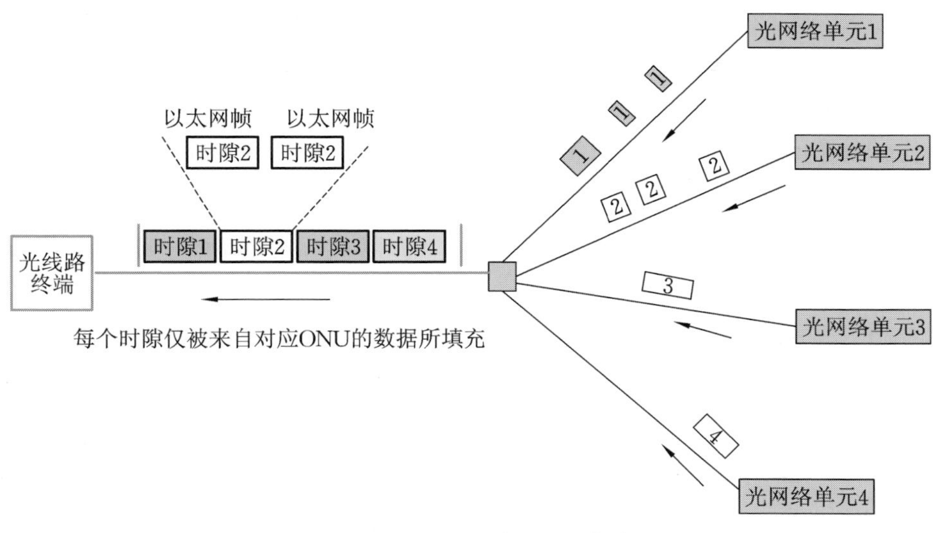

图 8.33　EPON 架构:上行传输

以在一个时隙内放置上行方向上的几个以太网帧。图 8.33 所示的上行传输配置是典型的 TDMA 方案,其本质上是静态和固定的分配。通过使用多点控制协议(MPCP) 在 OLT 和 ONU 之间进行信令交换,还可以实现时隙的动态分配。MPCP 功能是基于 OLT 与 ONU 之间的严格同步。MPCP 属性已由 IEEE 标准组织[77] 定义。

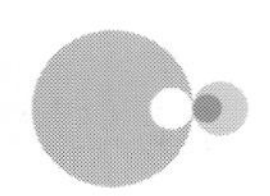

从光网络的角度来看，有几个参数会影响 PON 系统的设计。OLT 与最终用户之间的总链路长度以及无源分光器的数量将决定光信号的总损耗和可实现的分光比。无源分光器的总损耗等于 $10\lg N + \alpha_c$ 分贝，其中，α_c 是耦合器内的插入损耗，这意味着 1∶32 的分光将增加至少 15 ~ 16 dB 的损耗到总功率预算。

部署传统 PON 架构的目的是以经济高效的方式向终端用户提供宽带服务，这意味着直接调制的激光已被用于下行和上行传输来节省总成本。同样重要的是，在 OLT 中已经将 DFB 激光器用于下行传输，且在 ONU 内部使用了 Fabry-Perot 激光器。这样的选择限制了可实现的系统预算，这就是为什么大多数已部署的 PON 可以达到 20 km，而分光比为 1∶32 的原因。如果 PON 的设计是为了拥有更长的光纤馈线长度，则不仅要考虑功率预算，还要考虑由于色散引起的总体损失。因此，如果考虑到更长的光纤传输距离，则在 PON 设计中应同时包括通过光放大器进行的信号放大和通过某种方式(首选是色散补偿光纤或光纤布拉格光栅)进行的色散补偿。

除了预算方面的考虑外，还应考虑各个参与者与 OLT 之间距离的差异，因为到达最终用户的信号电平对于每个 ONT/ONU 可能不相同，反之亦然。从 OLT 的角度来看，这个问题更为严重，因为从一个时隙到另一个时隙的输入功率是动态变化的。这是因为每个时隙分配给不同的用户，并且它们的接收功率不同。如果 OLT 没有对判决阈值进行任何动态调整，它会将弱功率电平识别为逻辑零，从而产生一些错误。因此，OLT 应具有在每个时隙开始时动态调整判决阈值的能力。此功能称为突发模式，它仅与 OLT 有关，因为无需在 ONT/ONU 侧进行快速动态调整。如果 ONU 具有调整发射功率的能力，则可以忽略 OLT 端的此功能，因此最接近的 ONU 的发射功率会比较远的 ONU 的发射功率低。但是，这种做法是昂贵的，因为它增加了 ONU 的总成本，并且由于破坏了 ONU 的一致性，还使 ONU 的分配和库存变得更加复杂。

8.8.1.2　多载波 PON 架构

多载波 PON(WDM PON 和 OFDM PON)是先进的体系结构，旨在提高交付给用户的整体容量以及带宽分配的灵活性。由于传递是在用户特定的载波(子载波)上进行的，因此 WDM 和 OFDM 都可以视为 OLT 和 ONU 之间的点对点通信方案。任何高级 WDM PON 方案的关键部分都是阵列波导光栅(AWG)和可调光学元件(激光、接收器)的应用，而 OFDM PON 主要基于电域的数字信号处理(DSP)。

WDM PON 的通用方案如图 8.34 所示。可以看到,图中采用了 AWG 设备(耦合器或路由器)代替了无源分路器。同时,在 OLT 内具有多波长功能的源与接收多个上行波长的单频突发接收器或宽带接收器结合使用。在 ONU 侧,每个 ONU 接收特定的波长,而对于所有 ONU,上行传输可以使用单个同样的波长,或者每个 ONU 可以使用各自不同的波长用于上行传输。最终,可调谐激光器可以与可调谐接收机并行部署为 OLT 和 ONU 位置的 WDM 源。可调谐接收机可以通过应用相干检测来实现。可以预见,高级 WDM PON 架构中的波长数可以高达 1000[78,79]。

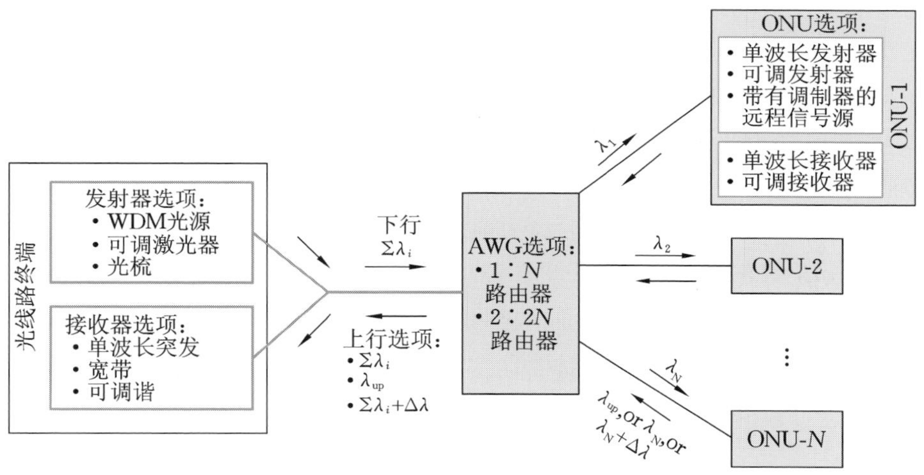

图 8.34 WDM PON 的通用方案

在最简单的 WDM PON 场景下,OLT 产生一组波长,这些波长通过 AWG 路由到 ONU。每个 ONU 接收单个波长。通过使用 TDMA 方法,所有 ONU 在相同的波长上完成上行传输。由于上行波长与 WDM 波长组不同,因此可以通过同一根光纤进行传输。对于上行传输,可以根据比特率和链路功率预算使用任何光源(LED、FP 激光器、DFB 激光器)。一种改进方案是,如果 OLT 发送的 CW 信号能在返回 OLT 之前在其到达的每个 ONU 处进行调制和放大,那么最后每个 ONU 可以从 WDM 范围生成一个波长,该波长将被另一个 AWG 收集(图 8.34 中有 2:2N 的 AWG)。在这种情况下,ONU 光源(激光)还用作本地激光振荡器,因为检测和接收器调谐是通过应用相干检测方案完成的。如果下行波长和上行波长重合,则上行波长组应使用单独的光纤链路,或者应使

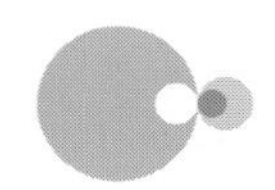

用偏移了一定增量 $\Delta\lambda$ 的上行波长组，以避免与下行波长组的重叠。

对于 OLT 端，WDM 通道可以由离散源、可调谐激光器或激光多载波源（带频谱切片的宽带源或梳状激光器）生成。当考虑到连接到同一 OLT 的大量最终用户时，多载波源的方案非常具有吸引力，这样每个用户都可以拥有到 OLT 的虚拟点对点连接。

还有一些与 WDM PON 系统的部署相关的实际问题。首先，如果将 AWG 放在先前存在无源光耦合器的同一位置，则其温度会发生变化。其次，任何部署都需要低成本的 ONU。最后，必须建立一种更有效的机制，用于统计带宽分配和下行方向的共享。但是，经济原因将是任何 WDM PON 考虑因素中的关键角色，这将对哪种架构在哪个角度更具吸引力产生影响。

OFDMA（OFDM 接入）PON 是基于第 5 章中讨论的 OFDM 调制方案。通过使用快速傅里叶逆变换（IFFT），许多电载波在 OLT 端生成并转换为光信号，从而产生光子载波。有一个 OFDM 信号广播到所有 ONU，而每个 ONU 选择寻址到它的内容（子载波或多个子载波）。在 ONU 中，可以应用直接检测或相干检测方案。或者，可以通过在光域中应用 OFDM 信号的生成方法来生成光子载波，这在第 5 章中进行了讨论，称为全光 OFDM。OFDMA PON 数字发送器和接收器的通用框图如图 8.35 所示。该结构遵循 OFDM 发送器和接收器的通用模式（见图 5.46）。这意味着首先将 IFTT 应用于发射端，然后再进行数模转换（DAC），最后再将其转换为光信号。

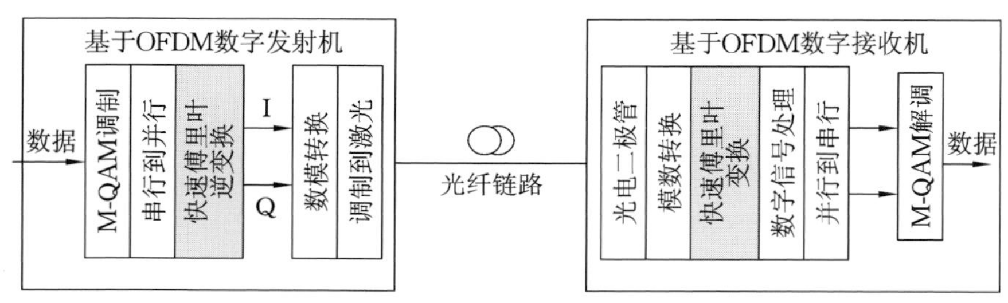

图 8.35　OFDMA PON 发射器和接收器的通用方案

在接收端执行相反的过程，在模数转换（ADC）之后进行快速傅里叶变换（FFT）和数字信号处理，以补偿光传输通道的影响。正如我们提到的，可以在发射端考虑对激光二极管的直接调制或与 CW 激光器结合使用 MZ 调制，而在接收端可以应用直接检测或相干检测。

由于 OFDM 格式的性质，OFDMA PON 设计包括电域中的数字信号处理。但是,OFDMA PON 不需要任何现场放置的 AWG,因为信号是通过无源分光器广播的,与传统的单载波 PON 设计中的方式相同。另外,定向到特定用户的子载波的数量可以动态调整,这在任何 WDM PON 体系结构中都是不可能的,各个子载波的内容和数据格式不需要统一。因此,一个 ONU 接收多个子载波变得可行,每个子载波具有特定的信息内容。以这种方式,OFDMA 扮演着光网络子层的角色。对于任何基于 OFDMA 的 PON 体系结构,最大的挑战是上行传输,它将与下行传输的速度相匹配。

下一代 PON 系统设计中最有趣的情况是,如果 WDM 和 OFDMA 技术结合在一个统一的平台中,那么这将是两全其美的。WDM 的应用将有助于增加整体容量,并为上行传输提供更有效的解决方案,而 OFDM 部分将增强带宽共享能力。已经有人证明[80]了组合的 WDM/OFDMA 体系结构具有高达 2 Tb/s 的总吞吐量。

下一代 PON 系统的设计还应注意实现更长距离的需求,为此考虑了典型的较长距离的设计(带有光放大器和色散补偿)。关键是,最初针对光传输和联网的一部分的任何技术(如光放大、WDM 技术、具有强大 DSP 的 OFDM)都必须最终找到在其他部分中也可以应用的方法,从而增加总体优势。

PON 体系结构的设计应该考虑到自 PON 成为通往各种服务(从将语音、视频和数据传递给住宅用户到支持集成的无线光学基础架构)的宽带管道以来尚未考虑的其他方面,这一点非常重要。光纤已连接到蜂窝站点,通过使用基于数据包的传输将其与边缘网络连接。从这个角度看,重要的是要提供有保证的延迟和对进出无线天线的信号进行的无缝管理。已经证明,组合的 WDM-OFDM PON 架构可以支持 400 多个小区站点,以 100 Mb/s 的比特率连接每个站点,同时将等待时间保持在 50 ms 以下[81]。

8.8.2 光城域网

光城域网也称为聚合网络,其作用是向终端用户提供无缝分发服务,以及来自终端用户的流量的聚合。此外,光城域网为在属于同一城域/区域的用户之间提供直接连接。城域网的典型网络拓扑是环型的,同时支持多种传统服务(SONET/SDH、ESCON、FICON)和基于以太网的服务。另外,通过将移动小区站点和聚合器连接到网络的其余部分,城域光网络已越来越成为移动回传的基础设施。

部署在城域中的光环型拓扑起源于仍在全球范围内大规模部署的

SONET/SDH环。以前由SONET时隙执行的功能(如分插、传递、恢复交换)在光环拓扑中以波长级别执行。其中一些功能(如传递功能)以更有效的方式完成,而无需在沿从源到目的地的路径上放置的每个节点上进行电处理。光学城域网中的关键网络元素是光学分插复用器(OADM),如本章前面所述,它逐渐被其可重构版本(ROADM)取代。ROADM不仅非常适合与以太网/MPLS客户端一起使用,而且与各种其他客户端(如SONET和存储区域网络(SAN))一起运行也非常合适。

通用光网络环型拓扑如图8.36所示。如我们所见,有两个相互连接的环,一个环更靠近接入点,另一个环更靠近核心网络(也称为区域光环)。许多不同的客户端连接到每个节点,在这种情况下,它们可以是ROADM或光交叉连接(OXC)。OXC位于环网互锁以及区域网络与核心网状网络接口的位置。正如前面提到的,在这种情况下,交叉连接是相对的,因为高级ROADM体系结构可以支持多个角度(方向)。图8.36所示的两个光路,一个是通过环在源路由器和目标路由器之间的本地连接;另一个是环间连接和ROADM侧的分支。路由1包含两跳,而路由2包含三跳。

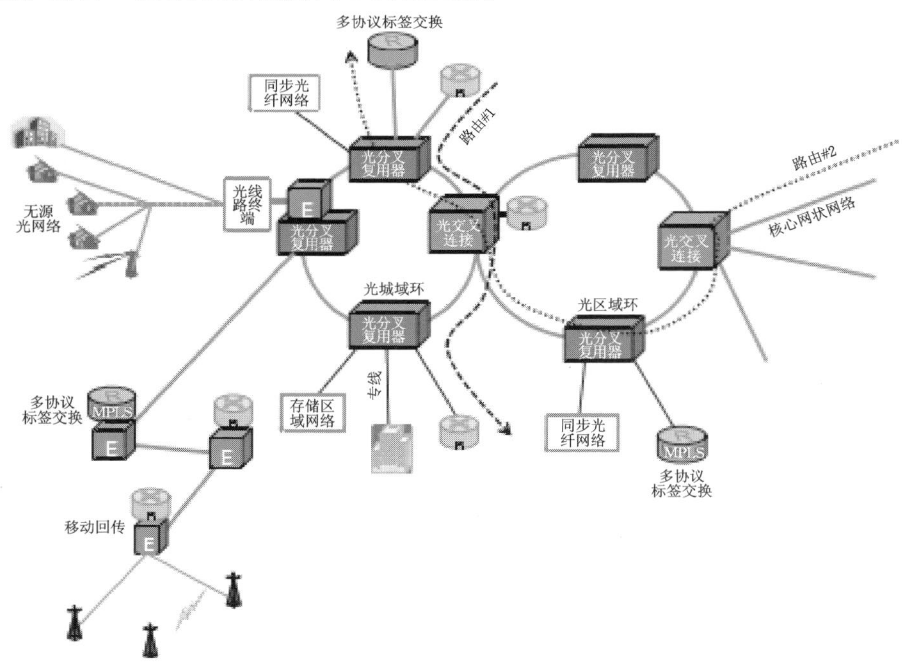

图8.36 具有两个互通环的光城域网

8.8.3 光核心网

光核心网已在全国范围内部署以连接城市和数据中心，从而覆盖更大的地理区域。核心网络节点中路由的流量通常大于城域网中节点处理的流量。核心光网络的典型拓扑是网状结构，其中节点数可以从十几个到几十个不等。例如，图 8.20 和 8.21 中的 NSFNET 配置可以归类为核心网络。

部署在核心光网络中的主要光学元件是多度 ROADM 和 OXC。流量通过光路传递，光路的总长度可能超过数千千米。光路的作用是提供位于不同位置的光学层客户端(IP/MPLS 路由器和以太网交换机)的直接连接。例如，图 8.37 显示了具有七个节点的光网络中位于节点 1 和 7 的 MPLS 路由器之间的连接。通过经过节点 4 和 6 的三跳建立光路径，这两个 MPLS 路由器分别作为源和目标，将客户端信号提供给光网络元素(ROADM 和 OXC)。先进的光网络的作用是提供有效的连接，而无需任何电节点处理直通流量，如图 8.37 所示。替代方案将是更为传统的方案，其中甚至对流量进行电处理，并通过中间节点进行路由。

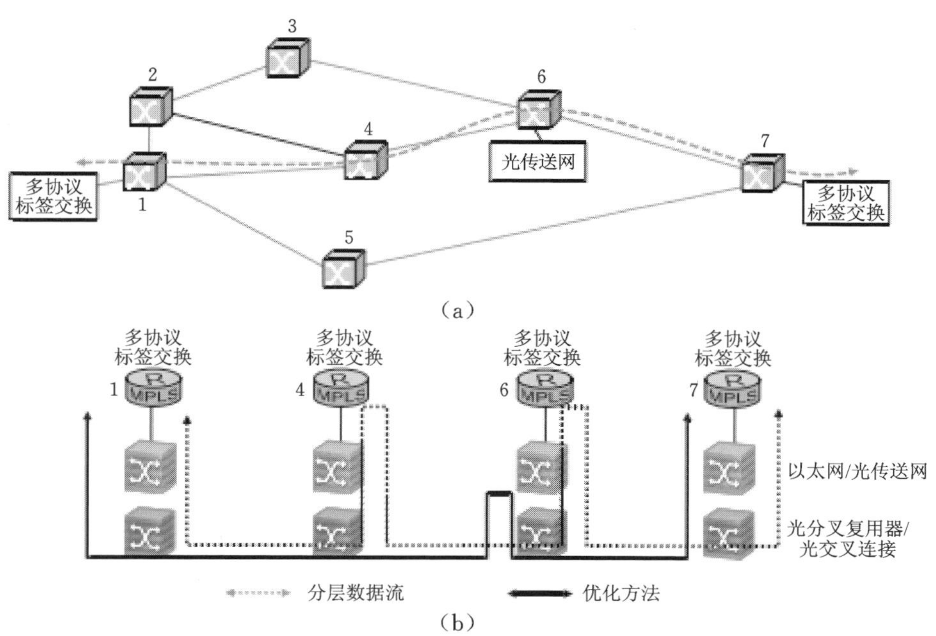

图 8.37 核心光网络

(a) 源与目的地之间的光路建立；(b) 中间节点处的逻辑网络

传统上，核心网络中光节点之间的连接是通过 DWDM 链路完成的，其中波长的数量可以变化(从 32 到 160 甚至更多)。每个单独的波长(光通道)都以特定的比特率(通常为 10 Gb/s 或更高)进行调制。假设承载 100 Gb 以太网的 100 Gb/s 比特率将在一段时间内占主导地位，而在可预见的情况下最终将引入 400 Gb/s 和 1000 Gb/s(1 Tb/s) 的比特率。第 1 章讨论了每个方案的未来发展。此外，在接下来的 10 ～ 15 年中，还将设想 4 Tb/s 和 10 Tb/s 的比特率。传统的 DWDM 链路最终将演变为密集排列的光载波的灵活排列，这将在 8.9 节中讨论。

8.8.4　数据中心网络(DCN)

数据中心网络可以视为局域网(LAN) 的特殊类别，因为它们提供了有限区域内计算机之间的连接，该区域通常位于称为数据中心。此外，如果数据中心占用一栋以上的建筑物，则可以将网络扩展到相邻的建筑物。总的来说，连接长度可以从几十厘米到 500 m 不等。数据中心网络拓扑应支持新兴的 Web 和云计算应用程序，同时提供高吞吐量和低延迟[82,83]。由于内部有大量网络元素，因此不断要求数据中心提高功耗效率。

数据中心的结构类似于图 8.38 所示，由许多包含一堆服务器的机架组成。每个服务器都有其自己的用途，如支持 Web 连接、支持特定的应用程序以及充当数据库。有数十台服务器(通常最多 48 台) 以刀片形式放置在机架中。机架内的服务器通过机架顶(ToR) 交换机互联。ToR 交换机在星型拓扑结构中通过聚合集群交换机进一步互联。当前，服务器之间的连接是使用 1 Gb/s 以太网链路完成的，而 ToR 交换机则通过 10 Gb/s 以太网链路进行互联。但是，人们期望将这些速度提高以满足流量需求(将 1 Gb/s 以太网变为 10 Gb/s 以太网，将 10 Gb/s 以太网变为 40 Gb/s 以太网或 100 Gb/s 以太网，等等)。集群交换机通过"树型" 拓扑进一步连接到核心交换机，如图 8.38 所示。该连接是通过 40 Gb/s 以太网链路或 100 Gb/s 以太网链路完成的，当前使用的是多个 10 Gb/s 以太网链路。我们还可以预期，这些速率最终将分别上升为 400 Gb/s 和1 Tb/s。最终，数据中心网络体系结构连接到内容交换机和负载均衡器，后者显示数据中心的前端，以将传入的请求路由到适当的服务器。由于交换机之间存在双重连接，因此总体架构具有可伸缩性和弹性。

如我们所见，数据中心网络中有大量连接。当数据包从一台服务器路由到另一台服务器时，它们会通过 ToR 交换机，最后还要通过集群和核心交换

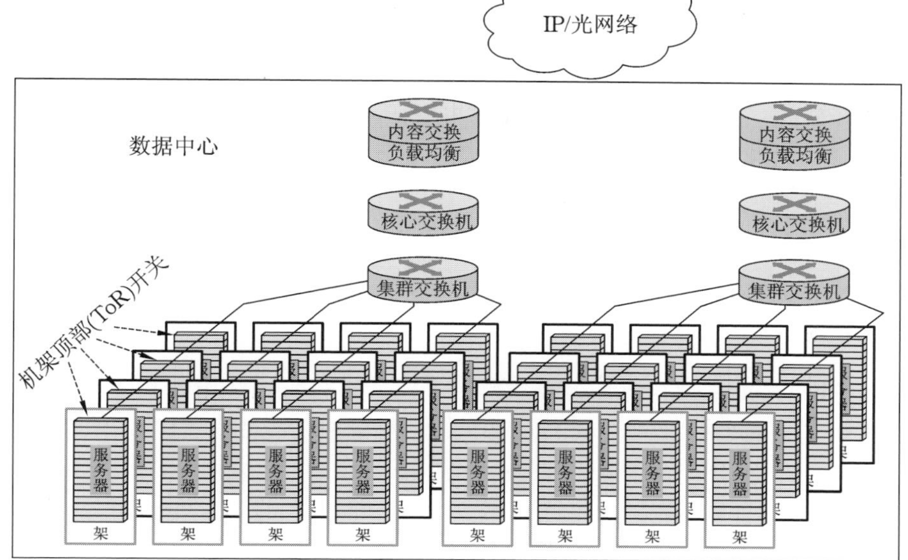

图 8.38　典型数据中心网络的架构

机。在该过程中，数据包可能会获得很大的排队和处理延迟。如果在数据中心中应用灵活和动态的光网络，则吞吐量和延迟约束都可以得到改善。

可以说，在谈论数据中心时，几乎所有与高速光传输和网络相关的方面都在发挥作用。需要以经济和节能的方式完成高级调制格式，以提供 ToR 交换机和服务器之间、ToR 交换机和集群交换机之间以及集群交换机和核心交换机之间的连接。另外，应以实现高吞吐量、低延迟和减少能耗的方式连接大量节点(服务器、ToT、集群交换机、核心交换机)。此外，动态模型应应用于不同节点之间流量的分析。基于电路的光网络和基于分组/突发的光网络都被认为是接管数据中心网络中所有或大多数功能的候选者，这些功能通常由以太网交换机执行。我们可以预期，有关数据中心网络的活动将会很活跃，但是任何解决方案都应通过其成本和能源效率来衡量。

8.9　先进的多维和动态光学网络

通过在频谱域和空间域中应用复用，作为传输介质的光纤提供了增加容量的可能性，可以利用第 5、6 和 7 章中讨论的许多选项来增加总传输容量。例如，采用光正交频分复用(OFDM)可以为光传输增加新的频域自由度，也可

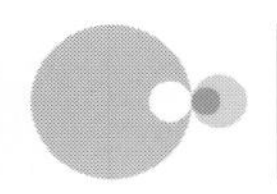

以将其用于光联网。此外，如果将空间模式视为可以相互路由或转换的独立光路，则多芯光纤和多模光纤中的空间模式传输[84]不仅可以使吞吐量最大化，还可以用于联网目的。所有这些意味着，除了更高级的频谱路由概念之外，先进的传输方案还为光纤中的光网络空间维度打开了大门。空间和光谱尺寸可以通过弹性和动态的调制和编码来支持。文献[4,85,86]提出了一种基于频谱空间编码调制组件之间多维交互的高级动态网络概念，下面将对其进行概述。

从网络的角度来看，我们可以考虑将光纤作为一种传输介质，它可以支持许多具有不同光谱内容的不同空间光路。该光谱由许多按照奈奎斯特准则密集打包和排列的光载波组成。每个载波可以携带具有不同调制和编码格式的数据，包括光载波包含多个电 OFDM 子载波(每个子载波具有不同的调制/编码格式)的情况。

因此，任何特定光纤链路的入口点都可以被视为可用于联网目的的许多独立路由，如图 8.39 所示。图 8.39 中的光纤可以是单模或多模/多芯的。也有可能某些光纤的纤芯很少，并且每根纤芯都只能支持很少的空间模式(LP_{01}、LP_{11x}和LP_{11y}，如图 3.4 所示，其中，x 和 y 表示不同的偏振)。在考虑单模光纤的情况下，空间模式仅是基模的两个偏振，即 LP_{01x} 和 LP_{01y}。我们可以得出结论，空间模式的总数很容易超过 10，且对光纤设计没有任何严格的要求。图 8.39 中的任何空间模式都可以被视为空间复用的实体，以及光网络的空间组件。

此外，每个空间模式可以承载多个密集间隔的光载波。每个载波可以代表一个光信道，也可以是超信道结构中的一部分。例如，第 5 章讨论的全光 OFDM 就是这种情况。每个光学子载波可以具有特定的调制和编码方案。这些调制和编码方案可能会随子载波的不同而变化，它们会通过第 5 章和第 6 章中讨论的某些方法被施加到电学级别并转移到光载波上。它们还包括用电学子载波的 OFDM 方法对光子载波进行调制，每个子载波都具有特定的调制格式和编码方案。因此，光谱成分和各种调制编码方案的数量将乘以最初由于采用空间模式而插入的自由度的数倍。

多维光网络的概念方案如图 8.40 所示。我们可以确定几个关键的模块：空间模式多路复用器和解复用器、空间模式放大器、空间模式光分插复用器，以及不同粒度的频谱路由和分插元素。

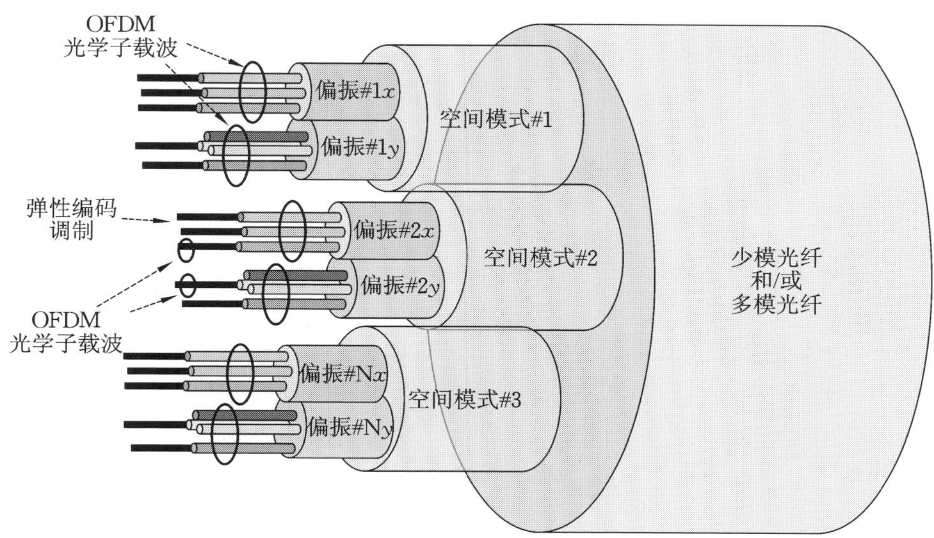

图 8.39　光网络的多维特征通过自由度的数量来确定

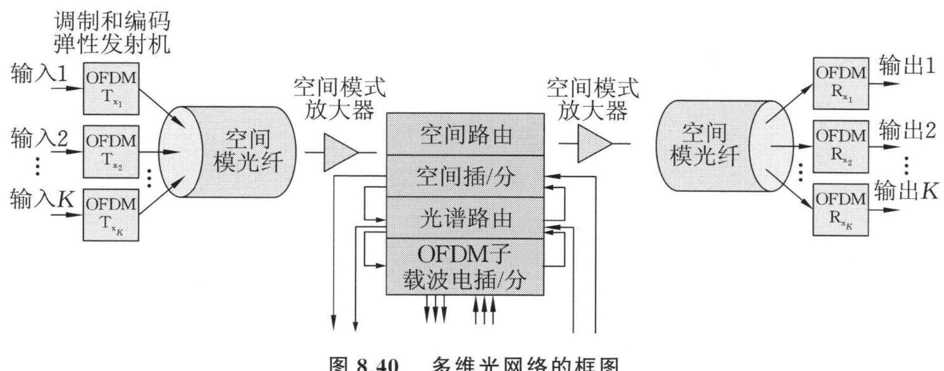

图 8.40　多维光网络的框图

图 8.41(a) 说明了空间模式处理的可能解决方案。首先,使用模式多路分解器分离空间模式信号;然后,由相应的单模光纤组件处理每个模式;最后,使用模式多路复用器将得到的单模信号进行组合。按图 8.41(b) 所示的方案实现作为关键组件的光放大器。通过使用空间模式 WDM 合并器,可以将弱的空间模式信号和相应的泵信号合并在一起。为避免依赖于模式的增益问题,可以独立调整相应的泵,以使不同的空间模式具有相同的输出功率水平。文献[87,88] 介绍了在实现空间模式复用器和解复用器以及光放大器方面的良好进展。

图 8.42(a) 说明了空间模式的假设的频谱内容,而图 8.42(b) 说明了任何

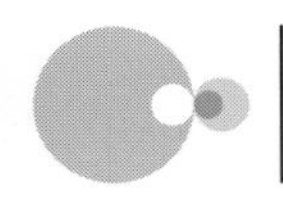

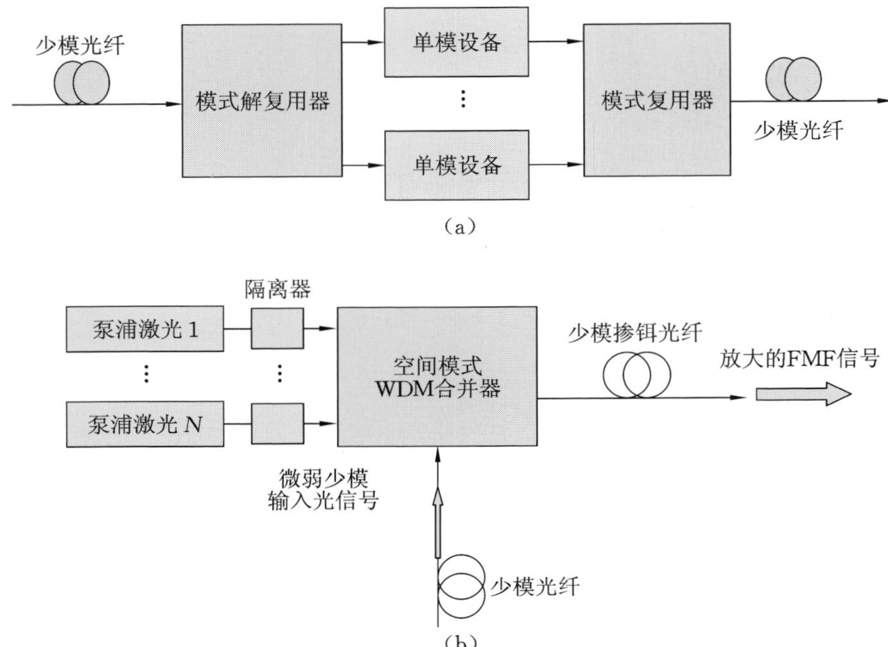

图 8.41　空间模式,与光纤兼容的光学设备的框图

(a) 多路复用器;(b) 少模 EDFA

特定光学子载波的潜在内容(这是一个实际频谱,其中包含许多电 OFDM 子载波)。我们可以看到,光学子载波可以具有不同的频谱宽度,通过改变调制和编码方案来动态调整频谱宽度。一个或多个光子载波可以代表一个高速光信道,如由 1 Tb/s 以太网信号加载的一个高速光信道。同时,单个光学子载波的内容可以具有类似于图 8.42(b) 所示的形状。电 OFDM 子载波的数量可以变化。还应该注意,就像在 OFDMA PON 体系结构中一样,可以选择任意数量的 OFDM 电子载波并将其定向到特定用户。空间光谱的添加/删除和路由方案可以采用与分层光学交叉连接[35,36] 相似的方式进行安排,其中可调谐滤光器起着重要的作用。

图 8.43 为空间模式复用和空间频谱安排以及自适应编码调制的示意图,该编码可以用于实现多太比特光传输和联网。将来的 4 Tb/s 和 10 Tb/s 以太网结构相对应的帧可能被分解为五个频段组,中心频率彼此正交。每个频谱组件承载 100 Gb/s 以太网(100 GbE),而每个频谱组承载 400 GbE 或 1 Tb/s 的流量[89,90]。

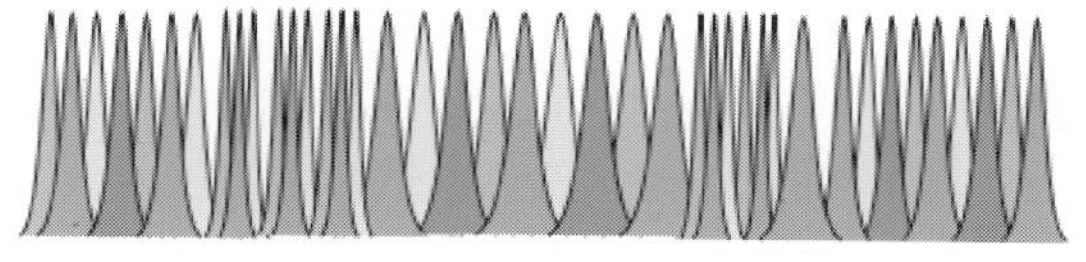

在空间模式下的
假设光谱排列

(a)

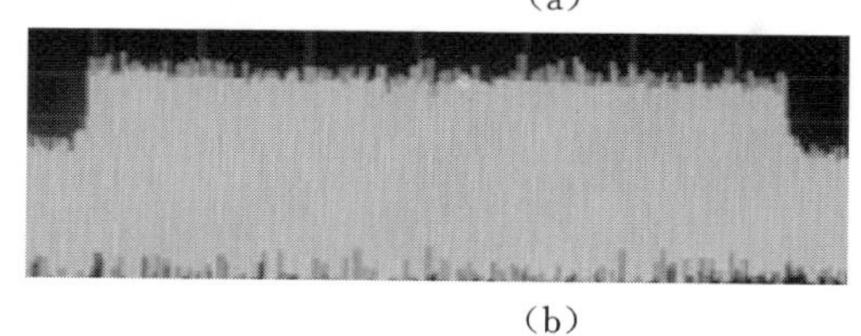

光谱模式下假设电OFDM
子载波的光谱内容

(b)

图 8.42　假设的频谱内容

(a) 光学空间模式;(b) 光学子载波

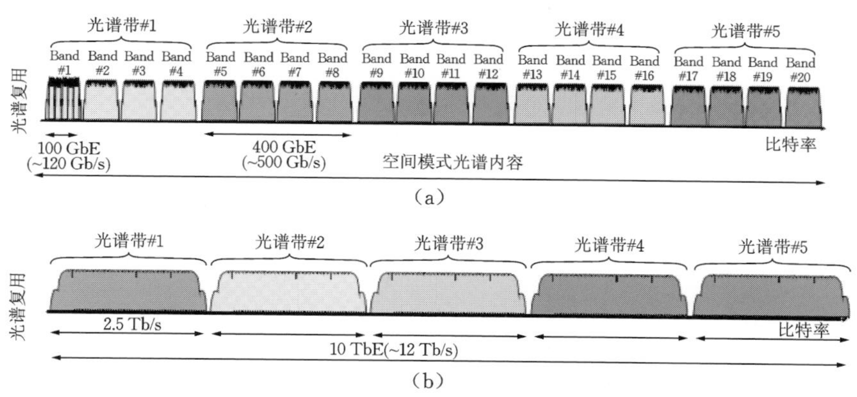

图 8.43　10 Tb/s **以太网模式复用/解复用的概念图**

(a) 频谱帧的组织;(b) 空间模式的内容

我们可以采用三步分层体系结构,其中一个构建块是一个 100 Gb/s 信号,分别来自 10×10 GbE 通道或一个 100 GbE 通道。如果使用 10 GbE 基带,则必须执行 10∶1 RF 复用,并最终使用 OFDM 电学子载波。同样,全光 OFDM 方案的几个光子载波可用于创建超级信道结构。接下来,将 100 GbE 频谱时隙安排在频谱带组中,以形成 400 Gb 以太网。假设将 4 ～ 5 个组(可能更多)沿着光谱对齐,作为空间模式的内容。第二层与空间模式复用有关,使得每个空间模式的总数据速率约为 2.5 Tb/s。通过组合来自空间模式的信号以实现 10 TbE 光传输来实现光纤链路层。图 8.43 所示的方案只是可能的组合之一;光谱空间布置也可以以不同的方式完成。我们还应注意,假设高级 FEC 方案占用了约 20% 的线路比特率。

在当前阶段，在诸如上述的一种实现 10 TbE 网络方案的光谱/空间复用弹性编码调制光学系统之前，仍然有许多挑战需要克服。这些涉及：① 制造具有低衰减和最佳折射率分布指数的空间模式光纤，从而实现低多模色散；② 开发上述无源及有源空间模式设备；③ 实施节能软件定义的弹性调制和编码方案；④ 开发关键设备，如多波长锁模激光器和带宽-波长可调滤光器。但是，任何挑战最终都将得到适当的解决方法，这在这段相对较短的光通信和网络发展历史中已经得到了多次证明。

8.10 总结

本章针对初始路由和信令约束描述了不同的网络拓扑和光路路由的特性；详细介绍了关键的光学路由元件（ROADM 和 OXC）以及高级波长选择开关（WSS）的作用；概述了光网络的多层面，并描述了光网络客户端层（IP/MPLS、以太网、OTN）在互通过程中的作用；讨论了基于分组交换和基于电路交换的多路径光网络设计，并概述了其在关键网络部分（接入网络、城域网络、核心网络和数据中心网络）的实现；最后解释了涉及 MIMO 和 OFDM 技术的先进光子网络的空间光谱概念。

思考题

8.1 假设拥有图 8.21 中的 NSFNET 拓扑，其中节点 19 是根节点，据此创建生成树体系结构。如果切断了连接 6—7、12—13 和 16—17，你将如何处理该树？

8.2 MPLS 技术的主要优势是什么？MPLS 数据包可以通过以太网帧传输吗？以太网帧可以通过 MPLS 数据包传输吗？说明你的理由。

8.3 设计一个 AWG 路由器，支持在 1550 nm 中心波长附近以 50 GHz 间隔的五个波长。路由器应采用硅基二氧化硅结构生成。假定最短路径是一条长度为 7 mm 的直线，其他路径形成抛物线。

8.4 WSS 设备应被归为哪一类？说明使用 WSS 设备设计 8 度 ROADM 的方式，需要多少个 WSS，它们的大小是多少？

8.5 如图 8.17(a) 所示的 OXC 结构，进入 OXC 的光纤有 10 对，每对有 100 个波长。需要多少个光转发器？需要多少个开关（SW-λ_i），以及允许在本地丢弃的信号的大小？

8.6 如图 8.44(a) 所示，有一个单向城域 WDM 环网，只有三种波长 λ_1、

λ_2 和 λ_3 可用于通过光路在节点之间建立流量。每个节点都具有不可重配置的 OADM，该 OADM 可以从三个波长中丢弃两个（允许任何组合）。需要在以下节点之间建立光路：N1—N2、N2—N3、N1—N3、N3—N4 和 N2—N4，应如何安排节点之间的光路？

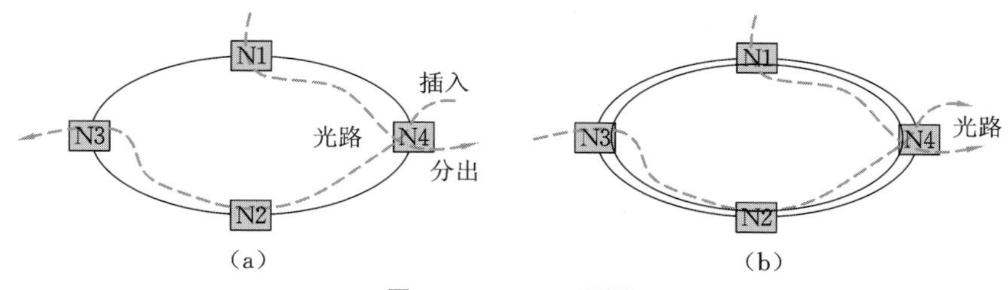

图 8.44 WDM 环网

(a) 单向；(b) 双向

8.7 如图 8.44(b) 所示，有一个双向城域 WDM 环网，只有三种波长 λ_1、λ_2 和 λ_3 可用于通过光路在节点之间建立流量。每个节点都具有不可重配置的 OADM，该 OADM 可以从三个波长中丢弃两个（允许任何组合）。需要在以下节点之间建立光路：N1—N2、N1—N3、N2—N3、N3—N4、N1—N4、N2—N1、N2—N4 和 N3—N4，应如何安排节点之间的光路？

8.8 假设有一个七节点的网格拓扑，如图 8.24 所示。所有连接均为双向且有效。节点之间的连接在两个方向上以相同的波长完成。节点之间的 IP 流量请求是双向的，且遵循下表。假设流量以 10 Gb/s OTU-2 比特率传输。(1) 画出光路数量（单波长）及其在节点之间分布的表格；(2) 假设没有波长转换，为此业务请求指定合理的路由设计；(3) 链路的最大流量负载是多少？(4) 网络吞吐量是多少？

	1	2	3	4	5	6	7
1	×	25	65	70	40	35	15
2		×	100	50	60	45	55
3			×	25	35	70	20
4				×	20	35	10
5					×	30	45
6						×	15
7							

8.9　共有三种波长交叉连接架构：① 无源星型；② 无源路由器；③ 有源开关。就功能和复杂性而言，它们的优缺点分别是什么？

8.10　共有三种波长交叉连接架构：① 来自图8.11所示的无源星型；② 来自图8.12所示的无源路由器；③ 来自图8.13所示的有源开关。假设允许通过光路径进行多播，这些设备中的哪一个可以支持以下同时连接：

(1) 从输入光纤1到输出光纤1的波长λ_1；从输入光纤1到输出光纤2的波长λ_1；从输入光纤2到输出光纤1的波长λ_2？

(2) 从输入光纤1到输出光纤2的波长λ_2；从输入光纤2到输出光纤1的波长λ_2；从输入光纤3到输出光纤1的波长λ_3？

(3) 从输入光纤1到输出光纤1的波长λ_1；从输入光纤2到输出光纤1的波长λ_2；从输入光纤1到输出光纤3的波长λ_3？

8.11　有一个4×4的有源开关架构。开关中心的每个开关元件的尺寸是多少？你将如何用2×2交换机构建这种架构？

8.12　有一个具有物理拓扑的四节点光网络，如图8.45所示。已经建立了以下连接：波长为λ_1的A—B和波长为λ_2的C—B。如何建立具有最小波长数的连接D—B和C—D？如果每个节点都可以进行波长转换，请给出解决方案？

8.13　物理拓扑的星型、总线和树型结构通常用于在访问LAN网络中进行分发。比较这些拓扑的以下方面：(1) 同时连接的数量；(2) 可伸缩性；(3) 延迟。

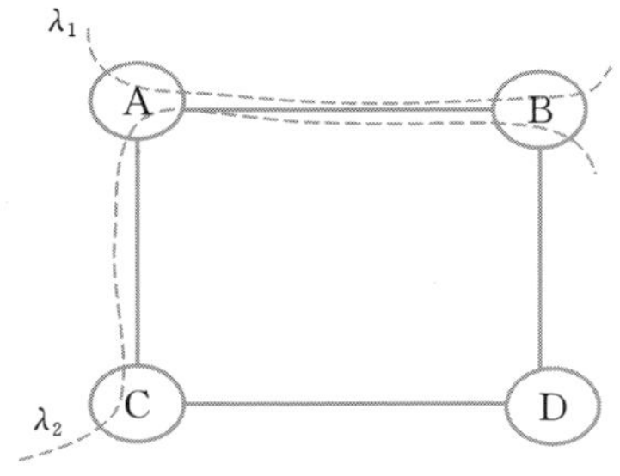

图8.45　四节点网络拓扑

8.14　现有一个物理上有16个节点的环型拓扑。该网络可以处理1200个流量单位。计算支持三种逻辑拓扑的流量所需的路由器端口数量和波长数量：①具有点对点添加/删除功能的逻辑环；②逻辑集线器；③逻辑网格。等效于这三种拓扑性能的节点数量是多少？

8.15 大型网络中的节点可以接收和发送波长总数为 W。每个节点可以通过独立的接收器(W 个接收器)接收任何波长,而它只有一个可调的发射器。将总时间划分为多个时隙,并且光分组以 G 包/时隙的速率(服从泊松过程)到达该时隙。当节点发送数据包时,它会随机选择一个波长,并使用该特定波长在可用的第一个时隙中发送数据包。在给定的时隙中成功使用波长的概率是多少?使总吞吐量和每个通道的吞吐量最大化的流量速率是多少?每个时隙每个网络可以承载的平均数据包数量是多少?

8.16 与 8.15 相同的问题,但假定节点数为 N,并且需要按节点级别进行计算。

8.17 该网络具有八节点(2,2)洗牌交换网拓扑。统一流量矩阵的平均延迟是多少(每个源-目的节点对的到达速率是每秒 M 个数据包,一个节点上一个数据包的服务时间以平均数 $1/T$ 秒呈指数分布,且应用了最短的路径路由)?

8.18 在(2, 2)洗牌交换网拓扑中从节点 0 路由到节点 7 的过程是什么?并在图中说明。

8.19 有一个(m,n = 3,3)洗牌交换网结构。计算每个用户的吞吐量。优化吞吐量的 n 值是多少?

8.20 求出 p 维二进制超立方体的平均跳跃距离和直径的表示式。

8.21 广义超立方体结构中有 12 个节点。绘制结构方案并解释如何实现信道共享。

8.22 你将如何表示六维二进制超立方体的根?对于节点(0101102),此节点所属的三维立方体的成员是什么?对于节点(1010112),六维立方体中哪个节点是其伙伴?对于节点(1010112),它在四维立方体中的伙伴是哪个?

8.23 在图 8.45 所示的网络配置中,节点 A 和 B 之间只有一根光纤,并且它支持 12 个波长($\lambda_1 \sim \lambda_{12}$),且没有进行波长转换。节点 B 和 C 之间的连接有 4 根光纤,每根光纤可以支持三个波长,但是只有波长 $\lambda_1 \sim \lambda_6$ 可用,并且每个波长都可以使用两次。节点 C 和 D 之间的连接只有一根具有 12 个波长($\lambda_1 \sim \lambda_{12}$)的光纤,但是允许进行波长转换,并且任何波长都可以转换为范围为 $\lambda_{13} \sim \lambda_{25}$ 内的波长。现有三个连接请求:① 使用四个波长建立连接 A—B—C—D;② 使用四个波长建立连接 B—C;③ 使用四个波长建立连接 B—D。求网络阻塞的概率和及其总吞吐量。

8.24　在问题8.23中，假设链路B—C和C—D的条件互换（成员、光纤、波长、转换条件），则网络阻塞概率和总体吞吐量是多少？假设你可以切换任何两个链接（将A—B替换为B—C或C—D；将B—C替换为A—B或C—D；将C—D替换为A—B或B—C），则将吞吐量最大化的最佳方案是什么？

8.25　一条光路上有六个链路，每个链路最多承载5个波长，而平均链路利用率为0.65。计算阻塞概率：① 有波长转换；② 没有波长转换。计算阻塞概率为0.85时的增益。

8.26　一条光路上有五个链路，每个链路上具有八个波长。只有第二和第三条链路之间沿光路没有波长转换选项。如果平均链路利用率为0.6，则阻塞概率是多少？

8.27　试将MILP（混合整数线性程序）应用于图8.20中的NSFNET模型，并针对所提供的流量最大化进行优化。假设：① 任意一对节点(n,m)之间的流量（其中$n,m=1,2,\cdots,16$）等于abs{n－m}×10 Gb/s（例如，节点2和7之间的流量为(7－2)×10＝50 Gb/s）；② 任意一对节点(n,m)之间的距离（其中$n,m=1,2,\cdots,16$）等于abs{nm}×100 km（例如，节点7和16之间的距离为8×100＝800 km）。每个光纤链路的波长总数为40。平均数据包长度是5000比特。

8.28　试将MILP（混合整数线性程序）应用于图8.20中的NSFNET模型，并针对时延最小化进行优化。假设：① 任意一对节点(n,m)之间的流量（其中$n,m=1,2,\cdots,16$）等于abs{n－m}×10 Gb/s（例如，节点2和7之间的流量为(7－2)×10＝50 Gb/s）；② 任意一对节点(n,m)之间的距离（其中$n,m=1,2,\cdots,16$）等于abs{nm}×100 km（例如，节点7和16之间的距离为8×100＝800 km）。每个光纤链路的波长总数为40。平均数据包长度是5000比特。

8.29　根据图8.20计算NSFNET模型的总成本，假设：发送应答器的成本等于1000货币单位（平均分为Rx和Tx部分），光复用器成本为20货币单位，而2×2开关的成本是5货币单位。每个节点需要多少个转发器？

8.30　列出一些可能与透明光网络中的路由有关的主要问题。解释什么是物理层屏蔽，什么是网络资源屏蔽？说出一些属于物理层的屏蔽条件。

8.31　试描述损伤感知RWA过程。其中最重要的约束是什么，并说明原因。动态稀疏光网络中有关损伤感知路由的细节是什么？

8.32　图8.46所示的是一种网络拓扑。光路1—2—3—4已经设置好。假设链路 2—3 发生故障，请说明路径恢复和链路恢复的过程。

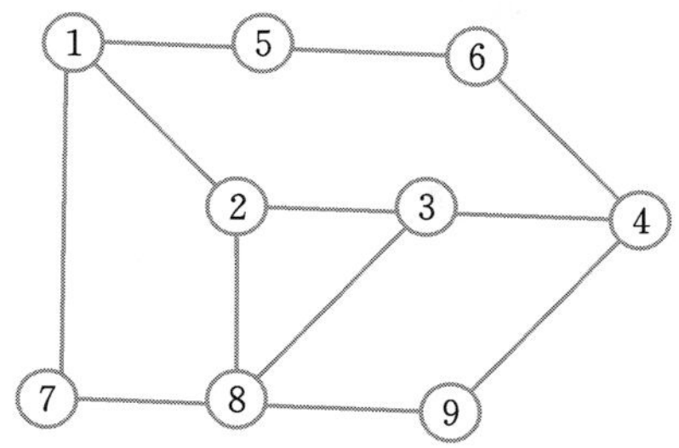

图 8.46　网络拓扑

8.33　为什么 OBS 被认为是电路和分组交换之间的混合体？描述 OBS 的主要组成部分及其实现。OBS 网络本质上是异步的还是同步的？解释 OBS 中的竞争问题和解决机制。如何将 GRID 与 OBS 关联起来？

8.34　以 10 Gb/s 的比特率建立的 IP 流量具有自相似的性质。假设最长的数据包长度为 8000 位，最短的数据包长度为 400 位，并且开关源的平均负载为0.85，使用 Pareto 分布模拟流量。与泊松分布相比，主要区别是什么？

参考文献

[1] Zimmermann, H., OSI reference model—the ISO model of architecture for open systems interconnection, *IEEE Transactions on Communications*, Vol. 28, April 1980, pp.425-432.

[2] Ramaswami, R., Sivarajan, K.N., and Sasaki, G., *Optical Networks, a Practical Perspective, 3rd edition*, San Francisco, CA: Morgan Kaufmann Publishers, 2010.

[3] Mukherjee, B., *Optical WDM Networks*, New York: Springer, 2006.

[4] Cvijetic, M., Djordjevic, I, B., Cvijetic, N., Dynamic multidimensional optical networking based on spatial and spectral processing, *Optics Express*, Vol.20, 2012, pp.9144-9150.

[5] ITU-T Rec.G.709, Interfaces for the Optical Transport Network-OTN, 2009.

[6] ITU-T Rec.G.707: Synchronous Digital Hierarchy Bit Rates, 1996.

[7] ITU-T Rec.G.872: Architecture of optical transport networks, 2010.

[8] ITU-T Rec.G.798: Characteristics of Optical Transport Network

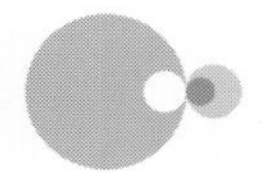

Hierarchy Functional Blocks, 2009.

[9] U.S.Patent 4,063,220, Multipoint data communication system (with collision detection), 1974.

[10] Cerf, V.G., and Kahn, R.E., A Protocol for Packet Network Intercommunication, *IEEE Transactions on Communications*, Vol.22, No.5, May 1974, pp.637-648.

[11] Riley, S., Breyer, R., *Switched, Fast, and Gigabit Ethernet, 3rd edition*, Indianopolis IN: Sams, 1998.

[12] Loshin, P., and Kastenholz, F., *Essential Ethernet Standards: RFC's and Protocols Made Practical*, New York: John Wiley & Sons, 1999.

[13] Huitema, C., *Routing in the Internet, 2nd edition*, Upper Saddle River, NJ: Prentice Hall, 1999.

[14] ITU-T, Rec G.7041/Y.1303, Generic framing procedure (GFP), ITU-T (12/01), 2001.

[15] Internet Engineering Task Force (IETF), MPLS (Multiple Protocol Label Switching) protocol. www.ietf.org/rfc/rfc3031&3032.txt.

[16] Internet Engineering Task Force (IETF), MPLS (Multiple Protocol Label Switching) protocol. www.ietf.org/rfc/rfc5462.txt.

[17] Internet Engineering Task Force (IETF), MPLS (Multiple Protocol Label Switching) protocol. www.ietf.org/rfc/rfc5921.txt.

[18] Evans, J., and Filsfils, C., *Deploying IP and MPLS QoS for Multiservice Networks: Theory and Practice*, San Francisco, CA: Morgan Kaufmann Publishers, 2007.

[19] Farrel, A., I., *GMPLS: Architecture and Applications*, San Francisco, CA: Morgan Kaufmann Publishers, 2006.

[20] ITU-T G.694.1, Spectral grids for WDM applications: DWDM frequency grid, Ver.1.6, Dec 2011.

[21] Gerstel, O., et al., Elastic optical networking: a new dawn for the optical layer?, IEEE Commun.Mag., Vol.50, 2012, pp.12-20.

[22] Gringeri, S., et al., Flexible architectures for optical transport nodes and networks, *IEEE Commun.Magazine*, Vol.48, 2010, pp.40-50.

[23] IEEE P802.3ba/D3.0 Amendment: Media Access Control parameters, Physical layer and management parameters for 40 Gb/s and 100 Gb/s operation, Nov.2009.

[24] Anderson, J., et al., Optical transceivers for 100 Gigabit Ethernet and its transport, *IEEE Commun.Magazine*, Vol.48, 2010, pp.35-40.

[25] McGuire, A., et al., (editors) *IEEE Communications Magazine: Series on Carrier Scale Ethernet*, Vol.46, Sept 2008.

[26] Nadeau, T., et al., (editors), *IEEE Communications Magazine: Series on Next Generation Carrier Ethernet Transport Technologies*, Vol.46, March 2008.

[27] Chuang, S.L., *Physics of Optoelectronic Devices, 2nd edition*, NewYork: Wiley, 2008.

[28] Baxter, G., et al., Highly Programmable wavelength selective switch based on liquid crystal on silicon switching elements, 2012, *OFC 2006*, Anaheim, CA, paper OTuF2.

[29] Lin, L.Y., and Goldstein, E.L., Opportunities and challenges for MEMS in lightwave communications, *IEEE J.Selected Topics in Quant. Electron.*, Vol.8, 2002, pp.163-172.

[30] Ryf, R.et al., 1296-port MEMS transparent optical crossconnect with 2.07 Petabits/s switch capacity, Optical Fiber Conference, OFC 2001, San Diego CA, paper PD28.

[31] Ertel, J., et al., Design and performance of a reconfigurable liquid-crystal-based optical add/drop multiplexer, *Journal Lightwave Tech.*, Vol.24, 2006, pp.1674-1670.

[32] Keyworth, B.P., ROADM subsystems and technologies, *Optical Fiber Conference*, *OFC* 2005, paper OWB5.

[33] Cvijetic, M., and Nakamura, S., ROADM expansion and its crosslayer applications, *Proc of SPIE*, Volume 6288, Boston, MA, Oct.2006.

[34] Yuan, S., et al., Fully integrated N × N MEMS wavelength selective switch with 100 percent colorless add-drop ports, *Optical Fiber Conference*, *OFC/NFOEC* 2008, paper OWC2.

[35] Lee, M, et al., Design of hierarchical crossconnect WDM networks employing two-stage multiplexing scheme at waveband and wavelength, *IEEE J. Sel. Areas Commun.*, Vol.20, 2002, pp.166-171.

[36] Izmailov, R., et al., Hierarchical optical switching: a node-level analysis, *Proc. IEEE High Perf. Switching and Routing. Conf.*, 2002, pp.309-313.

[37] Bertsekas, D., and Gallager, R.G., *Data Networks*, Englewood Cliffs, NJ: Prentice Hall, 1992.

[38] Grim, C., and Schlüchtermann, G., *IP-Traffic Theory and Performance (Signals and Communication Technology)*, New York: Springer, 2010.

[39] Papoulis, A., *Probability, Random Variables and Stochastic Processes*, New York: McGraw-Hill, 1984.

[40] Bhandari, R., *Survivable Networks: Algorithms for Diverse Routing*, Boston, MA: Kluwer Press, 1999.

[41] Cingler, T., et al., Heuristic algorithms for joint configuration of the optical and electrical layer in multihop wavelength routing, *Proc. of IEEE Infocom*, Tel Aviv, 2000.

[42] Acampora, A.S., and Karol, M.J., An overview of lightwave packet networks, *IEEE Network Magazine*, Vol.3, 1989, pp.29-41.

[43] Li, B., and Ganz, A., Virtual Topologies for WDM star LANs: the regular structure approach, *Proc. of IEEE Infocom*, Florence, Italy, 1992, pp.2134-2143.

[44] Mukherjee, B., et al., Some principles for designing wide area optical network, *IEEE/ACM Trans. On Networking*, Vol.4, 1996, pp.684-695.

[45] Ramaswami, R., and Sivarajan, K.N., Optical Routing and wavelength assignment in all-optical networks, *IEEE/ACM Trans. On Networking*, Vol. 3, 1995, pp.489-500.

[46] Zang, H., et al., A review of routing and wavelength assignment approaches for wavelength routed optical WDM networks, *SPIE Optical Networks Magazine*, Vol.1, 2008, pp.47-60.

[47] Lee, K.C., and Li, V.O., A wavelength convertible optical network, *IEEE/OSA J. of Lightwave Technol.*, Vol.11, 1993, pp.962-970.

[48] Barry,R.A.,and Humblet,P.A.,Models of blocking probability in all-optical networks with and without wavelength changers,*IEEE Journal on Selected Areas in Commun.*,Vol.14,1996,pp.858-867.

[49] Tomkos,I.,et al.,Performance engineering of metropolitan area optical networks through impairment constraint routing,*IEEE Commun. Magazine*,Vol.42,No.7,2004,pp.40-47.

[50] Bendelli,G.,et al.,Optical performance monitoring techniques,*Proc.of European Conference on Optical Communications ECOC*,Munich 2000,Vol.4,pp.213-216.

[51] ITU-T,Rec.G.709/Y1331,Interfaces for the Optical Transport Network (OTN),ITU-T (02/01),2001.

[52] Cvijetic,M.,*Optical Transmission Systems Engineering*,Norwood, MA:Artech House,2003.

[53] Ramaswami,R.,and Segall,A.,Distributed Network control for optical networks,*IEEE/ACM Trans.On Networking*,Vol.5,1997,pp.936-943.

[54] Zang,H.,et al.,Dynamic lightpath establishment in wavelength routed WDM networks,*IEEE Commun.Magazine*,Vol.39,2001,pp.100-108.

[55] Chan,K.M.,and Yum,T.S.,Analysis of least congested path routing in WDM lightwave networks,*Proc.of IEEE Inforcom'92*,Toronto, Canada,pp.962-969.

[56] Jue,J.P.,and Xiao,G.,An adaptive routing algorithm with a distributed control scheme for wavelength routed optical networks,*Proc.9th International Conference on Computer Communications and Networks*,Las Vegas,NV,2000,pp.192-197.

[57] Kartalopoulos,S.V.,*Understanding SONET/SDH and ATM*,Piscataway, NJ:IEEE Press,1999.

[58] MPLS-TP:http://www.ietf.org/rfc/rfc5317.pdf;http:// ietf.org/html/rfc5654.

[59] Hunter,D.K.,and Andonovic,I.,Approaches to optical Internet packet switching,*IEEE Communication Magazine*,Vol.38,2000,pp.116-122.

[60] Klonidis,D.,et al.,Opsnet:design and demonstration of an asynchronous high speed optical packet switch,*IEEE/OSA Journal.of Lightwave*

Techn., Vol.23, 2005, pp.2914-2925.

[61] Vaughn, M.D., and Blumental, D.J., All optical undating of subcarrier encoded packet header with simultaneous wavelength conversion of baseband payload in semiconductor optical amplifiers, *IEEE Photonics Techn.Letters*, Vol.9, 1997, pp.827-829.

[62] S.J.Ben Yoo, Optical Packet and burst switching technologies for the future public Internet, *IEEE/OSA Journ. of Lightwave Techn.*, Vol. 24, 2006, pp.4468-4492.

[63] Amastutz, S., Burst switching-an update, *IEEE Commun.Magazine*, Vol.27, 1983, pp.50-57.

[64] Mills, D.L., et al., Highball a high speed, reserved access, wide area network, Technical Report No 90-9-3, University of Delaware, Electrical Engineering Department, 1990.

[65] Hu, L., et al., Wavelength shift keying (WSK) encoded pulses for optical labeling applications, *IEEE Photonics Tech.Letters*, Vol.17, 2005, pp.238-239.

[66] Willinger, W., et al., Self-similarity through high-variability: statistical analysis of Ethernet LAN traffic at the source level, *IEEE/ACM Trans.on Networking*, Vol.5, 1997, pp.71-86.

[67] Huang, A., et al., Optical self-similar cluster switching (OSCS)-a novel optical switching scheme by detecting selfsimilar traffic, *Photonic Network Communications*, Vol.10, 2005, pp.297-308.

[68] Chen, Y., et al., Optical burst switching: a new area in optical networking research, *IEEE Network*, Vol, 18, 2004, pp.16-23.

[69] Jue, J.P., and Vokkarane, V.M. *Optical Burst Switched Networks*, New York: Springer, 2005.

[70] Park, K., Willinger, W., *Self-Similar Network Traffic and Performance Evaluation*, New York: John Wiley and Sons, 2000.

[71] Huang, A., et al., Time space label switching protocol (TSL-SP)-a new paradigm of network resource assignment, *Photonic Network Communications*, Vol.6, 2003, pp.169-178.

[72] ITU-T G.983.1 Broadband optical access systems based on Passive Optical Networks (PON),2005.

[73] ITU-T G.983.3 A broadband optical access system with increased service capability by wavelength allocation,2002.

[74] ITU-T G.984.1 Gigabit-capable Passive Optical Networks (GPON): General characteristics,2008.

[75] ITU-T G.984.2 Gigabit-capable Passive Optical Networks (GPON): Physical Media Dependent (PMD) layer specification,2003.

[76] ITU-T G.987.1 10-Gigabit-capable passive optical network (XG-PON) systems:Definitions,Abbreviations,and Acronyms,2010.

[77] IEEE Std. 802.3ah-2004 (E-PON) and IEEE 802.3av-2009 (10G-EPON) IEEE standards for information technology,telecommunications and information exchange between systems,and local and metropolitan area networks.

[78] Banerjee,B.,et al.,Wavelength-division-multiplexed passive optical network (WDM-PON) technologies for broadband access:a review, *Journal of Optical Networking*,Vol.4,2005,pp.737-758.

[79] Cvijetic,M.,Advanced technologies for next-generation fiber networks, *in Proc.OFC Optical Fiber Communication Conference*,San Diego CA,2010,paper OWY1.

[80] Cvijetic,N.,et al.,1.92 Tb/s coherent DWDM-OFDMA-PON with no high-speed ONU-side electronics over 100 km SSMF and 1 : 64 passive split,*Opt.Express*,Vol.19,1011,pp.24540-24545.

[81] Cvijetic,N.,et al.,4^+G Mobile Backhaul over OFDMA/TDMA-PON to 200 cell sites per fiber with 10Gb/s upstream burst-mode operation enabling < 1 ms transmission latency,*in Proc.OFC Optical Fiber Communication Conference*,Los Angeles,CA,paper PDP5B.7.

[82] Lam,C.F.,et al.,Fiber optic communication technologies:what's needed for datacenter network operations,*IEEE Communications Magazine*,Vol.48,2010,pp.32-39.

[83] Schares,L.,et al.,Optics in future data center networks,*IEEE 18th*

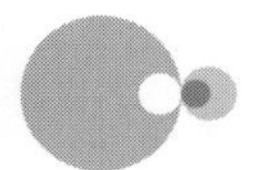

Annual Symposium on High Performance Interconnects (*HOTI*), Aug 2010, pp.104-108.

[84] Morioka, T., et al., Enhancing optical communications with brand new fibers, *IEEE Commun.Mag.*, Vol.50, 2012, pp.40-50.

[85] Cvijetic, M., Djordjevic, I.B., and Cvijetic, N., Spectral-spatial concept of hierarchical and elastic optical networking, *in Proc.IEEE 14th International Conference on Transparent Optical Networks* (*ICTON 2012*), Coventry, 2012.

[86] Cvijetic, M., Djordjevic, I.B., and Cvijetic, N., Multidimensional elastic routing for next generation optical networks, *IEEE Conference on High Performance Switching and Routing* (*HPSR*'12), Belgrade, 2012.

[87] Fontaine, K., et al., Space-division multiplexing and all-optical MIMO demultiplexing using a photonic integrated circuit, *Optical Fiber Communication Conference*, Loss Angeles, 2012, paper PDP5B.1.

[88] Bai, N., et al., Mode-division multiplexed transmission with inline few-mode fiber amplifier, *Opt.Express*, Vol.20, 2012, pp.2668-2680.

[89] Djordjevic, I.B., Energy-efficient spatial-domain-based hybrid multidimensional coded-modulations enabling multi-Tb/s optical transport, *Opt.Express*, Vol.19, 2011, pp.16708-16714.

[90] Djordjevic, I.B., et al., Four-dimensional optical multiband-OFDM for beyond 1.4 Tb/s serial optical transmission, *Opt.Express*, Vol.19, 2011, pp.16876-16882.

[91] B.Zhu, T.F. et al., Seven-core multicore fiber transmissions for passive optical network, *Opt.Express*, Vol.18, 2010, pp.11117-11122.

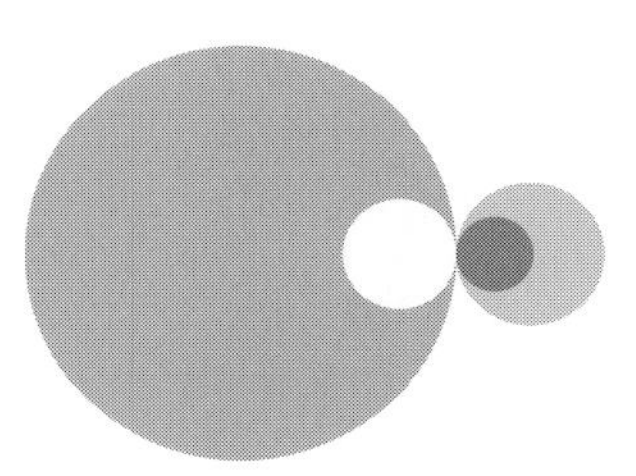

第9章 光信道容量和能量效率

本章旨在评估光通信系统中各种可能方案中的光信道容量和能量效率。首先描述几种可以应用于不同场景的模型。目前已经有一些方法来明确非线性光纤通信信道的信道容量[1-13]，这些方法都是将ASE噪声作为主要影响因素，视光纤非线性为线性情况下的扰动，或者作为乘性噪声。本章还描述了如何通过将光信道视为具有记忆性的信道来确定光信道容量，以及如何确定均匀信息容量[14-17,20]。这些均匀信息容量表示了信道容量的下限。本章还将研究光通信系统的能量效率，要知道未来的光网络需要巨大的带宽，并且任何带宽和网络吞吐量的增加都会伴随着所需能量不成比例的低增长。

9.1 连续信道容量

第7章介绍了信道容量的基本概念，其中假设信道是无记忆的。类似的概念已在文献[18,21]中得到应用。本节讨论连续信道的信道容量。设n维多变量$X=[X_1,X_2,\cdots,X_n]$表示信道输入，其概率密度函数为$p_1(x_1,x_2,\cdots,x_n)$。相应的微分熵定义为[22,23]

$$h(X_1,X_2,\cdots,X_n) = -\underbrace{\int_{-\infty}^{\infty}\cdots\int_{-\infty}^{\infty}}_{n} p_1(x_1,x_2,\cdots,x_n)\log_2 p_1(x_1,x_2,\cdots,x_n)\,\mathrm{d}x_1\mathrm{d}x_2\cdots\mathrm{d}x_n$$
$$= E\left[-\log_2 p_1(x_1,x_2,\cdots,x_n)\right] \tag{9.1}$$

其中,我们使用 $E[\cdot]$ 来表示期望算符。

为了简化描述,我们将使用式(9.1)的紧凑形式,即 $h(\widetilde{X}) = E[-\log_2 p_1(\widetilde{X})]$,这是在文献[23]中首次引入的。以类似的方式,信道输出可以表示为一个具有概率密度函数为 $p_2(y_1,y_2,\cdots,y_m)$ 的 m 维随机变量 $Y=[Y_1,Y_2,\cdots,Y_m]$,而相应的微分熵定义为

$$h(Y_1,Y_2,\cdots,Y_m) = -\underbrace{\int_{-\infty}^{\infty}\cdots\int_{-\infty}^{\infty}}_{n} p_2(y_1,y_2,\cdots,y_m)\log_2 p_1(y_1,y_2,\cdots,y_m)\,\mathrm{d}y_1\mathrm{d}y_2\cdots\mathrm{d}y_m$$
$$= E\left[-\log_2 p_2(y_1,y_2,\cdots,y_m)\right] \tag{9.2}$$

输出的微分熵可以简写为 $h(\widetilde{Y})=E[-\log_2 p_1(\widetilde{Y})]$。

[例 9-1] 假设一个 n 维多变量 $X=[X_1,X_2,\cdots,X_n]$ 具有概率密度函数 $p_1(x_1,x_2,\cdots,x_n)$,其被应用到具有以下非线性特征 $Y=g(X)$ 的非线性信道,其中,$Y=[Y_1,Y_2,\cdots,Y_m]$ 表示具有概率密度函数为 $p_2(y_1,y_2,\cdots,y_m)$ 的信道输出。由于相应的概率密度函数与 Jacobi 符号的关系如下:

$$p_2(y_1,\cdots,y_n)=p_1(x_1,\cdots,x_n)\left|J\left(\frac{X_1,\cdots,X_n}{Y_1,\cdots,Y_m}\right)\right|$$

则输出熵可确定为

$$h(Y_1,\cdots,Y_m)\approx h(X_1,\cdots,X_n)-E\left[\log_2\left|J\left(\frac{X_1,\cdots,X_n}{Y_1,\cdots,Y_m}\right)\right|\right]$$

为了说明信道失真和 ASE 噪声的影响,我们可以观察对应的条件联合概率密度函数

$$P(y_1<Y_1<y_1+\mathrm{d}y_1,\cdots,y_m<Y_m<y_m+\mathrm{d}y_m \mid X_1=x_1,\cdots,X_n=x_n)$$
$$=p(\widetilde{y}\mid\widetilde{x})\mathrm{d}\widetilde{y}$$
$$P(y_1<Y_1<y_1+\mathrm{d}y_1,\cdots,x_n<X_n<x_n+\mathrm{d}x_n)=p(\widetilde{x},\widetilde{y})\mathrm{d}\widetilde{x}\,\mathrm{d}\widetilde{y} \tag{9.3}$$

互信息(也称为信息率)可以写成如下的紧凑形式[23]:

$$I(\widetilde{X};\widetilde{Y})=E\left[\log_2\frac{p(\widetilde{X},\widetilde{Y})}{p(\widetilde{X})P(\widetilde{Y})}\right] \tag{9.4}$$

请注意，与其对应的离散项相比，各种微分熵 $h(X)$、$h(Y)$、$h(Y|X)$ 对于信道中处理的信息而言没有直接解释。有些作者（如文献[24]中的 Gallager）倾向于直接用式(9.4)定义互信息，而不考虑微分熵。然而，互信息具有理论意义，其代表在信道中处理的平均信息（或信道传输的信息量）。互信息具有以下重要性质[22,23]：① 对称性，即 $I(X;Y)=I(Y;X)$；② 非负性；③ 有限性；④ 在线性变换下是不变的；⑤ 可以用信道输出的微分熵来表示，即 $I(X;Y)=h(Y)-h(Y|X)$；⑥ 它与信道输入微分熵有关，即 $I(X;Y)=h(X)-h(X|Y)$。信息容量可以由式(9.4)的最大值来获得，即

$$C=\max I(\widetilde{X};\widetilde{Y}) \tag{9.5}$$

现在我们来确定两个正态分布的随机向量 $\boldsymbol{X}=[X_1,X_2,\cdots,X_n]$ 和 $\boldsymbol{Y}=[Y_1,Y_2,\cdots,Y_m]$ 的互信息。设 $\boldsymbol{Z}=[\boldsymbol{X};\boldsymbol{Y}]$ 为描述联合行为的随机向量。在不失一般性的情况下，进一步假设 $\overline{X}_k=0\ \forall k$ 和 $\overline{Y}_k=0\ \forall k$。$\boldsymbol{X}$、$\boldsymbol{Y}$ 和 $\boldsymbol{Z}$ 对应的概率密度函数分别表示为[23]

$$\begin{cases}p_1(\widetilde{\boldsymbol{x}})=\dfrac{1}{(2\pi)^{n/2}(\det\boldsymbol{A})^{1/2}}\exp(-0.5(\boldsymbol{A}^{-1}\widetilde{\boldsymbol{x}},\widetilde{\boldsymbol{x}}))\\ \boldsymbol{A}=[a_{ij}],a_{ij}=\displaystyle\int x_ix_jp_1(\widetilde{\boldsymbol{x}})\mathrm{d}\widetilde{x}\end{cases} \tag{9.6}$$

$$\begin{cases}p_2(\widetilde{\boldsymbol{y}})=\dfrac{1}{(2\pi)^{n/2}(\det\boldsymbol{B})^{1/2}}\exp(-0.5(\boldsymbol{B}^{-1}\widetilde{\boldsymbol{y}},\widetilde{\boldsymbol{y}}))\\ \boldsymbol{B}=[b_{ij}],b_{ij}=\displaystyle\int y_iy_jp_2(\widetilde{\boldsymbol{y}})\mathrm{d}\widetilde{y}\end{cases} \tag{9.7}$$

$$\begin{cases}p_3(\widetilde{\boldsymbol{z}})=\dfrac{1}{(2\pi)^{(n+m)/2}(\det\boldsymbol{C})^{1/2}}\exp(-0.5(\boldsymbol{C}^{-1}\widetilde{\boldsymbol{z}},\widetilde{\boldsymbol{z}}))\\ \boldsymbol{C}=[c_{ij}],c_{ij}=\displaystyle\int z_iz_jp_3(\widetilde{z})\mathrm{d}\widetilde{z}\end{cases} \tag{9.8}$$

其中，$(\cdot,\cdot)$ 表示两个矢量的点积。将式(9.6)～式(9.8)代入式(9.4)中，得到[23]

$$I(\boldsymbol{X};\boldsymbol{Y})=\frac{1}{2}\log_2\frac{\det\boldsymbol{A}\ \det\boldsymbol{B}}{\det\boldsymbol{C}} \tag{9.9}$$

文献[18,21]已经提到过使用类似的方法来评估部署拉曼放大器的光纤通信系统的信息容量。

两个高斯随机向量之间的互信息也可以用它们的相关系数来表示[23]，即

$$I(\boldsymbol{X};\boldsymbol{Y})=-\frac{1}{2}\log_2[(1-\rho_1^2)\cdots(1-\rho_l^2)],l=\min(m,n) \tag{9.10}$$

其中，ρ_j 是 X_j 和 Y_j 之间的相关系数。

为了获得加性高斯噪声的信息容量，我们做了如下假设：① 输入 $\boldsymbol{X}$、输出 $\boldsymbol{Y}$ 和噪声 $\boldsymbol{Z}$ 是 N 维随机变量；② $\overline{X_k}=0$，$\overline{X_k{}^2}=\sigma_{xk}{}^2\ \forall k$，以及 $\overline{z_k}=0$，$\overline{z_k{}^2}=\sigma_{zk}{}^2\ \forall k$；③ 噪声是加性的，即 $\boldsymbol{Y}=\boldsymbol{X}+\boldsymbol{Z}$。因此，有

$$p_x(\tilde{\boldsymbol{y}}\mid\tilde{\boldsymbol{x}})=p_x(\tilde{\boldsymbol{x}}+\tilde{\boldsymbol{z}}\mid\tilde{\boldsymbol{x}})=\prod_{k=1}^{n}\left[\frac{1}{(2\pi)^{1/2}\sigma_{zk}}\mathrm{e}^{-z_k^2/2\sigma_{zk}^2}\right]=p(\tilde{\boldsymbol{z}}) \tag{9.11}$$

条件微分熵可以由下式得到：

$$H(\boldsymbol{Y}\mid\boldsymbol{X})=H(\boldsymbol{Z})=-\int_{-\infty}^{\infty}p(\tilde{\boldsymbol{z}})\log_2 p(\tilde{\boldsymbol{z}})\mathrm{d}\tilde{\boldsymbol{z}} \tag{9.12}$$

互信息为

$$I(\boldsymbol{X};\boldsymbol{Y})=h(\boldsymbol{Y})-h(\boldsymbol{Y}\mid\boldsymbol{X})=h(\boldsymbol{Y})-h(\boldsymbol{z})=h(\boldsymbol{Y})-\frac{1}{2}\sum_{k=1}^{n}\log_2 2\pi\mathrm{e}\sigma_{z_k}^2 \tag{9.13}$$

因此，通过求最大的 $h(\boldsymbol{Y})$，可以得到用比特表示每信道的信息容量。由于使微分熵最大化的分布是高斯分布，信息容量的计算公式如下：

$$\begin{aligned}C(\boldsymbol{X};\boldsymbol{Y})&=\frac{1}{2}\sum_{k=1}^{n}\log_2(2\pi\mathrm{e}\sigma_{y_k}^2)-\frac{1}{2}\sum_{k=1}^{n}\log_2(2\pi\mathrm{e}\sigma_{z_k}^2)=\frac{1}{2}\sum_{k=1}^{n}\log_2\frac{\sigma_{y_k}^2}{\sigma_{z_k}^2}\\&=\frac{1}{2}\sum_{k=1}^{n}\log_2\frac{\sigma_{x_k}^2+\sigma_{z_k}^2}{\sigma_{z_k}^2}=\frac{1}{2}\sum_{k=1}^{n}\log_2\left(1+\frac{\sigma_x^2}{\sigma_z^2}\right)\end{aligned} \tag{9.14}$$

由于$\sigma_{x_k}^2=\sigma_x^2$，$\sigma_{zk}^2=\sigma_z^2$，得到了以下信息容量的表示式：

$$C(\boldsymbol{X};\boldsymbol{Y})=\frac{n}{2}\log_2\left(1+\frac{\sigma_x^2}{\sigma_z^2}\right) \tag{9.15}$$

其中，σ_x^2/σ_z^2 表示信噪比(SNR)。上面的表示式表示每个符号可以传输的最大信息量。从实际角度来看，确定信道每秒传输的信息量是非常重要的，即单位时间的信息容量，也称为信道容量。对于带宽受限和使用奈奎斯特传输的信道，每秒有 $2W$ 次采样(W 是信道带宽)，相应的信道容量将变为

$$C=W\log_2\left(1+\frac{P}{N_0W}\right)(\mathrm{b/s}) \tag{9.16}$$

其中，P 是平均发射功率，$N_0/2$ 是噪声功率谱密度(PSD)。式(9.16) 给出了著名的香农公式[25]。由于高斯信源具有最大的熵，其互信息最大。因此，式(9.16) 可按下面所述来推导。假设 n 维多变量 $\boldsymbol{X}=[X_1,\cdots,X_n]$ 表示具有方差为 σ_x^2 的零平均高斯分布采样的高斯信道输入。假设 n 维多变量 $\boldsymbol{Y}=[Y_1,\cdots,Y_n]$ 表示高斯信道输出，其采样间距为 $1/2W$。该信道是加性的并具有方差为 σ_z^2 的零平均高斯分布的噪声采样。假设输入和输出的概率密度函数分别用 $p_1(\widetilde{x})$ 和 $p_2(\widetilde{y})$ 表示。假设输入和输出信道的联合概率密度函数用 $p(\widetilde{x},\widetilde{y})$ 表示。最大互信息可通过以下公式计算：

$$I(\widetilde{\boldsymbol{X}};\widetilde{\boldsymbol{Y}})=\iint p(\widetilde{\boldsymbol{x}},\widetilde{\boldsymbol{y}})\log_2\frac{p(\widetilde{\boldsymbol{x}},\widetilde{\boldsymbol{y}})}{p(\widetilde{\boldsymbol{x}})p(\widetilde{\boldsymbol{y}})}\mathrm{d}\widetilde{\boldsymbol{x}}\,\mathrm{d}\widetilde{\boldsymbol{y}} \tag{9.17}$$

通过采用式(9.11) ~ 式(9.15) 中所用的类似步骤，可以得出高斯信道容量的以下表示式：

$$C=W\log_2\left(1+\frac{P}{N}\right),N=N_0W \tag{9.18}$$

其中，P 是平均信号功率，N 是平均噪声功率。

举例来说，带宽为 W_{SC} 的具有 N_{SC} 个独立子载波的 OFDM 系统中每个单偏振信道容量可以表示为[25]

$$C=\max_{P_i:\sum P_i=P}\sum_{i=0}^{N_{\mathrm{sc}}-1}W_{\mathrm{sc}}\log_2(1+\gamma_i),\gamma_i=|H_i|^2P_i/N_0W_{\mathrm{sc}} \tag{9.19}$$

其中，γ_i 是第 i 个子载波的信噪比，P_i 是分配给第 i 个子载波的功率，H_i 是第 i 个子载波光纤传输函数的大小。利用拉格朗日方法，可以得出最优功率分配策略是对频率使用注水算法[22]，即

$$\frac{P_i}{P}=\begin{cases}1/\gamma_{\mathrm{tsh}}-1/\gamma_i,\gamma_i\geqslant\gamma_{\mathrm{tsh}}\\0,\text{其他}\end{cases} \tag{9.20}$$

其中，γ_{tsh} 是 SNR 的阈值。通过将式(9.20) 和式(9.19) 相减，可以得到信道容量的表示式为

$$C=\sum_{i:\gamma_i,\gamma_{\mathrm{tsh}}}W_{\mathrm{sc}}\log_2\frac{\gamma_i}{\gamma_{\mathrm{tsh}}} \tag{9.21}$$

当相应的信噪比高于阈值时使用第 i 个子载波。第 i 个子载波的比特数由 $m_i=\lfloor B_N\log_2(\gamma_i/\gamma_{\mathrm{tsh}})\rfloor$确定，其中$\lfloor\cdot\rfloor$表示小于其中数字的最大整数。

9.2 有记忆信道的容量

本节将描述有记忆的Markov和McMillan信源、有记忆的McMillan信道模型,以及描述如何确定有记忆信源的熵和有记忆信道的互信息。所有这些都是我们分析光信道容量的基础。

9.2.1 Markov 信源及其熵

有限 Markov 链[24-26] 是描述具有记忆的信源和信道的常用模型。具有有限状态 $S=\{S_1,\cdots,S_n\}$ 的 Markov 随机过程由状态 S_i 移动到状态 $S_j(i,j=1,\cdots,n)$ 的转移概率 p_{ij} 表征。Markov 链是由下列转移矩阵控制变换的状态序列:

$$\boldsymbol{P}=[p_{ij}]=\begin{bmatrix} p_{11} & p_{12} & \cdots & p_{1n} \\ p_{21} & p_{22} & \cdots & p_{2n} \\ \vdots & \vdots & & \vdots \\ p_{n1} & p_{n2} & \cdots & p_{nn} \end{bmatrix} \tag{9.22}$$

其中,$\sum_j p_{ij}=1$。

[**例 9-2**] 观察图 9.1(a) 所示的三状态 Markov 信源。相应的转移矩阵由下式给出:

$$\boldsymbol{P}=[p_{ij}]=\begin{bmatrix} 0.6 & 0.4 & 0 \\ 0 & 1 & 0 \\ 0.3 & 0.7 & 0 \end{bmatrix}$$

可以看到,任何一行的和等于 1。从状态 S_1 可以以 0.4 的概率移动到状态 S_2,或者以 0.6 概率停留在状态 S_1。一旦进入状态 S_2,将永远保持在那里。这种状态称为吸收,相应的Markov链称为吸收 Markov链。分两步从状态 S_3 移动到状态 S_2 的概率可计算为 $P_{32}^{(2)}=0.3\times0.4+0.7\times1=0.82$。计算此概率的另一种方法是找到转移矩阵的二次幂,然后读取所需的转移概率,即

$$\boldsymbol{P}^2=[p_{ij}^{(2)}]=\boldsymbol{PP}=\begin{bmatrix} 0.36 & 0.64 & 0 \\ 0 & 1 & 0 \\ 0.18 & 0.82 & 0 \end{bmatrix}$$

然而,从初始状态经过 k 步后到达所有状态的概率可由下式确定:

$$\boldsymbol{P}^{(k)}=\boldsymbol{P}^{(0)}\boldsymbol{P}^k \tag{9.23}$$

其中，$\boldsymbol{P}^{(0)}$ 是包含初始状态概率的行向量。

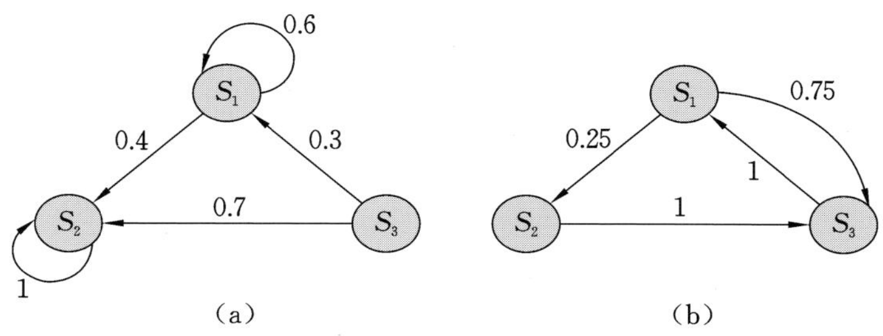

图 9.1　两个三状态 Markov 链

(a) 非正则 Markov 链；(b) 正则 Markov 链

如果转移矩阵 $\boldsymbol{P}^k$ 只有非零元素，则 Markov 链是正则的。因此，如果 $\boldsymbol{P}$ 的 k_0 次方没有任何零项，则 $\boldsymbol{P}$ 的任意 $k(k > k_0)$ 次方也没有任何零项。从通信系统的角度来看，遍历 Markov 链是最重要的。如果有可能在有限的步骤里以非零概率从任何一个特定的状态移动到其他任何状态，则 Markov 链是遍历的。例 9-2 中的 Markov 链是非遍历的。值得注意的是，此示例的转移矩阵具有以下极限：

$$\boldsymbol{T} = \lim_{k \to \infty} \boldsymbol{P}^k = \begin{bmatrix} 0 & 1 & 0 \\ 0 & 1 & 0 \\ 0 & 1 & 0 \end{bmatrix}$$

[例 9-3]　现在再看一个正则 Markov 链的例子，如图 9.1(b) 所示。转移矩阵 $\boldsymbol{P}$、它的四次幂和五次幂，以及 $k \to \infty$ 时矩阵 $\boldsymbol{P}$ 的极限，分别如下所示：

$$\boldsymbol{P} = \begin{bmatrix} 0 & 0.25 & 0.75 \\ 0 & 0 & 1 \\ 1 & 0 & 0 \end{bmatrix}, \boldsymbol{P}^4 = \begin{bmatrix} 0.5625 & 0.0625 & 0.3750 \\ 0.7500 & 0 & 0.2500 \\ 0.2500 & 0.1875 & 0.5625 \end{bmatrix},$$

$$\boldsymbol{P}^5 = \begin{bmatrix} 0.3750 & 0.1406 & 0.4844 \\ 0.2500 & 0.1875 & 0.5625 \\ 0.5625 & 0.0625 & 0.3750 \end{bmatrix}, \boldsymbol{T} = \lim_{k \to \infty} \boldsymbol{P}^k = \begin{bmatrix} 0.4444 & 0.1112 & 0.4444 \\ 0.4444 & 0.1112 & 0.4444 \\ 0.4444 & 0.1112 & 0.4444 \end{bmatrix}$$

我们可以看到四次幂有一个零项，而五次幂和所有更高的幂没有零项。因此，这个 Markov 链是正则的和遍历的。我们还可以注意到稳定转移矩阵 $\boldsymbol{T}$ 有相同的行。

从例 9-3 可以明显看出，对于正则 Markov 链，转移矩阵收敛到稳定转移

矩阵 $\boldsymbol{T}$，所有行都相同，即

$$\boldsymbol{T}=\lim_{k\to\infty}\boldsymbol{P}^{k}=\begin{bmatrix} t_1 & t_2 & \cdots & t_n \\ t_1 & t_2 & \cdots & t_n \\ \vdots & \vdots & & \vdots \\ t_1 & t_2 & \cdots & t_n \end{bmatrix} \tag{9.24}$$

此外，还存在以下公式：

$$\lim_{k\to\infty}\boldsymbol{P}^{(k)}=\lim_{k\to\infty}\boldsymbol{P}^{(0)}\boldsymbol{P}^{k}=\boldsymbol{P}^{(0)}\boldsymbol{T}=[t_1 \quad t_2 \quad \cdots \quad t_n] \tag{9.25}$$

所以可以从式中找到状态的稳定概率(或等价地求解 $\boldsymbol{T}$ 的元素)：

$$\begin{aligned} t_1 &= p_{11}t_1+p_{21}t_2+\cdots+p_{n1}t_n \\ t_2 &= p_{12}t_1+p_{22}t_2+\cdots+p_{n2}t_n \\ &\vdots \\ t_n &= p_{1n}t_1+p_{2n}t_2+\cdots+p_{nn}t_n \\ \sum_{i=1}^{n}t_i &= 1 \end{aligned} \tag{9.26}$$

例如，对于图 9.1(b) 中的 Markov 链，可以描述为

$$t_1=t_3, t_2=0.25t_1, t_3=0.75t_1+t_2, t_1+t_2+t_3=1$$

相应的解为

$$t_1=t_3=0.4444, t_2=0.1112$$

Markov 信源 $S=\{S_1,\cdots,S_n\}$ 在从初始状态 A_i 前进一步时的不确定性(这里用 $H_i^{(1)}$ 表示)，可以描述为

$$H_i^{(1)}=-\sum_{j=1}^{n}p_{ij}\log_2 p_{ij} \tag{9.27}$$

如果状态 S_i 的概率等于 p_i，则可以通过对所有状态的熵求平均得到 Markov 信源的熵。前进一步的不确定性变成

$$H(X)=H^{(1)}=E[H_i^{(1)}]=\sum_{i=1}^{n}p_iH_i^{(1)}=-\sum_{i=1}^{n}p_i\sum_{j=1}^{n}p_{ij}\log_2 p_{ij} \tag{9.28}$$

以类似的方式，从初始状态向前移动 k 步的 Markov 信源的熵由下式给出：

$$H^{(k)}=E[H_i^{(k)}]=\sum_{i=1}^{n}p_i\underbrace{H_i^{(k)}}_{-\sum_{j=1}^{n}p_{ij}^{(k)}\log_2 p_{ij}^{(k)}}=-\sum_{i=1}^{n}p_i\sum_{j=1}^{n}p_{ij}^{(k)}\log_2 p_{ij}^{(k)} \tag{9.29}$$

可以证明，对于遍历 Markov 源存在一个极限，其定义为 $H^{(\infty)}=\lim\limits_{k\to\infty}H^{(k)}/k$。为了证明这一点，我们可以使用以下特性(否则是问题 9.3 的范畴)：

$$H^{(k+1)}=H^{(k)}+H^{(1)} \tag{9.30}$$

通过迭代应用此特性,可以得到

$$H^{(k)}=H^{(k-1)}+H^{(1)}=H^{(k-2)}+2H^{(1)}=\cdots=kH^{(1)}=kH(X) \tag{9.31}$$

从式(9.31)可以看出

$$\lim_{k\to\infty}\frac{H^{(k)}}{k}=H^{(1)}=H(X) \tag{9.32}$$

式(9.32)可以用作 Markov 信源熵的替代定义,它也适用于任意平稳信源。

[例 9-4] 确定图 9.1(b)所示 Markov 信源的熵。根据式(9.28)的定义,可以得出

$$\begin{aligned}H(X)&=-\sum_{i=1}^{n}p_i\sum_{j=1}^{n}p_{ij}\log_2 p_{ij}\\&=-0.4444(0.25\log_2 0.25+0.75\log_2 0.75)-0.1111\cdot 1\log_2 1-0.4444\cdot 1\log_2 1\\&=0.6605\ \mathrm{b}\end{aligned}$$

9.2.2 McMillan 信源及其熵

McMillan 对具有记忆的离散源的描述[27]比 Markov 链的描述更为普遍。在这种情况下,我们将关注平稳信源。用字母$\{S_1,S_2,\cdots,S_M\}=S$表示一个有限信源集合。假设信源在时间t_k处发出一个符号,则所传输的序列可以表示为$X=\{\cdots,x_{-1},x_0,x_1,\cdots\}$,其中$x_i\in S$。在集合$\{x\}$的所有元素中,我们只关注那些在某些特定时间实例中具有指定源的符号。将所有具有这些属性的序列创建柱集。

[例 9-5] 假设指定位置由数字-1、0、3 和k定义,这些位置对应的符号为$x_{-1}=s_2,x_0=s_5,x_3=s_0,x_k=s_{n-1}$。相应的柱集将以$\boldsymbol{C}_1=\{\cdots,x_{-2},s_2,s_5,x_1,x_2,s_0,\cdots,x_k=s_{n-1},\cdots\}$给出。由于我们观察到了平稳过程,如果在任一方向(通过$\boldsymbol{T}$或$\boldsymbol{T}^{-1}$)将柱集移动一个时间单位,柱集的统计特性将不会改变。例如,时间移动的$\boldsymbol{C}_1$柱集由$\boldsymbol{TC}_1=\{\cdots,x_{-1},s_2,s_5,x_2,x_3,s_0,\cdots,x_{k+1}=s_{n-1},\cdots\}$给出。

任意柱集$\boldsymbol{C}$的平稳特性可写为

$$P\{\boldsymbol{TC}\}=P\{\boldsymbol{T}^{-1}\boldsymbol{C}\}=P\{\boldsymbol{C}\} \tag{9.33}$$

其中,$P\{\cdot\}$表示概率测度。

现在从集合S中指定n个字母,放到$k+1,\cdots,k+n$的位置。这个序列可以表示为$x_{k+1},\cdots,x_{k+n}$,总共有M^n个可能的序列。所有可能序列的熵定义为

$$H_n = -\sum_C p_m(C)\log_2 p_m(C) \tag{9.34}$$

其中，$p_m(\cdot)$ 是概率测度。McMillan 对平稳离散信源熵的定义由文献[27]给出：

$$H(X) = \lim_{n\to\infty} \frac{H_n}{n} \tag{9.35}$$

如我们所见，McMillan 熵的定义与方程(9.32)一致，该方程适用于平稳 Markov 源。

9.2.3 McMillan-Khinchin 信道容量评估模型

设信道的输入和输出是有限的，分别用 $\boldsymbol{A}$ 和 $\boldsymbol{B}$ 表示，而信道输入和输出序列用 $\boldsymbol{X}$ 和 $\boldsymbol{Y}$ 表示。无记忆信道的噪声行为通常由条件概率矩阵 $\boldsymbol{P}\{b_j \mid a_k\}$ 得到，其中，所有 $b_j \in \boldsymbol{B}$ 和 $a_j \in \boldsymbol{A}$。在具有有限记忆的信道(如光学信道)中，转移概率取决于有限时间长度的发送序列。例如，Markov 过程描述的信道转移矩阵的形式为 $\boldsymbol{P}\{Y_k = b \mid \cdots, X_{-1}, X_0, X_1, \cdots, X_k\} = \boldsymbol{P}\{Y_k = b \mid X_k\}$。

假设输入为 $\{Z\} = \{\cdots, x_{-2}, x_{-1}, x_0, x_1, \cdots\}$，信道输出 y 为 $\{Y\} = \{\cdots, y_{-2}, y_{-1}, y_0, y_1, \cdots\}$。

假设 $\boldsymbol{X}$ 表示所有可能的输入序列，$\boldsymbol{Y}$ 表示所有可能的输出序列。通过在特定位置确定具体的符号，可以获得柱集[23]。例如，柱集 $x^{4,1}$ 是通过将符号 a_1 确定在位置 x_4 获得的，因此它是 $x^{4,1} = \cdots, x_{-1}, x_0, x_1, x_2, x_3, a_1, x_5, \cdots$，通过将输出符号 b_2 确定在位置1，即 $y^{1,2} = \cdots, y_{-1}, y_0, b_2, y_2, y_3, \cdots$，得到输出柱集 $y^{1,2}$。为了描述信道的特性，我们必须确定转移概率 $\boldsymbol{P}(y^{1,2} \mid x^{4,1})$，即如果传输了柱集 $x^{4,1}$，则接收到柱集 $y^{1,2}$ 的概率。因此，对于所有可能的输入柱集 $S_A \subset \boldsymbol{X}$，我们必须确定在发送 S_A 时收到柱集 $S_B \subset \boldsymbol{Y}$ 的概率。

信道完全由以下内容指定：① 输入 A；② 输出 B；③ 转移概率 $P\{S_B \mid S_A\} = \nu_x$(对于所有 $S_A \subset \boldsymbol{X}$ 和 $S_B \subset \boldsymbol{Y}$)。因此，信道由三元组 $[A, \nu_x, B]$ 确定。如果转移概率相对于时间偏移 t 是不变的，这意味着 $\nu_{Tx}(\boldsymbol{T}S) = \nu_x(S)$，那么信道被称为平稳的。如果 Y_k 的分布仅仅依赖于序列 $\cdots, x_{k-1}, x_k$ 的统计性质，那么就说该信道不可预期。如果 Y_k 的分布只依赖于 $x_{k-m}, \cdots, x_k$，那么就说该信道有 m 个单位的有限记忆。

信源和信道可以描述为一个新的信源 $[\boldsymbol{C}, \xi]$，其中，$\boldsymbol{C}$ 是输入 $\boldsymbol{A}$ 和输出 $\boldsymbol{B}$ 的笛卡儿积($\boldsymbol{C} = \boldsymbol{A} \times \boldsymbol{B}$)，并且 ξ 是相应的概率度量。符号 $(x, y) \in C$ 的联合概率是边际概率和条件概率的乘积：$P(x \cap y) = P\{x\}P\{y \mid x\}$，其中，$x \in$

$\boldsymbol{A}$ 和 $y \in \boldsymbol{B}$。

让我们进一步假设信源和信道都是平稳的。按照文献[23,28]中的描述，可以将平稳信源和信道的连接按如下描述。

(1) 如果信源 $[\boldsymbol{A},\mu]$（μ 是信源字母的概率度量）和信道 $[\boldsymbol{A},\nu_x,B]$ 是平稳的，则乘积信源 $[\boldsymbol{C},\xi]$ 也将是平稳的。

(2) 每个平稳信源都有一个熵，因此 $[\boldsymbol{A},\mu]$、$[\boldsymbol{B},\eta]$（η 是输出字母的概率度量）和 $[\boldsymbol{C},\xi]$ 都有有限熵。

(3) 这些熵可以确定所有 n 项序列 $x_0,x_1,\cdots,x_{n-1}$，这些序列由信源发出并通过信道传输，如下所示[23]：

$$\begin{cases} H_n(\boldsymbol{X}) \leftarrow \{x_0,x_1,\cdots,x_{n-1}\} \\ H_n(\boldsymbol{Y}) \leftarrow \{y_0,y_1,\cdots,y_{n-1}\} \\ H_n(\boldsymbol{X},\boldsymbol{Y}) \leftarrow \{(x_0,y_0),(x_1,y_1),\cdots,(x_{n-1},y_{n-1})\} \\ H_n(\boldsymbol{Y}\mid\boldsymbol{X}) \leftarrow \{(\boldsymbol{Y}\mid x_0),(\boldsymbol{Y}\mid x_1),\cdots,(\boldsymbol{Y}\mid x_{n-1})\} \\ H_n(\boldsymbol{X}\mid\boldsymbol{Y}) \leftarrow \{(\boldsymbol{X}\mid y_0),(\boldsymbol{X}\mid y_1),\cdots,(\boldsymbol{X}\mid y_{n-1})\} \end{cases} \tag{9.36}$$

可以看出，存在下面等式：

$$\begin{cases} H_n(\boldsymbol{X},\boldsymbol{Y}) = H_n(\boldsymbol{X}) + H_n(\boldsymbol{Y}\mid\boldsymbol{X}) \\ H_n(\boldsymbol{X},\boldsymbol{Y}) = H_n(\boldsymbol{Y}) + H_n(\boldsymbol{X}\mid\boldsymbol{Y}) \end{cases} \tag{9.37}$$

上述方程可以用每个符号的熵重写为以下形式：

$$\begin{cases} \dfrac{1}{n}H_n(\boldsymbol{X},\boldsymbol{Y}) = \dfrac{1}{n}H_n(\boldsymbol{X}) + \dfrac{1}{n}H_n(\boldsymbol{Y}\mid\boldsymbol{X}) \\ \dfrac{1}{n}H_n(\boldsymbol{X},\boldsymbol{Y}) = \dfrac{1}{n}H_n(\boldsymbol{Y}) + \dfrac{1}{n}H_n(\boldsymbol{X}\mid\boldsymbol{Y}) \end{cases} \tag{9.38}$$

对于足够长的序列，存在以下信道的熵：

$$\begin{cases} \lim\limits_{n\to\infty} \dfrac{1}{n}H_n(\boldsymbol{X},\boldsymbol{Y}) = H(\boldsymbol{X},\boldsymbol{Y}) \\ \lim\limits_{n\to\infty} \dfrac{1}{n}H_n(\boldsymbol{X}) = H(\boldsymbol{X}) \\ \lim\limits_{n\to\infty} \dfrac{1}{n}H_n(\boldsymbol{Y}) = H(\boldsymbol{Y}) \\ \lim\limits_{n\to\infty} \dfrac{1}{n}H_n(\boldsymbol{X}\mid\boldsymbol{Y}) = H(\boldsymbol{X}\mid\boldsymbol{Y}) \\ \lim\limits_{n\to\infty} \dfrac{1}{n}H_n(\boldsymbol{Y}\mid\boldsymbol{X}) = H(\boldsymbol{Y}\mid\boldsymbol{X}) \end{cases} \tag{9.39}$$

互信息也存在，定义为

$$I(\boldsymbol{X},\boldsymbol{Y}) = H(\boldsymbol{X}) + H(\boldsymbol{Y}) - H(\boldsymbol{X},\boldsymbol{Y}) \tag{9.40}$$

信道的静态信息容量是通过使用非线性优化[29,30]求得所有可能信息源的最大互信息获得的，即

$$C(\boldsymbol{X},\boldsymbol{Y}) = \max I(\boldsymbol{X},\boldsymbol{Y}) \tag{9.41}$$

本节的分析结果将在第 9.4 节中用于评估有记忆的光信道的信息容量。在此之前，我们简要介绍所采用的单模光纤信号传播模型[31-35]，该模型也将用于评估信道容量。

9.3 信号传输建模

9.3.1 非线性薛定谔方程(NSE)

单模光纤上的传播由第 3 章介绍的非线性薛定谔方程(NSE)描述，该方程也可以用算符形式表示为

$$\frac{\partial E(z,t)}{\partial z} = (\hat{D} + \hat{N})E, \hat{D} = -\frac{\alpha}{2} - \mathrm{j}\frac{\beta_2}{2}\frac{\partial^2}{\partial t^2} + \frac{\beta_3}{6}\frac{\partial^3}{\partial t^3}, \hat{N} = \mathrm{j}\gamma|E^2| \tag{9.42}$$

其中，E 是信号电场；$\hat{D}$ 和 $\hat{N}$ 表示线性和非线性算符；而 α、β_2、β_3 和 γ 分别表示衰减系数、GVD、二阶 GVD 和非线性系数。为了求解 NSE，通常使用分步傅里叶法[31-33]。这种方法的关键思想是将光纤分成若干段，每段的长度为 Δz，并在每段上运用 NSE，从而得出表示式

$$E(z+\Delta z,t) = [\exp(\hat{D}+\hat{N})\Delta z]E(z,t) \tag{9.43}$$

此外，运用泰勒展开式可将方程(9.43)中的指数项表示为

$$\exp(\hat{D}+\hat{N})\Delta z = \sum_{n=0}^{\infty}(\hat{D}+\hat{N})^n \Delta z^n / n! \tag{9.44}$$

实际中，我们通常使用以下两种近似来代替泰勒展开式：

$$E(z+\Delta z,t) \approx \begin{cases} \mathrm{e}^{\hat{D}\Delta z/2}\mathrm{e}^{\hat{N}\Delta z}\mathrm{e}^{\hat{D}\Delta z/2}E(z,t) \\ \mathrm{e}^{\hat{D}\Delta z}\mathrm{e}^{\hat{N}\Delta z}E(z,t) \end{cases} \tag{9.45}$$

其中，第一种方法(上述方程右上)称为对称分步傅里叶法(SSSFM)，而第二种方法(上述方程右下)称为不对称分步傅里叶法(ASSFM)。两种方法中的

线性算符都对应于频域中的乘法，即

$$\exp(\Delta h\hat{D})E(z,t)=\mathrm{FT}^{-1}\left\{\exp\left[\left(-\frac{\alpha}{2}+\mathrm{j}\frac{\beta_2}{2}\omega^2+\mathrm{j}\frac{\beta_3}{6}\omega^3\right)\Delta h\right]\mathrm{FT}[E(z,t)]\right\} \tag{9.46}$$

其中，Δh 等于 SSSFM 中的 $\Delta z/2$ 或 ASSFM 中的 Δz 的步长，而 FT(FT^{-1}) 表示傅里叶变换（逆傅里叶变换）算符。非线性算符在时域中进行非线性相位"旋转"，可以表示为

$$\exp(\Delta z\hat{N})E(z,t)=\exp(\mathrm{j}\gamma\Delta z\mid E(z,t)\mid^2)E(z,t) \tag{9.47}$$

很明显，非线性算符取决于 z 位置处的电场大小，这是未知的且需要估计的。文献[33] 提出使用梯形法则将电场函数表示为

$$\begin{aligned}E(z+\Delta z,t)&=\exp(\hat{D}\Delta z/2)\exp\left(\int_z^{z+\Delta z}N(z')\,\mathrm{d}z'\right)\exp(\hat{D}\Delta z/2)E(z,t)\\&\approx\exp(\hat{D}\Delta z/2)\exp\left[\frac{\hat{N}(z+\Delta z)+\hat{N}(z)}{2}\Delta z\right]\exp(\hat{D}\Delta z/2)E(z,t)\end{aligned} \tag{9.48}$$

求解方程(9.48) 的迭代步骤如图 9.2 所示。

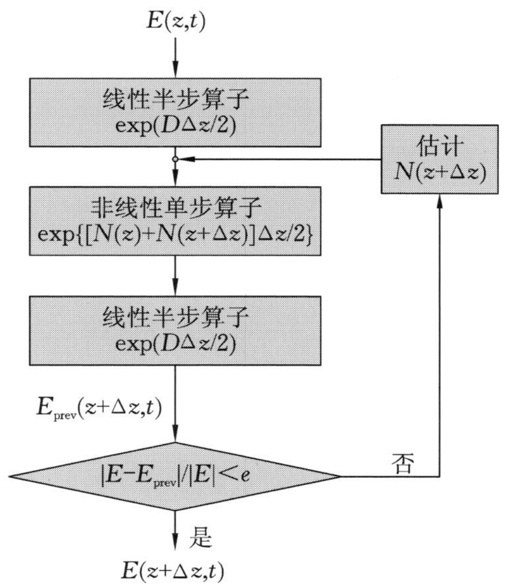

图 9.2　求解 NSE 的迭代对称分步傅里叶法图解

由于此迭代过程可能时间较长，因此可以考虑以下不太精确的近似值：

$$E(z+\Delta z,t)\approx\begin{cases}\exp(\hat{D}\Delta z/2)\exp[\hat{N}(z+\Delta z/2)\Delta z]\exp(\hat{D}\Delta z/2)E(z,t),\ \text{for SSSFM}\\ \exp(\hat{D}\Delta z)\exp[\hat{N}(z)\Delta z]E(z,t),\ \text{for ASSFM}\end{cases}\tag{9.49}$$

迭代算法的复杂度由快速傅里叶变换的复杂度决定，其与 $N\log_2 N$ 成正比。

为了研究上述分步法的精度，可以使用 Baker Hausdorff 公式[34]：

$$e^A e^B = e^{A+B+\frac{1}{2}[A,B]+\frac{1}{12}(A,[A,B])-\frac{1}{12}(B,[A,B])-\frac{1}{24}(B,[A,[A,B]])+\cdots}\tag{9.50}$$

其中，$[A,B]$ 是两个算符 A 和 B 的对易，定义为 $[A,B]=AB-BA$。通过将此公式应用于 SSSFM 和 ASSFM，可以得到

$$\begin{cases}e^{\hat{D}\Delta z}e^{\hat{N}\Delta z}\approx e^{\hat{D}\Delta z+\hat{N}\Delta z+\frac{1}{2}[\hat{D},\hat{N}]\Delta z^2+\cdots}\\ e^{\hat{D}\Delta z/2}e^{\hat{N}\Delta z}e^{\hat{D}\Delta z/2}\approx e^{\hat{D}\Delta z+\hat{N}\Delta z+\frac{1}{6}[\hat{N}+\hat{D}/2,[\hat{N},\hat{D}/2]]\Delta z^3+\cdots}\end{cases}\tag{9.51}$$

如我们所见，ASSFM 中的算符误差是（Δz^2）级次，而 SSSFM 中的算符误差是（Δz^3）级次，这意味着 SSSFM 提供了更好的精度。

9.3.2　分步傅里叶算法中的步长选择

文献[36-38]分析了步长选择。一般来说，步长是特征长度的函数。特征长度是相位失真达到最大容许值时的长度。对于色散（CD）和克尔非线性（NL），特征长度如文献[32]所示，即

$$L_{NL}\sim 1/\gamma P_{Tx},\quad L_{CD}\sim 2/\beta_2\omega_{max}^2\tag{9.52}$$

其中，P_{Tx} 为发射功率，ω_{max} 为调制信号频谱中的最高频率，即

$$\omega_{max}\approx\begin{cases}2\pi R_s,\ \text{single-carrier systems}\\ 2\pi(N_{sc}+1)\Delta f_{sc},\ \text{OFDM systems}\end{cases}\tag{9.53}$$

R_s 为符号速率，N_{sc} 为副子波数，Δf_{sc} 为子载波间距。如果由色散和非线性导致的所能容忍的最大相位偏移分别用 $\Delta\phi_{CD}$ 和 $\Delta\phi_{NL}$ 表示，则可以确定步长为[32]

$$\Delta z=\min(\Delta\phi_{CD}L_{CD},\Delta\phi_{NL}L_{NL})\tag{9.54}$$

另一种方法是将局部误差 $\Delta\varepsilon$ 保持在容许值以下，这时选择步长为[37,38]

$$\Delta z=\begin{cases}\{\Delta\varepsilon/[\gamma P(z)(|\beta_2|\omega_{max}^2)^2]\}^{1/3},\ \text{for SSSFM}\\ \{\Delta\varepsilon/[\gamma P(z)(|\beta_2|\omega_{max}^2)]\}^{1/2},\ \text{for ASSFM}\end{cases}\tag{9.55}$$

其中，$P(z)$ 是距离 z 处的信号功率。

9.3.3 多信道传输

对于多信道传输建模，我们有两种选择。第一种选择是通过复合电场来表示多信道 WDM 信号，即

$$E(z,t)=\sum_l E_l(z,t)\mathrm{e}^{-\mathrm{j}l2\pi\Delta f} \tag{9.56}$$

其中，Δf 是信道间距。这种方法称为全场传输模型。第二种方法是分别考虑单个 WDM，然后求解耦合的 NSE，即

$$\begin{cases}\dfrac{\partial E_i(z,t)}{\partial z}=(\hat{D}_i+\hat{N}_i)E_i(z,t)\\ \hat{D}_i=-\dfrac{\alpha}{2}-\beta_{1,i}\dfrac{\partial}{\partial t}-\mathrm{j}\dfrac{\beta_2}{2}\dfrac{\partial^2}{\partial t^2}+\dfrac{\beta_3}{6}\dfrac{\partial^3}{\partial t^3}\\ \hat{N}_i=\mathrm{j}\gamma\left(|E_i|^2+\sum\limits_{j\neq i}|E_j|^2\right)\end{cases} \tag{9.57}$$

9.3.4 偏振复用系统的传输方程

偏振复用(PDM) 系统的 NSE 描述如下[31-33]：

$$\begin{cases}\dfrac{\partial \boldsymbol{E}(z,t)}{\partial z}=(\hat{D}+\hat{N})\boldsymbol{E}(z,t)\\ \hat{D}=-\dfrac{\alpha}{2}-\beta_1\dfrac{\partial}{\partial t}-\mathrm{j}\dfrac{\beta_2}{2}\dfrac{\partial^2}{\partial t^2}+\dfrac{\beta_3}{6}\dfrac{\partial^3}{\partial t^3}\\ \hat{N}=\mathrm{j}\gamma\left(|\boldsymbol{E}|^2\boldsymbol{I}-\dfrac{1}{3}(\boldsymbol{E}^\dagger\boldsymbol{YE})\boldsymbol{Y}\right)\end{cases} \tag{9.58}$$

式中，$\boldsymbol{E}=[E_x E_y]^{\mathrm{T}}$ 表示电场的琼斯矢量；α 表示 x 偏振和 y 偏振中的衰减系数；β_1，β_2 和 β_3 分别表示群速度、GVD 和二阶 GVD 参数；$\boldsymbol{Y}$ 表示量子力学符号中的 Pauli-Y 矩阵[34]。Pauli 矩阵定义为

$$\boldsymbol{X}=\begin{pmatrix}0&1\\1&0\end{pmatrix},\boldsymbol{Y}=\begin{pmatrix}0&-\mathrm{j}\\\mathrm{j}&0\end{pmatrix},\boldsymbol{Z}=\begin{pmatrix}1&0\\0&-1\end{pmatrix} \tag{9.59}$$

β_1 与偏振旋转矩阵 $\boldsymbol{R}$ 相关，如下所示：

$$\beta_1(\theta_k,\varepsilon_k)=\boldsymbol{R}(\theta_k,\varepsilon_k)\left(\frac{\delta_k}{2}Z\right)\boldsymbol{R}^\dagger(\theta_k,\varepsilon_k),$$

$$\boldsymbol{R}(\theta_k,\varepsilon_k)=\begin{bmatrix}\cos\theta_k\cos\varepsilon_k-\mathrm{j}\sin\theta_k\sin\varepsilon_k & \sin\theta_k\cos\varepsilon_k+\mathrm{j}\cos\theta_k\sin\varepsilon_k\\ \sin\theta_k\cos\varepsilon_k+\mathrm{j}\cos\theta_k\sin\varepsilon_k & \cos\theta_k\cos\varepsilon_k-\mathrm{j}\sin\theta_k\sin\varepsilon_k\end{bmatrix} \tag{9.60}$$

其中，$2\theta_k$ 和 $2\varepsilon_k$ 是第k 段光纤的方位角和椭圆率角，δ_k 对应于该段的差分群时

延(DGD)。PDM-NSE应通过迭代关系求解：

$$\boldsymbol{E}(z+\Delta z,t)=\exp[\Delta z(\hat{D}+\hat{N})]\boldsymbol{E}(z,t) \tag{9.61}$$

其中,传输仿真的复杂度明显高于单偏振情况。

9.4 通过BCJR算法的正向递归计算信息容量

下面评估独立同分布(IID)信源的多电平[39-41]和多维调制方案的信道容量,这在文献中也被称为可实现的信息速率[14,15]。使用的方法最初在文献[43-45]中被提出,用以评估线性ISI信道上二进制调制方案的信息速率。在文献[14-17,19]中也使用了类似的方法来研究存在非线性的开关键控信道的信息容量。最后,该方法推广到文献[20]中的多电平调制。IID信道容量代表信道容量的下限。

为了计算IID信道容量,我们将整个传输系统建模为一个动态符号间串扰(ISI)信道,其中,前m个和后m个符号对观测符号有影响,如图9.3所示。因此,该模型是第9.2节中描述的McMillan模型的一个特殊实例。光通信系统的特征在于输出采样D维矩阵的条件概率密度函数$y=(y_1,\cdots,y_n,\cdots)$,其中$y_i=(y_{i,1},\cdots,y_{i,D})\in Y$,对于一个给定信源序列$x=(x_1,\cdots,x_n,\cdots)$,$x_i\in X=\{0,1,\cdots,M-1\}$。集合$X$表示对应的$M$进制$D$维信号星座图中星座点的标号集,其中,$D$是用于表示给定信号星座的基底函数数量(例如,对于$M$进制PSK和$M$进制QAM,$D$等于2。对于立方星座图,$D$等于3)。$Y$表示所有可能的信道输出的集合,其中,$y_{i,j}(j=1,\cdots,D)$对应于信道输出的第$i$个采样的第$j$个坐标。图9.3所示网格中的状态定义为$s_j=(x_{j-m},x_{j-m+1},\cdots,x_j,x_{j+1},\cdots,x_{j+m})=x[j-m,j+m]$,其中,$x_k$表示可能标号集$X=\{0,1,\cdots,M-1\}$中符号的标号。每个符号携带$m=\log_2 M$个比特,并使用适当的映射规则(自然、格雷、反格雷)构造。状态的记忆等于$2m+1$,其中,$2m$是从两侧影响观察符号的符号数。网格具有M^{2m+1}个状态,每个状态对应一种不同的$(2m+1)$个符号模式(配置)。状态标号是在以M为基的数字系统中将$(2m+1)$个符号作为数字来确定的。

为了完整地描述网格,需要条件概率密度函数,可以使用以下方法之一进行估计:① 直方图估计[14];② 使用瞬时法[15];③ 使用Edgeworth扩展[16]。请注意,此信道模型与第9.2.3节提到的文献[27]中讨论的McMillan模型一

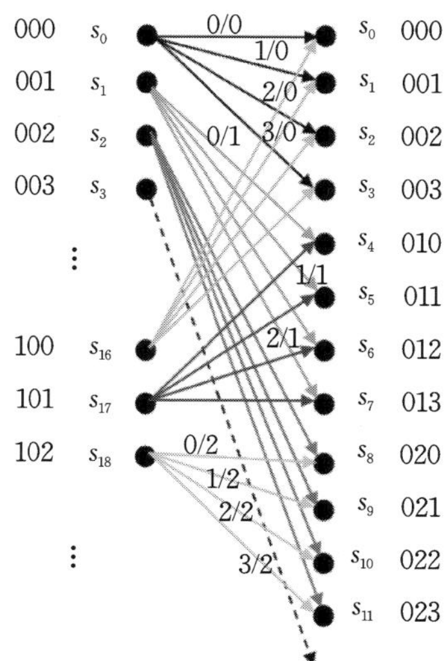

图 9.3　本图为网格的部分，描述了记忆为 $2m+1=3$ 的 M 进制 D 维信号星座的光信道模型（本例中 $M=4$）

致。信息速率可通过以下方式计算：

$$I(\boldsymbol{Y};\boldsymbol{X})=H(\boldsymbol{Y})-H(\boldsymbol{Y}\mid\boldsymbol{X}) \tag{9.62}$$

其中，$H(\boldsymbol{U})=-E[\log_2 P(\boldsymbol{U})]$ 表示随机变量 $\boldsymbol{U}$ 的熵，$E[\cdot]$ 表示数学期望算符。根据 Shannon-McMillan-Briem 定理，可以计算通过传输足够长的信源序列$\log_2(P(y[1,n]))$ 来确定信息速率。该定理指出[22]

$$E(\log_2 P(\boldsymbol{Y}))=-\lim_{n\to\infty}(1/n)\log_2 P(\boldsymbol{y}[1,n]) \tag{9.63}$$

对于足够长的信号经过信道后，信息速率可用 $\log_2(P(y[1,n]))$ 来获得，将式(9.63) 代入式(9.62)，得到适合实际计算信息容量的表示式为

$$\begin{aligned}I(\boldsymbol{Y};\boldsymbol{X})=\lim_{n\to\infty}\frac{1}{n}\Big[&\sum_{i=1}^{n}\log_2 P(y_i\mid\boldsymbol{y}[1,i-1],\boldsymbol{x}[1,n])\\&-\sum_{i=1}^{n}\log_2 P(y_i\mid\boldsymbol{y}[1,i-1])\Big]\end{aligned} \tag{9.64}$$

方程(9.64) 右边的第一项可由条件概率密度函数(PDF)$P(\boldsymbol{y}[j-m,j+m]\mid\boldsymbol{s})$ 直接计算得出。我们可以使用第 7 章描述的多级 BCJR 算法的正向递归来计算 $\log_2 P(y_i\mid\boldsymbol{y}[1,i-1])$。我们现在可以将前向度量 $\alpha_j(\boldsymbol{s})=\log\{p(\boldsymbol{s}_j=\boldsymbol{s},\boldsymbol{y}[1,j])\}(j=1,2,\cdots,n)$ 和分支度量 $\gamma_j(\boldsymbol{s}',\boldsymbol{s})=\log[p(\boldsymbol{s}_j=\boldsymbol{s},y_j,\boldsymbol{s}_{j-1}=\boldsymbol{s}')]$ 定义为

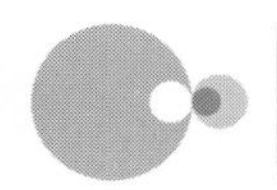

$$\begin{cases}\alpha_j(\boldsymbol{s})=\max\limits_{s'}{}^{*}\ [\alpha_{j-1}(\boldsymbol{s}')+\gamma_j(\boldsymbol{s}',\boldsymbol{s})-\log_2 M] \\ \gamma_j(\boldsymbol{s}',\boldsymbol{s})=\log_2[p(y_j \mid \boldsymbol{x}[j-m,j+m])]\end{cases} \tag{9.65}$$

其中，$\max^*$ 算符由 $\max^*(x,y)=\log_2(e^x+e^y)=\max(x,y)+\log_2[1+\exp(-|x-y|)]$ 定义。

第 i 项 $\log_2 P(y_i \mid \boldsymbol{y}[1,i-1])$，现在可以用下式迭代计算：

$$\log_2 P(y_i \mid \boldsymbol{y}[1,i-1])=\max_{s}{}^{*}\alpha_i(\boldsymbol{s}) \tag{9.66}$$

其中，$\max^*$ 算符适用于所有 $\boldsymbol{s}\in\boldsymbol{S}$（$\boldsymbol{S}$ 表示图 9.3 所示的网格中的一组状态）。信息容量定义为

$$C=\max I(\boldsymbol{Y};\boldsymbol{X}) \tag{9.67}$$

其中，最大值是取所有可能的输入分布的。由于光信道具有存储器，因此很自然地假定最佳输入分布也是具有记忆的输入分布。通过考虑 $P(x_i \mid x_{i-1},x_{i-2},\cdots)=P(x_i \mid x_{i-1},x_{i-2},\cdots,x_{i-k})$ 形式的稳定输入分布，可以通过非线性数值优化[25,30] 来确定相应的 Markov 模型的转移概率，从而使式(9.62) 中的信息速率最大化。

该方法既适用于无记忆信道，也适用于有记忆信道。例如，我们通过观察线性信道模型计算了不同阶数星座和两种 QAM 星座（方形 QAM 和星型 QAM）的无记忆信息容量，结果如图 9.4 所示。正如我们所看到的，如果星座

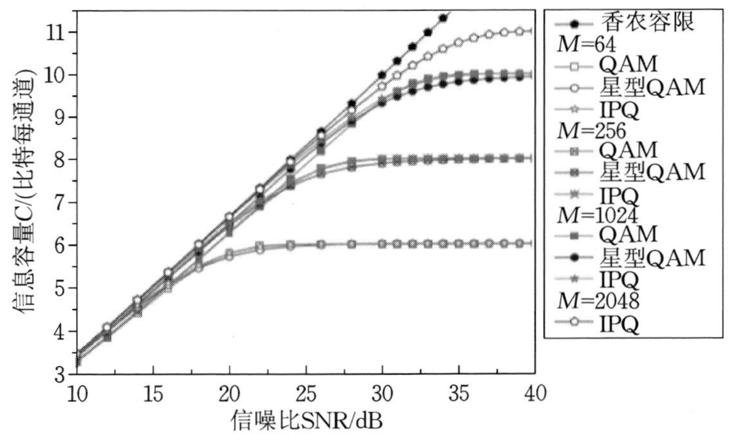

图 9.4　线性信道模型和不同阶星座信号的信息容量

星型 64 QAM 包含 8 个环，每个环有 8 个点，星型 256 QAM 包含 16 个环，16 个点，星型 1024 QAM 包含 16 个环，64 个点。信噪比定义为 E_s/N_0，其中，E_s 是符号能量，N_0 是功率谱密度。

的阶数足够大，尽管使用均匀的信源，信息容量也可以相接近。有趣的是，对于低和中信噪比（SNR），星型 QAM 优于相应的方形 QAM；而对于高信噪比，方形 QAM 优于星型 QAM。IPQ 格式明显优于方形 QAM 和星型 QAM。

9.5 相干检测系统的信息容量

让我们用一些常用的传输场景来分析相干检测光学系统的信息容量。图 9.5 所示的为独立同分布（IID）信息容量与光纤跨距的关系。它是通过 Monte Carlo 模拟得到的，假设如下：① 图 9.6 所示的色散配置、光纤参数来自表 9.1；②QPSK 调制格式每单偏振合计数据速率为 100 Gb/s；③ 双通道记忆设置和发射机-接收机配置。如我们所见，通过使用足够长且围长较大的 LDPC 码，原则上可以实现状态记忆 $m=0$ 的总传输距离约为 8800 km，状态记忆 $m=1$ 的总传输距离约为 9600 km。通过观察更大的记忆信道，可以进一步增加传输距离，这就要求相应的 Turbo 均衡具有更高的计算复杂度。但是，我们可以使用简略的数字背向传输法[20] 来保持信道记忆在合理的低水平上，然后应用本节描述的信息容量评估方法。然而，由于数字背向传输法不会考虑非线性 ASE 噪声-克尔非线性相互作用，因此在计算信息容量时，应该使用前面描述的方法来考虑这种影响。作为参考，当使用数字背向传输法时的 IID 信息容量也在图 9.7 中展示。其光纤链路由具有图 9.7(a) 所示的色散配置的标准 SMF 组成，其中每 100 km 部署一个噪声系数为 6 dB 的 EDFA。我们可以看到，数字背向

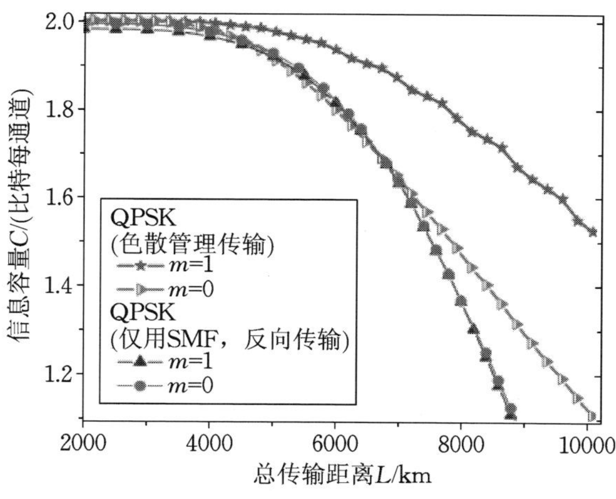

图 9.5 总数据速率为 100 Gb/s 的 QPSK 的每个偏振 IID 信息容量与传输距离的关系

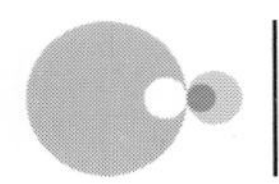

传输法有助于减少信道记忆，因为 $m=1$ 比 $m=0$ 的情况改善很小。

色散配置如图 9.6 所示。

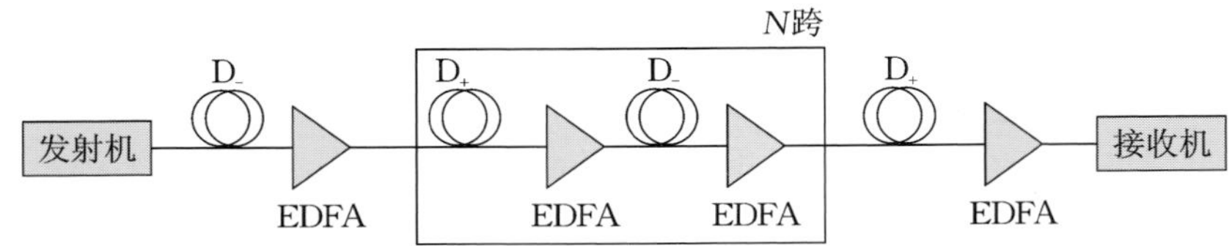

图 9.6　讨论的色散配置由长度为 $L=120$ km 的 N 个跨距组成，包括 $2L/3$ km 的 D_+ 光纤和 $L/3$ km 的 D_- 光纤，含有 −1600 ps/nm 的预补偿和对应的后补偿

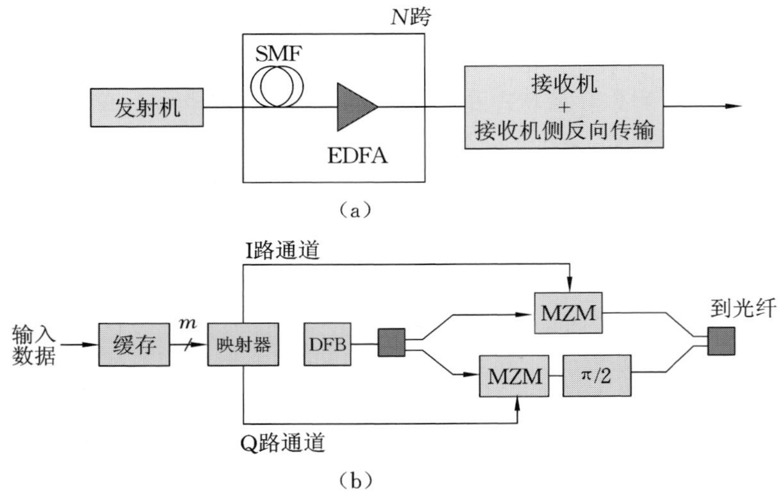

图 9.7　100 Gb/s QPSK 信道容量与传输距离关系图

(a) 仅在接收端数字反向传播的由 SMF 组成的色散图；(b) 二维信号星座的发射机配置

光纤参数如表 9.1 所示。

表 9.1　光纤参数

	D_+ 光纤	D_- 光纤
色散 /(ps/(nm · km))	20	−40
色散斜率 /(ps/(nm² · km))	0.06	−0.12
有效横截面积 /μm²	110	50
非线性折射率 /(m²/w)	2.6×10^{-20}	2.6×10^{-20}
损耗系数 /(dB/km)	0.19	0.25

［例 9-6］ 图 9.8 所示的为三种不同调制格式的 IID 信息容量：①MPSK；② 星型 QAM(SQAM)；③ 迭代偏振调制(IPM)，通过使用图 9.6 中的色散图获得。选择的符号速率为 50 GS/s，而发射功率设置为 0 dBm。对于 5000 km 的传输距离，IID 信息容量为 2.72 比特每符号(总速率为每波长136 Gb/s)，对于 2000 km，为 4.2 比特每符号(210 Gb/s)，对于 1000 km，为 5.06 比特每符号(每波长 253 Gb/s)。

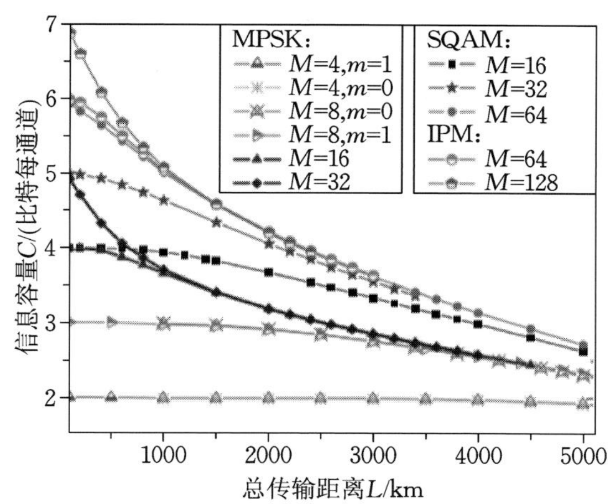

图 9.8 不同星座尺寸的 QAM(SQAM)、MPSK 以及 IPM 的每一个偏振的信息容量

［例 9-7］ 固定总传输距离 $L_{tot}=2000$ km 和 NF＝3 dB 的发射功率函数如图 9.9 所示，色散图如图 9.7 所示。如我们所见，在 2000 km 的传输距离内，

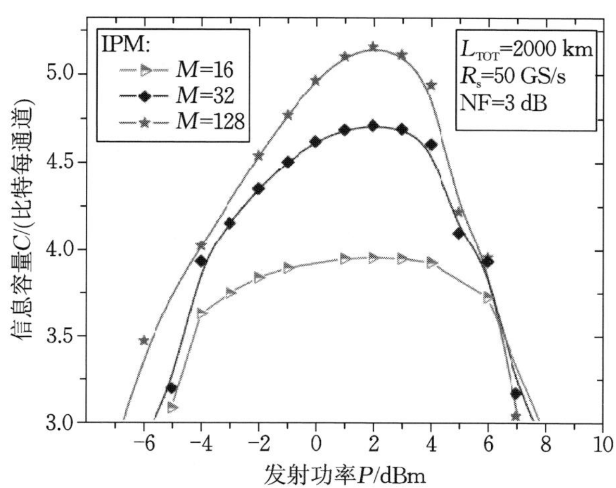

图 9.9 总传输距离 $L_{TOT}=2000$ km 下发射功率 P 的单偏振信息容量，EDFA 的 NF＝3 dB

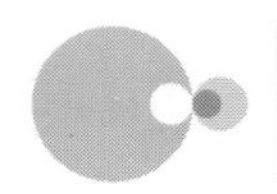

可实现 $C_{\text{opt}} = 5.16$ b/s/Hz 的单偏振信道容量，最佳发射功率为 $P_{\text{opt}} = 2$ dBm，$M = 128$，这与文献[21] 报告的结果非常接近，其中，2048 级星型 QAM 和最佳色散图使用了拉曼放大器。

9.6 光 MIMO-OFDM 系统容量计算

第 5.7 节讨论了单载波光 MIMO 信道容量。本节分析 MIMO-OFDM 系统的信道容量[46-50]。该分析适用于两种偏振复用(PDM) 系统，即本质上是 2×2 MIMO 系统和基于少模光纤(FMF) 的系统。为了评估基于 FMF 的系统的信道容量，我们将使用包含强模式耦合机制和模式相关损耗的 FMF 模型[42]。

9.6.1 强耦合状态下具有模式相关损耗的少模光纤的建模

我们知道，FMF 在模式间具有随机耦合的同时，表现出差模延迟(DMD) 和模式相关损耗(MDL)。DMD 和 MDL 都有特定的概率分布。根据文献[42]，MDL的分布可以通过模式 D 的个数和累积的 MDL 方差 $K\sigma_g^2$ 来确定，其中，K 是 FMF 段的个数，σ_g^2 是一段的方差。第 k 段 FMF 的频率响应如下：

$$M_k(\omega) = \boldsymbol{V}_k \boldsymbol{\Lambda}_k(\omega) \boldsymbol{U}_k^{\dagger}, \quad k = 1, 2, \cdots, K \tag{9.68}$$

其中，$\boldsymbol{V}_k$ 和$\boldsymbol{U}_k$ 是与频率无关的随机复数酉矩阵，表示相邻段的模式的强随机耦合。在方程(9.68) 中，$\boldsymbol{\Lambda}_k(\omega)$ 表示 DMD 和 MDL 的对角矩阵，可表示为

$$\boldsymbol{\Lambda}_k(\omega) = \mathrm{diag}\left[e^{0.5g_1^{(k)} - j\omega\tau_1^{(k)}}, e^{0.5g_2^{(k)} - j\omega\tau_2^{(k)}}, \cdots, e^{0.5g_D^{(k)} - j\omega\tau_D^{(k)}}\right] \tag{9.69}$$

其中，$\tau_i^{(k)}$ 是第k 光纤段的第i 个模群延迟，而 $g_i^{(k)}$ 是对应的 MDL。段数 K 取决于光纤长度和相关长度，因此总频域响应可以通过连接各段来表示，即

$$M_{\text{total}}(\omega) = M_1(\omega) M_2(\omega) \cdots M_K(\omega) \tag{9.70}$$

9.6.2 光 MIMO-OFDM 信道容量

光 MIMO-OFDM 系统中的信道矩阵可以表示为块对角矩阵，其第i 个块对角元素对应于 FMF 信道上的 $M_{\text{Tx}} \times M_{\text{Rx}}$MIMO，有

$$\boldsymbol{H} = \begin{bmatrix} \boldsymbol{H}(0) & \cdots & 0 \\ \vdots & & \vdots \\ 0 & \cdots & \boldsymbol{H}(N_{\text{sc}}-1) \end{bmatrix} \tag{9.71}$$

其中，M_{Tx} 和 M_{Rx} 分别是发射机和接收机的数量；N_{sc} 是子载波的数量；$\boldsymbol{H}(i)$ 是第 i 个子载波对应的信道矩阵。例如，当 $M_{\text{Tx}} = M_{\text{Rx}} = D$ 时，$\boldsymbol{H}(i)$ 可由方程

(9.70) 得出。信道模型可以表示为

$$\begin{cases}\boldsymbol{Y}=\boldsymbol{HZ}+\boldsymbol{Z},\boldsymbol{Y}=[Y(0)\cdots Y(N_{sc}-1)]^{\mathrm{T}}\\ \boldsymbol{Y}(k)=[Y(k)^{(1)}\cdots Y(k)^{(M_{\mathrm{Rx}})}]\\ \boldsymbol{X}=[X(0)\cdots X(N_{sc}-1)]^{\mathrm{T}}\\ \boldsymbol{X}(k)=[X(k)^{(1)}\cdots X(k)^{(M_{\mathrm{Tx}})}]\end{cases} \tag{9.72}$$

其中,$\boldsymbol{X}$ 是 $M_{\mathrm{Tx}}N_{sc}\times 1$ 发射矢量,$\boldsymbol{Y}$ 是 $M_{\mathrm{Rx}}N_{sc}\times 1$ 接收矢量,$\boldsymbol{Z}$ 是具有相关矩阵 $\boldsymbol{E}\{\boldsymbol{ZZ}^{\dagger}\}=\sigma_z^2\boldsymbol{I}_{M_{\mathrm{Rx}}N_{sc}}$ 的 $M_{\mathrm{Rx}}N_{sc}\times 1$ 大小的 ASE 噪声主导的向量。假设在接收机端(CSIR) 已知信道状态信息,准静态机制中的信道容量可以计算为

$$C=\max_{p(\boldsymbol{X})}\frac{1}{N_{sc}}I(\boldsymbol{X};\boldsymbol{Y})=\frac{1}{N_{sc}}\max_{p(\boldsymbol{X})}[H(\boldsymbol{Y})-H(\boldsymbol{Y}\mid\boldsymbol{X})](\mathrm{b/s/Hz}) \tag{9.73}$$

其中,$p(X)$ 是信源序列的联合 PDF。输出的协方差矩阵如下:

$$\boldsymbol{R}_{\boldsymbol{Y}}=\boldsymbol{E}[\boldsymbol{YY}^{\dagger}]=\boldsymbol{HR}_{\boldsymbol{X}}\boldsymbol{H}^{\dagger}+\sigma_z^2\boldsymbol{I}_{M_{\mathrm{Rx}}N_{sc}} \tag{9.74}$$

对于 ASE 噪声主导的场景,当 $\boldsymbol{Y}$ 是零均值圆对称复高斯(ZMCSCG) 随机向量时,$\boldsymbol{Y}$ 的熵最大化,有

$$H(\boldsymbol{Y})=\log_2\det[\pi e\boldsymbol{R}_{\boldsymbol{Y}}],\quad H(\boldsymbol{Z})=\log_2\det[\pi e\sigma_z^2\boldsymbol{I}_{M_{\mathrm{Rx}}N_{sc}}] \tag{9.75}$$

互信息现在可以表示为

$$I(\boldsymbol{X};\boldsymbol{Y})=\frac{1}{N_{sc}}E_H\left\{\log_2\left[\det\left(\boldsymbol{I}_{M_{\mathrm{Rx}}N_{sc}}+\frac{1}{\sigma_z^2}\boldsymbol{HR}_x\boldsymbol{H}^{\dagger}\right)\right]\right\} \tag{9.76}$$

其中,期望运算符 E_H 应用在所有可能的信道矩阵 $\boldsymbol{H}$ 实例上。相应的遍历信道容量由文献[51] 给出:

$$C=\frac{1}{N_{sc}}E_H\left\{\max_{\boldsymbol{R}_X:\mathrm{Tr}(\boldsymbol{R}_X)\leqslant P}\log_2\left[\det\left(\boldsymbol{I}_{M_{\mathrm{Rx}}N_{sc}}+\frac{1}{\sigma_z^2}\boldsymbol{HR}_{\boldsymbol{X}}\boldsymbol{H}^{\dagger}\right)\right]\right\} \tag{9.77}$$

其中,P 是发射功率约束。如果在发射机端已知 CSI(信道矩阵),可以使用第 5.6.5 节和第 5.6.6 节中的注水法,得出类似于方程式(5.158) 的表示式。但是,如果在发射机端不知道 CSI,在接收机端知道 CSI,可以使用第 5.6.6 节中解释的均匀功率负载,表示为

$$\boldsymbol{R}_{\boldsymbol{X}}=\mathrm{diag}\{\boldsymbol{R}_{\boldsymbol{X}}(k)\},\boldsymbol{R}_{\boldsymbol{X}}(k)=(P/M_{\mathrm{Tx}}N_{sc})\boldsymbol{I}_{M_{\mathrm{Tx}}},k=0,1,\cdots,N_{sc}-1$$

相应的信道容量变为

$$C=\frac{1}{N_{sc}}E_H\left\{\sum_{k=0}^{N_{sc}-1}\log_2\left[\det\left(\boldsymbol{I}_{N_{\mathrm{Tx}}}+\frac{P}{M_{\mathrm{Tx}}N_{sc}\sigma_z^2}\boldsymbol{H}(k)\boldsymbol{H}(k)^{\dagger}\right)\right]\right\} \tag{9.78}$$

蒙特卡罗积分可应用于方程(9.78) 的计算。另一种方法是确定 $\boldsymbol{HH}^{\dagger}$ 的概率密度函数,此处表示为 $p(\boldsymbol{HH}^{\dagger})$,然后使用数值积分计算信道容量,有

$$C=\int_{HH^{\dagger}} p(\boldsymbol{HH}^{\dagger})\log_2\left[\det\left(\boldsymbol{I}_{N_{\mathrm{Tx}}}+\frac{P}{M_{\mathrm{Tx}}N_{\mathrm{sc}}\sigma_z^2}\boldsymbol{HH}^{\dagger}\right)\right]\mathrm{d}(\boldsymbol{HH}^{\dagger}) \quad (9.79)$$

为了确保通过 FMF 传输的正确接收，发射机可以以平均互信息的速率发送信号。然而，当信道矩阵 $\boldsymbol{H}$ 未知时，它可以以一定的目标数据速率 R 进行传输。在这种情况下，目标数据率有时会高于相互信息的，并且会发生中断。因此，中断信道容量可定义为

$$I(\boldsymbol{X};\boldsymbol{Y})=\Pr\left\{\frac{1}{N_{\mathrm{sc}}}\log_2\left[\det\left(\boldsymbol{I}_{M_{\mathrm{Rx}}N_{\mathrm{sc}}}+\frac{1}{\sigma_s^2}\boldsymbol{HR}_x\boldsymbol{H}^{\dagger}\right)\right]<R\right\} \quad (9.80)$$

单载波系统的信道容量可以通过简单地将上面得到的 MIMO-OFDM 表示式中的 N_{sc} 设置为 1 得到。读者可参考文献[52-56]了解更多有关不同情况下通过 FMF 进行 MIMO 传输的信道容量计算的详细信息。同时，用于 FMF 的方法也可以应用于少芯光纤(FCF)。因为在这两种情况下，我们处理的空间模式数量较少，而模式之间发生耦合。

9.7 高能效光传输

互联网流量的指数增长对每个级别的传输速率提出了巨大的需求[57-62]。同时随着带宽的增长，能量的消耗也增大。因此，系统设计正受到信息容量和能耗的限制。为了同时解决这两个限制提高频谱效率的问题，信号星座的设计也应考虑能量效率。其中一种可能的方法是在信号星座设计中使用统计物理学的概念[59]。

9.7.1 基于统计物理概念的高能效信号星座设计

假设具有先验发生概率 $p_1,p_2,\cdots,p_M(p_i=\Pr(x_i),i=1,\cdots,M)$ 和相应的符号能量 $E_1,\cdots,E_M$ 的符号集合 $X=\{x_1,x_2,\cdots,x_M\}$ 在光信道上传输。先验概率满足以下限制：$\sum_i p_i=1$。通过将符号解释为热力学系统的状态并且其发生概率为系统处于特定状态的概率 $p_i=N_i/N$(其中，N_i 是状态 x_i 中的子系统的数目，并且 $N=N_1+\cdots+N_M$)，我们可以建立通信和热力学系统之间的一一对应关系。一组特定发生的状态数由多项式系数 $C(\{N_i\}_{i=1}^M)=N!/(N_1!\cdots N_M!)$ 给出，而相应的热力学熵由文献[63]定义如下：

$$S_t=k\log_2 C(\{N_i\}_{i=1}^M)=k\log_2[N!/(N_1!\cdots N_M!)] \quad (9.81)$$

其中，k 是玻尔兹曼常数。为方便起见，我们将使用以下热力学熵 $S=$

$(S_t/k)/N$ 的定义。通过使用由 $\log_2 n! = n\log_2 n - n + O(\log_2 n)$ 给出的斯特林近似[63]，式(9.81) 变为

$$S(X) \approx \left(N\log_2 N - \sum_{i=1}^{M} N_i \log_2 N_i\right)/N$$
$$= -\sum_{i=1}^{M} (N_i/N)\log_2(N_i/N) \qquad (9.82)$$
$$= -\sum_{i=1}^{M} p_i \log_2 p_i = H(X), p_i = N_i/N$$

因此，香农熵可以看作是热力学熵的斯特林近似，表明统计物理中不同的能量最小化方法直接适用于通信系统。属于输出集 Y 的对应接收符号受 ASE 噪声、各种信道损伤和畸变的影响，其中包括光纤非线性、色散和滤波效应。通过信道传输的互信息或信息容量可以确定为 $I(X,Y) = S(X) - S(X \mid Y)$。

对于高能效通信系统，我们施加以下限制：$\sum_i p_i E_i \leqslant E$，其中，$E$ 表示可用能量。在没有 ASE 噪声和信道损伤的情况下，$S(X \mid Y) = 0$。在这种情况下，最大化方程(9.82) 会使互信息或信息容量最大，其可以通过拉格朗日法来实现，即

$$L = S + \alpha\left(1 - \sum_i p_i\right) + \beta\left(E - \sum_i p_i E_i\right) \qquad (9.83)$$

通过对 L 与 p_i 进行微分，将结果设为 0，并对 p_i 进行求解，得到如下表示式：

$$p_i = \exp(-\beta E_i) / \left(\sum_{j=1}^{M} \exp(-\beta E_i)\right) \qquad (9.84)$$

这就是有名的吉布斯(Gibbs) 分布[63]。拉格朗日乘子 β 由能量限制数值确定。注意，当通过设置 $\beta = 0$ 解除能量限制时，吉布斯分布变得均匀。我们需要在有通道损耗的情况下重新构造拉格朗日函数，所以它变成

$$\begin{cases} L = S(X) - S(X \mid Y) + \alpha\left(1 - \sum_i p_i\right) + \beta\left(E - \sum_i p_i E_i\right) \\ \quad \approx H(X) - H(X \mid Y) + \alpha\left(1 - \sum_i p_i\right) + \beta\left(E - \sum_i p_i E_i\right) \\ H(X \mid Y) = -\sum_i p_i \sum_j P_{ij} \log_2 Q_{ji} \end{cases} \qquad (9.85)$$

其中，$P_{ij} = \Pr(y_j \mid x_i)$ 表示可由信道估计确定的转移概率。在方程(9.85) 中，用 Q_{ji} 表示 $\Pr(x_i \mid y_j)$，可由贝叶斯定理[64] 确定：$Q_{ji} = \Pr(x_i \mid y_j) =$

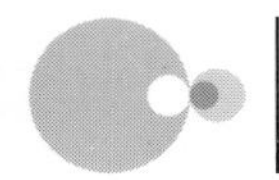

$\Pr(x_i, y_j)/\Pr(y_j) = P_{ij}p_i / \sum_k P_{kj}p_k$。方程(9.85)中的第二项是条件熵。

对于输入分布和相应的信号星座的优化问题，不能用解析方法求解。相反，我们可以使用以下算法，即高能效最佳信号星座设计(EE-OSCD)算法[59]。

(1) 初始化：选择一个任意辅助的输入分布和信号星座，星座点数 M_a 远大于目标信号星座 M，均匀分布为 $p_i = 1/M_a$。

(2) Q_{ij} 迭代规则：$Q_{ji}^{(t)} = P_{ij}p_i^{(t)} / \sum_k P_{kj}p_k^{(t)}$。

(3) p_i 迭代规则：$p_i^{(t+1)} = \mathrm{e}^{-\beta E_i - S^{(t)}(x_i|Y)} / \sum_k \mathrm{e}^{-\beta E_k - S^{(t)}(x_k|Y)}$。其中，拉格朗日乘子 β 由能量限制确定(上标 t 为迭代索引)。

(4) 确定目标星座的星座点作为辅助信号星座中最接近 M_a/M 星座点的质心。

重复步骤(2)～(4)，直到实现自收敛。如前所述，此算法的步骤(1)基于贝叶斯定理。步骤(3)可以解释为在式(9.84)中引入校正因子而得到，校正因子是源于信道损伤和噪声的条件熵。

在考虑能量限制的情况下，我们应用EE-OSCD算法得到了优化的信号星座。该算法既能得到最佳的信源分布，又能得到高能效的信号星座。举个例子，我们计算了不同归一化能量消耗函数在每个维度不同幅度水平下($L=4$、8和16)的预测信息容量，如图9.10所示。显然，归一化能量消耗函数小于1会导致信息容量的退化。

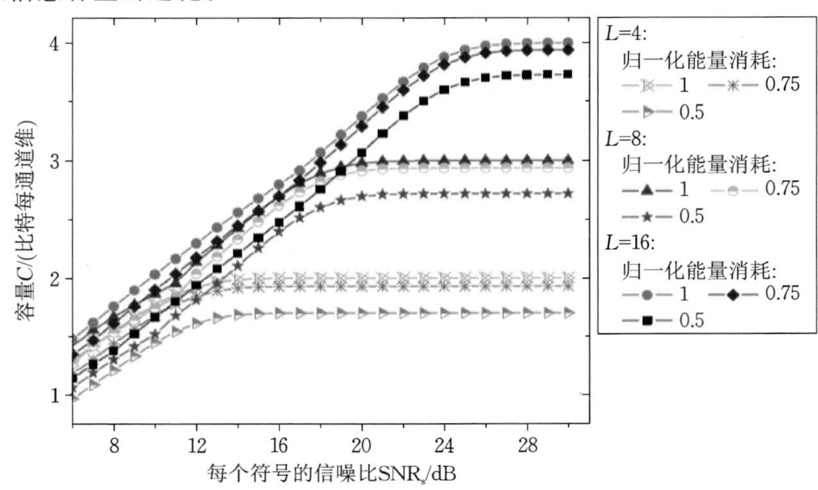

图 9.10　不同归一化能量消耗值的每个维度的信息容量

请注意，高能效信号星座设计仅涵盖未来高能效光网络总体设计的一个方面。至于其他方面，如高能效电子设备和光学网络元件的使用，感兴趣的读者可以参考文献[60]。

9.7.2 高能效多维编码调制

作为前面讨论的一个例子，我们将描述一个多维编码调制方案(CM)，该方案能够以高能效的方式实现超高速光传输。这个方案也可以称为是混合的，因为它采用了所有可用的自由度[57,59,61]。该方案采用同相 / 正交信道、两个自旋角动量状态(SAM) 和 N 个轨道角动量状态(OAM)，得到 $D=4N$ 维信号空间。通过增加 OAM 状态的数量，我们可以提高系统的总数据速率，同时在这些超高速率下使用接近容量限的 LDPC 码来确保传输可靠，如第 6 章和第 7 章所述。

整个系统配置如图 9.11 所示。不依赖于 D 的数据流被 LDPC 编码，码字逐行写入块交织器。这些 D 比特从块交织器中逐列取出，用于从存储在查找表(LUT) 中的 2^D 进制信号星座中选择点。来自 LUT 的坐标用作 D 维调制器的输入。D 维调制器的结构如图 9.11(a) 所示，它通过下式产生信号星座点：

$$s_i = C_D \sum_{d=1}^{D} \phi_{i,d} \Phi_d \tag{9.86}$$

其中，$\phi_{i,d}$ 表示第 i 个信号星座点的第 d 个坐标($d=1,2,\cdots,D$)，而集合 $\{\phi_1,\cdots,\phi_D\}$ 表示上述引入的基函数。

图 9.11(a) 所示发射机中的连续激光二极管信号通过功率分配器被分成 N 个分支并输入到四维电光调制器中，每个分支对应于 N 个 OAM 模式中的一个。四维电光调制器由一个偏振分束器(PBS)、两个 I/Q 调制器和一个偏振合束器(PBC) 组成。OAM 模式复用器由 N 个波导、一个锥形芯光纤和 FMF 组成，经过适当设计，可以激发 FMF 中的正交 OAM 模式。$4N$ 维解调器架构如图 9.11(b) 所示。首先在 OAM 解复用块中执行 OAM 模式解复用(见图 9.11(b))，其输出是沿 N 个 OAM 状态的四维投影。每一个 OAM 模式经历偏振分集相干检测，相应的输出被转发到 $4N$ 维后验概率(APP) 解映射器，如图 9.11(c) 所示。在 APP 解映射器中，首先计算符号 LLR，然后将其用于计算 LDPC 解码所需的比特 LLR，如图 9.11(c) 所示。在 LDPC 解码之后，使用外部比特 LLR 来计算 APP 解映射器的先验符号 LLR。

上述符号速率为 25 GS/s 的少模光纤系统使用 N 维信号星座由球面填充法[65]或作为 EE-OSCD 的一个具体实例在文献[66]中研究而获得。系统使用

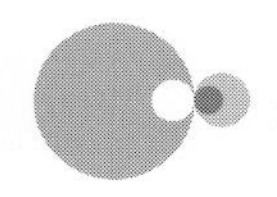

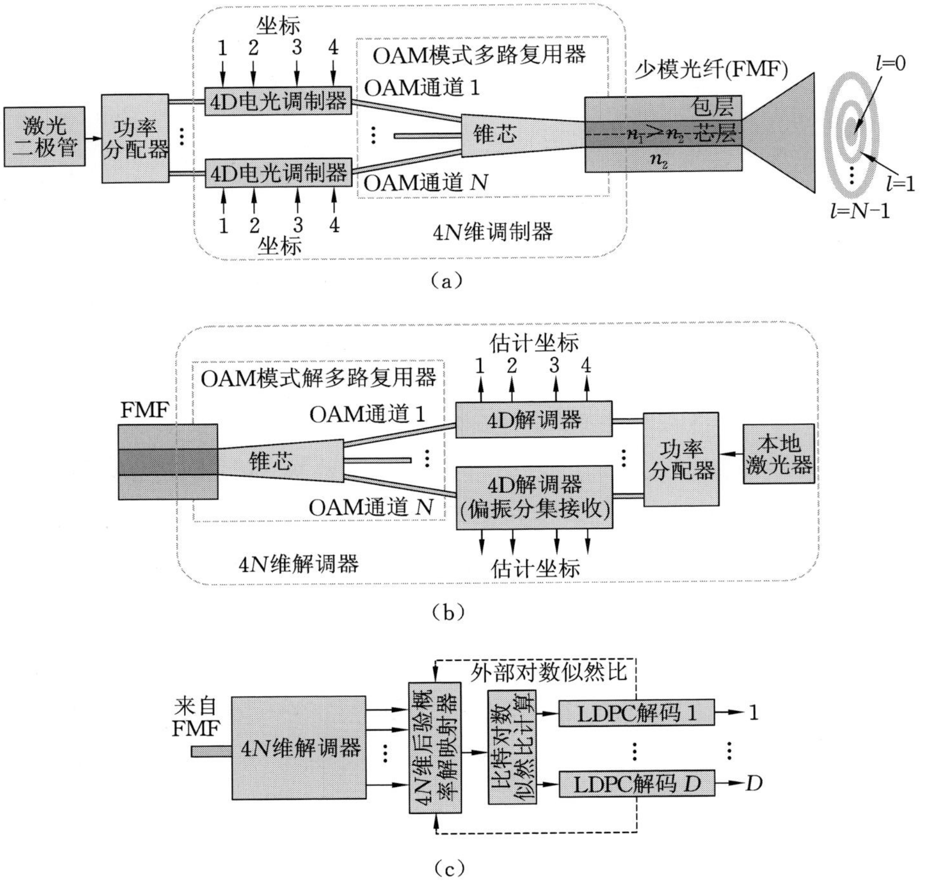

(a)

(b)

(c)

图 9.11　4*N* 维 LDPC 混合编码调制方案

(a) 4*N* 维发射机配置；(b) 4*N* 维接收机配置；(c) 4*N* 维 APP 解映射器和 LDPC 解码器

准循环、环长为 10、列重为 3 的 LDPC(34665，27734，0.8) 码作为信道码。为了精确估计光学信噪比(OSNR) 灵敏度相对于传统星座的提高，我们进行了蒙特卡罗模拟。在这种特定情况下，将编码调制与偏振复用(PDM) 结合使用。在少模光纤中正确生成的正交 OAM 模式用作 N 维信号的基函数，因此使用 $2N$ 个自由度。LDPC 编码的 ND-OSCD 的 BER 根据相应的 M 阶 QAM 进行评估，如图 9.12 所示。我们可以看到该方案在要求的 OSNR 低于 3 dB 的情况下具有优越的性能，即有很高的能量效率。

9.7.3　高能效光子器件

在与光网络的功耗和能效相关的一些一般性问题中，能效和能耗的表示

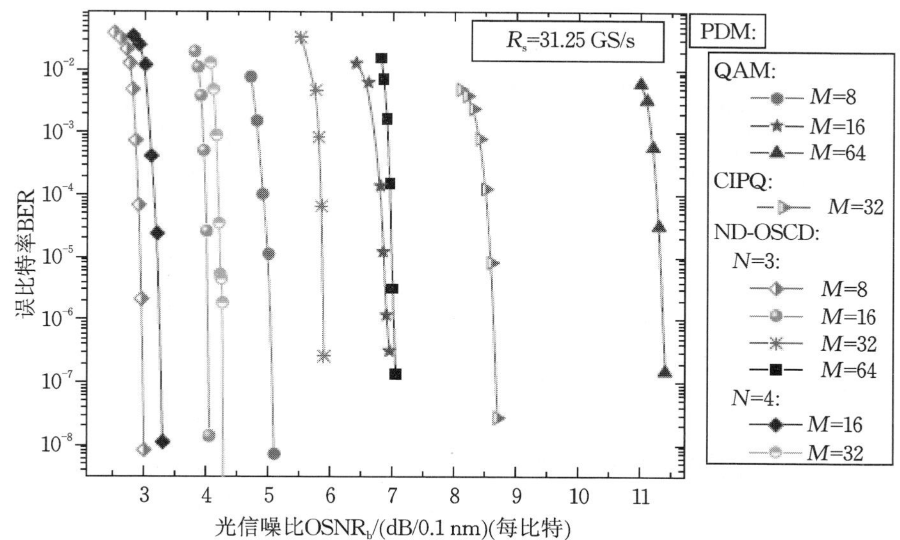

图 9.12　LDPC 编码的 N 维 OSCD 与 LDPC 编码的 PDM-QAM 的对比

常常在文献里被混淆。尽管经常需要降低能耗来实现高能效,但减少能耗并不总是首要目标。

采用高能效技术的目的是改善传输性能和提高整个网络的信息容量并同时能减少能耗。这意味着在提供更多功能的同时保持尽可能低的总能耗。为了全面实现这一目标,必须从系统的角度考虑总能耗[67,68],这意味着所有的因素都应该被考虑,并且不同的技术应该通过量化来检验,以此提供更好的能效比(每消耗能量对应的信息容量的增加)。例如,特定的设备或技术可以降低功耗,但同时可能会降低性能,或者将其引入系统可能会导致属于其他网络层或区域的其他子系统的复杂性增加。在网络中引入这样的设备或技术可能会导致更高的整体网络功耗。因此,最好查看整个网络的总功耗并将其与网络吞吐量联系起来。所以应该考虑不同网络层和区域的能耗以及网络本身的功耗,包括网络中电源的低效、冷却设备和电网中传输损耗。最后,从光网络的角度来看,高能效意味着先进的光交换和信号处理系统应该在高密度光子集成设计中实现,这仍然有很大的改进空间。

9.8　总结

在本章中,我们通过把光信道作为一个有记忆的信道来考虑,评估了光纤

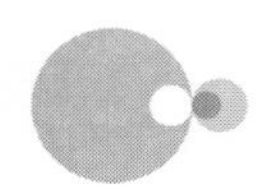

信道容量。该方法包括两个步骤，即对脉冲能量的概率密度函数的近似和信息容量的估计。描述了几种帮助评估这些的模型，包括：① 适合于研究各种线性信道损伤的线性模型，以及 OFDM 和 MIMO 技术的实现；② 非线性传播模型，描述了信道内和信道间非线性的ASE噪声和信号的相互作用，以及空间模式的非线性相互作用。

思考题

9.1　将具有 PDF 为 $p_1(x_1,x_2,\cdots,x_n)$ 的 n 维多变量 $X=[X_1,X_2,\cdots,X_n]$ 应用于非线性信道，其中，$Y=g(X)=[Y_1,Y_2,\cdots,Y_n]$ 表示具有 PDF 为 $p_2(y_1,y_2,\cdots,y_n)$ 的信道输出。证明输出熵可以确定为

$$h(Y_1,\cdots,Y_n)\approx h(X_1,\cdots,X_n)-E\left[\log_2\left|J\left(\frac{X_1,\cdots,X_n}{Y_1,\cdots,Y_n}\right)\right|\right]$$

9.2　假设 n 维多变量 $X=[X_1,\cdots,X_n]$ 和 $Y=[Y_1,\cdots,Y_n]$ 分别表示高斯信道的输入和输出。输入采样由方差为 σ_x^2 的零均值高斯分布生成，而输出采样由方差为 σ_z^2 的高斯分布生成，间隔 $1/2W$。分别用 $p_1(\tilde{x})$、$p_2(\tilde{y})$ 和 $p(\tilde{x},\tilde{y})$ 来表示输入、输出和联合 PDF。通过使用互信息表示式

$$I(\tilde{X};\tilde{Y})=\iint p(\tilde{x},\tilde{y})\log_2\frac{p(\tilde{x},\tilde{y})}{p(\tilde{x})P(\tilde{y})}\mathrm{d}\tilde{x}\,\mathrm{d}\tilde{y}$$

推导式(9.18)。

9.3　从初始状态向前移动 k 步的马尔科夫源的熵被给出为

$$H^{(k)}=-\sum_{i=1}^{n}p_i\sum_{j=1}^{n}p_{ij}^{(k)}\log_2 p_{ij}^{(k)}$$

证明以下性质：$H^{(k+1)}=H^{(k)}+H^{(1)}$。

9.4　对于图 9.13 所示的马尔科夫源，确定平稳转移矩阵和状态概率。验证源是否遍历。

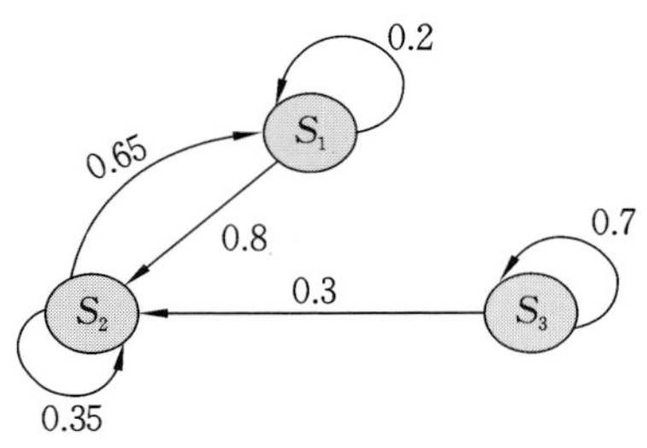

图 9.13　马尔科夫源示例 1

9.5 对于图 9.14 所示的马尔科夫源,确定:(1) 平稳转移和状态概率;(2) 这个源的熵。

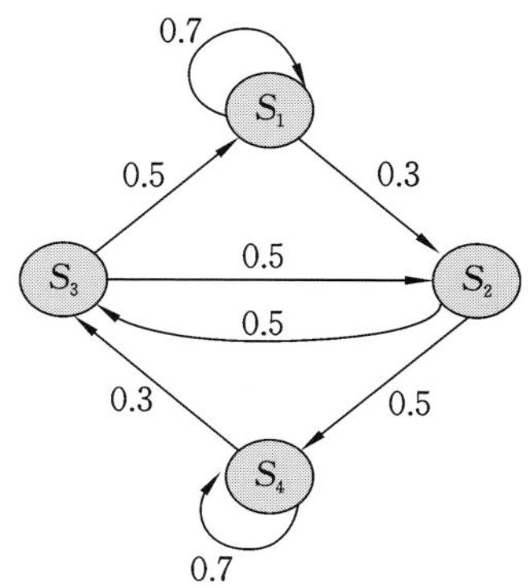

图 9.14 马尔科夫源示例 2

9.6 马尔科夫状态转移矩阵给出为

$$\boldsymbol{P}=\begin{bmatrix}1/3 & 2/3\\ 1/2 & 1/2\end{bmatrix}$$

(1) 确定状态转移图;

(2) 确定平稳转移和状态概率;

(3) 确定这个源的熵;

(4) 确定$H^{(1)}$、$H^{(2)}$、$H^{(3)}$ 的关系。

9.7 让我们考虑以下转移矩阵:

$$\boldsymbol{P}=\begin{bmatrix}1 & 0 & 0\\ 0 & 1 & 0\\ 0 & 0 & 1\end{bmatrix}$$

(1) 确定状态转移图;

(2) 确定平稳转移矩阵;

(3) 这个马尔科夫链是正则的吗?

(4) 它是遍历的吗?

9.8 让我们考虑以下转移矩阵:

$$\boldsymbol{P}=\begin{bmatrix}0 & 2/3 & 1/3\\ 3/4 & 1/4 & 0\\ 1/4 & 1/4 & 1/2\end{bmatrix}$$

(1) 确定状态转移图;

(2) 确定平稳转移矩阵;

(3) 这个马尔科夫链是正则的吗?

(4) 它是遍历的吗?

(5) 如果初始概率矩阵为[1/3 1/3 1/3],则确定熵$H^{(1)}$、$H^{(2)}$、$H^{(3)}$,比较$H^{(1)}+H^{(2)}$和$H^{(3)}$;

(6) 描述当$H^{(1)}+H^{(2)}=H^{(3)}$时的情况并证明。

9.9 给出网球比赛的马尔科夫链模型。假设网球运动员有固定的概率赢得每一分。假设平局是在 30∶30。

(1) 当$p=0.75$时,玩家赢得游戏的概率是多少?

(2) 当$p=0.75$时,一个球员赢得这一盘的概率是多少?

(3) 对$p=0.6$重复(1)和(2)。

9.10 使用基于方程式(9.4)的蒙特卡罗积分,再现图 9.4 所示的结果。

9.11 执行第 9.4 节中描述的算法。再现图 9.4 所示的结果,并将其与问题 9.10 中的结果进行比较。

9.12 通过观察在 10 Gb/s 下工作的 NRZ 传输系统,在剩余色散(11200 ps/nm)和 DGD 为 50 ps 的 PMD 存在下,绘制 BCJR 算法前向步骤中不同存储器的独立同分布信道容量与光信噪比的关系。

9.13 在 BCJR 算法的前向步骤中不同的记忆内存,针对图 9.6 所示的色散图绘制存在通道内的非线性通道容量与跨距数的关系图。跨距设置为$L=$ 120 km,每个跨距由$2L/3$ km 的D_+光纤和$L/3$ km 的D_-光纤组成。同时还应用了 1600 ps/nm 的预补偿和相应的后补偿。模拟中使用的D_+和D_-光纤的参数如表 9.1 所示。假设观察到占空比为 33% 的 RZ 调制格式,消光比为 14 dB,发射功率设为 0 dBm。每段光纤后设置噪声系数为 6 dB 的 EDFA,滤波器带宽(模拟为 8 阶超高斯滤波器)设为$3R_l$,滤波器带宽(模拟为高斯滤波器)设为$0.7R_l$,其中,R_l为线速率(定义为比特率除以码速率)。假设比特率为 40 Gb/s。

9.14 再现图 9.8 所示的结果。

9.15 再现图 9.9 所示的结果。

9.16 现在让我们使用图 9.7(a) 所示的色散图来研究信息容量,但用第 4 章中所述的混合拉曼/EDFA 方案代替 EDFA。以类似于图 9.9 的方式研究信息容量。讨论关于图 9.9 的改进。

9.17 现在让我们使用图 9.7(a) 所示的色散图来研究信息容量，但用分布式拉曼放大器代替 EDFA，其典型参数如第 3 章和第 4 章所述。以类似于图 9.9 的方式研究信息能力。讨论关于图 9.9 和问题 9.16 的改进。

9.18 重复问题 9.17，但要考虑量化效应。观察以下位数的信息容量：8、6、4 和 2。讨论结果。

9.19 由 Yabre[69] 实现 MMF 传递函数模型。绘制波长为 850 nm、幂指数为 2.1 的 100 m 长 PMMA GI-POF 的频率响应图。对于光纤模型的建立，可使用文献[70] 中的参数。通过使用功率负载和 OFDM，基于式(9.19)～式(9.21)，绘制最大可能的聚合数据速率与 SNR 的关系，以获得以下波长：650 nm、850 nm 和 1300 nm 的最佳折射率分布。假设可用的 OFDM 信号带宽为 25 GHz，光纤长度为 100 m。

9.20 绘制 MMF 上 2×2 MIMO 的遍历信道容量与 SNR 的关系图，假设 MMF 可以支持 500 个模式。假设信道系数服从零均值高斯分布。研究不同的策略：CSIT、CSIR 和全 CSI。将结果与 SISO 系统进行比较。

9.21 在假设 FMF 可以支持 2、4 和 8 种模式的情况下，根据 FMF 上不同 MIMO 系统的 SNR 绘制遍历信道容量。假设信道系数服从零均值高斯分布。研究不同的策略(CSIT、CSIR 和完整 CSI)。将结果与 SISO 系统进行比较。

9.22 重复问题 9.21，但使用第 9.6.1 节中描述的 FMF 模型。给出以下 MDL 值的结果：0、10、15 和 25 dB。同时改变模式差分延迟，讨论问题 9.21 的结果。

9.23 重复问题 9.22，但使用第 9.6.2 节中描述的 MIMO-OFDM 模型。将结果与前一个问题中得到的结果进行比较。

参考文献

[1] Mecozzi, A., and Shtaif, M., On the capacity of intensity modulated systems using optical amplifiers, *IEEE Photon. Technol. Lett.*, Vol.13, pp.1029-1031, Sept.2001.

[2] Mitra, P.P., and Stark, J.B., Nonlinear limits to the information capacity of optical fiber communications, *Nature*, Vol.411, pp.1027-1030, June 2001.

[3] Narimanov, E.E., and Mitra, P., The channel capacity of a fiber optics

communication system: perturbation theory, *J.Lightwave Technol.*, Vol.20, pp.530-537, March 2002.

[4] Tang, J., The Shannon channel capacity of dispersion-free nonlinear optical fiber transmission, *J.Lightwave Technol.*, Vol.19, pp.1104-1109, Aug.2001.

[5] Tang, J., The multispan effects of Kerr nonlinearity and amplifier noises on Shannon channel capacity for a dispersion-free nonlinear optical fiber, *J.Lightwave Technol.*, Vol.19, pp.1110-1115, Aug.2001.

[6] Tang, J., The channel capacity of a multispan DWDM system employing dispersive nonlinear optical fibers and an ideal coherent optical receiver, *J.Lightwave Technol.*, Vol.20, pp.1095-1101, July 2002.

[7] Ho, K.-P., and Kahn, J.M., Channel capacity of WDM systems using constant-intensity modulation formats, *Proc.Opt.Fiber Comm.Conf.* (*OFC'02*), 2002, paper ThGG85.

[8] Kahn, J.M., and Ho, K.-P., Ultimate spectral efficiency limits in DWDM systems, *Optoelectronics Commun.Conf.*, Yokohama, Japan, 2002.

[9] Narimanov, E., and Patel, P., Channel capacity of fiber optics communications systems: WDM vs. TDM, Proc.*Conf.Lasers and Electro-Optics* (*CLEO'03*), 2003, pp.1666-1668.

[10] Turitsyn, K.S., Derevyanko, S.A., et al., Information capacity of optical fiber channels with zero average dispersion, *Phys.Rev.Lett.*, Vol.91, No.20, pp.203901-1-203901-4, Nov.2003.

[11] Kahn, J.M., and Ho, K.-P., Spectral efficiency limits and modulation/detection techniques for DWDM systems, *IEEE Sel.Top.Quantum Electron.*, Vol.10, pp.259-272, March/April 2004.

[12] Djordjevic, I.B., and Vasic, B., Approaching Shannon's capacity limits of fiber optics communications channels using short LDPC codes, *CLEO/IQEC 2004*, paper CWA7.

[13] Li, J., On the achievable information rate of asymmetric optical fiber channels with amplifier spontaneous emission noise, *Proc.IEEE Military Comm.Conf.* (*MILCOM'03*), Boston, MA, Oct.2003.

[14] Djordjevic, I.B., Vasic, B., et al., Achievable information rates for high-speed long-haul optical transmission, *IEEE/OSA J.Lightw.*

Technol., Vol.23, pp.3755-3763, Nov.2005.

[15] Ivkovic, M., Djordjevic, I.B., et al., Calculation of achievable information rates of long-haul optical transmission systems using instanton approach, *IEEE/OSA J.Lightw.Technol.*, Vol. 25, pp. 1163-1168, May 2007.

[16] Ivkovic, M., Djordjevic, I., Rajkovic, P., and Vasic, B., Pulse energy probability density functions for long-haul optical fiber transmission systems by using instantons and edgeworth expansion, *IEEE Photon.Technol.Lett.*, Vol. 19, No.20, pp.1604-1606, Oct.15, 2007.

[17] Djordjevic, I.B., Alic, N., et al., Determination of achievable information rates (AIRs) of IM/DD systems and AIR loss due to chromatic dispersion and quantization, *IEEE Photon.Technol.Lett.*, Vol.19, No.1, pp.12-14, Jan.1, 2007.

[18] Essiambre, R.-J., Foschini, G., et al., Capacity limits of information transport in fiber-optic networks, *Phys.Rev.Lett.*, Vol.101, pp.163901-1-163901-4, Oct.2008.

[19] Djordjevic, I.B., Minkov, L.L., and Batshon, H.G., Mitigation of linear and nonlinear impairments in high-speed optical networks by using LDPC-coded turbo equalization, *IEEE J.Sel.Areas Comm.*, *Optical Comm.and Netw.*, Vol.26, No.6, pp.73-83, Aug.2008.

[20] Djordjevic, I.B., Minkov, L.L., et al., Suppression of fiber nonlinearities and PMD in coded-modulation schemes with coherent detection by using turbo equalization, *IEEE/OSA J.Opt.Comm.Netw.*, Vol.1, No. 6, pp.555-564, Nov.2009.

[21] Essiambre, R.-J., Kramer, G., et al., Capacity limits of optical fiber networks, *J.Lightw.Technol.*, Vol.28, No.4, pp.662-701, Feb.2010.

[22] Cover, T.M., and Thomas, J.A., *Elements of Information Theory*, New York: John Wiley & Sons, 1991.

[23] Reza, F.M., *An Introduction to Information Theory*, New York: McGraw-Hill, 1961.

[24] Gallager, R.G., *Information Theory and Reliable Communication*, New York: John Wiley & Sons, 1968.

[25] Djordjevic, I.B., Ryan, W., and Vasic, B., *Coding for Optical Channels*,

New York:Springer,2010.

[26] Shannon,C.E.,A mathematical theory of communication,*Bell System Technical Journal*,Vol.27,pp.379-423 and 623-656,July and Oct.1948.

[27] McMillan,B.,The basic theorems of information theory,*Ann.Math. Statistics*,Vol.24,pp.196-219,1952.

[28] Khinchin,A.I.,*Mathematical Foundations of Information Theory*. New York:Dover Publications,1957.

[29] Bertsekas,D.P.,*Nonlinear Programming*,Athena Scientific,2nd edition,1999.

[30] Chong,E.K.P.,and Zak,S.H.,*An Introduction to Optimization*,New York:John Wiley & Sons,3rd edition,2008.

[31] Ip,E.,and Kahn,J.M.,Compensation of dispersion and nonlinear impairments using digital backpropagation,*J.Lightw.Technol.*,Vol. 26,No.20,pp.3416-3425,2008.

[32] Ip,E.,and Kahn,J.M.,Nonlinear impairment compensation using backpropagation,in *Optical Fibre*,*New Developments*,C.Lethien,Ed.,In-Tech,Vienna Austria,December 2009.

[33] Agrawal,G.P.,*Nonlinear Fiber Optics*,*3rd edition*,San Diego:Academic Press,2001.

[34] Djordjevic,I.B.,Quantum Information Processing and Quantum Error Correction:An Engineering Approach,Amsterdam.Boston:Elsevier/Academic Press,2012.

[35] Gordon,J.P.,and Kogelnik,H.,PMD fundamentals:polarization mode dispersion in optical fibers,*Proc.Nat.Academy of Science*,Vol.97,No. 9,pp.4541-4550,Apr.2000.

[36] Sinkin,O.V.,Holzlohner,R.,et al.,Optimization of the split-step Fourier method in modeling optical-fiber communications systems,*J.Lightw. Technol.*,Vol.21,No.1,pp.61-68,Jan.2003.

[37] Rieznik,A.,Tolisano,T.,et al.,Uncertainty relation for the optimization of optical-fiber transmission systems simulations,*Opt.Express*,Vol. 13,pp.3822-3834,2005.

[38] Zhang,Q.,and Hayee,M.I.,Symmetrized split-step Fourier scheme to

control global simulation accuracy in fiber-optic communication systems,*J.Lightw.Technol.*,Vol.26,No.2,pp.302-316,Jan.15,2008.

[39] Peric,Z.H.,Djordjevic,I.B.,et al.,Design of signal constellations for Gaussian channel by iterative polar quantization,*Proc.9th Mediterranean Electrotechnical Conference*,Vol.2,pp.866-869,Tel-Aviv,Israel,18-20 May 1998.

[40] Djordjevic,I.B.,Batshon,H.G.,et al.,Coded polarization-multiplexed iterative polar modulation (PM-IPM) for beyond 400 Gb/s serial optical transmission,*Proc.OFC/NFOEC* 2010,Paper No.OMK2,San Diego,CA,March 21-25,2010.

[41] Batshon,H.G.,Djordjevic,I.B.,et al.,Iterative polar quantization based modulation to achieve channel capacity in ultra-high-speed optical communication systems,*IEEE Photon. Journal*,Vol.2,No.4,pp.593-599,Aug.2010.

[42] Ho,K.P.,and Kahn,J.M.,Mode-dependent loss and gain:statistics and effect on mode-division multiplexing,*Opt.Express*,Vol.19,No.17,pp.16612-16635,2011.

[43] Arnold,D.,Kavcic,A.,Loeliger,H.-A.,et al.,Simulation-based computation of information rates:upper and lower bounds,*Proc.IEEE Intern.Symp.Inform.Theory* (*ISIT 2003*),2003,pp.119.

[44] Arnold,D.,and Loeliger,H.-A.,On the information rate of binary-input channels with memory,*Proc.2001 Int.Conf.Communications*,Helsinki,Finland,June 11-14,2001,pp.2692-2695.

[45] Pfitser,H.D.,Soriaga,J.B.,and Siegel,P.H.,On the achievable information rates of finite state ISI channels,*Proc. Globecom 2001*,San Antonio,TX,2001,pp.2992-2996.

[46] Shieh,W.,and Djordjevic,I.B.,*Optical Orthogonal Frequency Division Multiplexing*,Amsterdam.Boston,Elsevier/Academic Press,2009.

[47] Shieh,W.,Yi,X.,et al.,Coherent optical OFDM:has its time come?,*J.Opt.Netw.*,Vol.7,pp.234-255,2008.

[48] Bölcskei,H.,Gesbert,D.,and Paulraj,A.J.,On the capacity of OFDM-based spatial multiplexing systems,*IEEE Trans.Comm.*,Vol.50,pp.225-234,2002.

[49] Wang, J., Zhu, S., and Wang, L., On the channel capacity of MIMO-OFDM systems, *Proc. International Symposium on Communications and Information Technologies 2005* (*ISCIT 2005*), pp.1325-1328, 2005, Beijing, China.

[50] Shen, G., Liu, S., Jang, S.-H., and Chong, J.-W., On the capacity of MIMO-OFDM systems with doubly correlated channels, *Proc. IEEE 66th Vehicular Technology Conference 2007* (*VTC-2007*), pp.1218-1222, 2007.

[51] Goldsmith, A., *Wireless Communications*, Cambridge: Cambridge University Press, 2005.

[52] Winzer, P.J., and Foschini, G.J., Outage calculations for spatially multiplexed fiber links, in Proc. *Opt. Fiber Commun. Conf.* (*OFC*), Paper OThO5, 2011.

[53] Winzer, P.J., and Foschini, G.J., MIMO capacities and outage probabilities in spatially multiplexed optical transport systems, *Opt. Express*, Vol.19, pp. 16680-16696, 2011.

[54] Shah, A.R., Hsu, R.C.J., et al., Coherent optical MIMO (COMIMO), *J. Lightw. Technol.*, Vol.23, No.8, pp.2410-2419, Aug.2005.

[55] Hsu, R.C.J., Tarighat, A., et al., Capacity enhancement in coherent optical MIMO (COMIMO) multimode fiber links, *J. Lightw. Technol.*, Vol.23, No. 8, pp.2410-2419, Aug.2005.

[56] Essiambre, R., and Tkach, R.W., Capacity trends and limits of optical communication networks, *Proceedings of the IEEE*, Vol.100, No.5, pp. 1035-1055, May 2012.

[57] Djordjevic, I.B., Energy-efficient spatial-domain-based hybrid multidimensional coded-modulations enabling multi-Tb/s optical transport, *Opt. Express*, Vol.19, No.17, pp.16708-16714, 2011.

[58] Vereecken, W., Van Heddeghem, W., et al., Power consumption in telecommunication networks: overview and reduction strategies, *IEEE Comm. Mag.*, Vol.49, No.6, pp.62-69, June 2011.

[59] Djordjevic, I.B., Xu, L., and Wang, T., Statistical physics inspired energy-efficient coded-modulation for optical communications, *Opt. Letters*, Vol.37, No.8, pp.1340-1342, 2012.

[60] Aleksić, S., Energy efficiency of electronic and optical network elements, *IEEE J. Sel. Top. Quantum Electron.*, Vol.17, No.2, pp.296-308, March-April 2011.

[61] Djordjevic, I.B., Spatial-domain-based hybrid multidimensional coded-modulation schemes enabling multi-Tb/s optical transport, *IEEE/OSA J. Lightw. Technol.*, Vol.30, No.14, pp.2315-2328, July 15, 2012.

[62] Cvijetic, M., Djordjevic, I.B., and Cvijetic, N., Dynamic multidimensional optical networking based on spatial and spectral processing, *Opt. Express*, Vol.20, No.8, pp.9144-9150, 2012.

[63] Wannier, G., *Statistical Physics*, New York: Dover Publications, 1987.

[64] McDonough, R.N., and Whalen, A.D., *Detection of Signals in Noise, 2nd. ed.*, San Diego: Academic Press, 1995.

[65] Sloane, N.J.A., et al., Minimal-energy clusters of hard spheres, *Discrete Computational Geom.*, Vol.14, pp.237-259, 1995.

[66] Djordjevic, I.B., Liu, T., et al., On the multidimensional signal constellation design for few-mode fiber based high-speed optical transmission, *IEEE Photonics Journal*, Vol.4, No.5, pp.1325-1332, 2012.

[67] Fehratovic, N., and Aleksic, S., Power consumption and scalability of optically switched interconnects for high-capacity network elements, *Proc. Optical Fiber Communication Conference and Exposition (OFC 2011)*, Paper JWA84, Los Angeles, CA, March 2011.

[68] Aleksic, S., Electrical power consumption of large electronic and optical switching fabrics, *Proc. IEEE Winter Topicals 2010*, pp.95-96, Majorca, Spain, 2010.

[69] Yabre, G., Theoretical investigation on the dispersion of graded-index polymer optical fibers, *J. Lightw. Technol.*, Vol.18, pp.869-877, 2000.

[70] Ishigure, T., Koike, Y., and Fleming, J.W., Optimum index profile of the perfluorinated polymer-based GI polymer optical fiber and its dispersion properties, *J. Lightw. Technol.*, Vol.18, pp.178-184, 2000.

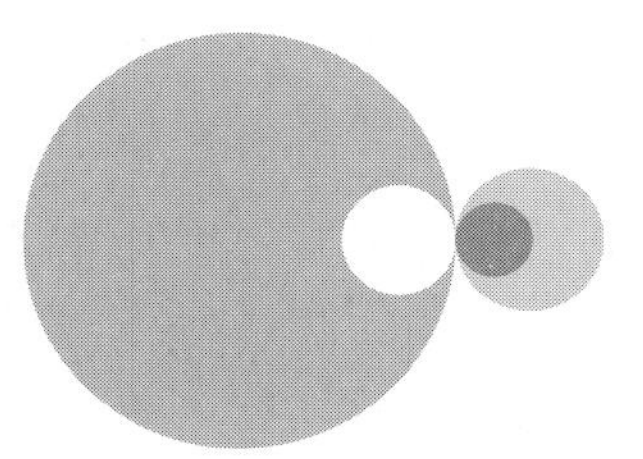

第 10 章 工程工具箱

本章包含与物理现象有关的材料以及前几章讨论问题的数学处理，可以帮助读者更好地理解与光传输系统和网络相关的问题。本章的编写主要基于现有的文献[1-16]。

10.1 本书中使用的物理量和单位

本书中提到的物理量和物理常数及其单位分别如表 10.1 和表 10.2 所示。

表 10.1 物理量及其单位

物理量		单位		
量	符号	中文单位	单位符号	尺度
长度	L, l	米	m	m
质量	m	千克	kg	kg
时间	t	秒	s	s
温度	Θ	开尔文	K	K
电流	I	安培	A	A
频率	f, ν（对光来说）	赫兹	Hz	1/s
波长	λ	微米	μm	10^{-6} m

续表

物理量		单位		
量	符号	中文单位	单位符号	尺度
力	F	牛顿	N	$Kg \cdot m/s^2$
能量	E	焦耳	J	N • m
功率	P	瓦特	W	J/s
电荷	q	库伦	C	A • s
电压	V	伏特	V	J/C
电阻	R	欧姆	Ω	V/A
电容	C	法拉	F	C/V
磁通量	Φ	韦伯	Wb	V • s
磁感应强度	B	特斯拉	T	Wb/m^2
电感	D	亨利	H	Wb/A
电场	E	—	—	V/m
磁场	H	—	—	A/m

表 10.2　物理常数及其单位

常数	符号	典型值
电子电荷	q	1.61×10^{-19} C
玻尔兹曼常数	k	1.38×10^{-23} J/K
普朗克常数	h	6.63×10^{-34} J/Hz
拉曼增益系数($\lambda = 1.55\ \mu$m)	g_R	7×10^{-13} m/W
布里渊增益系数($\lambda = 1.55\ \mu$m)	g_B	5×10^{-11} m/W
非线性折射率系数	n_2	$(2.2 \sim 3.4) \times 10^{-8}\ \mu m^2/W$
非线性传播系数	γ	$0.9 \sim 2.75\ (W \cdot km)^{-1}$ at $\lambda = 1.55\ \mu$m
光纤损耗	α	约 0.2 dB/km at $\lambda = 1.55\ \mu$m
光电二极管响应度	R	0.8 A/W
单横光纤中的色散	D	约 17 ps/nm • km at $\lambda = 1.55\ \mu$m
群速度色散参数	β_2	$-20\ ps^2/km$ at $\lambda = 1.55\ \mu$m

续表

常数	符号	典型值
真空的磁导率	μ_0	$4\pi \times 10^{-7}$ H/m
真空的介电常数	ε_0	8.854×10^{-12} F/m
真空中的光速	$c = (\mu_0 \varepsilon_0)^{-1/2}$	2.99793×10^8 m/s

10.2 光信号的频率和波长

光信号的频率 ν 和波长 λ 之间的关系为

$$\lambda = c/\nu \tag{10.1}$$

其中，c 是真空中的光速。光信号的频带宽度和波长差（即光谱宽度）之间的关系可以通过将方程(10.1)在波长宽度的中心值 $\lambda_0 = c/\nu_0$ 附近泰勒级数展开来获得，并且只保留展开的两个项，即

$$\lambda - \lambda_0 = \Delta\lambda \approx \frac{\lambda^2(\nu - \nu_0)}{c} = \frac{\lambda^2 \Delta\nu}{c} \tag{10.2}$$

这个方程可以用来建立任何特定载波波长 λ 下的波长差 $\Delta\lambda$ 和频带宽度 $\Delta\nu$ 之间的关系。例如，频带宽度 $\Delta\nu = 50$ GHz 在波长 $\lambda = 1.55$ μm 附近对应于波长宽度 $\Delta\lambda = 0.4$ nm。

10.3 光的受激发射

光发射和吸收的过程可以用图 10.1[1,3] 给出的基本量子力学模型来解释。电子与它们的能级相关，即每个电子都有一个特定的能级。

电子数与包含多个能级的能带有关。在正常情况下，较低能级的电子数比较高能级的更多。因此，在正常情况下，如果 $E_1 < E_2$，则 $N_1 > N_2$，其中，N_1 和 N_2 分别是能级 E_1 和 E_2 处的电子数。电子可以通过吸收光子（当从较低能级移动到较高能级时）或通过辐射光子（当从较高能级移动到较低能级时）从一个能级跃迁到另一个能级。

正常情况下，电子能级与热平衡有关，数值 N_2 与 N_1 之比可以用玻尔兹曼公式表示，即

$$\frac{N_2}{N_1} = \exp\left(-\frac{E_2 - E_1}{k\Theta}\right) = \exp\left(-\frac{h\nu}{k\Theta}\right) \tag{10.3}$$

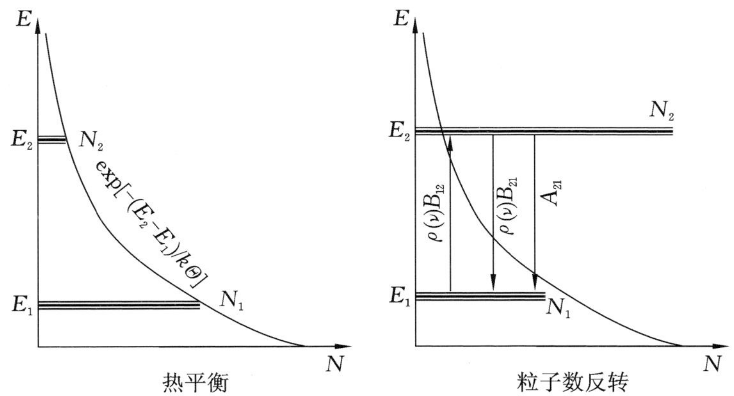

图 10.1　能级和粒子数反转

其中，k 是玻尔兹曼常数，Θ 是绝对温度，h 是普朗克常数，而 ν 是光频率，其与能级之间的差成正比。电子可以通过吸收入射光子从较低的能级向上能级跃迁，而从上能级到较低能级的跃迁可以通过受激或自发辐射，或者两者同时。在受激辐射期间，电子在穿透该区域的外部光子的影响下发生向下跃迁。新辐射的光子与入射光具有相同的频率、相位和偏振。自发辐射为随机的向下能级跃迁，不会受到任何外部影响。

对于图 10.1 中的两能级系统，光吸收率、受激辐射率和自发辐射率可以表示为

$$\frac{\mathrm{d}N_{1,\mathrm{abs}}}{\mathrm{d}t}=B_{12}\rho(\nu)N_1 \tag{10.4}$$

$$\frac{\mathrm{d}N_{2,\mathrm{stim}}}{\mathrm{d}t}=B_{21}\rho(\nu)N_2 \tag{10.5}$$

$$\frac{\mathrm{d}N_{2,\mathrm{sp}}}{\mathrm{d}t}=A_{21}N_2 \tag{10.6}$$

其中，$\rho(\nu)$ 是电磁能的频谱密度，系数 B_{12}、B_{21} 和 A_{21} 分别表示吸收、受激辐射和自发辐射。下标“abs”“stim” 和“sp” 分别代表“吸收”“受激” 和“自发”。在热平衡下，向上和向下跃迁相等，以下等式成立：

$$A_{21}N_2+B_{21}\rho(\nu)N_2=B_{12}\rho(\nu)N_1 \tag{10.7}$$

光谱密度 $\rho(\nu)$ 可从式(10.3) 和式(10.7) 中获得，有

$$\rho(\nu)=\frac{A_{21}/B_{21}}{(B_{12}/B_{21})\exp(h\nu/k\Theta)-1} \tag{10.8}$$

系数 A_{21}、B_{21} 和 B_{12} 可以通过比较式(10.8) 和下式(即普朗克方程[1]) 来计算：

$$\rho(\nu)=\frac{8\pi h\nu^{3}/c^{3}}{\exp(h\nu/k\Theta)-1} \tag{10.9}$$

因此

$$A_{21}=\frac{8\pi h\nu^{3}B_{21}}{c^{3}} \tag{10.10}$$

$$B_{21}=B_{12} \tag{10.11}$$

式(10.10) 和式(10.11) 首先由爱因斯坦建立，称为爱因斯坦系数。在被称为热平衡的一般情况下，自发辐射大于受激辐射。只有克服吸收，受激辐射才能成为主导过程，而这只有在 $N_2>N_1$ 时才能实现。这种情况称为粒子数反转，它不是一种可以通过热平衡来实现的正常状态。粒子数反转是光受激辐射的先决条件，可以通过外部过程来实现。这意味着通常我们可以用光学或电学形式引入外部能量来激发电子，并将其从较低的能级提升到较高的能级。

图 10.1 所示的方案是最简单的两能级方案。但是，实践中通常使用更复杂的三能级和四能级方案。在这些方案中，通过跳过中间能级，电子从最低能级(通常称为基态) 提升到较高能级之一。电子不会停留在较高的能级，而是会通过非辐射能量的衰减而移动到较低的中间能级。因此，被称为亚稳态能级的中间能级是粒子数反转的基础，而数值 N_2 通常与亚稳态能级相关。

10.4 半导体结的基本物理原理

半导体是可以轻松满足粒子数反转的材料，但总的情况要比图 10.1 所示的简化的两级原子系统复杂。半导体中的原子彼此之间足够接近，以半导体化合物的特有方式相互作用并影响能级的分布。至于半导体性质，只有价带和导带这两个最高的能带才是关键。这些能带被能带间隙或禁带隔开，禁带中不存在能级。

如果电子通过某种方式被激发(如光学或热学方法)，它们在能级中从价带移动到导带。对于每一个被提升到导带的电子，价带中都有一个空缺，这个空缺称为空穴。来自导带和空穴的电子都能在外部电场的作用下移动，并有助于电流通过半导体晶体。如果半导体晶体不含杂质，则称为本征材料。如硅和锗材料，它们属于第Ⅳ族元素，在它们的外壳中有四个电子。原子通过这些电子与邻近的原子形成共价键。在这种环境中，由于晶体中原子的热运动，一些电子可以被激发到导带上。因此，电子-空穴对可以由纯热能产生。还可能有一个相反的过程，就是当一个电子释放出它的能量并落入价带中的一个自由空穴时，这一过程称为电子-空穴复合。在热平衡条件下，生成速率和复合速率相等。

通过添加来自Ⅴ或Ⅲ族元素的一些杂质，掺杂工艺可以提高本征半导体材料的导电能力。Ⅴ族的特征在于在外壳中具有五个电子，而Ⅲ族的元素在外壳中仅存在三个电子。如果使用Ⅴ族元素，则四个电子被共价键结合，而第五个电子被松散地束缚并可以导电。由于来自第Ⅴ族元素的杂质会产生电子，所以被称为施主。因为电流由电子承载，它们也被称为N型半导体(N代表负电荷)。

另一方面，通过添加第Ⅲ族元素的原子，三个电子将形成共价键，而在其他原子有四个电子参与结合共价键的环境中将产生一个空穴。空穴的传导性质与电子在传导能级时的性质相同，这是因为外部电子最终将占据空穴。这个电子将离开它原来的位置，这个位置将被其他一些离开原来位置的电子所占据，以此类推。因此，占据和再占据的过程是沿着晶体移动的。来自第Ⅲ族元素的杂质称为受主，因为它们接收电子。因为电流由空穴承载，它们也被称为P型半导体(P代表以缺少的电子为特征的正电荷)。

通过添加施主或受主杂质，形成非本征半导体。每个非本征半导体具有多数载流子(即N型电子和P型空穴)和少数载流子(N型空穴和P型电子)。

尽管N型和P型半导体都可以用作导体，但真正的基于半导体的器件是通过将两种类型连接成一个连续的晶体结构而形成的。两个区域之间的结(称为PN结)负责半导体的所有有效电特性。PN结的特征包含几个重要现象：首先，P型空穴将朝PN结扩散，以中和边界另一侧存在的大多数电子。这将在P型区域留下一个较小的区域，该区域靠近PN结，其空穴数量少于其余P型区域。由于结合的电子仍然存在，这有效地破坏了电中性。因此，在P型半导体中产生了接近PN边界的小的带负电荷的区域。相反，在PN结的N侧将发生相反的现象，在该处将发生电子短缺并产生带正电的区域。

载流子的跃迁将有效地在PN结处建立势垒。势垒可以用电场矢量$\boldsymbol{E}_{bar}$来表征，电场矢量$\boldsymbol{E}_{bar}$的方向从N型到P型，如图10.2所示。在电场$\boldsymbol{E}_{bar}$的作用下，N型中任何靠近PN结的正电荷都被吸引向P侧移动。电场 $\boldsymbol{E}_{bar}$ 将限制大多数载流子从其本区（N型电子和P型空穴）的进一步扩散。如果没有外加电压，这种情况将一直存在且没有电流流过结。N型和P型半导体的掺杂浓度决定了势垒宽度和电场强度。

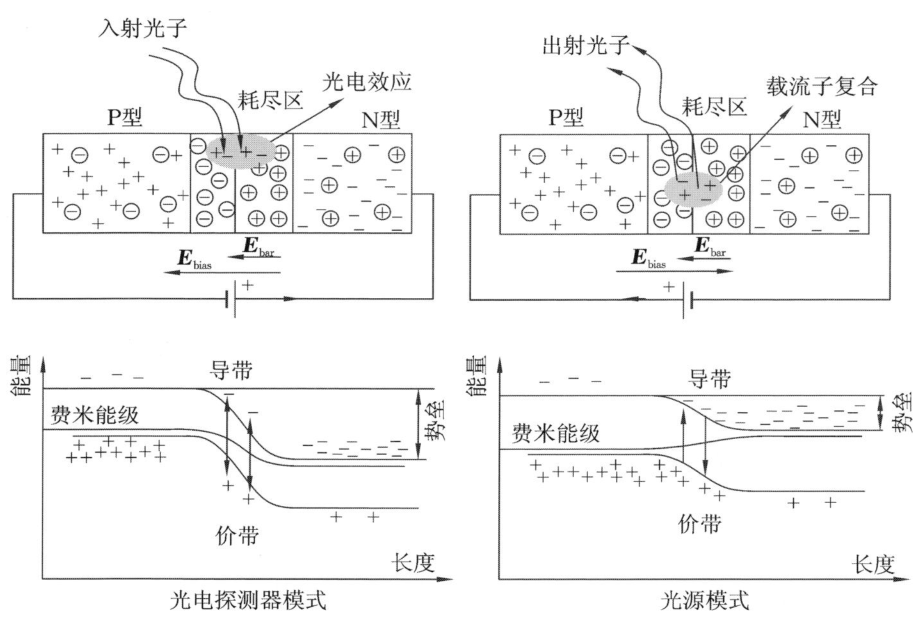

图 10.2　在光电二极管模式和光源模式下工作的 PN 结

如果将外部偏置电压施加到PN结，情况将发生变化。如果施加反向偏置电压，则外部电场 $\boldsymbol{E}_{bias}$ 具有与内部电场 $\boldsymbol{E}_{bar}$ 相同的方向，并增强了已经施加的限制。因此，当PN结处于反向偏压下时，耗尽区的宽度增加，并且没有电流流动（例外情况是P型和N型区域存在少数载流子而产生的漏电流）。如果由于热活动而在耗尽区中出现了一些电子，它们将立即被电场 $\boldsymbol{E}_{bias}$ 隔开。最终结果将总是：电子朝向N型移动，空穴朝向P型移动。PN结的这种反向偏置对应于光电二极管模式。如果耗尽区被入射的光信号照亮，则静态情况将发生变化，这是因为将会产生载流子（电子和空穴）。如图10.2所示，由于光电效应将产生成对的电子-空穴，但是它们将会立即被强电场 $\boldsymbol{E}_{bias}$ 隔开。

如果将正向偏置电压施加到PN结，则会发生相反的情况，因为外部电场 $\boldsymbol{E}_{bias}$ 将与内部电场 $\boldsymbol{E}_{bar}$ 相反。这种情况将导致势垒减小，这意味着来自N型的电子和来自P型的空穴更容易地流动并穿过PN结。因此，自由电子和空穴可以同时存在于耗尽区中。它们还可以复合在一起,并释放能量而产生光子,如图10.2所示。正向偏置对应于半导体光源情况(发光二极管和激光器)。复合的速率和特征最终将决定输出光信号的特征。因此,从能量的观点来看,偏置电压可以增强在光电二极管模式下发生的P型和N型半导体化合物之间的能带差,或者可以使在光源模式下发生的能带差变平。这两种工作模式的能级在图10.2的下部显示。图10.2也显示了称为费米能级[2]的能级。稍后将解释该能级的含义。

通过解释粒子数反转的条件,可以更好地理解半导体中与光产生和激光发射有关的条件。当系统处于热平衡状态时,电子占据指定能级 E 的概率由费米-迪拉克分布给出,即

$$p(E)=\frac{1}{\exp\left(\frac{E-E_{\mathrm{F}}}{k\Theta}\right)+1} \tag{10.12}$$

其中,Θ 是绝对温度,k 是玻尔兹曼常数,E_{F} 是费米能级。费米能级是一个参数,用来指示半导体中电子和空穴的分布。该能级位于处于热平衡状态的本征半导体中的带隙中心,这意味着电子占据导带的可能性较小。如果升高温度 Θ,则概率会提高。

费米能级的位置随半导体类型的不同而不同。一方面,N型半导体中的费米能级被提高到一个更高的位置,这增加了电子占据导带的可能性。另一方面,在P型半导体中,费米能级降低到带隙中心以下,如图10.2所示。电子占据能量 E_1 和 E_2 的概率,分别与价带和导带有关,可用方程式(10.12)表示为

$$p_{\mathrm{val}}(E_1)=\frac{1}{\exp\left(\frac{E_1-E_{\mathrm{F,val}}}{k\Theta}\right)+1} \tag{10.13}$$

$$p_{\mathrm{cond}}(E_2)=\frac{1}{\exp\left(\frac{E_2-E_{\mathrm{F,cond}}}{k\Theta}\right)+1} \tag{10.14}$$

费米能级 $E_{\mathrm{F,cond}}$ 和 $E_{\mathrm{F,val}}$ 分别与导带和价带有关。费米能级可以通过增加掺杂剂浓度而向上移动(与N型半导体相关),或者在P型半导体中向下移动。在某些情况下,如果费米能级重掺杂或实现粒子数反转,则费米能级可位于N型导带内或P型半导体的价带内。

粒子数反转可以通过电流来实现,该电流以高于导带被清空速率的速率

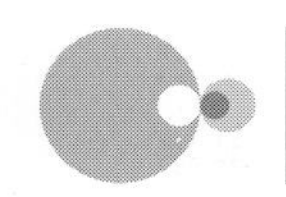

来填充导带。费米能级在价带和电导带中的粒子数反转和位置如图 10.3 所示。它是通过 E-$\boldsymbol{k}$ 图来完成的,其中,E 是能量,$\boldsymbol{k}$ 是波空间矢量[1]。图 10.3 所示的情形为直接带隙半导体,其中在导带中相对于参数 $\boldsymbol{k}$ 的最小能量点与价带中的最大能量点一致。这些半导体常用于半导体激光器制造,如 GaAs、InP、InGaAsP 和 AlGaAs。

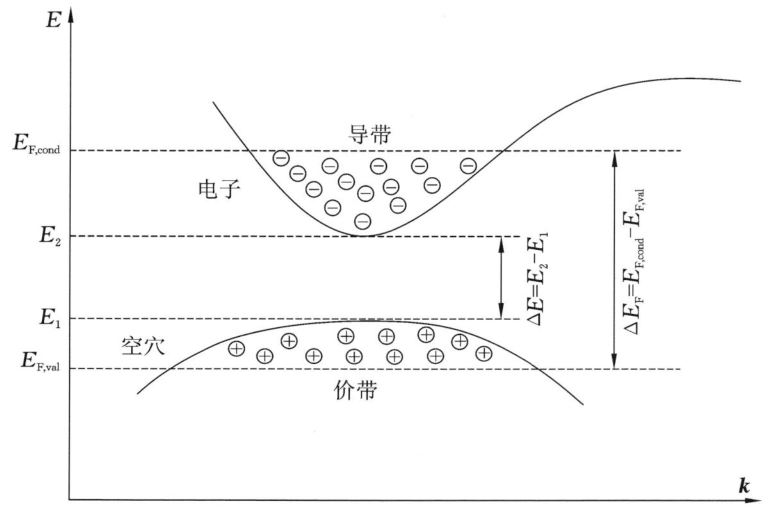

图 10.3　半导体的能带和粒子数反转

另一种类型的半导体中,导带中的最小能量点与价带中的最大能量点不重合。这些半导体称为间接带隙半导体,硅和锗都属于这一类。在这种情况下,如果没有动量的调整(在波空间矢量 $\boldsymbol{k}$ 中),就不能进行电子-空穴复合。它是通过晶格振动和声子或热的产生来实现的。由于部分能量损失,光的产生效率将会降低,这就是为什么这些半导体不是良好的光源材料的原因。

一旦实现了半导体材料的粒子数反转,就可以产生受激辐射。电子将回落到价带中并与空穴复合。由于能量释放,每个重组都应产生一个光信号的光子。如果费米能级 $E_{\mathrm{F,con}}-E_{\mathrm{f,val}}$ 大于能带隙 E_2-E_1,则可以实现受激辐射。随着流经 PN 结的正向偏置电流的强烈泵浦,这两个费米能级之间的差异变得更大。

如果直流偏置电流高于某个阈值电流,则会观察到受激辐射所需的条件 $(E_{\mathrm{F,con}}-E_{\mathrm{f,val}})>(E_2-E_1)$。任何 P 型和 N 型层的特定掺杂都会影响费米能级的位置。几种特殊的掺杂方案可以用来影响受激辐射过程(第 2.3 节中提到的多结构半导体激光器就是以此制造的)。导带和价带的能级之间的差 $\Delta E = E_2 - E_1$ 将决定光辐射的波长和频率。这由著名的方程式表示为

$$h\nu = \Delta E = E_2 - E_1 \tag{10.15}$$

其中,h 是普朗克常数,ν 是光辐射的频率。因此,输出频率由特定于每个半导体结构的半导体能带决定。

同样需要注意的是,应通过适当限制激发区域中的能量来维持激光状态。如第 2 章所述,它通常通过异质结在有源区形成复杂的波导结构来实现。

10.5 基本矢量分析

用直角坐标系(x,y 和 z)和圆柱坐标系(r,ϕ 和 z)来表示矢量分析的基本关系。对于直角坐标系,相应的单位矢量可以用 $\boldsymbol{e}_x$、$\boldsymbol{e}_y$ 和 $\boldsymbol{e}_z$ 表示,对于圆柱坐标系,可以用 $\boldsymbol{e}_r$、$\boldsymbol{e}_\phi$ 和 $\boldsymbol{e}_z$ 表示。两个坐标系通过以下关系相互关联:

$$x = r\cos\phi, \quad y = r\sin\phi, \quad z = z \tag{10.16}$$

首先在直角坐标系中表示,然后在圆柱坐标系中表示的基本矢量运算符如下:

梯度:

$$\nabla f = \frac{\partial f}{\partial x}\boldsymbol{e}_x + \frac{\partial f}{\partial y}\boldsymbol{e}_y + \frac{\partial f}{\partial z}\boldsymbol{e}_z \tag{10.17}$$

$$\nabla f = \frac{\partial f}{\partial r}\boldsymbol{e}_r + \frac{1}{r}\frac{\partial f}{\partial \phi}\boldsymbol{e}_\phi + \frac{\partial f}{\partial z}\boldsymbol{e}_z \tag{10.18}$$

散度:

$$\nabla \cdot \boldsymbol{A} = \frac{\partial A_x}{\partial x} + \frac{\partial A_y}{\partial y} + \frac{\partial A_z}{\partial z} \tag{10.19}$$

$$\nabla \cdot \boldsymbol{A} = \frac{1}{r}\frac{\partial (rA_r)}{\partial r} + \frac{1}{r}\frac{\partial A_\phi}{\partial \phi} + \frac{\partial A_z}{\partial z} \tag{10.20}$$

旋度:

$$\nabla \times \boldsymbol{A} = \begin{vmatrix} e_x & e_y & e_z \\ \dfrac{\partial}{\partial x} & \dfrac{\partial}{\partial y} & \dfrac{\partial}{\partial z} \\ A_x & A_y & A_z \end{vmatrix} \tag{10.21}$$

$$\nabla \times \boldsymbol{A} = \begin{vmatrix} \frac{1}{r}e_r & e_\phi & \frac{1}{r}e_z \\ \frac{\partial}{\partial r} & \frac{\partial}{\partial \phi} & \frac{\partial}{\partial z} \\ A_r & rA_\phi & A_z \end{vmatrix} \tag{10.22}$$

拉普拉斯算子：

$$\nabla^2 f = \frac{\partial^2 f}{\partial x^2} + \frac{\partial^2 f}{\partial y^2} + \frac{\partial^2 f}{\partial z^2} \tag{10.23}$$

$$\nabla^2 f = \frac{1}{r}\frac{\partial}{\partial r}\left(r\frac{\partial f}{\partial r}\right) + \frac{1}{r^2}\frac{\partial^2 f}{\partial \phi^2} + \frac{\partial^2 f}{\partial z^2} \tag{10.24}$$

恒等式：

$$\nabla \times (\nabla \times \boldsymbol{A}) = \nabla(\nabla \cdot \boldsymbol{A}) - \nabla^2 \boldsymbol{A} \tag{10.25}$$

$$\nabla^2 \boldsymbol{A} = \nabla^2 \boldsymbol{A}_x \boldsymbol{e}_x + \nabla^2 \boldsymbol{A}_y \boldsymbol{e}_y + \nabla^2 \boldsymbol{A}_z \boldsymbol{e}_z \tag{10.26}$$

10.6 贝塞尔函数

通常用 $J_m(z)$ 表示的一类阶数为 m 和参数为 z 的贝塞尔函数为

$$J_m(z) = \frac{1}{2\pi}\int_{-\pi}^{\pi} e^{j(z\sin\theta - n\theta)}\,d\theta \tag{10.27}$$

或

$$J_m(z) = \frac{1}{\pi}\int_{0}^{\pi} \cos(z\sin\theta - n\theta)\,d\theta \tag{10.28}$$

其中，m 是任意整数，n 是正整数或零。贝塞尔函数可以用如下的幂级数展开：

$$J_m(z) = \sum_{k=0}^{\infty} \frac{(-1)^k \left(\frac{z}{2}\right)^{m+2k}}{k!\,(m+k)!} \tag{10.29}$$

对于两个特殊情况，$m=0$ 和 $m=1$，上面的等式变为

$$J_0(z) = 1 - \frac{z^2}{4\cdot(1!)^2} + \frac{z^4}{4^2(2!)^2} - \frac{z^6}{4^3(3!)^2} + \cdots \tag{10.30}$$

$$J_1(z) = \frac{z}{2} - \frac{\left(\frac{z}{2}\right)^3}{2!} + \frac{\left(\frac{z}{2}\right)^5}{2!\,3!} - \cdots \tag{10.31}$$

存在以下递归关系：

$$J_{m-1}(z) + J_{m+1}(z) = \frac{2m}{z}J_m(z) \tag{10.32}$$

$$J_{m-1}(z)-J_{m+1}(z)=2J'_m(z) \tag{10.33}$$

$$J'_0(z)=-J_1(z) \tag{10.34}$$

除了 J 类贝塞尔函数外，另一个称为 K 类或变形贝塞尔函数表示为

$$K_m(z)=\frac{\pi^{\frac{1}{2}}\left(\frac{z}{2}\right)^m}{\Gamma\left(\mathrm{m}+\frac{1}{2}\right)}\int_0^{\infty}\mathrm{e}^{-z\cosh(t)}\ \sinh^{2m}(t)\mathrm{d}t \tag{10.35}$$

其中，$\Gamma(\cdot)$ 称为伽马函数[14]，定义为

$$\Gamma(z)=\int_0^{\infty}t^{z-1}\mathrm{e}^{-t}\mathrm{d}t \tag{10.36}$$

对于一个整数值 n 和一些 1 左右的分数（即 1/2 和 3/2），它为以下形式：

$$\Gamma(n+1)=n! \tag{10.37}$$

$$\Gamma(1/2)=\pi^{1/2}\approx 1.77245 \tag{10.38}$$

$$\Gamma(3/2)=\frac{\pi^{1/2}}{2}\approx 0.88632 \tag{10.39}$$

下列递归关系对变形贝塞尔函数有效：

$$Q_{m-1}(z)-Q_{m+1}(z)=\frac{2m}{z}Q_m(z) \tag{10.40}$$

$$Q_{m-1}(z)+Q_{m+1}(z)=2Q'_m(z) \tag{10.41}$$

其中，Q_m 函数由$Q_m=\mathrm{e}^{\mathrm{j}\pi m}K_m$ 给出。

贝塞尔和变形贝塞尔函数都可以用某些条件的渐近展开来逼近，例如，

$$J_m(z)\approx\frac{\left(\frac{z}{2}\right)^m}{\Gamma(m+1)}(m\neq -1,-2,-3),z\to\infty \tag{10.42}$$

$$J_m(z)\approx\left(\frac{2}{\pi z}\right)^{1/2}\cos\left(z-\frac{m\pi}{2}-\frac{\pi}{4}\right),\ \mathrm{m}\ ,\mathrm{abs}\{z\}\to\infty \tag{10.43}$$

$$K_m(z)\approx\left(\frac{\pi}{2z}\right)^{1/2}\mathrm{e}^{-z}\left[1-\frac{4m^2-1}{8z}+\frac{(4m^2-1)\ (4m^2-9)}{2!\ (8z)^2}+\cdots\right] \tag{10.44}$$

上述关系对固定的 m 和 $\mathrm{abs}\{z\}\to\infty$ 是有效的。

10.7　光信号的调制

作为信号载体的单色电磁波可以通过其电场表示为[10]

$$E(t) = pA\cos(\omega t + \phi) \tag{10.45}$$

其中，A 为振幅，ω 为径向频率，ϕ 为载波相位，p 表示偏振方向。这些参数（振幅、频率、相位和偏振状态）中的每一个都可以用来携带信息。这是通过使它们依赖于时间并关联信息内容来完成的。因此，调制有四种基本调制类型，分别是幅度调制（AM）、频率调制（FM）、相位调制（PM）和偏振调制（PoM）。如果信息是数字形式的，则调制称为移位键控。因此，移位调制有振幅移位键控（ASK）、频率移位键控（FSK）、相位移位键控（PSK）和偏振移位键控（PoSK）。

10.8　数模转换和模数转换

虽然有许多信号是模拟形式的，但数字形式通常是处理这些信号的最佳方式。其中一个原因是数字系统具有存储能力，如果信号是模拟形式的，则难以实现。此外，通过可用的不同软件执行可编程功能更容易。任何数字处理都需要从模拟形式到数字形式的转换，称为模数转换（ADC）。同时，通过使用数模转换（DAC）过程，一些数字处理的结果可以表现成模拟形式。这两个过程如图 10.4 所示。

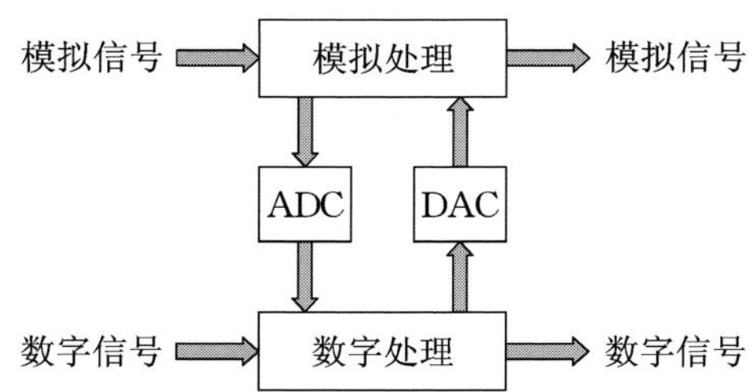

图 10.4　ADC 和 DAC 过程

数模转换器接收数字输入并以电信号（电压或电流）的形式产生模拟输出。n 位二进制数字码字 $D_{n-1}D_{n-2}\cdots D_4D_3D_2D_1$ 将转换成电压为

$$u_q = (2^{n-1}D_{n-1} + 2^{n-2}D_{n-2} + \cdots + 2^1D_1 + 2^0D_0)\Delta u \tag{10.46}$$

下标 q 强调了这样一个事实：我们有一个离散或量化的电压值。已知 Δu 的值是增量或步长，因为当最后一个有效位从 0 变为 1 时，总电压增加 Δu。根据式(10.46) 的最小电压值是 0，而最大值是$(2^n - 1)\Delta u$，它对应于一个十进制$(2^n - 1)$。

在模数转换过程中有相反的情况，但它不太直接，因为模拟输入可以在某个范围内取任何值，而数字输出只能取有限数量的数字电平。因此，任何 ADC

都包含舍入和量化误差。如果假设模拟输入电压的值 $u_a \in [0, u_m]$，并且希望用 n 位二进制字来表示，则输入范围必须划分为 2^n 个间隔。然后由每个间隔的中点定义量化值 u_q，并且将分配码字 $D_{n-1}D_{n-2}\cdots D_4D_3D_2D_1D_0D$ 来表示每个量化值。每个间隔的大小为

$$\Delta u = u_m / 2^n \tag{10.47}$$

最大量化误差 $\Delta u_q = |u_m - u_q|$，将取决于初始步长的位置，即 $\Delta u/2$ 或 Δu。例如，图 10.5 所示的为 $n=2$ 和 $u_m=8$ 的情况。

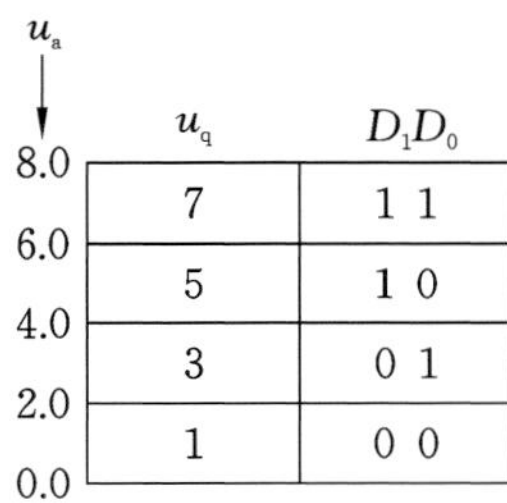

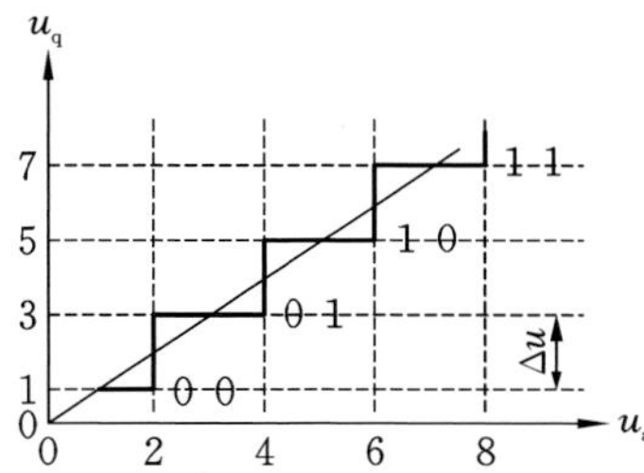

图 10.5　模拟电压的 ADC 过程

正如从图 10.5 可以看到的，ADC 对模拟输入进行阶梯式近似，总共 $2^n=4$ 个阶梯级。这种特定情况下的最大量化误差等于 $\Delta u/2=\pm1$。底部台阶的位置可以改变为 0，但是最大量化误差为 $\Delta u=2$。减小量化误差的唯一方法是增加量化电平的数量，这意味着 n（或码字的长度）应该增加。如果在刚刚描述的情况下将码字从 2 位增加到 3 位，则总范围将被划分为 $2^n=8$ 个区间，并且总量化误差将会是 $\pm 0.5\Delta u$。

由于 ADC 过程在实际中不可能是连续的，因此有一个能够达到目的的采样速率是很重要的，这意味着 ADC 不仅要捕捉振幅的变化，还要捕捉时间的变化。变化越快的信号需要更高的采样率，反之亦然。采样或数据采集过程通常在数字仪表系统（如数字示波器）中完成，或在行信息信号（语音、视频）的转换期间完成，由模拟电信号形式获得。由于任何信号的时间变化都以其频谱为特征，因此采集的频率与信号频谱中最高有效频率（总信号功率的一部分不能忽略的频率）相当。值得注意的是，代表行信息的电信号的 ADC 采集过程应以最小采样频率 f_s 完成，该频率应符合著名的奈奎斯特准则，定义为

$$f_s \geqslant 2f_m \tag{10.48}$$

其中，f_m 是信号频谱中最高的有效频率。通常假设 $f_m = B_{sig}$（B_{sig} 是信号带宽）。

10.9　光接收机传递函数

光接收机中的光电二极管检测光信号后，对信号进行放大和滤波。这些功能提高了信号电平并限制了噪声功率。此外，为了恢复脉冲波形和抑制码间干扰，通常采用均衡技术。这些过程的数学处理通常在频域内完成。光电流信号 $I(t)$ 可通过傅里叶变换到频域[8,9]，即

$$\tilde{I}(\omega)=\int_{-\infty}^{\infty} I(t)\exp(\mathrm{j}\omega t)\mathrm{d}t \tag{10.49}$$

请记住上标(～)表示频域。傅里叶逆变换将信号从频域转换为时域，即

$$I(t)=\frac{1}{2\pi}\int_{-\infty}^{\infty}\tilde{I}(\omega)\exp(-\mathrm{j}\omega t)\mathrm{d}\omega \tag{10.50}$$

电流信号在接收机前端转换为电压信号(见图 2.32)。电压信号经主放大器进一步放大，经滤波器处理后，再进入时钟恢复和判决电路。到达判决电路的输出电压 $V_{\text{out}}(t)$ 可以在频域中表示为[12,17]

$$\tilde{V}_{\text{out}}(\omega)=\frac{\tilde{I}(\omega)}{Y(\omega)}H_{\text{F-end}}(\omega)H_{\text{amp}}(\omega)H_{\text{filt}}(\omega)=\tilde{I}(\omega)H_{\text{rec}}(\omega) \tag{10.51}$$

其中，$Y(\omega)$ 是输入导纳，由负载电阻和前端输入决定。$H_{\text{F-end}}(\omega)$、$H_{\text{amp}}(\omega)$ 和 $H_{\text{filt}}(\omega)$ 分别称为前端、主放大器和滤波器／均衡器传输函数。函数 $H_{\text{rec}}(\omega)$ 与光接收机的总传输特性有关。

如果输出电压信号为升余弦函数，则相邻脉冲的符号间干扰最小，或可能消除，即

$$\tilde{V}_{\text{out}}(\omega)=\frac{1}{2}\left[1+\cos\left(\frac{\omega}{2\beta B}\right)\right],\quad \omega/2\pi=f<B \tag{10.52}$$

对于大于比特率 B 的频率，由式(10.52)给出的输出脉冲形状变为零。参数 β 被选择在 0 到 1 的范围内。通过对方程(10.52)进行傅里叶逆变换，可以在时域内得到脉冲响应，这导致

$$\nu_{\text{out}}(t)=\frac{\sin(\pi Bt)}{\pi Bt}\,\frac{\cos(\pi\beta Bt)}{1-(2B\beta t)^2} \tag{10.53}$$

只有当滤波器传递函数满足下述方程时，输出电压才具有方程(10.52)和方程(10.53)所表示的形状：

$$H_{\text{filt}}(\omega)=\frac{\tilde{V}_{\text{out}}(\omega)Y(\omega)}{\tilde{I}(\omega)H_{\text{F-end}}(\omega)H_{\text{amp}}(\omega)} \tag{10.54}$$

式(10.54) 给出的函数如图 10.5 所示,$\beta=0$。必须注意的是,所讨论的比特只有在判决点 $t=n/B(n=1,2,3,\cdots)$ 上才能进行判决,因为相邻脉冲将在这些特定时刻取零值。从判决的角度来看,任何其他传递函数都不太合适,因为符号间干扰效应可能在任何给定时刻对判决产生重大影响。在调制、传输和光探测过程中,接收到的电流脉冲形状受到不同传输函数的影响。方程(10.52) 和方程(10.53) 给出的函数与理想情况有关。在实际应用中,传递函数是用常用的数学方法进行数值计算的。在实际情况中会引入一个重要的信号处理来清除接收端的信号形状。

通常使用眼图来估算接收到的光信号的质量,如图 7.4 所示。眼图是通过将彼此顶部的接收信号的几个位序列求和而获得的,类似于眼睛睁开。理想的眼图鲜明,如图 10.6(a) 所示。但是,由于各种损伤的影响,它可能会严重退化。例如,色散和非线性效应将导致眼睛部分闭合,时序抖动和偏振模色散将导致抖动交叉和缺乏清晰度,并且噪声将影响图表的清洁度,如图 10.6(b) 所示。

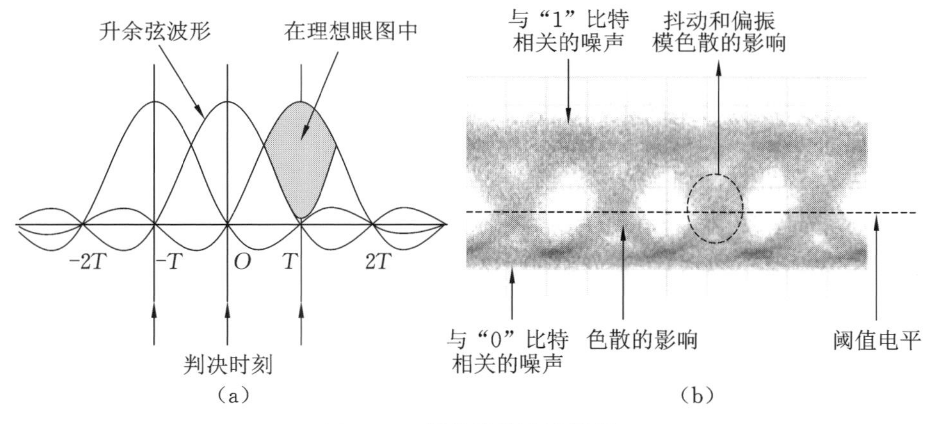

图 10.6　接收到的脉冲形状

(a) 升余弦波形;(b) 损伤的影响

10.10　z 变换及其应用

z 变换在离散时间(DT) 系统中扮演的角色与傅里叶变换和拉普拉斯变换在连续时间(CT) 系统中扮演的角色相同。它将差分方程转换为 z 平面中的代数方程。通过使用 z 变换,可以将时域中的卷积和转换为输入和脉冲响应

的 z 变换的乘积。本节内容是基于文献[18-21]的。

10.10.1 双边 z 变换

DT 信号 $x(n)$ 的双边 z 变换定义如下：

$$Z\{x(n)\} = \sum_{n=-\infty}^{\infty} x(n) z^{-n} = X(z) \tag{10.55}$$

上述总和收敛的值集是收敛区域(ROC)。一般来说，收敛区间是由 $r_1 < |z| < r_2$ 定义的整个复平面的环形区域。两种重要的序列类型是左边序列和右边序列。右边序列是对于所有 $n < n_0$ 有 $x(n)=0$ 的序列，其中，n_0 是正或负的有限整数。如果 $n_0 \geqslant 0$，则结果序列是因果的或正时间序列。左边序列是一个对于所有 $n \geqslant n_0$ 有 $x(n)=0$ 的序列。如果 $n_0 < 0$，则得到的序列是反因果序列或负时间序列。

假设因果序列 $x(n)$ 可以写为复指数的和，即

$$x(n) = \sum_{i=1}^{N} (a_i)^n u(n) \tag{10.56}$$

通过应用方程(10.55)和几何级数公式给出的定义，相应的 z 变换可以写成

$$X(z) = \sum_{i=1}^{N} \frac{z}{z-a_i} \tag{10.57}$$

其中，第 i 项的收敛区间被给定为半径为 $|a_i|$：$R_i = \{z: |z| > |a_i|\}$ 的圆的外部。方程(10.57)给出的总收敛区间可以由收敛区间 R_i 的交集得到，有

$$\mathrm{ROC}: R = \bigcap_{i=1}^{N} R_i = \{z: |z| > \max(|a_i|)\} \tag{10.58}$$

假设有一个反高斯序列 $x(n)$ 可以写成一个时移复指数的和，即

$$x(n) = \sum_{i=1}^{N} -b_i^n u(-n-1) \tag{10.59}$$

通过应用方程(10.55)和几何级数公式给出的定义，相应的 z 变换变成

$$X(z) = \sum_{i=1}^{N} \frac{z}{z-b_i} \tag{10.60}$$

其中，第 i 项的收敛区间被给定为半径为 $|b_i|$：$L_i = \{z: |z| < |b_i|\}$ 的圆的内部。方程(10.60)给出的总收敛区间是通过收敛区间 R_i 的交集得到，有

$$\mathrm{ROC}: L = \bigcap_{i=1}^{N} L_i = \{z: |z| < \min(|b_i|)\} \tag{10.61}$$

最后，假设序列 $x(n)$ 同时包含右边序列和左边序列。其收敛区间由式(10.58)和式(10.61)给出的交集确定，即

$$\text{ROC}_{\text{total}}=R\cap L=\{z:\max(|a_i|)<|z|<\min(|b_i|)\}\qquad(10.62)$$

相应的图解如图 10.7 所示。

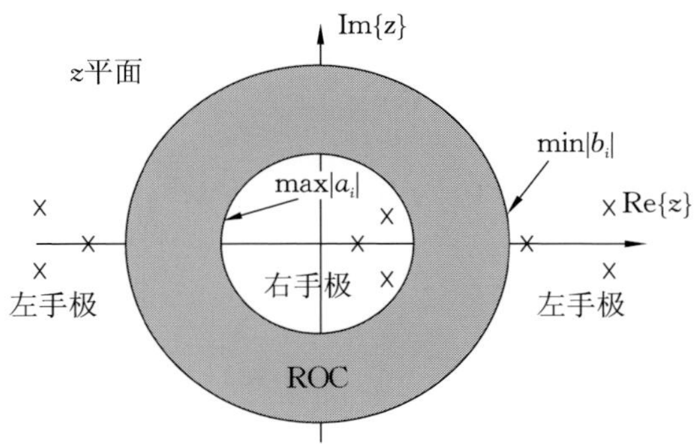

图 10.7 收敛区间的确定

10.10.2 z 变换的特性和常用 z 变换对

对序列的基本操作包括加法、时移(或平移)、乘法和卷积。表 10.3 总结了相应的特性。表 10.4 总结了一些常见的 z 变换对。

表 10.3 z 变换特性

内容	时域	z 域	ROC
记号	$x(n)$	$X(z)$	ROC: $r_2<\|z\|<r_1$
	$x_1(n), x_2(n)$	$X_1(z), X_2(z)$	$\text{ROC}_1, \text{ROC}_2$
线性	$a_1x_1(n)+a_2x_2(n)$	$a_1X_1(z)+a_2X_2(z)$	$\text{ROC}=\text{ROC}_1\cap\text{ROC}_2$
时移	$x(n-k)$	$z^kX(z)$	ROC: 与 $X(z)$ 相同,除了 $z=0$ if $k>0$ or $z\to\infty$ if $k<0$
z 域中的缩放	$a^nx(n)$	$X(a^{-1}z)$	$\|a\|r_2<\|z\|<\|a\|r_1$
时间反转	$x(-n)$	$X(z^{-1})$	$1/r_1<\|z\|<1/r_2$
共轭	$x^*(n)$	$X^*(z^*)$	ROC
实部和虚部	$\text{Re}\{x(n)\}$ $\text{Im}\{x(n)\}$	$[X(z)+X^*(z^*)]/2$ $\text{j}[X(z)-X^*(z^*)]/2$	包括 ROC
z 域的微分	$nx(n)$	$-z\text{d}X(z)/\text{d}z$	ROC
卷积	$x_1(n)*x_2(n)$	$X_1(z)X_2(z)$	至少 $\text{ROC}_1\cap\text{ROC}_2$

续表

内容	时域	z 域	ROC
相关性	$r_{x_1,x_2}(l)=x_1(l)*x_2(-l)$	$R_{x_1,x_2}(z)=X_1(z)X_2(z^{-1})$	至少为 $x_1(z)$ 和 $x_2(z^{-1})$ 的 ROC 的交点
初值定理	如果 $x(n)$ 是因果的	$x(0)=\lim\limits_{z\to\infty}X(z)$	
乘法	$x_1(n)x_2(n)$	$\frac{1}{2\pi \mathrm{j}}\oint_C X_1(\nu)X_2\left(\frac{z}{\nu}\right)\nu^{-1}\mathrm{d}\nu$	至少 $r_{1l}r_{2l}<\lvert z\rvert<r_{1u}r_{2u}$
Parseval 关系	$\sum\limits_{n=-\infty}^{\infty}x_1(n)x_2^*(n)=\frac{1}{2\pi \mathrm{j}}\oint_C X_1(\nu)X_2^*\left(\frac{1}{\nu^*}\right)\nu^{-1}\mathrm{d}\nu$		

表 10.4　常见的 z 变换对

信号 $x(n)$	z 变换 $X(z)$	ROC
$\delta(n)$	1	所有 z
$u(n)$	$1/(1-z^{-1})$	$\lvert z\rvert>1$
$a^n u(n)$	$1/(1-az^{-1})$	$\lvert z\rvert>\lvert a\rvert$
$na^n u(n)$	$az^{-1}/(1-az^{-1})^2$	$\lvert z\rvert>\lvert a\rvert$
$-a^n u(-n-1)$	$1/(1-az^{-1})$	$\lvert z\rvert<\lvert a\rvert$
$-na^n u(-n-1)$	$az^{-1}/(1-az^{-1})^2$	$\lvert z\rvert<\lvert a\rvert$
$\cos(\omega n)u(n)$	$(1-z^{-1}\cos\omega)/(1-2z^{-1}\cos\omega+z^{-2})$	$\lvert z\rvert>1$
$\sin(\omega n)u(n)$	$z^{-1}\sin\omega/(1-2z^{-1}\cos\omega+z^{-2})$	$\lvert z\rvert>1$
$a^n\cos(\omega n)u(n)$	$(1-az^{-1}\cos\omega)/(1-2az^{-1}\cos\omega+a^2z^{-2})$	$\lvert z\rvert>\lvert a\rvert$
$a^n\sin(\omega n)u(n)$	$az^{-1}\sin\omega/(1-2az^{-1}\cos\omega+a^2z^{-2})$	$\lvert z\rvert>\lvert a\rvert$

10.10.3　z 变换的逆变换

逆 z 变换定义为

$$x(n)=\frac{1}{2\pi \mathrm{j}}\oint_C X(z)z^{n-1}\mathrm{d}z \tag{10.63}$$

其中,C 是收敛区间内的闭合轮廓(围绕原点逆时针观察)。通常用于评估逆 z 变换的方法是:① 轮廓积分;② 部分分数展开;③ 除法。轮廓积分方法基于柯西公式:

$$\frac{1}{2\pi j}\oint_C \frac{f(z)}{z-z_0}dz=\begin{cases}f(z_0), & z_0 \text{ inside of } C\\ 0, z_0 \text{ outside of } C\end{cases} \tag{10.64}$$

其中,C 是闭合路径,而在 C 的内部 $f'(z)$ 存在。如果存在 $f(z)$ 的 $(k+1)$ 阶导数,则对于多重 k 的极点,它们被轮廓 C 包围,而 $f(z)$ 在 C 之外没有极点,则有以下内容:

$$\frac{1}{2\pi j}\oint_C \frac{f(z)}{(z-z_0)^k}dz=\begin{cases}\frac{1}{(k-1)!}\frac{d^{k-1}}{dz^{k-1}}[f(z)]\Big|_{z=z_0}, z_0 \text{ inside of } C\\ 0, z_0 \text{ outside of } C\end{cases} \tag{10.65}$$

当 $X(z)$ 表示为 z 的有理函数时,部分分式展开法可用于确定逆 z 变换。该方法背后的关键思想是将 $X(z)$ 表示为和,即

$$X(z)=\alpha_1 X_1(z)+\alpha_2 X_2(z)+\cdots+\alpha_K X_K(z) \tag{10.66}$$

其中,第 i 项($i=1,\cdots,K$)的逆 z 变换在 z 变换对表(见表 10.3)中可找到。

10.10.4 系统函数

离散时间(DT)线性时不变(LTI)系统可以用具有恒定系数的线性差分方程来描述:

$$\begin{aligned}&a_N y(n-N)+a_{N-1}y(n-(N-1))+\cdots+a_0 y(n)\\&=b_M x(n-M)+\cdots+b_0 x(n)\end{aligned} \tag{10.67}$$

其中,系统的输入和输出分别用 $x(n)$ 和 $y(n)$ 表示。通过对式(10.67)应用 z 变换,可以确定系统函数 $H(z)$ 为

$$H(z)=Y(z)/X(z)=\sum_{m=0}^{M}b_m z^{-m}\Big/\sum_{n=0}^{N}a_n z^{-n} \tag{10.68}$$

其中,$X(z)$ 表示 $x(n)$ 的 z 变换,$Y(z)$ 表示 $y(n)$ 的 z 变换。可以通过将 z 替换为 $e^{j\omega}$ 获得频率响应:

$$H(e^{j\omega})=H(z)\big|_{\Sigma=e^{j\omega}} \tag{10.69}$$

单位采样(脉冲)响应可以通过系统函数的逆 z 变换获得:$h(n)=z^{-1}\{H(z)\}$。可以将系统 $y(n)$ 的输出作为系统 $x(n)$ 的输入和脉冲响应 $h(n)$ 的线性卷积来获得,应用表 10.3 的卷积特性可得出

$$Y(z)=Z\{y(n)\}=Z\left\{\sum_{k=-\infty}^{\infty}x(k)h(n-k)\right\}=X(z)H(z) \tag{10.70}$$

因此,系统函数在离散时间系统分析中起着核心作用,如图 10.8 所示。

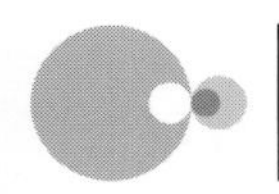

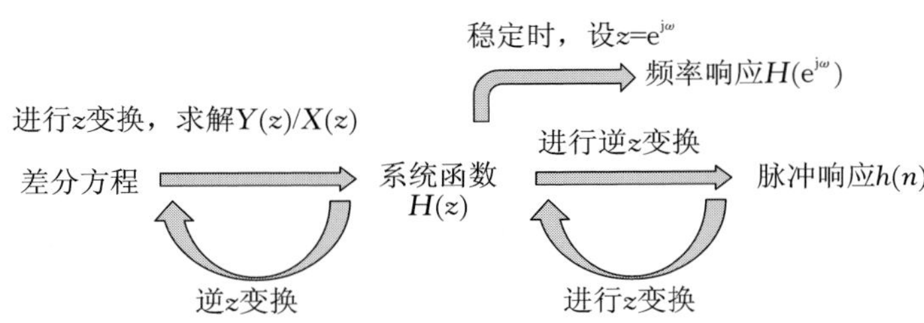

图 10.8　系统函数的作用

离散时间系统的两个重要系统属性是因果性和稳定性。如果激励前没有响应，则系统是因果的。可以证明，当且仅当 $n<0$，$h(n)=0$ 时，该系统才是因果的。只有当收敛区间是半径为 $r<\infty$ 的圆的外部时，LTI 系统才是因果的，其遵循 10.10.1 节中解释的特性。如果每个有界输入序列 $x(n)$ 产生有界输出序列 $y(n)$，则离散时间系统是有界输入有界输出(BIBO) 稳定的。可以证明，当且仅当系统函数的收敛区间包含单位圆时，LTI 系统才是 BIBO 稳定的。最后，当且仅当系统函数的所有极点都在单位圆内时，因果 LTI 系统才是 BIBO 稳定的。

连续时间(CT) 信号 $x_a(t)$ 和通过采样(每隔 T 秒) 获得的 DT 信号 $x(n)$ 的傅里叶变换之间的关系如图 10.9 所示。通过简单地替换 $z=\exp(j\omega)$，z 变换可以与离散时间傅里叶变换相关。

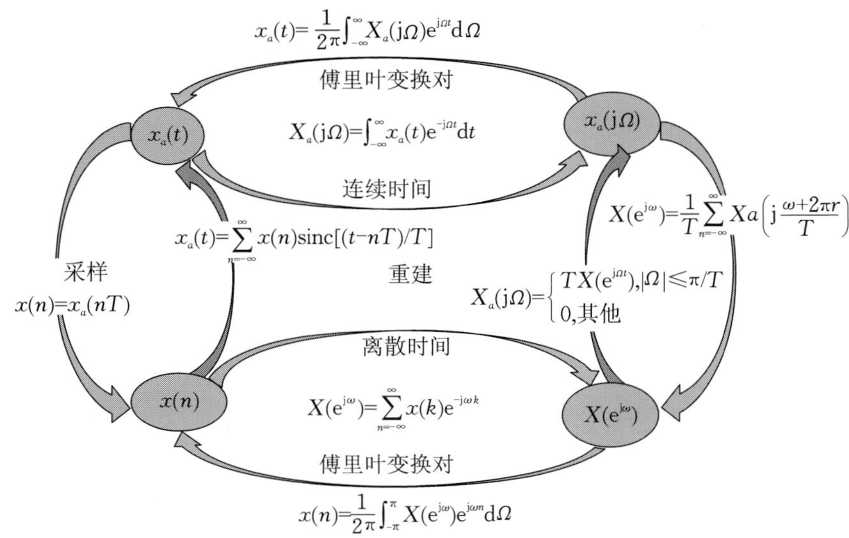

图 10.9　离散时间和连续时间傅里叶变换之间的关系

10.11 抽象代数基础

抽象代数基础知识在文献[21-29]进行了解释,我们只讨论能更好地理解第 7 章中的问题所需的重要问题。

10.11.1 群的概念

一个群是以 + 运算符表示的集合 G,它满足以下公理:

(1) 封闭性:$\forall a,b \in G \Rightarrow a+b \in G$

(2) 结合律:$\forall a,b,c \in G \Rightarrow a+(b+c)=(a+b)+c$

(3) 单位元:$\exists e \in G$ 使得 $a+e=e+a=a \quad \forall a \in G$

(4) 逆元:$\exists a^{-1} \in G \quad \forall a \in G$ 使得 $a+a^{-1}=a^{-1}+a=e$

如果运算"+"也是可交换的,我们称之为阿贝尔群或可交换群:$\forall a,b \in G \Rightarrow a+b=b+a$ 。

可以看出,一个群中的单位元是唯一的,并且群中的每个元都有一个唯一的逆元。

[例 10-1] $F_2=\{0,1\}$,而 + 运算实际上是模 2 加法,定义为:$0+0=0$,$0+1=1$,$1+0=1$,$1+1=0$。满足封闭性,0 是单位元,0 和 1 是它们自己的逆,并且运算符 + 是可结合的。因此,具有模 2 加法形式的集合 F_2 是一个群。

[例 10-2] 考虑二进制线性(N,K)块码的码字集。每个以模 2 加的任何两个码字形成另一个码字(根据线性分组码的定义)。全零码字是一个单位元,每个码字都是它自己的逆。 结合律也成立。因此,所有群属性都满足,并且一个群的码字集合称为群码。

群中元素的数量通常称为群的阶。如果群具有有限数量的元素,则称为有限群。令 H 为群 G 元素的子集。如果 H 的元素本身在与 G 组中定义的元素相同的运算下形成群,称 H 为 G 的子群。为了验证子集 S 是子群,可以验证封闭性并验证子群的每个元素是否存在逆元素。

拉格朗日定理:有限群的阶是其任一子群阶的整数倍。

[例 10-3] 考虑 N 元组的集合 Y(如在光通信系统的接收机端接收的字),N 元组的每个元素都是 0 或 1。很容易证明 Y 的元素在模-2 加法下形成群。现在考虑 Y 的一个子集 C,其中,元素是二进制(N,K)块码的码字。然后 C 形成 Y 的子群,Y 的阶可被 C 的阶整除。

有些群的所有元素都可以作为某个元素的幂得到，如 a。这样的群 G 称为循环群，对应的元素 a 称为该群的生成元。循环群可用 $G=<a>$ 表示。

［例 10-4］ 考虑有限群 G 的一个元素 α。设 S 为元素的集合，$S=\{\alpha,\alpha^2,\alpha^3,\cdots,\alpha^i,\cdots\}$。由于 G 是有限的，S 也必须是有限的，因此并非 α 的所有幂都是不同的。必然存在一些数字 $l,m(m>l)$，使得 $\alpha^m=\alpha^l$，因此 $\alpha^m\alpha^{-l}=\alpha^l\alpha^{-l}=1$。设 k 为 α 的最小幂，其中 $\alpha^k=1$，意味着 $\alpha,\alpha^2,\cdots,\alpha^k$ 都是不同的。现在可以验证集合 $S=\{\alpha,\alpha^2,\cdots,\alpha^k=1\}$ 是 G 的一个子群。S 包含单位元，而对于任何元素 α^i，元素 α^{k-i} 是它的逆。假设任意两个元素满足关系 $\alpha^i,\alpha^j\in S$，如果 $i+j\leqslant k$，则作为它们乘积的对应元素也满足关系 $\alpha^{i+j}\in S$。如果 $i+j>k$，则可得到 $\alpha^{i+j}\cdot 1=\alpha^{i+j}\cdot\alpha^{-k}$，并且因为 $i+j-k\leqslant k$，则封闭性明显满足。因此，S 是 G 群的子群。由循环群的定义可知，子群 S 也是循环的。一个循环(N,K)块码的码字集可以由所有 N 元群的循环子群来获得。

设 G 是一个群，H 是 G 的一个子群。对于任何元素 $a\in G$，集合 $aH=\{ah\mid h\in H\}$ 称为 H 在 G 中的左陪集。同样，集合 $Ha=\{ha\mid h\in H\}$ 称为 H 在 G 中的右陪集。

使用以下过程创建一个表：① 在第一行中，列出 H 子群的所有元素，从单位元 e 开始，第二列是通过从 G 中选择一个在第一行中没有使用的任意元素作为第二行的前导元素来获得的；② 使用右乘将这个元素与第一行的所有元素相乘，从而完成第二行；③ 从以前未使用的元素中任意选择一个元素作为第三行的前导元素；④ 通过将这个元素与第一行的所有元素相乘（右乘）来完成第三行；⑤ 继续这个过程，直到利用了 G 中的所有元素。最终形式如表 10.5 所示。

表 10.5 群分解说明

$h_1=e$	h_2	…	h_{m-1}	h_m
g_2	h_2g_2	…	$h_{m-1}g_2$	h_mg_2
g_3	h_2g_3	…	$h_{m-1}g_3$	h_mg_3
…	…	…	…	…
g_n	h_2g_n	…	$h_{m-1}g_n$	h_mg_n

此表中的每一行表示一个陪集，每一行中的第一个元素是一个陪集前

导。H 在 G 中的陪集数实际上是行数，它被称为 H 在 G 中的索引，通常用 $[G:H]$ 表示。由表10.5可知，$|H|=m$，$[G:H]=n$，$|G|=nm=[G:H]|H|$，可作为拉格朗日定理的证明。换句话说，$[G:H]=|G|/|H|$。

设 G 为群，H 为 G 的子群。如果是共轭不变的，则 H 表示 G 的正规子群，也就是说，如果 $\forall h \in H$ 和 $g \in G$，则有 $ghg^{-1} \in H$。换句话说，H 是由 G 的元素共轭确定，即对于任意 $g \in G$ 有 $gHg^{-1}=H$。因此，H 在 G 中的左、右陪集重合：$\forall g \in G, gH=Hg$。

设 G 为群，H 为 G 的正规子群，若 $G|H$ 表示 G 中 H 的陪集集合，则具有陪集乘积的集合 $G|H$ 构成群，称为 G 和 H 的商群，aH 和 bH 的陪集乘定义为：$aH*bH=abH$。根据拉格朗日定理，$|G/H|=[G:H]$。这个定理可以用表 10.5 来证明。

10.11.2　域的概念

一个域是含有两个运算的一组元素 F：加法“+”和乘法“·”：

(1) F 在加法运算下为阿贝尔群，0 是单位元。

(2) F 的非零元素在乘法运算下为阿贝尔群，1 是单位元。

(3) 乘法分配率：

$$\forall a,b,c \in F \Rightarrow a\cdot(b+c)=a\cdot b+a\cdot c$$

[例 10-5]　实数的集合，运算 + 作为普通加法，运算 · 作为普通乘法，满足上述三个性质，因此它是一个域。

[例 10-6]　由两个元素{0,1}组成的集合，具有表10.6中给出的模2乘法和加法，构成一个称为 Galois 域的域，并用 GF(2) 表示。

表 10.6　Galois 域 GF(2)

+	0	1	·	0	1
0	0	1	0	0	0
1	1	0	1	0	1

[例 10-7]　模 p 的整数集，以及模 p 的加法和乘法，形成一个 p 个元素的域，用 GF(p) 表示，前提是 p 是素数。

[例 10-8]　对于任意 q 为整数 p 的整数幂($q=p^m$，m 是整数)，存在一个 q 个元素的域，表示为 GF(q)(除 $m=1$ 外，该计算不是模 q 计算)。GF(p^m)包

含 GF(p) 作为子域。GF(3) 中的加法和乘法定义如表 10.7 所示，GF(2^2) 中的加法和乘法定义如表 10.8 所示。

表 10.7 GF(3) 中的加法和乘法

+	0	1	2	•	0	1	2
0	0	1	2	0	0	0	0
1	1	2	0	1	0	1	2
2	2	0	1	2	0	2	1

表 10.8 GF(2^2) 中的加法和乘法

+	0	1	2	3	•	0	1	2	3
0	0	1	2	3	0	0	0	0	0
1	1	0	3	2	1	0	1	2	3
2	2	3	0	1	2	0	2	3	1
3	3	2	1	0	3	0	3	1	2

定理 1 假设 Z_p 表示整数 $\{0,1,\cdots,p-1\}$ 的集合，其加法和乘法定义为普通的加法和乘法模 p。那么当且仅当 p 是素数时，Z_p 是一个域。

10.11.3 有限域的概念

环是具有两个运算(加法"+"和乘法"•")的元素 R 的集合，使得：①R 是加法运算下的阿贝尔群；② 乘法运算是可结合的；③ 乘法是在加法运算上的结合。

如果 $a-b$ 可以被 n 整除，那么称数 a 模 n 等于 b，记为 $a \equiv b \pmod n$。如果 $x \equiv a \pmod n$，那么称 a 为 x 模 n 的余数。模 n 余数的类是与给定余数 $(\bmod\ n)$ 一致的所有整数的类，并且该类的每个成员都称为该类的代表。有 n 个类，用 (0)，(1)，(2)，…，$(n-1)$ 表示，这些类的代表称为模 n 的不相容余数的完整系统。如果 i 和 j 是模 n 的不相容余数的完整系统的两个成员，则 i 和 j 之间的加法和乘法由 $i+j=(i+j)\pmod n$ 和 $i \cdot j=(i \cdot j)\pmod n$ 定义。

一个完整的余数系统 $(\bmod\ n)$ 形成一个具有单位元的可交换环。假设 s 是这些余数的非零元素。当且仅当 n 是素数时，s 才具有逆，因此，当 p 是素数时，一个完整的余数系统(mod p) 形成一个 Galois(或有限) 域，并用 GF(p) 表示。

设 $P(x)$ 为 m 次任意给定的 x 多项式，其系数属于 GF(p)，设 $F(x)$ 为 x 中系数为整数的任意多项式，则 $F(x)$ 可表示为

$$F(x)=f(x)+p\cdot q(x)+P(x)\cdot Q(x),$$

$$f(x)=a_0+a_1x+a_2x^2+\cdots+a_{m-1}x^{m-1}, a_i\in \mathrm{GF}(p)$$

这个关系可以写成 $F(x)\equiv f(x) \bmod\{p, P(x)\}$，我们说 $f(x)$ 是 $F(x)$ 模 p 和 $P(x)$ 的余数。如果 p 和 $P(x)$ 保持不变但 $f(x)$ 变化，则可能形成 p^m 类，因为 $f(x)$ 的每个系数可以取 GF(p) 的 p 值。由 $f(x)$ 定义的类构成可交换环，如果 $P(x)$ 在 GF(p) 上不可约(不可与 $m-1$ 或更小的任何其他多项式整除)，则该可交换环是一个域。

由 p^m 类余数形成的有限域称为 p^m 阶 Galois 域，用 GF(p^m) 表示。函数 $P(x)$ 被称为用于生成 GF(p^m) 的元素的最小多项式(GF(p) 的最小次数多项式，具有域元素 $\beta\in$ GF(p^m) 作为根)。GF(p^m) 的非零元素可以表示为至多 $m-1$ 次的多项式，或者表示为本原根 α 的幂，这样对于 d 除以 p^m-1，我们有

$$\alpha^{p^m-1}=1, \alpha^d\neq 1$$

一个基本元素是一个域元素，它生成所有非零域元素作为其连续幂。本原多项式是以本原元素为根的不可约多项式。

定理 2　GF(q)，$q=p^m$ 的两个重要性质是：

- 多项式 $x^{q-1}-1$ 的根都是 GF(q) 的非零元素。
- 设 $P(x)$ 是具有来自 GF(p) 的系数的 m 次不可约多项式，且 β 是来自扩展域 GF($q=p^m$) 的根，那么 $P(x)$ 的所有 m 个根为：$\beta, \beta^p, \beta^{p^2}, \cdots, \beta^{p^{m-1}}$。

为了得到最小多项式，首先将 x^{q-1}($q=p^m$) 除以所有因子中最小公倍数，如 x^d-1，其中 d 是 p^m-1 的除数。然后得到了分圆方程，它的根是方程 $x^q-1=0$ 的所有本原根。这个方程的阶数是 $\phi(p^m-1)$，其中，$\phi(k)$ 是小于 k 且与其互素的正整数的个数。通过用模 p 的最小非零余数替换方程中的每个系数，可以得到 $\phi(p^m-1)$ 阶的分圆多项式。设 $P(x)$ 是该多项式的不可约因子，则 $P(x)$ 是最小多项式，一般来说，它不是唯一的。

示例：让我们确定用于生成 GF(2^3) 的元素的最小多项式。分圆多项式为

$$\begin{aligned}(x^7-1)/(x-1)&=x^6+x^5+x^4+x^3+x^2+x+1\\&=(x^3+x^2+1)(x^3+x+1)\end{aligned}$$

因此，$P(x)$ 可以是 x^3+x^2+1 或 x^3+x+1。让我们选择：$P(x)=x^3+x^2+1$。$\phi(7)=6$，$\deg[P(x)]=3$。表 10.9 所示的是 $GF(2^3)$ 的三种不同表示形式。

表 10.9 GF(2^3) 中元素的三种不同表示形式

Power of α	Polynomial	3-tuple
0	0	000
α^0	1	001
α^1	α	010
α^2	α^2	100
α^3	α^2+1	101
α^4	$\alpha^2+\alpha+1$	111
α^5	$\alpha+1$	011
α^6	$\alpha^2+\alpha$	110
α^7	1	001

10.12 脉冲位置调制

脉冲位置调制（PPM）是一种已考虑用于不同目的的标准调制技术[30]。在 PPM 中，我们采用 M 个脉冲位置基函数，定义为

$$\Phi_j(t)=\frac{1}{\sqrt{T_s/M}}\text{rect}\left[\frac{t-(j-1)T_s/M}{T_s/M}\right],j=1,\cdots,M \qquad (10.71)$$

其中，T_s 是符号持续时间，而 $\text{rect}(t)$ 定义为

$$\text{rect}(t)=\begin{cases}1,0\leqslant t<1\\0,\text{其他}\end{cases}$$

因此，M 进制 PPM 的信号空间为 M 维，并且星座图点位于轴上。每个基本函数仅使用两个幅度级别。M 进制 PPM 信号强度的时域表示由文献[31]给出，即

$$s(t)=\sum_{k=-\infty}^{\infty}\text{MP}\sqrt{\frac{T_s}{M}}\Phi_{a_k}(t-kT_s) \qquad (10.72)$$

其中，$\{a_k\}$ 表示要传输的符号序列，P 表示平均功率。传输相等概率符号的错

误概率为[31]

$$P_s \approx (M-1)\operatorname{erfc}\left(\frac{P}{2}\sqrt{\frac{M}{2R_s\sigma^2}}\right) \tag{10.73}$$

其中,erfc(•) 是互补误差函数[14],R_s 是与比特率 R_b 相关的符号率,即 $R_s = R_b/\log_2 M$,而σ^2 是噪声方差。假设所有符号错误的可能性均等,因此,它们的发生概率为 $P_s/(M-1)$。给定符号中的第 i 位错误有 $2^{\log_2 M-1}$ 种情况。因此,误码率可以估计为

$$\text{BER} \approx \frac{2^{\log_2 M-1}}{M-1}P_s = \frac{M/2}{M-1}P_s \tag{10.74}$$

PPM 信号占用的带宽是 $B=1/(T_s/M)$,因为有 M 个可能的时隙,每个时隙的持续时间为 T_s/M。M 进制 PPM 的带宽效率由下式给出:

$$\rho = \frac{R_b}{B} = \frac{R_b}{1/(T_s/M)} = \frac{R_b}{MR_s} = \frac{\log_2 M}{M} \tag{10.75}$$

这比 M 进制 QAM 的效率低。多脉冲 PPM[33] 可以改善 M 进制 PPM 的低带宽效率,其中使用 M 个可能时隙中的 $w(w>1)$。符号间隔 T_s 现在与位间隔 T_b 相关,即

$$T_s = T_b \log_2 \binom{M}{w} \tag{10.76}$$

多脉冲 PPM 的带宽效率由下式给出:

$$\rho = \frac{R_b}{B} = \frac{R_b}{1/(T_s/M)} = \frac{R_b}{1/\left[T_b \log_2 \binom{M}{w}/M\right]} = \frac{\log_2 \binom{M}{w}}{M} \tag{10.77}$$

另一种提高 PPM 带宽效率的替代方法是基于差分 PPM(DPPM)[34],也称为截断 PPM(TPPM),其中,新的 PPM 符号在包含脉冲的时隙结束时立即开始。然而,该方案存在变速率编码设计问题和灾难性错误传播问题。

最后,为了提高 PPM 的带宽效率,可以使用多维 PPM[35]。在该方案中,脉冲位置被用作基函数,如式(10.71) 所示,然后在每个基函数上施加 L 振幅水平。这种方案中的星座点占据所有的轴,而不是像普通的 PPM 那样只占据一个轴。该方案每个符号可以携带$\log_2 M^L$ 比特,从而将带宽效率提高 L 倍。

10.13 斯托克斯矢量和邦加球

Stokes 矢量定义了一组描述电磁波偏振状态的参数[1]。这些参数在数学上更便于描述电磁波的偏振，否则可通过以下方法进行：偏振椭圆的总强度、偏振程度和形状参数，如图 10.10 所示。图 10.10 中展示了邦加球。通过邦加球的强度和偏振椭圆参数表示的 Stokes 矢量分量为

$$\boldsymbol{S}=\begin{pmatrix}S_0\\S_1\\S_2\\S_3\end{pmatrix}=\begin{pmatrix}I\\p\cdot I\cos2\psi\cos2\xi\\p\cdot I\sin2\psi\cos2\xi\\p\cdot I\sin2\xi\end{pmatrix} \tag{10.78}$$

其中，$p\cdot I$、2ξ 和 2ψ 是通过笛卡儿坐标分量 S_1、S_2 和 S_3 表示的三维向量的球面坐标。参数 I 表示电磁波的总强度，p 表示偏振程度，2ξ 和 2ψ 表示偏振椭圆的形状参数(角度)。角度坐标 ψ 之前的因数 2 是基于以下事实：任何偏振椭圆都无法与旋转 180° 的偏振椭圆区分开。同时，在角度 ξ 之前的因数为 2 说明该椭圆与半轴旋转 90° 之后的椭圆是无法区分的。方程(10.53) 中的四个 Stokes 参数也分别称为 I、Q、U 和 V 参数。Stokes 矢量的分量通过以下方程转换为球坐标：

$$I=S_0 \tag{10.79}$$

$$p=\frac{\sqrt{S_1^2+S_2^2+S_3^2}}{S_0} \tag{10.80}$$

$$2\psi=\arctan(S_2/S_1) \tag{10.81}$$

$$2\xi=\arctan\left(\frac{S_3}{\sqrt{S_1^2+S_2^2}}\right) \tag{10.82}$$

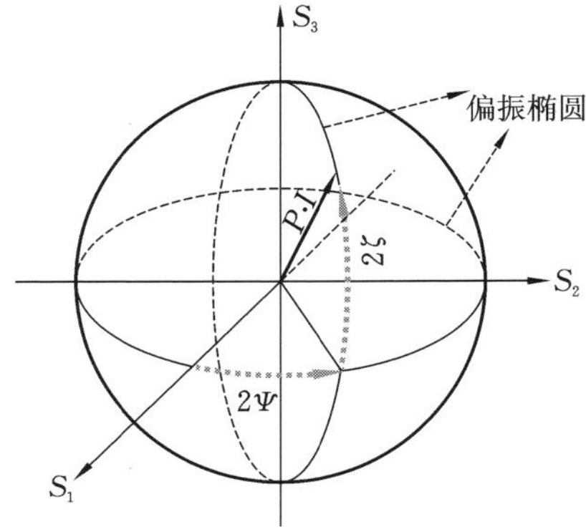

图 10.10 邦加球面和斯托克斯参数

参考文献

[1] Born, M., and Wolf, E., *Principles of Optics, 7th edition*, New York: Cambridge University Press, 1999.

[2] Yariv, A., *Quantum Electronics, 3rd edition*, New York: John Wiley & Sons, 1989.

[3] Saleh, B. E. A., and Teich, M., *Fundamentals of Photonics*, New York: Wiley, 1991.

[4] Buck, J., *Fundamentals of Optical Fibers*, New York: Willey, 1995.

[5] Agrawal, G. P., *Fiber Optic Communication Systems, 4th edition*, New York: Wiley, 2010.

[6] Siegman, A.E., *Lasers*, Mill Valley, CA: University Science Books, 1986.

[7] Chuang, S. L., *Physics of Optoelectronic Devices, 2nd edition*, New York: Wiley, 2009.

[8] Proakis, J. G., *Digital Communications, 5th edition*, New York: McGraw-Hill, 2007.

[9] Couch, L. W., *Digital and Analog Communication Systems*, Upper Saddle River, NJ: Prentice Hall, 2007.

[10] Cvijetic, M., *Coherent and Nonlinear Lightwave Communications*, Norwood, MA: Artech House, 1996.

[11] Bass, M. et al., *Handbook of Optics, 3rd edition*, New York: McGraw-Hill, 2009.

[12] Gower, J., *Optical Communication Systems, 2nd edition*, Upper Saddle River, NJ: Prentice Hall, 1993.

[13] Papoulis, A., *Probability, Random Variables and Stochastic Processes*, New York: McGraw-Hill, 1984.

[14] Abramovitz, M., and Stegun, I. A., *Handbook of Mathematical Functions*, New York, : Dover, 1970.

[15] Korn, G., and Korn, T., *Mathematical Handbook for Scientists and Engineers*, New York: McGraw-Hill, 1960.

[16] Polyanin, A. D., and Manzhirov, A. V., *The Handbook of Mathematics for Engineers and Scientists*, Chapman and Hall, London, 2006.

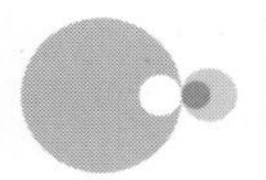

[17] Personic, S. D., *Optical Fiber Transmission Systems*, New York: Plenum, 1981.

[18] Haykin, S., and Van Veen, B., *Signals and Systems, 2nd edition*, New York: John Wiley & Sons, 2003.

[19] Proakis, J.G., and Manolakis, D.G., *Digital Signal Processing: Principles, Algorithms, and Applications, 4th edition*, New York: Prentice-Hall, 2007.

[20] Ludeman, L. L., *Fundamentals of Digital Signal Processing*, New York: Harper & Row, 1986.

[21] Pinter, C.C., *A Book of Abstract Algebra, reprint*, New York: Dover Publications, 2010.

[22] Anderson, J.B., and Mohan, S., *Source and Channel Coding: An Algorithmic Approach*, Nowell, MA: Kluwer Academic Publishers, 1991.

[23] Lin, S., and Costello, D.J., *Error Control Coding: Fundamentals and Applications*, Upper Saddle River, NJ: Prentice Hall, 2004.

[24] Grillet, P.A., *Abstract Algebra*, New York: Springer, 2007.

[25] Chambert-Loir, A., *A Field Guide to Algebra*, New York: Springer, 2005.

[26] Raghavarao, D., *Constructions and Combinatorial Problems in Design of Experiments, reprint*, New York: Dover Publications 1988.

[27] Djordjevic, I.B., Ryan, W., Vasic, B., *Coding for Optical Channels*, New York: Springer, 2010.

[28] Lang, S., *Algebra, Reading*, New York: Addison-Wesley Publishing Company, 1993.

[29] Djordjevic, I.B., *Quantum Information Processing and Quantum Error Correction: An Engineering Approach*, New York: Elsevier/Academic Press, 2012.

[30] Infrared Data Association. Infrared Data Association serial infrared physical layer specification. Version 1.4, www.irda.org, 2001.

[31] Hranilovic, S., *Wireless Optical Communication Systems*, New York: Springer, 2005.

[32] Hemmati, H., et al., Deep-space optical communications: future perspec-

tives and applications, *Proceedings of the IEEE*, Vol. 99, 2011, pp. 2020-2039.

[33] Wilson, S.G., et al., Optical repetition MIMO transmission with multi-pulse PPM, *IEEE Sel.Areas Commun.*, Vol.23, 2005, pp.1901-1910.

[34] Dolinar, S.J., et al., Optical modulation and coding, in *Deep Space Optical Communications*, H. Hemmati (Editor), New York: John Wiley & Sons, 2006.

[35] Djordjevic, I. B., Multidimensional pulse-position coded-modulation for deep-space optical communication, *IEEE Photon. Technol. Lett.*, Vol. 23, 2011, pp.1355-1357.